旋转流体理论与数值模拟
——热对流、惯性波和进动流

THEORY AND MODELING OF ROTATING FLUIDS
Convection, Inertial Waves and Precession

〔英〕Keke Zhang(张可可)　Xinhao Liao(廖新浩)　著

李力刚　译

科学出版社

北京

图字：01-2020-6663 号

内 容 简 介

本书总结了作者在旋转流体动力学基础理论上的最新研究成果，针对该领域的三个核心基本问题：旋转驱动的惯性波动模、非匀速旋转(进动或天平动)驱动的对流以及旋转控制下的热对流，第一次提出了系统性的、统一的旋转流体理论。在这个理论框架下，针对不同几何形状(环柱、圆柱、球、球壳、椭球等)的旋转流体，详细推导了上述三个基本问题的分析解，并给出大量图表具体显示了这些理论分析结果。此外，书中还提供了多种数值模拟方法，它们不仅验证了新理论的正确性，而且对相关研究也可资借鉴。

本书可作为大气、海洋、地球物理、天体物理以及相关工程学科的研究生教材，或者为旋转流体动力学领域的学者提供有益的参考。

Theory and Modeling of Rotating Fluids: Convection, Inertial Waves and Precession (978-0-521-85009-4) by Keke Zhang and Xinhao Liao first published by Cambridge University Press 2017
All rights reserved.

This simplified Chinese edition for the People's Republic of China (excluding Hong Kong, Macau and Taiwan) is published by arrangement with the Press Syndicate of the University of Cambridge, Cambridge, United Kingdom.

© Cambridge University Press & Science Press. 2020

This edition is authorized for sale in the People's Republic of China (excluding Hong Kong, Macau and Taiwan) only. Unauthorised export of this edition is a violation of the Copyright Act. No part of this publication may be reproduced or distributed by any means, or stored in a database or retrieval system, without the prior written permission of Cambridge University Press and Science Press.
Copies of this book sold without a Cambridge University Press sticker on the cover are unauthorized and illegal.
本书封面贴有 Cambridge University Press 防伪标签，无标签者不得销售。

图书在版编目(CIP)数据

旋转流体理论与数值模拟：热对流、惯性波和进动流/(英)张可可(Keke Zhang)，廖新浩著；李力刚译. —北京：科学出版社，2020.12
书名原文：Theory and Modeling of Rotating Fluids: Convection, Inertial Waves and Precession
ISBN 978-7-03-066972-8

Ⅰ.①旋… Ⅱ.①张… ②廖… ③李… Ⅲ.①流体动力学–研究 Ⅳ.①O351.2

中国版本图书馆 CIP 数据核字（2020）第 227810 号

责任编辑：周 涵 田轶静／责任校对：彭珍珍
责任印制：吴兆东／封面设计：无极书装

科学出版社 出版
北京东黄城根北街 16 号
邮政编码：100717
http://www.sciencep.com

北京虎彩文化传播有限公司印刷
科学出版社发行 各地新华书店经销
*
2020 年 12 月第 一 版 开本：720×1000 B5
2020 年 12 月第一次印刷 印张：30 1/2
字数：614 000
定价：238.00 元
（如有印装质量问题，我社负责调换）

译 者 序

本书是继 Chandrasekhar 的 *Hydrodynamic and Hydromagnetic Stability* (1961) 以及 Greenspan 的 *The Theory of Rotating Fluids* (1968) 之后，又一本关于旋转流体理论的系统性专著。它不仅介绍了作者对旋转流体理论所做出的里程碑式的贡献，还反映了近 50 年来该领域研究的最新进展。为将这些重要进展介绍给国内读者，在作者的鼓励下，译者将这部著作翻译出版，希望为从事大气、海洋、地球物理、天体物理和相关工程科学研究的学者提供有益的参考。

在翻译过程中，译者力求忠实地反映原著，尤其对限定性的描述，就繁而不就简，以精确刻画所涉物理场景。另外，在作者的帮助下，译者还更正了原著的一些排印错误。译文疏漏在所难免，欢迎读者批评指正。

本书的出版得到了国家自然科学基金 (11673052、41661164034) 资助，特此致谢！

李力刚，中国科学院上海天文台

前　言

在行星内部的流体以及外部的海洋和大气中，旋转对大尺度流动的结构和演化起着至关重要的作用。流体动力学过程常见于旋转系统中，对这些现象的认识便成为海洋学、行星和天体物理学必不可少的重要组成部分。自 20 世纪 60 年代 Chandrasekhar (1961) 和 Greenspan (1968) 发表了他们的经典流体动力学著作之后，在将近四分之一世纪的时间里，很少有人对旋转流体理论作系统性的论述。即使 Greenspan 对其著作进行了再版 (Greenspan, 1990)，但新版本也没有重大的修订。其他著作，例如，文献 (Roberts and Soward, 1978) 等，虽然也汇集了一些有意义的论文，但是缺乏系统性。而 Vanyo (1993)、Boubnov 和 Golitsyn (1995) 等较近出版的著作也主要专注于旋转流体的实验研究。虽然旋转流体研究已经取得了许多重要的进展，但长期以来一直缺乏系统性的总结，所以急需一本专著来填补这个明显的空缺。

过去几十年中，旋转流体研究获得了显著的发展并取得了长足的进步。旋转流体理论在大气和海洋动力学中的经典应用催生了众多的论文——这些研究大多将大气和海洋处理为薄的、近二维的球壳流体层，或者是无界流体层。不仅如此，近几十年的研究对圆柱、环柱、厚球壳以及球体等容器中的旋转流也给予了相当大的关注——这些研究通常与行星和恒星内部的流体过程有关。更重要的是，针对不同几何形状的旋转流体，在实验室中可以开展相应的实验研究，以帮助我们深入了解旋转流体现象的物理本质。

很明显，基于当前的研究深度，本书要达到如 Chandrasekhar (1961)、Greenspan (1968) 著作的理论完整性几乎是不可能的，内容必须有所取舍，因此本书主要着墨于三个方面的问题：①单独由旋转驱动的流体惯性波和振荡；②由热不稳定性驱动，但由旋转控制的对流运动(其中重力平行于基础温度梯度)；③由非匀速旋转(进动或天平动)驱动的对流运动，即进动流或天平动流。我们认为这三个问题是旋转流体动力学最基本的问题，是地球物理和天体物理应用研究的核心，并且这三者在物理和数学上具有十分密切的联系。总之，本书所考虑的流体运动不是发生在旋转系统中，就是受到了旋转效应的严重影响。当然，以上选择不可避免地受到作者个人偏好的影响，同时本书很遗憾地没有就许多重要的问题，如可压缩流体、稳定分层的作用和一些复杂的非线性理论进行论述。但我们坚信，所选定的三个主题是旋转流体的核心问题，因为在快速旋转系统中，旋转对流体动力学过程起着支配性的作用。

传统上，旋转流体的研究存在着两个独立的分支：其一是研究浮力驱动的对流，Chandrasekhar (1961) 对此进行了讨论；其二是研究惯性波和进动驱动的流动，这由 Greenspan (1968) 进行了论述。本书则是对以上三个看似在数学和物理上分离的主题——热对流、惯性波和进动流——提出了统一的理论。该理论基于渐近分析方法，将这些十分复杂的问题变得在数学上易于处理，并且能够反映旋转流体的基本特征。

写作本书的目的有三。首先，除了向读者介绍一些其他著作未曾广泛关注的问题，我们还将基于过去几十年的研究进展，尝试对不同几何形状的旋转Boussinesq流体问题构建一个系统的、统一的理论，并希望该理论能带领读者到达此类研究的最前沿；其次，本书选取了一些特殊的几何形状 (如环柱或圆柱) 对旋转流体加以讨论，这是因为它们不仅在数学表达上比较简洁，而且易于在实验中实现，使理论和实验可以互相印证，同时，对球或椭球等几何体的研究成果可直接应用于行星或其他天体中；最后，我们希望本书能为不同领域 (如地球物理、天体物理、行星物理和流体工程等) 的研究生和学者提供有益的参考。

在写作风格、深度和细节上，本书遵循以下原则：尽量保证每章自成一体，使其具有不依赖于其他章节的阅读独立性。付出的代价则是反复叙述了一些基本方程、记号和定义。书中罗列了大量足够详细的数学公式，以使研究者充分体会理论的发展，并能够重复这些数学分析并获得相同的结论。书中还给出了许多数据表格，使读者在需要时能够检验或比较其推导过程和最后结果。虽然本书的重点在旋转流体的理论分析上，但是只要有可能，我们都会将数值计算 (或实验) 与理论的结果进行比较。本书的读者对象应该熟悉流体力学基本原理、常微分和偏微分方程以及向量分析。

本书的许多素材来自作者、博士研究生和博士后的原始研究。可可非常感谢分布于全世界的许多同事以及过去和现在的科研合作者，尤其是 F. H. Busse, D. Gubbins, A. Jackson, C. A. Jones, R. R. Kerswell, P. H. Roberts, G. Schubert 和 A. M. Soward。正是与他们持续几十年的无数讨论，深刻地影响了作者在此领域的研究。我们也特别感谢 S. J. Maskell 博士，他仔细审阅了原稿并提出了很多有益的建议。书中的疏漏在所难免，欢迎读者批评指正。

张可可，英国埃克塞特 (Exeter) 大学
廖新浩，中国科学院

目　　录

译者序
前言

第一部分　旋转流体基础

第1章　旋转流体的基本概念和方程 ··· 3
- 1.1　引言 ·· 3
- 1.2　旋转流体的运动方程 ··· 4
- 1.3　热方程 ·· 6
- 1.4　Boussinesq 方程 ··· 6
- 1.5　动能方程 ·· 9
- 1.6　Taylor-Proudman 定理和热风方程 ··· 10
- 1.7　统一的理论方法 ·· 11

第二部分　匀速旋转系统中的惯性波

第2章　导论 ··· 17
- 2.1　公式 ··· 17
- 2.2　频率界限 $|\sigma| \leqslant 1$ ·· 19
- 2.3　特殊情形：$\sigma = 0$ 和 $\sigma = \pm 1$ ·· 20
- 2.4　正交性 ·· 22
- 2.5　庞加莱方程 ··· 23

第3章　旋转窄间隙环柱中的惯性模 ··· 25
- 3.1　公式 ··· 25
- 3.2　轴对称惯性振荡 ·· 27
- 3.3　地转模 ·· 29
- 3.4　非轴对称惯性波 ·· 30

第4章　旋转圆柱中的惯性模 ··· 32
- 4.1　公式 ··· 32

  4.2 轴对称惯性振荡···33
  4.3 地转模···37
  4.4 非轴对称惯性波···39
第 5 章 旋转球体中的惯性模···46
  5.1 公式···46
  5.2 地转模···48
  5.3 赤道对称模：$m = 0$···50
  5.4 赤道对称模：$m \geqslant 1$···55
  5.5 赤道反对称模：$m = 0$·······································65
  5.6 赤道反对称模：$m \geqslant 1$·······································69
  5.7 旋转球体中一个准确的非线性解·····························74
第 6 章 旋转椭球中的惯性模···77
  6.1 公式···77
  6.2 地转模···84
  6.3 赤道对称模：$m = 0$···85
  6.4 赤道对称模：$m \geqslant 1$···87
  6.5 赤道反对称模：$m = 0$·······································90
  6.6 赤道反对称模：$m \geqslant 1$·······································93
  6.7 旋转椭球中一个准确的非线性解·····························95
第 7 章 旋转管道惯性模完备性的证明·································98
  7.1 惯性模完备性的重要意义····································98
  7.2 贝塞尔不等式和帕塞瓦尔等式······························99
  7.3 完备性关系式的证明··102
第 8 章 旋转球体惯性模完备性的指征·······························111
  8.1 寻找完备性的标志···111
  8.2 耗散型积分等于零的证明··································112

第三部分 非匀速旋转系统中的进动流和天平动流

第 9 章 导论···121
  9.1 非匀速旋转：进动和天平动································121
  9.2 不同几何体中的进动/天平动流·····························122

9.3 关键参数与参考系 ··· 125
9.4 不使用 $\sqrt{Ek}$ 的渐近展开 ·· 126

第 10 章 进动窄间隙环柱中的流体运动 ································ 128
10.1 公式 ··· 128
10.2 共振条件 ··· 130
10.3 $\Gamma = \sqrt{3}$ 的共振渐近解 ·· 131
10.4 $\Gamma = 1/\sqrt{3}$ 的共振渐近解 ·· 140
10.5 线性数值分析 ··· 144
10.6 非线性直接数值模拟 ·· 145
10.7 分析解与数值解的比较 ·· 146
10.8 副产品：粘性衰减因子 ·· 147

第 11 章 进动圆柱中的流体运动 ······································· 151
11.1 公式 ··· 151
11.2 共振条件 ··· 153
11.3 无粘性进动解的发散性 ·· 154
11.4 $0 < Ek \ll 1$ 条件下的渐近通解 ·· 158
11.5 主共振渐近解 ··· 166
11.6 基于谱方法的线性数值分析 ·· 172
11.7 弱进动流的非线性特性 ·· 174
11.8 有限元数值模拟 ··· 177
11.9 主共振的非线性进动流 ·· 178
  11.9.1 非线性流的分解 ·· 178
  11.9.2 非线性进动流的结构 ··· 183
  11.9.3 搜寻三模共振 ·· 188
11.10 副产品：粘性衰减因子 ··· 191

第 12 章 进动球体中的流体运动 ······································· 194
12.1 公式 ··· 194
12.2 渐近展开与共振 ··· 196
12.3 渐近解 ··· 198
12.4 非线性直接数值模拟 ·· 204
12.5 分析解与数值解的对比 ·· 205

| 12.6 | 非线性效应：方位平均流 | 207 |
| 12.7 | 副产品：粘性衰减因子 | 208 |

第 13 章　经向天平动球体中的流体运动 ... 210
- 13.1 公式 ... 210
- 13.2 渐近解 ... 211
  - 13.2.1 为什么不能发生共振 ... 211
  - 13.2.2 渐近分析 ... 212
  - 13.2.3 被激发的三个基本模 ... 217
- 13.3 线性数值解 ... 221
- 13.4 非线性直接数值模拟 ... 224

第 14 章　进动椭球中的流体运动 ... 226
- 14.1 公式 ... 226
- 14.2 无粘性解 ... 228
- 14.3 非线性准确解 ... 233
- 14.4 粘性解 ... 235
- 14.5 非线性进动流的特性 ... 241
- 14.6 副产品：粘性衰减因子 ... 246

第 15 章　纬向天平动椭球中的流体运动 ... 248
- 15.1 公式 ... 248
- 15.2 分析解：非共振天平动流 ... 250
- 15.3 分析解：共振天平动流 ... 255
- 15.4 非线性直接数值模拟 ... 263
- 15.5 分析解与数值解的对比 ... 263

第四部分　匀速旋转系统中的对流

第 16 章　导论 ... 269
- 16.1 旋转对流与进动、天平动 ... 269
- 16.2 旋转对流的关键参数 ... 270
- 16.3 旋转对对流的约束 ... 271
- 16.4 旋转对流的类型 ... 272
  - 16.4.1 粘性对流模式 ... 272

		16.4.2 惯性对流模式 · 274

    16.4.2 惯性对流模式 · · · · · · · · · · · · 274

    16.4.3 过渡对流模式 · · · · · · · · · · · · 275

16.5 不同旋转几何体中的对流 · · · · · · · · · · · · 275

    16.5.1 旋转环柱管道 · · · · · · · · · · · · 276

    16.5.2 旋转圆柱 · · · · · · · · · · · · 277

    16.5.3 旋转球体或球壳 · · · · · · · · · · · · 278

第 17 章 旋转窄间隙环柱中的对流 · · · · · · · · · · · · 280

17.1 公式 · · · · · · · · · · · · 280

17.2 非线性对流的有限差分法 · · · · · · · · · · · · 283

17.3 稳态粘性对流 · · · · · · · · · · · · 284

    17.3.1 控制方程 · · · · · · · · · · · · 284

    17.3.2 $\Gamma Ta^{1/6} \ll O(1)$ 时的渐近解 · · · · · · · · · · · · 286

    17.3.3 $\Gamma Ta^{1/6} = O(1)$ 时的渐近解 · · · · · · · · · · · · 290

    17.3.4 Galerkin-tau 方法的数值解 · · · · · · · · · · · · 292

    17.3.5 分析解与数值结果的比较 · · · · · · · · · · · · 293

    17.3.6 稳态对流的非线性特性 · · · · · · · · · · · · 294

17.4 振荡粘性对流 · · · · · · · · · · · · 296

    17.4.1 控制方程 · · · · · · · · · · · · 296

    17.4.2 两个不同振荡解的对称性 · · · · · · · · · · · · 298

    17.4.3 满足边界条件的渐近解 · · · · · · · · · · · · 299

    17.4.4 分析解与数值解的比较 · · · · · · · · · · · · 306

    17.4.5 与无界旋转层流的比较 · · · · · · · · · · · · 310

    17.4.6 $\Gamma = O(Ta^{-1/6})$ 时的非线性特性 · · · · · · · · · · · · 313

    17.4.7 $\Gamma \gg O(Ta^{-1/6})$ 时的非线性特性 · · · · · · · · · · · · 315

17.5 曲率影响下的粘性对流 · · · · · · · · · · · · 318

    17.5.1 粘性对流的开端 · · · · · · · · · · · · 318

    17.5.2 粘性对流的非线性特性 · · · · · · · · · · · · 320

17.6 惯性对流：非轴对称解 · · · · · · · · · · · · 325

    17.6.1 渐近展开 · · · · · · · · · · · · 325

    17.6.2 无耗散的热惯性波 · · · · · · · · · · · · 327

    17.6.3 应力自由条件的渐近解 · · · · · · · · · · · · 328

17.6.4 无滑移条件的渐近解 ································ 332
17.6.5 伽辽金谱方法的数值解 ······························ 341
17.6.6 分析解与数值解的对比 ······························ 343
17.6.7 惯性对流的非线性特性 ······························ 343
17.7 惯性对流：轴对称扭转振荡 ································ 349

第 18 章　旋转圆柱中的对流 ·· 352
18.1 公式 ·· 352
18.2 应力自由条件的对流 ·· 354
18.2.1 惯性对流的渐近解 ································ 354
18.2.2 粘性对流的渐近解 ································ 361
18.2.3 Chebyshev-tau 方法的数值解 ····················· 363
18.2.4 分析解与数值解的比较 ···························· 365
18.3 无滑移条件的对流 ·· 366
18.3.1 惯性对流的渐近解 ································ 366
18.3.2 粘性对流的渐近解 ································ 372
18.3.3 使用伽辽金型方法的数值解 ······················· 373
18.3.4 分析解与数值解的比较 ···························· 374
18.3.5 热边界条件的影响 ································ 376
18.3.6 轴对称惯性对流 ···································· 378
18.4 向弱湍流的过渡 ·· 382
18.4.1 非线性对流的有限元方法 ······················· 382
18.4.2 惯性对流：从单一惯性模到弱湍流 ················ 383
18.4.3 粘性对流：从壁面局部化模到弱湍流 ·············· 386

第 19 章　旋转球体或球壳中的对流 ································ 389
19.1 公式 ·· 389
19.2 使用环型/极型分解的数值解 ································ 392
19.2.1 环型/极型分解下的控制方程 ····················· 392
19.2.2 应力自由或无滑移条件的数值分析 ··············· 393
19.2.3 $0 < Ek \ll 1$ 条件下的几个数值解 ················ 396
19.2.4 非线性效应：较差旋转 ···························· 403
19.3 局部渐近解：窄间隙环柱模型 ································ 407

- 19.3.1 局部和准地转近似 ·· 407
- 19.3.2 $0 < Ek \ll 1$ 条件下的渐近关系 ····················· 409
- 19.3.3 渐近解和数值解的比较 ································ 411

19.4 应力自由条件的全局渐近解 ······························· 411
- 19.4.1 渐近分析假设 ·· 411
- 19.4.2 惯性对流的渐近分析 ···································· 412
- 19.4.3 惯性对流的几个分析解 ································ 417
- 19.4.4 惯性对流不能维持较差旋转 ························· 421
- 19.4.5 粘性对流的渐近分析 ··································· 422
- 19.4.6 粘性对流的典型渐近解 ································ 425
- 19.4.7 非线性效应：粘性对流中的较差旋转 ············· 427

19.5 无滑移条件的全局渐近解 ································· 429
- 19.5.1 渐近分析假设 ·· 429
- 19.5.2 惯性对流的渐近分析 ··································· 430
- 19.5.3 惯性对流的几个分析解 ································ 434
- 19.5.4 粘性对流的渐近分析 ··································· 437
- 19.5.5 粘性对流的典型渐近解 ································ 440
- 19.5.6 非线性效应：粘性对流中的较差旋转 ············· 442

19.6 向弱湍流的过渡 ··· 446
- 19.6.1 旋转球体的有限元方法 ································ 446
- 19.6.2 向弱湍流的过渡 ··· 447
- 19.6.3 旋转球壳的有限差分方法 ····························· 451
- 19.6.4 慢速旋转薄球壳中稳定的多重非线性平衡 ······ 452

附录一 矢量算式和定理 ·· 455
附录二 矢量定义 ·· 456
参考文献 ·· 457
索引 ··· 467

第一部分

旋转流体基础

第1章 旋转流体的基本概念和方程

1.1 引 言

受旋转强烈影响的流体运动从根本上区别于非旋转流体，这赋予了旋转流体研究独特的学术魅力。为解释或预测大气、海洋、行星以及天体物理现象，地球物理学、天体物理学和应用数学领域的科学家对旋转流体投入了越来越多的关注。同时，在工程和应用领域，旋转流体问题也是一个基础性问题，研究范围可从离心机的稳定性延伸到旋转航天器 (携带液体载荷) 的稳定性。在过去几十年中，快速旋转流体的理论、实验、数值和观测研究已获得了蓬勃的发展。

旋转流的特殊性激发了许多富有创意的思想，它们已被成功应用于旋转流体的理论之中。旋转流的特殊性主要表现在三个方面：① 旋转对流体运动具有压倒性的控制和约束作用；② 仅由旋转驱动的振荡运动、惯性振荡和惯性波的类型是独一无二的；③ 由快速旋转导致的粘性[①]边界层与非旋转系统具有显著的差异。

这三个基本特征构成了本书所论述的旋转流体理论基础——惯性波、旋转对流和进动/天平动流。因为对于首阶近似下的无粘性波动，可以相对简单且容易地获得其数学分析解，所以，在此基础上，往往可以非常有效地使用渐近或微扰方法来发展相应的粘性流体理论。

旋转流体研究包含两个重要但在传统上互相独立的分支：惯性波和对流不稳定性。惯性波理论描述了仅由旋转激发的无粘性流体运动，而对流研究关注的是由热浮力驱动的粘性流体运动——它既可以发生在旋转系统中，也可以发生在非旋转系统中。这两个研究分支均已独立获得了广泛的发展。当流体粘性被忽略时，旋转流体的惯性波由庞加莱(Poincaré) 方程所控制，Greenspan(1968) 在其专著中讨论了该问题在多个系统中的解。而热对流问题需要增加一个方程，用以控制驱动对流的浮力。针对不同几何形状的流体，Chandrasekhar(1961) 给出了热对流问题的公式和早期研究结果。本书将尝试在渐近分析的框架内统一惯性波、热对流和进动/天平动流的理论，并且反映旋转流体的三个基本特征。

为清晰阐释旋转流体的基本动力学过程，我们付出了大量心血，对多种几何形状旋转容器中的流体运动进行了研究。容器分三类，分别为环柱 (以及窄间隙环柱)、圆柱和球 (以及球壳和椭球)。当流体充满容器时，流体不存在自由表面，并

---

① 全国科学技术名词审定委员会推荐使用 "黏性"，但考虑到很多人的行业习惯，本书中使用 "粘性"。本书中类似情况还有 "粘度""粘滞" 等，在此一并说明。

且这些旋转容器的形状可以被实验室实验精确或近似地实现，参见文献 (Malkus, 1968; Davies-Jones and Gilman, 1971; Benton and Clark, 1974; Carrigan and Busse, 1983; Zhong et al., 1991; Kobine, 1995; Noir et al., 2001; King and Aurnou, 2013)。

1.2 旋转流体的运动方程

我们首先简要介绍一下描述旋转流体运动的完整方程组。本书所有讨论都将基于流体连续性假设，即流体运动的尺度远大于流体分子间的距离 (Batchelor，1967)。在此假设下，流体的微观分子结构被忽略，在结构上被视为完全连续和均匀的。

在连续性假设下，可以定义一个无穷小的流体微团，设它在 t 时刻位于 $\mathbf{r} = x_i$ ($i = 1, 2, 3$) 的位置。使用流体力学的欧拉方法，令 $\rho(\mathbf{r}, t)$ 表示 t 时刻、位置 $\mathbf{r}$ 处的流体微团密度 (单位体积内的质量)，则以下标形式表示的质量守恒原理为

$$\frac{\partial \rho}{\partial t} + \frac{\partial (\rho u_k)}{\partial x_k} = 0, \tag{1.1}$$

其矢量形式为

$$\frac{\partial \rho}{\partial t} + \nabla \cdot (\rho \mathbf{u}) = \frac{\mathrm{D}\rho}{\mathrm{D}t} + \rho \nabla \cdot \mathbf{u} = 0, \tag{1.2}$$

其中，$\mathbf{u}(\mathbf{r}, t) = u_k(x_j, t)$ 代表流体微团在 $\mathbf{r}$ 位置和 t 时刻的速度。全微分 $\mathrm{D}/\mathrm{D}t$ 定义为

$$\frac{\mathrm{D}}{\mathrm{D}t} \equiv \frac{\partial}{\partial t} + \mathbf{u} \cdot \nabla.$$

偏微分方程 (1.1) 或 (1.2) 描述了流体在连续性假设下的质量守恒定律，称为连续性方程。

在惯性系中，考虑一个非匀速旋转的容器，其中充满了粘度恒定的牛顿流体。容器的旋转角速度以 $\mathbf{\Omega}(t)$ 表示，即它可以随时间而变化。由动量守恒原理可以导出流体微团相对于参考系的运动方程，而对于不同的参考系，其运动方程则具有不同的数学形式。很显然，对于大气动力学之类的许多地球物理问题，采用一个坐标轴固定于地球的参考系在物理上是自然的，在数学上也较为方便，这个参考系通常被称为旋转参考系，或者地幔参考系、随体参考系。在旋转参考系中，流体容器的边界是静止的，流体运动仅需要考虑相对刚体转动的小幅偏离。

设一名观测者位于旋转参考系中，记 $(\partial/\partial t)_{rotating}$ 为他观察到的任意矢量的变化率；同时，假设另一名观测者位于非旋转的惯性参考系中，记他所看到的矢量变化率为 $(\partial/\partial t)_{inertial}$。那么这两个变化率之间的关系为

$$\left(\frac{\partial}{\partial t}\right)_{inertial} = \left(\frac{\partial}{\partial t}\right)_{rotating} + \mathbf{\Omega}(t) \times. \tag{1.3}$$

1.2 旋转流体的运动方程

将流体微团的位置矢量 **r** 应用于公式 (1.3)，则有

$$\left(\frac{\partial \mathbf{r}}{\partial t}\right)_{inertial} = \left(\frac{\partial \mathbf{r}}{\partial t}\right)_{rotating} + \mathbf{\Omega} \times \mathbf{r} \text{ 或 } \mathbf{u}_{inertial} = \mathbf{u}_{rotating} + \mathbf{\Omega} \times \mathbf{r},$$

其中，$\mathbf{u}_{inertial} = (\partial \mathbf{r}/\partial t)_{inertial}$，表示相对于惯性参考系的速度；而 $\mathbf{u}_{rotating} = (\partial \mathbf{r}/\partial t)_{rotating}$，表示相对于旋转参考系的速度。对位于惯性参考系的观测者来说，旋转带来了一个附加的项 $\mathbf{\Omega} \times \mathbf{r}$。再次应用 (1.3) 式，则惯性系中的加速度可写为

$$\left(\frac{\partial \mathbf{u}_{inertial}}{\partial t}\right)_{inertial} = \left[\frac{\partial (\mathbf{u}_{rotating} + \mathbf{\Omega} \times \mathbf{r})}{\partial t}\right]_{inertial}$$

$$= \left(\frac{\partial \mathbf{u}_{rotating}}{\partial t}\right)_{inertial} + \left(\frac{\partial \mathbf{\Omega}}{\partial t}\right)_{inertial} \times \mathbf{r} + \mathbf{\Omega} \times \left(\frac{\partial \mathbf{r}}{\partial t}\right)_{inertial}.$$

注意到

$$\left(\frac{\partial \mathbf{u}_{rotating}}{\partial t}\right)_{inertial} = \left(\frac{\partial \mathbf{u}_{rotating}}{\partial t}\right)_{rotating} + \mathbf{\Omega} \times \mathbf{u}_{rotating},$$

$$\left(\frac{\partial \mathbf{r}}{\partial t}\right)_{inertial} = \mathbf{u}_{inertial} = \mathbf{u}_{rotating} + \mathbf{\Omega} \times \mathbf{r},$$

则可得

$$\left(\frac{\partial \mathbf{u}_{inertial}}{\partial t}\right)_{inertial} = \left[\left(\frac{\partial \mathbf{u}_{rotating}}{\partial t}\right)_{rotating} + \mathbf{\Omega} \times \mathbf{u}_{rotating}\right]$$

$$+ \left(\frac{\partial \mathbf{\Omega}}{\partial t}\right)_{inertial} \times \mathbf{r} + [\mathbf{\Omega} \times (\mathbf{u}_{rotating} + \mathbf{\Omega} \times \mathbf{r})]$$

$$= \left(\frac{\partial \mathbf{u}_{rotating}}{\partial t}\right)_{rotating} + 2\mathbf{\Omega} \times \mathbf{u}_{rotating} + \left(\frac{\partial \mathbf{\Omega}}{\partial t}\right)_{inertial}$$

$$\times \mathbf{r} + \mathbf{\Omega} \times (\mathbf{\Omega} \times \mathbf{r}).$$

同时我们也应注意到

$$\left(\frac{\partial \mathbf{\Omega}}{\partial t}\right)_{inertial} = \left(\frac{\partial \mathbf{\Omega}}{\partial t}\right)_{rotating}.$$

鉴于本书始终采用旋转参考系，后文将会省略下标 $rotating$（除非特别说明）。在旋转参考系中，纳维-斯托克斯方程 (Navier-Stokes equation，即动量方程) 具有如下形式：

$$\rho \left[\frac{\partial \mathbf{u}}{\partial t} + \mathbf{u} \cdot \nabla \mathbf{u} + 2\mathbf{\Omega} \times \mathbf{u} + \mathbf{\Omega} \times (\mathbf{\Omega} \times \mathbf{r})\right]$$

$$= -\nabla p + \rho \mathbf{g} + \mu \left[\nabla^2 \mathbf{u} + \frac{1}{3}\nabla(\nabla \cdot \mathbf{u})\right] + \rho \mathbf{r} \times \left(\frac{\partial \mathbf{\Omega}}{\partial t}\right) + \rho \mathbf{f}, \qquad (1.4)$$

其中 μ 为动力粘度 (dynamic viscosity，假设为常量，不随空间和时间而变化)，$\mathbf{g}$ 为重力加速度，p 为压强 (流体微团单位面积的受力)，$\mathbf{u}$ 为相对旋转参考系的速度，$\mathbf{f}$ 表示外部施加的体力，$(\partial\mathbf{\Omega}/\partial t)$ 表示角速度的变化率，后面我们将针对不同的应用问题给出具体的表达式。

方程 (1.4) 有三项含有角速度参量 $\mathbf{\Omega}$，其中第一项 $2\mathbf{\Omega}\times\mathbf{u}$ 称为科里奥利力，第二项 $\mathbf{r}\times(\partial\mathbf{\Omega}/\partial t)$ 通常称为庞加莱力，第三项 $\mathbf{\Omega}\times(\mathbf{\Omega}\times\mathbf{r})$ 称为离心力，它可以写成梯度的形式，即

$$\mathbf{\Omega}\times(\mathbf{\Omega}\times\mathbf{r}) = -\frac{1}{2}\nabla|\mathbf{\Omega}\times\mathbf{r}|^2.$$

运动方程 (1.4) 的物理意义可以表述为：相对于旋转参考系，流体速度的变化由科里奥利力、庞加莱力、离心力、惯性力、压力、体力和粘滞力的联合作用而导致。

1.3 热方程

由连续性方程 (1.2) 和运动方程 (1.4) 描述的数学系统是不封闭的，因为系统有五个待求未知量：ρ、p 和 u_j ($j=1,2,3$)，而标量方程却只有四个，因此需要一个状态方程来确定压强 p、密度 ρ 与温度 T 的关系：

$$\rho = \rho(p, T). \tag{1.5}$$

但它又引入了一个新的未知量 T，于是需要一个能量守恒方程 (常称为热方程) 来封闭这个数学系统：

$$c_p\frac{\mathrm{D}T}{\mathrm{D}t} = \frac{1}{\rho}\frac{\partial}{\partial x_j}\left(k\frac{\partial T}{\partial x_j}\right) + \frac{Q_h}{\rho} + \frac{\mu}{2\rho}\left[\left(\frac{\partial u_i}{\partial x_j}+\frac{\partial u_j}{\partial x_i}\right)^2 - \frac{4}{3}\left(\frac{\partial u_l}{\partial x_l}\right)^2\right], \tag{1.6}$$

其中 k 是流体的热传导系数。上式应用了傅里叶热传导定律，即

$$\mathbf{q} = -k\nabla T. \tag{1.7}$$

(1.6) 式中，μ 为流体的动力粘度，c_p 为定压比热，Q_h 为单位体积的内部产热率。方程中所有正比于 p 和 $\mathrm{D}p/\mathrm{D}t$ 的项与其他项比较通常很小，均已被略去。热方程 (1.6) 可解读为：单位质量流体内能的变化由热传导、内部生热和粘滞耗散所决定。

1.4 Boussinesq 方程

为进行数学分析，必须对旋转流体运动的三个方程：连续性方程 (1.1)、运动方程 (1.4) 和热方程 (1.6) 作简化处理。另外，状态方程 (1.5) 往往非常复杂，也需要

1.4 Boussinesq 方程

写出具体公式并进行简化。尤其是这些方程往往含有极短时间尺度过程 (如声波),我们希望将其去除以避免问题复杂化。在一般的实验室实验中,由于温度和压强变化幅度极小,可以将流体密度视为与压强无关,而与温度差 $(T-T_0)$ 线性相关 (T 为温度,T_0 为参考温度),即

$$\rho = \rho_0\left[1-\alpha(T-T_0)\right], \tag{1.8}$$

式中 ρ_0 是温度为 T_0 时的密度,α 为热膨胀系数 (假设其为常数)。系数 α 通常非常小,因此对于不剧烈的温度变化,有

$$\frac{|\rho-\rho_0|}{\rho_0} = \alpha|T-T_0| \ll 1.$$

对于大多数流体,(1.8) 式的简单关系足以使状态方程获得满意的近似,它保留了必要的物理信息,同时避免了数学复杂性。

该近似最早由瑞利采用 (Rayleigh, 1916),如今已广泛应用于旋转和非旋转流体的研究中,被称为 Oberbeck-Boussinesq 近似 (Oberbeck, 1888; Boussinesq, 1903)。其核心意义是:由于密度变化较小,在运动方程中,除了驱动流体运动的浮力 (体力项),其他项受到的影响可忽略不计。因此在 Boussinesq 近似下,除了与重力加速度 $\mathbf{g}$ 相乘时的密度,其他所有的热力学变量 (如热传导系数 k、比热 c_p 等) 均可视为常数。在首阶近似下,方程 (1.2) 中密度的变化为 $O(\alpha)$ 量级,可忽略不计,由此得到无散 (度) 条件:

$$\nabla \cdot \mathbf{u} = 0. \tag{1.9}$$

此条件也可以通过尺度分析获得正式的证明 (Spiegel and Veronis, 1960)。在 Boussinesq 近似和旋转参考系下,应用 (1.8) 和 (1.9) 式,动量方程 (1.4) 变为

$$\left[\frac{\partial \mathbf{u}}{\partial t} + \mathbf{u}\cdot\nabla\mathbf{u} + 2\mathbf{\Omega}\times\mathbf{u}\right] = -\frac{1}{\rho_0}\nabla P - \mathbf{g}\alpha\Theta + \nu\nabla^2\mathbf{u} + \mathbf{r}\times\left(\frac{\partial \mathbf{\Omega}}{\partial t}\right) + \mathbf{f}, \tag{1.10}$$

其中 $\nu = \mu/\rho_0$,称为运动粘滞系数或运动粘度 (kinematic viscosity);而

$$\Theta = T - T_0$$

表示相对参考温度 T_0 的温度偏离或扰动;P 称为折算压强,即

$$P = p - p_0 - \frac{\rho_0}{2}\left(\mathbf{\Omega}\times\mathbf{r}\right)\cdot\left(\mathbf{\Omega}\times\mathbf{r}\right),$$

它吸收了离心力 $\mathbf{\Omega}\times(\mathbf{\Omega}\times\mathbf{r})$ 和流体静压 p_0。应该注意的是,(1.10) 式具有如下重要特点:当 $(\partial\mathbf{\Omega}/\partial t) = \mathbf{0}$,$\mathbf{f}=\mathbf{0}$ 和 $\Theta=0$ 时,方程可以有 $\mathbf{u}=\mathbf{0}$ 这样的解,它为热对流的稳定性分析提供了一个基准状态。在这种情况下,旋转轴的位置在数学上是不

重要的,因为依赖于旋转轴位置的离心加速度仅仅改变了压强梯度,而压强本身在容器边界面上并不需要一个边界条件以决定其大小。这里我们已假设 **g** 远大于离心加速度,因此允许流体存在无相对运动的静态平衡。

很多地球和天体物理系统往往具有非常大的温压范围,其流体对流速度通常小于声速而大于热扩散速度。在这种情况下,Boussinesq 近似依然有效,条件是: 变量 P、T 和 **u** 可被视为相对于一个静止且充分混合的等熵状态的扰动。这个等熵状态是流体静压的,其压强 p_0 满足

$$\nabla p_0 = \rho_0 \mathbf{g},$$

并且其温度 T_0 为绝热自压温度。

热方程也必须进行简化。在 Boussinesq 近似下,(1.6) 式中粘滞耗散的产热率与其他项相比可忽略不计,因此热方程可简化为

$$\frac{\partial \Theta}{\partial t} + \mathbf{u} \cdot \nabla (\Theta + T_0) = \kappa \nabla^2 (\Theta + T_0) + \frac{Q_h}{c_p \rho_0}, \tag{1.11}$$

其中 κ 为热扩散系数,定义为

$$\kappa = \frac{k}{c_p \rho_0}.$$

对不同物理领域的多种流体,(1.11) 式已是方程 (1.6) 的极好近似。于是,这五个方程——连续性方程(1.9)、动量方程(1.10)所含的三个标量方程和能量方程(1.11)——控制着五个未知变量:速度三分量 $u_j (j=1,2,3)$、折算压强 P 和温度扰动 Θ。由这五个方程构成的方程组,再加上相应的速度、温度边界条件,便形成了一个数学上的封闭系统,它描述了旋转系统中 Boussinesq 流体的运动,通常被称为 Boussinesq 方程组,对这个方程组的研究将贯穿于本书之中 (针对不同几何形状的旋转流体)。

流体速度 **u** 和温度 T 必须在旋转容器的边界面 $\mathcal{S}$ 上给出边界条件。对于速度,经常采用两类边界条件。在旋转参考系中,第一类为无滑移边界条件定义为

$$\hat{\mathbf{n}} \cdot \mathbf{u} = 0, \quad \hat{\mathbf{n}} \times \mathbf{u} = \mathbf{0}, \quad 在 \mathcal{S} 上, \tag{1.12}$$

其中 $\hat{\mathbf{n}} = \hat{n}_j$ 表示边界面 $\mathcal{S}$ 的单位法向,此边界条件适用于旋转流体的实验研究;第二类为应力自由边界条件,定义为

$$\hat{n}_j \left(\frac{\partial u_i}{\partial x_j} + \frac{\partial u_j}{\partial x_i} \right) = 0, \quad 在 \mathcal{S} 上, \tag{1.13}$$

它适用于许多地球物理和天体物理系统 (如行星大气)。对于温度,同样有两类边界条件,它们广泛应用于热对流一类的研究。第一类为常温或等温条件,即

$$\Theta = 0, \quad 在 \mathcal{S} 上. \tag{1.14}$$

第二类为定常热流条件,定义为

$$\hat{\mathbf{n}} \cdot \nabla \Theta = 0, \quad \text{在} \mathcal{S} \text{上}. \tag{1.15}$$

一般而言,在旋转流体中,应力自由边界条件 (1.13) 将导致一个弱的粘性边界层,数学处理较为简单;而无滑移边界条件 (1.12) 常产生一个强的粘性边界层,数学处理相对更加复杂。

值得一提的是,Boussinesq 近似可以扩展到基准密度随空间分布的情况 (即 ρ_0 是空间的函数),在这种情况下,连续性方程 (1.1) 则变成

$$\nabla \cdot (\rho_0 \mathbf{u}) = 0, \tag{1.16}$$

这称为滞弹性 (anelastic) 近似。

1.5 动能方程

为深入理解动量方程 (1.10) 各项的物理意义,将流体速度 $\mathbf{u}$ 与方程 (1.10) 进行点乘,可得到旋转 Boussinesq 流体的动能方程:

$$\begin{aligned}\frac{1}{2}\frac{\partial |\mathbf{u}|^2}{\partial t} &= -\nabla \cdot \left[\frac{1}{2}|\mathbf{u}|^2 \mathbf{u} + \frac{P}{\rho_0}\mathbf{u} - 2\nu \mathbf{u} \times (\nabla \times \mathbf{u})\right] - \mathbf{u} \cdot (\mathbf{\Omega} \times \mathbf{u}) \\ &\quad - \nu |\nabla \times \mathbf{u}|^2 + \mathbf{u} \cdot \left[\mathbf{r} \times \left(\frac{\partial \mathbf{\Omega}}{\partial t}\right)\right] - \alpha \mathbf{u} \cdot \mathbf{g}\Theta. \end{aligned} \tag{1.17}$$

上式已假设外力 $\mathbf{f} = \mathbf{0}$,并且应用了无散条件 (1.9)。注意科里奥利力并不做功,因为它的方向垂直于速度,即 $\mathbf{u} \cdot (\mathbf{\Omega} \times \mathbf{u}) = 0$。但庞加莱力 $\mathbf{r} \times (\partial \mathbf{\Omega}/\partial t)$ 与科里奥利力有本质上的不同,它可以对流体做功。

对于旋转容器中的 Boussinesq 流体 (体积为 $\mathcal{V}$、界面为 $\mathcal{S}$),在无滑移边界条件 (1.12) 下,流体的总动能 E_{kin} 满足

$$\begin{aligned}\frac{\mathrm{d}E_{\text{kin}}}{\mathrm{d}t} &= \frac{\mathrm{d}}{\mathrm{d}t}\left(\int_{\mathcal{V}} \frac{1}{2}|\mathbf{u}|^2 \,\mathrm{d}\mathcal{V}\right) \\ &= -\int_{\mathcal{V}} \left\{\nu |\nabla \times \mathbf{u}|^2 + \mathbf{u} \cdot \left[\left(\frac{\partial \mathbf{\Omega}}{\partial t}\right) \times \mathbf{r}\right] + \alpha \mathbf{u} \cdot \mathbf{g}\Theta\right\} \mathrm{d}\mathcal{V}. \end{aligned} \tag{1.18}$$

上式左边表示流体动能的变化率。右边第一项代表粘滞耗散,其符号总是负的;第二项为非匀速旋转或者进动产生的动能,最后一项表示浮力将重力势能转化为动能的速率,而浮力则来源于密度的不均匀分布。对于匀速旋转容器中的均匀粘性流体 $((\partial \mathbf{\Omega}/\partial t) = \mathbf{0}, \Theta \equiv 0, \nu \neq 0)$,由于粘滞耗散效应,其动能总是随时间而衰减,即 $\mathrm{d}E_{\text{kin}}/\mathrm{d}t < 0$。这个复杂的快速旋转系统的一般性问题可以简化为以下三种情况:

(1) 匀速旋转 $((\partial\mathbf{\Omega}/\partial t) = \mathbf{0})$ 容器中的理想无粘性 ($\nu = 0$)、均匀 ($\Theta \equiv 0$) 流体。在此情况下，流体的总动能是守恒的，即 $dE_{kin}/dt = 0$，科里奥利力是流体振荡运动唯一的回复力。本书第二部分将讨论无粘性流体的惯性波或振荡。

(2) 非匀速旋转 $((\partial\mathbf{\Omega}/\partial t) \neq \mathbf{0})$ 容器中的粘性 ($\nu \neq 0$)、均匀 ($\Theta \equiv 0$) 流体。在此情况下，流体运动由进动或天平动驱动。粘性流体的进动/天平动流将在本书第三部分讨论。

(3) 匀速旋转 $((\partial\mathbf{\Omega}/\partial t) = \mathbf{0})$ 容器中的粘性 ($\nu \neq 0$)、非稳定分层 ($\Theta \neq 0$) 流体。在此情况下，流体运动由浮力通过对流不稳定性驱动。快速旋转系统的对流问题将在本书第四部分讨论。

读者将会在本书中看到：旋转系统这三个看似不同的问题在数学和物理上是怎样互相联系起来的；基于惯性波或惯性振荡的分析解是如何让这些看似复杂的问题在数学上变得简单的。我们将针对不同的几何形状 (环柱、圆柱、球和椭球等)，分别对上述三个问题进行论述。

1.6 Taylor-Proudman 定理和热风方程

Taylor-Proudman 定理是快速旋转系统一个极其重要的结果，我们将推导过程描述如下。在一个匀速旋转 $((\partial\mathbf{\Omega}/\partial t) = \mathbf{0})$ 系统中，考虑特征速度为 U 的流体，假设：①流体运动是稳定的 $(\partial\mathbf{u}/\partial t = \mathbf{0})$；②流体运动非常缓慢，以至于非线性项 $(\mathbf{u} \cdot \nabla\mathbf{u})$ 远小于科里奥利加速度，即

$$\left|\frac{\mathbf{u} \cdot \nabla\mathbf{u}}{\mathbf{u} \times \mathbf{\Omega}}\right| = O\left(\frac{U}{d\Omega}\right) = O(Ro) \ll 1,$$

其中 d 为容器的特征长度，Ro 为罗斯贝数 (Rossby number)；③流体粘性的影响足够小，即

$$\left|\frac{\nu\nabla^2\mathbf{u}}{\mathbf{u} \times \mathbf{\Omega}}\right| = O\left(\frac{\nu}{d^2\Omega}\right) = O(Ek) \ll 1,$$

其中 Ek 为艾克曼数 (Ekman number)；④流体是均匀的 ($\Theta \equiv 0$)。于是在首阶近似下，动量方程 (1.10) 可简化为

$$2\mathbf{\Omega} \times \mathbf{u} = -\frac{1}{\rho_0}\nabla P.$$

对其取旋度可导出一个基本性的结果：

$$2\mathbf{\Omega} \cdot \nabla\mathbf{u} = 0, \tag{1.19}$$

这便是著名的 Taylor-Proudman 定理。其物理意义是：旋转无粘性流体缓慢且稳定的运动不会沿着旋转轴方向而变化 (即只能是垂直于旋转轴的二维流动)。这种二

维流动被称为 "地转的"(geostrophic)。该现象首先由 Proudman (1916) 作出了理论预测，其后被 Taylor (1921) 的实验所证实。该理论意味着整个流体柱会沿着旋转轴从封闭容器的底部延伸到顶部，其运动如同一个整体，形成了一种十分奇特并违反直觉的现象。

然而我们必须认识到，方程 (1.19) 是原方程 (1.10) 的低阶近似，在数学上已经退化，对任何定解条件都是无解的。这说明在导出定理 (1.19) 时，我们所作的一个或多个假设在约束上过于严格了，比如稳定的、缓慢的、无粘性、均匀等。为得到一个反映真实流体运动的数学解，必须突破某些假设的限制。换句话说，Taylor-Proudman 定理一定会被违反。尽管如此，该定理还是正确地揭示了快速旋转系统中流体运动几乎不会沿着旋转轴变化的趋势。

相比于非旋转系统，许多快速旋转系统中的流体现象可以恰当地应用 Taylor-Proudman 定理并结合非地转流的必要成分进行分析。例如，满足 Taylor-Proudman 定理的二维稳态流动不能表示球体中径向浮力驱动的热对流，但有一个办法可以克服导致数学退化的过分约束，即在由非地转流主导的局部区域 (边界附近或其他区域) 引入粘性的影响。在这种情况下，粘性的作用不再只是耗散，它的存在还能抵消旋转对系统的约束，使得对流运动可以发生。如此一来，小尺度流动便成为必然，它将提供足够的摩擦力以平衡科里奥利力，并因此突破 Taylor-Proudman 定理。

如果移去对流体均匀性的约束，使得 $\nabla\Theta \neq \mathbf{0}$，则有

$$2\mathbf{\Omega} \cdot \nabla \mathbf{u} = \alpha \mathbf{g} \times \nabla\Theta, \tag{1.20}$$

它描述了大气中由温度梯度驱动的风，称为热风方程，该方程在数学上同样是退化的。方程给出了地转运动在旋转轴方向的变化率与垂直于旋转轴的温度梯度之间的诊断关系。

1.7 统一的理论方法

在快速旋转系统中，科里奥利力对流体运动具有压倒性的控制和约束作用，这提示我们，可以利用旋转流体的关键特征来求解 Boussinesq 方程组——连续性方程 (1.9)、动量方程 (1.10) 和热方程 (1.11)。在科里奥利力占据主导地位的情况下，我们期望在流体运动理论中，其控制方程可以转换为如下形式：

$$\frac{\partial \mathbf{u}}{\partial t} + 2\mathbf{\Omega} \times \mathbf{u} + \frac{1}{\rho_0}\nabla P = \{\text{小项或边界项}\}, \tag{1.21}$$

$$\nabla \cdot \mathbf{u} = 0, \tag{1.22}$$

其中，(1.21) 式等号右侧括号中可以包含庞加莱力 $\mathbf{r} \times (\partial \mathbf{\Omega}/\partial t)$，热浮力 $\mathbf{g}\alpha\Theta$，或者粘滞力 $\nu\nabla^2\mathbf{u}$。与科里奥利力相比，这些项不是自身较小，就是被乘上了一个小参数。

旋转流体运动，无论是由浮力通过对流不稳定性而驱动，还是由非匀速旋转的进动或天平动而驱动，其理论的统一分析方法依赖于方程组 (1.21) 和 (1.22) 在略去括号项后存在相对简单的显式分析解。在此情况下，方程组 (1.21) 和 (1.22) 的解就是由科里奥利力单独激发的波或振荡，称为惯性波或惯性振荡。对于不同几何形状旋转流体的惯性波和振荡问题，已经有了大量的理论和实验研究，例如，文献 (Kelvin, 1880; Greenspan, 1968; Zhang et al., 2001, 2004a) 等。虽然对任意形状的旋转流体不存在一般性的理论 (该理论应包含 Boussinesq 方程组的完整数学解)，但如果我们将旋转系统中独一无二且最基本的四个要素进行整合，便可在理论上取得重要的进展。这四个要素分别是：① 惯性波或惯性振荡；② 粘性边界层；③ 惯性波或惯性振荡与粘性边界层的相互作用；④ 由热不稳定性或庞加莱力激发的惯性波或惯性振荡。

本书的一个主要目标便是利用这四个要素来发展旋转流体的统一理论，无论流体运动是进动/天平动激发的，还是对流不稳定性激发的。该理论把以前旋转流体研究互不关联的两个分支 ——惯性波/惯性振荡与热对流联系起来，并将表明：惯性波/惯性振荡的数学难题可以在进动或对流的框架下进行理解，反之亦然。

本书的讨论几乎全部针对 Boussinesq 近似下的不可压缩流体，但要特别指出，滞弹性近似下的可压缩旋转流体理论也可以用类似的方法进行发展，简述如下。

考虑一个由 p_0、T_0 和 ρ_0 描述的绝热 (等熵) 基态，假设偏离基态的扰动

$$p_c = p - p_0, \quad \rho_c = \rho - \rho_0, \quad \Theta_c = T - T_0$$

均为小量，即 $|p_c/p_0| \ll 1$，$|\rho_c/\rho_0| \ll 1$，以及 $|\Theta_c/T_0| \ll 1$，并且快速声波因使用了滞弹性近似而被过滤掉了。

在旋转占主导地位的快速旋转系统中，针对 Boussinesq 流体的渐近分析方法可以扩展应用到滞弹性近似下的可压缩流体，因为在一阶近似下，可仿照 Boussinesq 流体的惯性波或惯性振荡公式，写出滞弹性近似下的可压缩流体公式。用这个方法列出的可压缩流体对流方程为

$$\frac{\partial (\rho_0 \mathbf{u}_c)}{\partial t} + 2\mathbf{\Omega} \times (\rho_0 \mathbf{u}_c) + \nabla p_c = \{\text{小项或边界项}\},$$

$$\nabla \cdot (\rho_0 \mathbf{u}_c) = 0,$$

其中 ρ_0 为随空间分布的密度。Boussinesq 速度 $\mathbf{u}$ 与滞弹性速度 $\mathbf{u}_c$ 的关系便简单地变为

$$\mathbf{u}_c = \frac{\mathbf{u}}{\rho_0}.$$

对给定的密度分布 $\rho_0(\mathbf{r})$,以 $\mathbf{u}_c\rho_0$ 替代 $\mathbf{u}$,于是一个类似的滞弹性旋转流体理论便可以发展起来 (即便本书没有对此进行讨论)。

第二部分

匀速旋转系统中的惯性波

第 2 章 导 论

2.1 公 式

在充满均匀流体的匀速旋转容器中,流体可以产生以科里奥利力作为回复力的振荡运动。充分理解这种运动不仅对地球物理和天体物理的流体动力学问题,而且对许多工程流体问题都至关重要,比如携带液体燃料的航天器或导弹(它们在飞行过程中会高速自转),因此本书将首先研究理想无粘性 ($\nu = 0$) 流体在边界面为 $\mathcal{S}$ (单位法向为 $\hat{\mathbf{n}}$)、体积为 $\mathcal{V}$ 的旋转容器中的振荡运动。不过在针对不同几何形状的容器给出流体振荡运动的显式分析解之前,先考察一下这个问题的一般性质是非常有益的。

流体振荡运动的唯一回复力是科里奥利力,为导出其控制方程,作如下假设:① 流体是均匀的,即 (1.10) 式中 (下同) $g\alpha\Theta = \mathbf{0}$;② 旋转是匀速的,即 $(\partial\mathbf{\Omega}/\partial t) \times \mathbf{r} = \mathbf{0}$;③ 流体为理想无粘性的,即 $\nu\nabla^2\mathbf{u} = \mathbf{0}$。在没有外力作用,即 $\mathbf{f} = \mathbf{0}$ 时,相对于固定在匀速旋转容器之上的旋转参考系,动量方程可写为

$$\frac{\partial \mathbf{u}}{\partial t} + 2\mathbf{\Omega} \times \mathbf{u} + \frac{1}{\rho_0}\nabla P = \mathbf{0}, \tag{2.1}$$

另外,由流体均匀性假设可得

$$\nabla \cdot \mathbf{u} = 0. \tag{2.2}$$

(1.10) 式中的非线性项 $\mathbf{u}\cdot\nabla\mathbf{u}$ 也被忽略了,因为假设流体运动只是相对刚体旋转的微小偏离。在流体理想无粘性 ($\nu = 0$) 条件下,二阶微分方程 (1.10) 简化为一阶微分方程 (2.1),容器边界面将不会存在粘性边界层。此时应力自由或无滑移边界条件放宽为不可渗透条件,称为无粘性边界条件,即

$$\hat{\mathbf{n}} \cdot \mathbf{u} = 0, \quad 在 \mathcal{S} 上. \tag{2.3}$$

需要强调指出的是,若容器无旋转,则其中的均匀流体不可能产生振荡运动。下面将从数学上证明这个结论。当容器不旋转时,(2.1) 式中 $\mathbf{\Omega} = \mathbf{0}$,对 (2.1) 式作散度运算并利用 (2.2) 式将得到

$$\nabla^2 P = 0, \tag{2.4}$$

同时由无粘性边界条件 (2.3) 可推出

$$\hat{\mathbf{n}} \cdot \nabla P = 0, \quad 在 \mathcal{S} 上. \tag{2.5}$$

利用 (2.5) 式, 从 (2.4) 式可得到

$$\int_{\mathcal{V}} |\nabla P|^2 \, \mathrm{d}\mathcal{V} = 0, \tag{2.6}$$

$\int_{\mathcal{V}} \mathrm{d}\mathcal{V}$ 表示对容器的体积分。上式推导使用了格林 (Green) 第一公式:

$$\int_{\mathcal{V}} \left(\Phi \nabla^2 \Psi + \nabla \Phi \cdot \nabla \Psi \right) \mathrm{d}\mathcal{V} = \int_{\mathcal{S}} \Phi \hat{\mathbf{n}} \cdot \nabla \Psi \, \mathrm{d}\mathcal{S},$$

其中 Φ 和 Ψ 为良态标量函数, $\int_{\mathcal{S}} \mathrm{d}\mathcal{S}$ 表示对容器壁的面积分。(2.6) 式说明, 在有限体积的容器中 $\nabla P \equiv \mathbf{0}$, 于是有 $\partial \mathbf{u}/\partial t \equiv \mathbf{0}$。因此, 当 $\mathbf{\Omega} = \mathbf{0}$ 时, 方程 (2.1) 和 (2.2) 以及边界条件 (2.3) 不可能存在振荡解。

旋转维持着一种独特类型的惯性振荡, 其周期与旋转周期相关。为分析方便, 我们需要把方程无量纲化。很自然地, 若以 Ω^{-1} 为单位时间, 容器的特征尺度 d 为单位长度, 流体的典型速度 U 为单位速度, $\rho_0 U \Omega d$ 为单位压强, 按照下式将全部有量纲的变量以相应的无量纲数代替:

$$t \to \Omega^{-1} t, \quad \mathbf{r} \to d\mathbf{r}, \quad \mathbf{u} \to U\mathbf{u}, \quad P \to (\rho_0 U \Omega d) p,$$

可得到无粘性旋转流体振荡运动的无量数方程组为

$$\frac{\partial \mathbf{u}}{\partial t} + 2\hat{\mathbf{z}} \times \mathbf{u} + \nabla p = \mathbf{0}, \tag{2.7}$$

$$\nabla \cdot \mathbf{u} = 0, \tag{2.8}$$

其中 $\hat{\mathbf{z}}$ 表示平行于旋转轴的单位矢量。注意以上方程组没有对无量纲变量进行特别标注。于是, 方程组 (2.7) 和 (2.8) 的振荡解可写成如下形式:

$$\mathbf{u}(\mathbf{r}, t) = \mathbf{u}(\mathbf{r}) \mathrm{e}^{\mathrm{i} 2\sigma t}, \quad p(\mathbf{r}, t) = p(\mathbf{r}) \mathrm{e}^{\mathrm{i} 2\sigma t}, \tag{2.9}$$

其中 $\mathrm{i} = \sqrt{-1}$, σ 为振荡运动的半频率 (常称为半频), $\mathbf{r}$ 为位置矢量。使用半频 (σ) 代替全频 ($\omega = 2\sigma$) 进行数学分析和描述, 是因为半频有一个特点, 即 $0 < |\sigma| < 1$ (后面将讨论这个特点)。将 (2.9) 式代入 (2.7) 式, 可得

$$2\mathrm{i}\sigma \mathbf{u}(\mathbf{r}) + 2\hat{\mathbf{z}} \times \mathbf{u}(\mathbf{r}) + \nabla p(\mathbf{r}) = \mathbf{0}, \tag{2.10}$$

同理, 可得

$$\nabla \cdot \mathbf{u}(\mathbf{r}) = 0 \tag{2.11}$$

和边界条件

$$\hat{\mathbf{n}} \cdot \mathbf{u}(\mathbf{r}) = 0, \quad \text{在} \mathcal{S} \text{上}. \tag{2.12}$$

方程 (2.10) 和 (2.11) 与边界条件 (2.12) 为匀速旋转流体的振荡运动定义了一个边值问题或特征值问题 (σ 为特征值)。

当容器边界面 $\mathcal{S}$ 相对旋转轴为轴对称时,流体存在两类不同的振荡解。为数学表达上的清晰,我们将其区分为:①惯性振荡,表示相对旋转轴呈轴对称的振荡运动,其半频满足 $0 < |\sigma| < 1$;②惯性波,表示相对旋转轴呈非轴对称的振荡运动,其半频同样满足 $0 < |\sigma| < 1$,该运动将在方位角方向顺行 (prograde) 或逆行 (retrograde) 传播 (相对自转方向)。另外,我们用惯性模称呼边值问题的所有振荡解,包括轴对称的惯性振荡和非轴对称的惯性波。在实际的数学分析中,惯性振荡和惯性波问题的公式差别细微,因此为了不致混淆,我们将其分开进行讨论,当然这不可避免地带来了一些文字上的重复。

2.2 频率界限 $|\sigma| \leqslant 1$

仿照 Greenspan (1968) 的方法进行分析,对于由方程 (2.10) 和 (2.11) 和无粘性边界条件 (2.12) 描述的振荡运动,我们将证明这个特征值问题 (边值问题) 的特征值 (惯性模的半频) σ 是实数,并且其界限为 $|\sigma| \leqslant 1$。设 $\mathbf{u}^*$ 是 $\mathbf{u}$ 的复共轭 (本书将始终用上标 $*$ 表示共轭复数),它一样满足 $\nabla \cdot \mathbf{u}^* = 0$ 和边界 $\mathcal{S}$ 上 $\hat{\mathbf{n}} \cdot \mathbf{u}^* = 0$ 的条件。将 (2.10) 式乘上 $\mathbf{u}^*$,并在整个容器上作体积分,得

$$2\mathrm{i}\sigma \int_{\mathcal{V}} |\mathbf{u}|^2 \, \mathrm{d}\mathcal{V} + 2 \int_{\mathcal{V}} \mathbf{u}^* \cdot (\hat{\mathbf{z}} \times \mathbf{u}) \, \mathrm{d}\mathcal{V} = -\int_{\mathcal{V}} \mathbf{u}^* \cdot \nabla p \, \mathrm{d}\mathcal{V}. \tag{2.13}$$

利用 $\nabla \cdot \mathbf{u}^* = 0$ 和无粘性边界条件,可知方程 (2.13) 的等号右边为 0,因为

$$\int_{\mathcal{V}} \mathbf{u}^* \cdot \nabla p \, \mathrm{d}\mathcal{V} = \int_{\mathcal{V}} \nabla \cdot (\mathbf{u}^* p) \, \mathrm{d}\mathcal{V} = \int_{\mathcal{S}} (\hat{\mathbf{n}} \cdot \mathbf{u}^*) p \, \mathrm{d}\mathcal{S} = 0. \tag{2.14}$$

于是由 (2.13) 和 (2.14) 式,得到半频为

$$\sigma = \frac{\int_{\mathcal{V}} \mathrm{i}\hat{\mathbf{z}} \cdot (\mathbf{u} \times \mathbf{u}^*) \, \mathrm{d}\mathcal{V}}{\int_{\mathcal{V}} |\mathbf{u}|^2 \, \mathrm{d}\mathcal{V}},$$

如将复数速度写为

$$\mathbf{u} = \mathbf{u}^r + \mathrm{i}\mathbf{u}^i,$$

其中 $\mathbf{u}^r$ 和 $\mathbf{u}^i$ 为实矢量,则半频可写成

$$\sigma = \frac{2 \int_{\mathcal{V}} \hat{\mathbf{z}} \cdot (\mathbf{u}^r \times \mathbf{u}^i) \, \mathrm{d}\mathcal{V}}{\int_{\mathcal{V}} \left(|\mathbf{u}^r|^2 + |\mathbf{u}^i|^2\right) \mathrm{d}\mathcal{V}}. \tag{2.15}$$

注意到
$$\left(|\mathbf{u}^r|^2 + |\mathbf{u}^i|^2\right) \geqslant 2|\mathbf{u}^r||\mathbf{u}^i| \geqslant 2\left|\hat{\mathbf{z}}\cdot(\mathbf{u}^r \times \mathbf{u}^i)\right|,$$

那么从 (2.15) 式可立刻得到
$$-1 \leqslant \sigma \leqslant 1.$$

它表示惯性波或惯性振荡的频率总是小于等于二倍的容器旋转速率。应该指出的是，该频率存在上限但不存在下限，即没有限定 $|\sigma|$ 能够有多小。也就是说，惯性振荡或惯性波的时间尺度并不一定与容器的旋转周期相关，它可以长得多，比如可达到旋转系中热对流的时间尺度。此外我们将证明，特征值 $\sigma = \pm 1$ (振荡频率正好为旋转速率的二倍) 不存在非平凡的特征函数。

2.3 特殊情形：$\sigma = 0$ 和 $\sigma = \pm 1$

极限情形 $\sigma = 0$ 表示一种稳态流动，对应着单一的地转流模式，该模式满足严格的地转平衡条件

$$2\hat{\mathbf{z}} \times \mathbf{u} + \nabla p = \mathbf{0} \tag{2.16}$$

和

$$\nabla \cdot \mathbf{u} = 0, \tag{2.17}$$

以及边界条件

$$\hat{\mathbf{n}} \cdot \mathbf{u} = 0, \quad 在 \mathcal{S} 上. \tag{2.18}$$

取方程 (2.16) 的旋度，得

$$\hat{\mathbf{z}} \cdot \nabla \mathbf{u} = 0, \tag{2.19}$$

作 $\hat{\mathbf{z}} \times (2.16)$ 式的运算，并利用 (2.18) 和 (2.19) 式，在边界面相对旋转轴呈轴对称的旋转容器中 (如圆柱)，有

$$\mathbf{u} = \frac{1}{2}\left(\hat{\mathbf{z}} \times \nabla p\right). \tag{2.20}$$

方程 (2.20) 清楚地表明，地转流压强 p 实际上起着流函数的作用。例如，在旋转圆柱中，地转流可表示为

$$\mathbf{u} = \frac{1}{2}\left[\frac{\partial p(s,\phi)}{\partial s}\hat{\boldsymbol{\phi}} - \frac{1}{s}\frac{\partial p(s,\phi)}{\partial \phi}\hat{\mathbf{s}}\right],$$

在球体中，地转流可表示为

$$\mathbf{u} = \frac{1}{2}\frac{\partial p(s)}{\partial s}\hat{\boldsymbol{\phi}}.$$

以上两公式采用了柱坐标 (s, ϕ, z)，其单位矢量为 $(\hat{\mathbf{s}}, \hat{\boldsymbol{\phi}}, \hat{\mathbf{z}})$，而 $s = 0$ 指旋转轴。

2.3 特殊情形: $\sigma = 0$ 和 $\sigma = \pm 1$

不过由方程 (2.20) 定义的地转流模式有一个重要特点 ——它在数学上是退化的。这提示我们，为得到地转流的准确结构，一些在推导 (2.20) 式时被忽略掉的小项应该予以保留，比如与时间相关的慢速变化项或者弱的粘性效应。虽然地转流模式 (2.20) 蕴含的信息有限，但它还是正确地反映了流体运动的基本倾向，即在快速旋转系中，流体运动与坐标 z 几乎无关。

极限情形 $\sigma = \pm 1$ 表示最快速的振荡，对应着边值问题 (2.10)~(2.12) 的两个非正常特征值。可以证明当 $\sigma = \pm 1$ 时，该特征值问题没有非平凡解。以 $\sigma = 1$ 的情形为例，速度 $\mathbf{u}(\mathbf{r})$ 和压强 $p(\mathbf{r})$ 满足

$$\nabla p = -2\mathrm{i}\,\mathbf{u} - 2\hat{\mathbf{z}} \times \mathbf{u}, \tag{2.21}$$

$$\nabla \cdot \mathbf{u} = 0. \tag{2.22}$$

它们的复共轭形式为

$$\nabla p^* = 2\mathrm{i}\,\mathbf{u}^* - 2\hat{\mathbf{z}} \times \mathbf{u}^*, \tag{2.23}$$

$$\nabla \cdot \mathbf{u}^* = 0. \tag{2.24}$$

将 (2.21) 式乘上 ∇p^*，(2.23) 式乘上 ∇p，然后两者相加，可得

$$|\nabla p|^2 = \mathrm{i}\,\nabla \cdot (\mathbf{u}^* p - \mathbf{u} p^*) - \hat{\mathbf{z}} \cdot (\mathbf{u}^* \times \nabla p + \mathbf{u} \times \nabla p^*). \tag{2.25}$$

此外，作运算 $\hat{\mathbf{z}} \cdot (\mathbf{u}^* \times (2.21))$ 和 $\hat{\mathbf{z}} \cdot (\mathbf{u} \times (2.23))$，然后两者相加，得

$$\hat{\mathbf{z}} \cdot (\mathbf{u}^* \times \nabla p + \mathbf{u} \times \nabla p^*) = 4|\hat{\mathbf{z}} \cdot \mathbf{u}|^2 - \mathrm{i}\,\nabla \cdot (\mathbf{u}^* p - \mathbf{u} p^*). \tag{2.26}$$

由 (2.25) 和 (2.26) 式可推出

$$|\nabla p|^2 + 4|\hat{\mathbf{z}} \cdot \mathbf{u}|^2 = 2\mathrm{i}\,\nabla \cdot (\mathbf{u}^* p - \mathbf{u} p^*). \tag{2.27}$$

对 (2.27) 作体积分，并考虑无粘性边界条件，可立即得到

$$\int_{\mathcal{V}} |\nabla p|^2 \, \mathrm{d}\mathcal{V} + 4\int_{\mathcal{V}} |\hat{\mathbf{z}} \cdot \mathbf{u}|^2 \, \mathrm{d}\mathcal{V} = 0. \tag{2.28}$$

因体积 $\mathcal{V}$ 是有限的 (非无穷小)，因此

$$\nabla p \equiv \mathbf{0}, \quad \hat{\mathbf{z}} \cdot \mathbf{u} \equiv 0.$$

于是运动方程变为如下的简单形式：

$$\mathrm{i}\,\mathbf{u} + \hat{\mathbf{z}} \times \mathbf{u} = \mathbf{0}, \tag{2.29}$$

并且在边界 $\mathcal{S}$ 上，$\hat{\mathbf{n}} \cdot \mathbf{u} = 0$。接下来，需要证明方程 (2.29) 以及无粘性边界条件的解为 $\mathbf{u} \equiv \mathbf{0}$。

考虑一个与旋转轴垂直的平面，它经过给定的 z，与容器边界面相交的封闭曲线为 $\mathcal{C}$。那么从 $\hat{\mathbf{z}} \cdot \mathbf{u} \equiv 0$，$\mathcal{S}$ 面上 $\hat{\mathbf{n}} \cdot \mathbf{u} = 0$，以及 (2.29) 式可知，在封闭曲线 $\mathcal{C}$ 上有

$$\hat{\boldsymbol{\phi}} \cdot \mathbf{u} = \hat{\mathbf{s}} \cdot \mathbf{u} = 0. \tag{2.30}$$

因为 $\hat{\mathbf{z}} \cdot \mathbf{u} \equiv 0$，所以速度矢量 $\mathbf{u}$ 位于与旋转轴垂直的平面上，它可以用一个标量流函数 Ψ_1 来表示，即

$$\mathbf{u}(\mathbf{r}) = \nabla \times [\Psi_1(s,\phi)\hat{\mathbf{z}}], \tag{2.31}$$

边界条件可写为

$$\frac{\partial \Psi_1}{\partial s} = \frac{\partial \Psi_1}{\partial \phi} = 0 \quad (\mathcal{C}). \tag{2.32}$$

作 $\hat{\mathbf{z}} \cdot \nabla \times$(2.29) 的运算，利用 (2.31) 式和 $\hat{\mathbf{z}} \cdot \mathbf{u} \equiv 0$，可推出

$$\nabla^2 \Psi_1 = 0. \tag{2.33}$$

将 (2.33) 式乘上 Ψ_1^*（Ψ_1 的复共轭），在 $\mathcal{C}$ 围成的二维平面 $\mathcal{A}_c$ 上作面积分，可得

$$\int_{\mathcal{A}_c} \left(\frac{1}{s^2} \left| \frac{\partial \Psi_1}{\partial \phi} \right|^2 + \left| \frac{\partial \Psi_1}{\partial s} \right|^2 \right) \mathrm{d}\mathcal{A}_c = 0. \tag{2.34}$$

上式推导使用了边界条件 (2.32)。面积 $\mathcal{A}_c$ 是有限的，因此 (2.34) 式就意味着对任何给定的 z，总有 $\mathbf{u} \equiv \mathbf{0}$。也就是说，在容器 $\mathcal{V}$ 内，速度处处为 $\mathbf{0}$，即方程 (2.21) 和 (2.22) 及无粘性边界条件不存在非平凡解（$\sigma = \pm 1$ 的情况下）。讨论完特殊情形 $\sigma = 0$ 和 $\sigma = \pm 1$ 后，本章后续部分将集中研究半频范围为 $0 < |\sigma| < 1$ 的情况。

2.4 正 交 性

我们使用下标来区分不同的惯性模，记 $(\sigma_N, \mathbf{u}_N, p_N)$ 为某一惯性模的半频、速度和压强，它们应满足方程

$$2\mathrm{i}\sigma_N \mathbf{u}_N + 2\hat{\mathbf{z}} \times \mathbf{u}_N + \nabla p_N = \mathbf{0} \tag{2.35}$$

和

$$\nabla \cdot \mathbf{u}_N = 0. \tag{2.36}$$

在边界上满足

$$\hat{\mathbf{n}} \cdot \mathbf{u}_N = 0, \quad 在 \mathcal{S} 上. \tag{2.37}$$

又记 $(\sigma_M, \mathbf{u}_M, p_M)$ 为另一个不同的惯性模 $(\sigma_M \neq \sigma_N)$，其复共轭满足方程

$$-2\mathrm{i}\sigma_M \mathbf{u}_M^* + 2\hat{\mathbf{z}} \times \mathbf{u}_M^* + \nabla p_M^* = \mathbf{0} \tag{2.38}$$

和

$$\nabla \cdot \mathbf{u}_M^* = 0. \tag{2.39}$$

边界条件为

$$\hat{\mathbf{n}} \cdot \mathbf{u}_M^* = 0, \quad \text{在} \mathcal{S} \text{上}. \tag{2.40}$$

将 (2.35) 式点乘上 $\mathbf{u}_M^*$，(2.38) 式点乘上 $\mathbf{u}_N$，然后两者相加，得

$$2\mathrm{i}(\sigma_N - \sigma_M)\mathbf{u}_N \cdot \mathbf{u}_M^* = \nabla \cdot (\mathbf{u}_M^* p_N + \mathbf{u}_N p_M^*). \tag{2.41}$$

在整个容器内对 (2.41) 式作体积分，利用无粘性边界条件，则有

$$2\mathrm{i}(\sigma_N - \sigma_M)\int_\mathcal{V} \mathbf{u}_N \cdot \mathbf{u}_M^* \, \mathrm{d}\mathcal{V} = 0. \tag{2.42}$$

因 $\sigma_N \neq \sigma_M$，上式就表示：任意两个不同的惯性模是正交的。

尽管惯性模具有 (2.42) 式所示的正交性，但其完备性仍然是一个没有解决的数学问题，而这对许多实际问题都至关重要。以球体为例，许多地球物理和天体物理问题都采用了球谐函数进行数学分析，是因为球谐函数系是正交和完备的。但是采用球谐函数有一个主要缺点：旋转效应与不同阶次的球谐函数耦合在了一起，导致数学分析非常繁复和纠缠。这种耦合是我们极不需要的，它源于球谐函数与方程中反映旋转效应的微分算子不具有关联性。在前面的分析中，我们已证明旋转球体的惯性模是正交的。如果它还是完备的，那么就可以代替球谐函数，为地球物理和天体物理中许多旋转效应占优的问题提供强大的数学分析工具。但是，针对流体容器的任何一种几何形状，对惯性模完备性的数学证明往往是很困难的。Cui 等 (2014) 针对环柱管道提供了第一个完备性的数学证明。我们将在后文对此进行讨论。

2.5 庞加莱方程

为数学上的方便，我们使用压强 p 代替速度 $\mathbf{u}$ 来描述无粘性惯性振荡和惯性波问题。为达到这个目的，首先对方程 (2.10) 作散度运算，得

$$2\nabla \cdot (\hat{\mathbf{z}} \times \mathbf{u}) + \nabla^2 p = 0, \tag{2.43}$$

然后对方程 (2.10) 作 $\hat{\mathbf{z}} \cdot$ 和 $\hat{\mathbf{z}} \times$ 运算，得

$$2\mathrm{i}\sigma \hat{\mathbf{z}} \cdot \mathbf{u} + \hat{\mathbf{z}} \cdot \nabla p = 0 \tag{2.44}$$

和
$$2\mathrm{i}\sigma\hat{\mathbf{z}}\times\mathbf{u} + 2(\hat{\mathbf{z}}\cdot\mathbf{u})\hat{\mathbf{z}} - 2\mathbf{u} + \hat{\mathbf{z}}\times\nabla p = \mathbf{0}. \tag{2.45}$$

联立 (2.44) 和 (2.45) 式，发现

$$\hat{\mathbf{z}}\times\mathbf{u} = \frac{1}{2\sigma}\left[-2\mathrm{i}\,\mathbf{u} - \frac{1}{\sigma}(\hat{\mathbf{z}}\cdot\nabla p)\hat{\mathbf{z}} + \mathrm{i}\,\hat{\mathbf{z}}\times\nabla p\right]. \tag{2.46}$$

将 (2.46) 式代入 (2.43) 式，得到

$$\nabla^2 p - \frac{1}{\sigma^2}(\hat{\mathbf{z}}\cdot\nabla)^2 p = 0. \tag{2.47}$$

这便是著名的庞加莱方程 (Poincaré, 1885)。类似地，利用 (2.10) 和 (2.46) 式，可以得到仅用压强 p 表达的速度矢量 $\mathbf{u}$，即

$$\mathbf{u} = \frac{\mathrm{i}}{2\sigma(1-\sigma^2)}\left[(\hat{\mathbf{z}}\cdot\nabla p)\hat{\mathbf{z}} - \sigma^2\nabla p - \mathrm{i}\sigma\hat{\mathbf{z}}\times\nabla p\right]. \tag{2.48}$$

庞加莱方程的无粘性边界条件也可仅用压强 p 来表示：

$$(\hat{\mathbf{z}}\cdot\nabla p)(\hat{\mathbf{z}}\cdot\hat{\mathbf{n}}) - \sigma^2\hat{\mathbf{n}}\cdot\nabla p - \mathrm{i}\sigma(\hat{\mathbf{n}}\times\hat{\mathbf{z}})\cdot\nabla p = 0, \quad \text{在}\,\mathcal{S}\,\text{上}. \tag{2.49}$$

由庞加莱方程 (2.47)、边界条件 (2.49) 以及 p 与 $\mathbf{u}$ 的关系式 (2.48) 组成的边值问题构成了旋转流体动力学的支柱，我们将在第二部分后续章节里对此进行详细的研究。该问题比较特殊且研究难度极大，因为在控制方程和边界条件中都出现了特征值 σ。当 $|\sigma| > 1$ 时，庞加莱方程是椭圆型的，不可能有非零解。而当 $0 < |\sigma| < 1$ 时，庞加莱方程为双曲型，才可能存在惯性振荡或惯性波形式的解。

对于由庞加莱方程 (2.47) 和边界条件 (2.49) 定义的边值问题，目前还没有一般性的数学理论，已发现的一些显式解所针对的容器的几何形状都非常简单。在第二部分后续章节里，我们将针对环柱道、圆柱、球和椭球这四种几何形状，给出旋转流体惯性模的显式数学解。

第3章 旋转窄间隙环柱中的惯性模

3.1 公 式

旋转流体最简单的数学问题也许是"Bénard 层"问题。Bénard 层是指一个均匀的流体层，在水平方向上无限延伸，但具有有限的深度。它被广泛应用于天体和地球物理研究，以展示旋转对各种流体动力学过程的根本性影响。Chandrasekhar (1961) 在其著名的专著中首先对这个问题进行了详细的研究，其后，许多学者也对 Bénard 层内的旋转流体作了进一步考察，参见文献 (Kuppers and Lortz, 1969; Clever and Busse, 1979; Zhang and Roberts, 1997; Bassom and Zhang, 1998)。虽然 Bénard 层在数学上非常简单，但是它有一个重要的缺点，由于其水平范围是无限的，故很难被实验室实验来实现。

与 Bénard 层不同，有一类重要的旋转流体涉及封闭的容器——流体充满于容器，其动力学过程受到容器壁的严重影响。例如，实验室实验中的流体，或者行星、恒星内部的流体。为理解行星和恒星中的流体运动，Davies-Jones 和 Gilman (1971) 曾研究了旋转环柱管道中的流体，它可以被看作一个能被实验所实现的近似 Bénard 层，其他研究也可参见文献 (Busse, 2005; Liao and Zhang, 2009)。

本章我们研究的就是旋转窄间隙环柱 (也称环柱管道、管道) 中均匀流体的惯性振荡和惯性波。环柱的几何形状如图 3.1 所示，其内半径为 r_id，外半径为 r_od，深度为 d，以角速度 $\hat{z}\Omega$ 绕其纵轴匀速旋转。环柱的横纵比为 $\Gamma = (r_od - r_id)/d$。当环柱的厚度 Γd 远远小于外半径 r_od，即 $\Gamma/r_o \ll 1$ 时，可以略去环柱曲率的影响，使用直角坐标系进行局部近似：垂直坐标为 z，沿半径向内的坐标为 y，方位坐标为 x，对应的单位矢量为 $(\hat{x}, \hat{y}, \hat{z})$，见图 3.1。另外，采用深度 d 为特征长度，$\rho d^2 \Omega^2$ 为单位压强，Ω^{-1} 为单位时间，可得到惯性振荡和惯性波的无量纲方程组，即 (2.10) 和 (2.11) 式。在无量纲的直角坐标系中，环柱管道的外壁面表示为 $y = 0$，内壁面表示为 $y = \Gamma$ (译文以后将垂直的侧壁面统称为壁面)，横截面位于 yz 平面。需要注意的是，由于局部近似，实际计算通常需要在 x 方向使用周期性边界条件。方程 (2.10) 写成直角坐标形式为

$$2\mathrm{i}\sigma \hat{x} \cdot \mathbf{u} - 2\hat{y} \cdot \mathbf{u} + \frac{\partial p}{\partial x} = 0, \tag{3.1}$$

$$2\mathrm{i}\sigma \hat{y} \cdot \mathbf{u} + 2\hat{x} \cdot \mathbf{u} + \frac{\partial p}{\partial y} = 0, \tag{3.2}$$

$$2\mathrm{i}\sigma\hat{\mathbf{z}}\cdot\mathbf{u} + \frac{\partial p}{\partial z} = 0. \tag{3.3}$$

边界条件包括 y, z 方向的无粘性条件

$$\hat{\mathbf{z}}\cdot\mathbf{u} = 0 \quad (z=0,1) \quad \text{和} \quad \hat{\mathbf{y}}\cdot\mathbf{u} = 0 \quad (y=0,\Gamma), \tag{3.4}$$

以及 x 方向的周期性条件。对环柱管道使用局部直角坐标系,可使问题的数学描述变得十分简单,是展示旋转流体理论基本概念和方法的极好范例。虽然环柱管道与 Bénard 层有某些相似,但是其壁面往往扮演着决定流体运动特征的角色。即使假设 Bénard 层的水平尺度是有限的,一般也不能推出环柱管道的解,反之亦然。对环柱管道使用直角坐标近似具有明显的优势,这使得我们有望阐明壁面对旋转流体的影响。另外,在天体和地球物理研究中,环柱管道也可用于模拟旋转球壳的中纬区域。

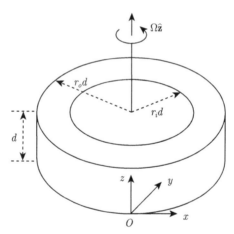

图 3.1 旋转窄间隙环柱的几何形状。内半径为 $r_i d$,外半径为 $r_o d$,流体充满于 $0 \leqslant y \leqslant \Gamma d$ 和 $0 \leqslant z \leqslant d$ 的空腔内,横纵比 $\Gamma = r_o - r_i$,x 轴平行于管道壁面。假设 $\Gamma/r_0 \ll 1$,因此可忽略掉环柱曲率

环柱管道的几何形状有一个显著特点:当略去曲率的影响后,由方程 (3.1)~(3.3) 和边界条件 (3.4) 定义的数学问题存在空间对称性,即相对于竖直平面 $y = \Gamma/2$ 和横截面 (比如平面 $x = 0$),流体运动是对称的。这种对称性表明,如果

$$[p_1, \mathbf{u}_1] = [p(x,y,z,t),\ \hat{\mathbf{x}}\cdot\mathbf{u}(x,y,z,t),\ \hat{\mathbf{y}}\cdot\mathbf{u}(x,y,z,t),\ \hat{\mathbf{z}}\cdot\mathbf{u}(x,y,z,t)]$$

是问题的解,那么

$$[p_2, \mathbf{u}_2] = [p(-x, y_\Gamma, z, t),\ -\hat{\mathbf{x}}\cdot\mathbf{u}(-x, y_\Gamma, z, t),\ -\hat{\mathbf{y}}\cdot\mathbf{u}(-x, y_\Gamma, z, t),\ \hat{\mathbf{z}}\cdot\mathbf{u}(-x, y_\Gamma, z, t)]$$

也是问题的解。上式中 $y_\Gamma = \Gamma - y$。这意味着，如果一个逆行的惯性波

$$[p_1, \mathbf{u}_1] = [p(y,z),\ \hat{\mathbf{x}}\cdot\mathbf{u}(y,z),\ \hat{\mathbf{y}}\cdot\mathbf{u}(y,z),\ \hat{\mathbf{z}}\cdot\mathbf{u}(y,z)]\,\mathrm{e}^{\mathrm{i}(mx+\omega t)}$$

是问题的解，那么一个顺行的惯性波

$$[p_2, \mathbf{u}_2] = [p^*(y_\Gamma,z),\ -\hat{\mathbf{x}}\cdot\mathbf{u}^*(y_\Gamma,z),\ -\hat{\mathbf{y}}\cdot\mathbf{u}^*(y_\Gamma,z),\ \hat{\mathbf{z}}\cdot\mathbf{u}^*(y_\Gamma,z)]\,\mathrm{e}^{\mathrm{i}(mx-\omega t)}$$

也是问题的解。以上二式中，m 为波数且 $m>0$，ω 为惯性波的实频率，上标 $*$ 表示复共轭。这也说明，在旋转环柱管道中，总是会存在两个传播方向相反的波。由于这两个反向传播的波具有不同的空间结构，即 $\hat{\mathbf{x}}\cdot\mathbf{u}(y,z) \neq -\hat{\mathbf{x}}\cdot\mathbf{u}^*(\Gamma-y,z)$，因此在旋转管道中不存在驻波解。这种对称性对热对流的非线性行为具有重要的影响，我们将在后文对此进行讨论。

3.2 轴对称惯性振荡

在轴对称假设下，即 $\partial/\partial x \equiv 0$，可以得到最简单的惯性振荡解。此时，用两个整数 n 和 k 就可表示轴对称振荡模的空间结构。惯性模通常使用三下标的记法，比如用 $\mathbf{u}_{0nk}$ 和 σ_{0nk} 来表示轴对称振荡模：第一个下标 0 表示轴对称性，第二个下标 n 表示垂直结构，第三个下标 k 表示径向结构。不过在不引起歧义的情况下，我们将省去下标以缩短数学表达式的长度。

对方程 (3.1)~(3.3) 作一些简单推导，容易得到仅以压强 p 表达的速度 $\mathbf{u}$：

$$\hat{\mathbf{x}}\cdot\mathbf{u}(y,z) = -\left[\frac{1}{2(1-\sigma^2)}\right]\frac{\partial p}{\partial y}, \tag{3.5}$$

$$\hat{\mathbf{y}}\cdot\mathbf{u}(y,z) = -\left[\frac{\mathrm{i}\,\sigma}{2(1-\sigma^2)}\right]\frac{\partial p}{\partial y}, \tag{3.6}$$

$$\hat{\mathbf{z}}\cdot\mathbf{u}(y,z) = \left(\frac{\mathrm{i}}{2\sigma}\right)\frac{\partial p}{\partial z}, \tag{3.7}$$

其中，压强 p 由庞加莱方程控制：

$$\frac{\partial^2 p}{\partial y^2} - \left(\frac{1-\sigma^2}{\sigma^2}\right)\frac{\partial^2 p}{\partial z^2} = 0, \tag{3.8}$$

当 $0<|\sigma|<1$ 时，它是一个二维的双曲型偏微分方程。结合边界条件 (3.4)，可容易地得到方程的解。边界条件 (3.4) 也可写成压强 p 的形式，即

$$\frac{\partial p}{\partial z}=0\ \ (z=0,1)\quad \text{和}\quad \frac{\partial p}{\partial y}=0\ \ (y=0,\Gamma). \tag{3.9}$$

对于这个轴对称惯性振荡问题，满足无粘性边界条件的分离变量解可写为

$$p(y,z) = \Phi(y)\cos(n\pi z),$$

其中 n 为整数。将其代入方程 (3.8)，便得到一个关于 $\Phi(y)$ 的二阶常微分方程，即

$$\frac{\mathrm{d}^2\Phi}{\mathrm{d}y^2} + (n\pi)^2\left(\frac{1-\sigma^2}{\sigma^2}\right)\Phi = 0, \tag{3.10}$$

边界条件为

$$\frac{\mathrm{d}\Phi}{\mathrm{d}y} = 0 \quad (y=0,\Gamma). \tag{3.11}$$

这是一个特征值问题，其特征值为半频 σ_{0nk}，对应的特征函数 p_{0nk} 给出了轴对称惯性振荡的空间结构：

$$p_{0nk}(y,z) = \cos\left(\frac{k\pi y}{\Gamma}\right)\cos n\pi z \quad (n\geqslant 1). \tag{3.12}$$

由 (3.5)~(3.7) 式，便可得到惯性振荡模的速度三分量：

$$\hat{\mathbf{x}}\cdot\mathbf{u}_{0nk} = \left[\frac{k\pi}{2\Gamma(1-\sigma_{0nk}^2)}\right]\sin\left(\frac{k\pi y}{\Gamma}\right)\cos n\pi z, \tag{3.13}$$

$$\hat{\mathbf{y}}\cdot\mathbf{u}_{0nk} = \left[\frac{\mathrm{i}\,\sigma_{0nk}k\pi}{2\Gamma(1-\sigma_{0nk}^2)}\right]\sin\left(\frac{k\pi y}{\Gamma}\right)\cos n\pi z, \tag{3.14}$$

$$\hat{\mathbf{z}}\cdot\mathbf{u}_{0nk} = -\left(\frac{\mathrm{i}\,n\pi}{2\sigma_{0nk}}\right)\cos\left(\frac{k\pi y}{\Gamma}\right)\sin n\pi z, \tag{3.15}$$

其中 $k=1,2,3,\cdots$，$n=1,2,3,\cdots$。为保持表达式简洁，$\mathbf{u}_{0nk}$ 未进行归一化。有趣的是，这个无粘性解在管道的上下端面 $(z=0,1)$ 自动满足应力自由边界条件。

从 (3.12) 式可知 $\Phi(y)$ 的具体表达式，将其代入方程 (3.10)，可得惯性振荡的半频为

$$\sigma_{0nk} = \pm\frac{n\Gamma}{\sqrt{(\Gamma n)^2 + k^2}}, \tag{3.16}$$

其中，波数 n 与 k 为正整数，它们构成了一个可数的无限集。公式 (3.16) 常被称为频散关系，它再次确认了任何惯性振荡模的半频都在 $0<|\sigma_{0nk}|<1$ 的范围内。另外，利用 (3.13)~(3.15) 式进行直接积分，可证明轴对称惯性振荡模是互相正交的，满足

$$\int_0^1\int_0^\Gamma \mathbf{u}_{0kn}\cdot\mathbf{u}_{0k'n'}^*\,\mathrm{d}y\,\mathrm{d}z = 0, \quad 如果\ k\neq k'\ 或\ n\neq n'$$

和
$$\int_0^1 \int_0^\Gamma |\mathbf{u}_{0kn}|^2 \,\mathrm{d}y\,\mathrm{d}z = \frac{\pi^2(k^2+n^2\Gamma^2)^2}{8\Gamma k^2}, \tag{3.17}$$

其中 $|\mathbf{u}_{0kn}|^2$ 就表示 $(\mathbf{u}_{0kn}\cdot\mathbf{u}_{0kn}^*)$。注意，二重积分 (3.17) 式不仅可用来对轴对称振荡模进行归一化，在后面的进动和对流问题中也将用到。

3.3 地 转 模

单一的地转模 $(p_G, \mathbf{u}_G)$ 控制方程为

$$2\hat{\mathbf{z}} \times \mathbf{u}_G + \nabla p_G = \mathbf{0}, \tag{3.18}$$

$$\nabla\cdot\mathbf{u}_G = 0. \tag{3.19}$$

边界条件为

$$\hat{\mathbf{z}}\cdot\mathbf{u}_G = 0 \quad (z=0,1) \quad \text{和} \quad \hat{\mathbf{y}}\cdot\mathbf{u}_G = 0 \quad (y=0,\Gamma). \tag{3.20}$$

地转模 $(p_G, \mathbf{u}_G)$ 的解包含轴对称和非轴对称两部分，合起来可以写成如下形式：

$$p_G(x,y) = \sum_k \mathcal{G}_{0k} \cos\left(\frac{k\pi y}{\Gamma}\right) + \sum_{m,k} \mathcal{G}_{mk}\, p_{Gmk}(x,y), \tag{3.21}$$

$$\mathbf{u}_G(x,y,z) = \left[\sum_k \left(\frac{k\pi}{2\Gamma}\right) \mathcal{G}_{0k} \sin\left(\frac{k\pi y}{\Gamma}\right)\right]\hat{\mathbf{x}} + \sum_{m,k} \mathcal{G}_{mk}\, \mathbf{u}_{Gmk}(x,y), \tag{3.22}$$

其中 m 表示非零的方位波数，$\mathcal{G}_{0k}$ 和 $\mathcal{G}_{mk}$ 为待求系数，可以由相关物理问题的其他条件来确定，$(p_{Gmk}, \mathbf{u}_{Gmk})$ 的具体形式为

$$p_{Gmk} = \sin\left(\frac{k\pi y}{\Gamma}\right)\mathrm{e}^{\mathrm{i}mx},$$

$$\hat{\mathbf{x}}\cdot\mathbf{u}_{Gmk} = -\left(\frac{k\pi}{2\Gamma}\right)\cos\left(\frac{k\pi y}{\Gamma}\right)\mathrm{e}^{\mathrm{i}mx},$$

$$\hat{\mathbf{y}}\cdot\mathbf{u}_{Gmk} = \left(\frac{\mathrm{i}m}{2}\right)\sin\left(\frac{k\pi y}{\Gamma}\right)\mathrm{e}^{\mathrm{i}mx},$$

$$\hat{\mathbf{z}}\cdot\mathbf{u}_{Gmk} = 0.$$

应该指出，地转模 $\mathbf{u}_G$ 的轴对称部分自动满足壁面的无滑移边界条件，因而无须在两个垂直的壁面上作复杂的粘性边界层分析。

3.4 非轴对称惯性波

使用前述类似的方法也可求解方程 (3.1)~(3.3) 的非轴对称惯性波解。同样地，仅以压强写出解的表达式为

$$\hat{\mathbf{x}} \cdot \mathbf{u}(x,y,z) = -\left[\frac{1}{2(1-\sigma^2)}\right]\left(\mathrm{i}\sigma\frac{\partial p}{\partial x} + \frac{\partial p}{\partial y}\right), \tag{3.23}$$

$$\hat{\mathbf{y}} \cdot \mathbf{u}(x,y,z) = -\left[\frac{1}{2(1-\sigma^2)}\right]\left(\mathrm{i}\sigma\frac{\partial p}{\partial y} - \frac{\partial p}{\partial x}\right), \tag{3.24}$$

$$\hat{\mathbf{z}} \cdot \mathbf{u}(x,y,z) = \frac{\mathrm{i}}{2\sigma}\frac{\partial p}{\partial z}. \tag{3.25}$$

相应的庞加莱方程为

$$\left(\frac{\partial^2 p}{\partial x^2} + \frac{\partial^2 p}{\partial y^2}\right) - \left(\frac{1-\sigma^2}{\sigma^2}\right)\frac{\partial^2 p}{\partial z^2} = 0, \tag{3.26}$$

当 $0 < |\sigma| < 1$ 时，这是一个三维的双曲型偏微分方程，可以结合以下无粘性边界条件进行求解：

$$\frac{\partial p}{\partial z} = 0 \quad (z=0,1) \quad \text{和} \quad \frac{\partial p}{\partial x} - \mathrm{i}\sigma\frac{\partial p}{\partial y} = 0 \quad (y=0,\Gamma). \tag{3.27}$$

此外还要假设 x 方向为周期性边界条件，以允许沿方位角方向传播的惯性波存在。

使用分离变量法求解方程 (3.26) 和边界条件 (3.27)，非轴对称的惯性波解可写成如下形式：

$$p(x,y,z) = \Phi(y)\cos(n\pi z)\mathrm{e}^{\mathrm{i}mx},$$

其中 m 为波数，它一般不是整数而是实数 (并假设 $m > 0$)。于是可由庞加莱方程导出一个常微分方程：

$$\frac{\mathrm{d}^2\Phi}{\mathrm{d}y^2} + \left[\frac{(1-\sigma^2)(n\pi)^2}{\sigma^2} - m^2\right]\Phi = 0, \tag{3.28}$$

结合边界条件

$$m\Phi - \sigma\frac{\mathrm{d}\Phi}{\mathrm{d}y} = 0 \quad (y=0,\Gamma), \tag{3.29}$$

可得解为

$$p_{mnk}(x,y,z) = \left[m\sin\left(\frac{k\pi y}{\Gamma}\right) + \frac{k\pi\sigma}{\Gamma}\cos\left(\frac{k\pi y}{\Gamma}\right)\right]\cos(n\pi z)\mathrm{e}^{\mathrm{i}mx}, \tag{3.30}$$

3.4 非轴对称惯性波

其中 $k=1,2,3,\cdots$，$n=1,2,3,\cdots$ 且 $m>0$。将它代入 (3.23)～(3.25) 式，可立即得到惯性波的速度表达式：

$$\hat{\mathbf{x}}\cdot\mathbf{u}_{mnk}=\frac{1}{2}\left[\frac{n^2\pi^2}{\sigma_{mnk}}\sin\left(\frac{k\pi y}{\Gamma}\right)-\frac{km\pi}{\Gamma}\cos\left(\frac{k\pi y}{\Gamma}\right)\right]\cos n\pi z\,\mathrm{e}^{\mathrm{i}mx}, \quad (3.31)$$

$$\hat{\mathbf{y}}\cdot\mathbf{u}_{mnk}=\frac{\mathrm{i}}{2}\left[(n^2\pi^2+m^2)\sin\left(\frac{k\pi y}{\Gamma}\right)\right]\cos n\pi z\,\mathrm{e}^{\mathrm{i}mx}, \quad (3.32)$$

$$\hat{\mathbf{z}}\cdot\mathbf{u}_{mnk}=-\frac{\mathrm{i}}{2}\left[\frac{mn\pi}{\sigma_{mnk}}\sin\left(\frac{k\pi y}{\Gamma}\right)+\frac{nk\pi^2}{\Gamma}\cos\left(\frac{k\pi y}{\Gamma}\right)\right]\sin n\pi z\,\mathrm{e}^{\mathrm{i}mx}, \quad (3.33)$$

其中半频 σ_{mnk} 为

$$\sigma_{mnk}=\pm\frac{n\pi}{\sqrt{n^2\pi^2+m^2+(k\pi/\Gamma)^2}}. \quad (3.34)$$

在 $m>0$ 的情况下，半频随着 n 和 k 而改变，并且界限为 $0<|\sigma_{mnk}|<1$。

惯性波模可以使用三个下标 (m,n,k) 来表示：方位波数 m，它是实数 (通常非整数)，表示波在方位角方向的尺度，整数 k 反映了波的径向结构，而整数 n 代表了波的垂直结构。三维的惯性波模同样具有正交性，直接利用 (3.31)～(3.33) 式进行积分，可发现

$$\int_0^1\int_0^{\Gamma}(\mathbf{u}_{mnk}\cdot\mathbf{u}_{mn'k'}^*)\,\mathrm{d}y\,\mathrm{d}z=0, \quad \text{如果}\ n\neq n'\ \text{或}\ k\neq k'$$

以及

$$\int_0^1\int_0^{\Gamma}\mathbf{u}_{mnk}^*\cdot\mathbf{u}_{mnk}\,\mathrm{d}y\,\mathrm{d}z=\frac{(m^2+n^2\pi^2)\left[k^2\pi^2+\Gamma^2(m^2+n^2\pi^2)\right]}{8\Gamma}. \quad (3.35)$$

本书后面将会用到 (3.35) 式的结果来分析其他的问题。

总结起来，旋转环柱管道完整的惯性模谱包括：① 由 (3.13)～(3.15) 式给出的所有轴对称振荡模；② 由 (3.22) 式给出的单一地转模；③ 由 (3.31)～(3.33) 式给出的所有非轴对称惯性波模。后面我们将证明它们形成了一个数学上的完备正交系。

第 4 章 旋转圆柱中的惯性模

4.1 公　　式

为理解旋转流体的基本动力学原理，许多学者对旋转圆柱中以惯性振荡和惯性波形式存在的流体运动进行了广泛的理论和实验研究，例如，文献 (Kelvin, 1880; Fultz, 1959; Kudlick, 1966; Gans, 1970; Malkus, 1989; Aldridge and Stergiopoulos, 1991; Manasseh, 1992; Kerswell, 1999; Meunier et al., 2008)。选择圆柱这种几何形状进行研究的另一个理由是它可以用来模拟行星内部流体和外部大气在极区的动力学过程。

这些研究可以分为两个不同的类别——强迫问题和非强迫问题。其中一个重要的非强迫问题是关于流体运动如何在粘滞耗散的影响下，从初始状态衰减成刚体转动状态，即最终达到与匀速旋转容器的同步，例如，文献 (Greenspan, 1964; Kerswell and Barenghi, 1995; Zhang and Liao, 2008)。还有一个重要的强迫问题研究的是在圆柱底部被均匀加热时，对流不稳定性如何驱动流体运动 (Zhang et al., 2007c)。在这种情况下，流体运动是以调整过的惯性波形式而存在的。在本章我们将会看到，强迫和非强迫问题的数学解与理想无粘性惯性振荡和惯性波解是紧密联系的。

考虑均匀无粘性流体 ($\nu = 0$) 充满于深度为 d、半径为 Γd 的圆柱中，圆柱以角速度 $\hat{\mathbf{z}}\Omega$ 绕对称轴均匀旋转，如图 4.1 所示。数学分析采用柱坐标系 (s, ϕ, z)，对应的单位矢量为 $(\hat{\mathbf{s}}, \hat{\boldsymbol{\phi}}, \hat{\mathbf{z}})$，且 $\hat{\mathbf{z}}$ 平行于旋转轴 (旋转轴位于 $s = 0$ 位置)。以深度 d 为单位长度，其他特征尺度如前所述不变，则惯性振荡和惯性波的无量纲运动方程仍然由矢量方程 (2.10) 给出，它在柱坐标系中的分量方程为

$$0 = 2\mathrm{i}\sigma\hat{\mathbf{s}}\cdot\mathbf{u} - 2\hat{\boldsymbol{\phi}}\cdot\mathbf{u} + \frac{\partial p}{\partial s}, \tag{4.1}$$

$$0 = 2\mathrm{i}\sigma\hat{\boldsymbol{\phi}}\cdot\mathbf{u} + 2\hat{\mathbf{s}}\cdot\mathbf{u} + \frac{1}{s}\frac{\partial p}{\partial \phi}, \tag{4.2}$$

$$0 = 2\mathrm{i}\sigma\hat{\mathbf{z}}\cdot\mathbf{u} + \frac{\partial p}{\partial z}. \tag{4.3}$$

不可渗透 (无粘性) 边界条件为

$$\hat{\mathbf{z}}\cdot\mathbf{u} = 0 \quad (z = 0, 1) \tag{4.4}$$

4.2 轴对称惯性振荡

和

$$\hat{\mathbf{s}} \cdot \mathbf{u} = 0 \quad (s = \Gamma). \tag{4.5}$$

上式中几何参数 Γ 代表圆柱的半径与高度之比 (横纵比),即 $\Gamma = (\Gamma d)/d$。与上一章讨论的窄间隙环柱管道不同,对于方程 (4.1)~(4.3) 以及边界条件 (4.4) 和 (4.5) 定义的旋转圆柱问题,圆柱的曲率非常重要,它决定了圆柱问题的解。

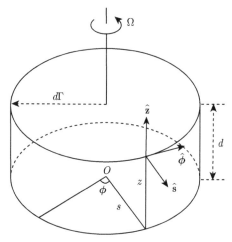

图 4.1 旋转圆柱的几何形状。半径为 $d\Gamma$,深度为 d,流体充满于 $0 \leqslant s \leqslant d\Gamma$ 和 $0 \leqslant z \leqslant d$ 的空腔内,z 坐标平行于圆柱旋转轴

4.2 轴对称惯性振荡

在轴对称假设下 $(\partial/\partial\phi \equiv 0)$,可以很容易地将方程 (4.1)~(4.3) 处理为仅以压强 p 表达的形式:

$$\hat{\mathbf{s}} \cdot \mathbf{u}(s,z) = -\left[\frac{\mathrm{i}\sigma}{2(1-\sigma^2)}\right] \frac{\partial p}{\partial s}, \tag{4.6}$$

$$\hat{\boldsymbol{\phi}} \cdot \mathbf{u}(s,z) = \left[\frac{1}{2(1-\sigma^2)}\right] \frac{\partial p}{\partial s}, \tag{4.7}$$

$$\hat{\mathbf{z}} \cdot \mathbf{u}(s,z) = \left(\frac{\mathrm{i}}{2\sigma}\right) \frac{\partial p}{\partial z}. \tag{4.8}$$

而压强 p 满足二维的庞加莱方程

$$\frac{1}{s}\frac{\partial p}{\partial s} + \frac{\partial^2 p}{\partial s^2} - \left(\frac{1-\sigma^2}{\sigma^2}\right)\frac{\partial^2 p}{\partial z^2} = 0, \tag{4.9}$$

其中 $0<|\sigma|<1$。无粘性边界条件 (4.4) 和 (4.5) 也可写成仅以 p 表达的形式：

$$\frac{\partial p}{\partial z}=0 \quad (z=0,1); \tag{4.10}$$

$$\frac{\partial p}{\partial s}=0 \quad (s=\Gamma). \tag{4.11}$$

如此，方程 (4.9) 及满足上下界面边界条件 (4.10) 的分离变量解可写成如下形式：

$$p(s,z)=J_0\left(\frac{\xi s}{\Gamma}\right)\cos(n\pi z), \tag{4.12}$$

其中 n 为正整数 ($n \geqslant 1$)，ξ 为径向波数 (正实数，非整数)，$J_m(x)$ 表示 m 阶第一类贝塞尔 (Bessel) 函数。圆柱侧面的无粘性边界条件 (4.11) 要求

$$\frac{\mathrm{d}}{\mathrm{d}s}\left[J_0\left(\frac{\xi s}{\Gamma}\right)\right]=0 \quad (s=\Gamma). \tag{4.13}$$

应用贝塞尔函数的性质，边界条件 (4.13) 可化为以下超越方程：

$$J_1(\xi)=0, \tag{4.14}$$

它将决定径向波数 ξ 的值。方程 (4.14) 的解可以按照值的大小排序，并使用下标 k 进行标记，使得 $0<\xi_{0n1}<\xi_{0n2}<\xi_{0n3}<\cdots<\xi_{0nk}<\cdots$，其中，$\xi_{0nk}$ 表示从小到大的第 k 个正值，且这个排列与 n 无关。将 (4.12) 式代入方程 (4.9)，可得频散关系为

$$\sigma_{0nk}=\pm\left[1+\left(\frac{\xi_{0nk}}{\Gamma n\pi}\right)^2\right]^{-1/2}. \tag{4.15}$$

因为 σ_{0nk} 与 $-\sigma_{0nk}$ 有如下关系：

$$\mathbf{u}_{0nk}(\sigma_{0nk})=\mathbf{u}_{0nk}^*(-\sigma_{0nk}), \tag{4.16}$$

所以我们将仅讨论 $\sigma_{0nk}>0$ 的情况。

对应最小正值 ξ_{0nk} 的是最大的正值 σ_{0nk}，此时 $k=1$。在这里，我们使用了一个三下标系统来表示不同的惯性振荡模，第一个下标总是为 0，它代表解的轴对称性，第二个下标 n 表示垂直结构，而第三个下标 k 则表示径向结构。径向速度分量 $\hat{\mathbf{s}}\cdot\mathbf{u}_{0nk}$ 在 $0<s<\Gamma$ 范围内将具有 $(k-1)$ 个零点。一旦从方程 (4.14) 求出 ξ_{0nk}，并从 (4.15) 式得到 σ_{0nk} 后，轴对称振荡的速度三分量则可表示为

$$\hat{\mathbf{s}}\cdot\mathbf{u}_{0nk}=\left[\frac{\mathrm{i}\,\sigma_{0nk}\xi_{0nk}}{2\Gamma(1-\sigma_{0nk}^2)}\right]J_1\left(\frac{\xi_{0nk}s}{\Gamma}\right)\cos(n\pi z), \tag{4.17}$$

$$\hat{\boldsymbol{\phi}}\cdot\mathbf{u}_{0nk}=-\left[\frac{\xi_{0nk}}{2\Gamma(1-\sigma_{0nk}^2)}\right]J_1\left(\frac{\xi_{0nk}s}{\Gamma}\right)\cos(n\pi z), \tag{4.18}$$

$$\hat{\mathbf{z}} \cdot \mathbf{u}_{0nk} = -\left(\frac{\mathrm{i}n\pi}{2\sigma_{0nk}}\right) J_0\left(\frac{\xi_{0nk}s}{\Gamma}\right)\sin(n\pi z), \tag{4.19}$$

其中 $n \geqslant 1$, $k \geqslant 1$。

因为从超越方程 (4.14) 无法推导出径向波数 ξ_{0nk} 的显式表达式 (只能得到近似的数值解),所以对于任意给定的 n,由 (4.17)~(4.19) 式给出的解无法具体地用准确的显式公式来表达,这与环柱管道解 (3.13)~(3.15) 的情况不同。解 (4.17)~(4.19) 有一个有趣的性质,其 ϕ 分量自动满足圆柱侧面的无滑移边界条件,因此当流体有粘性时,不需要设置一个粘性边界层来调整这个分量。另外,上述无粘性解在圆柱的上下界面也自动满足应力自由边界条件。

在实际计算时,确定振荡模的解 (4.17)~(4.19) 需要两步。首先,对任意给定的 n,需要求出超越方程 (4.14) 的解 ξ_{0nk},然后利用 (4.15) 式计算出半频 σ_{0nk};其次是将 n、ξ_{0nk} 和 σ_{0nk} 代入 (4.17)~(4.19) 中,便可得到旋转圆柱中惯性振荡模的完整数学解。很明显,由 (4.15) 式计算的 σ_{0nk} 随着 ξ_{0nk} 的增大而减小,意味着振荡模的径向尺度随着 σ_{0nk} 的减小而变小。用数学语言来说,就是由 (4.14) 和 (4.15) 式给出的无粘性谱 σ_{0nk} 是密集的;用物理语言来说,就是对于有粘性的真实流体,仅具有较大 σ_{0nk} 值的无粘性谱部分才有物理意义,才与实际的流体运动相关。

某些惯性模,特别是那些轴向结构最简单的模 (比如 $n=1$),直接与对流不稳定性问题相联系,因此我们将展示 $n=1$ 时几个典型振荡模的空间结构。表 4.1 列出了当 $n=1$ 时,超越方程 (4.14) 的 10 个最小值解和对应的 10 个最大半频,横纵比取了 $\Gamma=1$ 和 $\Gamma=2$ 的两种情况。图 4.2 显示了六个振荡模的径向结构($k=1,2,\cdots,6$,当 $n=1$, $\Gamma=1$ 时)。所有速度分量都是径向坐标 s 的函数,这显示了

表 4.1　横纵比 $\Gamma=1,2$ 的旋转圆柱中,轴对称振荡模最大的几个半频 σ_{0nk} 和对应的径向波数值 ξ_{0nk}

Γ	n	k	ξ_{0nk}	σ_{0nk}
1.0	1	1	3.83171	0.63403
1.0	1	2	7.01559	0.40870
1.0	1	3	10.17347	0.29505
1.0	1	4	13.32369	0.22950
1.0	1	5	16.47063	0.18736
1.0	1	6	19.61586	0.15814
1.0	1	7	22.76008	0.13673
1.0	1	8	25.90367	0.12040
1.0	1	9	29.04683	0.10753
1.0	1	10	32.18968	0.09713
2.0	1	1	3.83171	0.85377

续表

Γ	n	k	ξ_{0nk}	σ_{0nk}
2.0	1	2	7.01559	0.66715
2.0	1	3	10.17347	0.52547
2.0	1	4	13.32369	0.42653
2.0	1	5	16.47063	0.35642
2.0	1	6	19.61586	0.30504
2.0	1	7	22.76008	0.26611
2.0	1	8	25.90367	0.23572
2.0	1	9	29.04683	0.21142
2.0	1	10	32.18968	0.19158

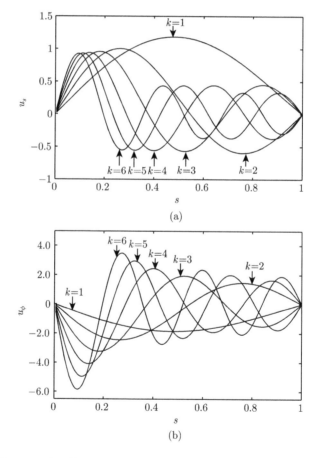

图 4.2 (a) 以 (4.17) 式计算的径向速度分量 $\hat{s}\cdot\mathbf{u}_{0nk}$(乘上了 $-\mathrm{i}$) 随半径 s 的分布；(b) 以 (4.18) 式计算的方位速度分量 $\hat{\phi}\cdot\mathbf{u}_{0nk}$ 随半径 s 的分布。图中显示了当 $\Gamma=1$ 时，$z=0$ 处的六个惯性振荡模 ($n=1$, $k=1,2,\cdots,6$)

流体运动在空间上的振荡性。对于第一个模 $(k=1)$，径向速度 $\hat{\mathbf{s}} \cdot \mathbf{u}_{0nk}$ 和方位速度 $\hat{\boldsymbol{\phi}} \cdot \mathbf{u}_{0nk}$ 在 $0 < s < \Gamma$ 范围内都没有零点。而对于第 k 个模，则在 $0 < s < \Gamma$ 范围内存在 $(k-1)$ 个零点。

利用贝塞尔函数的性质以及边界条件，可从 (4.17)~(4.19) 式得到

$$\int_{\mathcal{V}} |\mathbf{u}_{0nk}|^2 \, d\mathcal{V} = \left[\frac{(n\pi\Gamma)^2 \pi}{4\sigma_{0nk}^2(1-\sigma_{0nk}^2)} \right] J_0^2(\xi_{0nk}), \tag{4.20}$$

$$\int_{\mathcal{V}} \mathbf{u}_{0nk} \cdot \mathbf{u}_{0n'k'}^* \, d\mathcal{V} = 0, \quad \text{如果 } n \neq n' \text{ 或 } k \neq k', \tag{4.21}$$

其中，$\int_{\mathcal{V}} d\mathcal{V}$ 表示对圆柱的体积分，具体表达式为

$$\int_{\mathcal{V}} d\mathcal{V} = \int_0^{2\pi} d\phi \int_0^1 dz \int_0^{\Gamma} s \, ds.$$

公式 (4.20) 将在以后用到。

4.3 地 转 模

旋转圆柱地转模的控制方程可写为

$$0 = -2\hat{\boldsymbol{\phi}} \cdot \mathbf{u}_G + \frac{\partial p_G}{\partial s}, \tag{4.22}$$

$$0 = 2\hat{\mathbf{s}} \cdot \mathbf{u}_G + \frac{1}{s}\frac{\partial p_G}{\partial \phi}, \tag{4.23}$$

$$0 = \frac{\partial p_G}{\partial z}, \tag{4.24}$$

$$0 = \nabla \cdot \mathbf{u}_G, \tag{4.25}$$

其边界条件为

$$\hat{\mathbf{z}} \cdot \mathbf{u}_G = 0 \quad (z=0,1) \tag{4.26}$$

和

$$\hat{\mathbf{s}} \cdot \mathbf{u}_G = 0 \quad (s=\Gamma). \tag{4.27}$$

我们注意到这个微分方程系统在数学上是简并的，且代表了一个诊断关系。考虑到稳态地转模包含两个不同的部分：轴对称部分 ($\partial/\partial\phi = 0$) 和非轴对称部分 ($\partial/\partial\phi = \mathrm{i}m$, $m \geqslant 1$)，这样满足方程 (4.22)~(4.25) 与边界条件 (4.26) 和 (4.27) 的地转模 $(\mathbf{u}_G, p_G)$ 就可具体写为

$$p_G = \sum_k \mathcal{G}_{00k} \, p_{00k}(s) + \sum_{m,k} \mathcal{G}_{m0k} \, p_{m0k}(s,\phi), \tag{4.28}$$

$$\mathbf{u}_G = \sum_k \mathcal{G}_{00k} \, \mathbf{u}_{00k}(s) + \sum_{m,k} \mathcal{G}_{m0k} \, \mathbf{u}_{m0k}(s,\phi), \tag{4.29}$$

其中，因前述数学简并的原因，系数 $\mathcal{G}_{00k}$ 和 $\mathcal{G}_{m0k}$ 是无法确定的 (下标的意义将在下面讨论)。在 (4.28) 和 (4.29) 式中，地转模的轴对称部分由下面二式给出：

$$p_{00k}(s) = -\left[\frac{2\Gamma}{\xi_{00k}}\right] J_0\left(\frac{\xi_{00k}s}{\Gamma}\right),$$
$$\mathbf{u}_{00k}(s) = J_1\left(\frac{\xi_{00k}s}{\Gamma}\right) \hat{\boldsymbol{\phi}}.$$

由于 ξ_{00k} 可自由选择而不影响地转方程 (4.22)~(4.25) 以及边界条件 (4.26) 和 (4.27)，因此可以引入一个强制条件，使得

$$J_1(\xi_{00k}) = 0,$$

其中，$0 < \xi_{001} < \xi_{002} < \cdots < \xi_{00k} < \cdots$。如此，速度解在圆柱侧面 $s = \Gamma$ 上将自动满足无滑移条件 $\mathbf{u}_{00k} = \mathbf{0}$，并且满足正交性条件

$$\int_{\mathcal{V}} \mathbf{u}_{00k} \cdot \mathbf{u}_{00k'} \, d\mathcal{V} = 0, \quad \text{如果} \ k \neq k'$$

和

$$\int_{\mathcal{V}} |\mathbf{u}_{00k}|^2 \, d\mathcal{V} = \pi \, \Gamma^2 J_0^2(\xi_{00k}).$$

公式 (4.28) 和 (4.29) 中的地转模非轴对称部分可以由下列式子给出：

$$\hat{\mathbf{s}} \cdot \mathbf{u}_{m0k} = \frac{-\mathrm{i}\,m}{2s} J_m\left(\frac{\xi_{m0k}s}{\Gamma}\right) \mathrm{e}^{\mathrm{i}\,m\phi},$$
$$\hat{\boldsymbol{\phi}} \cdot \mathbf{u}_{m0k} = \frac{1}{2}\left[\frac{\xi_{m0k}}{\Gamma} J_{m-1}\left(\frac{\xi_{m0k}s}{\Gamma}\right) - \frac{m}{s} J_m\left(\frac{\xi_{m0k}s}{\Gamma}\right)\right] \mathrm{e}^{\mathrm{i}\,m\phi},$$
$$\hat{\mathbf{z}} \cdot \mathbf{u}_{m0k} = 0,$$
$$p_{m0k} = J_m\left(\frac{\xi_{m0k}s}{\Gamma}\right) \mathrm{e}^{\mathrm{i}\,m\phi},$$

其中，ξ_{m0k} 是以下超越方程的解：

$$J_m(\xi_{m0k}) = 0.$$

使用同以前一样的方法进行排序，即在 ξ_{m0k} 的下标记法中，k 表示从小到大的第 k 个正根，那么有 $0 < \xi_{m01} < \xi_{m02} < \xi_{m03} < \cdots < \xi_{m0k} < \cdots$。此外，利用贝塞尔函数的性质，可推出如下关系：

$$\int_{\mathcal{V}} \mathbf{u}_{m0k} \cdot \mathbf{u}_{m'0k'} \, d\mathcal{V} = 0, \quad \text{如果} \ k \neq k' \ \text{或} \ m \neq m',$$
$$\int_{\mathcal{V}} \mathbf{u}_{m0k} \cdot \mathbf{u}_{m0k} \, d\mathcal{V} = \frac{\pi}{8}\Big\{\xi_{m0k}^2 J_{m-1}^2(\xi_{m0k}) + [\xi_{m0k}^2 - (m+1)^2] J_{m+1}^2(\xi_{m0k})$$
$$+ [(m+1)J_{m+1}(\xi_{m0k}) - \xi_{m0k}J_{m+2}(\xi_{m0k})]^2\Big\}.$$

需要注意的是，地转模的一个重要特点是其系数 $\mathcal{G}_{00k}$ 和 $\mathcal{G}_{m0k}$ 无法确定，因而其空间结构也是未知的，这与 (4.17)~(4.19) 式给出的振荡模不同。在本书后面的进动和对流问题中，我们将会讨论如何确定地转模的这两个系数。

4.4 非轴对称惯性波

非轴对称惯性波在数学表达上与前述章节只有细微的差别，对它的分析是完全类似的。重新将方程 (4.1)~(4.3) 写成压强 p 的表达式为

$$\hat{\mathbf{s}} \cdot \mathbf{u}(s, \phi, z) = -\left[\frac{\mathrm{i}}{2(1-\sigma^2)}\right]\left(\sigma \frac{\partial p}{\partial s} - \frac{\mathrm{i}}{s}\frac{\partial p}{\partial \phi}\right), \tag{4.30}$$

$$\hat{\boldsymbol{\phi}} \cdot \mathbf{u}(s, \phi, z) = \left[\frac{1}{2(1-\sigma^2)}\right]\left(\frac{\partial p}{\partial s} - \frac{\mathrm{i}\sigma}{s}\frac{\partial p}{\partial \phi}\right), \tag{4.31}$$

$$\hat{\mathbf{z}} \cdot \mathbf{u}(s, \phi, z) = \left(\frac{\mathrm{i}}{2\sigma}\right)\frac{\partial p}{\partial z}. \tag{4.32}$$

压强 p 满足庞加莱方程

$$\frac{1}{s}\frac{\partial p}{\partial s} + \frac{\partial^2 p}{\partial s^2} + \frac{1}{s^2}\frac{\partial^2 p}{\partial \phi^2} - \left(\frac{1-\sigma^2}{\sigma^2}\right)\frac{\partial^2 p}{\partial z^2} = 0, \tag{4.33}$$

其中 $0 < |\sigma| < 1$。对于方程 (4.1)~(4.3) 的波动解，可将 $\mathbf{u}$ 和 p 写成如下形式：

$$\mathbf{u}(s, \phi, z) = \mathbf{u}(s, z)\mathrm{e}^{\mathrm{i}m\phi},$$

$$p(s, \phi, z) = p(s, z)\mathrm{e}^{\mathrm{i}m\phi},$$

式中 m 是方位波数 (设其为正数)。无粘性边界条件 (4.4)~(4.5) 也写作压强 p 的表达式

$$\frac{\partial p}{\partial z} = 0 \quad (z = 0, 1); \tag{4.34}$$

$$\sigma \frac{\partial p}{\partial s} + \frac{mp}{s} = 0 \quad (s = \Gamma). \tag{4.35}$$

方程 (4.33) 以及满足上下界面无粘性边界条件 (4.34) 的解为

$$p(s, z, \phi) = J_m\left(\frac{\xi s}{\Gamma}\right)\cos(n\pi z)\,\mathrm{e}^{\mathrm{i}m\phi}. \tag{4.36}$$

同时，圆柱侧面的无粘性边界条件 (4.35) 要求

$$\sigma \frac{\mathrm{d}}{\mathrm{d}s}\left[J_m\left(\frac{\xi s}{\Gamma}\right)\right] + \frac{m}{s}J_m\left(\frac{\xi s}{\Gamma}\right) = 0 \quad (s = \Gamma).$$

利用贝塞尔函数的性质，此条件可以简化为

$$\xi J_{m-1}(\xi) + \left\{\frac{\sigma}{|\sigma|}\left[1+\left(\frac{\xi}{\Gamma n\pi}\right)^2\right]^{1/2} - 1\right\} m J_m(\xi) = 0. \tag{4.37}$$

对给定的方位波数 $m \geqslant 1$ 和轴向波数 $n \geqslant 1$，使用数值方法求解以上方程，可以得到径向波数 ξ，它不是整数。由于贝塞尔函数的复杂性，我们难以弄清超越方程 (4.37) 的定性性质，因而也无法导出 ξ 的准确表达式。

非轴对称惯性波模可分为两类：逆行传播的模 ($\sigma > 0$) 和顺行传播的模 ($\sigma < 0$)。方程 (4.37) 中的符号项 $\sigma/|\sigma|$ 就指示了惯性波的传播方向。使用整数 k 来区分每一个惯性波模在数学上是方便的，在物理上也是直观的。当 $\sigma/|\sigma| > 0$ (逆行模) 并且 m 和 n 已给定时，可将最大的 σ 标记为 $k = 1$。这种作法将形成一个三下标 (m,n,k) 的标记方法，用以表示三维惯性波模的基本特征，m 表示波在方位角方向的波数，n 表示波的垂直结构，而 k 则反映了波的径向结构。对于第 k 个模，其径向速度 $\hat{\mathbf{s}} \cdot \mathbf{u}$ 在 $0 < s < \Gamma$ 范围内具有 $(k-1)$ 个零点。同理，顺行传播的惯性波模 ($\sigma/|\sigma| < 0$) 也可用类似的方法进行标记。

将 (4.36) 式代入庞加莱方程 (4.33)，可得 ξ 与 σ 的频散关系，即

$$\sigma_{mnk} = \text{Sign}\left[1+\left(\frac{\xi_{mnk}}{\Gamma n\pi}\right)^2\right]^{-1/2}, \tag{4.38}$$

其中 $\text{Sign} = \sigma_{mnk}/|\sigma_{mnk}|$。将 (4.36) 式代入 (4.30)~(4.32) 式，则有

$$\hat{\mathbf{s}} \cdot \mathbf{u}_{mnk} = \left[\frac{\sigma_{mnk}\xi_{mnk}}{\Gamma}J_{m-1}\left(\frac{\xi_{mnk}s}{\Gamma}\right) + \frac{m(1-\sigma_{mnk})}{s}J_m\left(\frac{\xi_{mnk}s}{\Gamma}\right)\right]$$
$$\times \left[\frac{-\mathrm{i}}{2(1-\sigma_{mnk}^2)}\right]\cos(n\pi z)\mathrm{e}^{\mathrm{i}m\phi}, \tag{4.39}$$

$$\hat{\boldsymbol{\phi}} \cdot \mathbf{u}_{mnk} = \left[\frac{\xi_{mnk}}{\Gamma}J_{m-1}\left(\frac{\xi_{mnk}s}{\Gamma}\right) - \frac{m(1-\sigma_{mnk})}{s}J_m\left(\frac{\xi_{mnk}s}{\Gamma}\right)\right]$$
$$\times \left[\frac{1}{2(1-\sigma_{mnk}^2)}\right]\cos(n\pi z)\mathrm{e}^{\mathrm{i}m\phi}, \tag{4.40}$$

$$\hat{\mathbf{z}} \cdot \mathbf{u}_{mnk} = \frac{-\mathrm{i}n\pi}{2\sigma_{mnk}}\left[J_m\left(\frac{\xi_{mnk}s}{\Gamma}\right)\right]\sin(n\pi z)\mathrm{e}^{\mathrm{i}m\phi}, \tag{4.41}$$

或者将其写成如下更加对称的形式：

4.4 非轴对称惯性波

$$\hat{\mathbf{s}} \cdot \mathbf{u}_{mnk} = \left[(1+\sigma_{mnk})J_{m-1}\left(\frac{\xi_{mnk}s}{\Gamma}\right) + (1-\sigma_{mnk})J_{m+1}\left(\frac{\xi_{mnk}s}{\Gamma}\right)\right]$$
$$\times \left[\frac{-\mathrm{i}\,\xi_{mnk}}{4\Gamma(1-\sigma_{mnk}^2)}\right]\cos(n\pi z)\,\mathrm{e}^{\mathrm{i}\,m\phi}, \tag{4.42}$$

$$\hat{\boldsymbol{\phi}} \cdot \mathbf{u}_{mnk} = \left[(1+\sigma_{mnk})J_{m-1}\left(\frac{\xi_{mnk}s}{\Gamma}\right) - (1-\sigma_{mnk})J_{m+1}\left(\frac{\xi_{mnk}s}{\Gamma}\right)\right]$$
$$\times \left[\frac{\xi_{mnk}}{4\Gamma(1-\sigma_{mnk}^2)}\right]\cos(n\pi z)\,\mathrm{e}^{\mathrm{i}\,m\phi}, \tag{4.43}$$

$$\hat{\mathbf{z}} \cdot \mathbf{u}_{mnk} = \frac{-\mathrm{i}\,n\pi}{2\sigma_{mnk}}\left[J_m\left(\frac{\xi_{mnk}s}{\Gamma}\right)\right]\sin(n\pi z)\,\mathrm{e}^{\mathrm{i}\,m\phi}. \tag{4.44}$$

在以上速度解的表达式中，$m \geqslant 1$, $n \geqslant 1$, $k \geqslant 1$。

计算非轴对称惯性波 (4.39)~(4.41) 时需要特别小心。对于逆行波，首先由 $\sigma/|\sigma| = +1$ 求得超越方程 (4.37) 的解 ξ_{mnk} (径向波数)，将这些解从小到大排列成 $0 < \xi_{mn1} < \xi_{mn2} < \xi_{mn3} < \cdots < \xi_{mnk} < \cdots$ 的顺序，如此 ξ_{mnk} 就表示从小到大的第 k 个正解。一旦获得 ξ_{mnk}，则对 (4.38) 式取正值，便可计算出相应的 σ_{mnk}。类似地，对于顺行波，由 $\sigma/|\sigma| = -1$ 可解出方程 (4.37) 的解 ξ_{mnk}，同样将其从小到大进行排序，然后对 (4.38) 式取负值，便可计算出相应的 σ_{mnk}。当 $\Gamma = 1$ 时，表 4.2 列出了逆行波 ($\sigma_{mnk} > 0$) 的一些半频 σ_{mnk} 和相应的径向波数值 ξ_{mnk}。其中，ξ_{mnk} 和 σ_{mnk} 分别由 (4.37) 和 (4.38) 式计算得到。表 4.3 则列出了顺行波 ($\sigma_{mnk} < 0$) 的 σ_{mnk} 和 ξ_{mnk} 值。在这两个表中，$m = 1, 2, 4$; $n = 1$。

表 4.2　横纵比 $\Gamma = 1$ 的旋转圆柱中，逆行 ($\sigma_{mnk} > 0$) 惯性波模最大的几个半频 σ_{mnk} 和对应的径向波数值 ξ_{mnk}

Γ	m	n	k	ξ_{mnk}	σ_{mnk}
1.0	1	1	1	2.51362	0.78083
1.0	1	1	2	5.70301	0.48250
1.0	1	1	3	8.87232	0.33378
1.0	1	1	4	12.03026	0.25267
1.0	1	1	5	15.18246	0.20263
1.0	1	1	6	18.33146	0.16891
1.0	2	1	1	4.10700	0.60757
1.0	2	1	2	7.38582	0.39142
1.0	2	1	3	10.59253	0.28434
1.0	2	1	4	13.77226	0.22240
1.0	2	1	5	16.93891	0.18236
1.0	2	1	6	20.09824	0.15444

续表

Γ	m	n	k	ξ_{mnk}	σ_{mnk}
1.0	4	1	1	6.91432	0.41366
1.0	4	1	2	10.38932	0.28944
1.0	4	1	3	13.69789	0.22354
1.0	4	1	4	16.94224	0.18232
1.0	4	1	5	20.15403	0.15402
1.0	4	1	6	23.34681	0.13336

表 4.3 横纵比 $\Gamma = 1$ 的旋转圆柱中, 顺行 ($\sigma_{mnk} < 0$) 惯性波模最大的几个半频 $|\sigma_{mnk}|$ 和对应的径向波数值 ξ_{mnk}

Γ	m	n	k	ξ_{mnk}	σ_{mnk}
1.0	1	1	1	4.97036	−0.53429
1.0	1	1	2	8.20953	−0.35740
1.0	1	1	3	11.38901	−0.26591
1.0	1	1	4	14.55061	−0.21104
1.0	1	1	5	17.70454	−0.17472
1.0	1	1	6	20.85449	−0.14896
1.0	2	1	1	6.05558	−0.46051
1.0	2	1	2	9.37165	−0.31784
1.0	2	1	3	12.58886	−0.24213
1.0	2	1	4	15.77299	−0.19534
1.0	2	1	5	18.94192	−0.16362
1.0	2	1	6	22.10256	−0.14072
1.0	4	1	1	8.21873	−0.35705
1.0	4	1	2	11.70788	−0.25916
1.0	4	1	3	15.02170	−0.20471
1.0	4	1	4	18.26862	−0.16948
1.0	4	1	5	21.48187	−0.14470
1.0	4	1	6	24.67557	−0.12630

每一个惯性波模都对应着特定的下标 (m, n, k), 这些下标的值基本上体现了该模的空间结构。惯性波模的垂直和方位结构已由 (4.39)~(4.41) 式中的垂直和方位波数作了明确的描述, 因此, 我们在图 4.3 中展示了当 $\Gamma = 1$ 时, $m = 1, n = 1$ 的六个逆行模 ($k = 1, 2, \cdots, 6$) 的径向结构。另外, 区分 $m = 1$ 和 $m \geqslant 2$ 的惯性波模也很重要。如图 4.3 所示, $m = 1$ 的惯性模有一个特点, 其分量 $\hat{s} \cdot \mathbf{u}_{mnk}$ 和 $\hat{\phi} \cdot \mathbf{u}_{mnk}$ 在旋转轴 $s = 0$ 上不为零。为了对比, 图 4.4 显示了 $m = 2$ 的情况。实际上, 对于任何 $m \geqslant 2$ 的惯性波模, 其速度在旋转轴上都为零。图 4.5 给出了四个逆行模方位速度的二维空间结构, 对应的下标为 $k = 1, 2, 3, 4$ 和 $n = 1, m = 4$。注意图 4.5 的图像会在方位角方向转动 (角速度为惯性波的相速度), 图中显示的空间结构也表

4.4 非轴对称惯性波

明，$\hat{\boldsymbol{\phi}} \cdot \mathbf{u}_{mnk}$ 在圆柱壁面上既不满足应力自由边界条件，也不满足无滑移边界条件。

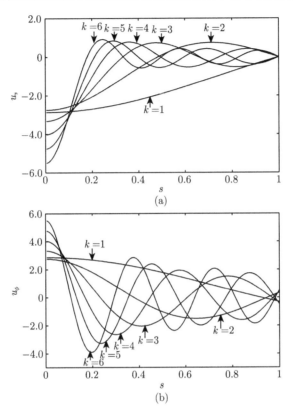

图 4.3 (a) 以 (4.39) 式计算的径向速度分量 $\hat{\mathbf{s}} \cdot \mathbf{u}_{mnk}$ (已乘上了 $-\mathrm{i}$) 随半径 s 的分布；(b) 以 (4.40) 式计算的方位速度分量 $\hat{\boldsymbol{\phi}} \cdot \mathbf{u}_{mnk}$ 随半径 s 的分布。图中显示了当 $\Gamma = 1$ 时，$z = 0$ 和 $\phi = 0$ 处六个逆行的 $(\sigma_{mnk} > 0)$ 惯性波模 $(m = 1, n = 1, k = 1, 2, \cdots, 6)$

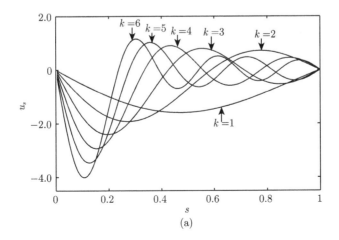

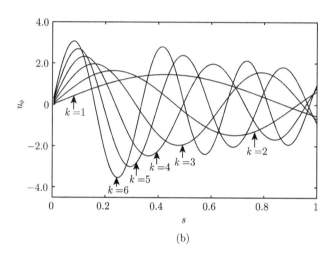

(b)

图 4.4 (a) 以 (4.39) 式计算的径向速度分量 $\hat{\mathbf{s}} \cdot \mathbf{u}_{mnk}$ (已乘上了 $-\mathrm{i}$) 随半径 s 的分布；(b) 以 (4.40) 式计算的方位速度分量 $\hat{\boldsymbol{\phi}} \cdot \mathbf{u}_{mnk}$ 随半径 s 的分布。图中显示了当 $\Gamma = 1$ 时，$z = 0$ 和 $\phi = 0$ 处六个逆行的 ($\sigma_{mnk} > 0$) 惯性波模 ($m = 2$, $n = 1$, $k = 1, 2, \cdots, 6$)

利用非轴对称惯性波的显式解表达式 (4.39)~(4.41) 和无粘性边界条件进行直接积分，经过冗长的数学推导后，可得

$$\int_{\mathcal{V}} |\mathbf{u}_{mnk}|^2 \, \mathrm{d}\mathcal{V} = \pi \left[\frac{(n\pi\Gamma)^2 + m(m - \sigma_{mnk})}{4\sigma_{mnk}^2 (1 - \sigma_{mnk}^2)} \right] J_m^2(\xi_{mnk}), \tag{4.45}$$

$$\int_{\mathcal{V}} \mathbf{u}_{mnk} \cdot \mathbf{u}_{m'n'k'}^* \, \mathrm{d}\mathcal{V} = 0, \quad \text{如果} \ m \neq m' \ \text{或} \ n \neq n' \ \text{或} \ k \neq k'. \tag{4.46}$$

以上二式对所有 $m \geqslant 1$，$n \geqslant 1$ 和 $k \geqslant 1$ 的情况都成立，无论其 $\sigma_{mnk} > 0$ 还是 $\sigma_{mnk} < 0$。因为径向波数 ξ_{mnk} 无法准确得到，所以体积分 (4.45) 只能作近似计算。

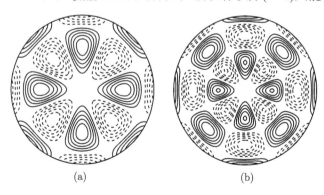

(a)　　　　　　　　　(b)

4.4 非轴对称惯性波

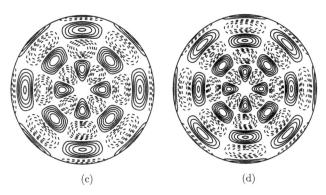

图 4.5 以 (4.40) 式计算的方位速度分量 $\hat{\phi} \cdot \mathbf{u}_{mnk}$ 在 $z = 0$ 平面的等值线图 ($\Gamma = 1$, $m = 4$, $n = 1$): (a) $k = 1$, (b) $k = 2$, (c) $k = 3$, (d) $k = 4$。整个图案随时间是逆行 (顺时针) 转动的。实线代表正值,虚线代表负值 (本书均如此表示正负值)

总结起来,旋转圆柱惯性模的完整谱应包含: ① 以 (4.17)~(4.19) 式计算的所有轴对称惯性振荡模; ② 单一的地转模,由 (4.28) 和 (4.29) 式计算; ③ 由 (4.39)~(4.41) 式计算的所有非轴对称惯性波模。

第5章 旋转球体中的惯性模

5.1 公　　式

充分理解地球和天体中的流体动力学机制是我们由来已久的愿望，它推动了旋转球体中流体惯性波和振荡的研究。球体中不可压缩粘性流体的惯性波或惯性振荡的数学问题首先由 Kelvin(1880)、Poincaré (1885) 及 Bryan(1889) 进行了阐述和研究。早期的研究结果可以在 Lyttleton(1953) 和 Greenspan(1968) 的专著中找到详细的介绍。

在 Poincaré (1885) 推导了问题的基本控制方程之后，Bryan(1889) 通过引入一个修正的椭球坐标系得到了问题的隐式解。因 Bryan 隐式解的局限性，Kudlick (1966) 提出了另一种方法来获取问题的显式解。不过这个方法依赖于 k 次多项式不同实根的显式表达，而关键参数 k 可以在所有的正整数中取值。当 $0 \leqslant k \leqslant 2$ 时，可容易得到根的显式表达，但是当 $k \geqslant 3$ 时，Kudlick 的方法就变得极不实用，因为此时多项式的根非常复杂，或者根本不存在。最终，Zhang 等 (2001) 首先发现了这个经典问题的显式分析通解，该通解适用于 $0 \leqslant k < \infty$ 的所有情况。我们将在下文对此进行详细的讨论。

考虑均匀无粘性 ($\nu = 0$) 流体充满于半径为 d 的球体中，流体球以角速度 $\Omega\hat{\mathbf{z}}$ 绕其对称轴匀速旋转。分析采用球坐标系 (r, θ, ϕ)，相应的单位矢量为 $(\hat{\mathbf{r}}, \hat{\boldsymbol{\theta}}, \hat{\boldsymbol{\phi}})$，$\theta = 0$ 表示旋转轴，$r = 0$ 为球心 (图 5.1)。以半径 d 为特征长度 (单位长度)，其他变量的特征尺度不变，流体惯性振荡和惯性波的控制方程依然由无量纲方程 (2.10) 和 (2.11) 给出。

在旋转球体中，方程 (2.10) 和 (2.11) 存在四类具有不同空间对称性的解，它们分别是：

(1) 轴对称且赤道对称的解，其对称性可表示为

$$\left[p, \hat{\mathbf{r}} \cdot \mathbf{u}, \hat{\boldsymbol{\theta}} \cdot \mathbf{u}, \hat{\boldsymbol{\phi}} \cdot \mathbf{u}\right](r, \theta, \phi) = \left[p, \hat{\mathbf{r}} \cdot \mathbf{u}, -\hat{\boldsymbol{\theta}} \cdot \mathbf{u}, \hat{\boldsymbol{\phi}} \cdot \mathbf{u}\right](r, \pi - \theta, \phi + \phi_c), \tag{5.1}$$

其中 ϕ_c 为任一常数。

(2) 非轴对称但赤道对称的解，满足

$$\left[p, \hat{\mathbf{r}} \cdot \mathbf{u}, \hat{\boldsymbol{\theta}} \cdot \mathbf{u}, \hat{\boldsymbol{\phi}} \cdot \mathbf{u}\right](r, \theta, \phi) = \left[p, \hat{\mathbf{r}} \cdot \mathbf{u}, -\hat{\boldsymbol{\theta}} \cdot \mathbf{u}, \hat{\boldsymbol{\phi}} \cdot \mathbf{u}\right](r, \pi - \theta, \phi + 2\pi/m), \tag{5.2}$$

其中 m 为惯性波的方位波数。

5.1 公　式

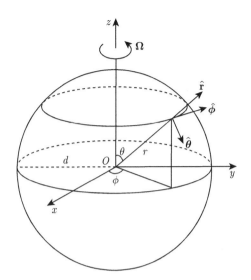

图 5.1　流体球的几何形状。球半径为 d，以角速度 $\mathbf{\Omega} = \hat{\mathbf{z}}\Omega$ 匀速旋转。球坐标为 (r, θ, ϕ)

(3) 轴对称但赤道反对称的解，其对称性表示为

$$\left[p, \hat{\mathbf{r}} \cdot \mathbf{u}, \hat{\boldsymbol{\theta}} \cdot \mathbf{u}, \hat{\boldsymbol{\phi}} \cdot \mathbf{u}\right](r, \theta, \phi) = \left[-p, -\hat{\mathbf{r}} \cdot \mathbf{u}, \hat{\boldsymbol{\theta}} \cdot \mathbf{u}, -\hat{\boldsymbol{\phi}} \cdot \mathbf{u}\right](r, \pi - \theta, \phi + \phi_c). \tag{5.3}$$

(4) 非轴对称且赤道反对称的解，对称关系为

$$\left[p, \hat{\mathbf{r}} \cdot \mathbf{u}, \hat{\boldsymbol{\theta}} \cdot \mathbf{u}, \hat{\boldsymbol{\phi}} \cdot \mathbf{u}\right](r, \theta, \phi) = \left[-p, -\hat{\mathbf{r}} \cdot \mathbf{u}, \hat{\boldsymbol{\theta}} \cdot \mathbf{u}, -\hat{\boldsymbol{\phi}} \cdot \mathbf{u}\right](r, \pi - \theta, \phi + 2\pi/m). \tag{5.4}$$

在这里，轴对称解代表惯性振荡形式的流体运动，而非轴对称解表示在方位方向传播的惯性波。在振荡解 $(m = 0)$ 与波解 $(m \geqslant 0)$ 之间，存在着物理和数学上的差异。在变量拥有多个下标，数学公式变得越来越复杂的情况下，为更加清晰地进行表述，我们将分开讨论这四种类型的解，因此某些类似的方程将不可避免地重复出现。将矢量方程 (2.10) 在球坐标系中展开，可得

$$0 = 2\mathrm{i}\sigma \hat{\mathbf{r}} \cdot \mathbf{u} - 2\hat{\boldsymbol{\phi}} \cdot \mathbf{u} \sin\theta + \frac{\partial p}{\partial r}, \tag{5.5}$$

$$0 = 2\mathrm{i}\sigma \hat{\boldsymbol{\theta}} \cdot \mathbf{u} - 2\hat{\boldsymbol{\phi}} \cdot \mathbf{u} \cos\theta + \frac{1}{r}\frac{\partial p}{\partial \theta}, \tag{5.6}$$

$$0 = 2\mathrm{i}\sigma \hat{\boldsymbol{\phi}} \cdot \mathbf{u} + 2\left(\hat{\boldsymbol{\theta}} \cdot \mathbf{u} \cos\theta + \hat{\mathbf{r}} \cdot \mathbf{u} \sin\theta\right) + \frac{1}{r\sin\theta}\frac{\partial p}{\partial \phi}. \tag{5.7}$$

此外，球形壁面上的无粘性边界条件 (不可渗透条件) 为

$$\hat{\mathbf{r}} \cdot \mathbf{u} = 0 \quad (r = 1). \tag{5.8}$$

球坐标下，连续性方程 (2.11) 则为以下形式：

$$\frac{1}{r^2}\frac{\partial}{\partial r}\left(r^2\hat{\mathbf{r}}\cdot\mathbf{u}\right) + \frac{1}{r\sin\theta}\frac{\partial}{\partial\theta}\left(\sin\theta\hat{\boldsymbol{\theta}}\cdot\mathbf{u}\right) + \frac{1}{r\sin\theta}\frac{\partial}{\partial\phi}\left(\hat{\boldsymbol{\phi}}\cdot\mathbf{u}\right) = 0. \tag{5.9}$$

旋转球体中的惯性振荡和惯性波问题就是求解方程 (5.5)~(5.9) 的显式解，而这些解具有上述四种类型的对称性。需要指出，科里奥利力在柱坐标系中的表达式比较简单，使得以柱坐标描述的惯性模分析解具有更加简单的形式 (Zhang et al., 2001)，但为了研究边界层的粘性效应，使用球坐标来表示问题的解仍然是必要的。

5.2 地 转 模

与圆柱不同，由于边界条件的限制，球体中不允许存在非轴对称的地转模。换句话说，球体中的地转流 $\mathbf{u}_G$ 只有方位分量 $\hat{\boldsymbol{\phi}}\cdot\mathbf{u}_G \neq 0$，而经向分量 $\hat{\boldsymbol{\theta}}\cdot\mathbf{u}_G$ 和径向分量 $\hat{\mathbf{r}}\cdot\mathbf{u}_G$ 恒为零。在球坐标系中，单一的地转模 $(\mathbf{u}_G, p_G)$ 满足下列方程：

$$0 = -2\hat{\boldsymbol{\phi}}\cdot\mathbf{u}_G\sin\theta + \frac{\partial p_G}{\partial r},$$

$$0 = -2\hat{\boldsymbol{\phi}}\cdot\mathbf{u}_G\cos\theta + \frac{1}{r}\frac{\partial p_G}{\partial\theta},$$

$$0 = \frac{1}{r\sin\theta}\frac{\partial p_G}{\partial\phi},$$

$$0 = \nabla\cdot\mathbf{u}_G.$$

边界条件为

$$\hat{\mathbf{r}}\cdot\mathbf{u}_G = 0 \quad (r=1).$$

地转模可以利用地转多项式 (G_{2k-1}, Q_{2k}) 来表示 (Liao and Zhang, 2010)，如下：

$$\mathbf{u}_G(r,\theta) = \sum_{k=1}\mathcal{B}_k G_{2k-1}(r,\theta)\hat{\boldsymbol{\phi}},$$

$$p_G(r,\theta) = \sum_{k=1}\mathcal{B}_k Q_{2k}(r,\theta),$$

其中 $\mathcal{B}_k$ 为系数，多项式 G_{2k-1} 与 Q_{2k} 的具体形式为

$$G_{2k-1}(r,\theta) = \sum_{j=1}^{k}\frac{(-1)^{k-j}[2(k+j)-1]!!}{2^{k-1}(k-j)!(j-1)!(2j)!!}(r\sin\theta)^{2j-1}, \tag{5.10}$$

$$Q_{2k}(r,\theta) = \sum_{j=1}^{k}\frac{(-1)^{k-j}[2(k+j)-1]!!}{2^{k-1}(k-j)!(j-1)!(2j)!!j}(r\sin\theta)^{2j}. \tag{5.11}$$

5.2 地转模

确定系数 $\mathcal{B}_k$ 通常需要引入高阶效应 (比如粘性效应),而这些高阶效应在进行地转近似时是被忽略掉的。地转多项式 $G_{2k-1}(r\sin\theta)$ 具有三个重要的特点: ① 它是两个变量 r 和 θ 的函数, 但是表现为仅含一个变量 $r\sin\theta$ 的形式, 其变化范围在 $0 \leqslant r \leqslant 1$ 和 $0 \leqslant \theta \leqslant \pi$ 的区间内; ② 它是变量 $s = r\sin\theta$ 的奇函数, 且在旋转轴 $\theta = 0$ 上取零值; ③ 它定义于整个球体, 并且具有如下正交性

$$\int_0^{2\pi}\int_0^{\pi}\int_0^1 G_{2k-1}(r\sin\theta)G_{2n-1}(r\sin\theta)r^2\sin\theta\,\mathrm{d}r\,\mathrm{d}\theta\,\mathrm{d}\phi = 0, \quad \text{如果 } n \neq k$$

以及

$$\int_0^{2\pi}\int_0^{\pi}\int_0^1 [G_{2k-1}(r\sin\theta)]^2 r^2\sin\theta\,\mathrm{d}r\,\mathrm{d}\theta\,\mathrm{d}\phi = \frac{4\pi(2k+1)!!(2k-1)!!}{(4k+1)(2k)!!(2k-2)!!},$$

上式中, $k \geqslant 1$ 并且 $0!! = 1$, 它可用于地转多项式 G_{2k-1} 的归一化。注意 $p_G(r,\theta)$ 与 $\mathbf{u}_G(r,\theta)$ 的形式自动满足 $\partial p_G/\partial \phi = 0$ 和 $\nabla \cdot \mathbf{u}_G = 0$ 以及在 $r = 1$ 处的无粘性边界条件。类似于勒让德 (Legendre) 多项式或其他多项式, 三个相邻的地转多项式有如下递推关系:

$$G_{2k+1}(r\sin\theta) = \frac{(4k+3)(4k+1)}{4k(k+1)}\left[(r\sin\theta)^2 - \frac{4k(2k+1)}{(4k-1)(4k+3)}\right]G_{2k-1}(r\sin\theta)$$

$$- \left[\frac{(4k+3)(2k+1)(2k-1)}{4k(k+1)(4k-1)}\right]G_{2k-3}(r\sin\theta) \quad (k \geqslant 2).$$

其初值为

$$G_1(r\sin\theta) = \frac{3}{2}(r\sin\theta)$$

和

$$G_3(r\sin\theta) = \frac{15}{16}(r\sin\theta)\left[7(r\sin\theta)^2 - 4\right].$$

另外, 还可推出 $G_{2k-1}(r\sin\theta)$ 导数的递推关系:

$$(r\sin\theta)\left[1 - (r\sin\theta)^2\right]\frac{\mathrm{d}G_{2k-1}(r\sin\theta)}{\mathrm{d}(r\sin\theta)}$$

$$= \left\{(2k-1)\left[1 - (r\sin\theta)^2\right] - \frac{4k(k-1)}{(4k-1)}\right\}$$

$$\times G_{2k-1}(r\sin\theta) + \frac{(4k^2-1)}{(4k-1)}G_{2k-3}(r\sin\theta) \quad (k \geqslant 2).$$

与其他著名的多项式, 如勒让德多项式、切比雪夫 (Chebyshev) 多项式相比, 地转多项式最大的不同在于: 它是隐性三维的, 其定义域为整个球体, 而且互相正交。假设地转多项式同勒让德多项式、切比雪夫多项式一样构成了一个完备的函数系, 那么就可以使用它的线性组合来近似地转流的任意形态。而关于系数 $\mathcal{B}_k$, 我们将在讨论旋转球体的热对流问题时来说明如何确定它。

5.3 赤道对称模: $m = 0$

旋转球体中的流体惯性模, 即偏微分方程 (5.5)~(5.7) 的三维数学解, 可以由一个三下标系统 (m, n, k) 来表示。对于轴对称解, 第一个下标 m 表示方位波数, 且 $m = 0$; 第二个下标 n 基本代表了惯性模在对称轴方向的复杂度; 而第三个下标 k 则反映了惯性模在半径方向的结构 (垂直于对称轴)。在必要或有助于理解时, 我们将使用这个三下标系统来标识球体中不同的惯性模, 如果不引起歧义, 下标也会被略去以节省篇幅。在轴对称假设下, 即 $\partial/\partial\phi \equiv 0$ 时, 可以由 (5.5)~(5.7) 式推出以压强 p 表达的速度分量:

$$\hat{\mathbf{r}}\cdot\mathbf{u} = \frac{\mathrm{i}}{2\sigma(1-\sigma^2)}\left[(\cos^2\theta - \sigma^2)\frac{\partial p}{\partial r} - \frac{\sin 2\theta}{2r}\frac{\partial p}{\partial \theta}\right], \tag{5.12}$$

$$\hat{\boldsymbol{\theta}}\cdot\mathbf{u} = \frac{\mathrm{i}}{2\sigma(1-\sigma^2)}\left[-\frac{\sin 2\theta}{2}\frac{\partial p}{\partial r} + \frac{(\sin^2\theta - \sigma^2)}{r}\frac{\partial p}{\partial \theta}\right], \tag{5.13}$$

$$\hat{\boldsymbol{\phi}}\cdot\mathbf{u} = \frac{1}{2\sigma(1-\sigma^2)}\left[\sigma\sin\theta\frac{\partial p}{\partial r} + \frac{\sigma\cos\theta}{r}\frac{\partial p}{\partial \theta}\right], \tag{5.14}$$

压强 p 满足轴对称的庞加莱方程, 即

$$\frac{\partial}{\partial r}\left(r^2\frac{\partial p}{\partial r}\right) + \frac{1}{\sin\theta}\frac{\partial}{\partial \theta}\left(\sin\theta\frac{\partial p}{\partial \theta}\right) - \frac{r^2}{\sigma^2}\left(\cos\theta\frac{\partial}{\partial r} - \frac{\sin\theta}{r}\frac{\partial}{\partial \theta}\right)^2 p = 0, \tag{5.15}$$

其中 $0 < |\sigma| < 1$。方程中, 第三项为科里奥利力, 它不仅影响着流体的一些潜在特征, 而且将坐标 θ 与 r 耦合在了一起。以压强 p 表达的无粘性边界条件为

$$r(\cos^2\theta - \sigma^2)\frac{\partial p}{\partial r} - \sin\theta\cos\theta\frac{\partial p}{\partial \theta} = 0 \quad (r = 1), \tag{5.16}$$

它将与庞加莱方程一起联立求解。与环柱管道和圆柱的情况不同, (5.15) 式的特点决定了它不能对 r 和 θ 使用分离变量法, 这正是球体问题在数学上的困难根源。不过, 它的解可以用庞加莱多项式的二重求和来表示 (Zhang et al., 2004a), 比如, 庞加莱方程 (5.15) 满足空间对称性 (5.1) 的分析解可以写为

$$p = \sum_{i=0}^{k}\sum_{j=0}^{k-i} \mathcal{C}_{0kij}^{s} r^{2(i+j)} \sigma^{2i}(1-\sigma^2)^j \sin^{2j}\theta \cos^{2i}\theta, \tag{5.17}$$

其中 $k = 2, 3, 4, \cdots$, 系数 $\mathcal{C}_{0kij}^{s}$ 定义为

$$\mathcal{C}_{0kij}^{s} = \frac{(-1)^{i+j}[2(k+i+j)-1]!!}{2^{j+1}(2i-1)!!(k-i-j)!i!(j!)^2},$$

5.3 赤道对称模：$m = 0$

上标 s 表示相对赤道对称，其中的阶乘运算定义为

$$(2j-1)!! = (2j-1)\cdots(3)(1), \quad (-1)!! = 1, \quad 0! = 1.$$

在 (5.17) 式中未进行归一化以保持表达式的简洁。将 (5.17) 式代入边界条件 (5.16)，可确定满足对称关系 (5.1) 的轴对称惯性模的半频值，它们是以下方程的解：

$$\sum_{j=0}^{k-1}\left\{\frac{(-1)^j[2(2k-j)]!}{j![2(k-j)-1]!(2k-j)!}\right\}\sigma^{2(k-j)} = 0, \tag{5.18}$$

其中，k 可取任意的正整数且 $k \geqslant 2$。方程 (5.18) 存在 $2(k-1)$ 个不同的根，根的变化范围为 $-1 < \sigma < 1$。因为根在 (5.18) 式中是以 σ^2 的形式出现的，因此很明显方程 (5.18) 总有成对的解：$+|\sigma|$ 和 $-|\sigma|$。因 $-|\sigma|$ 对应的解是 $+|\sigma|$ 对应解的复共轭，所以我们将只讨论 $+|\sigma|$ 的情况。在解出方程 (5.18) 的根之后，将所有正根 σ 从小到大排序为 $0 < \sigma_{01k} < \sigma_{02k} < \sigma_{03k} < \cdots < \sigma_{0nk} < \cdots$ 的形式，其中第二个下标 n 代表排列顺序且 $n \leqslant (k-1)$，如此 σ_{0nk} 即表示第 n 小的正根 (对于给定的 k)。表 5.1 列出了方程 (5.18) 的几个正根，k 的变化范围为 $2 \leqslant k \leqslant 6$。需要指出，因球体问题中变量 r 和 θ 是不可分离的 (与环柱管道或圆柱不同)，所以 n 和 k 不会精确地反映惯性模在轴向和径向上的零点个数。

表 5.1 赤道对称且轴对称 $(m = 0)$ 惯性振荡模的正半频值 σ_{0nk} $(k \leqslant 6)$，即方程 (5.18) 的解 (对应球体，偏心率 $\mathcal{E} = 0.0$)，或者方程 (6.28) 的解 (对应椭球，$\mathcal{E} > 0$)。表中列出了两个不同椭球 $(\mathcal{E} = 0.5, 0.7)$ 的正半频值。椭球问题将在后面讨论

m	k	n	$\sigma_{mnk}(\mathcal{E}=0)$	$\sigma_{mnk}(\mathcal{E}=0.5)$	$\sigma_{mnk}(\mathcal{E}=0.7)$
0	2	1	0.65465	0.70711	0.77152
0	3	1	0.46885	0.52257	0.59654
0	3	2	0.83022	0.86448	0.90170
0	4	1	0.36312	0.41037	0.47903
0	4	2	0.67719	0.72826	0.79004
0	4	3	0.89976	0.92197	0.94492
0	5	1	0.29576	0.33664	0.39777
0	5	2	0.56524	0.62047	0.69233
0	5	3	0.78448	0.82515	0.87081
0	5	4	0.93400	0.94927	0.96466
0	6	1	0.24929	0.28492	0.33910
0	6	2	0.48291	0.53713	0.61120
0	6	3	0.68619	0.73664	0.79729
0	6	4	0.84635	0.87806	0.91212
0	6	5	0.95331	0.96437	0.97535

一旦从 (5.18) 式求得半频 σ_{0nk}，就可以利用 (5.12)~(5.14) 式写出惯性振荡的

显式表达式：

$$\hat{\mathbf{r}} \cdot \mathbf{u}_{0nk}(r,\theta) = -\mathrm{i} \sum_{i=0}^{k} \sum_{j=0}^{k-i} \frac{\mathcal{C}_{0kij}^s}{r} \left[\sigma^2(i+j) - i\right]$$
$$\times \left[r^{2(i+j)} \sigma^{2i-1}(1-\sigma^2)^{j-1} \sin^{2j}\theta \cos^{2i}\theta\right], \tag{5.19}$$

$$\hat{\boldsymbol{\theta}} \cdot \mathbf{u}_{0nk}(r,\theta) = -\mathrm{i} \sum_{i=0}^{k} \sum_{j=0}^{k-i} \frac{\mathcal{C}_{0kij}^s}{r} \left[j\sigma^2 \cos^2\theta + i(1-\sigma^2)\sin^2\theta\right]$$
$$\times \left[r^{2(i+j)} \sigma^{2i-1}(1-\sigma^2)^{j-1} \sin^{2j-1}\theta \cos^{2i-1}\theta\right], \tag{5.20}$$

$$\hat{\boldsymbol{\phi}} \cdot \mathbf{u}_{0nk}(r,\theta) = \sum_{i=0}^{k} \sum_{j=0}^{k-i} \frac{\mathcal{C}_{0kij}^s}{r} \sigma^{2i}(1-\sigma^2)^{j-1} r^{2(i+j)} j \sin^{2j-1}\theta \cos^{2i}\theta, \tag{5.21}$$

其中 $k \geqslant 2$，$n = 1, 2, \cdots, (k-1)$。以上三式中 $i+j=0$ 的项需要被去掉，σ 的下标 $0nk$ 已被略去以节省篇幅。分析解 (5.19)~(5.21) 代表了所有可能的轴对称惯性振荡模，它满足边界条件 (5.16) 以及空间对称关系 (5.1)。利用 (5.19)~(5.21) 式给出的 $\mathbf{u}_{0nk}$ 显式解，经过一番推导之后，可得

$$\int_{\mathcal{V}} |\mathbf{u}_{0nk}|^2 \, \mathrm{d}\mathcal{V} = \sum_{i=0}^{k} \sum_{j=0}^{k-i} \sum_{q=0}^{k} \sum_{l=0}^{k-q} \left[\frac{(-1)^{i+j+q+l}\pi}{2[2(i+j+q+l)+1]!!}\right]$$
$$\times \left[\frac{2iq(2i+2q-3)!!(j+l)!}{\sigma^2} + \frac{jl(1+\sigma^2)(2i+2q-1)!!(j+l-1)!}{(1-\sigma^2)^2}\right]$$
$$\times \left[\frac{\sigma^{2(i+q)}(1-\sigma^2)^{j+l}[2(k+i+j)-1]!![2(k+q+l)-1]!!}{(2i-1)!!(2q-1)!!(k-i-j)!(k-q-l)!i!q!(j!)^2(l!)^2}\right] \tag{5.22}$$

和

$$\int_{\mathcal{V}} \mathbf{u}_{0nk} \cdot \mathbf{u}_{0n'k'}^* \, \mathrm{d}\mathcal{V} = 0, \quad \text{如果 } n \neq n' \text{ 或 } k \neq k',$$

其中 $\int_{\mathcal{V}} \mathrm{d}\mathcal{V}$ 表示对整个球体的体积分，具体为

$$\int_{\mathcal{V}} \mathrm{d}\mathcal{V} = \int_0^{2\pi} \mathrm{d}\phi \int_0^{\pi} \sin\theta \, \mathrm{d}\theta \int_0^1 r^2 \, \mathrm{d}r.$$

公式 (5.22) 可用于轴对称惯性模的归一化，在以后的分析中我们将会用到它。

总结起来，对于旋转球体中满足对称关系 (5.1) 的惯性振荡模，推导其显式分析解的过程可分为两步：首先，对于任意给定的 k，解方程 (5.18)，得到轴对称振荡

5.3 赤道对称模：$m = 0$

模的半频 σ；然后将 k 和 σ 代入 (5.19)~(5.21) 式，即可得到振荡模的完整分析解。由于 (5.19)~(5.21) 为显式，因而容易得知惯性模的空间结构。图 5.2 显示了表 5.1 所列的六个轴对称模的结构。从图中可以看出，当 k 和 n 增大时，振荡模的空间尺度将会变小。用数学语言来说，就是在球体中，由 (5.18) 式定义的 σ 的无粘性谱是密集的。然而我们必须明白，真实流体都具有一定的粘性，因而通常只有较小和中等的 k、n 所表示的那一部分无粘性谱才有物理意义。

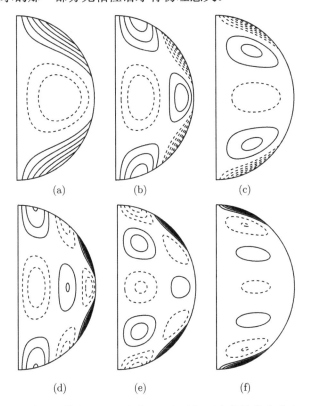

图 5.2 六个不同球体惯性模的方位速度 $\hat{\phi} \cdot \mathbf{u}$ 在子午面上的等值线分布，由 (5.21) 式计算。(a) $k = 2, n = 1, \sigma_{012} = 0.65465$；(b) $k = 3, n = 1, \sigma_{013} = 0.46885$；(c) $k = 3, n = 2, \sigma_{023} = 0.83022$；(d) $k = 4, n = 1, \sigma_{014} = 0.36312$；(e) $k = 4, n = 2, \sigma_{024} = 0.67719$；(f) $k = 4, n = 3, \sigma_{034} = 0.89976$

最简单的轴对称且赤道对称的惯性振荡显然是 $n = 1$ 和 $k = 2$ 的模，其结构显示于图 5.2(a)。此解的推导过程简述如下。在 (5.18) 式中设 $k = 2$，求得半频 σ_{012}

$$\sigma_{012} = \pm\sqrt{21}/7.$$

然后在 (5.17) 和 (5.19)~(5.21) 式中，代入 $k = 2$ 及 $\sigma_{012} = \sqrt{21}/7$，于是得到压

强 p_{012} 和速度 $\mathbf{u}_{012}$ 的完整分析解,即

$$p_{012} = \frac{3}{4} + \frac{15}{7}\left[-r^2\left(1+\frac{1}{2}\cos^2\theta\right) + \frac{r^4}{4}\left(2+\cos^2\theta + 7\sin^2\theta\cos^2\theta\right)\right],$$

$$\hat{\mathbf{r}}\cdot\mathbf{u}_{012} = \frac{\mathrm{i}\,15\sqrt{3}}{8\sqrt{7}}\left(r^2-1\right)r\left(1+3\cos 2\theta\right),$$

$$\hat{\boldsymbol{\theta}}\cdot\mathbf{u}_{012} = \frac{\mathrm{i}\,15\sqrt{3}}{8\sqrt{7}}\left(3-5r^2\right)r\sin 2\theta,$$

$$\hat{\boldsymbol{\phi}}\cdot\mathbf{u}_{012} = \frac{15}{4}\left(-1+2r^2+r^2\cos 2\theta\right)r\sin\theta.$$

对于其他满足对称关系 (5.1) 的惯性振荡模,尽管推导过程更加繁冗,但都可以用相同的方法求得。例如,$k=3$ 对应的惯性模子集也相对简单,其半频满足方程

$$33\sigma_{0n3}^4 - 30\sigma_{0n3}^2 + 5 = 0,$$

它有两个正解

$$\sigma_{013} = \sqrt{\frac{15-\sqrt{60}}{33}} \quad \text{和} \quad \sigma_{023} = \sqrt{\frac{15+\sqrt{60}}{33}}.$$

将 $k=3$ 和 σ_{0n3} 代入 (5.19)~(5.21) 式,即可得到两个不同惯性模的显式表达式。另两个负半频对应的模恰好是正半频模的复共轭。另外,顺便地,我们也注意到,以球坐标 (r,θ,ϕ) 给出的分析解 (5.17) 以及公式 (5.19)~(5.21),可以容易地用柱坐标 (s,z,ϕ) 来表达。利用

$$s = r\sin\theta, \quad z = r\cos\theta, \quad \phi = \phi,$$

可得

$$p_{0nk}(s,z) = \sum_{i=0}^{k}\sum_{j=0}^{k-i}\mathcal{C}_{0kij}^{s}\sigma^{2i}(1-\sigma^2)^{j}s^{2j}z^{2i}, \tag{5.23}$$

$$\hat{\mathbf{s}}\cdot\mathbf{u}_{0nk}(s,z) = -\mathrm{i}\sum_{i=0}^{k-1}\sum_{j=1}^{k-i}\mathcal{C}_{0kij}^{s}\sigma^{2i+1}(1-\sigma^2)^{j-1}js^{2j-1}z^{2i}, \tag{5.24}$$

$$\hat{\mathbf{z}}\cdot\mathbf{u}_{0nk}(s,z) = \mathrm{i}\sum_{i=1}^{k}\sum_{j=0}^{k-i}\mathcal{C}_{0kij}^{s}\sigma^{2i-1}(1-\sigma^2)^{j}is^{2j}z^{2i-1}, \tag{5.25}$$

$$\hat{\boldsymbol{\phi}}\cdot\mathbf{u}_{0nk}(s,z) = \sum_{i=0}^{k-1}\sum_{j=1}^{k-i}\mathcal{C}_{0kij}^{s}\sigma^{2i}(1-\sigma^2)^{j-1}js^{2j-1}z^{2i}. \tag{5.26}$$

同样地,式中 $k\geqslant 2$ 且 $n=1,2,\cdots,(k-1)$。很明显,用柱坐标写出的解在形式上更加简单,可是它却不能直接用来研究球形边界层的粘性效应。

5.4 赤道对称模: $m \geqslant 1$

对于非轴对称惯性模($\partial/\partial\phi \neq 0$ 或 $m \geqslant 1$),仍然可以从 (5.5)~(5.7) 式推出仅以压强 p 表达的速度分量公式:

$$\hat{\mathbf{r}}\cdot\mathbf{u} = \frac{\mathrm{i}}{2\sigma(1-\sigma^2)}\left[(\cos^2\theta-\sigma^2)\frac{\partial p}{\partial r} + \frac{\mathrm{i}\sigma}{r}\frac{\partial p}{\partial\phi} - \frac{\sin 2\theta}{2r}\frac{\partial p}{\partial\theta}\right], \tag{5.27}$$

$$\hat{\boldsymbol{\theta}}\cdot\mathbf{u} = \frac{\mathrm{i}}{2\sigma(1-\sigma^2)}\left[-\frac{\sin 2\theta}{2}\frac{\partial p}{\partial r} + \frac{\mathrm{i}\sigma\cos\theta}{r\sin\theta}\frac{\partial p}{\partial\phi} + \frac{(\sin^2\theta-\sigma^2)}{r}\frac{\partial p}{\partial\theta}\right], \tag{5.28}$$

$$\hat{\boldsymbol{\phi}}\cdot\mathbf{u} = \frac{1}{2\sigma(1-\sigma^2)}\left[\sigma\sin\theta\frac{\partial p}{\partial r} - \frac{\mathrm{i}\sigma^2}{r\sin\theta}\frac{\partial p}{\partial\phi} + \frac{\sigma\cos\theta}{r}\frac{\partial p}{\partial\theta}\right], \tag{5.29}$$

其中压强 p 满足三维的庞加莱方程:

$$\frac{\partial}{\partial r}\left(r^2\frac{\partial p}{\partial r}\right) + \frac{1}{\sin\theta}\frac{\partial}{\partial\theta}\left(\sin\theta\frac{\partial p}{\partial\theta}\right) + \frac{1}{\sin^2\theta}\frac{\partial^2 p}{\partial\phi^2}$$

$$-\frac{r^2}{\sigma^2}\left(\cos\theta\frac{\partial}{\partial r} - \frac{\sin\theta}{r}\frac{\partial}{\partial\theta}\right)^2 p = 0, \tag{5.30}$$

式中 $0 < |\sigma| < 1$。无粘性边界条件 (5.8) 也可写成仅以压强 p 表达的形式:

$$r(\cos^2\theta-\sigma^2)\frac{\partial p}{\partial r} + \mathrm{i}\sigma\frac{\partial p}{\partial\phi} - \sin\theta\cos\theta\frac{\partial p}{\partial\theta} = 0 \quad (r=1). \tag{5.31}$$

方程 (5.30) 将与边界条件联立来求解压强 p。满足空间对称关系 (5.2) 的解也可使用庞加莱多项式写出 (Zhang et al., 2004a),即

$$p(r,\theta,\phi) = \sum_{i=0}^{k}\sum_{j=0}^{k-i}\mathcal{C}_{mkij}^s\sigma^{2i}(1-\sigma^2)^j r^{m+2(i+j)}\sin^{2j+m}\theta\cos^{2i}\theta\,\mathrm{e}^{\mathrm{i}m\phi}, \tag{5.32}$$

其中 $m \geqslant 1$,k 的取值范围为所有的正整数 ($k \geqslant 1$),系数 $\mathcal{C}_{mkij}^s$ 为

$$\mathcal{C}_{mkij}^s = \frac{(-1)^{i+j}[2(m+k+i+j)-1]!!}{2^{j+1}(2i-1)!!(k-i-j)!i!j!(m+j)!}.$$

为保持公式简洁,(5.32) 式未进行归一化。将 (5.32) 式代入边界条件 (5.31),可得惯性波模的半频方程:

$$0 = \sum_{j=0}^{k-1}\left\{\frac{(-1)^{j+k}[2(2k+m-j)]!}{j![2(k-j)]!(2k+m-j)!}[(2k+m-2j)\sigma-2(k-j)]\right\}\sigma^{2(k-j)-1}$$

$$+\frac{m[2(k+m)]!}{k!(k+m)!} \quad (m \geqslant 1). \tag{5.33}$$

对任意给定的整数 $k \geqslant 1$，方程 (5.33) 存在 $2k$ 个不同的实根，它们可按照绝对值从小到大排列成 $0 < |\sigma_{m1k}| < |\sigma_{m2k}| < |\sigma_{m3k}| < \cdots < |\sigma_{mnk}| < \cdots$ 的顺序，同时赋予各 σ 不同的下标 n，如此 σ_{mnk} 就表示绝对值第 n 小的根。表 5.2 列出了方程 (5.33) 的几个解，方位波数选取了 $m = 1$ 和 $m = 6$ 两种情况。

表 5.2 赤道对称但非轴对称 ($m \neq 0$) 惯性波模的几个典型半频值 σ_{mnk}，即方程 (5.33) 的解 (对应球体，偏心率 $\mathcal{E} = 0$)，或者方程 (6.35) 的解 (对应椭球，$\mathcal{E} > 0$)。表中列出了两个不同方位波数 $m = 1$ 和 $m = 6$ 的半频值

m	k	n	$\sigma_{mnk}(\mathcal{E}=0)$	$\sigma_{mnk}(\mathcal{E}=0.5)$	$\sigma_{mnk}(\mathcal{E}=0.7)$
1	1	1	−0.08830	−0.08893	−0.08954
1	1	2	+0.75497	+0.80321	+0.85642
1	2	1	−0.03409	−0.03419	−0.03428
1	2	2	+0.52280	+0.58114	+0.65796
1	2	3	−0.59170	−0.64376	−0.71133
1	2	4	+0.90300	+0.92521	+0.94773
1	3	1	−0.01807	−0.01810	−0.01813
1	3	2	+0.39513	+0.44696	+0.52068
1	3	3	−0.43136	−0.48130	−0.55190
1	3	4	+0.73687	+0.78390	+0.83804
1	3	5	−0.77361	−0.81482	−0.86184
1	3	6	+0.94819	+0.96056	+0.97279
6	1	1	−0.13117	−0.13756	−0.14486
6	1	2	+0.38117	+0.44059	+0.52537
6	2	1	−0.07082	−0.07295	−0.07523
6	2	2	+0.28953	+0.33740	+0.40886
6	2	3	−0.43850	−0.48441	−0.54934
6	2	4	+0.61979	+0.67818	+0.75005
6	3	1	−0.04575	−0.04669	−0.04766
6	3	2	+0.23843	+0.27832	+0.33907
6	3	3	−0.33155	−0.37086	−0.42909
6	3	4	+0.50488	+0.56363	+0.64186
6	3	5	−0.60539	−0.65670	−0.72273
6	3	6	+0.73938	+0.78727	+0.84184

一旦从方程 (5.33) 求得惯性模的半频，就可利用 (5.32) 和 (5.27)~(5.29) 式得到速度分量的表达式：

5.4 赤道对称模: $m \geqslant 1$

$$\hat{\mathbf{r}} \cdot \mathbf{u}_{mnk} = -\frac{\mathrm{i}}{2} \sum_{i=0}^{k} \sum_{j=0}^{k-i} \frac{\mathcal{C}_{mkij}^{s}}{r} \left[\sigma^2(m+2j) + m\sigma - 2i(1-\sigma^2)\right]$$
$$\times \left[r^{m+2(i+j)}\sigma^{2i-1}(1-\sigma^2)^{j-1}\sin^{m+2j}\theta\cos^{2i}\theta\right] \mathrm{e}^{\mathrm{i}\,m\phi}, \tag{5.34}$$

$$\hat{\boldsymbol{\theta}} \cdot \mathbf{u}_{mnk} = -\frac{\mathrm{i}}{2} \sum_{i=0}^{k} \sum_{j=0}^{k-i} \frac{\mathcal{C}_{mkij}^{s}}{r} \left\{ \left[\sigma^2(m+2j) + m\sigma\right]\cos^2\theta + 2i(1-\sigma^2)\sin^2\theta \right\}$$
$$\times \left[r^{m+2(i+j)}\sigma^{2i-1}(1-\sigma^2)^{j-1}\sin^{m+2j-1}\theta\cos^{2i-1}\theta\right] \mathrm{e}^{\mathrm{i}\,m\phi}, \tag{5.35}$$

$$\hat{\boldsymbol{\phi}} \cdot \mathbf{u}_{mnk} = \frac{1}{2} \sum_{i=0}^{k} \sum_{j=0}^{k-i} \frac{\mathcal{C}_{mkij}^{s}}{r} \left[(m+2j) + m\sigma\right]$$
$$\times \left[r^{m+2(i+j)}\sigma^{2i}(1-\sigma^2)^{j-1}\sin^{m+2j-1}\theta\cos^{2i}\theta\right] \mathrm{e}^{\mathrm{i}\,m\phi}, \tag{5.36}$$

其中 m, k 可取任意的正整数, 而 $n \leqslant 2k$。以上公式就是方程 (5.5)$\sim$(5.7) 所有可能的非轴对称解, 它满足边界条件 (5.31) 和对称性 (5.2)。在 (5.34)$\sim$(5.36) 式中, σ 的三个下标已被略去以节省篇幅。利用这三个速度分量的显式表达式, 经过一番演算之后, 可得

$$\int_{\mathcal{V}} |\mathbf{u}_{mnk}|^2 \,\mathrm{d}\mathcal{V} = \sum_{i=0}^{k} \sum_{j=0}^{k-i} \sum_{q=0}^{k} \sum_{l=0}^{k-q} \frac{(-1)^{i+j+q+l}\pi(m+j+l-1)!}{2^{3-m}[2(m+i+j+q+l)+1]!!}$$
$$\times \left\{ \frac{8iq(2i+2q-3)!!(m+j+l)}{\sigma^2} + \left[\frac{(m\sigma+m+2j\sigma)(m\sigma+m+2l\sigma)}{(1-\sigma^2)^2}\right.\right.$$
$$\left.\left. + \frac{(m\sigma+m+2j)(m\sigma+m+2l)}{(1-\sigma^2)^2}\right](2i+2q-1)!!\right\} \left[\frac{\sigma^{2(i+q)}}{(2i-1)!!}\right]$$
$$\times \left[\frac{(1-\sigma^2)^{j+l}[2(m+k+i+j)-1]!![2(m+k+q+l)-1]!!}{(2q-1)!!(k-i-j)!(k-q-l)!i!q!j!l!(j+m)!(m+l)!}\right] \tag{5.37}$$

和

$$\int_{\mathcal{V}} \mathbf{u}_{mnk} \cdot \mathbf{u}_{m'n'k'}^{*} \,\mathrm{d}\mathcal{V} = 0, \quad \text{如果 } m \neq m' \text{ 或 } n \neq n' \text{ 或 } k \neq k'.$$

以上二式可用于惯性模的归一化, 它们将在以后的分析中使用。

总结起来, 对于满足对称关系 (5.2) 的任意惯性波模, 都可用如下两个步骤来求得: 首先, 对于给定的 m 和 k, 解方程 (5.33) 得到惯性模的半频 σ_{mnk}; 然后将 k、m 和 σ_{mnk} 代入表达式 (5.34)$\sim$(5.36), 即可得到惯性模的显式解。当 $m \geqslant 1$ 时, 最简单的赤道对称但非轴对称的两个惯性模应该是 $k=1, n=1$ 或 $n=2$ 的情况。

在式 (5.33) 中，令 $k=1$，在前述下标标记的规则下，可得确定半频 σ_{m11} 和 σ_{m21} 的方程为

$$(2m+3)(m+2)\sigma_{mn1}^2 - 2(2m+3)\sigma_{mn1} - m = 0, \tag{5.38}$$

它有两个根

$$\sigma_{m11} = \frac{1}{m+2}\left\{1 - \left[\frac{(m+2)^2-1}{2m+3}\right]^{1/2}\right\} < 0 \tag{5.39}$$

和

$$\sigma_{m21} = \frac{1}{m+2}\left\{1 + \left[\frac{(m+2)^2-1}{2m+3}\right]^{1/2}\right\} > 0. \tag{5.40}$$

公式 (5.40) 所示的解对应着逆行传播的惯性波，而解 (5.39) 则代表顺行传播的波。因这种类型的惯性模与球体的对流不稳定性直接相关，所以这两个解受到了特别的关注 (Zhang, 1994)。在 (5.32) 和 (5.34)~(5.36) 式中，令 $k=1$，可得到顺行或逆行惯性波封闭形式的准确解：

$$p_{mn1} = [2(1-\sigma)(m+1)](2m+3)$$
$$\times \left[\frac{-2}{(2m+3)} + 2\sigma^2 r^2 \cos^2\theta + \frac{(1-\sigma^2)r^2\sin^2\theta}{m+1}\right] r^m \sin^m\theta e^{im\phi}, \tag{5.41}$$

$$\hat{\mathbf{r}} \cdot \mathbf{u}_{mn1} = i\left\{(2m+2)\left[m - \sigma(2m+3)(2\sigma + m\sigma - 2)r^2\cos^2\theta\right]\right.$$
$$\left. - (2m+3)(1-\sigma)(m+2\sigma+m\sigma)r^2\sin^2\theta\right\} r^{m-1}\sin^m\theta e^{im\phi}, \tag{5.42}$$

$$\hat{\boldsymbol{\theta}} \cdot \mathbf{u}_{mn1} = i\left\{-(2m+3)(1-\sigma)(m+6\sigma+5m\sigma)r^2\sin^2\theta\right.$$
$$\left. + 2m(m+1) - 2(2m+3)(m+1)m\sigma^2 r^2\cos^2\theta\right\} r^{m-1}\cos\theta\sin^{m-1}\theta e^{im\phi}, \tag{5.43}$$

$$\hat{\boldsymbol{\phi}} \cdot \mathbf{u}_{mn1} = \left\{2m(m+1)\left[-1 + (2m+3)r^2\sigma^2\cos^2\theta\right]\right.$$
$$\left. + (2m+3)(1-\sigma)(2+m+m\sigma)r^2\sin^2\theta\right\} r^{m-1}\sin^{m-1}\theta e^{im\phi}, \tag{5.44}$$

其中，σ 为 σ_{m11} ($n=1$，由 (5.39) 式计算) 或者 σ_{m21} ($n=2$，由 (5.40) 式计算)。以上四式未进行归一化以保持表达式的简洁。利用惯性波在方位方向传播的特点，可以在一个以波的相速度 $-2\sigma/m$ 转动的参考系中显示惯性波的形态。图 5.3 即在这样的运动参考系中显示了 $\sigma_{611} = -0.13117$ 和 $\sigma_{621} = 0.38117$ 的两个惯性波的结构。

5.4 赤道对称模：$m \geqslant 1$

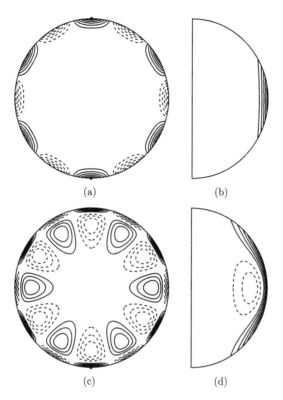

图 5.3 $m=6$ 时，方位速度 $\hat{\phi} \cdot \mathbf{u}_{mnk}$ 的等值线分布，由 (5.36) 式计算。(a), (b) $k=1, n=1$, $\sigma_{611} = -0.13117$，左为赤道面，右为子午面（下同）；(c), (d) $k=1$, $n=2$, $\sigma_{621} = 0.38117$

$k=2$ 代表了另一个惯性波模的子集。前面曾提到，对任意给定的 k 和 m，惯性模的数目为 $2k$。因此 $k=2$ 对应四个惯性模，它们的半频是以下方程的解：

$$0 = -(m+4)(2m+5)(2m+7)\sigma_{mn2}^4 + 4(2m+5)(2m+7)\sigma_{mn2}^3 \\ + 6(m+2)(2m+5)\sigma_{mn2}^2 - 12(2m+5)\sigma_{mn2} - 3m. \tag{5.45}$$

在 (5.33) 式中设 $k=2$ 就可得到上面的方程，当 $m \geqslant 1$ 时，它有四个不同的解。虽然方程 (5.45) 的准确解可以推导出来，但是其表达式过分复杂而冗长，此处就不具体列出了。以 $m=6$ 为例，方程 (5.45) 有四个实根，分别是 $\sigma_{612} = -0.07082$，$\sigma_{622} = 0.28953$，$\sigma_{632} = -0.43850$ 和 $\sigma_{642} = 0.61979$。将 $k=2$，$m=6$ 以及刚刚求得的 σ_{6n2} 代入 (5.34)~(5.36) 式，可得到四个惯性波的显式分析表达式，它们的形态如图 5.4 所示。从图 5.3 (a), (b) 和图 5.4 (a), (b) 可发现一个有趣而重要的特点：这两个缓慢传播的惯性模的结构几乎与坐标 z 无关，并且集中在赤道区域。

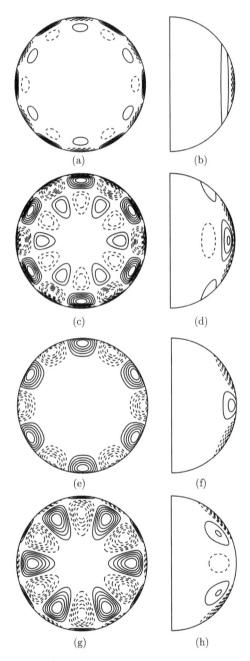

图 5.4 $m=6$ 时，方位速度 $\hat{\phi}\cdot\mathbf{u}_{mnk}$ 的等值线分布，由 (5.36) 式计算。(a),(b) $k=2$, $n=1$, $\sigma_{612}=-0.07082$，左为赤道面，右为子午面 (下同); (c),(d) $k=2$, $n=2$, $\sigma_{622}=0.28953$; (e),(f) $k=2$, $n=3$, $\sigma_{632}=-0.43850$; (g),(h) $k=2$, $n=4$, $\sigma_{642}=0.61979$

5.4 赤道对称模：$m \geqslant 1$

显式分析解 (5.34)~(5.36) 揭示了旋转球体中两类不同寻常但比较隐晦的惯性波运动形式：① 束缚于赤道的惯性波，② 近乎地转流的惯性波。为说明第一种情况，我们首先在图 5.5(a),(b) 中展示了 $m = 16$，$\sigma_{16,1,1} = -0.11321$ 的惯性波 (由 (5.44) 式计算)，并且将 $\hat{\phi} \cdot \mathbf{u}_{m11}$ 随 θ 或 r 的变化显示于图 5.6 中。由这些图可知，惯性波运动最显著的特征便是其发生的位置：大部分运动都局限于赤道附近的边界区域。很明显，因赤道区域相对于旋转轴具有最大的曲率，它形成了一个沿着惯性波传播方向的赤道波导 (waveguide)，波的大部分能量都被束缚于其中 (Zhang, 1993)。当波数 m 足够大时，赤道区域的惯性波便会非常集中，以至于我们可以忽略一个中等大小的内核 (如果有的话) 以及整个中高纬区域。

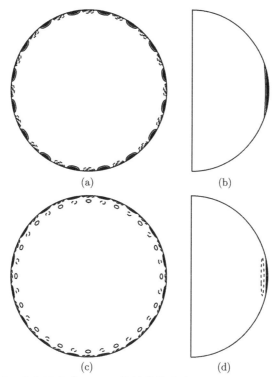

图 5.5　$m = 16$ 时，方位速度 $\hat{\phi} \cdot \mathbf{u}_{mnk}$ 的等值线分布。(a), (b) $k = 1$, $n = 1$, $\sigma_{16,1,1} = -0.11321$，左为赤道平面，右为子午面 (下同)；(c), (d) $k = 2$, $n = 1$, $\sigma_{16,1,2} = -0.07001$

仅从公式 (5.42)~(5.44) 很难看出任何端倪，但随着 m 的增大，赤道波导的主要特征就清楚地显现了出来。为展示这个特点，我们以 $\sigma_{m11} < 0$ 时的方位速度 $\mathbf{u}_{m11}$ 为例进行详细考察。为洞悉这个束缚于赤道的惯性波，考虑 $m \gg 1$ 时公式 (5.39) 的渐近特性，它可近似写为

$$\sigma_{m11} \approx -\frac{1}{\sqrt{2m}} + \frac{1}{m}. \tag{5.46}$$

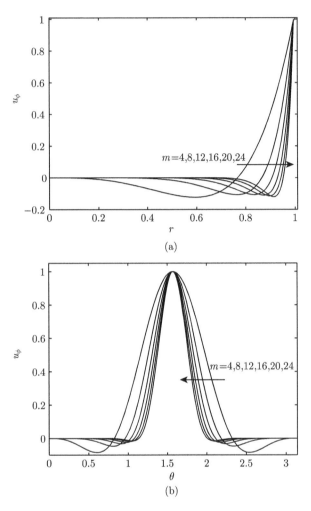

图 5.6 方位速度 $\hat{\boldsymbol{\phi}} \cdot \mathbf{u}_{m11}$ 的空间分布随方位波数的变化情况,由 (5.44) 式计算。其中 $m =$ 4, 8, 12, 16, 20, 24 且速度已归一化。(a) $\theta = \pi/2$ 时,方位速度随 r 的分布;(b) $r = 1$ 时,方位速度随 θ 的分布。图中可见惯性波运动被约束于赤道边界区域

将 (5.46) 代入 (5.44) 可得首阶近似解为

$$\hat{\boldsymbol{\phi}} \cdot \mathbf{u}_{m11} \sim \left[-(m+1) r^{m-1} \sin^{m-1}\theta + \left(\frac{3}{2} + m\right) r^{m+1} \sin^{m+1}\theta \right] e^{i m\phi}. \quad (5.47)$$

在赤道附近一个固定的 θ_0 处,求 (5.47) 式对 r 的导数,取首阶近似,得

$$\frac{\partial \left(\hat{\boldsymbol{\phi}} \cdot \mathbf{u}_{m11} \right)}{\partial r} \approx \left(\hat{\boldsymbol{\phi}} \cdot \mathbf{u}_{m11} \right) \frac{m}{r},$$

5.4 赤道对称模: $m \geqslant 1$

它的首阶行为可表述为

$$\hat{\boldsymbol{\phi}} \cdot \mathbf{u}_{m11}(r, \theta_0, \phi) \approx \hat{\boldsymbol{\phi}} \cdot \mathbf{u}_{m11}(1, \theta_0, \phi) \mathrm{e}^{-m(1-r)}.$$

其意义是: 波的振幅从球的外表面向内大约呈指数衰减, 特征尺度量级为 $O(1/m)$。从赤道到高纬方向, 波幅也以类似的方式呈指数衰减, 如图 5.5 所示。因惯性波被限制于赤道边界区域, 对于一个内半径为 r_i、外半径为 r_o 的球壳而言, 当 m 足够大, 即

$$m \geqslant O\left(\frac{r_o}{r_o - r_i}\right)$$

时, 内核是否存在对此类惯性波几乎没有影响。例如, 在一个 $r_i/r_o = 0.9$ 的薄球壳中, 当方位波数 $m \geqslant O(10)$ 时, 内核的影响是很微弱的。在旋转球壳中, 数学上求解庞加莱方程是十分困难的, 这个特点似乎提供了一个部分解决方案: 如果上述条件满足的话, 庞加莱方程的此类解可以安全地忽略掉内核的影响。还有一些波解的子集显示了相似的赤道约束性, 例如, 方程 (5.45) 绝对值最小的根对应的惯性模 $\mathbf{u}_{m12}$, 在 m 足够大时也是被局限于赤道边界区域的。图 5.5 (c), (d) 显示了 $m = 16, n = 1, k = 2, \sigma_{16,1,2} = -0.07001$ 的惯性模, 图 5.6 则显示了随着 m 的增大, 惯性模 $\mathbf{u}_{m11}$ 是如何更强烈地被约束于赤道区域的。

从通解表达式 (5.34)~(5.36) 可提取另一类非轴对称的惯性模子集, 这些波运动缓慢, 也几乎不会沿对称轴方向而变化, 因此被称为准地转惯性模。对于动力学系统中缓慢传播的惯性波, 其惯性效应是次要的, 因而旋转球体中相应的流体运动将不得不呈现近乎地转的状态。因准地转惯性模的频率较小, 所以 (5.33) 式可单独取 $j = k - 1$ 来近似, 即有

$$k(2m + 2k + 1)\left[(m+2)\sigma_{m1k}^2 - 2\sigma_{m1k}\right] - m = 0, \tag{5.48}$$

其中 $k \geqslant 1, m \geqslant 1$, 并且以 $n = 1$ 表示方程 (5.33) 绝对值最小的根 (对于给定的 k 和 m)。于是准地转惯性模的半频就可近似为

$$\sigma_{m1k} = -\left(\frac{1}{m+2}\right)\left[\sqrt{1 + \frac{m(m+2)}{k(2k+2m+1)}} - 1\right] < 0, \tag{5.49}$$

当 $m \ll k$ 时, 上式非常精确。负号表示准地转惯性波总是顺行传播的 (与旋转方向一致)。表 5.3 列出了准地转惯性模的几个半频, 分别由近似方程 (5.49) 和完整方程 (5.33) 求得。

表 5.3　两种方法计算的半频值的对比。其中，σ_{mnk}^{approx} 由求解近似方程 (5.49) 而得，而 σ_{mnk} 由完整方程 (5.33) 解得

m	n	k	σ_{mnk}^{approx}	σ_{mnk}
1	1	1	−0.08830	−0.08830
1	1	2	−0.03398	−0.03409
1	1	3	−0.01803	−0.01807
1	1	4	−0.01118	−0.01119
1	1	5	−0.00761	−0.00761
1	1	6	−0.00551	−0.00551
1	1	7	−0.00418	−0.00418
1	1	8	−0.00327	−0.00328
2	1	1	−0.11596	−0.11596
2	1	2	−0.05046	−0.05090
2	1	3	−0.02866	−0.02885
2	1	4	−0.01854	−0.01864
2	1	5	−0.01300	−0.01304
2	1	6	−0.00962	−0.00965
2	1	7	−0.00741	−0.00743
2	1	8	−0.00588	−0.00589

将 (5.49) 式代入 (5.34)∼(5.36) 式可得准地转惯性模的显式解。图 5.7 显示了四个准地转模 $\hat{\phi} \cdot \mathbf{u}_{m1k}$ ($m=1$, $k=1,2,3,4$) 的结构，可见准地转模的主要特点为：运动与 z 坐标无关。需要重点指出的是，因为慢速准地转惯性模的存在，旋转系统中的惯性波可与长时标现象 (如对流不稳定性) 直接相关。

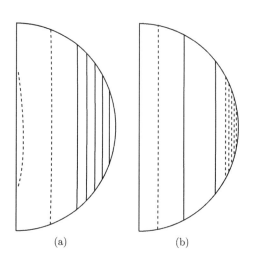

(a)　　　(b)

5.5 赤道反对称模: $m=0$

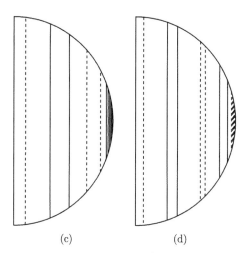

图 5.7 $m=1$ 时，四个准地转惯性模的方位速度 $\hat{\phi}\cdot\mathbf{u}_{mnk}$ 在子午面上的等值线分布，由 (5.36) 式计算。(a) $k=1$, $n=1$, $\sigma_{111}=-0.08830$; (b) $k=2$, $n=1$, $\sigma_{112}=-0.03409$; (c) $k=3$, $n=1$, $\sigma_{113}=-0.01807$; (d) $k=4$, $n=1$, $\sigma_{114}=-0.01119$

当仅考虑内部的无粘性解时，采用柱坐标系 (s,z,ϕ) 可能会有帮助。对解 (5.32) 和 (5.34)~(5.36) 作一转换，可得其柱坐标形式为

$$p_{mnk} = \sum_{i=0}^{k}\sum_{j=0}^{k-i} \mathcal{C}^s_{mkij} \sigma^{2i}(1-\sigma^2)^j s^{2j+m} z^{2i} e^{im\phi}, \tag{5.50}$$

$$\hat{\mathbf{s}}\cdot\mathbf{u}_{mnk} = -\frac{i}{2}\sum_{i=0}^{k}\sum_{j=0}^{k-i} \mathcal{C}^s_{mkij} \sigma^{2i}(1-\sigma^2)^{j-1}(2j\sigma+m+m\sigma)s^{2j+m-1}z^{2i}e^{im\phi}, \tag{5.51}$$

$$\hat{\mathbf{z}}\cdot\mathbf{u}_{mnk} = i\sum_{i=1}^{k}\sum_{j=0}^{k-i} \mathcal{C}^s_{mkij} \sigma^{2i-1}(1-\sigma^2)^j i s^{2j+m} z^{2i-1} e^{im\phi}, \tag{5.52}$$

$$\hat{\phi}\cdot\mathbf{u}_{mnk} = \frac{1}{2}\sum_{i=0}^{k}\sum_{j=0}^{k-i} \mathcal{C}^s_{mkij} \sigma^{2i}(1-\sigma^2)^{j-1}(2j+m+m\sigma)s^{2j+m-1}z^{2i}e^{im\phi}, \tag{5.53}$$

其中 $k\geqslant 1$, $n=1,2,\cdots,2k$。虽然柱坐标解 (5.50)~(5.53) 在形式上更加简单，但球坐标解 (5.32) 和 (5.34)~(5.36) 在推导球形壁面的粘性边界层时更具数学优势。

5.5 赤道反对称模: $m=0$

对于满足空间对称关系 (5.3) 的轴对称、赤道反对称惯性模，由轴对称庞加莱方程 (5.15) 可求得其分析解为

$$p(r,\theta)=\sum_{i=0}^{k}\sum_{j=0}^{k-i}\mathcal{C}_{0kij}^{a}r^{2(i+j)+1}\sigma^{2i}(1-\sigma^2)^j\sin^{2j}\theta\cos^{2i+1}\theta, \tag{5.54}$$

其中 $k=1,2,\cdots$,系数 $\mathcal{C}_{0kij}^{a}$ 定义为

$$\mathcal{C}_{0kij}^{a}=\frac{(-1)^{i+j}[2(k+i+j)+1]!!}{2^{j+1}(2i+1)!!(k-i-j)!i!(j!)^2}.$$

将 (5.54) 式代入边界条件,则对于 $m=0$ 且满足对称关系 (5.3) 的惯性模,可推出其半频方程为

$$\sum_{j=0}^{k}\left\{\frac{(-1)^j[2(2k-j+1)]!}{j![2(k-j)]!(2k-j+1)!}\right\}\sigma^{2(k-j)}=0, \tag{5.55}$$

其中 k 取任意正整数。对于每个给定的 k,方程 (5.55) 有 $2k$ 个不同的实根,且 $0<|\sigma|<1$。用之前介绍的下标标记方式,可根据大小对所有的正根进行排序,即 $0<\sigma_{01k}<\sigma_{02k}<\sigma_{03k}<\cdots<\sigma_{0nk}<\cdots$,其中 σ_{0nk} 表示第 n 小的正根(对于给定的 k)。因 $\sigma<0$ 的惯性模只是简单地为 $\sigma>0$ 的模的复共轭,我们将仅就正 σ 的模进行讨论。表 5.4 给出了方程 (5.55) 在 $1\leqslant k\leqslant 6$ 时的几个正根。

表 5.4 轴对称、赤道反对称惯性模的一些正半频值 σ_{0nk},即方程 (5.55) 的解(对应球体,偏心率 $\mathcal{E}=0$),或者方程 (6.43) 的解(对应椭球,$\mathcal{E}>0$),表中列出了两个不同椭球 ($\mathcal{E}=0.5,0.7$) 的正半频值

m	k	n	$\sigma_{mnk}(\mathcal{E}=0)$	$\sigma_{mnk}(\mathcal{E}=0.5)$	$\sigma_{mnk}(\mathcal{E}=0.7)$
0	1	1	0.44721	0.50000	0.57354
0	2	1	0.28523	0.32498	0.38465
0	2	2	0.76506	0.80809	0.85707
0	3	1	0.20930	0.23993	0.28710
0	3	2	0.59170	0.64655	0.71672
0	3	3	0.87174	0.89914	0.92803
0	4	1	0.16528	0.18998	0.22846
0	4	2	0.47792	0.53198	0.60603
0	4	3	0.73877	0.78467	0.83788
0	4	4	0.91953	0.93782	0.95644
0	5	1	0.13655	0.15719	0.18952
0	5	2	0.39953	0.44953	0.52093
0	5	3	0.63288	0.68640	0.75307

5.5 赤道反对称模：$m=0$

续表

m	k	n	$\sigma_{mnk}(\mathcal{E}=0)$	$\sigma_{mnk}(\mathcal{E}=0.5)$	$\sigma_{mnk}(\mathcal{E}=0.7)$
0	5	4	0.81928	0.85518	0.89449
0	5	5	0.94490	0.95782	0.97073
0	6	1	0.11633	0.13403	0.16185
0	6	2	0.34272	0.38822	0.45493
0	6	3	0.55064	0.60594	0.67853
0	6	4	0.72887	0.77574	0.83045
0	6	5	0.86780	0.89589	0.92560
0	6	6	0.95994	0.96950	0.97895

一旦求得惯性模的半频 σ，则可从 (5.12)~(5.14) 式得到三个速度分量：

$$\hat{\mathbf{r}} \cdot \mathbf{u}_{0nk} = -\frac{\mathrm{i}}{2} \sum_{i=0}^{k} \sum_{j=0}^{k-i} \mathcal{C}_{0kij}^a \left[\sigma^2 (2i+2j+1) - (2i+1)\right]$$
$$\times \left[r^{2(i+j)} \sigma^{2i-1} (1-\sigma^2)^{j-1} \sin^{2j}\theta \cos^{2i+1}\theta\right], \tag{5.56}$$

$$\hat{\boldsymbol{\theta}} \cdot \mathbf{u}_{0nk} = -\frac{\mathrm{i}}{2} \sum_{i=0}^{k} \sum_{j=0}^{k-i} \mathcal{C}_{0kij}^a \left[2j\sigma^2 \cos^2\theta + (2i+1)(1-\sigma^2)\sin^2\theta\right]$$
$$\times \left[r^{2(i+j)} \sigma^{2i-1} (1-\sigma^2)^{j-1} \sin^{2j-1}\theta \cos^{2i}\theta\right], \tag{5.57}$$

$$\hat{\boldsymbol{\phi}} \cdot \mathbf{u}_{0nk} = \frac{1}{2} \sum_{i=0}^{k} \sum_{j=0}^{k-i} \mathcal{C}_{0kij}^a r^{2(i+j)} \sigma^{2i} (1-\sigma^2)^{j-1} (2j) \sin^{2j-1}\theta \cos^{2i+1}\theta, \tag{5.58}$$

其中 $n \leqslant k$。公式 (5.56)~(5.58) 代表了所有满足边界条件 (5.16) 和对称性 (5.3) 的惯性模。式中，σ 的下标 $0nk$ 被省略了。由 $\mathbf{u}_{0nk}$ 的显式解 (5.56)~(5.58) 式，可得

$$\int_{\mathcal{V}} |\mathbf{u}_{0nk}|^2 \, \mathrm{d}\mathcal{V} = \sum_{i=0}^{k} \sum_{j=0}^{k-i} \sum_{q=0}^{k} \sum_{l=0}^{k-q} \frac{(-1)^{i+j+q+l} \pi (2i+2q-1)!!}{4[2(i+j+q+l)+3]!!}$$
$$\times \left[\frac{(2i+1)(2q+1)(j+l)!}{\sigma^2} + \frac{2jl(1+\sigma^2)(2i+2q+1)(j+l-1)!}{(1-\sigma^2)^2}\right]$$
$$\times \left[\frac{\sigma^{2(i+q)}(1-\sigma^2)^{j+l}[2(k+i+j)+1]!![2(k+q+l)+1]!!}{(2i+1)!!(2q+1)!!(k-i-j)!(k-q-l)!i!q!(j!)^2(l!)^2}\right] \tag{5.59}$$

和

$$\int_{\mathcal{V}} \mathbf{u}_{0nk} \cdot \mathbf{u}_{0n'k'}^* \, \mathrm{d}\mathcal{V} = 0, \quad \text{如果 } n \neq n' \text{ 或 } k \neq k'.$$

此二公式可用于轴对称惯性模的归一化。

总结起来,在实际计算时,对于给定的 k,首先应解方程 (5.55) 以获得半频 σ_{0nk}。将 k 和 σ_{0nk} 代入公式 (5.56)~(5.58) 中,即可得到满足对称关系 (5.3) 的 $\mathbf{u}_{0nk}$ 显式解。图 5.8 展示了六个不同的轴对称惯性模的结构,其半频列于表 5.4 中。$k=1, n=1$ 是这类惯性模最简单的情况,其半频 σ_{011} 可由方程 (5.55) 设 $k=1$ 来求出,其值为

$$\sigma_{011} = \pm\sqrt{5}/5.$$

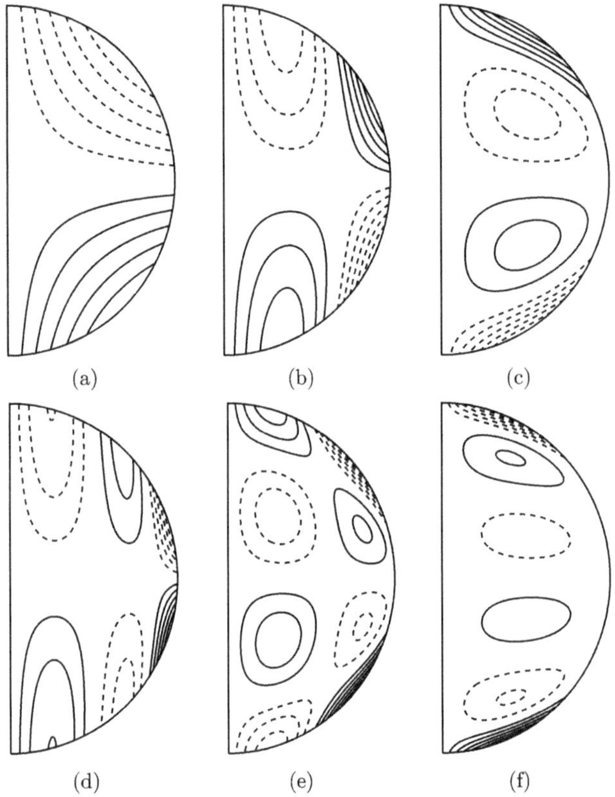

图 5.8 六个不同惯性模的方位速度 $\hat{\boldsymbol{\phi}} \cdot \mathbf{u}_{0nk}$ 在子午面上的等值线分布,由 (5.58) 式计算。这些惯性模分别是:(a) $k=1, n=1, \sigma_{011}=0.44721$;(b) $k=2, n=1, \sigma_{012}=0.28523$;(c) $k=2, n=2, \sigma_{022}=0.76506$;(d) $k=3, n=1, \sigma_{013}=0.20930$;(e) $k=3, n=2, \sigma_{023}=0.59170$;(f) $k=3, n=3, \sigma_{033}=0.87174$

于是在 (5.54) 和 (5.56)~(5.58) 式中,由 $k=1, \sigma=\sqrt{5}/5$ (取正值),可得压强 p_{011} 和速度矢量 $\mathbf{u}_{011}$ 的显式分析式为

$$p_{011}(r, \theta) = \frac{3}{2}\left(1 - 2r^2 + \frac{5}{3}r^2\cos^2\theta\right)r\cos\theta, \tag{5.60}$$

$$\hat{\mathbf{r}} \cdot \mathbf{u}_{011}(r,\theta) = \frac{\mathrm{i}3\sqrt{5}}{4}\left(1-r^2\right)\cos\theta, \quad (5.61)$$

$$\hat{\boldsymbol{\theta}} \cdot \mathbf{u}_{011}(r,\theta) = \frac{\mathrm{i}3\sqrt{5}}{4}\left(2r^2-1\right)\sin\theta, \quad (5.62)$$

$$\hat{\boldsymbol{\phi}} \cdot \mathbf{u}_{011}(r,\theta) = -\frac{15}{8}r^2\sin 2\theta. \quad (5.63)$$

其他满足对称关系 (5.3) 的惯性振荡模可用相同的方法求得，比如 $k=2$ 时的赤道反对称模，它具有更复杂的空间结构。由 (5.55) 式，其半频方程为

$$21\sigma_{0n2}^4 - 14\sigma_{0n2}^2 + 1 = 0, \quad (5.64)$$

它有四个根，其中两个正根为

$$\sigma_{012} = \sqrt{\frac{7-2\sqrt{7}}{21}}, \quad \sigma_{022} = \sqrt{\frac{7+2\sqrt{7}}{21}}.$$

将 $k=2$ 以及 σ_{012} 或 σ_{022} 代入 (5.56)~(5.58) 式，就可得到振荡模 $\mathbf{u}_{012}$ 或 $\mathbf{u}_{022}$ 的显式表达式。

必要时，可以容易地将以球坐标 (r,θ,ϕ) 表达的分析解转换为柱坐标 (s,z,ϕ) 的形式，即

$$p_{0nk}(s,z) = \sum_{i=0}^{k}\sum_{j=0}^{k-i} \mathcal{C}_{0kij}^{a} \sigma^{2i}(1-\sigma^2)^j s^{2j} z^{2i+1}, \quad (5.65)$$

$$\hat{\mathbf{s}} \cdot \mathbf{u}_{0nk}(s,z) = -\mathrm{i}\sum_{i=0}^{k-1}\sum_{j=1}^{k-i} \mathcal{C}_{0kij}^{a} \sigma^{2i+1}(1-\sigma^2)^{j-1} j s^{2j-1} z^{2i+1}, \quad (5.66)$$

$$\hat{\mathbf{z}} \cdot \mathbf{u}_{0nk}(s,z) = \frac{\mathrm{i}}{2}\sum_{i=0}^{k}\sum_{j=0}^{k-i} \mathcal{C}_{0kij}^{a} \sigma^{2i-1}(1-\sigma^2)^j (2i+1) s^{2j} z^{2i}, \quad (5.67)$$

$$\hat{\boldsymbol{\phi}} \cdot \mathbf{u}_{0nk}(s,z) = \sum_{i=0}^{k-1}\sum_{j=1}^{k-i} \mathcal{C}_{0kij}^{a} \sigma^{2i}(1-\sigma^2)^{j-1} j s^{2j-1} z^{2i+1}, \quad (5.68)$$

其中 $k \geqslant 1$，$n = 1, 2, \cdots, k$。

5.6　赤道反对称模：$m \geqslant 1$

对于具有空间对称关系 (5.4) 的非轴对称且赤道反对称模，庞加莱方程 (5.30)

的显式解可用类似的二重庞加莱多项式来表示, 即

$$p(r,\theta,\phi) = \sum_{i=0}^{k}\sum_{j=0}^{k-i} \mathcal{C}_{mkij}^a \sigma^{2i}(1-\sigma^2)^j r^{m+2(i+j)+1} \sin^{2j+m}\theta \cos^{2i+1}\theta\, \mathrm{e}^{\mathrm{i}m\phi}, \quad (5.69)$$

其中 $k=0,1,2,\cdots$, 系数 $\mathcal{C}_{mkij}^a$ 定义为

$$\mathcal{C}_{mkij}^a = \frac{(-1)^{i+j}[2(m+k+i+j)+1]!!}{2^{j+1}(2i+1)!!(k-i-j)!i!j!(m+j)!}.$$

将 (5.69) 式代入边界条件 (5.31), 可得半频 σ 的方程为

$$\sum_{j=0}^{k} \frac{(-1)^j[2(2k+m-j+1)]!}{j![2(k-j)+1]!(2k+m-j+1)!}$$

$$\times [(2k-2j+m+1)\sigma - (2k-2j+1)]\sigma^{2(k-j)} = 0. \quad (5.70)$$

对任意给定的 $k \geqslant 0$, 方程 (5.70) 存在 $2k+1$ 个不同的实根, 且 $-1<\sigma<1$。将它们按照绝对值大小进行排序, 即 $0<|\sigma_{m1k}|<|\sigma_{m2k}|<|\sigma_{m3k}|<\cdots<|\sigma_{mnk}|<\cdots$, 则 σ_{mnk} 就代表了绝对值第 n 小的根。n 的范围为 $1 \leqslant n \leqslant (2k+1)$。表 5.5 列出了方程 (5.70) 在 $m=1$ 和 $m=6$ 时的几个根。

表 5.5　非轴对称 ($m \neq 0$) 且赤道反对称惯性模的几个典型半频值 σ_{mnk}, 即方程 (5.70) 的解 (对应球体, 偏心率 $\mathcal{E}=0$), 或者方程 (6.57) 的解 (对应椭球, $\mathcal{E}=0.5, 0.7$)。表中列出了两个不同方位波数 $m=1$ 和 $m=6$ 的半频值

m	k	n	$\sigma_{mnk}(\mathcal{E}=0)$	$\sigma_{mnk}(\mathcal{E}=0.5)$	$\sigma_{mnk}(\mathcal{E}=0.7)$
1	0	1	+0.50000	+0.57143	+0.66225
1	1	1	+0.30599	+0.35460	+0.42603
1	1	2	−0.41000	−0.45477	−0.51941
1	1	3	+0.85401	+0.88589	+0.91912
1	2	1	+0.22023	+0.25568	+0.30983
1	2	2	−0.26867	−0.30327	−0.35582
1	2	3	+0.65304	+0.70725	+0.77318
1	2	4	−0.70211	−0.74990	−0.80736
1	2	5	+0.93084	+0.94710	+0.96332
6	0	1	+0.14286	+0.18182	+0.24631
6	1	1	+0.12037	+0.14926	+0.19585
6	1	2	−0.31093	−0.34401	−0.39276
6	1	3	+0.52388	+0.58572	+0.66658
6	2	1	+0.10411	+0.12716	+0.16398
6	2	2	−0.21703	−0.24187	−0.27973
6	2	3	+0.41221	+0.46850	+0.54749
6	2	4	−0.53308	−0.58382	−0.65212
6	2	5	+0.68833	+0.74157	+0.80428

5.6 赤道反对称模：$m \geqslant 1$

一旦从方程 (5.70) 求得了惯性模的半频，便可很容易地从 (5.27)~(5.29) 式得到满足对称关系 (5.4) 的速度解 $\mathbf{u}_{mnk}$，即

$$\hat{\mathbf{r}} \cdot \mathbf{u}_{mnk} = -\frac{\mathrm{i}}{2} \sum_{i=0}^{k} \sum_{j=0}^{k-i} \mathcal{C}_{mkij}^{a} \left[\sigma^2(m+2j) + m\sigma - (2i+1)(1-\sigma^2)\right]$$

$$\times \left[\sigma^{2i-1}(1-\sigma^2)^{j-1} \sin^{m+2j}\theta \cos^{2i+1}\theta\right] r^{m+2(i+j)} \mathrm{e}^{\mathrm{i}m\phi}, \tag{5.71}$$

$$\hat{\boldsymbol{\theta}} \cdot \mathbf{u}_{mnk} = -\frac{\mathrm{i}}{2} \sum_{i=0}^{k} \sum_{j=0}^{k-i} \mathcal{C}_{mkij}^{a} \left\{\left[\sigma^2(m+2j) + m\sigma\right]\cos^2\theta + (2i+1)(1-\sigma^2)\sin^2\theta\right\}$$

$$\times \left[\sigma^{2i-1}(1-\sigma^2)^{j-1} \sin^{m+2j-1}\theta \cos^{2i}\theta\right] r^{m+2(i+j)} \mathrm{e}^{\mathrm{i}m\phi}, \tag{5.72}$$

$$\hat{\boldsymbol{\phi}} \cdot \mathbf{u}_{mnk} = \frac{1}{2} \sum_{i=0}^{k} \sum_{j=0}^{k-i} \mathcal{C}_{mkij}^{a} \left[(m+2j) + m\sigma\right]$$

$$\times \left[\sigma^{2i}(1-\sigma^2)^{j-1} \sin^{m+2j-1}\theta \cos^{2i+1}\theta\right] r^{m+2(i+j)} \mathrm{e}^{\mathrm{i}m\phi}, \tag{5.73}$$

其中 $m \geqslant 1$，$k = 0, 1, 2, \cdots$，$n = 1, 2, \cdots, (2k+1)$。以上公式代表了满足对称关系 (5.4) 的所有非轴对称波解。利用 $\mathbf{u}_{mnk}$ 的显式表达式 (5.71)~(5.73)，可以推出

$$\int_{\mathcal{V}} |\mathbf{u}_{mnk}|^2 \mathrm{d}\mathcal{V}$$

$$= \sum_{i=0}^{k} \sum_{j=0}^{k-i} \sum_{q=0}^{k} \sum_{l=0}^{k-q} \frac{\pi(m+j+l-1)!(2i+2q+1)!!}{2^{3-m}[2(m+i+j+q+l)+3]!!}$$

$$\times \left\{\frac{2(2i+1)(2q+1)(m+j+l)}{\sigma^2(2i+2q+1)} + \left[\frac{(m\sigma+m+2j\sigma)(m\sigma+m+2l\sigma)}{(1-\sigma^2)^2}\right.\right.$$

$$\left.\left. + \frac{(m\sigma+m+2j)(m\sigma+m+2l)}{(1-\sigma^2)^2}\right]\right\}(-1)^{i+j+q+l} \left[\frac{\sigma^{2(i+q)}}{(2i+1)!!}\right]$$

$$\times \left[\frac{(1-\sigma^2)^{j+l}[2(m+k+i+j)+1]!![2(m+k+q+l)+1]!!}{(2q+1)!!(k-i-j)!(k-q-l)!i!q!j!l!(j+m)!(m+l)!}\right] \tag{5.74}$$

和

$$\int_{\mathcal{V}} \mathbf{u}_{mnk} \cdot \mathbf{u}_{m'n'k'}^{*} \mathrm{d}\mathcal{V} = 0, \quad \text{如果} \quad m \neq m' \text{ 或 } n \neq n' \text{ 或 } k \neq k',$$

它们可用于惯性模的归一化。

总结起来，满足对称关系 (5.4) 的非轴对称惯性模可以由以下两个步骤求出：首先，对于给定的 m 和 k，从方程 (5.70) 中解出半频 σ_{mnk}；然后将 k，m 和 σ_{mnk} 代入 (5.71)~(5.73) 式，即可得惯性模的显式数学分析解。

最简单的惯性模由 $k=0$ 和 $n=1$ 给出,此时由方程 (5.70) 可得半频为

$$\sigma_{m10} = \frac{1}{m+1}, \tag{5.75}$$

它们是逆行传播的惯性波。在 (5.69) 和 (5.71)~(5.73) 式中令 $k=0$,便可得到此类惯性波的分析解为

$$p_{m10}(r,\theta,\phi) = \frac{(2m+1)!!}{2m!} r^{m+1} \cos\theta \sin^m\theta\, e^{im\phi}, \tag{5.76}$$

$$\hat{\mathbf{r}} \cdot \mathbf{u}_{m10}(r,\theta,\phi) = 0, \tag{5.77}$$

$$\hat{\boldsymbol{\theta}} \cdot \mathbf{u}_{m10}(r,\theta,\phi) = -\frac{i(2m+1)!!(m+1)}{4m!} r^m \sin^{m-1}\theta\, e^{im\phi}, \tag{5.78}$$

$$\hat{\boldsymbol{\phi}} \cdot \mathbf{u}_{m10}(r,\theta,\phi) = \frac{(2m+1)!!(m+1)}{4m!} r^m \cos\theta \sin^{m-1}\theta\, e^{im\phi}. \tag{5.79}$$

因流体运动完全是环型的 (toroidal),可以引入一个流函数 ψ_{m10},即

$$\psi_{m10} = -\left[\frac{(2m+1)!!(m+1)}{4m!}\right]\left(\frac{r^m}{m}\right)\sin^m\theta\, e^{im\phi},$$

使得 $m \geqslant 1$ 的惯性模可以写成如下简单的形式:

$$\mathbf{u}_{m10} = \nabla \times (\mathbf{r}\psi_{m10}) = \left(\frac{1}{\sin\theta}\frac{\partial\psi_{m10}}{\partial\phi}\right)\hat{\boldsymbol{\theta}} - \left(\frac{\partial\psi_{m10}}{\partial\theta}\right)\hat{\boldsymbol{\phi}}.$$

另一类简单的赤道反对称模由 $k=1$ 给出,此时方程 (5.70) 化为

$$\frac{(2m+5)(m+3)}{3}\sigma_{mn1}^3 - (2m+5)\sigma_{mn1}^2 - (m+1)\sigma_{mn1} + 1 = 0. \tag{5.80}$$

对每一个大于零的方位波数 m,以上方程有三个实根:$\sigma_{mn1}(n=1,2,3)$。对于任意 m,由 (5.80) 式可推出 σ_{mn1} 的表达式,但公式太长,此处就不具体列出了。以 $m=6$ 为例,方程 (5.80) 有三个实根:$\sigma_{611}=0.12037$、$\sigma_{621}=-0.31093$ 和 $\sigma_{631}=+0.52388$。将其与 $k=1$, $m=6$ 一起代入 (5.71)~(5.73) 式中,便可得到三个惯性波 $\mathbf{u}_{6n1}(n=1,2,3)$ 的显式表达式,其形态显示于图 5.9 中。

与赤道对称模不同,空间对称性 (5.4) 将不允许准地转惯性波的存在。然而当 m 足够大时,一些赤道反对称模的运动仍然大部分局限于赤道边界区域。图 5.10 显示了一个完全环型惯性波 ($m=16$, $k=0$, $\sigma_{16,1,0}=1/17$) 的空间结构,明显可见惯性波被束缚于赤道边界区域。因此,如果球体中存在一个中等大小的内核,那么它对此类惯性模的影响将会很小,可以忽略。

5.6 赤道反对称模: $m \geqslant 1$

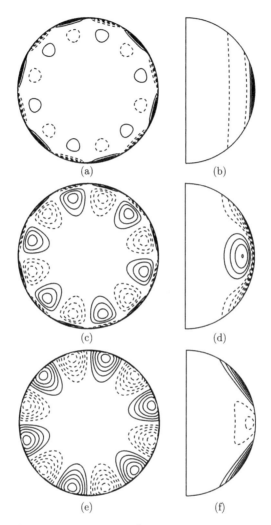

图 5.9 $m=6$ 时,三个不同惯性模经向速度 $\hat{\boldsymbol{\theta}} \cdot \mathbf{u}_{mnk}$ 的等值线分布,由 (5.72) 式计算。这些惯性模分别是: (a), (b) $k=1, n=1, \sigma_{611}=+0.12037$,左为赤道平面,右为子午面 (下同); (c), (d) $k=1, n=2, \sigma_{621}=-0.31093$; (e), (f) $k=1, n=3, \sigma_{631}=+0.52388$

经过简单变换,公式 (5.69) 和 (5.71)~(5.73) 也可以转换为下面的柱坐标形式:

$$p_{mnk}(s,\phi,z) = \sum_{i=0}^{k}\sum_{j=0}^{k-i} \mathcal{C}_{mkij}^{a} \sigma^{2i}(1-\sigma^2)^{j} s^{2j+m} z^{2i+1} \mathrm{e}^{\mathrm{i}\,m\phi}, \qquad (5.81)$$

$$\hat{\mathbf{s}} \cdot \mathbf{u}_{mnk}(s,\phi,z) = -\frac{\mathrm{i}}{2} \sum_{i=0}^{k}\sum_{j=0}^{k-i} \mathcal{C}_{mkij}^{a} \sigma^{2i}(1-\sigma^2)^{j-1}$$
$$\times (2j\sigma + m + m\sigma) s^{2j+m-1} z^{2i+1} \mathrm{e}^{\mathrm{i}\,m\phi}, \qquad (5.82)$$

$$\hat{\mathbf{z}} \cdot \mathbf{u}_{mnk}(s,\phi,z) = \frac{\mathrm{i}}{2} \sum_{i=0}^{k} \sum_{j=0}^{k-i} \mathcal{C}_{mkij}^{a} \sigma^{2i-1}(1-\sigma^2)^{j}(2i+1) s^{2j+m} z^{2i} \mathrm{e}^{\mathrm{i}m\phi}, \quad (5.83)$$

$$\hat{\boldsymbol{\phi}} \cdot \mathbf{u}_{mnk}(s,\phi,z) = \frac{1}{2} \sum_{i=0}^{k} \sum_{j=0}^{k-i} \mathcal{C}_{mkij}^{a} \sigma^{2i}(1-\sigma^2)^{j-1}$$
$$\times (2j+m+m\sigma) s^{2j+m-1} z^{2i+1} \mathrm{e}^{\mathrm{i}m\phi}, \quad (5.84)$$

其中 $k \geqslant 0$, $n=1,2,\cdots,(2k+1)$。

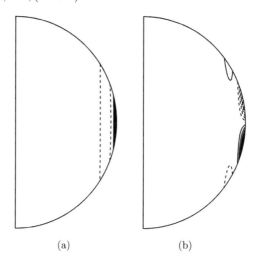

图 5.10 环型惯性波模 ($m=16$, $k=0$, $n=1$) 在子午面上的等值线分布: (a) 经向速度 $\hat{\boldsymbol{\theta}} \cdot \mathbf{u}_{mnk}$ 和 (b) 方位速度 $\hat{\boldsymbol{\phi}} \cdot \mathbf{u}_{mnk}$, 分别由 (5.72) 和 (5.73) 式计算。惯性波半频为 $\sigma_{16,1,0} = 1/17 = 0.05882$

总结起来, 旋转球体中惯性模的完整谱应由以下成分构成: ① 单一的地转模, 与地转多项式 (5.10) 和 (5.11) 相关联; ② 所有轴对称且赤道对称的模, 由 (5.19)~(5.21) 式给出, 其中 $k=2,3,4,\cdots$, $n=1,2,3,\cdots,(k-1)$; ③ 所有非轴对称但赤道对称的模, 由 (5.34)~(5.36) 式给出, 其中 $m=1,2,3,\cdots$, $k=1,2,3,\cdots$, $n=1,2,3,\cdots,(2k)$; ④ 所有轴对称但赤道反对称的模, 由 (5.56)~(5.58) 式给出, 其中 $k=1,2,3,\cdots$, $n=1,2,3,\cdots,k$; ⑤ 所有非轴对称且赤道反对称的模, 由 (5.71)~(5.73) 式给出, 其中 $m=1,2,3,\cdots$, $k=0,1,2,3,\cdots$, $n=1,2,3,\cdots,(2k+1)$。

5.7 旋转球体中一个准确的非线性解

为便于讨论球体中惯性模 ($p_{110}, \mathbf{u}_{110}$) 的特点, 我们恢复其时间依赖性。取复

5.7 旋转球体中一个准确的非线性解

数表达式 (5.76)~(5.79) 的实部,并赋予其一个任意的振幅 $\mathcal{A}_{110}$,得

$$p_{110} = \mathcal{A}_{110}\left(\frac{3r^2}{2}\right)\cos\theta\sin\theta\,\cos(\phi+t), \tag{5.85}$$

$$\hat{\mathbf{r}}\cdot\mathbf{u}_{110} = 0, \tag{5.86}$$

$$\hat{\boldsymbol{\theta}}\cdot\mathbf{u}_{110} = \mathcal{A}_{110}\left(\frac{3r}{2}\right)\sin(\phi+t), \tag{5.87}$$

$$\hat{\boldsymbol{\phi}}\cdot\mathbf{u}_{110} = \mathcal{A}_{110}\left(\frac{3r}{2}\right)\cos\theta\cos(\phi+t). \tag{5.88}$$

公式 (5.85)~(5.88) 描述了一个方位波数 $m=1$、在方位角方向逆行传播的惯性波,通常称为旋转主导 (spin-over) 模,许多学者对此已有过深入的研究 (Poincaré, 1910; Greenspan, 1968; Hollerbach and Kerswell, 1995; Liao et al., 2001)。

该惯性模有几个重要且有趣的特点。从 (5.86)~(5.88) 式可直接发现

$$\nabla\times\mathbf{u}_{110} = 3\mathcal{A}_{110}\left[-\sin\theta\cos(\phi+t)\hat{\mathbf{r}} - \cos\theta\cos(\phi+t)\hat{\boldsymbol{\theta}} + \sin(\phi+t)\hat{\boldsymbol{\phi}}\right],$$

$$\nabla\times\nabla\times\mathbf{u}_{110} = -\nabla^2\mathbf{u}_{110} = 0,$$

$$\frac{\partial(\hat{\boldsymbol{\theta}}\cdot\mathbf{u}_{110}/r)}{\partial r} = \frac{\partial(\hat{\boldsymbol{\phi}}\cdot\mathbf{u}_{110}/r)}{\partial r} = \hat{\mathbf{r}}\cdot\mathbf{u}_{110} = 0,$$

表明流体运动 $\mathbf{u}_{110}$ 具有幅度恒定的涡度,并且满足应力自由条件。另外,还可注意到惯性力 $\mathbf{u}_{110}\times\nabla\times\mathbf{u}_{110}$ 是保守力,即

$$\mathbf{u}_{110}\times\nabla\times\mathbf{u}_{110} = \mathcal{A}_{110}^2\nabla\left\{\left(\frac{9r^2}{4}\right)\left[\sin^2(\phi+t)+\cos^2\theta\cos^2(\phi+t)\right]\right\}.$$

因此 $\mathbf{u}_{110}$ 就代表了球体中粘性流体 ($Ek\neq 0$) 完全非线性方程组

$$\frac{\partial\mathbf{u}_{110}}{\partial t} + \mathbf{u}_{110}\cdot\nabla\mathbf{u}_{110} + 2\hat{\mathbf{z}}\times\mathbf{u}_{110} = -\nabla\widetilde{p}_{110} + Ek\nabla^2\mathbf{u}_{110}, \tag{5.89}$$

$$\nabla\cdot\mathbf{u}_{110} = 0 \tag{5.90}$$

和应力自由边界条件的准确解。方程中的折算压强 $\widetilde{p}$ 为

$$\widetilde{p}_{110} = p_{110} + \frac{1}{2}|\mathbf{u}_{110}|^2 - \frac{9r^2\mathcal{A}_{110}^2}{4}\left[\sin^2(\phi+t)+\cos^2\theta\cos^2(\phi+t)\right].$$

也就是说,在具有应力自由边界的球体中,完全非线性方程组 (5.89) 和 (5.90) 不仅对任意的振幅 $\mathcal{A}_{110}$,而且对任意的艾克曼数 Ek 都准确成立。

非线性准确解 $\mathbf{u}_{110}$ 代表了旋转球体中一个方位波数 $m=1$ 的逆行波,或者涡度随时间变化但振幅恒定的流体运动。不过,这种波在物理上是不真实的,因为它

隐含着这样的物理机制：具有理想的应力自由条件的球形容器不能对其内部的流体运动施加任何影响。因此，必须引入一个与无滑移边界条件相关联的粘性边界层，以确定这个特殊惯性模的性质，或者说振幅 A_{110}。具体方法将在本书进动流的章节中予以讨论。

第 6 章 旋转椭球中的惯性模

6.1 公　　式

许多由流体构成的天体因为快速自转而呈扁椭球形。为理解行星形状的成因，对旋转扁椭球或三轴椭球的流体动力学研究在 20 世纪上半叶一度十分兴盛，Lamb (1932) 对这些研究曾有过总结。实际上，旋转扁椭球中理想流体的运动与球体是类似的，都表现为沿方位方向传播的惯性波或者轴对称的惯性振荡，并且对运动的描述也完全类似于球体——除了椭球坐标系的使用。为行文方便，以后我们将把扁椭球 (即回转椭球) 简称为椭球，三轴椭球会特别指出。

早在一个世纪以前，椭球中惯性波、惯性振荡的数学问题就已被 Poincaré (1885) 提出，并且获得了持续的关注 (Bryan, 1889; Kudlick, 1966; Greenspan, 1968)。尤其是旋转主导问题，由于其具有最简单的空间结构并与进动驱动的流体运动密切相关，因而受到了特别的重视。对于任意偏心率的旋转椭球，Zhang 等 (2004a) 首先发现了所有惯性波和惯性振荡的显式分析通解，我们在下面将对此进行详细的介绍。另外，对扁椭球的数学分析和数值解也可容易地扩展到三轴椭球的情况 (Vantieghem, 2014)。

考虑一个长半轴为 d，短半轴为 $d\sqrt{1-\mathcal{E}^2}$ 的椭球腔体，其内充满着不可压缩的无粘性流体。椭球围绕着短半轴以角速度 $\Omega\hat{z}$ 匀速旋转 (图 6.1)。椭球腔体的包围面由以下有量纲方程定义：

$$\frac{x^2+y^2}{d^2}+\frac{z^2}{d^2(1-\mathcal{E}^2)}=1, \tag{6.1}$$

其中 $\mathcal{E}$ 表示偏心率，可在 $0 \leqslant \mathcal{E} < 1$ 范围内任意取值，是描述椭球几何形状的关键参数。以长半轴 d 为单位长度，其他尺度保持不变，并且假设罗斯贝数 $Ro \to 0$ 时非线性项可以忽略，则描述旋转椭球中无粘性惯性振荡和惯性波的无量纲方程依然由 (2.10) 和 (2.11) 式给出。

应该指出，为了发展粘性边界层理论，采用椭球坐标来表达椭球的无粘性解是必要的。因此，我们将采用三种坐标系来进行分析——直角坐标系 (x,y,z)、柱坐标系 (s,ϕ,z) 和椭球坐标系 (η,ϕ,τ)，其中椭球坐标对应的单位矢量为 $(\hat{\boldsymbol{\eta}},\hat{\boldsymbol{\phi}},\hat{\boldsymbol{\tau}})$ (参

见图6.1)。坐标系之间的关系是

$$x^2 = s^2 \cos^2 \phi = (\mathcal{E}^2 + \eta^2)(1 - \tau^2) \cos^2 \phi, \tag{6.2}$$

$$y^2 = s^2 \sin^2 \phi = (\mathcal{E}^2 + \eta^2)(1 - \tau^2) \sin^2 \phi, \tag{6.3}$$

$$z^2 = \eta^2 \tau^2. \tag{6.4}$$

柱坐标 (s, ϕ, z) 的取值被限制在以下范围：

$$0 \leqslant s \leqslant 1, \quad 0 \leqslant \phi \leqslant 2\pi, \quad -\sqrt{1-\mathcal{E}^2} \leqslant z \leqslant +\sqrt{1-\mathcal{E}^2}$$

椭球坐标 (η, ϕ, τ) 的限制范围为

$$0 \leqslant \eta \leqslant \sqrt{1-\mathcal{E}^2}, \quad 0 \leqslant \phi \leqslant 2\pi, \quad -1 \leqslant \tau \leqslant +1.$$

注意 $\mathcal{E}$ 值对于某个椭球是固定不变的。

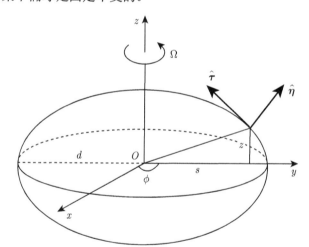

图 6.1 旋转流体椭球的几何形状。长半轴为 d，短半轴为 $d\sqrt{1-\mathcal{E}^2}$，椭球坐标为 (η, ϕ, τ)，对应的单位矢量为 $(\hat{\boldsymbol{\eta}}, \hat{\boldsymbol{\phi}}, \hat{\boldsymbol{\tau}})$

腔体的椭球包围面在柱坐标系 (s, ϕ, z) 中可表示为以下无量纲方程：

$$s^2 + \frac{z^2}{(1-\mathcal{E}^2)} = 1, \tag{6.5}$$

两极位于 $s=0, z=\pm\sqrt{1-\mathcal{E}^2}$ 处，赤道位于 $s=1, z=0$ 处。而椭球包围面在椭球坐标系 (η, ϕ, τ) 中的表达式极为简单，即

$$\eta = \sqrt{1-\mathcal{E}^2},$$

6.1 公 式

两极坐标为 $\tau = \pm 1$, $\eta = \sqrt{1-\mathcal{E}^2}$，赤道为 $\tau = 0$, $\eta = \sqrt{1-\mathcal{E}^2}$。

在椭球坐标系中，η 为一常数则代表了一个椭球面，因此，不同的 η 就形成了一系列的椭球面(即坐标面)，它们由下式定义：

$$\frac{s^2}{(\mathcal{E}^2+\eta^2)} + \frac{z^2}{\eta^2} = 1, \qquad (6.6)$$

椭球面的焦点位于 $s = \mathcal{E}$, $z = 0$ 处。

常数 τ 表示一个双曲面，因此不同的 τ 又形成了另一组坐标面，定义为

$$\frac{s^2}{\mathcal{E}^2(1-\tau^2)} - \frac{z^2}{\mathcal{E}^2\tau^2} = 1, \qquad (6.7)$$

双曲面的焦点也位于 $s = \mathcal{E}$, $z = 0$。这种椭球坐标系的优点是，极限情况 $\mathcal{E} \to 0$ 代表了一个圆球，而 $\mathcal{E} \to 1$ 则表示一个平的椭圆盘。不过我们不关心这些极限情况，而只考虑一般椭球中的解。图6.2 展示了一些典型的坐标面。

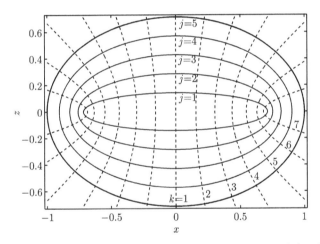

图 6.2 椭球坐标系 (η, ϕ, τ) 中椭球的几个坐标面 ($\mathcal{E} = 0.7$)。η 坐标面在 (6.6) 式中取 $\eta_j = j(1-\mathcal{E}^2)^{1/2}/5$, $j = 1, 2, 3, 4, 5$，τ 坐标面在 (6.7) 式中取 $\tau_k = \cos[(\pi/2)(k-1)/7]$, $k = 1, 2, 3, 4, 5, 6, 7$

直角坐标系、极坐标系和椭球坐标系之间的变换可根据以下关系进行。令速度矢量 **u** 为

$$\mathbf{u} = u_x\hat{\mathbf{x}} + u_y\hat{\mathbf{y}} + u_z\hat{\mathbf{z}} = u_s\hat{\mathbf{s}} + u_\phi\hat{\boldsymbol{\phi}} + u_z\hat{\mathbf{z}} = u_\eta\hat{\boldsymbol{\eta}} + u_\phi\hat{\boldsymbol{\phi}} + u_\tau\hat{\boldsymbol{\tau}}.$$

首先注意到单位矢量 $(\hat{\mathbf{x}}, \hat{\mathbf{y}}, \hat{\mathbf{z}})$ 和 $(\hat{\boldsymbol{\eta}}, \hat{\boldsymbol{\phi}}, \hat{\boldsymbol{\tau}})$ 具有如下关系：

$$\begin{pmatrix} \hat{\boldsymbol{\eta}} \\ \hat{\boldsymbol{\phi}} \\ \hat{\boldsymbol{\tau}} \end{pmatrix} = \mathcal{M} \begin{pmatrix} \hat{\mathbf{x}} \\ \hat{\mathbf{y}} \\ \hat{\mathbf{z}} \end{pmatrix}$$

其中矩阵 $\mathcal{M}$ 为

$$\mathcal{M} = \begin{pmatrix} \dfrac{\eta\cos\phi\sqrt{1-\tau^2}}{\sqrt{\eta^2+\mathcal{E}^2\tau^2}} & \dfrac{\eta\sin\phi\sqrt{1-\tau^2}}{\sqrt{\eta^2+\mathcal{E}^2\tau^2}} & \dfrac{\tau\sqrt{\mathcal{E}^2+\eta^2}}{\sqrt{\eta^2+\mathcal{E}^2\tau^2}} \\ -\sin\phi & \cos\phi & 0 \\ \dfrac{-\tau\cos\phi\sqrt{\mathcal{E}^2+\eta^2}}{\sqrt{\eta^2+\mathcal{E}^2\tau^2}} & \dfrac{-\tau\sin\phi\sqrt{\mathcal{E}^2+\eta^2}}{\sqrt{\eta^2+\mathcal{E}^2\tau^2}} & \dfrac{\eta\sqrt{1-\tau^2}}{\sqrt{\eta^2+\mathcal{E}^2\tau^2}} \end{pmatrix}.$$

于是得速度变换关系为

$$\begin{pmatrix} u_\eta \\ u_\phi \\ u_\tau \end{pmatrix} = \left(\mathcal{M}^{\mathrm{T}}\right)^{-1} \begin{pmatrix} u_x \\ u_y \\ u_z \end{pmatrix},$$

其中 $\mathcal{M}^{\mathrm{T}}$ 表示矩阵 $\mathcal{M}$ 的转置，$(\mathcal{M}^{\mathrm{T}})^{-1}$ 表示矩阵 $\mathcal{M}^{\mathrm{T}}$ 的逆，它满足 $(\mathcal{M}^{\mathrm{T}})^{-1} = \mathcal{M}$，即

$$\mathcal{M}^{\mathrm{T}}\left(\mathcal{M}^{\mathrm{T}}\right)^{-1} = \begin{pmatrix} 1 & 0 & 0 \\ 0 & 1 & 0 \\ 0 & 0 & 1 \end{pmatrix},$$

特别地，单位矢量 $\hat{z}$ 可以投影到椭球坐标中，即

$$\hat{\mathbf{z}} = \left(\dfrac{\tau\sqrt{\mathcal{E}^2+\eta^2}}{\sqrt{\eta^2+\mathcal{E}^2\tau^2}}\right)\hat{\boldsymbol{\eta}} + \left(\dfrac{\eta\sqrt{1-\tau^2}}{\sqrt{\eta^2+\mathcal{E}^2\tau^2}}\right)\hat{\boldsymbol{\tau}}. \tag{6.8}$$

此外，椭球坐标速度 $\mathbf{u} = [\hat{\boldsymbol{\eta}}\cdot\mathbf{u}, \hat{\boldsymbol{\phi}}\cdot\mathbf{u}, \hat{\boldsymbol{\tau}}\cdot\mathbf{u}]$ 和极坐标速度 $\mathbf{u} = [\hat{\mathbf{s}}\cdot\mathbf{u}, \hat{\boldsymbol{\phi}}\cdot\mathbf{u}, \hat{\mathbf{z}}\cdot\mathbf{u}]$ 的关系可写为

$$\begin{pmatrix} u_\eta \\ u_\phi \\ u_\tau \end{pmatrix} = \left[\left(\mathcal{M}^{\mathrm{T}}\right)^{-1}\mathcal{M}_\phi\right] \begin{pmatrix} u_s \\ u_\phi \\ u_z \end{pmatrix},$$

其中矩阵 $\mathcal{M}_\phi$ 为

$$\mathcal{M}_\phi = \begin{pmatrix} \cos\phi & -\sin\phi & 0 \\ \sin\phi & \cos\phi & 0 \\ 0 & 0 & 1 \end{pmatrix}.$$

上述变换可写为显式形式：

$$\hat{\boldsymbol{\eta}}\cdot\mathbf{u} = \left(\dfrac{\eta\sqrt{1-\tau^2}}{\sqrt{\eta^2+\mathcal{E}^2\tau^2}}\right)\hat{\mathbf{s}}\cdot\mathbf{u} + \left(\dfrac{\tau\sqrt{\eta^2+\mathcal{E}^2}}{\sqrt{\eta^2+\mathcal{E}^2\tau^2}}\right)\hat{\mathbf{z}}\cdot\mathbf{u},$$

$$\hat{\boldsymbol{\phi}}\cdot\mathbf{u} = \hat{\boldsymbol{\phi}}\cdot\mathbf{u},$$

$$\hat{\boldsymbol{\tau}}\cdot\mathbf{u} = -\left(\dfrac{\tau\sqrt{\eta^2+\mathcal{E}^2}}{\sqrt{\eta^2+\mathcal{E}^2\tau^2}}\right)\hat{\mathbf{s}}\cdot\mathbf{u} + \left(\dfrac{\eta\sqrt{1-\tau^2}}{\sqrt{\eta^2+\mathcal{E}^2\tau^2}}\right)\hat{\mathbf{z}}\cdot\mathbf{u},$$

6.1 公　式

其中 $\hat{\phi}\cdot\mathbf{u}$ 在两个坐标系之间维持不变。

椭球坐标系的各种微分算子的推导也不困难，比如压强梯度 ∇p 可以写为

$$\nabla p = \hat{\boldsymbol{\eta}}\left(\frac{\sqrt{\eta^2+\mathcal{E}^2}}{\sqrt{\eta^2+\mathcal{E}^2\tau^2}}\right)\frac{\partial p}{\partial \eta} + \hat{\boldsymbol{\tau}}\left(\frac{\sqrt{1-\tau^2}}{\sqrt{\eta^2+\mathcal{E}^2\tau^2}}\right)\frac{\partial p}{\partial \tau}$$
$$+ \hat{\boldsymbol{\phi}}\left[\frac{1}{\sqrt{(\eta^2+\mathcal{E}^2)(1-\tau^2)}}\right]\frac{\partial p}{\partial \phi},$$

速度散度 $\nabla\cdot\mathbf{u}$ 可表示为

$$\nabla\cdot\mathbf{u} = \frac{1}{(\eta^2+\mathcal{E}^2\tau^2)}\left\{\frac{\partial}{\partial\eta}\left[\sqrt{(\eta^2+\mathcal{E}^2\tau^2)(\eta^2+\mathcal{E}^2)}\,\hat{\boldsymbol{\eta}}\cdot\mathbf{u}\right]\right.$$
$$\left.+\frac{(\eta^2+\mathcal{E}^2\tau^2)}{\sqrt{(\eta^2+\mathcal{E}^2)(1-\tau^2)}}\frac{\partial(\hat{\boldsymbol{\phi}}\cdot\mathbf{u})}{\partial\phi} + \frac{\partial}{\partial\tau}\left[\sqrt{(\eta^2+\mathcal{E}^2\tau^2)(1-\tau^2)}\,\hat{\boldsymbol{\tau}}\cdot\mathbf{u}\right]\right\},$$

速度旋度 $\nabla\times\mathbf{u}$ 为

$$\nabla\times\mathbf{u} = \left[\frac{1}{\sqrt{(1-\tau^2)(\eta^2+\mathcal{E}^2)}}\frac{\partial(\hat{\boldsymbol{\tau}}\cdot\mathbf{u})}{\partial\phi} - \frac{1}{\sqrt{\eta^2+\mathcal{E}^2\tau^2}}\frac{\partial}{\partial\tau}\left(\sqrt{1-\tau^2}\,\hat{\boldsymbol{\phi}}\cdot\mathbf{u}\right)\right]\hat{\boldsymbol{\eta}}$$
$$+\left[\frac{1}{\sqrt{\eta^2+\mathcal{E}^2\tau^2}}\frac{\partial}{\partial\eta}\left(\hat{\boldsymbol{\phi}}\cdot\mathbf{u}\sqrt{\eta^2+\mathcal{E}^2}\right) - \frac{1}{\sqrt{(\eta^2+\mathcal{E}^2)(1-\tau^2)}}\frac{\partial(\hat{\boldsymbol{\eta}}\cdot\mathbf{u})}{\partial\phi}\right]\hat{\boldsymbol{\tau}}$$
$$-\left[\frac{\sqrt{\eta^2+\mathcal{E}^2}}{\eta^2+\mathcal{E}^2\tau^2}\frac{\partial}{\partial\eta}\left(\hat{\boldsymbol{\tau}}\cdot\mathbf{u}\sqrt{\eta^2+\mathcal{E}^2\tau^2}\right) - \frac{\sqrt{1-\tau^2}}{\eta^2+\mathcal{E}^2\tau^2}\frac{\partial}{\partial\tau}\left(\hat{\boldsymbol{\eta}}\cdot\mathbf{u}\sqrt{\eta^2+\mathcal{E}^2\tau^2}\right)\right]\hat{\boldsymbol{\phi}}.$$

因此我们将使用椭球坐标来表示结果，这对椭球中的流体运动是自然的，而且便于椭球粘性边界层的数学分析。虽然科里奥利力因其自身的性质在柱坐标系中的表达更加简单，但是为了研究椭球面 $\eta=\sqrt{1-\mathcal{E}^2}$ 上的粘性边界层效应，使用椭球坐标来给出数学分析解是必要的。

建立了坐标变换关系之后，就可以用椭球坐标写出矢量方程 (2.10) 的分量形式，即

$$2\mathrm{i}\sigma\left(\frac{\sqrt{\eta^2+\mathcal{E}^2\tau^2}}{\sqrt{\eta^2+\mathcal{E}^2}}\right)\hat{\boldsymbol{\eta}}\cdot\mathbf{u} - \left(\frac{2\eta\sqrt{1-\tau^2}}{\sqrt{\eta^2+\mathcal{E}^2}}\right)\hat{\boldsymbol{\phi}}\cdot\mathbf{u} = -\frac{\partial p}{\partial\eta}, \tag{6.9}$$

$$2\mathrm{i}\sigma\hat{\boldsymbol{\phi}}\cdot\mathbf{u} + \left(\frac{2\eta\sqrt{1-\tau^2}}{\sqrt{\eta^2+\mathcal{E}^2\tau^2}}\right)\hat{\boldsymbol{\eta}}\cdot\mathbf{u} - \left(\frac{2\tau\sqrt{\eta^2+\mathcal{E}^2}}{\sqrt{\eta^2+\mathcal{E}^2\tau^2}}\right)\hat{\boldsymbol{\tau}}\cdot\mathbf{u} =$$

$$-\left[\frac{1}{\sqrt{(\eta^2+\mathcal{E}^2)(1-\tau^2)}}\right]\frac{\partial p}{\partial \phi}, \tag{6.10}$$

$$2\mathrm{i}\sigma\hat{\boldsymbol{\tau}}\cdot\mathbf{u}+\left(\frac{2\tau\sqrt{\eta^2+\mathcal{E}^2}}{\sqrt{\eta^2+\mathcal{E}^2\tau^2}}\right)\hat{\boldsymbol{\phi}}\cdot\mathbf{u}=-\left(\frac{\sqrt{1-\tau^2}}{\sqrt{\eta^2+\mathcal{E}^2\tau^2}}\right)\frac{\partial p}{\partial \tau}, \tag{6.11}$$

方程 (2.11) 则有以下形式：

$$0=\frac{\partial}{\partial \eta}\left[\sqrt{(\eta^2+\mathcal{E}^2\tau^2)(\eta^2+\mathcal{E}^2)}\,\hat{\boldsymbol{\eta}}\cdot\mathbf{u}\right]+\left[\frac{\eta^2+\mathcal{E}^2\tau^2}{\sqrt{(\eta^2+\mathcal{E}^2)(1-\tau^2)}}\right]\frac{\partial \hat{\boldsymbol{\phi}}\cdot\mathbf{u}}{\partial \phi}$$
$$+\frac{\partial}{\partial \tau}\left[\sqrt{(\eta^2+\mathcal{E}^2\tau^2)(1-\tau^2)}\,\hat{\boldsymbol{\tau}}\cdot\mathbf{u}\right]. \tag{6.12}$$

无粘性边界条件，即椭球壁面无渗透条件为

$$\hat{\boldsymbol{\eta}}\cdot\mathbf{u}=0 \quad (\eta=\sqrt{1-\mathcal{E}^2}), \tag{6.13}$$

它将与前面的方程联立进行求解。将各速度分量从 (6.9)~(6.12) 式中消去，即得到压强 $p=p(\tau,\eta)\exp\mathrm{i}(m\phi+2\sigma t)$ 在椭球坐标系中的庞加莱方程：

$$\mathcal{C}_{\tau\tau}\frac{\partial^2 p}{\partial \tau^2}+\mathcal{C}_{\eta\eta}\frac{\partial^2 p}{\partial \eta^2}+\mathcal{C}_{\tau}\frac{\partial p}{\partial \tau}+\mathcal{C}_{\eta}\frac{\partial p}{\partial \eta}+\mathcal{C}_{\tau\eta}\frac{\partial^2 p}{\partial \tau\partial \eta}+\mathcal{C}_0 p=0, \tag{6.14}$$

其中各系数分别为

$$\mathcal{C}_{\tau\tau}=\frac{(1-\tau^2)}{(\eta^2+\mathcal{E}^2\tau^2)^2}\left[\tau^2(\eta^2+\mathcal{E}^2)+\frac{(\sigma^2-1)}{\sigma^2}\eta^2(1-\tau^2)\right],$$

$$\mathcal{C}_{\eta\eta}=\frac{(\eta^2+\mathcal{E}^2)}{(\eta^2+\mathcal{E}^2\tau^2)^2}\left[\eta^2(1-\tau^2)+\frac{(\sigma^2-1)}{\sigma^2}\tau^2(\eta^2+\mathcal{E}^2)\right],$$

$$\mathcal{C}_{\tau}=\frac{\tau}{(\eta^2+\mathcal{E}^2\tau^2)^3}\left[-2(\eta^2+\mathcal{E}^2\tau^2)^2+(\eta^2+\mathcal{E}^2)(1-\tau^2)(3\eta^2-\tau^2\mathcal{E}^2)\right]$$
$$+\frac{(\sigma^2-1)(1-\tau^2)}{\tau\sigma^2(\eta^2+\mathcal{E}^2\tau^2)^3}\left[(\eta^2+\mathcal{E}^2\tau^2)^2-\eta^2(\eta^2+\mathcal{E}^2\tau^2)(1+\tau^2)\right.$$
$$\left.-2\eta^2\tau^2(\eta^2+2\mathcal{E}^2-\mathcal{E}^2\tau^2)\right],$$

$$\mathcal{C}_{\eta}=\frac{\eta}{(\eta^2+\mathcal{E}^2\tau^2)^3}\left[2(\eta^2+\mathcal{E}^2\tau^2)^2+(\eta^2+\mathcal{E}^2)(1-\tau^2)(3\tau^2\mathcal{E}^2-\eta^2)\right]$$
$$+\frac{(\sigma^2-1)(\eta^2+\mathcal{E}^2)}{\eta\sigma^2(\eta^2+\mathcal{E}^2\tau^2)^3}\left[(\eta^2+\mathcal{E}^2\tau^2)^2\right.$$

6.1 公 式

$$-\tau^2(\eta^2+\mathcal{E}^2\tau^2)(\mathcal{E}^2-\eta^2)-2\eta^2\tau^2(\eta^2+2\mathcal{E}^2-\mathcal{E}^2\tau^2)\Big],$$

$$\mathcal{C}_{\tau\eta}=\frac{2\tau\eta(\eta^2+\mathcal{E}^2)(1-\tau^2)}{\sigma^2(\eta^2+\mathcal{E}^2\tau^2)^2},$$

$$\mathcal{C}_0=-\frac{m^2}{(\eta^2+\mathcal{E}^2)(1-\tau^2)}.$$

一旦求得庞加莱方程 (6.14) 的解 (即压强 p),则惯性波在椭球坐标系中的三个速度分量 $\mathbf{u}=[\hat{\boldsymbol{\eta}}\cdot\mathbf{u},\hat{\boldsymbol{\phi}}\cdot\mathbf{u},\hat{\boldsymbol{\tau}}\cdot\mathbf{u}]$ 便可由 (6.9)~(6.11) 式导出,即

$$\hat{\boldsymbol{\eta}}\cdot\mathbf{u}=\frac{1}{2\mathcal{Q}\sigma\sqrt{(\eta^2+\mathcal{E}^2\tau^2)(\eta^2+\mathcal{E}^2)}}\left\{-\eta\sigma(\eta^2+\mathcal{E}^2\tau^2)\frac{\partial p}{\partial\phi}+\mathrm{i}(\eta^2+\mathcal{E}^2)[\tau^2(\eta^2+\mathcal{E}^2)\right.$$
$$\left.-\sigma^2(\eta^2+\mathcal{E}^2\tau^2)]\frac{\partial p}{\partial\eta}\right.$$
$$\left.+\mathrm{i}\eta\tau(\eta^2+\mathcal{E}^2)(1-\tau^2)\frac{\partial p}{\partial\tau}\right\}, \tag{6.15}$$

$$\hat{\boldsymbol{\phi}}\cdot\mathbf{u}=\frac{1}{2\mathcal{Q}\sqrt{(\eta^2+\mathcal{E}^2)(1-\tau^2)}}\left\{-\mathrm{i}\sigma(\eta^2+\mathcal{E}^2\tau^2)\frac{\partial p}{\partial\phi}\right.$$
$$\left.+(\eta^2+\mathcal{E}^2)(1-\tau^2)\left[\eta\frac{\partial p}{\partial\eta}-\tau\frac{\partial p}{\partial\tau}\right]\right\}, \tag{6.16}$$

$$\hat{\boldsymbol{\tau}}\cdot\mathbf{u}=\frac{1}{2\sigma\mathcal{Q}\sqrt{(\eta^2+\mathcal{E}^2\tau^2)(1-\tau^2)}}\left\{\tau\sigma(\eta^2+\mathcal{E}^2\tau^2)\frac{\partial p}{\partial\phi}+\mathrm{i}\eta\tau(\eta^2+\mathcal{E}^2)(1-\tau^2)\frac{\partial p}{\partial\eta}\right.$$
$$\left.+\mathrm{i}(1-\tau^2)\left[\eta^2(1-\tau^2)-\sigma^2(\eta^2+\mathcal{E}^2\tau^2)\right]\frac{\partial p}{\partial\tau}\right\}, \tag{6.17}$$

其中,

$$\mathcal{Q}=\eta^2(1-\tau^2)-\sigma^2(\eta^2+\mathcal{E}^2\tau^2)+\tau^2(\eta^2+\mathcal{E}^2).$$

顺便指出,当 $\mathcal{E}\to 0$ 时,利用以下转换关系:

$$\eta\to r,\quad \tau\to\cos\theta,\quad \phi\to\phi,$$
$$\hat{\boldsymbol{\eta}}\to\hat{\mathbf{r}},\quad \hat{\boldsymbol{\tau}}\to-\hat{\boldsymbol{\theta}},\quad \hat{\boldsymbol{\phi}}\to\hat{\boldsymbol{\phi}},$$
$$\hat{\boldsymbol{\eta}}\cdot\mathbf{u}\to\hat{\mathbf{r}}\cdot\mathbf{u},\quad \hat{\boldsymbol{\tau}}\cdot\mathbf{u}\to-\hat{\boldsymbol{\theta}}\cdot\mathbf{u},\quad \hat{\boldsymbol{\phi}}\cdot\mathbf{u}\to\hat{\boldsymbol{\phi}}\cdot\mathbf{u},$$

可以使椭球解 (6.14)~(6.17) 恢复为球体解。

在求解满足边界条件 $\hat{\boldsymbol{\eta}}\cdot\mathbf{u}=0$ 的庞加莱方程 (6.14) 并获得分析解 (6.15)~(6.17) 之前,我们先审视一下椭球惯性模的对称性。为保持分析的连贯性和清晰度,根据相对于子午面和赤道的空间对称性,将方程 (6.9)~(6.12) 的解分为以下四类:

(1) 轴对称且赤道对称的解,其对称性可表示为

$$\left[\hat{\boldsymbol{\eta}}\cdot\mathbf{u},\ \hat{\boldsymbol{\phi}}\cdot\mathbf{u},\ \hat{\boldsymbol{\tau}}\cdot\mathbf{u},\ p\right](\eta,\phi,\tau) = \left[\hat{\boldsymbol{\eta}}\cdot\mathbf{u},\ \hat{\boldsymbol{\phi}}\cdot\mathbf{u},\ -\hat{\boldsymbol{\tau}}\cdot\mathbf{u},\ p\right](\eta,\phi+\phi_c,-\tau), \tag{6.18}$$

其中 ϕ_c 为任一常数。

(2) 非轴对称但赤道对称的解，满足

$$\left[\hat{\boldsymbol{\eta}}\cdot\mathbf{u},\ \hat{\boldsymbol{\phi}}\cdot\mathbf{u},\ \hat{\boldsymbol{\tau}}\cdot\mathbf{u},\ p\right](\eta,\phi,\tau) = \left[\hat{\boldsymbol{\eta}}\cdot\mathbf{u},\ \hat{\boldsymbol{\phi}}\cdot\mathbf{u},\ -\hat{\boldsymbol{\tau}}\cdot\mathbf{u},\ p\right](\eta,\phi+2\pi/m,-\tau). \tag{6.19}$$

(3) 轴对称但赤道反对称的解，其对称性表示为

$$\left[\hat{\boldsymbol{\eta}}\cdot\mathbf{u},\ \hat{\boldsymbol{\phi}}\cdot\mathbf{u},\ \hat{\boldsymbol{\tau}}\cdot\mathbf{u},\ p\right](\eta,\phi,\tau) = \left[-\hat{\boldsymbol{\eta}}\cdot\mathbf{u},\ -\hat{\boldsymbol{\phi}}\cdot\mathbf{u},\ \hat{\boldsymbol{\tau}}\cdot\mathbf{u},\ -p\right](\eta,\phi+\phi_c,-\tau). \tag{6.20}$$

(4) 非轴对称且赤道反对称的解，对称关系为

$$\left[\hat{\boldsymbol{\eta}}\cdot\mathbf{u},\ \hat{\boldsymbol{\phi}}\cdot\mathbf{u},\ \hat{\boldsymbol{\tau}}\cdot\mathbf{u},\ p\right](\eta,\phi,\tau) = \left[-\hat{\boldsymbol{\eta}}\cdot\mathbf{u},\ -\hat{\boldsymbol{\phi}}\cdot\mathbf{u},\ \hat{\boldsymbol{\tau}}\cdot\mathbf{u},\ -p\right](\eta,\phi+2\pi/m,-\tau). \tag{6.21}$$

原则上，可以引入几个额外的参数来构造一个普适的数学公式，通过参数的选择使之满足各种赤道对称性，但因为针对某一种对称关系的数学公式已经非常复杂了 (含多个下标)，为了表达清晰，我们将具有不同赤道对称性的解分开进行论述。

6.2 地 转 模

与球体类似，椭球中单一的稳态地转模 $(\mathbf{u}_G, p_G)$ 满足方程

$$2\hat{\mathbf{z}} \times \mathbf{u}_G + \nabla p_G = 0, \quad \nabla \cdot \mathbf{u}_G = 0,$$

和边界条件

$$\hat{\mathbf{n}} \cdot \mathbf{u}_G = 0 \quad (\eta = \sqrt{1-\mathcal{E}^2}),$$

其中椭球的偏心率 $\mathcal{E}$ 可以是任意的。它的解也与球体类似，可用多项式 G_{2k-1} 和 Q_{2k} 来表达，如下：

$$\mathbf{u}_G(\eta,\tau) = \sum_{k=1} \mathcal{B}_k G_{2k-1}(\eta,\tau) \hat{\boldsymbol{\phi}}, \tag{6.22}$$

$$p_G(\eta,\tau) = \sum_{k=1} \mathcal{B}_k Q_{2k}(\eta,\tau), \tag{6.23}$$

式中 $\mathcal{B}_k$ 为展开系数，可由高阶效应来确定。地转多项式 G_{2k-1} 和 Q_{2k} 的椭球坐标形式为

$$G_{2k-1}(\eta,\tau) = \sum_{j=1}^{k} \frac{(-1)^{k-j}[2(k+j)-1]!!}{2^{k-1}(k-j)!(j-1)!(2j)!!} \left(\sqrt{(\mathcal{E}^2+\eta^2)(1-\tau^2)}\right)^{2j-1},$$

$$Q_{2k}(\eta,\tau) = -\sum_{j=1}^{k} \frac{(-1)^{k-j}[2(k+j)-1]!!}{2^{k-1}(k-j)!(j-1)!(2j)!!j} \left(\sqrt{(\mathcal{E}^2+\eta^2)(1-\tau^2)}\right)^{2j}.$$

注意多项式系 G_{2k-1} 也是正交的,即

$$\int_{\mathcal{V}} G_{2k-1}\left[\sqrt{(\mathcal{E}^2+\eta^2)(1-\tau^2)}\right] G_{2n-1}\left[\sqrt{(\mathcal{E}^2+\eta^2)(1-\tau^2)}\right] d\mathcal{V} = 0, \text{ 如果 } n \neq k,$$

其中 $\mathcal{V}$ 表示椭球的体积,而且

$$\int_{\mathcal{V}} \left|G_{2k-1}\left[\sqrt{(\mathcal{E}^2+\eta^2)(1-\tau^2)}\right]\right|^2 d\mathcal{V} = \frac{4\pi\sqrt{1-\mathcal{E}^2}\,(2k+1)!!(2k-1)!!}{(4k+1)(2k)!!(2k-2)!!},$$

它可用于地转多项式 G_{2k-1} 的归一化。以上公式中,$k \geqslant 1$ 且 $0!! = 1$。应该指出,多项式 G_{2k-1} 是隐性三维的,定义域为整个椭球(偏心率任意),而且是互相正交的,因此任意椭球中的地转流都可以由多项式 G_{2k-1} 的线性组合来近似。

6.3 赤道对称模:$m = 0$

同球体中的惯性模一样,我们使用三个下标 (m, n, k) 来描述椭球中的惯性模。第一个下标 $m = 0$ 表示解的轴对称性 $(\partial/\partial\phi = 0)$,第二个下标 n 基本代表了轴向结构,第三个下标 k 则反映了与旋转轴垂直的径向结构。在不引起歧义的情况下,下标记号常被省略以节省篇幅。

庞加莱方程 (6.14) 满足对称关系 (6.18) 的轴对称解为

$$p_{0nk}(\eta,\tau) = \sum_{i=0}^{k} \sum_{j=0}^{k-i} \mathcal{C}^s_{0kij} \sigma^{2i}(1-\sigma^2)^j \left[(\eta^2+\mathcal{E}^2)(1-\tau^2)\right]^j (\eta\tau)^{2i}, \tag{6.24}$$

其中 $k \geqslant 2$ 且 $n \leqslant (k-1)$,系数 $\mathcal{C}^s_{0kij}$ 定义为

$$\mathcal{C}^s_{0kij} = \left[\frac{-1}{(1-\sigma^2\mathcal{E}^2)}\right]^{i+j} \frac{[2(k+i+j)-1]!!}{2^{j+1}(2i-1)!!(k-i-j)!i!(j!)^2}.$$

当 $\mathcal{E} \to 0$ 时,公式 (6.24) 与球体的公式是相同的,这也解释了我们为什么要在分析中使用这种包含了 $\mathcal{E}$ 的特殊形式的椭球坐标系。利用压强 p_{0nk} 的显式解,就可从 (6.15)~(6.17) 式推出流体速度 $\mathbf{u}_{0nk} = \mathbf{u}_{0nk}(\eta,\tau)\exp\mathrm{i}(m\phi+2\sigma t)$ 在椭球坐标系中的

表达式，如下：

$$\hat{\boldsymbol{\eta}} \cdot \mathbf{u}_{0nk}(\eta,\tau) = -\mathrm{i} \sum_{i=0}^{k} \sum_{j=0}^{k-i} \frac{\mathcal{C}_{0kij}^s}{\sqrt{(\eta^2+\mathcal{E}^2\tau^2)(\eta^2+\mathcal{E}^2)}} \sigma^{2i-1}(1-\sigma^2)^{j-1}$$
$$\times (\eta^2+\mathcal{E}^2)^j(1-\tau^2)^j \eta^{2i-1}\tau^{2i}$$
$$\times \left[j\sigma^2\eta^2 - i(1-\sigma^2)(\eta^2+\mathcal{E}^2)\right], \tag{6.25}$$

$$\hat{\boldsymbol{\phi}} \cdot \mathbf{u}_{0nk}(\eta,\tau) = \sum_{i=0}^{k-1} \sum_{j=1}^{k-i} \frac{\mathcal{C}_{0kij}^s}{\sqrt{(\eta^2+\mathcal{E}^2)(1-\tau^2)}} \sigma^{2i}(1-\sigma^2)^{j-1}$$
$$\times j(\eta^2+\mathcal{E}^2)^j(1-\tau^2)^j(\eta\tau)^{2i}, \tag{6.26}$$

$$\hat{\boldsymbol{\tau}} \cdot \mathbf{u}_{0nk}(\eta,\tau) = \mathrm{i} \sum_{i=0}^{k} \sum_{j=0}^{k-i} \frac{\mathcal{C}_{0kij}^s}{\sqrt{(\eta^2+\mathcal{E}^2\tau^2)(1-\tau^2)}} \sigma^{2i-1}(1-\sigma^2)^{j-1}$$
$$\times (\eta^2+\mathcal{E}^2)^j(1-\tau^2)^j \eta^{2i}\tau^{2i-1}$$
$$\times \left[j\sigma^2\tau^2 + i(1-\sigma^2)(1-\tau^2)\right], \tag{6.27}$$

以上公式对 $0 \leqslant \mathcal{E} < 1$ 范围内的任意偏心率和 $k \geqslant 2$ 都成立。半频 σ 可通过 $\eta = \sqrt{(1-\mathcal{E}^2)}$ 处的不可渗透边界条件

$$0 = \sum_{j=0}^{k-1} \frac{(-1)^j[2(2k-j)]!}{j!(2k-j)![2(k-j)-1]!} \left[(1-\mathcal{E}^2)\sigma^2\right]^{(k-j)} \left(1-\sigma^2\mathcal{E}^2\right)^j \tag{6.28}$$

来求得。对于给定的 $\mathcal{E}$ 和 k，以上方程存在 $2(k-1)$ 个不同的实根，对应着 $2(k-1)$ 个振荡模。因 σ 在方程 (6.28) 中是以 σ^2 的形式存在的，因此 $+|\sigma|$ 和 $-|\sigma|$ 都是方程的根，我们仅讨论正根的情况。方程的正根可以根据大小排列成 $0 < \sigma_{01k} < \sigma_{02k} < \sigma_{03k} < \cdots < \sigma_{0nk} < \cdots$ 的形式，其中 σ_{0nk} 表示第 n 小的半频 (对于某个给定的 k)。方程 (6.28) 仅在 $k \leqslant 5$ 的情况存在封闭形式的准确解，当 $k \geqslant 6$ 时，其解可使用数值方法容易地算出。表 5.1 分别给出了 $k \leqslant 6$ 时，方程 (6.28) 在两个不同椭球 ($\mathcal{E} = 0.5$ 和 $\mathcal{E} = 0.7$) 中的几个正根。

在 (6.24) 式中设 $k = 2$，可以得到满足对称关系 (6.18) 的最简解，即

$$p_{012} = \frac{3}{4} - \left[\frac{15(1-\sigma^2)}{4(1-\mathcal{E}^2\sigma^2)}\right](\eta^2+\mathcal{E}^2)(1-\tau^2) + \left[\frac{35\sigma^4}{4(1-\mathcal{E}^2\sigma^2)^2}\right](\eta\tau)^4$$

$$+\left[\frac{105(1-\sigma^2)^2}{32(1-\mathcal{E}^2\sigma^2)^2}\right]\left[(\eta^2+\mathcal{E}^2)(1-\tau^2)\right]^2-\left[\frac{15\sigma^2}{2(1-\mathcal{E}^2\sigma^2)}\right](\eta\tau)^2$$

$$+\left[\frac{105\sigma^2(1-\sigma^2)}{4(1-\mathcal{E}^2\sigma^2)^2}\right](\eta^2+\mathcal{E}^2)(1-\tau^2)(\eta\tau)^2, \tag{6.29}$$

在方程 (6.28) 中设 $k=2$, 可得该模的半频为

$$\sigma_{012}=\left(\frac{3}{7-4\mathcal{E}^2}\right)^{1/2}, \tag{6.30}$$

将它代入 (6.25)~(6.27) 式, 即可获得振荡模 $\mathbf{u}_{012}$ 的分析表达式. 但公式太长, 在此就不列出了.

在 (6.28) 式中设 $k=3$, 可得到另一个较为简单的解, 它有两个正半频:

$$\sigma_{013}=\sqrt{\frac{5(3-2\mathcal{E}^2)-\sqrt{60}(1-\mathcal{E}^2)}{(33-36\mathcal{E}^2+8\mathcal{E}^4)}},$$

$$\sigma_{023}=\sqrt{\frac{5(3-2\mathcal{E}^2)+\sqrt{60}(1-\mathcal{E}^2)}{(33-36\mathcal{E}^2+8\mathcal{E}^4)}},$$

其中 $\mathcal{E}$ 可以是任意的 $(0\leqslant\mathcal{E}<1)$. 将其代入 (6.25)~(6.27) 式, 即得到椭球的两个振荡模 $(p_{013},\mathbf{u}_{013})$ 和 $(p_{023},\mathbf{u}_{023})$ 的准确分析解.

6.4 赤道对称模: $m\geqslant 1$

对前面的分析仅作微小的改动, 便可发现庞加莱方程 (6.14) 满足对称关系 (6.19) 的非轴对称 $(m\neq 0)$ 解 p_{mnk} 为

$$p_{mnk}=\sum_{i=0}^{k}\sum_{j=0}^{k-i}\mathcal{C}_{mkij}^{s}\sigma^{2i}(1-\sigma^2)^j\left[(\eta^2+\mathcal{E}^2)(1-\tau^2)\right]^{(m/2+j)}(\eta\tau)^{2i}e^{im\phi}, \tag{6.31}$$

系数 $\mathcal{C}_{mkij}^{s}$ 定义为

$$\mathcal{C}_{mkij}^{s}=\left[\frac{-1}{(1-\sigma^2\mathcal{E}^2)}\right]^{i+j}\frac{[2(m+k+i+j)-1]!!}{2^{j+1}(2i-1)!!(k-i-j)!i!j!(m+j)!},$$

其中 $k\geqslant 1$ 且 $n\leqslant 2k$. 使用 p_{mnk} 的显式表达式, 就可从 (6.9)~(6.11) 式推出惯性波模的三个速度分量:

$$\hat{\boldsymbol{\eta}} \cdot \mathbf{u}_{mnk} = \mathrm{i} \sum_{i=0}^{k} \sum_{j=0}^{k-i} \frac{\mathcal{C}_{mkij}^{s}}{2\sqrt{(\eta^2+\mathcal{E}^2\tau^2)(\eta^2+\mathcal{E}^2)}} \sigma^{2i-1}(1-\sigma^2)^{j-1}$$

$$\times \left[(\eta^2+\mathcal{E}^2)(1-\tau^2)\right]^{(m/2+j)} \eta^{2i-1}\tau^{2i}$$

$$\times \left[-\eta^2\sigma(2j\sigma+m\sigma+m)+2i(\eta^2+\mathcal{E}^2)(1-\sigma^2)\right]\mathrm{e}^{\mathrm{i}m\phi}, \quad (6.32)$$

$$\hat{\boldsymbol{\phi}} \cdot \mathbf{u}_{mnk} = \sum_{i=0}^{k} \sum_{j=0}^{k-i} \frac{\mathcal{C}_{mkij}^{s}}{2\sqrt{(1-\tau^2)(\eta^2+\mathcal{E}^2)}} \sigma^{2i}(1-\sigma^2)^{j-1}$$

$$\times (2j+m+m\sigma)\left[(1-\tau^2)(\eta^2+\mathcal{E}^2)\right]^{(m/2+j)}(\eta\tau)^{2i}\mathrm{e}^{\mathrm{i}m\phi}, \quad (6.33)$$

$$\hat{\boldsymbol{\tau}} \cdot \mathbf{u}_{mnk} = \mathrm{i} \sum_{i=0}^{k} \sum_{j=0}^{k-i} \frac{\mathcal{C}_{mkij}^{s}}{2\sqrt{(\eta^2+\mathcal{E}^2\tau^2)(1-\tau^2)}} \sigma^{2i-1}(1-\sigma^2)^{j-1}$$

$$\times \left[(\eta^2+\mathcal{E}^2)(1-\tau^2)\right]^{(m/2+j)} \eta^{2i}\tau^{2i-1}$$

$$\times \left[\tau^2\sigma(2j\sigma+m\sigma+m)+2i(1-\tau^2)(1-\sigma^2)\right]\mathrm{e}^{\mathrm{i}m\phi}, \quad (6.34)$$

其中, 椭球偏心率可在 $0 \leqslant \mathcal{E} < 1$ 范围内取任意值, 且 $k \geqslant 1$。在边界 $\eta = \sqrt{(1-\mathcal{E}^2)}$ 处的不可渗透条件 $\hat{\boldsymbol{\eta}} \cdot \mathbf{u}_{mnk} = 0$ 可用于确定半频 σ, 即

$$0 = m + \sum_{j=0}^{k-1}(-1)^{j+k}\left\{\frac{k![2(2k+m-j)]!(k+m)!}{[2(k-j)]![2(k+m)]!j!(2k+m-j)!}\right\}$$

$$\times \left[m - \frac{2(1-\sigma)(k-j)}{\sigma(1-\mathcal{E}^2)}\right]\left[\frac{(1-\mathcal{E}^2)\sigma^2}{(1-\sigma^2\mathcal{E}^2)}\right]^{k-j} \quad (6.35)$$

其中 $k \geqslant 1$, $m \geqslant 1$。对于给定的 $\mathcal{E}$、m 和 k, σ 有 $2k$ 个不同的实根, 对应 $2k$ 个不同的惯性模, 根据 σ 绝对值的大小, 将其排列为 $0 < |\sigma_{m1k}| < |\sigma_{m2k}| < |\sigma_{m3k}| < \cdots < |\sigma_{mnk}| < \cdots$ 的形式, 其中 σ_{mnk} 表示方程 (6.35) 绝对值第 n 小的根。显然, 方程 (6.35) 仅在 $k \leqslant 2$ 时存在封闭形式的准确解; 当 $k \geqslant 3$ 时, 求解可采用数值方法。表 5.2 针对椭球偏心率 $\mathcal{E} = 0.5$ 和 $\mathcal{E} = 0.7$ 两种情况给出了不同方位波数的几个典型的半频值。

在 (6.31) 式中设 $k = 1$, 可得到满足对称关系 (6.19) 的最简解, 即

$$p_{mn1} = \left\{\left[\frac{(2m+1)!!}{2m!}\right]\left[(\eta^2+\mathcal{E}^2)(1-\tau^2)\right]^{m/2}\right.$$

6.4 赤道对称模: $m \geqslant 1$

$$-\frac{(2m+3)!!(1-\sigma^2)}{4(m+1)!(1-\mathcal{E}^2\sigma^2)}\left[(\eta^2+\mathcal{E}^2)(1-\tau^2)\right]^{(1+m/2)}$$

$$-\left[\frac{(2m+3)!!\sigma^2}{2m!(1-\mathcal{E}^2\sigma^2)}\right]\left[(\eta^2+\mathcal{E}^2)(1-\tau^2)\right]^{m/2}(\eta\tau)^2\bigg\}e^{im\phi}, \tag{6.36}$$

将其代入 (6.15)~(6.17) 式,可推出惯性波的速度表达式。为求其半频 $\sigma_{mn1}(n=1,2)$,可在方程 (6.35) 中设 $k=1$,得

$$\left[(2m+3)(m+2) - 2m(m+1)\mathcal{E}^2\right]\sigma^2 - 2(2m+3)\sigma - m = 0$$

其中 $m \neq 0$,它有两个解:

$$\sigma_{m11} = \frac{(2m+3)}{(m+2)(2m+3) - 2m(m+1)\mathcal{E}^2}$$

$$\times \left\{1 - \left[\frac{(m+2)^2-1}{(2m+3)} - \frac{2m^2(m+1)\mathcal{E}^2}{(2m+3)^2}\right]^{1/2}\right\}, \tag{6.37}$$

$$\sigma_{m21} = \frac{(2m+3)}{(m+2)(2m+3) - 2m(m+1)\mathcal{E}^2}$$

$$\times \left\{1 + \left[\frac{(m+2)^2-1}{(2m+3)} - \frac{2m^2(m+1)\mathcal{E}^2}{(2m+3)^2}\right]^{1/2}\right\}. \tag{6.38}$$

第一个解 $\sigma_{m11} < 0$ 表示惯性波顺行传播,第二个解 $\sigma_{m21} > 0$ 表示逆行传播。

将 (6.37) 或 (6.38) 式,以及 p_{mn1} 的表达式 (6.36) 代入 (6.32)~(6.34) 式,并设 $k=1$,就得到了具有任意偏心率的旋转椭球中这类惯性波的准确分析解。当偏心率 $\mathcal{E} = 0.7$ 时,两个准确解 $(m=1,6)$ 的空间结构分别显示于图 6.3 和图 6.4 中。与球体的情况类似,当 $m \gg 1$ 时,椭球顺行模的运动也基本被约束在赤道区域,在轴向的变化则较为平缓。

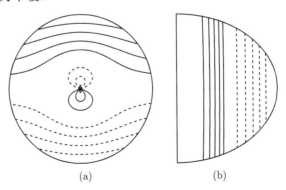

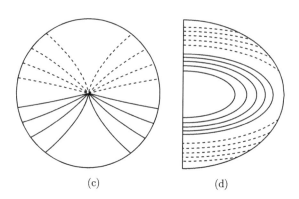

图 6.3　$m=1$, $\mathcal{E}=0.7$ 时, 方位速度 $\hat{\boldsymbol{\phi}}\cdot\mathbf{u}_{mnk}$ 的等值线分布, 由 (6.33) 式计算。(a), (b) $k=1$, $n=1$, $\sigma_{111}=-0.08954$, 左为从北极观看的椭球面 $\eta=\sqrt{1-\mathcal{E}^2}/2$, 右为子午面 (下同); (c), (d) $k=1$, $n=2$, $\sigma_{121}=+0.85642$

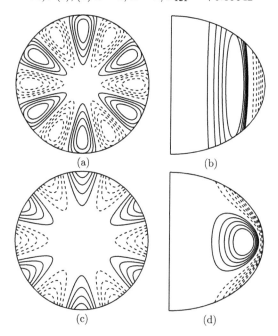

图 6.4　$m=6$, $\mathcal{E}=0.7$ 时, 方位速度 $\hat{\boldsymbol{\phi}}\cdot\mathbf{u}_{mnk}$ 的等值线分布, 由 (6.33) 式计算。(a), (b) $k=1$, $n=1$, $\sigma_{611}=-0.14486$, 左为从北极观看的椭球面 $\eta=\sqrt{1-\mathcal{E}^2}/2$, 右为子午面 (下同); (c), (d) $k=1$, $n=2$, $\sigma_{621}=+0.52537$

6.5　赤道反对称模: $m=0$

公式 (6.20) 表示轴对称但赤道反对称的空间对称关系, 庞加莱方程 (6.14) 满

足这个对称条件的解为

$$p_{0nk}(\eta,\tau) = \sum_{i=0}^{k}\sum_{j=0}^{k-i} \mathcal{C}^a_{0kij}\sigma^{2i}(1-\sigma^2)^j \left[(\eta^2+\mathcal{E}^2)(1-\tau^2)\right]^j (\eta\tau)^{2i+1}, \qquad (6.39)$$

其中 $k=1,2,3,\cdots$ 且 $n\leqslant 2k$,系数 $\mathcal{C}^a_{0kij}$ 定义为

$$\mathcal{C}^a_{0kij} = \left[\frac{-1}{(1-\sigma^2\mathcal{E}^2)}\right]^{i+j} \frac{[2(k+i+j)+1]!!}{2^{j+1}(2i+1)!!(k-i-j)!i!(j!)^2}.$$

将 p_{0nk} 的显式解代入 (6.15)~(6.17) 式,即可得到椭球坐标的速度表达式:

$$\hat{\boldsymbol{\eta}}\cdot\mathbf{u}_{0nk} = -\mathrm{i}\sum_{i=0}^{k}\sum_{j=0}^{k-i}\frac{\mathcal{C}^a_{0kij}}{2\sqrt{(\eta^2+\mathcal{E}^2\tau^2)(\eta^2+\mathcal{E}^2)}}\sigma^{2i-1}(1-\sigma^2)^{j-1}$$
$$\times(\eta^2+\mathcal{E}^2)^j(1-\tau^2)^j\eta^{2i}\tau^{2i+1}\left[2j\sigma^2\eta^2-(2i+1)(1-\sigma^2)(\eta^2+\mathcal{E}^2)\right], \quad (6.40)$$

$$\hat{\boldsymbol{\phi}}\cdot\mathbf{u}_{0nk} = \sum_{i=0}^{k-1}\sum_{j=1}^{k-i}\frac{\mathcal{C}^a_{0kij}}{\sqrt{(\eta^2+\mathcal{E}^2)(1-\tau^2)}}\sigma^{2i}(1-\sigma^2)^{j-1}$$
$$\times j(\eta^2+\mathcal{E}^2)^j(1-\tau^2)^j(\eta\tau)^{2i+1}, \qquad (6.41)$$

$$\hat{\boldsymbol{\tau}}\cdot\mathbf{u}_{0nk} = \mathrm{i}\sum_{i=0}^{k}\sum_{j=0}^{k-i}\frac{\mathcal{C}^a_{0kij}}{2\sqrt{(\eta^2+\mathcal{E}^2\tau^2)(1-\tau^2)}}\sigma^{2i-1}(1-\sigma^2)^{j-1}$$
$$\times(\eta^2+\mathcal{E}^2)^j(1-\tau^2)^j\eta^{2i+1}\tau^{2i}\left[2j\sigma^2\tau^2+(2i+1)(1-\sigma^2)(1-\tau^2)\right], \quad (6.42)$$

以上公式对 $0\leqslant\mathcal{E}<1$ 范围内的任意偏心率都成立。在 (6.39)~(6.42) 式中,半频 σ 是以下代数方程的根:

$$0 = \sum_{j=0}^{k}(-1)^j\frac{[2(2k-j+1)]!}{j!(2k-j+1)![2(k-j)]!}\left[(1-\mathcal{E}^2)\sigma^2\right]^{(k-j)}\left(1-\sigma^2\mathcal{E}^2\right)^j. \qquad (6.43)$$

对于给定的 $\mathcal{E}$ 和 k,方程 (6.43) 共有 $2k$ 个实根,对应着 $2k$ 个轴对称振荡模,不过我们只关心正半频解。方程 (6.43) 的不同正根可以根据大小排列成 $0<\sigma_{01k}<\sigma_{02k}<\sigma_{03k}<\cdots<\sigma_{0nk}<\cdots$ 的顺序,下标 n 取值在 $1\leqslant n\leqslant k$。如此,σ_{0nk} 就表示第 n 小的正根(对于给定的 k)。表 5.4 对两个不同形状的旋转椭球 ($\mathcal{E}=0.5, 0.7$) 分别列出了一些典型的 σ_{0nk} 值。

因 $k=1$ 的模足够简单,我们将以它为例写出详细的推导过程并给出每一步的完整公式。首先,在 (6.39) 式中令 $k=1$,可得压强 p_{011} 的表达式为

$$p_{011} = \frac{3}{2}\eta\tau - \left[\frac{15(1-\sigma^2)}{4(1-\sigma^2\mathcal{E}^2)}\right](\eta^2+\mathcal{E}^2)(1-\tau^2)\eta\tau - \left[\frac{5\sigma^2}{2(1-\sigma^2\mathcal{E}^2)}\right](\eta\tau)^3. \quad (6.44)$$

其次，将 p_{011} 代入 (6.40)~(6.42) 式，同时也令 $k=1$，则得到轴对称振荡模的速度三分量为

$$\hat{\boldsymbol{\eta}} \cdot \mathbf{u}_{011} = \frac{3\mathrm{i}}{4} \frac{\sqrt{(\eta^2+\mathcal{E}^2)}}{\sqrt{(\eta^2+\mathcal{E}^2\tau^2)}} \left[\frac{5\sigma(1-\tau^2)\tau\eta^2}{1-\mathcal{E}^2\sigma^2} + \frac{\tau}{\sigma} \right.$$
$$\left. - \frac{5(1-\sigma^2)(\eta^2+\mathcal{E}^2)(1-\tau^2)\tau}{2\sigma(1-\mathcal{E}^2\sigma^2)} - \frac{5\sigma\tau^3\eta^2}{1-\mathcal{E}^2\sigma^2} \right], \quad (6.45)$$

$$\hat{\boldsymbol{\phi}} \cdot \mathbf{u}_{011} = -\frac{15}{4(1-\mathcal{E}^2\sigma^2)} (\eta\tau)\sqrt{(\eta^2+\mathcal{E}^2)(1-\tau^2)}, \quad (6.46)$$

$$\hat{\boldsymbol{\tau}} \cdot \mathbf{u}_{011} = \frac{3\mathrm{i}}{4} \frac{\sqrt{(1-\tau^2)}}{\sqrt{(\eta^2+\mathcal{E}^2\tau^2)}} \left[-\frac{5\sigma(\eta^2+\mathcal{E}^2)\tau^2\eta}{1-\mathcal{E}^2\sigma^2} + \frac{\eta}{\sigma} \right.$$
$$\left. - \frac{5(1-\sigma^2)(\eta^2+\mathcal{E}^2)(1-\tau^2)\eta}{2\sigma(1-\mathcal{E}^2\sigma^2)} - \frac{5\sigma\tau^2\eta^3}{1-\mathcal{E}^2\sigma^2} \right]. \quad (6.47)$$

最后，不可渗透边界条件要求在椭球面 $\eta=\sqrt{1-\mathcal{E}^2}$ 上，由 (6.45) 式给出的速度分量 $\hat{\boldsymbol{\eta}} \cdot \mathbf{u}_{011}$ 必须为零，由此可确定半频 σ 为

$$\sigma_{011} = +\left(\frac{1}{5-4\mathcal{E}^2} \right)^{1/2}. \quad (6.48)$$

将其代入压强和速度公式 (6.44) 和 (6.45)~(6.47) 中，即可得到惯性模的准确分析解：

$$p_{011}(\eta,\tau,t) = \left[\frac{3}{2} - 3(\eta^2+\mathcal{E}^2)(1-\tau^2) - \frac{(\eta\tau)^2}{2(1-\mathcal{E}^2)} \right] \eta\tau \cos\frac{2t}{\sqrt{5-4\mathcal{E}^2}}, \quad (6.49)$$

$$\hat{\boldsymbol{\eta}} \cdot \mathbf{u}_{011}(\eta,\tau,t) = -\frac{3\tau\sqrt{(5-4\mathcal{E}^2)(\eta^2+\mathcal{E}^2)}}{4\sqrt{(\eta^2+\mathcal{E}^2\tau^2)}} \left[1 + \frac{(1-\tau^2)\eta^2}{1-\mathcal{E}^2} \right.$$
$$\left. - 2(\eta^2+\mathcal{E}^2)(1-\tau^2) - \frac{(\eta\tau)^2}{1-\mathcal{E}^2} \right] \sin\frac{2t}{\sqrt{5-4\mathcal{E}^2}}, \quad (6.50)$$

$$\hat{\boldsymbol{\phi}} \cdot \mathbf{u}_{011}(\eta,\tau,t) = -\frac{3(5-4\mathcal{E}^2)}{4(1-\mathcal{E}^2)} \sqrt{(\eta^2+\mathcal{E}^2)(1-\tau^2)} \eta\tau \cos\frac{2t}{\sqrt{5-4\mathcal{E}^2}}, \quad (6.51)$$

$$\hat{\boldsymbol{\tau}} \cdot \mathbf{u}_{011}(\eta,\tau,t) = -\frac{3\eta\sqrt{(5-4\mathcal{E}^2)(1-\tau^2)}}{4\sqrt{(\eta^2+\mathcal{E}^2\tau^2)}} \left[1 - \frac{(\eta^2+\mathcal{E}^2)\tau^2}{1-\mathcal{E}^2} \right.$$
$$\left. - 2(\eta^2+\mathcal{E}^2)(1-\tau^2) - \frac{(\eta\tau)^2}{1-\mathcal{E}^2} \right] \sin\frac{2t}{\sqrt{5-4\mathcal{E}^2}}, \quad (6.52)$$

以上解为实数并包含了时间依赖性，并且对任意偏心率 $(0 \leqslant \mathcal{E} < 1)$ 的旋转椭球都成立。

6.6 赤道反对称模：$m \geqslant 1$

类似地，庞加莱方程 (6.14) 满足对称关系 (6.21) 的非轴对称解 $p_{mnk}(\eta,\tau)$ 在椭球坐标系中具有以下形式：

$$p_{mnk} = \sum_{i=0}^{k}\sum_{j=0}^{k-i} \mathcal{C}_{mkij}^{a}\sigma^{2i}(1-\sigma^2)^j \left[(1-\tau^2)(\eta^2+\mathcal{E}^2)\right]^{(m/2+j)}(\eta\tau)^{2i+1}\mathrm{e}^{\mathrm{i}\,m\phi}, \quad (6.53)$$

其中 $k \geqslant 0$，$m \geqslant 1$ 且 $n \leqslant (2k+1)$，系数 $\mathcal{C}_{mkij}^{a}$ 为

$$\mathcal{C}_{mkij}^{a} = \left[\frac{-1}{(1-\sigma^2\mathcal{E}^2)}\right]^{i+j} \frac{[2(m+k+i+j)+1]!!}{2^{j+1}(2i+1)!!(k-i-j)!i!j!(m+j)!}.$$

利用 $p_{mnk}(\eta,\tau)$ 的表达式，从公式 (6.15)~(6.17) 可得惯性波的三个速度分量为

$$\hat{\boldsymbol{\eta}}\cdot\mathbf{u}_{mnk} = \sum_{i=0}^{k}\sum_{j=0}^{k-i}\frac{\mathcal{C}_{mkij}^{a}}{2\sqrt{(\eta^2+\mathcal{E}^2\tau^2)(\eta^2+\mathcal{E}^2)}}\sigma^{2i-1}(1-\sigma^2)^{j-1}$$
$$\times \left[-\eta^2\sigma(2j\sigma+m\sigma+m)+(2i+1)(\eta^2+\mathcal{E}^2)(1-\sigma^2)\right]$$
$$\times \left[(1-\tau^2)(\eta^2+\mathcal{E}^2)\right]^{(m/2+j)}\eta^{2i}\tau^{2i+1}\mathrm{e}^{\mathrm{i}\,m\phi}, \quad (6.54)$$

$$\hat{\boldsymbol{\phi}}\cdot\mathbf{u}_{mnk} = \sum_{i=0}^{k}\sum_{j=0}^{k-i}\frac{\mathcal{C}_{mkij}^{a}}{2\sqrt{(1-\tau^2)(\eta^2+\mathcal{E}^2)}}\sigma^{2i}(1-\sigma^2)^{j-1}$$
$$\times (2j+m+m\sigma)\left[(1-\tau^2)(\eta^2+\mathcal{E}^2)\right]^{(m/2+j)}(\eta\tau)^{2i+1}\mathrm{e}^{\mathrm{i}\,m\phi}, \quad (6.55)$$

$$\hat{\boldsymbol{\tau}}\cdot\mathbf{u}_{mnk} = \mathrm{i}\sum_{i=0}^{k}\sum_{j=0}^{k-i}\frac{\mathcal{C}_{mkij}^{a}}{2\sqrt{(1-\tau^2)(\eta^2+\mathcal{E}^2\tau^2)}}\sigma^{2i-1}(1-\sigma^2)^{j-1}$$
$$\times \left[\tau^2\sigma(2j\sigma+m\sigma+m)+(2i+1)(1-\tau^2)(1-\sigma^2)\right]$$
$$\times \left[(1-\tau^2)(\eta^2+\mathcal{E}^2)\right]^{(m/2+j)}\eta^{2i+1}\tau^{2i}\mathrm{e}^{\mathrm{i}\,m\phi}, \quad (6.56)$$

以上公式对旋转椭球的任意偏心率 $(0 \leqslant \mathcal{E} < 1)$ 都有效。在边界 $\eta = \sqrt{1-\mathcal{E}^2}$ 上，需要满足边界条件 $\hat{\boldsymbol{\eta}}\cdot\mathbf{u} = 0$，于是得到半频 σ 的方程为

$$0 = \sum_{j=0}^{k}(-1)^j \frac{[2(2k+m-j+1)]!}{[2(k-j)+1]!j!(2k+m-j+1)!}$$
$$\times \left[m - \frac{(1-\sigma)[2(k-j)+1]}{\sigma(1-\mathcal{E}^2)}\right]\left[\frac{(1-\mathcal{E}^2)\sigma^2}{(1-\sigma^2\mathcal{E}^2)}\right]^{k-j}, \quad (6.57)$$

其中 $k \geqslant 0$, $m \geqslant 1$。对任意给定的 $\mathcal{E}$, m 和 k，以上方程存在 $(2k+1)$ 个不同的实根，对应着 $(2k+1)$ 个惯性模。不过仅当 $k = 0, 1$ 时，方程 (6.57) 才存在封闭形式的准确解，当 $k \geqslant 2$ 时，其解可用数值方法容易地算出。$(2k+1)$ 个惯性模可根据 $|\sigma|$ 的大小排列成 $0 < |\sigma_{m1k}| < |\sigma_{m2k}| < |\sigma_{m3k}| < \cdots < |\sigma_{mnk}| < \cdots$ 的形式，σ_{mnk} 即指方程 (6.57) 绝对值第 n 小的根 (对于给定的 $\mathcal{E}$, m 和 k)。当 $m = 1$ 和 $m = 6$ 时，表 5.5 列出了一些 σ_{mnk} 的值，分别针对两个不同偏心率的椭球 ($\mathcal{E} = 0.5, 0.7$)。图 6.5 显示了其中两个惯性模的空间结构，分别是 ($m = 1$, $k = 0$, $n = 1$, $\sigma_{110} = 0.66225$) 和 ($m = 6$, $k = 0$, $n = 1$, $\sigma_{610} = +0.24631$)，图中椭球的偏心率为 $\mathcal{E} = 0.7$。

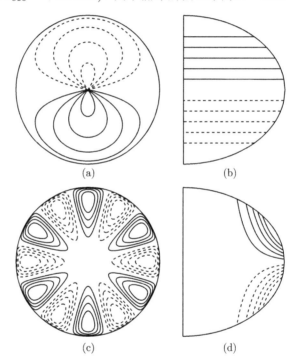

图 6.5 旋转椭球 ($\mathcal{E} = 0.7$) 中两个不同惯性波模方位速度 $\hat{\phi} \cdot \mathbf{u}_{mnk}$ 的等值线分布，由 (6.55) 式计算。(a), (b) $m = 1$, $k = 0$, $n = 1$, $\sigma_{110} = 0.66225$，左为从北极观看的椭球面 $\eta = \sqrt{1 - \mathcal{E}^2}/2$，右为子午面 (下同)；(c), (d) $m = 6$, $k = 0$, $n = 1$, $\sigma_{610} = +0.24631$

最简单的赤道反对称模显然是 $k = 0$ 的情况，对应的惯性模只有一个，即 $n = 1$，推导其具体公式可分为三步。首先，在 (6.53) 式中设 $k = 0$，得到压强 p_{m10}：

$$p_{m10} = \frac{(2m+1)!!}{2m!}(\eta^2 + \mathcal{E}^2)^{m/2}(1-\tau^2)^{m/2}\eta\tau e^{im\phi}, \tag{6.58}$$

保留 $(2m+1)!!/(2m!)$ 只是为了与 (6.53) 式取得形式上的统一。其次，在 (6.54)~(6.56) 式中同样设 $k = 0$，将压强 p_{m10} 的公式代入即可得到惯性模的速度：

$$\hat{\boldsymbol{\eta}} \cdot \mathbf{u}_{m10} = \mathrm{i} \left(\frac{(2m+1)!!}{4m!} \right) \frac{\tau \left[(\eta^2 + \mathcal{E}^2)(1 - \tau^2) \right]^{m/2}}{\sqrt{\eta^2 + \mathcal{E}^2 \tau^2}}$$

$$\times \left[\frac{-\eta^2 m}{(1 - \sigma_{m10}) \sqrt{\eta^2 + \mathcal{E}^2}} + \frac{\sqrt{\eta^2 + \mathcal{E}^2}}{\sigma_{m10}} \right] \mathrm{e}^{\mathrm{i} m \phi}, \quad (6.59)$$

$$\hat{\boldsymbol{\phi}} \cdot \mathbf{u}_{m10} = \left(\frac{(2m+1)!!}{4m!} \right) \frac{m \eta \tau}{(1 - \sigma_{m10})} \left[(\eta^2 + \mathcal{E}^2)(1 - \tau^2) \right]^{(m-1)/2} \mathrm{e}^{\mathrm{i} m \phi}, \quad (6.60)$$

$$\hat{\boldsymbol{\tau}} \cdot \mathbf{u}_{m10} = \mathrm{i} \left(\frac{(2m+1)!!}{4m!} \right) \frac{\eta \left[(\eta^2 + \mathcal{E}^2)(1 - \tau^2) \right]^{m/2}}{\sqrt{\eta^2 + \mathcal{E}^2 \tau^2}}$$

$$\times \left[\frac{\tau^2 m}{(1 - \sigma_{m10}) \sqrt{1 - \tau^2}} + \frac{\sqrt{1 - \tau^2}}{\sigma_{m10}} \right] \mathrm{e}^{\mathrm{i} m \phi}. \quad (6.61)$$

最后，在边界 $\eta = \sqrt{1 - \mathcal{E}^2}$ 上，由 (6.59) 式表示的法向速度 $\hat{\boldsymbol{\eta}} \cdot \mathbf{u}_{m10} = 0$ 可确定半频为

$$\sigma_{m10} = \frac{1}{1 + m(1 - \mathcal{E}^2)}. \quad (6.62)$$

(6.58)~(6.62) 这五个公式就表示了此类惯性波的准确分析解，m 可取任意正整数，椭球偏心率在 $0 \leqslant \mathcal{E} < 1$ 范围内也可以是任意的。

总结起来，在偏心率为 $\mathcal{E}$ 的旋转椭球中，所有惯性模的完整谱由以下成分构成：①单一的地转模；②所有轴对称且赤道对称的振荡模，由 (6.25)~(6.27) 式给出，其中 $k \geqslant 2$, $1 \leqslant n \leqslant (k-1)$；③所有非轴对称但赤道对称的惯性波模，由 (6.32)~(6.34) 式给出，其中 $m \geqslant 1$, $k \geqslant 1$, $1 \leqslant n \leqslant 2k$；④所有轴对称但赤道反对称的振荡模，由 (6.40)~(6.42) 式给出，其中 $k \geqslant 1$, $1 \leqslant n \leqslant k$；⑤所有非轴对称且赤道反对称的惯性波模，由 (6.54)~(6.56) 式给出，其中 $m \geqslant 1$, $k \geqslant 0$, $1 \leqslant n \leqslant (2k+1)$。

6.7 旋转椭球中一个准确的非线性解

在 (6.58)~(6.62) 式描述的椭球惯性模中，有一个十分有趣且非常重要的模，即 $m = 1$, $\sigma_{110} = 1/(2 - \mathcal{E}^2)$ 的模，它代表了椭球中的旋转主导模 (Poincaré, 1910)。我们现在对这个无粘性解作一个简单的考察。公式 (6.58)~(6.61) 的实部在恢复了时间依赖性并赋以振幅 $\mathcal{A}_{110}$ 后可写为

$$p_{110}(\eta,\tau,\phi,t) = \frac{3\mathcal{A}_{110}}{2}\sqrt{(\eta^2+\mathcal{E}^2)(1-\tau^2)}\,\eta\tau\cos\left(\phi+\frac{2t}{2-\mathcal{E}^2}\right), \tag{6.63}$$

$$\hat{\boldsymbol{\eta}}\cdot\mathbf{u}_{110}(\eta,\tau,\phi,t) = -\mathcal{A}_{110}\left[\frac{3(2-\mathcal{E}^2)}{4(1-\mathcal{E}^2)}\right]\left[\frac{(1-\tau^2)}{(\eta^2+\mathcal{E}^2\tau^2)}\right]^{1/2}$$
$$\times\tau\mathcal{E}^2\left(1-\mathcal{E}^2-\eta^2\right)\sin\left(\phi+\frac{2t}{2-\mathcal{E}^2}\right), \tag{6.64}$$

$$\hat{\boldsymbol{\phi}}\cdot\mathbf{u}_{110}(\eta,\tau,\phi,t) = \mathcal{A}_{110}\left[\frac{3(2-\mathcal{E}^2)}{4(1-\mathcal{E}^2)}\right]\eta\tau\cos\left(\phi+\frac{2t}{2-\mathcal{E}^2}\right), \tag{6.65}$$

$$\hat{\boldsymbol{\tau}}\cdot\mathbf{u}_{110}(\eta,\tau,\phi,t) = -\mathcal{A}_{110}\left[\frac{3(2-\mathcal{E}^2)}{4(1-\mathcal{E}^2)}\right]\left(\frac{\mathcal{E}^2+\eta^2}{\eta^2+\mathcal{E}^2\tau^2}\right)^{1/2}$$
$$\times\eta\left(1-\mathcal{E}^2+\mathcal{E}^2\tau^2\right)\sin\left(\phi+\frac{2t}{2-\mathcal{E}^2}\right). \tag{6.66}$$

以后我们会发现, 在推导粘性边界层解的时候, 需要这种以椭球坐标 (η,ϕ,τ) 来表达的解, 具体情况将在以后的进动问题中详加论述。利用坐标变换公式 (6.2)~(6.4), 则公式 (6.63)~(6.66) 在柱坐标中的形式要简单得多, 如下:

$$p_{110}(s,\phi,z,t) = \frac{3\mathcal{A}_{110}}{2}sz\cos\left(\phi+\frac{2t}{2-\mathcal{E}^2}\right), \tag{6.67}$$

$$\hat{\mathbf{s}}\cdot\mathbf{u}_{110}(s,\phi,z,t) = \mathcal{A}_{110}\left[\frac{3(2-\mathcal{E}^2)}{4(1-\mathcal{E}^2)}\right]z\sin\left(\phi+\frac{2t}{2-\mathcal{E}^2}\right), \tag{6.68}$$

$$\hat{\boldsymbol{\phi}}\cdot\mathbf{u}_{110}(s,\phi,z,t) = \mathcal{A}_{110}\left[\frac{3(2-\mathcal{E}^2)}{4(1-\mathcal{E}^2)}\right]z\cos\left(\phi+\frac{2t}{2-\mathcal{E}^2}\right), \tag{6.69}$$

$$\hat{\mathbf{z}}\cdot\mathbf{u}_{110}(s,\phi,z,t) = -\mathcal{A}_{110}\left[\frac{3(2-\mathcal{E}^2)}{4(1-\mathcal{E}^2)}\right]s\left(1-\mathcal{E}^2\right)\sin\left(\phi+\frac{2t}{2-\mathcal{E}^2}\right). \tag{6.70}$$

从 (6.64)~(6.66) 式或 (6.68)~(6.70) 式可直接推出以下算式:

$$\nabla\times\mathbf{u}_{110} = \mathcal{A}_{110}\left[\frac{3(2-\mathcal{E}^2)}{4(1-\mathcal{E}^2)}\right](2-\mathcal{E}^2)$$
$$\times\left[-\hat{\mathbf{s}}\cos\left(\phi+\frac{2t}{2-\mathcal{E}^2}\right)+\hat{\boldsymbol{\phi}}\sin\left(\phi+\frac{2t}{2-\mathcal{E}^2}\right)\right],$$

$$\nabla\times\nabla\times\mathbf{u}_{110} = -\nabla^2\mathbf{u}_{110} = 0,$$

$$\mathbf{u}_{110}\times\nabla\times\mathbf{u}_{110} = \frac{\mathcal{A}_{110}^2(2-\mathcal{E}^2)}{2}\left[\frac{3(2-\mathcal{E}^2)}{4(1-\mathcal{E}^2)}\right]^2$$
$$\times\nabla\left[z^2+(1-\mathcal{E}^2)s^2\sin^2\left(\phi+\frac{2t}{2-\mathcal{E}^2}\right)\right].$$

6.7 旋转椭球中一个准确的非线性解

很明显，对于 $\mathbf{u}_{110}$ 表示的流体运动，其涡度具有恒定的振幅，但是这个运动不满足椭球壁面上任何具有实际物理意义的边界条件。不过，$\mathbf{u}_{110}$ 却是以下完全非线性方程组的解：

$$\frac{\partial \mathbf{u}_{110}}{\partial t} + \mathbf{u}_{110} \cdot \nabla \mathbf{u}_{110} + 2\hat{\mathbf{z}} \times \mathbf{u}_{110} = -\nabla p_r + Ek\nabla^2 \mathbf{u}_{110},$$

$$\nabla \cdot \mathbf{u}_{110} = 0,$$

方程中，Ek 不为零，且椭球偏心率可取 $0 \leqslant \mathcal{E} < 1$ 范围内的任意值，折算压强 p_r 由下式给出：

$$p_r = p_{110} + \frac{1}{2}|\mathbf{u}_{110}|^2 - \frac{\mathcal{A}_{110}^2(2-\mathcal{E}^2)}{2}\left[\frac{3(2-\mathcal{E}^2)}{4(1-\mathcal{E}^2)}\right]^2$$
$$\times \left[z^2 + (1-\mathcal{E}^2)s^2\sin^2\left(\phi + \frac{2t}{2-\mathcal{E}^2}\right)\right].$$

这个非线性方程解 $\mathbf{u}_{110}$ 代表了旋转椭球中方位波数 $m=1$ 且逆行传播的惯性波。

显然，虽然 $\mathbf{u}_{110}$ 是旋转椭球中粘性流体非线性方程的准确解 (它是非强迫解，且具有任意大小的振幅 $\mathcal{A}_{110}$)，但它不是一个物理上的真实解。当考虑了具有实际物理意义的无滑移边界条件以及粘性边界层后，惯性模一定是受迫驱动的 (例如，由进动激发并维持的惯性模)，其振幅 $\mathcal{A}_{110}$ 一定是流体粘度或 Ek 的函数。在讨论椭球中的进动流时，我们将回过头来再次考察这个特殊的模。

第7章 旋转管道惯性模完备性的证明

7.1 惯性模完备性的重要意义

在前几章中，我们针对旋转管道、圆柱、球和椭球推导了无粘性流体惯性模 $\mathbf{u}_{mnk}$ 的显式分析表达式，并且证明了惯性模是互相正交和线性无关的。但有一个根本性的重要问题还没有解决，即这些快速旋转系统中的惯性模 $\mathbf{u}_{mnk}$（或特征函数）是否形成了一个完备的函数系？如果它们是完备的，那么在旋转容器 $\mathcal{V}$ 中，不可压缩流体 ($\nabla \cdot \mathbf{u} = 0$) 的任一速度将总能以下面的方式来近似，即当 $M \to \infty$, $N \to \infty$ 和 $K \to \infty$ 时，有

$$\int_{\mathcal{V}} \left| \mathbf{u} - \sum_{m=0}^{M} \sum_{n=0}^{N} \sum_{k=0}^{K} \mathcal{A}_{mnk} \mathbf{u}_{mnk} \right|^2 \mathrm{d}\mathcal{V} \to 0, \tag{7.1}$$

其中 $\mathcal{A}_{mnk}$ 为展开系数。于是我们便称 (7.1) 式中的惯性模展开在均方（或 L^2 范数）意义下收敛于速度 $\mathbf{u}$。在这种情况下，任何分段连续的速度 $\mathbf{u}$ 和相应的压强 p 都可以方便地使用惯性模来进行展开，如：

$$\mathbf{u}(\mathbf{r}, t) \approx \mathbf{u}_{MNK}(\mathbf{r}, t) = \sum_{m=0}^{M} \sum_{n=0}^{N} \sum_{k=0}^{K} \mathcal{A}_{mnk}(t) \mathbf{u}_{mnk}(\mathbf{r}),$$

$$p(\mathbf{r}, t) \approx p_{MNK}(\mathbf{r}, t) = \sum_{m=0}^{M} \sum_{n=0}^{N} \sum_{k=0}^{K} \mathcal{A}_{mnk}(t) p_{mnk}(\mathbf{r}),$$

它可以保证：随着截断参数 M, N 和 K 的增大，上式的部分求和将越来越接近 $\mathbf{u}$，从而使 (7.1) 式的积分变得任意小。

一个完备的惯性模集合将为解决快速旋转系统中的诸多问题提供一个高效、强大和简便的工具。例如，考虑充满于快速旋转容器中的不可压缩流体，容器壁面为 $\mathcal{S}$，外法向为 $\hat{\mathbf{n}}$。如流体运动由外力 $\mathbf{f}(\mathbf{r}, t)$ 驱动，其控制方程为

$$\frac{\partial \mathbf{u}}{\partial t} + 2\hat{\mathbf{z}} \times \mathbf{u} + \nabla p = \mathbf{f}(\mathbf{r}, t) + Ek \nabla^2 \mathbf{u}, \tag{7.2}$$

$$\nabla \cdot \mathbf{u} = 0, \tag{7.3}$$

设初始条件为 $\mathbf{u}(\mathbf{r}, t=0) = \mathbf{u}_0$，边界 $\mathcal{S}$ 上为应力自由条件，并假设所有的惯性模 $\mathbf{u}_{mnk}$ 已归一化，即

$$\int_{\mathcal{V}} |\mathbf{u}_{mnk}|^2 \mathrm{d}\mathcal{V} = 1.$$

那么，偏微分方程 (7.2) 和 (7.3) 的解就可容易地通过 $\mathbf{u}$ 和 p 的展开式来获得。经过一番并不复杂的推导之后，方程 (7.2) 和 (7.3) 的解将可简单地通过求解以下常微分方程而得到：

$$\frac{\mathrm{d}\mathcal{A}_{mnk}}{\mathrm{d}t} - 2\mathrm{i}\sigma_{mnk}\mathcal{A}_{mnk}$$
$$= \int_{\mathcal{V}} \mathbf{u}_{mnk}^* \cdot \mathbf{f}\, \mathrm{d}\mathcal{V} + Ek \sum_{m'n'k'} \mathcal{A}_{m'n'k'} \int_{\mathcal{V}} \left(\mathbf{u}_{mnk}^* \cdot \nabla^2 \mathbf{u}_{m'n'k'} \right) \mathrm{d}\mathcal{V}, \qquad (7.4)$$

求解 (也就是积分) 的初始条件为 $\mathbf{u} = \mathbf{u}_0$。原则上，如果 $\mathbf{u}_{mnk}$ 存在显式表达式，则 (7.4) 式中的所有积分运算应不会有困难。不过对于无滑移边界条件，因为必须考虑粘性边界层的影响，这个公式需要作一番修改。对于非线性问题，该公式也需要在 (7.4) 式的等号右边添加 $\mathbf{u}\cdot\nabla\mathbf{u}$ 项。

这个数学方法至少有四个主要优点：① 在弱非线性域中，惯性模 $\mathbf{u}_{mnk}$ 已经包含或容纳了旋转流的关键动力学机制；② 不可压缩条件 $\nabla\cdot\mathbf{u}=0$ 自动满足；③ 边界 $\mathcal{S}$ 上的不可渗透边界条件 $\hat{\mathbf{n}}\cdot\mathbf{u}=0$ 自动满足；④ 更重要的是，同其他广泛应用的正交函数系 (如勒让德多项式) 相比，惯性模 $\mathbf{u}_{mnk}$ 直接与 (7.2) 式左侧的线性微分算子相联系，因此公式 (7.4) 的系统是解耦的。然而，能否使用这个高效的方法，依赖于惯性模 $\mathbf{u}_{mnk}$ 的完备性这个数学问题是否已解决。

无粘性惯性模的完备性是一个十分困难且极具挑战性的数学难题。Greenspan (1968) 在他的经典专著中曾写道：鉴于庞加莱问题相当特殊的性质，我们必须注意一些还未获得解决的问题。在这些应予关注的问题中，最明显的就是无粘性特征函数的完备性以及无粘性特征值谱的性质。虽然我们已分析导出了不同几何体中惯性模 (特征函数) 的显式表达式，但是对于它的完备性这个根本性的、几十年前就已提出的问题，现在仍然没有完全地解决，即便有一些迹象表明，球体或椭球中的惯性模应该是完备的 (Zhang et al., 2004b; Liao and Zhang, 2010)。对于管道这种简单的几何形状，Cui 等 (2014) 以严格的数学方法最先回答了完备性的问题，我们将在下面对这个轴对称 $(\partial/\partial x=0)$ 的情形进行详细的论证。

7.2　贝塞尔不等式和帕塞瓦尔等式

在进行完备性的详细数学证明之前，我们首先介绍一下针对旋转环柱轴对称惯性模 $(\partial/\partial x=0)$ 的贝塞尔不等式和帕塞瓦尔 (Parseval) 等式，这些惯性模定义在管道的横截面上，即 $0\leqslant y\leqslant\Gamma, 0\leqslant z\leqslant 1$ 的区域内。不失一般性，假设管道横纵比 $\Gamma=1$。这么做的理由是我们总能通过尺度变换来使轴对称速度 $\mathbf{u}(y,z)$ 和轴对称惯性模 $\mathbf{u}_{0nk}(y,z)$ 定义在 $0\leqslant y\leqslant 1$ 和 $0\leqslant z\leqslant 1$ 的正方形区域中。

为简单起见，使用积分公式 (3.17) 将正交的特征函数 $\mathbf{u}_{0nk}$ 进行归一化，得其正交归一化形式为

$$\hat{\mathbf{x}}\cdot\mathbf{u}_{0nk} = \sqrt{2}\,\sin(k\pi y)\cos(n\pi z), \tag{7.5}$$

$$\hat{\mathbf{y}}\cdot\mathbf{u}_{0nk} = \frac{\mathrm{i}\sqrt{2}\,n}{\sqrt{(n^2+k^2)}}\sin(k\pi y)\cos(n\pi z), \tag{7.6}$$

$$\hat{\mathbf{z}}\cdot\mathbf{u}_{0nk} = -\frac{\mathrm{i}\sqrt{2}\,k}{\sqrt{(n^2+k^2)}}\cos(k\pi y)\sin(n\pi z), \tag{7.7}$$

其中 $k=1,2,3,\cdots$，$n=0,\pm1,\pm2,\pm3,\cdots$，并且有

$$\int_0^1\int_0^1 \mathbf{u}_{0nk}\cdot\mathbf{u}_{0n'k'}^*\,\mathrm{d}y\,\mathrm{d}z = 0,\ \text{如果}\ k\neq k'\ \text{或}\ n\neq n';$$

$$\int_0^1\int_0^1 \mathbf{u}_{0nk}\cdot\mathbf{u}_{0n'k'}^*\,\mathrm{d}y\,\mathrm{d}z = 1,\ \text{如果}\ k=k'\ \text{且}\ n=n'.$$

在公式 (7.5)~(7.7) 中，n 可以为正，也可以为负：$\mathbf{u}_{0(-n)k}$ 表示 $\mathbf{u}_{0(+n)k}$ 的复共轭，即 $\mathbf{u}_{0nk}^* = \mathbf{u}_{0(-n)k}$。注意地转模成分也包含于 (7.5)~(7.7) 式中，它是一个特殊的 $n=0$ 的特征函数。显然，由 (7.5)~(7.7) 式给出的正交系 $\mathbf{u}_{0nk}$ 是线性无关的，因为如果齐次关系

$$0 = \sum_{n=-N}^{N}\sum_{k=1}^{K}\mathcal{A}_{0nk}\mathbf{u}_{0nk}(y,z)$$

对任意的 y 和 z 都成立的话，那么系数 $\mathcal{A}_{0nk}$ 必须全部为零。

令旋转管道中的流体速度 $\mathbf{u}(y,z)$ 为连续可微的实数，假设其满足

$$\int_0^1\int_0^1 |\mathbf{u}(y,z)|^2\,\mathrm{d}y\,\mathrm{d}z\ \text{有限},\quad \nabla\cdot\mathbf{u}=0,$$

以及无滑移边界条件

$$\hat{\mathbf{n}}\cdot\mathbf{u}=0,\quad \hat{\mathbf{n}}\times\mathbf{u}=\mathbf{0},\quad \text{在管道边界面上}.$$

定义一个级数 $\mathbf{u}_{NK}$ 为

$$\mathbf{u}_{NK}(y,z) = \sum_{n=-N}^{N}\sum_{k=1}^{K}\mathcal{A}_{0nk}\mathbf{u}_{0nk}(y,z), \tag{7.8}$$

它包含了以 $n=0$ 表示的地转模，系数 $\mathcal{A}_{0nk}$ 为

$$\mathcal{A}_{0nk} = \int_0^1\int_0^1 (\mathbf{u}_{0nk}^*\cdot\mathbf{u})\,\mathrm{d}y\,\mathrm{d}z. \tag{7.9}$$

因 $\mathbf{u}_{0nk}^* = \mathbf{u}_{0(-n)k}$，以上级数显然为实数。在此我们提出：如果 $\mathbf{u}$ 在均方意义下满足

$$\int_0^1 \int_0^1 \left| \mathbf{u}(y,z) - \sum_{n=-N}^{N} \sum_{k=1}^{K} \mathcal{A}_{0nk} \mathbf{u}_{0nk}(y,z) \right|^2 dy\, dz \to 0, \quad \text{当 } N \to \infty \text{ 和 } K \to \infty,$$

那么惯性模的展开式 $\mathbf{u}_{NK}$ 是收敛的。对于有限的 N 和 K，我们现在可考虑部分和的剩余部分，它满足

$$\int_0^1 \int_0^1 \left| \mathbf{u}(y,z) - \sum_{n=-N}^{N} \sum_{k=1}^{K} \mathcal{A}_{0nk} \mathbf{u}_{0nk}(y,z) \right|^2 dy\, dz \geqslant 0.$$

将上式的平方项展开，得

$$\left(\int_0^1 \int_0^1 |\mathbf{u}|^2\, dy\, dz - 2 \sum_{n=-N}^{N} \sum_{k=1}^{K} \mathcal{A}_{0nk} \int_0^1 \int_0^1 \mathbf{u} \cdot \mathbf{u}_{0nk}\, dy\, dz \right.$$
$$\left. + \sum_{n=-N}^{N} \sum_{k=1}^{K} \sum_{n'=-N}^{N} \sum_{k'=1}^{K} \mathcal{A}_{0nk} \mathcal{A}_{0n'k'} \int_0^1 \int_0^1 \mathbf{u}_{0nk} \cdot \mathbf{u}_{0n'k'}\, dy\, dz \right) \geqslant 0.$$

因惯性模 $\mathbf{u}_{0nk}$ 是正交的，因此有

$$\int_0^1 \int_0^1 |\mathbf{u}|^2\, dy\, dz - 2 \sum_{n=-N}^{N} \sum_{k=1}^{K} \mathcal{A}_{0nk} \int_0^1 \int_0^1 \mathbf{u}_{0nk} \cdot \mathbf{u}\, dy\, dz + \sum_{n=-N}^{N} \sum_{k=1}^{K} |\mathcal{A}_{0nk}|^2 \geqslant 0.$$

利用 (7.9) 式，可知

$$\mathcal{A}_{0nk} \int_0^1 \int_0^1 \mathbf{u}_{0nk} \cdot \mathbf{u}\, dy\, dz = |\mathcal{A}_{0nk}|^2,$$

于是得到不等式

$$\int_0^1 \int_0^1 |\mathbf{u}|^2\, dy\, dz - \sum_{n=-N}^{N} \sum_{k=1}^{K} |\mathcal{A}_{0nk}|^2 \geqslant 0.$$

因积分 $\int_0^1 \int_0^1 |\mathbf{u}|^2\, dy\, dz$ 与 N 和 K 无关，当 $N \to \infty$，$K \to \infty$ 时，将得到另一个不等式

$$\int_0^1 \int_0^1 |\mathbf{u}|^2\, dy\, dz \geqslant \sum_{n=-\infty}^{\infty} \sum_{k=1}^{\infty} |\mathcal{A}_{0nk}|^2, \qquad (7.10)$$

此式被称为贝塞尔不等式。

如果贝塞尔不等式 (7.10) 对所有 $\mathbf{u}(y,z)$ 都可以取等号,即

$$\int_0^1 \int_0^1 |\mathbf{u}|^2 \, \mathrm{d}y \, \mathrm{d}z = \sum_{n=-\infty}^{\infty} \sum_{k=1}^{\infty} |\mathcal{A}_{0nk}|^2. \tag{7.11}$$

那我们就可以说惯性模(或特征函数) $\mathbf{u}_{0nk}(y,z)$ 的无限正交集是完备的。上式被称为帕塞瓦尔等式或完备性关系式。其含义是:在 L^2 意义下,任何速度 $\mathbf{u}(y,z)$ 都可以由 (7.8) 式所示的部分和来近似,并且通过选择足够大的 N 和 K 就能达到所期望的任何精度。于是,我们对完备性的证明就变为:当且仅当帕塞瓦尔等式 (7.11) 对所有 $\mathbf{u}$ 都成立时,惯性模集 $\mathbf{u}_{0nk}(y,z)$ 才是完备的 (Debnath and Mikusinski, 1999)。

7.3 完备性关系式的证明

本节我们将确定帕塞瓦尔等式 (7.11) 对旋转环柱管道中的所有 $\mathbf{u}$ 都成立,以此在数学上证明旋转环柱管道中的惯性模 $\mathbf{u}_{0nk}$ 的正交集是完备的。令

$$\mathbf{u}(y,z) = u_x(y,z)\hat{\mathbf{x}} + u_y(y,z)\hat{\mathbf{y}} + u_z(y,z)\hat{\mathbf{z}}.$$

为描述方便,引入两套变量 (y_1, z_1) 和 (y_2, z_2),于是帕塞瓦尔等式 (7.11) 中的 $\mathcal{A}_{0nk}$ 可写为

$$|\mathcal{A}_{0nk}|^2 = \int_0^1\int_0^1 \mathbf{u}_{0nk}^*(y_1,z_1)\cdot\mathbf{u}(y_1,z_1)\,\mathrm{d}y_1\,\mathrm{d}z_1 \int_0^1\int_0^1 \mathbf{u}_{0nk}(y_2,z_2)\cdot\mathbf{u}(y_2,z_2)\,\mathrm{d}y_2\,\mathrm{d}z_2.$$

将公式 (7.5)~(7.7) 给出的 $\mathbf{u}_{0nk}$ 代入,得

$$\begin{aligned}|\mathcal{A}_{0nk}|^2 = {} & 2\int_0^1\int_0^1\int_0^1\int_0^1 \mathrm{d}y_1\,\mathrm{d}z_1\,\mathrm{d}y_2\,\mathrm{d}z_2 \\ & \times \Big[u_x(y_1,z_1)u_x(y_2,z_2)\sin(k\pi y_1)\cos(n\pi z_1)\sin(k\pi y_2)\cos(n\pi z_2) \\ & + \frac{n^2 u_y(y_1,z_1)u_y(y_2,z_2)}{(n^2+k^2)}\sin(k\pi y_1)\cos(n\pi z_1)\sin(k\pi y_2)\cos(n\pi z_2) \\ & + \frac{k^2 u_z(y_1,z_1)u_z(y_2,z_2)}{(n^2+k^2)}\cos(k\pi y_1)\sin(n\pi z_1)\cos(k\pi y_2)\sin(n\pi z_2) \\ & - \frac{kn u_y(y_1,z_1)u_z(y_2,z_2)}{(n^2+k^2)}\sin(k\pi y_1)\cos(n\pi z_1)\cos(k\pi y_2)\sin(n\pi z_2) \\ & - \frac{kn u_z(y_1,z_1)u_y(y_2,z_2)}{(n^2+k^2)}\cos(k\pi y_1)\sin(n\pi z_1)\sin(k\pi y_2)\cos(n\pi z_2)\Big]. \end{aligned} \tag{7.12}$$

7.3 完备性关系式的证明

注意到当 $n \neq 0$ 时，上式等号右边第四项可改写成如下形式：

$$-\int_0^1 \int_0^1 \int_0^1 \int_0^1 \mathrm{d}y_1 \, \mathrm{d}z_1 \, \mathrm{d}y_2 \, \mathrm{d}z_2$$

$$\frac{knu_y(y_1,z_1)u_z(y_2,z_2)}{(n^2+k^2)} \sin(k\pi y_1)\cos(n\pi z_1)\cos(k\pi y_2)\sin(n\pi z_2)$$

$$=\int_0^1 \int_0^1 \int_0^1 \int_0^1 \mathrm{d}y_1 \, \mathrm{d}z_1 \, \mathrm{d}y_2 \, \mathrm{d}z_2$$

$$\frac{k^2 u_y(y_1,z_1)u_y(y_2,z_2)}{(n^2+k^2)} \sin(k\pi y_1)\cos(n\pi z_1)\sin(k\pi y_2)\cos(n\pi z_2), \quad (7.13)$$

推导中使用了不可压缩条件 $\nabla \cdot \mathbf{u} = 0$ 和边界条件 $\hat{\mathbf{n}} \cdot \mathbf{u} = 0$。同样地，(7.12) 式等号右边第五项可以改写成

$$-\int_0^1 \int_0^1 \int_0^1 \int_0^1 \mathrm{d}y_1 \, \mathrm{d}z_1 \, \mathrm{d}y_2 \, \mathrm{d}z_2$$

$$\frac{knu_z(y_1,z_1)u_y(y_2,z_2)}{(n^2+k^2)} \cos(k\pi y_1)\sin(n\pi z_1)\sin(k\pi y_2)\cos(n\pi z_2)$$

$$=\int_0^1 \int_0^1 \int_0^1 \int_0^1 \mathrm{d}y_1 \, \mathrm{d}z_1 \, \mathrm{d}y_2 \, \mathrm{d}z_2$$

$$\frac{n^2 u_z(y_1,z_1)u_z(y_2,z_2)}{(n^2+k^2)} \cos(k\pi y_1)\sin(n\pi z_1)\cos(k\pi y_2)\sin(n\pi z_2). \quad (7.14)$$

有了公式 (7.13) 和 (7.14) 后，(7.12) 式就变为

$$|\mathcal{A}_{0nk}|^2 = 2\int_0^1 \int_0^1 \int_0^1 \int_0^1 \mathrm{d}y_1 \, \mathrm{d}z_1 \, \mathrm{d}y_2 \, \mathrm{d}z_2$$

$$\times \Big\{ u_x(y_1,z_1)u_x(y_2,z_2)\sin(k\pi y_1)\cos(n\pi z_1)\sin(k\pi y_2)\cos(n\pi z_2)$$

$$+ u_y(y_1,z_1)u_y(y_2,z_2)\sin(k\pi y_1)\cos(n\pi z_1)\sin(k\pi y_2)\cos(n\pi z_2)$$

$$+ u_z(y_1,z_1)u_z(y_2,z_2)\cos(k\pi y_1)\sin(n\pi z_1)\cos(k\pi y_2)\sin(n\pi z_2) \Big\}. \quad (7.15)$$

于是帕塞瓦尔等式 (7.11) 右边的部分和 (有限的 N 和 K) 就可写成

$$\sum_{n=-N}^{N} \sum_{k=1}^{K} |\mathcal{A}_{0nk}|^2 = 2 \sum_{n=-N}^{N} \sum_{k=1}^{K} \int_0^1 \int_0^1 \int_0^1 \int_0^1 \mathrm{d}y_1 \, \mathrm{d}z_1 \, \mathrm{d}y_2 \, \mathrm{d}z_2$$

$$\times \Big\{ u_x(y_1,z_1)u_x(y_2,z_2)\sin(k\pi y_1)\cos(n\pi z_1)\sin(k\pi y_2)\cos(n\pi z_2)$$

$$+u_y(y_1,z_1)u_y(y_2,z_2)\sin(k\pi y_1)\cos(n\pi z_1)\sin(k\pi y_2)\cos(n\pi z_2)$$
$$+u_z(y_1,z_1)u_z(y_2,z_2)\cos(k\pi y_1)\sin(n\pi z_1)\cos(k\pi y_2)\sin(n\pi z_2)\Big\}$$
$$-2\sum_{k=1}^{K}\int_0^1\int_0^1\int_0^1\int_0^1 dy_1\,dz_1\,dy_2\,dz_2$$
$$\times\Big\{u_y(y_1,z_1)u_y(y_2,z_2)\sin(k\pi y_1)\sin(k\pi y_2)\Big\}. \tag{7.16}$$

应该指出，$n=0$ 表示的地转模仅出现在 $u_x(y_1,z_1)u_x(y_2,z_2)$ 项中，因此我们必须在 $u_y(y_1,z_1)u_y(y_2,z_2)$ 的求和中扣减掉 $n=0$ 的项，这便是公式 (7.16) 右边出现最后一项的原因。下一步我们将证明：当 $K\to\infty$, $N\to\infty$ 时，(7.16) 式的等号右边将变为 $\int_0^1\int_0^1(u_x^2+u_y^2+u_z^2)\,dy\,dz$。

由棣莫弗 (De Moivre) 定理可知，级数 (7.16) 中的所有求和是可以实现的，例如，

$$\sum_{k=1}^{K}\sin(k\pi y_1)\sin(k\pi y_2)=\frac{\sin\left[(2K+1)\dfrac{\pi(y_1-y_2)}{2}\right]}{4\sin\left[\dfrac{\pi(y_1-y_2)}{2}\right]}-\frac{\sin\left[(2K+1)\dfrac{\pi(y_1+y_2)}{2}\right]}{4\sin\left[\dfrac{\pi(y_1+y_2)}{2}\right]},$$

$$\sum_{n=1}^{N}\cos(n\pi y_1)\cos(n\pi y_2)=\frac{\sin\left[(2N+1)\dfrac{\pi(y_1-y_2)}{2}\right]}{4\sin\left[\dfrac{\pi(y_1-y_2)}{2}\right]}+\frac{\sin\left[(2N+1)\dfrac{\pi(y_1+y_2)}{2}\right]}{4\sin\left[\dfrac{\pi(y_1+y_2)}{2}\right]}-\frac{1}{2},$$

$$\sum_{n=-N}^{N}\cos(n\pi y_1)\cos(n\pi y_2)=\frac{\sin\left[(2N+1)\dfrac{\pi(y_1-y_2)}{2}\right]}{2\sin\left[\dfrac{\pi(y_1-y_2)}{2}\right]}+\frac{\sin\left[(2N+1)\dfrac{\pi(y_1+y_2)}{2}\right]}{2\sin\left[\dfrac{\pi(y_1+y_2)}{2}\right]},$$

它们对任意的正整数 K 和 N 都成立。使用以上求和公式，则 (7.16) 式可写成

$$\sum_{n=-N}^{N}\sum_{k=1}^{K}|\mathcal{A}_{0nk}|^2=\mathcal{I}_{1NK}+\mathcal{I}_{2NK}+\mathcal{I}_{3NK}+\mathcal{I}_{4K} \tag{7.17}$$

的形式，其中

$$\mathcal{I}_{1NK}=\frac{1}{4}\int_0^1\int_0^1\int_0^1\int_0^1 dy_1\,dz_1\,dy_2\,dz_2\,u_x(y_1,z_1)u_x(y_2,z_2)$$

7.3 完备性关系式的证明

$$\times \left\{ \frac{\sin\left[(2K+1)\dfrac{\pi(y_1-y_2)}{2}\right]}{\sin\left[\dfrac{\pi(y_1-y_2)}{2}\right]} - \frac{\sin\left[(2K+1)\dfrac{\pi(y_1+y_2)}{2}\right]}{\sin\left[\dfrac{\pi(y_1+y_2)}{2}\right]} \right\}$$

$$\times \left\{ \frac{\sin\left[(2N+1)\dfrac{\pi(z_1-z_2)}{2}\right]}{\sin\left[\dfrac{\pi(z_1-z_2)}{2}\right]} + \frac{\sin\left[(2N+1)\dfrac{\pi(z_1+z_2)}{2}\right]}{\sin\left[\dfrac{\pi(z_1+z_2)}{2}\right]} \right\},$$

$$\mathcal{I}_{2NK} = \frac{1}{4}\int_0^1\int_0^1\int_0^1\int_0^1 dy_1\, dz_1\, dy_2\, dz_2\, u_y(y_1,z_1)u_y(y_2,z_2)$$

$$\times \left\{ \frac{\sin\left[(2K+1)\dfrac{\pi(y_1-y_2)}{2}\right]}{\sin\left[\dfrac{\pi(y_1-y_2)}{2}\right]} - \frac{\sin\left[(2K+1)\dfrac{\pi(y_1+y_2)}{2}\right]}{\sin\left[\dfrac{\pi(y_1+y_2)}{2}\right]} \right\}$$

$$\times \left\{ \frac{\sin\left[(2N+1)\dfrac{\pi(z_1-z_2)}{2}\right]}{\sin\left[\dfrac{\pi(z_1-z_2)}{2}\right]} + \frac{\sin\left[(2N+1)\dfrac{\pi(z_1+z_2)}{2}\right]}{\sin\left[\dfrac{\pi(z_1+z_2)}{2}\right]} \right\},$$

$$\mathcal{I}_{3NK} = \frac{1}{4}\int_0^1\int_0^1\int_0^1\int_0^1 dy_1\, dz_1\, dy_2\, dz_2\, u_z(y_1,z_1)u_z(y_2,z_2)$$

$$\times \left\{ \frac{\sin\left[(2K+1)\dfrac{\pi(y_1-y_2)}{2}\right]}{\sin\left[\dfrac{\pi(y_1-y_2)}{2}\right]} + \frac{\sin\left[(2K+1)\dfrac{\pi(y_1+y_2)}{2}\right]}{\sin\left[\dfrac{\pi(y_1+y_2)}{2}\right]} - 2 \right\}$$

$$\times \left\{ \frac{\sin\left[(2N+1)\dfrac{\pi(z_1-z_2)}{2}\right]}{\sin\left[\dfrac{\pi(z_1-z_2)}{2}\right]} - \frac{\sin\left[(2N+1)\dfrac{\pi(z_1+z_2)}{2}\right]}{\sin\left[\dfrac{\pi(z_1+z_2)}{2}\right]} \right\},$$

$$\mathcal{I}_{4K} = \frac{1}{2}\int_0^1\int_0^1 dy_1\, dy_2\, u_y(y_1,z_1)u_y(y_2,z_2)$$

$$\times \left\{ \frac{\sin\left[(2K+1)\dfrac{\pi(y_1-y_2)}{2}\right]}{\sin\left[\dfrac{\pi(y_1-y_2)}{2}\right]} - \frac{\sin\left[(2K+1)\dfrac{\pi(y_1+y_2)}{2}\right]}{\sin\left[\dfrac{\pi(y_1+y_2)}{2}\right]} \right\}.$$

现在我们就可以着手推出以上四个积分的结果。因所有积分的推导过程非常相似，所以我们就以 $\mathcal{I}_{1NK}$ 为例来展示具体的细节。

为分析方便，我们将 u_x 从定义域 $0 < y_1 \leqslant 1$ 拓展至 $-1 \leqslant y_1 < 0$，引入一个新的函数 $U_x(y_1, z_1)$，使得

$$U_x(y_1, z_1) = \begin{cases} u_x(y_1, z_1), & 0 < y_1 \leqslant 1, \\ -u_x(-y_1, z_1), & -1 \leqslant y_1 < 0. \end{cases}$$

进一步对函数 $U_x(y_1, z_1)$ 在 y 方向进行周期为 2 的拓展，即令 $U_x(y_1, z_1) = U_x(y_1 + 2, z_1)$。这种拓展可以使 $\mathcal{I}_{1NK}$ 中的两个积分合二为一，例如，

$$\lim_{K \to \infty} \int_0^1 u_x(y_1, z_1) \left\{ \frac{\sin\left[(2K+1)\dfrac{\pi(y_1-y_2)}{2}\right]}{2\sin\left[\dfrac{\pi(y_1-y_2)}{2}\right]} - \frac{\sin\left[(2K+1)\dfrac{\pi(y_1+y_2)}{2}\right]}{2\sin\left[\dfrac{\pi(y_1+y_2)}{2}\right]} \right\} \mathrm{d}y_1$$

$$= \lim_{K \to \infty} \int_{-1}^1 U_x(y_1, z_1) \left\{ \frac{\sin\left[(2K+1)\dfrac{\pi(y_1-y_2)}{2}\right]}{2\sin\left[\dfrac{\pi(y_1-y_2)}{2}\right]} \right\} \mathrm{d}y_1.$$

注意 $U_x(y_1, z_1)$ 可为任意函数，但必须连续和可微。从 (7.17) 式来看，如果我们能得到以下重要性质：

$$\lim_{K \to \infty} \int_{-1}^1 U_x(y_1, z_1) \left\{ \frac{\sin\left[(2K+1)\dfrac{\pi(y_1-y_2)}{2}\right]}{2\sin\left[\dfrac{\pi(y_1-y_2)}{2}\right]} \right\} \mathrm{d}y_1 = U_x(y_2, z_1), \quad (7.18)$$

那么我们就能够导出完备性关系式，即帕塞瓦尔等式 (7.11)。为节省篇幅，引入一个新的变量 $\zeta = \pi(y_1 - y_2)$，如此 (7.18) 式中的积分就变为

$$\int_{-1}^1 U_x(y_1, z_1) \left\{ \frac{\sin\left[(2K+1)\dfrac{\pi(y_1-y_2)}{2}\right]}{2\sin\left[\dfrac{\pi(y_1-y_2)}{2}\right]} \right\} \mathrm{d}y_1$$

$$= \frac{1}{\pi} \int_0^\pi \left[U_x\left(y_2 - \frac{\zeta}{\pi}, z_1\right) + U_x\left(y_2 + \frac{\zeta}{\pi}, z_1\right) \right] \left\{ \frac{\sin[(K+1/2)\zeta]}{2\sin(\zeta/2)} \right\} \mathrm{d}\zeta.$$

令

$$F(y_2, z_1, \zeta) = \frac{1}{2}\left[U_x\left(y_2 - \frac{\zeta}{\pi}, z_1\right) + U_x\left(y_2 + \frac{\zeta}{\pi}, z_1\right) \right],$$

7.3 完备性关系式的证明

并且意识到对任意的 K, 有

$$\frac{1}{\pi}\int_0^\pi \left\{\frac{\sin[(K+1/2)\zeta]}{\sin(\zeta/2)}\right\} d\zeta = \frac{1}{\pi}\int_0^\pi \left[1 + 2\sum_{k=1}^K \cos(k\zeta)\right] d\zeta = 1,$$

于是 (7.18) 式所示的积分就等价于

$$\lim_{K\to\infty} \frac{1}{2\pi}\int_0^\pi [F(y_2, z_1, \zeta) - F(y_2, z_1, 0)]\left\{\frac{\sin[(K+1/2)\zeta]}{\sin(\zeta/2)}\right\} d\zeta = 0, \quad (7.19)$$

它包含了一个奇点, 需要谨慎处理。

因函数 F 是分段连续且可微的, 这允许我们假设 F 在 $\zeta=0$ 附近为非减函数。对任意给定的小数 δ, 使用积分第二中值定理, (7.19) 所示的奇异积分可表示为

$$\frac{1}{2\pi}\int_0^\pi [F(y_2, z_1, \zeta) - F(y_2, z_1, 0)]\left\{\frac{\sin[(K+1/2)\zeta]}{\sin(\zeta/2)}\right\} d\zeta$$

$$= \frac{1}{2\pi}[F(y_2, z_1, \delta) - F(y_2, z_1, 0)]\int_\xi^\delta \frac{\sin[(K+1/2)\zeta]}{\sin(\zeta/2)} d\zeta$$

$$+ \frac{1}{2\pi}\int_\delta^\pi [F(y_2, z_1, \zeta) - F(y_2, z_1, 0)]\frac{\sin[(K+1/2)\zeta]}{\sin(\zeta/2)} d\zeta, \quad (7.20)$$

其中 $0 < \xi < \delta$。首先注意到上式等号右边第一个积分对于任何整数 K 是有界的, 因为

$$\frac{1}{\pi}\left|\int_\xi^\delta \frac{\sin[(K+1/2)\zeta]}{2\sin(\zeta/2)} d\zeta\right|$$

$$= \frac{1}{\pi}\left|\int_\xi^\delta \frac{\sin[(K+1/2)\zeta]}{\zeta} d\zeta - \int_\xi^\delta \sin[(K+1/2)\zeta]\left[\frac{1}{\zeta} - \frac{1}{2\sin(\zeta/2)}\right] d\zeta\right|$$

$$\leqslant \frac{1}{\pi}\left|\int_{(K+1/2)\xi}^{(K+1/2)\delta} \frac{\sin\hat{\zeta}}{\hat{\zeta}} d\hat{\zeta}\right| + \frac{1}{\pi}\int_0^\delta \left|\frac{1}{\zeta} - \frac{1}{2\sin(\zeta/2)}\right| d\zeta.$$

又因为

$$\lim_{\zeta\to 0}\left[\frac{1}{\zeta} - \frac{1}{2\sin(\zeta/2)}\right] = 0,$$

即函数 $\{1/\zeta - 1/[2\sin(\zeta/2)]\}$ 在区间 $[0, \delta]$ 也是有界的, 于是存在一个正数 C_1, 使得

$$\int_0^\delta \left|\frac{1}{\zeta} - \frac{1}{2\sin(\zeta/2)}\right| d\zeta < \pi C_1.$$

另外, 对任何足够大的 K, 区间 $[(K+1/2)\xi, (K+1/2)\delta]$ 上的积分总是可以分成三部分:

$$[(K+1/2)\xi, 2k\pi], \quad [2k\pi, 2m\pi], \quad [2m\pi, (K+1/2)\delta],$$

其中 k 和 m 为整数, 满足

$$[2k\pi - (K+1/2)\xi] \leqslant 2\pi \quad \text{和} \quad [(K+1/2)\delta - 2m\pi] \leqslant 2\pi.$$

于是有

$$\left|\int_{(K+1/2)\xi}^{(K+1/2)\delta} \frac{\sin\hat{\zeta}}{\hat{\zeta}} d\hat{\zeta}\right| \leqslant \left|\int_{(K+1/2)\xi}^{2k\pi} \frac{\sin\hat{\zeta}}{\hat{\zeta}} d\hat{\zeta}\right|$$
$$+ \left|\int_{2k\pi}^{2m\pi} \frac{\sin\hat{\zeta}}{\hat{\zeta}} d\hat{\zeta}\right| + \left|\int_{2m\pi}^{(K+1/2)\delta} \frac{\sin\hat{\zeta}}{\hat{\zeta}} d\hat{\zeta}\right|.$$

因上式右边第一和第三个积分明显有界, 即

$$\left|\int_{(K+1/2)\delta}^{2k\pi} \frac{\sin\hat{\zeta}}{\hat{\zeta}} d\hat{\zeta}\right| \leqslant \pi C_2, \quad \left|\int_{2m\pi}^{(K+1/2)\delta} \frac{\sin\hat{\zeta}}{\hat{\zeta}} d\hat{\zeta}\right| \leqslant \pi C_3,$$

其中 C_2 和 C_3 为正的常数; 第二个积分也是有界的, 因为

$$\left|\int_{2k\pi}^{2m\pi} \frac{\sin\hat{\zeta}}{\hat{\zeta}} d\hat{\zeta}\right| \leqslant \frac{\pi^2}{6}.$$

以上公式表明, 无论 K 有多大, 总是有

$$\left|\frac{1}{2\pi}\int_0^\pi [F(y_2,z_1,\zeta) - F(y_2,z_1,0)]\left\{\frac{\sin[(K+1/2)\zeta]}{\sin(\zeta/2)}\right\} d\zeta\right|$$
$$\leqslant |F(y_2,z_1,\delta) - F(y_2,z_1,0)|\left[C_1 + C_2 + C_3 + \frac{\pi}{6}\right].$$

注意 (7.20) 式等号右边第二个积分在 $K \to \infty$ 时等于零, 因为函数 F 是分段连续且可微的. 于是, 对于任意小数 $\epsilon > 0$, 存在一个相应的数 $\delta > 0$, 使得

$$\left|\lim_{K\to\infty}\frac{1}{2\pi}\int_0^\pi [F(y_2,z_1,\zeta) - F(y_2,z_1,0)]\left\{\frac{\sin[(K+1/2)\zeta]}{\sin(\zeta/2)}\right\} d\zeta - 0\right| \leqslant \epsilon.$$

这意味着 (7.18) 式成立, 即

$$\lim_{K\to\infty}\int_0^1 u_x(y_1,z_1)\left\{\frac{\sin\left[(2K+1)\frac{\pi(y_1-y_2)}{2}\right]}{2\sin\left[\frac{\pi(y_1-y_2)}{2}\right]} - \frac{\sin\left[(2K+1)\frac{\pi(y_1+y_2)}{2}\right]}{2\sin\left[\frac{\pi(y_1+y_2)}{2}\right]}\right\} dy_1$$
$$= u_x(y_2,z_1). \tag{7.21}$$

类似地我们也可证明

$$\lim_{N\to\infty}\int_0^1 u_x(y_2,z_1)\left\{\frac{\sin\left[(2N+1)\frac{\pi(z_1-z_2)}{2}\right]}{2\sin\left[\frac{\pi(z_1-z_2)}{2}\right]} + \frac{\sin\left[(2N+1)\frac{\pi(z_1+z_2)}{2}\right]}{2\sin\left[\frac{\pi(z_1+z_2)}{2}\right]}\right\} dz_1$$
$$= u_x(y_2,z_2). \tag{7.22}$$

7.3 完备性关系式的证明

将积分关系 (7.21) 和 (7.22) 代入 $\mathcal{I}_{1NK}$，得到

$$\lim_{K\to\infty}\lim_{N\to\infty}\mathcal{I}_{1NK} = \int_0^1\int_0^1 u_x(y_2,z_2)u_x(y_2,z_2)\,\mathrm{d}y_2\,\mathrm{d}z_2.$$

同样，$\mathcal{I}_{2NK}$ 也可写成

$$\lim_{K\to\infty}\lim_{N\to\infty}\mathcal{I}_{2NK} = \int_0^1\int_0^1 u_y(y_2,z_2)u_y(y_2,z_2)\,\mathrm{d}y_2\,\mathrm{d}z_2.$$

但 $\mathcal{I}_{3NK}$ 却出现了一个额外的项，即

$$\lim_{K\to\infty}\lim_{N\to\infty}\mathcal{I}_{3NK} = \int_0^1\int_0^1 u_z(y_2,z_2)u_z(y_2,z_2)\,\mathrm{d}y_2\,\mathrm{d}z_2$$
$$-\int_0^1\int_0^1 u_z(y_2,z_2)\left[\int_0^1 u_z(y_1,z_2)\,\mathrm{d}y_1\right]\,\mathrm{d}y_2\,\mathrm{d}z_2.$$

使用格林定理，以及边界条件 $\hat{\mathbf{n}}\cdot\mathbf{u}=0$ 和不可压缩条件 $\nabla\cdot\mathbf{u}=0$，可发现对任意的 z_2，有

$$-\int_0^1 u_z(y_1,z_2)\,\mathrm{d}y_1 = \oint_{\mathcal{C}_z}[u_y(y_1,z_1)\,\mathrm{d}z_1 - u_z(y_1,z_1)\,\mathrm{d}y_1]$$
$$= \int_0^1\int_0^1\left(\frac{\partial u_y}{\partial y_1}+\frac{\partial u_z}{\partial z_1}\right)\,\mathrm{d}y_1\,\mathrm{d}z_1 = 0,$$

其中 $\mathcal{C}_z$ 表示区域 $(z_2\leqslant z_1\leqslant 1,\ 0\leqslant y_1\leqslant 1)$ 的边界闭曲线。这就证明了

$$\int_0^1\int_0^1 u_z(y_2,z_2)\left[\int_0^1 u_z(y_1,z_2)\,\mathrm{d}y_1\right]\,\mathrm{d}y_2\,\mathrm{d}z_2 = 0.$$

最后一个积分 $\mathcal{I}_{4K}$ 在 $K\to\infty$ 时也为零，即

$$\lim_{K\to\infty}\mathcal{I}_{4K} = \int_0^1\int_0^1 u_y(y_2,z_2)\left[\int_0^1 u_y(y_2,z_1)\,\mathrm{d}z_1\right]\,\mathrm{d}y_2\,\mathrm{d}z_2 = 0,$$

因为在 $\nabla\cdot\mathbf{u}=0$ 以及边界上 $\hat{\mathbf{n}}\cdot\mathbf{u}=0$ 的条件下，对任意的 y_2，有

$$\int_0^1 u_y(y_2,z_1)\,\mathrm{d}z_1 = \oint_{\mathcal{C}_y}[u_y(y_1,z_1)\,\mathrm{d}z_1 - u_z(y_1,z_1)\,\mathrm{d}y_1]$$
$$= \int_0^1\int_0^1\left(\frac{\partial u_y}{\partial y_1}+\frac{\partial u_z}{\partial z_1}\right)\,\mathrm{d}y_1\,\mathrm{d}z_1 = 0,$$

其中 $\mathcal{C}_y$ 表示区域 $(y_2\leqslant y_1\leqslant 1,\ 0\leqslant z_1\leqslant 1)$ 的边界闭曲线。

到此为止，我们就已经从数学上证明了

$$\sum_{n=-\infty}^{\infty}\sum_{k=1}^{\infty}|\mathcal{A}_{0nk}|^2 = \int_0^1\int_0^1\left(u_x^2+u_y^2+u_z^2\right)\,\mathrm{d}y\,\mathrm{d}z,$$

即轴对称惯性模的完备性关系式，或者称帕塞瓦尔等式。因此我们可作出如下结论：无粘性惯性模 (或特征函数) $\mathbf{u}_{0nk}$ 确实构成了一个完备的函数系；对于任何分段连续的速度 $\mathbf{u}(y,z)$，只要满足 ① $\int_0^1 \int_0^1 |\mathbf{u}|^2 \,\mathrm{d}y\,\mathrm{d}z < \infty$，② $\nabla \cdot \mathbf{u} = 0$ 以及 ③ $|\partial \mathbf{u}/\partial y| < \infty$，$|\partial \mathbf{u}/\partial z| < \infty$ 这三个条件，都可由展开式 (7.8) 获得 L^2 意义下的近似，并达到所期望的任意精度。这个证明也可推广到全三维的流动 (Cui et al., 2014)，只需将非轴对称 ($m \neq 0$) 惯性模 $\mathbf{u}_{mnk}$ 包含进来即可。

第 8 章 旋转球体惯性模完备性的指征

8.1 寻找完备性的标志

如果旋转球体中的惯性模是完备的，那么它将为地球和天体的流体动力学研究开辟一条激动人心的道路。但是，以帕塞瓦尔等式为基础，我们现在还不能在数学上完整地证明球体惯性模的完备性。尽管如此，基于以下想法，我们仍在努力搜寻完备性的有效信号。

首先我们引入一个任意的矢量函数 $\mathbf{V}_L(s,z,\phi)$。不失其关键数学性质，设它相对赤道对称，在方位方向是波数为 m 的周期函数。假设①矢量函数 $\mathbf{V}_L(s,z,\phi)$ 连续且满足 $\nabla\cdot\mathbf{V}_L=0$；② $\mathbf{V}_L$ 在柱坐标中可表示为 s 与 z 的多项式，最高次数为 $2L$。如果球体中的惯性模 $\mathbf{u}_{mnk}$ 构成了一个完备系，则任意的矢量函数 $\mathbf{V}_L$ 都可以写成如下 $\mathbf{u}_{mnk}$ 的求和形式：

$$\mathbf{V}_L(s,z,\phi) = \sum_{k=1}^{L}\sum_{n}\mathcal{Z}_{mnk}\mathbf{u}_{mnk}(s,z,\phi), \tag{8.1}$$

其中 $\mathcal{Z}_{mnk}$ 为系数，一般不为零；$\mathbf{u}_{mnk}$ 由公式 (5.51)~(5.53) 给出，它们是 s 和 z 的多项式 (最高次数不超过 $2k$)。利用 $\mathbf{u}_{mnk}$ 的正交性，对所有可能的 l，m 和 n，当 $M>L$ 时，有

$$\int_0^{2\pi}\int_0^{\pi}\int_0^1 (\mathbf{u}_{mlM}^*\cdot\mathbf{V}_L)\, r^2\sin\theta\mathrm{d}r\,\mathrm{d}\theta\,\mathrm{d}\phi$$
$$=\sum_{k=1}^{L}\sum_{n}\mathcal{Z}_{mnk}\int_0^{2\pi}\int_0^{\pi}\int_0^1 \mathbf{u}_{mlM}^*\cdot\mathbf{u}_{mnk}\, r^2\sin\theta\mathrm{d}r\,\mathrm{d}\theta\,\mathrm{d}\phi = 0. \tag{8.2}$$

公式 (8.2) 是否成立完全依赖于球体惯性模 $\mathbf{u}_{mnk}$ 的完备性。换句话说，由 (8.2) 式所表达的推测可作为球体中惯性模完备性的一个指示标志。用任意的矢量函数 $\mathbf{V}_L$ 来证明 (8.2) 式是困难的，但是我们可以通过选取具有如下形式的某一类函数来取得一定的进展：对任何可能的 m，n 和 N，有

$$\mathbf{V}_L(s,z,\phi) = \nabla^2\mathbf{u}_{mnN}(s,z,\phi).$$

然后我们将证明，对于所有的 l，m，n，当 $M\geqslant N$ 时，下式成立：

$$\int_0^{2\pi}\int_0^{\pi}\int_0^1 \mathbf{u}_{mlM}^*\cdot\nabla^2\mathbf{u}_{mnN}\, r^2\sin\theta\mathrm{d}r\,\mathrm{d}\theta\,\mathrm{d}\phi \equiv 0. \tag{8.3}$$

这种类型的积分通常被称为耗散积分，因为当 **u** 满足无滑移边界条件时，有

$$\int_0^{2\pi}\int_0^{\pi}\int_0^1 \mathbf{u}\cdot\nabla^2\mathbf{u}\, r^2\sin\theta \mathrm{d}r\,\mathrm{d}\theta\,\mathrm{d}\phi$$
$$=-\int_0^{2\pi}\int_0^{\pi}\int_0^1 |\nabla\times\mathbf{u}|^2\, r^2\sin\theta\mathrm{d}r\,\mathrm{d}\theta\,\mathrm{d}\phi<0,$$

它代表了不可压缩粘性流体的粘滞耗散作用。当然，任何球体惯性模 $\mathbf{u}_{mnN}$ 都不满足无滑移边界条件，因而当 $M=N$ 时，耗散积分 (8.3) 等于零实际上是惯性模 $\mathbf{u}_{mnN}$ 不满足物理边界条件的直接后果。不管怎样，如果能成功证明 (8.3) 式，那么在一定程度上便预示着球体惯性模是完备的。

8.2 耗散型积分等于零的证明

我们将沿用 Zhang 等 (2001) 及 Liao 和 Zhang(2010) 的方法在数学上证明公式 (8.3)。为节省书写，将惯性模 $\mathbf{u}_{mlM}$ 的半频 σ_{mlM} 写作 $\sigma_M\equiv\sigma_{mlM}$，惯性模 $\mathbf{u}_{mlN}$ 的半频 σ_{mlN} 写作 $\sigma_N\equiv\sigma_{mlN}$。注意 σ_M 或 σ_N 的准确值在证明中并不需要。利用 (5.51)~(5.53) 式给出的显式表达式，在整个球体上作出以下体积分并不困难：

$$\int_0^{2\pi}\int_0^{\pi}\int_0^1 \left(\mathbf{u}_{mlM}^*\cdot\nabla^2\mathbf{u}_{mnN}\right)r^2\sin\theta\mathrm{d}r\,\mathrm{d}\theta\,\mathrm{d}\phi = c_1\mathcal{S}_1+c_2\mathcal{S}_2+c_3\mathcal{S}_3,$$

其中 $c_j\,(j=1,2,3)$ 为 σ_M 和 σ_N 的非零函数，具体为

$$c_1(\sigma_M,\sigma_N)=\frac{2^{m+1}\pi(1+\sigma_M\sigma_N)}{4\sigma_N^2(1-\sigma_M^2)(1-\sigma_N^2)},$$

$$c_2(\sigma_M,\sigma_N)=\frac{2^{m+1}m\pi(\sigma_M+\sigma_N)}{4\sigma_N^2(1-\sigma_M^2)(1-\sigma_N^2)},$$

$$c_3(\sigma_M,\sigma_N)=\frac{2^{m+1}\pi}{4\sigma_N^3\sigma_M},$$

而 $\mathcal{S}_j\,(j=1,2,3)$ 则代表以下三个求和：

$$\mathcal{S}_1=\sum_{i=0}^{M}\sum_{j=0}^{M-i}\sum_{k=1}^{N}\sum_{l=0}^{N-k}(-1)^{i+j+k+l}\sigma_M^{2i}\sigma_N^{2k}(1-\sigma_M^2)^j(1-\sigma_N^2)^l$$
$$\times\frac{[2(m+M+i+j)-1]!!}{2(2i-1)!!(M-i-j)!i!j!(m+j)!}$$
$$\times\frac{[2(m+N+k+l)-1]!!}{(2k-3)!!(N-k-l)!(k-1)!l!(m+l)!}$$
$$\times\frac{[(m+2j)(m+2l)+m^2](l+j+m-1)!(2i+2k-3)!!}{[2(m+i+j+k+l)-1]!!}, \qquad (8.4)$$

8.2 耗散型积分等于零的证明

$$\mathcal{S}_2 = \sum_{i=0}^{M}\sum_{j=0}^{M-i}\sum_{k=1}^{N}\sum_{l=0}^{N-k}(-1)^{i+j+k+l}\sigma_M^{2i}\sigma_N^{2k}(1-\sigma_M^2)^j(1-\sigma_N^2)^l$$
$$\times \frac{[2(m+M+i+j)-1]!!}{(2i-1)!!(M-i-j)!i!j!(m+j)!}$$
$$\times \frac{[2(m+N+k+l)-1]!!}{(2k-3)!!(N-k-l)!(k-1)!l!(m+l)!}$$
$$\times \frac{(m+j+l)!(2i+2k-3)!!}{[2(m+i+j+k+l)-1]!!}, \tag{8.5}$$

$$\mathcal{S}_3 = \sum_{i=1}^{M}\sum_{j=0}^{M-i}\sum_{k=2}^{N}\sum_{l=0}^{N-k}2(-1)^{i+j+k+l}\sigma_M^{2i}\sigma_N^{2k}(1-\sigma_M^2)^j(1-\sigma_N^2)^l$$
$$\times \frac{[2(m+M+i+j)-1]!!}{(2i-1)!!(M-i-j)!(i-1)!j!(m+j)!}$$
$$\times \frac{[2(m+N+k+l)-1]!!}{(2k-3)!!(N-k-l)!(k-2)!l!(m+l)!}$$
$$\times \frac{(l+j+m)!(2i+2k-5)!!}{[2(m+i+j+k+l)-1]!!}. \tag{8.6}$$

我们将证明, 对于任何可能的 M, N, m, σ_N, σ_M, 当 $M \geqslant N$ 时, 有

$$\mathcal{S}_1 = \mathcal{S}_2 = \mathcal{S}_3 \equiv 0.$$

因三个证明是十分相似的, 我们将以 $\mathcal{S}_2 \equiv 0$ 为例给出详细的证明过程。

公式 (8.4)~(8.6) 对四个指标 (i,j,k,l) 进行求和, 而这些指标紧密地纠缠在一起, 使得即使是对中等大小的 M 和 N, 直接求和也无法完成。不过, 对于较小的 M 和 N, 直接求和还是可行的。因此为证明 $\mathcal{S}_2 \equiv 0$ 对所有的 M 和 N ($M \geqslant N \geqslant 1$) 都成立, 只要建立一个递推关系, 将大 M、N 的求和与小 M、N 的求和联系上即可。为达到这个目的, 我们引入了三个附加的指标 α, β 和 γ, 考察一个新的、对六个指标进行求和的公式:

$$\mathcal{Q}_{L,N}^{K,\gamma} = \sum_{\alpha=0}^{K}\sum_{\beta=0}^{K-\alpha}A_{\alpha,\beta}^{K}\sum_{i=0}^{L+N-K-\gamma}\sum_{j=0}^{L+N-K-i-\gamma}\sum_{k=1}^{N-K}\sum_{l=0}^{N-K-k}$$
$$\times(-1)^{i+j+k+l}\sigma_M^{2i+2\alpha}\sigma_N^{2k+2\alpha}(1-\sigma_M^2)^{j+\beta}(1-\sigma_N^2)^{l+\beta}$$
$$\times \frac{[2(m+L+N+i+j+\alpha+\beta)-1]!!}{(2i+2\alpha-1)!!(L+N-i-j-K-\gamma)!i!j!(m+j+\beta)!}$$
$$\times \frac{[2(m+N+k+l+\alpha+\beta)-1]!!}{(2k+2\alpha-3)!!(N-k-l-K)!(k-1)!l!(m+l+\beta)!}$$
$$\times \frac{(l+j+m+\beta)!(2i+2k+2\alpha-3)!!}{[2(m+i+j+k+l+\alpha+\beta+K+\gamma)-1]!!}, \tag{8.7}$$

其中 $L = (M - N) \geqslant 0$, $0 \leqslant \gamma \leqslant L$。系数 $A_{i,j}^K$ 不为零, 定义为

$$A_{0,0}^0 = 1, \quad A_{0,0}^{K+1} = -2A_{0,0}^K, \quad A_{K+1,0}^{K+1} = 2A_{K,0}^K, \quad A_{0,K+1}^{K+1} = A_{0,K}^K;$$

当 $1 \leqslant i \leqslant K$ 时, 有

$$A_{i,0}^{K+1} = -2A_{i,0}^K + 2A_{i-1,0}^K,$$
$$A_{0,i}^{K+1} = -2A_{0,i}^K + A_{0,i-1}^K,$$
$$A_{i,K+1-i}^{K+1} = 2A_{i-1,K+1-i}^K + A_{i,K-i}^K;$$

当 $1 \leqslant i \leqslant K - 1$ 和 $1 \leqslant j \leqslant K - i$ 时, 有

$$A_{i,j}^{K+1} = -2A_{i,j}^K + 2A_{i-1,j}^K + A_{i,j-1}^K.$$

系数 $A_{i,j}^K$ 的准确值在数学证明中同样是不需要的。很明显, $\mathcal{S}_2$ 和 $\mathcal{Q}_{L,N}^{K,\gamma}$ 的关系为

$$\mathcal{S}_2 = \left[\mathcal{Q}_{L,N}^{K,\gamma}\right]_{K=0,\gamma=0} = \mathcal{Q}_{L,N}^{0,0}.$$

初看起来, 新的求和公式 (8.7) 拥有六个指标, 比原来的求和公式 (8.5) 复杂得多, 但我们将会发现, 由新指标可导出两个递推关系, 使得直接计算 (8.7) 式成为可能。

为解耦 (8.7) 式的指标, 首先建立一个重要的递推关系:

$$\mathcal{Q}_{L,N}^{N-1,\gamma} = -\left[\frac{2(L-\gamma)}{L+1-\gamma}\right]\mathcal{Q}_{L,N}^{N-1,\gamma+1}, \tag{8.8}$$

其中等号左边为

$$\mathcal{Q}_{L,N}^{N-1,\gamma} = \sum_{\alpha=0}^{N-1}\sum_{\beta=0}^{N-1-\alpha} A_{\alpha,\beta}^{N-1} \sum_{i=0}^{L+1-\gamma}\sum_{j=0}^{L+1-i-\gamma}$$
$$\times (-1)^{i+j+1} \sigma_M^{2i+2\alpha} \sigma_N^{2+2\alpha}(1-\sigma_M^2)^{j+\beta}(1-\sigma_N^2)^\beta$$
$$\times \frac{[2(m+L+N+i+j+\alpha+\beta)-1]!!}{(L+1-i-j-\gamma)!i!j!}$$
$$\times \frac{[2(m+N+1+\alpha+\beta)-1]!!}{(2\alpha-1)!!(m+\beta)![2(m+i+j+\alpha+\beta+N+\gamma)-1]!!}. \tag{8.9}$$

在推导 (8.8) 式的第一步时, 我们将 (8.9) 式分解为三个不同的求和, 即

$$\mathcal{Q}_{L,N}^{N-1,\gamma} = -\sum_{\alpha=0}^{N-1}\sum_{\beta=0}^{N-1-\alpha} A_{\alpha,\beta}^{N-1} \sigma_M^{2\alpha} \sigma_N^{2+2\alpha}(1-\sigma_M^2)^\beta (1-\sigma_N^2)^\beta$$
$$\times \frac{[2(m+N+1+\alpha+\beta)-1]!!}{(2\alpha-1)!!(m+\beta)!}(\mathcal{T}_1 + \mathcal{T}_2 + \mathcal{T}_3), \tag{8.10}$$

8.2 耗散型积分等于零的证明

其中，

$$\mathcal{T}_1 = -\left(\frac{1}{L+1-\gamma}\right)\sum_{i=0}^{L-\gamma}\sum_{j=0}^{L-i-\gamma}(-1)^{i+j}\sigma_M^{2i+2}(1-\sigma_M^2)^j$$
$$\times\frac{[2(m+L+N+i+j+\alpha+\beta)+1]!!}{[2(m+i+j+\alpha+\beta+N+\gamma)+1]!!(L-i-j-\gamma)!i!j!}, \quad (8.11)$$

$$\mathcal{T}_2 = +\left(\frac{1}{L+1-\gamma}\right)\sum_{i=0}^{L-\gamma}\sum_{j=0}^{L-i-\gamma}(-1)^{i+j}\sigma_M^{2i}(1-\sigma_M^2)^j$$
$$\times\frac{[2(m+L+N+i+j+\alpha+\beta)-1]!!}{[2(m+i+j+\alpha+\beta+N+\gamma)-1]!!(L-i-j-\gamma)!i!j!}, \quad (8.12)$$

$$\mathcal{T}_3 = -\left(\frac{1}{L+1-\gamma}\right)\sum_{i=0}^{L-\gamma}\sum_{j=0}^{L-i-\gamma}(-1)^{i+j}\sigma_M^{2i}(1-\sigma_M^2)^{j+1}$$
$$\times\frac{[2(m+L+N+i+j+\alpha+\beta)+1]!!}{[2(m+i+j+\alpha+\beta+N+\gamma)+1]!!(L-i-j-\gamma)!i!j!}, \quad (8.13)$$

公式 (8.11) 中的指标 i 已向右移位一步，即 $i \to (i+1)$，(8.13) 式中的指标 j 也向右移位一步，即 $j \to (j+1)$。为得到 (8.8) 式那样清晰的递推关系，需要将这些求和重新组织一下，以使指标 $(\gamma+1)$ 出现在求和结果中。很明显，公式 (8.10) 中的三个求和 $\mathcal{T}_j$ ($j = 1, 2, 3$) 加起来可得到一个求和，即

$$\mathcal{T}_1 + \mathcal{T}_2 + \mathcal{T}_3 = -\left(\frac{2(L-\gamma)}{L+1-\gamma}\right)\sum_{i=0}^{L-\gamma}\sum_{j=0}^{L-i-\gamma}(-1)^{i+j}\sigma_M^{2i}(1-\sigma_M^2)^j$$
$$\times\frac{[2(m+L+N+i+j+\alpha+\beta)-1]!!}{[2(m+i+j+\alpha+\beta+N+\gamma)+1]!!(L-i-j-\gamma)!i!j!}, \quad (8.14)$$

它使得

$$\mathcal{Q}_{L,N}^{N-1,\gamma} = -\left[\frac{2(L-\gamma)}{L+1-\gamma}\right]\sum_{\alpha=0}^{N-1}\sum_{\beta=0}^{N-1-\alpha}A_{\alpha,\beta}^{N-1}\sum_{i=0}^{L+1-(\gamma+1)}\sum_{j=0}^{L+1-i-(\gamma+1)}$$
$$\times(-1)^{i+j+1}\sigma_M^{2i+2\alpha}\sigma_N^{2+2\alpha}(1-\sigma_M^2)^{j+\beta}(1-\sigma_N^2)^{\beta}$$
$$\times\frac{[2(m+L+N+i+j+\alpha+\beta)-1]!!}{[L+1-i-j-(\gamma+1)]!i!j!}$$
$$\times\frac{[2(m+N+1+\alpha+\beta)-1]!!}{(2\alpha-1)!!(m+\beta)!\{2[m+i+j+\alpha+\beta+N+(\gamma+1)]-1\}!!}$$
$$= -\left[\frac{2(L-\gamma)}{L+1-\gamma}\right]\mathcal{Q}_{L,N}^{N-1,\gamma+1}. \quad (8.15)$$

这个递推关系即表示

$$\mathcal{Q}_{L,N}^{N-1,0} = -\left(\frac{2L}{L+1}\right)\mathcal{Q}_{L,N}^{N-1,1} = \cdots = \left[\frac{(-2)^L}{(L+1)}\right]\mathcal{Q}_{L,N}^{N-1,L}. \quad (8.16)$$

公式 (8.9) 有一个显著特点，即当 $\gamma = L$ 时，指标 (i,j) 和 (α,β) 是可以解耦的；更重要的是，此时可以容易地计算出求和的结果。设 $\gamma = L$，从 (8.9) 式可直接得到

$$\mathcal{Q}_{L,N}^{N-1,L} = -\sum_{\alpha=0}^{N-1}\sum_{\beta=0}^{N-1-\alpha} A_{\alpha,\beta}^{N-1} \sigma_M^{2\alpha} \sigma_N^{2+2\alpha}(1-\sigma_M^2)^\beta (1-\sigma_N^2)^\beta$$

$$\times \frac{[2(m+N+1+\alpha+\beta)-1]!!}{(2\alpha-1)!!(m+\beta)!}\left[\sum_{i=0}^{1}\sum_{j=0}^{1-i}\frac{(-1)^{i+j}\sigma_M^{2i}(1-\sigma_M^2)^j}{(1-i-j)!i!j!}\right], \quad (8.17)$$

易知上式中的求和结果为

$$\left[\sum_{i=0}^{1}\sum_{j=0}^{1-i}\frac{(-1)^{i+j}\sigma_M^{2i}(1-\sigma_M^2)^j}{(1-i-j)!i!j!}\right] \equiv 0,$$

即 $\mathcal{Q}_{L,N}^{N-1,L} \equiv 0$。于是由 (8.16) 式可知，对任意的 γ $(0 \leqslant \gamma \leqslant L)$，有

$$\mathcal{Q}_{L,N}^{N-1,\gamma} \equiv 0. \quad (8.18)$$

但我们的目标是要证明 $\mathcal{Q}_{L,N}^{0,0} \equiv 0$，它不同于 (8.18) 式，因此我们还需要第二个递推关系来达到最终的目的。第二个递推关系与第一个基本类似，但其推导冗长，这里就不给出详细步骤了。

简而言之，第二个递推关系就是将 (8.7) 式解耦为三个不同的求和，然后通过重新排列和指标移位，得到下面的递推关系：

$$\mathcal{Q}_{L,N}^{K,\gamma} = \left(\frac{1}{L+N-K-\gamma}\right)\left[\mathcal{Q}_{L,N}^{K+1,\gamma} - 2(L-\gamma)\mathcal{Q}_{L,N}^{K,\gamma+1}\right], \quad (8.19)$$

其中 $0 \leqslant K \leqslant (N-1)$ 且 $0 \leqslant \gamma \leqslant L$。在 (8.19) 式中取 $K = 0$ 和 $\gamma = L$，得

$$\mathcal{Q}_{L,N}^{0,L} = \left(\frac{1}{N}\right)\mathcal{Q}_{L,N}^{1,L}. \quad (8.20)$$

另取 $K = 1$，$\gamma = L$，再次应用递推关系 (8.19)，得

$$\mathcal{Q}_{L,N}^{1,L} = \left(\frac{1}{N-1}\right)\mathcal{Q}_{L,N}^{2,L}.$$

由以上两式可知

$$\mathcal{Q}_{L,N}^{0,L} = \left(\frac{1}{N}\right)\mathcal{Q}_{L,N}^{1,L} = \left[\frac{1}{N(N-1)}\right]\mathcal{Q}_{L,N}^{2,L} = \cdots = \left(\frac{1}{N!}\right)\mathcal{Q}_{L,N}^{N-1,L}. \quad (8.21)$$

于是由 (8.18) 式，对于 $0 \leqslant K \leqslant (N-1)$ 范围内的任意 K，有

$$\mathcal{Q}_{L,N}^{K,L} \equiv 0. \quad (8.22)$$

8.2 耗散型积分等于零的证明

同样地，令 $K=0, \gamma = L-1$，利用递推关系 (8.19)，可得

$$\mathcal{Q}_{L,N}^{0,L-1} = \left(\frac{1}{N+1}\right)\mathcal{Q}_{L,N}^{1,L-1}. \tag{8.23}$$

这里我们使用了 (8.21) 式的结果，即 $\mathcal{Q}_{L,N}^{0,L} \equiv 0$。重复使用递推关系 (8.19)，可发现

$$\mathcal{Q}_{L,N}^{0,L-1} = \left(\frac{1}{N+1}\right)\mathcal{Q}_{L,N}^{1,L-1} = \left[\frac{1}{(N+1)N}\right]\mathcal{Q}_{L,N}^{2,L-1} = \cdots = \left[\frac{2}{(N+1)!}\right]\mathcal{Q}_{L,N}^{N-1,L-1}.$$

于是从 (8.18) 式可知，对 $0 \leqslant K \leqslant (N-1)$ 范围内的任意 K，有

$$\mathcal{Q}_{L,N}^{K,L-1} \equiv 0.$$

很明显，这个过程可以重复，直至 $\gamma = 0$，即对任意的 K ($0 \leqslant K \leqslant N-1$) 和 γ ($0 \leqslant \gamma \leqslant L$)，都有

$$\mathcal{Q}_{L,N}^{K,\gamma} \equiv 0,$$

于是有

$$\mathcal{Q}_{L,N}^{0,0} = \mathcal{S}_2 \equiv 0.$$

$\mathcal{S}_1 \equiv 0$ 与 $\mathcal{S}_3 \equiv 0$ 的证明也可采用类似的方法。也就是说，对任意可能的 m、l 和 n，球体内的耗散型积分

$$\int_0^{2\pi}\int_0^{\pi}\int_0^1 \left(\mathbf{u}_{mlM}^* \cdot \nabla^2 \mathbf{u}_{mnN}\right) r^2 \sin\theta \mathrm{d}r\,\mathrm{d}\theta\,\mathrm{d}\phi \equiv 0, \quad \text{如果} \ \ M \geqslant N.$$

推理 (8.2) 的证明暗示了球体惯性模的数学完备性。与环柱相比，球体惯性模完备性的完整数学证明将更加困难，是今后一个极具挑战性的问题。Ivers 等 (2015) 曾基于维尔斯特拉斯 (Weierstrass) 多项式近似理论给出了一个球体惯性模完备性的证明，读者可以参考。

第三部分

非匀速旋转系统中的进动流和天平动流

第9章 导 论

9.1 非匀速旋转：进动和天平动

任何在匀速旋转粘性流体中激发的惯性波或流体运动 **u**，如果它不是由浮力或其他外力所驱动 (即 (1.10) 式中 $(\partial\boldsymbol{\Omega}/\partial t) = \mathbf{0}$, $\nu \neq 0$, $\mathbf{g}\alpha\Theta = \mathbf{0}$, $\mathbf{f} = \mathbf{0}$)，则必然因粘滞耗散而衰减：当时间 $t \to \infty$ 时，其幅度将减小为零。然而，许多系统的旋转是非均匀的，即 (1.10) 式中 $(\partial\boldsymbol{\Omega}/\partial t) \neq \mathbf{0}$，表现为进动 (precession) 和天平动 (libration) 的形式。例如，在地球物理和天体物理领域，由于地球的快速自转以及与日月的相互作用，地球的形状略微偏离球形，并且自转将伴随着进动和天平动，参见文献 (Dermott, 1979; Tilgner, 2007a)。可以预期，由进动或天平动产生的庞加莱力，即 (1.10) 式中的 $(\partial\boldsymbol{\Omega}/\partial t) \times \mathbf{r}$ 项，将会对抗粘滞耗散激发和维持一个由单一惯性波模或惯性波模集合构成的流体运动，其频率范围可从接近于零延伸到最多两倍于自转速率。

进动或天平动驱动的流体运动问题长期吸引着学者的关注。在地球和天体物理学领域，进动已被视为产生和维持地磁场的一个力源 (Bullard, 1949; Malkus, 1968; Tilgner, 2005)，而天平动也被用于探查行星内部的物理性质 (Margot et al., 2007)。不仅如此，在工业应用上，比如在携带液体推进剂的旋转航天器和充液陀螺仪的稳定性问题上 (Gans, 1984)，研究也显示出了它的潜在价值。进动和天平动具有两个特点：足够的能量和持续性，这使得本问题在地球物理和天体物理中的应用变得非常重要，极大地推动了理论、实验和数值方面的研究 (Stewartson and Roberts, 1963; Kudlick, 1966; Malkus, 1968; Busse, 1968; Aldridge and Toomre, 1969; Kerswell, 2002; Vanyo et al., 1995; Tilgner, 2007b; Noir et al., 2009; Busse, 2010; Zhang et al., 2011, 2014)。本书将重点研究三种不同形式的非均匀旋转 —— 进动、经向天平动和纬向天平动 —— 在不同几何形状容器中驱动的流体运动。

考虑一个充满流体的容器，以角速度 $\boldsymbol{\Omega}_0$ 匀速旋转 (称之为主角速度，幅度 $|\boldsymbol{\Omega}_0|$ 为常数)，同时伴随着较弱的进动或天平动。如果是进动，则瞬时角速度 $\boldsymbol{\Omega}$ 具有如下形式：

$$\boldsymbol{\Omega} = \boldsymbol{\Omega}_0 + \boldsymbol{\Omega}_p,$$

其中进动矢量 $\boldsymbol{\Omega}_p$ 固定于惯性参考系，幅度 $|\boldsymbol{\Omega}_p|$ 为常数，并且满足 $\boldsymbol{\Omega}_0 \times \boldsymbol{\Omega}_p \neq \mathbf{0}$ 和 $|\boldsymbol{\Omega}_p| \ll |\boldsymbol{\Omega}_0|$，$\boldsymbol{\Omega}_0$ 通常位于容器的对称轴(或形状轴)。进动实际上描述了容器自转

轴取向的变化。

如果是天平动, 在行星上通常存在两种情况: 经向天平动和纬向天平动。对于经向天平动, 瞬时角速度 Ω 可写为

$$\Omega = \Omega_0 + \Omega_{lo},$$

其中 Ω_0 固定于惯性参考系, 且满足 $|\Omega_{lo}| \ll |\Omega_0|$ 和 $\Omega_0 \times \Omega_{lo} = 0$, 幅度 $|\Omega_{lo}|$ 是时间的周期性函数, 而 Ω_0 通常为容器的对称轴。经向天平动实际上描述了容器旋转速度的周期性变化(方向不变)。对于纬向天平动, 瞬时角速度 Ω 可表示为

$$\Omega = \Omega_0 + \Omega_{la},$$

其中 Ω_0 固定在惯性参考系中, 它位于容器的对称轴; 而纬向天平动矢量 Ω_{la} 满足 $\Omega_0 \cdot \Omega_{la} = 0$ 和 $|\Omega_{la}| \ll |\Omega_0|$, 幅度 $|\Omega_{la}|$ 为时间的周期性函数。纬向天平动实际上描述了容器对称轴远离和接近其平均方向的周期性变化。

以上这三种情况都是 $(\partial \Omega/\partial t) \neq 0$ 的具体形式, 由此而产生的庞加莱力 $(\partial \Omega/\partial t) \times \mathbf{r}$ 激发和维持了流体的运动, 同时对抗着粘滞耗散效应。为方便讨论, 此处引入一个参数 —— 庞加莱数 Po, 来表示非匀速旋转流体中庞加莱力的大小, 它在进动问题中定义为 $Po = |\Omega_p|/|\Omega_0|$; 在经向天平动问题中定义为 $Po = |\Omega_{lo}|_{max}/|\Omega_0|$, 其中 $|\Omega_{lo}|_{max}$ 表示最大的 $|\Omega_{lo}|$; 在纬向天平动问题中定义为 $Po = |\Omega_{la}|_{max}/|\Omega_0|$, 其中 $|\Omega_{la}|_{max}$ 表示最大的 $|\Omega_{la}|$。在某种意义上, 庞加莱数 Po 与热对流问题的瑞利数 Ra (Rayleigh number) 类似, 这两个无量纲数都代表了流体驱动力的强度。

9.2 不同几何体中的进动/天平动流

按照本书第二部分讨论惯性模的方式, 在研究进动/天平动问题时, 我们也考虑了四种不同的几何形状, 它们分别是: 窄间隙环柱管道、圆柱、球和椭球, 这样做既是为了数学上的清晰, 也是为了各种物理应用上的方便。以下将简要给出与这些几何形状相关的背景信息。

为理解进动动力学的基本原理, Mason 和 Kerswell (2002) 对平板内的进动流进行了数值研究, 另参见文献 (Wu and Roberts, 2008), 这也许是进动问题最简单的模型。该模型考虑了两块在水平方向无限延伸的平板, 其间充满了不可压缩粘性流体, 平板绕其垂直轴快速旋转, 角速度为 Ω_0, 同时在水平方向对平板施加了一个固定于惯性参考系的慢速进动, 平板的进动驱动了流体运动并对抗着粘滞耗散。虽然平板这种几何形状在数学上非常简单, 但是由于它在水平方向无限延伸, 故很难用实验来实现。而窄间隙环柱管道则可用实验来实现, 被用来近似无界平板 (Davies-Jones and Gilman, 1971; Gilman, 1973), 它的两个壁面将消除由平板的

9.2 不同几何体中的进动/天平动流

无界性而导致的数学简并。同时，当环柱间隙相比半径足够小时，对环柱使用局部直角坐标可以简化理论和数值分析，从而使其与平板一样保留了数学上的简单和明晰。Zhang 等 (2010b) 研究了窄间隙环柱管道中的进动流，采用的模型是环柱管道绕其对称轴快速旋转，角速度为 Ω_0，同时它还绕着一个固定于惯性系并与 Ω_0 垂直的轴缓慢进动。本章我们将按照 Zhang 等 (2010b) 的方法对环柱管道中的进动流进行论述。因为情况足够简单，所以使用渐近分析就能获得其动力学特征的分析表达式。

为理解携带液体载荷的旋转航天器的稳定性，进动圆柱中的流体动力学问题已受到了较多的关注。在理论方面，对于庞加莱力远离主共振的情况，已经建立了基于惯性模展开的线性无粘性理论 (Wood, 1966; Manasseh, 1992; Meunier et al., 2008)，该理论完全忽略了流体的粘性效应。研究表明，弱进动激发了大量的无粘性惯性模，流体非共振运动的幅度为 $O(Po)$ 量级。对于远离共振的弱进动流，$Ek = 0$ 的无粘性解似乎为极小粘性 ($0 < Ek \ll 1$) 的情形提供了一个很好的近似 (Wood, 1966; Kobine, 1995; Meunier et al., 2008)，但 Liao 和 Zhang (2012) 却发现这个无粘性解在本质上是发散的。当庞加莱力无限接近共振时，Gans (1970) 在系统只有一个惯性模被激发的假设下，发展了 $0 < Ek \ll 1$ 条件下的线性粘性理论 (采用的参考系为进动参考系)，发现共振模的幅度为 $O(Po/\sqrt{Ek})$ 量级。当 $0 < Ek \ll 1$ 以及 $0 < Po \ll Ek^{3/4}$ 时，这个线性共振理论是有效的。但当 $Po \geqslant O(Ek^{3/4})$ 时，由于存在共振模的立方项，非线性项将不能被忽略。因此，Meunier 等 (2008) 对 Gans (1970) 的线性分析进行了拓展，在进动流依然稳定且共振惯性模占主导的假设下，导出了共振情况下的弱非线性振幅方程。在实验方面，Manasseh (1992) 发现，共振时的进动流表现出了非常丰富的非线性动力学现象，其中包含流体运动向紊流过渡的状态，McEwan (1970) 将这种过渡态称为"共振坍塌" (resonant collapse)，这是他在研究圆柱顶端以给定频率旋转，并以之激发受迫惯性振荡时作出的描述。Kobine (1996) 测量了进动圆柱中方位流速在径向的变化，考察了它与流体不稳定性的可能联系，认为正是这种不稳定性导致了惯性波的破坏和向湍流的转换。Meunier 等 (2008) 的弱进动实验结果也与共振情况下的弱非线性粘性理论有很好的定量符合，他们通过共振模和地转模的两个耦合振幅方程解释了实验结果。Liao 和 Zhang (2012) 在小艾克曼数条件下推导出了一个弱进动流的渐近通解 (使用地幔参考系)，它满足无滑移边界条件，对共振或远离共振的情况均有效。Po 越大时，相应的非线性也越强，Kong 等 (2014) 在进动圆柱的研究中发现，强非线性流的组成从外到内表现为三个部分：靠近壁面的非轴对称行波、中间的轴对称剪切层和内部的整体旋转——这个内部类似刚体的旋转，其方向和强度将极大地削减旋转流体系统的角动量。本书我们将按照 Zhang 和 Liao (2008) 及 Liao 和 Zhang (2012) 的方法，采用地幔参考系，通过渐近理论分析和数值模拟详细讨论圆柱中的进动流，

并说明本书第二部分的惯性波理论为什么能够以及怎样构成了进动流问题的理论支柱。

球或椭球中的进动流可直接应用于地球物理问题,因此对它们的研究已经持续了几十年。从能量上来说,进动的能量估计足以驱动地球发电机的运转,参见文献(Kerswell, 1996);从实验上来说,许多实验表明,在进动较强的球或椭球中,可以产生空间形态非常复杂的流体运动,而这正是发电机运转所需的必要条件 (Malkus, 1968; Aldridge and Stergiopoulos, 1991; Vanyo et al., 1995; Noir et al., 2003; Goto et al., 2007),并且在实验中,因为流体球的旋转方向一般不与地球自转轴平行,因而几乎所有的旋转流体实验都会存在一个弱的进动流 (Boisson et al., 2012; Triana et al., 2012); 从数值模拟上来说,许多研究已经表明,由进动驱动的流动可以产生和维持磁场 (Tilgner, 2005, 2007b; Wu and Roberts, 2009)。对球体的进动流问题已有了大量的理论 (Stewartson and Roberts, 1963; Roberts and Stewartson, 1965; Busse, 1968; Noir et al., 2003; Zhang et al., 2010a; Kida, 2011) 和数值研究 (Hollerbach and Kerswell, 1995; Noir et al., 2001; Tilgner and Busse, 2001; Zhang et al., 2010a),特别是 Busse (1968),他将弱非线性效应与边界层相结合,在进动参考系中得到了弱较差旋转(differential rotation) 的流体运动结构,Kida (2011) 重点关注了进动球体临界纬度区域的锥形剪切层,Zhang 等 (2014) 在地幔参考系中导出了任意偏心率椭球的时变渐近解,推导过程没有对进动流的时空结构作任何先验假设。而 Wei 和 Tilgner (2013) 则用数值方法研究了旋转球体中进动和对流的联合效应。后文我们将按照 Zhang 等 (2010a) 和 Zhang 等 (2014) 的方法,通过直接数值模拟和渐近理论分析,论述球体和椭球中的进动流。在理论分析中,使用了本书第二部分给出的球体/椭球惯性模结果,对流体运动的时空结构未作任何预先假设。

地球的自转变化对地球液核有什么影响?为回答这个问题,关于经向天平动如何驱动球体中流体运动的问题被研究了多年。Aldridge 和 Toomre (1969) 的实验表明,当天平动的频率接近球体轴对称惯性模的频率时,将会激发这些惯性模。Rieutord (1991) 和 Tilgner (1999) 用数值方法研究了球体中经向天平动的响应,也可参见文献 (Calkins et al., 2010),而 Noir 等 (2009) 重点关注了当庞加莱数 Po 足够大时,球壳中天平动流的非线性特性。Busse (2010) 已证实,经向天平动可以在球体中产生一个弱的纬向 (环带) 平均流。对于球形体,天平动容器与其内部流体的耦合是完全粘性的,经向天平动产生的流体运动非常微弱,量级通常为 $O(Po)$。为搜寻与经向天平动可能存在的流体共振,Zhang 等 (2013) 通过理论分析和数值方法研究了弱经向天平动球体中的振荡流,发现振荡流的振幅既与艾克曼数无关,也与天平动的频率无关,因此推断系统中不存在共振,即使天平动与惯性模的频率相同。然而,通过数值模拟 (Chan et al., 2011) 和渐近分析 (Zhang et al., 2012),发现在椭球中,纬向天平动是可以与椭球惯性模直接共振的,当 $0 < Ek \ll 1$ 时,流

体的运动幅度较大,可达到 $O(Po/\sqrt{Ek})$ 量级。Vantieghem 等 (2015) 以三轴椭球代替扁椭球,使用数值方法研究了经向天平动问题,也发现了类似的共振现象。后文将根据 Zhang 等 (2012) 和 Zhang 等 (2013) 的方法,讨论旋转球体中由经向天平动驱动的非共振振荡流,以及旋转椭球中由纬向天平动驱动的共振振荡流,并表明球和椭球中的流体运动具有根本不同的物理机制。

9.3 关键参数与参考系

天体的快速自转使得艾克曼数一般处在 $0 < Ek \ll 1$ 的范围内,这是地球和天体物理学感兴趣的参数区间。但是,三维直接数值模拟通常达不到这个参数区间,因为当 $0 < Ek \ll 1$ 时,模拟所要求的空间和时间尺度都极小,即需要极高的空间和时间分辨率。不过,正是这种极小的尺度使得渐近分析可用于这个参数范围的研究。本书将基于第二部分讨论的无粘性惯性模,并结合粘性边界层理论,建立弱进动/天平动的流体运动理论。因惯性模是互相正交且可能是完备的,任何进动或天平动流都可以用无粘性惯性模的线性组合,再加上内部和边界层的粘性效应来表达,因此,数学分析没有必要预先假设渐近解的时空结构。如此,对于不同形状几何体中的弱进动和天平动流问题,在第二部分给出的惯性模的显式解基础上,即可求得在参数范围为 $0 < Ek \ll 1$ 和 $0 < |Po| \ll 1$ 内的理论分析解。这些分析解将会被相应的数值分析所验证,另外,使用数值模拟,可以把弱进动/天平动的研究扩展到强非线性领域(对应较大的 Po)。

为描述非匀速旋转系统中的流体运动,学者采用了各种不同的参考系,例如,文献 (Stewartson and Roberts, 1963; Roberts and Stewartson, 1965; Busse, 1968; Tilgner and Busse, 2001; Noir et al., 2003; Zhang et al., 2010a)。尤其是在进动问题的研究中,为了数学上的方便,通常采用一个绕着进动轴 $\mathbf{\Omega}_p$ 旋转的参考系 (Busse, 1968)。在进动参考系中,主旋转矢量 $\mathbf{\Omega}_0$ 和进动矢量 $\mathbf{\Omega}_p$ 均与时间无关,因而弱进动流是稳态的,并且无滑移边界条件变为

$$\mathbf{u} = \mathbf{\Omega}_0 \times \mathbf{r}_\mathcal{S} \quad \text{在 } \mathcal{S} \text{ 上,}$$

其中 $\mathcal{S}$ 表示容器边界面,由位置矢量 $\mathbf{r}_\mathcal{S}$ 描述。

另一个广泛应用的参考系固定于容器之上,称为地幔参考系,或旋转参考系、随体参考系。在地幔参考系中,进动流总是随时间变化的,且进动矢量 $\mathbf{\Omega}_p$ 也是时间的函数,无滑移边界条件则变为

$$\hat{\mathbf{n}} \cdot \mathbf{u} = 0, \quad \hat{\mathbf{n}} \times \mathbf{u} = \mathbf{0} \quad \text{在 } \mathcal{S} \text{ 上.}$$

虽然控制方程和分析解都是时变的,使得它们在地幔参考系中的表达形式更为复

杂，但这么做仍然是值得的。首先，几乎所有旋转对流和对流发电机的理论和数值研究都在使用地幔参考系；其次，如果用庞加莱力代替浮力，可发现在地幔参考系下，进动或天平动问题在很多方面与旋转对流问题是相似的。假设发电机由对流、进动/天平动共同驱动，那么将庞加莱力与浮力放在同一参考系中考虑将有助于建立统一的发电机理论；最后，采用地幔参考系也具有现实意义，因为地球物理观测也是在地幔框架下实施和描述的。因此，本书的理论和数值研究将始终采用地幔参考系。

9.4 不使用 $\sqrt{Ek}$ 的渐近展开

快速旋转系统的经典理论通常使用艾克曼数(Ek)平方根形式的惯性模渐近展开 (Greenspan, 1968)。然而我们认为 (Zhang and Liao, 2008; Liao and Zhang, 2009)，惯性模的时空不均匀性常常使这种渐近展开形式难以理解，即使当 Ek 任意小且固定时，它所获得的第一个粘性改正项也是令人费解的 —— 这个认识得到了我们的渐近分析和数值实验的支持。因此，将 $\sqrt{Ek}$ 作为展开参数是不可取的，在推导快速旋转系统准确渐近解的过程中，即使是第一个粘性改正项也不应采用这种方式。Zhang 和 Liao (2008) 采用两种方法 —— 使用和不使用 $\sqrt{Ek}$ 作为参数 —— 对初值问题作了渐近分析，清晰地展示了为什么 $\sqrt{Ek}$ 不宜作为展开参数的原因：流体振荡运动的粘性边界层厚度 (依赖于振荡频率) 一般不是 $\sqrt{Ek}$ 量级，从粘性边界层流向内部的质量流也一般不是 $\sqrt{Ek}$ 量级。因此本书将不再采用 $\sqrt{Ek}$ 作为渐近分析的展开参数。

在快速旋转系统中，可以得到弱进动/天平动 ($0 < |Po| \ll 1$) 问题的数学分析解，这个论断基于以下三个原因。首先，考虑渐近解的首阶内部展开。假设①惯性模 $\mathbf{u}_{mnk}$ 以及地转模 $\mathbf{u}_G$ 在数学上是完备的，而且②内部弱进动流/天平动流的解 $(\mathbf{u}_{in}, p_{in})$ 分段连续且可微，则 $(\mathbf{u}_{in}, p_{in})$ 可表示为

$$\mathbf{u}_{in} = \mathcal{A}_G \, \mathbf{u}_G(\mathbf{r}) + \sum_m \sum_n \sum_k \mathcal{A}_{mnk} \, \mathbf{u}_{mnk}(\mathbf{r}), \tag{9.1}$$

$$p_{in} = \mathcal{A}_G \, p_G(\mathbf{r}) + \sum_m \sum_n \sum_k \mathcal{A}_{mnk} \, p_{mnk}(\mathbf{r}), \tag{9.2}$$

其中系数 $\mathcal{A}_G$ 和 $\mathcal{A}_{mnk}$ 待定。这个解在地幔参考系中自动满足

$$\nabla \cdot \mathbf{u}_{in} = 0 \quad \text{和} \quad \hat{\mathbf{n}} \cdot \mathbf{u}_{in} = 0 \quad \text{在} \, \mathcal{S} \, \text{上}.$$

注意，惯性模 $\mathbf{u}_{mnk}$ 和地转模 $\mathbf{u}_G$ 已在本书第二部分讨论过，它们提供了构造进动和天平动问题解的必要组件。因 $\mathbf{u}_G$ 和 $\mathbf{u}_{mnk}$ 的显式表达式已具备，形式也较为简

9.4 不使用 $\sqrt{Ek}$ 的渐近展开

单,因此将 (9.1) 和 (9.2) 式给出的 $(\mathbf{u}_{in}, p_{in})$ 作为 $0 < Ek \ll 1$ 情况下流体内部的首阶近似解,将使得数学问题变得容易处理。

其次,考虑当 $0 < Ek \ll 1$ 时,边界 $\mathcal{S}$ 上的无滑移条件。引入一个粘性边界流 $\tilde{\mathbf{u}}$,它应满足边界条件

$$\left\{\tilde{\mathbf{u}} + \left[\mathcal{A}_G \mathbf{u}_G + \sum_m \sum_n \sum_k \mathcal{A}_{mnk} \mathbf{u}_{mnk}\right]\right\} = 0 \quad \text{在 } \mathcal{S} \text{ 上}.$$

这个薄的边界层将通过法向质量流 (在边界层产生并流向内部或从内部流向边界层) 与内部流体进行交流,它与内部粘滞效应一起将产生一个次级的内部流: $\hat{\mathbf{u}}$ 和 $\hat{p}$。也就是说,我们将 $0 < Ek \ll 1$ 条件下的弱进动或天平动流分解成了一个粘性边界层流 $\tilde{\mathbf{u}}$ 和一个内部流,内部流包括首阶主流 ($\mathcal{A}_G \mathbf{u}_G + \sum_{mnk} \mathcal{A}_{mnk} \mathbf{u}_{mnk}$) 和一个由粘滞效应导致的小扰动 $\hat{\mathbf{u}}$。因为振荡边界层的厚度和质量流大小通常不是 $\sqrt{Ek}$ 量级,我们仅仅需要如下条件:

$$|\hat{\mathbf{u}}| \ll \left|\mathcal{A}_G \mathbf{u}_G + \sum_m \sum_n \sum_k \mathcal{A}_{mnk} \mathbf{u}_{mnk}\right| \quad (0 < Ek \ll 1),$$

就可推出弱进动/天平动流的渐近解。

最后,考虑 (1.10) 式中因进动或天平动产生的庞加莱力 $(\partial \mathbf{\Omega}/\partial t) \times \mathbf{r}$,它在地幔参考系中总是随时间而周期性变化,且具有某个频率 $\hat{\omega}$,因此由庞加莱力驱动的弱进动/天平动流也将正比于 $e^{i\hat{\omega}t}$,这意味着应该将 (9.1) 和 (9.2) 式中的系数写为

$$\mathcal{A}_G \to \mathcal{A}_G e^{i\hat{\omega}t}, \quad \mathcal{A}_{mnk} \to \mathcal{A}_{mnk} e^{i\hat{\omega}t},$$

使 $\mathcal{A}_G$ 和 $\mathcal{A}_{mnk}$ 也成为时间的函数。

以上事实表明,对于 $0 < Ek \ll 1$ 和 $0 < |Po| \ll 1$ 条件下的弱进动/天平动流,可将其速度 $\mathbf{u}$ 和压强 p 展开为如下形式:

$$\mathbf{u} = \left[\left(\mathcal{A}_G \mathbf{u}_G + \sum_m \sum_n \sum_k \mathcal{A}_{mnk} \mathbf{u}_{mnk}\right) + \hat{\mathbf{u}} + \tilde{\mathbf{u}}\right] e^{i\hat{\omega}t}, \quad (9.3)$$

$$p = \left[\left(\mathcal{A}_G p_G + \sum_m \sum_n \sum_k \mathcal{A}_{mnk} p_{mnk}\right) + \hat{p} + \tilde{p}\right] e^{i\hat{\omega}t}. \quad (9.4)$$

需要重点指出的是,如果不将 $\sqrt{Ek}$ 作为展开参数,由经典渐近分析过程而形成的数学公式 (Greenspan, 1968) 则需要修改:例如,在经典渐近分析中,被忽略掉的次阶内部项 $Ek \nabla^2 \sum_{mnk} \mathcal{A}_{mnk} \mathbf{u}_{mnk}$ 必须保留,这将使快速旋转系统的渐近解更加精确 (Zhang and Liao, 2008)。总之,在不同惯性模的时空不均匀性的影响下,基于 $\sqrt{Ek}$ 的渐近展开物理意义不明,因此不应再使用 $\sqrt{Ek}$ 作为展开参数。本书拟采用展开式 (9.3) 和 (9.4),对不同几何形状容器中的弱进动流和天平动流进行渐近分析。

第 10 章　进动窄间隙环柱中的流体运动

10.1　公　　式

考虑不可压缩粘性流体充满于一个深度为 d 的窄间隙环柱管道中,流体是均匀的且不受外力影响 (即 (1.10) 式中 $\Theta \equiv 0$, $\mathbf{f} \equiv \mathbf{0}$)。研究采用局部直角坐标,垂直坐标 z 位于环柱深度方向,y 坐标位于向内的半径方向,x 坐标位于方位角方向,环柱外法向为 $\hat{\mathbf{n}}$,如图 10.1 所示。环柱管道的横截面位于 yz 平面,其边界为封闭曲线 $\mathcal{C}$。与水平方向无限延伸的平板相比,窄间隙环柱不仅可以在实验中实现 (Davies-Jones and Gilman, 1971),而且可使用直角坐标系进行研究,保留了平板几何形状在数学上的简明性,同时也使得对弱进动流的数学分析变得简单,有助于我们深入了解问题的关键动力学。

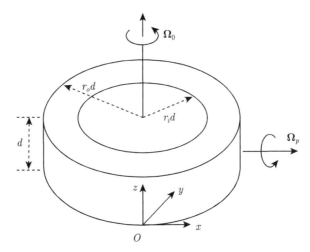

图 10.1　进动环柱管道的几何形状。内半径为 $r_i d$,外半径为 $r_o d$,流体充满于 $0 \leqslant y \leqslant \Gamma d$ 和 $0 \leqslant z \leqslant d$ 的空腔内,横纵比 $\Gamma = (r_o d - r_i d)/d$,$x$ 轴平行于管道壁面。环柱管道绕其对称轴以角速度 $\mathbf{\Omega}_0 = \Omega_0 \hat{\mathbf{z}}$ 快速旋转,同时绕着一个水平轴以角速度 $\mathbf{\Omega}_p$ 慢速进动,$\mathbf{\Omega}_p$ 固定于惯性空间并垂直于 $\Omega_0 \hat{\mathbf{z}}$。在窄间隙 ($\Gamma/r_o \ll 1$) 假设下,环柱管道的曲率效应被忽略

环柱管道绕对称轴以角度 $\mathbf{\Omega}_0 = \hat{\mathbf{z}} \Omega_0$ 快速旋转 (Ω_0 为常数),同时绕着一个垂直于 $\hat{\mathbf{z}}$ 的水平轴以角速度 $\mathbf{\Omega}_p$ 慢速进动,$\mathbf{\Omega}_p$ 固定于惯性参考系,即 $(\partial \mathbf{\Omega}_p / \partial t)_{inertial} = \mathbf{0}$ (图 10.1)。

10.1 公 式

我们首先从方程 (1.10) 导出地幔参考系 (或旋转参考系) 中的流体运动方程。因总的角速度为 $\boldsymbol{\Omega} = (\boldsymbol{\Omega}_p + \hat{\mathbf{z}}\Omega_0)$ 并且有 $(\hat{\mathbf{z}}\Omega_0)\cdot\boldsymbol{\Omega}_p = 0$，则 (1.10) 式中的速度变化率 $(\partial\boldsymbol{\Omega}/\partial t)$ 可写为

$$\left(\frac{\partial\boldsymbol{\Omega}}{\partial t}\right) = \left[\frac{\partial(\boldsymbol{\Omega}_p + \hat{\mathbf{z}}\Omega_0)}{\partial t}\right]_{inertial} = \left[\frac{\partial(\hat{\mathbf{z}}\Omega_0)}{\partial t}\right]_{inertial}$$
$$= \left[\frac{\partial(\hat{\mathbf{z}}\Omega_0)}{\partial t}\right]_{rotating} + (\hat{\mathbf{z}}\Omega_0 + \boldsymbol{\Omega}_p) \times (\hat{\mathbf{z}}\Omega_0) = \boldsymbol{\Omega}_p \times (\hat{\mathbf{z}}\Omega_0),$$

其中，我们使用了 (1.3) 式，以及

$$\left[\frac{\partial(\hat{\mathbf{z}}\Omega_0)}{\partial t}\right]_{rotating} = \mathbf{0} \quad \text{和} \quad \left[\frac{\partial\boldsymbol{\Omega}_p}{\partial t}\right]_{inertial} = \mathbf{0}.$$

直角坐标 (x,y,z) 固定于环柱管道上 (参见图 10.1)，因此进动矢量 $\boldsymbol{\Omega}_p$ 是随时间而变化的，因而总角速度 $\boldsymbol{\Omega}$ 具有以下形式：

$$\boldsymbol{\Omega} = \hat{\mathbf{z}}\Omega_0 + \boldsymbol{\Omega}_p = \hat{\mathbf{z}}\Omega_0 + |\boldsymbol{\Omega}_p|\left(\hat{\mathbf{x}}\cos\Omega_0 t - \hat{\mathbf{y}}\sin\Omega_0 t\right), \tag{10.1}$$

其中 $|\boldsymbol{\Omega}_p|$ 表示进动矢量 $\boldsymbol{\Omega}_p$ 的大小。于是有

$$\left(\frac{\partial\boldsymbol{\Omega}}{\partial t}\right) = |\boldsymbol{\Omega}_p|\left(\hat{\mathbf{x}}\cos\Omega_0 t - \hat{\mathbf{y}}\sin\Omega_0 t\right) \times (\hat{\mathbf{z}}\Omega_0). \tag{10.2}$$

将 (10.1) 和 (10.2) 式代入 (1.10) 式，即得到地幔坐标系下环柱管道进动流的控制方程

$$\frac{\partial\mathbf{u}}{\partial t} + \mathbf{u}\cdot\nabla\mathbf{u} + 2\left[\hat{\mathbf{z}}\Omega_0 + |\boldsymbol{\Omega}_p|\left(\hat{\mathbf{x}}\cos\Omega_0 t - \hat{\mathbf{y}}\sin\Omega_0 t\right)\right] \times \mathbf{u}$$
$$= -\frac{1}{\rho_0}\nabla P + \nu\nabla^2\mathbf{u} + \mathbf{r} \times \left[|\boldsymbol{\Omega}_p|\left(\hat{\mathbf{x}}\cos\Omega_0 t - \hat{\mathbf{y}}\sin\Omega_0 t\right) \times (\hat{\mathbf{z}}\Omega_0)\right],$$

其中 $\mathbf{r} = (x\hat{\mathbf{x}} + y\hat{\mathbf{y}} + z\hat{\mathbf{z}})$ 为位置矢量，$(\hat{\mathbf{x}}, \hat{\mathbf{y}}, \hat{\mathbf{z}})$ 是直角坐标相应的单位矢量；$\mathbf{u}$ 为三维速度场，即 $\mathbf{u} = (u_x, u_y, u_z)$。上面方程等号右边最后一项称为庞加莱力，正是它驱动了进动流并对抗着粘滞耗散。

以环柱深度 d 为特征长度，Ω_0^{-1} 为单位时间，$\rho_0 d^2\Omega_0^2$ 为单位压强，可以推出随体参考系中的无量纲控制方程，如下：

$$\frac{\partial\mathbf{u}}{\partial t} + \mathbf{u}\cdot\nabla\mathbf{u} + 2\left[\hat{\mathbf{z}} + Po\left(\hat{\mathbf{x}}\cos t - \hat{\mathbf{y}}\sin t\right)\right] \times \mathbf{u}$$
$$= -\nabla P + Ek\nabla^2\mathbf{u} + Po\,\mathbf{r} \times \left[\left(\hat{\mathbf{x}}\cos t - \hat{\mathbf{y}}\sin t\right) \times \hat{\mathbf{z}}\right],$$

其中 $Ek = \nu/(\Omega_0 d^2)$ 为艾克曼数，表示粘滞力与科里奥利力的相对重要性，$Po = |\boldsymbol{\Omega}_p|/\Omega_0$ 为庞加莱数，代表进动力的强度。注意在旋转坐标系中，庞加莱力的无量

纲频率总是 1。注意到

$$\mathbf{r} \times [(\hat{\mathbf{x}}\cos t - \hat{\mathbf{y}}\sin t) \times \hat{\mathbf{z}}] = -\nabla[z(x\cos t - y\sin t)] + 2z(\hat{\mathbf{x}}\cos t - \hat{\mathbf{y}}\sin t),$$

则有

$$\frac{\partial \mathbf{u}}{\partial t} + \mathbf{u} \cdot \nabla \mathbf{u} + 2[\hat{\mathbf{z}} + Po(\hat{\mathbf{x}}\cos t - \hat{\mathbf{y}}\sin t)] \times \mathbf{u}$$
$$= -\nabla p + Ek\nabla^2 \mathbf{u} + 2zPo(\hat{\mathbf{x}}\cos t - \hat{\mathbf{y}}\sin t), \tag{10.3}$$

$$\nabla \cdot \mathbf{u} = 0, \tag{10.4}$$

其中 $p = P + Po[z(x\cos t - y\sin t)]$。在地幔参考系中，进动环柱管道的边界面是静止的，因此在上下端面 ($z = 0, 1$) 有边界条件

$$\hat{\mathbf{z}} \cdot \mathbf{u} = 0 \text{ 和 } \hat{\mathbf{z}} \times \mathbf{u} = \mathbf{0}, \tag{10.5}$$

在内外壁面 ($y = 0, \Gamma$)，有

$$\hat{\mathbf{y}} \cdot \mathbf{u} = 0 \text{ 和 } \hat{\mathbf{y}} \times \mathbf{u} = \mathbf{0}. \tag{10.6}$$

当庞加莱数 Po 足够小，流速大小 $|\mathbf{u}| = \epsilon \ll 1$ 时，可以忽略高阶项 $\mathbf{u} \cdot \nabla \mathbf{u} = O(\epsilon^2)$ 以及 $2Po\mathbf{u} \times (\hat{\mathbf{x}}\cos t - \hat{\mathbf{y}}\sin t) = O(Po\epsilon)$，从而将方程 (10.3) 线性化，得到

$$\frac{\partial \mathbf{u}}{\partial t} + 2\hat{\mathbf{z}} \times \mathbf{u} + \nabla p = Ek\nabla^2 \mathbf{u} + 2zPo(\hat{\mathbf{x}}\cos t - \hat{\mathbf{y}}\sin t)$$
$$= Ek\nabla^2 \mathbf{u} + 2zPo\left[(\hat{\mathbf{x}} + i\hat{\mathbf{y}})e^{it}\right], \tag{10.7}$$

$$\nabla \cdot \mathbf{u} = 0. \tag{10.8}$$

注意以上方程复数解的实部才是进动流的物理解。在 Po 和 Ek 足够小的假设下，以上方程可求得分析解。因庞加莱力 $2zPo(\hat{\mathbf{x}} + i\hat{\mathbf{y}})e^{it}$ 与坐标 x 无关，所以当 $Po \ll 1$ 时，可预期弱进动流是轴对称的，即 $\mathbf{u} = \mathbf{u}(y, z, t)$，这个预期将得到全三维数值模拟的证实。

对于 (10.7) 和 (10.8) 式定义的二维 ($\partial/\partial x = 0$) 线性问题，加上边界条件 (10.5) 和 (10.6)，我们将首先用渐近分析和数值方法进行求解；而由 (10.3) 和 (10.4) 式定义的全三维非线性问题，我们将使用直接数值模拟来获得计算结果。

10.2 共 振 条 件

我们的理论方法使用了一个假设，即在环柱管道慢速进动 ($Po \ll 1$)、流体粘性微弱 ($0 < Ek \ll 1$) 的条件下，庞加莱力将通过容器与流体之间的粘性耦合和地

形耦合，选择性地激发一个或若干个惯性模，而这些惯性模则来自于本书第二部分给出的惯性模完整谱。因此根据横纵比 Γ，将惯性模的激发情况 —— 共振和非共振 —— 进行区分在数学上是有利的。在非共振时，庞加莱力将激发大量的惯性模，进动流的强度 $|\mathbf{u}|$ 比较小，当 $0 < Ek \ll 1$ 时，为 $O(Po)$ 量级。然而在共振时，少量或者单个的惯性模占据了进动流的主导地位，粘性效应将变得最为重要，进动流的强度会变得非常大，当 $0 < Ek \ll 1$ 时，为 $O(Po/\sqrt{Ek})$ 量级。共振的进动问题不仅在数学上更加简单，而且在物理上也更加重要，因为共振意味着更强的流体运动。

窄间隙环柱管道中的轴对称惯性模 $\mathbf{u}_{0nk}$ 由 (3.13)~(3.15) 式给出。如果进动驱动力 $2zPo(\hat{\mathbf{x}}\cos t - \hat{\mathbf{y}}\sin t)$ 要与某个惯性模 $\mathbf{u}_{0nk}$ 发生共振，则必须满足两个条件。第一个条件是，对于共振模 $\mathbf{u}_{0nk}$，必须满足

$$\int_0^\Gamma \int_0^1 \mathbf{u}_{0nk}^* \cdot 2zPo\,(\hat{\mathbf{x}} + \mathrm{i}\hat{\mathbf{y}})\,\mathrm{d}z\,\mathrm{d}y = \frac{(k^2 + n^2\Gamma^2)^{1/2}[1-(-1)^k][1-(-1)^n]Po}{(n\pi)^2[n\Gamma - (k^2 + n^2\Gamma^2)^{1/2}]} \neq 0.$$

这个条件显然可以被某一类惯性模轻易达到，只要 $\mathbf{u}_{0nk}$ 的下标 n 和 k 为奇数即可；第二个条件是，由 (3.16) 式给出的惯性模 $\mathbf{u}_{0nk}$ 的半频 σ_{0nk} 必须等于 $1/2$，即

$$\sigma_{0nk}^2 = \frac{n^2}{n^2 + (k/\Gamma)^2} = \left(\frac{1}{2}\right)^2,$$

它定义了共振时 n, k 和 Γ 的关系，即

$$\Gamma = \frac{k}{\sqrt{3}\,n}.$$

举例而言，如果横纵比 $\Gamma = 1/\sqrt{3}$，惯性模 $\mathbf{u}_{011}, \mathbf{u}_{033}, \cdots$ 将与庞加莱力发生共振；当 $\Gamma = \sqrt{3}$ 时，共振的惯性模为 $\mathbf{u}_{013}, \mathbf{u}_{039}, \cdots$。与我们后面将要讨论的球体进动问题不同，进动环柱管道中的共振总是多重的。但是高阶的共振模会受到粘滞耗散的强烈衰减，因而对流体运动的贡献很小，基本可以忽略。只有 k 和 n 较小的低阶惯性模 $\mathbf{u}_{0nk}$ 在物理上才是重要的，这使得对共振的数学分析变得尤其简单。

为阐释关键物理特征和讲述使用的数学方法，我们考虑两种共振情况：① $\Gamma = \sqrt{3}$ 时的单个惯性模解，即只有共振模 $\mathbf{u}_{013}$ 在物理上是重要的，其他高阶模（如 $\mathbf{u}_{039}$）和地转模 $\mathbf{u}_G$ 在首阶近似下都被忽略了；② $\Gamma = 1/\sqrt{3}$ 时的双惯性模解，即只考虑共振的两个惯性模 $\mathbf{u}_{011}$ 和 $\mathbf{u}_{033}$。第一种情况我们用来说明渐近理论的数学分析过程，第二种情况用来向读者证明高阶惯性模 $\mathbf{u}_{033}$ 确实是可以被忽略的。

10.3 $\Gamma = \sqrt{3}$ 的共振渐近解

在一般展开式 (9.3) 和 (9.4) 中选择哪个惯性模，即确定哪个惯性模是必需或者重要的，需要根据庞加莱力的性质和解的参数来决定。因为庞加莱力与坐标 x 无

关，当 Po 很小时，进动流应该是轴对称的，因此 (9.3) 和 (9.4) 式中只有 $m=0$ 的模 $\mathbf{u}_{0nk}$ 是需要的；因庞加莱力是坐标 z 的函数，在首阶近似下，地转模 $\mathbf{u}_G$ 则可以从 (9.3) 和 (9.4) 式中移除。此外，当横纵比 Γ 无限接近共振值 $\sqrt{3}$ 时，非共振模将会立刻衰减得微不足道，因此 $n \neq 1$ 和 $k \neq 3$ 的惯性模 $\mathbf{u}_{0nk}$ 也可忽略。最终，公式 (9.3) 和 (9.4) 中仅余下共振惯性模 $(\mathbf{u}_{013}, p_{013})$，这使得 $\Gamma = \sqrt{3}$ 的共振渐近解变得非常简单，如下：

$$\mathbf{u}(y,z,t) = (\mathcal{A}_{013}\mathbf{u}_{013} + \hat{\mathbf{u}} + \tilde{\mathbf{u}})\,\mathrm{e}^{\mathrm{i}t}, \tag{10.9}$$

$$p(y,z,t) = (\mathcal{A}_{013}p_{013} + \hat{p} + \tilde{p})\,\mathrm{e}^{\mathrm{i}t}, \tag{10.10}$$

其中 $\mathcal{A}_{013}$ 是待定的复振幅，$\mathbf{u}$ 和 p 已被设为正比于 $\mathrm{e}^{\mathrm{i}t}$，因为庞加莱力的形式为 $2zPo\cdot(\hat{\mathbf{x}}+\mathrm{i}\hat{\mathbf{y}})\mathrm{e}^{\mathrm{i}t}$。轴对称惯性模 $(\mathbf{u}_{013}, p_{013})$ 可以从公式 (3.12)~(3.15) 获得，且 $\sigma_{013}=1/2$，于是有

$$p_{013}(y,z) = \cos\left(\sqrt{3}\pi y\right)\cos\pi z,$$

$$\hat{\mathbf{x}}\cdot\mathbf{u}_{013}(y,z) = \frac{2\pi}{\sqrt{3}}\sin\left(\sqrt{3}\pi y\right)\cos\pi z,$$

$$\hat{\mathbf{y}}\cdot\mathbf{u}_{013}(y,z) = \frac{\mathrm{i}\pi}{\sqrt{3}}\sin\left(\sqrt{3}\pi y\right)\cos\pi z,$$

$$\hat{\mathbf{z}}\cdot\mathbf{u}_{013}(y,z) = -\mathrm{i}\pi\cos\left(\sqrt{3}\pi y\right)\sin\pi z.$$

应该强调的是，因 $0 < Ek \ll 1$，次级内部流 $|\hat{\mathbf{u}}| \ll |\mathcal{A}_{013}\mathbf{u}_{013}|$，但是边界流的量级为 $|\tilde{\mathbf{u}}| = O|\mathcal{A}_{013}\mathbf{u}_{013}|$。

渐近分析的第一步就是推导 (10.9) 式中的粘性边界层解 $\tilde{\mathbf{u}}$。进动环柱管道中存在四个边界层，为数学讨论方便，将边界流 $\tilde{\mathbf{u}}$ 分解为两个分量：法向流 $(\hat{\mathbf{n}}\cdot\tilde{\mathbf{u}})\hat{\mathbf{n}}$ 和切向流 $\tilde{\mathbf{u}}_{tang}$，即

$$\tilde{\mathbf{u}} = (\hat{\mathbf{n}}\cdot\tilde{\mathbf{u}})\hat{\mathbf{n}} + \tilde{\mathbf{u}}_{tang},$$

其中 $\hat{\mathbf{n}}$ 为管道 yz 横截面边界曲线 $\mathcal{C}$ 的外法向，并且 $|\hat{\mathbf{n}}\cdot\tilde{\mathbf{u}}| \ll |\tilde{\mathbf{u}}_{tang}|$。更明确地说，在环柱底端 $z=0$ 处 $\hat{\mathbf{n}}=-\hat{\mathbf{z}}$，在顶端 $z=1$ 处 $\hat{\mathbf{n}}=\hat{\mathbf{z}}$。因进动流被假设为轴对称，即不依赖于坐标 x，则解域将限制在横截面 yz 上，即 $0 \leqslant y \leqslant \Gamma$ 和 $0 \leqslant z \leqslant 1$ 范围的平面上，其边界为 $\mathcal{C}$。为表达清晰，将各个边界上速度的切向分量 $\tilde{\mathbf{u}}_{tang}$ 分开表示为：$\tilde{\mathbf{u}}_{bottom}$（底端 $z=0$ 处）、$\tilde{\mathbf{u}}_{top}$（顶端 $z=1$ 处）、$\tilde{\mathbf{u}}_{outer}$（外壁面 $y=0$ 处）和 $\tilde{\mathbf{u}}_{inner}$（内壁面 $y=\Gamma$ 处）。

将渐近展开式 (10.9) 和 (10.10) 的边界部分（即 $\tilde{\mathbf{u}}$ 和 $\tilde{p}$）代入 (10.7) 和 (10.8) 式，然后略去一些边界层小项，如 $Ek\,\partial^2\tilde{\mathbf{u}}/\partial y^2$，可推出环柱顶端或底端边界层流的控制方程。在环柱底端，边界层问题 $(\tilde{\mathbf{u}}, \tilde{p})$ 的控制方程为

$$\mathrm{i}\tilde{\mathbf{u}} + 2\hat{\mathbf{z}}\times\tilde{\mathbf{u}} + (\hat{\mathbf{z}}\cdot\nabla\tilde{p})\hat{\mathbf{z}} = Ek\,(\hat{\mathbf{z}}\cdot\nabla)^2\tilde{\mathbf{u}}, \tag{10.11}$$

10.3 $\Gamma = \sqrt{3}$ 的共振渐近解

其中 $\tilde{\mathbf{u}}$ 和 $\tilde{p}$ 仅在靠近 $z = 0$ 的边界层内是非零的。方程 (10.11) 将配以 $z = 0$ 处的无滑移边界条件，即 $\tilde{\mathbf{u}}$ 与主流 $\mathcal{A}_{013}\mathbf{u}_{013}$ 合起来应该满足总体的无滑移边界条件。对 (10.11) 式作 $\hat{\mathbf{z}} \times$ 和 $\hat{\mathbf{z}} \times \hat{\mathbf{z}} \times$ 运算，得到关于切向速度 $\tilde{\mathbf{u}}_{bottom}$ 的两个方程：

$$\mathbf{0} = \left[Ek\left(\hat{\mathbf{z}}\cdot\nabla\right)^2 - \mathrm{i}\right]\hat{\mathbf{z}}\times\tilde{\mathbf{u}}_{bottom} + 2\tilde{\mathbf{u}}_{bottom},$$

$$\mathbf{0} = \left[Ek\left(\hat{\mathbf{z}}\cdot\nabla\right)^2 - \mathrm{i}\right]\tilde{\mathbf{u}}_{bottom} - 2\hat{\mathbf{z}}\times\tilde{\mathbf{u}}_{bottom},$$

二者联立可得到一个四阶方程：

$$\left(\frac{\partial^2}{\partial \xi^2} - \mathrm{i}\right)^2 \tilde{\mathbf{u}}_{bottom} + 4\tilde{\mathbf{u}}_{bottom} = \mathbf{0}, \tag{10.12}$$

其中 ξ 为新引入的一个边界层延展变量，定义为

$$\xi = \frac{z}{\sqrt{Ek}}, \quad \text{且有} \quad \frac{\partial}{\partial z} \equiv \frac{1}{\sqrt{Ek}}\frac{\partial}{\partial \xi}.$$

在边界层解中，$\xi = 0$ 表示边界层底面，而 $\xi = \infty$ 表示边界层的外缘，但它们仍然位于环柱的底面上，因为坐标 z 在边界层内是不变的。由无滑移条件和边界层的定义，可得四阶微分方程 (10.12) 的四个边界条件：

$$\left(\tilde{\mathbf{u}}_{bottom}\right)_{\xi=0} = -\mathcal{A}_{013}\left(\mathbf{u}_{013}\right)_{z=0} = -\frac{2\pi\mathcal{A}_{013}}{\sqrt{3}}\sin\left(\sqrt{3}\pi y\right)\left(\hat{\mathbf{x}} + \mathrm{i}\frac{1}{2}\hat{\mathbf{y}}\right),$$

$$\left(\frac{\partial^2 \tilde{\mathbf{u}}_{bottom}}{\partial \xi^2}\right)_{\xi=0} = -\mathcal{A}_{013}\left(\mathrm{i}\,\mathbf{u}_{013} + 2\hat{\mathbf{z}}\times\mathbf{u}_{013}\right)_{z=0} = -\mathcal{A}_{013}\sqrt{3}\pi\sin\left(\sqrt{3}\pi y\right)\hat{\mathbf{y}},$$

$$\left(\tilde{\mathbf{u}}_{bottom}\right)_{\xi=\infty} = \mathbf{0},$$

$$\left(\frac{\partial^2 \tilde{\mathbf{u}}_{bottom}}{\partial \xi^2}\right)_{\xi=\infty} = \mathbf{0}.$$

易知满足以上边界条件的解为

$$\begin{aligned}\tilde{\mathbf{u}}_{bottom} = \frac{\sqrt{3}\pi\mathcal{A}_{013}}{4}\sin\left(\sqrt{3}\pi y\right)&\left[\frac{2}{3}\left(-\hat{\mathbf{x}} + \mathrm{i}\hat{\mathbf{y}}\right)\mathrm{e}^{-\gamma_1 z/\sqrt{Ek}}\right.\\&\left.-2\left(\hat{\mathbf{x}} + \mathrm{i}\hat{\mathbf{y}}\right)\mathrm{e}^{-\gamma_2 z/\sqrt{Ek}}\right],\end{aligned} \tag{10.13}$$

其中

$$\gamma_1 = \frac{\sqrt{6}}{2}(1+\mathrm{i}), \quad \gamma_2 = \frac{\sqrt{2}}{2}(1-\mathrm{i}).$$

复系数 $\mathcal{A}_{013}$ 将稍后通过内部流 $\hat{\mathbf{u}}$ 与边界流 $\tilde{\mathbf{u}}$ 的渐近匹配来确定。

因管道上下端是对称的，因此顶端 $z = 1$ 处的边界层解 $\widetilde{\mathbf{u}}_{top}$ 可简单地用 $\xi = (1-z)/\sqrt{Ek}$ 替代 $\xi = z/\sqrt{Ek}$ 来获得，即

$$\widetilde{\mathbf{u}}_{top} = -\frac{\sqrt{3}\pi \mathcal{A}_{013}}{4} \sin\left(\sqrt{3}\pi y\right) \left[\frac{2}{3}\left(-\hat{\mathbf{x}} + \mathrm{i}\,\hat{\mathbf{y}}\right) \mathrm{e}^{-\gamma_1(1-z)/\sqrt{Ek}} \right.$$
$$\left. - 2\left(\hat{\mathbf{x}} + \mathrm{i}\,\hat{\mathbf{y}}\right) \mathrm{e}^{-\gamma_2(1-z)/\sqrt{Ek}}\right], \tag{10.14}$$

它满足以下四个边界条件：

$$\left(\widetilde{\mathbf{u}}_{top}\right)_{\xi=0} = -\mathcal{A}_{013}\left(\mathbf{u}_{013}\right)_{z=1} = \frac{2\pi \mathcal{A}_{013}}{\sqrt{3}} \sin\left(\sqrt{3}\pi y\right)\left(\hat{\mathbf{x}} + \mathrm{i}\,\frac{1}{2}\hat{\mathbf{y}}\right),$$

$$\left(\frac{\partial^2 \widetilde{\mathbf{u}}_{top}}{\partial \xi^2}\right)_{\xi=0} = -\mathcal{A}_{013}\left(\mathrm{i}\,\mathbf{u}_{013} + 2\hat{\mathbf{z}} \times \mathbf{u}_{013}\right)_{z=1} = \mathcal{A}_{013}\sqrt{3}\pi \sin\left(\sqrt{3}\pi y\right)\hat{\mathbf{y}},$$

$$\left(\widetilde{\mathbf{u}}_{top}\right)_{\xi=\infty} = \mathbf{0},$$

$$\left(\frac{\partial^2 \widetilde{\mathbf{u}}_{top}}{\partial \xi^2}\right)_{\xi=\infty} = \mathbf{0}.$$

显然，顶部和底部边界层对进动流总体粘滞耗散的贡献是相等的。

现在考虑垂直外壁面 $y = 0$ 处的边界流 $\widetilde{\mathbf{u}}_{outer}$，其控制方程为

$$\mathrm{i}\widetilde{\mathbf{u}}_{outer} = Ek\left(\hat{\mathbf{y}}\cdot\nabla\right)^2 \widetilde{\mathbf{u}}_{outer}.$$

使用延展变量 $\xi = y/\sqrt{Ek}$，方程变为

$$\mathrm{i}\widetilde{\mathbf{u}}_{outer} = \frac{\partial^2 \widetilde{\mathbf{u}}_{outer}}{\partial \xi^2}, \tag{10.15}$$

它有两个边界条件：

$$\left(\widetilde{\mathbf{u}}_{outer}\right)_{\xi=0} = -\left(\mathcal{A}_{013}\mathbf{u}_{013}\right)_{y=0} = \left[\mathrm{i}\,\pi \mathcal{A}_{013}\sin\left(\pi z\right)\right]\hat{\mathbf{z}},$$

$$\left(\widetilde{\mathbf{u}}_{outer}\right)_{\xi=\infty} = \mathbf{0},$$

其中第一个在 $\xi = 0$ 处的边界条件将确保 $\widetilde{\mathbf{u}}_{outer}$ 与主流 $\mathcal{A}_{013}\mathbf{u}_{013}$ 之和满足 $y = 0$ 处的无滑移条件。注意科里奥利力并没有直接进入边界层方程 (10.15)。方程 (10.15) 满足无滑移边界条件的解可直接写出，为

$$\widetilde{\mathbf{u}}_{outer} = \left[\mathrm{i}\,\pi \mathcal{A}_{013}\sin\left(\pi z\right) \mathrm{e}^{-\gamma_3 y/\sqrt{Ek}}\right]\hat{\mathbf{z}}, \tag{10.16}$$

其中

$$\gamma_3 = \frac{1}{\sqrt{2}}\left(1 + \mathrm{i}\right).$$

10.3 $\Gamma = \sqrt{3}$ 的共振渐近解

值得一提的是，进动流的 $\hat{\mathbf{x}}$ 分量无须进行边界层调整，因为在壁面上 $\hat{\mathbf{x}} \cdot \mathbf{u}_{013}$ 自动满足无滑移条件。以 $\xi = (\Gamma - y)/\sqrt{Ek}$ 代替 $\xi = y/\sqrt{Ek}$，可得到内壁面 $y = \Gamma$ 处的边界层解，即

$$\tilde{\mathbf{u}}_{inner} = -\left[(\mathrm{i}\,\pi)\mathcal{A}_{013} \sin{(\pi z)}\, \mathrm{e}^{-\gamma_3(\Gamma - y)/\sqrt{Ek}} \right] \hat{\mathbf{z}}, \tag{10.17}$$

它满足边界条件：

$$(\tilde{\mathbf{u}}_{inner})_{\xi=0} = -\left(\mathcal{A}_{013}\mathbf{u}_{013} \right)_{y=\Gamma} = -\left[\mathrm{i}\,\pi \mathcal{A}_{013} \sin{(\pi z)} \right] \hat{\mathbf{z}},$$
$$(\tilde{\mathbf{u}}_{inner})_{\xi=\infty} = \mathbf{0}.$$

从以上分析可知，所有边界层解的切向分量都将随着与四个边界面距离的增加呈指数衰减。为简化数学记法，我们将边界层流 $\tilde{\mathbf{u}}$ 写为

$$\tilde{\mathbf{u}} = (\tilde{\mathbf{u}}_{bottom} + \tilde{\mathbf{u}}_{top} + \tilde{\mathbf{u}}_{inner} + \tilde{\mathbf{u}}_{outer}) + (\hat{\mathbf{n}} \cdot \tilde{\mathbf{u}})\hat{\mathbf{n}}.$$

很明显，在管道的四个拐角，即 $(y = 0, z = 0)$, $(y = 0, z = 1)$, $(y = \Gamma, z = 0)$ 和 $(y = \Gamma, z = 1)$ 处，边界层的重叠将使情况变得异常复杂。但我们预期拐角效应对进动问题的影响是次要的，这得到了数值分析的证实。数值分析表明，在拐角附近不存在奇异的进动流，也不存在与拐角有关的异常进动流。

当求出了边界层解 $\tilde{\mathbf{u}}$ 之后，我们转过来考虑内部问题以确定待定系数 $\mathcal{A}_{013}$。将渐近展开式 (10.9) 和 (10.10) 中的内部项，即 $\mathcal{A}_{013}\mathbf{u}_{013} + \hat{\mathbf{u}}$ 和 $\mathcal{A}_{013}p_{013} + \hat{p}$ 代入 (10.7) 和 (10.8) 式，然后减去惯性模 $\mathbf{u}_{013}$ 和 p_{013} 满足的方程，即

$$\mathrm{i}\,\mathbf{u}_{013} + 2\hat{\mathbf{z}} \times \mathbf{u}_{013} + \nabla p_{013} = 0 \quad \text{和} \quad \nabla \cdot \mathbf{u}_{013} = 0,$$

就得到次级内部流 $\hat{\mathbf{u}}$ 的控制方程：

$$\mathrm{i}\,\hat{\mathbf{u}} + 2\hat{\mathbf{z}} \times \hat{\mathbf{u}} + \nabla \hat{p} = Ek\mathcal{A}_{013}\nabla^2 \mathbf{u}_{013} + 2zPo\,(\hat{\mathbf{x}} + \mathrm{i}\,\hat{\mathbf{y}}), \tag{10.18}$$
$$\nabla \cdot \hat{\mathbf{u}} = 0, \tag{10.19}$$

其中 $Ek\nabla^2\mathbf{u}_{013}$ 项表示内部的粘滞耗散，当不使用 $\sqrt{Ek}$ 作为展开参数时，此项一般应该保留。将边界层流 $\tilde{\mathbf{u}}$ 与次级内部流 $\hat{\mathbf{u}}$ 联系起来的是边界层外缘的法向质量流 $\hat{\mathbf{n}} \cdot \tilde{\mathbf{u}}$，也就是说，方程 (10.18) 和 (10.19) 应该联立 $\hat{\mathbf{u}}$ 在边界曲线 $\mathcal{C}$ 上的法向条件来求解，即

$$(\hat{\mathbf{n}} \cdot \hat{\mathbf{u}})_{\mathcal{C}} = (\hat{\mathbf{n}} \cdot \tilde{\mathbf{u}})_{\xi=\infty} \quad \text{(边界层的外缘上)}.$$

这个匹配条件可以从粘性边界层的质量守恒方程 $\nabla \cdot \tilde{\mathbf{u}} = 0$ 导出。将质量守恒方程写成以下形式：

$$\nabla \cdot \tilde{\mathbf{u}} = \nabla \cdot [(\hat{\mathbf{n}} \cdot \tilde{\mathbf{u}})\hat{\mathbf{n}} + (\hat{\mathbf{n}} \times \tilde{\mathbf{u}}_{tang}) \times \hat{\mathbf{n}}] = 0,$$

并意识到
$$\nabla\cdot[(\hat{\mathbf{n}}\times\widetilde{\mathbf{u}}_{tang})\times\hat{\mathbf{n}}] = \hat{\mathbf{n}}\cdot\nabla\times(\hat{\mathbf{n}}\times\widetilde{\mathbf{u}}_{tang}),$$
可得
$$\hat{\mathbf{n}}\cdot\nabla(\hat{\mathbf{n}}\cdot\widetilde{\mathbf{u}}) = -\hat{\mathbf{n}}\cdot\nabla\times(\hat{\mathbf{n}}\times\widetilde{\mathbf{u}}_{tang}), \tag{10.20}$$

其中 $\hat{\mathbf{n}}\cdot\nabla = -\sqrt{Ek}\,\partial/\partial\xi$。将此方程跨边界层对 ξ 进行积分，即 $\int_0^\infty \mathrm{d}\xi$，可得边界层外缘的质量流表达式，或者说内部流 $\hat{\mathbf{n}}\cdot\hat{\mathbf{u}}$ 的边界条件，即

$$(\hat{\mathbf{n}}\cdot\hat{\mathbf{u}})_{\mathcal{C}} = (\hat{\mathbf{n}}\cdot\widetilde{\mathbf{u}})_{\xi=\infty} = \sqrt{Ek}\int_0^\infty \hat{\mathbf{n}}\cdot\nabla\times(\hat{\mathbf{n}}\times\widetilde{\mathbf{u}}_{tang})\,\mathrm{d}\xi. \tag{10.21}$$

上式就是次级内部流 $\hat{\mathbf{u}}$ 与边界层流 $\widetilde{\mathbf{u}}$ 的渐近匹配条件。在 (10.21) 式中，边界层变量 ξ 在环柱底端 $z = 0$ 处为 $z/\sqrt{Ek}$，在环柱顶端 $z = 1$ 处为 $(1-z)/\sqrt{Ek}$，在环柱外壁面 $y = 0$ 处为 $y/\sqrt{Ek}$，在环柱内壁面 $y = \Gamma$ 处为 $(\Gamma-y)/\sqrt{Ek}$。

很明显，非齐次方程 (10.18) 必须增补一个可解条件。将 (10.18) 式乘上齐次方程解的复共轭 $\mathbf{u}^*_{013}$，然后在管道的横截面上积分，有

$$\int_0^1\int_0^\Gamma \hat{\mathbf{u}}\cdot(\mathrm{i}\,\mathbf{u}^*_{013} - 2\hat{\mathbf{z}}\times\mathbf{u}^*_{013})\,\mathrm{d}y\,\mathrm{d}z$$
$$= \int_0^1\int_0^\Gamma \left[Ek\mathcal{A}_{013}(\mathbf{u}^*_{013}\cdot\nabla^2\mathbf{u}_{013}) + 2zPo\,\mathbf{u}^*_{013}\cdot(\hat{\mathbf{x}}+\mathrm{i}\hat{\mathbf{y}})\right]\mathrm{d}y\,\mathrm{d}z. \tag{10.22}$$

这个条件平衡了边界层通量与庞加莱力，可用于确定复振幅 $\mathcal{A}_{013}$。在导出 (10.22) 式的过程中，我们使用 $\nabla\cdot\mathbf{u}^*_{013} = 0$ 和格林定理 (线积分与面积分的关系) 证明了如下公式：

$$\int_0^1\int_0^\Gamma (\mathbf{u}^*_{013}\cdot\nabla\widehat{p})\,\mathrm{d}y\,\mathrm{d}z = \int_0^1\int_0^\Gamma \nabla\cdot(\mathbf{u}^*_{013}\widehat{p})\,\mathrm{d}y\,\mathrm{d}z$$
$$= \int_0^1\int_0^\Gamma \left[\frac{\partial}{\partial y}(\hat{\mathbf{y}}\cdot\mathbf{u}^*_{013}\widehat{p}) - \frac{\partial}{\partial z}(-\hat{\mathbf{z}}\cdot\mathbf{u}^*_{013}\widehat{p})\right]\mathrm{d}y\,\mathrm{d}z$$
$$= \oint_{\mathcal{C}} [(-\hat{\mathbf{z}}\cdot\mathbf{u}^*_{013}\widehat{p})\,\mathrm{d}y + (\hat{\mathbf{y}}\cdot\mathbf{u}^*_{013}\widehat{p})\,\mathrm{d}z] = 0,$$

其中符号 $\oint_{\mathcal{C}}$ 表示正向 (逆时针方向) 积分。上式的推导使用了以下边界条件：在边界 $\mathcal{C}$ 的垂直部分 $\hat{\mathbf{y}}\cdot\mathbf{u}^*_{013} = 0$，水平部分 $\hat{\mathbf{z}}\cdot\mathbf{u}^*_{013} = 0$。另外，注意到

$$\int_0^1\int_0^\Gamma \mathbf{u}^*_{013}\cdot\nabla^2\mathbf{u}_{013}\,\mathrm{d}y\,\mathrm{d}z = -(2\pi)^2\int_0^1\int_0^\Gamma |\mathbf{u}_{013}|^2\,\mathrm{d}y\,\mathrm{d}z,$$
$$\mathrm{i}\,\mathbf{u}^*_{013} - 2\hat{\mathbf{z}}\times\mathbf{u}^*_{013} = \nabla p^*_{013},$$
$$\hat{\mathbf{u}}\cdot\nabla p^*_{013} = \nabla\cdot(\hat{\mathbf{u}}p^*_{013}),$$

10.3 $\Gamma=\sqrt{3}$ 的共振渐近解

则可解条件 (10.22) 变为

$$\int_0^1 \int_0^\Gamma \nabla \cdot (\widehat{\mathbf{u}} p_{013}^*) \, \mathrm{d}y \, \mathrm{d}z$$
$$= \int_0^1 \int_0^\Gamma \left[-(2\pi)^2 Ek \mathcal{A}_{013} |\mathbf{u}_{013}|^2 + 2zPo\mathbf{u}_{013}^* \cdot (\hat{\mathbf{x}} + \mathrm{i}\hat{\mathbf{y}}) \right] \mathrm{d}y \, \mathrm{d}z.$$

使用格林定理，等号左边的双重积分可以转化为沿边界曲线 $\mathcal{C}$ 的线积分，即

$$\int_0^1 \int_0^\Gamma \nabla \cdot (p_{013}^* \widehat{\mathbf{u}}) \, \mathrm{d}y \, \mathrm{d}z = \int_0^1 \int_0^\Gamma \left[\frac{\partial}{\partial y}(\hat{\mathbf{y}} \cdot \widehat{\mathbf{u}} p_{013}^*) - \frac{\partial}{\partial z}(-\hat{\mathbf{z}} \cdot \widehat{\mathbf{u}} p_{013}^*) \right] \mathrm{d}y \, \mathrm{d}z$$
$$= \oint_\mathcal{C} (\hat{\mathbf{n}} \cdot \widehat{\mathbf{u}}) \, p_{013}^* \, \mathrm{d}l,$$

其中 $\mathrm{d}l$ 为曲线 $\mathcal{C}$ 的线段，比如在 $z=0$ 的部分，$\mathrm{d}l = \mathrm{d}y$；在 $z=1$ 的部分，$\mathrm{d}l = -\mathrm{d}y$。将法向条件 $(\hat{\mathbf{n}} \cdot \hat{\mathbf{u}})_\mathcal{C}$ 代之以 (10.21) 式给出的 $(\hat{\mathbf{n}} \cdot \tilde{\mathbf{u}})_{\xi=\infty}$，则有

$$\oint_\mathcal{C} p_{013}^* \left[\sqrt{Ek} \int_0^\infty \hat{\mathbf{n}} \cdot \nabla \times (\hat{\mathbf{n}} \times \tilde{\mathbf{u}}_{tang}) \, \mathrm{d}\xi \right] \mathrm{d}l$$
$$= \int_0^1 \int_0^\Gamma \left[-(2\pi)^2 Ek \mathcal{A}_{013} |\mathbf{u}_{013}|^2 + 2Poz\mathbf{u}_{013}^* \cdot (\hat{\mathbf{x}} + \mathrm{i}\hat{\mathbf{y}}) \right] \mathrm{d}y \, \mathrm{d}z.$$

因衰减因子 γ_1、γ_2 和 γ_3 与管道壁面的坐标无关(例如，γ_1 就不是 y 的函数)，因此积分 $\int_0^\infty \mathrm{d}\xi$ 和 $\oint_\mathcal{C} \mathrm{d}l$ 的顺序可以交换，于是有

$$\sqrt{Ek} \int_0^\infty \left\{ \oint_\mathcal{C} p_{013}^* [\hat{\mathbf{n}} \cdot \nabla \times (\hat{\mathbf{n}} \times \tilde{\mathbf{u}}_{tang})] \, \mathrm{d}l \right\} \mathrm{d}\xi$$
$$= \int_0^1 \int_0^\Gamma \left[-(2\pi)^2 Ek \mathcal{A}_{013} |\mathbf{u}_{013}|^2 + 2zPo\mathbf{u}_{013}^* \cdot (\hat{\mathbf{x}} + \mathrm{i}\hat{\mathbf{y}}) \right] \mathrm{d}y \, \mathrm{d}z.$$

我们注意到

$$p_{013}^* \hat{\mathbf{n}} \cdot \nabla \times (\hat{\mathbf{n}} \times \tilde{\mathbf{u}}_{tang}) = \hat{\mathbf{n}} \cdot \nabla \times (p_{013}^* \hat{\mathbf{n}} \times \tilde{\mathbf{u}}_{tang}) - \tilde{\mathbf{u}}_{tang} \cdot \nabla p_{013}^*.$$

也注意到，因线积分 $\oint_\mathcal{C}$ 四段中的每一段都为零，则有

$$\oint_\mathcal{C} \hat{\mathbf{n}} \cdot \nabla \times (p_{013}^* \hat{\mathbf{n}} \times \tilde{\mathbf{u}}_{tang}) \, \mathrm{d}l = 0.$$

例如，在管道底端 $z=0$ 处，线积分为

$$\int_0^\Gamma \hat{\mathbf{z}} \cdot \nabla \times (p_{013}^* \hat{\mathbf{z}} \times \tilde{\mathbf{u}}_{bottom}) \, \mathrm{d}y = \int_0^\Gamma \frac{\mathrm{d}(p_{013}^* \hat{\mathbf{y}} \cdot \tilde{\mathbf{u}}_{bottom})}{\mathrm{d}y} \, \mathrm{d}y,$$

将边界解 $\tilde{\mathbf{u}}_{bottom}$ 代入后, 上述积分明显为零。这表明

$$\int_0^\infty \left\{ \oint_\mathcal{C} p_{013}^* [\hat{\mathbf{n}} \cdot \nabla \times (\hat{\mathbf{n}} \times \tilde{\mathbf{u}}_{tang})] \, \mathrm{d}l \right\} \mathrm{d}\xi$$

$$= -\oint_\mathcal{C} \left[\left(\int_0^\infty \tilde{\mathbf{u}}_{tang} \cdot \nabla p_{013}^* \, \mathrm{d}\xi \right) \right] \mathrm{d}l$$

$$= -\oint_\mathcal{C} \left[\left(\int_0^\infty \tilde{\mathbf{u}}_{tang} \cdot (\mathrm{i}\, \mathbf{u}_{013}^* - 2\hat{\mathbf{z}} \times \mathbf{u}_{013}^*) \, \mathrm{d}\xi \right) \right] \mathrm{d}l. \tag{10.23}$$

利用 (10.23) 式, 可解条件就可写为以边界流 $\tilde{\mathbf{u}}_{tang}$ 表达的形式 (不含压强), 即

$$-\sqrt{Ek} \left[\oint_\mathcal{C} \left(\int_0^\infty \tilde{\mathbf{u}}_{tang} \, \mathrm{d}\xi \right) \cdot (\mathrm{i}\, \mathbf{u}_{013}^* - 2\hat{\mathbf{z}} \times \mathbf{u}_{013}^*) \right] \mathrm{d}l$$

$$= \int_0^1 \int_0^\Gamma \left[-(2\pi)^2 Ek \mathcal{A}_{013} |\mathbf{u}_{013}|^2 + 2z Po\, \mathbf{u}_{013}^* \cdot (\hat{\mathbf{x}} + \mathrm{i}\, \hat{\mathbf{y}}) \right] \mathrm{d}y\, \mathrm{d}z. \tag{10.24}$$

使用 $\mathbf{u}_{013}^*$ 和切向边界流 $\tilde{\mathbf{u}}_{tang}$ 的显式表达式, 比如 (10.14) 式给出的 $\tilde{\mathbf{u}}_{top}$, 则 (10.24) 式的每个积分都可计算出来, 如下:

$$\int_0^1 \int_0^\Gamma \left[-(2\pi)^2 Ek \mathcal{A}_{013} |\mathbf{u}_{013}|^2 \right] \mathrm{d}y\, \mathrm{d}z = -\left(\frac{8\pi^4 \sqrt{3}}{3} \right) Ek \mathcal{A}_{013},$$

$$2Po \int_0^1 \int_0^\Gamma z \mathbf{u}_{013}^* \cdot (\hat{\mathbf{x}} + \mathrm{i}\, \hat{\mathbf{y}}) \, \mathrm{d}y\, \mathrm{d}z = -\frac{8Po}{\pi^2},$$

以及

$$-\sqrt{Ek} \left[\oint_\mathcal{C} \left(\int_0^\infty \tilde{\mathbf{u}}_{tang} \, \mathrm{d}\xi \right) \cdot (\mathrm{i}\, \mathbf{u}_{013}^* - 2\hat{\mathbf{z}} \times \mathbf{u}_{013}^*) \right] \mathrm{d}l$$

$$= -\sqrt{Ek} \left\{ \int_0^\Gamma \left[\left(\int_0^\infty \tilde{\mathbf{u}}_{bottom} \, \mathrm{d}\xi \right) \cdot (\mathrm{i}\, \mathbf{u}_{013}^* - 2\hat{\mathbf{z}} \times \mathbf{u}_{013}^*)_{z=0} \right] \mathrm{d}y \right.$$

$$+ \int_\Gamma^0 \left[\left(\int_0^\infty \tilde{\mathbf{u}}_{top} \, \mathrm{d}\xi \right) \cdot (\mathrm{i}\, \mathbf{u}_{013}^* - 2\hat{\mathbf{z}} \times \mathbf{u}_{013}^*)_{z=1} \right] \mathrm{d}(-y)$$

$$+ \int_0^1 \left[\left(\int_0^\infty \tilde{\mathbf{u}}_{outer} \, \mathrm{d}\xi \right) \cdot (\mathrm{i}\, \mathbf{u}_{013}^* - 2\hat{\mathbf{z}} \times \mathbf{u}_{013}^*)_{y=0} \right] \mathrm{d}z$$

$$\left. + \int_1^0 \left[\left(\int_0^\infty \tilde{\mathbf{u}}_{inner} \, \mathrm{d}\xi \right) \cdot (\mathrm{i}\, \mathbf{u}_{013}^* - 2\hat{\mathbf{z}} \times \mathbf{u}_{013}^*)_{y=\Gamma} \right] \mathrm{d}(-z) \right\}$$

$$= \frac{\pi^2 \sqrt{Ek} \mathcal{A}_{013}}{4} \left[3(\sqrt{2} + \sqrt{6}) + 3(\sqrt{2} - \sqrt{6})\mathrm{i} \right].$$

于是由 (10.24) 式可知, 待定系数 $\mathcal{A}_{013}$ 为

$$\mathcal{A}_{013} = \frac{-96 Po}{\pi^4 \sqrt{Ek} \left\{ 9\sqrt{2}[(1+\sqrt{3}) + (1-\sqrt{3})\mathrm{i}] + 32\sqrt{3}\pi^2 \sqrt{Ek} \right\}}.$$

10.3 $\Gamma = \sqrt{3}$ 的共振渐近解

将 $\mathcal{A}_{013}$、$\mathbf{u}_{013}$ 和 $\tilde{\mathbf{u}}_{tang}$ 代入渐近展开式，便可得到 $\Gamma = \sqrt{3}$ 时的共振分析解：

$$\mathbf{u} = (\mathcal{A}_{013}\mathbf{u}_{013} + \tilde{\mathbf{u}}_{tang})\mathrm{e}^{\mathrm{i}t}$$

$$= -\frac{96(Po/\sqrt{Ek})\mathrm{e}^{\mathrm{i}t}}{\pi^4 \left\{ 9\sqrt{2}[(1+\sqrt{3}) + (1-\sqrt{3})\mathrm{i}] + 32\sqrt{3}\pi^2\sqrt{Ek} \right\}}$$

$$\times \left\{ \frac{\pi}{2\sqrt{3}}\sin\left(\sqrt{3}\pi y\right) \left[4\cos\pi z - \mathrm{e}^{-z\gamma_1/\sqrt{Ek}} - 3\mathrm{e}^{-z\gamma_2/\sqrt{Ek}} + \mathrm{e}^{-(1-z)\gamma_1/\sqrt{Ek}} \right. \right.$$

$$\left. + 3\mathrm{e}^{-(1-z)\gamma_2/\sqrt{Ek}} \right]\hat{\mathbf{x}} + \frac{\mathrm{i}\pi}{2\sqrt{3}}\sin\left(\sqrt{3}\pi y\right) \left[2\cos\pi z + \mathrm{e}^{-z\gamma_1/\sqrt{Ek}} \right.$$

$$\left. - 3\mathrm{e}^{-z\gamma_2/\sqrt{Ek}} - \mathrm{e}^{-(1-z)\gamma_1/\sqrt{Ek}} + 3\mathrm{e}^{-(1-z)\gamma_2/\sqrt{Ek}} \right]\hat{\mathbf{y}}$$

$$\left. - \mathrm{i}\pi\sin\pi z \left[\cos\sqrt{3}\pi y - \mathrm{e}^{-y\gamma_3/\sqrt{Ek}} + \mathrm{e}^{-(\Gamma-y)\gamma_3/\sqrt{Ek}} \right]\hat{\mathbf{z}} \right\}. \tag{10.25}$$

有两点需要注意：① 仅 (10.25) 式的实部是我们需要的物理解；② 进动流的强度为 $\mathbf{u} = O(Po/\sqrt{Ek})$ 量级。使用显式表达式 (10.25) 求 $|\mathbf{u}|^2$ 对 t 和 y,z 的均值，即求 $|\mathbf{u}|^2$ 在一个振荡周期 (2π) 内和管道横截面上的积分，然后除以周期 (2π) 和横截面的面积 (Γ)，可得首阶近似下 $Ek \ll 1$ 时的进动流平均动能密度 $\bar{E}_{\mathrm{kin}}$：

$$\bar{E}_{\mathrm{kin}} = \frac{1}{2\pi}\int_0^{2\pi}\left\{\frac{1}{2\Gamma}\int_0^1\int_0^{\Gamma}|\mathbf{u}|^2\,\mathrm{d}y\,\mathrm{d}z\right\}\mathrm{d}t,$$

$$= \frac{1}{2\pi}\int_0^{2\pi}\left\{\frac{1}{2\Gamma}\int_0^1\int_0^{\Gamma}\left|\frac{1}{2}\left(\mathcal{A}_{013}\mathbf{u}_{013}\mathrm{e}^{\mathrm{i}t} + \mathcal{A}_{013}^*\mathbf{u}_{013}^*\mathrm{e}^{-\mathrm{i}t}\right)\right|^2\,\mathrm{d}y\,\mathrm{d}z\right\}\mathrm{d}t,$$

$$= \frac{|\mathcal{A}_{013}|^2}{4\Gamma}\int_0^1\int_0^{\Gamma}|\mathbf{u}_{013}|^2\,\mathrm{d}y\,\mathrm{d}z.$$

这里，
$$\frac{1}{2}\left(\mathcal{A}_{013}\mathbf{u}_{013}\mathrm{e}^{\mathrm{i}t} + \mathcal{A}_{013}^*\mathbf{u}_{013}^*\mathrm{e}^{-\mathrm{i}t}\right)$$

为复数解的实数部分。利用 (3.17) 式并设 $\Gamma = \sqrt{3}$，可得动能密度为

$$\bar{E}_{\mathrm{kin}} = \frac{1}{4\pi^6}\left[\frac{6144(Po/\sqrt{Ek})^2}{\left\{9\sqrt{2}[(1+\sqrt{3})] + 32\sqrt{3}\pi^2\sqrt{Ek}\right\}^2 + 162(1-\sqrt{3})^2}\right], \tag{10.26}$$

该公式不仅可用于估计流体运动的强度，而且可方便地同数值解进行比较。

(10.26) 式并没有包含粘性边界层的微小贡献。在 $Ek \ll 1$ 时，虽然边界层流 $\tilde{\mathbf{u}}$ 对总动能的贡献可以忽略，但它却决定了 $\Gamma = \sqrt{3}$ 时共振流的强度。表 10.1 列出了从分析表达式 (10.26) 计算的几个典型 $\bar{E}_{\mathrm{kin}}$ 值以及相应的数值结果。

表 10.1 不同 Po 对应的动能密度 $\bar{E}_{\text{kin}}$,由 (10.26) 式 ($\Gamma = \sqrt{3}$) 和 (10.30) 式 ($\Gamma = 1/\sqrt{3}$) 计算,参数 $Ek = 5 \times 10^{-5}$。表中也列出了二维数值分析和三维非线性直接数值模拟的结果

Po	Γ	$\bar{E}_{\text{kin}}$(分析解)	$\bar{E}_{\text{kin}}$(2D 数值分析)	$\bar{E}_{\text{kin}}$(3D 数值模拟)
5×10^{-4}	$1/\sqrt{3}$	2.283×10^{-5}	2.134×10^{-5}	2.012×10^{-5}
10^{-3}	$1/\sqrt{3}$	9.131×10^{-5}	8.538×10^{-5}	8.158×10^{-5}
5×10^{-4}	$\sqrt{3}$	5.056×10^{-6}	4.949×10^{-6}	4.470×10^{-6}
10^{-3}	$\sqrt{3}$	2.022×10^{-5}	1.979×10^{-5}	1.793×10^{-5}

10.4 $\Gamma = 1/\sqrt{3}$ 的共振渐近解

现在考虑一个横纵比为 $\Gamma = 1/\sqrt{3}$ 的进动环柱管道,它的主共振模为 $\mathbf{u}_{011}$。本节的主要目的是证明:虽然惯性模 $\mathbf{u}_{011}, \mathbf{u}_{033}, \mathbf{u}_{055}, \cdots$ 都与庞加莱力共振,但当 $Po \ll 1$ 时,高阶共振模 $\mathbf{u}_{033}, \mathbf{u}_{055}, \cdots$ 对进动流并没有显著的贡献。对于 $\Gamma = 1/\sqrt{3}$ 的情形,其分析完全类似于 $\Gamma = \sqrt{3}$,因此本节的叙述将较为简略。

在 $0 < Ek \ll 1$ 和 $\Gamma = 1/\sqrt{3}$ 条件下,以两个共振惯性模 $\mathbf{u}_{011}$ 和 $\mathbf{u}_{033}$ 对 $\mathbf{u}$ 和 p 进行展开,即

$$\mathbf{u}(y,z,t) = [(\mathcal{A}_{011}\mathbf{u}_{011} + \mathcal{A}_{033}\mathbf{u}_{033}) + \widehat{\mathbf{u}} + \widetilde{\mathbf{u}}]\mathrm{e}^{\mathrm{i}t}, \tag{10.27}$$

$$p(y,z,t) = [(\mathcal{A}_{011}p_{011} + \mathcal{A}_{033}p_{033}) + \widehat{p} + \widetilde{p}]\mathrm{e}^{\mathrm{i}t}, \tag{10.28}$$

其中 $\mathcal{A}_{011}$ 与 $\mathcal{A}_{033}$ 为待定复系数,且 $|\widehat{\mathbf{u}}| \ll |\mathcal{A}_{011}\mathbf{u}_{011} + \mathcal{A}_{033}\mathbf{u}_{033}|$。这两个惯性模的具体表达式为

$$p_{011}(y,z) = \cos\left(\sqrt{3}\pi y\right)\cos\pi z,$$

$$\hat{\mathbf{x}} \cdot \mathbf{u}_{011}(y,z) = \frac{2\pi\sqrt{3}}{3}\sin\left(\sqrt{3}\pi y\right)\cos\pi z,$$

$$\hat{\mathbf{y}} \cdot \mathbf{u}_{011}(y,z) = \frac{\mathrm{i}\pi\sqrt{3}}{3}\sin\left(\sqrt{3}\pi y\right)\cos\pi z,$$

$$\hat{\mathbf{z}} \cdot \mathbf{u}_{011}(y,z) = -\mathrm{i}\pi\cos\left(\sqrt{3}\pi y\right)\sin\pi z$$

和

$$p_{033}(y,z) = \cos\left(3\sqrt{3}\pi y\right)\cos 3\pi z,$$

$$\hat{\mathbf{x}} \cdot \mathbf{u}_{033}(y,z) = 2\pi\sqrt{3}\sin\left(3\sqrt{3}\pi y\right)\cos 3\pi z,$$

$$\hat{\mathbf{y}} \cdot \mathbf{u}_{033}(y,z) = \mathrm{i}\pi\sqrt{3}\sin\left(3\sqrt{3}\pi y\right)\cos 3\pi z,$$

$$\hat{\mathbf{z}} \cdot \mathbf{u}_{033}(y,z) = -\mathrm{i}3\pi\cos\left(3\sqrt{3}\pi y\right)\sin 3\pi z.$$

10.4 $\Gamma = 1/\sqrt{3}$ 的共振渐近解

需要注意,所有的 $\mathbf{u}_{0nk}$ 和 p_{0nk} 仅仅是 y 和 z 的空间函数,并没有包含时间依赖性。我们将证明 $|\mathcal{A}_{033}\mathbf{u}_{033}| \ll |\mathcal{A}_{011}\mathbf{u}_{011}|$,因而更高阶的共振模也是不重要的。

因为 (10.27) 和 (10.28) 式包含了两个惯性模,因此可以推出可解条件的两个方程:

$$\oint_{\mathcal{C}} p^*_{011} (\hat{\mathbf{n}} \cdot \hat{\mathbf{u}}) \, \mathrm{d}l = \int_0^1 \int_0^\Gamma \left[-(2\pi)^2 Ek\mathcal{A}_{011}|\mathbf{u}_{011}|^2 + 2zPo\mathbf{u}^*_{011} \cdot (\hat{\mathbf{x}} + \mathrm{i}\hat{\mathbf{y}}) \right] \mathrm{d}y \, \mathrm{d}z,$$

$$\oint_{\mathcal{C}} p^*_{033} (\hat{\mathbf{n}} \cdot \hat{\mathbf{u}}) \, \mathrm{d}l = \int_0^1 \int_0^\Gamma \left[-(6\pi)^2 Ek\mathcal{A}_{033}|\mathbf{u}_{033}|^2 + 2zPo\mathbf{u}^*_{033} \cdot (\hat{\mathbf{x}} + \mathrm{i}\hat{\mathbf{y}}) \right] \mathrm{d}y \, \mathrm{d}z,$$

同 $\Gamma = \sqrt{3}$ 的分析类似,可以确定 $\mathcal{A}_{011}$ 和 $\mathcal{A}_{033}$ 为

$$\mathcal{A}_{011} = \frac{-288(Po/\sqrt{Ek})}{\pi^4 \left\{ 3\sqrt{2}[(7+3\sqrt{3}) + (7-3\sqrt{3})\mathrm{i}] + 32\sqrt{3}\pi^2\sqrt{Ek} \right\}},$$

$$\mathcal{A}_{033} = \frac{-288(Po/\sqrt{Ek})}{81\pi^4 \left\{ 3\sqrt{2}[(7+3\sqrt{3}) + (7-3\sqrt{3})\mathrm{i}] + 288\sqrt{3}\pi^2\sqrt{Ek} \right\}}.$$

将 $\mathcal{A}_{011}, \mathbf{u}_{011}, \mathcal{A}_{033}, \mathbf{u}_{033}$ 以及 $\tilde{\mathbf{u}}$ 代入渐近展开式,就得到了 $\Gamma = 1/\sqrt{3}$ 时的共振流分析解:

$$\mathbf{u} = \mathbf{V}_{011} + \mathbf{V}_{033}, \tag{10.29}$$

其中 $\mathbf{V}_{011}$ 表示模 $\mathbf{u}_{011}$ 的贡献 (占主导地位),具体表达式为

$$\mathbf{V}_{011} = \frac{-288(Po/\sqrt{Ek})\mathrm{e}^{\mathrm{i}t}}{\pi^4 \left\{ 3\sqrt{2}[(7+3\sqrt{3}) + (7-3\sqrt{3})\mathrm{i}] + 32\sqrt{3}\pi^2\sqrt{Ek} \right\}}$$

$$\times \left\{ \frac{\pi \sin(\sqrt{3}\pi y)}{2\sqrt{3}} \times \left[4\cos\pi z - \mathrm{e}^{-z\gamma_1/\sqrt{Ek}} - 3\mathrm{e}^{-z\gamma_2/\sqrt{Ek}} \right.\right.$$

$$\left. + \mathrm{e}^{-(1-z)\gamma_1/\sqrt{Ek}} + 3\mathrm{e}^{-(1-z)\gamma_2/\sqrt{Ek}} \right] \hat{\mathbf{x}} + \frac{\mathrm{i}\pi \sin(\sqrt{3}\pi y)}{2\sqrt{3}}$$

$$\times \left[2\cos\pi z + \mathrm{e}^{-z\gamma_1/\sqrt{Ek}} - 3\mathrm{e}^{-z\gamma_2/\sqrt{Ek}} - \mathrm{e}^{-(1-z)\gamma_1/\sqrt{Ek}} + 3\mathrm{e}^{-(1-z)\gamma_2/\sqrt{Ek}} \right] \hat{\mathbf{y}}$$

$$\left. -\mathrm{i}\pi \sin\pi z \left[\cos\sqrt{3}\pi y - \mathrm{e}^{-y\gamma_3/\sqrt{Ek}} + \mathrm{e}^{-(\Gamma-y)\gamma_3/\sqrt{Ek}} \right] \hat{\mathbf{z}} \right\},$$

$\mathbf{V}_{033}$ 表示高阶模 $\mathbf{u}_{033}$ 的贡献,可以忽略,具体为

$$\mathbf{V}_{033} = \frac{-288(Po/\sqrt{Ek})\mathrm{e}^{\mathrm{i}\,t}}{81\pi^4\left\{3\sqrt{2}[(7+3\sqrt{3})+(7-3\sqrt{3})\,\mathrm{i}]+288\sqrt{3}\pi^2\sqrt{Ek}\right\}}$$

$$\times\left\{\frac{\sqrt{3}\pi\sin\left(3\sqrt{3}\pi y\right)}{2}\times\left[4\cos 3\pi z - \mathrm{e}^{-z\gamma_1/\sqrt{Ek}}-3\mathrm{e}^{-z\gamma_2/\sqrt{Ek}}+\mathrm{e}^{-(1-z)\gamma_1/\sqrt{Ek}}\right.\right.$$

$$\left.+3\mathrm{e}^{-(1-z)\gamma_2/\sqrt{Ek}}\right]\hat{\mathbf{x}}+\frac{\mathrm{i}\sqrt{3}\pi\sin\left(3\sqrt{3}\pi y\right)}{2}$$

$$\times\left[2\cos 3\pi z + \mathrm{e}^{-z\gamma_1/\sqrt{Ek}}-3\mathrm{e}^{-z\gamma_2/\sqrt{Ek}}\right.$$

$$\left.-\mathrm{e}^{-(1-z)\gamma_1/\sqrt{Ek}}+3\mathrm{e}^{-(1-z)\gamma_2/\sqrt{Ek}}\right]\hat{\mathbf{y}}$$

$$\left.-\mathrm{i}\,3\pi\sin 3\pi z\left[\cos 3\sqrt{3}\pi y - \mathrm{e}^{-y\gamma_3/\sqrt{Ek}}+\mathrm{e}^{-(\Gamma-y)\gamma_3/\sqrt{Ek}}\right]\hat{\mathbf{z}}\right\}.$$

平均动能密度 $\bar{E}_{\mathrm{kin}}$ 为

$$\bar{E}_{\mathrm{kin}}=\frac{512(Po/\sqrt{Ek})^2}{\pi^6}\left\{\frac{27}{\left[3\sqrt{2}(7+3\sqrt{3})+32\pi^2\sqrt{3Ek}\right]^2+18(7-3\sqrt{3})^2}\right.$$

$$\left.+\frac{1}{27\left[3\sqrt{2}(7+3\sqrt{3})+288\pi^2\sqrt{3Ek}\right]^2+486(7-3\sqrt{3})^2}\right\}, \tag{10.30}$$

其中,来自粘性边界层的微小贡献同样被排除在外了。在 (10.30) 式中,第一和第二项分别代表主惯性模 $\mathbf{u}_{011}$ 和高阶惯性模 $\mathbf{u}_{033}$ 的贡献。从公式可知,在 $Ek\ll 1$ 的情况下,第二个惯性模对总动能的贡献只占约 0.1% 的比例,这证明了高阶共振惯性模在物理上确实不重要。换句话说,(10.29) 式的第一项就可为共振的弱进动流提供精确的近似。

表 10.1 和图 10.2 显示了一些从 (10.30) 式计算的典型 $\bar{E}_{\mathrm{kin}}$ 值和相应的数值结果。图 10.3 也显示了从 (10.29) 式计算的进动流结构以及对应的数值解。分析解与数值解的对比将在后面详细讨论。

当系统处于非共振状态时,对于较小的奇数 n 和 k,当 Γ 满足

$$|3n\Gamma-\sqrt{3}k|\gg\sqrt{Ek}$$

时,将有大量的惯性模被激发。为推导任意 Γ 值的一般渐近解,需要进行惯性模的全谱展开,数学问题将会变得异常复杂 (Zhang et al., 2010b)。在后面即将讨论的进动圆柱问题中,我们将推导对任意 Γ 都成立的渐近通解,无论是接近或是远离共振时。

10.4 $\Gamma = 1/\sqrt{3}$ 的共振渐近解

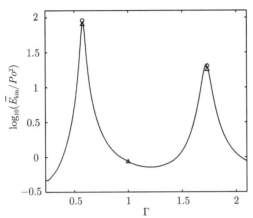

图 10.2 环柱管道中弱进动流的平均动能密度 $\bar{E}_{\text{kin}}$ (乘上了 Po^{-2}) 随管道横纵比 Γ 的变化情况,参数为 $Ek = 5 \times 10^{-5}$, $Po = 5 \times 10^{-4}$。实线为二维线性数值分析的结果,圆圈表示由 (10.30) 式 ($\Gamma = 1/\sqrt{3}$) 和 (10.26) 式 ($\Gamma = \sqrt{3}$) 给出的分析解,三角符号表示全三维数值模拟的非线性解

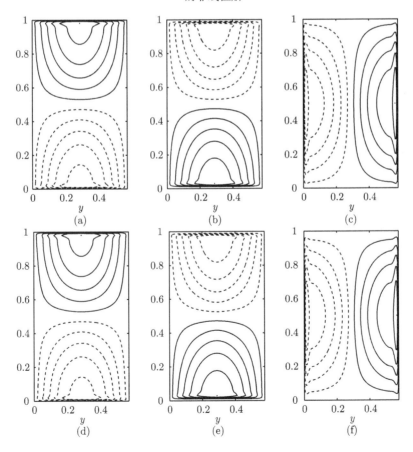

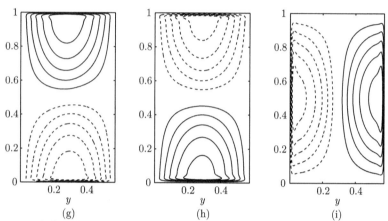

图 10.3 yz 面上的速度等值线。上排 (a), (b), (c) 是以 (10.29) 式计算的分析解,从左至右分别为 u_x、u_y 和 u_z (下同);中排 (d), (e), (f) 为线性数值分析解;下排 (g), (h), (i) 为非线性直接三维数值模拟结果。三种解采用相同的参数:$Po = 10^{-3}$, $\Gamma = 1/\sqrt{3}$ 和 $Ek = 5 \times 10^{-5}$

10.5 线性数值分析

渐近解仅在 $0 < Ek \ll 1$ 条件下成立,为检验其精度,我们需要进行线性数值分析,该数值分析对一个适度小的 Ek 和任意大小的 Γ 都有效。由于无滑移边界条件的存在,管道的数值分析将变得非常复杂 —— 分析中无法使用分离变量法,因而必须使用数值方法来解出一系列的偏微分方程。我们用两个势函数 Ψ 和 Φ 将二维速度 $\mathbf{u}(y, z, t)$ 展开为如下形式:

$$\mathbf{u}(y, z, t) = \{\nabla \times [\Psi(y,z)\hat{\mathbf{x}}] + \Phi(y,z)\hat{\mathbf{x}}\}\, \mathrm{e}^{\mathrm{i}t},$$

问题的物理解仅取上式的实数部分。将此展开式代入 (10.7) 式后,作 $\hat{\mathbf{x}}\cdot$ 和 $\hat{\mathbf{x}}\cdot\nabla\times$ 运算,可得弱进动流的两个独立的偏微分控制方程:

$$2zPo = -2\frac{\partial \Psi}{\partial z} + \left[\mathrm{i} - Ek\left(\frac{\partial^2}{\partial y^2} + \frac{\partial^2}{\partial z^2}\right)\right]\Phi, \tag{10.31}$$

$$2\mathrm{i}Po = +2\frac{\partial \Phi}{\partial z} + \left[\mathrm{i} - Ek\left(\frac{\partial^2}{\partial y^2} + \frac{\partial^2}{\partial z^2}\right)\right]\left(\frac{\partial^2}{\partial y^2} + \frac{\partial^2}{\partial z^2}\right)\Psi. \tag{10.32}$$

以 Ψ 和 Φ 形式写出的边界条件为

$$\Psi = \Phi = \frac{\partial \Psi}{\partial z} = 0 \quad (z = 0,\, 1),$$

$$\Psi = \Phi = \frac{\partial \Psi}{\partial y} = 0 \quad (y = 0,\, \Gamma).$$

为了在极薄的壁面边界层内达到较高的分辨率,我们使用伽辽金–切比雪夫离散化方法 (Galerkin-Chebyshev discretization) 来求解方程 (10.31) 和 (10.32)。将势函数展开为

$$\Phi(y,z) = \sum_{l=0}^{N}\sum_{k=0}^{N}\Phi_{kl}\left[(1-\tilde{z}^2)T_l(\tilde{z})\right]\left[(1-\tilde{y}^2)T_k(\tilde{y})\right],$$

$$\Psi(y,z) = \sum_{l=0}^{N}\sum_{k=0}^{N}\Psi_{kl}\left[(1-\tilde{z}^2)^2 T_l(\tilde{z})\right]\left[(1-\tilde{y}^2)^2 T_k(\tilde{y})\right],$$

其中 $\tilde{y} = (2y/\Gamma - 1)$,$\tilde{z} = (2z - 1)$,$\Psi_{kl}$ 与 Φ_{kl} 为复系数,$T_l(x)$ 为标准切比雪夫函数。需要指出的是,这个展开自动满足无滑移条件。N 为截断参数,当 $Ek \geqslant 10^{-5}$ 时,取 $N = O(100)$ 即可使数值解达到合理的精度。

将展开式代入 (10.31) 和 (10.32) 式,实施标准的数值计算过程,可得到一个关于待定系数 Ψ_{kl} 和 Φ_{kl} 的线性代数方程组,这个代数方程组可以用迭代方法并辅以适当的归一化来进行数值求解。待系数确定后,就得到了进动流的速度势函数 Φ 和 Ψ。将二维数值分析的结果 (还有其他方法得到的结果) 显示于表 10.1 和图 10.2 中。

10.6 非线性直接数值模拟

对于 Po 较大的强进动流,二维进动流将由于非轴对称扰动变得不稳定,从而转化为全三维的紊流。因环柱管道具有两个垂直壁面,应用广泛的傅里叶伪谱方法不能处理这个全三维问题。因此,我们选择基于 Chorin 型投影格式 (Chorin, 1968) 的有限差分法来模拟管道中的全三维进动流。

投影格式的三维有限差分法将动量方程和连续性方程进行了解耦,该方法把完全非线性方程 (10.3) 在时间上离散成了如下形式:

$$\frac{(\mathbf{u}_m - \mathbf{u}^n)}{\Delta t} = Ek\nabla^2\mathbf{u}^n - \mathbf{u}^n\cdot\nabla\mathbf{u}^n - 2\hat{\mathbf{z}}\times\mathbf{u}^n + 2Po\mathbf{u}^n\times(\hat{\mathbf{x}}\cos t_n - \hat{\mathbf{y}}\sin t_n)$$
$$+ 2zPo\,(\hat{\mathbf{x}}\cos t_n - \hat{\mathbf{y}}\sin t_n), \tag{10.33}$$

其中 $\mathbf{u}^n$ 表示第 n 个时间步,即 $t = t_n$ 时的速度,$\mathbf{u}_m$ 表示在 t_n 和 t_{n+1} 之间某个时刻的速度。用由方程 (10.33) 计算得到的中间速度 $\mathbf{u}_m$ 求解压强 p^{n+1} 在 t_{n+1} 时刻的泊松方程,即

$$\nabla^2 p^{n+1} = \frac{1}{\Delta t}\nabla\cdot\mathbf{u}_m. \tag{10.34}$$

当从 (10.34) 式求得 p^{n+1} 后,即可由下式求得 t_{n+1} 时刻的速度 $\mathbf{u}^{n+1}$:

$$\mathbf{u}^{n+1} = \mathbf{u}_m - \Delta t\nabla p^{n+1}.$$

尽管小 Po 的进动流不仅是二维的(与坐标 x 无关),而且在 y 和 z 方向是对称的,但直接三维数值模拟并不需要设置任何空间对称性,计算也可以从任意的初始条件开始。

除了庞加莱数 Po 等物理参数之外,直接三维数值模拟还需要一个新的参数:计算盒子的大小。它由上下无滑移边界面 $z=0,1$,两个垂直的无滑移壁面 $y=0,\Gamma$,以及周期性边界 $x=0,L$ 组成,其中 L 可视为直接数值模拟的一个附加参数。显然,一个小的计算盒子($L\ll 1$)将减小计算成本,但它或许不能捕捉到三维不稳定性的关键空间尺度;另一方面,一个非常长的盒子($L\gg 1$)在计算上又非常昂贵或者不必要,所以为了达到平衡,我们选择了 $L=1$,它等效于将周期性边界条件施加于窄间隙环柱管道的方位角方向,即

$$\mathbf{u}(x=0)=\mathbf{u}(x=L) \quad \text{和} \quad p(x=0)=p(x=L).$$

将差分方程 (10.33) 和 (10.34) 当作一个初值问题,选择任意的三维流动作为初始值,在时间上向前进行积分。当初始态消散掉以后,数值解最终将达到一个振荡或者混沌的状态。对于较小的 Ek,无量纲积分时长通常需要 $O(1/\sqrt{Ek})$ 的量级。当 Po 较小或中等时,以任意三维流动为初始条件的模拟最终总是会达到一个与坐标 x 无关的状态,即 $\partial\mathbf{u}/\partial x=\mathbf{0}$ 和 $\partial p/\partial x=0$,这一点可以被分析解所证实。多次使用不同的 L 值($L>1$ 或者 $L<1$)进行模拟,结果表明:对于较小或中等大小的 Po,与 x 坐标无关的非线性解是唯一在物理上可实现的、稳定的流动。

10.7 分析解与数值解的比较

在进动流的数值计算中,我们应注意到,对于较大范围内的 Ek、Po 和 Γ,线性数值分析是低成本的,而非线性直接数值模拟很大程度上受到了昂贵的计算资源的限制。图 10.2 和表 10.1 总结了三种不同方法(渐近分析、二维数值分析和完全非线性三维数值模拟)得到的结果。当 $Po=10^{-3}$ 和 $Ek=5\times 10^{-5}$ 时,由 (10.30) 式计算的主共振($\Gamma=1/\sqrt{3}$)进动流的空间结构显示于图 10.3 (a),(b),(c) 中。同时,以完全相同的参数计算的线性数值分析解和非线性三维模拟结果也分别显示于图 10.3 (d),(e),(f) 和 (g),(h),(i) 中。很明显,第二个惯性模 $\mathbf{u}_{033}$ 对流体形态的影响不明显,三种根本不同的方法得到的结果没有显著的差异。

于是我们可得到以下结论:①$\Gamma=\sqrt{3}$ 时的渐近表达式 (10.26),以及 $\Gamma=1/\sqrt{3}$ 时的表达式 (10.30) 为 $Ek\ll 1$ 条件下的弱进动流提供了精确的近似;②当 Po 和 Ek 固定时,进动流强度在 $\Gamma=1/\sqrt{3}$ 处达到总体峰值;③对于足够小的 Po,进动流确实是二维的;④非线性效应似乎并不能决定弱进动流的主要特征,即使在共振时也是如此。

非线性直接数值模拟结果在 $0 < (Po/\sqrt{Ek}) < O(1)$ 的范围内与分析解符合得非常好,这与以下的简单尺度分析也是一致的。当 $\Gamma = 1/\sqrt{3}$ 时,共振流的强度为 $|\mathbf{u}| \sim (Po/\sqrt{Ek})$,因此非线性项的大小为 $|\mathbf{u}\cdot\nabla\mathbf{u}| \sim Po^2/Ek$,科里奥利力的大小则为 $|\hat{\mathbf{z}} \times \mathbf{u}| \sim Po/\sqrt{Ek}$。因此,只要旋转效应占主导地位,即 $|\hat{\mathbf{z}} \times \mathbf{u}| \gg |\mathbf{u}\cdot\nabla\mathbf{u}|$ 或 $0 < (Po/\sqrt{Ek}) \ll O(1)$,就可预期渐近解将提供相当好的近似,并且在庞加莱力较弱的情况下,进动流将保持二维状态。

有一个重要的问题是:当庞加莱力增大时,进动流怎样/何时变为全三维的流动?回答这个问题需要对二维流动作稳定性分析,或者对不同的 Po 作众多的三维数值模拟。以 $Ek = 5 \times 10^{-5}$,$\Gamma = 1/\sqrt{3}$ 共振的情况为例,简单的尺度分析表明,向三维流动的过渡将发生在非线性效应变得重要的时候,即 $(Po/\sqrt{Ek}) = O(1)$ 时。三维数值模拟显示,当 $Po \approx 7.0 \times 10^{-3}$ 时,不稳定性将导致流体运动对 x 坐标的依赖,使进动层流 (laminar flow) 消失并转化为无序的小尺度三维湍流 (turbulence)。当 $\Gamma = 1/\sqrt{3}$,$Ek = 5 \times 10^{-5}$ 时,此 Po 值确实满足 $(Po/\sqrt{Ek}) \approx 1$ 的条件。通过三维数值模拟,Zhang 等 (2010b) 确认了共振进动流随着 Po 不断增大而呈现的三种不同状态:①二维振荡层流,与分析解定量吻合;②在空间–时间上被调制的三维进动流;以及③小尺度无序湍流。

10.8 副产品:粘性衰减因子

如果环柱管道进动在 $t = t_0$ 时刻突然停止,那么进动流 $\mathbf{u}(t = t_0) = \mathbf{U}_0(x,y,z)$ 将在粘滞耗散和旋转的影响下最终衰减成一个刚体转动的状态,即管道匀速旋转的自然终态 (Liao and Zhang, 2009)。从初始状态 $\mathbf{U}_0$ 达到最终状态的方式依赖于 $\mathbf{u}_{mnk}$ 的粘性衰减因子 $\mathcal{D}_{mnk}$。作为进动问题的一个副产品,它可以通过设置 $Po = 0$ 来求得。本节的论述将比较简要,因为全部方程以及分析大多与进动问题类似。

在方程 (10.7) 和 (10.8) 中设 $Po = 0$,于是这个初值问题的控制方程变为

$$\frac{\partial \mathbf{u}}{\partial t} + 2\hat{\mathbf{z}} \times \mathbf{u} + \nabla p = Ek\nabla^2 \mathbf{u}, \tag{10.35}$$

$$\nabla \cdot \mathbf{u} = 0, \tag{10.36}$$

初始条件可设为物理上可接受的任何条件,如

$$\mathbf{u}(x,y,z,t=0) = \mathbf{U}_0(x,y,z), \tag{10.37}$$

其中 Ek 为恒定的任意小值,并假设 $\mathbf{U}_0$ 没有地转流成分。方程的渐近解可写成如

下形式：

$$\mathbf{u} = \sum_{m,n,k} \mathcal{A}_{mnk} \left[(\mathbf{u}_{mnk} + \widehat{\mathbf{u}}) + \widetilde{\mathbf{u}}_{mnk} \right] \mathrm{e}^{2\mathrm{i}(\sigma_{mnk} + \widehat{\sigma}_{mnk})t} \mathrm{e}^{-\mathcal{D}_{mnk}t}, \quad (10.38)$$

$$p = \sum_{m,n,k} \mathcal{A}_{mnk} \left[(p_{mnk} + \widehat{p}) + \widetilde{p}_{mnk} \right] \mathrm{e}^{2\mathrm{i}(\sigma_{mnk} + \widehat{\sigma}_{mnk})t} \mathrm{e}^{-\mathcal{D}_{mnk}t}, \quad (10.39)$$

其中 $\widehat{\sigma}_{mnk}$ 表示一个不重要的对无粘性半频 σ_{mnk} 的小改正，$(\widehat{\mathbf{u}}, \widehat{p})$ 表示在管道内部对 $(\mathbf{u}_{mnk}, p_{mnk})$ 的小扰动，无粘性惯性模和边界层流的大小分别为 $|\mathbf{u}_{mnk}| = O(1)$ 和 $\widetilde{\mathbf{u}}_{mnk} = O(1)$，由粘滞耗散带来的 $\widehat{\sigma}_{mnk}$ 和 $\mathcal{D}_{mnk}$ 均为实数，且 $0 < |\widehat{\sigma}_{mnk}| \ll |\sigma_{mnk}|$，$0 < |\mathcal{D}_{mnk}| \ll O(1)$。应该特别注意，$\sqrt{Ek}$ 没有作为渐近解的展开参数。

同进动问题的渐近分析类似，粘性衰减因子 $\mathcal{D}_{mnk}$ 由如下非齐次方程：

$$2\mathrm{i}\sigma_{mnk}\widehat{\mathbf{u}} + 2\widehat{\mathbf{z}} \times \widehat{\mathbf{u}} + \nabla\widehat{p} = (\mathcal{D}_{mnk} - 2\mathrm{i}\widehat{\sigma}_{mnk})\mathbf{u}_{mnk} + Ek\nabla^2\mathbf{u}_{mnk} \quad (10.40)$$

和 $\nabla \cdot \widehat{\mathbf{u}} = 0$ 以及无滑移边界条件描述。此处应该指出，在公式 (10.38) 和 (10.39) 所示的渐近展开框架下，代表内部粘滞耗散的 $Ek\nabla^2\mathbf{u}_{mnk}$ 项必须保留。推导 $\mathcal{D}_{mnk}$ 和 $\widehat{\sigma}_{mnk}$ 的方法同进动问题一样，此处不再赘述。

因轴对称模 $\mathbf{u}_{0nk}$ 和非轴对称模 $\mathbf{u}_{mnk}$ 的公式有细微差别，我们将分别给出 $m = 0$ 时 $\mathcal{D}_{0nk}$ 的表达式和 $m \neq 0$ 时 $\mathcal{D}_{mnk}$ 的表达式。对于 $m = 0$ 的轴对称模，从非齐次方程 (10.40) 的可解条件，可得到轴对称惯性振荡模粘性衰减因子的分析表达式

$$\mathcal{D}_{0nk} = Ek\left(\frac{\pi}{\Gamma}\right)^2 (k^2 + n^2\Gamma^2)$$
$$+ \frac{k^2\Gamma\sqrt{Ek}}{(k^2 + n^2\Gamma^2)^2} \left[\frac{2n^2}{|\sigma_{0nk}|^{3/2}} + \frac{k^2}{\Gamma}\left(\frac{1}{(1+\sigma_{0nk})^{3/2}} + \frac{1}{(1-\sigma_{0nk})^{3/2}} \right) \right], \quad (10.41)$$

其中等号右边第一项是由内部耗散导致的，第二项来自于垂直壁面边界层，第三项来自于上下边界层。无粘性半频 σ_{0nk} 的粘性改正 $\widehat{\sigma}_{0nk}$ 为

$$\widehat{\sigma}_{0nk} = -\frac{k^2\Gamma\sqrt{Ek}}{(k^2 + n^2\Gamma^2)^2}$$
$$\times \left[\frac{n^2}{\sigma_{0nk}\sqrt{|\sigma_{0nk}|}} + \frac{k^2}{2\Gamma}\left(\frac{1}{(1+\sigma_{0nk})^{3/2}} - \frac{1}{(1-\sigma_{0nk})^{3/2}} \right) \right]. \quad (10.42)$$

公式 (10.42) 的负号表明，粘性效应总是使振荡频率 σ_{0nk} 减小的。

在经典渐近分析 (Greenspan, 1968) 中，公式 (10.41) 等号右边的第一项被完全忽略掉了，现在我们来详细考察它为什么必须予以保留。设 $\Gamma = 1$，考虑内部 (右边第一项) 与边界层 (右边第二项) 的贡献之比，即

$$\beta_\nu = \frac{\pi^2 (k^2 + n^2) \sqrt{Ek}}{k^2(k^2 + n^2)^{-2} \left\{ 2n^2|\sigma_{0nk}|^{-3/2} + k^2 \left[(1+\sigma_{0nk})^{-3/2} + (1-\sigma_{0nk})^{-3/2} \right] \right\}}.$$

10.8 副产品：粘性衰减因子

为说明其中的要点，取 $k=1$，即假设径向空间尺度为单位量级，易知

$$\beta_\nu \approx \pi^2, \quad \text{当 } n = Ek^{-\gamma}, \gamma = 1/6 \text{ 时}.$$

也就是说，当惯性模的轴向尺度为 $O(Ek^{1/6})$ 量级时，内部粘性的贡献会远远大于边界层的贡献，但它在经典分析中却被忽略掉了 (Greenspan, 1968)。正是这种空间非均匀性，使得高阶扰动分析变得难度极大而令人生畏，也使基于 $\sqrt{Ek}$ 的渐近展开变得不可取。这种时空非均匀性要么阻碍我们获得基于 $\sqrt{Ek}$ 进行渐近展开的正确形式，要么使超过一阶的高阶渐近分析变得难以进行。

类似地，非轴对称 $(m \neq 0)$ 惯性模的粘性衰减速率 $\mathcal{D}_{mnk}$ 和相应的粘性频率改正 $\widehat{\sigma}_{mnk}$ 可以由非齐次方程 (10.40) 的可解条件求得。其分析解分别为

$$\mathcal{D}_{mnk} = Ek\left(\frac{n^2\pi^2}{\sigma_{mnk}^2}\right) + \sqrt{Ek}\left\{\frac{\Gamma m^2}{(m^2 + n^2\pi^2)\left[k^2\pi^2 + \Gamma^2(m^2 + n^2\pi^2)\right]}\right\}$$

$$\times \left\{\frac{2\pi^2\sqrt{|\sigma_{mnk}|}}{\Gamma^2}\left[k^2 + \left(\frac{nk\pi}{m}\right)^2\right] + \left[(1+\sigma_{mnk})^{1/2} + (1-\sigma_{mnk})^{1/2}\right]\right.$$

$$\times (m^2 + n^2\pi^2)\left[\frac{k^2\pi^2 + \Gamma^2(m^2 + 2n^2\pi^2)}{m^2\Gamma}\right]$$

$$\left. + \left[(1-\sigma_{mnk})^{1/2} - (1+\sigma_{mnk})^{1/2}\right]\left[\frac{2\Gamma n^2\pi^2(n^2\pi^2 + m^2)}{m^2\sigma_{mnk}}\right]\right\} \quad (10.43)$$

和

$$\widehat{\sigma}_{mnk} = -\frac{\sqrt{Ek}}{2}\left\{\frac{\Gamma m^2}{(m^2 + n^2\pi^2)\left[k^2\pi^2 + \Gamma^2(m^2 + n^2\pi^2)\right]}\right\}$$

$$\times \left\{\frac{2\sigma_{mnk}\pi^2}{\Gamma^2\sqrt{|\sigma_{mnk}|}}\left[k^2 + \left(\frac{nk\pi}{m}\right)^2\right] + \left[(1+\sigma_{mnk})^{1/2} - (1-\sigma_{mnk})^{1/2}\right]\right.$$

$$\times (m^2 + n^2\pi^2)\left[\frac{k^2\pi^2 + \Gamma^2(m^2 + 2n^2\pi^2)}{m^2\Gamma}\right]$$

$$\left. - \left[(1+\sigma_{mnk})^{1/2} + (1-\sigma_{mnk})^{1/2}\right]\left[\frac{2\pi^2 n^2\Gamma(n^2\pi^2 + m^2)}{m^2\sigma_{mnk}}\right]\right\}. \quad (10.44)$$

由 (10.41) 和 (10.43) 式分别给出的粘性衰减率 $\mathcal{D}_{0nk}$ 和 $\mathcal{D}_{mnk}$，可得快速旋转环柱管道流体速度 $\mathbf{u}(x,y,z,t)$ 的渐近通解为

$$\mathbf{u} = \sum_{m=0}\sum_{n=1}\sum_{k=1}\left[\frac{\int_{\mathcal{V}}(\mathbf{u}_{mnk}^* \cdot \mathbf{U}_0)\,d\mathcal{V}}{\int_{\mathcal{V}}|\mathbf{u}_{mnk}|^2\,d\mathcal{V}}\right](\mathbf{u}_{mnk} + \widetilde{\mathbf{u}}_{mnk})e^{(2i\sigma_{mnk}t - D_{mnk}t)},$$

上式中的三重求和包含了所有可能的波数，$\mathbf{u}_{0nk}(s,\phi,z)$ 已由 (3.13)~(3.15) 式给出，而 $\mathbf{u}_{mnk}(s,\phi,z)$ 则由 (3.31)~(3.33) 式给出。注意分母的积分 $\int_{\mathcal{V}}|\mathbf{u}_{mnk}|^2\,\mathrm{d}\mathcal{V}$ 是为了归一化。如果初始速度 $\mathbf{U}_0$ 具有地转成分，也可容易地将地转模相关项包含在我们的分析中。

第 11 章 进动圆柱中的流体运动

11.1 公 式

考虑不可压缩粘性流体充满于一个半径为 Γd, 深度为 d 的圆柱中 (横纵比为 Γ), 流体是均匀的且不受外力影响, 即方程 (1.10) 中 $\Theta \equiv 0, \mathbf{f} \equiv \mathbf{0}$。圆柱绕其对称轴以角速度 $\boldsymbol{\Omega}_0 = \Omega_0 \hat{\mathbf{z}}$ 快速旋转 (Ω_0 为常数), 同时以一个固定于惯性系的角速度 $\boldsymbol{\Omega}_p$ 慢速进动 (即 $(\partial \boldsymbol{\Omega}_p/\partial t)_{inertial} = \mathbf{0}$), $\boldsymbol{\Omega}_p$ 与 $\boldsymbol{\Omega}_0$ 的夹角为 α, 且 $0 < \alpha \leqslant \pi/2$ (即 $\boldsymbol{\Omega}_0 \times \boldsymbol{\Omega}_p \neq \mathbf{0}$), 如图 11.1 所示。与进动球体或椭球不同, 圆柱的额外参数 Γ 将使它的流体动力学变得丰富多彩。

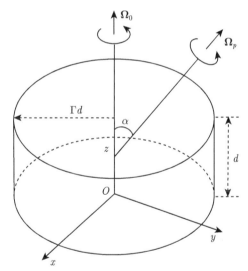

图 11.1 进动直立圆柱的几何形状, 半径为 Γd, 深度为 d, 半径–深度比 (横纵比) 为 Γ。圆柱内部充满不可压缩流体并绕其对称轴以角速度 $\boldsymbol{\Omega}_0 = \Omega \hat{\mathbf{z}}$ 快速旋转, 同时以一个固定于惯性系的角速度 $\boldsymbol{\Omega}_p$ 进动, 即 $(\partial \boldsymbol{\Omega}_p/\partial t)_{inertial} = \mathbf{0}$。$\boldsymbol{\Omega}_0$ 与 $\boldsymbol{\Omega}_p$ 的夹角为 α, 且 $0 < \alpha \leqslant \pi/2$。分析将采用固定于圆柱之上的柱坐标系 (s, ϕ, z) 或直角坐标系 (x, y, z)

我们将采用柱坐标系 (s, ϕ, z) 进行分析, 其中 $s = 0$ 表示圆柱的对称轴, $z = 0$ 为圆柱底面, 相应的单位矢量为 $(\hat{\mathbf{s}}, \hat{\boldsymbol{\phi}}, \hat{\mathbf{z}})$, 它们固定于圆柱之上。在这个随体坐标系中, 进动矢量 $\boldsymbol{\Omega}_p$ 是时变的, 具有如下形式:

$$\boldsymbol{\Omega}_p = |\boldsymbol{\Omega}_p| \left[\hat{\mathbf{s}} \sin\alpha \cos(\phi + \Omega_0 t) - \hat{\boldsymbol{\phi}} \sin\alpha \sin(\phi + \Omega_0 t) + \hat{\mathbf{z}} \cos\alpha \right],$$

其中 $|\mathbf{\Omega}_p|$ 表示进动矢量的强度。于是，方程 (1.10) 右边的庞加莱力 $\mathbf{r} \times (\partial \mathbf{\Omega}/\partial t)$ 即为

$$\mathbf{r} \times \left(\frac{\partial \mathbf{\Omega}}{\partial t}\right) = \mathbf{r} \times \left(\frac{\partial (\mathbf{\Omega}_p + \Omega_0 \hat{\mathbf{z}})}{\partial t}\right)_{inertial} = \mathbf{r} \times [\mathbf{\Omega}_p \times (\Omega_0 \hat{\mathbf{z}})]$$
$$= -|\mathbf{\Omega}_p|\Omega_0 \sin \alpha \{\nabla [-sz \cos(\phi + \Omega_0 t)] + 2\hat{\mathbf{z}} s \cos(\phi + \Omega_0 t)\}.$$

将总角速度 $\mathbf{\Omega} = (\mathbf{\Omega}_p + \hat{\mathbf{z}}\Omega_0)$ 和 $\mathbf{r} \times (\partial \mathbf{\Omega}/\partial t)$ 的表达式代入方程 (1.10)，则在地幔参考系 (或称随体参考系) 中，圆柱进动流的运动方程就表示为

$$\frac{\partial \mathbf{u}}{\partial t} + \mathbf{u} \cdot \nabla \mathbf{u} + 2\Big\{\hat{\mathbf{z}}\Omega_0 + |\mathbf{\Omega}_p|\Big[\hat{\mathbf{s}} \sin\alpha \cos(\phi + \Omega_0 t)$$
$$-\hat{\boldsymbol{\phi}} \sin\alpha \sin(\phi + \Omega_0 t) + \hat{\mathbf{z}} \cos\alpha\Big]\Big\} \times \mathbf{u}$$
$$= -\frac{1}{\rho_0}\nabla p + \nu \nabla^2 \mathbf{u} - 2\hat{\mathbf{z}}|\mathbf{\Omega}_p|\Omega_0 s \sin\alpha \cos(\phi + \Omega_0 t).$$

其中 p 为折算压强，包含了所有的梯度项。最右边一项为庞加莱力，正是它对抗着粘滞耗散并驱动了进动流。

以圆柱深度 d 为单位长度，Ω_0^{-1} 为单位时间，$\rho_0 d^2 \Omega_0^2$ 为单位压强，可得到进动流的无量纲运动方程为

$$\frac{\partial \mathbf{u}}{\partial t} + \mathbf{u} \cdot \nabla \mathbf{u} + 2\Big\{\hat{\mathbf{z}} + Po\,[\hat{\mathbf{s}} \sin\alpha \cos(\phi + t)$$
$$-\hat{\boldsymbol{\phi}} \sin\alpha \sin(\phi + t) + \hat{\mathbf{z}} \cos\alpha]\Big\} \times \mathbf{u}$$
$$= -\nabla p + Ek \nabla^2 \mathbf{u} - 2\hat{\mathbf{z}} s Po \sin\alpha \cos(\phi + t), \tag{11.1}$$

$$\nabla \cdot \mathbf{u} = 0. \tag{11.2}$$

在地幔参考系中，流体在圆柱边界 $\mathcal{S}$ 上是静止的，即在圆柱上下端面 $z = 0, 1$ 处有

$$\hat{\mathbf{z}} \cdot \mathbf{u} = 0 \text{ 和 } \hat{\mathbf{z}} \times \mathbf{u} = \mathbf{0}, \tag{11.3}$$

并且在垂直壁面 $s = \Gamma$ 上，有

$$\hat{\mathbf{s}} \cdot \mathbf{u} = 0 \text{ 和 } \hat{\mathbf{s}} \times \mathbf{u} = \mathbf{0}. \tag{11.4}$$

当 Po 足够小时 $(0 < Po \ll 1)$，进动流的强度很弱，即 $|\mathbf{u}| = \epsilon \ll 1$，这时可略去高阶项 $\mathbf{u} \cdot \nabla \mathbf{u} = O(\epsilon^2)$ 和

$$\Big|Po\,[\hat{\mathbf{s}} \sin\alpha \cos(\phi + t) - \hat{\boldsymbol{\phi}} \sin\alpha \sin(\phi + t) + \hat{\mathbf{z}} \cos\alpha] \times \mathbf{u}\Big| = O(Po\,\epsilon),$$

11.2 共振条件

对方程 (11.1) 进行线性化，由此得到首阶近似下的弱进动流方程：

$$\frac{\partial \mathbf{u}}{\partial t} + 2\hat{\mathbf{z}} \times \mathbf{u} + \nabla p = Ek\nabla^2 \mathbf{u} - 2\hat{\mathbf{z}}sPo\sin\alpha e^{i(\phi+t)}, \tag{11.5}$$

$$\nabla \cdot \mathbf{u} = 0, \tag{11.6}$$

其中，仅复数解的实部可作为有物理意义的解。方程 (11.5) 和 (11.6) 的推导基于以下假设：在发生精确共振时，Po 和 Ek 都足够小，且 $(Po/\sqrt{Ek}) \ll 1$。由于庞加莱力的形式为 $2s\hat{\mathbf{z}}Po\sin\alpha e^{i(\phi+t)}$，其方位波数 $m=1$，因此弱进动流也将具有相同的波数，这意味着圆柱中的进动流一定是三维的——这区别于进动窄间隙环柱的情况。另外，值得注意的是，方程的线性化也可以由假设夹角 α 充分小来获得。但是对于进动角任意的情况，我们的分析方法可以简单地通过增大 Po，将流体运动从线性域扩展到强非线性域。

本章我们将分别用数学分析和数值计算的方法，来求解由方程 (11.5) 和 (11.6) 及边界条件 (11.3) 和 (11.4) 定义的弱进动流问题。而对于由方程 (11.1) 和 (11.2) 及边界条件 (11.3) 和 (11.4) 定义的非线性问题，我们将先后使用弱非线性分析和直接数值模拟来进行求解。

11.2 共振条件

与进动窄间隙环柱类似，我们需要根据横纵比 Γ 的大小区分两种不同的情况：共振和非共振。这种区分在数学上非常重要，因为非共振问题的数学处理不仅与共振问题不同，而且复杂得多。

由进动导致的庞加莱力 $2s\hat{\mathbf{z}}Po\sin\alpha e^{i(\phi+t)}$ 如要与某一圆柱惯性波模 $\mathbf{u}_{mnk}$ 产生共振（m 为方位波数，n 为轴向波数，k 为径向波数），则必须满足两个条件。第一个条件是

$$\int_0^1 \int_0^\Gamma \int_0^{2\pi} \mathbf{u}_{mnk}^* \cdot \left[2s\hat{\mathbf{z}}Po\sin\alpha e^{i\phi}\right] s\,d\phi\,ds\,dz \neq 0,$$

其中惯性模 $\mathbf{u}_{mnk}$ 的表达式由 (4.39)~(4.41) 式给出。很明显，方位波数 $m=1$ 且轴向波数为奇数（$n=1,3,5,\cdots$）的惯性模便可满足该条件。这个积分的详细情况将在后面讨论。

第二个条件是，惯性波模 $\mathbf{u}_{mnk}$ ($m=1$) 的半频 σ_{mnk}，即 (4.37) 和 (4.38) 式的解，必须等于 $1/2$，即 $\sigma_{mnk} = 1/2$。由这些条件将得到下列两个共振方程：

$$0 = \xi_{1nk} J_0(\xi_{1nk}) + J_1(\xi_{1nk}), \tag{11.7}$$

$$(\Gamma)_{resonant} = \Gamma_{nk} = \frac{\xi_{1nk}}{\sqrt{3}\,n\pi}, \tag{11.8}$$

其中 $n = 1, 3, 5, \cdots$，径向波数指标 k 以升序排列，即

$$0 < \xi_{1n1} < \xi_{1n2} < \xi_{1n3} < \cdots < \xi_{1nk} < \cdots.$$

方程 (11.7) 和 (11.8) 决定了共振时的径向波数 ξ_{1nk} 和横纵比 Γ_{nk}。当进动圆柱的横纵比为 Γ_{nk} 时，庞加莱力将直接与惯性模 $\mathbf{u}_{1nk}$ ($n = 1, 3, 5, \cdots, k = 1, 2, 3, \cdots$) 产生共振。为求 Γ_{nk} 的值，首先解方程 (11.7) 得到共振时的径向波数 ξ_{1nk}，然后利用 (11.8) 式计算进动圆柱共振时的横纵比 Γ_{nk}。只有当这两个条件都满足时共振才会发生，并且共振的惯性模有无穷多个。

最低阶的共振模由奇数轴向波数 $n = 1$ 和方程 (11.7) 的最小正根 $\xi_{111} = 2.7346$ 来表示。从公式 (11.8) 可知，当 $k = 1, n = 1$ 时，对应的共振横纵比为 $\Gamma_{11} = 0.502559$。这意味着当圆柱的半径-高度比 (横纵比) $\Gamma = 0.502559$ 时，惯性波模 $\mathbf{u}_{111}$ 将直接与进动力发生共振。表 11.1 列出了 (11.7) 和 (11.8) 式的几个解 (ξ_{1nk} 和 Γ_{nk})，它们被视为主共振模。而更高阶的共振模 (对应更大的 n 与 k)，往往受到粘滞耗散的强烈衰减，因而在物理上是不重要的。

表 11.1 (11.7) 和 (11.8) 式的几个解，列出了轴向波数 $n = 1$ 时的共振横纵比 Γ_{nk} 和对应的径向波数 ξ_{1nk}

Γ_{nk}	n	k	ξ_{1nk}
0.502559	1	1	2.73462
1.045945	1	2	5.69140
1.611089	1	3	8.76658
2.182389	1	4	11.8752

在一个半径-高度比为 $\Gamma = (\Gamma_{nk})_{resonant}$ 的弱进动圆柱中，进动流将由单一的惯性模 $\mathbf{u}_{1nk}$ 来主导，当 $Ek \ll 1$ 时，预期进动流的幅度 $|\mathbf{u}|$ 将遵循 $|\mathbf{u}| = O(Po/\sqrt{Ek})$ 的渐近律。而在远离主共振时，庞加莱力将会激发一系列 $m = 1$ 的惯性模，其幅度为 $|\mathbf{u}| = O(Po)$，与 Ek 无关 ($Ek \ll 1$)。为理解这个问题的物理本质，我们将讨论方程 (11.5) 和 (11.6) 三种不同的渐近解：① $Ek = 0$ 时，完全忽略粘性效应的无粘性分析解；② $0 < Ek \ll 1$ 时的复杂渐近通解，对共振、近共振和远共振情况均有效，进动流幅度范围从 $|\mathbf{u}| = O(Po/\sqrt{Ek})$ 直至 $|\mathbf{u}| = O(Po)$；③ $0 < Ek \ll 1$ 时，仅对 $\Gamma = \Gamma_{1k}$ 有效的、简单的渐近分析解。

11.3　无粘性进动解的发散性

假设旋转圆柱的无粘性惯性模在数学上是完备的，则当 $0 < Po \ll 1$ 时，其内

11.3 无粘性进动解的发散性

部的进动流 **u** 和压强 p 总是可由惯性模 $(\mathbf{u}_{1nk}, p_{1nk})$ 来展开，即

$$p(s,\phi,z,t) = \left[\sum_{n=1}^{N}\sum_{k=1}^{2K} \mathcal{A}_{1nk} p_{1nk}(s,\phi,z)\right] e^{\mathrm{i}t}, \quad (11.9)$$

$$\mathbf{u}(s,\phi,z,t) = \left[\sum_{n=1}^{N}\sum_{k=1}^{2K} \mathcal{A}_{1nk} \mathbf{u}_{1nk}(s,\phi,z)\right] e^{\mathrm{i}t}, \quad (11.10)$$

其中 n 为奇数，$\mathcal{A}_{1nk}$ 为待定复系数，$\mathbf{u}_{1nk}(s,\phi,z)$ 由 (4.39)~(4.41) 式给出且 $m=1$，惯性模自动满足无散条件 $\nabla\cdot\mathbf{u}=0$ 和圆柱腔体边界面 $\mathcal{S}$ 上的无粘性边界条件 $\hat{\mathbf{n}}\cdot\mathbf{u}=0$。之所以只选择 $m=1$、n 为奇数的惯性模是因为庞加莱力的空间对称性。在公式 (11.9) 和 (11.10) 中，$2K$ 表示在展开式中包含了 K 个最低阶顺行模 ($\sigma_{1nk}<0$) 和 K 个最低阶逆行模 ($\sigma_{1nk}>0$)，以保证 (11.9) 和 (11.10) 式的展开在数学上是完整的。例如，$N=3$ 和 $K=3$ 的展开式一共包含了 12 个惯性模，它们列于表 11.2 中 ($\Gamma=0.7$)。必须指出，虽然惯性模展开在数学上要求取极限 $N\to\infty$ 和 $K\to\infty$，但对于任何实际应用，我们只能取一个稍大的 K 和 N 值。

表 11.2 $\Gamma=0.7$ 时，展开式 (11.9) 和 (11.10) 取 $N=3$ 和 $K=3$ 所包含的几个惯性模的径向波数 ξ_{1nk} 和半频 σ_{1nk} ($m=1$)。逆行 ($\sigma_{1nk}>0$) 和顺行 ($\sigma_{1nk}<0$) 惯性模均被列出

类型	n	k	ξ_{1nk}	σ_{1nk}
逆行	1	1	2.60499	+0.64507
逆行	1	2	5.81693	+0.35363
逆行	1	3	8.99033	+0.23760
顺行	1	1	4.87164	−0.41143
顺行	1	2	8.10089	−0.26198
顺行	1	3	11.2767	−0.19141
逆行	3	1	2.43171	+0.93829
逆行	3	2	5.57522	+0.76379
逆行	3	3	8.72870	+0.60297
顺行	3	1	5.08480	−0.79205
顺行	3	2	8.34493	−0.62018
顺行	3	3	11.5331	−0.49654

在无粘性 (即 (11.5) 式中取 $Ek=0$) 以及远离共振 (即 $\Gamma\neq\Gamma_{kn}$) 的情况下，展开式 (11.9) 和 (11.10) 是否随着 N 和 K 的增大而收敛？为回答这个问题，将 (11.9) 和 (11.10) 式代入方程 (11.5)，乘上 $\mathbf{u}_{1nk}$ 的复共轭 $\mathbf{u}_{1nk}^{*}$，然后在圆柱体上进行积分，可得

$$\mathrm{i}(1-2\sigma_{1nk})\mathcal{A}_{1nk}\int_0^1\int_0^\Gamma\int_0^{2\pi}|\mathbf{u}_{1nk}|^2 s\,\mathrm{d}\phi\,\mathrm{d}s\,\mathrm{d}z$$
$$=-2Po\sin\alpha\int_0^1\int_0^\Gamma\int_0^{2\pi}\hat{\mathbf{z}}\cdot\mathbf{u}_{1nk}^*\mathrm{e}^{\mathrm{i}\phi}s^2\,\mathrm{d}\phi\,\mathrm{d}s\,\mathrm{d}z. \tag{11.11}$$

上述方程的推导利用了以下公式:

$$\int_0^1\int_0^\Gamma\int_0^{2\pi}\mathbf{u}_{1nk}^*\cdot\sum_{n',k'}\mathcal{A}_{1n'k'}\left(\mathrm{i}\mathbf{u}_{1n'k'}+2\hat{\mathbf{z}}\times\mathbf{u}_{1n'k'}+\nabla p_{1n'k'}\right)s\,\mathrm{d}\phi\,\mathrm{d}s\,\mathrm{d}z$$
$$=\int_0^1\int_0^\Gamma\int_0^{2\pi}\mathbf{u}_{1nk}^*\cdot\sum_{n',k'}\mathcal{A}_{1n'k'}\mathrm{i}(1-2\sigma_{1n'k'})\mathbf{u}_{1n'k'}s\,\mathrm{d}\phi\,\mathrm{d}s\,\mathrm{d}z$$
$$=\mathrm{i}(1-2\sigma_{1nk})\mathcal{A}_{1nk}\int_0^1\int_0^\Gamma\int_0^{2\pi}|\mathbf{u}_{1nk}|^2 s\,\mathrm{d}\phi\,\mathrm{d}s\,\mathrm{d}z,$$

其中使用了 $\mathbf{u}_{1nk}$ 的正交性。公式 (11.11) 中的两个积分可以解析地求出, 分别为

$$\int_0^1\int_0^\Gamma\int_0^{2\pi}|\mathbf{u}_{1nk}|^2 s\,\mathrm{d}\phi\,\mathrm{d}s\,\mathrm{d}z=\left\{\frac{\pi[(n\pi\Gamma)^2+(1-\sigma_{1nk})]}{4\sigma_{1nk}^2(1-\sigma_{1nk}^2)}\right\}J_1^2(\xi_{1nk}),$$

$$\int_0^1\int_0^\Gamma\int_0^{2\pi}(\hat{\mathbf{z}}\cdot\mathbf{u}_{1nk}^*)\mathrm{e}^{\mathrm{i}\phi}s^2\,\mathrm{d}\phi\,\mathrm{d}s\,\mathrm{d}z=\left\{\frac{\mathrm{i}\pi[1-(-1)^n]}{\sigma_{1nk}}\right\}\int_0^\Gamma s^2 J_1\left(\frac{\xi_{1nk}s}{\Gamma}\right)\mathrm{d}s$$
$$=\left\{\frac{\mathrm{i}\pi[1-(-1)^n]}{\sigma_{1nk}}\right\}\left[\frac{\Gamma^3(1+\sigma_{1nk})}{\xi_{1nk}^2\sigma_{1nk}}\right]J_1(\xi_{1nk}).$$

这里我们使用了贝塞尔函数的性质:

$$x^m J_{m-1}(x)=\frac{\mathrm{d}}{\mathrm{d}x}[x^m J_m(x)] \tag{11.12}$$

以及 ξ_{1nk} 和 σ_{1nk} 的关系:

$$0=\xi_{1nk}\sigma_{1nk}J_0(\xi_{1nk})+(1-\sigma_{1nk})J_1(\xi_{1nk}),$$
$$0=(1+\sigma_{1nk})J_0(\xi_{1nk})+(1-\sigma_{1nk})J_2(\xi_{1nk}),$$

它们是在 (4.39) 和 (4.42) 式中令 $s=\Gamma$ 而推出的。于是可立即得到 $\mathcal{A}_{1nk}$ 的分析表达式为

$$\mathcal{A}_{1nk}=\frac{-8Po\sin\alpha\Gamma^3[1-(-1)^n](1+\sigma_{1nk})^2(1-\sigma_{1nk})}{\xi_{1nk}^2\left[(n\pi\Gamma)^2+(1-\sigma_{1nk})\right](1-2\sigma_{1nk})J_1(\xi_{1nk})},$$

当 $-1<\sigma_{1nk}<1$ 时它是实数。无粘性进动解即为

11.3 无粘性进动解的发散性

$$\mathbf{u} = \sum_{n=1}^{N}\sum_{k=1}^{2K} \frac{-8Po\sin\alpha\Gamma^3[1-(-1)^n](1+\sigma_{1nk})^2(1-\sigma_{1nk})}{\xi_{1nk}^2\left[(n\pi\Gamma)^2+(1-\sigma_{1nk})\right](1-2\sigma_{1nk})J_1(\xi_{1nk})}\mathbf{u}_{1nk}(s,\phi,z)\mathrm{e}^{\mathrm{i}t}. \quad (11.13)$$

显然，共振时 $\sigma_{1nk} = 1/2$ 将造成 (11.13) 式的奇异性。

基于 (11.10) 和 (11.13) 式，容易得到动能 E_{kin} 的空间平均，用 $\mathcal{A}_{1nk}$ 和其他参数可表示为

$$\begin{aligned}
E_{\mathrm{kin}} &= \frac{1}{2\mathcal{V}}\int_0^1\int_0^\Gamma\int_0^{2\pi}|\mathbf{u}|^2\,s\,\mathrm{d}\phi\,\mathrm{d}s\,\mathrm{d}z \\
&= \frac{1}{2\mathcal{V}}\int_0^1\int_0^\Gamma\int_0^{2\pi}\left|\frac{1}{2}\sum_{n=1}^{N}\sum_{k=1}^{2K}\left(\mathcal{A}_{1nk}\mathbf{u}_{1nk}\mathrm{e}^{\mathrm{i}t}+\mathcal{A}_{1nk}^*\mathbf{u}_{1nk}^*\mathrm{e}^{-\mathrm{i}t}\right)\right|^2 s\,\mathrm{d}\phi\,\mathrm{d}s\,\mathrm{d}z \\
&= \frac{1}{16\Gamma^2}\sum_{n=1}^{N}\sum_{k=1}^{2K}\left[\frac{(n\pi\Gamma)^2+(1-\sigma_{1nk})}{\sigma_{1nk}^2(1-\sigma_{1nk}^2)}\right]|\mathcal{A}_{1nk}|^2 J_1^2(\xi_{1nk}),
\end{aligned} \quad (11.14)$$

其中 $\mathcal{V} = \pi\Gamma^2$ 为圆柱体积。动能密度不仅可作为衡量进动流强弱的一个标志，而且还能检验无粘性解的收敛性。

有一个细微但极其重要的特点是：对于给定的任意横纵比 Γ，总是存在 $m=1$、n 为奇数、半频 σ_{1nk} 无限接近 $1/2$（共振值）的惯性模。这说明，如果在 (11.5) 式中维持 $Ek=0$，那么便不可能通过改变 Γ 的大小来消除 (11.13) 式的奇点。因此，由 (11.13) 和 (11.14) 式给出的无粘性解在数学上总是发散的，因而也是没有物理意义的，即使远离主共振时也是如此。

无粘性分析解的发散性有两个特点：① 由 (11.10) 和 (11.13) 式表示的进动流结构取决于展开式 (11.9) 和 (11.10) 中 N 和 K 的取值，且对 N 和 K 的大小非常敏感；② 由 E_{kin} 衡量的进动流强度也是截断参数 N 和 K 的敏感函数。为说明这个不明显的特点，以 $\Gamma=1.3$ 为例，它远离两个主共振值 $\Gamma=1.045945$ 或 $\Gamma=1.611089$（见表 11.1）。表 11.3 给出了 $\Gamma=1.3$ 时径向波数 ξ_{1nk} 和相应半频 σ_{1nk} 的一些例子，表明高阶惯性模的半频可以无限接近共振值 $1/2$，例如，当 $n=3, k=7$ 时，$\sigma_{1nk}=0.49934$；当 $n=7, k=16$ 时，$\sigma_{1nk}=0.50001$。于是，动能密度（除以了 Po^2）在 $N=5, K=5$ 时为 $E_{\mathrm{kin}}/Po^2=0.39737$，在 $N=7, K=7$ 时突然下降为 $E_{\mathrm{kin}}/Po^2=0.33049$，而当 $N=16, K=16$ 时，随着另一个近共振模（$n=7, k=16, \sigma_{1nk}=0.50001$）的加入，动能密度又上升为 $E_{\mathrm{kin}}/Po^2=0.40129$。此外，相应无粘性进动解的空间结构也将随着 (11.9) 和 (11.10) 式的不同截断阶次而呈现不连续的变化。

展开式 (11.9) 和 (11.10) 的发散性表明，无粘性解 (11.13) 或 (11.14) 不能与实验或数值计算的结果进行定量比较，即使远离主共振时也不能。这个特点，即高阶近共振模的密集分布，迫使我们必须推导出包含粘性衰减效应（$0 < Ek \ll 1$）的渐近解，而不管系统是否远离主共振。

表 11.3 横纵比 $\Gamma = 1.3$ 时,方位波数 $m = 1$ 的几个逆行波 $(\sigma_{1nk} > 0)$ 的径向波数 ξ_{1nk} 和半频 σ_{1nk} 值,其中包括了一些高阶近共振的惯性模

n	k	ξ_{1nk}	σ_{1nk}
1	1	2.47212	0.85548
1	2	5.64312	0.58629
1	3	8.80748	0.42068
1	4	11.9637	0.32307
1	5	15.1151	0.26084
1	6	18.2637	0.21823
1	7	21.4106	0.18737
3	1	2.41277	0.98116
3	2	5.53764	0.91125
3	3	8.67966	0.81599
3	4	11.8244	0.71956
3	5	14.9695	0.63338
3	6	18.1143	0.56026
3	7	21.2587	0.49934
7	16	49.5028	0.50001
11	25	77.7689	0.50020

11.4 $0 < Ek \ll 1$ 条件下的渐近通解

有两种完全不同的情况必须加以区分,即理想无粘性流体 ($Ek = 0$) 和现实中的粘度极小的粘性流体 ($0 < Ek \ll 1$,Ek 为定值)。与无粘性条件 $Ek = 0$ 相关的数学困难,诸如有限截断参数 N 和 K 导致的惯性模展开的发散性、惯性模的密集分布和无粘性惯性波解可能存在的不连续性,都将在考虑了微弱的粘性效应之后被消除。对于粘性流体,完备的惯性模将与粘性边界层分析一起,为我们导出快速旋转系统的渐近进动解提供强大有效的工具 (虽然惯性模的完备性仍然有待证明)。

首先考虑求解粘性流体在 $0 < Ek \ll 1$ 和 $0 < Po \ll 1$ 条件下、对任意横纵比 Γ 都有效的渐近通解,它包含流体内部和边界层的粘性效应。需要注意,当 Γ 为任意值时,通常会激发一个 $m = 1$ 的惯性模集合,因此对通解的数学分析将比共振情况复杂得多 (共振情况将在后面讨论)。因为只有 $m = 1$ 的惯性模将被庞加莱力直接激发,而且因为庞加莱力在地幔参考系中是随时间而变化的,且频率为 1,所以 (9.3) 和 (9.4) 式需要改写为如下形式:

$$\mathbf{u}(s,\phi,z,t) = \left[\left(\sum_{n=1}^{N} \sum_{k=1}^{2K} \mathcal{A}_{1nk} \mathbf{u}_{1nk} \right) + \widehat{\mathbf{u}} + \widetilde{\mathbf{u}} \right] \mathrm{e}^{\mathrm{i}t}, \quad (11.15)$$

$$p(s,\phi,z,t) = \left[\left(\sum_{n=1}^{N} \sum_{k=1}^{2K} \mathcal{A}_{1nk} p_{1nk} \right) + \widehat{p} + \widetilde{p} \right] \mathrm{e}^{\mathrm{i}t}, \quad (11.16)$$

11.4　$0 < Ek \ll 1$ 条件下的渐近通解

其中 $\widehat{\mathbf{u}}$ 和 $\widehat{p}$ 表示内部的小扰动 (相对于首阶近似 $\sum_{n,k}\mathcal{A}_{1nk}\mathbf{u}_{1nk}$ 和 $\sum_{n,k}\mathcal{A}_{1nk}p_{1nk}$), 它们是由内部粘性效应 $Ek\nabla^2(\sum_{n,k}\mathcal{A}_{1nk}\mathbf{u}_{1nk})$ 和粘性边界层 $\widetilde{\mathbf{u}}$ 共同导致的, 而粘性流 $\widehat{\mathbf{u}}$ 和 $\widetilde{\mathbf{u}}$ 满足

$$|\widehat{\mathbf{u}}| \ll \left|\sum_{n,k}\mathcal{A}_{1nk}\mathbf{u}_{1nk}\right| \quad \text{和} \quad |\widetilde{\mathbf{u}}| = O\left|\sum_{n,k}\mathcal{A}_{1nk}\mathbf{u}_{1nk}\right|,$$

该式将应用于 $0 < Ek \ll 1$ 条件下的渐近分析中。

来自边界层的内流 (influx) 不仅引进了一个重要的新项, 而且明显地将数学分析复杂化了。将 (11.15) 和 (11.16) 式代入方程 (11.5), 两边乘上 $\mathbf{u}_{1nk}$ 的复共轭, 然后在整个圆柱体上进行积分, 可得关于系数 $\mathcal{A}_{1nk}$ 的线性方程, 如下:

$$\left[\mathrm{i}(1-2\sigma_{1nk}) + \frac{Ek(n\pi)^2}{\sigma_{1nk}^2}\right]\mathcal{A}_{1nk}\int_0^1\int_0^\Gamma\int_0^{2\pi}|\mathbf{u}_{1nk}|^2 s\,\mathrm{d}\phi\,\mathrm{d}s\,\mathrm{d}z + \int_\mathcal{S} p_{1nk}^*\,(\widehat{\mathbf{n}}\cdot\widetilde{\mathbf{u}})\,\mathrm{d}\mathcal{S}$$
$$=-2Po\sin\alpha\int_0^1\int_0^\Gamma\int_0^{2\pi}\widehat{\mathbf{z}}\cdot\mathbf{u}_{1nk}^*s^2\mathrm{e}^{\mathrm{i}\phi}\,\mathrm{d}\phi\,\mathrm{d}s\,\mathrm{d}z, \qquad (11.17)$$

其中 $n = 1, 3, 5, \cdots$, $k = 1, 2, 3, \cdots$, $\int_\mathcal{S}\mathrm{d}\mathcal{S}$ 表示在圆柱边界面 $\mathcal{S}$ 上的面积分。应该指出, 面积分 $\int_\mathcal{S} p_{1nk}^*\,(\widehat{\mathbf{n}}\cdot\widetilde{\mathbf{u}})\,\mathrm{d}\mathcal{S}$ 的演算是非常困难的, 它构成了数学分析的主要组成部分。在 (11.17) 式的推导过程中, 我们使用了无散条件 $\nabla\cdot\widehat{\mathbf{u}}=0$ 和以下性质:

$$\int_0^1\int_0^\Gamma\int_0^{2\pi}\mathbf{u}_{1nk}^*\cdot(\mathrm{i}\widehat{\mathbf{u}}+2\widehat{\mathbf{z}}\times\widehat{\mathbf{u}}+\nabla\widehat{p})\,s\,\mathrm{d}\phi\,\mathrm{d}s\,\mathrm{d}z$$
$$=\mathrm{i}(1-2\sigma_{1nk})\int_0^1\int_0^\Gamma\int_0^{2\pi}\widehat{\mathbf{u}}\cdot\mathbf{u}_{1nk}^*s\,\mathrm{d}\phi\,\mathrm{d}s\,\mathrm{d}z + \int_0^1\int_0^\Gamma\int_0^{2\pi}\nabla\cdot(\widehat{\mathbf{u}}p_{1nk}^*)\,s\,\mathrm{d}\phi\,\mathrm{d}s\,\mathrm{d}z$$
$$=\mathrm{i}(1-2\sigma_{1nk})\int_0^1\int_0^\Gamma\int_0^{2\pi}\widehat{\mathbf{u}}\cdot\mathbf{u}_{1nk}^*s\,\mathrm{d}\phi\,\mathrm{d}s\,\mathrm{d}z + \int_\mathcal{S} p_{1nk}^*\,(\widehat{\mathbf{n}}\cdot\widetilde{\mathbf{u}})\,\mathrm{d}\mathcal{S}$$

以及

$$\int_0^1\int_0^\Gamma\int_0^{2\pi}\mathbf{u}_{1nk}^*\cdot\left(\sum_{n'=1}^{N}\sum_{k'=1}^{2K}\mathcal{A}_{1n'k'}\nabla^2\mathbf{u}_{1n'k'}\right)s\,\mathrm{d}\phi\,\mathrm{d}s\,\mathrm{d}z$$
$$=-\int_0^1\int_0^\Gamma\int_0^{2\pi}\mathbf{u}_{1nk}^*\cdot\left\{\sum_{n'=1}^{N}\sum_{k'=1}^{2K}\mathcal{A}_{1n'k'}\left[\frac{(n'\pi)^2}{\sigma_{1n'k'}^2}\right]\mathbf{u}_{1n'k'}\right\}s\,\mathrm{d}\phi\,\mathrm{d}s\,\mathrm{d}z$$
$$=-\mathcal{A}_{1nk}\left[\frac{(n\pi)^2}{\sigma_{1nk}^2}\right]\int_0^1\int_0^\Gamma\int_0^{2\pi}|\mathbf{u}_{1nk}|^2 s\,\mathrm{d}\phi\,\mathrm{d}s\,\mathrm{d}z.$$

与积分 $\mathrm{i}(1-2\sigma_{1nk})\int_0^1\int_0^\Gamma\int_0^{2\pi}(\sum_{n',k'}\mathcal{A}_{1n'k'}\mathbf{u}_{1n'k'})\cdot\mathbf{u}_{1nk}^*s\,\mathrm{d}\phi\,\mathrm{d}s\,\mathrm{d}z$ 比较, 我们忽略

了积分小量 $\mathrm{i}(1-2\sigma_{1nk})\int_0^1\int_0^\Gamma\int_0^{2\pi}\hat{\mathbf{u}}\cdot\mathbf{u}^*_{1nk}s\,\mathrm{d}\phi\,\mathrm{d}s\,\mathrm{d}z$。另外，与 $Ek\nabla^2(\sum_{n,k}\mathcal{A}_{1nk}\mathbf{u}_{1nk})$ 比较，$Ek\nabla^2\hat{\mathbf{u}}$ 为小量，也忽略不计了。

需要特别指出，为推导对共振、远共振或者中间过渡情况都成立的渐近通解，面积分 $\int_\mathcal{S}p^*_{1nk}(\hat{\mathbf{n}}\cdot\hat{\mathbf{u}})\,\mathrm{d}\mathcal{S}$ 必须保留在 (11.17) 式中，这是因为 (11.17) 式的左边第一项在共振或近共振时会消失或小到可忽略不计，而面积分 (即边界粘滞耗散) 将在 (11.17) 式中成为主导。这预示着，在 $0<Ek\ll 1$ 条件下，最复杂的动力学过程并不是发生在恰好共振时，而是发生在共振的邻近，即渐近尺度从 $|\mathbf{u}|=O(Po)/\sqrt{Ek}$ 向 $|\mathbf{u}|=O(Po)$ 快速转变之时。此时，被激发的惯性模子集将耦合在一起，(11.17) 式左边第一项的大小也会变得与面积分相当。

面积分 $\int_\mathcal{S}p^*_{1nk}(\hat{\mathbf{n}}\cdot\hat{\mathbf{u}})\,\mathrm{d}\mathcal{S}$ 最终将边界层流 $\tilde{\mathbf{u}}$ 与主流 $\sum_{n,k}(\mathcal{A}_{1nk}\mathbf{u}_{1nk})$ 联系在了一起，现在我们就面临着导出它的任务。在进动圆柱中一共存在三处粘性边界层：顶面 ($z=1$)、底面 ($z=0$) 和侧面 ($s=\Gamma$)。虽然问题包含的基本物理关系非常清楚，并可简单地描述，但是数学分析却是非常冗长和繁琐的，下面我们将给出推导的全部过程。在圆柱边界面 $\mathcal{S}$ 上，有

$$(\hat{\mathbf{n}}\cdot\hat{\mathbf{u}})_\mathcal{S}=(\hat{\mathbf{n}}\cdot\tilde{\mathbf{u}})_{\eta=\infty}\quad\text{(粘性边界层的外缘处)},$$

考虑到 $\nabla\cdot\tilde{\mathbf{u}}=0$，可得

$$\int_\mathcal{S}p^*_{1nk}(\hat{\mathbf{n}}\cdot\hat{\mathbf{u}})\,\mathrm{d}\mathcal{S}=\int_\mathcal{S}p^*_{1nk}\left[\sqrt{Ek}\int_0^\infty\hat{\mathbf{n}}\cdot\nabla\times(\hat{\mathbf{n}}\times\tilde{\mathbf{u}}_{tang})\,\mathrm{d}\eta\right]\mathrm{d}\mathcal{S},\qquad(11.18)$$

上式中，边界流 $\tilde{\mathbf{u}}$ 被分解成了两部分：弱的法向分量 $(\hat{\mathbf{n}}\cdot\tilde{\mathbf{u}})\hat{\mathbf{n}}$ 和占主导地位的切向分量 $\tilde{\mathbf{u}}_{tang}$；$\eta$ 为延展的边界层变量：在底面 $z=0$ 处，$\eta=\eta_0=z/\sqrt{Ek}$，在顶面 $z=1$ 处，$\eta=\eta_1=(1-z)/\sqrt{Ek}$，而在侧面 $s=\Gamma$ 处为 $\eta=\eta_s=(\Gamma-s)/\sqrt{Ek}$。因为圆柱几何形状的关系，$\tilde{\mathbf{u}}_{tang}$ 的指数因子与壁面坐标无关，所以积分 $\int_0^\infty\mathrm{d}\eta$ 和面积分 $\int_\mathcal{S}\mathrm{d}\mathcal{S}$ 的顺序可以调换。这个特点不同于球或椭球中的情况，它简化了数学分析，于是有

$$\int_\mathcal{S}p^*_{1nk}\left[\sqrt{Ek}\int_0^\infty\hat{\mathbf{n}}\cdot\nabla\times(\hat{\mathbf{n}}\times\tilde{\mathbf{u}}_{tang})\,\mathrm{d}\eta\right]\mathrm{d}\mathcal{S}$$
$$=\sqrt{Ek}\int_0^\infty\left[\int_\mathcal{S}p^*_{1nk}\hat{\mathbf{n}}\cdot\nabla\times(\hat{\mathbf{n}}\times\tilde{\mathbf{u}}_{tang})\,\mathrm{d}\mathcal{S}\right]\mathrm{d}\eta$$
$$=\sqrt{Ek}\int_0^\infty\left\{\int_\mathcal{S}[\hat{\mathbf{n}}\cdot\nabla\times(p^*_{1nk}\hat{\mathbf{n}}\times\tilde{\mathbf{u}}_{tang})-\tilde{\mathbf{u}}_{tang}\cdot\nabla p^*_{1nk}]\,\mathrm{d}\mathcal{S}\right\}\mathrm{d}\eta.$$

11.4 $0 < Ek \ll 1$ 条件下的渐近通解

其中第一项因无散条件而消失,即

$$\int_{\mathcal{S}} \hat{\mathbf{n}}\cdot\nabla\times(p_{1nk}^*\hat{\mathbf{n}}\times\tilde{\mathbf{u}}_{tang})\,\mathrm{d}\mathcal{S} = \int_0^1\int_0^\Gamma\int_0^{2\pi}\nabla\cdot[\nabla\times(p_{1nk}^*\hat{\mathbf{n}}\times\tilde{\mathbf{u}}_{tang})]\,s\,\mathrm{d}\phi\,\mathrm{d}s\,\mathrm{d}z = 0,$$

而由于 ∇p_{1nk}^* 可以替换为 $(2\mathrm{i}\,\sigma_{1nk}\mathbf{u}_{1nk}^* - 2\hat{\mathbf{z}}\times\mathbf{u}_{1nk}^*)$,则公式 (11.18) 变为

$$\int_{\mathcal{S}} p_{1nk}^*\,(\hat{\mathbf{n}}\cdot\tilde{\mathbf{u}})\,\mathrm{d}\mathcal{S} = -\sqrt{Ek}\int_{\mathcal{S}}\left[(2\mathrm{i}\,\sigma_{1nk} - 2\hat{\mathbf{z}}\times\mathbf{u}_{1nk}^*)\cdot\left(\int_0^\infty \tilde{\mathbf{u}}_{tang}\,\mathrm{d}\eta\right)\right]\mathrm{d}\mathcal{S}.$$

于是方程 (11.17) 可写成如下形式:

$$\begin{aligned}&\left[\mathrm{i}(1-2\sigma_{1nk}) + \frac{Ek(n\pi)^2}{\sigma_{1nk}^2}\right]\mathcal{A}_{1nk}\int_0^1\int_0^\Gamma\int_0^{2\pi}|\mathbf{u}_{1nk}|^2\,s\,\mathrm{d}\phi\,\mathrm{d}s\,\mathrm{d}z \\ &-2\sqrt{Ek}\int_0^1\int_0^{2\pi}\left[(\mathrm{i}\,\sigma_{1nk}\mathbf{u}_{1nk}^* - \hat{\mathbf{z}}\times\mathbf{u}_{1nk}^*)_{s=\Gamma}\cdot\left(\int_0^\infty\tilde{\mathbf{u}}_{sidewall}\,\mathrm{d}\eta\right)\right]\Gamma\,\mathrm{d}\phi\,\mathrm{d}z \\ &-2\times 2\sqrt{Ek}\int_0^\Gamma\int_0^{2\pi}\left[(\mathrm{i}\,\sigma_{1nk}\mathbf{u}_{1nk}^* - \hat{\mathbf{z}}\times\mathbf{u}_{1nk}^*)_{z=0}\cdot\left(\int_0^\infty\tilde{\mathbf{u}}_{bottom}\,\mathrm{d}\eta\right)\right]s\,\mathrm{d}\phi\,\mathrm{d}s \\ &= -2Po\sin\alpha\int_0^1\int_0^\Gamma\int_0^{2\pi}(\hat{\mathbf{z}}\cdot\mathbf{u}_{1nk}^*)\mathrm{e}^{\mathrm{i}\phi}s^2\,\mathrm{d}\phi\,\mathrm{d}s\,\mathrm{d}z, \end{aligned} \qquad (11.19)$$

其中 $n = 1, 3, 5, \cdots$,$k = 1, 2, 3, \cdots$,$\tilde{\mathbf{u}}_{sidewall}$ 和 $\tilde{\mathbf{u}}_{bottom}$ 分别表示壁面和底面边界层流。左边第三项外加的参数 2 来自于上下对称性:底面 ($z = 0$) 边界层与顶面 ($z = 1$) 边界层的贡献是完全相同的。另外,推导中假设在边界层相交处的拐角效应非常小,可以忽略不计。

为导出 (11.19) 式左边的积分,必须先求出边界层流 $\tilde{\mathbf{u}}_{bottom}$ 和 $\tilde{\mathbf{u}}_{sidewall}$ 的显式解。首先考虑 $z = 0$ 处的边界层流 $\tilde{\mathbf{u}}_{bottom}$,与前面环柱管道问题类似,它由一个四阶微分方程控制,即

$$\left(\frac{\partial^2}{\partial \eta_0^2} - \mathrm{i}\right)^2 \tilde{\mathbf{u}}_{bottom} + 4\tilde{\mathbf{u}}_{bottom} = \mathbf{0}, \qquad (11.20)$$

其中 $\eta_0 = z/\sqrt{Ek}$,$\partial/\partial z \equiv (1/\sqrt{Ek})\partial/\partial \eta_0$。边界条件有四个,分别是

$$\begin{aligned}(\tilde{\mathbf{u}}_{bottom})_{\eta_0=0} &= -\sum_{n=1}^{N}\sum_{k=1}^{2K}\mathcal{A}_{1nk}\,(\mathbf{u}_{1nk})_{z=0}, \\ \left(\frac{\partial^2 \tilde{\mathbf{u}}_{bottom}}{\partial \eta_0^2}\right)_{\eta_0=0} &= -\sum_{n=1}^{N}\sum_{k=1}^{2K}\mathcal{A}_{1nk}\,(\mathrm{i}\,\mathbf{u}_{1nk} + 2\hat{\mathbf{z}}\times\mathbf{u}_{1nk})_{z=0}, \\ (\tilde{\mathbf{u}}_{bottom})_{\eta_0=\infty} &= \mathbf{0}, \\ \left(\frac{\partial^2 \tilde{\mathbf{u}}_{bottom}}{\partial \eta_0^2}\right)_{\eta_0=\infty} &= \mathbf{0}.\end{aligned}$$

易知满足方程 (11.20) 和以上四个边界条件的解为

$$\widetilde{\mathbf{u}}_{bottom} = -\frac{1}{2} \sum_{n=1}^{N} \sum_{k=1}^{2K} \mathcal{A}_{1nk} \Big\{ (\mathbf{u}_{1nk} - \mathrm{i}\,\hat{\mathbf{z}} \times \mathbf{u}_{1nk})_{z=0}\, \mathrm{e}^{-\sqrt{6}(1+\mathrm{i})\eta_0/2}$$

$$+ (\mathbf{u}_{1nk} + \mathrm{i}\,\hat{\mathbf{z}} \times \mathbf{u}_{1nk})_{z=0}\, \mathrm{e}^{-\sqrt{2}(1-\mathrm{i})\eta_0/2} \Big\}. \tag{11.21}$$

此时，复系数 $\mathcal{A}_{1nk}$ 依然是未知的。现在可以将 (11.21) 式对 η_0 进行积分，然后把结果代入 (11.19) 式的底面边界层项，得到

$$-2\sqrt{Ek} \int_0^\Gamma \int_0^{2\pi} (2\mathrm{i}\,\sigma_{1nk}\mathbf{u}_{1nk}^* - 2\hat{\mathbf{z}} \times \mathbf{u}_{1nk}^*)_{z=0} \cdot \left(\int_0^\infty \widetilde{\mathbf{u}}_{bottom}\, \mathrm{d}\eta_0 \right) s\, \mathrm{d}\phi\, \mathrm{d}s$$

$$= \frac{\pi\sqrt{6}(1+\mathrm{i})(1+\sigma_{1nk})\sqrt{Ek}}{3}$$

$$\times \sum_{n'=1}^{N} \sum_{k'=1}^{2K} \mathcal{A}_{1n'k'} \int_0^\Gamma [\mathbf{u}_{1nk}^* \cdot \mathbf{u}_{1n'k'} - \mathrm{i}\,\hat{\mathbf{z}} \cdot (\mathbf{u}_{1n'k'} \times \mathbf{u}_{1nk}^*)]_{z=0}\, s\, \mathrm{d}s$$

$$+ \pi\sqrt{2}(1-\mathrm{i})(1-\sigma_{1nk})\sqrt{Ek}$$

$$\times \sum_{n'=1}^{N} \sum_{k'=1}^{2K} \mathcal{A}_{1n'k'} \int_0^\Gamma [\mathbf{u}_{1nk}^* \cdot \mathbf{u}_{1n'k'} + \mathrm{i}\,\hat{\mathbf{z}} \cdot (\mathbf{u}_{1n'k'} \times \mathbf{u}_{1nk}^*)]_{z=0}\, s\, \mathrm{d}s. \tag{11.22}$$

因圆柱上下端的对称性，顶面 ($z=1$) 边界层解 $\widetilde{\mathbf{u}}_{top}$ 可由将 $\eta_0 = z/\sqrt{Ek}$ 置换为 $\eta_1 = (1-z)/\sqrt{Ek}$ 而容易地获得，即

$$\widetilde{\mathbf{u}}_{top} = -\frac{1}{2} \sum_{n=1}^{N} \sum_{k=1}^{2K} \mathcal{A}_{1nk} \Big\{ (\mathbf{u}_{1nk} - \mathrm{i}\,\hat{\mathbf{z}} \times \mathbf{u}_{1nk})_{z=1}\, \mathrm{e}^{-\sqrt{6}(1+\mathrm{i})\eta_1/2}$$

$$+ (\mathbf{u}_{1nk} + \mathrm{i}\,\hat{\mathbf{z}} \times \mathbf{u}_{1nk})_{z=1}\, \mathrm{e}^{-\sqrt{2}(1-\mathrm{i})\eta_1/2} \Big\}. \tag{11.23}$$

上下边界层对粘滞耗散的贡献是相同的，因而导致了 (11.19) 式中底面边界层项乘上了一个额外参数 2。

现在考虑壁面 $s = \Gamma$ 处的边界层流 $\widetilde{\mathbf{u}}_{sidewall}$，它由以下方程控制：

$$\mathrm{i}\widetilde{\mathbf{u}}_{sidewall} = \frac{\partial^2 \widetilde{\mathbf{u}}_{sidewall}}{\partial \eta_s^2}, \tag{11.24}$$

其中 $\eta_s = (\Gamma - s)/\sqrt{Ek}$。两个边界条件为

$$(\widetilde{\mathbf{u}}_{sidewall})_{\eta_s=0} = -\sum_{n=1}^{N} \sum_{k=1}^{2K} \mathcal{A}_{1nk} (\mathbf{u}_{1nk})_{s=\Gamma},$$

$$(\widetilde{\mathbf{u}}_{sidewall})_{\eta_s=\infty} = \mathbf{0}.$$

11.4 $0 < Ek \ll 1$ 条件下的渐近通解

$\widetilde{\mathbf{u}}_{sidewall}$ 的第一个边界条件将确保在 $\eta_s = 0$ 处 $\widetilde{\mathbf{u}}_{sidewall}$ 与主流 $\sum_{n,k} \mathcal{A}_{1nk} \mathbf{u}_{1nk}$ 之和满足无滑移条件。通过简单分析可直接得到方程 (11.24) 的解为

$$\widetilde{\mathbf{u}}_{sidewall} = -\sum_{n=1}^{N}\sum_{k=1}^{2K} \mathcal{A}_{1nk} (\mathbf{u}_{1nk})_{s=\Gamma} \, e^{-\sqrt{2}\eta_s(1+\mathrm{i})/2}. \tag{11.25}$$

因 $[\hat{\mathbf{s}} \cdot \mathbf{u}_{1n'k'}]_{s=\Gamma} = 0$,从而认识到 $[(\hat{\mathbf{z}} \times \mathbf{u}_{1nk}^*) \cdot \mathbf{u}_{1n'k'}]_{s=\Gamma} = 0$,于是 (11.19) 式的侧面边界层项可以表示为

$$-2\sqrt{Ek} \int_0^1 \int_0^{2\pi} (\mathrm{i}\sigma_{1nk}\mathbf{u}_{1nk}^* - \hat{\mathbf{z}} \times \mathbf{u}_{1nk}^*)_{s=\Gamma} \cdot \left(\int_0^\infty \widetilde{\mathbf{u}}_{sidewall}\, \mathrm{d}\eta_s \right) \Gamma \, \mathrm{d}\phi\, \mathrm{d}z$$

$$= \frac{\sqrt{2}\Gamma\pi(1+\mathrm{i})J_1(\xi_{1nk})\sqrt{Ek}}{4} \left[(n\pi)^2 + \frac{1}{\Gamma^2} \right] \sum_{k'=1}^{2K} \left[\frac{J_1(\xi_{1nk'})}{\sigma_{1nk'}} \right] \mathcal{A}_{1nk'}. \tag{11.26}$$

利用不同边界层的积分公式 (11.22) 和 (11.26),以及 $\int_0^1 \int_0^\Gamma \int_0^{2\pi} |\mathbf{u}_{1nk}|^2 s\, \mathrm{d}\phi\, \mathrm{d}s\, \mathrm{d}z$ 和 $\int_0^1 \int_0^\Gamma \int_0^{2\pi} (\hat{\mathbf{z}} \cdot \mathbf{u}_{1nk}^*) e^{\mathrm{i}\phi} s^2 \, \mathrm{d}\phi\, \mathrm{d}s\, \mathrm{d}z$ 的表达式,方程 (11.19) 就变为

$$\left[\mathrm{i}(1 - 2\sigma_{1nk}) + \frac{Ek(n\pi)^2}{\sigma_{1nk}^2} \right] \left\{ \frac{\pi \left[(n\pi\Gamma)^2 + (1-\sigma_{1nk}) \right] J_1^2(\xi_{1nk})}{4\sigma_{1nk}^2(1-\sigma_{1nk}^2)} \right\} \mathcal{A}_{1nk}$$

$$+ \frac{\sqrt{Ek}\sqrt{2}\Gamma\pi(1+\mathrm{i})J_1(\xi_{1nk})}{4} \left[(n\pi)^2 + \frac{1}{\Gamma^2} \right] \sum_{k'=1}^{2K} \left[\frac{J_1(\xi_{1nk'})}{\sigma_{1nk'}} \right] \mathcal{A}_{1nk'}$$

$$+ \frac{2\pi\sqrt{Ek}\sqrt{6}}{3} \left\{ \left[1 + \sqrt{3} + (1-\sqrt{3})\sigma_{1nk} + \mathrm{i}\left(1 - \sqrt{3} + (1+\sqrt{3})\sigma_{1nk}\right) \right] \right.$$

$$\times \sum_{n'=1}^{N}\sum_{k'=1}^{2K} \left[\int_0^\Gamma (\mathbf{u}_{1nk}^* \cdot \mathbf{u}_{1n'k'})_{z=0}\, s\, \mathrm{d}s \right] \mathcal{A}_{1n'k'}$$

$$+ \left[1 + \sqrt{3} + (1-\sqrt{3})\sigma_{1nk} - \mathrm{i}\left(1 - \sqrt{3} + (1+\sqrt{3})\sigma_{1nk}\right) \right]$$

$$\left. \times \sum_{n'=1}^{N}\sum_{k'=1}^{2K} \left[\int_0^\Gamma \hat{\mathbf{z}} \cdot (\mathbf{u}_{1n'k'} \times \mathbf{u}_{1nk}^*)_{z=0}\, s\, \mathrm{d}s \right] \mathcal{A}_{1n'k'} \right\}$$

$$= -2\pi Po \sin\alpha \left\{ \frac{\mathrm{i}\,\Gamma^3[1-(-1)^n](1+\sigma_{1nk})}{(\sigma_{1nk}\xi_{1nk})^2} \right\} J_1(\xi_{1nk}), \tag{11.27}$$

其中 $n = 1, 3, 5, \cdots$,$k = 1, 2, 3, \cdots$。上式为 $\mathcal{A}_{1nk}$ 的线性代数方程组,可以容易地求解。

从方程 (11.27) 解得 $\mathcal{A}_{1nk}$ 之后,首阶近似下的进动流解 $\mathbf{u}(s, \phi, z, t)$ 便可以表示为

$$\mathbf{u}(s,\phi,z,t) = \left[\left(\sum_{n=1}^{N}\sum_{k=1}^{2K} \mathcal{A}_{1nk} \mathbf{u}_{1nk} \right) + \widetilde{\mathbf{u}}_{bottom} + \widetilde{\mathbf{u}}_{top} + \widetilde{\mathbf{u}}_{sidewall} \right] e^{\mathrm{i}t}, \tag{11.28}$$

其中 $\mathbf{u}_{1nk}(s,\phi,z)$ 由旋转圆柱惯性模公式 (4.39)~(4.41) 给出，且 $m=1$，而 $\tilde{\mathbf{u}}_{bottom}$、$\tilde{\mathbf{u}}_{top}$ 和 $\tilde{\mathbf{u}}_{sidewall}$ 则分别由 (11.21)、(11.23) 和 (11.25) 式给出。应该指出，边界条件在拐角 $(z=0, s=\Gamma)$ 或 $(z=1, s=\Gamma)$ 附近并未得到严格满足，但在 $Ek \ll 1$ 条件下，预计拐角效应足够小，以至于可忽略不计，后面的数值分析也证实了这一点。

此外，在略去了边界层的贡献之后，动能密度 E_{kin} 的表达式与 (11.14) 式是相同的，即

$$E_{\text{kin}} = \frac{1}{16\Gamma^2} \sum_{n=1}^{N} \sum_{k=1}^{2K} \left[\frac{(n\pi\Gamma)^2 + (1-\sigma_{1nk})}{\sigma_{1nk}^2(1-\sigma_{1nk}^2)} \right] [|\mathcal{A}_{1nk}|J_1(\xi_{1nk})]^2 + O(\sqrt{Ek}), \quad (11.29)$$

这个量可容易地用 $Ek \ll 1$ 时的相应数值解来检验。由 (11.28) 和 (11.29) 式给出的渐近解在 $0 < Ek \ll 1$ 条件下对共振、近共振或远共振的情况都有效，并且随着 N 和 K 的增大而收敛，可以用于检验 $\sqrt{Ek} \ll 1$ 条件下的相应数值解。图 11.2 和图 11.3（以及表 11.4）给出了当 $Ek = 10^{-4}$ 时渐近解的一个例子，后面将详细讨论。

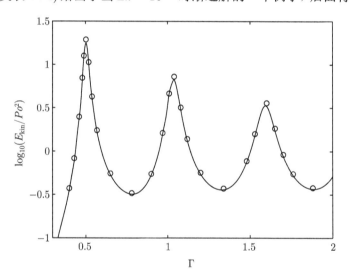

图 11.2　圆柱中进动流的动能密度 E_{kin}（乘上了 Po^{-2}）随横纵比 Γ 的变化情况，实线为线性数值分析结果，圆圈表示由 (11.29) 式给出的渐近分析解结果。参数为 $Ek = 10^{-4}$, $Po = 10^{-4}$ 和 $\alpha = \pi/4$。三个峰值分别对应 $\Gamma = 0.502559$, $\Gamma = 1.045945$ 和 $\Gamma = 1.611089$ 的三个主共振

在 $0 < Ek \ll 1$ 条件下，虽然渐近通解 (11.28) 和 (11.29) 对共振、近共振或远共振情况都有效，但它有一个主要缺点——为得到 $\mathcal{A}_{1nk}$，需要数值求解线性代数方程组 (11.27)，因此该通解无法解析地写成封闭形式。然而，封闭形式的渐近解在精确共振时是存在的，我们将在下一节予以讨论。

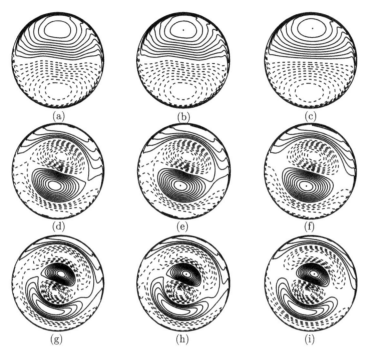

图 11.3 旋转坐标系中，$z=1/2$ 平面处的 u_z 等值线分布。左列 (a),(d),(g) 为线性数值分析结果；中列 (b),(e),(h) 为渐近通解 (11.28) 的结果；右列 (c),(f),(i) 为主共振分析解 (11.42) 的结果。计算采用的相同参数为 $Po=10^{-4}$，$\alpha=\pi/4$ 和 $Ek=10^{-4}$，但具有不同的圆柱横纵比：顶行主共振为 $k=1$, $\Gamma=0.502559$；中行主共振为 $k=2$, $\Gamma=1.045945$；底行主共振为 $k=3$, $\Gamma=1.611089$

表 11.4 不同横纵比 Γ 对应的进动流动能密度值，参数为 $Ek=10^{-4}$, $Po=10^{-4}$, $\alpha=\pi/4$。其中，通解 $(E_{\text{kin}}/Po^2)_{gen}$ 由 (11.29) 式计算，取 $N=K=11$，共振解 $(E_{\text{kin}}/Po^2)_{res}$ 由分析表达式 (11.43) 计算，$(E_{\text{kin}}/Po^2)_{numl}$ 为线性数值分析结果，$(E_{\text{kin}}/Po^2)_{numn}$ 为非线性直接数值模拟结果

Γ	$(E_{\text{kin}}/Po^2)_{gen}$	$(E_{\text{kin}}/Po^2)_{res}$	$(E_{\text{kin}}/Po^2)_{numl}$	$(E_{\text{kin}}/Po^2)_{numn}$
0.400000	0.3724			
0.430000	0.8275			
0.460000	2.4935			
0.502559	19.287	19.089	17.568	18.470
0.780000	0.3284			
1.045945	6.9193	6.6495	6.3504	6.290
1.340000	0.3727			
1.611089	3.3059	3.0733	3.0386	3.080
1.880000	0.3794			

11.5 主共振渐近解

主共振是指当圆柱横纵比为 $\Gamma_{resonant} = \Gamma_{nk} = \xi_{1nk}/(\sqrt{3}n\pi)$,且波数 n 和 k 都很小时,庞加莱力直接与单一惯性模 $\mathbf{u}_{1nk}$ 共振的情况。此时,通解展开式中的高阶惯性模在首阶近似下可忽略不计。这种情形使数学分析得到了极大的简化,更重要的是,我们可以获得 $0 < Ek \ll 1$ 条件下具有封闭形式的分析解。在共振时,具有最简单轴向结构 ($n = 1$) 的惯性模将占据流体运动的主导地位,这个预期已被通解和数值分析所证实 (参见图 11.2),因此我们将主要关注圆柱横纵比为共振值 Γ_{1k} 的渐近解。

因为共振模 $(\mathbf{u}_{11k}, p_{11k})$ 的径向波数为 $\xi_{11k} = \sqrt{3}\pi\Gamma_{1k}$,所以可以将这个惯性模重新写成以下形式:

$$\hat{\mathbf{s}} \cdot \mathbf{u}_{11k}(s,\phi,z) = -\frac{\mathrm{i}}{3}\left[\sqrt{3}\,\pi J_0\left(\sqrt{3}\,\pi s\right) + \frac{1}{s}J_1\left(\sqrt{3}\,\pi s\right)\right]\cos(\pi z)\,\mathrm{e}^{\mathrm{i}\phi}, \quad (11.30)$$

$$\hat{\boldsymbol{\phi}} \cdot \mathbf{u}_{11k}(s,\phi,z) = \frac{2}{3}\left[\sqrt{3}\,\pi J_0\left(\sqrt{3}\,\pi s\right) - \frac{1}{2s}J_1\left(\sqrt{3}\,\pi s\right)\right]\cos(\pi z)\,\mathrm{e}^{\mathrm{i}\phi}, \quad (11.31)$$

$$\hat{\mathbf{z}} \cdot \mathbf{u}_{11k}(s,\phi,z) = -\mathrm{i}\,\pi J_1\left(\sqrt{3}\,\pi s\right)\sin(\pi z)\,\mathrm{e}^{\mathrm{i}\phi}, \quad (11.32)$$

$$p_{11k}(s,\phi,z) = J_1\left(\sqrt{3}\,\pi s\right)\cos(\pi z)\,\mathrm{e}^{\mathrm{i}\phi},$$

其中 $k = 1, 2, 3, \cdots$,它满足无粘性边界条件

$$\hat{\mathbf{z}} \cdot \mathbf{u}_{11k} = 0 \ (z = 0, 1) \ \text{和} \ \hat{\mathbf{s}} \cdot \mathbf{u}_{11k} = 0 \ (s = \Gamma_{1k}).$$

也就是说,不同横纵比 Γ_{1k} 对应的主共振模 $(\mathbf{u}_{11k}, p_{11k})$ 具有相同的表达式,区别只在于 Γ_{1k} 的大小。这将允许我们发展一个仅依赖于横纵比 Γ_{1k} 的渐近理论。

假设共振时流体运动仅由惯性模 $\mathbf{u}_{11k}$ 主导,则 $0 < Ek \ll 1$ 条件下的通解展开式 (11.15) 和 (11.16) 就可写为

$$\mathbf{u}(s,\phi,z,t) = [\mathcal{A}_{11k}\mathbf{u}_{11k}(s,\phi,z) + \widehat{\mathbf{u}} + \widetilde{\mathbf{u}}]\,\mathrm{e}^{\mathrm{i}t}, \quad (11.33)$$

$$p(s,\phi,z,t) = [\mathcal{A}_{11k}p_{11k}(s,\phi,z) + \widehat{p} + \widetilde{p}]\,\mathrm{e}^{\mathrm{i}t}, \quad (11.34)$$

其中 $\widehat{\mathbf{u}}$ 和 $\widehat{p}$ 表示由粘性效应带给惯性模 $(\mathbf{u}_{11k}, p_{11k})$ 的微小内部扰动,而 $\widetilde{\mathbf{u}}$ 和 $\widetilde{p}$ 为粘性边界层内的流体速度和压强。在渐近分析中,应用了弱进动圆柱的以下性质:

$$|\widehat{\mathbf{u}}| \ll |\mathcal{A}_{11k}\mathbf{u}_{11k}| \ \text{和} \ |\widetilde{\mathbf{u}}| = O\,|\mathcal{A}_{11k}\mathbf{u}_{11k}|.$$

将展开式 (11.33) 和 (11.34) 代入方程 (11.5) 和 (11.6),再减去共振时 $\mathbf{u}_{11k}$ 和 p_{11k} 的方程,即

$$\mathrm{i}\mathbf{u}_{11k} + 2\hat{\mathbf{z}} \times \mathbf{u}_{11k} + \nabla p_{11k} = \mathbf{0} \ \text{和} \ \nabla \cdot \mathbf{u}_{11k} = 0,$$

11.5 主共振渐近解

可得小扰动 $\hat{\mathbf{u}}$ 和 $\hat{p}$ 的控制方程：

$$\mathrm{i}\,\hat{\mathbf{u}} + 2\hat{\mathbf{z}} \times \hat{\mathbf{u}} + \nabla \hat{p} = Ek\nabla^2 \left(\mathcal{A}_{11k}\mathbf{u}_{11k}\right) - 2\hat{\mathbf{z}}sPo\sin\alpha\mathrm{e}^{\mathrm{i}\,\phi}, \tag{11.35}$$

$$\nabla \cdot \hat{\mathbf{u}} = 0. \tag{11.36}$$

将 (11.35) 式乘上 $\mathbf{u}_{11k}$ 的复共轭并在整个圆柱体上积分，可得非齐次方程 (11.35) 的可解条件，如下：

$$4\pi^2 Ek\mathcal{A}_{11k} \int_0^1 \int_0^{\Gamma_{1k}} \int_0^{2\pi} |\mathbf{u}_{11k}|^2 s\,\mathrm{d}\phi\,\mathrm{d}s\,\mathrm{d}z + \int_{\mathcal{S}} p_{11k}^* \left(\hat{\mathbf{n}} \cdot \hat{\mathbf{u}}\right) \mathrm{d}\mathcal{S}$$
$$= -2Po\sin\alpha \int_0^1 \int_0^{\Gamma_{1k}} \int_0^{2\pi} (\hat{\mathbf{z}} \cdot \mathbf{u}_{11k}^*)\mathrm{e}^{\mathrm{i}\,\phi}s^2\,\mathrm{d}\phi\,\mathrm{d}s\,\mathrm{d}z. \tag{11.37}$$

在导出 (11.37) 式的过程中，使用了以下积分公式：

$$\int_0^1 \int_0^{\Gamma_{1k}} \int_0^{2\pi} \mathbf{u}_{11k}^* \cdot (\mathrm{i}\,\hat{\mathbf{u}} + 2\hat{\mathbf{z}} \times \hat{\mathbf{u}} + \nabla\hat{p})\, s\,\mathrm{d}\phi\,\mathrm{d}s\,\mathrm{d}z$$
$$= \int_0^1 \int_0^{\Gamma_{1k}} \int_0^{2\pi} \nabla \cdot (\hat{\mathbf{u}} p_{11k}^*)\, s\,\mathrm{d}\phi\,\mathrm{d}s\,\mathrm{d}z = \int_{\mathcal{S}} p_{11k}^* \left(\hat{\mathbf{n}} \cdot \hat{\mathbf{u}}\right) \mathrm{d}\mathcal{S}.$$

另外，与 $Ek\nabla^2(\mathcal{A}_{11k}\mathbf{u}_{11k})$ 比较，$Ek\nabla^2\hat{\mathbf{u}}$ 项为小量，已被略去。

接下来的任务就是推导 (11.37) 式中的积分 $\int_0^1 \int_0^{\Gamma_{1k}} \int_0^{2\pi} (\hat{\mathbf{z}} \cdot \mathbf{u}_{11k}^*)\mathrm{e}^{\mathrm{i}\,\phi}s^2\,\mathrm{d}\phi\,\mathrm{d}s\,\mathrm{d}z$ 和 $\int_{\mathcal{S}} p_{11k}^* \left(\hat{\mathbf{n}} \cdot \hat{\mathbf{u}}\right) \mathrm{d}\mathcal{S}$。先考虑第一个体积分，有

$$\int_0^1 \int_0^{\Gamma_{1k}} \int_0^{2\pi} (\hat{\mathbf{z}} \cdot \mathbf{u}_{11k}^*)\mathrm{e}^{\mathrm{i}\,\phi}s^2\,\mathrm{d}\phi\,\mathrm{d}s\,\mathrm{d}z = \mathrm{i}\,4\pi \int_0^{\Gamma_{1k}} J_1\left(\sqrt{3}\pi s\right) s^2\,\mathrm{d}s.$$

利用公式 (11.12)，可得

$$\int_0^1 \int_0^{\Gamma_{1k}} \int_0^{2\pi} (\hat{\mathbf{z}} \cdot \mathbf{u}_{11k}^*)\mathrm{e}^{\mathrm{i}\,\phi}s^2\,\mathrm{d}\phi\,\mathrm{d}s\,\mathrm{d}z = \mathrm{i}\,4\pi \left[\frac{\Gamma_{1k}^2 J_2(\sqrt{3}\pi\Gamma_{1k})}{\sqrt{3}\pi}\right].$$

但因为

$$\frac{\Gamma_{1k}^2 J_2(\sqrt{3}\pi\Gamma_{1k})}{\sqrt{3}\pi} = \frac{\Gamma_{1k} J_1(\sqrt{3}\pi\Gamma_{1k})}{\pi^2},$$

因此有

$$2Po\sin\alpha \int_0^1 \int_0^{\Gamma_{1k}} \int_0^{2\pi} (\hat{\mathbf{z}} \cdot \mathbf{u}_{11k}^*)\mathrm{e}^{\mathrm{i}\,\phi}s^2\,\mathrm{d}\phi\,\mathrm{d}s\,\mathrm{d}z = \mathrm{i}\left(\frac{8\Gamma_{1k}Po\sin\alpha}{\pi}\right) J_1(\sqrt{3}\,\pi\Gamma_{1k}).$$

与上一节类似,(11.37) 式中的面积分可表示为

$$\int_{\mathcal{S}} p_{11k}^* (\hat{\mathbf{n}} \cdot \hat{\mathbf{u}}) \, d\mathcal{S}$$
$$= -\sqrt{Ek} \int_0^1 \int_0^{2\pi} \left[(i\mathbf{u}_{11k}^* - 2\hat{\mathbf{z}} \times \mathbf{u}_{11k}^*)_{s=\Gamma_{1k}} \cdot \left(\int_0^\infty \widetilde{\mathbf{u}}_{sidewall} \, d\eta_s \right) \right] \Gamma_{1k} \, d\phi \, dz$$
$$- \sqrt{Ek} \int_0^{\Gamma_{1k}} \int_0^{2\pi} \left[(i\mathbf{u}_{11k}^* - 2\hat{\mathbf{z}} \times \mathbf{u}_{11k}^*)_{z=0} \cdot \left(\int_0^\infty \widetilde{\mathbf{u}}_{bottom} \, d\eta_0 \right) \right] s \, d\phi \, ds$$
$$- \sqrt{Ek} \int_0^{\Gamma_{1k}} \int_0^{2\pi} \left[(i\mathbf{u}_{11k}^* - \hat{\mathbf{z}} \times \mathbf{u}_{11k}^*)_{z=1} \cdot \left(\int_0^\infty \widetilde{\mathbf{u}}_{top} \, d\eta_1 \right) \right] s \, d\phi \, ds,$$

其中 η 为延展的边界层变量。所有的边界层解 $\widetilde{\mathbf{u}}_{sidewall}$、$\widetilde{\mathbf{u}}_{bottom}$ 和 $\widetilde{\mathbf{u}}_{top}$ 均可容易地求出。首先,$z=0$ 处的边界流 $\widetilde{\mathbf{u}}_{bottom}$ 满足方程 (11.20) 和以下四个边界条件:

$$(\widetilde{\mathbf{u}}_{bottom})_{\eta_0=0} = -\mathcal{A}_{11k} (\mathbf{u}_{11k})_{z=0},$$
$$\left(\frac{\partial^2 \widetilde{\mathbf{u}}_{bottom}}{\partial \eta_0^2} \right)_{\eta_0=0} = -\mathcal{A}_{11k} (i\mathbf{u}_{11k} + 2\hat{\mathbf{z}} \times \mathbf{u}_{11k})_{z=0},$$
$$(\widetilde{\mathbf{u}}_{bottom})_{\eta_0=\infty} = \mathbf{0},$$
$$\left(\frac{\partial^2 \widetilde{\mathbf{u}}_{bottom}}{\partial \eta_0^2} \right)_{\eta_0=\infty} = \mathbf{0}.$$

其解为

$$\widetilde{\mathbf{u}}_{bottom} = -\frac{1}{2} \mathcal{A}_{11k} \Big\{ (\mathbf{u}_{11k} - i\hat{\mathbf{z}} \times \mathbf{u}_{11k})_{z=0} e^{-\sqrt{6}(1+i)\eta_0/2}$$
$$+ (\mathbf{u}_{11k} + i\hat{\mathbf{z}} \times \mathbf{u}_{11k})_{z=0} e^{-\sqrt{2}(1-i)\eta_0/2} \Big\}. \tag{11.38}$$

由这个简单的 $\widetilde{\mathbf{u}}_{bottom}$ 解可容易地作出底面的面积分,如下:

$$- \int_0^{\Gamma_{1k}} \int_0^{2\pi} (i\mathbf{u}_{11k}^* - 2\hat{\mathbf{z}} \times \mathbf{u}_{11k}^*)_{z=0} \cdot \left(\int_0^\infty \widetilde{\mathbf{u}}_{bottom} \, d\eta_0 \right) s \, d\phi \, ds$$
$$= \frac{\pi \sqrt{Ek} \mathcal{A}_{11k}}{2} \Big\{ \left[\sqrt{6}(1+i) + \sqrt{2}(1-i) \right] \int_0^{\Gamma_{1k}} (\mathbf{u}_{11k}^* \cdot \mathbf{u}_{11k})_{z=0} \, s \, ds$$
$$+ \left[\sqrt{6}(1-i) + \sqrt{2}(1+i) \right] \int_0^{\Gamma_{1k}} \hat{\mathbf{z}} \cdot (\mathbf{u}_{11k} \times \mathbf{u}_{11k}^*)_{z=0} \, s \, ds \Big\},$$

其中

$$\int_0^{\Gamma_{1k}} (\mathbf{u}_{11k}^* \cdot \mathbf{u}_{11k})_{z=0} \, s \, ds = \left[\frac{(5\pi^2 \Gamma_{1k}^2 + 1)}{6} \right] J_1^2(\sqrt{3} \, \pi \Gamma_{1k}),$$
$$\int_0^{\Gamma_{1k}} \hat{\mathbf{z}} \cdot (\mathbf{u}_{11k} \times \mathbf{u}_{11k}^*)_{z=0} \, s \, ds = -\left[\frac{i(2\pi^2 \Gamma_{1k}^2 + 1)}{3} \right] J_1^2(\sqrt{3} \, \pi \Gamma_{1k}).$$

11.5 主共振渐近解

因为垂直方向的对称性，$z=1$ 处的 $\widetilde{\mathbf{u}}_{top}$ 也可从 (11.38) 式求出，即

$$\widetilde{\mathbf{u}}_{top} = -\frac{1}{2}\mathcal{A}_{11k}\Big\{ (\mathbf{u}_{11k} - \mathrm{i}\,\hat{\mathbf{z}}\times\mathbf{u}_{11k})_{z=1}\,\mathrm{e}^{-\sqrt{6}(1+\mathrm{i})\eta_1/2}$$
$$+ (\mathbf{u}_{11k} + \mathrm{i}\,\hat{\mathbf{z}}\times\mathbf{u}_{11k})_{z=1}\,\mathrm{e}^{-\sqrt{2}(1-\mathrm{i})\eta_1/2} \Big\}.$$

在 $s=\Gamma_{1k}$ 处的壁面边界流 $\widetilde{\mathbf{u}}_{sidewall}$ 满足方程 (11.24) 和下面两个边界条件：

$$(\widetilde{\mathbf{u}}_{sidewall})_{\eta_s=0} = -\mathcal{A}_{11k}(\mathbf{u}_{11k})_{s=\Gamma_{1k}} \quad \text{和} \quad (\widetilde{\mathbf{u}}_{sidewall})_{\eta_s=\infty} = \mathbf{0},$$

其解为

$$\widetilde{\mathbf{u}}_{sidewall} = -\left[\mathcal{A}_{11k}(\mathbf{u}_{11k})_{s=\Gamma_{1k}}\right]\mathrm{e}^{-\sqrt{2}\eta_s(1+\mathrm{i})/2}. \tag{11.39}$$

于是有

$$-\int_0^1\int_0^{2\pi}(\mathrm{i}\,\mathbf{u}_{11k}^* - 2\hat{\mathbf{z}}\times\mathbf{u}_{11k}^*)_{s=\Gamma_{1k}}\cdot\left(\int_0^\infty \widetilde{\mathbf{u}}_{sidewall}\,\mathrm{d}\eta_s\right)\Gamma_{1k}\,\mathrm{d}\phi\,\mathrm{d}z$$
$$= \frac{\sqrt{2}\Gamma_{1k}\pi(1+\mathrm{i})\mathcal{A}_{11k}}{2}\left(\pi^2 + \frac{1}{\Gamma_{1k}^2}\right)J_1^2(\sqrt{3}\,\pi\Gamma_{1k}).$$

以上积分的简单形式将使我们获得封闭形式的分析解，因为可解条件 (11.37) 最终将表示为

$$\sqrt{Ek}\mathcal{A}_{11k}\Big\{ 4\pi^2\sqrt{Ek}\int_0^1\int_0^{\Gamma_{1k}}\int_0^{2\pi}|\mathbf{u}_{11k}|^2 s\,\mathrm{d}\phi\,\mathrm{d}s\,\mathrm{d}z$$
$$+\frac{\Gamma_{1k}\pi\sqrt{2}(1+\mathrm{i})}{2}\left(\pi^2 + \frac{1}{\Gamma_{1k}^2}\right)J_1^2(\sqrt{3}\,\pi\Gamma_{1k})$$
$$+\pi\left[\sqrt{6}(1+\mathrm{i}) + \sqrt{2}(1-\mathrm{i})\right]\int_0^{\Gamma_{1k}}(\mathbf{u}_{11k}^*\cdot\mathbf{u}_{11k})_{z=0}\,s\,\mathrm{d}s$$
$$+\pi\left[\sqrt{6}(1-\mathrm{i}) + \sqrt{2}(1+\mathrm{i})\right]\int_0^{\Gamma_{1k}}\hat{\mathbf{z}}\cdot(\mathbf{u}_{11k}\times\mathbf{u}_{11k}^*)_{z=0}\,s\,\mathrm{d}s\Big\}$$
$$= -\mathrm{i}\left(\frac{8\Gamma_{1k}Po\sin\alpha}{\pi}\right)J_1(\sqrt{3}\,\pi\Gamma_{1k}), \tag{11.40}$$

将相关积分代入 (11.40) 式，可得到系数 $\mathcal{A}_{11k}$ 的分析表达式：

$$\mathcal{A}_{11k} = -\left(\frac{Po\sin\alpha}{\sqrt{Ek}}\right)\left[\frac{\mathrm{i}\,144\Gamma_{1k}^3}{3(\Gamma_{1k}\pi)^2 J_1(\sqrt{3}\,\Gamma_{1k}\pi)}\right]$$
$$\times \frac{1}{16\pi^2\sqrt{Ek}(2\pi^2\Gamma_{1k}^2 + 1) + Q(\Gamma_{1k})}, \tag{11.41}$$

其中 $Q(\Gamma_{1k})$ 为复数且仅依赖于 Γ_{1k}, 具体为

$$Q(\Gamma_{1k}) = 3\sqrt{2}\,\Gamma_{1k}(1+\mathrm{i})\left(\pi^2 + \frac{1}{\Gamma_{1k}^2}\right)$$
$$+[(\sqrt{6}+\sqrt{2})(5\pi^2\Gamma_{1k}^2+1) - (\sqrt{6}-\sqrt{2})(4\pi^2\Gamma_{1k}^2+2)]$$
$$+\mathrm{i}[(\sqrt{6}-\sqrt{2})(5\pi^2\Gamma_{1k}^2+1) - (\sqrt{6}+\sqrt{2})(4\pi^2\Gamma_{1k}^2+2)].$$

确定了 $\mathcal{A}_{11k}$ 的表达式后,地幔参考系中的主共振进动流 $\mathbf{u}(s,\phi,z,t)$ 便可写为

$$\begin{aligned}\mathbf{u}(s,\phi,z,t) &= \frac{\mathcal{A}_{11k}}{2}\Big\{-(\mathbf{u}_{11k}-\mathrm{i}\hat{\mathbf{z}}\times\mathbf{u}_{11k})_{z=0}\mathrm{e}^{-\sqrt{6}(1+\mathrm{i})\eta_0/2} - (\mathbf{u}_{11k}+\mathrm{i}\hat{\mathbf{z}}\times\mathbf{u}_{11k})_{z=0}\mathrm{e}^{-\sqrt{2}(1-\mathrm{i})\eta_0/2} \\ &\quad -(\mathbf{u}_{11k}-\mathrm{i}\hat{\mathbf{z}}\times\mathbf{u}_{11k})_{z=1}\mathrm{e}^{-\sqrt{6}(1+\mathrm{i})\eta_1/2} - (\mathbf{u}_{11k}+\mathrm{i}\hat{\mathbf{z}}\times\mathbf{u}_{11k})_{z=1}\mathrm{e}^{-\sqrt{2}(1-\mathrm{i})\eta_1/2} \\ &\quad +2\mathbf{u}_{11k} - (2\mathbf{u}_{11k})_{s=\Gamma_{1k}}\mathrm{e}^{-\sqrt{2}\eta_s(1+\mathrm{i})/2}\Big\}\mathrm{e}^{\mathrm{i}t},\end{aligned} \quad (11.42)$$

其实部将作为共振时的物理解。相应的共振进动流的动能密度为

$$E_{\mathrm{kin}} = \left[\frac{2(\pi\Gamma_{1k})^2+1}{6\Gamma_{1k}^2}\right]|\mathcal{A}_{11k}|^2 J_1^2(\sqrt{3}\,\Gamma_{1k}\pi). \quad (11.43)$$

在 $0<Ek\ll 1$ 和 $0<Po/\sqrt{Ek}\ll 1$ 条件下, 显式分析式 (11.42) 和 (11.43) 在精确共振时 ($\Gamma=\Gamma_{1k}$, $k=1,2,\cdots$, 见表 11.1) 有效, 注意此解的参考系为地幔参考系。

有一个特别有趣的解与主共振模 $\mathbf{u}_{111}$ ($\xi_{111} = 2.73462$) 有关, 它代表着一个似球形的圆柱。之所以称之为 "似球形" 是因为圆柱的横纵比 $\Gamma_{11} = 0.502559$, 其直径 $2\Gamma_{11} = 1.005$, 非常接近高度值 1.0。在这种情况下, 有

$$J_1(\sqrt{3}\,\pi\Gamma_{11}) = 0.43085, \quad Q_\Gamma(\Gamma_{11}) = 69.112 - \mathrm{i}\,2.8276.$$

于是相应的共振流可显式表示为

$$\begin{aligned}\mathbf{u}(s,\phi,z,t) &= \frac{1}{2}\left[\left(\frac{Po\sin\alpha}{\sqrt{Ek}}\right)\frac{-5.6729\,\mathrm{i}}{\left(945.18\sqrt{Ek}+69.112\right)-\mathrm{i}\,2.8276}\right] \\ &\quad \times\Big\{-(\mathbf{u}_{111}-\mathrm{i}\hat{\mathbf{z}}\times\mathbf{u}_{111})_{z=0}\mathrm{e}^{-\sqrt{6}(1+\mathrm{i})\eta_0/2} - (\mathbf{u}_{111}+\mathrm{i}\hat{\mathbf{z}}\times\mathbf{u}_{111})_{z=0}\mathrm{e}^{-\sqrt{2}(1-\mathrm{i})\eta_0/2} \\ &\quad -(\mathbf{u}_{111}-\mathrm{i}\hat{\mathbf{z}}\times\mathbf{u}_{111})_{z=1}\mathrm{e}^{-\sqrt{6}(1+\mathrm{i})\eta_1/2} - (\mathbf{u}_{111}+\mathrm{i}\hat{\mathbf{z}}\times\mathbf{u}_{111})_{z=1}\mathrm{e}^{-\sqrt{2}(1-\mathrm{i})\eta_1/2} \\ &\quad +2\mathbf{u}_{111} - (2\mathbf{u}_{111})_{s=0.502559}\mathrm{e}^{-\sqrt{2}\eta_s(1+\mathrm{i})/2}\Big\}\mathrm{e}^{\mathrm{i}t}.\end{aligned}$$

动能密度为

$$E_{\mathrm{kin}} = \left[\frac{2(0.502559\pi)^2+1}{6(0.502559)^2}\right]|\mathcal{A}_{111}|^2 J_1^2(2.7346), \quad (11.44)$$

11.5 主共振渐近解

其中

$$\mathcal{A}_{111} = \left(\frac{Po\sin\alpha}{\sqrt{Ek}}\right)\left[\frac{-5.6729\,\mathrm{i}}{\left(945.18\sqrt{Ek}+69.112\right)-\mathrm{i}\,2.8276}\right]. \tag{11.45}$$

它描述了 $0 < Ek \ll 1$ 条件下似球形圆柱中的弱进动流，圆柱的直径–高度比接近 1。简单分析表达式 (11.42) 和 (11.43) 为复杂的渐近通解提供了一个精确的近似。例如，当 $Ek = 10^{-4}$，$\Gamma_{11} = 0.502559$，$\alpha = \pi/4$ 时，可得 $\mathcal{A}_{111}/Po = (0.18352 - \mathrm{i}\,5.0922)$ 以及 $E_{\mathrm{kin}}/Po^2 = 19.089$，而渐近通解 (11.29) 的结果为 $E_{\mathrm{kin}}/Po^2 = 19.287$。表 11.4 比较了通解和共振解的结果 ($Ek = 10^{-4}$)。此外，当精确共振时，无论是从渐近通解 (11.28) 还是简单的共振解 (11.42)，得到的进动流结构也没有明显的差别，图 11.3 显示了几个空间结构的对比。

当圆柱的半径–高度比为 $\Gamma_{12} = 1.045945$ 时，进动流由第二共振模 $\mathbf{u}_{112}$ 主导，其径向波数为 $\xi_{112} = 5.69140$，于是有

$$J_1(\sqrt{3}\,\pi\Gamma_{12}) = -0.3251, \quad Q_\Gamma(\Gamma_{12}) = 213.52 - \mathrm{i}\,69.819,$$

共振流的显式表达式则为

$$\begin{aligned}
\mathbf{u}(s,\phi,z,t) &= \frac{1}{2}\left[\left(\frac{Po\sin\alpha}{\sqrt{Ek}}\right)\frac{164.77\,\mathrm{i}}{\left(37578\sqrt{Ek}+2248.8\right)+\mathrm{i}\,735.33}\right]\\
&\times\Big\{-(\mathbf{u}_{112}-\mathrm{i}\,\hat{\mathbf{z}}\times\mathbf{u}_{112})_{z=0}\,\mathrm{e}^{-\sqrt{6}(1+\mathrm{i})\eta_0/2} - (\mathbf{u}_{112}+\mathrm{i}\,\hat{\mathbf{z}}\times\mathbf{u}_{112})_{z=0}\,\mathrm{e}^{-\sqrt{2}(1-\mathrm{i})\eta_0/2}\\
&\quad -(\mathbf{u}_{112}-\mathrm{i}\,\hat{\mathbf{z}}\times\mathbf{u}_{112})_{z=1}\,\mathrm{e}^{-\sqrt{6}(1+\mathrm{i})\eta_1/2} - (\mathbf{u}_{112}+\mathrm{i}\,\hat{\mathbf{z}}\times\mathbf{u}_{112})_{z=1}\,\mathrm{e}^{-\sqrt{2}(1-\mathrm{i})\eta_1/2}\\
&\quad +2\mathbf{u}_{112} - (2\mathbf{u}_{112})_{s=1.045945}\,\mathrm{e}^{-\sqrt{2}\eta_s(1+\mathrm{i})/2}\Big\}\mathrm{e}^{\mathrm{i}t}.
\end{aligned}$$

相应的动能密度为

$$E_{\mathrm{kin}} = \left[\frac{2(1.045945\pi)^2 + 1}{6(1.045945)^2}\right]|\mathcal{A}_{112}|^2 J_1^2(5.6914)$$

其中

$$\mathcal{A}_{112} = \left(\frac{Po\sin\alpha}{\sqrt{Ek}}\right)\left[\frac{164.77\,\mathrm{i}}{\left(37578\sqrt{Ek}+2248.8\right)+\mathrm{i}\,735.33}\right].$$

它描述了在 $0 < Ek \ll 1$ 条件下，横纵比 $\Gamma = 1.045945$ 的进动圆柱中的弱共振流。表 11.4 列出了参数为 $Ek = 10^{-4}$ 和 $\alpha = \pi/4$ 时的几个例子。直接数值模拟结果与上

述分析解也未显示出明显的差别,这是因为在 $0 < Po/\sqrt{Ek} \ll 1$ 条件下,非线性效应非常微弱,因而共振模 $\mathbf{u}_{112}$ 仍然极度占优,与渐近分析的展开思想或假设是相符的。

11.6 基于谱方法的线性数值分析

为求圆柱中满足 $\nabla \cdot \mathbf{u} = 0$ 的非轴对称线性数值解 $\mathbf{u}$(Marqués, 1990),我们使用两个标量势函数 $\Psi(s,\phi,z)$ 和 $\Phi(s,\phi,z)$ 将其分解为两个不同的部分,即

$$\mathbf{u} = [\nabla \times (\hat{\mathbf{s}}\Phi) + \nabla \times (\hat{\mathbf{z}}\Psi)]\mathrm{e}^{\mathrm{i}t} = \left[\frac{1}{s}\frac{\partial\Psi}{\partial\phi}\hat{\mathbf{s}} + \left(\frac{\partial\Phi}{\partial z} - \frac{\partial\Psi}{\partial s}\right)\hat{\boldsymbol{\phi}} - \frac{1}{s}\frac{\partial\Phi}{\partial\phi}\hat{\mathbf{z}}\right]\mathrm{e}^{\mathrm{i}t}. \quad (11.46)$$

公式 (11.46) 有一个突出的优点:对于壁面的应力自由或无滑移边界条件,两个势函数是解耦的。用 Ψ 和 Φ 表示的无滑移边界条件为

$$\Psi = \frac{\partial\Psi}{\partial s} = \Phi = 0 \quad (s = \Gamma), \quad (11.47)$$

$$\Psi = \frac{\partial\Phi}{\partial z} = \Phi = 0 \quad (z = 0, 1). \quad (11.48)$$

利用 (11.46) 式,对方程 (11.5) 作 $\hat{\mathbf{z}} \cdot \nabla \times$ 和 $\hat{\mathbf{s}} \cdot \nabla \times$ 运算,可得两个标量方程:

$$(\mathrm{i} - Ek\nabla^2)\left[\frac{1}{s}\frac{\partial}{\partial s}\left(s\frac{\partial\Phi}{\partial z}\right) - \left(\nabla^2 - \frac{\partial^2}{\partial z^2}\right)\Psi\right] + \frac{2}{s}\frac{\partial^2\Phi}{\partial z\partial\phi} = 0, \quad (11.49)$$

$$\left[\mathrm{i} - Ek\left(\nabla^2 + \frac{2}{s}\frac{\partial}{\partial s} + \frac{1}{s^2}\right)\right]\left[\frac{\partial^2\Psi}{\partial s\partial z} - \left(\nabla^2 - \frac{1}{s}\frac{\partial}{\partial s}s\frac{\partial}{\partial s}\right)\Phi\right] - \frac{2}{s}\frac{\partial^2\Psi}{\partial z\partial\phi}$$
$$-\frac{2Ek}{s}\left[\frac{1}{s}\frac{\partial}{\partial s}\left(s\frac{\partial^2\Phi}{\partial z^2}\right) - \left(\nabla^2 - \frac{\partial^2}{\partial z^2}\right)\frac{\partial\Psi}{\partial z}\right] = -2\mathrm{i}Po\sin\alpha\mathrm{e}^{\mathrm{i}\phi}. \quad (11.50)$$

方程 (11.49) 和 (11.50) 可使用伽辽金谱方法进行数值求解。将势函数 Φ 和 Ψ 用标准切比雪夫函数 T_k 展开为如下形式:

$$\Psi = s\left(1 - \frac{s}{\Gamma}\right)^2\left[1 - (2z-1)^2\right]\sum_{k=0}^{K}\sum_{n=0}^{N}\hat{\Psi}_{kn}\,T_k\left(\frac{2s}{\Gamma} - 1\right)T_n(2z-1)\,\mathrm{e}^{\mathrm{i}\phi},$$

$$\Phi = s^2\left(1 - \frac{s}{\Gamma}\right)\left[1 - (2z-1)^2\right]^2\sum_{k=0}^{K}\sum_{n=0}^{N}\hat{\Phi}_{kn}\,T_k\left(\frac{2s}{\Gamma} - 1\right)T_n(2z-1)\,\mathrm{e}^{\mathrm{i}\phi},$$

其中 $\hat{\Psi}_{kn}$ 和 $\hat{\Phi}_{kn}$ 为复系数。以上二式中,强行乘上的 s 和 s^2 因子是为了使展开式在旋转轴 $s = 0$ 处为正常函数,而因子 $(1 - s/\Gamma)^2$ 与 $(1 - s/\Gamma)$ 是为了使 Ψ 和 Φ 自动满足侧面 $s = \Gamma$ 处的无滑移条件;同理,因子 $[1 - (2z-1)^2]$ 与 $[1 - (2z-1)^2]^2$ 是为了满足上下端面的无滑移条件。按照标准伽辽金方法的流程进行处理,最后我

11.6 基于谱方法的线性数值分析

们将得到一个关于 $\hat{\Psi}_{kn}$ 和 $\hat{\Phi}_{kn}$ 的线性代数方程组，可用迭代法容易地求解。在参数 $Ek \geqslant O(10^{-5})$ 的情况下，要取 $N = O(100)$ 和 $K = O(100)$ 方能获得 1% 以内的精度。

线性数值分析对较大和适度小的 Ek 也有效，但其主要目的是给 $0 < Ek \ll 1$ 条件下的渐近分析结果提供验证。我们发现，不仅渐近通解 (11.28) 和 (11.29) 在共振、近共振和远共振情况下与线性数值分析结果定量符合，而且单一的主共振模解 (11.42) 与数值结果也几乎定量地一致。

特别是渐近通解，它正确地捕捉到了 $|\mathbf{u}| \sim Po/\sqrt{Ek}$ 和 $|\mathbf{u}| \sim Po$，以及二者之间过渡状态的渐近尺度。这种符合性清晰地显示于图 11.2 中，该图对比显示了渐近通解 (11.29) 与数值分析解的动能密度 E_{kin}/Po^2 随横纵比 Γ 的变化情况，采用的参数为 $Po = 10^{-4}$，$Ek = 10^{-4}$ 和 $\alpha = \pi/4$。

图 11.2 中的三个峰值对应了三个主共振：$\Gamma = 0.502559$，$\Gamma = 1.045945$ 和 $\Gamma = 1.611089$，其进动流空间结构显示于图 11.3 中：左列代表由方程 (11.49) 和 (11.50) 求出的数值解，中列为渐近通解 (11.28)，右列为主共振分析解 (11.42)，三个解之间没有明显的差异。从图可知，$n \geqslant 2$ 的高阶模的影响已严重削弱，对共振进动流的贡献可忽略不计。当远离共振时，渐近通解与数值分析解也有很好的定量符合，图 11.4 显示了用这两种方法得到的非共振进动流结构，横纵比特意取为 $\Gamma = 1.3$，

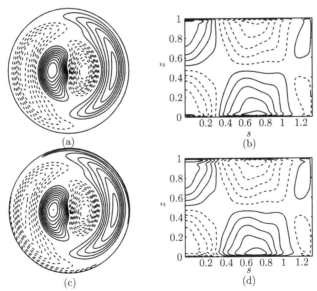

图 11.4 由线性数值分析得到的 (a) 水平面 $z = 1/2$ 处 u_z 的等值线分布，(b) 垂直平面 $\phi = \pi/4$ 处 u_ϕ 的等值线分布；由渐近通解给出的 (c) 水平面 $z = 1/2$ 处的 u_z 等值线分布，(d) 垂直平面 $\phi = \pi/4$ 处的 u_ϕ 等值线分布。两种方法的参数均为 $Po = 10^{-4}$，$\alpha = \pi/4$，$Ek = 10^{-4}$，横纵比取非共振值 $\Gamma = 1.3$

其他参数仍然为 $Po = 10^{-4}$, $Ek = 10^{-4}$ 和 $\alpha = \pi/4$。图中可见，非共振情况的渐近通解和纯数值解也没有明显的差别。

值得指出的是，无粘性渐近解 (11.13) 的结构和幅度随截断参数 K 和 N 的变化是不连续的，而在 $Ek \ll 1$ 条件下，如图 11.2～图 11.4 所示，非共振进动流的渐近通解收敛得很好而且迅速：当 $K \geqslant 5$ 和 $N \geqslant 5$ 之后，流场就几乎不再随着 K 和 N 的增大而改变了。共振无粘性解 (11.13) 的发散性被边界层和内部的弱粘性效应完全消除了。

11.7 弱进动流的非线性特性

进动圆柱共振的弱非线性问题，为我们理解进动流的动力学和边界层的控制作用提供了一个极佳的范例。考虑在

$$0 < Ek \ll 1 \text{ 和 } 0 < \epsilon = Po/\sqrt{Ek} \ll 1$$

条件下一个似球形圆柱中的进动流，设进动角在 $0 < \alpha \leqslant \pi/2$ 范围内是任意的，且圆柱横纵比为 $\Gamma = \Gamma_{11} = 0.502559$。在这个横纵比之下，庞加莱力将直接与惯性模 $\mathbf{u}_{111}$ 产生共振。由于公式极其冗长，下面我们将对进动流的非线性特性进行简要论述，而不提供数学分析的详细过程。

与非旋转系中的弱非线性理论相比，本问题的不同点是进动圆柱壁面上粘性边界层的控制性作用。它有一个标志性的特征：其内部可以产生轴对称的地转流，记为 $U_G(s)\hat{\phi}$，具有 $\partial/\partial z = 0$ 和 $\partial/\partial \phi = 0$ 的性质。在下面的讨论过程中，我们将展示粘性边界层中发生的非线性效应是如何生成一个居于支配地位的地转流的。为导出弱非线性解，针对较小的 Po 和 $\sqrt{Ek}$，对内部流 $(\mathbf{u}, p)$ 进行双重展开，即

$$\mathbf{u}_{in}(s,\phi,z,t) = \epsilon\, \mathbf{v}_{10} + \epsilon^2\, \mathbf{v}_{20} + \epsilon\sqrt{Ek}\, \mathbf{v}_{11} + \epsilon^2\sqrt{Ek}\, \mathbf{v}_{21} + \cdots, \quad (11.51)$$

$$p_{in}(s,\phi,z,t) = \epsilon\, p_{10} + \epsilon^2\, p_{20} + \epsilon\sqrt{Ek}\, p_{11} + \epsilon^2\sqrt{Ek}\, p_{21} + \cdots, \quad (11.52)$$

同时，相应的边界层解 $(\widetilde{\mathbf{u}}, \widetilde{p})$ 也可展开为类似形式：

$$\widetilde{\mathbf{u}}(s,\phi,z,t) = \epsilon\, \widetilde{\mathbf{v}}_{10} + \epsilon^2\, \widetilde{\mathbf{v}}_{20} + \epsilon\sqrt{Ek}\, \widetilde{\mathbf{v}}_{11} + \epsilon^2\sqrt{Ek}\, \widetilde{\mathbf{v}}_{21} + \cdots, \quad (11.53)$$

$$\widetilde{p}(s,\phi,z,t) = \epsilon\, \widetilde{p}_{10} + \epsilon^2\, \widetilde{p}_{20} + \epsilon\sqrt{Ek}\, \widetilde{p}_{11} + \epsilon^2\sqrt{Ek}\, \widetilde{p}_{21} + \cdots. \quad (11.54)$$

我们的主要目的是阐明地转流 $U_G(s)\hat{\phi}$ 在流体内部不能由雷诺应力 (Reynolds stress) $\epsilon^2 \mathbf{v}_{10} \cdot \nabla \mathbf{v}_{10}$ 产生，但可以由边界层内 ϵ^2 量级的非线性效应而产生。

11.7 弱进动流的非线性特性

将 (11.51) 和 (11.52) 式代入方程 (11.1) 和 (11.2),则内部问题的首阶解为

$$\epsilon \mathbf{v}_{10} = \frac{1}{2}\left[\mathcal{A}_{111}\mathbf{u}_{111}(s,\phi,z)e^{it} + \mathcal{A}_{111}^*\mathbf{u}_{111}^*(s,\phi,z)e^{-it}\right],$$

$$\epsilon p_{10} = \frac{1}{2}\left[\mathcal{A}_{111}p_{111}(s,\phi,z)e^{it} + \mathcal{A}_{111}^* p_{111}^*(s,\phi,z)e^{-it}\right],$$

而粘性边界层的首阶解为

$$\epsilon \tilde{\mathbf{v}}_{10} = \frac{\mathcal{A}_{111}e^{it}}{4}\Big\{-(2\mathbf{u}_{11k})_{s=\Gamma}\,e^{-\sqrt{2}\eta_s(1+i)/2} - (\mathbf{u}_{111}-i\hat{\mathbf{z}}\times\mathbf{u}_{111})_{z=0}\,e^{-\sqrt{6}(1+i)\eta_0/2}$$
$$- (\mathbf{u}_{111}+i\hat{\mathbf{z}}\times\mathbf{u}_{111})_{z=0}\,e^{-\sqrt{2}(1-i)\eta_0/2} - (\mathbf{u}_{111}-i\hat{\mathbf{z}}\times\mathbf{u}_{111})_{z=1}\,e^{-\sqrt{6}(1+i)\eta_1/2}$$
$$- (\mathbf{u}_{111}+i\hat{\mathbf{z}}\times\mathbf{u}_{111})_{z=1}\,e^{-\sqrt{2}(1-i)\eta_1/2}\Big\} + c.c.,$$

其中,$\mathcal{A}_{111}$ 由 (11.45) 式给出,$\mathbf{u}_{111}$ 来自于公式 (11.30)~(11.32)。也就是说,除了重新写成了实数形式,首阶问题的解与线性问题的解是相同的。

对于轴对称地转流成分,其 $O(\epsilon^2)$ 量级的内部问题由以下方程描述:

$$2\hat{\mathbf{z}}\times\mathbf{v}_{20} + \nabla p_{20} = \frac{1}{2\pi}\int_0^{2\pi}\int_0^1 \mathbf{v}_{10}\times\nabla\times\mathbf{v}_{10}\,dz\,d\phi, \tag{11.55}$$

$$\nabla\cdot\mathbf{v}_{20} = 0. \tag{11.56}$$

求解的关键是导出方程 (11.55) 右边的积分。为节省篇幅,将 $\mathbf{v}_{10}$ 写为以下形式:

$$\mathbf{v}_{10} = \frac{\mathcal{A}_{111}}{2\epsilon}\left[iU_s(s,z)\hat{\mathbf{s}} + iU_z(s,z)\hat{\mathbf{z}} + U_\phi(s,z)\hat{\boldsymbol{\phi}}\right]e^{i(\phi+t)} + c.c.,$$

其中 $U_s(s,z), U_z(s,z), U_\phi(s,z)$ 为实函数。利用关系

$$\nabla\times\left\{\frac{\mathcal{A}_{111}}{\epsilon}\left[iU_s\hat{\mathbf{s}}+iU_z\hat{\mathbf{z}}+U_\phi\hat{\boldsymbol{\phi}}\right]e^{i\phi}\right\} = \frac{2\mathcal{A}_{111}}{\epsilon}\left[\frac{\partial U_s}{\partial z}\hat{\mathbf{s}}+\frac{\partial U_z}{\partial z}\hat{\mathbf{z}}-i\frac{\partial U_\phi}{\partial z}\hat{\boldsymbol{\phi}}\right]e^{i\phi},$$

容易得到

$$\frac{1}{2\pi}\int_0^{2\pi}\int_0^1 \hat{\mathbf{s}}\cdot[\mathbf{v}_{10}\times\nabla\times\mathbf{v}_{10}]\,dz\,d\phi = -\left|\frac{\mathcal{A}_{111}}{\epsilon}\right|^2\int_0^1\frac{\partial}{\partial z}(U_zU_\phi)\,dz = 0;$$

$$\frac{1}{2\pi}\int_0^{2\pi}\int_0^1 \hat{\mathbf{z}}\cdot[\mathbf{v}_{10}\times\nabla\times\mathbf{v}_{10}]\,dz\,d\phi = \left|\frac{\mathcal{A}_{111}}{\epsilon}\right|^2\int_0^1\frac{\partial}{\partial z}(U_sU_\phi)\,dz = 0;$$

$$\frac{1}{2\pi}\int_0^{2\pi}\int_0^1 \hat{\boldsymbol{\phi}}\cdot[\mathbf{v}_{10}\times\nabla\times\mathbf{v}_{10}]\,dz\,d\phi = 0.$$

以上公式表明,受迫惯性模 $\mathbf{v}_{10}$ 的非线性相互作用不能产生轴对称地转流 $U_G(s)\hat{\boldsymbol{\phi}}$。

在物理上,只有粘性边界层的非线性作用可形成 ϵ^2 量级的内部地转流。在数学上,即使方程 (11.55) 和 (11.56) 有 $\epsilon^2\mathbf{v}_{20} = U_G(s)\hat{\boldsymbol{\phi}}$ 形式的解(此时方程 (11.55)

右边的积分将为零),它也必须由上下端面边界层流 $\widetilde{\mathbf{v}}_{20}$ 的轴对称部分产生的内流来确定。例如,在圆柱底面,$\widetilde{\mathbf{v}}_{20}$ 的控制方程为

$$2\hat{\mathbf{z}}\times\widetilde{\mathbf{v}}_{20}+\hat{\mathbf{z}}\left(\hat{\mathbf{z}}\cdot\nabla\widetilde{p}_{20}\right)=\frac{\partial^{2}\widetilde{\mathbf{v}}_{20}}{\partial\eta_{0}^{2}}+\widetilde{\mathcal{N}}\left(\widetilde{\mathbf{v}}_{10},\sqrt{Ek}\hat{\mathbf{z}}\cdot\widetilde{\mathbf{v}}_{11}\right), \tag{11.57}$$

其中 $\widetilde{\mathcal{N}}$ 表示粘性边界层内的非线性项,具有如下形式:

$$\widetilde{\mathcal{N}}\left(\widetilde{\mathbf{v}}_{10},\sqrt{Ek}\hat{\mathbf{z}}\cdot\widetilde{\mathbf{v}}_{11}\right)=\frac{1}{2\pi}\int_{0}^{2\pi}\left(\widetilde{\mathbf{v}}_{10}\times\nabla\times\widetilde{\mathbf{v}}_{10}\right)\mathrm{d}\phi+\cdots.$$

值得注意的是,边界层流由三个分量组成:量级为 ϵ 的水平分量 $\hat{\mathbf{s}}\cdot\widetilde{\mathbf{v}}_{10}$ 和 $\hat{\boldsymbol{\phi}}\cdot\widetilde{\mathbf{v}}_{10}$,以及较小的垂直分量 $\hat{\mathbf{z}}\cdot\widetilde{\mathbf{v}}_{11}$,量级为 $\epsilon\sqrt{Ek}$。分量 $\hat{\mathbf{z}}\cdot\widetilde{\mathbf{v}}_{11}$ 的显式表达式可容易地由边界层的连续性方程推出,虽然它在线性分析中并不需要,但在 (11.57) 式的非线性边界层分析中是必需的。很明显,数学分析最艰巨的部分是导出上下端面 $z=1$ 和 $z=0$ 处的轴对称边界解 $\widetilde{\mathbf{v}}_{20}$。一旦得到 ϵ^{2} 阶的轴对称解 $\widetilde{\mathbf{v}}_{20}$,就可通过边界和内部流在 $\epsilon^{2}\sqrt{Ek}$ 量级上的渐近匹配求得轴对称地转流 $U_{G}(s)\hat{\boldsymbol{\phi}}$。类似的方法已被前人使用过,比如 Busse (1968) 对进动球体,以及 Meunier 等 (2008) 对进动圆柱中弱非线性流的分析。他们分别采用了进动参考系和地幔参考系。

弱非线性分析表明,似球形圆柱的进动流具有如下结构:

$$\begin{aligned}\mathbf{u}&=\epsilon\mathbf{v}_{10}+\epsilon\widetilde{\mathbf{v}}_{10}+\epsilon^{2}\mathbf{v}_{20}+\epsilon^{2}\widetilde{\mathbf{v}}_{20}+\cdots\\&=\left(\frac{Po}{\sqrt{Ek}}\right)(\mathbf{v}_{10}+\widetilde{\mathbf{v}}_{10})+\left(\frac{Po}{\sqrt{Ek}}\right)^{2}(\mathbf{v}_{20}+\widetilde{\mathbf{v}}_{20})+\cdots,\end{aligned} \tag{11.58}$$

其中,$|\mathbf{v}_{10}|=O(1)$,$(Po/\sqrt{Ek})\mathbf{v}_{10}$ 表示进动激发的惯性模;$\mathbf{v}_{20}$ 的量级为 $|\mathbf{v}_{20}|=O(1)$,$(Po/\sqrt{Ek})^{2}\mathbf{v}_{20}$ 代表轴对称地转流 $U_{G}(s)\hat{\boldsymbol{\phi}}$;式中还包含了相应的粘性边界层项。

严格说来,弱非线性解 (11.58) 仅在 $0<(Po/\sqrt{Ek})\ll 1$ 的条件下成立,但我们也可合理地期望其实际有效范围能超出理论所限。由于下面的原因,这个期望变得特别容易实现。实际上除了地转流,受迫惯性模 $\mathbf{u}_{111}$ 的非线性相互作用也激发了高阶模 $\mathbf{u}_{mnk}$ $(m\geqslant 2,n\geqslant 2)$,但由于其粘性衰减比低阶模强烈得多,因此高阶模将不会具有与最低阶模 $\mathbf{u}_{111}$ 相当的强度。因流体动力学过程基本上由旋转效应控制,对形成地转流 $U_{G}(s)\hat{\boldsymbol{\phi}}$ 有利,而且因为地转流 $U_{G}(s)\hat{\boldsymbol{\phi}}$ 只受到了最小的粘性衰减,因此弱非线性解 (11.58) 的结构有很大可能是定性正确的,即使是在 $(Po/\sqrt{Ek})\geqslant O(1)$ 条件下。换句话说,当 $(Po/\sqrt{Ek})^{2}>(Po/\sqrt{Ek})$ 时,轴对称地转流 $U_{G}(s)\hat{\boldsymbol{\phi}}$ 将占据主导地位,并且携带的动能比惯性模 $\mathbf{u}_{111}$ 更多,尽管 $\mathbf{u}_{111}$ 是由进动直接激发的。用数学语言即表示为

$$2\pi\int_{0}^{\Gamma}\left|U_{G}(s)\hat{\boldsymbol{\phi}}\right|^{2}s\,\mathrm{d}s>\int_{0}^{2\pi}\int_{0}^{1}\int_{0}^{\Gamma}\left|\mathcal{A}_{111}\mathbf{u}_{111}\right|^{2}s\,\mathrm{d}s\,\mathrm{d}z\,\mathrm{d}\phi.$$

直接数值模拟的结果证实了这个判断，并且还发现：在似球形圆柱中，强非线性进动流的结构可以由 (11.58) 式来定性地描述，进动流的主要成分是占据着支配地位的地转流 $U_G(s)\hat{\phi}$、受迫惯性模 $\mathbf{u}_{111}$，以及与之相应的边界流。

11.8 有限元数值模拟

非线性直接数值模拟将把研究从弱进动域 ($0 < Po/\sqrt{Ek} \ll 1$) 拓展到强进动域 ($Po/\sqrt{Ek} \geqslant O(1)$)。有限元法这种局部数值方法特别适合研究进动圆柱，因为标准的谱方法或者有限差分法在圆柱的旋转轴上存在奇点，数值处理较为困难。在我们的非线性有限元程序中，有限元网格由三维的四面体剖分形成，在旋转轴上没有奇点。此外，这种网格剖分也非常灵活，在圆柱壁面附近可以加密结点以解析很薄的粘性边界层。图 11.5 给出了有限元网格的一个示意图。模拟采用 Hood-Taylor 型混合有限元：在每个四面体单元中，使用分段二次多项式来近似速度 $\mathbf{u}$，但压强 p 使用分段线性多项式来近似。该有限元方法的数学性质，如数值稳定性和收敛性等，在文献 (Chan et al., 2014) 中可找到详细的讨论。

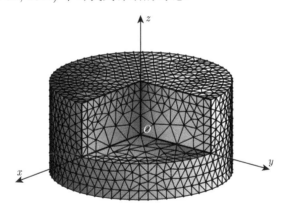

图 11.5　非线性数值模拟使用的圆柱腔体有限元网格示意图，边界 $\mathcal{S}$ 附近的网格更加致密

在四面体剖分完成之后，便是构建进动数值模型的时间离散化格式。令 T_f 为数值模拟的结束时间，其值固定。将时间区间 $[0, T_f]$ 分为 M 等分，即

$$0 = t_0 < t_1 < t_2 < \cdots < t_M = T_f,$$

其中 $t_n = n\Delta t$, $n = 0, 1, \cdots, M$。设 $\mathbf{u}(\mathbf{r}, t)$ 为时间的连续函数，其中 $\mathbf{r}$ 为位置矢量，并记 $\mathbf{u}^n(\mathbf{r}) = \mathbf{u}(\mathbf{r}, t_n)$, $n = 0, 1, \cdots, M$。整个方程的时间步进采用隐式格式。其中，速度对时间的微分选用二阶差分格式，即

$$\left(\frac{\partial \mathbf{u}}{\partial t}\right)^{n+1} = \frac{3\mathbf{u}^{n+1} - 4\mathbf{u}^n + \mathbf{u}^{n-1}}{2\Delta t} + O(\Delta t^2)$$

而 $t = t_{n+1}$ 时刻的非线性项 $\mathbf{u} \cdot \nabla \mathbf{u}$ 近似为

$$\mathbf{u}^{n+1} \cdot \nabla \mathbf{u}^{n+1} = (2\mathbf{u}^n - \mathbf{u}^{n-1}) \cdot \nabla \mathbf{u}^{n+1} + O(\Delta t^2).$$

如此，全部方程 (11.1) 和 (11.2) 的时间离散格式为

$$\frac{3\mathbf{u}^{n+1} - 4\mathbf{u}^n + \mathbf{u}^{n-1}}{2\Delta t} + (2\mathbf{u}^n - \mathbf{u}^{n-1}) \cdot \nabla \mathbf{u}^{n+1} + 2\left(\hat{\mathbf{z}} + Po\widehat{\mathbf{\Omega}}_p^{n+1}\right) \times \mathbf{u}^{n+1}$$
$$= -\nabla p^{n+1} + Ek\nabla^2 \mathbf{u}^{n+1} - 2Po\left[s\sin\alpha\cos(\phi + t_{n+1})\right]\hat{\mathbf{z}}, \tag{11.59}$$

$$\nabla \cdot \mathbf{u}^{n+1} = 0, \tag{11.60}$$

其中，

$$\widehat{\mathbf{\Omega}}_p^{n+1} = \sin\alpha\left[\hat{\mathbf{s}}\cos(\phi + t_{n+1}) - \hat{\boldsymbol{\phi}}\sin(\phi + t_{n+1})\right] + \hat{\mathbf{z}}\cos\alpha.$$

计算可从任意的初始条件开始，于是我们就可从 $\mathbf{u}^n$ 和 p^n 并结合边界条件 (11.3) 和 (11.4)，求出下一时间步的 $\mathbf{u}^{n+1}$ 和 p^{n+1}。由于形成的线性代数方程组非常庞大，求解往往需要在并行计算机上进行。本数值模型采用了固定时间步长的方法，不过也可以容易地改为变时间步长的格式。应该指出，由于粘性边界层在控制进动流的动力学过程中发挥着积极作用，共振情况的非线性数值计算是非常昂贵的：从任意的初始条件开始，往往要经历 $O(Ek^{-1/2})$ 个无量纲时间单位，系统才能达到非线性平衡状态。

11.9 主共振的非线性进动流

众所周知，当 Po 足够大时，$0 < Ek \ll 1$ 条件下的进动层流 (laminar flow) 将会变得不规则 —— 这个认识主要来自于实验研究。但是进动流从层流向紊流过渡的机制是什么？这个问题现在还没有确切的答案，参见文献 (Manasseh, 1992; Meunier et al., 2008)。有多种可能的机制已被提出，以期解释共振时由进动驱动的惯性模是如何解体的。一个流行的观点是，进动层流的破坏或解体是由一个包含了三个惯性模，被称为"三模共振" (triadic resonance) 的机制造成的，例如，文献 (Kobine, 1996; Lagrange et al., 2008)。为甄别这些过渡机制的合理性，最有效的方法也许是将非线性进动流分解成惯性模的完整谱 (Kong et al., 2015)，其中也包含地转模 $U_G(s)\hat{\boldsymbol{\phi}}$。

11.9.1 非线性流的分解

因为在实验室中对流体的时空变化进行测量所获得的数据非常有限，所以实验研究显然很难认定流体不稳定性的确切机制，比如三模共振。然而数值实验在这方面具有极大的优势 —— 基于有限元方法计算得到的每个结点上的解，我们可以

11.9 主共振的非线性进动流

将这个时空变化非常复杂的解分解到惯性模的谱空间,以提取进动层流向紊流转变的关键信息。

假设惯性模集合 $(\mathbf{u}_{mnk}, p_{mnk}, \sigma_{mnk})$ 在数学上是完备的,并且进动流 $\mathbf{u}$ 分段连续且可微,则速度 $\mathbf{u}$ 和压强 p 总可以展开为以下形式:

$$\mathbf{u} = \widetilde{\mathbf{u}} + \sum_{k=1}^{K} \mathcal{A}_{00k}(t) \mathbf{u}_{00k}(s) + \sum_{m=1}^{M} \sum_{k=1}^{K} \frac{1}{2} \left[\mathcal{A}_{m0k}(t) \, \mathbf{u}_{m0k}(s, \phi) + c.c. \right]$$
$$+ \sum_{n=1}^{N} \sum_{k=1}^{K} \frac{1}{2} \left[\mathcal{A}_{0nk}(t) \, \mathbf{u}_{0nk}(s, z) + c.c. \right]$$
$$+ \sum_{m=1}^{M} \sum_{n=1}^{N} \sum_{k=1}^{2K} \frac{1}{2} \left[\mathcal{A}_{mnk}(t) \, \mathbf{u}_{mnk}(s, z, \phi) + c.c. \right], \quad (11.61)$$

$$p = \widetilde{p} + \sum_{k=1}^{K} \mathcal{A}_{00k}(t) p_{00k}(s) + \sum_{m=1}^{M} \sum_{k=1}^{K} \frac{1}{2} \left[\mathcal{A}_{m0k}(t) \, p_{m0k}(s, \phi) + c.c. \right]$$
$$+ \sum_{n=1}^{N} \sum_{k=1}^{K} \frac{1}{2} \left[\mathcal{A}_{0nk}(t) \, p_{0nk}(s, z) + c.c. \right]$$
$$+ \sum_{m=1}^{M} \sum_{n=1}^{N} \sum_{k=1}^{2K} \frac{1}{2} \left[\mathcal{A}_{mnk}(t) \, p_{mnk}(s, z, \phi) + c.c. \right], \quad (11.62)$$

其中,$c.c.$ 表示前一项的复共轭,$(\widetilde{\mathbf{u}}, \widetilde{p})$ 代表粘性边界层,$(\mathbf{u}_{00k}, p_{00k})$ 和 $(\mathbf{u}_{m0k}, p_{m0k})$ 分别表示轴对称和非轴对称地转流,$(\mathbf{u}_{0nk}, p_{0nk})$ 为轴对称惯性振荡模,$(\mathbf{u}_{mnk}, p_{mnk})$ $(m \geqslant 1, n \geqslant 1)$ 表示非轴对称惯性波模。随着截断参数 M、N 和 K 的增大,这个求和将越来越接近真实的进动流 $\mathbf{u}$。注意 (11.61) 和 (11.62) 式具有相同的系数 $\mathcal{A}_{mnk}$,因为 $\mathbf{u}_{mnk}$ 和 p_{mnk} 是通过偏微分方程 (4.1)~(4.3) 而关联的。对于由旋转效应控制的非线性进动流,惯性模谱分析在揭示其结构和转换机制中起着重要的作用。

为了数学上的方便,惯性模谱分析使用了归一化的惯性模来代替本书第二部分给出的未归一化的模。理由是:如果 $\mathbf{u}_{mnk}$ 未恰当地归一化,那么系数 $\mathcal{A}_{mnk}$ 的大小就没有物理意义。轴对称地转流成分的归一化可表示为

$$\mathbf{u}_{00k}(s) = \left[\frac{1}{N_{00k}} \right] J_1 \left(\frac{\xi_{00k} s}{\Gamma} \right) \hat{\phi},$$
$$p_{00k}(s) = - \left[\frac{2\Gamma}{N_{00k} \, \xi_{00k}} \right] J_0 \left(\frac{\xi_{00k} s}{\Gamma} \right),$$

其中,如本书第二部分讨论的那样,$\xi_{00k}, \mathbf{u}_{00k}$ 和 p_{00k} 为实数,归一化因子为

$$N_{00k} = \sqrt{\pi} \, \Gamma \, |J_0(\xi_{00k})|.$$

由数值实验计算出的非线性进动流 $\mathbf{u}$，由于惯性模的正交归一性，可得其系数 $\mathcal{A}_{00k}$ 在任意时刻的值为

$$\mathcal{A}_{00k}(t) = \int_0^1 \int_0^\Gamma \int_0^{2\pi} (\mathbf{u}_{00k} \cdot \mathbf{u}) \, s \, \mathrm{d}\phi \, \mathrm{d}s \, \mathrm{d}z,$$

其中略去了上下端粘性边界层 $O(Ek^{1/2})$ 量级的微小贡献。于是，进动流 $\mathbf{u}$ 中的轴对称地转成分 $U_G(s)\hat{\boldsymbol{\phi}}$ 即可表示为

$$U_G(s)\hat{\boldsymbol{\phi}} = \sum_{k=1}^K \left[\int_0^1 \int_0^\Gamma \int_0^{2\pi} (\mathbf{u}_{00k} \cdot \mathbf{u}) \, s \, \mathrm{d}\phi \, \mathrm{d}s \, \mathrm{d}z \right] \mathbf{u}_{00k}(s),$$

式中 K 需要取足够大的值。

归一化的非轴对称地转成分为

$$\hat{\mathbf{s}} \cdot \mathbf{u}_{m0k} = \frac{-\mathrm{i}\, m}{2s N_{m0k}} J_m\left(\frac{\xi_{m0k} s}{\Gamma}\right) \mathrm{e}^{\mathrm{i}\, m\phi},$$

$$\hat{\boldsymbol{\phi}} \cdot \mathbf{u}_{m0k} = \frac{1}{2 N_{m0k}} \left[\frac{\xi_{m0k}}{\Gamma} J_{m-1}\left(\frac{\xi_{m0k} s}{\Gamma}\right) - \frac{m}{s} J_m\left(\frac{\xi_{m0k} s}{\Gamma}\right) \right] \mathrm{e}^{\mathrm{i}\, m\phi},$$

$$\hat{\mathbf{z}} \cdot \mathbf{u}_{m0k} = 0,$$

$$p_{m0k} = \frac{1}{N_{m0k}} J_m\left(\frac{\xi_{m0k} s}{\Gamma}\right) \mathrm{e}^{\mathrm{i}\, m\phi},$$

其中 $m \geqslant 1$，而 ξ_{m0k} 已在第二部分讨论过；归一化因子 N_{m0k} 为

$$N_{m0k} = \frac{\sqrt{\pi}}{2\sqrt{2}} \left\{ \xi_{m0k}^2 J_{m-1}^2(\xi_{m0k}) + \left[\xi_{m0k}^2 - (m+1)^2\right] J_{m+1}^2(\xi_{m0k}) \right.$$
$$\left. + \left[(m+1) J_{m+1}(\xi_{m0k}) - \xi_{m0k} J_{m+2}(\xi_{m0k})\right]^2 \right\}^{1/2}.$$

因正交归一性，(11.61) 式中系数 $\mathcal{A}_{m0k}$ 可由以下积分求出：

$$\mathcal{A}_{m0k}(t) = 2 \int_0^1 \int_0^\Gamma \int_0^{2\pi} (\mathbf{u}_{m0k}^* \cdot \mathbf{u}) \, s \, \mathrm{d}\phi \, \mathrm{d}s \, \mathrm{d}z,$$

其中 $m \geqslant 1, k \geqslant 1$，来自薄边界层 $O(Ek^{1/2})$ 量级的微小贡献也被略去了。

类似地，归一化的轴对称振荡模 $(\mathbf{u}_{0nk}, p_{0nk})$ 为

$$\hat{\mathbf{s}} \cdot \mathbf{u}_{0nk} = \left[\frac{\mathrm{i}\, \sigma_{0nk} \xi_{0nk}}{2 N_{0nk} \Gamma (1 - \sigma_{0nk}^2)} \right] J_1\left(\frac{\xi_{0nk} s}{\Gamma}\right) \cos(n\pi z),$$

$$\hat{\boldsymbol{\phi}} \cdot \mathbf{u}_{0nk} = -\left[\frac{\xi_{0nk}}{2 N_{0nk} \Gamma (1 - \sigma_{0nk}^2)} \right] J_1\left(\frac{\xi_{0nk} s}{\Gamma}\right) \cos(n\pi z),$$

$$\hat{\mathbf{z}} \cdot \mathbf{u}_{0nk} = -\left(\frac{\mathrm{i}\, n\pi}{2 N_{0nk} \sigma_{0nk}} \right) J_0\left(\frac{\xi_{0nk} s}{\Gamma}\right) \sin(n\pi z),$$

$$p_{0nk} = \frac{1}{2 N_{0nk}} J_0\left(\frac{\xi_{0nk} s}{\Gamma}\right) \cos(n\pi z),$$

其中 $n \geqslant 1, k \geqslant 1$, 且 $\sigma_{0nk}, \xi_{0nk}, \mathbf{u}_{0nk}$ 和 p_{0nk} 已在第二部分讨论过; 归一化因子 N_{0nk} 为

$$N_{0nk} = \left[\frac{(n\pi\Gamma)\sqrt{\pi}}{2|\sigma_{0nk}|\sqrt{(1-\sigma_{0nk}^2)}}\right]|J_0(\xi_{0nk})|.$$

由于正交归一性, 可得系数 $\mathcal{A}_{0nk}$ 为

$$\mathcal{A}_{0nk}(t) = 2\int_0^1\int_0^\Gamma\int_0^{2\pi}(\mathbf{u}_{0nk}^*\cdot\mathbf{u})\,s\,\mathrm{d}\phi\,\mathrm{d}s\,\mathrm{d}z,$$

其中 $n \geqslant 1, k \geqslant 1$, 薄边界层 $O(Ek^{1/2})$ 量级的微小贡献再次被忽略了。最后, 归一化的惯性波模 $\mathbf{u}_{mnk}$ 为

$$\hat{\mathbf{s}}\cdot\mathbf{u}_{mnk} = \left[\frac{-\mathrm{i}\,\xi_{mnk}}{4\Gamma(1-\sigma_{mnk}^2)}\right]\left[(1+\sigma_{mnk})J_{m-1}\left(\frac{\xi_{mnk}s}{\Gamma}\right)\right.$$
$$\left.+(1-\sigma_{mnk})J_{m+1}\left(\frac{\xi_{mnk}s}{\Gamma}\right)\right]\frac{\cos(n\pi z)}{N_{mnk}}\mathrm{e}^{\mathrm{i}\,m\phi},$$

$$\hat{\boldsymbol{\phi}}\cdot\mathbf{u}_{mnk} = \left[\frac{\xi_{mnk}}{4\Gamma(1-\sigma_{mnk}^2)}\right]\left[(1+\sigma_{mnk})J_{m-1}\left(\frac{\xi_{mnk}s}{\Gamma}\right)\right.$$
$$\left.-(1-\sigma_{mnk})J_{m+1}\left(\frac{\xi_{mnk}s}{\Gamma}\right)\right]\frac{\cos(n\pi z)}{N_{mnk}}\mathrm{e}^{\mathrm{i}\,m\phi},$$

$$\hat{\mathbf{z}}\cdot\mathbf{u}_{mnk} = \frac{-\mathrm{i}\,n\pi}{2\sigma_{mnk}}\left[J_m\left(\frac{\xi_{mnk}s}{\Gamma}\right)\right]\frac{\sin(n\pi z)}{N_{mnk}}\mathrm{e}^{\mathrm{i}\,m\phi},$$

$$p_{mnk} = J_m\left(\frac{\xi_{mnk}s}{\Gamma}\right)\frac{\cos(n\pi z)}{N_{mnk}}\mathrm{e}^{\mathrm{i}\,m\phi},$$

其中 m, n, k 为正整数, 即 $m \geqslant 1, n \geqslant 1, k \geqslant 1$; $\sigma_{mnk}, \xi_{mnk}, \mathbf{u}_{mnk}$ 和 p_{mnk} 也在第二部分讨论过; 归一化因子 N_{mnk} 为

$$N_{mnk} = \frac{\sqrt{\pi}}{2|\sigma_{mnk}|}\left[\frac{(n\pi\Gamma)^2+m(m-\sigma_{mnk})}{(1-\sigma_{mnk}^2)}\right]^{1/2}|J_m(\xi_{mnk})|.$$

展开式 (11.61) 中, 任意 t 时刻的系数 $\mathcal{A}_{mnk}$ 也可从 $\mathbf{u}$ 求得, 即

$$\mathcal{A}_{mnk}(t) = 2\int_0^1\int_0^\Gamma\int_0^{2\pi}(\mathbf{u}_{mnk}^*\cdot\mathbf{u})\,s\,\mathrm{d}\phi\,\mathrm{d}s\,\mathrm{d}z,$$

其中 $n \geqslant 1, m \geqslant 1, k \geqslant 1$。

当获得了 (11.61) 式的全部系数 $\mathcal{A}_{mnk}$ 之后, 任意时刻 t 的进动流总动能密

度 E_{kin} 便可表示为

$$E_{\text{kin}}(t) = \frac{1}{2\mathcal{V}} \int_0^1 \int_0^\Gamma \int_0^{2\pi} |\mathbf{u}|^2 \, s \, d\phi \, ds \, dz$$

$$= \frac{1}{2\pi\Gamma^2} \left\{ \left[\sum_{k=1}^K |\mathcal{A}_{00k}(t)|^2 + \frac{1}{2} \sum_{m=1}^M \sum_{k=1}^K |\mathcal{A}_{m0k}(t)|^2 + \frac{1}{2} \sum_{n=1}^N \sum_{k=1}^K |\mathcal{A}_{0nk}(t)|^2 \right. \right.$$

$$\left. \left. + \frac{1}{2} \sum_{m=1}^M \sum_{n=1}^N \sum_{k=1}^{2K} |\mathcal{A}_{mnk}(t)|^2 \right] \right\} + O(\sqrt{Ek}),$$

推导中使用了如下正交归一化关系(对所有可能的 m, n 和 k):

$$\int_0^1 \int_0^\Gamma \int_0^{2\pi} (\mathbf{u}_{mnk}^* \cdot \mathbf{u}_{mnk}) \, s \, d\phi \, ds \, dz = 1.$$

表 11.5 给出了似球形圆柱 ($\Gamma = 0.502559$) 的一些惯性模归一化因子,以及相应的径向波数 ξ_{mnk} 和半频 σ_{mnk} 值。

表 11.5 似球形圆柱 ($\Gamma = 0.502559$) 惯性模的几个归一化因子 N_{mnk},以及相应的径向波数 ξ_{mnk} 和半频 σ_{mnk} 值。第一列惯性模的上标减号表示 $\sigma_{mnk} < 0$

(m,n,k)	ξ_{mnk}	σ_{mnk}	N_{mnk}
$(0,0,1)$	3.83171	0	0.35876
$(0,0,2)$	7.01559	0	0.26733
$(0,0,3)$	10.1735	0	0.22243
$(0,1,1)$	3.83171	$+0.380971$	1.59988
$(0,1,2)$	7.01559	$+0.219556$	1.96044
$(0,1,3)$	10.1735	$+0.153356$	2.30556
$(1,1,1)$	2.73462	$+0.500000$	1.52546
$(1,1,2)$	5.95780	$+0.256161$	1.83363
$(1,1,3)$	9.13167	$+0.170369$	2.19286
$(1,1,1)^-$	4.75276	-0.315254	1.67472
$(1,1,2)^-$	7.97311	-0.194248	2.06044
$(1,1,3)^-$	11.1456	-0.140256	2.39985
$(1,2,1)$	2.51263	$+0.782498$	2.86779
$(1,2,2)$	5.70166	$+0.484480$	2.19359
$(1,2,3)$	8.87088	$+0.335347$	2.36514
$(1,2,1)^-$	4.97154	-0.536145	2.15388
$(1,2,2)^-$	8.21086	-0.358944	2.30583
$(1,2,3)^-$	11.3904	-0.267147	2.55920
$(2,1,1)$	4.43599	$+0.335310$	1.61526
$(2,1,2)$	7.72801	$+0.200166$	2.01849

11.9 主共振的非线性进动流

续表

(m,n,k)	ξ_{mnk}	σ_{mnk}	N_{mnk}
$(2,1,3)$	10.9359	$+0.142890$	2.36906
$(2,1,1)^-$	5.76486	-0.264145	1.75407
$(2,1,2)^-$	9.06186	-0.171643	2.16116
$(2,1,3)^-$	12.2711	-0.127611	2.49867

当惯性模分解完成后,可由上面的公式计算 E_{kin},而从有限元数值模拟解出的速度也可直接计算动能密度,二者结果的比较显示差异极小,仅为 $O(Ek^{1/2})$ 量级,主要是由粘性边界层造成的。作为 m, n, k 和 t 的函数,$\mathcal{A}_{mnk}(t)$ 的振幅和变化将为理解非线性进动流的结构和过渡机制提供非常有用的信息。

11.9.2 非线性进动流的结构

为进一步理解圆柱中非线性进动流的特点,在总动能密度 E_{kin} 的基础上,我们引入了两个新的动能密度概念。其一为轴对称地转流 $U_G(s)\hat{\phi}$ 动能密度,定义为

$$E_{\text{geo}} = \frac{1}{2\mathcal{V}} \int_0^1 \int_0^\Gamma \int_0^{2\pi} |U_G(s)\hat{\phi}|^2 s\,\mathrm{d}\phi\,\mathrm{d}s\,\mathrm{d}z = \frac{1}{2\pi\Gamma^2} \sum_{k=1}^K |\mathcal{A}_{00k}(t)|^2,$$

其二为进动受迫惯性模动能密度,定义为

$$E_{\text{for}} = \frac{1}{2\mathcal{V}} \int_0^1 \int_0^\Gamma \int_0^{2\pi} |\mathcal{A}_{111}\mathbf{u}_{111}|^2 s\,\mathrm{d}\phi\,\mathrm{d}s\,\mathrm{d}z = \frac{1}{2\pi\Gamma^2}\left(\frac{|\mathcal{A}_{111}(t)|^2}{2}\right),$$

其中 $\mathbf{u}_{111}$ 已归一化。应该指出,我们仅仅关注非线性平衡状态下的流体运动,此时的流体运动由边界层粘性效应所控制。数值模拟要达到非线性平衡态需要足够长的积分时间,当 $0 < \sqrt{Ek} \ll 1$ 时,一般要求 $t \geqslant O(1/\sqrt{Ek})$。例如,对于 $Ek = 10^{-4} (1/\sqrt{Ek} = 100)$ 的非线性模拟,我们的经验是:达到平衡的典型时间为 $t \geqslant 700$ ——大于一百个旋转周期。

针对似球形圆柱 ($\Gamma = 0.502559$) 中 $Ek = 10^{-4}$ 和 $\alpha = \pi/4$ 的情况,图 11.6 和图 11.7 总结了直接数值模拟的结果,并且图 11.7 还特意给出了线性渐近解以作比较。完全非线性数值模拟揭示了这种情况的四个有趣特征,叙述如下:

(1) 当 $Po/\sqrt{Ek} < O(1)$ 时,以封闭形式的分析表达式(如 (11.44) 式)给出的线性近似已具有足够好的精确度。例如,当 $Po = 0.01$, $Ek = 10^{-3}$ 时,非线性数值模拟的结果为 $E_{\text{kin}} = 9.0 \times 10^{-5}$,而分析表达式的值为 $E_{\text{kin}} = 9.1 \times 10^{-5}$。$Ek = 10^{-4}$ 的情况也可参见图 11.7。另外,当 $Po/\sqrt{Ek} < O(1)$ 时,进动流结构的线性解和非线性解之间没有明显的差异,图 11.8(a),(b) 显示了当 $Ek = 10^{-4}$ 时,$Po = 10^{-3}$ 和 $Po = 10^{-2}$ 两种情况对应的 u_z 等值线分布,它们与图 11.3(c) 给出的线性渐近解是非常相似的。

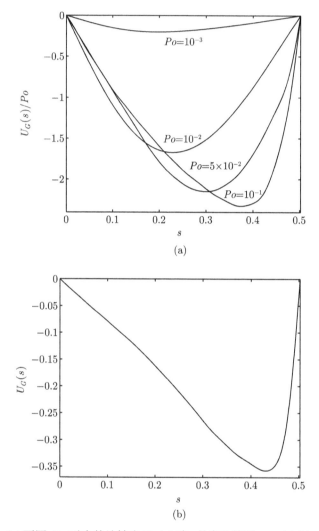

图 11.6 (a) 不同 Po 对应的地转流 $U_G(s)$ 随 s 的变化情况，$U_G(s)$ 以 Po 进行了标度。(b) $Po = 0.25$ 对应的地转流 $U_G(s)$ 随 s 的变化情况。两图的其他参数相同：$\alpha = \pi/4$, $Ek = 10^{-4}$, $\Gamma = 0.502559$

(2) 当数值模拟达到非线性平衡后（$t \geqslant O(1/\sqrt{Ek})$），非线性进动流的本质特征：总动能密度 E_{kin}、流体运动结构、受迫惯性模 $\mathbf{u}_{111}$ 的强度、地转流 $U_G(s)$ 的幅度和形态随时间仅略微变化。除了预期的非轴对称成分的逆行传播，其空间结构在不同时刻也只有微小的改变，即使强进动的流体运动也是如此。如图 11.9 所示，当 $Po = 10^{-1}$ 和 $Ek = 10^{-4}$ 时，两个不同时刻的进动流结构差异较小。而进动流的总动能密度 E_{kin} 即使在 $Po/\sqrt{Ek} = 10$ 时也仅有几个百分点的变化。

11.9 主共振的非线性进动流

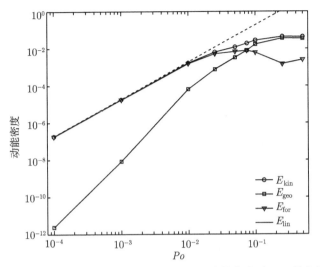

图 11.7 似球形圆柱中 ($\Gamma = 0.502559$)，四种不同的动能密度随 Po 的变化情况。参数为 $\alpha = \pi/4$, $Ek = 10^{-4}$。虚线是分析表达式 (11.44) 的计算结果

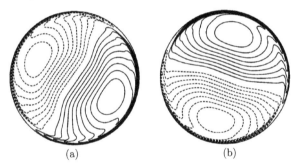

图 11.8 似球形圆柱 ($\Gamma = 0.502559$) 中，进动流完全非线性解 u_z 在 $z = 1/2$ 平面处的等值线分布：(a) $Po = 10^{-3}$；(b) $Po = 10^{-2}$。其他参数相同：$\alpha = \pi/4$, $Ek = 10^{-4}$

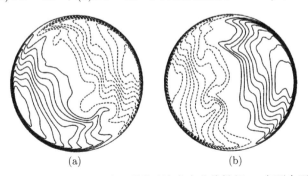

图 11.9 似球形圆柱 ($\Gamma = 0.502559$) 中，强进动流完全非线性解 u_z 在两个不同时刻的等值线分布 ($z = 1/2$ 平面处)。参数为 $Po = 0.1$, $\alpha = \pi/4$, $Ek = 10^{-4}$。强非线性进动流为准稳态，其非轴对称成分逆行传播

(3) 当 $Po/\sqrt{Ek} > O(1)$ 时,在似球形圆柱 ($\Gamma = 0.502559$) 的中部,将会形成和发展出一个呈刚体旋转形态的流体运动,这是进动流最显著的特征,如图 11.6(a), (b) 所示。当 Po 为中等大小,图 11.6(a) 显示了在圆柱中部形成的地转流 $U_G(s)$,其形态接近刚体转动。例如,当 $Po = 10^{-2}$ 时,这个刚体转动同图 11.6(a) 描述的那样被约束于 $0 \leqslant s < s_{rigid} \approx 0.13$ 的中部区域。随着 Po 逐渐增大,图 11.6(b) 清楚地表明了刚体旋转的尺度和强度都将随之增大。当 $Po = 10^{-1}$ 时,图 11.9 中不规则的非轴对称图案突出地展示了强地转流 $U_G(s)$ 造成的流场扭曲。当 $Po = 0.25$ 时,图 11.6(b) 显示圆柱中部的刚体旋转占据了主导地位,而非轴对称流体运动则大部分被它压迫到了壁面附近,如图 11.10 所示。因此可把这种情况的强进动流分成三个主要组成部分:①较弱的非轴对称部分 (图 11.10),表现为逆行波的形式,其运动贴近壁面;②近壁面的轴对称剪切流,如图 11.6(b) 所示;③中部占支配地位的刚体自转,旋转方向与 Ω_0 相反。从图 11.6(b) 可知,这个刚体自转可由下式近似描述:

$$U_G(s)\hat{\phi} = \Omega_G\,\hat{\mathbf{z}} \times \mathbf{r} \quad (0 < s \leqslant s_{rigid} \approx (\Gamma - \delta) = 0.43)$$

其中,$\Omega_G \approx -0.8$。其外部为一个厚度为 $\delta \approx 0.07$ 的 Stewartson 型剪切层。

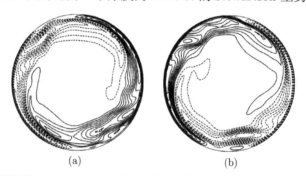

图 11.10 似球形圆柱 ($\Gamma = 0.502559$) 中,强进动流完全非线性解 u_z 在两个不同时刻的等值线分布 ($z = 1/2$ 平面处)。参数为 $Po = 0.25$, $\alpha = \pi/4$, $Ek = 10^{-4}$。强非线性进动流为准稳态,其非轴对称成分逆行传播

(4) 当中部刚体旋转到达圆柱壁面并几乎占据整个圆柱时,强进动流的发展就达到了非线性饱和状态。当 Po 处于中等大小区间时,图 11.7 表明,地转流 $U_G(s)$ 的幅度以 $|U_G| \sim (Po/\sqrt{Ek})^2$ 或 $E_{geo} \sim (Po/\sqrt{Ek})^4$ 的方式增长,如同非线性边界层分析预测的那样。当 $Po = 7.5 \times 10^{-2}$ 时,地转流 $U_G(s)$ 的动能密度将会超过受迫模 $\mathbf{u}_{111}$ 的动能密度。当 $Po = 0.25$ 时,地转流将主导流体运动,其动能将达到总动能的 82.4%,而受迫模仅仅贡献了 3.5%。但是随着 Po 的增大,进动流 $\mathbf{U}_G$ 在接触到圆柱壁面 (除开粘性边界层) 时也会饱和。对于似球形圆柱参数为 $Ek = 10^{-4}$, $\alpha = \pi/4$ 的情况,非线性饱和发生在 $Po \approx 0.25$ 时,图 11.7 清楚地显示了这一点。

11.9 主共振的非线性进动流

最后，考虑圆柱横纵比分别为 $\Gamma = 1.045945, 1.611089$ 时的第二和第三共振情况。已知主共振 $\Gamma = 0.502559$ 的地转流 $U_G(s)$ 在整个圆柱中总是逆行的 ($U_G(s) < 0, 0 < s < \Gamma$)，而高阶共振不同，表现为较差旋转形式，地转流 $U_G(s)$ 的方向和大小依赖于坐标 s，并且可以是逆行的 ($U_G(s) < 0$)，也可以是顺行的 ($U_G(s) > 0$)。图 11.11 显示了这两个共振的地转流情况。地转流 $U_G(s)$ 交错地向东或向西传播，其幅度为 $(Po/\sqrt{Ek})^2$ 量级，由粘性边界层内的非线性效应和粘性效应共同维持。在空间上，地转流的结构 $U_G(s)$ 反映了圆柱上下边界层流 $\tilde{u}$ 的形态，而 $\tilde{u}$ 是由 $\Gamma = 1.045945$ 时的共振模 $\mathbf{u}_{112}$ 或 $\Gamma = 1.611089$ 时的共振模 $\mathbf{u}_{113}$ 决定的。在时间上，图 11.11 显示的轴对称地转流 $U_G(s)\hat{\phi}$ 是稳态的，因为共振惯性模 $\mathbf{u}_{112}$ 或 $\mathbf{u}_{113}$ 代表着一个在方位方向传播的行波。

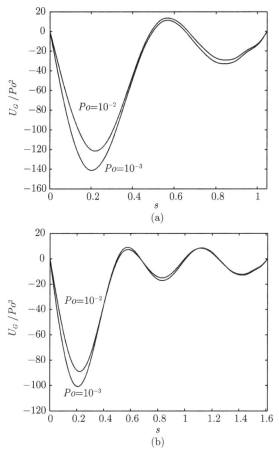

图 11.11 $Po = 10^{-3}, 10^{-2}$ 时，地转流 $U_G(s)/Po^2$ 随 s 的变化情况：(a) 第二共振，即 $\Gamma = 1.045945$；(b) 第三共振，即 $\Gamma = 1.611089$。上下两图的其他参数相同：$\alpha = \pi/4, Ek = 10^{-4}$

颇为惊奇的是，即使当 $Po/\sqrt{Ek} = O(10)$ 时，似球形圆柱中的进动紊流在时间上也是准稳态的，并且具有简单的空间结构 —— 它主要由一个弱的、贴近壁面的非轴对称行波和一个壁面附近的剪切层，以及占主导地位的内部刚体旋转组成。

11.9.3 搜寻三模共振

在似球形圆柱 ($\Gamma = 0.502559$) 中，如果存在三模共振，则流体运动必将包含以下三个占优的惯性模：进动强迫模 $\mathbf{u}_{111}$ (半频为 $\sigma_{111} = 1/2$) 和另外两个非受迫惯性模 $\mathbf{u}_{\tilde{m}\tilde{n}\tilde{k}}$ 和 $\mathbf{u}_{\hat{m}\hat{n}\hat{k}}$（半频分别为 $\sigma_{\tilde{m}\tilde{n}\tilde{k}}$ 和 $\sigma_{\hat{m}\hat{n}\hat{k}}$）。三模之间必须满足以下关系：

$$|\tilde{m} - \hat{m}| = 1, \quad |\tilde{n} - \hat{n}| = 1, \quad |2\sigma_{\tilde{m}\tilde{n}\tilde{k}} - 2\sigma_{\hat{m}\hat{n}\hat{k}}| = 2\sigma_{111} = 1.$$

有学者提出 (Lagrange et al., 2008; Lin et al., 2014)，受迫模 $\mathbf{u}_{111}$ 与另外两个自由模之间的非线性相互作用，可以使三个惯性模：$\mathbf{u}_{111}$、$\mathbf{u}_{\tilde{m}\tilde{n}\tilde{k}}$ 和 $\mathbf{u}_{\hat{m}\hat{n}\hat{k}}$ 形成三模共振，从而导致圆柱进动流的不稳定，使其向紊流转变。

为说明三模共振机制，假设非线性进动流 $(\mathbf{u}, p)$ 可表示为三个惯性模之和，即

$$\mathbf{u} = \left[\mathcal{C}_{111}(t)\,\mathbf{u}_{111}\mathrm{e}^{\mathrm{i}t} + \mathcal{C}_{\tilde{m}\tilde{n}\tilde{k}}(t)\mathbf{u}_{\tilde{m}\tilde{n}\tilde{k}}\mathrm{e}^{\mathrm{i}2\sigma_{\tilde{m}\tilde{n}\tilde{k}}t} + \mathcal{C}_{\hat{m}\hat{n}\hat{k}}(t)\,\mathbf{u}_{\hat{m}\hat{n}\hat{k}}\mathrm{e}^{\mathrm{i}2\sigma_{\hat{m}\hat{n}\hat{k}}t}\right] + c.c.,$$

$$p = \left[\mathcal{C}_{111}(t)\,p_{111}\mathrm{e}^{\mathrm{i}t} + \mathcal{C}_{\tilde{m}\tilde{n}\tilde{k}}(t)p_{\tilde{m}\tilde{n}\tilde{k}}\mathrm{e}^{\mathrm{i}2\sigma_{\tilde{m}\tilde{n}\tilde{k}}t} + \mathcal{C}_{\hat{m}\hat{n}\hat{k}}(t)\,p_{\hat{m}\hat{n}\hat{k}}\mathrm{e}^{\mathrm{i}2\sigma_{\hat{m}\hat{n}\hat{k}}t}\right] + c.c.,$$

三个模满足三模共振条件，并且边界层的粘性效应居于次要地位。于是，三个复系数 $\mathcal{C}_{111}(t)$、$\mathcal{C}_{\tilde{m}\tilde{n}\tilde{k}}(t)$ 和 $\mathcal{C}_{\hat{m}\hat{n}\hat{k}}(t)$ 将由以下耦合的非线性常微分方程控制：

$$\frac{\mathrm{d}\mathcal{C}_{111}}{\mathrm{d}t} + 4\pi^2 Ek\mathcal{C}_{111} - 2Po\sin\alpha \int_{\mathcal{V}} \hat{\mathbf{z}}\cdot\mathbf{u}_{111}^*\mathrm{e}^{\mathrm{i}\phi}\,\mathrm{d}\mathcal{V}$$
$$= -\mathcal{C}_{\tilde{m}\tilde{n}\tilde{k}}\mathcal{C}_{\hat{m}\hat{n}\hat{k}}^* \int_{\mathcal{V}} \mathbf{u}_{111}^* \cdot \left(\mathbf{u}_{\tilde{m}\tilde{n}\tilde{k}} \cdot \nabla \mathbf{u}_{\hat{m}\hat{n}\hat{k}}^*\right)\,\mathrm{d}\mathcal{V} + \cdots, \tag{11.63}$$

$$\frac{\mathrm{d}\mathcal{C}_{\tilde{m}\tilde{n}\tilde{k}}}{\mathrm{d}t} + \left[\frac{Ek(\tilde{n}\pi)^2}{\sigma_{\tilde{m}\tilde{n}\tilde{k}}^2}\right]\mathcal{C}_{\tilde{m}\tilde{n}\tilde{k}}$$
$$= -\mathcal{C}_{\hat{m}\hat{n}\hat{k}}\mathcal{C}_{111} \int_{\mathcal{V}} \mathbf{u}_{\tilde{m}\tilde{n}\tilde{k}}^* \cdot \left(\mathbf{u}_{111} \cdot \nabla \mathbf{u}_{\hat{m}\hat{n}\hat{k}}\right)\,\mathrm{d}\mathcal{V} + \cdots, \tag{11.64}$$

$$\frac{\mathrm{d}\mathcal{C}_{\hat{m}\hat{n}\hat{k}}}{\mathrm{d}t} + \left[\frac{Ek(\hat{n}\pi)^2}{\sigma_{\hat{m}\hat{n}\hat{k}}^2}\right]\mathcal{C}_{\hat{m}\hat{n}\hat{k}}$$
$$= -\mathcal{C}_{\tilde{m}\tilde{n}\tilde{k}}\mathcal{C}_{111} \int_{\mathcal{V}} \mathbf{u}_{\hat{m}\hat{n}\hat{k}}^* \cdot \left(\mathbf{u}_{111} \cdot \nabla \mathbf{u}_{\tilde{m}\tilde{n}\tilde{k}}\right)\,\mathrm{d}\mathcal{V} + \cdots, \tag{11.65}$$

其中，三模共振条件将保证以上方程中的所有积分不为零。由 (11.63)~(11.65) 式表示的系统在物理上意味着：当主惯性模 $\mathbf{u}_{111}$ 由庞加莱力直接激发时，$\mathbf{u}_{\tilde{m}\tilde{n}\tilde{k}}$ 与 $\mathbf{u}_{\hat{m}\hat{n}\hat{k}}$ 之间的非线性相互作用将增强主模 $\mathbf{u}_{111}$，而主模与任一其他模 (比如 $\mathbf{u}_{111}$ 与 $\mathbf{u}_{\tilde{m}\tilde{n}\tilde{k}}$)

11.9 主共振的非线性进动流

之间的非线性相互作用将生成另一个模(比如 $\mathbf{u}_{\hat{m}\hat{n}\hat{k}}$)。乍看起来,三模共振的物理机制非常简单,且数学表达也很优美。

然而尽管付出了很大努力,我们也没有在似球形圆柱的数值实验中 ($0 < Ek \ll 1$) 找到任何三模共振的证据。对任何时刻的非线性流进行惯性模完全展开,也未发现存在三个优势的惯性模满足三模共振条件。表 11.6 给出了当 $Po = 10^{-3}$ 时非线性进动流的十个最大的 $|A_{mnk}|$ 值(参数 $Ek = 10^{-4}$)。这种情况下,即当 $Po/\sqrt{Ek} = 0.1$ 时,受迫模 $\mathbf{u}_{111}$ 占据着主导地位,其能量大大超过了其他的模,与预期一致。但是没有迹象表明存在其他两个模 $\mathbf{u}_{\tilde{m}\tilde{n}\tilde{k}}$ 和 $\mathbf{u}_{\hat{m}\hat{n}\hat{k}}$ 满足三模共振条件。值得注意的是,庞加莱力不随 z 坐标而改变且方位波数 $m = 1$ 的特点使它具有若干空间对称性,但是由庞加莱力驱动的流体运动并没有共享这种对称性,因为边界层内流(见 (11.19)式)和非线性效应都破坏了流动的空间对称性。这也解释了为什么表 11.6 中没有出现三个共振的模,而是包含了一个由 $\mathbf{u}_{133}$ 和 $\mathbf{u}_{131}$ 这样具有相当强度的惯性模组成的集合——它们不太可能是任何不稳定性导致的结果。

表 11.6 似球形圆柱中 ($\Gamma = 0.502559$),当 $Po = 10^{-3}$, $Ek = 10^{-4}$ 时,非线性流最大的十个 $|A_{mnk}|$ 值。第一列惯性模的上标减号表示 $\sigma_{mnk} < 0$。注意,当数值模拟达到非线性平衡时 ($t \geqslant O(1/\sqrt{Ek})$),$|A_{mnk}|$ 值几乎不会随时间而变化

(m, n, k)	$|\mathcal{A}_{mnk}|$	ξ_{mnk}	σ_{mnk}
$(1, 1, 1)$	7.424×10^{-3}	2.7346	$+0.5000$
$(1, 3, 3)$	2.824×10^{-4}	8.7782	$+0.4749$
$(1, 3, 1)$	2.197×10^{-4}	2.4557	$+0.8878$
$(1, 1, 2)$	1.960×10^{-4}	5.9578	$+0.2562$
$(1, 1, 3)$	1.487×10^{-4}	9.1317	$+0.1704$
$(1, 1, 1)^-$	1.451×10^{-4}	4.7528	-0.3153
$(1, 1, 3)^-$	1.362×10^{-4}	11.146	-0.1403
$(1, 3, 2)$	1.359×10^{-4}	5.6171	$+0.6446$
$(1, 1, 2)^-$	1.355×10^{-4}	7.9731	-0.1942
$(0, 0, 1)$	1.153×10^{-4}	3.8317	$+0.0000$

当 Po 增大到 10^{-2},使得 $Po/\sqrt{Ek} = 1$ 时,进动流的主要模的幅度 $|A_{mnk}|$ 列于表 11.7 中。表中仍然没有任何三模共振存在的证据,即存在另两个优势的模与受迫模 $\mathbf{u}_{111}$ 共振。不过此时,由粘性边界层非线性效应导致的地转模在幅度上变得与受迫模相当了,即 $|\mathcal{A}_{001}| = 1.020 \times 10^{-2}$,而受迫模为 $|\mathcal{A}_{111}| = 6.966 \times 10^{-2}$。当 Po 进一步增大到 10^{-1},使得 $Po/\sqrt{Ek} = 10$ 时,非线性流的空间结构将变得紊乱,但是我们仍然找不到可与 $\mathbf{u}_{111}$ 形成三模共振的另两个模,如表 11.8 和图 11.9 所示。在这种情况下,地转模占据主导地位,有 $|\mathcal{A}_{001}| = 1.486 \times 10^{-1} > |\mathcal{A}_{111}| = 1.374 \times 10^{-1}$。另外

也存在很多其他具有较大幅度的惯性模,比如 $\mathbf{u}_{111}^-$ ($\sigma_{111}^- = -0.3153$) 和 $\mathbf{u}_{112}$ ($\sigma_{112} = 0.2562$),它们也不满足三模共振条件。

表 11.7 似球形圆柱中 ($\Gamma = 0.502559$),当 $Po = 10^{-2}$, $Ek = 10^{-4}$ 时,非线性共振进动流最大的十个 $|A_{mnk}|$ 值 (非线性平衡态)

(m,n,k)	$|\mathcal{A}_{mnk}|$	ξ_{mnk}	σ_{mnk}
$(1,1,1)$	6.966×10^{-2}	2.7346	$+0.5000$
$(0,0,1)$	1.020×10^{-2}	3.8317	$+0.0000$
$(0,2,1)$	3.470×10^{-3}	3.8317	$+0.6360$
$(1,1,1)^-$	2.964×10^{-3}	4.7528	-0.3153
$(2,0,1)$	2.653×10^{-3}	5.1356	$+0.0000$
$(1,3,3)$	1.920×10^{-3}	8.7782	$+0.4749$
$(1,1,3)$	1.656×10^{-3}	9.1317	$+0.1704$
$(1,3,1)$	1.561×10^{-3}	2.4557	$+0.8877$
$(1,1,2)$	1.417×10^{-3}	5.9578	$+0.2562$
$(1,1,2)^-$	1.294×10^{-3}	7.9731	-0.1942

表 11.8 似球形圆柱中 ($\Gamma = 0.502559$),当 $Po = 10^{-1}$, $Ek = 10^{-4}$ 时,非线性共振进动流最大的十个 $|A_{mnk}|$ 值 (非线性平衡态)

(m,n,k)	$|\mathcal{A}_{mnk}|$	ξ_{mnk}	σ_{mnk}
$(0,0,1)$	1.486×10^{-1}	3.8317	$+0.0000$
$(1,1,1)$	1.374×10^{-1}	2.7346	$+0.5000$
$(1,1,1)^-$	5.822×10^{-2}	4.7528	-0.3153
$(1,1,2)$	5.737×10^{-2}	5.9578	$+0.2562$
$(0,0,2)$	5.261×10^{-2}	7.0156	$+0.0000$
$(0,0,3)$	3.272×10^{-2}	10.173	$+0.0000$
$(2,2,1)$	3.177×10^{-2}	4.1050	$+0.6097$
$(1,1,3)$	2.979×10^{-2}	9.1317	$+0.1704$
$(1,1,2)^-$	2.928×10^{-2}	7.9731	-0.1942
$(1,3,1)$	2.504×10^{-2}	2.4557	$+0.8878$

于是一个重要的问题便产生了:当 $0 < Ek \ll 1$ 时,似球形进动圆柱中的三模共振为什么无法实现?一个可能的解释是,三模共振机制没有考虑发生在粘性边界层内的非线性效应,但是它却起着关键性的控制作用。作为圆柱几何形状和快速旋转的结果,充满流体的容器边界上一定会形成粘性边界层,正是这种迥异于三模共振的边界层非线性效应产生了强烈的地转流,从而控制着流体的动力学过程。即使如 (11.63)~(11.65) 式描述的简单系统对理想无粘性或无穷延伸的旋转流体有效,它也不能捕捉容器中进动流的动力学本质特征。与 (11.63)~(11.65) 式描述的机制相反,受迫模 $\mathbf{u}_{111}$ 的大部分能量是通过粘性边界层的非线性效应传递给大尺

度地转流 $U_G(s)$ 的。从上述结果似乎可以合理地推断和论证一个观点，即三模共振不可能发生在进动圆柱中，对任意进动角 α 和横纵比 Γ 都是如此。

11.10 副产品：粘性衰减因子

如果进动在 $t=t_0$ 时刻突然停止，那么进动流 $\mathbf{u}(t=t_0)=\mathbf{U}_0(s,z,\phi)$ 将在粘滞耗散和旋转的影响下最终衰减为一个刚体转动的状态，即匀速旋转粘性流体的自然终态。从初始状态 $\mathbf{U}_0$ 达到最终状态的方式依赖于惯性模 $\mathbf{u}_{mnk}$ 的粘性衰减因子 $\mathcal{D}_{mnk}$，作为进动问题的一个副产品，它可以通过设置 $Po=0$ 来求得。因为所有方程(如边界层方程及其解)与进动问题都是类似的，本节我们将简要进行论述。

设 Ek 任意小且为固定值，考虑快速旋转圆柱(横纵比为 Γ)中轴对称惯性振荡 $\mathbf{u}_{0nk}$ 和非轴对称惯性波 $\mathbf{u}_{mnk}$ 的粘性衰减因子。对于在较宽频率和波长范围内的惯性模，我们提供了一个修正的渐近理论 (Zhang and Liao, 2008)，准确地估算了它们的粘性衰减因子 $\mathcal{D}_{mnk}$。与进动问题的渐近展开式 (11.33) 和 (11.34) 类似，当 $0<Ek\ll 1$ 时，经过粘性衰减修正的惯性模 $\mathbf{u}$ 和 p 可以表示为以下形式：

$$\mathbf{u}=[(\mathbf{u}_{mnk}+\widehat{\mathbf{u}})+\widetilde{\mathbf{u}}]\,\mathrm{e}^{2\,\mathrm{i}(\sigma_{mnk}+\widehat{\sigma}_{mnk})t}\mathrm{e}^{-\mathcal{D}_{mnk}t}, \tag{11.66}$$

$$p=[(p_{mnk}+\widehat{p})+\widetilde{p}]\,\mathrm{e}^{2\,\mathrm{i}(\sigma_{mnk}+\widehat{\sigma}_{mnk})t}\mathrm{e}^{-\mathcal{D}_{mnk}t}, \tag{11.67}$$

其中 $\widehat{\sigma}_{mnk}$ 为无粘性半频 σ_{mnk} 的一个不显著的小改正，$(\widehat{\mathbf{u}},\widehat{p})$ 表示相对 $(\mathbf{u}_{mnk},p_{mnk})$ 的内部小扰动，无粘性惯性模的大小为 $|\mathbf{u}_{mnk}|=O(1)$，边界层流的大小为 $\widetilde{\mathbf{u}}=O(1)$，由粘滞耗散导致的 $\widehat{\sigma}_{mnk}$ 和 $\mathcal{D}_{mnk}$ 为实数，且满足 $0<|\widehat{\sigma}_{mnk}|\ll|\sigma_{mnk}|$ 和 $0<|\mathcal{D}_{mnk}|\ll O(1)$。注意我们并没有使用 $\sqrt{Ek}$ 作为展开参数，即使对渐近解 (11.66) 和 (11.67) 中的第一个粘性改正项也是如此。

在进动问题方程 (11.35) 中设 $Po=0$，然后添加粘性衰减项对其进行修正，于是粘性衰减因子 $\mathcal{D}_{mnk}$ 的问题可由下面的非齐次方程：

$$2\,\mathrm{i}\sigma_{mnk}\widehat{\mathbf{u}}+2\widehat{\mathbf{z}}\times\widehat{\mathbf{u}}+\nabla\widehat{p}=(\mathcal{D}_{mnk}-2\,\mathrm{i}\widehat{\sigma}_{mnk})\mathbf{u}_{mnk}+Ek\nabla^2\mathbf{u}_{mnk}$$

和 $\nabla\cdot\widehat{\mathbf{u}}=0$，以及无滑移边界条件来描述。应重点指出，在修正的渐近展开 (11.66) 和 (11.67) 的框架下，代表内部粘滞耗散的 $Ek\nabla^2\mathbf{u}_{mnk}$ 项必须保留。类似进动问题，将以上非齐次方程乘上 $\mathbf{u}_{mnk}$ 的复共轭，然后在整个圆柱体上积分，可得方程的可解条件：

$$\int_{\mathcal{S}}p_{mnk}^*\,(\widehat{\mathbf{n}}\cdot\widehat{\mathbf{u}})\,\mathrm{d}\mathcal{S}=(\mathcal{D}_{mnk}-2\,\mathrm{i}\widehat{\sigma}_{mnk})\int_0^1\int_0^{\Gamma}\int_0^{2\pi}|\mathbf{u}_{mnk}|^2\,s\,\mathrm{d}\phi\,\mathrm{d}s\,\mathrm{d}z$$

$$-\left(\frac{n\pi}{\sigma_{mnk}}\right)^2Ek\int_0^1\int_0^{\Gamma}\int_0^{2\pi}|\mathbf{u}_{mnk}|^2\,s\,\mathrm{d}\phi\,\mathrm{d}s\,\mathrm{d}z, \tag{11.68}$$

从其实部可解得粘性衰减因子 $\mathcal{D}_{mnk}$。(11.68) 式左边面积分的求法与进动问题完全相同,即通过三个边界层解: $\tilde{\mathbf{u}}_{sidewall}$、$\tilde{\mathbf{u}}_{bottom}$ 和 $\tilde{\mathbf{u}}_{top}$ 而求得。

因为轴对称模 $\mathbf{u}_{0nk}$ 与非轴对称模 $\mathbf{u}_{mnk}$ 的公式仅有细微差别,因此为了区分,我们分别给出 $\mathcal{D}_{0nk}$ 和 $\mathcal{D}_{mnk}$ $(m \geqslant 1)$ 的表达式。对于轴对称模 $(m = 0)$,从可解条件 (11.68) 可得

$$\mathcal{D}_{0nk} = (n^2\pi^2) \left(\frac{\sqrt{Ek}}{\sigma_{0nk}}\right)^2 + \left[(1-\sigma_{0nk}^2)Ek\right]^{1/2}$$

$$\times \left[\frac{|\sigma_{0nk}|^{1/2}}{\Gamma}(1-\sigma_{0nk}^2)^{1/2} + (1-\sigma_{0nk})^{3/2} + (1+\sigma_{0nk})^{3/2}\right]. \quad (11.69)$$

为简化分析,可不失一般性地假设 $n = O(1)$ 和 $\Gamma = O(1)$,则可知对 $\mathcal{D}_{0nk}$ 的粘性贡献包含三个不同的部分: ① 来自上下边界层的贡献,正比于 $[(1-\sigma_{0nk}^2)Ek]^{1/2}$; ② 来自侧壁面边界层的贡献,正比于 $(|\sigma_{0nk}|Ek)^{1/2}(1-\sigma_{0nk}^2)$; ③ 来自内部粘滞耗散的贡献,正比于 $(\sqrt{Ek}/\sigma_{0nk})^2$。分析表达式 (11.69) 清晰地表明,在经典渐近分析 (Greenspan, 1968) 中被忽略的内部贡献 $(\sqrt{Ek}/\sigma_{0nk})^2$ 必须予以保留,才能获得初值问题的正确通解。例如,当惯性模 $\mathbf{u}_{0nk}$ 的半频为 $\sigma_{0nk} = O(Ek^{1/5})$ 量级时,内部贡献的量级则为 $O(Ek^{3/5})$,而侧面边界层的贡献也是 $O(Ek^{3/5})$ 量级,因此不管 Ek 有多小,内部的贡献都不能被忽略。以上理论分析已被相应的数值分析所证实 (Zhang and Liao, 2008),我们发现,当 $Ek = 10^{-5}$ 时,渐近表达式 (11.69) 与纯数值解之间的差异总是在几个百分点以内,而基于 $\sqrt{Ek}$ 展开的经典理论的偏差往往较大。例如,当横纵比 $\Gamma = 1/1.9898$ 时,惯性模 $\mathbf{u}_{016}$ $(m = 0, n = 1, k = 6)$ 的频率为 $\omega_{016} = 2\sigma_{016} = 0.16$,在这种情况下,如果 $Ek = 10^{-5}$,则经典理论得到的粘性衰减因子为 $\mathcal{D}_{016} = 8.09 \times 10^{-3}$,而 (11.69) 式的结果为 $\mathcal{D}_{016} = 2.34 \times 10^{-2}$,与纯数值解结果 $\mathcal{D}_{016} = 2.38 \times 10^{-2}$ 符合得很好。

类似地,由可解条件 (11.68) 也可得到非轴对称惯性模粘性衰减因子的分析表达式

$$\mathcal{D}_{mnk} = (n^2\pi^2)\left(\frac{\sqrt{Ek}}{\sigma_{mnk}}\right)^2 + \frac{M^2/\Gamma}{(n\pi\Gamma)^2 + m(m-\sigma_{mnk})}\left[|\sigma_{mnk}|\left(1-\sigma_{mnk}^2\right)^2 Ek\right]^{1/2}$$

$$+ \frac{(1-\sigma_{mnk})^{1/2}\left[(1-\sigma_{mnk})M^2 - 2m\sigma_{mnk}\right]}{(n\pi\Gamma)^2 + m(m-\sigma_{mnk})}\left[(1-\sigma_{mnk}^2)Ek\right]^{1/2}$$

$$+ \frac{(1+\sigma_{mnk})^{1/2}\left[(1+\sigma_{mnk})M^2 - 2m\sigma_{mnk}\right]}{(n\pi\Gamma)^2 + m(m-\sigma_{mnk})}\left[(1-\sigma_{mnk}^2)Ek\right]^{1/2}, \quad (11.70)$$

其中 $m \geqslant 1$,$M^2 = m^2 + n^2\pi^2\Gamma^2$。

在获知全部惯性模 $\mathbf{u}_{mnk}$ 的粘性衰减因子 $\mathcal{D}_{mnk}$ 的基础上,就可以着手构建初值问题的渐近通解 $\mathbf{u}(\mathbf{r},t)$。假设在快速旋转圆柱中,流体在 $t = t_0$ 时刻被赋予了一

11.10 副产品：粘性衰减因子

个有实际物理意义的初始速度 $\mathbf{U}_0$，并假设 $\mathbf{U}_0$ 的幅度较小且不存在地转成分，则流体从起始状态最终转变为刚体自转状态的方式由以下方程描述：

$$\frac{\partial \mathbf{u}}{\partial t} + 2\hat{\mathbf{z}} \times \mathbf{u} = -\nabla p + Ek\nabla^2 \mathbf{u},$$
$$\nabla \cdot \mathbf{u} = 0,$$

边界条件为

$$\mathbf{u}(s=\Gamma,\phi,z) = \mathbf{u}(s,\phi,z=0) = \mathbf{u}(s,\phi,z=1) = \mathbf{0},$$

初始条件为

$$\mathbf{u}(s,\phi,z,t=t_0) = \mathbf{U}_0(s,\phi,z).$$

当 $t > t_0$ 时，在首阶近似下，这个初值问题的通解 (与时间相关) 可写为

$$\mathbf{u} = \sum_{m=0}\sum_{n=1}\sum_{k=1}\left[\int_0^1\int_0^\Gamma\int_0^{2\pi}(\mathbf{u}_{mnk}^*\cdot\mathbf{U}_0)\,s\,\mathrm{d}\phi\,\mathrm{d}s\,\mathrm{d}z\right]\mathbf{u}_{mnk}\mathrm{e}^{(2\mathrm{i}\sigma_{mnk}t-D_{mnk}t)},$$

其中，惯性模 $\mathbf{u}_{mnk}(s,\phi,z)$ 已归一化，粘性衰减因子 $\mathcal{D}_{mnk}$ 由 (11.69) 或 (11.70) 式给出。它表示初值问题的内部解，其中内部和边界层的粘滞耗散作用反映在粘性衰减因子 $\mathcal{D}_{mnk}$ 中。如果初始速度分布 $\mathbf{U}_0$ 包含了地转成分，则同进动问题的处理类似，只需简单地加上地转模即可。

第12章 进动球体中的流体运动

12.1 公　　式

考虑不可压缩粘性流体充满于一个半径为 d 的刚性球体中(球形壁面设为 $\mathcal{S}$)，流体均匀且不受外力影响，即方程 (1.10) 中 $\Theta \equiv 0, \mathbf{f} \equiv \mathbf{0}$。如图 12.1 所示，假设球体以角速度 $\hat{\mathbf{z}}\Omega_0$ 快速旋转 ($\hat{\mathbf{z}}$ 为单位矢量，Ω_0 为常数)，同时以一个固定于惯性系的角速度 $\mathbf{\Omega}_p$ 慢速进动，即

$$|\mathbf{\Omega}_p|/|\mathbf{\Omega}_0| \ll 1 \text{ 和 } (\partial \mathbf{\Omega}_p/\partial t)_{inertial} = \mathbf{0}.$$

在地幔参考系中，球体中的流体承受着周期性庞加莱力的作用，而庞加莱力的大小由 $\mathbf{\Omega}_p$ 及其与 $\hat{\mathbf{z}}\Omega_0$ 之间的夹角 α 控制。假设球心在惯性系中的加速度为零，并且 α 不随时间而改变，则系统的总角速度 $\mathbf{\Omega}$ 为

$$\mathbf{\Omega} = \Omega_0 \hat{\mathbf{z}} + \mathbf{\Omega}_p, \tag{12.1}$$

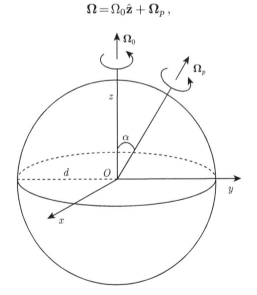

图 12.1　进动球体示意图，球半径为 d，内部充满不可压缩流体并以角速度 $\mathbf{\Omega}_0 = \Omega_0 \hat{\mathbf{z}}$ 快速旋转，同时以一个固定于惯性系的角速度 $\mathbf{\Omega}_p$ 缓慢进动，即 $|\mathbf{\Omega}_p|/|\mathbf{\Omega}_0| \ll 1$ 以及 $(\partial \mathbf{\Omega}_p/\partial t)_{inertial} = \mathbf{0}$。$\mathbf{\Omega}_0$ 与 $\mathbf{\Omega}_p$ 的夹角为 α，且 $0 < \alpha \leqslant \pi/2$。直角坐标系 (x,y,z) 和相应的球坐标系 (r,θ,ϕ) 固定于球体上

12.1 公　式

于是运动方程 (1.10) 中的庞加莱力 $\mathbf{r} \times (\partial \mathbf{\Omega}/\partial t)$ 可表示为

$$\mathbf{r} \times \left(\frac{\partial \mathbf{\Omega}}{\partial t}\right) = \mathbf{r} \times \left[\frac{\partial(\hat{\mathbf{z}}\Omega_0 + \mathbf{\Omega}_p)}{\partial t}\right]_{inertial} = \mathbf{r} \times [\mathbf{\Omega}_p \times (\hat{\mathbf{z}}\Omega_0)]. \qquad (12.2)$$

将 (12.1) 和 (12.2) 式代入方程 (1.10)，并设 $\Theta \equiv 0$ 及 $\mathbf{f} \equiv \mathbf{0}$，可得地幔参考系的进动流控制方程，即

$$\frac{\partial \mathbf{u}}{\partial t} + \mathbf{u} \cdot \nabla \mathbf{u} + 2\left(\Omega_0 \hat{\mathbf{z}} + \mathbf{\Omega}_p\right) \times \mathbf{u} = -\frac{1}{\rho_0}\nabla P + \nu\nabla^2 \mathbf{u} + \mathbf{r} \times [\mathbf{\Omega}_p \times (\hat{\mathbf{z}}\Omega_0)],$$
$$\nabla \cdot \mathbf{u} = 0,$$

其中 $\mathbf{r}$ 为位置矢量，$\mathbf{u}$ 是三维速度场，在球坐标系中可表示为 $\mathbf{u} = (u_r, u_\theta, u_\phi)$，相应各方向的单位矢量为 $(\hat{\mathbf{r}}, \hat{\boldsymbol{\theta}}, \hat{\boldsymbol{\phi}})$。以半径 d 为单位长度，Ω_0^{-1} 为单位时间，并令 $P = (\rho_0 d^2 \Omega_0^2)p$，得到无量纲控制方程为

$$\frac{\partial \mathbf{u}}{\partial t} + \mathbf{u} \cdot \nabla \mathbf{u} + 2\left(\hat{\mathbf{z}} + Po\widehat{\mathbf{\Omega}}_p\right) \times \mathbf{u} = -\nabla p + Ek\nabla^2 \mathbf{u} + Po\,\mathbf{r} \times \left(\widehat{\mathbf{\Omega}}_p \times \hat{\mathbf{z}}\right), \qquad (12.3)$$
$$\nabla \cdot \mathbf{u} = 0, \qquad (12.4)$$

其中 $\widehat{\mathbf{\Omega}}_p$ 表示无量纲进动矢量，$Po = \pm|\mathbf{\Omega}_p|/\Omega_0$ 为庞加莱数，指示进动的强度，而正负号分别表示顺行和逆行的进动。由于进动流在容器壁面 $\mathcal{S}$ 上是静止的 (旋转坐标系)，因此在 $r = 1$ 处，有

$$\hat{\mathbf{r}} \cdot \mathbf{u} = 0 \quad \text{和} \quad \hat{\mathbf{r}} \times \mathbf{u} = \mathbf{0}. \qquad (12.5)$$

为了在球体中进行渐近分析或数值分析，把 (12.3) 式中的庞加莱力 $\mathbf{r} \times \left(\widehat{\mathbf{\Omega}}_p \times \hat{\mathbf{z}}\right)$ 表达为球坐标 (r, θ, ϕ) 的形式将是方便的，该球坐标固定在容器上，且 $\hat{\mathbf{z}}$ 轴在 $\theta = 0$ 处。在这个坐标系中，固定于惯性系的无量纲进动矢量 $\widehat{\mathbf{\Omega}}_p$ 是时变的，可表示为

$$\widehat{\mathbf{\Omega}}_p = \sin\alpha\left[\hat{\mathbf{r}}\sin\theta\cos(\phi+t) + \hat{\boldsymbol{\theta}}\cos\theta\cos(\phi+t) - \hat{\boldsymbol{\phi}}\sin(\phi+t)\right] + \hat{\mathbf{z}}\cos\alpha,$$

于是有

$$\mathbf{r} \times \left(\widehat{\mathbf{\Omega}}_p \times \hat{\mathbf{z}}\right) = r\sin\alpha\left[\hat{\boldsymbol{\theta}}\cos(\phi+t) - \hat{\boldsymbol{\phi}}\cos\theta\sin(\phi+t)\right].$$

将 $\widehat{\mathbf{\Omega}}_p$ 和 $\mathbf{r} \times \left(\widehat{\mathbf{\Omega}}_p \times \hat{\mathbf{z}}\right)$ 的表达式代入方程 (12.3) 和 (12.4)，得

$$\frac{\partial \mathbf{u}}{\partial t} + 2\Big\{Po\sin\alpha\left[\hat{\mathbf{r}}\sin\theta\cos(\phi+t) + \hat{\boldsymbol{\theta}}\cos\theta\cos(\phi+t) - \hat{\boldsymbol{\phi}}\sin(\phi+t)\right]$$
$$+\hat{\mathbf{z}}(1 + Po\cos\alpha)\Big\} \times \mathbf{u} + \mathbf{u} \cdot \nabla \mathbf{u}$$
$$= -\nabla p + Ek\nabla^2 \mathbf{u} + Po\,r\sin\alpha\left[\hat{\boldsymbol{\theta}}\cos(\phi+t) - \hat{\boldsymbol{\phi}}\cos\theta\sin(\phi+t)\right], \qquad (12.6)$$
$$\nabla \cdot \mathbf{u} = 0, \qquad (12.7)$$

无滑移边界条件为

$$\hat{\mathbf{r}} \cdot \mathbf{u} = 0 \text{ 和 } \hat{\mathbf{r}} \times \mathbf{u} = \mathbf{0} \quad \text{在} \mathcal{S} \text{上}. \tag{12.8}$$

对于由方程 (12.6) 和 (12.7) 和边界条件 (12.8) 定义的球体进动问题，本章首先将在 Ek 任意小且固定，以及 Po 充分小的条件下求得其渐近分析解，然后对弱进动流进行非线性直接数值模拟，以验证渐近分析解。

12.2 渐近展开与共振

在球体弱进动流的研究中，当庞加莱数 Po 充分小($|Po| \ll 1$)时，可假设流体运动幅度 $|\mathbf{u}| = \epsilon \ll 1$。在这个假设下，有 $|\mathbf{u} \cdot \nabla \mathbf{u}| = O(\epsilon^2)$ 和

$$\left| Po \left\{ \sin\alpha \left[\hat{\mathbf{r}} \sin\theta\cos\tilde{\phi} + \hat{\boldsymbol{\theta}}\cos\theta\cos\tilde{\phi} - \hat{\boldsymbol{\phi}}\sin\tilde{\phi} \right] + \hat{\mathbf{z}}\cos\alpha \right\} \times \mathbf{u} \right| = O(Po\epsilon),$$

这些高阶项在首阶近似下可以忽略不计。上式中 $\tilde{\phi} = \phi + t$。此外，假设进动角满足 $|\sin\alpha| \gg \epsilon$，于是方程 (12.6) 和 (12.7) 即可线性化为下面的形式：

$$\frac{\partial \mathbf{u}}{\partial t} + 2\hat{\mathbf{z}} \times \mathbf{u} + \nabla p = Ek\nabla^2 \mathbf{u} + Por\sin\alpha \left[\hat{\boldsymbol{\theta}}\cos(\phi+t) - \hat{\boldsymbol{\phi}}\cos\theta\sin(\phi+t) \right],$$
$$\nabla \cdot \mathbf{u} = 0,$$

其复数形式为

$$\frac{\partial \mathbf{u}}{\partial t} + 2\hat{\mathbf{z}} \times \mathbf{u} + \nabla p = Ek\nabla^2 \mathbf{u} + Por\sin\alpha \left(\hat{\boldsymbol{\theta}} + \mathrm{i}\hat{\boldsymbol{\phi}}\cos\theta \right) \mathrm{e}^{\mathrm{i}(\phi+t)}, \tag{12.9}$$
$$\nabla \cdot \mathbf{u} = 0, \tag{12.10}$$

解的实数部分将作为问题的物理解。

在 $|Po| \ll 1$ 和 $0 < Ek \ll 1$ 条件下，基于以下在物理和数学上的考察，可以对方程 (12.9) 和 (12.10) 的渐近分析进行简化。物理上，在 $Po = 0$ 和 $Ek = 0$ 的极限情况下，方程的分析解可由所有球体惯性模的线性组合给出，而惯性模的显式分析表达式是已知的 (Zhang et al., 2001)。从庞加莱力的表达式 $r(\hat{\boldsymbol{\theta}} + \mathrm{i}\hat{\boldsymbol{\phi}}\cos\theta)\mathrm{e}^{\mathrm{i}(\phi+t)}$ 可以看出，其方位波数 $m = 1$，具有周期变化特点而且是赤道反对称的。当球体进动缓慢 $(0 < |Po| \ll 1)$ 并且流体粘性较弱 $(0 < Ek \ll 1)$ 时，庞加莱力将在一般展开式 (9.3) 和 (9.4) 中进行选择，激发其中的一个或多个惯性模。因庞加莱力依赖于 $\mathrm{e}^{\mathrm{i}\phi}$ 并且相对赤道反对称，而进动流将具有相同的空间对称性，所以 (9.3) 和 (9.4) 式只需要 $m = 1$ 的赤道反对称模 $\mathbf{u}_{1nk}$；又因庞加莱力是 $\cos\theta$ 的函数，在首阶近似下，可移去 (9.3) 和 (9.4) 式中的地转模 $\mathbf{u}_G$。于是，在设定 $\hat{\omega} = 1, m = 1$ 和去掉地转模之

后，(9.3) 和 (9.4) 式就变为

$$\mathbf{u}(r,\theta,\phi,t) = \left[\left(\sum_{n,k}\mathcal{A}_{1nk}\mathbf{u}_{1nk}(r,\theta,\phi)\right) + \widehat{\mathbf{u}} + \widetilde{\mathbf{u}}\right]\mathrm{e}^{\mathrm{i}t}, \tag{12.11}$$

$$p(r,\theta,\phi,t) = \left[\left(\sum_{n,k}\mathcal{A}_{1nk}p_{1nk}(r,\theta,\phi)\right) + \widehat{p} + \widetilde{p}\right]\mathrm{e}^{\mathrm{i}t}, \tag{12.12}$$

其中系数 $\mathcal{A}_{1nk}$ 为复数，$\mathbf{u}_{1nk}$ 表示方位波数 $m=1$ 的赤道反对称模，其显式表达式由 (5.71)~(5.73) 式给出。应该指出，上式中 $\mathbf{u}_{1nk} = \mathbf{u}_{1nk}(r,\theta,\phi)$，没有包含时间依赖性。

如同环柱管道和圆柱问题的讨论那样，进动力要直接与惯性模 $\mathbf{u}_{1nk}$ 共振则必须满足两个条件。第一，惯性模 $\mathbf{u}_{1nk}$ 必须满足

$$\int_0^{2\pi}\int_0^{\pi}\int_0^1 \mathbf{u}_{1nk}^* \cdot \left[(Po\sin\alpha)r\left(\hat{\boldsymbol{\theta}} + \mathrm{i}\,\hat{\boldsymbol{\phi}}\cos\theta\right)\mathrm{e}^{\mathrm{i}\phi}\right]r^2\sin\theta\,\mathrm{d}r\,\mathrm{d}\theta\,\mathrm{d}\phi \neq 0.$$

取 $m=1$，$k=0$ 和 $n=1$，则有 $\sigma_{110}=1/2$，由 (5.69) 和 (5.71)~(5.73) 式，可知惯性模 $(\mathbf{u}_{110},p_{110})$ 的复表达式为

$$p_{110}(r,\theta,\phi) = \left(\frac{3}{2}\right)r^2\sin\theta\cos\theta\mathrm{e}^{\mathrm{i}\phi},$$

$$\hat{\mathbf{r}}\cdot\mathbf{u}_{110}(r,\theta,\phi) = 0,$$

$$\hat{\boldsymbol{\theta}}\cdot\mathbf{u}_{110}(r,\theta,\phi) = -\left(\frac{3\mathrm{i}}{2}\right)r\mathrm{e}^{\mathrm{i}\phi},$$

$$\hat{\boldsymbol{\phi}}\cdot\mathbf{u}_{110}(r,\theta,\phi) = \left(\frac{3}{2}\right)r\cos\theta\mathrm{e}^{\mathrm{i}\phi}.$$

使用以上表达式直接进行积分，可得

$$\int_0^{2\pi}\int_0^{\pi}\int_0^1 \mathbf{u}_{110}^* \cdot \left[r\left(\hat{\boldsymbol{\theta}} + \mathrm{i}\,\hat{\boldsymbol{\phi}}\cos\theta\right)\mathrm{e}^{\mathrm{i}\phi}\right]r^2\sin\theta\,\mathrm{d}r\,\mathrm{d}\theta\,\mathrm{d}\phi = \frac{8\pi\mathrm{i}}{5}.$$

实际上，我们可以很容易地意识到

$$\mathbf{u}_{110} \sim r(\hat{\boldsymbol{\theta}} + \mathrm{i}\,\hat{\boldsymbol{\phi}}\cos\theta)\mathrm{e}^{\mathrm{i}\phi},$$

即 $\mathbf{u}_{110}$ 与庞加莱力 $\mathbf{r}\times\left(\hat{\boldsymbol{\Omega}}_p\times\hat{\mathbf{z}}\right)$ 具有相同的复形式，因而对于其他的模，由惯性模的正交性可知

$$\int_0^{2\pi}\int_0^{\pi}\int_0^1 \mathbf{u}_{1nk}^* \cdot \left[r\left(\hat{\boldsymbol{\theta}} + \mathrm{i}\,\hat{\boldsymbol{\phi}}\cos\theta\right)\mathrm{e}^{\mathrm{i}\phi}\right]r^2\sin\theta\,\mathrm{d}r\,\mathrm{d}\theta\,\mathrm{d}\phi = 0, \quad \text{如果 } n\neq 1 \text{ 且 } k\neq 0.$$

第二个条件是，共振惯性模 $\mathbf{u}_{1nk}$ 的半频 σ_{1nk} 必须等于 1/2。因此，满足两个共振条件的惯性模只有一个，即 $\mathbf{u}_{110}$。

环柱管道和圆柱中的共振总是多重的，但进动球体的情况与之不同，它只有一个单独的惯性模 $(\mathbf{u}_{110}, p_{110})$ 与庞加莱力直接共振。

12.3 渐 近 解

进动球体中仅有一个惯性模 $\mathbf{u}_{110}$ 与庞加莱力共振，这使渐近分析变得非常简单。在 $0 < |Po| \ll 1$ 和 $0 < Ek \ll 1$ 条件下，渐近展开式 (12.11) 和 (12.12) 可进一步简化为

$$\mathbf{u} = [(\mathcal{A}_{110}\mathbf{u}_{110}(r,\theta,\phi) + \hat{\mathbf{u}}) + \tilde{\mathbf{u}}]\,\mathrm{e}^{\mathrm{i}t}, \tag{12.13}$$

$$p = [(\mathcal{A}_{110}p_{110}(r,\theta,\phi) + \hat{p}) + \tilde{p}]\,\mathrm{e}^{\mathrm{i}t}, \tag{12.14}$$

其中 $\tilde{\mathbf{u}}$ 和 $\tilde{p}$ 表示粘性边界层解，它们仅在球形壁面 $\mathcal{S}$ 附近不为零，而 $\hat{\mathbf{u}}$ 和 $\hat{p}$ 则表示无粘性解 $(\mathcal{A}_{110}\mathbf{u}_{110}, \mathcal{A}_{110}p_{110})$ 在内部的粘性改正。

将展开式 (12.13) 和 (12.14) 的内部部分，即 $(\mathcal{A}_{110}\mathbf{u}_{110} + \hat{\mathbf{u}})\mathrm{e}^{\mathrm{i}t}$ 和 $(\mathcal{A}_{110}p_{110} + \hat{p})\mathrm{e}^{\mathrm{i}t}$，代入方程 (12.9) 和 (12.10)，减去 $(\mathbf{u}_{110}, p_{110})$ 满足的方程：

$$\mathrm{i}\mathbf{u}_{110} + 2\hat{\mathbf{z}} \times \mathbf{u}_{110} + \nabla p_{110} = 0,$$

$$\nabla \cdot \mathbf{u}_{110} = 0,$$

就可得到次级内部流 $(\hat{\mathbf{u}}, \hat{p})$ 的控制方程为

$$\mathrm{i}\hat{\mathbf{u}} + 2\hat{\mathbf{z}} \times \hat{\mathbf{u}} + \nabla\hat{p} = Ek\,\mathcal{A}_{110}\nabla^2\mathbf{u}_{110} + (Po\sin\alpha)r\left(\hat{\boldsymbol{\theta}} + \mathrm{i}\hat{\boldsymbol{\phi}}\cos\theta\right)\mathrm{e}^{\mathrm{i}\phi}, \tag{12.15}$$

$$\nabla \cdot \hat{\mathbf{u}} = 0. \tag{12.16}$$

该方程可由壁面处 $\hat{\mathbf{u}}$ 的法向通量 (质量流) 条件来求解，即

$$(\hat{\mathbf{r}} \cdot \hat{\mathbf{u}})_{\mathcal{S}} = (\hat{\mathbf{r}} \cdot \tilde{\mathbf{u}}), \quad \text{在粘性边界层的外缘处}.$$

应该指出，在此类分析中，对粘性边界层质量流 $(\hat{\mathbf{r}} \cdot \tilde{\mathbf{u}})_{\mathcal{S}}$ 的演算并非轻而易举，需要付出大量精力。

这样分析的目的是推导 $\mathcal{A}_{110}$ 的解析表达式，它可由非齐次微分方程 (12.15) 的可解条件来确定。将 (12.15) 式乘上 $\mathbf{u}_{110}^*$，即 $\mathbf{u}_{110}$ 的复共轭，然后在整个球体上进行积分，就得到方程 (12.15) 和 (12.16) 的可解条件：

$$\int_0^{2\pi}\int_0^{\pi}(p_{110}^*)_{r=1}(\hat{\mathbf{r}}\cdot\hat{\mathbf{u}})_{\mathcal{S}}\sin\theta\,\mathrm{d}\theta\,\mathrm{d}\phi$$

$$= (Po\sin\alpha)\int_0^1\int_0^{2\pi}\int_0^{\pi}\mathbf{u}_{110}^*\cdot\left[r\left(\hat{\boldsymbol{\theta}} + \mathrm{i}\hat{\boldsymbol{\phi}}\cos\theta\right)\mathrm{e}^{\mathrm{i}\phi}\right]r^2\sin\theta\,\mathrm{d}\theta\,\mathrm{d}\phi\,\mathrm{d}r. \tag{12.17}$$

12.3 渐近解

在推导 (12.17) 式的过程中，使用了以下性质：

$$\nabla^2 \mathbf{u}_{110} = 0,$$

$$\int_0^1 \int_0^{2\pi} \int_0^{\pi} \mathbf{u}_{110}^* \cdot (i\,\hat{\mathbf{u}} + 2\hat{\mathbf{z}} \times \hat{\mathbf{u}})\, r^2 \sin\theta\, d\theta\, d\phi\, dr$$

$$= \int_0^{2\pi} \int_0^{\pi} (p_{110}^*)_{r=1}\, (\hat{\mathbf{r}}\cdot\hat{\mathbf{u}})_{\mathcal{S}} \sin\theta\, d\theta\, d\phi,$$

$$\int_0^1 \int_0^{2\pi} \int_0^{\pi} (\mathbf{u}_{110}^* \cdot \nabla \widehat{p})\, r^2 \sin\theta\, d\theta\, d\phi\, dr$$

$$= \int_0^{2\pi} \int_0^{\pi} (\hat{\mathbf{r}}\cdot\mathbf{u}_{110}^* \widehat{p})_{r=1} \sin\theta\, d\theta\, d\phi = 0,$$

以及 $\nabla \cdot \mathbf{u}_{110}^* = 0$ 和 $r = 1$ 处的边界条件 $\hat{\mathbf{r}}\cdot\mathbf{u}_{110}^* = 0$。作出 (12.17) 式右边的积分，于是可解条件变为

$$\int_0^{2\pi} \int_0^{\pi} (p_{110}^*)_{r=1}(\hat{\mathbf{r}}\cdot\hat{\mathbf{u}})_{\mathcal{S}} \sin\theta\, d\theta\, d\phi = \frac{8\pi\,\mathrm{i}\,Po\sin\alpha}{5}, \tag{12.18}$$

它将被用于确定 $\mathcal{A}_{110}$，因 $\mathcal{A}_{110}$ 通过边界流项 $(\hat{\mathbf{r}}\cdot\hat{\mathbf{u}})_{\mathcal{S}}$ 隐含于式中。

接下来就是确定质量流 $(\hat{\mathbf{r}}\cdot\hat{\mathbf{u}})_{\mathcal{S}}$，以及 (12.18) 式中与之相关的积分，但这个工作并不能轻易地获得答案。为了数学表达上的清晰，我们将边界层流 $\tilde{\mathbf{u}}$ 写成切向流 $\tilde{\mathbf{u}}_{tang}$ 和径向流 $\hat{\mathbf{r}}\cdot\tilde{\mathbf{u}}$ 之和的形式，即

$$\tilde{\mathbf{u}} = \tilde{\mathbf{u}}_{tang} + \hat{\mathbf{r}}\,(\hat{\mathbf{r}}\cdot\tilde{\mathbf{u}})\,.$$

将展开式 (12.13) 和 (12.14) 的边界部分 (即 $\tilde{\mathbf{u}}$ 和 $\tilde{p}$) 代入方程 (12.9) 和 (12.10) 中，忽略掉如 $Ek\,\partial^2 \tilde{\mathbf{u}}/\partial\phi^2$ 之类的小项，可得边界层方程为

$$\mathrm{i}\,\tilde{\mathbf{u}} + 2\hat{\mathbf{z}}\times\tilde{\mathbf{u}} + (\hat{\mathbf{r}}\cdot\nabla\widetilde{p})\,\hat{\mathbf{r}} = Ek\frac{\partial^2 \tilde{\mathbf{u}}}{\partial r^2}. \tag{12.19}$$

对此方程作 $\hat{\mathbf{r}}\times$ 和 $\hat{\mathbf{r}}\times\hat{\mathbf{r}}\times$ 运算，得到另两个方程：

$$\left(Ek\frac{\partial^2}{\partial r^2} - \mathrm{i}\right)\hat{\mathbf{r}} \times \tilde{\mathbf{u}}_{tang} = -2\,(\hat{\mathbf{z}}\cdot\hat{\mathbf{r}})\,\tilde{\mathbf{u}}_{tang}, \tag{12.20}$$

$$\left(Ek\frac{\partial^2}{\partial r^2} - \mathrm{i}\right)\tilde{\mathbf{u}}_{tang} = 2\,(\hat{\mathbf{z}}\cdot\hat{\mathbf{r}})\,\hat{\mathbf{r}} \times \tilde{\mathbf{u}}_{tang}, \tag{12.21}$$

其中 $(\hat{\mathbf{z}}\cdot\hat{\mathbf{r}}) = \cos\theta$。当 $Ek \ll 1$ 时，边界层很薄，这允许我们引入一个延展的边界层变量 ξ，它满足如下关系：

$$\xi = \frac{(1-r)}{\sqrt{Ek}}, \quad \hat{\mathbf{r}}\cdot\nabla = \frac{\partial}{\partial r} \equiv -\frac{1}{\sqrt{Ek}}\frac{\partial}{\partial \xi},$$

$\xi = 0$ 表示位于球体壁面 $\mathcal{S}$，而 $\xi = \infty$ 表示薄边界层的外缘。从 (12.20) 和 (12.21) 式可以很容易地导出一个四阶微分方程：

$$\left[\left(\frac{\partial^2}{\partial \xi^2} - \mathrm{i}\right)^2 + 4\cos^2\theta\right]\widetilde{\mathbf{u}}_{tang} = \mathbf{0}, \tag{12.22}$$

它可以结合以下四个边界条件来进行求解：

$$(\widetilde{\mathbf{u}}_{tang})_{\xi=0} = -\frac{3\mathcal{A}_{110}}{2}\left(\hat{\boldsymbol{\phi}}\cos\theta - \mathrm{i}\hat{\boldsymbol{\theta}}\right)\mathrm{e}^{\mathrm{i}\phi}, \tag{12.23}$$

$$\left(\frac{\partial^2 \widetilde{\mathbf{u}}_{tang}}{\partial \xi^2}\right)_{\xi=0} = -\frac{3\mathcal{A}_{110}}{2}\left[-\mathrm{i}\hat{\boldsymbol{\phi}}\cos\theta + \hat{\boldsymbol{\theta}}\left(1 - 2\cos^2\theta\right)\right]\mathrm{e}^{\mathrm{i}\phi}, \tag{12.24}$$

$$(\widetilde{\mathbf{u}}_{tang})_{\xi=\infty} = \mathbf{0}, \tag{12.25}$$

$$\left(\frac{\partial^2 \widetilde{\mathbf{u}}_{tang}}{\partial \xi^2}\right)_{\xi=\infty} = \mathbf{0}. \tag{12.26}$$

其中，(12.23) 式源于 $\widetilde{\mathbf{u}}_{tang}$ 和主流 $\mathcal{A}\mathbf{u}_{110}$ 必须满足的无滑移条件，(12.25) 和 (12.26) 式来自粘性边界层的定义，而 (12.24) 式可由 (12.21) 和 (12.23) 式导出，如下：

$$\begin{aligned}\left(\frac{\partial^2 \widetilde{\mathbf{u}}_{tang}}{\partial \xi^2}\right)_{\xi=0} &= [\mathrm{i}\widetilde{\mathbf{u}}_{tang} + 2\left(\hat{\mathbf{z}}\cdot\hat{\mathbf{r}}\right)\hat{\mathbf{r}}\times\widetilde{\mathbf{u}}_{tang}]_{\xi=0}\\ &= -\mathcal{A}_{110}\left(\mathrm{i}\widetilde{\mathbf{u}}_{110} + 2\cos\theta\hat{\mathbf{r}}\times\widetilde{\mathbf{u}}_{110}\right)_{r=1}\\ &= -\frac{3\mathcal{A}_{110}}{2}\left[-\mathrm{i}\hat{\boldsymbol{\phi}}\cos\theta + \hat{\boldsymbol{\theta}}\left(1 - 2\cos^2\theta\right)\right]\mathrm{e}^{\mathrm{i}\phi}.\end{aligned}$$

于是从方程 (12.22) 和以上四个边界条件便可求出边界层切向流 $\widetilde{\mathbf{u}}_{tang}$ （系数 $\mathcal{A}_{110}$ 仍然待定），通过简单分析可以容易地给出解为

$$\widetilde{\mathbf{u}}_{tang} = \frac{3\mathcal{A}_{110}}{4}\left[(1-\cos\theta)\left(\hat{\boldsymbol{\phi}} + \mathrm{i}\hat{\boldsymbol{\theta}}\right)\mathrm{e}^{\gamma^+\xi} - (1+\cos\theta)\left(\hat{\boldsymbol{\phi}} - \mathrm{i}\hat{\boldsymbol{\theta}}\right)\mathrm{e}^{\gamma^-\xi}\right]\mathrm{e}^{\mathrm{i}\phi}, \tag{12.27}$$

其中，

$$\gamma^+ = -\frac{\sqrt{2}}{2}\left[1 + \frac{\mathrm{i}(1+2\cos\theta)}{|1+2\cos\theta|}\right]|1+2\cos\theta|^{1/2},$$

$$\gamma^- = -\frac{\sqrt{2}}{2}\left[1 + \frac{\mathrm{i}(1-2\cos\theta)}{|1-2\cos\theta|}\right]|1-2\cos\theta|^{1/2}.$$

需要强调的是，这样得到的边界层解不仅在环柱管道和圆柱的拐角处不适用，在球体中，边界层解 (12.27) 也会在临界纬度 $\theta_c = \arccos(1/2)$ 处失效，因为在这个纬度，边界层的厚度将从 $O(Ek^{1/2})$ 变为 $O(Ek^{2/5})$ (Roberts and Stewartson, 1965)。在奇异区域，边界流的精确结构是极其复杂的 (Kida, 2011)，但当 Ek 很小时，预计临界纬度的存在不会对弱进动流产生显著的影响 (Hollerbach and Kerswell, 1995;

Tilgner and Busse, 2001; Liao et al., 2001; Zhang et al., 2010a),因为与边界其他区域比较,从奇异区域向内部注入的质量流非常小 (Busse, 1968)。这就是分析解虽然包含了边界层的奇异性,但在庞加莱数充分小的情况下,仍然与非线性直接数值模拟符合得较好的原因(数值模拟将在后面讨论)。

现在就可着手推导边界层外缘质量流 $\hat{\mathbf{r}}\cdot\tilde{\mathbf{u}}$ 的分析表达式了。边界层流的质量守恒定律可表示为

$$\nabla\cdot[(\hat{\mathbf{r}}(\hat{\mathbf{r}}\cdot\tilde{\mathbf{u}})+\tilde{\mathbf{u}}_{tang}]=0,$$

则有

$$\frac{\partial(\hat{\mathbf{r}}\cdot\tilde{\mathbf{u}})}{\partial\xi}=\frac{\sqrt{Ek}}{\sin\theta}\left\{\frac{\partial}{\partial\theta}\left[\sin\theta\left(\hat{\boldsymbol{\theta}}\cdot\tilde{\mathbf{u}}_{tang}\right)\right]+\frac{\partial}{\partial\phi}\left(\hat{\boldsymbol{\phi}}\cdot\tilde{\mathbf{u}}_{tang}\right)\right\}.$$

针对 ξ 积分上式,并利用 $\xi=0$ 处的条件 $(\hat{\mathbf{r}}\cdot\tilde{\mathbf{u}})=0$,可得边界层向内的质量流,它就是径向内流 $(\hat{\mathbf{r}}\cdot\hat{\mathbf{u}})$ 的边界条件,即

$$\begin{aligned}(\hat{\mathbf{r}}\cdot\tilde{\mathbf{u}})_{\xi=\infty}&=(\hat{\mathbf{r}}\cdot\hat{\mathbf{u}})_{\mathcal{S}}\\&=\int_{0}^{\infty}\frac{\sqrt{Ek}}{\sin\theta}\left\{\frac{\partial}{\partial\theta}\left[\sin\theta\left(\hat{\boldsymbol{\theta}}\cdot\tilde{\mathbf{u}}_{tang}\right)\right]+\frac{\partial}{\partial\phi}\left(\hat{\boldsymbol{\phi}}\cdot\tilde{\mathbf{u}}_{tang}\right)\right\}\mathrm{d}\xi.\quad(12.28)\end{aligned}$$

但是很不幸,以前在进动环柱管道或圆柱边界层分析中使用的数学方法不能用于球体问题,这是因为 γ^+ 和 γ^- 是 θ 的函数,所以积分 $\int_0^\pi \mathrm{d}\theta$ 和 $\int_0^\infty \mathrm{d}\xi$ 不能交换顺序,因此这一部分的处理需要十分小心。利用 (12.27) 式给出的边界流 $\tilde{\mathbf{u}}_{tang}$ 和以下性质:

$$\int_{0}^{\infty}\mathrm{e}^{\gamma^{\pm}\xi}\,\mathrm{d}\xi=\frac{-1}{\gamma^{\pm}};\quad\int_{0}^{\infty}\xi\mathrm{e}^{\gamma^{\pm}\xi}\,\mathrm{d}\xi=\left(\frac{1}{\gamma^{\pm}}\right)^{2};\quad\left(\frac{1}{\gamma^{\pm}}\right)^{2}\frac{\partial\gamma^{\pm}}{\partial\theta}=\frac{\partial}{\partial\theta}\left(\frac{-1}{\gamma^{\pm}}\right),$$

可将 (12.28) 式中的边界层通量表示为

$$\begin{aligned}(\hat{\mathbf{r}}\cdot\hat{\mathbf{u}})_{\mathcal{S}}=&-\frac{3\mathrm{i}\,\mathcal{A}_{110}\sqrt{Ek}}{4\sin\theta}\left\{\left[\frac{\partial}{\partial\theta}\left(\frac{\sin\theta(1-\cos\theta)}{\gamma^{+}}\right)+\frac{(1-\cos\theta)}{\gamma^{+}}\right]\right.\\&\left.+\left[\frac{\partial}{\partial\theta}\left(\frac{\sin\theta(1+\cos\theta)}{\gamma^{-}}\right)-\frac{(1+\cos\theta)}{\gamma^{-}}\right]\right\}\mathrm{e}^{\mathrm{i}\,\phi}.\quad(12.29)\end{aligned}$$

使用这个 $(\hat{\mathbf{r}}\cdot\hat{\mathbf{u}})_\mathcal{S}$ 的表达式,就能导出可解条件 (12.18) 中的面积分,即

$$\begin{aligned}&\int_{0}^{2\pi}\int_{0}^{\pi}(p_{110}^{*})_{r=1}(\hat{\mathbf{r}}\cdot\hat{\mathbf{u}})_{\mathcal{S}}\sin\theta\,\mathrm{d}\theta\,\mathrm{d}\phi\\&=-\frac{9\pi\,\mathrm{i}\,\mathcal{A}_{110}\sqrt{Ek}}{4}\times\int_{0}^{\pi}\sin\theta\cos\theta\left\{\left[\frac{\partial}{\partial\theta}\left(\frac{\sin\theta(1-\cos\theta)}{\gamma^{+}}\right)+\frac{(1-\cos\theta)}{\gamma^{+}}\right]\right.\\&\left.+\left[\frac{\partial}{\partial\theta}\left(\frac{\sin\theta(1+\cos\theta)}{\gamma^{-}}\right)-\frac{(1+\cos\theta)}{\gamma^{-}}\right]\right\}\mathrm{d}\theta,\quad(12.30)\end{aligned}$$

其中我们使用了公式：
$$(p_{110}^*)_{r=1} = \frac{3}{2}\sin\theta\cos\theta e^{-i\phi}.$$

对 (12.30) 式作分部积分，有

$$\int_0^{2\pi}\int_0^{\pi}(p_{110}^*)_{r=1}(\hat{\mathbf{r}}\cdot\hat{\mathbf{u}})_{\mathcal{S}}\sin\theta\,d\theta\,d\phi$$
$$= -\frac{9\pi i \mathcal{A}_{110}\sqrt{Ek}}{4}\times\left\{\int_0^{\pi}\frac{1}{\gamma^+}(1-\cos\theta)^2(2\cos\theta+1)\sin\theta\,d\theta\right.$$
$$\left.-\int_0^{\pi}\frac{1}{\gamma^-}(1+\cos\theta)^2(2\cos\theta-1)\sin\theta\,d\theta\right\}. \tag{12.31}$$

将 $1/\gamma^+$ 和 $1/\gamma^-$ 的表达式代入 (12.31) 式中，得

$$\int_0^{2\pi}\int_0^{\pi}(p_{110}^*)_{r=1}(\hat{\mathbf{r}}\cdot\hat{\mathbf{u}})_{\mathcal{S}}\sin\theta\,d\theta\,d\phi$$
$$= \frac{9\sqrt{2}\pi i \mathcal{A}_{110}\sqrt{Ek}}{8}$$
$$\times\left\{\int_0^{\pi}\left[\frac{1}{|1+2\cos\theta|^{1/2}} - \frac{(1+2\cos\theta)i}{|1+2\cos\theta|^{3/2}}\right](1-\cos\theta)^2(1+2\cos\theta)\sin\theta\,d\theta\right.$$
$$\left.+\int_0^{\pi}\left[\frac{1}{|1-2\cos\theta|^{1/2}} - \frac{(1-2\cos\theta)i}{|1-2\cos\theta|^{3/2}}\right](1+\cos\theta)^2(1-2\cos\theta)\sin\theta\,d\theta\right\}.$$

因右边第一个积分实际上与第二个积分完全相等，所以可将上式重新写为

$$\int_0^{2\pi}\int_0^{\pi}(p_{110}^*)_{r=1}(\hat{\mathbf{r}}\cdot\hat{\mathbf{u}})_{\mathcal{S}}\sin\theta\,d\theta\,d\phi$$
$$= 2\left(\frac{9\sqrt{2}\pi\mathcal{A}_{110}\sqrt{Ek}}{8}\right)\times\left[\int_0^{\pi}\frac{(1-\cos\theta)^2(2\cos\theta+1)^2}{|1+2\cos\theta|^{3/2}}\sin\theta\,d\theta\right.$$
$$\left.+i\int_0^{\pi}\frac{(1-\cos\theta)^2(2\cos\theta+1)}{|1+2\cos\theta|^{1/2}}\sin\theta\,d\theta\right],$$

幸运的是，这两个积分都有准确的分析结果，即

$$\int_0^{\pi}\frac{(1-\cos\theta)^2(2\cos\theta+1)}{|1+2\cos\theta|^{1/2}}\sin\theta\,d\theta = \frac{2}{35}\left(9\sqrt{3}-19\right),$$

$$\int_0^{\pi}\frac{(1-\cos\theta)^2(2\cos\theta+1)^2}{|1+2\cos\theta|^{3/2}}\sin\theta\,d\theta = \frac{2}{35}\left(9\sqrt{3}+19\right).$$

于是我们便得到了边界通量的分析表达式：

$$\int_0^{2\pi}\int_0^{\pi}(p_{110}^*)_{r=1}(\hat{\mathbf{r}}\cdot\hat{\mathbf{u}})_{\mathcal{S}}\sin\theta\,d\theta\,d\phi$$
$$= \frac{9\pi\mathcal{A}_{110}\sqrt{Ek}}{70}\left[\left(9\sqrt{6}+19\sqrt{2}\right)+i\left(9\sqrt{6}-19\sqrt{2}\right)\right]. \tag{12.32}$$

12.3 渐近解

将 (12.32) 式代入可解条件 (12.18)，即得到系数 $\mathcal{A}_{110}$ 的方程：

$$\frac{9\pi \mathcal{A}_{110}\sqrt{Ek}}{70}\left[\left(9\sqrt{6}+19\sqrt{2}\right)+\mathrm{i}\left(9\sqrt{6}-19\sqrt{2}\right)\right]=\frac{\mathrm{i}\,8\pi Po\sin\alpha}{5},$$

它的解是

$$\mathcal{A}_{110}=\frac{112\,\mathrm{i}\,Po\sin\alpha}{9\sqrt{Ek}}\left[\frac{\left(19\sqrt{2}+9\sqrt{6}\right)+\mathrm{i}\left(19\sqrt{2}-9\sqrt{6}\right)}{\left(19\sqrt{2}+9\sqrt{6}\right)^2+\left(19\sqrt{2}-9\sqrt{6}\right)^2}\right].$$

将 $\mathcal{A}_{110}$，$\tilde{\mathbf{u}}_{tang}$ 和 $\mathbf{u}_{110}$ 代入渐近表达式 (12.13)，就得到了首阶近似下，地幔参考系中满足无滑移边界条件的弱进动流分析解：

$$\begin{aligned}\mathbf{u}(r,\theta,\phi,t)=&\frac{28\,\mathrm{i}\,Po\sin\alpha}{3\sqrt{Ek}}\left[\frac{\left(19\sqrt{2}+9\sqrt{6}\right)+\mathrm{i}\left(19\sqrt{2}-9\sqrt{6}\right)}{\left(19\sqrt{2}+9\sqrt{6}\right)^2+\left(19\sqrt{2}-9\sqrt{6}\right)^2}\right]\\ &\times\left[2r\left(\hat{\boldsymbol{\phi}}\cos\theta-\mathrm{i}\hat{\boldsymbol{\theta}}\right)+(1-\cos\theta)\left(\mathrm{i}\hat{\boldsymbol{\theta}}+\hat{\boldsymbol{\phi}}\right)\mathrm{e}^{\gamma^+(1-r)/\sqrt{Ek}}\right.\\ &\left.+(1+\cos\theta)\left(\mathrm{i}\hat{\boldsymbol{\theta}}-\hat{\boldsymbol{\phi}}\right)\mathrm{e}^{\gamma^-(1-r)/\sqrt{Ek}}\right]\mathrm{e}^{\mathrm{i}(\phi+t)},\end{aligned}\qquad(12.33)$$

其实部将作为物理解。分析表达式 (12.33) 可用于计算进动流的平均动能密度 E_{kin}，在地幔参考系中定义为

$$\begin{aligned}E_{\mathrm{kin}}&=\frac{1}{2\mathcal{V}}\int_0^{2\pi}\int_0^\pi\int_0^1|\mathbf{u}(r,\theta,\phi,t)|^2\,r^2\sin\theta\,\mathrm{d}r\,\mathrm{d}\theta\,\mathrm{d}\phi\\ &=\left(\frac{3}{8\pi}\right)\int_0^{2\pi}\int_0^\pi\int_0^1\left|\frac{1}{2}\left(\mathcal{A}_{110}\mathbf{u}_{110}\mathrm{e}^{\mathrm{i}t}+\mathcal{A}_{110}^*\mathbf{u}_{110}^*\mathrm{e}^{-\mathrm{i}t}\right)\right|^2 r^2\sin\theta\,\mathrm{d}r\,\mathrm{d}\theta\,\mathrm{d}\phi.\end{aligned}$$

注意速度的实部由 $(1/2)\left(\mathcal{A}_{110}\mathbf{u}_{110}\mathrm{e}^{\mathrm{i}t}+\mathcal{A}_{110}^*\mathbf{u}_{110}^*\mathrm{e}^{-\mathrm{i}t}\right)$ 给出，当略去了边界层的微小贡献后，上式的最终结果为

$$E_{\mathrm{kin}}=\frac{1}{5}\left(\frac{56Po\sin\alpha}{3\sqrt{Ek}}\right)^2\left[\frac{1}{\left(19\sqrt{2}+9\sqrt{6}\right)^2+\left(19\sqrt{2}-9\sqrt{6}\right)^2}\right]+O(\sqrt{Ek}).\qquad(12.34)$$

在进动流强度上，分析解 (12.33) 表明，其在 $|Po|$ 较小时符合渐近律 $|\mathbf{u}|\sim|Po|/\sqrt{Ek}$ 或 $E_{\mathrm{kin}}\sim(Po/\sqrt{Ek})^2$。而在时空结构上，公式 (12.33) 显示，除了容器壁面附近，进动流在大部分流体中的存在形式为方位方向传播的行波 (相对地幔参考系)。由于质量守恒的要求，被吸入粘性边界层的内部流体也会从边界层流出，正是这种纯粘性过程，薄边界层实现了与内部流体的交流，并决定了行波的最终平衡 (这个平衡是时变的)。公式 (12.33) 同时显示，球形流体的大部与容器之间存在着一个强烈的速度剪切层，这里是进动能量耗散的主要场所。后面我们将讨论到，因为粘性和地形的双重耦合，椭球的进动问题将会复杂得多。

12.4 非线性直接数值模拟

我们采用有限元方法 (Zhang et al., 2001; Chan et al., 2014) 来模拟球体中的进动流。有限元方法的数值应用通常复杂而繁琐,但特别适合于没有内核的完整球体。与谱方法不同,有限元方法的一大优势是可以容易地将程序代码从球体移植到其他非球形几何体的问题中去。构建完整球体的有限元程序需要完成以下步骤。第一步是建立适当的有限元网格。从一个对球体进行粗略近似的正二十面体开始,将这个正二十面体分割为二十个相同的四面体,每个四面体由二十面体的一个面 (三角形) 和球心构成。然后从起始的四面体开始,循环地将每个四面体细分为八个小四面体。这种对完整球体的三维四面体分割法将会在球面上形成均匀的网格分布,两极和球心不存在奇点,在 $r=0$ 附近结点较少且分布较为均匀。同时这个三维网格非常灵活,可以在球体壁面附近设置更多的结点以解析很薄的边界层。图 12.2 显示了一个对完整球体进行有限元网格剖分的示意图。计算采用 Hood-Taylor 型混合有限元 (Hood and Taylor, 1974):以分段二次多项式近似速度 $\mathbf{u}$,以分段线性多项式近似压强 p (Chan et al., 2010)。

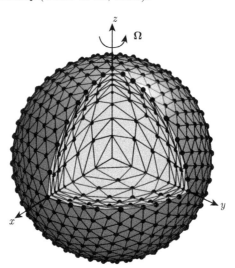

图 12.2 球体的有限元网格示意图,球体表面的结点分布均匀,但为了解析较薄的边界层,容器壁面附近的结点比较致密

第二步是构建球体数值进动模型的时间离散化格式。令 T_M 为数值模拟的结束时间,其值固定。将时间区间 $[0, T_M]$ 分为 M 等分,即

$$0 = t_0 < t_1 < t_2 < \cdots < t_M = T_M,$$

其中 $t_n = n\Delta t$, $n = 0, 1, \cdots, M$ 且 $\Delta t = T_M/M$。设 $\mathbf{u}(\mathbf{r}, t)$ 为时间 t 的连续函数, 并记 $\mathbf{u}^n(\mathbf{r}) = \mathbf{u}(\mathbf{r}, t_n)$, $n = 0, 1, \cdots, M$。整个方程的时间步进采用半隐式格式, 首先将速度对时间的微分作二阶差分近似, 即

$$\left(\frac{\partial \mathbf{u}}{\partial t}\right)^{n+1} = \frac{3\mathbf{u}^{n+1} - 4\mathbf{u}^n + \mathbf{u}^{n-1}}{2\Delta t} + O(\Delta t^2).$$

对 $t = t_{n+1}$ 时刻的非线性项 $\mathbf{u} \cdot \nabla \mathbf{u}$ 作二阶外插, 得

$$\mathbf{u}^{n+1} \cdot \nabla \mathbf{u}^{n+1} = 2(\mathbf{u}^n \cdot \nabla \mathbf{u}^n) - (\mathbf{u}^{n-1} \cdot \nabla \mathbf{u}^{n-1}) + O(\Delta t^2).$$

则整个非线性方程 (12.6) 和 (12.7) 的时间半隐离散化格式为

$$\frac{3\mathbf{u}^{n+1} - 4\mathbf{u}^n + \mathbf{u}^{n-1}}{2\Delta t} + 2(\mathbf{u}^n \cdot \nabla \mathbf{u}^n) - (\mathbf{u}^{n-1} \cdot \nabla \mathbf{u}^{n-1}) + 2\left(\hat{\mathbf{z}} + \widehat{\mathbf{\Omega}}_p^{n+1}\right) \times \mathbf{u}^{n+1}$$
$$= -\nabla p^{n+1} + Ek\nabla^2 \mathbf{u}^{n+1} + Po\left[\mathbf{r} \times \left(\widehat{\mathbf{\Omega}}_p^{n+1} \times \hat{\mathbf{z}}\right)\right], \tag{12.35}$$
$$\nabla \cdot \mathbf{u}^{n+1} = 0, \tag{12.36}$$

计算将在并行计算机上进行, 可从任意的初始条件开始, 于是从 $\mathbf{u}^n$ 和 p^n 就能解得 $\mathbf{u}^{n+1}$, p^{n+1}。虽然本方法采用了固定的时间步长, 但可以容易地改为变时间步长格式。注意, 在非线性直接数值模拟中, 我们没有事先假设任何相对于赤道或子午面的对称性。对于适度小的 Ek, 从任意初始状态开始, 系统通常需要 $O(1/\sqrt{Ek})$ 个无量纲时间单位才能达到最终的非线性平衡态。

12.5 分析解与数值解的对比

分析解 (12.33) 对于充分小的 Ek 是有效的, 但非线性直接数值模拟只能在一个适度小的艾克曼数范围内进行, 因为更小的 Ek 对应着更薄的粘性边界层, 而对于很薄的振荡边界层, 数值模拟的时间步长 Δt 必须极小, 这将受到计算资源的限制。尽管如此, 当 $Ek \leqslant 10^{-3}$ 和 Po 充分小时, 线性渐近解 (12.33) 依然可与非线性数值模拟结果相比较, 二者符合得相当好。图 12.3 显示了进动流动能密度 E_{kin} 随 Po 的变化情况, 比较了分析表达式 (12.34) 和直接数值模拟的结果, 二者并没有明显的差异。例如, 当参数为 $Po = -10^{-3}$, $Ek = 10^{-4}$, $\alpha = 23.5°$ 时, 从完全非线性控制方程 (12.6) 和 (12.7) 出发的数值模拟给出的动能密度为 $E_{\text{kin}} = 4.13 \times 10^{-5}$, 而分析解 (12.34) 给出的动能密度为 $E_{\text{kin}} = 4.59 \times 10^{-5}$。为展示流体运动的空间结构, 图 12.4 显示了当 $Po = -10^{-4}$, $Ek = 10^{-3}$, $\alpha = 23.5°$ 时, 球面 $r = 0.85$ 上的速度矢量 (相对随体参考系)—— 该图像为行波的某一帧, 它实际是随着波的传播而漂移的。图中还对比了分析解和数值解的流场结构, 如 $r = 0.85$ 球面上的流速矢量

(图 12.4(a), (c)),以及赤道面上的 u_θ (图 12.4(b), (d)),二者十分吻合。为验证分析解 (12.33),数值模拟的庞加莱数被限制在中等大小的范围,并且模拟针对完整的球体,没有在其中设置一个内核。

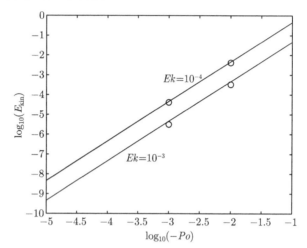

图 12.3 球体中进动流 ($Po < 0$) 动能密度 E_{kin} 随 Po 的变化情况,由分析表达式 (12.34) 计算,圆圈表示非线性直接数值模拟的结果,艾克曼数分别取 $Ek = 10^{-3}$ 和 $Ek = 10^{-4}$,另外 $\alpha = 23.5°$

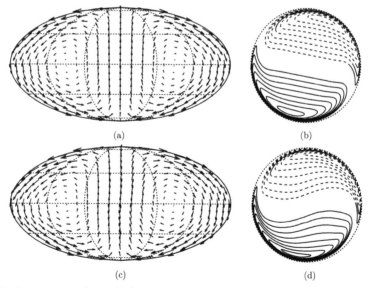

图 12.4 左列:$r = 0.85$ 球面上的流速矢量 (Mollweide 等面积投影),(a) 为分析解 (12.33) 式的结果;(c) 为数值模拟结果。右列:赤道面上速度分量 u_θ 的等值线分布,(b) 为分析解 (12.33) 式结果;(d) 为数值模拟结果。(b) 和 (d) 中的虚线表示 $u_\theta < 0$,实线表示 $u_\theta > 0$。分析解和数值模拟使用相同的参数:$Po = -10^{-4}$, $Ek = 10^{-3}$, $\alpha = 23.5°$

12.6　非线性效应：方位平均流

应该指出，内部流 $(\mathcal{A}_{110}\mathbf{u}_{110}\mathrm{e}^{\mathrm{i}t} + \mathcal{A}_{110}^*\mathbf{u}_{110}^*\mathrm{e}^{-\mathrm{i}t})/2$ 的非线性效应不能产生和维持方位平均流 $\mathbf{u}_{\mathrm{mean}} = U(r\sin\theta)\hat{\boldsymbol{\phi}}$，这是因为在球体内部，进动流恰好满足完全非线性方程，即

$$\frac{\partial}{\partial t}\left[\frac{(\mathcal{A}_{110}\mathbf{u}_{110}\mathrm{e}^{\mathrm{i}t} + \mathcal{A}_{110}^*\mathbf{u}_{110}^*\mathrm{e}^{-\mathrm{i}t})}{2}\right] + 2\hat{\mathbf{z}}\times\left[\frac{(\mathcal{A}_{110}\mathbf{u}_{110}\mathrm{e}^{\mathrm{i}t} + \mathcal{A}_{110}^*\mathbf{u}_{110}^*\mathrm{e}^{-\mathrm{i}t})}{2}\right]$$

$$+\left[\frac{(\mathcal{A}_{110}\mathbf{u}_{110}\mathrm{e}^{\mathrm{i}t} + \mathcal{A}_{110}^*\mathbf{u}_{110}^*\mathrm{e}^{-\mathrm{i}t})}{2}\right]\cdot\nabla\left[\frac{(\mathcal{A}_{110}\mathbf{u}_{110}\mathrm{e}^{\mathrm{i}t} + \mathcal{A}_{110}^*\mathbf{u}_{110}^*\mathrm{e}^{-\mathrm{i}t})}{2}\right]$$

$$= -\nabla\tilde{p} + Ek\nabla^2\left[\frac{(\mathcal{A}_{110}\mathbf{u}_{110}\mathrm{e}^{\mathrm{i}t} + \mathcal{A}_{110}^*\mathbf{u}_{110}^*\mathrm{e}^{-\mathrm{i}t})}{2}\right],$$

其中 $\tilde{p}$ 包含了所有的梯度项；这个判断可参见前面对球体惯性模 $\mathbf{u}_{110}$ 的详细讨论。也就是说，在边界层之外，非线性项 $\mathbf{u}\cdot\nabla\mathbf{u}$ 可以写成以下形式：

$$\left[\frac{(\mathcal{A}_{110}\mathbf{u}_{110}\mathrm{e}^{\mathrm{i}t} + \mathcal{A}_{110}^*\mathbf{u}_{110}^*\mathrm{e}^{-\mathrm{i}t})}{2}\right]\cdot\nabla\left[\frac{(\mathcal{A}_{110}\mathbf{u}_{110}\mathrm{e}^{\mathrm{i}t} + \mathcal{A}_{110}^*\mathbf{u}_{110}^*\mathrm{e}^{-\mathrm{i}t})}{2}\right] = \nabla\Phi,$$

它不能通过雷诺应力产生方位平均流 $\mathbf{u}_{\mathrm{mean}}$。然而在粘性边界层内部，此论断并不成立，即有

$$\left[\frac{(\widetilde{\mathbf{u}}_{tang}\mathrm{e}^{\mathrm{i}t} + \widetilde{\mathbf{u}}_{tang}^*\mathrm{e}^{-\mathrm{i}t})}{2}\right]\cdot\nabla\left[\frac{(\widetilde{\mathbf{u}}_{tang}\mathrm{e}^{\mathrm{i}t} + \widetilde{\mathbf{u}}_{tang}^*\mathrm{e}^{-\mathrm{i}t})}{2}\right] \neq \nabla\Phi,$$

它可以在边界层内产生平均流，因而可通过旋转效应维持一个遍及全球的方位平均流 $\mathbf{u}_{\mathrm{mean}}$。Busse (1968) 首先认识到了这一点，他将弱非线性效应融入边界层中，从而确定了弱进动球体中方位平均流的形态，但其分析是在进动参考系中作出的。

在 Ek 值较小且固定的情况下，如果放宽对 Po 须为小值的限制，则非线性效应将通过粘性边界层发挥作用。当进动角速度增大时，较强的庞加莱力将导致一个典型的非线性响应：两个涡旋的中心将从赤道面向高纬方向移动。这个现象与实验研究揭示的球体进动流结构是定性一致的 (Malkus, 1968; Vanyo et al., 1995; Noir et al., 2003)。当 $Ek = 10^{-4}$ 时，如果庞加莱数增加到 $Po = -0.1$，涡旋中心连线与赤道面的夹角将增大至约 $20°$，如图 12.5(a) 所示。另一个典型的响应则是方位平均流 $\mathbf{u}_{\mathrm{mean}}$ 的产生，如图 12.5(b) 所示，它的定义是

$$\mathbf{u}_{\mathrm{mean}} = \left[\frac{1}{2\pi}\int_0^{2\pi}\left(\int_0^{2\pi}\hat{\boldsymbol{\phi}}\cdot\mathbf{u}\,\mathrm{d}\phi\right)\mathrm{d}t\right]\hat{\boldsymbol{\phi}}.$$

当庞加莱数 Po 进一步增大时，进动流将变得不规则，甚至成为湍流。特别是当球体有一个较大的内核时更是如此，因为内核可从根本上改变内部的进动流动力学机制 (Tilgner, 1999; Tilgner and Busse, 2001)。

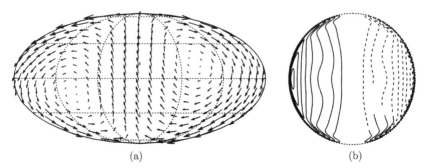

图 12.5 数值模拟结果 (地幔参考系): (a) $r = 0.85$ 球面上的流速矢量；(b) 子午面上方位平均流 $\mathbf{u}_{\mathrm{mean}}$ 的等值线分布。参数为 $Po = -0.1$, $Ek = 10^{-4}$, $\alpha = 23.5°$

12.7 副产品: 粘性衰减因子

如果旋转流体球的弱进动突然停止，则由惯性模 $\mathbf{u}_{110}$ 主导的流体运动将在粘滞耗散和旋转的共同影响下，最终衰减成一个如同刚体转动的状态。进动流达到最终状态的方式依赖于惯性模 $\mathbf{u}_{110}$ 的粘性衰减因子 $\mathcal{D}_{110}$，它可作为 $Po = 0$ 这一特殊进动问题的副产品而容易地导出。

考虑由 $\mathbf{u}_{110} = (3r/2)\left(-\hat{\boldsymbol{\theta}}\mathrm{i}+\hat{\boldsymbol{\phi}}\cos\theta\right)\mathrm{e}^{\mathrm{i}\phi}$ 和 $p_{110} = (3/2)r^2\sin\theta\cos\theta\mathrm{e}^{\mathrm{i}\phi}$ 给出的惯性模 $(\mathbf{u}_{110}, p_{110})$，在 $0 < Ek \ll 1$ 条件下，通过修改进动问题的渐近表达式 (12.13) 和 (12.14)，对惯性模 $(\mathbf{u}_{110}, p_{110})$ 作出粘性修正，则粘性衰减问题的速度 $\mathbf{u}$ 和压强 p 就表示为

$$\mathbf{u} = [(\mathbf{u}_{110} + \hat{\mathbf{u}}) + \tilde{\mathbf{u}}]\,\mathrm{e}^{2\mathrm{i}(\sigma_{110}+\hat{\sigma}_{110})t}\mathrm{e}^{-\mathcal{D}_{110}t}, \tag{12.37}$$

$$p = [(p_{110} + \hat{p}) + \tilde{p}]\,\mathrm{e}^{2\mathrm{i}(\sigma_{110}+\hat{\sigma}_{110})t}\mathrm{e}^{-\mathcal{D}_{110}t}, \tag{12.38}$$

其中 $\hat{\sigma}_{110}$ 表示对无粘性半频 $\sigma_{110} = 1/2$ 的微小改正，$(\hat{\mathbf{u}}, \hat{p})$ 代表了流体内部对 $(\mathbf{u}_{110}, p_{110})$ 的小扰动，$\tilde{\mathbf{u}}$ 为球体壁面处的边界层流。由粘滞耗散导致的 $\hat{\sigma}_{110}$ 与 $\mathcal{D}_{110}$ 为实数，且满足 $0 < |\hat{\sigma}_{110}| \ll |\sigma_{110}|$ 和 $0 < |\mathcal{D}_{110}| \ll O(1)$。

在球体进动方程 (12.15) 和 (12.16) 中设 $Po = 0$，当添加了粘性衰减项后，则可得粘性衰减因子 $\mathcal{D}_{110}$ 和频率改正 $2\hat{\sigma}_{110}$ 的控制方程为

$$\mathrm{i}\hat{\mathbf{u}} + 2\hat{\mathbf{z}}\times\hat{\mathbf{u}} + \nabla\hat{p} = (\mathcal{D}_{110} - 2\mathrm{i}\hat{\sigma}_{110})\mathbf{u}_{110} + Ek\nabla^2\mathbf{u}_{110},$$

$$\nabla\cdot\hat{\mathbf{u}} = 0,$$

12.7 副产品：粘性衰减因子

其中 $\nabla^2 \mathbf{u}_{110} = 0$。将以上非齐次方程乘上 $\mathbf{u}_{110}$ 的复共轭并在球体上进行积分，得到其可解条件为

$$\int_0^{2\pi}\int_0^\pi (p_{110}^*)_{r=1} (\hat{\mathbf{r}}\cdot\hat{\mathbf{u}})_\mathcal{S} \sin\theta\, d\theta\, d\phi$$
$$= (\mathcal{D}_{110} - 2\mathrm{i}\hat{\sigma}_{110}) \int_0^1\int_0^{2\pi}\int_0^\pi |\mathbf{u}_{110}|^2 r^2 \sin\theta\, d\theta\, d\phi\, dr,$$

其中 $(\hat{\mathbf{r}}\cdot\hat{\mathbf{u}})_\mathcal{S}$ 表示 $r=1$ 处的边界层内流。可解条件中的两个积分在进动问题中已经求出，分别为

$$\int_0^{2\pi}\int_0^\pi (p_{110}^*)_{r=1}(\hat{\mathbf{r}}\cdot\hat{\mathbf{u}})_\mathcal{S} \sin\theta\, d\theta\, d\phi = \frac{9\pi\sqrt{Ek}}{70}\left[\left(9\sqrt{6}+19\sqrt{2}\right) + \mathrm{i}\left(9\sqrt{6}-19\sqrt{2}\right)\right],$$

$$\int_0^1\int_0^{2\pi}\int_0^\pi |\mathbf{u}_{110}|^2 r^2 \sin\theta\, d\theta\, d\phi\, dr = \frac{12\pi}{5}.$$

于是得到

$$\frac{9\pi\sqrt{Ek}}{70}\left[\left(9\sqrt{6}+19\sqrt{2}\right) + \mathrm{i}\left(9\sqrt{6}-19\sqrt{2}\right)\right] = (\mathcal{D}_{110} - 2\mathrm{i}\hat{\sigma}_{110})\frac{12\pi}{5}.$$

则惯性模 $\mathbf{u}_{110}$ 的粘性衰减因子 $\mathcal{D}_{110}$ 和频率改正 $2\hat{\sigma}_{110}$ 分别为

$$\mathcal{D}_{110} = \frac{3\sqrt{2}\sqrt{Ek}}{56}\left(19+9\sqrt{3}\right),$$
$$2\hat{\sigma}_{110} = \frac{3\sqrt{2}\sqrt{Ek}}{56}\left(19-9\sqrt{3}\right),$$

以上二式在 $0 < Ek \ll 1$ 条件下有效。

第13章 经向天平动球体中的流体运动

13.1 公 式

考虑不可压缩粘性流体充满于一个半径为 d 的球体中,流体均匀且不受外力影响,即方程 (1.10) 中 $\Theta \equiv 0, \mathbf{f} \equiv \mathbf{0}$。球体以一个方向固定于惯性系的角速度 $\boldsymbol{\Omega}$ 快速旋转,但是其速率被强制施加了一个微小的正弦变化:

$$\boldsymbol{\Omega}(t) = \Omega_0 \hat{\mathbf{z}} \left[1 + Po \sin(\Omega_0 \hat{\omega} t)\right],$$

即总角速度是随时间而变化的,其中 Ω_0 为常数,$0 < Po \ll 1$,$\hat{\omega}$ 为天平动的无量纲频率且有 $0 < \hat{\omega} < 2$。于是方程 (1.10) 中的庞加莱力 $\mathbf{r} \times (\partial \boldsymbol{\Omega}/\partial t)$ 在旋转参考系中可表示为

$$\begin{aligned}
\mathbf{r} \times \left(\frac{\partial \boldsymbol{\Omega}}{\partial t}\right) &= \mathbf{r} \times \left\{ \frac{\partial \left[\hat{\mathbf{z}} \Omega_0 + \hat{\mathbf{z}} Po \Omega_0 \sin(\Omega_0 \hat{\omega} t)\right]}{\partial t} \right\} \\
&= \mathbf{r} \times \hat{\mathbf{z}} \left\{ \frac{\partial \left[Po \Omega_0 \sin(\Omega_0 \hat{\omega} t)\right]}{\partial t} \right\} = \left(\Omega_0^2 \hat{\omega} Po\right) \cos(\Omega_0 \hat{\omega} t) \mathbf{r} \times \hat{\mathbf{z}}.
\end{aligned}$$

本问题中,球体的旋转方向固定于惯性系并平行于 $\hat{\mathbf{z}}$,即 $(\partial \hat{\mathbf{z}}/\partial t)_{inertial} = \mathbf{0}$。将总角速度 $\boldsymbol{\Omega}$ 和 $\mathbf{r} \times (\partial \boldsymbol{\Omega}/\partial t)$ 的表达式代入方程 (1.10),就可得到旋转参考系中经向天平动流的控制方程,如下:

$$\begin{aligned}
&\frac{\partial \mathbf{u}}{\partial t} + \mathbf{u} \cdot \nabla \mathbf{u} + 2\Omega_0 \left[1 + Po \sin(\Omega_0 \hat{\omega} t)\right] \hat{\mathbf{z}} \times \mathbf{u} \\
&= -\frac{1}{\rho_0} \nabla P + \nu \nabla^2 \mathbf{u} + \left(\Omega_0^2 \hat{\omega} Po\right) \cos(\Omega_0 \hat{\omega} t) \mathbf{r} \times \hat{\mathbf{z}},
\end{aligned}$$

其中 $\mathbf{r}$ 是位置矢量,P 为折算压强,$\mathbf{u}$ 为三维速度场,在球坐标系 (r, θ, ϕ) 中可表示为 $\mathbf{u} = (u_r, u_\theta, u_\phi)$,各方向相应的单位矢量为 $(\hat{\mathbf{r}}, \hat{\boldsymbol{\theta}}, \hat{\boldsymbol{\phi}})$,旋转轴 $\hat{\mathbf{z}}$ 位于 $\theta = 0$ 处。

以半径 d 为单位长度,Ω_0^{-1} 为单位时间,并令 $P = (\rho_0 d^2 \Omega_0^2) p$,可得无量纲控制方程为

$$\begin{aligned}
&\frac{\partial \mathbf{u}}{\partial t} + \mathbf{u} \cdot \nabla \mathbf{u} + 2\left[1 + Po \sin(\hat{\omega} t)\right] \hat{\mathbf{z}} \times \mathbf{u} \\
&= -\nabla p + Ek \nabla^2 \mathbf{u} + \hat{\omega} Po \cos(\hat{\omega} t) \mathbf{r} \times \hat{\mathbf{z}},
\end{aligned} \tag{13.1}$$

$$\nabla \cdot \mathbf{u} = 0. \tag{13.2}$$

13.2 渐近解

在旋转参考系中，球体壁面 $\mathcal{S}$ 处的流体是静止的，即

$$\hat{\mathbf{r}} \cdot \mathbf{u} = 0 \text{ 和 } \hat{\mathbf{r}} \times \mathbf{u} = \mathbf{0}. \tag{13.3}$$

当 Po 充分小时，有 $|\mathbf{u}| = O(\epsilon) \ll 1$，则在略去平方项或小项的乘积，即 $\mathbf{u} \cdot \nabla \mathbf{u} = O(\epsilon^2)$ 和

$$\left| [1 + Po \sin(\hat{\omega} t)] \hat{\mathbf{z}} \times \mathbf{u} \right| = O(Po\epsilon)$$

之后，非线性方程 (13.1) 可线性化为

$$\frac{\partial \mathbf{u}}{\partial t} + 2\hat{\mathbf{z}} \times \mathbf{u} = -\nabla p + Ek \nabla^2 \mathbf{u} + \hat{\omega} Po e^{i\hat{\omega} t} \mathbf{r} \times \hat{\mathbf{z}}, \tag{13.4}$$

$$\nabla \cdot \mathbf{u} = 0, \tag{13.5}$$

此即弱天平动球体中流体运动的控制方程，其复数解的实部可作为实际的物理解。

当 $Po \ll 1$ 时，对于由方程 (13.4) 和 (13.5) 和无滑移边界条件 (13.3) 定义的弱天平动问题，我们将首先求其在 $0 < Ek \ll 1$ 条件下的渐近分析解，然后使用数值方法进行求解，重点将放在天平动为什么不能像进动那样产生共振的问题上。而对于由非线性方程 (13.1) 和 (13.2) 和边界条件 (13.3) 定义的三维完全非线性问题，我们将使用直接数值模拟求得其数值解。

13.2 渐 近 解

13.2.1 为什么不能发生共振

轴对称且赤道对称的球体惯性模子集也许可以被庞加莱力 $\hat{\omega} Po (\mathbf{r} \times \hat{\mathbf{z}}) \cos(\hat{\omega} t)$ 所激发。这个子集的任何一个惯性模的速度 $\mathbf{u}_{0nk}$ 由 (5.19)~(5.21) 式给出，压强 p_{0nk} 由 (5.17) 式给出，本征频率 ω_{0nk} 由方程 (5.18) 确定，其中 ($k = 2, n = 1, \omega_{012} = 2\sqrt{21}/7$) 为第一个基本模，它具有最简单的空间结构。

在数学上，经向天平动导致的庞加莱力 $\hat{\omega} Po \cos(\hat{\omega} t) \mathbf{r} \times \hat{\mathbf{z}}$ 要与惯性模 ($\mathbf{u}_{0nk}, p_{0nk}, \omega_{0nk}$) 发生共振必须满足两个条件。第一个条件是：天平动频率 $\hat{\omega}$ 必须等于或接近惯性模的频率，即 $\hat{\omega} = \omega_{0nk}$。显然，在实验或理论分析中，通过调整 $\hat{\omega}$ 的大小可以很容易满足这个条件。除了频率条件，庞加莱力与惯性模 ($\mathbf{u}_{0nk}, p_{0nk}, \omega_{0nk}$) 共振的第二个条件是

$$\int_0^1 \int_0^\pi \int_0^{2\pi} \mathbf{u}_{0nk}^* \cdot [(\hat{\omega} Po) \cos(\hat{\omega} t) \mathbf{r} \times \hat{\mathbf{z}}] \; r^2 \sin\theta \, d\phi \, d\theta \, dr \neq 0,$$

其中 $\mathbf{u}_{0nk}^*$ 为 $\mathbf{u}_{0nk}$ 的复共轭，$\mathbf{u}_{0nk}$ 的表达式由 (5.19)~(5.21) 式给出。

与球体进动问题不同，在球体经向天平动问题中，共振的第二个条件无法满足，因为对任意的 n、k 和 ω_{0nk} $(0<|\omega_{0nk}|<2)$，有

$$\int_0^1 \int_0^\pi \int_0^{2\pi} \mathbf{u}_{0nk}^* \cdot (\mathbf{r} \times \hat{\mathbf{z}}) \ r^2 \sin\theta \, \mathrm{d}\phi \, \mathrm{d}\theta \, \mathrm{d}r$$
$$= \frac{\mathrm{i}}{\omega_{0nk}} \int_0^1 \int_0^\pi \int_0^{2\pi} \mathbf{u}_{0nk}^* \cdot \nabla \left(|\mathbf{r} \times \hat{\mathbf{z}}|^2 \right) \ r^2 \sin\theta \, \mathrm{d}\phi \, \mathrm{d}\theta \, \mathrm{d}r$$
$$= \frac{\mathrm{i}}{\omega_{0nk}} \int_0^\pi \int_0^{2\pi} \left[(\hat{\mathbf{r}} \cdot \mathbf{u}_{0nk}^*) |\mathbf{r} \times \hat{\mathbf{z}}|^2 \right]_{r=1} \sin\theta \, \mathrm{d}\phi \, \mathrm{d}\theta = 0.$$

这里，我们应用了性质 $\nabla \cdot \mathbf{u}_{0nk}^* = 0$，

$$\mathbf{u}_{0nk}^* = -\frac{\mathrm{i}}{\omega_{0nk}} \left(2\hat{\mathbf{z}} \times \mathbf{u}_{0nk}^* + \nabla p_{0nk}^* \right) \quad \text{和} \quad (\mathbf{r} \times \hat{\mathbf{z}}) \cdot \nabla p_{0nk}^* = 0,$$

以及 $r=1$ 处的边界条件 $\hat{\mathbf{r}} \cdot \mathbf{u}_{0nk}^* = 0$。

因此，在天平动球体中，经向天平动产生的庞加莱力不能与惯性模 $\mathbf{u}_{0nk}$ 发生共振。在 $0 < Ek \ll 1$ 条件下，预期经向天平动产生的流体运动强度总是 $|\mathbf{u}| = O(Po)$ 量级的，不管它的频率是等于、接近还是远离特征频率 ω_{0nk}。作为对比，进动圆柱共振时的速度量级为 $|\mathbf{u}| = O(Po/\sqrt{Ek})$。

13.2.2 渐近分析

在进行数学分析之前，先一窥这个问题的物理图像是有帮助的。当球体以中等频率 $(Ek^{1/2} \ll \hat{\omega} < 2)$ 轻微天平动时，远离球体壁面 $\mathcal{S}$ 的流体运动将是一个振荡的刚体转动，即 $(-\mathrm{i})Po\,\mathbf{r} \times \hat{\mathbf{z}}\mathrm{e}^{\mathrm{i}\hat{\omega}t}$。由于粘性过程是容器与流体耦合的唯一机制，因此当 $0 < Ek \ll 1$ 时，壁面 $\mathcal{S}$ 附近的流体运动一定迅速变化，并且将在那里形成一个振荡的边界层。边界层不仅要保证球体内部振荡的刚体旋转满足边界 $\mathcal{S}$ 上的无滑移条件，而且还要形成艾克曼边界抽吸 (Ekman boundary pumping) 以产生次级内部流 —— 如果 $\hat{\omega} = \omega_{0nk}$，这个内部流将由惯性模 $\mathbf{u}_{0nk}$ 主导，这一点已被实验研究所证实 (Aldridge and Toomre, 1969)。我们的研究将主要集中于 $\hat{\omega} = \omega_{0nk}$ 的情况，特别是 $\omega_{012} = 1.309, \omega_{013} = 0.9377$ 和 $\omega_{023} = 1.6604$ 这三个基本的惯性模，但导出的渐近解可能对其他高阶模也是适用的。

在以前的研究中 (Greenspan, 1964, 1968)，$0 < Ek \ll 1$ 条件下的渐近解是基于压强 p_{0nk} 的展开而导出的，因此它隐性地满足了速度的无滑移边界条件。初看起来，在这个渐近解中出现的一些奇异项 (如 $1/(\hat{\omega} - \omega_{0nk})$) 似乎暗示着天平动流的强度依赖于参数 Ek，因而当 $\hat{\omega} = \omega_{0nk}$ 时，天平动将会与惯性模 $\mathbf{u}_{0nk}$ 发生共振。由于已经获得了速度 $\mathbf{u}_{0nk}$ 和压强 p_{0nk} 的显式表达式 (Zhang et al., 2001)，我们可以基于这二者构造出渐近解的展开式，并且可以显式地强制它满足无滑移条件。由这一

13.2 渐近解

套速度–压强公式导出的可解条件将表明,在首阶近似下,天平动流的幅度明显与 Ek 无关,并且也不存在如 $1/(\hat{\omega} - \omega_{0nk})$ 一样的奇异项。

如同物理图像所描述的那样,粘性边界层 $\tilde{\mathbf{u}}$ 与振荡的刚体旋转 $(-\mathrm{i})Po\,\mathbf{r}\times\hat{\mathbf{z}}\mathrm{e}^{\mathrm{i}\hat{\omega}t}$ 以及惯性模 $\mathbf{u}_{0nk}$ 是耦合在一起的,这意味着在渐近分析中,这些解的关键成分不能分开来单独处理,因而在 $0 < Ek \ll 1$ 条件下,当 $\hat{\omega} = \omega_{0nk}$ 时,渐近展开应该是如下形式:

$$\mathbf{u}(r,\theta,t) = [-\mathrm{i}Po\,\mathbf{r}\times\hat{\mathbf{z}} + \mathcal{A}_{0nk}\,\mathbf{u}_{0nk}(r,\theta) + \widehat{\mathbf{u}}(r,\theta) + \widetilde{\mathbf{u}}(r,\theta)]\mathrm{e}^{\mathrm{i}\hat{\omega}t}, \quad (13.6)$$

$$p(r,\theta,t) = \left[\mathrm{i}Po\,|\mathbf{r}\times\hat{\mathbf{z}}|^2 + \mathcal{A}_{0nk}\,p_{0nk}(r,\theta) + \widehat{p}(r,\theta) + \widetilde{p}(r,\theta)\right]\mathrm{e}^{\mathrm{i}\hat{\omega}t}, \quad (13.7)$$

其中 $\mathbf{u}_{0nk}(r,\theta)$ 和 $p_{0nk}(r,\theta)$ 表示由 (5.19)~(5.21) 和 (5.17) 定义的轴对称惯性模,$\mathcal{A}_{0nk}$ 为待定的惯性模强度,$\widehat{\mathbf{u}}$ 和 $\widehat{p}$ 表示来自粘性边界层 ($\widetilde{\mathbf{u}}$ 和 $\widetilde{p}$) 的质量内流给内部带来的小扰动。无滑移条件 (13.3) 要求在球体壁面 $\mathcal{S}$ 上满足

$$(-\mathrm{i}Po\,\mathbf{r}\times\hat{\mathbf{z}} + \mathcal{A}_{0nk}\mathbf{u}_{0nk} + \widetilde{\mathbf{u}})_{\mathcal{S}} = 0.$$

将展开式 (13.6) 和 (13.7) 中的内部流部分代入方程 (13.4) 和 (13.5) 中,并意识到

$$\mathcal{A}_{0nk}\left[\mathrm{i}\omega_{0nk}\mathbf{u}_{0nk} + 2\hat{\mathbf{z}}\times\mathbf{u}_{0nk} + \nabla p_{0nk}\right] = 0 \text{ 和 } \nabla\cdot\mathbf{u}_{0nk} = 0,$$

就得到

$$\mathrm{i}\hat{\omega}\widehat{\mathbf{u}} + 2\hat{\mathbf{z}}\times\widehat{\mathbf{u}} + \nabla\widehat{p} = \mathcal{A}_{0nk}Ek\nabla^2\mathbf{u}_{0nk}, \quad (13.8)$$

$$\nabla\cdot\widehat{\mathbf{u}} = 0, \quad (13.9)$$

其边界条件为

$$(\hat{\mathbf{r}}\cdot\widehat{\mathbf{u}})_{\mathcal{S}} = \text{来自粘性边界层 } \widetilde{\mathbf{u}} \text{ 的内流}. \quad (13.10)$$

由方程 (13.8) 和 (13.9) 及边界条件 (13.10) 定义的数学问题清楚地表明了一个关键的物理原理,即边界层 $\widetilde{\mathbf{u}}$ 及其内流 (13.10) 在决定球体天平动的动力学响应上起着至关重要的作用。

问题的求解思路是简洁和明确的:从方程 (13.8) 和 (13.9) 的可解条件确定出系数 $\mathcal{A}_{0nk}$,由此便可得到问题的首阶近似解。很明显,对于由非齐次微分方程 (13.8) 和 (13.9) 及非齐次边界条件 (13.10) 构成的系统,将方程 (13.8) 乘上 $\mathbf{u}_{0nk}^*$,然后在整个球体上进行积分,即得到可解条件:

$$\int_0^1\int_0^\pi\int_0^{2\pi}\widehat{\mathbf{u}}\cdot(\mathrm{i}\hat{\omega}\mathbf{u}_{0nk}^* - 2\hat{\mathbf{z}}\times\mathbf{u}_{0nk}^*)\,r^2\sin\theta\,\mathrm{d}\phi\,\mathrm{d}\theta\,\mathrm{d}r$$

$$= \mathcal{A}_{0nk}Ek\int_0^1\int_0^\pi\int_0^{2\pi}\left(\mathbf{u}_{0nk}^*\cdot\nabla^2\mathbf{u}_{0nk}\right)r^2\sin\theta\,\mathrm{d}\phi\,\mathrm{d}\theta\,\mathrm{d}r,$$

其中我们应用了如下性质：

$$\int_0^1 \int_0^\pi \int_0^{2\pi} (\mathbf{u}_{0nk}^* \cdot \nabla \hat{p})\ r^2 \sin\theta\,\mathrm{d}\phi\,\mathrm{d}\theta\,\mathrm{d}r = 0.$$

因为

$$\mathrm{i}\hat{\omega}\mathbf{u}_{0nk}^* - 2\hat{\mathbf{z}} \times \mathbf{u}_{0nk}^* = \nabla p_{0nk}^*, \quad \int_0^1 \int_0^\pi \int_0^{2\pi} (\mathbf{u}_{0nk}^* \cdot \nabla^2 \mathbf{u}_{0nk})\ r^2 \sin\theta\,\mathrm{d}\phi\,\mathrm{d}\theta\,\mathrm{d}r = 0,$$

可解条件于是变成

$$\int_0^\pi [p_{0nk}^* (\hat{\mathbf{r}} \cdot \hat{\mathbf{u}})]_{r=1} \sin\theta\,\mathrm{d}\theta = 0, \tag{13.11}$$

它将决定惯性模 $(\mathbf{u}_{0nk}, p_{0nk})$ 的幅度 $\mathcal{A}_{0nk}$。值得注意的是，可解条件 (13.11) 的右边为零，这个数学表达与物理上共振不存在的说法是等价的：艾克曼数并没有显式地进入可解条件公式中，因而 $\mathcal{A}_{0nk}$ 与 Ek 无关。

下一步的主要任务是推出边界层流 $\tilde{\mathbf{u}}$ 及其内流 $(\hat{\mathbf{r}} \cdot \hat{\mathbf{u}})_{r=1}$，这是可解条件 (13.11) 所需要的。利用快速旋转球体粘性边界层的性质，从展开式 (13.6) 和 (13.7) 及方程 (13.4) 可推出边界层流的二阶微分方程

$$\mathrm{i}\hat{\omega}\tilde{\mathbf{u}} + 2\hat{\mathbf{z}} \times \tilde{\mathbf{u}} + \hat{\mathbf{r}}\left(\hat{\mathbf{r}}\cdot\nabla\tilde{p}\right) = Ek\left(\hat{\mathbf{r}}\cdot\nabla\right)^2 \tilde{\mathbf{u}}. \tag{13.12}$$

在实际分析中，可将边界流 $\tilde{\mathbf{u}}$ 分成两个部分：一个弱的法向流 $(\hat{\mathbf{r}} \cdot \tilde{\mathbf{u}})\hat{\mathbf{r}}$ 和一个主要的切向流 $\tilde{\mathbf{u}}_{tang}$。对方程 (13.12) 作 $\hat{\mathbf{r}}\times$ 和 $\hat{\mathbf{r}}\times(\hat{\mathbf{r}}\times)$ 运算，然后相加，可得到一个四阶微分方程：

$$\left(\frac{\partial^2}{\partial \xi^2} - \mathrm{i}\hat{\omega}\right)^2 \tilde{\mathbf{u}}_{tang} + 4\left(\hat{\mathbf{z}}\cdot\hat{\mathbf{r}}\right)^2 \tilde{\mathbf{u}}_{tang} = \mathbf{0}, \tag{13.13}$$

其中 $\xi = (1-r)/\sqrt{Ek}$ 为延展的边界层变量。四个边界条件为

$$(\tilde{\mathbf{u}}_{tang})_{\xi=0} = (\mathrm{i}\,Po\,\mathbf{r}\times\hat{\mathbf{z}} - \mathcal{A}_{0nk}\mathbf{u}_{0nk})_{r=1},$$

$$\left(\frac{\partial^2 \tilde{\mathbf{u}}_{tang}}{\partial \xi^2}\right)_{\xi=0} = \mathrm{i}\hat{\omega}\left(\mathrm{i}\,Po\,\mathbf{r}\times\hat{\mathbf{z}} - \mathcal{A}_{0nk}\mathbf{u}_{0nk}\right)_{r=1}$$

$$\qquad\qquad\qquad + 2(\hat{\mathbf{z}}\cdot\hat{\mathbf{r}})\hat{\mathbf{r}}\times(\mathrm{i}\,Po\,\mathbf{r}\times\hat{\mathbf{z}} - \mathcal{A}_{0nk}\mathbf{u}_{0nk})_{r=1},$$

$$(\tilde{\mathbf{u}}_{tang})_{\xi\to\infty} = \mathbf{0},$$

$$\left(\frac{\partial^2 \tilde{\mathbf{u}}_{tang}}{\partial \xi^2}\right)_{\xi\to\infty} = \mathbf{0},$$

保证了壁面 $\mathcal{S}$ 上的无滑移条件被强制满足。四阶微分方程 (13.13) 与四个边界条件就决定了经向天平动球体的粘性边界层解。经过简单分析，可得其解为

$$\tilde{\mathbf{u}}_{tang} = -\frac{1}{2}\left[Po\sin\theta - \mathrm{i}\mathcal{A}_{0nk}\left(\hat{\boldsymbol{\theta}}\cdot\mathbf{V}_{0nk} + \hat{\boldsymbol{\phi}}\cdot\mathbf{V}_{0nk}\right)\right]\left(\mathrm{i}\hat{\boldsymbol{\phi}} - \hat{\boldsymbol{\theta}}\right)\mathrm{e}^{\gamma^+\xi}$$

$$\qquad -\frac{1}{2}\left[Po\sin\theta + \mathrm{i}\mathcal{A}_{0nk}\left(\hat{\boldsymbol{\theta}}\cdot\mathbf{V}_{0nk} - \hat{\boldsymbol{\phi}}\cdot\mathbf{V}_{0nk}\right)\right]\left(\mathrm{i}\hat{\boldsymbol{\phi}} + \hat{\boldsymbol{\theta}}\right)\mathrm{e}^{\gamma^-\xi}, \tag{13.14}$$

13.2 渐近解

其中

$$\gamma^+ = -\left[1 + \frac{\mathrm{i}(\sigma_{0nk} + \cos\theta)}{|\sigma_{0nk} + \cos\theta|}\right]|\sigma_{0nk} + \cos\theta|^{1/2},$$

$$\gamma^- = -\left[1 + \frac{\mathrm{i}(\sigma_{0nk} - \cos\theta)}{|\sigma_{0nk} - \cos\theta|}\right]|\sigma_{0nk} - \cos\theta|^{1/2},$$

而 $\mathbf{V}_{0nk}$ 为 θ 的实函数:

$$\hat{\boldsymbol{\theta}} \cdot \mathbf{V}_{0nk}(\theta) = -\sum_{i=0}^{k}\sum_{j=0}^{k-i} \mathcal{C}_{0kij}^{s}\left[j\sigma_{0nk}^2\cos^2\theta + i(1-\sigma_{0nk}^2)\sin^2\theta\right]$$
$$\times \left[\sigma_{0nk}^{2i-1}(1-\sigma_{0nk}^2)^{j-1}\sin^{2j-1}\theta\cos^{2i-1}\theta\right], \tag{13.15}$$

$$\hat{\boldsymbol{\phi}} \cdot \mathbf{V}_{0nk}(\theta) = \sum_{i=0}^{k}\sum_{j=0}^{k-i} \mathcal{C}_{0kij}^{s}\sigma_{0nk}^{2i}(1-\sigma_{0nk}^2)^{j-1}\,j\sin^{2j-1}\theta\cos^{2i}\theta. \tag{13.16}$$

显然, 实矢量函数 $\mathbf{V}_{0nk}$ 与 (5.19)~(5.21) 式中的复函数 $(\mathbf{u}_{0nk})_{r=1}$ 有以下关系:

$$\hat{\boldsymbol{\phi}} \cdot \mathbf{V}_{0nk}(\theta) = [\hat{\boldsymbol{\phi}} \cdot \mathbf{u}_{0nk}(\theta, r)]_{r=1} \quad \text{和} \quad \hat{\boldsymbol{\theta}} \cdot \mathbf{V}_{0nk}(\theta) = \mathrm{Imag}[\hat{\boldsymbol{\theta}} \cdot \mathbf{u}_{0nk}(\theta, r)]_{r=1}.$$

其中 Imag 表示虚部。注意 $\mathcal{C}_{0kij}^{s}$ 的分析表达式已在本书第二部分给出；另外，即使在两个临界纬度处边界层解不成立，但是边界内流的积分 (13.11) 仍然是有限的。

在得到切向流 $\tilde{\mathbf{u}}_{tang}$ 之后，边界内流 $(\hat{\mathbf{r}}\cdot\hat{\mathbf{u}})_{r=1}$ 也可容易地根据质量守恒方程推出，即由

$$\nabla \cdot [\hat{\mathbf{r}}(\hat{\mathbf{r}}\cdot\tilde{\mathbf{u}}) + \tilde{\mathbf{u}}_{tang}] = 0$$

可得

$$\frac{\partial}{\partial\xi}(\hat{\mathbf{r}}\cdot\tilde{\mathbf{u}}) = \sqrt{Ek}\left[\frac{1}{\sin\theta}\frac{\partial}{\partial\theta}\left(\sin\theta\,\hat{\boldsymbol{\theta}}\cdot\tilde{\mathbf{u}}_{tang}\right)\right].$$

对 ξ 进行积分, 得

$$(\hat{\mathbf{r}}\cdot\tilde{\mathbf{u}})_{\xi\to\infty} = (\hat{\mathbf{r}}\cdot\hat{\mathbf{u}})_{r=1} = \sqrt{Ek}\int_0^{\infty}\left[\frac{1}{\sin\theta}\frac{\partial}{\partial\theta}\left(\sin\theta\,\hat{\boldsymbol{\theta}}\cdot\tilde{\mathbf{u}}_{tang}\right)\right]\mathrm{d}\xi.$$

可解条件 (13.11) 就变成了

$$\int_0^{\pi}\left\{(p_{0nk}^*)_{r=1}\int_0^{\infty}\left[\frac{1}{\sin\theta}\frac{\partial}{\partial\theta}\left(\sin\theta\,\hat{\boldsymbol{\theta}}\cdot\tilde{\mathbf{u}}_{tang}\right)\right]\mathrm{d}\xi\right\}\sin\theta\,\mathrm{d}\theta = 0. \tag{13.17}$$

对上式，我们先求出对 θ 的微分, 然后对 ξ 积分, 于是有

$$\int_0^{\infty}\left[\frac{1}{\sin\theta}\frac{\partial}{\partial\theta}\left(\sin\theta\,\hat{\boldsymbol{\theta}}\cdot\tilde{\mathbf{u}}_{tang}\right)\right]\mathrm{d}\xi$$
$$= \frac{1}{2\sin\theta}\left\{\frac{\partial}{\partial\theta}\left[\frac{\sin\theta}{\gamma^+}\left(-Po\sin\theta + \mathrm{i}\,\mathcal{A}_{0nk}(\hat{\boldsymbol{\theta}}\cdot\mathbf{V}_{0nk} + \hat{\boldsymbol{\phi}}\cdot\mathbf{V}_{0nk})\right)\right]\right.$$
$$\left. + \frac{\partial}{\partial\theta}\left[\frac{\sin\theta}{\gamma^-}\left(Po\sin\theta + \mathrm{i}\,\mathcal{A}_{0nk}(\hat{\boldsymbol{\theta}}\cdot\mathbf{V}_{0nk} - \hat{\boldsymbol{\phi}}\cdot\mathbf{V}_{0nk})\right)\right]\right\},$$

其中

$$\frac{1}{\gamma^+} = -\frac{1}{2}\left[1 - \frac{\mathrm{i}(\sigma_{0nk} + \cos\theta)}{|\sigma_{0nk} + \cos\theta|}\right]\frac{1}{|\sigma_{0nk} + \cos\theta|^{1/2}},$$

$$\frac{1}{\gamma^-} = -\frac{1}{2}\left[1 - \frac{\mathrm{i}(\sigma_{0nk} - \cos\theta)}{|\sigma_{0nk} - \cos\theta|}\right]\frac{1}{|\sigma_{0nk} - \cos\theta|^{1/2}}.$$

注意，因 $1/\gamma^+$ 和 $1/\gamma^-$ 是 θ 的复杂函数，实际计算时应避免它们的 $\partial/\partial\theta$ 运算。由分部积分，可解条件 (13.17) 可表达为

$$\begin{aligned}
& \mathcal{A}_{0nk}\int_0^\pi \mathrm{i}\left(\hat{\boldsymbol{\theta}}\cdot\mathbf{V}_{0nk} + \hat{\boldsymbol{\phi}}\cdot\mathbf{V}_{0nk}\right) \\
& \times \left(\frac{\partial p^*_{0nk}}{\partial\theta}\right)_{r=1}\left[\frac{1}{|\sigma_{0nk} + \cos\theta|^{1/2}}\left(1 - \frac{\mathrm{i}(\sigma_{0nk} + \cos\theta)}{|\sigma_{0nk} + \cos\theta|}\right)\right]\sin\theta\,\mathrm{d}\theta \\
& + \mathcal{A}_{0nk}\int_0^\pi \mathrm{i}\left(\hat{\boldsymbol{\theta}}\cdot\mathbf{V}_{0nk} - \hat{\boldsymbol{\phi}}\cdot\mathbf{V}_{0nk}\right) \\
& \times \left(\frac{\partial p^*_{0nk}}{\partial\theta}\right)_{r=1}\left[\frac{1}{|\sigma_{0nk} - \cos\theta|^{1/2}}\left(1 - \frac{\mathrm{i}(\sigma_{0nk} - \cos\theta)}{|\sigma_{0nk} - \cos\theta|}\right)\right]\sin\theta\,\mathrm{d}\theta \\
& - Po\int_0^\pi \left(\frac{\partial p^*_{0nk}}{\partial\theta}\right)_{r=1}\left[\frac{\sin^2\theta}{|\sigma_{0nk} + \cos\theta|^{1/2}}\left(1 - \frac{\mathrm{i}(\sigma_{0nk} + \cos\theta)}{|\sigma_{0nk} + \cos\theta|}\right)\right]\mathrm{d}\theta \\
& + Po\int_0^\pi \left(\frac{\partial p^*_{0nk}}{\partial\theta}\right)_{r=1}\left[\frac{\sin^2\theta}{|\sigma_{0nk} - 2\cos\theta|^{1/2}}\left(1 - \frac{\mathrm{i}(\sigma_{0nk} - \cos\theta)}{|\sigma_{0nk} - \cos\theta|}\right)\right]\mathrm{d}\theta = 0,
\end{aligned}$$

上式决定了惯性模 $(\mathbf{u}_{0nk}, p_{0nk})$ 的系数 $\mathcal{A}_{0nk}$，不过其中的几个积分一般都需要通过数值积分来实现。

由于对称性，包含 $(\sigma_{0nk} + \cos\theta)$ 的积分与包含 $(\sigma_{0nk} - \cos\theta)$ 的积分完全相等，因此由可解条件 (13.17) 可得

$$\mathcal{A}_{0nk} = \left(\frac{\mathcal{I}_2^r + \mathrm{i}\mathcal{I}_2^i}{\mathcal{I}_1^r + \mathrm{i}\mathcal{I}_1^i}\right)Po, \tag{13.18}$$

其中 $\mathcal{I}_2^r, \mathcal{I}_2^i, \mathcal{I}_1^r$ 和 $\mathcal{I}_1^i$ 为四个实型积分，分别为

$$\mathcal{I}_1^r = \int_0^\pi \left(\frac{\partial p^*_{0nk}}{\partial\theta}\right)_{r=1}\left(\frac{\sigma_{0nk} + \cos\theta}{|\sigma_{0nk} + \cos\theta|^{3/2}}\right)\left(\hat{\boldsymbol{\theta}}\cdot\mathbf{V}_{0nk} + \hat{\boldsymbol{\phi}}\cdot\mathbf{V}_{0nk}\right)\sin\theta\,\mathrm{d}\theta,$$

$$\mathcal{I}_1^i = \int_0^\pi \left(\frac{\partial p^*_{0nk}}{\partial\theta}\right)_{r=1}\left(\frac{1}{|\sigma_{0nk} + \cos\theta|^{1/2}}\right)\left(\hat{\boldsymbol{\theta}}\cdot\mathbf{V}_{0nk} + \hat{\boldsymbol{\phi}}\cdot\mathbf{V}_{0nk}\right)\sin\theta\,\mathrm{d}\theta,$$

$$\mathcal{I}_2^r = \int_0^\pi \left(\frac{\partial p^*_{0nk}}{\partial\theta}\right)_{r=1}\left(\frac{1}{|\sigma_{0nk} + \cos\theta|^{1/2}}\right)\sin^2\theta\,\mathrm{d}\theta,$$

13.2 渐近解

$$\mathcal{I}_2^i = -\int_0^\pi \left(\frac{\partial p_{0nk}^*}{\partial \theta}\right)_{r=1} \left(\frac{\sigma_{0nk}+\cos\theta}{|\sigma_{0nk}+\cos\theta|^{3/2}}\right)\sin^2\theta\,\mathrm{d}\theta,$$

所有的积分都是有限的, 表示边界层从临界纬度区域流出的内流既微小, 又不重要。于是在 $0 < Ek \ll 1$ 条件下, 当 $\hat{\omega} = \omega_{0nk}$ 时, 满足无滑移边界条件的首阶近似解为

$$\mathbf{u}(r,\theta,t) = \left[-\mathrm{i}\,Po\,r\times\hat{\mathbf{z}} + Po\left(\frac{\mathcal{I}_2^r + \mathrm{i}\mathcal{I}_2^i}{\mathcal{I}_1^r + \mathrm{i}\mathcal{I}_1^i}\right)\mathbf{u}_{0nk}(r,\theta) + \tilde{\mathbf{u}}_{tang}\right]\mathrm{e}^{\mathrm{i}\hat{\omega}t}, \quad (13.19)$$

$$p(r,\theta,t) = Po\left[\mathrm{i}\,|\mathbf{r}\times\hat{\mathbf{z}}|^2 + \left(\frac{\mathcal{I}_2^r + \mathrm{i}\mathcal{I}_2^i}{\mathcal{I}_1^r + \mathrm{i}\mathcal{I}_1^i}\right)p_{0nk}(r,\theta)\right]\mathrm{e}^{\mathrm{i}\hat{\omega}t}. \quad (13.20)$$

当 $\hat{\omega} = \omega_{0nk}$ 时, 假设天平动的动力学响应由单一惯性模 $\mathbf{u}_{0nk}$ 主导, 则以方程 (5.18) 解出的 σ_{0nk}、(5.17) 式给出的 p_{0nk}、(5.19)~(5.21) 式给出的 $\mathbf{u}_{0nk}$、(13.14) 给出的 $\tilde{\mathbf{u}}_{tang}$ 和 (13.15) 和 (13.16) 式给出的 $\mathbf{V}_{0nk}$, 就可以计算 (13.19) 和 (13.20) 表示的渐近解。

从可解条件 (13.18) 或渐近解 (13.19) 和 (13.20) 可立即发现两个重要的特点。首先, 与进动问题的共振响应不同 (其可解条件含 $\sqrt{Ek}$), 艾克曼数 Ek 没有出现在 (13.18) 或 (13.19) 和 (13.20) 式中, 这说明非匀速旋转不存在共振响应; 其次, (13.19) 式清楚地表明了流体的运动幅度 $|\mathbf{u}|$ 正比于 Po, 这是系统无共振响应的第二个特点。

13.2.3 被激发的三个基本模

在被激发的惯性模中, 第一个基本模具有最简单的空间结构, 其压强为 r 的 4 次多项式, 本征频率为

$$\omega_{012} = 2\sigma_{012} = 2\sqrt{21}/7 \approx 1.3093.$$

从通解 (5.19)~(5.21) 和 (13.15) 和 (13.16) 式, 以及 $\sigma_{012} = \sqrt{21}/7$, 可得

$$\left(\frac{\partial p_{012}^*}{\partial \theta}\right)_{r=1} = \frac{15}{28}\left(\sin 2\theta + \frac{7}{2}\sin 4\theta\right),$$

$$\hat{\boldsymbol{\theta}}\cdot\mathbf{V}_{012} = -\frac{15\sqrt{3}}{4\sqrt{7}}\sin 2\theta \quad \text{和} \quad \hat{\boldsymbol{\phi}}\cdot\mathbf{V}_{012} = \frac{15}{4}(1+\cos 2\theta)\sin\theta.$$

对于这个基本模, 可解条件 (13.18) 中的四个积分分别为

$$\mathcal{I}_1^r = \frac{225}{112}\int_0^\pi \left(\sin 2\theta + \frac{7}{2}\sin 4\theta\right)$$
$$\times \left(\frac{\sqrt{21}/7 + \cos\theta}{|\sqrt{21}/7+\cos\theta|^{3/2}}\right)\left[1+\cos 2\theta - \left(\frac{12}{7}\right)^{1/2}\cos\theta\right]\sin^2\theta\,\mathrm{d}\theta = 9.6736,$$

$$\mathcal{I}_1^i = \frac{225}{112} \int_0^\pi \left(\sin 2\theta + \frac{7}{2} \sin 4\theta \right)$$
$$\times \left(\frac{1}{\left|\sqrt{21}/7 + \cos\theta\right|^{1/2}} \right) \left[1 + \cos 2\theta - \left(\frac{12}{7}\right)^{1/2} \cos\theta \right] \sin^2\theta \, d\theta = -1.2194,$$

$$\mathcal{I}_2^r = \frac{15}{28} \int_0^\pi \left(\sin 2\theta + \frac{7}{2} \sin 4\theta \right) \left(\frac{\sin^2\theta}{\left|\sqrt{21}/7 + \cos\theta\right|^{1/2}} \right) d\theta = 0.16408,$$

$$\mathcal{I}_2^i = -\frac{15}{28} \int_0^\pi \left(\sin 2\theta + \frac{7}{2} \sin 4\theta \right) \left(\frac{\sqrt{21}/7 + \cos\theta}{\left|\sqrt{21}/7 + \cos\theta\right|^{3/2}} \right) \sin^2\theta \, d\theta = -1.3612,$$

则惯性模的幅度 $\mathcal{A}_{012}$ 为

$$\mathcal{A}_{012} = \left(\frac{0.16408 - i\, 1.3612}{9.6736 - i\, 1.2194} \right) Po = (0.03416 - i\, 0.1364) Po,$$

由此可得到 $0 < Ek \ll 1$ 条件下的渐近完全分析解, 即

$$p(r,\theta,t) = Por^2 \bigg\{ i \sin^2\theta + \frac{15\,(0.03416 - i\,0.1364)}{7} \times \bigg[-\left(1 + \frac{1}{2}\cos^2\theta\right)$$
$$+ \frac{r^2}{4} \left(2 + \cos^2\theta + 7\sin^2\theta \cos^2\theta \right) \bigg] \bigg\} e^{i\,2\sqrt{21}\,t/7}, \tag{13.21}$$

或者写成柱坐标形式为

$$p(s,z,t) = Po\, e^{i\,2\sqrt{21}\,t/7}$$
$$\times \left[i s^2 - (0.1098 - i\,0.4386) \left(z^2 - \frac{z^4}{2} - 2s^2 z^2 + \frac{2s^2}{3} - \frac{s^4}{3} \right) \right], \tag{13.22}$$

相应的速度解 **u** (满足无滑移边界条件) 可写为

$$\mathbf{u} = Po \bigg\{ \sin\theta \left[i r \hat{\boldsymbol{\phi}} - \frac{1}{2} \left(i \hat{\boldsymbol{\phi}} - \hat{\boldsymbol{\theta}} \right) e^{\gamma^+ \xi} - \frac{1}{2} \left(i \hat{\boldsymbol{\phi}} + \hat{\boldsymbol{\theta}} \right) e^{\gamma^- \xi} \right]$$
$$+ \frac{15\,(0.03416 - i\,0.1364)}{4} \bigg[\frac{i\sqrt{3}}{2\sqrt{7}} \left(r^3 - r \right) (1 + 3\cos 2\theta) \hat{\mathbf{r}}$$
$$+ \frac{i\sqrt{3}}{2\sqrt{7}} \sin 2\theta \, (3r - 5r^3) \hat{\boldsymbol{\theta}} + \sin\theta \left(2r^3 + r^3 \cos 2\theta - r \right) \hat{\boldsymbol{\phi}}$$
$$+ \frac{i}{2} \left(1 + \cos 2\theta - \frac{\sqrt{12}}{\sqrt{7}} \cos\theta \right) \sin\theta \left(i \hat{\boldsymbol{\phi}} - \hat{\boldsymbol{\theta}} \right) e^{\gamma^+ \xi}$$
$$+ \frac{i}{2} \left(1 + \cos 2\theta + \frac{\sqrt{12}}{\sqrt{7}} \cos\theta \right) \sin\theta \left(i \hat{\boldsymbol{\phi}} + \hat{\boldsymbol{\theta}} \right) e^{\gamma^- \xi} \bigg] \bigg\} e^{i\,2\sqrt{21}\,t/7}, \tag{13.23}$$

13.2 渐近解

其中

$$\gamma^+ = -\left[1 + \frac{\mathrm{i}(\sqrt{21}/7 + \cos\theta)}{|\sqrt{21}/7 + \cos\theta|}\right]\left|\sqrt{21}/7 + \cos\theta\right|^{1/2},$$

$$\gamma^- = -\left[1 + \frac{\mathrm{i}(\sqrt{21}/7 - \cos\theta)}{|\sqrt{21}/7 - \cos\theta|}\right]\left|\sqrt{21}/7 - \cos\theta\right|^{1/2}.$$

当 $Po = 0.01$ 和 $\hat{\omega} = \omega_{012} = 1.309$ 时，由 (13.23) 式计算的天平动流 **u**(不含边界层项) 的空间结构显示于图 13.1(a),(b) 中，后面我们将会以数值解与之进行对比。因流体运动是振荡的，因此我们选择动能最大时刻的图像——线性和非线性数值解可以很容易地识别这个时刻。公式 (13.22) 表示的结构有一个明显的特征：如果在旋转轴上 ($s = 0$) 测量压强的变化 (Aldridge and Toomre, 1969)，往往只能检测到一个微弱的次级流信号，这是因为惯性振荡的主导项在旋转轴处为零。

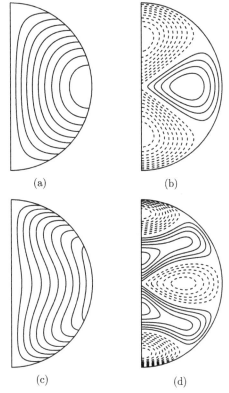

图 13.1　$\hat{\omega} = 1.3093$ 时，(a) 方位速度 $\hat{\phi} \cdot \mathbf{u}$ 和 (b) 径向速度 $\hat{r} \cdot \mathbf{u}$ 的等值线分布，由分析表达式 (13.23) 计算，未包含边界层项。(c), (d) 为相应的 $\hat{\omega} = 1.6604$ 的情况。所有图像所处的时间均取在动能达到最大的时刻，庞加莱数 $Po = 0.01$，且有 $0 < Ek \ll 1$

将 (13.21)~(13.23) 式组成的解写成完全分析式有一个优点：可以根据显式分

析表达式中的各项来理解看似非常复杂的实验或数值结果。比如压强公式 (13.22) 清晰地表明，因第二项的强度依赖于天平动频率 $\hat{\omega}$，一般而言，其贡献总是小于第一个与 $\hat{\omega}$ 无关的主导项。但是，由于 (13.22) 式的第一个主导项总是在旋转轴上 $(s=0)$ 等于零，所以旋转轴上的压强将强烈地依赖于 $\hat{\omega}$，而在其他地方，比如赤道 $(z=0)$，当第一项占优时压强几乎为常数。类似地，公式 (13.23) 也显示，其第二项的幅度依赖于 $\hat{\omega}$，它对速度的贡献总是小于不依赖 $\hat{\omega}$ 的第一项。因此，天平动流的动能几乎与 $\hat{\omega}$ 无关，并且在 $0 < Ek \ll 1$ 条件下，由 (13.21)~(13.23) 式给出的压强 p 和速度 $\mathbf{u}$ 也与 Ek 无关。

为展示本问题的非共振特点，引入一个物理量——平均动能 $\bar{E}_{\mathrm{kin}}$，用于度量流体的运动强度 $|\mathbf{u}|$；另外，使用这个量也可容易地比较不同方法获得的解。其定义为

$$\bar{E}_{\mathrm{kin}} = \left(\frac{1}{2\mathcal{V}}\right)\left(\frac{1}{2\pi/\hat{\omega}}\right)\int_0^{2\pi/\hat{\omega}} \left(\int_0^1 \int_0^{2\pi} \int_0^{\pi} |\mathrm{Real}\{\mathbf{u}\}|^2 \, r^2 \sin\theta \, \mathrm{d}\theta \, \mathrm{d}\phi \, \mathrm{d}r\right) \mathrm{d}t,$$

其中 $\mathcal{V}$ 是球的体积 ($\mathcal{V} = 4\pi/3$)；边界层的微小贡献已被忽略，意味着 $\bar{E}_{\mathrm{kin}}$ 被稍微高估了。由 (13.23) 式可得第一个基本模的动能为

$$\bar{E}_{\mathrm{kin}} = \frac{(Po)^2}{10} + \frac{3}{16\pi}|\mathcal{A}_{012}|^2 \int_0^1 \int_0^{2\pi} \int_0^{\pi} |\mathbf{u}_{012}|^2 \, r^2 \sin\theta \, \mathrm{d}\theta \, \mathrm{d}\phi \, \mathrm{d}r$$

$$= \left[\frac{1}{10} + 0.0106\right](Po)^2,$$

它表明，当 $0 < Ek \ll 1$ 时，对任意天平动频率 $\hat{\omega}$，经标度后的平均动能 $\bar{E}_{\mathrm{kin}}/Po^2$ 总是由下式给出：

$$\bar{E}_{\mathrm{kin}}/(Po)^2 = \frac{1}{10} + \text{小扰动}.$$

在被激发的惯性模中，还有两个次要的基本模，其压强为 r 的 6 次多项式，与 $k=3$ 的公式 (5.19)~(5.21) 对应，在 $\hat{\omega} = 2\sigma_{013} = 2[(15-\sqrt{60})/33]^{1/2}$ 或 $\hat{\omega} = 2\sigma_{023} = 2[(15+\sqrt{60})/33]^{1/2}$ 时被激发。由可解条件 (13.18) 和 $\sigma_{013} = [(15-\sqrt{60})/33]^{1/2}$ 可得

$$\mathcal{A}_{013} = (-0.0084 + \mathrm{i}\, 0.0700)\, Po.$$

则在首阶近似下，天平动频率为 $\hat{\omega} = 0.9377$ 时，满足无滑移边界条件的速度 $\mathbf{u}$、压强 p 和平均动能 $\bar{E}_{\mathrm{kin}}$ 分别为

$$\mathbf{u}(r,\theta,t) = [-\mathrm{i}\, Po\, \mathbf{r} \times \hat{\mathbf{z}} + Po\,(-0.0084 + \mathrm{i}\, 0.0700)\mathbf{u}_{013} + \widetilde{\mathbf{u}}_{tang}]\mathrm{e}^{\mathrm{i}\, 0.9377 t},$$

$$p(r,\theta,t) = Po\left[\mathrm{i}\, |\mathbf{r} \times \hat{\mathbf{z}}|^2 + (-0.0084 + \mathrm{i}\, 0.0700)p_{013}\right]\mathrm{e}^{\mathrm{i}\, 0.9377 t},$$

$$\bar{E}_{\mathrm{kin}} = \left[\frac{1}{10} + 0.0068\right](Po)^2,$$

其中 $(\mathbf{u}_{013}, p_{013})$ 为封闭形式的准确特征函数,由 (5.19)~(5.21) 和 (5.17) 式给出,$\tilde{\mathbf{u}}_{tang}$ 由 (13.14) 给出,且 $\sigma_{013} = [(15-\sqrt{60})/33]^{1/2}$。

类似地,对于 $2\sigma_{023} = [(15+\sqrt{60})/33]^{1/2} = 1.6604$ 的情况,可解条件 (13.18) 在得到了其中的四个积分后,可导出

$$\mathcal{A}_{023} = (-0.0057 + \mathrm{i}\,0.0183)\,Po.$$

则在首阶近似下,当 $\hat{\omega} = 1.6604$ 时,满足无滑移边界条件的速度,压强和平均动能为

$$\mathbf{u}(r,\theta,t) = [-\mathrm{i}\,Po\,r\times\hat{\mathbf{z}} + Po\,(-0.0057 + \mathrm{i}\,0.0183)\,\mathbf{u}_{023} + \tilde{\mathbf{u}}_{tang}]\,\mathrm{e}^{\mathrm{i}\,1.6604t},$$

$$p(r,\theta,t) = Po\left[\mathrm{i}\,|\mathbf{r}\times\hat{\mathbf{z}}|^2 + (-0.0057 + \mathrm{i}\,0.0183)\,p_{023}\right]\mathrm{e}^{\mathrm{i}\,1.6604t},$$

$$\bar{E}_{\mathrm{kin}} = \left[\frac{1}{10} + 0.0019\right](Po)^2,$$

其中 $(\mathbf{u}_{023}, p_{023})$ 为封闭形式的准确特征函数,由 (5.19)~(5.21) 和 (5.17) 式给出,$\tilde{\mathbf{u}}_{tang}$ 由 (13.14) 给出,且 $\sigma_{023} = [(15+\sqrt{60})/33]^{1/2}$。图 13.1(c),(d) 显示当 $Ek \ll 1$,$\hat{\omega} = 1.6604$ 时,由以上分析表达式计算的速度空间结构,图像所处时刻为动能达到最大值时的时刻。

13.3 线性数值解

在线性数值分析中,可将速度 $\mathbf{u}$ 展开为极型场 v 和环型场 w 之和的形式,即

$$\mathbf{u}(r,\theta,t) = \{\nabla\times\nabla\times[\mathbf{r}v(r,\theta)] + \nabla\times[\mathbf{r}w(r,\theta)]\}\mathrm{e}^{\mathrm{i}\hat{\omega}t}, \tag{13.24}$$

其中 $\mathbf{r}$ 为位置矢量。显然,上式自动满足不可压缩条件 $\nabla\cdot\mathbf{u} = 0$。然后我们将导出 v 和 w 的两个标量方程,方法是将 (13.24) 式代入方程 (13.4) 中,然后对方程作 $\mathbf{r}\cdot\nabla\times$ 和 $\mathbf{r}\cdot\nabla\times\nabla\times$ 运算。推导过程将用到以下矢量微分算子:

$$\mathbf{r}\cdot\nabla\times\mathbf{u} = -\left(\frac{1}{\sin\theta}\frac{\partial}{\partial\theta}\sin\theta\frac{\partial}{\partial\theta}\right)w,$$

$$\mathbf{r}\cdot\nabla\times\nabla\times\mathbf{u} = \left(\frac{1}{\sin\theta}\frac{\partial}{\partial\theta}\sin\theta\frac{\partial}{\partial\theta}\right)\triangle^2 v,$$

$$\mathbf{r}\cdot\nabla\times(\nabla^2\mathbf{u}) = \left(\frac{1}{\sin\theta}\frac{\partial}{\partial\theta}\sin\theta\frac{\partial}{\partial\theta}\right)\triangle^2 w,$$

其中微分算子 $\triangle^2$ 的定义为

$$\triangle^2 = \frac{1}{r^2}\frac{\partial}{\partial r}r^2\frac{\partial}{\partial r} + \frac{1}{r^2\sin\theta}\frac{\partial}{\partial\theta}\sin\theta\frac{\partial}{\partial\theta}.$$

另外，还需要以下微分算子：

$$\mathbf{r} \cdot \nabla \times (\hat{\mathbf{z}} \times \mathbf{u}) = \mathcal{Q}_2 v,$$
$$\mathbf{r} \cdot \nabla \times \nabla \times (\hat{\mathbf{z}} \times \mathbf{u}) = \mathcal{Q}_2 w,$$

其中微分算子 $\mathcal{Q}_2$ 定义为

$$\mathcal{Q}_2 = r\cos\theta \triangle^2 + \left(\frac{1}{\sin\theta}\frac{\partial}{\partial\theta}\sin\theta\frac{\partial}{\partial\theta} - r\frac{\partial}{\partial r}\right)\left(\cos\theta\frac{\partial}{\partial r} - \frac{\sin\theta}{r}\frac{\partial}{\partial\theta}\right).$$

在以上微分算子的协助下，可从矢量方程 (13.4) 推出 v 和 w 的两个标量方程：

$$(\mathrm{i}\hat{\omega} - Ek\triangle^2)\left(\frac{1}{\sin\theta}\frac{\partial}{\partial\theta}\sin\theta\frac{\partial}{\partial\theta}\right)\triangle^2 v + 2\mathcal{Q}_2 w = 0, \tag{13.25}$$

$$(\mathrm{i}\hat{\omega} - Ek\triangle^2)\left(\frac{1}{\sin\theta}\frac{\partial}{\partial\theta}\sin\theta\frac{\partial}{\partial\theta}\right)w - 2\mathcal{Q}_2 v = 2Po\hat{\omega}r\cos\theta. \tag{13.26}$$

以 v 和 w 表示的无滑移边界条件为

$$v = \frac{\partial v}{\partial r} = w = 0, \quad r = 1. \tag{13.27}$$

注意方程 (13.25) 和 (13.26) 在 $0 < Po \ll 1$ 时对任意的 Ek 都是有效的。为数值求解以 (13.27) 式为边界条件的方程 (13.25) 和 (13.26)，将速度势展开为一个勒让德函数 $P_l(\cos\theta)$ 和一个径向函数的乘积，该径向函数需在 $r = 0$ 处满足球中心的条件，并且在 $r = 1$ 处满足无滑移条件，则展开式可写为

$$w(r,\theta) = \sum_{l=1}^{L}\sum_{n=0}^{N} w_{ln}\, r^l\, (1-r)\, T_n(2r-1)\, P_{2l-1}(\cos\theta),$$

$$v(r,\theta) = \sum_{l=1}^{L}\sum_{n=0}^{N} v_{ln}\, r^l\, (1-r)^2\, T_n(2r-1)\, P_{2l}(\cos\theta),$$

其中 $T_n(x)$ 是标准的切比雪夫函数，w_{ln} 和 v_{ln} 为复系数，N 和 L 是截断参数，其大小由 Ek 决定。勒让德函数 $P_l(\cos\theta)$ 是归一化的，满足

$$\frac{1}{2}\int_0^\pi |P_l(\cos\theta)|^2 \sin\theta\, \mathrm{d}\theta = 1.$$

由于庞加莱力的对称性，以上公式中 l 的选择也应保证流体运动的赤道对称性，即必须满足以下对称关系：

$$w(r,\theta) = -w(r,\pi-\theta) \text{ 和 } v(r,\theta) = v(r,\pi-\theta),$$

13.3 线性数值解

展开式中的 r^l 因子是为了去除 $r=0$ 处的奇异性。线性数值分析采用勒让德函数 $P_l(\cos\theta)$ 展开在数学上是方便的，因为它具有如下性质：

$$\left(\frac{1}{\sin\theta}\frac{\partial}{\partial\theta}\sin\theta\frac{\partial}{\partial\theta}\right)P_l(\cos\theta)=-l(l+1)P_l(\cos\theta).$$

将展开式代入方程 (13.25) 和 (13.26) 中，经过标准的数值求解过程，会得到一个关于系数 w_{ln} 和 v_{ln} 的线性代数方程组，可使用迭代方法进行求解。

我们发现，在 $Ek\leqslant 10^{-4}$ 范围内，线性数值解与渐近分析解是相当的，虽然渐近解只在 $Ek\ll 1$ 的范围内有效。图 13.2 (a),(b) 显示了在 $Ek=10^{-4}$ 条件下，当 $\hat{\omega}=1.3093$ 和 $Po=0.01$ 时，天平动流速度 $\mathbf{u}$ 的空间结构；当 $\hat{\omega}=1.6604$ 而其他参数相同时，其速度结构显示于图 13.2(c),(d) 中。至于流体动能，当 $Ek=10^{-5}$，$Po=0.01$，$\hat{\omega}=1.3093$ 时，线性数值分析给出的 $\bar{E}_{\rm kin}/(Po)^2$ 值为 0.1095，而渐近分析结果为 0.1106。仅当天平动频率 $\hat{\omega}$ 变为 1.6604，其他参数不变时，线性数值解和渐近分析解的结果分别为 $\bar{E}_{\rm kin}/(Po)^2=0.1012$ 和 0.1019。与渐近分析反映的情况一样，线性数值分析得到的动能 $\bar{E}_{\rm kin}/(Po)^2$ 也是与天平动频率 $\hat{\omega}$ 无关的，它总是可以表示成 0.1 加上一个小的扰动。

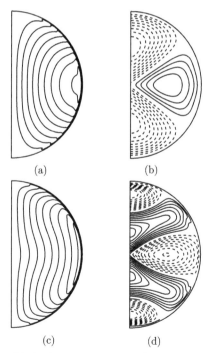

图 13.2 $\hat{\omega}=1.3093$ 时，线性数值解 (a) 方位速度 $\hat{\boldsymbol{\phi}}\cdot\mathbf{u}$ 和 (b) 径向速度 $\hat{\mathbf{r}}\cdot\mathbf{u}$ 的等值线分布。(c),(d) 为 $\hat{\omega}=1.6604$ 时相应的线性数值解。所有图像的时间均是动能达到最大的时刻。参数为 $Po=0.01$，$Ek=10^{-4}$

13.4 非线性直接数值模拟

使用有限元方法对这个问题进行求解具有一个特殊的优势: 从数值方法获得的压强 p 以及速度 $\mathbf{u}$, 可以直接与实验结果进行比较 (Aldridge and Toomre, 1969)。

有限元程序可基于球体进动问题的代码进行改造, 在时间步进上同样采用半隐格式, 即方程采用二阶向后差分隐式, 而对非线性项进行二阶显式外插, 于是完全非线性方程 (13.1) 和 (13.2) 的时间差分格式可写为

$$\frac{3\mathbf{u}^{n+1} - 4\mathbf{u}^n + \mathbf{u}^{n-1}}{2\Delta t} + 2(\mathbf{u}^n \cdot \nabla \mathbf{u}^n) - (\mathbf{u}^{n-1} \cdot \nabla \mathbf{u}^{n-1})$$
$$+ 2\left[1 + Po\sin(\hat{\omega}t_{n+1})\right]\hat{\mathbf{z}} \times \mathbf{u}^{n+1}$$
$$= -\nabla p^{n+1} + Ek\nabla^2\mathbf{u}^{n+1} + (\hat{\omega}Po)\mathbf{r} \times \hat{\mathbf{z}}\cos(\hat{\omega}t_{n+1}), \tag{13.28}$$
$$\nabla \cdot \mathbf{u}^{n+1} = 0, \tag{13.29}$$

其中 $t_n = n\Delta t$, $n = 0, 1, \cdots$ 以及 $\mathbf{u}^n(\mathbf{r}) = \mathbf{u}(\mathbf{r}, t_n)$。从任意的初始条件开始, 利用并行计算机计算, 可由 $\mathbf{u}^n$ 和 p^n 得到 $\mathbf{u}^{n+1}$ 和 p^{n+1}。直接数值模拟保留了方程 (13.1) 和 (13.2) 所有的项, 也没有预设解的任何空间对称性, 这将使我们不仅可以验证渐近分析或线性数值分析的线性近似解, 而且还可以发现可能存在的仅与非线性效应相关的共振现象。

应该指出, 因为振荡容器与流体之间仅凭粘性而耦合, 三维数值模拟的计算是非常昂贵的: 对于 $Ek \ll 1$ 的条件, 系统达到非线性平衡的无量纲时间往往超过 $O(Ek^{-1/2})$。为检验渐近解和线性数值解, 图 13.3 给出了当 $Ek = 10^{-4}$, $Po = 0.01$ 时, 天平动频率分别为 $\hat{\omega} = 1.3093$, 1.6604 的非线性解的空间结构, 所用参数与图 13.1 和图 13.2 完全相同。在合理范围内, 这三个根本不同的方法得到的解符合得非常好。从非线性数值模拟可得到三个结论: ①在 $0 < Po \ll 1$ 条件下, 忽略掉非线性项的线性近似是合理的; ②当 $Po \ll 1$ 时, 由粘性边界层非线性效应产生的平均纬向流 (Busse, 2010) 很微弱; ③不存在仅与非线性效应相关的其他类型的共振。通过将线性或非线性数值分析扩展到第一个基本模 $\omega_{012} = 1.3093$ 的附近 (Zhang et al., 2013), 仍然发现标度后的动能 $\bar{E}_{\mathrm{kin}}/Po^2$ 几乎与 $\hat{\omega}$ 无关, 且总是可以表示为 $1/10$ 加上某个小扰动的形式。这也解释了为什么在旋转轴上测量压强变化 (Aldridge and Toomre, 1969) 会产生错觉, 即认为共振是可以发生的; 同时, 它也再次确认了经向天平动球体中不存在共振的理论预言。

在进动圆柱、球体和纬向天平动椭球中, 如果庞加莱力的频率与惯性模特征值 ω_{mnk} 一致, 则共振将会发生。作为共振的结果, 流体运动幅度 $|\mathbf{u}|$ 在该频率将会达到峰值, 并且在 $Ek \ll 1$ 条件下满足渐近律 $|\mathbf{u}| = O(Po/\sqrt{Ek})$; 当远离共振时,

流体运动幅度将减弱至 $|\mathbf{u}| = O(Po)$。然而在经向天平动球体中，无论天平动频率是等于、接近或远离球体惯性模的特征值 ω_{0nk}，共振都不可能发生，流体运动幅度 $|\mathbf{u}|$ 几乎与 Ek 无关，且在 $0 < Ek \ll 1$ 条件下总是遵循渐近律 $|\mathbf{u}| = O(Po)$。

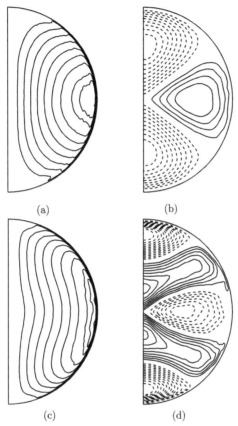

图 13.3　$\hat{\omega} = 1.3093$ 时，非线性数值解 (a) 方位速度 $\hat{\boldsymbol{\phi}} \cdot \mathbf{u}$ 和 (b) 径向速度 $\hat{\mathbf{r}} \cdot \mathbf{u}$ 的等值线分布。(c), (d) 为 $\hat{\omega} = 1.6604$ 时相应的线性数值解。所有图像所处的时间均在动能达到最大的时刻，其他参数为 $Po = 0.01, Ek = 10^{-4}$

第14章 进动椭球中的流体运动

14.1 公　　式

考虑不可压缩粘性流体充满于一个具有任意偏心率 $\mathcal{E}$ 的椭球腔体中，流体均匀且不受外力影响，即方程 (1.10) 中 $\Theta \equiv 0, \mathbf{f} \equiv \mathbf{0}$，椭球腔体的包围面可定义为

$$\frac{x^2}{d^2} + \frac{y^2}{d^2} + \frac{z^2}{d^2(1-\mathcal{E}^2)} = 1,$$

其中 $0 < \mathcal{E} < 1$，z 轴为对称轴。如图 14.1 所示，直角坐标系 (x, y, z) 和相应的单位矢量 $(\hat{\mathbf{x}}, \hat{\mathbf{y}}, \hat{\mathbf{z}})$ 固定在椭球容器上。研究选择了扁椭球而非竖长椭球，是因为许多行星和恒星由于快速自转，其形状近似为扁椭球。假设图 14.1 所示的椭球容器以角速度 $\hat{\mathbf{z}}\Omega_0$ 快速旋转，同时以一个固定于惯性空间的角速度 $\mathbf{\Omega}_p$ 慢速进动，且 $\mathbf{\Omega}_p$ 相对 $\hat{\mathbf{z}}$ 方向的倾斜角度为 α_p $(0 < \alpha_p \leqslant \pi/2)$。与球体不同，进动椭球中的流体运动是由容器和流体之间的粘性耦合与地形耦合共同驱动的。

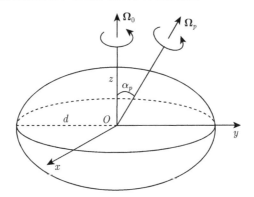

图 14.1　进动椭球的几何形状，偏心率 $\mathcal{E}$ 可取任意值，赤道半径为 d，极半径为 $d\sqrt{1-\mathcal{E}^2}$。椭球以角速度 $\mathbf{\Omega}_0 = \Omega_0 \hat{\mathbf{z}}$ 绕对称轴 z 快速旋转，同时以一个固定于惯性系的角速度 $\mathbf{\Omega}_p$ 慢速进动，且有 $|\mathbf{\Omega}_p|/|\mathbf{\Omega}_0| \ll 1$。$\mathbf{\Omega}_0$ 与 $\mathbf{\Omega}_p$ 之间的夹角为 α_p $(0 < \alpha_p \leqslant \pi/2)$

本节的叙述将较为简略，因为进动椭球的控制方程与进动球体是相同的。但为了数学分析方便，庞加莱力 $\mathbf{r} \times (\partial \mathbf{\Omega}/\partial t)$ 的表达将稍有不同。以长半轴 d 为单位长度，Ω_0^{-1} 为单位时间，并令 $P = (\rho_0 d^2 \Omega_0^2) p$，对方程进行归一化，得无量纲方程为

14.1 公 式

$$\frac{\partial \mathbf{u}}{\partial t} + \mathbf{u} \cdot \nabla \mathbf{u} + 2\left(\hat{\mathbf{z}} + Po\widehat{\mathbf{\Omega}}_p\right) \times \mathbf{u} = -\nabla p + Ek\nabla^2 \mathbf{u} + Po\,\mathbf{r} \times \left(\widehat{\mathbf{\Omega}}_p \times \hat{\mathbf{z}}\right), \qquad (14.1)$$

$$\nabla \cdot \mathbf{u} = 0, \qquad (14.2)$$

其中，无量纲进动矢量 $\widehat{\mathbf{\Omega}}_p$ 为

$$\widehat{\mathbf{\Omega}}_p = \sin\alpha_p\,(\hat{\mathbf{x}}\cos t - \hat{\mathbf{y}}\sin t) + \hat{\mathbf{z}}\cos\alpha_p, \qquad (14.3)$$

如果用以下坐标变换公式：

$$\hat{\mathbf{x}} = \hat{\mathbf{s}}\cos\phi - \hat{\boldsymbol{\phi}}\sin\phi, \quad \hat{\mathbf{y}} = \hat{\mathbf{s}}\sin\phi + \hat{\boldsymbol{\phi}}\cos\phi,$$

将其转换为柱坐标形式，则可导得

$$\mathbf{r} \times \left(\widehat{\mathbf{\Omega}}_p \times \hat{\mathbf{z}}\right) = \nabla\left[zs\sin\alpha_p\cos(\phi+t)\right] - \hat{\mathbf{z}}\left[2s\sin\alpha_p\cos(\phi+t)\right].$$

控制方程 (14.1) 和 (14.2) 的无滑移边界条件为

$$\hat{\mathbf{n}} \cdot \mathbf{u} = 0 \text{ 和 } \hat{\mathbf{n}} \times \mathbf{u} = \mathbf{0}, \quad \text{在}\mathcal{S}\text{上}, \qquad (14.4)$$

其中 $\hat{\mathbf{n}}$ 为椭球壁面 $\mathcal{S}$ 向外的单位法向矢量。分析将采用三种不同的坐标系：直角坐标系 (x,y,z) 用于非线性数值模拟，柱坐标系 (s,ϕ,z) 用于导出无粘性解，而椭球坐标系 (η,ϕ,τ) 则应用于粘性渐近解的推导。

当 $|Po|$ 足够小，并且进动流比较微弱 ($|\mathbf{u}| = \epsilon \ll 1$) 时，方程 (14.1) 可以略去更小的平方项或乘积项，如 $\mathbf{u} \cdot \nabla \mathbf{u} = O(\epsilon^2)$ 和科里奥利力的小扰动

$$\left|Po\widehat{\mathbf{\Omega}}_p \times \mathbf{u}\right| = O(Po\epsilon),$$

将该方程线性化为

$$\frac{\partial \mathbf{u}}{\partial t} + 2\hat{\mathbf{z}} \times \mathbf{u} = -\nabla p + Ek\nabla^2 \mathbf{u} - \hat{\mathbf{z}}\left(2sPo\sin\alpha_p\,\mathrm{e}^{\mathrm{i}\phi}\right)\mathrm{e}^{\mathrm{i}t}, \qquad (14.5)$$

$$\nabla \cdot \mathbf{u} = 0, \qquad (14.6)$$

其中 p 为折算压强 (与其他问题的折算压强有所不同)，$\mathbf{u}$ 的实部将作为问题的物理解。为进行线性化，我们采用的方法是在 α_p 任意的情况下假设 $|Po|$ 足够小，另外也有假设 α_p 足够小的方法。

14.2 无粘性解

因粘性边界层的内流强度仅为 $\sqrt{Ek}$ 量级,所以当 $Ek^{1/4} \ll \mathcal{E} < 1$ 时,地形耦合将在椭球容器与粘性流体的相互作用中占据主导地位。与地形 (容器形状) 影响相比,粘性的影响预期在首阶近似下可以忽略不计,于是可将 $Ek\nabla^2\mathbf{u}$ 项从方程 (14.5) 中移去。因此,在分析推导由地形效应主导的进动解时,只需要强制流体运动在边界 $\mathcal{S}$ 上满足无粘性条件 $\hat{\mathbf{n}}\cdot\mathbf{u} = 0$ 即可。当无须考虑椭球壁面 $\mathcal{S}$ 的无滑移边界条件和相应的粘性边界层时,数学分析采用柱坐标系将会更加方便。

不同于以往的研究 (Poincaré, 1910; Stewartson and Roberts, 1963; Roberts and Stewartson, 1965; Busse, 1968; Wu and Roberts, 2009),我们将在地幔参考系中导出椭球进动流的无粘性分析解,对流体的空间结构也不做任何先验假设。首先注意到,当 $Ek^{1/4} \ll \mathcal{E} < 1$ 时,椭球中任何形式的进动流,如果它纯粹由地形耦合产生并满足无粘性边界条件,则方程 (14.5) 和 (14.6) 的解 $\mathbf{u}$ 可以表示为地转模 $\mathbf{u}_G$ 与其他所有椭球惯性模 $(\mathbf{u}_{mnk}, p_{mnk})$ 之和的形式 —— 假设这些模构成了一个完备函数系,并且自动满足壁面 $\mathcal{S}$ 上的无粘性边界条件 $\hat{\mathbf{n}}\cdot\mathbf{u} = 0$。注意,$\mathbf{u}_G$ 和 $(\mathbf{u}_{mnk}, p_{mnk})$ 仅是空间的函数。采用展开式 (9.1) 和 (9.2) 的主要优点是在地幔参考系中不需要对进动流的空间结构预先作任何假设。因方程 (14.5) 中的庞加莱力 $\hat{\mathbf{z}}(2sPo\sin\alpha_p)e^{i\phi}$ 相对赤道平面 $z=0$ 是反对称的并且其方位波数 $m=1$,因此它将选择性地激发一个方位波数 $m=1$ 且赤道反对称的惯性模子集,比如 $\hat{\boldsymbol{\phi}}\cdot\mathbf{u}_{mnk}(s,\phi,z) = -\hat{\boldsymbol{\phi}}\cdot\mathbf{u}_{mnk}(s,\phi,-z)$。也就是说,在 $Ek^{1/4} \ll \mathcal{E} < 1$ 条件下,任意偏心率椭球容器中的弱进动流总是可以表示为椭球惯性模之和的形式,如下:

$$\mathbf{u}(s,\phi,z,t) = \left[\sum_n\sum_k \mathcal{A}_{1nk}\,\mathbf{u}_{1nk}(s,\phi,z)\right]e^{it}, \tag{14.7}$$

$$p(s,\phi,z,t) = \left[\sum_n\sum_k \mathcal{A}_{1nk}\,p_{1nk}(s,\phi,z)\right]e^{it}, \tag{14.8}$$

其中 $\mathcal{A}_{1nk}$ 为待求复系数,$(p_{1nk}, \mathbf{u}_{1nk})$ 表示 $m=1$ 的赤道反对称模,在柱坐标系中可以表示为

$$p_{1nk} = \sum_{i=0}^{k}\sum_{j=0}^{k-i} \mathcal{C}_{1kij}\sigma_{1nk}^{2i}(1-\sigma_{1nk}^2)^j s^{2j+1} z^{2i+1} e^{i\phi}, \tag{14.9}$$

$$\hat{\mathbf{s}}\cdot\mathbf{u}_{1nk} = -\frac{i}{2}\sum_{i=0}^{k}\sum_{j=0}^{k-i} \mathcal{C}_{1kij}\sigma_{1nk}^{2i}(1-\sigma_{1nk}^2)^{j-1}$$
$$\times (2j\sigma_{1nk} + 1 + \sigma_{1nk})\,s^{2j} z^{2i+1} e^{i\phi}, \tag{14.10}$$

14.2 无粘性解

$$\hat{\mathbf{z}} \cdot \mathbf{u}_{1nk} = \frac{\mathrm{i}}{2} \sum_{i=0}^{k} \sum_{j=0}^{k-i} \mathcal{C}_{1kij} \sigma_{1nk}^{2i-1} (1-\sigma_{1nk}^2)^j (2i+1) s^{2j+1} z^{2i} \mathrm{e}^{\mathrm{i}\phi}, \qquad (14.11)$$

$$\hat{\boldsymbol{\phi}} \cdot \mathbf{u}_{1nk} = \frac{1}{2} \sum_{i=0}^{k} \sum_{j=0}^{k-i} \mathcal{C}_{1kij} \sigma_{1nk}^{2i} (1-\sigma_{1nk}^2)^{j-1} (2j+1+\sigma_{1nk}) s^{2j} z^{2i+1} \mathrm{e}^{\mathrm{i}\phi}, \quad (14.12)$$

其中 $k \geqslant 0$, n 限制于 $1 \leqslant n \leqslant (2k+1)$ 范围, 并且

$$C_{1kij} = \left[\frac{-1}{(1-\sigma_{1nk}^2 \mathcal{E}^2)} \right]^{i+j} \frac{[2(k+i+j)+3]!!}{2^{j+1}(2i+1)!!(k-i-j)!i!j!(1+j)!}.$$

在公式 (14.9)~(14.12) 中, 椭球惯性模的半频 σ_{1nk} 是以下方程的解:

$$0 = \sum_{j=0}^{k} (-1)^j \frac{[2(2k+2-j)]!}{[2(k-j)+1]!j!(2k+2-j)!}$$

$$\times \left[1 - \frac{(1-\sigma_{1nk})[2(k-j)+1]}{\sigma_{1nk}(1-\mathcal{E}^2)} \right] \left[\frac{(1-\mathcal{E}^2)\sigma_{1nk}^2}{(1-\sigma_{1nk}^2 \mathcal{E}^2)} \right]^{k-j} \quad (k \geqslant 0). \quad (14.13)$$

对任意给定的 $\mathcal{E}$ 和 k, 方程 (14.13) 有 $(2k+1)$ 个不同的实根, 对应 $(2k+1)$ 个不同的惯性模。特别地, $k=0$ 表示最简单的惯性模, 其半频为

$$\sigma_{110} = \frac{1}{(2-\mathcal{E}^2)},$$

相应的 p_{110} 和 $\mathbf{u}_{110}$ 的复数形式为

$$p_{110}(s,\phi,z) = \frac{3}{2} sz\, \mathrm{e}^{\mathrm{i}\phi}, \qquad (14.14)$$

$$\hat{\mathbf{s}} \cdot \mathbf{u}_{110}(s,\phi,z) = -\mathrm{i} \left[\frac{3(2-\mathcal{E}^2)}{4(1-\mathcal{E}^2)} \right] z\, \mathrm{e}^{\mathrm{i}\phi}, \qquad (14.15)$$

$$\hat{\boldsymbol{\phi}} \cdot \mathbf{u}_{110}(s,\phi,z) = \left[\frac{3(2-\mathcal{E}^2)}{4(1-\mathcal{E}^2)} \right] z\, \mathrm{e}^{\mathrm{i}\phi}, \qquad (14.16)$$

$$\hat{\mathbf{z}} \cdot \mathbf{u}_{110}(s,\phi,z) = \mathrm{i} \left[\frac{3(2-\mathcal{E}^2)}{4} \right] s\, \mathrm{e}^{\mathrm{i}\phi}. \qquad (14.17)$$

我们将在后面解释为什么这个惯性模在椭球进动流的描述上特别重要。

接下来的主要任务是导出展开式 (14.7) 和 (14.8) 中的所有系数 $\mathcal{A}_{1nk}$ 的分析表达式。将展开式 (14.7) 和 (14.8) 代入方程 (14.5), 乘上 $\mathbf{u}_{1nk}$ 的复共轭 $\mathbf{u}_{1nk}^*$, 然后在整个椭球体上进行积分, 可得

$$\mathrm{i}\,(1-2\sigma_{1nk})\,\mathcal{A}_{1nk} \int_{\mathcal{V}} |\mathbf{u}_{1nk}|^2 \, \mathrm{d}\mathcal{V} = -2Po\sin\alpha_p \int_{\mathcal{V}} \left(s\,\mathbf{u}_{1nk}^* \cdot \hat{\mathbf{z}} \mathrm{e}^{\mathrm{i}\phi} \right) \mathrm{d}\mathcal{V}, \qquad (14.18)$$

其中 $\int_\mathcal{V} \mathrm{d}\mathcal{V}$ 表示椭球的体积分。在推导 (14.18) 式的过程中,我们使用了以下性质:

$$\int_\mathcal{V} \mathbf{u}^*_{1nk}\left(\mathrm{i}\,\mathbf{u}_{1nk} + 2\hat{\mathbf{z}} \times \mathbf{u}_{1nk} + \nabla p_{1nk}\right)\mathrm{d}\mathcal{V} = \mathrm{i}\,(1 - 2\sigma_{1nk})\int_\mathcal{V}|\mathbf{u}_{1nk}|^2\,\mathrm{d}\mathcal{V}.$$

注意到

$$\int_\mathcal{V}\left(s^{2j+2}z^{2i}\right)\mathrm{d}\mathcal{V} = 4\pi\left[\frac{2^{j+1}(j+1)!(2i-1)!!}{(2j+2i+5)!!}\right]\left(1-\mathcal{E}^2\right)^{(2i+1)/2}, \tag{14.19}$$

即可作出 (14.18) 式右边的体积分,于是可得如下形式的 $\mathcal{A}_{1nk}$ 表达式:

$$\begin{aligned}\mathcal{A}_{1nk} &= \left(\int_\mathcal{V}|\mathbf{u}_{1nk}|^2\,\mathrm{d}\mathcal{V}\right)^{-1}\left[\frac{2\,\mathrm{i}\,Po\sin\alpha_p}{(1-2\sigma_{1nk})}\right]\int_\mathcal{V} s\,\mathbf{u}^*_{1nk}\cdot\hat{\mathbf{z}}\mathrm{e}^{\mathrm{i}\phi}\,\mathrm{d}\mathcal{V}\\ &= \left(\int_\mathcal{V}|\mathbf{u}_{1nk}|^2\,\mathrm{d}\mathcal{V}\right)^{-1}\left[\frac{4\pi Po(1-\mathcal{E}^2)^{1/2}\sin\alpha_p}{\sigma_{1nk}(1-2\sigma_{1nk})}\right]\mathcal{I}_{nk}, \end{aligned} \tag{14.20}$$

式中 $\mathcal{I}_{nk}$ 表示一个双重求和(对于给定的 σ_{nk} 和 $\mathcal{E}$),即

$$\begin{aligned}\mathcal{I}_{nk} = \sum_{i=0}^{k}\sum_{j=0}^{k-i}(-1)^{i+j}&\left[\frac{\sigma_{1nk}^2(1-\mathcal{E}^2)}{(1-\sigma_{1nk}^2\mathcal{E}^2)}\right]^i\\ &\times\left[\frac{(1-\sigma_{1nk}^2)}{(1-\sigma_{1nk}^2\mathcal{E}^2)}\right]^j\left[\frac{[2(k+i+j)+3]!!}{(2i+2j+5)!!(k-i-j)!i!j!}\right]\end{aligned} \tag{14.21}$$

其中 $k \geqslant 0, 1 \leqslant n \leqslant (2k+1)$。从以上表达式我们应注意到非常重要的一点,即当 $Ek^{1/4} \ll \mathcal{E} < 1$ 时,因为 $\sigma_{1nk} = 1/2$ 不是方程 (14.13) 的解,所以 $\mathcal{A}_{1nk}$ 总是非奇异的,因而共振将不能在椭球中发生——这与球体进动问题是不同的。

对任何可能的 n 和 k,为确定系数 $\mathcal{A}_{1nk}$,必须计算出双重求和 $\mathcal{I}_{nk}$ 的值,这是数学分析面临的主要挑战。当 $k=0, n=1$ 时,公式 (14.21) 可简单地给出

$$\mathcal{I}_{10} = \frac{1}{5}.$$

当 $k=1$ 时,也能容易地直接从求和式 (14.21) 得到

$$\mathcal{I}_{n1} = \sum_{i=0}^{1}\sum_{j=0}^{1-i}(-1)^{i+j}\left[\frac{\sigma_{1n1}^{2i}(1-\sigma_{1n1}^2)^j}{(1-\sigma_{1n1}^2\mathcal{E}^2)^{i+j}}\right]\left[\frac{[2(k+i+j)+3]!!(1-\mathcal{E}^2)^i}{(2i+2j+5)!!(k-i-j)!i!j!}\right] \equiv 0,$$

上式对任何 σ_{1n1} 都成立。而当 $k \geqslant 2$ 时,公式 (14.21) 双重求和的两个指标 (i,j) 紧密纠缠在一起,使得直接求和无法进行。

但实际上,对于任意的 n,当 $k \geqslant 2$ 时,$\mathcal{I}_{nk}$ 都恒为零。这个数学性质是理论分析的核心,因此我们将给出 $\mathcal{I}_{nk} \equiv 0$ 的直接证明。证明的关键是建立一个递推关系,

14.2 无粘性解

将较大 k 的求和与较小 k 的求和联系在一起, 而较小 k 的求和是可以直接计算出来的。为此, 我们引入一个额外的指标 M, 并考虑下面一个新的求和:

$$\mathcal{P}_{nk}^M = \sum_{i=0}^{k-M} \sum_{j=0}^{k-i-M} (-1)^{i+j} \left[\frac{\sigma_{1nk}^2 (1-\mathcal{E}^2)}{(1-\sigma_{1nk}^2 \mathcal{E}^2)} \right]^i \left[\frac{(1-\sigma_{1nk}^2)}{(1-\sigma_{1nk}^2 \mathcal{E}^2)} \right]^j$$
$$\times \left[\frac{[2(k+i+j)+3]!!}{[2(i+j+M)+5]!!(k-i-j-M)!i!j!} \right], \tag{14.22}$$

其中 $k \geqslant 2$ 且 $(k-M) \geqslant 1$。显然有

$$\mathcal{I}_{nk} = \mathcal{P}_{nk}^0 \quad (M=0).$$

初看起来, 新的求和公式 (14.22) 比原来的 (14.21) 式更加复杂, 但我们的主要目的并不是直接去求 (14.22) 的值, 而是建立一个与新指标 M 相联系的递推关系, 使得在某些 M 下可以直接求得 $\mathcal{I}_{nk}$ 的值。令

$$X_{nk} = \frac{\sigma_{1nk}^2 (1-\mathcal{E}^2)}{(1-\sigma_{1nk}^2 \mathcal{E}^2)}, \quad 1 - X_{nk} = \frac{(1-\sigma_{1nk}^2)}{(1-\sigma_{1nk}^2 \mathcal{E}^2)},$$

于是有

$$\mathcal{P}_{nk}^M = \sum_{i=0}^{k-M} \sum_{j=0}^{k-i-M} \frac{(-1)^{i+j} X_{nk}^i (1-X_{nk})^j [2(k+i+j)+3]!!}{[2(i+j+M)+5]!!(k-i-j-M)!i!j!}. \tag{14.23}$$

当 $0 \leqslant M \leqslant (k-1)$ 时, 对任意的 $M \geqslant 0$ 和 $k \geqslant 2$, (14.23) 式右边可以分解成三项:

$$\mathcal{P}_{nk}^M = \frac{1}{(k-M)} \sum_{i=0}^{k-M-1} \sum_{j=0}^{k-i-M-1} \left\{ \frac{(-1)^{i+j} X_{nk}^i (1-X_{nk})^j [2(k+i+j)+3]!!}{[2(i+j+M)+5]!!(k-i-j-M-1)!i!j!} \right.$$
$$- \frac{(-1)^{i+j} X_{nk}^{i+1} (1-X_{nk})^j [2(k+i+j)+5]!!}{[2(i+j+M)+7]!!(k-i-j-M-1)!i!j!}$$
$$\left. - \frac{(-1)^{i+j} X_{nk}^i (1-X_{nk})^{j+1} [2(k+i+j)+5]!!}{[2(i+j+M)+7]!!(k-i-j-M-1)!i!j!} \right\}. \tag{14.24}$$

这是将 (14.23) 式乘上 $k-M = (k-M-i-j) + i + j$ 而得到的, 其中第一项乘上了 $(k-M-i-j)$, 第二项乘上了 i, 第三项乘上了 j。注意到

$$-X_{nk}^{i+1}(1-X_{nk})^j - X_{nk}^i(1-X_{nk})^{j+1} = -X_{nk}^i(1-X_{nk})^j,$$

则 (14.24) 式的三项可以合并为一个新的求和, 即

$$\mathcal{P}_{nk}^M = \left[\frac{2(M+1-k)}{(k-M)} \right]$$
$$\times \sum_{i=0}^{k-(M+1)} \sum_{j=0}^{k-i-(M+1)} \frac{(-1)^{i+j} X_{nk}^i (1-X_{nk})^j [2(k+i+j)+3]!!}{[2(i+j+M+1)+5]!![k-i-j-(M+1)]!i!j!}.$$

上式即表示我们已建立起了 $\mathcal{P}_{nk}^M$ 和 $\mathcal{P}_{nk}^{M+1}$ 之间的递推关系:

$$\mathcal{P}_{nk}^M = \left[\frac{2(M+1-k)}{k-M}\right]\mathcal{P}_{nk}^{M+1},$$

它意味着

$$\mathcal{P}_{nk}^0 = \left[\frac{-2(k-1)}{k}\right]\mathcal{P}_{nk}^1 = \cdots = \left[\frac{(-2)^{k-1}(k-1)!}{k!}\right]\mathcal{P}_{nk}^{k-1}$$

或者

$$\mathcal{I}_{nk} = \mathcal{P}_{nk}^0 = \left[\frac{(-2)^{k-1}}{k}\right]\mathcal{P}_{nk}^{k-1}. \tag{14.25}$$

当 $M=k-1$ 时,容易得到 (14.22) 式的求和,即

$$\mathcal{P}_{nk}^{k-1} = \sum_{i=0}^{1}\sum_{j=0}^{1-i}(-1)^{i+j}\left[\frac{\sigma_{1nk}^2(1-\mathcal{E}^2)}{(1-\sigma_{1nk}^2\mathcal{E}^2)}\right]^i\left[\frac{(1-\sigma_{1nk}^2)}{(1-\sigma_{1nk}^2\mathcal{E}^2)}\right]^j$$
$$\times \left[\frac{1}{(1-i-j)!i!j!}\right] \equiv 0.$$

应用递推关系 (14.25) 就可得到如下结论:

$$\mathcal{I}_{nk} \equiv 0 \quad (k \geqslant 1),$$

因此展开式 (14.7) 和 (14.8) 中的系数 $\mathcal{A}_{1nk}$ 就为

$$\mathcal{A}_{110} \neq 0, \text{ 但 } \mathcal{A}_{1nk} = 0 \quad (k \geqslant 1,\ 1 \leqslant n \leqslant 2k+1).$$

意即仅椭球惯性模 $\mathbf{u}_{110}$ 会被弱进动的庞加莱力激发和维持。由递推关系 (14.25),我们已证明了对所有的 $k \geqslant 1$,有 $\mathcal{I}_{nk} \equiv 0$,值得指出的是,因推导中并未使用到 (14.13) 式,公式 (14.25) 对任意 σ_{1nk} 都是有效的,因此 $\mathcal{I}_{nk} \equiv 0\,(k \geqslant 1)$ 似乎反映了这个特殊多项式的某些性质,也许可以由此找到另一种证明方法。

注意到 $\sigma_{110} = 1/(2-\mathcal{E}^2)$ 和下面的积分:

$$\int_{\mathcal{V}}|\mathbf{u}_{110}|^2\,\mathrm{d}\mathcal{V} = \frac{3\pi(2-\mathcal{E}^2)^3}{10\sqrt{1-\mathcal{E}^2}},$$

唯一的非零系数 $\mathcal{A}_{110}$ 可立即从方程 (14.20) 获得:

$$\mathcal{A}_{110} = -\frac{8Po\sin\alpha_p(1-\mathcal{E}^2)}{3\mathcal{E}^2(2-\mathcal{E}^2)}.$$

14.3 非线性准确解

将 $\mathcal{A}_{1nk}$ 的值代入展开式 (14.7) 并取其实部,则可得到椭球中无粘性进动流的分析解,如下:

$$\begin{aligned}
\mathbf{u}(s,\phi,z,t) &= \frac{1}{2}\left[\mathcal{A}_{110}\mathbf{u}_{110}\mathrm{e}^{\mathrm{i}t} + \mathcal{A}_{110}^{*}\mathbf{u}_{110}^{*}\mathrm{e}^{-\mathrm{i}t}\right] \\
&= -\frac{2Po\sin\alpha_p}{\mathcal{E}^2}\left[z\sin(\phi+t)\hat{\mathbf{s}} + z\cos(\phi+t)\hat{\boldsymbol{\phi}} - (1-\mathcal{E}^2)s\sin(\phi+t)\hat{\mathbf{z}}\right], \quad (14.26)
\end{aligned}$$

这个解是时变的,椭球偏心率的范围为 $Ek^{1/4} \ll \mathcal{E} < 1$。

无粘性解 (14.26) 描述了一个在方位角方向传播的波,相速度为 1,其方位平均流 U_ϕ 定义为

$$U_\phi(s,z) = \frac{1}{2\pi}\int_0^{2\pi}\left[\frac{1}{2\pi}\int_0^{2\pi}\hat{\boldsymbol{\phi}}\cdot\mathbf{u}(s,\phi,z,t)\,\mathrm{d}\phi\right]\mathrm{d}t, \quad (14.27)$$

但在地幔参考系中它总是为零。很明显,因为

$$\nabla\times\mathbf{u} = \frac{2Po\sin\alpha_p(2-\mathcal{E}^2)}{\mathcal{E}^2}\left[\cos(\phi+t)\hat{\mathbf{s}} - \sin(\phi+t)\hat{\boldsymbol{\phi}}\right]$$

并且 $|\nabla\times\mathbf{u}|$ = 常数,(14.26) 式描述的流体运动形式为一个随时间变化但振幅恒定的涡度。为衡量椭球进动流的强度,引入一个物理量:动能密度 E_{kin},定义为

$$E_{\mathrm{kin}} = \frac{1}{2\mathcal{V}}\int_{\mathcal{V}}|\mathbf{u}|^2\,\mathrm{d}\mathcal{V},$$

其中椭球体积 $\mathcal{V} = (4\pi/3)(1-\mathcal{E}^2)^{1/2}$。从 (14.26) 式易知

$$E_{\mathrm{kin}} = \frac{2Po^2\sin^2\alpha_p(1-\mathcal{E}^2)(2-\mathcal{E}^2)}{5\mathcal{E}^4}, \quad (14.28)$$

这是一个常数,它反映了时变进动流是一个波的物理本质。

14.3 非线性准确解

本节我们将证明:在地幔参考系中,虽然庞加莱型解 (14.26)(Poincaré, 1910) 是从线性方程 (14.5) 和 (14.6) 在 $Ek=0$ 条件下导出的,但它也是完全非线性方程 (14.1) 和 (14.2) 在 $\alpha_p = \pi/2$ 条件下对任意 Ek 都有效的准确解,此时,无量纲庞加莱力为

$$\widehat{\boldsymbol{\Omega}}_p = (\hat{\mathbf{x}}\cos t - \hat{\mathbf{y}}\sin t).$$

换句话说，在地幔参考系中，由

$$\mathbf{u} = -\frac{2Po}{\mathcal{E}^2}\left[z\sin(\phi+t)\hat{\mathbf{s}} + z\cos(\phi+t)\hat{\boldsymbol{\phi}} - (1-\mathcal{E}^2)s\sin(\phi+t)\hat{\mathbf{z}}\right], \quad (14.29)$$

$$P = -\frac{2Po}{\mathcal{E}^2}\left\{sz\cos(\phi+t) - Po\left[z^2 + (1-\mathcal{E}^2)s^2\sin^2(\phi+t)\right]\right.$$
$$\left. - \frac{Po(1-\mathcal{E}^2)}{\mathcal{E}^2}\left[z^2 + s^2\sin^2(\phi+t)\right]\right\} + Pozs\cos(\phi+t) \quad (14.30)$$

所表示的解是以下非线性方程：

$$\frac{\partial \mathbf{u}}{\partial t} + \mathbf{u}\cdot\nabla\mathbf{u} + 2\left[\hat{\mathbf{z}} + Po\left(\hat{\mathbf{x}}\cos t - \hat{\mathbf{y}}\sin t\right)\right]\times\mathbf{u}$$
$$= -\nabla P + Ek\nabla^2\mathbf{u} + Po\mathbf{r}\times\left[(\hat{\mathbf{x}}\cos t - \hat{\mathbf{y}}\sin t)\times\hat{\mathbf{z}}\right], \quad (14.31)$$

$$\nabla\cdot\mathbf{u} = 0 \quad (14.32)$$

和无粘性边界条件：

$$\mathbf{u}\cdot\hat{\mathbf{n}} = 0$$

的准确解，方程中 Ek 可取任意值。这个论断可以容易地证明。使用 (14.29) 式，注意到

$$\nabla\times\mathbf{u} = \frac{2(2-\mathcal{E}^2)Po}{\mathcal{E}^2}\left[\hat{\mathbf{s}}\cos(\phi+t) - \hat{\boldsymbol{\phi}}\sin(\phi+t)\right];$$
$$Ek\nabla^2\mathbf{u} = -Ek\nabla\times\nabla\times\mathbf{u} = 0;$$

以及

$$\frac{\partial\mathbf{u}}{\partial t} + 2\hat{\mathbf{z}}\times\mathbf{u} = \frac{2Po}{\mathcal{E}^2}\nabla\left[sz\cos(\phi+t)\right] - \hat{\mathbf{z}}\left[2sPo\cos(\phi+t)\right];$$
$$\mathbf{u}\cdot\nabla\mathbf{u} = -\frac{2(1-\mathcal{E}^2)Po^2}{\mathcal{E}^4}\nabla\left[z^2 + s^2\sin^2(\phi+t)\right];$$
$$2\boldsymbol{\Omega}_p\times\mathbf{u} = -\frac{2Po}{\mathcal{E}^2}\nabla\left[z^2 + s^2(1-\mathcal{E}^2)\sin^2(\phi+t)\right];$$
$$Po\mathbf{r}\times\left[(\hat{\mathbf{x}}\cos t - \hat{\mathbf{y}}\sin t)\times\hat{\mathbf{z}}\right] = Po\nabla\left[zs\cos(\phi+t)\right] - \hat{\mathbf{z}}\left[2sPo\cos(\phi+t)\right],$$

将以上表达式代入方程 (14.31) 即可表明，公式 (14.29) 和 (14.30) 确实是方程 (14.31) 和 (14.32) 的准确解。

总之，在椭球惯性模 ($\mathbf{u}_{mnk}, p_{mnk}$) 构成了一个完备函数系的假设下，我们导出了地幔参考系中的庞加莱型时变解 (Poincaré, 1910)，推导中并未对流体运动的空间结构作任何先验假设。然而值得注意的是，由 (14.29) 和 (14.30) 式给出的数学解在物理上是有问题的，因为它不满足椭球容器壁面上任何有实际物理意义的边界条件，并且当 $0 < \mathcal{E} \ll 1$ 时，渐近律 $|\mathbf{u}| \sim 1/\mathcal{E}^2$ 明显是不合理的。因此，为获得一个物理上可以接受的进动解，必须引入粘性效应以满足无滑移边界条件 (14.4) 和消除 $\mathcal{E}\to 0$ 所致的奇异性。

14.4 粘 性 解

在偏心率范围为 $O(E^{1/4}) \leqslant \mathcal{E} \ll 1$ 的进动椭球中，流体与容器不仅通过地形效应，而且通过粘性效应而耦合，因为粘性边界层十分活跃且不能被忽略。本节我们将导出弱进动椭球(任意偏心率 $0 \leqslant \mathcal{E} < 1$)中流体运动的渐近解。

因分析需要椭球壁面 $\mathcal{S}$ 上的粘性边界层，所以在导出粘性渐近解时我们将不再使用柱坐标系而改用椭球坐标系。在椭球坐标系中，惯性模 $(\mathbf{u}_{110}, p_{110})$ 的形式变为

$$p_{110}(\eta, \tau, \phi) = \frac{3}{2}(\eta^2 + \mathcal{E}^2)^{1/2}(1-\tau^2)^{1/2}\eta\tau e^{i\phi}, \tag{14.33}$$

$$\hat{\boldsymbol{\eta}} \cdot \mathbf{u}_{110}(\eta, \tau, \phi) = i\left[\frac{3(2-\mathcal{E}^2)}{4(1-\mathcal{E}^2)}\right]\frac{\tau\mathcal{E}^2\sqrt{(1-\tau^2)}\left(1-\mathcal{E}^2-\eta^2\right)}{\sqrt{\eta^2+\tau^2\mathcal{E}^2}}e^{i\phi}, \tag{14.34}$$

$$\hat{\boldsymbol{\phi}} \cdot \mathbf{u}_{110}(\eta, \tau, \phi) = \left[\frac{3(2-\mathcal{E}^2)}{4(1-\mathcal{E}^2)}\right]\eta\tau e^{i\phi}, \tag{14.35}$$

$$\hat{\boldsymbol{\tau}} \cdot \mathbf{u}_{110}(\eta, \tau, \phi) = i\left[\frac{3(2-\mathcal{E}^2)}{4(1-\mathcal{E}^2)}\right]\frac{\eta\sqrt{(\eta^2+\mathcal{E}^2)}\left(1-\mathcal{E}^2+\tau^2\mathcal{E}^2\right)}{\sqrt{\eta^2+\tau^2\mathcal{E}^2}}e^{i\phi}, \tag{14.36}$$

其中椭球腔体的偏心率在 $0 \leqslant \mathcal{E} < 1$ 范围内是任意的，惯性模满足壁面 $\mathcal{S}$ 处的无粘性边界条件 $\hat{\mathbf{n}} \cdot \mathbf{u}_{110} = 0$，壁面 $\mathcal{S}$ 由 $\eta = \sqrt{1-\mathcal{E}^2}$ 描述。前面的分析已表明，除了 $(n=1, k=0)$ 的情况，其他 $\mathcal{A}_{1nk} = 0$，所以渐近展开式 (9.3) 和 (9.4) 可以写成以下的简单形式：

$$\mathbf{u}(\eta, \tau, \phi, t) = [\mathcal{A}_{110}\mathbf{u}_{110}(\eta, \tau, \phi) + \hat{\mathbf{u}}(\eta, \tau, \phi) + \widetilde{\mathbf{u}}(\eta, \tau, \phi)]e^{it}, \tag{14.37}$$

$$p(\eta, \tau, \phi, t) = [\mathcal{A}_{110}p_{110}(\eta, \tau, \phi) + \hat{p}(\eta, \tau, \phi) + \widetilde{p}(\eta, \tau, \phi)]e^{it}, \tag{14.38}$$

其中，表达式的实部将作为物理解，幅度 $\mathcal{A}_{110}$ 为待定的复系数。上述展开中，速度 $\mathbf{u}$ 被分解成了两部分：第一部分为边界层流 $\widetilde{\mathbf{u}}$，满足条件 $\nabla \cdot \widetilde{\mathbf{u}} = 0$；另一部分为内部主流 $\mathcal{A}_{110}\mathbf{u}_{110}$ 和内部次级流 $\hat{\mathbf{u}}$，满足 $\nabla \cdot \hat{\mathbf{u}} = 0$ 条件并且 $|\hat{\mathbf{u}}| \ll |\mathcal{A}_{110}\mathbf{u}_{110}|$，它是由边界层流 $\widetilde{\mathbf{u}}$ 的内流引起的。

将展开式 (14.37) 和 (14.38) 的内部流部分代入方程 (14.5)，乘上 $\mathbf{u}_{110}$ 的复共轭 $\mathbf{u}^*_{110}$，然后在整个椭球体上进行积分，即得到确定 $\mathcal{A}_{110}$ 的方程：

$$\frac{i\mathcal{A}_{110}\mathcal{E}^2}{(2-\mathcal{E}^2)}\int_{\mathcal{V}}|\mathbf{u}_{110}|^2 d\mathcal{V} - \int_{\mathcal{S}}p^*_{110}\hat{\mathbf{n}}\cdot\widetilde{\mathbf{u}}\, d\mathcal{S} = 2Po\sin\alpha_p \int_{\mathcal{V}}(s\,\mathbf{u}^*_{110}\cdot\hat{\mathbf{z}}e^{i\phi})\,d\mathcal{V}. \tag{14.39}$$

需要注意，边界流 $(\hat{\mathbf{n}}\cdot\widetilde{\mathbf{u}})_{\mathcal{S}}$ 也是未知系数 $\mathcal{A}_{110}$ 的函数。另外，在推导 (14.39) 式的过程中用到了下面的公式：

$$\int_{\mathcal{V}}\mathbf{u}^*_{110}\cdot(i\hat{\mathbf{u}}+2\hat{\mathbf{z}}\times\hat{\mathbf{u}}+\nabla\hat{p})\,d\mathcal{V} = \int_{\mathcal{S}}p^*_{110}\hat{\mathbf{n}}\cdot\hat{\mathbf{u}}\,d\mathcal{S},$$

这是因为：如果注意到 $|\hat{\mathbf{u}}| \ll |\mathcal{A}_{110}\mathbf{u}_{110}|$，有

$$\left|\int_{\mathcal{V}} \mathbf{u}_{110}^* \cdot \hat{\mathbf{u}}\, d\mathcal{V}\right| \ll \left|\mathcal{A}_{110}\int_{\mathcal{V}} \mathbf{u}_{110}^* \cdot \mathbf{u}_{110}\, d\mathcal{V}\right|.$$

与 (14.18) 式相比，公式 (14.39) 多出了一项面积分 $\int_{\mathcal{S}} p_{110}^* \hat{\mathbf{n}} \cdot \hat{\mathbf{u}}\, d\mathcal{S}$，而此项的计算较为复杂。不过，式中的其他两个体积分可以容易得到，因此该式就变成了

$$\begin{aligned}
&-\frac{\mathrm{i}\, 3\pi \mathcal{A}_{110}\mathcal{E}^2(2-\mathcal{E}^2)^2}{10(1-\mathcal{E}^2)^{1/2}} + \int_{\mathcal{S}} p_{110}^* \hat{\mathbf{n}} \cdot \hat{\mathbf{u}}\, d\mathcal{S} \\
&= \frac{\mathrm{i}\, 4\pi Po \sin\alpha_p}{5}\left(2-\mathcal{E}^2\right)\left(1-\mathcal{E}^2\right)^{1/2}.
\end{aligned} \tag{14.40}$$

于是，为从 (14.40) 式导出 $\mathcal{A}_{110}$，我们必须先推出粘性边界层流 $\tilde{\mathbf{u}}$，然后获得 $(\hat{\mathbf{n}}\cdot\hat{\mathbf{u}})_{\mathcal{S}}$ 的表达式。

现在来考虑壁面 $\mathcal{S}$ 处的粘性边界层流 $\tilde{\mathbf{u}}$，它由以下方程控制：

$$\mathrm{i}\tilde{\mathbf{u}} + 2\hat{\mathbf{z}}\times\tilde{\mathbf{u}} + \hat{\mathbf{n}}(\hat{\mathbf{n}}\cdot\nabla\widetilde{p}) = \frac{\partial^2\tilde{\mathbf{u}}}{\partial\xi^2},$$

其中引入了边界层延展坐标 ξ，定义为

$$\xi = \frac{\left[(1-\mathcal{E}^2)^{1/2} - \eta\right]}{\sqrt{Ek}}.$$

于是 $\xi = 0$ 就表示壁面 $\mathcal{S}$，而 $\xi\to\infty$ 则表示 $0 < Ek \ll 1$ 条件下的边界层的外缘。与球体问题类似，对上面的二阶微分方程分别作 $\hat{\mathbf{n}}\times$ 和 $\hat{\mathbf{n}}\times\hat{\mathbf{n}}\times$ 运算，然后将两个新方程合并，可得到一个关于切向流 $\tilde{\mathbf{u}}_{tang}$ 的四阶微分方程，即

$$\left(\frac{\partial^2}{\partial\xi^2} - \mathrm{i}\right)^2 \tilde{\mathbf{u}}_{tang} + \left(\frac{2\tau}{\sqrt{1-\mathcal{E}^2+\mathcal{E}^2\tau^2}}\right)^2 \tilde{\mathbf{u}}_{tang} = \mathbf{0}. \tag{14.41}$$

其边界条件为

$$\begin{aligned}
(\tilde{\mathbf{u}}_{tang})_{\xi=0} &= -\frac{3(2-\mathcal{E}^2)\mathcal{A}_{110}}{4(1-\mathcal{E}^2)^{1/2}}\left[\mathrm{i}(1-\mathcal{E}^2+\tau^2\mathcal{E}^2)^{1/2}\hat{\boldsymbol{\tau}} + \tau\hat{\boldsymbol{\phi}}\right]\mathrm{e}^{\mathrm{i}\phi}, \\
\left(\frac{\partial^2\tilde{\mathbf{u}}_{tang}}{\partial\xi^2}\right)_{\xi=0} &= \frac{3(2-\mathcal{E}^2)\mathcal{A}_{110}}{4(1-\mathcal{E}^2)^{1/2}} \\
&\quad \times\left\{\left[(1-\mathcal{E}^2+\tau^2\mathcal{E}^2)^{1/2} - \frac{2\tau^2}{(1-\mathcal{E}^2+\tau^2\mathcal{E}^2)^{1/2}}\right]\hat{\boldsymbol{\tau}} + \mathrm{i}\tau\hat{\boldsymbol{\phi}}\right\}\mathrm{e}^{\mathrm{i}\phi}, \\
(\tilde{\mathbf{u}}_{tang})_{\xi=\infty} &= \mathbf{0}, \\
\left(\frac{\partial^2\tilde{\mathbf{u}}_{tang}}{\partial\xi^2}\right)_{\xi=\infty} &= \mathbf{0}.
\end{aligned}$$

14.4 粘性解

在推导方程 (14.41) 时,在壁面 $\mathcal{S}$ 处使用了薄粘性边界层的几何关系:

$$\hat{\mathbf{z}} \cdot \hat{\mathbf{n}} = \frac{\tau}{\sqrt{1-\mathcal{E}^2+\mathcal{E}^2\tau^2}}.$$

简单分析便可直接得到满足方程 (14.41) 和四个边界条件的边界层解:

$$\widetilde{\mathbf{u}}_{tang} = \frac{\mathrm{i}\,3(2-\mathcal{E}^2)\mathcal{A}_{110}}{8(1-\mathcal{E}^2)^{1/2}} \left[\left(\tau - \sqrt{1-\mathcal{E}^2+\mathcal{E}^2\tau^2}\right)\left(\hat{\boldsymbol{\tau}} + \mathrm{i}\,\hat{\boldsymbol{\phi}}\right)\mathrm{e}^{\gamma^+\xi} \right.$$
$$\left. + \left(\tau + \sqrt{1-\mathcal{E}^2+\mathcal{E}^2\tau^2}\right)\left(-\hat{\boldsymbol{\tau}} + \mathrm{i}\,\hat{\boldsymbol{\phi}}\right)\mathrm{e}^{\gamma^-\xi}\right]\mathrm{e}^{\mathrm{i}\,\phi}, \tag{14.42}$$

其中 $\gamma^{\pm}$ 是 τ 的函数,具体为

$$\gamma^+ = -\frac{\sqrt{2}}{2}\left[1 + \frac{\mathrm{i}(\sqrt{1-\mathcal{E}^2+\mathcal{E}^2\tau^2}+2\tau)}{|\sqrt{1-\mathcal{E}^2+\mathcal{E}^2\tau^2}+2\tau|}\right] \frac{|\sqrt{1-\mathcal{E}^2+\mathcal{E}^2\tau^2}+2\tau|^{1/2}}{(1-\mathcal{E}^2+\mathcal{E}^2\tau^2)^{1/4}},$$

$$\gamma^- = -\frac{\sqrt{2}}{2}\left[1 + \frac{\mathrm{i}(\sqrt{1-\mathcal{E}^2+\mathcal{E}^2\tau^2}-2\tau)}{|\sqrt{1-\mathcal{E}^2+\mathcal{E}^2\tau^2}-2\tau|}\right] \frac{|\sqrt{1-\mathcal{E}^2+\mathcal{E}^2\tau^2}-2\tau|^{1/2}}{(1-\mathcal{E}^2+\mathcal{E}^2\tau^2)^{1/4}}.$$

很明显,边界层在临界纬度处是奇异的,临界纬度由下式决定:

$$\tau_c = \pm\left(\frac{1-\mathcal{E}^2}{4-\mathcal{E}^2}\right)^{1/2}.$$

在该处,边界层厚度将从 $O(Ek^{1/2})$ 跃变为 $O(Ek^{2/5})$,不过当 Ek 较小时,它对椭球的首阶近似解应该影响不大,因为临界区域的总内流是很小的 (Busse, 1968)。

当获得了 $\widetilde{\mathbf{u}}$ 的切向分量之后,我们就可从质量守恒定律

$$\nabla \cdot [\hat{\mathbf{n}}(\hat{\mathbf{n}} \cdot \widetilde{\mathbf{u}}) + \widetilde{\mathbf{u}}_{tang}] = 0$$

推出边界层外缘的法向质量通量,该通量将边界层解与内部次级流相联系,即

$$-\frac{\partial}{\partial \eta}\left[\sqrt{(\eta^2+\mathcal{E}^2\tau^2)(\mathcal{E}^2+\eta^2)}\,\hat{\mathbf{n}}\cdot\widetilde{\mathbf{u}}\right]$$
$$= \frac{\partial}{\partial \phi}\left[\frac{(\eta^2+\mathcal{E}^2\tau^2)\hat{\boldsymbol{\phi}}\cdot\widetilde{\mathbf{u}}_{tang}}{\sqrt{(\mathcal{E}^2+\eta^2)(1-\tau^2)}}\right] + \frac{\partial}{\partial \tau}\left[\sqrt{(\eta^2+\mathcal{E}^2\tau^2)(1-\tau^2)}\,\hat{\boldsymbol{\tau}}\cdot\widetilde{\mathbf{u}}_{tang}\right],$$

其中,在薄粘性边界层内有 $\hat{\mathbf{n}} = \hat{\boldsymbol{\eta}}$。利用薄粘性边界层内的关系

$$\frac{\partial}{\partial \eta} = -\frac{1}{\sqrt{Ek}}\frac{\partial}{\partial \xi}$$

和 $\eta = \sqrt{1-\mathcal{E}^2}$，然后对 ξ 进行积分，就可得到边界层外缘的质量流 $(\hat{\mathbf{n}} \cdot \widetilde{\mathbf{u}})_{\xi \to \infty}$，它也是内部次级流 $(\hat{\mathbf{n}} \cdot \hat{\mathbf{u}})$ 在 $\mathcal{S}$ 处的边界条件，即

$$(\hat{\mathbf{n}} \cdot \hat{\mathbf{u}})_{\mathcal{S}} = (\hat{\mathbf{n}} \cdot \widetilde{\mathbf{u}}_{tang})_{\xi \to \infty}$$
$$= \frac{Ek^{1/2}}{\sqrt{1-\mathcal{E}^2+\mathcal{E}^2\tau^2}} \int_0^\infty \left\{ \left[\frac{\mathrm{i}(1-\mathcal{E}^2+\mathcal{E}^2\tau^2)}{(1-\tau^2)^{1/2}} \hat{\boldsymbol{\phi}} \cdot \widetilde{\mathbf{u}}_{tang} \right] \right.$$
$$\left. + \frac{\partial}{\partial \tau}\left[\sqrt{(1-\mathcal{E}^2+\mathcal{E}^2\tau^2)(1-\tau^2)}\, \hat{\boldsymbol{\tau}} \cdot \widetilde{\mathbf{u}}_{tang} \right] \right\} \mathrm{e}^{\mathrm{i}\phi}\,\mathrm{d}\xi. \quad (14.43)$$

这就为可解条件 (14.40) 的计算提供了一个渐近匹配条件。应该指出，(14.42) 式中的 γ^+ 和 γ^- 都是 τ 的函数，需要小心处理。将边界层解 (14.42) 代入 (14.43) 式，计算出 $\partial/\partial\tau$ 的值之后对 ξ 进行积分，得到质量流的表达式为

$$(\hat{\mathbf{n}} \cdot \hat{\mathbf{u}})_{\mathcal{S}} = -\frac{Ek^{1/2}}{\sqrt{1-\mathcal{E}^2+\mathcal{E}^2\tau^2}} \left[\frac{\mathrm{i}\,3(2-\mathcal{E}^2)\mathcal{A}_{110}}{8\sqrt{1-\mathcal{E}^2}} \right]$$
$$\times \left\{ \frac{\mathrm{d}}{\mathrm{d}\tau}\left[\frac{\sqrt{(1-\mathcal{E}^2+\mathcal{E}^2\tau^2)(1-\tau^2)}\left(\tau - \sqrt{1-\mathcal{E}^2+\mathcal{E}^2\tau^2}\right)}{\gamma^+} \right] \right.$$
$$- \frac{(1-\mathcal{E}^2+\mathcal{E}^2\tau^2)}{\sqrt{1-\tau^2}}\left[\frac{\tau - \sqrt{1-\mathcal{E}^2+\mathcal{E}^2\tau^2}}{\gamma^+} \right]$$
$$- \frac{\mathrm{d}}{\mathrm{d}\tau}\left[\frac{\sqrt{(1-\mathcal{E}^2+\mathcal{E}^2\tau^2)(1-\tau^2)}\left(\tau + \sqrt{1-\mathcal{E}^2+\mathcal{E}^2\tau^2}\right)}{\gamma^-} \right]$$
$$\left. - \frac{(1-\mathcal{E}^2+\mathcal{E}^2\tau^2)}{\sqrt{1-\tau^2}}\left[\frac{\tau + \sqrt{1-\mathcal{E}^2+\mathcal{E}^2\tau^2}}{\gamma^-} \right] \right\} \mathrm{e}^{\mathrm{i}\phi}.$$

式中显式保留的微分 $\mathrm{d}/\mathrm{d}\tau$ 在下一步的分部积分中将被消除。

在可解条件 (14.40) 中，压强 $(p^*_{110})_{\mathcal{S}}$ 可由下式简单地给出：

$$(p^*_{110})_{\mathcal{S}} = (p^*_{110})_{\eta=\sqrt{1-\mathcal{E}^2}} = \frac{3}{2}(1-\mathcal{E}^2)^{1/2}\tau(1-\tau^2)^{1/2}\mathrm{e}^{-\mathrm{i}\phi},$$

则公式 (14.40) 中的面积分即为

$$\int_0^{2\pi}\int_{-1}^{1} (p^*_{110}\hat{\mathbf{n}}\cdot\hat{\mathbf{u}})_{\mathcal{S}}\sqrt{1-\mathcal{E}^2+\tau^2\mathcal{E}^2}\,\mathrm{d}\tau\,\mathrm{d}\phi$$
$$= \frac{-9\mathrm{i}\pi(2-\mathcal{E}^2)\sqrt{Ek}\,\mathcal{A}_{110}}{8}$$
$$\times \left\{ \int_{-1}^{+1} \tau\sqrt{1-\tau^2}\frac{\mathrm{d}}{\mathrm{d}\tau}\left[\frac{\sqrt{(1-\mathcal{E}^2+\mathcal{E}^2\tau^2)(1-\tau^2)}\left(\tau - \sqrt{1-\mathcal{E}^2+\mathcal{E}^2\tau^2}\right)}{\gamma^+} \right]\mathrm{d}\tau \right.$$

14.4 粘 性 解

$$-\int_{-1}^{+1} \frac{\tau(1-\mathcal{E}^2+\mathcal{E}^2\tau^2)\left(\tau-\sqrt{1-\mathcal{E}^2+\mathcal{E}^2\tau^2}\right)}{\gamma^+} \mathrm{d}\tau$$

$$-\int_{-1}^{+1} \tau\sqrt{1-\tau^2}\frac{\mathrm{d}}{\mathrm{d}\tau}\left[\frac{\sqrt{(1-\mathcal{E}^2+\mathcal{E}^2\tau^2)(1-\tau^2)}\left(\tau+\sqrt{1-\mathcal{E}^2+\mathcal{E}^2\tau^2}\right)}{\gamma^-}\right]\mathrm{d}\tau$$

$$-\int_{-1}^{+1} \frac{\tau(1-\mathcal{E}^2+\mathcal{E}^2\tau^2)\left(\tau+\sqrt{1-\mathcal{E}^2+\mathcal{E}^2\tau^2}\right)}{\gamma^-}\mathrm{d}\tau\bigg\}.$$

意识到：① 由于对称性，γ^- 项与 γ^+ 项的贡献是完全相等的；② 分部积分可消除复杂的 $\mathrm{d}/\mathrm{d}\tau$ 微分，则上述公式可进一步简化为

$$\int_0^{2\pi}\int_{-1}^{1}(p_{110}^*\hat{\mathbf{n}}\cdot\hat{\mathbf{u}})_\mathcal{S}\sqrt{1-\mathcal{E}^2+\tau^2\mathcal{E}^2}\,\mathrm{d}\tau\,\mathrm{d}\phi$$

$$=\frac{9\mathrm{i}\pi(2-\mathcal{E}^2)\sqrt{Ek}\,\mathcal{A}_{110}}{4}$$

$$\times\int_{-1}^{+1}\left(1-2\tau^2+\tau\sqrt{1-\mathcal{E}^2+\mathcal{E}^2\tau^2}\right)\frac{\sqrt{1-\mathcal{E}^2+\mathcal{E}^2\tau^2}\left(\tau-\sqrt{1-\mathcal{E}^2+\mathcal{E}^2\tau^2}\right)}{\gamma^+}\mathrm{d}\tau,$$

其中 $1/\gamma^+$ 是复数，由下式给出：

$$\frac{1}{\gamma^+}=-\frac{\sqrt{2}}{2}\left[\frac{(1-\mathcal{E}^2+\mathcal{E}^2\tau^2)^{1/4}}{\left|2\tau+\sqrt{1-\mathcal{E}^2+\mathcal{E}^2\tau^2}\right|^{1/2}}\right]$$

$$+\frac{\mathrm{i}\sqrt{2}}{2}\left\{\frac{(1-\mathcal{E}^2+\mathcal{E}^2\tau^2)^{1/4}\left[2\tau+\sqrt{1-\mathcal{E}^2+\mathcal{E}^2\tau^2}\right]}{\left|2\tau+\sqrt{1-\mathcal{E}^2+\mathcal{E}^2\tau^2}\right|^{3/2}}\right\}.$$

于是用于确定 $\mathcal{A}_{110}$ 的可解条件 (14.40) 就变为

$$-\frac{\mathrm{i}3\pi\mathcal{A}_{110}\mathcal{E}^2(2-\mathcal{E}^2)^2}{10(1-\mathcal{E}^2)^{1/2}}+\frac{9\mathrm{i}\pi(2-\mathcal{E}^2)\sqrt{Ek}\,\mathcal{A}_{110}}{4\sqrt{2}}(\mathcal{I}_r+\mathrm{i}\mathcal{I}_i)$$

$$=\frac{\mathrm{i}4\pi Po\sin\alpha_p}{5}\,(2-\mathcal{E}^2)\,(1-\mathcal{E}^2)^{1/2}, \tag{14.44}$$

其中 $\mathcal{I}_r$ 和 $\mathcal{I}_i$ 代表以下两个积分：

$$\mathcal{I}_r=\int_{-1}^{+1}\Bigg\{\left(1-\mathcal{E}^2+\mathcal{E}^2\tau^2\right)^{3/4}$$

$$\times\left[\frac{\left(-\tau+\sqrt{1-\mathcal{E}^2+\mathcal{E}^2\tau^2}\right)\left(1-2\tau^2+\tau\sqrt{1-\mathcal{E}^2+\mathcal{E}^2\tau^2}\right)}{|2\tau+\sqrt{1-\mathcal{E}^2+\mathcal{E}^2\tau^2}|^{1/2}}\right]\Bigg\}\mathrm{d}\tau,$$

$$\mathcal{I}_i=\int_{-1}^{+1}\Bigg\{\left(1-2\tau^2+\tau\sqrt{1-\mathcal{E}^2+\mathcal{E}^2\tau^2}\right)$$

$$\times\frac{\left(2\tau+\sqrt{1-\mathcal{E}^2+\mathcal{E}^2\tau^2}\right)\left(\tau-\sqrt{1-\mathcal{E}^2+\mathcal{E}^2\tau^2}\right)\left(1-\mathcal{E}^2+\mathcal{E}^2\tau^2\right)^{3/4}}{|2\tau+\sqrt{1-\mathcal{E}^2+\mathcal{E}^2\tau^2}|^{3/2}}\Bigg\}\mathrm{d}\tau.$$

解方程 (14.44)，得

$$\mathcal{A}_{110} = \frac{16\sqrt{2}Po\sin\alpha_p\,(1-\mathcal{E}^2)}{45\sqrt{Ek}\,(\mathcal{I}_r + \mathrm{i}\mathcal{I}_i)\sqrt{1-\mathcal{E}^2} - 6\sqrt{2}(2-\mathcal{E}^2)\mathcal{E}^2},$$

此结果对 $0 \leqslant \mathcal{E} < 1$ 范围内任意偏心率的弱进动椭球都成立。将 $\mathcal{A}_{110}$, $\mathbf{u}_{110}$ 和 $\tilde{\mathbf{u}}_{tang}$ 的表达式代入展开式 (14.37) 中，即可得到渐近解：

$$\mathbf{u}(\eta,\tau,\phi,t) = \left[\frac{\mathrm{i}4\sqrt{2}Po\sin\alpha_p\,(2-\mathcal{E}^2)}{15\sqrt{Ek}\,(\mathcal{I}_r + \mathrm{i}\mathcal{I}_i)\sqrt{1-\mathcal{E}^2} - 2\sqrt{2}\mathcal{E}^2(2-\mathcal{E}^2)}\right]$$

$$\times \left\{\left[\frac{\tau\mathcal{E}^2\sqrt{(1-\tau^2)}\,(1-\mathcal{E}^2-\eta^2)}{\sqrt{\eta^2+\tau^2\mathcal{E}^2}}\hat{\boldsymbol{\eta}}\right.\right.$$

$$-\mathrm{i}(\eta\tau)\hat{\boldsymbol{\phi}} + \frac{\eta\sqrt{\eta^2+\mathcal{E}^2}\,(1-\mathcal{E}^2+\tau^2\mathcal{E}^2)}{\sqrt{\eta^2+\tau^2\mathcal{E}^2}}\hat{\boldsymbol{\tau}}\right]$$

$$+\frac{(1-\mathcal{E}^2)^{1/2}}{2}\left[\left(\tau-\sqrt{1-\mathcal{E}^2+\mathcal{E}^2\tau^2}\right)\left(\hat{\boldsymbol{\tau}}+\mathrm{i}\hat{\boldsymbol{\phi}}\right)\mathrm{e}^{\gamma^+\xi}\right.$$

$$\left.\left.+\left(\tau+\sqrt{1-\mathcal{E}^2+\mathcal{E}^2\tau^2}\right)\left(-\hat{\boldsymbol{\tau}}+\mathrm{i}\hat{\boldsymbol{\phi}}\right)\mathrm{e}^{\gamma^-\xi}\right]\right\}\mathrm{e}^{\mathrm{i}(\phi+t)}, \quad (14.45)$$

其实部将作为物理解，它代表了一个方位波数 $m=1$ 且逆行传播的波。忽略掉粘性边界层的微小贡献后，相应的动能密度 E_{kin} 可写为

$$E_{\mathrm{kin}} = \frac{1}{2\mathcal{V}}\int_{\mathcal{V}}|\mathbf{u}|^2\,\mathrm{d}\mathcal{V}$$

$$= \frac{144(Po\sin\alpha_p)^2(1-\mathcal{E}^2)(2-\mathcal{E}^2)^3}{5\left\{\left[45\mathcal{I}_r\sqrt{Ek(1-\mathcal{E}^2)} - 6\sqrt{2}\,\mathcal{E}^2(2-\mathcal{E}^2)\right]^2 + 2025(1-\mathcal{E}^2)\mathcal{I}_i^2 Ek\right\}}, \quad (14.46)$$

它给出了进动流的典型强度，可与数值模拟的结果进行对比。

不幸的是，(14.45) 和 (14.46) 式中的积分 $\mathcal{I}_r$ 和 $\mathcal{I}_i$ 只能使用数值方法进行计算。不过，当 $\mathcal{E}$ 较小时，可以写出 $\mathcal{I}_r$ 和 $\mathcal{I}_i$ 的渐近表达式。因存在两个临界的 τ_c 值 (在此处边界层解会失效)，所以在推导 $\mathcal{I}_r$ 和 $\mathcal{I}_i$ 时，需要格外小心地处理。对于较小的 $\mathcal{E}$，即轻度扁平的椭球，可以使用小量 $\mathcal{E}^2$ 对两个积分进行展开，从而得到 $\mathcal{I}_r$ 和 $\mathcal{I}_i$ 的解析表达式

$$\mathcal{I}_r = -\frac{2}{35}\left(19-9\sqrt{3}\right) + \mathcal{E}^2\left[\frac{2}{385}\left(\frac{1669}{9}-51\sqrt{3}\right)\right] + O(\mathcal{E}^4),$$

$$\mathcal{I}_i = -\frac{2}{35}\left(19+9\sqrt{3}\right) + \mathcal{E}^2\left[\frac{4}{77}\left(\frac{47}{9}+15\sqrt{3}\right)\right] + O(\mathcal{E}^4),$$

以上二式对小 $\mathcal{E}$ 情形提供了一个较为准确的合理近似。比如，当 $\mathcal{E} = 0.25$ 时，数值积分得到 $(\mathcal{I}_r)_{num} = -0.1653$ 和 $(\mathcal{I}_i)_{num} = -1.886$，而渐近公式结果为 $(\mathcal{I}_r)_{asym} = $

-0.1634 和 $(\mathcal{I}_i)_{asym} = -1.875$。表 14.1 列出了更多的数值和渐近结果。$\mathcal{I}_r$ 和 $\mathcal{I}_i$ 这两个奇异积分的可积性从侧面反映了边界层解在临界纬度处的失效是不重要的，因为来自奇异区域的内流极小。

表 14.1 $\mathcal{E}$ 取不同值时，积分 $\mathcal{I}_r$ 和 $\mathcal{I}_i$ 的几个数值和渐近分析结果，其中数值结果下标为 num，渐近结果下标为 $asym$

$\mathcal{E}$	$(\mathcal{I}_r)_{num}$	$(\mathcal{I}_r)_{asym}$	$(\mathcal{I}_i)_{num}$	$(\mathcal{I}_i)_{asym}$
0.01	-0.1949	-0.1949	-1.9763	-1.9763
0.05	-0.1937	-0.1937	-1.9729	-1.9724
0.1	-0.1899	-0.1899	-1.9622	-1.9603
0.2	-0.1755	-0.1748	-1.9189	-1.9117
0.3	-0.1535	-0.1495	-1.8448	-1.8306
0.4	-0.1273	-0.1142	-1.7375	-1.7171

使用 $\mathcal{I}_r$ 和 $\mathcal{I}_i$ 的渐近表达式，可写出 $\mathcal{E}$ 较小时的显式分析解，即

$$\mathbf{u} = \frac{\mathrm{i}\,4\sqrt{2} Po \sin\alpha_p (2-\mathcal{E}^2)}{15\sqrt{Ek}\sqrt{1-\mathcal{E}^2}\,[(-0.195+0.504\mathcal{E}^2)+\mathrm{i}(-1.98+1.62\mathcal{E}^2)] - 2\sqrt{2}\mathcal{E}^2(2-\mathcal{E}^2)}$$
$$\times \left\{ \left[\frac{\tau\mathcal{E}^2\sqrt{(1-\tau^2)}\,(1-\mathcal{E}^2-\eta^2)}{\sqrt{\eta^2+\tau^2\mathcal{E}^2}}\hat{\boldsymbol{\eta}} - \mathrm{i}(\eta\tau)\hat{\boldsymbol{\phi}} + \frac{\mathrm{i}\eta\sqrt{\eta^2+\mathcal{E}^2}\,(1-\mathcal{E}^2+\tau^2\mathcal{E}^2)}{\sqrt{\eta^2+\tau^2\mathcal{E}^2}}\hat{\boldsymbol{\tau}} \right] \right.$$
$$+ \frac{(1-\mathcal{E}^2)^{1/2}}{2}\left[\left(\tau - \sqrt{1-\mathcal{E}^2+\mathcal{E}^2\tau^2}\right)\left(\hat{\boldsymbol{\tau}} + \mathrm{i}\hat{\boldsymbol{\phi}}\right)\mathrm{e}^{\gamma^+\xi} \right.$$
$$\left. \left. + \left(\tau + \sqrt{1-\mathcal{E}^2+\mathcal{E}^2\tau^2}\right)\left(-\hat{\boldsymbol{\tau}} + \mathrm{i}\hat{\boldsymbol{\phi}}\right)\mathrm{e}^{\gamma^-\xi} \right] \right\} \mathrm{e}^{\mathrm{i}(\phi+t)}. \tag{14.47}$$

在略去了粘性边界层的贡献后，相应的动能密度为

$$E_{\mathrm{kin}} = \frac{144(Po\sin\alpha_p)^2(1-\mathcal{E}^2)(2-\mathcal{E}^2)^3}{5}\left\{ \left[(-88.942+72.942\mathcal{E}^2)\sqrt{(1-\mathcal{E}^2)Ek}\right]^2 \right.$$
$$\left. + \left[(-8.7725+22.701\mathcal{E}^2)\sqrt{Ek(1-\mathcal{E}^2)} - 6\sqrt{2}\,\mathcal{E}^2(2-\mathcal{E}^2)\right]^2 \right\}^{-1}, \tag{14.48}$$

此公式也只在 $\mathcal{E}$ 较小的情况下才成立 (参考表 14.1)。

14.5 非线性进动流的特性

非线性数值模拟将针对 $Ek \ll 1$ 和中等大小 $|Po|$ 的情况来进行，以便与渐近解进行比较。作为局部数值方法，有限元方法特别适用于具有任意偏心率的椭球问题，而对这类问题使用标准的谱方法明显是不方便和困难的。将三维椭球腔体进行四面体剖分，形成的有限元网格在两极和中心点上没有奇点，此外，这种有限元网格不仅适用于任意偏心率的椭球，而且可以在椭球壁面 $\mathcal{S}$ 附近的粘性边界层内对

结点进行加密,使用上非常灵活。图 14.2 显示了一个偏心率为 $\mathcal{E} = 0.5$ 的椭球腔体的有限元网格示意图。因椭球问题的有限元方法基本与球体问题相同,方法的细节将不再讨论。

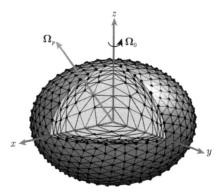

图 14.2 直接数值模拟采用的椭球有限元网格示意图,壁面附近的网格更加致密

当 $Ek \leqslant 10^{-4}$ 时,分析表达式 (14.45) 和 (14.46) 和非线性数值模拟结果在 $|Po| \ll 1$ 条件下取得了令人满意的定量一致。图 14.3(a) 显示了 $Ek = 10^{-4}$ 时,渐近解 (14.46) 和数值模拟的结果,图中针对两个不同的偏心率 $\mathcal{E} = 0.1$ 和 $\mathcal{E} = 0.6$ 给出了进动流动能 E_{kin} 随 $(-Po)$ 变化的情况,由分析表达式 (14.46) 计算的分析解 (实线) 与相应的非线性数值模拟结果 (圆圈) 符合得非常好。这种极佳的符合性表明:① 地幔参考系中的渐近解 (14.45) 和 (14.46) 正确地捕捉了任意偏心率进动椭球中的粘性和地形效应;② 当 $|Po| \ll 1$ 时,对于无内核椭球中的弱进动流,忽略掉临界纬度奇异性的影响是合适的。

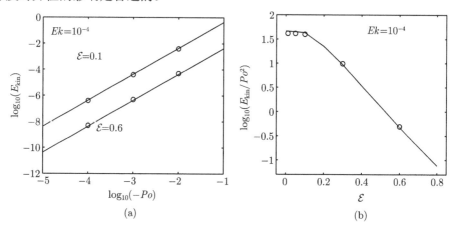

图 14.3 (a) 对于两个不同的 $\mathcal{E}$ 值,进动流动能 E_{kin} 随 $(-Po)$ 的变化情况,$Ek = 10^{-4}$。(b) 标度后的进动流动能 E_{kin}/Po^2 随偏心率 $\mathcal{E}$ 的变化情况,$Po = -10^{-4}$。两图的实线代表由分析表达式 (14.46) 计算的渐近解,圆圈为完全非线性数值模拟的结果

14.5 非线性进动流的特性

不过，表达式 (14.45) 或 (14.46) 给出的结果却略微令人诧异，或许它是违反直觉的——我们一般认为，在更加扁平的椭球中 ($\mathcal{E} \gg Ek^{1/4}$)，进动流的激发源除了粘性效应，还有强烈的地形效应；轻微扁平椭球 ($0 < \mathcal{E} < Ek^{1/4}$) 的地形效应几乎是可以忽略的。但是，公式 (14.45) 或 (14.46) 却反映出：大偏心率椭球内部的进动流强度实际上反而弱于轻微扁平椭球！这个不寻常的特点也被非线性直接数值模拟结果所证实。图 14.3(b) 显示了进动流标度后的动能 $E_{\rm kin}/Po^2$ 随椭球偏心率 $\mathcal{E}$ 的变化情况，Po 和 Ek 值固定为 $Po = -10^{-4}$ 和 $Ek = 10^{-4}$。从图中可见，由 (14.46) 式计算的渐近结果 (实线) 与非线性数值模拟结果 (圆圈) 取得了完美的一致，并显示了动能 $E_{\rm kin}/Po^2$ 随着偏心率 $\mathcal{E}$ 的增大 (从球形开始) 而急剧下降的事实。这种行为可简单解释如下。任一惯性波模由两部分组成：时间部分 (如频率 ω_{110}) 和空间部分 (如 $(\mathbf{u}_{110}(s,\phi,z), p_{110}(s,\phi,z))$)。其空间部分 $(\mathbf{u}_{110}, p_{110})$ 满足

$$\left(\frac{2\,{\rm i}}{2-\mathcal{E}^2}\right)\mathbf{u}_{110} + 2\hat{\mathbf{z}} \times \mathbf{u}_{110} + \nabla p_{110} = \mathbf{0}, \quad \nabla \cdot \mathbf{u}_{110} = 0$$

以及在 $\mathcal{S}$ 上的边界条件 $\hat{\mathbf{n}} \cdot \mathbf{u}_{110} = 0$。因此在偏心率为 $0 < \mathcal{E} < 1$ 的椭球中，它不能满足共振的必要条件，即共振惯性模的特征频率与庞加莱力的频率必须一致。这是因为当 $0 < \mathcal{E} < 1$ 时，椭球惯性模 $\mathbf{u}_{110}$ 的特征频率为 $\omega_{110} = 2/(2-\mathcal{E}^2) > 1$，而庞加莱力的频率为 1。然而对于轻微扁平的椭球，即 $0 < \mathcal{E} < Ek^{1/4}$，共振条件可得到近似的满足 ($\omega_{110} \approx 1$)，因而庞加莱力能够激发一个较强的进动流。图 14.3(b) 显示了 $E_{\rm kin}/Po^2$ 随 $\mathcal{E}$ 增大而减小的趋势，该趋势简单地表明了大 $\mathcal{E}$ 值离共振条件更远的事实。

在地幔参考系中如何显示和理解非线性数值解随时间而变化的空间结构是一个重要的问题。我们发现，椭球进动流的主要特征大体上可由三个矢量——基本旋转矢量 $\mathbf{\Omega}_0$，进动矢量 $\mathbf{\Omega}_p$ 和流体运动的旋转矢量 $\mathbf{\Omega}_f$——来表示，它们显示于图 14.4 中。在地幔参考系中，$\mathbf{\Omega}_0$ 的方向固定于对称轴且与时间无关；$\mathbf{\Omega}_p$ 与 $\mathbf{\Omega}_0$ 的夹角为 α_p ($0 < \alpha_p \leqslant \pi/2$)，它随时间而变化，由 (14.3) 式描述；$\mathbf{\Omega}_f$ 与 $\mathbf{\Omega}_0$ 的夹角为 β_f ($0 < \beta_f \leqslant \pi/2$)，它也是时变的，且做逆行圆锥运动，在图 14.4 中由紧贴 $\mathbf{\Omega}_f$ 的圆形虚线所示。我们对进动流非线性性质的讨论将主要集中在角 β_f 的大小以及它与方位平均流的关系上。

当 $|Po| \ll 1$、非线性效应较弱时，$\mathbf{\Omega}_f \cdot \mathbf{\Omega}_0 \approx 0$，即 $\beta_f \approx 90°$。随着 $|Po|$ 增大、非线性效应增强，矢量 $\mathbf{\Omega}_f$ 将向 $\mathbf{\Omega}_0$ 的方向运动，β_f 的值将减小。图 14.5 绘出了某一时刻方位流 u_ϕ 的等值线分布，显示了 β_f 的近似大小。对于固定椭球偏心率 $\mathcal{E} = 0.1$，当 $Po = -0.01$ 时，$\beta_f \approx 80°$，见图 14.5(a)；当 Po 增大至 -0.2 时，β_f 即减小为约 $46°$，见图 14.5(b)。对于固定偏心率 $\mathcal{E} = 0.6$，当 $Po = -0.01$ 时，$\beta_f \approx 89°$，见图 14.5(c)；当 Po 增大至 -0.2 时，β_f 即减小为约 $35°$，见图 14.5(d)。图 14.7(b)

总结了当 $\mathcal{E} = 0.6$ 和 $Ek = 10^{-4}$ 时, β_f 随 Po 的变化情况, 显示 β_f 在 $Po \approx -0.17$ 时取得最小值, 约 $25°$。但是, 有两个互相关联的重要问题还没有回答: ① 决定 β_f 角大小的确切机制是什么? ② 在 $Ek \ll 1$ 条件下, 不同 $\mathcal{E}$ 的进动椭球能达到的最小 β_f 有多大?

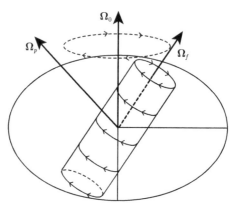

图 14.4 地幔参考系中描述进动流的三个矢量: $\mathbf{\Omega}_0$ 位于对称轴且与 t 无关; $\mathbf{\Omega}_p$ 为时变进动矢量, 与 $\mathbf{\Omega}_0$ 的夹角为 α_p $(0 < \alpha_p \leqslant \pi/2)$, 由表达式 (14.3) 描述; $\mathbf{\Omega}_f$ 表示流体运动的旋转矢量, 该矢量做逆行的圆锥运动 (如圆形虚线所示), 与 $\mathbf{\Omega}_0$ 的夹角为 β_f $(0 < \beta_f \leqslant \pi/2)$

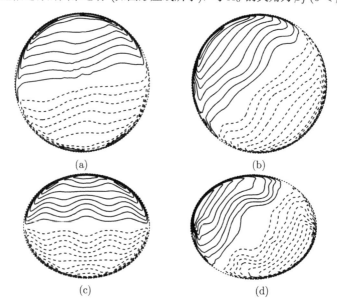

图 14.5 子午面上, 非线性方位流 u_ϕ 在某时刻的等值线分布, Ek 和 α_p 分别固定为 $Ek = 10^{-4}$, $\alpha_p = 23.5°$: (a) $Po = -0.01$ 且 $\mathcal{E} = 0.1$ 时, $\beta_f \approx 80°$; (b) $Po = -0.2$ 且 $\mathcal{E} = 0.1$ 时, $\beta_f \approx 46°$; (c) $Po = -0.01$ 且 $\mathcal{E} = 0.6$ 时, $\beta_f \approx 89°$; (d) $Po = -0.2$ 且 $\mathcal{E} = 0.6$ 时, $\beta_f \approx 35°$。实线表示 $u_\phi > 0$, 虚线表示 $u_\phi < 0$

14.5 非线性进动流的特性

在地幔参考系中，正是 β_f 的大小决定了平均流 U_ϕ 的强度 (U_ϕ 由 (14.27) 式定义)。对于 $0 < |Po| \ll 1$ 的情形，当 $\boldsymbol{\Omega}_f \cdot \boldsymbol{\Omega}_0 \approx 0$ 或 $\beta_f \approx 90°$ 时，$\boldsymbol{\Omega}_f$ 在 $\boldsymbol{\Omega}_0$ 方向的投影极小，因此 U_ϕ 几乎为零。当矢量 $\boldsymbol{\Omega}_f$ 向 $\boldsymbol{\Omega}_0$ 移动时，它在 $\boldsymbol{\Omega}_0$ 方向的投影将形成一个较大的 U_ϕ。即使进动流仍然表现为一个方位波数为 $m=1$ 的逆行波形式，这个投影仍然导致了一个大的 U_ϕ 成分，与主进动流具有相同的量级，即 $U_\phi = O(|\mathbf{u}|\cos\beta_f)$。平均流 U_ϕ 是时变的，且在地幔参考系中总是向西运动。这个特点显示于图 14.6 中，针对两个不同的偏心率：$\mathcal{E}=0.1$ 和 $\mathcal{E}=0.6$。也就是说，由于非线性效应改变了矢量 $\boldsymbol{\Omega}_f$ 的朝向，进动椭球中的内部流体大致如同一个刚体那样相对容器总是向西运动的。应该指出，进动椭球中方位平均流 U_ϕ 的产生机制从根本上不同于球体的旋转对流——这个问题将在本书第四部分进行详细讨论。在球体或球壳的非线性对流中，存在着强烈的螺旋对流卷，幅度为 $|\mathbf{u}| = O(\epsilon)$，它们的非线性相互作用通过雷诺应力形成了平均流，幅度为 $U_\phi = O(\epsilon^2)$ (Zhang, 1992)。更重要的是，这种机制产生的方位平均流的方向可以是东向的，也可以是西向的，显著区别于进动平均流，参见文献 (Busse, 1983; Liao and Zhang, 2012)。而在进动椭球中，方位平均流 U_ϕ 由 $\boldsymbol{\Omega}_f$ 改变方向而产生，进动流的幅度为 $|\mathbf{u}| = O(\epsilon)$，因而 U_ϕ 在任何地方都是向西运动的，且具有与主流相同的量级，即 $U_\phi = O(\epsilon)$ (如果 β_f 角为中等大小)。

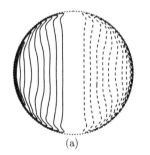
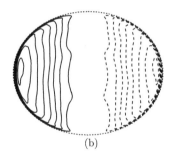

图 14.6 子午面上，不同偏心率椭球中方位平均流 U_ϕ 的等值线分布，参数为 $\alpha_p = 23.5°$，$Po = -0.2$ 和 $Ek = 10^{-4}$：(a) $\mathcal{E}=0.1$；(b) $\mathcal{E}=0.6$。实线表示 $U_\phi > 0$，虚线表示 $U_\phi < 0$：在地幔参考系中，它们表示流体相对椭球容器的西向运动

当 $|Po|$ 足够大时，椭球进动流的动能 E_{kin} 将随时间而变化，如图 14.7(a) 所示。E_{kin} 的不规则变化也许是由主进动流的不稳定性造成的，有三种不同的机制可对这个现象进行解释：① 与主体流线椭圆形状相关的椭圆不稳定性 (Kerswell, 1999, 2002)；② 内部剪切的不稳定性，该剪切是由进动流较大地偏离了均匀涡度所导致的 (Malkus, 1968)；③ 艾克曼边界层附近的强烈剪切产生的不稳定性 (Lorenzani and Tilgner, 2001)。然而应该指出，与热对流问题相比，椭球进动问题中的不稳定性在物理上并没有那么重要，这是因为热对流不稳定性往往会导致一个具有全新空间结构的完全不同的流动，而椭球进动中的不稳定性只是轻微地改变了主流

的空间结构。在 Po 为中等大小的情况下，非线性效应的主要作用是改变了 β_f 的大小，但不能够改变进动流的基本结构。

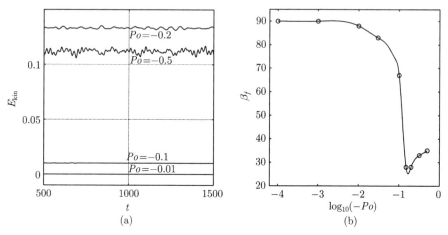

图 14.7 (a) 对于不同的 Po，动能 $E_{\rm kin}$ 随时间 t 的变化情况，采用的参数为 $\mathcal{E}=0.6, Ek=10^{-4}, \alpha_p=23.5°$；(b) β_f 随 $(-Po)$ 的变化情况，其他参数为 $\mathcal{E}=0.6, Ek=10^{-4}$

14.6 副产品：粘性衰减因子

如果旋转椭球的弱进动突然停止，则其内由惯性模 $\mathbf{u}_{110}$ 主导的流体运动将在粘滞耗散和旋转的双重影响下衰减为一个刚体转动的状态。快速旋转椭球中进动流达到刚体旋转状态的方式依赖于惯性模 $\mathbf{u}_{110}$ 的粘性衰减因子 $\mathcal{D}_{110}$，作为进动问题的一个副产品，它可以通过设置 $Po=0$ 容易地求出。

考虑偏心率任意的椭球中的惯性模 $(p_{110}(\eta,\tau,\phi),\mathbf{u}_{110}(\eta,\tau,\phi))$，其具体表达式由椭球坐标系下的公式 (14.33)~(14.36) 给出。改写渐近展开式 (14.37) 和 (14.38)，使之包含粘性衰减项，于是在 $0<Ek\ll 1$ 条件下，对于因粘性而改变的惯性模 $(\mathbf{u}_{110},p_{110})$，流体的速度 $\mathbf{u}$ 和压强 p 可以表达为

$$\mathbf{u}=[\mathbf{u}_{110}(\eta,\tau,\phi)+\widehat{\mathbf{u}}(\eta,\tau,\phi)+\widetilde{\mathbf{u}}(\eta,\tau,\phi)]\,\mathrm{e}^{2\mathrm{i}(\sigma_{110}+\widehat{\sigma}_{110})t}\mathrm{e}^{-\mathcal{D}_{110}t},$$
$$p=[p_{110}(\eta,\tau,\phi)+\widehat{p}(\eta,\tau,\phi)+\widetilde{p}(\eta,\tau,\phi)]\,\mathrm{e}^{2\mathrm{i}(\sigma_{110}+\widehat{\sigma}_{110})t}\mathrm{e}^{-\mathcal{D}_{110}t},$$

其中，$\widehat{\sigma}_{110}$ 表示对无粘性半频 $\sigma_{110}=1/(2-\mathcal{E}^2)$ 的小改正，$(\widehat{\mathbf{u}},\widehat{p})$ 表示 $(\mathbf{u}_{110},p_{110})$ 的内部小扰动，$\widetilde{\mathbf{u}}$ 为椭球壁面上的边界层流，而 $\widehat{\sigma}_{110}$ 与 $\mathcal{D}_{110}$ 由粘滞耗散引起，它们是实数且满足关系 $0<|\widehat{\sigma}_{110}|\ll|\sigma_{110}|$ 和 $0<|\mathcal{D}_{110}|\ll O(1)$。

14.6 副产品：粘性衰减因子

于是，粘性衰减因子 $\mathcal{D}_{110}$ 和频率改正 $2\hat{\sigma}_{110}$ 由以下方程组控制：

$$\frac{2\mathrm{i}}{(2-\mathcal{E}^2)}\hat{\mathbf{u}} + 2\hat{\mathbf{z}} \times \hat{\mathbf{u}} + \nabla\hat{p} = (\mathcal{D}_{110} - 2\mathrm{i}\hat{\sigma}_{110})\mathbf{u}_{110} + Ek\nabla^2\mathbf{u}_{110},$$
$$\nabla \cdot \hat{\mathbf{u}} = 0,$$

其中 $\nabla^2\mathbf{u}_{110} = \mathbf{0}$。与进动问题的分析类似，以上非齐次系统的可解条件为

$$\int_0^{2\pi}\int_{-1}^1 (p_{110}^*\hat{\mathbf{n}} \cdot \hat{\mathbf{u}})_\mathcal{S} \sqrt{1-\mathcal{E}^2+\tau^2\mathcal{E}^2}\, \mathrm{d}\tau\, \mathrm{d}\phi = (\mathcal{D}_{110} - 2\mathrm{i}\hat{\sigma}_{110})\int_\mathcal{V} |\mathbf{u}_{110}|^2\, \mathrm{d}\mathcal{V}.$$

上式所包含的两个积分在进动问题中已经导出了。其中，体积分为 $\int_\mathcal{V} |\mathbf{u}_{110}|^2\, \mathrm{d}\mathcal{V} = 3\pi(2-\mathcal{E}^2)^3/[10\sqrt{(1-\mathcal{E}^2)}]$，而面积分可经简单修改得到，即

$$\int_0^{2\pi}\int_{-1}^1 (p_{110}^*\hat{\mathbf{n}} \cdot \hat{\mathbf{u}})_\mathcal{S} \sqrt{1-\mathcal{E}^2+\tau^2\mathcal{E}^2}\, \mathrm{d}\tau\, \mathrm{d}\phi = \frac{9\mathrm{i}\pi(2-\mathcal{E}^2)\sqrt{Ek}}{4\sqrt{2}}(\mathcal{I}_r + \mathrm{i}\mathcal{I}_i),$$

其中，积分 $\mathcal{I}_r$ 和 $\mathcal{I}_i$ 是 $\mathcal{E}$ 的函数，它们已在椭球进动问题的分析中给出。从可解条件可导出一个复方程，即

$$\frac{9\mathrm{i}\pi(2-\mathcal{E}^2)\sqrt{Ek}}{4\sqrt{2}}(\mathcal{I}_r + \mathrm{i}\mathcal{I}_i) = (\mathcal{D}_{110} - 2\mathrm{i}\hat{\sigma}_{110})\frac{3\pi(2-\mathcal{E}^2)^3}{10\sqrt{(1-\mathcal{E}^2)}},$$

可由它来确定惯性模 $\mathbf{u}_{110}$ 的粘性衰减因子 $\mathcal{D}_{110}$ 和频率改正 $2\hat{\sigma}_{110}$：

$$\mathcal{D}_{110} = -\sqrt{Ek}\left[\frac{15\sqrt{2(1-\mathcal{E}^2)}}{4(2-\mathcal{E}^2)^2}\right]\mathcal{I}_i(\mathcal{E}),$$

$$2\hat{\sigma}_{110} = -\sqrt{Ek}\left[\frac{15\sqrt{2(1-\mathcal{E}^2)}}{4(2-\mathcal{E}^2)^2}\right]\mathcal{I}_r(\mathcal{E}).$$

以上二式对椭球的任意偏心率 $0 < \mathcal{E} < 1$ 都成立。对于小 $\mathcal{E}$ 值，即轻微扁平的椭球，粘性衰减因子 $\mathcal{D}_{110}$ 和频率改正 $2\hat{\sigma}_{110}$ 可以展开为小量 $\mathcal{E}^2$ 的形式，即

$$\mathcal{D}_{110} = \frac{3\sqrt{2}\sqrt{Ek}}{56}(19 + 9\sqrt{3})$$
$$+ \mathcal{E}^2\sqrt{Ek}\left[\frac{3\sqrt{2}}{112}(19 + 9\sqrt{3}) - \frac{15\sqrt{2}}{308}\left(\frac{47}{9} + 15\sqrt{3}\right)\right] + O(\mathcal{E}^4),$$

$$2\hat{\sigma}_{110} = \frac{3\sqrt{2}\sqrt{Ek}}{56}(19 - 9\sqrt{3})$$
$$+ \mathcal{E}^2\sqrt{Ek}\left[\frac{3\sqrt{2}}{112}(19 - 9\sqrt{3}) - \frac{3\sqrt{2}}{616}\left(\frac{1669}{9} - 51\sqrt{3}\right)\right] + O(\mathcal{E}^4),$$

对于 $0 < \mathcal{E} < 0.4$ 范围内的椭球偏心率，这两个近似公式的准确度极佳，误差仅有几个百分点，如表 14.1 所示。

第15章 纬向天平动椭球中的流体运动

15.1 公　式

考虑充满于椭球腔体的不可压缩粘性流体，流体均匀且不受外力影响，即在方程 (1.10) 中，有 $\Theta \equiv 0, \mathbf{f} \equiv \mathbf{0}$。取一固定于椭球容器上的直角坐标系 (x, y, z)，各坐标对应的单位矢量为 $(\hat{\mathbf{x}}, \hat{\mathbf{y}}, \hat{\mathbf{z}})$，则椭球腔体的几何形状可由下式描述：

$$\frac{x^2}{d^2} + \frac{y^2}{d^2} + \frac{z^2}{d^2(1-\mathcal{E}^2)} = 1,$$

其中 $0 < \mathcal{E} < 1$ 且 z 轴为对称轴。如图 15.1 所示，假设椭球容器以一个固定于惯性空间的平均角速度 $\mathbf{\Omega}_0$ 快速旋转，即

$$\left(\frac{\partial \mathbf{\Omega}_0}{\partial t}\right)_{inertial} = \mathbf{0},$$

其幅度 $\Omega_0 = |\mathbf{\Omega}_0|$ 为常数。另外还假设容器同时伴随着纬向天平动，由矢量 $\mathbf{\Omega}_{la}$ 描述，它垂直于 $\mathbf{\Omega}_0$ 且频率为 $\hat{\omega}\Omega_0$，其幅度为 $|\mathbf{\Omega}_{la}| = Po\Omega_0|\sin(\hat{\omega}\Omega_0 t)|$。本问题在同步自转行星和卫星上有许多应用，为说明其原理，假设椭球的总角速度 $\mathbf{\Omega}$ 为

$$\mathbf{\Omega} = \mathbf{\Omega}_0 + \mathbf{\Omega}_{la} = \mathbf{\Omega}_0 + \hat{\mathbf{x}}(\Omega_0 Po)\sin(\hat{\omega}\Omega_0 t), \tag{15.1}$$

其中，假定纬向天平动的幅度很小，即有 $|\mathbf{\Omega}_{la}| \ll |\mathbf{\Omega}_0|$。

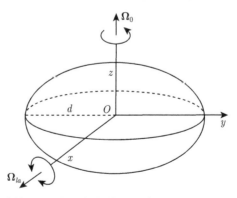

图 15.1　纬向天平动椭球的几何形状，长半轴为 d。椭球以一个固定于惯性空间的角速度 $\mathbf{\Omega}_0$ 快速旋转，即 $(\partial \mathbf{\Omega}_0/\partial t)_{inertial} = \mathbf{0}$，并且以角速度 $\mathbf{\Omega}_{la}$ 绕 x 轴天平动，即 $\mathbf{\Omega}_0 \cdot \mathbf{\Omega}_{la} = 0$

15.1 公　式

在直角坐标系 (x, y, z) 中，因其坐标轴固定于椭球之上，所以矢量 $\boldsymbol{\Omega}_0$ 是时变的，它位于 yz 平面且相对对称轴 $\hat{z}$ 具有瞬时角位移 $-(Po/\hat{\omega})\cos(\hat{\omega}\Omega_0 t)$。将矢量 $\boldsymbol{\Omega}_0$ 投影到直角坐标系 (x, y, z)，得

$$\boldsymbol{\Omega}_0 = \Omega_0 \left\{ \hat{z} \cos\left[(Po/\hat{\omega})\cos(\hat{\omega}\Omega_0 t)\right] - \hat{y} \sin\left[(Po/\hat{\omega})\cos(\hat{\omega}\Omega_0 t)\right] \right\}.$$

于是总角速度 $\boldsymbol{\Omega}$ 变为

$$\boldsymbol{\Omega} = \Omega_0 \left\{ \hat{z} \cos\left[(Po/\hat{\omega})\cos(\hat{\omega}\Omega_0 t)\right] - \hat{y} \sin\left[(Po/\hat{\omega})\cos(\hat{\omega}\Omega_0 t)\right] + \hat{x} Po \sin(\hat{\omega}\Omega_0 t) \right\}.$$

则 (1.10) 式中的庞加莱力 $\mathbf{r} \times (\partial \boldsymbol{\Omega}/\partial t)$ 在旋转参考系中可写为

$$\begin{aligned}
\mathbf{r} \times \left(\frac{\partial \boldsymbol{\Omega}}{\partial t}\right) &= \mathbf{r} \times \left[\frac{\partial (\boldsymbol{\Omega}_0 + \boldsymbol{\Omega}_{la})}{\partial t}\right]_{inertial} = \mathbf{r} \times \left(\frac{\partial \boldsymbol{\Omega}_{la}}{\partial t}\right)_{inertial} \\
&= \mathbf{r} \times \left[\left(\frac{\partial \boldsymbol{\Omega}_{la}}{\partial t}\right) + \boldsymbol{\Omega}_0 \times \boldsymbol{\Omega}_{la}\right] \\
&= (\Omega_0^2 Po) \hat{\omega} \cos(\hat{\omega}\Omega_0 t) \, \mathbf{r} \times \hat{x} \\
&\quad + (\Omega_0{}^2 Po) \mathbf{r} \times \left\{ \hat{y} \cos\left[\left(\frac{Po}{\hat{\omega}}\right)\cos(\hat{\omega}\Omega_0 t)\right] \right. \\
&\quad \left. + \hat{z} \sin\left[\left(\frac{Po}{\hat{\omega}}\right)\cos(\hat{\omega}\Omega_0 t)\right] \right\} \sin(\hat{\omega}\Omega_0 t).
\end{aligned}$$

将总角速度 $\boldsymbol{\Omega}$ 和庞加莱力 $\mathbf{r} \times (\partial \boldsymbol{\Omega}/\partial t)$ 的表达式代入公式 (1.10) 中，即得地幔参考系的运动方程，如下：

$$\begin{aligned}
&\frac{\partial \mathbf{u}}{\partial t} + \mathbf{u} \cdot \nabla \mathbf{u} + 2\Omega_0 \left\{ \hat{x} Po \sin(\hat{\omega}\Omega_0 t) \right. \\
&\quad \left. - \hat{y} \sin\left[\left(\frac{Po}{\hat{\omega}}\right)\cos(\hat{\omega}\Omega_0 t)\right] + \hat{z} \cos\left[\left(\frac{Po}{\hat{\omega}}\right)\cos(\hat{\omega}\Omega_0 t)\right] \right\} \times \mathbf{u} \\
&= -\frac{1}{\rho_0} \nabla P + \nu \nabla^2 \mathbf{u} + (\mathbf{r} \times \hat{x}) \, (\Omega_0^2 Po) \hat{\omega} \cos(\hat{\omega}\Omega_0 t) + (\Omega_0{}^2 Po) \mathbf{r} \\
&\quad \times \left\{ \hat{y} \cos\left[\left(\frac{Po}{\hat{\omega}}\right)\cos(\hat{\omega}\Omega_0 t)\right] + \hat{z} \sin\left[\left(\frac{Po}{\hat{\omega}}\right)\cos(\hat{\omega}\Omega_0 t)\right] \right\} \sin(\hat{\omega}\Omega_0 t).
\end{aligned}$$

以长半轴 d 为单位长度，Ω_0^{-1} 为单位时间，并令 $P = (\rho_0 d^2 \Omega_0^2) p$，可将上述控制方程无量纲化。从现在起，本章以后讨论的变量和表达式都将是无量纲的。于是，椭球腔体的包围面就变成了

$$\frac{x^2}{1} + \frac{y^2}{1} + \frac{z^2}{(1-\mathcal{E}^2)} = 1, \tag{15.2}$$

而无量纲运动方程则为

$$\frac{\partial \mathbf{u}}{\partial t} + \mathbf{u} \cdot \nabla \mathbf{u} + 2 \left\{ \hat{x} Po \sin(\hat{\omega} t) - \hat{y} \sin\left[\left(\frac{Po}{\hat{\omega}}\right)\cos(\hat{\omega} t)\right] \right.$$

$$+\hat{\mathbf{z}}\cos\left[\left(\frac{Po}{\hat{\omega}}\right)\cos(\hat{\omega}t)\right]\right\}\times\mathbf{u}$$
$$=-\nabla p+Ek\nabla^2\mathbf{u}+Po\hat{\omega}\cos(\hat{\omega}t)(\mathbf{r}\times\hat{\mathbf{x}})$$
$$+Po\mathbf{r}\times\left\{\hat{\mathbf{y}}\cos\left[\left(\frac{Po}{\hat{\omega}}\right)\cos(\hat{\omega}t)\right]+\hat{\mathbf{z}}\sin\left[\left(\frac{Po}{\hat{\omega}}\right)\cos(\hat{\omega}t)\right]\right\}\sin(\hat{\omega}t),$$
$$\nabla\cdot\mathbf{u}=0.$$

对于较弱的纬向天平动，即 $0 < Po \ll 1$ 和 $0 < (Po/\hat{\omega}) \ll 1$，纬向天平动流的动力学过程将由以下方程组控制：

$$\frac{\partial\mathbf{u}}{\partial t}+\mathbf{u}\cdot\nabla\mathbf{u}+2\left[Po\sin(\hat{\omega}t)\hat{\mathbf{x}}-\frac{Po}{\hat{\omega}}\cos(\hat{\omega}t)\hat{\mathbf{y}}+\hat{\mathbf{z}}\right]\times\mathbf{u}+\nabla p$$
$$=Ek\nabla^2\mathbf{u}+Po\left[\hat{\omega}\mathbf{r}\times\hat{\mathbf{x}}\cos(\hat{\omega}t)+\mathbf{r}\times\hat{\mathbf{y}}\sin(\hat{\omega}t)\right], \tag{15.3}$$
$$\nabla\cdot\mathbf{u}=0. \tag{15.4}$$

方程 (15.3) 右边的最后两项即为纬向天平动所导致的庞加莱力，它驱动了流体运动并对抗着粘滞耗散。在椭球腔体 (15.2) 的壁面 $\mathcal{S}$ 上，纬向天平动流是静止的，即要求

$$\hat{\mathbf{n}}\cdot\mathbf{u}=0 \text{ 和 } \hat{\mathbf{n}}\times\mathbf{u}=\mathbf{0}, \tag{15.5}$$

其中 $\hat{\mathbf{n}}$ 表示壁面 $\mathcal{S}$ 的法向。另外，在椭球坐标系中，壁面 $\mathcal{S}$ 可简单地表示为 $\eta = \sqrt{1-\mathcal{E}^2}$，此公式将有助于后面的推导。

当椭球 (15.2) 具有任意偏心率 $\mathcal{E}$，并且 $0 \leqslant Ek \ll 1$ 时，对于由方程 (15.3) 和 (15.4) 及边界条件 (15.5) 定义的纬向天平动问题，我们将首先使用渐近方法进行求解，然后使用有限元方法进行三维直接数值模拟。

15.2 分析解：非共振天平动流

当 $Po(0 < Po \ll 1)$ 足够小时，天平动流比较微弱，强度很小，即有 $|\mathbf{u}| = \epsilon \ll 1$，因而方程 (15.3) 可以略去平方项、乘积项 $\mathbf{u}\cdot\nabla\mathbf{u} = O(\epsilon^2)$，以及科里奥利力的小扰动

$$|2Po\left[\hat{\mathbf{x}}\times\mathbf{u}\sin(\hat{\omega}t)-(1/\hat{\omega})\hat{\mathbf{y}}\times\mathbf{u}\cos(\hat{\omega}t)\right]| = O(Po\epsilon),$$

从而线性化。于是可得到弱纬向天平动流的控制方程为

$$\frac{\partial\mathbf{u}}{\partial t}+2\hat{\mathbf{z}}\times\mathbf{u}+\nabla p=Po\left[\hat{\omega}\mathbf{r}\times\hat{\mathbf{x}}\cos(\hat{\omega}t)+\mathbf{r}\times\hat{\mathbf{y}}\sin(\hat{\omega}t)\right], \tag{15.6}$$
$$\nabla\cdot\mathbf{u}=0, \tag{15.7}$$

其中粘性项 $Ek\nabla^2\mathbf{u}$ 在非共振情况下被忽略了。应该注意：驱动力项 $\mathbf{r}\times\hat{\mathbf{x}}\cos(\hat{\omega}t)$ 和 $\mathbf{r}\times\hat{\mathbf{y}}\sin(\hat{\omega}t)$ 具有方位波数 $m = 1$ 所描述的空间对称性。对于非共振情况下

15.2 分析解：非共振天平动流

的方程 (15.6) 和 (15.7)，我们将求出其分析解。与进动或天平动球体不同，流体与椭球容器之间不仅通过粘性效应而且通过地形效应而耦合。对于偏心率中等大小 ($O(Ek^{1/4}) \ll \mathcal{E} < 1$) 且远离共振的情况，纬向天平动椭球与流体之间的地形耦合将占据支配地位，而在共振情况下，地形和粘性耦合将变得同等重要。我们将首先考虑 $O(Ek^{1/4}) \ll \mathcal{E} < 1$ 条件下的非共振情况，此时粘性效应是被动的，因而在首阶近似下可以忽略 (Zhang et al., 2012)。

方程 (15.6) 和 (15.7) 的分析解描述了纯地形耦合效应，并满足无粘性边界条件。为求得该解，可假设在 $\mathcal{S}$ 上自动满足 $\hat{\mathbf{n}} \cdot \mathbf{u} = 0$ 条件的惯性模构成了一个完备的函数系，因此我们可用它来表示椭球 (任意偏心率 $\mathcal{E}$) 中的任意天平动流。已知庞加莱力相对平面 $z = 0$ 是赤道反对称的，且具有方位波数 $m = 1$，这个特点可以帮助我们选择如下的椭球惯性模子集来描述天平动流：

$$\mathbf{u} = \sum_{n,k} (\mathcal{A}_{1nk}\, \mathbf{u}_{1nk} + \mathcal{A}^*_{1nk}\, \mathbf{u}^*_{1nk}) \sin\hat{\omega}t + \sum_{n,k} (\mathcal{B}_{1nk}\, \mathbf{u}_{1nk} + \mathcal{B}^*_{1nk}\, \mathbf{u}^*_{1nk}) \cos\hat{\omega}t, \quad (15.8)$$

$$p = \sum_{n,k} (\mathcal{A}_{1nk}\, p_{1nk} + \mathcal{A}^*_{1nk}\, p^*_{1nk}) \sin\hat{\omega}t + \sum_{n,k} (\mathcal{B}_{1nk}\, p_{1nk} + \mathcal{B}^*_{1nk}\, p^*_{1nk}) \cos\hat{\omega}t, \quad (15.9)$$

其中 $\mathcal{A}_{1nk}$ 和 $\mathcal{B}_{1nk}$ 为待定的复系数，椭球惯性模子集 $(\mathbf{u}_{1nk}, p_{1nk})$ 由 (14.9)~(14.12) 式给出。展开式 (15.8) 和 (15.9) 表明，纬向天平动问题比进动问题复杂得多，这是因为方程 (15.6) 中的驱动力有两个相位：$\sin\hat{\omega}t$ 和 $\cos\hat{\omega}t$，因而必须以 (15.8) 和 (15.9) 式的实数展开来取代进动分析中比较方便的复数展开。这个展开没有对天平动流作任何空间结构上的先验假设，可以用来表示椭球中任何有物理意义的、方位波数 $m = 1$ 的流动。

在 (14.9)~(14.12) 式所表示的 $m = 1$ 的惯性模中，最简单的模为 $(p_{110}, \mathbf{u}_{110})$，由 (14.14)~(14.17) 式给出，表示一个以相速度 $2/(2 - \mathcal{E}^2)$ 在方位角方向逆行传播的波。在任意偏心率 ($0 \leqslant \mathcal{E} < 1$) 的椭球中，它是以下方程组的准确解：

$$\frac{\partial [\mathbf{u}_{110} e^{i\, 2t/(2-\mathcal{E}^2)}]}{\partial t} + 2\hat{\mathbf{z}} \times \left[\mathbf{u}_{110} e^{i\, 2t/(2-\mathcal{E}^2)}\right]$$
$$= -\nabla \left[p_{110} e^{i\, 2t/(2-\mathcal{E}^2)}\right] + Ek\nabla^2 \left[\mathbf{u}_{110} e^{i\, 2t/(2-\mathcal{E}^2)}\right],$$
$$\nabla \cdot \left[\mathbf{u}_{110} e^{i\, 2t/(2-\mathcal{E}^2)}\right] = 0,$$

且满足边界面 $\eta = \sqrt{1 - \mathcal{E}^2}$ 上的 $\hat{\mathbf{n}} \cdot \mathbf{u}_{110} = 0$ 条件。注意式中包含了 $Ek\nabla^2 \mathbf{u}_{110}$ 项，因为 $\nabla^2 \mathbf{u}_{110} \equiv \mathbf{0}$，这暗示着当天平动频率为 $\hat{\omega} = 2/(2 - \mathcal{E}^2)$ 时，庞加莱力和最简椭球惯性模之间存在着直接共振的可能性。

接下来，分析的主要任务是导出展开式 (15.8) 和 (15.9) 中系数 $\mathcal{A}_{1nk}$ 和 $\mathcal{B}_{1nk}$ 的解析表达式。将展开式代入方程 (15.6) 和 (15.7)，乘上 $\mathbf{u}_{1nk}$ 的复共轭 $\mathbf{u}^*_{1nk}$，然

后在椭球体上进行积分，可得如下两个方程：

$$(\hat{\omega}\mathcal{A}_{1nk} - i\omega_{1nk}\mathcal{B}_{1nk})\int_{\mathcal{V}}|\mathbf{u}_{1nk}|^2\,\mathrm{d}\mathcal{V} = \hat{\omega}Po\int_{\mathcal{V}}\mathbf{u}_{1nk}^*\cdot(\mathbf{r}\times\hat{\mathbf{x}})\,\mathrm{d}\mathcal{V},$$

$$-(\hat{\omega}\mathcal{B}_{1nk} + i\omega_{1nk}\mathcal{A}_{1nk})\int_{\mathcal{V}}|\mathbf{u}_{1nk}|^2\,\mathrm{d}\mathcal{V} = Po\int_{\mathcal{V}}\mathbf{u}_{1nk}^*\cdot(\mathbf{r}\times\hat{\mathbf{y}})\,\mathrm{d}\mathcal{V},$$

其中 $\omega_{1nk} = 2\sigma_{1nk}$，它是方程 (14.13) 的解，且 $0 < |\omega_{1nk}| < 2$。经过简单的推导，可以从上面的方程求出 $\mathcal{A}_{1nk}$ 和 $\mathcal{B}_{1nk}$，即

$$\mathcal{A}_{1nk}\left(\hat{\omega}^2 - \omega_{1nk}^2\right)\int_{\mathcal{V}}|\mathbf{u}_{1nk}|^2\,\mathrm{d}\mathcal{V}$$
$$= Po\left[\hat{\omega}^2\int_{\mathcal{V}}\mathbf{u}_{1nk}^*\cdot(\mathbf{r}\times\hat{\mathbf{x}})\,\mathrm{d}\mathcal{V} - i\omega_{1nk}\int_{\mathcal{V}}\mathbf{u}_{1nk}^*\cdot(\mathbf{r}\times\hat{\mathbf{y}})\,\mathrm{d}\mathcal{V}\right],$$

$$\mathcal{B}_{1nk}\,i\left(\hat{\omega}^2 - \omega_{1nk}^2\right)\int_{\mathcal{V}}|\mathbf{u}_{1nk}|^2\,\mathrm{d}\mathcal{V}$$
$$= Po\hat{\omega}\left[\omega_{1nk}\int_{\mathcal{V}}\mathbf{u}_{1nk}^*\cdot(\mathbf{r}\times\hat{\mathbf{x}})\,\mathrm{d}\mathcal{V} - i\int_{\mathcal{V}}\mathbf{u}_{1nk}^*\cdot(\mathbf{r}\times\hat{\mathbf{y}})\,\mathrm{d}\mathcal{V}\right].$$

下一步，使用公式 (14.10)~(14.12)，并在 (14.19) 式的协助下，推导出以上公式中的积分，于是得到

$$\mathcal{A}_{1nk}\left(\hat{\omega}^2 - \omega_{1nk}^2\right)\int_{\mathcal{V}}|\mathbf{u}_{1nk}|^2\,\mathrm{d}\mathcal{V} = \omega_{1nk}Po\left[\frac{\hat{\omega}^2(1-\mathcal{E}^2)}{(2-\omega_{1nk})} - 1\right]\mathcal{I}_{nk}, \quad (15.10)$$

$$i\mathcal{B}_{1nk}\left(\hat{\omega}^2 - \omega_{1nk}^2\right)\int_{\mathcal{V}}|\mathbf{u}_{1nk}|^2\,\mathrm{d}\mathcal{V} = \hat{\omega}Po\left[\frac{\omega_{1nk}(1-\mathcal{E}^2)}{(2-\omega_{1nk})} - 1\right]\mathcal{I}_{nk}, \quad (15.11)$$

其中 $\mathcal{I}_{nk}$ 表示一个双重求和，对于给定的 σ_{nk} 和 $\mathcal{E}$，即为

$$\mathcal{I}_{nk} = \frac{2\pi\sqrt{(1-\mathcal{E}^2)}}{\sigma_{1nk}}\sum_{i=0}^{k}\sum_{j=0}^{k-i}(-1)^{i+j}\left[\frac{\sigma_{1nk}^2(1-\mathcal{E}^2)}{(1-\sigma_{1nk}^2\mathcal{E}^2)}\right]^i\left[\frac{(1-\sigma_{1nk}^2)}{(1-\sigma_{1nk}^2\mathcal{E}^2)}\right]^j$$
$$\times\left[\frac{[2(k+i+j)+3]!!}{(2i+2j+5)!!(k-i-j)!i!j!}\right]. \quad (15.12)$$

对所有可能的 n 和 k，为确定 $\mathcal{A}_{1nk}$ 和 $\mathcal{B}_{1nk}$，有必要求出 (15.12) 式中 $\mathcal{I}_{nk}$ 的大小。但我们注意到 (15.12) 式中的 $\mathcal{I}_{nk}$ 与椭球进动问题的值几乎是相同的。当 $k=0$，以及 $\sigma_{110} = 1/(2-\mathcal{E}^2)$ 时，由 (15.12) 式可容易地得到

$$\mathcal{I}_{10} = \frac{2\pi(2-\mathcal{E}^2)\sqrt{(1-\mathcal{E}^2)}}{5}. \quad (15.13)$$

当 $k=1$ 时，在 (15.12) 式中直接求和也可容易地得到

$$\mathcal{I}_{n1} = \frac{2\pi\sqrt{(1-\mathcal{E}^2)}}{\sigma_{1n1}}\sum_{i=0}^{1}\sum_{j=0}^{1-i}(-1)^{i+j}$$

15.2 分析解：非共振天平动流

$$\times \left[\frac{\sigma_{1n1}^{2i}(1-\sigma_{1n1}^2)^j}{(1-\sigma_{1n1}^2\mathcal{E}^2)^{i+j}} \right] \left[\frac{[2(k+i+j)+3]!!(1-\mathcal{E}^2)^i}{(2i+2j+5)!!(k-i-j)!i!j!} \right] \equiv 0,$$

上式对任意的 σ_{1n1} $(0 < |\sigma_{1n1}| < 1)$ 都成立。利用椭球进动问题中获得的结果，可知

$$\mathcal{I}_{nk} \equiv 0 \quad (k \geqslant 2),$$

这意味着

$$\mathcal{A}_{1nk} = 0, \quad \mathcal{B}_{1nk} = 0 \quad (n \neq 1, \ k \neq 0)$$

以及

$$\mathcal{A}_{110} = \frac{4Po(1-\mathcal{E}^2)[\hat{\omega}^2(2-\mathcal{E}^2)-2]}{3[\hat{\omega}^2(2-\mathcal{E}^2)^2-4](2-\mathcal{E}^2)},$$

$$\mathcal{B}_{110} = -\frac{\mathrm{i}\,4Po\hat{\omega}\mathcal{E}^2(1-\mathcal{E}^2)}{3[\hat{\omega}^2(2-\mathcal{E}^2)^2-4](2-\mathcal{E}^2)}.$$

这表明，不管天平动频率 $\hat{\omega}$ 是多少，只有椭球惯性模 $\mathbf{u}_{110}$ 可以被纬向天平动导致的庞加莱力直接激发和维持。

将 $\mathcal{A}_{1nk}$ 和 $\mathcal{B}_{1nk}$ 代入展开式 (15.8) 和 (15.9)，则由地形驱动的流体无粘性运动的分析解可表示为

$$\mathbf{u} = -\left\{ \frac{2Po\left[\hat{\omega}^2(2-\mathcal{E}^2)-2\right]}{[\hat{\omega}^2(2-\mathcal{E}^2)^2-4]} \right\} \mathbf{Q}_s \sin \hat{\omega} t - \left\{ \frac{2Po\mathcal{E}^2\hat{\omega}}{[\hat{\omega}^2(2-\mathcal{E}^2)^2-4]} \right\} \mathbf{Q}_c \cos \hat{\omega} t, \quad (15.14)$$

其中 $\mathbf{Q}_c$ 和 $\mathbf{Q}_s$ 为

$$\mathbf{Q}_c(s,\phi,z) = (z\cos\phi)\hat{\mathbf{s}} - (z\sin\phi)\hat{\boldsymbol{\phi}} - \left[s(1-\mathcal{E}^2)\cos\phi\right]\hat{\mathbf{z}},$$

$$\mathbf{Q}_s(s,\phi,z) = -(z\sin\phi)\hat{\mathbf{s}} - (z\cos\phi)\hat{\boldsymbol{\phi}} + \left[s(1-\mathcal{E}^2)\sin\phi\right]\hat{\mathbf{z}}.$$

在这里我们使用了柱坐标，因为流体运动纯粹由地形耦合所驱动，在壁面 $\mathcal{S}$ 处不需要一个粘性边界层。

此外，从 (15.14) 式可容易地导出以下公式：

$$\nabla \times \mathbf{u} = -\frac{2Po^2(1-\mathcal{E}^2)}{[\hat{\omega}^2(2-\mathcal{E}^2)^2-4]} \Big\{ \left(\hat{\mathbf{s}}\cos\phi - \hat{\boldsymbol{\phi}}\sin\phi\right) \left[\hat{\omega}^2(2-\mathcal{E}^2)-2\right] \sin\hat{\omega}t$$

$$+ \left(\hat{\mathbf{s}}\sin\phi + \hat{\boldsymbol{\phi}}\cos\phi\right) \hat{\omega}\mathcal{E}^2 \cos\hat{\omega}t \Big\},$$

$$\nabla^2 \mathbf{u} = -\nabla \times \nabla \times \mathbf{u} = \mathbf{0},$$

以及

$$\mathbf{u} \cdot \nabla \mathbf{u} = \frac{-2Po^2(1-\mathcal{E}^2)}{[\hat{\omega}^2(2-\mathcal{E}^2)-4]^2} \nabla \Big\{ \left[\hat{\omega}^2(2-\mathcal{E}^2)-2\right]^2 (z^2+s^2\sin^2\phi)\sin^2\hat{\omega}t$$

$$+\hat{\omega}^2\mathcal{E}^4(z^2+s^2\cos^2\phi)\cos^2\hat{\omega}t - \frac{\hat{\omega}\mathcal{E}^2}{2}\left[\hat{\omega}^2(2-\mathcal{E}^2)-2\right]s^2\sin 2\phi\sin 2\hat{\omega}t\Big\}.$$

于是我们就可知：① 天平动流 (15.14) 的涡度幅度 $|\nabla\times\mathbf{u}|$ 一般是振荡的；② 将粘性项 $Ek\nabla^2\mathbf{u}$ 加到方程 (15.6) 中并不能改变分析解 (15.14) 的形式；③ 即使将非线性项 $\mathbf{u}\cdot\nabla\mathbf{u}$ 加到方程 (15.6) 中，分析解 (15.14) 也将保持不变。

分析解 (15.14) 表示了一个在任意偏心率 $(0<\mathcal{E}<1)$ 椭球腔体中，由纬向天平动驱动的振荡流动。它的幅度 $|\mathbf{u}|$ 是时间 t 的函数，与椭球进动流不同。其频率 $\hat{\omega}$ 满足

$$\left|\hat{\omega}-\frac{2}{(2-\mathcal{E}^2)}\right|\gg O(\sqrt{Ek}).$$

为衡量天平动流的强度，引入动能密度 E_{kin}，定义为

$$E_{\text{kin}}(t)=\frac{1}{2\mathcal{V}}\int_{\mathcal{V}}|\mathbf{u}(s,\phi,z,t)|^2\,\mathrm{d}\mathcal{V}.$$

它可由 (15.14) 式得到具体的表达式，即

$$E_{\text{kin}}=\frac{2Po^2(1-\mathcal{E}^2)(2-\mathcal{E}^2)}{5[\hat{\omega}^2(2-\mathcal{E}^2)^2-4]^2}\left\{\left[\hat{\omega}^2(2-\mathcal{E}^2)-2\right]^2\sin^2\hat{\omega}t+\hat{\omega}^2\mathcal{E}^4\cos^2\hat{\omega}t\right\}. \quad (15.15)$$

该动能密度一般是时变的，反映了流体运动的振荡特性。在一个振荡周期 $2\pi/\hat{\omega}$ 内对 $E_{\text{kin}}(t)$ 进行平均，可定义一个平均动能密度为

$$\bar{E}_{\text{kin}}=\frac{\hat{\omega}}{2\pi}\int_0^{2\pi/\hat{\omega}}E_{\text{kin}}(t)\,\mathrm{d}t$$

$$=\frac{Po^2(1-\mathcal{E}^2)(2-\mathcal{E}^2)}{5[\hat{\omega}^2(2-\mathcal{E}^2)^2-4]^2}\left\{\left[\hat{\omega}^2(2-\mathcal{E}^2)-2\right]^2+\hat{\omega}^2\mathcal{E}^4\right\}. \quad (15.16)$$

有趣的是，注意到有一个满足以下方程的特殊频率 $\hat{\omega}$：

$$\left[\hat{\omega}^2(2-\mathcal{E}^2)-2\right]^2=\hat{\omega}^2\mathcal{E}^4, \quad (15.17)$$

在这个频率上，天平动流的振荡特性将消失，动能密度 E_{kin} 也将与时间无关。很明显，对于任意偏心率 $\mathcal{E}$，$\hat{\omega}=1$ 总是方程 (15.17) 的解。实际上，当 $\hat{\omega}=1$ 时，振荡解 (15.14) 就变成一个在方位角方向传播的行波，其形式为

$$\mathbf{u}=\frac{2Po\mathcal{E}^2}{(2-\mathcal{E}^2)^2-4}\left[-z\cos(\phi-t)\hat{\mathbf{s}}+z\sin(\phi-t)\hat{\boldsymbol{\phi}}+s(1-\mathcal{E}^2)\cos(\phi-t)\hat{\mathbf{z}}\right],$$

其振幅理所当然应是一个常数，并且动能也是恒定的。

15.3 分析解：共振天平动流

首先，我们从数学和物理上考察一下当天平动频率 $\hat{\omega}$ 无限接近 $\omega_{110} = 2\sigma_{110} = 2/(2-\mathcal{E}^2)$ 时，公式 (15.14) 和 (15.15) 的性质。在数学上，当 $\hat{\omega} \to \omega_{110}$ 时，天平动流的幅度 $|\mathbf{u}| \to \infty$，表明此时解 (15.14) 是失效的，而共振将会发生。由此导致的结果是，在忽略掉方程 (15.6) 和 (15.7) 的粘性效应后无法确定 $\mathcal{A}_{110}$ 和 $\mathcal{B}_{110}$ 的值，而且共振时的展开式 (15.8) 和 (15.9) 也必须修改。如果在方程 (15.6) 和 (15.7) 中重新恢复粘性项，可得

$$\frac{\partial \mathbf{u}}{\partial t} + 2\hat{\mathbf{z}} \times \mathbf{u} + \nabla p = Ek \nabla^2 \mathbf{u} + Po\left[\hat{\omega}\mathbf{r} \times \hat{\mathbf{x}} \cos(\hat{\omega}t) + \mathbf{r} \times \hat{\mathbf{y}} \sin(\hat{\omega}t)\right], \quad (15.18)$$

$$\nabla \cdot \mathbf{u} = 0, \quad (15.19)$$

此即为共振时的天平动流控制方程组 $(0 < Po \ll 1)$。另外我们也注意到，当 $\hat{\omega} \to \omega_{110}$ 时，因为 $[\hat{\omega}^2(2-\mathcal{E}^2) - 2] \to \hat{\omega}\mathcal{E}^2$，所以有

$$\mathcal{A}_{110} \to i\mathcal{B}_{110} \quad (\hat{\omega} \to \omega_{110}).$$

这预示着共振时 $\mathcal{A}_{110}$ 不再与 $\mathcal{B}_{110}$ 无关。当 $\hat{\omega} \to \omega_{110}$ 时，$\mathcal{A}_{110} \to i\mathcal{B}_{110}$ 将导致振荡解 (15.14) 在共振时变成一个在方位角方向逆行传播的波，其形式为 $\mathbf{u} \sim \mathbf{u}_{110} e^{i\omega_{110}t}$。

在物理上，当天平动频率为 $\hat{\omega} = 2/(2-\mathcal{E}^2)$ 时，其共振现象在某些方面类似于共振钟摆的情形。当纬向天平动容器的几何形状为椭球时 $(\mathcal{E} \neq 0)$，其与内部流体的地形耦合总能驱动流体的运动，如果流体运动的形式是一个方位角方向传播的波，方位波数为 $m = 1$ 且相速度为 $2/(2-\mathcal{E}^2)$，那么流体运动就会不断地被增强并产生共振，因此，地形驱动力总是与频率为 $\hat{\omega} = 2/(2-\mathcal{E}^2)$ 的纬向天平动完全同相位的。在这种情况下，通过引入具有真实物理意义的无滑移边界条件，共振流的幅度一定可以被粘性效应所限制。

上述考察表明，仅考虑 $n=1$ 和 $k=0$ 的情况，利用 $\mathcal{A}_{1nk} = 0$ 与 $\mathcal{B}_{1nk} = 0$ 的性质，共振条件 $\hat{\omega} = 2/(2-\mathcal{E}^2)$ 下的渐近展开式 (15.8) 和 (15.9) 可修改为包含粘性效应的形式，如下：

$$\mathbf{u} = [(\mathcal{A}_{110}\mathbf{u}_{110} + \mathcal{A}_{110}^*\mathbf{u}_{110}^*) + \widehat{\mathbf{u}}_s + \widetilde{\mathbf{u}}_s] \sin\hat{\omega}t$$
$$+ [(-i\mathcal{A}_{110}\mathbf{u}_{110} + i\mathcal{A}_{110}^*\mathbf{u}_{110}^*) + \widehat{\mathbf{u}}_c + \widetilde{\mathbf{u}}_c] \cos\hat{\omega}t, \quad (15.20)$$

$$p = [(\mathcal{A}_{110}\, p_{110} + \mathcal{A}_{110}^*\, p_{110}^*) + \widehat{p}_s + \widetilde{p}_s] \sin\hat{\omega}t$$
$$+ [(-i\mathcal{A}_{110}\, p_{110} + i\mathcal{A}_{110}^*\, p_{110}^*) + \widehat{p}_c + \widetilde{p}_c] \cos\hat{\omega}t \quad (15.21)$$

其中已假设了 $\mathcal{B}_{110} = -\mathrm{i}\mathcal{A}_{110}$,其值待定;$\tilde{\mathbf{u}}_c, \tilde{\mathbf{u}}_s, \hat{\mathbf{u}}_c$ 和 $\hat{\mathbf{u}}_s$ 为实数。在以上表达式中,速度 **u** 被分解成了三个部分,包括一个边界层流:$\tilde{\mathbf{u}}_s \sin \hat{\omega} t$ 与 $\tilde{\mathbf{u}}_c \cos \hat{\omega} t$,满足

$$\nabla \cdot \tilde{\mathbf{u}}_s = 0 \text{ 和 } \nabla \cdot \tilde{\mathbf{u}}_c = 0;$$

一个首阶近似下的内部流:$(\mathcal{A}_{110}\mathbf{u}_{110} + c.c.) \sin \hat{\omega} t$ 与 $(-\mathrm{i}\mathcal{A}_{110}\mathbf{u}_{110} + c.c.) \cos \hat{\omega} t$;以及一个次级内部流:$\hat{\mathbf{u}}_s \sin \hat{\omega} t$ 与 $\hat{\mathbf{u}}_c \cos \hat{\omega} t$,满足

$$\nabla \cdot \hat{\mathbf{u}}_s = 0 \text{ 和 } \nabla \cdot \hat{\mathbf{u}}_c = 0,$$

它是由壁面薄边界层的内流所导致的。

将展开式 (15.20) 和 (15.21) 中的全部内部流代入方程 (15.18) 和 (15.19),乘上 $\mathbf{u}_{110}$ 的复共轭 $\mathbf{u}_{110}^*$,然后在椭球体上进行积分,观察 $\cos \hat{\omega} t$ 和 $\sin \hat{\omega} t$ 的系数,可得如下两个方程:

$$\int_{\mathcal{V}} \mathbf{u}_{110}^* \cdot (\hat{\omega}\hat{\mathbf{u}}_s + 2\hat{\mathbf{z}} \times \hat{\mathbf{u}}_c + \nabla \hat{p}_c) \, \mathrm{d}\mathcal{V} = Po\hat{\omega} \int_{\mathcal{V}} \mathbf{u}_{110}^* \cdot [\mathbf{r} \times \hat{\mathbf{x}}] \, \mathrm{d}\mathcal{V},$$

$$\int_{\mathcal{V}} \mathbf{u}_{110}^* \cdot (-\hat{\omega}\hat{\mathbf{u}}_c + 2\hat{\mathbf{z}} \times \hat{\mathbf{u}}_s + \nabla \hat{p}_s) \, \mathrm{d}\mathcal{V} = Po \int_{\mathcal{V}} \mathbf{u}_{110}^* \cdot [\mathbf{r} \times \hat{\mathbf{y}}] \, \mathrm{d}\mathcal{V}.$$

将这两个方程合并,可得一个复数形式的可解条件:

$$\int_{\mathcal{V}} \mathbf{u}_{110}^* \cdot [\mathrm{i}\omega_{110} (\hat{\mathbf{u}}_c - \mathrm{i}\hat{\mathbf{u}}_s) + 2\hat{\mathbf{z}} \times (\hat{\mathbf{u}}_c - \mathrm{i}\hat{\mathbf{u}}_s) + \nabla (p_c - \mathrm{i}p_s)] \, \mathrm{d}\mathcal{V}$$
$$= Po \left[\omega_{110} \int_{\mathcal{V}} \mathbf{u}_{110}^* \cdot (\mathbf{r} \times \hat{\mathbf{x}}) \, \mathrm{d}\mathcal{V} - \mathrm{i} \int_{\mathcal{V}} \mathbf{u}_{110}^* \cdot (\mathbf{r} \times \hat{\mathbf{y}}) \right] \, \mathrm{d}\mathcal{V}, \quad (15.22)$$

其中已设置了共振条件 $\hat{\omega} = \omega_{110}$。注意到

$$\int_{\mathcal{V}} \mathbf{u}_{110}^* \cdot [\mathrm{i}\omega_{110} (\hat{\mathbf{u}}_c - \mathrm{i}\hat{\mathbf{u}}_s) + 2\hat{\mathbf{z}} \times (\hat{\mathbf{u}}_c - \mathrm{i}\hat{\mathbf{u}}_s)] \, \mathrm{d}\mathcal{V} = \int_{\mathcal{V}} \nabla \cdot [p_{110}^* (\hat{\mathbf{u}}_c - \mathrm{i}\hat{\mathbf{u}}_s)] \, \mathrm{d}\mathcal{V},$$

$$\int_{\mathcal{V}} \mathbf{u}_{110}^* \cdot (p_c - \mathrm{i}p_s) \, \mathrm{d}\mathcal{V} = 0,$$

于是利用散度理论,可解条件 (15.22) 可写为以下形式:

$$\int_0^{2\pi} \int_{-1}^1 [p_{110}^* \hat{\mathbf{n}} \cdot (\hat{\mathbf{u}}_c - \mathrm{i}\hat{\mathbf{u}}_s)]_{\mathcal{S}} \sqrt{1 - \mathcal{E}^2 + \tau^2 \mathcal{E}^2} \, \mathrm{d}\tau \, \mathrm{d}\phi$$
$$= Po \left[\omega_{110} \int_{\mathcal{V}} \mathbf{u}_{110}^* \cdot (\mathbf{r} \times \hat{\mathbf{x}}) \, \mathrm{d}\mathcal{V} - \mathrm{i} \int_{\mathcal{V}} \mathbf{u}_{110}^* \cdot (\mathbf{r} \times \hat{\mathbf{y}}) \, \mathrm{d}\mathcal{V}\right], \quad (15.23)$$

其中 $[p_{110}^*]_{\mathcal{S}}$ 代表 p_{110} 的复共轭 p_{110}^* 在壁面 $\mathcal{S}$ 处的值,$[\hat{\mathbf{n}} \cdot (\hat{\mathbf{u}}_c - \mathrm{i}\hat{\mathbf{u}}_s)]_{\mathcal{S}}$ 表示粘性边界层外缘的法向流。需要注意的是,在椭球坐标系 (η, ϕ, τ) 中,单位面积 $\mathrm{d}\mathcal{S}$

15.3 分析解：共振天平动流

可表示为 $d\mathcal{S} = \sqrt{1-\mathcal{E}^2+\tau^2\mathcal{E}^2}\ d\tau\, d\phi$。与非共振情形不同，现在必须要使用椭球坐标来导出质量流的渐近表达式，这通常是非常繁复冗长的。为求出共振的振幅 $\mathcal{A}_{110}$，需要进行以下三步推导：① 导出粘性边界层解 $(\tilde{\mathbf{u}}_c - i\tilde{\mathbf{u}}_s)$；② 获得边界层内流 $[\hat{\mathbf{n}}\cdot(\tilde{\mathbf{u}}_c - i\hat{\mathbf{u}}_s)]_\mathcal{S}$ 的表达式；③ 完成 (15.23) 式中的积分。

首先考虑粘性边界层流 $(\tilde{\mathbf{u}}_c - i\tilde{\mathbf{u}}_s)$。将展开式 (15.20) 和 (15.21) 的边界部分代入方程 (15.18) 和 (15.19) 中，分别比较 $\cos\hat{\omega}t$ 和 $\sin\hat{\omega}t$ 的系数，可得两个实数边界层方程：

$$-\omega_{110}\tilde{\mathbf{u}}_c + 2\hat{\mathbf{z}}\times\tilde{\mathbf{u}}_s + \hat{\mathbf{n}}(\hat{\mathbf{n}}\cdot\nabla\tilde{p}_s) = Ek\frac{\partial^2 \tilde{\mathbf{u}}_s}{\partial \eta^2},$$

$$\omega_{110}\tilde{\mathbf{u}}_s + 2\hat{\mathbf{z}}\times\tilde{\mathbf{u}}_c + \hat{\mathbf{n}}(\hat{\mathbf{n}}\cdot\nabla\tilde{p}_c) = Ek\frac{\partial^2 \tilde{\mathbf{u}}_c}{\partial \eta^2},$$

将二者组合，可得一个二阶复数方程：

$$i\omega_{110}(\tilde{\mathbf{u}}_c - i\tilde{\mathbf{u}}_s) + 2\hat{\mathbf{z}}\times(\tilde{\mathbf{u}}_c - i\tilde{\mathbf{u}}_s) + \hat{\mathbf{n}}[\hat{\mathbf{n}}\cdot\nabla(\tilde{p}_c - i\tilde{p}_s)] = \frac{\partial^2(\tilde{\mathbf{u}}_c - i\tilde{\mathbf{u}}_s)}{\partial \xi^2},$$

其中边界层延展坐标 ξ 定义为

$$\xi = \frac{(1-\mathcal{E}^2)^{1/2} - \eta}{\sqrt{Ek}},$$

$\xi=0$ 表示位于壁面 $\mathcal{S}$ 上，而 $\xi\to\infty$ 表示边界层的外缘。

在数学上，对上述两个二阶方程施以 $\hat{\mathbf{n}}\times$ 和 $\hat{\mathbf{n}}\times\hat{\mathbf{n}}\times$ 算子，然后将结果合并，可以很方便地导出一个四阶微分方程：

$$\left(\frac{\partial^2}{\partial\xi^2} - \frac{2i}{2-\mathcal{E}^2}\right)^2 (\tilde{\mathbf{u}}_c - i\tilde{\mathbf{u}}_s)_{tang} + \left(\frac{2\tau}{\sqrt{1-\mathcal{E}^2+\mathcal{E}^2\tau^2}}\right)^2 (\tilde{\mathbf{u}}_c - i\tilde{\mathbf{u}}_s)_{tang} = \mathbf{0}, \quad (15.24)$$

其中 $(\tilde{\mathbf{u}}_c - i\tilde{\mathbf{u}}_s)_{tang}$ 表示边界流的切向分量。与进动问题相比，推导天平动问题的边界条件时需要更加小心。从展开式 (15.20) 和 (15.21) 可知，无滑移条件要求

$$(\tilde{\mathbf{u}}_s)_\mathcal{S} = -(\mathcal{A}_{110}\mathbf{u}_{110} + \mathcal{A}_{110}^*\mathbf{u}_{110}^*)_\mathcal{S},$$
$$(\tilde{\mathbf{u}}_c)_\mathcal{S} = -(-i\mathcal{A}_{110}\mathbf{u}_{110} + i\mathcal{A}_{110}^*\mathbf{u}_{110}^*)_\mathcal{S},$$

即有以下边界条件：

$$[(\tilde{\mathbf{u}}_c - i\tilde{\mathbf{u}}_s)_{tang}]_\mathcal{S} = 2i(\mathcal{A}_{110}\mathbf{u}_{110})_\mathcal{S}$$
$$= \frac{3(2-\mathcal{E}^2)\mathcal{A}_{110}}{2(1-\mathcal{E}^2)^{1/2}}\left[i\tau\hat{\phi} - (1-\mathcal{E}^2+\tau^2\mathcal{E}^2)^{1/2}\hat{\tau}\right] e^{i\phi}.$$

此式是在壁面 $\mathcal{S}$ 处，即 $\eta = (1-\mathcal{E}^2)^{1/2}$ 时，由公式 (14.34)~(14.36) 推导而来的。于是为保证切向速度在椭球壁面 $\mathcal{S}$ 处为零，方程 (15.24) 的解应满足以下四个边界条件：

$$[(\widetilde{\mathbf{u}}_c - \mathrm{i}\,\widetilde{\mathbf{u}}_s)_{tang}]_{\xi=0} = \frac{3(2-\mathcal{E}^2)\mathcal{A}_{110}}{2(1-\mathcal{E}^2)^{1/2}}\left[\mathrm{i}\tau\hat{\boldsymbol{\phi}} - (1-\mathcal{E}^2+\tau^2\mathcal{E}^2)^{1/2}\hat{\boldsymbol{\tau}}\right]\mathrm{e}^{\mathrm{i}\phi},$$

$$\left[\frac{\partial^2(\widetilde{\mathbf{u}}_c - \mathrm{i}\,\widetilde{\mathbf{u}}_s)_{tang}}{\partial\xi^2}\right]_{\xi=0} = \frac{3(2-\mathcal{E}^2)\mathcal{A}_{110}}{(1-\mathcal{E}^2)^{1/2}}\left\{\hat{\boldsymbol{\phi}}\left[\frac{(1-\mathcal{E}^2)\tau}{2-\mathcal{E}^2}\right]\right.$$

$$\left. + \hat{\boldsymbol{\tau}}\left[\frac{-\mathrm{i}(1-\mathcal{E}^2+\tau^2\mathcal{E}^2)^{1/2}}{2-\mathcal{E}^2} + \frac{\mathrm{i}\tau^2}{(1-\mathcal{E}^2+\tau^2\mathcal{E}^2)^{1/2}}\right]\right\}\mathrm{e}^{\mathrm{i}\phi},$$

$$[(\widetilde{\mathbf{u}}_c - \mathrm{i}\,\widetilde{\mathbf{u}}_s)_{tang}]_{\xi=\infty} = \mathbf{0},$$

$$\left[\frac{\partial^2(\widetilde{\mathbf{u}}_c - \mathrm{i}\,\widetilde{\mathbf{u}}_s)_{tang}}{\partial\xi^2}\right]_{\xi=\infty} = \mathbf{0}.$$

因此方程的解为

$$(\widetilde{\mathbf{u}}_c - \mathrm{i}\,\widetilde{\mathbf{u}}_s) = \frac{3(2-\mathcal{E}^2)\mathcal{A}_{110}}{4(1-\mathcal{E}^2)^{1/2}}\left\{\left(\tau - \sqrt{1-\mathcal{E}^2+\mathcal{E}^2\tau^2}\right)\left(\hat{\boldsymbol{\tau}} + \mathrm{i}\hat{\boldsymbol{\phi}}\right)\mathrm{e}^{\gamma^+\xi}\right.$$

$$\left. + \left(\tau + \sqrt{1-\mathcal{E}^2+\mathcal{E}^2\tau^2}\right)\left(-\hat{\boldsymbol{\tau}} + \mathrm{i}\hat{\boldsymbol{\phi}}\right)\mathrm{e}^{\gamma^-\xi}\right\}\mathrm{e}^{\mathrm{i}\phi}, \qquad (15.25)$$

其中 $\gamma^\pm$ 是 τ 的函数，具体表达式为

$$\gamma^+ = -\left(1 + \mathrm{i}\frac{\sqrt{1-\mathcal{E}^2+\mathcal{E}^2\tau^2} + \tau(2-\mathcal{E}^2)}{|\sqrt{1-\mathcal{E}^2+\mathcal{E}^2\tau^2} + \tau(2-\mathcal{E}^2)|}\right)\frac{\left|\sqrt{1-\mathcal{E}^2+\mathcal{E}^2\tau^2} + \tau(2-\mathcal{E}^2)\right|^{1/2}}{\left[(2-\mathcal{E}^2)\sqrt{1-\mathcal{E}^2+\mathcal{E}^2\tau^2}\,\right]^{1/2}},$$

$$\gamma^- = -\left(1 + \mathrm{i}\frac{\sqrt{1-\mathcal{E}^2+\mathcal{E}^2\tau^2} - \tau(2-\mathcal{E}^2)}{|\sqrt{1-\mathcal{E}^2+\mathcal{E}^2\tau^2} - \tau(2-\mathcal{E}^2)|}\right)\frac{\left|\sqrt{1-\mathcal{E}^2+\mathcal{E}^2\tau^2} - \tau(2-\mathcal{E}^2)\right|^{1/2}}{\left[(2-\mathcal{E}^2)\sqrt{1-\mathcal{E}^2+\mathcal{E}^2\tau^2}\,\right]^{1/2}}.$$

在 (15.25) 式中，定义的薄边界层外缘为 $\xi \to \infty$。

其次，联系着边界层解与次级内部流的是边界层外缘质量流的法向分量，它可以从质量守恒定律导出，即

$$\nabla\cdot\left\{\hat{\mathbf{n}}[\hat{\mathbf{n}}\cdot(\widetilde{\mathbf{u}}_c - \mathrm{i}\,\widetilde{\mathbf{u}}_s)] + (\widetilde{\mathbf{u}}_c - \mathrm{i}\,\widetilde{\mathbf{u}}_s)_{tang}\right\} = 0,$$

在椭球坐标系中可表示为

$$-\frac{\partial}{\partial\eta}\left[\sqrt{(\eta^2+\mathcal{E}^2\tau^2)(\mathcal{E}^2+\eta^2)}\,\hat{\mathbf{n}}\cdot(\widetilde{\mathbf{u}}_c - \mathrm{i}\,\widetilde{\mathbf{u}}_s)\right]$$

$$= \frac{\partial}{\partial\phi}\left[\frac{(\eta^2+\mathcal{E}^2\tau^2)\hat{\boldsymbol{\phi}}\cdot(\widetilde{\mathbf{u}}_c - \mathrm{i}\,\widetilde{\mathbf{u}}_s)}{\sqrt{(\mathcal{E}^2+\eta^2)(1-\tau^2)}}\right] + \frac{\partial}{\partial\tau}\left[\sqrt{(\eta^2+\mathcal{E}^2\tau^2)(1-\tau^2)}\,\hat{\boldsymbol{\tau}}\cdot(\widetilde{\mathbf{u}}_c - \mathrm{i}\,\widetilde{\mathbf{u}}_s)\right].$$

15.3 分析解：共振天平动流

在薄边界层内部，利用 $\partial/\partial\eta = -(1/\sqrt{Ek})\partial/\partial\xi$, $\eta = \sqrt{1-\mathcal{E}^2}$ 和 $\hat{\mathbf{n}} = \hat{\boldsymbol{\eta}}$，然后对 ξ 进行积分，可得边界层外缘的内流，或者说次级内部流 $(\hat{\mathbf{u}}_c - \mathrm{i}\,\hat{\mathbf{u}}_s)$ 边界条件的表达式：

$$[\hat{\mathbf{n}}\cdot(\hat{\mathbf{u}}_c - \mathrm{i}\,\hat{\mathbf{u}}_s)]_{\mathcal{S}} = \hat{\mathbf{n}}\cdot(\tilde{\mathbf{u}}_c - \mathrm{i}\,\tilde{\mathbf{u}}_s)_{\xi\to\infty}$$

$$= \frac{\sqrt{Ek}}{\sqrt{1-\mathcal{E}^2+\mathcal{E}^2\tau^2}}\int_0^\infty \left\{\frac{\partial}{\partial\phi}\left[\frac{(1-\mathcal{E}^2+\mathcal{E}^2\tau^2)}{\sqrt{1-\tau^2}}\hat{\boldsymbol{\phi}}\cdot(\tilde{\mathbf{u}}_c - \mathrm{i}\,\tilde{\mathbf{u}}_s)_{tang}\right]\right.$$

$$\left. + \frac{\partial}{\partial\tau}\left[\sqrt{(1-\mathcal{E}^2+\mathcal{E}^2\tau^2)(1-\tau^2)}\,\hat{\boldsymbol{\tau}}\cdot(\tilde{\mathbf{u}}_c - \mathrm{i}\,\tilde{\mathbf{u}}_s)_{tang}\right]\right\}\mathrm{d}\xi, \quad (15.26)$$

上式给出了计算可解条件 (15.23) 的渐近匹配条件。在计算边界层抽吸时应该注意，γ^+ 和 γ^- 都是 τ 的复函数。将边界层解 (15.25) 代入 (15.26) 式，导出 $\partial/\partial\tau$ 和 $\partial/\partial\phi$，然后对 ξ 进行积分，得到

$$[\hat{\mathbf{n}}\cdot(\hat{\mathbf{u}}_c - \mathrm{i}\,\hat{\mathbf{u}}_s)]_{\mathcal{S}} = -\frac{\sqrt{Ek}}{\sqrt{1-\mathcal{E}^2+\mathcal{E}^2\tau^2}}\left[\frac{3(2-\mathcal{E}^2)\mathcal{A}_{110}}{4\sqrt{1-\mathcal{E}^2}}\right]$$

$$\times \left\{\frac{(1-\mathcal{E}^2+\mathcal{E}^2\tau^2)}{\sqrt{1-\tau^2}}\left[\frac{-\tau+\sqrt{1-\mathcal{E}^2+\mathcal{E}^2\tau^2}}{\gamma^+} - \frac{\tau+\sqrt{1-\mathcal{E}^2+\mathcal{E}^2\tau^2}}{\gamma^-}\right]\right.$$

$$+ \frac{\mathrm{d}}{\mathrm{d}\tau}\left[\frac{\sqrt{(1-\mathcal{E}^2+\mathcal{E}^2\tau^2)(1-\tau^2)}\,(\tau-\sqrt{1-\mathcal{E}^2+\mathcal{E}^2\tau^2})}{\gamma^+}\right]$$

$$\left. - \frac{\mathrm{d}}{\mathrm{d}\tau}\left[\frac{\sqrt{(1-\mathcal{E}^2+\mathcal{E}^2\tau^2)(1-\tau^2)}\,(\tau+\sqrt{1-\mathcal{E}^2+\mathcal{E}^2\tau^2})}{\gamma^-}\right]\right\}e^{\mathrm{i}\phi}.$$

其中 $\mathrm{d}/\mathrm{d}\tau$ 不需要推导出显式表达式，因为在后面的分部积分中，该求导将被消除。

最后，我们将得到 (15.23) 式中的积分，从而确定 $\mathcal{A}_{110}$。将压强 $(p_{110}^*)_\mathcal{S}$，即

$$(p_{110}^*)_{\eta=\sqrt{1-\mathcal{E}^2}} = \frac{3}{2}(1-\mathcal{E}^2)^{1/2}\tau(1-\tau^2)^{1/2}e^{-\mathrm{i}\phi}$$

和边界内流 (15.26) 代入 (15.23) 式，得

$$\int_0^{2\pi}\int_{-1}^1 [p_{110}^*\hat{\mathbf{n}}\cdot(\hat{\mathbf{u}}_c - \mathrm{i}\,\hat{\mathbf{u}}_s)]_\mathcal{S}\sqrt{1-\mathcal{E}^2+\tau^2\mathcal{E}^2}\,\mathrm{d}\tau\,\mathrm{d}\phi$$

$$= \frac{9\pi(2-\mathcal{E}^2)\sqrt{Ek}}{2}\mathcal{A}_{110}\left\{\int_{-1}^{+1}\frac{\tau(1-\mathcal{E}^2+\mathcal{E}^2\tau^2)\left(\tau-\sqrt{1-\mathcal{E}^2+\mathcal{E}^2\tau^2}\right)^{1/2}}{\gamma^+}\mathrm{d}\tau\right.$$

$$\left. - \int_{-1}^{+1}\tau\sqrt{1-\tau^2}\frac{\mathrm{d}}{\mathrm{d}\tau}\left[\frac{\sqrt{(1-\mathcal{E}^2+\mathcal{E}^2\tau^2)(1-\tau^2)}\,(\tau-\sqrt{1-\mathcal{E}^2+\mathcal{E}^2\tau^2})}{\gamma^+}\right]\mathrm{d}\tau\right\},$$

上式已经进行了简化，因为 γ^- 项的贡献与 γ^+ 项完全一致。使用分部积分可进一

步简化为

$$\int_0^{2\pi}\int_{-1}^{1}[p_{110}^*\hat{\mathbf{n}}\cdot(\hat{\mathbf{u}}_c-\mathrm{i}\hat{\mathbf{u}}_s)]_{\mathcal{S}}\sqrt{1-\mathcal{E}^2+\tau^2\mathcal{E}^2}\ \mathrm{d}\tau\,\mathrm{d}\phi$$

$$=\frac{9\pi(2-\mathcal{E}^2)\sqrt{Ek}\,\mathcal{A}_{110}}{2}$$

$$\times\int_{-1}^{+1}\left(1-2\tau^2+\tau\sqrt{1-\mathcal{E}^2+\mathcal{E}^2\tau^2}\right)\frac{\sqrt{1-\mathcal{E}^2+\mathcal{E}^2\tau^2}\left(\tau-\sqrt{1-\mathcal{E}^2+\mathcal{E}^2\tau^2}\right)}{\gamma^+}\,\mathrm{d}\tau,$$

其中 $1/\gamma^+$ 为复数, 由下式给出:

$$\frac{1}{\gamma^+}=-\frac{1}{2}\left[\frac{\sqrt{2-\mathcal{E}^2}(1-\mathcal{E}^2+\mathcal{E}^2\tau^2)^{1/4}}{\left|(2-\mathcal{E}^2)\tau+\sqrt{1-\mathcal{E}^2+\mathcal{E}^2\tau^2}\right|^{1/2}}\right]$$

$$+\frac{\mathrm{i}}{2}\left\{\frac{\sqrt{2-\mathcal{E}^2}(1-\mathcal{E}^2+\mathcal{E}^2\tau^2)^{1/4}\left[(2-\mathcal{E}^2)\tau+\sqrt{1-\mathcal{E}^2+\mathcal{E}^2\tau^2}\right]}{\left|(2-\mathcal{E}^2)\tau+\sqrt{1-\mathcal{E}^2+\mathcal{E}^2\tau^2}\right|^{3/2}}\right\}.$$

于是, 决定 $\mathcal{A}_{110}$ 的可解条件 (15.23) 式就变成

$$\frac{9\pi(2-\mathcal{E}^2)^{3/2}\sqrt{Ek}\,\mathcal{A}_{110}}{4}(\mathcal{I}_r+\mathrm{i}\mathcal{I}_i)$$

$$=Po\left[\frac{2}{(2-\mathcal{E}^2)}\int_{\mathcal{V}}\mathbf{u}_{110}^*\cdot(\mathbf{r}\times\hat{\mathbf{x}})\,\mathrm{d}\mathcal{V}-\mathrm{i}\int_{\mathcal{V}}\mathbf{u}_{110}^*\cdot(\mathbf{r}\times\hat{\mathbf{y}})\,\mathrm{d}\mathcal{V}\right],\quad(15.27)$$

其中 $\mathcal{I}_r$ 和 $\mathcal{I}_i$ 表示下面两个积分:

$$\mathcal{I}_r=\int_{-1}^{+1}(1-\mathcal{E}^2+\mathcal{E}^2\tau^2)^{3/4}$$

$$\times\frac{(-\tau+\sqrt{1-\mathcal{E}^2+\mathcal{E}^2\tau^2})\left(1-2\tau^2+\tau\sqrt{1-\mathcal{E}^2+\mathcal{E}^2\tau^2}\right)}{|(2-\mathcal{E}^2)\tau+\sqrt{1-\mathcal{E}^2+\mathcal{E}^2\tau^2}|^{1/2}}\,\mathrm{d}\tau,$$

$$\mathcal{I}_i=\int_{-1}^{+1}\left[(2-\mathcal{E}^2)\tau+\sqrt{1-\mathcal{E}^2+\mathcal{E}^2\tau^2}\right]$$

$$\times\frac{(1-\mathcal{E}^2+\mathcal{E}^2\tau^2)^{3/4}(\tau-\sqrt{1-\mathcal{E}^2+\mathcal{E}^2\tau^2})(1-2\tau^2+\tau\sqrt{1-\mathcal{E}^2+\mathcal{E}^2\tau^2})}{|(2-\mathcal{E}^2)\tau+\sqrt{1-\mathcal{E}^2+\mathcal{E}^2\tau^2}|^{3/2}}\,\mathrm{d}\tau.$$

使用 $\mathbf{u}_{110}$ 的表达式, 可容易导出 (15.27) 式右边的体积分为

$$\frac{2}{(2-\mathcal{E}^2)}\int_{\mathcal{V}}\mathbf{u}_{110}^*\cdot(\mathbf{r}\times\hat{\mathbf{x}})\,\mathrm{d}\mathcal{V}=\frac{4}{(2-\mathcal{E}^2)}\int_{\mathcal{V}}\mathbf{u}_{110}^*\cdot(z\hat{\mathbf{y}})\,\mathrm{d}\mathcal{V}=\frac{4\pi(1-\mathcal{E}^2)^{1/2}}{5},$$

$$\mathrm{i}\int_{\mathcal{V}}\mathbf{u}_{110}^*\cdot(\mathbf{r}\times\hat{\mathbf{y}})\,\mathrm{d}\mathcal{V}=2\mathrm{i}\int_{\mathcal{V}}\mathbf{u}_{110}^*\cdot(x\hat{\mathbf{z}})\,\mathrm{d}\mathcal{V}=\frac{2\pi(2-\mathcal{E}^2)(1-\mathcal{E}^2)}{5}.$$

然后从 (15.27) 式可立即得到

15.3 分析解：共振天平动流

$$\mathcal{A}_{110} = \frac{Po\mathcal{E}^2}{\sqrt{Ek}} \left[\frac{1}{\mathcal{I}_r + \mathrm{i}\mathcal{I}_i}\right] \frac{8(1-\mathcal{E}^2)^{1/2}}{45(2-\mathcal{E}^2)^{3/2}}.$$

在计算 $\mathcal{I}_r$ 和 $\mathcal{I}_i$ 时需要仔细处理，因为存在着两个临界余纬度 $\tau_c = \pm 1/\sqrt{4-\mathcal{E}^2}$，在此处，边界层厚度增至 $O(E^{2/5})$ 量级，且边界层解变得无效。与进动问题类似，一般可认为奇点的影响较弱并且不重要，因为来自临界区域的质量流比其他边界层区域要小得多，这也是分析解 (15.27) 和直接数值模拟结果在 $0 < Ek \ll 1$ 条件下高度吻合的原因——我们将马上讨论到这个问题。

现在就可以开始写出小 Ek 情况下，任意偏心率椭球中，纬向天平动共振流的渐近表达式了。首先注意到表达式 (15.20) 的首阶近似可写为以下形式：

$$\mathbf{u} = \left[-\mathrm{i}\mathcal{A}_{110}\,\mathbf{u}_{110} + \frac{1}{2}(\widetilde{\mathbf{u}}_c - \mathrm{i}\,\widetilde{\mathbf{u}}_s)\right] \mathrm{e}^{\mathrm{i}[2t/(2-\mathcal{E}^2)]} + c.c.$$

将 $\mathcal{A}_{110}$, $\mathbf{u}_{110}$ 和 $(\widetilde{\mathbf{u}}_c - \mathrm{i}\,\widetilde{\mathbf{u}}_s)$ 的表达式代入，则得到以椭球坐标表示的共振流分析解：

$$\begin{aligned}
\mathbf{u} = &\left(\frac{Po\mathcal{E}^2}{\sqrt{Ek}}\right) \left[\frac{2}{15\sqrt{(1-\mathcal{E}^2)(2-\mathcal{E}^2)}}\right] \left(\frac{1}{\mathcal{I}_r + \mathrm{i}\mathcal{I}_i}\right) \\
&\times \Bigg\{ \left[\frac{\tau\mathcal{E}^2\sqrt{1-\tau^2}\,(1-\mathcal{E}^2-\eta^2)}{\sqrt{\eta^2+\mathcal{E}^2\tau^2}}\hat{\boldsymbol{\eta}} + \frac{\eta\sqrt{\eta^2+\mathcal{E}^2}\,(1-\mathcal{E}^2+\mathcal{E}^2\tau^2)}{\sqrt{\eta^2+\mathcal{E}^2\tau^2}}\hat{\boldsymbol{\tau}} - \mathrm{i}\eta\tau\hat{\boldsymbol{\phi}}\right] \\
&+ \frac{\sqrt{(1-\mathcal{E}^2)}}{2}\Big[\left(\tau - \sqrt{1-\mathcal{E}^2+\mathcal{E}^2\tau^2}\right)(\hat{\boldsymbol{\tau}} + \mathrm{i}\hat{\boldsymbol{\phi}})\,\mathrm{e}^{\gamma^+\xi} \\
&+ \left(\tau + \sqrt{1-\mathcal{E}^2+\mathcal{E}^2\tau^2}\right)(-\hat{\boldsymbol{\tau}} + \mathrm{i}\hat{\boldsymbol{\phi}})\,\mathrm{e}^{\gamma^-\xi}\Big\} \mathrm{e}^{\mathrm{i}[\phi+2t/(2-\mathcal{E}^2)]} + c.c.,
\end{aligned} \qquad (15.28)$$

它满足无滑移边界条件。忽略掉粘性边界层的贡献后，首阶近似下的平均动能 E_{kin} 可简单表示为

$$E_{\mathrm{kin}} = \frac{1}{2\mathcal{V}}\int_{\mathcal{V}}|\mathbf{u}|^2\,\mathrm{d}\mathcal{V} = \left(\frac{Po^2\mathcal{E}^4}{Ek}\right)\frac{8}{1125(\mathcal{I}_r^2+\mathcal{I}_i^2)}. \qquad (15.29)$$

对于具有较大 $\mathcal{E}$ 值的极扁椭球，积分 $\mathcal{I}_r$ 和 $\mathcal{I}_i$ 必须使用数值方法来计算。

对于较小的偏心率，即大部分已知行星偏心率为 $0 < \mathcal{E}^2 \ll 1$ 的情况，可以导得 $\mathcal{I}_r$ 和 $\mathcal{I}_i$ 的渐近表达式，其形式相对简单，如下：

$$\begin{aligned}
\mathcal{I}_r &= -\frac{2}{35}\left(19 - 9\sqrt{3}\right) - \mathcal{E}^2\left[\frac{4}{55}\left(\frac{1}{9} + 6\sqrt{3}\right)\right] + O(\mathcal{E}^4), \\
\mathcal{I}_i &= -\frac{2}{35}\left(19 + 9\sqrt{3}\right) + \mathcal{E}^2\left[\frac{4}{495}\left(-1 + 54\sqrt{3}\right)\right] + O(\mathcal{E}^4).
\end{aligned}$$

这两个渐近公式对 $\mathcal{I}_r$ 和 $\mathcal{I}_i$ 的近似相当准确，即使对于中等大小的 $\mathcal{E}$ 也是如此。例如，当 $\mathcal{E} = 0.5$ 时，数值计算得到 $(\mathcal{I}_r)_{num} = -0.4041$ 和 $(\mathcal{I}_i)_{num} = -1.809$，而渐近

结果分别为 $(\mathcal{I}_r)_{asym} = -0.3859$ 和 $(\mathcal{I}_i)_{asym} = -1.790$。对于不同的 $\mathcal{E}$ 值，表 15.1 对比了几个 $\mathcal{I}_r$ 和 $\mathcal{I}_i$ 的数值和渐近结果。于是，对于中等大小的 $\mathcal{E}$，其共振渐近解变为

$$\begin{aligned}
\mathbf{u} = & \left(\frac{Po\mathcal{E}^2}{\sqrt{Ek}}\right) \left[\frac{2}{15\sqrt{(1-\mathcal{E}^2)(2-\mathcal{E}^2)}}\right] \\
& \times \left[\frac{1}{-(0.19495 + 0.76389\mathcal{E}^2) + \mathrm{i}(-1.9765 + 0.74772\mathcal{E}^2)}\right] \\
& \times \Bigg\{ \left[\frac{\tau\mathcal{E}^2\sqrt{1-\tau^2}\left(1-\mathcal{E}^2-\eta^2\right)}{\sqrt{\eta^2+\mathcal{E}^2\tau^2}}\hat{\boldsymbol{\eta}} + \frac{\eta\sqrt{(\eta^2+\mathcal{E}^2)}\left(1-\mathcal{E}^2+\mathcal{E}^2\tau^2\right)}{\sqrt{\eta^2+\mathcal{E}^2\tau^2}}\hat{\boldsymbol{\tau}} - \mathrm{i}\eta\tau\hat{\boldsymbol{\phi}}\right] \\
& + \frac{\sqrt{(1-\mathcal{E}^2)}}{2}\Bigg[\left(\tau - \sqrt{1-\mathcal{E}^2+\mathcal{E}^2\tau^2}\right)\left(\hat{\boldsymbol{\tau}}+\mathrm{i}\hat{\boldsymbol{\phi}}\right)\mathrm{e}^{\gamma^+\xi} \\
& + \left(\tau + \sqrt{1-\mathcal{E}^2+\mathcal{E}^2\tau^2}\right)\left(-\hat{\boldsymbol{\tau}}+\mathrm{i}\hat{\boldsymbol{\phi}}\right)\mathrm{e}^{\gamma^-\xi}\Bigg\}\mathrm{e}^{\mathrm{i}[\phi+2t/(2-\mathcal{E}^2)]} + c.c.,
\end{aligned} \tag{15.30}$$

上式在 $0 < Ek \ll 1$ 和 Po 充分小的条件下成立。略去粘性边界层的贡献后，首阶近似下的动能密度 E_{kin} 可简单写为

$$E_{\mathrm{kin}} = \frac{8Po^2\mathcal{E}^4}{1125Ek\,[(0.19495+0.76389\mathcal{E}^2)^2 + (-1.9765+0.74772\mathcal{E}^2)^2]}. \tag{15.31}$$

应该注意，在共振情况下，即 $\hat{\omega} = 2/(2-\mathcal{E}^2)$ 时，有 $E_{\mathrm{kin}} = \bar{E}_{\mathrm{kin}}$。

表 15.1 $\mathcal{E}$ 取不同值时，积分 $\mathcal{I}_r$ 和 $\mathcal{I}_i$ 的几个数值和渐近结果，其中数值结果下标为 num，渐近结果下标为 $asym$

$\mathcal{E}$	$(\mathcal{I}_r)_{num}$	$(\mathcal{I}_r)_{asym}$	$(\mathcal{I}_i)_{num}$	$(\mathcal{I}_i)_{asym}$
0.01	-0.1950	-0.1950	-1.9764	-1.9764
0.05	-0.1969	-0.1969	-1.9746	-1.9746
0.1	-0.2026	-0.2026	-1.9690	-1.9690
0.15	-0.2123	-0.2121	-1.9598	-1.9597
0.25	-0.2436	-0.2427	-1.9308	-1.9296
0.35	-0.2924	-0.2885	-1.8891	-1.8849
0.4	-0.3240	-0.3172	1.8643	-1.8569
0.5	-0.4041	-0.3859	-1.8093	-1.7896

以上分析最重要的结果是：当 $0 < Ek \ll 1$ 且 $\hat{\omega} = 2/(2-\mathcal{E}^2)$ 时，纬向天平动椭球中的流体运动也许存在以下渐近律 (Zhang et al., 2012)：

$$|\mathbf{u}| \sim \frac{Po}{\sqrt{Ek}} \quad \text{或} \quad E_{\mathrm{kin}} \sim \frac{Po^2}{Ek},$$

此时，椭球的偏心率可以是任意的，即 $0 < \mathcal{E} < 1$。

15.4 非线性直接数值模拟

三维非线性数值模拟主要关注 $0 < Ek \ll 1$ 条件下的弱天平动流 $(0 < Po \ll 1)$。与进动问题类似，我们采用非常适用于非球形几何形状的有限元方法，因为对椭球的四面体分割不会带来两极和中心点的数值奇点。在时间步进上，采用二阶向后差分的半隐格式，即取

$$\left(\frac{\partial \mathbf{u}}{\partial t}\right)^{n+1} = \frac{3\mathbf{u}^{n+1} - 4\mathbf{u}^n + \mathbf{u}^{n-1}}{2\Delta t} + O(\Delta t^2), \tag{15.32}$$

其中 $\mathbf{u}^n$ 表示 $\mathbf{u}(t_n)$，而 $t_{n+1} - t_n = \Delta t$。对 $t = t_{n+1}$ 时刻的非线性项 $\mathbf{u} \cdot \nabla \mathbf{u}$ 采用二阶外插公式，表示为

$$\mathbf{u}^{n+1} \cdot \nabla \mathbf{u}^{n+1} = 2(\mathbf{u}^n \cdot \nabla \mathbf{u}^n) - (\mathbf{u}^{n-1} \cdot \nabla \mathbf{u}^{n-1}) + O(\Delta t^2). \tag{15.33}$$

这个以半隐格式对方程 (15.3) 和 (15.4) 进行的时间离散化将得到以下差分方程：

$$\begin{aligned}
&\frac{3\mathbf{u}^{n+1} - 4\mathbf{u}^n + \mathbf{u}^{n-1}}{2\Delta t} + 2(\mathbf{u}^n \cdot \nabla \mathbf{u}^n) - (\mathbf{u}^{n-1} \cdot \nabla \mathbf{u}^{n-1}) + 2\hat{\mathbf{z}} \times \mathbf{u}^{n+1} \\
&= -\nabla p^{n+1} + Ek\nabla^2 \mathbf{u}^{n+1} + 2Po\left[\hat{\omega}^{-1}\hat{\mathbf{y}} \times \mathbf{u}^{n+1} \cos(\hat{\omega} t_{n+1}) - \hat{\mathbf{x}} \times \mathbf{u}^{n+1} \sin(\hat{\omega} t_{n+1})\right] \\
&\quad + Po\left[\hat{\omega}\mathbf{r} \times \hat{\mathbf{x}} \cos(\hat{\omega} t_{n+1}) + \mathbf{r} \times (\hat{\mathbf{z}} \times \hat{\mathbf{x}}) \sin(\hat{\omega} t_{n+1})\right],
\end{aligned} \tag{15.34}$$

$$\nabla \cdot \mathbf{u}^{n+1} = 0, \tag{15.35}$$

方程的求解将在并行计算机上进行，从任意的初始条件开始，可从 $\mathbf{u}^n$ 和 $\mathbf{u}^{n-1}$ 求得 $\mathbf{u}^{n+1}$ 和 p^{n+1}。

15.5 分析解与数值解的对比

当 $0 < Ek \ll 1$ 时，首先考虑 $|\hat{\omega} - 2/(2 - \mathcal{E}^2)| \gg \sqrt{Ek}$ 情况下的非共振天平动流，此时地形效应对流体运动起着主导作用。在这种情况下，当 $Ek \leqslant 10^{-4}$ 时，分析解 (15.14) 和非线性数值解达到了满意的一致。图 15.2(a) 显示了当 $Po = 0.005$、$Ek = 5 \times 10^{-5}$ 以及天平动频率为 $\hat{\omega} = 0.5$ 时，数值解和分析解 (15.15) 的动能 E_{kin} 随时间变化的情况。从图中可见，分析解结果 (虚线) 与直接非线性数值模拟定量相符，没有显著的差异。图 15.2(a) 中数值模拟结果给出的平均动能为 $(\bar{E}_{\mathrm{kin}}/Po^2)_{num} = 0.0616$，而分析公式 (15.15) 给出的平均动能也为 $(\bar{E}_{\mathrm{kin}}/Po^2)_{asym} = 0.0616$。根据 (15.15) 式，对于偏心率为 $\mathcal{E} = 0.5$、天平动频率为 $\hat{\omega} = 1.0$ 的任何数值模拟，以任意初始条件开始的计算都有一个初始的振荡过程，但系统最终将达到一个平衡

态，流体运动形式为方位方向传播的行波。这个由分析解预示的特点也显现在了数值模拟中，如图 15.2(b) 所示，经过一个初始的振荡期后，数值模拟最终达到了非线性平衡，其动能与时间无关。当 $Po = 0.005$, $Ek = 5 \times 10^{-5}$ 时，模拟的结果为 $(E_{\text{kin}}/Po^2)_{num} = 0.0369$，而分析公式 (15.15) 给出的结果为 $(E_{\text{kin}}/Po^2)_{num} = 0.0373$。数值模拟和分析解的结果之所以符合得那么好，也许可以归结于解 (15.14) 的内部部分具有 $\nabla^2 \mathbf{u} = 0$ 和 $\mathbf{u} \cdot \nabla \mathbf{u} = \nabla \Phi$ 的性质，而 Φ 可以被吸收入折算压强中。也就是说，(15.14) 式其实是非线性方程的解，除了它不满足无滑移边界条件。

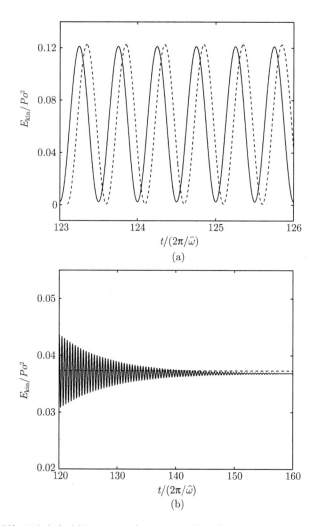

图 15.2 标度后的天平动流动能 $E_{\text{kin}}(t)$ 随 $t/(2\pi/\hat{\omega})$ 的变化情况，实线为数值模拟结果，虚线为对应的分析结果，由 (15.15) 式计算。两图的天平动频率分别为：(a) $\hat{\omega} = 0.5$；(b) $\hat{\omega} = 1.0$，其他参数相同，分别为 $Po = 0.005$, $E = 5 \times 10^{-5}$ 和 $\mathcal{E} = 0.5$

15.5 分析解与数值解的对比

现在考虑天平动频率为 $\hat{\omega} = 2/(2-\mathcal{E}^2)$ 时的共振流。我们的渐近解 (15.28) 预示了当 $0 < Ek \ll 1$ 时，同椭球惯性模 $\mathbf{u}_{110}$ 的直接共振将导致一个 $|\mathbf{u}| \sim Po/\sqrt{Ek}$ 或 $E_{\rm kin} \sim Po^2/Ek$ 的渐近律，这个预测也令人信服地被我们的直接数值模拟所证实。图 15.3 显示了标度后的动能 $E_{\rm kin}/Po^2$ 与 $\hat{\omega}$ 的函数关系 (其他参数固定为 $Ek = 5 \times 10^{-5}$, $Po = 0.005$, $\mathcal{E} = 0.5$)，它又一次展示了分析解 (实线) 与直接数值模拟 (圆圈) 在不同频率的完美吻合。我们的数值模拟同时也证实了：在共振时，天平动流的形式确实是一个在方位角方向逆行的行波，其相速度为 $2/(2-\mathcal{E}^2)$，与分析解 (15.14) 式是一致的。

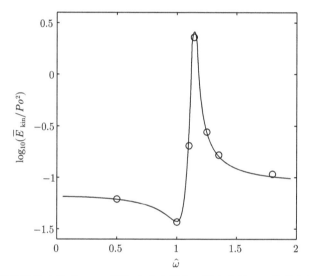

图 15.3 标度后的平均动能 $\bar{E}_{\rm kin}/Po^2$ 随天平动频率 $\hat{\omega}$ 的变化情况，其他参数为固定值，即 $Ek = 5 \times 10^{-5}$, $Po = 0.005$, $\mathcal{E} = 0.5$。实线表示分析公式 (15.16) 和 (15.31) 的结果，圆圈为非线性数值模拟的结果

第四部分

匀速旋转系统中的对流

第16章 导 论

16.1 旋转对流与进动、天平动

在本书的第三部分,我们已讨论了由进动、天平动等非匀速旋转导致的庞加莱力是怎样驱动流体运动的,庞加莱力维持了流体运动并对抗着粘滞耗散,其运动形式为单一的惯性模或一个惯性模子集。进动/天平动流的强度受庞加莱数 Po 的控制,而庞加莱数是标志庞加莱力大小的量化参数。在艾克曼数 (Ek) 固定的情况下,我们已证明了流体弱进动/天平动流的典型强度 $|\mathbf{u}|$ 通常正比于控制参数 Po,即 $|\mathbf{u}| \sim Po$。

在第四部分,我们将讨论另一种根本不同的流体运动驱动机制,即在匀速旋转系中 ($Po = 0$) 由浮力驱动并对抗粘滞耗散的流体运动,这种运动称为旋转对流。对于旋转对流问题,流体运动的幅度由瑞利数 Ra 控制,Ra 是浮力大小的量化参数,在后面我们将给出其定义。然而,与进动/天平动问题不同的是,当艾克曼数固定时,受浮力驱动的流体运动幅度 $|\mathbf{u}|$ 并不正比于控制参数 Ra。实际上,如果 Ra 不是足够大,匀速旋转的粘性流体中将不存在流体运动,即 $\mathbf{u} = \mathbf{0}$;在由浮力驱动的旋转对流问题中,流体运动来源于静平衡态的不稳定性,而表示浮力大小的瑞利数 Ra 必须足够大以引发这种不稳定性,即导致 $\mathbf{u} \neq \mathbf{0}$ 的状态 (Chandrasekhar, 1961)。

在首阶近似下,快速旋转对流系统中的流体运动是稳定的,其运动形式为单一惯性模 (包含地转模) 或者一个惯性模子集,本书第二部分已经讨论了它们的分析解,这些惯性模分析解同样也构成了旋转对流渐近理论的支柱。从这个方面来说,非匀速旋转系统的进动/天平动问题与匀速旋转系统的对流问题是相似的:它们的流体动力学由旋转效应控制,其数学分析可使用已知的惯性模分析解来简化。

本书第四部分将考虑旋转系统的自然对流。在自然对流中,Boussinesq 流体的运动由浮力驱动,而浮力来自于温度变化引起的不稳定的密度分层。在开始研究旋转对流问题之前,我们必须建立一个基本的平衡状态 (参考状态),该状态的不稳定性将引发匀速旋转 $((\partial\mathbf{\Omega}/\partial t) = \mathbf{0})$ 系统中的对流运动。这个基本的参考状态 $(\mathbf{u}_0, P_0, T_0)$ 可从一般方程 (1.10) 和 (1.11) 得到。首先,设 (1.10) 式中外力和浮力均为零,即 $\mathbf{f} = \mathbf{0}$ 和 $g\alpha\Theta = \mathbf{0}$,可知基本状态是静止的,即流体速度 $\mathbf{u} = \mathbf{u}_0 = \mathbf{0}$,压强则满足

$$\nabla P_0 = -\nabla p + \rho_0 \mathbf{g} + \frac{\rho_0}{2}\nabla |\mathbf{\Omega} \times \mathbf{r}|^2 = \mathbf{0},$$

它描述了内部压强 $(-\nabla p)$、重力 $(\rho_0 \mathbf{g})$ 和离心力 $(\rho_0 \nabla |\boldsymbol{\Omega} \times \mathbf{r}|^2/2)$ 达到平衡时的状态。其次，设 (1.11) 式中 $\Theta = 0$ 和 $\mathbf{u} = \mathbf{0}$，可得基本传导温度 $T_0(\mathbf{r})$ 满足以下方程：

$$0 = \kappa \nabla^2 T_0(\mathbf{r}) + \frac{Q_h}{c_p \rho_0}, \tag{16.1}$$

其中 Q_h 表示流体中可能存在的热源。传导温度梯度 $\nabla T_0(\mathbf{r})$ 可由热源 Q_h 来维持，或者由一个外部施加并贯穿于整个容器的温度差来维持，或者二者兼有。于是本书采用的旋转对流基本参考状态为：① 静止的运动状态，即 $\mathbf{u}_0 = \mathbf{0}$；② 旋转系统的静水平衡态 $\nabla P_0 = \mathbf{0}$；③ 由方程 (16.1) 的解给出的传导温度 $T_0(\mathbf{r})$。

在本书讨论的旋转对流问题中，我们还需要用到两个条件：① 重力加速度矢量 $\mathbf{g}$ 平行于传导温度梯度 $\nabla T_0(\mathbf{r})$，满足

$$\mathbf{g} \times \nabla T_0(\mathbf{r}) = \mathbf{0},$$

以及 ② 粘性流体是不稳定分层的，即有

$$\mathbf{g} \cdot \nabla T_0(\mathbf{r}) > 0.$$

当温度梯度 $|\nabla T_0(\mathbf{r})|$ 较小时，流体处于静止状态 $(\mathbf{u} = \mathbf{0})$，热量由稳态的热传导传输。而当 $|\nabla T_0(\mathbf{r})|$ 足够大并达到一个临界值时，流体就开始运动 $(\mathbf{u} \neq \mathbf{0})$，协助热传导传输热量。在旋转系统中，这个状态通常称为对流的开端或者对流不稳定性。

16.2 旋转对流的关键参数

在地球和天体物理研究中，很多恒星、行星和卫星都在快速地旋转，并且它们的球形核中存在着流体，其中的径向浮力驱动着自然对流，而对流通过电磁感应将流体运动的机械能转化为磁场的欧姆耗散 (Bullard and Gellman, 1954; Chandrasekhar, 1961; Moffatt, 1978; Aldridge and Lumb, 1987; Gubbins and Roberts, 1987; Roberts and Soward, 1992; Zhang and Schubert, 2000; Jackson et al., 2007; Jones, 2011)。在这个过程中，热量通过传导和对流这两种方式从天体的内部传递到表面。

在 Boussinesq 近似下，匀速旋转系统中对流的控制方程——动量方程和热方程，可容易地从 (1.10) 和 (1.11) 式导出。在这二式中设 $\mathbf{f} \equiv \mathbf{0}$ 和 $(\partial \boldsymbol{\Omega}/\partial t) \equiv \mathbf{0}$，然后减去静止基本状态 $(\mathbf{u}_0, P_0, T_0)$，可得

$$\frac{\partial \mathbf{u}}{\partial t} + \mathbf{u} \cdot \nabla \mathbf{u} + 2\boldsymbol{\Omega} \times \mathbf{u} = -\frac{1}{\rho_0}\nabla P - \mathbf{g}\alpha\Theta + \nu\nabla^2 \mathbf{u}, \tag{16.2}$$

$$\frac{\partial \Theta}{\partial t} + \mathbf{u} \cdot \nabla (\Theta + T_0) = \kappa \nabla^2 \Theta, \tag{16.3}$$

其中 $(\mathbf{u}, P, \Theta)$ 表示相对基态 $(\mathbf{u}_0, P_0, T_0)$ 的偏离。同第三部分的进动/天平动问题一样，可采用适当的尺度将方程 (16.2) 和 (16.3) 无量纲化，这不仅在数学上是方便的，而且对理解其物理本质也是有意义的。例如，当流体运动的时间尺度预期与旋转周期相当时，可采用 $|\Omega|^{-1}$ 作为时间尺度；如果流体运动的时间尺度与粘滞扩散一致，那么采用粘滞扩散时间 d^2/ν 作为时间尺度则更加恰当。

虽然采用不同尺度将得到不同形式的无量纲方程，但旋转对流问题的特征总是由三个独立的无量纲物理参数来描述的，与具体采用哪种尺度无关。旋转对流最常用的无量纲参数有三个，分别为瑞利数 Ra、泰勒数 Ta (Taylor number) 和普朗特数 Pr (Prandtl number)，定义为

$$Ra \equiv \frac{\alpha \Delta T g_0 d^3}{\nu \kappa}, \quad Ta \equiv \left[\frac{2|\Omega|d^2}{\nu}\right]^2, \quad Pr \equiv \frac{\nu}{\kappa},$$

其中 ΔT 表示贯穿流体容器的典型温度差，g_0 为重力加速度 $|\mathbf{g}|$ 的典型值。泰勒数 Ta 与艾克曼数 $Ek = \nu/(|\Omega|d^2)$ 的关系由下式给出：

$$Ta = \left(\frac{2}{Ek}\right)^2.$$

另外，在旋转对流分析中，也使用一个称为修正瑞利数的无量纲数 $\widetilde{Ra}$，定义为

$$\widetilde{Ra} \equiv Ra Ek = \frac{\alpha \Delta T g_0 d}{|\Omega|\kappa}.$$

从物理上来说，瑞利数 Ra 实际上是打破平衡的浮力与耗散力的比值，例如，对天体而言，瑞利数 Ra 反映了其内部的超绝热温度梯度。旋转对流中的扩散过程有两个，分别为粘滞扩散和热扩散，普朗特数 Pr 则代表了这两个扩散过程的相对重要性，是粘性流体物性的反映。液态镓的普朗特数约为 0.023，表示热扩散将起主导作用，而室温下水的普朗特数为 7.0，表明粘滞扩散占优。泰勒数 Ta 表示科里奥利力与粘滞力比值的平方，而艾克曼数 Ek 为粘滞力与科里奥利力的比值。

在本书中，我们主要考虑快速旋转下的对流，即 $0 < Ek \ll 1$ 或 $Ta \gg 1$。在此条件下，旋转效应起着控制作用，对流是弱非线性的，表现为层流或弱湍流的形式。正是这个极小的艾克曼数，使旋转对流问题迥异于非旋转系统，并使该问题变得极具吸引力。

16.3 旋转对对流的约束

旋转具有很强的稳定效应，因而在快速旋转系统中，对流的发生需要较大的浮力 (较大的瑞利数 Ra)。为避免复杂的数学推导，我们将采用最简单的旋转 Rayleigh-Bénard 对流 (Chandrasekhar, 1961) 来直观地展示这个重要但不明显的特点。在该

问题中，一个在水平方向无界的流体层围绕着一个垂直轴以角速度 $\hat{z}\Omega$ 匀速转动，同时受到垂直方向重力 $\mathbf{g} = -g_0\hat{z}$ 的作用，其中 g_0 是常数；流体层从下面进行加热，以维持底部 $z = 0$ 处的高温，从而形成一个不稳定的垂直温度梯度 $\nabla T_0 \sim -\hat{z}$。在方程 (16.3) 中，我们假设热源 $Q_h = 0$。众所周知，非旋转 Rayleigh-Bénard 层的对流在 $Ra \approx 1700$ 时才会发生 (Chandrasekhar, 1961)。

假设对流运动的速度 $\mathbf{u}$ 极小 ($|\mathbf{u} \cdot \nabla \mathbf{u}| \ll |\mathbf{u}|$) 且是稳定的 ($\partial \mathbf{u}/\partial t = \mathbf{0}$)，并假设流体是无粘性的 ($\nu = 0$)，在这种情况下，动量方程 (16.2) 简化为

$$2\Omega\hat{z} \times \mathbf{u} = -\frac{1}{\rho_0}\nabla P + g_0\hat{z}\alpha\Theta.$$

将算子 $\mathbf{z} \cdot \nabla \times$ 作用于上面的方程，得到垂向涡度方程

$$-2\Omega\hat{z} \cdot \left(\frac{\partial \mathbf{u}}{\partial z}\right) = \alpha g_0 \hat{z} \cdot (\nabla\Theta \times \hat{z}),$$

随即可得

$$2\Omega\frac{\partial}{\partial z}(\hat{z} \cdot \mathbf{u}) = 0,$$

对于匀速旋转系统，上式中的 Ω 为常数。利用上下边界处 ($z = d, 0$) 的速度边界条件 $\hat{z} \cdot \mathbf{u} = 0$，可以推断流体的垂向速度在整个流体层中处处为零。而如果没有垂向流动 $\hat{z} \cdot \mathbf{u}$，热量将无法传递，因而对流也不可能发生。从数学上来说，它意味着极限 $\nu \to 0$ 对于稳态解是奇异的，即对于任意小但非零的 ν，其旋转对流解与 $\nu = 0$ 的解具有根本性的差异。从物理上来说，这意味着旋转效应强烈地约束或稳定着整个系统，我们通常称之为旋转约束。

在 $\nu = 0$ 的稳态情况下，旋转 Rayleigh-Bénard 层中垂向流动的消失 ($\hat{z} \cdot \mathbf{u} = 0$) 意味着旋转约束必须被打破以产生对流不稳定性，而打破旋转约束有三种方式，对应着三种不同的旋转对流类型。

16.4 旋转对流的类型

16.4.1 粘性对流模式

打破旋转约束的第一种方式是保留方程 (16.2) 中与小尺度对流相联系的粘性项 $\nu\nabla^2\mathbf{u}$，以引入较大的粘性力 (Chandrasekhar, 1961)。这种方式得到的旋转对流是稳态或者慢速振荡的，因此问题的首阶近似将不考虑惯性项 $\partial \mathbf{u}/\partial t$。为反映旋转对流的物理本质，可将对流解 $(\mathbf{u}, P)$ 分解为两部分：内部分量 $(\mathbf{u}_{in}, P_{in})$ 和粘性边界层分量 $(\tilde{\mathbf{u}}, \tilde{P})$，后者是由粘性和快速旋转共同导致的。对于稳态对流问题，动量方程 (16.2) 在流体的大部中则变成

16.4 旋转对流的类型

$$2\Omega\hat{\mathbf{z}} \times \mathbf{u}_{in} = -\frac{1}{\rho_0}\nabla P_{in} + g_0\alpha\Theta\hat{\mathbf{z}} + \nu\nabla^2\mathbf{u}_{in}.$$

将算子 $\mathbf{z}\cdot\nabla\times$ 作用于以上方程,得到垂向涡度方程为

$$2\Omega\frac{\partial}{\partial z}(\hat{\mathbf{z}}\cdot\mathbf{u}_{in}) = \nu\,\hat{\mathbf{z}}\cdot\nabla\times\nabla\times\nabla\times\mathbf{u}_{in}.$$

它表明旋转约束 $2\Omega\partial(\hat{\mathbf{z}}\cdot\mathbf{u}_{in})/\partial z$ 可以由引入较大的粘性项 $\nu\hat{\mathbf{z}}\cdot\nabla\times\nabla\times\nabla\times\mathbf{u}_{in}$ 来打破,而此项与流体运动的较小水平尺度 $\mathcal{L}_h$ 相关,由它可导出稳态或缓慢振荡对流的一个基本渐近律 (Chandrasekhar, 1961),即

$$\frac{\mathcal{L}_h}{d} \sim \left(\frac{\nu}{\Omega d^2}\right)^{1/3} = (Ek)^{1/3}, \quad 0 < Ek \ll 1,$$

取 $\partial/\partial z \sim 1/d, \partial/\partial x \sim 1/\mathcal{L}_h$ 和 $\partial/\partial y \sim 1/\mathcal{L}_h$ 即可导出上式。该渐近律为理解快速旋转系统中的稳态或慢速振荡对流提供了一个基本的框架。

当 $0 < Ek \ll 1$ 时,对流有三个重要的特点与渐近律 $\mathcal{L}_h \sim d(Ek)^{1/3}$ 相关。首先,作为无界 Rayleigh-Bénard 层水平不均匀性的结果,小尺度对流必须不均匀地充满整个旋转流体层 (Chandrasekhar, 1961),这是由流体在水平方向无界的几何形态所导致的;其次,边界层 $\tilde{\mathbf{u}}$ 的粘性效应在首阶近似下可以被忽略,因为对于稳态旋转对流而言,在大部流体中,粘性效应占据着主导地位,因而当 $0 < Ek \ll 1$ 时,边界层粘性效应不会进入首阶近似解 (Zhang and Roberts, 1998);最后,在此情况下,粘性的作用是相反的:它并不单纯地起着耗散作用,而是为发动对流,在压强梯度 ∇P_{in} 不足以平衡科里奥利力 $2\Omega\times\mathbf{u}_{in}$ 时,提供了足够大的摩擦力以平衡部分科里奥利力。这也意味着,这种类型的旋转对流是极其消耗能量的,需要较大的浮力或者瑞利数 Ra。

当 $0 < Ek \ll 1$ 时,发动稳态对流所需的瑞利数 Ra 的值可以根据小水平尺度 $\mathcal{L}_h = O(dEk^{1/3})$ 来粗略地估计。注意流体运动在 $\boldsymbol{\Omega}$ 方向(垂向)的尺度总是 d 量级的。从 (16.3) 式可知稳态的线性热方程为

$$\mathbf{u}_{in}\cdot\nabla T_0 = \kappa\nabla^2\Theta,$$

取 $\nabla T_0 \sim (\Delta T/d)\hat{\mathbf{z}}$ 和 $\nabla^2\Theta \sim \Theta/\mathcal{L}_h^2$,可得

$$\Theta \sim \left(\frac{\mathcal{L}_h^2}{\kappa}\right)\mathbf{u}_{in}\cdot\nabla T_0 \sim \left(\frac{\mathcal{L}_h^2}{\kappa}\right)\left(\frac{\Delta T}{d}\right)\hat{\mathbf{z}}\cdot\mathbf{u}_{in}.$$

在匀速旋转 $((\partial\boldsymbol{\Omega}/\partial t) = \mathbf{0})$ 的流体层中,稳态对流 $(dE_{kin}/dt = 0)$ 的动能方程 (1.18) 则变为

$$\int_{\mathcal{V}}\left(\alpha g_0\Theta\hat{\mathbf{z}}\cdot\mathbf{u}_{in} - \nu|\nabla\times\mathbf{u}_{in}|^2\right)\,d\mathcal{V} = 0,$$

其中与边界层流 $\tilde{\mathbf{u}}$ 相联系的小项均被忽略了,比如 $\nu\int_{\mathcal{V}}|\nabla\times\tilde{\mathbf{u}}|^2 d\mathcal{V}$。由这个能量平衡可得出以下估计:

$$\alpha g_0 \left(\frac{\mathcal{L}_h^2}{\kappa}\right)\left(\frac{\Delta T}{d}\right) \sim \frac{\nu}{\mathcal{L}_h^2}.$$

于是,产生稳态对流所需的 Ra 大小就由以下渐近律表征:

$$Ra = \frac{\alpha \Delta T g_0 d^3}{\nu \kappa} \sim \left(\frac{d}{\mathcal{L}_h}\right)^4 \sim \left(\frac{1}{Ek}\right)^{4/3}, \quad 0 < Ek \ll 1,$$

其值通常比非旋转 Rayleigh-Bénard 层的 $Ra \approx 1700$ 大得多。

在 $0 < Ek \ll 1$ 条件下,这种类型的对流由两个关键的渐近律所表征,即 $\mathcal{L}_h \sim d(Ek)^{1/3}$ 和 $Ra \sim (Ek)^{-4/3}$。当普朗特数 Pr 足够大时 (如室温下的水),此类对流在物理上是可以实现的。我们将这种旋转对流称为粘性对流模式,因为正是粘性效应打破了旋转约束。

16.4.2 惯性对流模式

第二种打破旋转约束的方式是引入快速振荡,即在首阶近似下保留方程 (16.2) 中的惯性项 $\partial \mathbf{u}_{in}/\partial t$(Zhang, 1994)。在这种方式中,对于流体大部,首阶近似问题没有考虑小的粘性项 $\nu \nabla^2 \mathbf{u}_{in}$ 和小的浮力项 $\mathbf{g}\alpha\Theta$,因而在旋转 Rayleigh-Bénard 层中,当 $0 < Ek \ll 1$ 时,内部的动量方程 (16.2) 在首阶近似下就变为

$$\frac{\partial \mathbf{u}_{in}}{\partial t} + 2\boldsymbol{\Omega} \times \mathbf{u}_{in} = -\frac{1}{\rho_0}\nabla P_{in},$$

它是本书第二部分讨论的惯性波偏微分方程。

这种类型的旋转对流有以下三个特点 (Zhang, 1994, 1995):①惯性波被动地携带着温度和相关的密度扰动,浮力对抗着弱的粘滞耗散并维持着对流,粘滞耗散主要发生在粘性边界层 $\tilde{\mathbf{u}}$ 中;②与粘性对流不同,粘滞性在这里的作用是完全耗散的;③流体大部的对流运动尺度 $\mathcal{L}_h$ 较大,与流体层的深度 d 一致,即

$$\frac{\mathcal{L}_h}{d} = O(1), \quad 0 < Ek \ll 1.$$

于是由热方程 (16.3) 可以得到以下估计:

$$\Theta \sim \left(\frac{d^2}{\kappa}\right) \mathbf{u}_{in} \cdot \nabla T_0 \sim \left(\frac{d^2}{\kappa}\right)\left(\frac{\Delta T}{d}\right)\hat{\mathbf{z}} \cdot \mathbf{u}_{in}.$$

因粘滞耗散主要发生于粘性边界层,动能方程 (1.18) 可以用总速度 $\mathbf{u} = \mathbf{u}_{in} + \tilde{\mathbf{u}}$ 的形式写为

$$\int_{\mathcal{V}} \left[\alpha g_0 \Theta \hat{\mathbf{z}} \cdot (\mathbf{u}_{in} + \tilde{\mathbf{u}}) - \nu |\nabla \times (\mathbf{u}_{in} + \tilde{\mathbf{u}})|^2\right] \, d\mathcal{V} = 0,$$

注意:即使对流是振荡的,其动能在对流发生时也仍然与时间无关,即 $dE_{\mathrm{kin}}/dt = 0$,另外还有一个条件 $(\partial \boldsymbol{\Omega}/\partial t) = \mathbf{0}$。上式中,对整个流体区域进行的积分 $\nu \int_{\mathcal{V}} |\nabla \times (\mathbf{u}_{in} + \tilde{\mathbf{u}})|^2 \, d\mathcal{V}$ 可以用边界层内的积分来近似,这个薄的粘性边界层是无滑移边界

条件所导致的。取边界层厚度为 $O(d\sqrt{Ek})$，并取 $|\tilde{\mathbf{u}}| = O(|\mathbf{u}_{in}|)$，可从能量方程得到以下估计:

$$\alpha g_0 \left(\frac{d^2}{\kappa}\right)\left(\frac{\Delta T}{d}\right) \sim \left[\frac{\nu}{(d\sqrt{Ek})^2}\right]\sqrt{Ek},$$

它比粘性对流所需要的能量要小得多。于是，当旋转 Rayleigh-Bénard 层的旋转约束主要由惯性振荡打破时，对流不稳定性所需的瑞利数 Ra 的大小为

$$Ra = \frac{\alpha \Delta T g_0 d^3}{\nu \kappa} \sim \left(\frac{1}{Ek}\right)^{1/2}, \quad 0 < Ek \ll 1,$$

这个值比粘性对流模式小得多，但还是比非旋转 Rayleigh-Bénard 层的 $Ra=1700$ 大。

在 $0 < Ek \ll 1$ 条件下，这种对流由两个关键渐近律表征: $\mathcal{L}_h \sim d$ 和 $Ra \sim (Ek)^{-1/2}$。当普朗特数 Pr 足够小时，此类对流可以在物理上实现，是快速旋转流体系统中对流不稳定性和惯性波动力学之间的一个重要汇聚点。我们将这种对流称为惯性对流模式，因为是惯性效应打破了旋转约束。

16.4.3 过渡对流模式

打破旋转约束的第三种方式是同时引入粘性和惯性效应。对于无限小且固定的 Ek，旋转 Rayleigh-Bénard 层中总是存在一个从粘性对流 (Chandrasekhar, 1961) 到惯性对流 (Zhang and Roberts, 1997) 的过渡。粘性对流的特点是与较大的粘性力相关联的小尺度流动，而惯性对流的特点是大尺度流动的快速振荡，与较大的惯性力相关联。这个过渡取决于 Ek 的大小，发生于中等大小的普朗特数范围内，是旋转对流在数学和物理上最为复杂的情况。我们将这种对流称为过渡对流模式，因为是惯性和粘性的共同作用打破了旋转约束。与粘性或惯性对流不同，过渡对流模式不存在简单的渐近律。

本节我们以旋转的无界 Rayleigh-Bénard 层为例，展示了旋转对流的三种不同类型。应该指出，这种将旋转对流分为粘性对流模式、惯性对流模式和过渡对流模式的分类方法也适用于其他几何体，例如，本书已讨论过的圆柱体和球体。

16.5 不同旋转几何体中的对流

除了三个无量纲物理参数——泰勒数 Ta (或艾克曼数 Ek)、普朗特数 Pr 和瑞利数 Ra (或修正的瑞利数 $\widetilde{Ra}$)，流体容器的几何形状在确定旋转效应怎样控制对流的动力学过程中也起着关键性的作用。例如，考虑一个快速旋转的环柱，其末端为刚性且是平的，间隙为中等大小，具有径向温度梯度和径向重力加速度 (Zhang and Greed, 1998)。在这个特殊的几何体中，流体大部的对流运动总是表现为平行于旋转轴的二维流体卷形式，除了上下两端的粘性边界层，流体运动完全是地转的，二维地转流可以横越整个环柱来传递热量。

在本书的第四部分，旋转对流研究所考虑的流体几何形状与第二、三部分基本相同，分别是①底部加热的旋转管道，具有垂直重力场，代表了在两个平行的垂直壁面约束下的旋转 Rayleigh-Bénard 层；②底部加热的旋转圆柱，具有垂直重力场；③径向加热的球体或球壳，具有径向重力场。在这三种几何体中，地转流不能传递热量，因而旋转约束必须被粘性力(粘性对流模式)或惯性力(惯性对流模式)，或者二者的组合所打破，以使对流能够发动。

16.5.1 旋转环柱管道

虽然无界 Rayleigh-Bénard 层在数学上很简单，并且也可借以洞察旋转对流的物理本质 (如 Veronis, 1959; Chandrasekhar, 1961; Veronis, 1966; Clever and Busse, 1979; Zhang and Roberts, 1998)，但它却无法由实验来实现。此外，旋转 Rayleigh-Bénard 对流的线性问题在数学上也是退化的。为理解自转的恒星和行星在中纬区域的对流，Davies-Jones 和 Gilman(1971) 研究了底部均匀加热、相对对称轴旋转的窄间隙环柱中的对流问题，其侧壁是刚性的，另见文献 (Gilman, 1973; Busse, 2005)。假设环柱间隙的宽度相比于半径足够小，则同本书第二部分讨论的一样，可忽略窄间隙环柱的曲率效应以简化数学分析。

环柱两个侧壁的存在在数学上有一个重要的优势——它可以消除无界 Rayleigh-Bénard 层旋转对流线性问题的退化现象。此外，它还有一个重要的特点：底部加热的旋转环柱管道可以近似地在实验室中实现。Davies-Jones 和 Gilman (1971) 发现，壁面的影响可以产生振荡对流，而振荡对流在旋转的无界 Rayleigh-Bénard 层中是不存在的。这个问题的后续研究也表明，旋转对流具有丰富的动力学过程，包括稳态粘性对流、束缚于壁面的粘性对流和惯性对流 (Busse, 2005; Liao et al., 2005; Zhang et al., 2007c, 2015)。对于环柱管道，哪一种对流模式是物理上的首选，取决于普朗特数 Pr 和环柱管道的横纵比 Γ。此问题有一个与众不同的特点——针对无界 Rayleigh-Bénard 层而引入的两个垂直壁面不仅破坏了水平方向的均匀性，而且在壁面附近形成了一些特殊的区域，使得粘性对流被束缚于其中。当普朗特数 Pr 足够大，并且横纵比 Γ 中等或较大时，这些壁面区域就成了粘性对流模将粘性力的影响最大化并打破旋转约束的理想地点，但同时，它又最小化了垂直温度梯度，而该温度梯度是对流发动所必需的。

与无界旋转 Rayleigh-Bénard 层的非线性对流不同，在旋转管道中，既不可能存在对流卷，也不可能存在由两个壁面所导致的 Kuppers-Lortz 不稳定性，参见文献 (Kuppers and Lortz, 1969)。当普朗特数较大时，对非线性旋转对流的性质起着关键作用的是局限于壁面的对流模(更不稳定)与内部模(较不稳定)之间的相互作用 (Zhan et al., 2009)；而当普朗特数较小时，决定非线性旋转对流主要特征的则是由对流激发的惯性模之间的非线性相互作用 (Zhang et al., 2015)。本书将按照 Davies-Jones 和 Gilman (1971)、Liao 等 (2006)、Zhang 等 (2007c) 及 Zhang 等 (2015) 的方法, 讨论底部加热旋转环柱管道的对流问题。我们将使用较为简单的渐近分析, 解析地描述粘性和惯性对流的复杂动力学。

16.5.2 旋转圆柱

对于内部充满流体、底部加热且绕其垂直对称轴匀速旋转的圆柱, 旋转对流可以容易地用实验来实现, 尽管实验总是会由于地球自转而受到进动的微弱影响 (Triana et al., 2012)。对这个问题, 已经进行了大量的实验和理论研究, 例如, 文献 (Zhong et al., 1991; Herrmann and Busse, 1993; Goldstein et al., 1993; Aurnou and Olson, 2001; Zhang et al., 2007a; Zhang and Liao, 2009; King and Aurnou, 2013)。当旋转速度足够大时, 实验和理论研究都发现了局限于圆柱壁面的粘性对流 (Zhong et al., 1991; Herrmann and Busse, 1993)。在粘性对流的渐近分析中, 局限于壁面的行波可以被视为一个边界层现象, 圆柱曲率的影响是次要的, 因而在首阶近似下可以忽略 (Herrmann and Busse, 1993; Liao et al., 2006)。也就是说, 如果旋转环柱的横纵比足够大, 将旋转管道的渐近解修改一下, 就可得到快速旋转圆柱的粘性对流渐近解。不过, 在惯性对流的渐近分析中, 圆柱的曲率起着关键性作用, 数学分析则需要采用较为复杂的柱坐标系 (Zhang and Liao, 2009)。

在线性和弱非线性对流的动力学机制上, 快速旋转圆柱和环柱是高度相似的。对于足够小的普朗特数, 对流在物理上倾向于惯性对流 (Zhang et al., 2007a); 而当普朗特数足够大时, 物理上实现的是局限于壁面附近的粘性对流 (Herrmann and Busse, 1993; Liao et al., 2006)。对于较小以及中等大小的普朗特数 (Goldstein et al., 1993, 1994), 对流则表现出了非常复杂且难以解释的行为, 标志着从惯性对流模式向粘性对流模式的过渡。基于对旋转圆柱对流物理本质的认识, Zhang 和 Liao (2009) 推导出了若干相对简单的渐近公式, 正确地描述了对流的关键特征 (对流满足无滑移边界条件且普朗特数 Pr 和横纵比 Γ 可取任意值), 其结果与纯数值分析取得了令人满意的一致性。这些公式让我们更深刻地认识到, 旋转约束与打破这种约束的惯性/粘性效应之间复杂的相互作用是旋转对流动力学的主要研究内容。在弱非线性域, 对于大普朗特数流体, 囿于壁面的粘性模和惯性模之间的相互作用扮演了至关重要的角色, 而对于小普朗特数流体, 由对流激发的一些惯性波模之间的相互作用则决定了惯性对流的非线性特征。King 和 Aurnou (2013) 曾使用液态镓进行了旋转圆柱的流体实验, 集中研究了高瑞利数 Ra 条件下强湍流的标度律 (scaling law)。

本书我们将大体按照 Zhang 等 (2006)、Liao 等 (2006)、Zhang 等 (2007a) 及 Zhang 和 Liao (2009) 的方法来讨论底部加热旋转圆柱的对流问题, 并表明: 虽然旋转圆柱对流的动力学和模式非常复杂, 但在旋转约束以及惯性/粘性效应打破约束的框架下可以容易地得到理解。

16.5.3 旋转球体或球壳

旋转球体对流是一个经典的问题，它考虑一个快速旋转、自引力的 Boussinesq 流体球，对流由均匀分布的热源驱动，即在 (16.3) 式中，$Q_h = $ 常数 $\neq 0$。该问题最先由 Chandrasekhar (1961) 给出了数学解，并在其后得到了广泛的研究，例如，文献 (Chandrasekhar, 1961; Roberts, 1968; Busse, 1970; Soward, 1977; Chamberlain and Carrigan, 1986; Zhang, 1992, 1994; Jones et al., 2000; Dormy et al., 2004; Net et al., 2008; Sanchez et al., 2016)。

这个经典问题之所以吸引了如此广泛的关注，至少有三个方面的原因：①许多地球和天体物理的研究对象是球形的，且快速旋转并拥有对流，该问题与这些天体是直接相关的；②该问题可仅由三个物理参数来表示其主要物理特征，分别是瑞利数 Ra、艾克曼数 Ek 和普朗特数 Pr，代表了旋转对流中最简单的数学问题；③它为理解球形几何体中旋转对流的一般物理机制提供了一个基本的认知。

但对于旋转流体球的对流不稳定性问题，因为瑞利数 Ra 完全由普朗特数 Pr 和艾克曼数 Ek 决定，所以实际上仅需两个参数——Pr 和 Ek 便可完整地描述这个经典问题。与环柱和圆柱相比，球体问题没有横纵比这个参数，因而使用较少的物理参数便可对该问题有一个全面的了解。不过球壳会多出一个参数，即内半径 r_i 与外半径 r_o 的比值，它往往起着比较重要的作用，尤其是当这个比值较大的时候。此外，球壳的加热方式、内边界的热边界条件和速度边界条件的类型也是非常重要的。在地球和天体物理的流体系统中，如地球液核、行星核或者大气，艾克曼数 Ek 往往极小，即 $0 < Ek \ll 1$，普朗特数 Pr 为适度小值，即 $Pr = O(10^{-2})$，参见文献 (Gubbins and Roberts, 1987)。

将无界 Rayleigh-Bénard 层水平向的空间均匀性与旋转球体的空间不均匀性进行对比，可深入洞察旋转对流问题的物理本质。在球体中，径向重力矢量 $\mathbf{g}$ 和旋转矢量 $\boldsymbol{\Omega}$ 的夹角是变化的，引发的后果便是粘性和惯性对流都不得不局部化以打破旋转约束。对于大普朗特数流体，水平尺度较小 (与较大粘性力相关) 的粘性对流运动被局限于旋转球体的中部纬度地区 (Roberts, 1968; Busse, 1970, 1994; Jones et al., 2000)。而对于小普朗特数流体，惯性对流运动要么是局限于赤道区域的快速振荡，要么充满了整个球体 (Zhang and Busse, 1987; Zhang, 1994, 1995)。赤道区域的快速振荡与较大的惯性力相关，在此区域，球体较大的垂向斜率能够产生足够快的振荡来克服旋转约束。球体这种特殊的动力学特点与环柱和圆柱是完全不同的。

球体中的局部化对流，不管模式是粘性还是惯性的，其物理性质暗示了：对于不同的普朗特数，需要采用不同的数学分析方法。对于大普朗特数，Roberts (1968) 和 Busse (1970) 建立了一个局部渐近理论，用以描述 $0 < Ek \ll 1$ 时粘性对流的开

端。分析表明，粘性对流应该具有较强的非轴对称性，即 $(1/s)\partial/\partial\phi \gg \partial/\partial s$，满足渐近律 $(1/s)\partial/\partial\phi \sim O(dEk^{-1/3})$，并且呈 $\partial/\partial z \sim O(d)$ 的柱状卷形态。这里，s 表示离旋转轴的距离，z 表示沿旋转轴的坐标。粘性对流局限在一个临界圆柱的附近，该圆柱的半径约为球体半径的一半 (Roberts, 1968; Busse, 1970)。另外，该局部渐近理论仅需要球体外表面法向流为零的边界条件。Soward (1977) 的研究表明，当瑞利数在临界值附近时，由局部渐近理论给出的粘性对流解是不可持续的，它将随着时间而衰减。而 Zhang (1992) 发现，因为柱状卷的强烈螺旋，对流的径向尺度将与方位角尺度处于同一量级，即 $(1/s)\partial/\partial\phi = O(\partial/\partial s) = O(dEk^{-1/3})$。Jones 等 (2000) 将 Roberts-Busse 的局部解扩展到复 s-面，在这个面上相混合消失，并由此确定了快速旋转球体粘性对流的发生条件。对于有较大内核的快速旋转球体，Dormy 等 (2004) 也对其中的粘性对流问题进行了类似的渐近分析。

对于足够小的普朗特数，当 $0 < Ek \ll 1$ 时，Zhang (1994, 1995) 发展了一个全球性的惯性对流渐近理论，该理论没有假设任何空间和时间的渐近尺度，也没有限制对流的地点和范围。该理论发现，在首阶近似下，对流运动可由一个单一的球体惯性波模来表示。对流局限于赤道区域，沿旋转轴的结构比较简单，可由一个 s 和 z 的二次多项式来描述。浮力是作为次一阶次的力而出现的，它驱动了惯性波以对抗主要发生在艾克曼边界层的粘性衰减效应。与粘性对流的局部渐近理论不同，全球性的惯性对流渐近解在球体外边界上适用于应力自由或无滑移两个边界条件。更重要的是，不同的边界条件将会导致不同形式的渐近解。基于球体惯性模扰动 (本书第二部分已讨论)，并考虑粘性边界层的影响，可以导出惯性波的全球性的显式渐近解，这个解包含了由 Sanchez 等 (2016) 通过数值方法发现的轴对称和赤道反对称模。

应该注意，对于球体的旋转对流，当 $0 < Ek \ll 1$ 时，对大小不同的 Pr 值不存在简单的渐近律。这是因为当 Ek 任意小但不为零时，高度局部化的对流将随着 Pr 的减小而在空间上扩散开来，它表明在 Pr 足够大时有效的渐近公式 $\partial/\partial s = O(Ek^{-1/3})$ 已不再成立。Zhang 等 (2007b) 基于准地转惯性波模的展开发展了一个渐近方法，用于分析快速旋转球体中的对流，该方法对所有的 Pr 值和小艾克曼数都有效，并且没有使用任何渐近标度律。

在本书第四部分，我们将大体遵循 Busse (1970)、Zhang (1994)、Zhang (1995) 和 Zhang 等 (2007b) 的方法，讨论旋转球体或球壳中的对流问题，用分析或数值方法来展示在对流开端或开端附近的粘性、惯性和过渡对流模式。主要关注的问题是均匀热源驱动的旋转对流，以及在渐近小 Ek 条件下，普朗特数 Pr 的大小是如何影响球体旋转对流行为的。本书将不讨论其他加热方式的影响，比如来自内球 (内核) 的加热。

第17章 旋转窄间隙环柱中的对流

17.1 公　　式

本章将研究匀速旋转窄间隙环柱中 Boussinesq 流体的对流问题，环柱的深度为 d，内半径设为 $r_i d$，外半径为 $r_o d$，如图 17.1 所示。Boussinesq 流体的热扩散系数 κ、热膨胀系数 α 和运动粘度 ν 均为常数。我们将考虑两种不同的情形。首先，如本书第二部分讨论进动问题那样，忽略环柱曲率的影响来进行局部近似 (Davies-Jones and Gilman, 1971)。这种窄间隙近似允许使用较简单的直角坐标系，其方位坐标为 x，垂直坐标为 z，向内的径向坐标为 y，相应的单位矢量为 $(\hat{\mathbf{x}}, \hat{\mathbf{y}}, \hat{\mathbf{z}})$，如图 17.1 所示；其次，为了解窄间隙近似中被忽略的曲率的作用，我们也将考虑曲率的全部影响，采用柱坐标系 (s, ϕ, z) 来研究旋转环柱中的对流。在柱坐标系中，旋转轴位于对称轴 $s=0$ 上，其内半径为 $s=r_i d$，外半径为 $s=r_o d$。

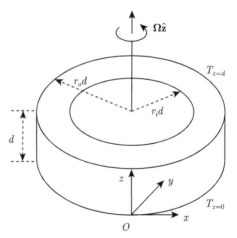

图 17.1　旋转环柱的几何形状，高度为 d，内半径为 $r_i d$，外半径为 $r_o d$，其内充满热扩散系数 κ、热膨胀系数 α、运动粘度 ν 均为常数的 Boussinesq 流体，流体被限制在 $r_i d \leqslant s \leqslant r_o d$ 和 $0 \leqslant z \leqslant d$ 的区域，旋转轴位于对称轴 $s=0$ 处。环柱在底部被加热，以维持一个底部 $(z=0)$ 的高温 $T_{z=0}$ 和顶部 $(z=d)$ 的低温 $T_{z=d}$，即 $T_{z=0} > T_{z=d}$

环柱对流参照的静止基本状态可由以下物理场提供，其一为定常的垂直重力场，即

$$\mathbf{g} = -g_0 \hat{\mathbf{z}},$$

17.1 公　式

其中 g_0 为常数；其二为热传导温度场 T_0，它由外界维持的底部高温 $T_{z=0}$ 和顶部低温 $T_{z=d}$ 所形成，即有 $T_{z=0} > T_{z=d}$，此状态不含内部热源。在 (16.1) 式中设 $Q_h = 0$，可得基本温度场 T_0 的方程为

$$0 = \nabla^2 T_0(\mathbf{r}),$$

如果环柱的两个壁面是绝热的，即当使用窄间隙近似时，在 $y = 0, \Gamma d$ 处有 $\partial T_0/\partial y = 0$（不使用窄间隙近似时，则为在 $s = r_i d, r_o d$ 处有 $\partial T_0/\partial s = 0$），或者壁面维持一个固定的温度分布 $[T_0(z)]_{y=0,\Gamma}$（非窄间隙近似时为 $[T_0(z)]_{s=r_i d, r_o d}$），如此以上方程在是否进行窄间隙近似的情况下都可以容易地求解。在这两种边界条件下，解可写成以下形式：

$$\nabla T_0(z) = -\beta \hat{\mathbf{z}} \quad \text{或} \quad T_0(z) = -\beta z + T_{z=0},$$

其中 $\beta = (T_{z=0} - T_{z=d})/d$，为正常数。当 β 较小时，热量只能由热传导向上传递，因而系统将保持一个没有运动的流体静力学基本状态；当 β 足够大时，将会发生对流不稳定性，热量将由热传导和对流一起向上传递。

将 $\mathbf{g} = -g_0\hat{\mathbf{z}}$ 和 $\mathbf{u} \cdot \nabla T_0(z) = -\beta \hat{\mathbf{z}} \cdot \mathbf{u}$ 代入公式 (16.2) 和 (16.3)，可得

$$\frac{\partial \mathbf{u}}{\partial t} + \mathbf{u} \cdot \nabla \mathbf{u} + 2\boldsymbol{\Omega} \times \mathbf{u} = -\frac{1}{\rho_0}\nabla P + g_0\hat{\mathbf{z}}\alpha\Theta + \nu\nabla^2 \mathbf{u}, \tag{17.1}$$

$$\frac{\partial \Theta}{\partial t} + \mathbf{u} \cdot \nabla \Theta = \beta\hat{\mathbf{z}} \cdot \mathbf{u} + \kappa\nabla^2 \Theta, \tag{17.2}$$

其中 Θ 表示温度相对于热传导状态 $T_0(z)$ 的偏离。在数学分析或数值计算中，我们将采用以上方程的无量纲形式，不过由于物理和几何参数的范围较大，对于某些参数，旋转对流的时间尺度可能较短，而对其他参数可能又非常长，因此为了数学分析和计算上的方便，对于不同范围的物理参数应该采用不同的尺度对方程进行归一化。

首先，当对流时间尺度远远大于旋转周期时（如粘性对流情况），我们采用环柱高度 d 为单位长度，粘性扩散时间 d^2/ν 为单位时间，以及 $\beta d\nu/\kappa$ 为系统的单位温度扰动，于是可得无量纲控制方程为

$$\frac{\partial \mathbf{u}}{\partial t} + \mathbf{u} \cdot \nabla \mathbf{u} + \sqrt{Ta}\,\hat{\mathbf{z}} \times \mathbf{u} = -\nabla p + Ra\Theta\hat{\mathbf{z}} + \nabla^2 \mathbf{u}, \tag{17.3}$$

$$\nabla \cdot \mathbf{u} = 0, \tag{17.4}$$

$$Pr\left(\frac{\partial \Theta}{\partial t} + \mathbf{u} \cdot \nabla \Theta\right) = \hat{\mathbf{z}} \cdot \mathbf{u} + \nabla^2 \Theta, \tag{17.5}$$

其中瑞利数 Ra 以温度梯度 β 定义为

$$Ra = \frac{\alpha\beta g_0 d^4}{\nu\kappa}.$$

其次，当对流时间尺度与旋转周期相当或小于旋转周期时 (如惯性对流情况)，在分析和计算上可同样地采用 d 为单位长度，但以 Ω^{-1} 为单位时间，$\beta d^3 \Omega/\kappa$ 为单位温度扰动。令 $P = (d^2\Omega^2\rho_0)p$，可得如下无量纲方程：

$$\frac{\partial \mathbf{u}}{\partial t} + \mathbf{u} \cdot \nabla \mathbf{u} + 2\hat{\mathbf{z}} \times \mathbf{u} = -\nabla p + \widetilde{Ra}\Theta\hat{\mathbf{z}} + Ek\nabla^2\mathbf{u}, \tag{17.6}$$

$$\nabla \cdot \mathbf{u} = 0, \tag{17.7}$$

$$(Pr/Ek)\left(\frac{\partial \Theta}{\partial t} + \mathbf{u} \cdot \nabla \Theta\right) = \hat{\mathbf{z}} \cdot \mathbf{u} + \nabla^2\Theta, \tag{17.8}$$

其中，修正瑞利数 $\widetilde{Ra}$ 定义为

$$\widetilde{Ra} = \frac{\alpha\beta g_0 d^2}{\Omega\kappa},$$

且有 $\widetilde{Ra} = RaEk$。请注意，公式 (17.1) 和 (17.2) 中有量纲的变量没有与公式 (17.3)~(17.5) 或 (17.6)~(17.8) 中的无量纲变量作区分，因为如果注意到控制方程中出现的无量纲参数 (如 Ek) 及其位置，将不会引起混淆。

由 (17.3)~(17.5) 式或者 (17.6)~(17.8) 式定义的旋转对流问题 (前者适于粘性对流，后者适于惯性对流)，需要容器壁面 $\mathcal{S}$ 上的速度 $\mathbf{u}$ 和温度 Θ 的边界条件。对于环柱底部和顶部端面的无滑移、不可渗透和理想导体条件，有

$$\hat{\mathbf{z}} \cdot \mathbf{u} = \Theta = 0 \quad \text{和} \quad \hat{\mathbf{z}} \times \mathbf{u} = \mathbf{0}, \quad z = 0, 1, \tag{17.9}$$

这种情形适宜与实验研究进行比对。而对于上下端面的应力自由、不可渗透和理想导体条件，则有

$$\hat{\mathbf{z}} \cdot \mathbf{u} = \Theta = 0 \quad \text{和} \quad \frac{\partial(\hat{\mathbf{z}} \times \mathbf{u})}{\partial z} = \mathbf{0}, \quad z = 0, 1. \tag{17.10}$$

虽然应力自由条件不符合实验室的实际情况，但有时也会被采用，这源于以下三个原因：首先，当环柱间隙极小时 ($\Gamma \ll 1$)，上下端面的速度边界条件类型不重要；其次，应力自由条件也许更适用于行星和恒星大气的研究；最后，端面的应力自由条件假设可使得数学分析更加容易。在环柱的两个垂直壁面上，当取窄间隙近似并采用直角坐标时，无滑移和绝热条件为

$$\mathbf{u} = \mathbf{0} \quad \text{和} \quad \hat{\mathbf{y}} \cdot \nabla \Theta = 0, \quad y = 0, \Gamma, \tag{17.11}$$

当不取窄间隙近似而采用柱坐标时，边界条件则为

$$\mathbf{u} = \mathbf{0} \quad \text{和} \quad \hat{\mathbf{s}} \cdot \nabla \Theta = 0, \quad s = r_i, r_o. \tag{17.12}$$

方程 (17.3)~(17.5) 或 (17.6)~(17.8) 与相应的边界条件一起构成了旋转环柱对流的数学问题。我们将首先使用分析和数值的方法来求解由这些方程的线性化版本所定义的对流不稳定性问题，并比较两种方法所获得的解，以展示渐近分析解在 $0 < Ek \ll 1$ 或 $Ta \gg 1$ 条件下的准确性。

17.2 非线性对流的有限差分法

对于窄间隙近似的旋转环柱，可采用直角坐标系下的三维有限差分方法对非线性旋转对流进行直接模拟 (Zhan et al., 2009)；而对于非窄间隙近似情况，柱坐标系下的三维有限差分方法也适用于对流的直接数值模拟 (Li et al., 2008)——由于内圆柱是空心的，轴线处的数值奇异性被排除了。

在求解这个非线性对流问题时，采用基于 Chorin 型投影格式 (Chorin, 1968) 的有限差分法进行三维直接数值模拟，其核心是将动量方程和连续性方程解耦。该投影格式可得到动量和热方程的时间离散。对于粘性对流模拟，方程 (17.3) 和 (17.5) 变为

$$\frac{\mathbf{u}^M - \mathbf{u}^n}{\Delta t} = Ra\Theta^n \hat{\mathbf{z}} + \nabla^2 \mathbf{u}^n - \mathbf{u}^n \cdot \nabla \mathbf{u}^n - \sqrt{Ta}\,\hat{\mathbf{z}} \times \mathbf{u}^n, \tag{17.13}$$

$$Pr\left(\frac{\Theta^{n+1} - \Theta^n}{\Delta t}\right) = \mathbf{u}^n \cdot \hat{\mathbf{z}} + \nabla^2 \Theta^n - Pr\mathbf{u}^n \cdot \nabla \Theta^n, \tag{17.14}$$

其中 $\mathbf{u}^n$ 和 Θ^n 表示第 n 个时间步 ($t = t_n$) 的速度和温度，$\mathbf{u}^M$ 表示在 t_n 和 t_{n+1} 之间某一时刻的速度。注意在计算中间时刻速度 $\mathbf{u}^M$ 时，压强梯度项被略去了。对于惯性对流，方程 (17.6) 和 (17.8) 在时间离散化后则变成

$$\frac{\mathbf{u}^M - \mathbf{u}^n}{\Delta t} = \widetilde{Ra}\Theta^n \hat{\mathbf{z}} + Ek\nabla^2 \mathbf{u}^n - \mathbf{u}^n \cdot \nabla \mathbf{u}^n - 2\,\hat{\mathbf{z}} \times \mathbf{u}^n, \tag{17.15}$$

$$\frac{Pr}{Ek}\left(\frac{\Theta^{n+1} - \Theta^n}{\Delta t}\right) = \mathbf{u}^n \cdot \hat{\mathbf{z}} + \nabla^2 \Theta^n - \frac{Pr}{Ek}\mathbf{u}^n \cdot \nabla \Theta^n. \tag{17.16}$$

因粘性对流和惯性对流在时间尺度上差异巨大，因此在进行数值模拟时，应依据不同问题选用不同的归一化方程：方程 (17.13) 和 (17.14) 或者 (17.15) 和 (17.16)，以提高模拟效率。

在 Chorin 型投影格式的下一步，t_{n+1} 时刻的速度场 $\mathbf{u}^{n+1}$ 将与压强 p^{n+1} 发生联系，即

$$\frac{\mathbf{u}^{n+1} - \mathbf{u}^M}{\Delta t} = -\nabla p^{n+1},$$

或者

$$\mathbf{u}^{n+1} = \mathbf{u}^M - \Delta t \nabla p^{n+1}.$$

对上述方程作散度运算，并利用不可压缩条件 $\nabla \cdot \mathbf{u}^{n+1} = 0$，我们得到一个 t_{n+1} 时刻压强 p^{n+1} 的泊松方程：

$$\nabla^2 p^{n+1} = \frac{1}{\Delta t}\nabla \cdot \mathbf{u}^M.$$

利用从 (17.13) 和 (17.14) 或 (17.15) 和 (17.16) 式计算得到的速度 $\mathbf{u}^M$ 以及从上面泊松方程所获得的压强 p^{n+1}，我们就可以计算 $t = t_{n+1}$ 时刻的速度场 $\mathbf{u}^{n+1}$。三维模拟的精度可以用相同参数但不同时空分辨率的非线性解来检验。这个投影格式既可用于直角坐标系下的旋转环柱管道，又可用于柱坐标系下的旋转环柱的非线性对流模拟。

对于窄间隙近似的环柱，它必须有一个额外的 x 方向的横向边界条件：可强制非线性解满足以下周期性：

$$\mathbf{u}(x,y,z) = \mathbf{u}(x+\Gamma_x,y,z), \quad \Theta(x,y,z) = \Theta(x+\Gamma_x,y,z), \quad p(x,y,z) = p(x+\Gamma_x,y,z).$$

于是计算区域的大小即可由上下端面 $z=(0,1)$、垂直壁面 $y=(0,\Gamma)$ 和周期边界 $x=(0,\Gamma_x)$ 来定义。在数值模拟中，为使计算耗费与捕捉必要的物理特征达到平衡，我们选取了一个中等大小的 Γ_x，其长度为几个波长，即 $\Gamma_x = O(2\pi/m_c)$。

17.3 稳态粘性对流

17.3.1 控制方程

当粘性流体被限制于一个高速旋转 ($Ta \gg 1$) 的窄间隙 ($\Gamma \leqslant O(Ta^{-1/6})$) 环柱中，且被由垂直温度梯度所致的垂向浮力所驱动时，其旋转对流的数学问题可由分析的方法来解决。作为窄间隙管道几何约束 ($\Gamma \leqslant O(Ta^{-1/6})$) 的结果，当不稳定性互换原理有效时，对流在时间上将是稳定的。快速旋转 ($Ta \gg 1$) 也会带来旋转约束，作为旋转约束的结果，对流将由垂向竖长的对流胞所组成，这些对流胞会将热量从窄间隙环柱的底部一直输送到顶部。

在不稳定性互换原理有效的期望下，我们将稳态粘性对流的速度 $\mathbf{u}$ 表达为一个与时间无关的极型 (Φ) 和环型 (Ψ) 矢量势的和，即

$$\mathbf{u} = \nabla \times \nabla \times [\Phi(x,y,z)\hat{\mathbf{y}}] + \nabla \times [\Psi(x,y,z)\hat{\mathbf{y}}], \tag{17.17}$$

它自动满足 (17.4) 式。由于

$$\hat{\mathbf{y}} \cdot \nabla \times (\Psi(x,y,z)\hat{\mathbf{y}}) = 0,$$

因此极型流动没有垂直于管道侧壁的分量。对于稳态粘性对流，宜采用 (17.3) 和 (17.5) 的动量和热方程，它们是用粘性扩散时间来归一化的。

利用 (17.17) 式，并且对 (17.3) 式作 $\hat{\mathbf{y}} \cdot \nabla \times$ 和 $\hat{\mathbf{y}} \cdot \nabla \times \nabla \times$ 运算，则从线性化的 (17.3) 和 (17.5) 式可导出描述稳态对流发端的三个独立标量方程：

$$\left(\nabla^2 - \frac{\partial^2}{\partial y^2}\right)\left(\sqrt{Ta}\frac{\partial \Phi}{\partial z} + \nabla^2 \Psi\right) + Ra\frac{\partial \Theta}{\partial x} = 0, \tag{17.18}$$

17.3 稳态粘性对流

$$\left(\nabla^2 - \frac{\partial^2}{\partial y^2}\right)\left(\sqrt{Ta}\frac{\partial \Psi}{\partial z} - \nabla^4 \Phi\right) - Ra\frac{\partial^2 \Theta}{\partial y \partial z} = 0, \qquad (17.19)$$

$$\nabla^2 \Theta + \frac{\partial^2 \Phi}{\partial y \partial z} + \frac{\partial \Psi}{\partial x} = 0. \qquad (17.20)$$

应力自由、不可渗透和理想导体边界条件 (17.10) 以 Ψ 和 Φ 来表示就变成

$$\Psi = \frac{\partial^2 \Psi}{\partial z^2} = \frac{\partial \Phi}{\partial z} = \frac{\partial^3 \Phi}{\partial z^3} = \Theta = 0, \quad z = 0, 1, \qquad (17.21)$$

而壁面的无滑移和绝热条件 (17.11) 则为

$$\Psi = \Phi = \frac{\partial \Phi}{\partial y} = \frac{\partial \Theta}{\partial y} = 0, \quad y = 0, \Gamma. \qquad (17.22)$$

由于当 $\Gamma \ll 1$ 时，上下端面边界层内的粘性耗散极小，并不重要，因此我们将集中关注上下端面为应力自由条件 (17.21) 的渐近解。

由偏微分方程 (17.18)~(17.20) 的形式和边界条件 (17.21)，我们可将解写为

$$[\Psi, \Phi, \Theta] = [\widetilde{\Psi}(y)\sin n\pi z, \widetilde{\Phi}(y)\cos n\pi z, \widetilde{\Theta}(y)\sin n\pi z]e^{imx}, \qquad (17.23)$$

其中，作为窄间隙近似的结果，方位波数 m 一般不是整数，我们假设它为正数，即 $m > 0$；垂直波数 n 取 1，该值通常对应着最强的对流不稳定性；$\widetilde{\Psi}(y), \widetilde{\Phi}(y)$ 和 $\widetilde{\Theta}(y)$ 是 y 的复函数。很明显，在上下端面，应力自由和理想导体条件 (17.21) 已自动满足。利用 (17.23) 式，对流不稳定性问题则由以下 $n=1$ 的常微分方程组所控制：

$$\left[\frac{d^2}{dy^2} - (m^2 + \pi^2)\right]\widetilde{\Psi} - \sqrt{Ta}\,\pi\widetilde{\Phi} - \frac{imRa}{(m^2+\pi^2)}\widetilde{\Theta} = 0, \qquad (17.24)$$

$$\left[\frac{d^2}{dy^2} - (m^2+\pi^2)\right]^2 \widetilde{\Phi} - \sqrt{Ta}\,\pi\widetilde{\Psi} - \frac{\pi Ra}{(m^2+\pi^2)}\frac{d\widetilde{\Theta}}{dy} = 0, \qquad (17.25)$$

$$\left[\frac{d^2}{dy^2} - (m^2+\pi^2)\right]\widetilde{\Theta} + im\widetilde{\Psi} - \pi\frac{d\widetilde{\Phi}}{dy} = 0. \qquad (17.26)$$

需要注意的是，普朗特数 Pr 并未出现在当前这个稳态粘性对流问题中，渐近解的性质是由两个参数 (Γ 和 Ta) 来决定的，这是本问题的一个重要特点。我们将分两种情况来进行研究：

(1) $\Gamma Ta^{1/6} \ll O(1)$ 以及 $\Gamma \ll 1$ 和 $Ta \gg 1$ 情况，当将 $\Gamma Ta^{1/6}$ 作为展开参数时，可得到封闭形式的显式渐近解；

(2) $\Gamma Ta^{1/6} = O(1)$ 以及 $\Gamma \ll 1$ 和 $Ta \gg 1$ 情况，可得到渐近解，但需要用数值方法将它计算出来。

17.3.2 $\Gamma Ta^{1/6} \ll O(1)$ 时的渐近解

渐近分析的目标是在 $\Gamma Ta^{1/6} \ll O(1)$ 情况下,确定稳态粘性对流开始发生时的对流运动结构、临界瑞利数 Ra_c 和临界波数 m_c。对于 $\Gamma \ll 1$,我们期望当 $m_c = O(1)$ 时,有 $\mathrm{d}/\mathrm{d}y = O(1/\Gamma) \gg 1$,以便小的径向尺度流动所产生的粘性力足以打破旋转约束。对 (17.24)~(17.26) 式作简单尺度分析,则驱动力与粘性耗散之间的首阶平衡由下式给出:

$$Ra \frac{\mathrm{d}^4 \widetilde{\Phi}}{\mathrm{d}y^4} \sim \frac{\mathrm{d}^6 \widetilde{\Phi}}{\mathrm{d}y^6},$$

它表明当 $\Gamma Ta^{1/6} \ll O(1)$ 和 $\Gamma \ll 1$ 时,有以下的渐近尺度:

$$Ra \sim O(\Gamma^{-2}),$$

因此它指示了可以在渐近分析中引入下面的尺度化变量:

$$\widehat{Ra} = \Gamma^2 Ra, \quad \xi = \frac{y}{\Gamma}, \quad \widehat{\Phi} = \frac{\widetilde{\Phi}}{\Gamma},$$

由此,方程 (17.24)~(17.26) 将改写为

$$\left[\frac{\mathrm{d}^2}{\mathrm{d}\xi^2} - \Gamma^2(m^2 + \pi^2)\right]\widetilde{\Psi} - \left(\Gamma^3\sqrt{Ta}\right)\pi\widehat{\Phi} - \frac{\mathrm{i}m\widehat{Ra}}{(m^2 + \pi^2)}\widetilde{\Theta} = 0, \quad (17.27)$$

$$\left[\frac{\mathrm{d}^2}{\mathrm{d}\xi^2} - \Gamma^2(m^2 + \pi^2)\right]^2 \widehat{\Phi} - \left(\Gamma^3\sqrt{Ta}\right)\pi\widetilde{\Psi} - \frac{\pi\widehat{Ra}}{(m^2 + \pi^2)}\frac{\mathrm{d}\widetilde{\Theta}}{\mathrm{d}\xi} = 0, \quad (17.28)$$

$$\left[\frac{1}{\Gamma^2}\frac{\mathrm{d}^2}{\mathrm{d}\xi^2} - (m^2 + \pi^2)\right]\widetilde{\Theta} + \mathrm{i}m\widetilde{\Psi} - \pi\frac{\mathrm{d}\widehat{\Phi}}{\mathrm{d}\xi} = 0. \quad (17.29)$$

方程 (17.29),以及 (17.28) 和 $\Gamma \ll 1$ 表明

$$\widetilde{\Theta}(y) = \widetilde{\Theta}_0 + \Gamma^2 F(y),$$

其中 $\widetilde{\Theta}_0$ 为常数,为了归一化,视其为单位量,即 $\widetilde{\Theta}_0 = 1$。$F(y)$ 为 y 的函数,待定。方程 (17.27)~(17.29) 的渐近分析可以从以下展开来推导:

$$\widetilde{\Psi} = \Psi_0 + \epsilon\Psi_1 + \epsilon^2\Psi_2 + \cdots,$$
$$\widehat{Ra} = \mathcal{R}_0 + \epsilon\mathcal{R}_1 + \epsilon^2\mathcal{R}_2 + \cdots,$$
$$\widetilde{\Theta} = 1 + \Gamma^2\left(\Theta_0 + \epsilon\Theta_1 + \epsilon^2\Theta_2 + \cdots\right),$$
$$\widehat{\Phi} = \Phi_0 + \epsilon\Phi_1 + \epsilon^2\Phi_2 + \cdots,$$

其中 $\epsilon = (\Gamma^3\sqrt{Ta}) \ll 1$。将以上展开式代入方程 (17.27)~(17.29),可得首阶问题为

$$\frac{\mathrm{d}^2\Psi_0}{\mathrm{d}\xi^2} - \frac{\mathrm{i}m\mathcal{R}_0}{(m^2 + \pi^2)} = 0, \quad (17.30)$$

17.3 稳态粘性对流

$$\frac{d^4\Phi_0}{d\xi^4} = 0, \tag{17.31}$$

$$\frac{d^2\Theta_0}{d\xi^2} - (m^2 + \pi^2) + i m\Psi_0 - \pi \frac{d\Phi_0}{d\xi} = 0, \tag{17.32}$$

对于无滑移、绝热壁面，其边界条件为

$$\Psi_0 = \Phi_0 = \frac{d\Phi_0}{d\xi} = \frac{d\Theta_0}{d\xi} = 0, \quad \xi = 0, 1.$$

可直接写出方程 (17.30) 和 (17.31) 及边界条件的解为

$$\Phi_0 = 0,$$
$$\Psi_0 = \frac{i m \mathcal{R}_0}{2(m^2 + \pi^2)} \left[\left(\xi - \frac{1}{2}\right)^2 - \frac{1}{4} \right],$$

其中瑞利数 $\mathcal{R}_0$ 尚未确定，它可以从方程 (17.32) 导出的可解条件来求出，即

$$\int_0^1 \frac{d^2\Theta_0}{d\xi^2} d\xi - \int_0^1 (m^2 + \pi^2) d\xi - \frac{m^2 \mathcal{R}_0}{2(m^2 + \pi^2)} \int_0^1 \left[\left(\xi - \frac{1}{2}\right)^2 - \frac{1}{4} \right] d\xi = 0.$$

利用边界条件，有

$$\int_0^1 \frac{d^2\Theta_0}{d\xi^2} d\xi = 0,$$

可导出

$$-\frac{m^2 \mathcal{R}_0}{2(m^2 + \pi^2)^2} \int_0^1 \left[\left(\xi - \frac{1}{2}\right)^2 - \frac{1}{4} \right] d\xi = 1,$$

则得到

$$\mathcal{R}_0 = \frac{12(m^2 + \pi^2)^2}{m^2},$$

与泰勒数 Ta 无关。

为确定极型流 Φ 和临界瑞利数 $(Ra)_c$ 对泰勒数 Ta 的依赖性，现在迫切需要考虑高阶的问题。$O(\epsilon)$ 阶问题的控制方程为

$$\frac{d^2\Psi_1}{d\xi^2} - \frac{i m \mathcal{R}_1}{(m^2 + \pi^2)} = 0, \tag{17.33}$$

$$\frac{d^4\Phi_1}{d\xi^4} - \pi\Psi_0 = 0, \tag{17.34}$$

$$\frac{d^2\Theta_1}{d\xi^2} - \pi \frac{d\Phi_1}{d\xi} + i m\Psi_1 = 0, \tag{17.35}$$

壁面的边界条件为

$$\Psi_1 = \Phi_1 = \frac{d\Phi_1}{d\xi} = \frac{d\Theta_1}{d\xi} = 0, \quad \xi = 0, 1.$$

因方程 (17.33) 满足边界条件的解为

$$\Psi_1 = \frac{\mathrm{i}\, m\mathcal{R}_1}{2(m^2+\pi^2)^2}\left[\left(\xi-\frac{1}{2}\right)^2-\frac{1}{4}\right],$$

又因为利用边界条件, 从方程 (17.35) 可推导得到

$$\int_0^1 \Psi_1\,\mathrm{d}\xi = 0,$$

因此, 我们可立即得到

$$\mathcal{R}_1 = 0,$$

在这个阶次, 方程 (17.34) 将给出一个非零的极型解:

$$\Phi_1 = \frac{\mathrm{i}\, m\pi\mathcal{R}_0}{(m^2+\pi^2)}\left[\frac{1}{720}\left(\xi-\frac{1}{2}\right)^6 - \frac{1}{192}\left(\xi-\frac{1}{2}\right)^4 + \frac{3}{1280}\left(\xi-\frac{1}{2}\right)^2 - \frac{13}{46080}\right].$$

为建立临界瑞利数 $(Ra)_c$ 与其他旋转对流参数之间的渐近关系, 有必要考虑 $O(\epsilon^2)$ 阶次的问题。其控制方程为

$$\pi\Phi_1 - \frac{\mathrm{d}^2\Psi_2}{\mathrm{d}\xi^2} + \frac{\mathrm{i}\, m\mathcal{R}_2}{(m^2+\pi^2)} = 0, \tag{17.36}$$

$$\frac{\mathrm{d}^4\Phi_2}{\mathrm{d}\xi^4} - \pi\Psi_1 = 0, \tag{17.37}$$

$$\frac{\mathrm{d}^2\Theta_2}{\mathrm{d}\xi^2} - \pi\frac{\mathrm{d}\Phi_2}{\mathrm{d}\xi} + \mathrm{i}\, m\Psi_2 = 0, \tag{17.38}$$

壁面的边界条件为

$$\Psi_2 = \Phi_2 = \frac{\mathrm{d}\Phi_2}{\mathrm{d}\xi} = \frac{\mathrm{d}\Theta_2}{\mathrm{d}\xi} = 0, \quad \xi = 0, 1.$$

利用从 $O(\epsilon)$ 问题求得的极型流 Φ_1, 可得方程 (17.36) 的解为

$$\Psi_2 = \frac{\mathrm{i}\, m\pi^2}{(m^2+\pi^2)}\left\{\frac{\mathcal{R}_0}{40320}\left[\left(\xi-\frac{1}{2}\right)^8 - \frac{1}{256}\right] - \frac{\mathcal{R}_0}{5760}\left[\left(\xi-\frac{1}{2}\right)^6 - \frac{1}{64}\right]\right.$$

$$+ \frac{13\mathcal{R}_0}{5120}\left[\left(\xi-\frac{1}{2}\right)^4 - \frac{1}{16}\right] - \frac{13\mathcal{R}_0}{92160}\left[\left(\xi-\frac{1}{2}\right)^2 - \frac{1}{4}\right]$$

$$\left.+ \frac{\mathcal{R}_2}{2\pi^2}\left[\left(\xi-\frac{1}{2}\right)^2 - \frac{1}{4}\right]\right\},$$

其中 $\mathcal{R}_2$ 待定。横穿环柱管道对 (17.38) 式进行积分, 即

$$\int_0^1 \frac{\mathrm{d}^2\Theta_2}{\mathrm{d}\xi^2}\,\mathrm{d}\xi - \int_0^1 \pi\frac{\mathrm{d}\Phi_2}{\mathrm{d}\xi}\,\mathrm{d}\xi = -\int_0^1 \mathrm{i}\, m\Psi_2\,\mathrm{d}\xi,$$

17.3 稳态粘性对流

可推出方程 (17.36) 的可解条件, 利用边界条件, 可得

$$\int_0^1 \Psi_2 \, d\xi = 0,$$

再使用 Ψ_2 的表达式, 可确定 $\mathcal{R}_2$ 的值为

$$\mathcal{R}_2 = 12\pi^2 \mathcal{R}_0 \int_0^1 \left\{ \frac{1}{40320} \left[\left(\xi - \frac{1}{2}\right)^8 - \frac{1}{256} \right] - \frac{1}{5760} \left[\left(\xi - \frac{1}{2}\right)^6 - \frac{1}{64} \right] \right.$$
$$\left. + \frac{1}{5120} \left[\left(\xi - \frac{1}{2}\right)^4 - \frac{1}{16} \right] - \frac{13}{92160} \left[\left(\xi - \frac{1}{2}\right)^2 - \frac{1}{4} \right] \right\} d\xi.$$

推导出式中的积分, 即得

$$\mathcal{R}_2 = \left(\frac{29\pi^2}{151200} \right) \mathcal{R}_0$$

或

$$\widehat{Ra} = \mathcal{R}_0 + \epsilon^2 \mathcal{R}_2 = \frac{12(m^2 + \pi^2)^2}{m^2} \left(1 + \frac{29\pi^2}{151200} \epsilon^2 \right).$$

对方位波数 m 求 $\widehat{Ra}$ 的最小值, 可得到稳态粘性对流开始发生时的临界波数 m_c 和相应的临界瑞利数 $(Ra)_c$, 它们是

$$m_c = \pi, \tag{17.39}$$

$$(Ra)_c = 48\pi^2 \left[\frac{1}{\Gamma^2} + \frac{29\pi^2}{151200} \left(\Gamma^4 Ta \right) \right]. \tag{17.40}$$

临界瑞利数 $(Ra)_c$ 和 Γ、Ta 的渐近关系, 以及由环型流 $\Psi_0 + (\Gamma^3\sqrt{Ta})^2 \Psi_2$ 和极型流 $(\Gamma^3\sqrt{Ta})\Phi_1$ 给出的对流结构共同构成了旋转对流的封闭形式的渐近解。

从渐近解可看出横纵比 Γ 对对流发生所起的作用。令 $d(Ra)_c/d\Gamma = 0$, 可得

$$(Ta\Gamma^6) = \frac{151200}{(2\pi^2)29},$$

这意味着, 对于固定的泰勒数 Ta, 对流不稳定性条件在

$$\Gamma = \left[\frac{151200}{(2\pi^2)29 \, Ta} \right]^{1/6} \approx 2.53/(Ta)^{1/6}$$

时成为最优选择, 也就是说, 当 $\Gamma \ll 1$ 和 $Ta \gg 1$ 时, 临界瑞利数 $(Ra)_c$ 作为 Γ 的函数, 它在 $\Gamma Ta^{1/6} = 2.53$ 时可取得总体上的最小值。

与旋转对流大多数渐近解相同, 渐近解的适用范围往往远大于渐近分析正式的假设边界。表 17.1 给出了几个临界瑞利数 $(Ra)_c$ 的例子, 泰勒数均取值为 $Ta = 10^8$。由表可知, 虽然 $\Gamma Ta^{1/6} = O(1)$ 超出了渐近解的正式有效范围, 但纯数值分析的结

果证实：当 $\Gamma Ta^{1/6} = O(1)$ 时，对流的最佳条件确实如期发生了。比较渐近解 (17.39) 和 (17.40) 及相应的纯数值解，它们取得了完美的定量符合，我们将在后面对此进行详细讨论。

表 17.1 稳态对流发生时的临界瑞利数 $(Ra)_c$ 和临界方位波数 m_c，对比了显式渐近表达式 (17.40) 结果与纯数值解

Ta	Γ	$\Gamma Ta^{1/6}$	$[m_c, (Ra)_c]$ (渐近解)	$[m_c, (Ra)_c]$ (数值解)
10^8	0.005	0.108	$[3.14, 1.90 \times 10^7]$	$[3.14, 1.90 \times 10^7]$
10^8	0.010	0.215	$[3.14, 4.74 \times 10^6]$	$[3.14, 4.74 \times 10^6]$
10^8	0.025	0.539	$[3.14, 7.58 \times 10^5]$	$[3.14, 7.59 \times 10^5]$
10^8	0.050	1.077	$[3.14, 1.90 \times 10^5]$	$[3.13, 1.91 \times 10^5]$

17.3.3 $\Gamma Ta^{1/6} = O(1)$ 时的渐近解

考虑当 $\Gamma \ll 1$ 和 $Ta \gg 1$ 时，$\Gamma Ta^{1/6} = O(1)$ 的情况。在这个情况下，我们将渐近解的所有变量以 Γ^2 来展开，即

$$\Psi = \Psi_0 + \Gamma^2 \Psi_1 + \cdots,$$
$$\widehat{Ra} = \mathcal{R}_0 + \Gamma^2 \mathcal{R}_1 + \cdots,$$
$$\widetilde{\Theta} = 1 + \Gamma^2 \Theta_1 + \cdots,$$
$$\widetilde{\Phi} = \Phi_0 + \Gamma^2 \Phi_1 + \cdots.$$

将以上展开式代入方程 (17.27)~(17.29)，可得其首阶问题的控制方程为

$$(\Gamma^3 \pi \sqrt{Ta}) \Phi_0 - \frac{d^2 \Psi_0}{d\xi^2} + \frac{i m \mathcal{R}_0}{(m^2 + \pi^2)} = 0, \tag{17.41}$$

$$(\Gamma^3 \pi \sqrt{Ta}) \Psi_0 - \frac{d^4 \Phi_0}{d\xi^4} = 0, \tag{17.42}$$

$$\frac{d^2 \Theta_1}{d\xi^2} - (m^2 + \pi^2) + i m \Psi_0 - \pi \frac{d\Phi_0}{d\xi} = 0. \tag{17.43}$$

从 (17.41) 和 (17.42) 式中消去 Ψ_0，得到一个关于势函数 Φ_0 的六阶微分方程：

$$\frac{d^6 \Phi_0}{d\xi^6} - \left(\Gamma^3 \sqrt{Ta} \pi\right)^2 \Phi_0 = \frac{i m \pi \Gamma^3 \mathcal{R}_0 \sqrt{Ta}}{(m^2 + \pi^2)}, \tag{17.44}$$

壁面处的边界条件有六个，即

$$\Phi_0 = \frac{d\Phi_0}{d\xi} = \frac{d^4 \Phi_0}{d\xi^4} = 0, \quad \xi = 0, 1, \tag{17.45}$$

17.3 稳态粘性对流

推导中使用了 (17.42) 式。方程 (17.44) 的通解为

$$\Phi_0 = \frac{\mathrm{i} m \mathcal{R}_0}{\Gamma^3 \pi \sqrt{Ta}(m^2+\pi^2)} \left\{ \sum_{j=1}^{3} \mathcal{C}_j \frac{\cosh\left[\left(\Gamma^3 \pi \sqrt{Ta}\right)^{1/3}(2\xi-1)\gamma_j\right]}{\cosh\left[\left(\Gamma^3 \pi \sqrt{Ta}\right)^{1/3}\gamma_j\right]} - 1 \right\}, \quad (17.46)$$

其中

$$\gamma_1 = \frac{1}{2}, \quad \gamma_2 = \frac{1+\mathrm{i}\sqrt{3}}{4}, \quad \gamma_3 = \frac{1-\mathrm{i}\sqrt{3}}{4}.$$

三个复系数 $\mathcal{C}_j, j=1,2,3$ 可由 (17.45) 式给出的位于壁面 $\xi=1$ 处的三个边界条件来确定：

$$\sum_{j=1}^{3} \mathcal{C}_j = 1,$$

$$\sum_{j=1}^{3} \gamma_j \tanh\left[\gamma_j \left(\Gamma^3\pi\sqrt{Ta}\right)^{1/3}\right] \mathcal{C}_j = 0,$$

$$\sum_{j=1}^{3} (\gamma_j)^4 \mathcal{C}_j = 0,$$

解之，得

$$\mathcal{C}_1 = \frac{2\mathrm{i}\left\{\tanh\left[\gamma_3\left(\Gamma^3\pi\sqrt{Ta}\right)^{1/3}\right] - c.c.\right\}}{2\sqrt{3}\tanh\left[\gamma_1\left(\Gamma^3\pi\sqrt{Ta}\right)^{1/3}\right] + (\mathrm{i}3+\sqrt{3})\tanh\left[\gamma_3\left(\Gamma^3\pi\sqrt{Ta}\right)^{1/3}\right] + c.c.},$$

$$\mathcal{C}_2 = \frac{(\mathrm{i}+\sqrt{3})\left\{\tanh\left[\gamma_1\left(\Gamma^3\pi\sqrt{Ta}\right)^{1/3}\right] + \tanh\left[\gamma_3\left(\Gamma^3\pi\sqrt{Ta}\right)^{1/3}\right]\right\}}{2\sqrt{3}\tanh\left[\gamma_1\left(\Gamma^3\pi\sqrt{Ta}\right)^{1/3}\right] + (-\mathrm{i}3+\sqrt{3})\tanh\left[\gamma_2\left(\Gamma^3\pi\sqrt{Ta}\right)^{1/3}\right] + c.c.},$$

$$\mathcal{C}_3 = \frac{(-\mathrm{i}+\sqrt{3})\left\{\tanh\left[\gamma_1\left(\Gamma^3\pi\sqrt{Ta}\right)^{1/3}\right] + \tanh\left[\gamma_2\left(\Gamma^3\pi\sqrt{Ta}\right)^{1/3}\right]\right\}}{2\sqrt{3}\tanh\left[\gamma_1\left(\Gamma^3\pi\sqrt{Ta}\right)^{1/3}\right] + (\mathrm{i}3+\sqrt{3})\tanh\left[\gamma_3\left(\Gamma^3\pi\sqrt{Ta}\right)^{1/3}\right] + c.c.},$$

其中 $c.c.$ 表示前面复数项的复共轭。注意，如同之前显式渐近解所表明的，我们已假设了偶解 (即 $\Phi_0(\xi) = \Phi_0(1-\xi)$) 具有最大的物理相关性。

(17.46) 式中的瑞利数 $\mathcal{R}_0$ 可从方程 (17.43) 的可解条件求出。积分 (17.43) 式，并且利用相应的边界条件，得到

$$\mathrm{i}m \int_0^1 \Psi_0 \,\mathrm{d}\xi = (m^2+\pi^2),$$

其中 Ψ_0 通过 (17.42) 式与 Φ_0 相关联，于是有

$$\frac{\mathrm{i}\,m}{\pi\Gamma^3\sqrt{Ta}\,(m^2+\pi^2)}\left[\int_0^1 \frac{\mathrm{d}^4\Phi_0}{\mathrm{d}\xi^4}\,\mathrm{d}\xi\right] = 1.$$

从 (17.46) 式给出的 Φ_0 表达式和上述可解条件，经过微分和积分运算后，即可得

$$\mathcal{R}_0 = -\frac{(\Gamma^3\pi\sqrt{Ta})(m^2+\pi^2)^2}{16m^2}\left\{\sum_{j=1}^3 \gamma_j^3 \tanh\left[\gamma_j\left(\Gamma^3\pi\sqrt{Ta}\right)^{1/3}\right]\mathcal{C}_j\right\}^{-1}.$$

进一步，可针对方位波数 m 求 $\mathcal{R}_0$ 的极小值，得到对流不稳定性发生时的临界瑞利数 $(Ra)_c$ 和临界波数 m_c：

$$m_c = \pi, \tag{17.47}$$

$$(Ra)_c = -\left(\pi^3\Gamma^3\sqrt{Ta}\right)\left\{\sum_{j=1}^3 (4\gamma_j^3)\tanh\left[\gamma_j\left(\Gamma^3\pi\sqrt{Ta}\right)^{1/3}\right]\mathcal{C}_j\right\}^{-1}. \tag{17.48}$$

应该指出，公式 (17.48) 在 $\Gamma Ta^{1/6} \gg 1$ 时不成立，这是因为当 $\Gamma Ta^{1/6} \gg 1$ 时，渐近分析中使用的假设——对流是稳定的且占据整个环柱管道，不再正确。表 17.2 针对一个较大的泰勒数 $Ta = 10^8$，给出了几个临界瑞利数 $(Ra)_c$ 的例子，再次展示了当 $\Gamma Ta^{1/6} = O(1)$ 以及 $\Gamma \ll 1$ 和 $Ta \gg 1$ 时，渐近解与纯数值解之间令人满意的定量符合性。

表 17.2 对流不稳定性发生时的临界瑞利数 $(Ra)_c$ 和临界方位波数 m_c，对比了隐式渐近表达式 (17.48) 结果与纯数值解

Ta	Γ	$\Gamma Ta^{1/6}$	$[m_c,(Ra)_c]$(渐近解)	$[m_c,(Ra)_c]$(数值解)
10^8	0.05	1.07	$[3.14, 1.90\times 10^5]$	$[3.13, 1.91\times 10^5]$
10^8	0.075	1.62	$[3.14, 8.71\times 10^4]$	$[3.13, 8.79\times 10^4]$
10^8	0.10	2.15	$[3.14, 5.63\times 10^4]$	$[3.12, 5.71\times 10^4]$
10^8	0.115	2.48	$[3.14, 5.13\times 10^4]$	$[3.13, 5.21\times 10^4]$
10^8	0.15	3.23	$[3.14, 6.37\times 10^4]$	$[3.18, 6.49\times 10^4]$

17.3.4 Galerkin-tau 方法的数值解

公式 (17.40) 和 (17.48) 给出了在参数域 $0 < \Gamma Ta^{1/6} \leqslant O(1)$ 以及 $\Gamma \ll 1$ 和 $Ta \gg 1$ 中的渐近解，为检验其准确性，我们将求解方程 (17.18)~(17.20) 满足边界条件 (17.21) 和 (17.22) 的纯数值解。由于壁面边界条件，数值分析可以方便地采用杂交 Galerkin-tau 方法，使用以下展开来进行求解：

$$\Psi(x,y,z) = \left[\sum_{l=0}^L \widehat{\Psi}_l\left(1-\hat{y}^2\right)T_l(\hat{y})\right]\sin(n\pi z)\,\mathrm{e}^{\mathrm{i}\,mx},$$

17.3 稳态粘性对流

$$\Phi(x,y,z) = \left[\sum_{l=0}^{L} \widehat{\Phi}_l \, (1-\hat{y}^2)^2 \, T_l(\hat{y})\right] \cos(n\pi z) \, \mathrm{e}^{\mathrm{i}\,mx},$$

$$\Theta(x,y,z) = \left[\sum_{l=0}^{L+2} \widehat{\Theta}_l \, T_l(\hat{y})\right] \sin(n\pi z) \, \mathrm{e}^{\mathrm{i}\,mx},$$

其中 $\hat{y} = (2y/\Gamma - 1)$，$\widehat{\Psi}_l$、$\widehat{\Theta}_l$ 和 $\widehat{\Phi}_l$ 为复系数，$T_l(\hat{y})$ 是标准的切比雪夫函数。我们依然在求解中取 $n = 1$，它对应着与旋转轴平行的柱状卷，是快速旋转引起的最不稳定的对流模。

使用伽辽金方法，Ψ 展开式的因子 $(1-\hat{y}^2)$ 以及 Φ 展开式的因子 $(1-\hat{y}^2)^2$ 将使速度自动满足壁面的无滑移边界条件 (17.22)。温度 Θ 使用 tau 方法来处理，但在其展开式中引入了两个额外的项 (由求和符号上的 $(L+2)$ 指示)，这是因为系数 $\widehat{\Theta}_l$ 需要两个额外的方程，即

$$0 = \sum_{l=0}^{L+2} (-1)^{l+1} \, l^2 \, \widehat{\Theta}_l \quad \text{和} \quad 0 = \sum_{l=0}^{L+2} l^2 \, \widehat{\Theta}_l,$$

以使壁面 $y = 0, \Gamma$ 处的绝热条件 (17.22) 得到满足。

将以上展开式代入方程 (17.18)~(17.20)，再乘上相应的展开函数，然后在管道上积分，便会得到 $3(L+1) + 2$ 个非线性代数复方程。在适当的归一化之后，对于给定的 m、Ta 和 Γ，瑞利数 Ra 和 $3(L+1) + 2$ 个未知系数就可以用迭代方法进行数值求解。例如，将展开式代入方程 (17.18)，乘上 $(1-\hat{y}^2)T_j(\hat{y})$，横穿环柱进行积分，得到

$$\int_0^\Gamma (1-\hat{y}^2)T_j(\hat{y}) \Bigg\{ \left[\frac{\mathrm{d}^2}{\mathrm{d}y^2} - (m^2 + \pi^2)\right] \left[\sum_{l=0}^{L} \widehat{\Psi}_l \, (1-\hat{y}^2) \, T_l(\hat{y})\right]$$
$$-\sqrt{Ta}\,\pi \left[\sum_{l=0}^{L} \widehat{\Phi}_l \, (1-\hat{y}^2)^2 T_l(\hat{y})\right] - \frac{\mathrm{i}\,mRa}{(m^2+\pi^2)} \left[\sum_{l=0}^{L+2} \widehat{\Theta}_l \, T_l(\hat{y})\right] \Bigg\} \mathrm{d}y = 0,$$

其中 $j = 0, 1, 2, \cdots, L$，表示 $(L+1)$ 个代数复方程，它是非线性的，因为里面有未知系数 $\widehat{\Theta}_l$ 和未知数 Ra 的乘积项。使用迭代方法可以确定临界波数 m_c 和临界瑞利数 $(Ra)_c$ (发生对流不稳定性所需的最小 Ra 值)。通常在展开式中取 $L = O(100)$ 即可获得 1% 以内的数值精度。

17.3.5 分析解与数值结果的比较

我们首先比较解析表达式 (17.40) 和纯数值解的结果，如图 17.2 所示，表 17.1 也给出了一些典型值的对比。很显然，当渐近条件 $\Gamma Ta^{1/6} \ll 1$ 很好地满足时，二者取得了完美的定量一致。与许多其他旋转对流的渐近解一样，即使在条件 $\Gamma Ta^{1/6} \ll 1$

没有严格满足时,渐近表达式 (17.40) 的结果也具有一定的合理精度。例如,当 $Ta = 10^8, \Gamma = 0.05$ 时,$\Gamma Ta^{1/6} = 1.07$,渐近解和纯数值解的差距只有 2%。作为 Γ 的函数,(17.40) 式预测瑞利数在 $\Gamma Ta^{1/6} = 2.53$ 时达到整体最小,这一点也被纯数值分析所证明。如果泰勒数固定为 $Ta = 10^6$,数值解表明在 $\Gamma = 0.255$ 和 $\Gamma Ta^{1/6} \approx 2.5$ 时为对流的最佳条件,对应的最小瑞利数为 $(Ra)_{min} = 1.1 \times 10^4$。而对于一个较大的泰勒数 $Ta = 10^8$,对流的最佳条件发生在 $\Gamma = 0.118$ 并且也是 $\Gamma Ta^{1/6} \approx 2.5$ 时,相应的最小瑞利数为 $(Ra)_{min} = 5.1 \times 10^4$。

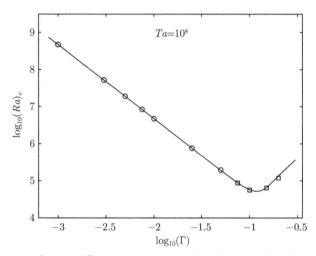

图 17.2 当 $Ta = 10^8$,$\Gamma Ta^{1/6} \leqslant O(1)$ 时,对应稳态粘性对流发端的临界瑞利数 $(Ra)_c$ 随 Γ 的变化情况。实线表示纯数值解,圆圈由 (17.40) 式给出,方框由 (17.48) 式给出。临界瑞利数 $(Ra)_c$ 在 $\Gamma Ta^{1/6} \approx 2.5$ 时达到整体最小,与分析式 (17.40) 是一致的

当 $\Gamma Ta^{1/6} = O(1)$ 以及 $\Gamma \ll 1$ 和 $Ta \gg 1$ 时,对于固定的 Γ,公式 (17.48) 描述了临界瑞利数 $(Ra)_c$ 和 Ta 之间的隐式渐近关系,但是它不得不用数值方法来计算。图 17.2 显示了 $Ta = 10^8$ 时的典型关系。表 17.2 也列出了一些例子,表明在 $\Gamma Ta^{1/6} = O(1)$ 情况下,分析解和数值解达到了满意的定量一致。

值得一提的是,当 $\Gamma Ta^{1/6} > O(1)$ 时,例如,$\Gamma > 0.3$ 和 $Ta = 10^8$,$\Gamma Ta^{1/6} \geqslant O(10)$,数值解与渐近解之间的差距将变得显著。不过,当 $\Gamma > 0.3$ 时,占据整个窄间隙管道的稳态解在物理上已不适用,因而渐近公式 (17.48) 也不再有效。这种稳定且充满于间隙的对流运动在 $\Gamma Ta^{1/6} \gg 1$ 时,将被局限于壁面附近的行波所取代,后面我们将对此进行讨论。

17.3.6 稳态对流的非线性特性

当 $\Gamma Ta^{1/6} \leqslant O(1)$ 时,非线性对流运动不仅受限于窄间隙两个壁面的几何约束,而且受限于旋转效应的动力学控制,因此其非线性特性迥异于我们熟知的、在

17.3 稳态粘性对流

旋转无界 Rayleigh-Bénard 层中所展示的行为, 非线性对流这种独一无二的特征其实来源于几何和旋转的共同约束。为度量非线性对流的强度, 我们引入了一个动能密度的物理量 $E_{\rm kin}$, 定义为

$$E_{\rm kin} = \frac{1}{2\Gamma\Gamma_x} \int_0^1 \int_0^\Gamma \int_0^{\Gamma_x} |\mathbf{u}|^2 \, dx \, dy \, dz,$$

其中 $1 \times \Gamma \times \Gamma_x$ 表示计算方盒的无量纲体积。同时引入一个无量纲数: 努塞特数 (Nusselt number), 来衡量对流的热传输, 它的定义是

$$Nu = \frac{对流传输的热量}{非对流传输的热量} = 1 - \frac{Pr}{\Gamma\Gamma_x} \int_0^\Gamma \int_0^{\Gamma_x} \left[\frac{\partial \Theta}{\partial z}\right]_{z=1} dx \, dy.$$

考虑当满足 $\Gamma Ta^{1/6} = O(1)$ 条件, $Ta = 10^8$, $\Gamma = 0.1$ 和 $Pr = 7.0$ 时的情形, 稳态对流开端的临界参数分别为 $(Ra)_c = 5.713 \times 10^4$ 和 $m_c = 3.123$。为了解非线性对流随着瑞利数 Ra 增大后续可能具有的不同机制, 我们在超临界瑞利数范围 $0 < [Ra - (Ra)_c]/(Ra)_c \leqslant 15$ 内进行了非线性数值模拟。结果表明, 正是两个平行侧壁间的极窄间隙 ($\Gamma \ll 1$) 形成了这种独一无二的非线性旋转对流行为。在稳态对流的开端, 初级解是稳定的, 由垂直的长对流胞所主导, 将热量从底部一直传输到顶部。当 $0 < [Ra - (Ra)_c]/(Ra)_c < 5$ 时, 非线性对流主要由环型分量所控制, 垂直运动 $\hat{\mathbf{z}} \cdot \mathbf{u}$ 远远大于水平运动 $\hat{\mathbf{y}} \cdot \mathbf{u}$, 这与渐近分析的预测是一致的。垂直方向的长对流胞提供了一个将热从底部传输到顶部的高效机制, 与此同时, $\hat{\mathbf{y}} \cdot \mathbf{u}$ 相对于中间水平面 $z = 1/2$ 的反对称性也与稳态对流开端的渐近解相符合。当超临界瑞利数增大到 $[Ra - (Ra)_c]/(Ra)_c \approx 5$ 时, 对流依然保持稳态, 但初级解的空间对称性被不稳定性破坏, 因为它在 $\hat{\mathbf{y}} \cdot \mathbf{u}$ 中引入了一个相对于 $z = 1/2$ 平面对称的分量。处于支配地位的垂直分量 $\hat{\mathbf{z}} \cdot \mathbf{u}$ 仍然表现为一个近二维的图案, 在环柱管道内有 $\partial(\hat{\mathbf{z}} \cdot \mathbf{u})/\partial z \approx 0$, 与一般的旋转对流是一致的。然而出人意料的是, 即使当 $[Ra - (Ra)_c]/(Ra)_c \approx 15$ 时, 对流仍然是稳态的, 并且依然保持着一个相对简单的垂直长对流胞的空间结构, 难以被强非线性影响 (Zhang et al., 2006), 这与其他几何体内对流常常变为紊流或湍流的情形不同。

对于 $\Gamma = 0.1$, $Pr = 7$ 和 $Ta = 10^8$ 情形, $E_{\rm kin}$ 和 $(Nu - 1)$ 的大小随超临界瑞利数 $[Ra - (Ra)_c]/(Ra)_c$ 而变化的情况显示于图 17.3, 超临界瑞利数的范围为 $0 < [Ra - (Ra)_c]/(Ra)_c \leqslant 15$。强非线性对流在时间上是稳定的, 空间结构简单, 并近似遵循以下关系:

$$E_{\rm kin} \sim [Ra - (Ra)_c]/(Ra)_c, \quad (Nu - 1) \sim [Ra - (Ra)_c]/(Ra)_c.$$

它代表了快速旋转系统中, 强非线性对流独一无二的显著特征。窄间隙管道和快速

旋转在几何和动力学上的双重约束,使得非线性流动本应复杂的结构在空间和时间上都被高度地压制了。

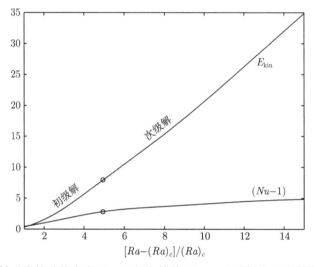

图 17.3 非线性对流的动能密度 $E_{\rm kin}$ 和努塞特数 $(Nu-1)$ 随超临界瑞利数 $[Ra-(Ra)_c]/(Ra)_c$ 的变化情况,其他参数为 $\Gamma=0.1$, $Pr=7$ 和 $Ta=10^8$。图中圆圈指示了初级解经由对称性破缺而变得不稳定,并向次级解转变时的瑞利数。初级解和次级解都是稳定的,它们由垂向竖长的对流胞所主导,将热量从底部一直输送到顶部

17.4 振荡粘性对流

17.4.1 控制方程

当前问题的一个鲜明特点是横纵比 Γ 在决定旋转对流关键特征时所起的作用。当管道间隙足够大,即 $\Gamma \gg (Ta)^{-1/6}$ 或 $\Gamma \gg (Ek)^{1/3}$,并且普朗特数 Pr 为适度大时,粘性旋转对流将会是慢速的振荡,此时打破旋转约束的仍然主要是具有较小径向尺度 $(Ta)^{-1/6}$ $(Ta \gg 1)$ 的流体运动。与球体不同,因旋转环柱管道存在两个垂直壁面,所以具有较小径向尺度 $(Ta)^{-1/6}$ 的行波被限制在这个独特的壁面附近 (Herrmann and Busse, 1993)。由于小尺度对流主要发生在两个壁面附近,而不是占据整个管道,因此粘性耗散与临界瑞利数 $(Ra)_c$ 都显著地减小了,从而形成了一个对流不稳定的最佳条件。Liao 等 (2005) 使用应力自由和无滑移边界条件,考察了局限于壁面附近的对流。研究表明,无滑移条件对粘性对流的局部化并无作用,即使不同的边界条件拥有不同的渐近律。实际上,对流在壁面的局部化不是无滑移边界条件造成的,而是旋转与流体运动在约束与打破约束之间相互斗争的结果。此外,当 $\Gamma \gg (Ta)^{-1/6}$ 和 $(Ta)^{+1/6} \gg 1$ 时,旋转对流在空间上的局部化将允许我们

17.4 振荡粘性对流

进行解析处理。

下文我们将针对应力自由和无滑移壁面进行渐近分析,主要遵循 Herrmann 和 Busse (1993) 及 Liao 等 (2006) 的方法。Herrmann 和 Busse (1993) 导出了一个首阶解,但它既不满足壁面的应力自由条件,也不满足无滑移条件,而 Liao 等 (2006) 的渐近解则考虑了壁面上的速度边界条件。在振荡粘性对流的分析中,我们将速度 **u** 表示为两个矢量势函数 Φ 和 Ψ 的形式,即

$$\mathbf{u}(x,y,z,t) = \nabla \times \nabla \times [\Phi(x,y,z,t)\hat{\mathbf{y}}] + \nabla \times [\Psi(x,y,z,t)\hat{\mathbf{y}}]$$
$$= \left(\frac{\partial^2 \Phi}{\partial x \partial y} - \frac{\partial \Psi}{\partial z}\right)\hat{\mathbf{x}} - \left(\frac{\partial^2 \Phi}{\partial x^2} + \frac{\partial^2 \Phi}{\partial z^2}\right)\hat{\mathbf{y}} + \left(\frac{\partial^2 \Phi}{\partial y \partial z} + \frac{\partial \Psi}{\partial x}\right)\hat{\mathbf{z}}.$$

利用此式,并且对 (17.3) 式的线性化方程作 $\hat{\mathbf{y}} \cdot \nabla \times$ 和 $\hat{\mathbf{y}} \cdot \nabla \times \nabla \times$ 运算,则可从线性化后的 (17.3) 和 (17.5) 式推出以下三个独立的标量方程:

$$\left(\nabla^2 - \frac{\partial^2}{\partial y^2}\right)\left(\frac{\partial \Psi}{\partial t} - \sqrt{Ta}\frac{\partial \Phi}{\partial z} - \nabla^2 \Psi\right) - Ra\frac{\partial \Theta}{\partial x} = 0, \quad (17.49)$$

$$\left(\nabla^2 - \frac{\partial^2}{\partial y^2}\right)\left(\frac{\partial \nabla^2 \Phi}{\partial t} + \sqrt{Ta}\frac{\partial \Psi}{\partial z} - \nabla^4 \Phi\right) - Ra\frac{\partial^2 \Theta}{\partial y \partial z} = 0, \quad (17.50)$$

$$\left(Pr\frac{\partial}{\partial t} - \nabla^2\right)\Theta - \frac{\partial^2 \Phi}{\partial y \partial z} - \frac{\partial \Psi}{\partial x} = 0, \quad (17.51)$$

它们描述了振荡粘性对流的发端,可与相应的边界条件一起进行求解。

为了数学上的方便,渐近分析在 $z=0,1$ 处采用了应力自由条件,则底端和顶端的应力自由、不可渗透和理想导体条件以 Ψ 和 Φ 可表示为

$$\Psi = \frac{\partial^2 \Psi}{\partial z^2} = \frac{\partial \Phi}{\partial z} = \frac{\partial^3 \Phi}{\partial z^3} = \Theta = 0, \quad z = 0, 1. \quad (17.52)$$

壁面的应力自由和绝热边界条件为

$$\Phi = \frac{\partial^2 \Phi}{\partial y^2} = \frac{\partial \Psi}{\partial y} = \frac{\partial \Theta}{\partial y} = 0, \quad y = 0, \Gamma, \quad (17.53)$$

而无滑移和绝热壁面的边界条件为

$$\Phi = \frac{\partial \Phi}{\partial y} = \Psi = \frac{\partial \Theta}{\partial y} = 0, \quad y = 0, \Gamma. \quad (17.54)$$

我们将考察无滑移和应力自由这两种壁面边界条件下的粘性对流,当环柱间隙足够大 ($\Gamma \gg (Ta)^{-1/6}$),以及普朗特数 Pr 适度大时,慢速行波在物理上将是对流形态的首选。而对于同一个瑞利数,总是存在两个慢速行波,分别位于两个壁面附近,所以讨论它们之间的时空对称性也会有所裨益。

17.4.2 两个不同振荡解的对称性

当 $Ta \gg 1$ 以及 $\Gamma \gg (Ta)^{-1/6}$ 时,对于相同的瑞利数 Ra,系统存在两个行波解:一个在内壁面 $y = \Gamma$ 附近且顺行传播(正 x 方向),另一个在外壁面 $y = 0$ 附近且逆行传播(负 x 方向)。两个波行进方向相反的原因,来自控制方程 (17.49)~(17.51) 的空间对称性,以及一套适当的边界条件。

例如,考虑方程 (17.49)~(17.51) 和边界条件 (17.52)~(17.54),很显然,如果相对 $y = 1/2$ 作径向变换,并且相对某个横截面,比如 $x = 0$,作方位向的镜像变换,则整个系统将保持不变。也就是说,如果 $[\Phi_1(x,y,z,t), \Psi_1(x,y,z,t), \Theta_1(x,y,z,t)]$ 是方程 (17.49)~(17.51) 的解,那么

$$[\Phi_2(x,y,z,t), \Psi_2(x,y,z,t), \Theta_2(x,y,z,t)]$$
$$= [\Phi_1(-x, \Gamma-y, z, t), \Psi_1(-x, \Gamma-y, z, t), -\Theta_1(-x, \Gamma-y, z, t)] \quad (17.55)$$

也是方程的解。我们可以容易地证明,方程 (17.49) 在下述镜像和平移变换下将是不变的。令

$$\widetilde{x} = -x, \quad \widetilde{y} = \Gamma - y, \quad \widetilde{z} = z.$$

$[\Phi_1(x,y,z,t), \Psi_1(x,y,z,t), \Theta_1(x,y,z,t)]$ 是方程 (17.49) 的解意味着

$$\left(\frac{\partial^2}{\partial x^2} + \frac{\partial^2}{\partial z^2}\right)\left[\frac{\partial \Psi_1}{\partial t} - \sqrt{Ta}\frac{\partial \Phi_1}{\partial z} - \left(\frac{\partial^2}{\partial x^2} + \frac{\partial^2}{\partial y^2} + \frac{\partial^2}{\partial z^2}\right)\Psi_1\right] - Ra\frac{\partial \Theta_1}{\partial x} = 0.$$

将 x 替换为 $-\widetilde{x}$,y 替换为 $\Gamma - \widetilde{y}$,以及 z 替换为 $\widetilde{z}$,可得

$$\left(\frac{\partial^2}{\partial \widetilde{x}^2} + \frac{\partial^2}{\partial \widetilde{z}^2}\right)\left[\frac{\partial \Psi_1}{\partial t} - \sqrt{Ta}\frac{\partial \Phi_1}{\partial \widetilde{z}} - \left(\frac{\partial^2}{\partial \widetilde{x}^2} + \frac{\partial^2}{\partial \widetilde{y}^2} + \frac{\partial^2}{\partial \widetilde{z}^2}\right)\Psi_1\right] - Ra\frac{\partial(-\Theta_1)}{\partial \widetilde{x}} = 0,$$

这意味着由 (17.55) 式定义的解 $(\Phi_2, \Psi_2, \Theta_2)$ 也满足方程

$$\left(\frac{\partial^2}{\partial x^2} + \frac{\partial^2}{\partial z^2}\right)\left[\frac{\partial \Psi_2}{\partial t} - \sqrt{Ta}\frac{\partial \Phi_2}{\partial z} - \left(\frac{\partial^2}{\partial x^2} + \frac{\partial^2}{\partial y^2} + \frac{\partial^2}{\partial z^2}\right)\Psi_2\right] - Ra\frac{\partial \Theta_2}{\partial x} = 0.$$

至于边界条件,如果 $[\Phi_1(x,y,z,t), \Psi_1(x,y,z,t), \Theta_1(x,y,z,t)]$ 满足

$$\Phi_1 = \frac{\partial^2 \Phi_1}{\partial y^2} = \frac{\partial \Psi_1}{\partial y} = \frac{\partial \Theta_1}{\partial y} = 0, \quad y = 0, \Gamma,$$

那么因为平移的对称性,有

$$\Phi_2 = \frac{\partial^2 \Phi_2}{\partial y^2} = \frac{\partial \Psi_2}{\partial y} = \frac{\partial \Theta_2}{\partial y} = 0, \quad y = 0, \Gamma.$$

于是,$(\Phi_1, \Psi_1, \Theta_1)$ 和 $(\Phi_2, \Psi_2, \Theta_2)$ 尽管位于旋转环柱管道的不同位置,但二者都满足相同的方程和边界条件,因而都是问题的解。

17.4 振荡粘性对流

这种变换和镜像对称性意味着在同一个瑞利数下，总是存在两个行进方向相反的波，它们的频率和波数相同，但具有不同的空间结构。假设第一个逆行传播(负 x 方向)的解为

$$[\Psi_1, \Phi_1, \Theta_1] = [\Psi(y)\sin\pi z, \Phi(y)\cos\pi z, \Theta(y)\sin\pi z]e^{i(mx+\omega t)},$$

其中 m 为方位波数(以下假设其为正，即 $m>0$)，ω 表示频率。那么第二个解必须顺行传播(正 x 方向)，其形式为

$$[\Psi_2, \Phi_2, \Theta_2] = [\Psi(\Gamma-y)\sin\pi z, \Phi(\Gamma-y)\cos\pi z, -\Theta(\Gamma-y)\sin\pi z]e^{i(-mx+\omega t)}.$$

总而言之，当 $Ta \gg 1$ 以及 $\Gamma \geqslant O(Ta^{-1/6})$ 时，系统总是存在两个行进方向相反的波：$[\Psi_1, \Phi_1, \Theta_1]$ 和 $[\Psi_2, \Phi_2, \Theta_2]$，它们集中在两个壁面附近，当普朗特数 Pr 足够大时，其径向尺度为 $O(Ta^{-1/6})$ 量级。

17.4.3 满足边界条件的渐近解

作为流体运动在壁面附近局部化的结果，对于适度大的普朗特数 Pr，只要 $\Gamma > O(Ta^{-1/6})$，那么描述慢速振荡对流的临界参数将与横纵比 Γ 无关。也就是说，当 $\Gamma > O(Ta^{-1/6})$ 时，参数 Γ 并不进入振荡对流的渐近表达式中，这一点与稳态粘性对流不同。我们将导出当 $\Gamma Ta^{1/6} \gg O(1)$ 和 $Ta \gg 1$ 时的渐近解：第一个解满足应力自由边界条件，第二个解满足无滑移边界条件。

在对流开始时，满足环柱顶端和底端应力自由和理想导体条件的渐近解可以表示为

$$[\Psi, \Phi, \Theta] = \sum_{j=1}^{2} \mathcal{A}_j [\Psi_j(y)\sin\pi z, \Phi_j(y)\cos\pi z, \Theta_j(y)\sin\pi z]e^{i[mx+(-1)^j\omega t]}, \quad (17.56)$$

其中假设 ω 为正实数。线性系统 (17.49)~(17.51) 存在三种不同的解：① $\mathcal{A}_1 = 1$ 和 $\mathcal{A}_2 = 0$，表示内壁面附近的对流，传播方向与旋转方向相同；② $\mathcal{A}_1 = 0$ 和 $\mathcal{A}_2 = 1$，表示外壁面附近的对流，传播方向与旋转方向相反；③ $\mathcal{A}_1 = 1$ 和 $\mathcal{A}_2 \neq 0$，表示两个壁面附近的对流，它是解①和解②的线性叠加。

公式 (17.56) 自动满足上下端面的边界条件，将其代入方程 (17.49)~(17.51) 中，得到一个常微分方程系统：

$$0 = \left[\frac{d^2}{dy^2} - (m^2 + \pi^2) - i(-1)^j\omega\right]\Psi_j - \pi\sqrt{Ta}\,\Phi_j - \frac{imRa}{(m^2+\pi^2)}\Theta_j, \quad (17.57)$$

$$0 = \left[\frac{d^2}{dy^2} - (m^2+\pi^2)\right]\left[\frac{d^2}{dy^2} - (m^2+\pi^2) - i(-1)^j\omega\right]\Phi_j$$
$$-\pi\sqrt{Ta}\,\Psi_j - \frac{\pi Ra}{(m^2+\pi^2)}\frac{d\Theta_j}{dy}, \quad (17.58)$$

$$0 = \left[\frac{\mathrm{d}^2}{\mathrm{d}y^2} - (m^2+\pi^2) - \mathrm{i}(-1)^j \omega Pr\right]\Theta_j + \mathrm{i}\, m\Psi_j - \pi\frac{\mathrm{d}\Phi_j}{\mathrm{d}y}. \tag{17.59}$$

因对 $j=1$ 和 $j=2$ 所作的分析完全相同,我们将集中讨论局限于外壁面 ($y=0$) 附近的解,即 (17.56) 式中 $\mathcal{A}_1=0$, $\mathcal{A}_2=1$ 的解。

首先,考虑应力自由边界的渐近解。外壁面的局部化提示解应具有如下形式:

$$[\Psi_2(y), \Phi_2(y), \Theta_2(y)] \sim \mathrm{e}^{-\mu y},$$

其中, μ 的实部 >0,确保了对流运动从外壁面 $y=0$ 处开始向内呈指数衰减。将上述表达式代入方程 (17.57)~(17.59) 可得到一个色散方程,描述了 μ 与其他参数的函数关系:

$$\left(\frac{1}{Ta}\right) q^4 - \left[\frac{\mathrm{i}\,\omega(2+Pr)}{Ta}\right] q^3 - \left[\frac{Ra}{Ta} + \frac{\omega^2(2Pr+1)}{Ta}\right]q^2$$
$$- \left[\pi^2 + \frac{Ra}{Ta}(\pi^2 - \mathrm{i}\,\omega) - \frac{\mathrm{i}\,\omega^2 Pr}{Ta}\right]q + \mathrm{i}\,\pi^2\omega\left(Pr + \frac{Ra}{Ta}\right) = 0, \tag{17.60}$$

其中 $q = \mu^2 - (m^2+\pi^2)$。一般而言,方程 (17.60) 存在八个复根,其中实部为正的四个根才具有物理意义。一旦求得这四个根: $\mu_j, j=1,2,3,4$,则方程 (17.57)~(17.59) 的渐近解可表达为

$$\Phi_2(y) = \sum_{j=1}^{4}\left[\frac{(m^2+\pi^2)}{\sqrt{Ta}}(q_j - \mathrm{i}\,\omega)(q_j - \mathrm{i}\,\omega Pr) - \frac{m^2 Ra}{\sqrt{Ta}}\right]\mathcal{C}_j \mathrm{e}^{-\mu_j y}, \tag{17.61}$$

$$\Theta_2(y) = -\sum_{j=1}^{4}\pi(m^2+\pi^2)\left[\frac{\mu_j}{\sqrt{Ta}}(q_j - \mathrm{i}\,\omega) + \mathrm{i}\,m\right]\mathcal{C}_j \mathrm{e}^{-\mu_j y}, \tag{17.62}$$

$$\Psi_2(y) = \sum_{j=1}^{4}\pi\left[(m^2+\pi^2)(q_j - \mathrm{i}\,\omega Pr) - \frac{\mathrm{i}\,m\mu_j Ra}{\sqrt{Ta}}\right]\mathcal{C}_j \mathrm{e}^{-\mu_j y}, \tag{17.63}$$

其中 $q_j = \mu_j^2 - (m^2+\pi^2), j=1,2,3,4$,它与复系数 $\mathcal{C}_j$ 以及对流开端的临界参数将可以由 $y=0$ 处的边界条件来确定,因为边界条件对系统施加了一个可解条件。

对于壁面为应力自由的情况,可解条件可以从以下四个边界条件推出:

$$\Phi_2 = \frac{\mathrm{d}^2\Phi_2}{\mathrm{d}y^2} = \frac{\mathrm{d}\Psi_2}{\mathrm{d}y} = \frac{\mathrm{d}\Theta_2}{\mathrm{d}y} = 0, \quad y=0.$$

利用 (17.61)~(17.63) 式,以下 4×4 矩阵行列式的值为零便可给出可解条件,

$$\mathrm{Det}\{|\mathcal{M}_{4\times 4}^f|\} = 0, \tag{17.64}$$

矩阵的各元素为

$$\mathcal{M}_{1j}^f = \frac{(m^2+\pi^2)}{\sqrt{Ta}}(q_j - \mathrm{i}\,\omega)(q_j - \mathrm{i}\,\omega Pr) - \frac{m^2 Ra}{\sqrt{Ta}};$$

17.4 振荡粘性对流

$$\mathcal{M}_{2j}^f = \mu_j^2 \left[\frac{(m^2+\pi^2)}{\sqrt{Ta}} (q_j - \mathrm{i}\omega)(q_j - \mathrm{i}\omega Pr) - \frac{m^2 Ra}{\sqrt{Ta}} \right];$$

$$\mathcal{M}_{3j}^f = \mu_j \left[(m^2+\pi^2)(q_j - \mathrm{i}\omega Pr) - \frac{\mathrm{i}\, m \mu_j Ra}{\sqrt{Ta}} \right];$$

$$\mathcal{M}_{4j}^f = \mu_j \left[\frac{\mu_j}{\sqrt{Ta}} (q_j - \mathrm{i}\omega) + \mathrm{i}\, m \right], \quad j = 1, 2, 3, 4.$$

方程 (17.64) 确定了对流不稳定性的临界参数, 不过在进一步简化之前, 还无法求出其解析解, 我们将在后面讨论此问题。

对于壁面无滑移的情况, 可解条件由以下四个边界条件决定:

$$\Phi_2 = \frac{\mathrm{d}\Phi_2}{\mathrm{d}y} = \Psi_2 = \frac{\mathrm{d}\Theta_2}{\mathrm{d}y} = 0, \quad y = 0.$$

利用 (17.61)~(17.63) 式, 可解条件便由以下 4×4 矩阵行列式的值为零给出, 即

$$\mathrm{Det}\{|\mathcal{M}_{4\times 4}^r|\} = 0, \tag{17.65}$$

矩阵的各个元素分别为

$$\mathcal{M}_{1j}^r = \frac{(m^2+\pi^2)}{\sqrt{Ta}} (q_j - \mathrm{i}\omega)(q_j - \mathrm{i}\omega Pr) - \frac{m^2 Ra}{\sqrt{Ta}};$$

$$\mathcal{M}_{2j}^r = \mu_j \left[\frac{(m^2+\pi^2)}{\sqrt{Ta}} (q_j - \mathrm{i}\omega)(q_j - \mathrm{i}\omega Pr) - \frac{m^2 Ra}{\sqrt{Ta}} \right];$$

$$\mathcal{M}_{3j}^r = \left[(m^2+\pi^2)(q_j - \mathrm{i}\omega Pr) - \frac{\mathrm{i}\, m \mu_j Ra}{\sqrt{Ta}} \right];$$

$$\mathcal{M}_{4j}^r = \mu_j \left[\frac{\mu_j}{\sqrt{Ta}} (q_j - \mathrm{i}\omega) + \mathrm{i}\, m \right], \quad j = 1, 2, 3, 4.$$

同应力自由情况一样, 从无滑移边界条件导出的方程 (17.65) 在进一步简化前也不能解析地求解。

$Ta \gg 1$ 的渐近问题, 即方程 (17.60) 和 (17.64), 或者方程 (17.60) 和 (17.65), 可以分两步进行求解。在第一步, 我们需要引入适当的渐近尺度, 导出方程 (17.60) 的四个实部大于零的近似根 $\mu_j, j = 1, 2, 3, 4$。为打破旋转约束, 不管速度边界条件是何种类型, 我们期望粘性对流的径向尺度为 $O(Ta^{-1/6})$。在渐近小参数 $\epsilon = Ta^{-1/6} \ll 1$ 的基础上, 我们利用

$$\widehat{y} = \frac{y}{\epsilon}, \quad \widehat{\mu} = \epsilon \mu, \quad \widehat{q} = \epsilon^2 q, \quad \widehat{\omega} = \epsilon^2 \omega, \quad \widehat{Ra} = \epsilon^4 Ra,$$

将方程 (17.60) 重新转换为

$$\widehat{q}^4 - [\mathrm{i}\widehat{\omega}(2+Pr)]\widehat{q}^3 - \left[\widehat{Ra} + \widehat{\omega}^2 (2Pr+1)\right] \widehat{q}^2$$

$$-\left[\pi^2\left(1+\epsilon^2\widehat{Ra}\right)-\mathrm{i}\,\widehat{\omega}\left(\widehat{Ra}+\epsilon^2\widehat{\omega}Pr\right)\right]\widehat{q}+\mathrm{i}\,\pi^2\widehat{\omega}\left(Pr+\epsilon^2\widehat{Ra}\right)=0. \quad (17.66)$$

方程存在四个不同的根，即 $\widehat{q}_j = \widehat{\mu}_j^2 - \epsilon^2(m^2+\pi^2), j=1,2,3,4$，并且 $\widehat{\mu}_j$ 的实部 >0。对于 $0<\epsilon\ll 1$，上述方程以 ϵ 进行展开：

$$\widehat{Ra} = \mathcal{R}_1\epsilon + \mathcal{R}_2\epsilon^2 + \cdots, \quad (17.67)$$

$$\widehat{\mu}_j = (\mu_0)_j + (\mu_1)_j\epsilon + (\mu_2)_j\epsilon^2 + \cdots, \quad j=1,2,3,4, \quad (17.68)$$

$$\widehat{\omega} = \omega_1\epsilon + \omega_2\epsilon^2 + \omega_3\epsilon^3 + \cdots, \quad (17.69)$$

将展开式代入 (17.66) 得到一个新方程，在 $0<\epsilon\ll 1$ 条件下，我们可求得新方程的解 $(\mu_k)_j, j=1,2,3,4$ 直至 ϵ^2 阶 $(k=0,1,2)$。此分析过程虽然冗长，但还比较简单。其 $k=0$ 的首阶解为

$$(\mu_0)_1 = 0,$$
$$(\mu_0)_2 = \pi^{1/3},$$
$$(\mu_0)_3 = \frac{\pi^{1/3}}{2}\left(1+\mathrm{i}\sqrt{3}\right),$$
$$(\mu_0)_4 = \frac{\pi^{1/3}}{2}\left(1-\mathrm{i}\sqrt{3}\right).$$

$O(\epsilon)$ 阶方程暗示 $\omega_1=0$，因此一阶解为

$$(\mu_1)_1 = \left(m^2+\pi^2+\mathrm{i}\,Pr\omega_2\right)^{1/2},$$
$$(\mu_1)_2 = \frac{\mathcal{R}_1}{6\pi},$$
$$(\mu_1)_3 = -\frac{\mathcal{R}_1}{6\pi},$$
$$(\mu_1)_4 = -\frac{\mathcal{R}_1}{6\pi},$$

当 $k=2$ 时，$O(\epsilon^2)$ 阶问题的解为

$$(\mu_2)_1 = \frac{\mathrm{i}\,Pr\omega_3\left(m^2+\pi^2-\mathrm{i}\,Pr\omega_2\right)^{1/2}}{2\sqrt{(m^2+\pi^2)^2+(Pr\omega_2)^2}},$$

$$(\mu_2)_2 = \frac{m^2+\pi^2}{2\pi^{1/3}} - \frac{\mathcal{R}_1^2}{72\pi^{7/3}} + \frac{\mathcal{R}_2}{6\pi} + \frac{\mathrm{i}\omega_2}{3\pi^{1/3}},$$

$$(\mu_2)_3 = \frac{m^2+\pi^2}{4\pi^{1/3}} - \frac{\mathcal{R}_1^2}{144\pi^{7/3}} - \frac{\mathcal{R}_2}{6\pi} + \frac{\sqrt{3}\omega_2}{6\pi^{1/3}} + \frac{\mathrm{i}}{\pi^{1/3}}\left[\frac{\omega_2}{6} - \frac{\sqrt{3}(m^2+\pi^2)}{4} + \frac{\sqrt{3}\mathcal{R}_1^2}{144\pi^2}\right],$$

$$(\mu_2)_4 = \frac{m^2+\pi^2}{4\pi^{1/3}} - \frac{\mathcal{R}_1^2}{144\pi^{7/3}} - \frac{\mathcal{R}_2}{6\pi} - \frac{\sqrt{3}\omega_2}{6\pi^{1/3}} + \frac{\mathrm{i}}{\pi^{1/3}}\left[\frac{\omega_2}{6} + \frac{\sqrt{3}(m^2+\pi^2)}{4} - \frac{\sqrt{3}\mathcal{R}_1^2}{144\pi^2}\right].$$

17.4 振荡粘性对流

应该指出，$O(\epsilon)^2$ 项必须保留，以使慢速振荡粘性对流的渐近解满足速度边界条件，不管是应力自由条件还是无滑移条件。

在第二步，渐近分析就必须考虑速度边界条件的类型了。首先考虑应力自由条件。在 (17.64) 式中使用标度后的变量 (比如令 $\mu_j = \hat{\mu}_j/\epsilon$，$Ra = \widehat{Ra}/\epsilon^4$)，以及渐近展开式 (17.67)~(17.69)，可解条件 (17.64) 也可以按照小量 ϵ 展开为

$$\mathrm{Det}\{|\mathcal{M}_{4\times 4}^f|\} = \epsilon \mathcal{F}_1(m, \omega_2, \mathcal{R}_1, Pr) + \epsilon^2 \mathcal{F}_2(m, \omega_2, \omega_3, \mathcal{R}_1, \mathcal{R}_2, Pr) + O(\epsilon^3) = 0,$$

其中 $\mathcal{F}_1$ 和 $\mathcal{F}_2$ 为复函数。由首阶项 $\mathcal{F}_1(m, \omega_2, \mathcal{R}_1, Pr) = 0$ 可得

$$(\pi^2 + \mathrm{i} m \pi) \sqrt{m^2 + \pi^2 + \mathrm{i} Pr \omega_2} - \mathrm{i} m \mathcal{R}_1 = 0,$$

其实部和虚部决定了瑞利数 $\mathcal{R}_1$ 和频率 ω_2，解得

$$\mathcal{R}_1 = \left[\frac{\pi^2(m^2+\pi^2)(m^2-\pi^2)}{m^2} + \frac{4\pi^4(m^2+\pi^2)}{(m^2-\pi^2)}\right]^{1/2},$$

$$\omega_2 = \frac{2m\pi(m^2+\pi^2)}{Pr(m^2-\pi^2)}.$$

为满足应力自由边界条件，我们必须考虑 $O(\epsilon^2)$ 阶的问题，即

$$\mathcal{F}_2(m, \omega_2, \omega_3, \mathcal{R}_1, \mathcal{R}_2, Pr) = 0,$$

其实部和虚部决定了 $\mathcal{R}_2$ 和 ω_3。$\mathcal{R}_2$ 和 ω_3 的完整分析表达式非常长，无法在此列出，但可以写成下面的形式：

$$\mathcal{R}_2 = \mathcal{R}_2(m, \mathcal{R}_1, \omega_2, Pr), \quad \omega_3 = \omega_3(m, \mathcal{R}_1, \omega_2, Pr).$$

得到 R_2 的分析表达式后，需要确定临界波数 m_c，它是从展开式 $\widehat{Ra} = \mathcal{R}_1\epsilon + \mathcal{R}_2\epsilon^2$ 取得最小值所要满足的条件中获得的，该条件是

$$\frac{\mathrm{d}\mathcal{R}_1}{\mathrm{d}m} + \epsilon\frac{\mathrm{d}\mathcal{R}_2}{\mathrm{d}m} = 0.$$

依然按照 ϵ 将波数 m 展开为

$$m = m_0 + \epsilon m_1 + \cdots,$$

可以得到确定 m_0 和 m_1 的两个方程：

$$\left(\frac{\mathrm{d}\mathcal{R}_1}{\mathrm{d}m}\right)_{m=m_0} = 0 \quad \text{和} \quad \left(m_1\frac{\mathrm{d}^2\mathcal{R}_1}{\mathrm{d}m^2} + \frac{\mathrm{d}\mathcal{R}_2}{\mathrm{d}m}\right)_{m=m_0} = 0.$$

从这种求最小值的方法就可以获得振荡对流的临界波数 m_c:

$$m_c = (2+\sqrt{3})^{1/2}\pi + \frac{17.49}{(Ta)^{1/6}}. \tag{17.70}$$

将 m_c 代入瑞利数和频率的表达式, 可得到临界瑞利数 $(Ra)_c$ 和临界频率 ω_c 依赖于 Ta 的渐近关系:

$$(Ra)_c = \pi^2 \left[\frac{6(9+5\sqrt{3})}{5+3\sqrt{3}}\right]^{1/2} \sqrt{Ta} - 23.25(Ta)^{1/3}, \tag{17.71}$$

$$\omega_c = \left[\frac{2\pi^2(2+\sqrt{3})^{1/2}(3+\sqrt{3})}{(1+\sqrt{3})Pr} + \frac{366.1}{(Ta)^{1/6}Pr}\right](-1)^j, \quad j = 1 \text{ 或 } 2. \tag{17.72}$$

这里 $j = 1$ 表示内壁面 $y = \Gamma$ 附近的慢速行波, $j = 2$ 表示外壁面 $y = 0$ 附近的行波. 图 17.4(a) 显示了在 $\Gamma = 2$ 的旋转环柱中, 当 $Pr = 7.0$ 和壁面为应力自由条件时的渐近解, 同时也给出了相应的纯数值解. 该图表明, 在泰勒数足够大时 ($Ta \geqslant O(10^{10})$), 二阶渐近公式 (17.70)~(17.72) 提供了很好的近似.

现在考虑无滑移的壁面, 其分析与应力自由情形大致相同. 在 (17.65) 式中采用标度后的变量 (比如令 $\mu_j = \hat{\mu}_j/\epsilon$, $Ra = \widehat{Ra}/\epsilon^4$) 并利用展开式 (17.67)~(17.69), 我们将无滑移壁面的可解条件 (17.65) 按照 ϵ 进行展开, 即

$$\text{Det}\{|\mathcal{M}^r_{4\times 4}|\} = \epsilon \mathcal{G}_1(m, \omega_2, \mathcal{R}_1, Pr) + \epsilon^2 \mathcal{G}_2(m, \omega_2, \omega_3, \mathcal{R}_1, \mathcal{R}_2, Pr) + O(\epsilon^3) = 0,$$

其中 $\mathcal{G}_1$、$\mathcal{G}_2$ 为复函数. 第一项 $\mathcal{G}_1$ 与 $\mathcal{F}_1$ 完全相同. 为满足无滑移边界条件, 我们必须考虑 $O(\epsilon^2)$ 阶问题, 它由一个冗长而复杂的方程给出, 可写成下面的形式:

$$\mathcal{G}_2(m, \omega_2, \omega_3, \mathcal{R}_1, \mathcal{R}_2, Pr) = 0.$$

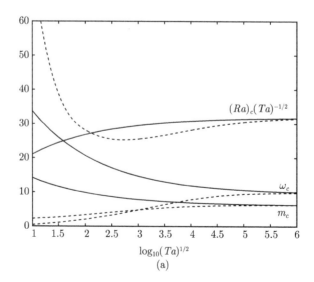

(a)

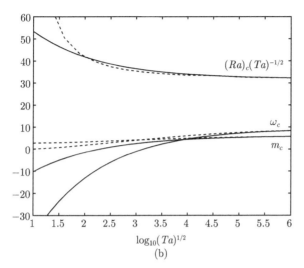

图 17.4 在 $\Gamma = 2$ 的环柱管道中,当 $Pr = 7.0$ 时,对应对流开端的临界参数 m_c,$(Ra)_c$ 和 ω_c 随 $\sqrt{Ta}$ 的变化情况:(a) 应力自由壁面,(b) 无滑移壁面。虚线表示纯数值解,实线为相应的渐近解,图 (a) 的实线来自于公式 (17.70)~(17.72),图 (b) 的实线则由公式 (17.73)~(17.75) 所绘

在大泰勒数 Ta 条件下,针对方位波数 m 求最小值,也可得到临界波数 m_c,临界瑞利数 $(Ra)_c$ 和相应频率 ω_c 的渐近表达式,如下:

$$m_c = (2+\sqrt{3})^{1/2}\pi - \frac{34.97}{(Ta)^{1/6}}, \tag{17.73}$$

$$(Ra)_c = \pi^2 \left[\frac{6(9+5\sqrt{3})}{5+3\sqrt{3}}\right]^{1/2} \sqrt{Ta} + 46.49(Ta)^{1/3}, \tag{17.74}$$

$$\omega_c = \left[\frac{2\pi^2(2+\sqrt{3})^{1/2}(3+\sqrt{3})}{(1+\sqrt{3})Pr} - \frac{732.2}{(Ta)^{1/6}Pr}\right](-1)^j. \tag{17.75}$$

图 17.4(b) 显示了当 $\Gamma = 2$,$Pr = 7.0$ 时,壁面无滑移情况的渐近解 (17.73)~(17.75),以及相应的纯数值解,表明当 $Ta \geqslant O(10^8)$ 时,公式 (17.73)~(17.75) 就已接近了纯数值结果。

有一个有趣的现象值得注意,就是 (17.73)~(17.75) 式第二项的正负号与 (17.70)~(17.72) 式是相反的,它们分别代表了无滑移和应力自由边界条件的影响,蕴含了应力自由壁面比无滑移壁面更容易使对流发生的意义。上下端面的无滑移条件对渐近公式 (17.70)~(17.72) 或 (17.73)~(17.75) 的贡献都是高阶的,因为大部分对流被限制于端面附近的一个极窄区域,当 $Ta \gg 1$ 时,其厚度为 $O(Ta^{-1/6})$,此处边界层流也较小,为 $O(Ta^{-1/4})$ 量级。公式 (17.73)~(17.75) 的形式相对简单但却非常重要，因为它不仅与几何形状无关 (后面将讨论它与圆柱中旋转对流的关系)，而且因为对实验具有良好的近似，可以为实验研究提供指导。

17.4.4 分析解与数值解的比较

在对壁面附近逆向行波的数值分析中，我们也在壁面上施加了两种不同的速度边界条件。首先考虑自由应力壁面。在这种情况下，可使用谱方法求解常微分方程 (17.57)~(17.59)，其数值解总是可以写成以下形式：

$$\Psi_j(y) = \sum_{l=0}^{L} \widehat{\Psi}_l \cos\left(\frac{l\pi y}{\Gamma}\right),$$

$$\Phi_j(y) = \sum_{l=1}^{L} \widehat{\Phi}_l \sin\left(\frac{l\pi y}{\Gamma}\right),$$

$$\Theta_j(y) = \sum_{l=0}^{L} \widehat{\Theta}_l \cos\left(\frac{l\pi y}{\Gamma}\right),$$

其中 $j=1$ 或 $j=2$，$\widehat{\Psi}_l$、$\widehat{\Phi}_l$ 和 $\widehat{\Theta}_l$ 为系数，展开式自动满足在两个壁面上的应力自由和绝热条件。数值求解应力自由壁面问题特别简单，因为过程中产生的积分可以解析地求出。例如，将展开式代入方程 (17.59)，再乘上 $\cos(k\pi y/\Gamma)$，然后在环柱横截面上积分，可得

$$\int_0^\Gamma \cos\left(\frac{k\pi y}{\Gamma}\right) \left[\frac{\mathrm{d}^2}{\mathrm{d}y^2} - (m^2+\pi^2) - \mathrm{i}(-1)^j Pr\omega\right] \left[\sum_{l=0}^{L} \widehat{\Theta}_l \cos\left(\frac{l\pi y}{\Gamma}\right)\right] \mathrm{d}y$$

$$= -\mathrm{i}m \int_0^\Gamma \cos\left(\frac{k\pi y}{\Gamma}\right) \left[\sum_{l=0}^{L} \widehat{\Psi}_l \cos\left(\frac{l\pi y}{\Gamma}\right)\right] \mathrm{d}y$$

$$+ \pi \int_0^\Gamma \cos\left(\frac{k\pi y}{\Gamma}\right) \frac{\mathrm{d}}{\mathrm{d}y}\left[\sum_{l=1}^{L} \widehat{\Phi}_l \sin\left(\frac{l\pi y}{\Gamma}\right)\right] \mathrm{d}y,$$

随即可推出

$$\widehat{\Theta}_l = -\frac{(l\pi^2/\Gamma)\widehat{\Phi}_l - \mathrm{i}m\widehat{\Psi}_l}{(l\pi/\Gamma)^2 + m^2 + \pi^2 + \mathrm{i}\omega(-1)^j Pr}. \tag{17.76}$$

类似地，将展开式代入方程 (17.57) 和 (17.58)，将 (17.57) 乘上 $\cos(k\pi y/\Gamma)$，(17.58) 乘上 $\sin(k\pi y/\Gamma)$，然后在环柱横截面上积分，可得到一个关于复系数 $\widehat{\Psi}_l$ 和 $\widehat{\Phi}_l$ 以及瑞利数 Ra 的代数方程系统：

$$0 = \left[h_k^2 + \mathrm{i}(-1)^j \omega\right] \widehat{\Psi}_k$$

$$+ 2\pi\sqrt{Ta} \sum_{l=1}^{L} \widehat{\Phi}_l \mathcal{Q}_{lk} - \left[\frac{\mathrm{i}mRa}{\Gamma(m^2+\pi^2)}\right] \left(\frac{k\pi^2\widehat{\Phi}_k - \mathrm{i}m\Gamma\widehat{\Psi}_k}{h_k^2 + \mathrm{i}Pr\omega}\right), \tag{17.77}$$

17.4 振荡粘性对流

$$0 = \left[h_k^2 + \mathrm{i}(-1)^j\omega\right]h_k^2\widehat{\Phi}_k$$
$$-2\pi\sqrt{Ta}\sum_{l=0}^{L}\widehat{\Psi}_l\mathcal{Q}_{kl} - \left[\frac{Ra\pi^2 k}{\Gamma^2(m^2+\pi^2)}\right]\left(\frac{k\pi^2\widehat{\Phi}_k - \mathrm{i}m\Gamma\widehat{\Psi}_k}{h_k^2 + \mathrm{i}Pr\omega}\right), \quad (17.78)$$

上述推导使用了 (17.76) 式,其中 $j=1$ 或 $j=2$, $\widehat{\Phi}_0=0$, $h_k^2 = m^2 + \pi^2 + (k\pi/\Gamma)^2$,以及

$$\mathcal{Q}_{lk} = 0, \qquad \text{如果 } l=k\neq 0,$$
$$\mathcal{Q}_{lk} = \frac{1}{2\pi}\left[\frac{1-(-1)^{l+k}}{l+k} + \frac{1-(-1)^{l-k}}{l-k}\right], \quad \text{如果 } l\neq k.$$

在 (17.77) 式中,取 $k=0,1,2,3,\cdots,L$,而在 (17.78) 式中,取 $k=1,2,3,\cdots,L$,如此将产生 $(2L+1)$ 个复方程。经过适当的归一化,比如取 $(\widehat{\Phi}_1$ 的实部$)=1$、$(\widehat{\Phi}_1$ 的虚部$)=0$,然后采用非线性迭代法来求解这些复方程。对于给定的 j,Γ,m,Pr 和 Ta,迭代法可以确定所有的复系数 $(\widehat{\Phi}_l,\widehat{\Psi}_l,\widehat{\Theta}_l)$ 以及 Ra 和 ω。类似的计算方法也可用于确定对流开端的最小瑞利数 $(Ra)_c$,以及相应的波数 m_c 和频率 ω_c。我们的计算表明,在泰勒数 $Ta = O(10^{12})$ 的情况下,如要达到 1% 以内的精度,数值解需要取到 $L = O(100)$。

数值解选择 $j=1$ 或 $j=2$ 分别对应了聚集在管道内壁面或外壁面附近的旋转对流,但是临界瑞利数 $(Ra)_c$ 和相应临界波数 m_c 的值却与 j 无关。对于应力自由壁面,图 17.4(a) 给出了当 $Pr = 7.0$ 和 $\Gamma = 2$ 时,数值分析确定的 $(Ra)_c, m_c$ 和 ω_c 值以及对应的渐近解。当 $Ta = 10^8$, $Pr = 7.0$ 和 $\Gamma = 2$ 时,粘性对流开端(包括顺行模 $\omega_c < 0$ 和逆行模 $\omega_c > 0$)的典型空间结构显示于图 17.5 中,其临界参数值为 $(Ra)_c = 2.82\times 10^5$, $m_c = 5.82$ 和 $|\omega_c| = 7.82$。它证实了具有应力自由壁面的旋转管道中的对流也是局限于壁面附近的行波形态,对流的壁面局部化并不是无滑移速度边界条件引起的。渐近解和数值解的比较表明,当 $Ta \geqslant O(10^{10})$ 时,渐近公式 (17.70)~(17.72) 已经很好地逼近纯数值解了。具有自由壁面的管道也倾向于发生壁面局部化的对流,对此过程的揭示为我们打开了一扇理解这种神秘对流现象的窗户。

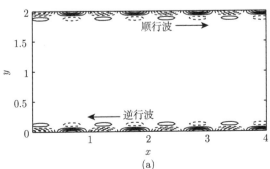
(a)

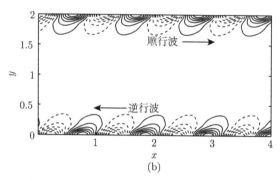

(b)

图 17.5 壁面为应力自由和绝热条件时，窄间隙环柱内的对流开端结构。(a) 为速度分量 u_z 的等值线，(b) 为温度 Θ 的等值线。图中 xy 平面位于 $z=1/2$ 处。其他参数为 $\Gamma=2$，$Ta=10^8$，$Pr=7.0$。对流开端对应的临界参数分别为 $(Ra)_c=2.82\times 10^5$，$m_c=5.82$ 和 $|\omega_c|=7.82$。注意外壁面位于 $y=0$ 处，内壁面位于 $y=\Gamma$ 处 (图 17.1)。顺行波和逆行波都显示在了图中

现在考虑无滑移壁面的数值解。使用伽辽金谱方法，由以下展开式求解方程 (17.57)~(17.59) 的数值解：

$$\Psi_j(y)=\sum_{l=0}^{L}\widehat{\Psi}_l\,(1-\hat{y}^2)\,T_l(\hat{y}),$$

$$\Phi_j(y)=\sum_{l=0}^{L}\widehat{\Phi}_l\,(1-\hat{y}^2)^2\,T_l(\hat{y}),$$

$$\Theta_j(y)=\sum_{l=0}^{L}\widehat{\Theta}_l\,\cos\left(\frac{l\pi y}{\Gamma}\right),$$

其中 $j=1$ 或 $j=2$，$\hat{y}=2y/\Gamma-1$，$\widehat{\Psi}_l$ 和 $\widehat{\Phi}_l$ 为复系数，$T_l(\hat{y})$ 表示标准的切比雪夫函数。伽辽金展开的基本特点是通过选取合适的展开函数使得速度和温度边界条件被自动满足。例如，将展开式代入方程 (17.59)，再乘上 $\cos(k\pi y/\Gamma)$，然后在管道的横截面上积分，可得到关于展开系数的 $(L+1)$ 个方程：

$$\int_0^{\Gamma}\cos\left(\frac{k\pi y}{\Gamma}\right)\left[\frac{\mathrm{d}^2}{\mathrm{d}y^2}-(m^2+\pi^2)-\mathrm{i}(-1)^j Pr\omega\right]\left[\sum_{l=0}^{L}\widehat{\Theta}_l\cos\left(\frac{l\pi y}{\Gamma}\right)\right]\mathrm{d}y$$
$$=-\mathrm{i}m\int_0^{\Gamma}\cos\left(\frac{k\pi y}{\Gamma}\right)\left[\sum_{l=0}^{L}\widehat{\Psi}_l\,(1-\hat{y}^2)\,T_l(\hat{y})\right]\mathrm{d}y$$
$$+\pi\int_0^{\Gamma}\cos\left(\frac{k\pi y}{\Gamma}\right)\frac{\mathrm{d}}{\mathrm{d}y}\left[\sum_{l=0}^{L}\widehat{\Phi}_l\,(1-\hat{y}^2)^2\,T_l(\hat{y})\right]\mathrm{d}y,\quad k=0,1,2,\cdots,L.$$

与应力自由情形不同，含有切比雪夫函数的积分必须使用数值方法来计算。使用

17.4 振荡粘性对流

相似的数值求解步骤,从 (17.57) 式可得到 $(L+1)$ 个复方程,从 (17.58) 式也可得到 $(L+1)$ 个复方程,因此对于系数 $(\widehat{\Phi}_l, \widehat{\Psi}_l, \widehat{\Theta}_l, l=0,1,2,\cdots,L)$,一共有 $(3L+3)$ 个方程。针对给定的 j, Pr, Γ 和 Ta,方程组可以用迭代法求解,得到 Ra 和 ω 的值,以及 $(3L+3)$ 个复系数。对不同的 m 重复这种计算,可以确定最小的瑞利数 $(Ra)_c$、相应的波数 m_c 和频率 ω_c,它们描述了旋转对流最不稳定的模。当 $Ta \leqslant 10^{12}$ 时,通常取 $L = O(100)$ 便可达到小于 1% 的数值精度。

图 17.4(b) 给出了 $Pr = 7.0$ 和 $\Gamma = 2$ 时,用数值方法确定的无滑移壁面对流的 $(Ra)_c, m_c$ 和 ω_c 值,同时也对比了相应的渐近解。从图可知,二阶渐近解 (17.73)~(17.75) 在 $Ta \geqslant O(10^8)$ 时提供了很好的近似。当 $Ta = 10^8$,$Pr = 7.0$ 和 $\Gamma = 2$ 时,无滑移壁面粘性对流 (包含顺行模 $\omega_c < 0$ 和逆行模 $\omega_c > 0$) 的空间结构显示于图 17.6,其临界参数为 $(Ra)_c = 3.35 \times 10^5, m_c = 4.93$ 和 $|\omega_c| = 6.07$。两个行进相反的波解显示为:一个在内壁面 $y = \Gamma = 2$ 附近、沿正 x 方向顺行传播;另一个在内壁面 $y = 0$ 附近、沿负 x 方向逆行传播。两个波有完全相同的临界瑞利数 $(Ra)_c = 3.35 \times 10^5$ 和临界波数 $m_c = 4.93$,但是具有不同的频率 ω_c。

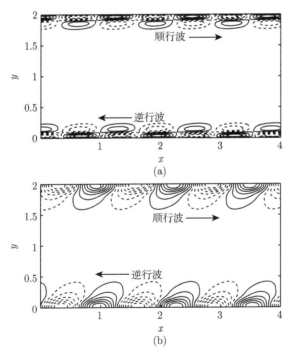

图 17.6 壁面为无滑移和绝热条件时,窄间隙环柱内的对流开端结构。(a) 为速度分量 u_z 的等值线,(b) 为温度 Θ 的等值线。图中 xy 平面位于 $z = 1/2$ 处。其他参数为 $\Gamma = 2, Ta = 10^8$,$Pr = 7.0$。对流开端对应的临界参数分别为 $(Ra)_c = 3.35 \times 10^5, m_c = 4.93$ 和 $|\omega_c| = 6.07$。顺行波和逆行波都显示在了图中

将图 17.5 或图 17.6 所示的壁面局部化对流与普通艾克曼边界层 (Greenspan, 1968) 进行比较很有意义，因为它们都是由快速旋转效应所导致的。艾克曼边界层的厚度主要由速度边界条件的类型来决定，相比之下，壁面局部化对流层的厚度并不受速度边界条件的影响，它的层厚取决于旋转约束与打破这种约束的对流运动之间的相互作用。此外，垂直壁面的存在，不论是应力自由还是无滑移的，都要求壁面的法向流必须为零，此要求破坏了水平方向的均匀性，并且创建了一个独特的场所将小尺度 ($Ta^{-1/6}$) 行波困于其中。因小尺度对流仅发生在壁面附近，而不是发生在整个水平层 (如 Rayleigh-Bénard 对流)，所以粘性耗散被显著地降低了，因而临界瑞利数 $(Ra)_c$ 也大幅减小，从而形成了一个非常稳固、高效的旋转对流形态。此时，让我们考察一下水平无界 Rayleigh-Bénard 层的旋转对流将是非常有益的。

17.4.5 与无界旋转层流的比较

对旋转、均匀、水平无界的 Rayleigh-Bénard 层中的对流研究已经开展得非常广泛了，如文献 (Chandrasekhar, 1961; Clever and Busse, 1979; Gubbins and Roberts, 1987; Fearn et al., 1988)。对无界 Rayleigh-Bénard 层的研究 (水平方向边界条件通常设置为周期性的) 是否会为我们理解实际流体的物理本质提供帮助，常常存在着争议，因为实际流体一般都是被限制于各种几何形状的有界容器中的。对于横纵比足够大的无旋转 Rayleigh-Bénard 系统，主张能提供帮助是合理的，因为整个系统的区域范围要远远大于对流卷或对流胞的尺度。在无旋转 Rayleigh-Bénard 系统中，壁面的影响通常是次要的：壁面的存在只是迫使波数值在系统大部进行调整，并因此引发对流卷在壁面附近的局部改变或破坏。然而在旋转 Rayleigh-Bénard 系统中，壁面的存在与否将使旋转对流的动力学机制具有根本性的不同。对于 Rayleigh-Bénard 层中的旋转对流，比较其在有壁面和无界情况下的区别，将清楚地揭示二者在物理和数学上的不同。为了展示有壁面和无界两种情况的根本性差异，我们将在下面简要复述无界旋转 Rayleigh-Bénard 层的线性解，Chandrasekhar (1961) 曾对此进行过详细讨论。

首先考虑 $Pr \geqslant O(1)$ 情况下快速旋转无界 Bénard 层对流的开端，该层位于两个自由边界之间。如果不存在壁面，则当 $Pr \geqslant O(1)$ 时对流是稳定的，速度 $\mathbf{u}$ 可以表示为两个矢量势 Φ 和 Ψ 的形式：

$$\mathbf{u} = \nabla \times \nabla \times [\Phi(x,y,z)\hat{\mathbf{z}}] + \nabla \times [(\Psi(x,y,z)\hat{\mathbf{z}}], \qquad (17.79)$$

其中 $\hat{\mathbf{z}}$ 为垂直向上的单位矢量。应该注意，上述展开与管道 (有两个垂直平行壁面) 中曾使用过的类似公式有很大不同。顶部和底部的应力自由、温度恒定条件可写为

$$\Phi = \frac{\partial^2 \Phi}{\partial z^2} = \frac{\partial \Psi}{\partial z} = \Theta = 0, \quad z = 0, 1.$$

17.4 振荡粘性对流

将 (17.79) 式代入 (17.3) 和 (17.5) 线性化后的方程中，对 (17.3) 式作 $\hat{\mathbf{z}}\cdot\nabla\times$ 和 $\hat{\mathbf{z}}\cdot\nabla\times\nabla\times$ 运算，可导出三个独立的标量方程：

$$\left(\nabla^2-\frac{\partial^2}{\partial z^2}\right)\left(\nabla^2\Psi+\sqrt{Ta}\frac{\partial\Phi}{\partial z}\right)=0,$$

$$\left(\nabla^2-\frac{\partial^2}{\partial z^2}\right)\left(\nabla^4\Phi-Ra\Theta-\sqrt{Ta}\frac{\partial\Psi}{\partial z}\right)=0,$$

$$\nabla^2\Theta-\left(\nabla^2-\frac{\partial^2}{\partial z^2}\right)\Phi=0,$$

它们描述了稳态对流的开端。因流体层在水平方向无界，没有垂直壁面，所以允许我们寻求如下形式的简正模解：

$$(\Phi,\Psi,\Theta)(x,y,z)=\left[\widetilde{\Phi}(z),\widetilde{\Psi}(z),\widetilde{\Theta}(z)\right]\mathrm{e}^{\mathrm{i}(a_x x+a_y y)},$$

在数学上，它与水平方向的周期性边界条件是等价的，其中 a_x 和 a_y 分别为 x 和 y 方向的水平波数。可以定义一个总的水平波数 a，使 $a^2=a_x^2+a_y^2$，由此，诸如 $(\nabla^2-\partial^2/\partial z^2)$ 的微分算子可以简单地以 a^2 替代。它意味着，由于流体层的无界性，没有哪个水平方向具有优势，这体现了解的数学简并性。相比之下，旋转管道只存在方位方向的一个水平波数，其数学简并性被壁面消除了。

可用简正模表达式将微分方程转换成一个常微分方程组：

$$\left(\frac{\mathrm{d}^2}{\mathrm{d}z^2}-a^2\right)\widetilde{\Psi}+\sqrt{Ta}\frac{\mathrm{d}\widetilde{\Phi}}{\mathrm{d}z}=0,$$

$$\left(\frac{\mathrm{d}^2}{\mathrm{d}z^2}-a^2\right)^2\widetilde{\Phi}-\sqrt{Ta}\frac{\mathrm{d}\widetilde{\Psi}}{\mathrm{d}z}-Ra\widetilde{\Theta}=0,$$

$$\left(\frac{\mathrm{d}^2}{\mathrm{d}z^2}-a^2\right)\widetilde{\Theta}+a^2\widetilde{\Phi}=0,$$

方程组只与总水平波数 a 有关。以上三个方程可以合并为一个 $\widetilde{\Phi}$ 的六阶微分方程：

$$\left(\frac{\mathrm{d}^2}{\mathrm{d}z^2}-a^2\right)^3\widetilde{\Phi}+Ta\frac{\mathrm{d}^2\widetilde{\Phi}}{\mathrm{d}z^2}+a^2Ra\widetilde{\Phi}=0,$$

其边界条件为

$$\widetilde{\Phi}=\frac{\mathrm{d}^2\widetilde{\Phi}}{\mathrm{d}z^2}=\frac{\mathrm{d}^4\widetilde{\Phi}}{\mathrm{d}z^4},\qquad z=0,1.$$

取方程的解为 $\widetilde{\Phi}\sim\sin(n\pi z)$，并取 $n=1$，它满足相关的边界条件并且对应着最小的瑞利数，于是可得

$$\left(\pi^2+a^2\right)^3+\pi^2 Ta=a^2 Ra.$$

针对总水平波数 a 求 Ra 的最小值,得到临界波数 a_c 的方程为

$$\left(\pi^2 + a_c^2\right)^3 + \pi^2 Ta - 3a_c^2 \left(\pi^2 + a_c^2\right)^2 = 0,$$

其首阶解为

$$a_c = \left(\frac{\pi^2}{2}\right)^{1/6} (Ta)^{1/6} - \frac{1}{2}\left(\frac{\pi^2}{2}\right)^{5/6} (Ta)^{-1/6} + O(1/\sqrt{Ta}), \qquad (17.80)$$

临界瑞利数 $(Ra)_c$ 和相应的频率 ω_c 为

$$(Ra)_c = 3\left(\frac{\pi^2}{2}\right)^{2/3} (Ta)^{2/3} + 3\left(\frac{\pi^8}{2}\right)^{1/3} (Ta)^{1/3} + O(1), \qquad (17.81)$$

$$\omega_c = 0. \qquad (17.82)$$

当 $Pr \geqslant O(1)$ 时,以上渐近表达式正确地描述了位于两个应力自由边界之间的、快速旋转无界流体层的对流开端,它也可被视为两个无滑移边界之间的快速旋转无界流体层的首阶近似解 (Zhang and Roberts, 1998)。

将管道看作有两个平行壁面的 Rayleigh-Bénard 层,比较旋转管道的渐近关系 (17.73)~(17.75) 与旋转无界 Rayleigh-Bénard 层的关系 (17.80)~(17.82),可以从中获知许多信息。一些关键性的差异是很明显的,首先,旋转无界流体层中的对流是稳态的 ($\omega_c = 0$),而快速旋转管道中的对流总是振荡的,当普朗特数为中等大小时 ($Pr \geqslant O(1)$),振荡频率为 $\omega_c \approx 2\pi^2(2+\sqrt{3})^{1/2}(3+\sqrt{3})/[(1+\sqrt{3})Pr]$。其次,壁面的存在完全消除了水平无界层的数学简并性。这个差别反映在管道公式 (17.73) 给出的方位波数 m_c 和公式 (17.80) 给出的总波数 a_c 中。再次,对比两种情况的临界瑞利数,即 (17.81) 和 (17.74) 式给出的 $(Ra)_c$,二者差别极大,有

$$\left[(Ra)_c \approx 7.8(Ta)^{2/3}\right]_{\text{Bénard 层}} \gg \left[(Ra)_c \approx 32(Ta)^{1/2}\right]_{\text{管道}}, \quad Ta \gg 1.$$

这意味着,在旋转 Rayleigh-Bénard 层对流的实验研究中,因为壁面是一定存在的,无界流体层的对流理论将不能帮助解释所观察到的现象。最后,初看起来,快速旋转管道与无界流体层的临界波数大不相同,但按照对流运动的最小尺度(与打破旋转效应所需的粘性效应相关)来说,对流尺度其实是相同的,均为 $O(Ta^{-1/6})$。这是因为 (17.73) 式中的 m_c 代表了壁面局部化粘性对流的方位波数,而 (17.80) 式中的 a_c 表示对流胞的总波数。

现在考虑当 $Pr \geqslant O(1)$ 时,位于无滑移边界之间的无界旋转 Rayleigh-Bénard 层,研究发现其一般特征并没有大的改变。表 17.3 总结了三种壁面边界条件下对流临界参数的典型结果,使用了完全相同的物理参数(顶端和底端为无滑移条件)。这三种情况分别是:①无界旋转 Rayleigh-Bénard 层,它可以看作是 $\Gamma \to \infty$ 的特

例；②壁面 $(y = 0, \Gamma)$ 为自由应力条件；③壁面 $(y = 0, \Gamma)$ 为无滑移条件。从表中可见，情形③的 $Ta = 0$ 表示无旋转管道，其临界瑞利数 $(Ra)_c$ 比情形①的无旋转无界 Rayleigh-Bénard 层稍大。在无旋转管道中，壁面强制调整了对流波数的大小，引起的变化是非常轻微的。此外，稳定性交换原理对无旋转的无界层和无旋转的管道都是有效的，因此，壁面对无旋转对流没有大的影响便不足为怪了。然而，当 Ta 增大到 1225 或更大时，情况就开始改变了，旋转管道中的对流都变成了振荡，无论壁面是应力自由还是无滑移的。当 $Ta \geqslant O(10^4)$ 时，振荡对流表现为壁面局部化的行波形态，它具有更小的临界瑞利数，对流动力学变成主要由科里奥利力主导。当 $Ta \gg 1$ 时，壁面的存在彻底改变了旋转对流的关键特征，这一点非常明显地表现在表 17.3 中：当 $Ta = 10^{12}$ 时，在完全相同的物理参数下，无界旋转 Rayleigh-Bénard 层的临界瑞利数为 $(Ra)_c = 7.780 \times 10^8$，而当有垂直壁面存在时，它大幅减小为 $(Ra)_c = 3.191 \times 10^7$。

表 17.3 当 $Pr = 7.0$ 时，对于不同泰勒数 Ta，对流开端临界参数的一些例子。顶端和底端使用了相同的无滑移条件。表中列出了三种情形：①无界旋转 Rayleigh-Bénard 层；② $\Gamma = 2$ 且壁面为应力自由的旋转管道；③ $\Gamma = 2$ 且壁面为无滑移的旋转管道。注意 a_c 表示无界旋转 Rayleigh-Bénard 层的水平总波数，而 m_c 为旋转环柱管道的方位波数

Ta	$[a_c, (Ra)_c, \omega_c]$ 情形①	$[m_c, (Ra)_c, \omega_c]$ 情形②	$[m_c, (Ra)_c, \omega_c]$ 情形③
0	$[3.116, 1.708 \times 10^3, 0]$	$[2.268, 7.994 \times 10^2, 0.000]$	$[3.018, 1.843 \times 10^3, 0.000]$
10^2	$[3.161, 1.756 \times 10^3, 0]$	$[2.801, 9.779 \times 10^2, 0.000]$	$[3.096, 1.898 \times 10^3, 0.000]$
1225	$[3.551, 2.241 \times 10^3, 0]$	$[3.040, 1.842 \times 10^3, 0.427]$	$[3.462, 2.529 \times 10^3, 0.103]$
10^4	$[4.785, 4.712 \times 10^3, 0]$	$[3.335, 4.186 \times 10^3, 1.830]$	$[3.699, 4.666 \times 10^3, 1.224]$
10^6	$[10.82, 7.108 \times 10^4, 0]$	$[4.191, 3.535 \times 10^4, 4.041]$	$[4.443, 3.454 \times 10^4, 3.904]$
10^8	$[24.64, 1.525 \times 10^6, 0]$	$[4.926, 3.350 \times 10^5, 6.071]$	$[5.197, 3.245 \times 10^5, 6.377]$
10^{10}	$[55.40, 3.450 \times 10^7, 0]$	$[5.439, 3.268 \times 10^6, 7.560]$	$[5.718, 3.196 \times 10^6, 8.167]$
10^{12}	$[122.8, 7.780 \times 10^8, 0]$	$[5.735, 3.226 \times 10^7, 8.455]$	$[5.930, 3.191 \times 10^7, 8.942]$

17.4.6 $\Gamma = O(Ta^{-1/6})$ 时的非线性特性

当管道宽度适度小，即 $\Gamma = O(Ta^{-1/6})$ 时，两个行波拥有完全相同的频率和波数，但是行进方向相反且处于不同位置，它们之间的相互作用可导致行波的破坏或生成。在之前讨论的粘性对流开端的基础上，我们预期在对流的起始点附近，有三种可能的非线性发展情形：①只存在恒定振幅的逆行波；②只存在恒定振幅的顺行波；③两个反向行波强相互作用所导致的振荡对流。我们将看到，只有第三种情形在物理上是可能的，两个反向行波之间的非线性相互作用可以产生独特的旋转对流非线性现象。

为展示这种两个波相互作用的非线性现象，我们考虑一个 $Pr = 7.0$，$Ta = $

10^6 和 $\Gamma = 0.5$ 的管道,它满足 $\Gamma = O(Ta^{-1/6})$ 的几何条件,其上下端面为应力自由和理想导体条件,壁面为应力自由和绝热条件。在对流开端,它有两个不同的不稳定模:① 集中在外壁面 $(y = 0)$ 的逆行模,临界瑞利数为 $(Ra)_c = 3.52 \times 10^4$,临界波数为 $m_c = 4.1517$,临界频率为 $\omega_c = 4.135$;② 集中在内壁面 $(y = \Gamma = 0.5)$ 的顺行模,临界瑞利数为 $(Ra)_c = 3.52 \times 10^4$,临界波数为 $m_c = 4.1517$,临界频率为 $\omega_c = -4.135$。我们引入 $[Ra-(Ra)_c]/(Ra)_c$ 来度量超临界性,并从对流的开端开始,逐步检验非线性随瑞利数增大而变化的行为。图 17.7 显示了在不同 Ra 值下,非线性对流的动能 E_{kin} 随时间的变化情况,其他参数为 $\Gamma = 0.5$,$Pr = 7.0$ 和 $Ta = 10^6$,图中未显示从任意初始条件开始后的过渡状态。在这个 Ra 范围内,非线性解总是强健的,并不受初始条件的影响。我们发现,不管取任何形式的初始条件,无论是逆行还是顺行的行波都不能单独地在物理上实现。在弱非线性域 $0 < [Ra-(Ra)_c]/(Ra)_c \leqslant 1$,两个具有同样波数和频率但行进方向相反的波总是发生着非线性相互作用。在某一时刻,它们之间的相互干扰可以是破坏性的,也可以是建设性的,这取决于两个行波的相对相位,这种干扰导致了一个与时间相关的振荡解,它是非线性行为的主分岔。 图 17.8 描绘了当 $Ra = 45760$ 时振荡对流在不同时刻的形态,此时 $[Ra-(Ra)_c]/(Ra)_c = 0.3$。当两个波的相位相同时 (图 17.8 的最上和最下一幅),非线性对流的强度将达到最低,而当两个波的相位不同时 (图 17.8 的中间一幅),对

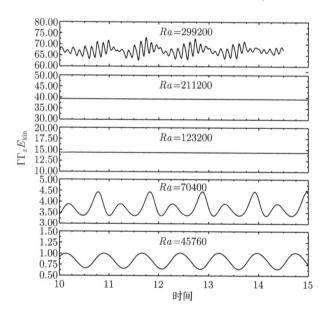

图 17.7 在 $\Gamma = 0.5$ 的旋转管道中,当瑞利数 Ra 为五个不同值时,非线性对流的动能 $\Gamma\Gamma_x E_{\text{kin}}$ 随时间而变化的情况。其中 $1 \times \Gamma \times \Gamma_x$ 为计算区域的体积,其他参数为 $Pr = 7$ 和 $Ta = 10^6$

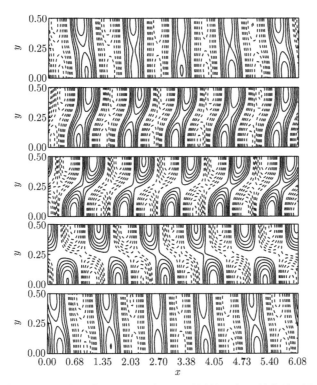

图 17.8 非线性对流在一个振荡周期内五个不同时刻的温度 Θ 等值线，图中的平面位于 $z = 1/2$，其他参数为 $\Gamma = 0.5$, $Pr = 7$, $Ta = 10^6$，瑞利数取为 $[Ra - (Ra)_c]/(Ra)_c = 0.3$

流将达到最大的强度。这说明，研究两个反向行波的弱非线性问题，可以基于两个耦合的复 Ginzburg-Landau 方程来进行。值得注意的是，因两个反向传播的波具有不同的空间结构，驻波解作为非线性主分岔的可能性可以被排除掉。

如瑞利数大致在 $1 < [Ra - (Ra)_c]/(Ra)_c < 6$ 范围，非线性效应将足够强。此时，两个反向行波的非线性相互作用将合并成为一个稳态的对流。也就是说，两个波将粘连在一起并且停止行进，形成稳态对流形式的非线性第二分岔。稳态对流的动能显示于图 17.7 中，它不随着时间而变化。当超临界瑞利数增大到 $[Ra - (Ra)_c]/(Ra)_c \approx 7.5$ 时，非线性对流又变得与时间相关了，这是非线性现象的第三分岔，显示于图 17.7 的 $Ra = 299200$ 的子图中。这种独特的非线性现象正是由两个反向行波的相互作用而产生的 (Zhang et al., 2007c)。

17.4.7 $\Gamma \gg O(Ta^{-1/6})$ 时的非线性特性

横纵比 Γ 在决定旋转环柱管道非线性解的性质中起着至关重要的作用。当 $\Gamma \gg O(Ta)^{-1/6}$ 时，两个反向的波在空间上被解耦，但是当瑞利数足够大时，它们会与内部的模发生非线性相互作用 (很大程度上类似于无界 Rayleigh-Bénard 层的情况)，形成湍流形式的旋转对流 (Zhan et al., 2009)。因顶端和底端的速度边界条件不是非常重要，我们将以应力自由和理想导体条件来说明对流从层流向弱湍流过渡的机制。

首先我们看一个在宽间隙管道($\Gamma = 2$)内，弱非线性粘性对流向湍流过渡的例子，管道壁面为应力自由条件，参数为 $Ta = 10^6$ 和 $Pr = 7.0$。在对流开端存在两个反向的行波，它们局限于壁面附近，临界参数为 $m_c = 4.8$，$(Ra)_c = 2.55 \times 10^4$ 和 $\omega_c = \pm 4.76$，当超临界瑞利数较小时，对流有三种可能性：① 外壁面局部化的逆行波；② 内壁面局部化的顺行波；③ 同时存在两个行波。我们发现两个行波总是同时被激发，表明局限于任一壁面附近的单一行波是非线性不稳定的，对于适度大的 Γ，此情况在物理上无法实现，即使在数学上它是方程的一个解。

对于不同的 Ra，图 17.9 显示了非线性旋转对流的动能密度随时间变化的情况，数值模拟以 $t = 0$ 时刻的任意初始条件开始，其后的过渡状态未显示于图中。值得注意的是，对于较大的瑞利数，当取值范围为 $(Ra)_c = 2.55 \times 10^4 < Ra \leqslant 10^5 \approx 4(Ra)_c$ 时，局限于壁面且反向传播的行波是极其健壮和稳定的。图 17.10(a) 显示了当 $Ra = 7 \times 10^4$ 时这种波的典型结构。对于 $Ta = 10^6$ 和 $Pr = 7.0$，旋转无界 Rayleigh-Bénard 层的对流发生在 $Ra = 9.223 \times 10^4$ 时，因此，只有在 $Ra >$

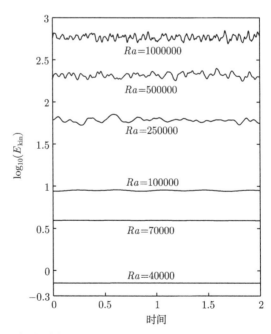

图 17.9 在 $\Gamma = 2$ 的旋转管道中，针对不同的瑞利数 Ra，非线性对流的动能密度 E_{kin} 随时间变化的情况。其他参数为 $Pr = 7$ 和 $Ta = 10^6$，管道壁面为应力自由条件

17.4 振荡粘性对流

9.223×10^4 条件下，远离壁面的内部对流模才可能被激发。而当瑞利数 Ra 进一步增大时，壁面局部化行波与内部模将同时存在并发生非线性相互作用，从而使旋转对流转变为湍流。在 $Ra = 2.5 \times 10^5$ 时 ($Pr = 7$)，图 17.10(b) 显示了湍流对流的一个快照。与旋转无界 Rayleigh-Bénard 层对流不同，旋转管道中的湍流是由两个反向行波与内部模之间的非线性相互作用所导致的。尽管对流的水平结构在时间和空间上已变得不规则，如图 17.9 和图 17.10(b) 所示，但它在旋转轴方向的垂直结构仍然试图保持柱状对流胞的形式，仍然反映了旋转的强烈效应。

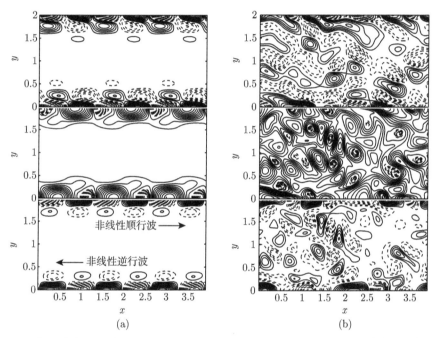

图 17.10 每列从上至下分别显示了 xy 平面 ($z = 1/2$) 内的 $\hat{\mathbf{x}} \cdot \mathbf{u}$, Θ 和 $\hat{\mathbf{z}} \cdot \mathbf{u}$ 等值线，其他参数为 $Ta = 10^6$, $\Gamma = 2$ 和 $Pr = 7$: (a) $Ra = 7 \times 10^4$, (b) $Ra = 2.5 \times 10^5$。旋转管道的壁面为应力自由条件

在此应当强调，在具有两个壁面的旋转管道中，层流向湍流的转换路径与旋转无界 Rayleigh-Bénard 层截然不同。在旋转无界 Bénard 层中，当瑞利数 Ra 从 $(Ra)_c$ 开始增大时，其典型路径是通过 Kuppers-Lortz 不稳定性 (Kuppers and Lortz, 1969) 从稳态的对流卷向时变的对流转换。对于宽间隙 ($\Gamma = O(1)$) 和快速旋转 ($Ta \gg 1$) 的管道，壁面与旋转的共同作用将不会形成对流卷，也不会引起 Kuppers-Lortz 不稳定性，它从层流向弱湍流转换的典型路径是通过壁面局部化的反向行波与内部模的非线性相互作用，从反向行波向时变湍流过渡的，这主要是因为快速旋转环柱管道的临界瑞利数 $(Ra)_c$ 比旋转无界 Rayleigh-Bénard 层小得多，如表 17.3 所示。

17.5 曲率影响下的粘性对流

17.5.1 粘性对流的开端

在窄间隙近似下，旋转环柱在方位方向的曲率影响被忽略了，因此其粘性对流的特点表现为两个反向但具有完全相同的频率、波数和临界瑞利数的行波。而当几何条件不再很好地满足 $\Gamma/r_o \ll 1$ 时，环柱的曲率效应将变得比较重要，因而在对流的开端，两个反向行波不仅在频率和波数上有细微差别，而且其临界瑞利数也稍有不同。

如果考虑曲率对旋转环柱中粘性对流的全部影响，我们将把粘性对流两个不同的模进行区分：一个为逆行波，局限于环柱的外壁面，以温度为例可以表示为以下形式：

$$\Theta_{outer} = \Theta_{outer}[s, z, (Ra)_{outer}] e^{i(m_{outer}\phi + \omega_{outer} t)},$$

其中 m_{outer} 为整数型方位波数，瑞利数 $(Ra)_{outer}$ 的选取须使 ω_{outer} 为正实数。另一个为顺行波，位于内壁面附近，可表示为

$$\Theta_{inner} = \Theta_{inner}[s, z, (Ra)_{inner}] e^{i(m_{inner}\phi - \omega_{inner} t)}, \quad (17.83)$$

其中 m_{inner} 也是整数型方位波数，瑞利数 $(Ra)_{inner}$ 的选取也须使得 ω_{inner} 为正实数。对于窄间隙环柱，当不使用窄间隙近似时，其旋转对流总是具有以下特点：

$$m_{inner} \neq m_{outer}, \quad (Ra)_{inner} \neq (Ra)_{outer}, \quad \omega_{inner} \neq \omega_{outer}.$$

尽管旋转环柱中对流的主要特征与旋转管道大体相似，但是也存在着一些明显的差异 (Li et al., 2008)。

不失旋转对流的一般性，我们继续关注 $Ta = 10^6$ 和 $Pr = 7.0$ 的情况。在这种情况下，对于上下端为无滑移和理想导体条件、壁面为无滑移和绝热条件的旋转环柱，其内对流运动的形式为行波并且倾向于集中到环柱的两个壁面附近。首先，考虑一个宽间隙环柱，其内外半径分别为 $r_i = 1.25$ 和 $r_o = 2.0$。位于外壁面附近的最不稳定的逆行模，由瑞利数 $(Ra)_{outer} = 33918$，方位波数 $m_{outer} = 8$ 和频率 $\omega_{outer} = 3.967$ 所标志，而在内壁面附近，最不稳定的顺行模则由 $(Ra)_{inner} = 35563$，$m_{inner} = 6$ 和 $\omega_{inner} = 3.899$ 来标志。这两个线性反向行进模的空间结构显示于图 17.11。其次，考虑一个窄间隙环柱，其内外半径分别为 $r_i = 1.5$ 和 $r_o = 2.0$。此时，在外壁面处最不稳定的逆行模由 $(Ra)_{outer} = 34406$，$m_{outer} = 8$ 和 $\omega_{outer} = 4.104$ 给出，而在内壁面处，最不稳定顺行模的特点是 $(Ra)_{inner} = 35667$，$m_{inner} = 7$ 和 $\omega_{inner} = 4.053$。图 17.12 显示了这两个反向行进模的相应结构。应该指出，系

17.5 曲率影响下的粘性对流

统还存在几个相邻的、方位波数不同的逆行模,这些模需要稍大一些的瑞利数来激发。比如,存在外侧的 $m_{outer}=9$ 的逆行波模,其瑞利数和频率分别为 $(Ra)_{outer}=34498$ 和 $\omega_{outer}=3.957$,这暗示了在对流起点附近可能存在着多个非线性平衡。

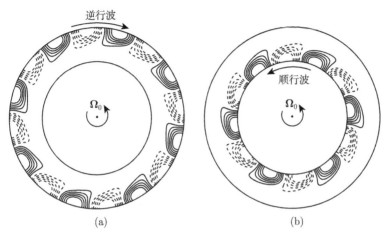

图 17.11 旋转环柱中两个不同的线性行波解:(a) $z=1/2$ 平面处的温度 Θ_{outer} 等值线,代表 $m_{outer}=8$,$(Ra)_{outer}=33918$ 和 $\omega_{outer}=3.967$ 的逆行模;(b) $z=1/2$ 平面处的温度 Θ_{inner} 等值线,代表 $m_{inner}=6$,$(Ra)_{inner}=35563$ 和 $\omega_{inner}=3.899$ 的顺行模。环柱的内外半径分别为 $r_i=1.25$ 和 $r_o=2.0$,其他参数为 $Ta=10^6$ 和 $Pr=7.0$

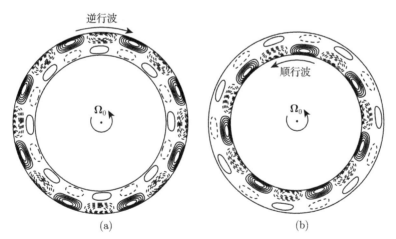

图 17.12 旋转环柱中两个不同的线性行波解:(a) $z=1/2$ 平面处的垂向速度等值线,代表 $m_{outer}=8$,$(Ra)_{outer}=34406$ 和 $\omega_{outer}=4.104$ 的逆行模;(b) $z=1/2$ 平面处的垂向速度等值线,代表 $m_{inner}=7$,$(Ra)_{inner}=35667$ 和 $\omega_{inner}=4.053$ 的顺行模。环柱的内外半径分别为 $r_i=1.5$ 和 $r_o=2.0$,其他参数为 $Ta=10^6$ 和 $Pr=7.0$

总之，与较小内半径 r_i 相联系的较强曲率效应需要更大的 $(Ra)_{inner}$ 来激发内壁面附近的顺行模。因为壁面局部化的特点，对于外壁面附近的逆行模，当 Ta 足够大时，其空间结构和临界参数几乎与内半径 r_i 无关。另外，曲率效应也暗示着

$$m_{inner} < m_{outer}, \quad (Ra)_{inner} > (Ra)_{outer}, \quad \omega_{inner} < \omega_{outer}.$$

这个特点将导致一个重要的结论，即系统从纯传导状态失稳之后，不再可能同时获得两个反向的行波。换句话说，就是由于圆柱的曲率效应，包含两个反向波模的余维二分岔 (codimension-two bifurcation) 将不可能发生。因此，对于旋转环柱中反向行波的弱非线性问题，不能基于两个耦合的复 Ginzburg-Landau 方程来研究。

17.5.2 粘性对流的非线性特性

我们继续将注意力集中在 $Ta = 10^6$ 和 $Pr = 7.0$ 的情形，以展示旋转环柱非线性解的曲率效应。有两个显著特点对理解其非线性特性非常重要：①圆柱的曲率效应破坏了两个反向波之间的空间对称性，如图 17.11 所示；②粘性对流的径向尺度量级为 $O(Ta^{-1/6})$，即当 $Ta = 10^6$ 时在 0.1 的量级。于是在此泰勒数下，当 $Ra > (Ra)_{inner}$ 时，两个行进相反的波之间能够发生非线性相互作用，无论是在 $(r_i = 1.25, r_o = 2.0)$ 还是在 $(r_i = 1.5, r_o = 2.0)$ 的情况下。

首先来看内外半径分别为 $r_i = 1.25$ 和 $r_o = 2.0$ 的旋转环柱中的非线性反向行进波。把瑞利数 Ra 从临界值逐步增大，可以鉴别出多种不同的非线性对流形式。当 Ra 略微大于对流临界值 $(Ra)_{outer} = 33918$ 时，非线性对流的特点就表现为一个位于外壁面附近且具有恒定振幅的逆行波，其主导波数为 $m = 8$，频率约为 4.0——正如线性稳定性分析所预测的。当 Ra 增大到略微大于对流临界值 $(Ra)_{inner} = 35563$ 时，便发生了非线性第二分岔。第二个非线性解的标志是存在顺行和逆行的两个波，它们具有不同的方位波数 $m_{inner} = 6$ 和 $m_{outer} = 8$，与线性稳定性分析的预测又达成了一致。当瑞利数 Ra 增大到 40000 时，发生了非线性的第三分岔，其特点是方位波数的迁移，与 Eckhaus 型不稳定性机制 (Benjamin and Feir, 1967) 相关联。在第三个非线性解中，内壁面附近顺行波的方位波数 m_{inner} 转变为 $m_{inner} = 7$，而外壁面附近逆行波的波数改变为 $m_{outer} = 9$。依赖于某时刻两个反向波的相对相位，这两个波互相抑制且非线性地相互作用，致使波的振幅发生了微小变化。进一步增大瑞利数，非线性分岔表现出的特点一般是：外壁面逆行波的主导方位波数逐渐增大，而内壁面顺行波的尺度大体上保持不变。例如，当 $Ra = 50000$ 时，逆行波的主导波数将增至 $m_{outer} = 10$。

为度量非线性对流的强度，我们引入动能密度 E_{kin} 的定义：

$$E_{\text{kin}} = \frac{1}{2\pi(r_0^2 - r_i^2)} \int_0^1 \int_0^{2\pi} \int_{r_i}^{r_o} |\mathbf{u}|^2 s \, \mathrm{d}s \, \mathrm{d}\phi \, \mathrm{d}z,$$

17.5 曲率影响下的粘性对流

其中 $\pi(r_o^2 - r_i^2)$ 表示环柱的无量纲体积。同时引入努塞特数 Nu 来衡量对流的热传输：

$$Nu = 1 - \frac{Pr}{\pi(r_o^2 - r_i^2)} \int_0^{2\pi} \int_{r_i}^{r_o} \left(\frac{\partial \Theta}{\partial z}\right)_{z=1} s\, ds\, d\phi.$$

图 17.13 显示了当 $Ra = 7.0 \times 10^4$ 时非线性对流的动能，它在四个不同时刻的典型空间结构显示于图 17.14 中。从图中可见，非线性对流随时间的变化是不规则的，逆行波的主导波数增大到了 $m_{outer} = 15$，而顺行波的波数依然保持在 $m_{inner} = 7$。两个行波具有不同的波数和频率且行进方向相反，它们相互干扰，建立了旋转对流中一个独一无二的非线性动力学机制。值得指出的是，对于旋转无界 Rayleigh-Bénard 层，当 $Ta = 10^6$ 和 $Pr = 7.0$ 时，其对流的开端发生在 $(Ra)_c = 7.11 \times 10^4$。很明显，在相同参数下，当旋转无界 Rayleigh-Bénard 对流还未开始时，底部加热旋转环

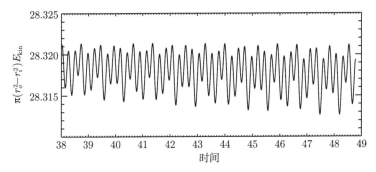

图 17.13 旋转环柱中非线性反向行进波的动能。环柱的内外半径分别为 $r_i = 1.25$ 和 $r_o = 2.0$，物理参数为 $Ta = 10^6$，$Pr = 7.0$ 和 $Ra = 70000$。非线性解随时间的变化是不规则的，这源于两个具有不同方位波数的波之间发生的非线性相互作用

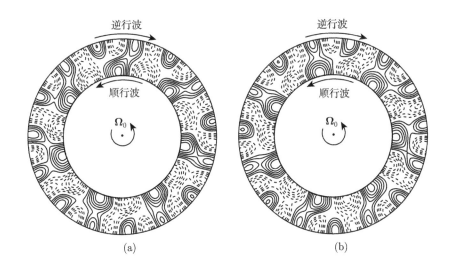

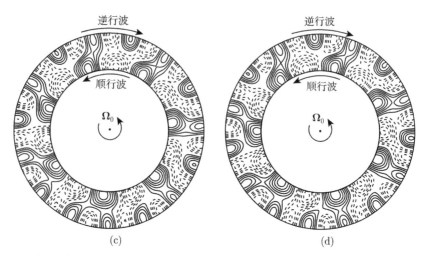

图 17.14 旋转环柱中的非线性反向行进波,各图显示的是在四个顺序时刻,在 $z = 1/2$ 平面处的温度 Θ 等值线。环柱内外半径分别为 $r_i = 1.25$ 和 $r_o = 2.0$,物理参数为 $Ta = 10^6$,$Pr = 7.0$ 和 $Ra = 70000$

柱中的非线性对流在两个反向波之间的非线性相互作用下,在时间和空间上已变得不规则了。

其次来看在内外半径分别为 $r_i = 1.5$ 和 $r_o = 2.0$ 的窄间隙环柱中,以两个反向行波形式而存在的非线性旋转对流。当 Ra 从对流临界值 $(Ra)_{outer} = 34406$ 逐渐增大时,至少可发现四种类型的非线性解。

(1) 稳态的逆行波。当瑞利数 Ra 稍微超过线性稳定性分析预测的临界值 $(Ra)_{outer} = 34406$ 时,非线性主分岔是超临界的,其特征表现为单独位于外壁面附近的稳态逆行波,主导波数为 $m_{outer} = 8$。因 Ra 非常接近临界值,因此还不能激发内壁处的对流顺行波。

(2) 空间调制的反向行波。当 $Ra > (Ra)_{inner}$ 时,内侧的顺行对流波可以被激发,其对流开端的标志性参数为 $(Ra)_{inner} = 35667$,$m_{inner} = 7$ 和 $\omega_{inner} = -4.053$。第二分岔的特点是存在一个 $m_{inner} = 7$ 的顺行波,连同一个处于空间共振激发态的长波长模 $(m = 2)$,与主模 $m_{outer} = 9$ 发生着相互作用。图 17.15 显示了在 $Ra = 38000$ 时,非线性解的长波长调制结果。在这个意义上,第二分岔类似于 Eckhaus-Benjamin-Feir 不稳定性,不稳定的行波将受到边带调制的作用。但它又不同于经典的 Eckhaus-Benjamin-Feir 不稳定性,因为相邻的 $m_{inner} = 7$ 的行波在空间上位于内壁区域,而 $m_{outer} = 9$ 的主模位被局限于外壁附近。

17.5 曲率影响下的粘性对流

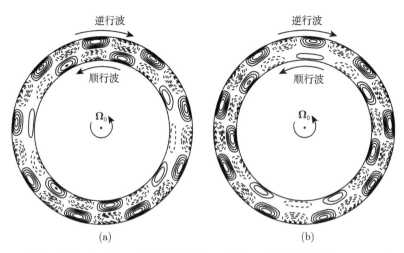

图 17.15 旋转环柱中,长波长调制的对流图案。环柱的内外半径分别为 $r_i = 1.5$ 和 $r_o = 2.0$,瑞利数为 $Ra = 38000$。图中显示了在两个不同时刻,水平面 ($z = 1/2$) 上的垂向速度等值线

(3) 破坏性相互作用的反向行波。当长波长调制的对流变得不稳定后,便会发生一个有趣的非线性现象,从而导致第三分岔,其特点是在两个反向行波之间的破坏性相互作用。结果是形成了在两个不同状态之间来回摆动的对流:状态一为单一的、位于外壁的逆行波,状态二为具有相同方位波数的两个反向行波。内侧顺行波的存在或消失由其相对于外侧逆行波的相对相位来决定,而非线性对流的动能也随着时间发生着周期性的改变。我们在图 17.16 中显示了当 $Ra = 40000$ 时,这两种不

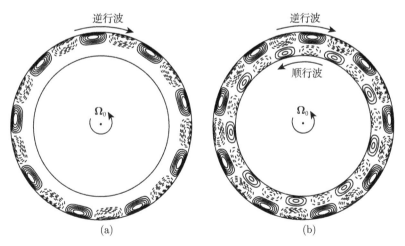

图 17.16 旋转环柱中,长波长调制的对流图案。环柱的内外半径分别为 $r_i = 1.5$ 和 $r_o = 2.0$,瑞利数为 $Ra = 40000$。图中显示了在两个不同时刻,水平面 ($z = 1/2$) 上的垂向速度等值线。(a) 当 E_{kin} 和 Nu 达到极小时;(b) 当 E_{kin} 和 Nu 达到极大时

同的非线性状态的对流图案。内侧顺行波波数从 $m_{inner}=7$ 向 $m_{inner}=9$ 的转换表征了这种不稳定性,它导致了内外侧行波之间的破坏性相互作用。如图 17.16(a) 所示,当内侧顺行波的相位与外侧逆行波一致时,较弱的顺行模将被破坏而消失,相应的动能 E_{kin} 和努塞特数 Nu 则达到极小。当内侧顺行波与外侧逆行波反相时,顺行波将生存下来,而相应的 E_{kin} 和 Nu 达到极大,如图 17.16(b) 所示。

(4) 鞍结分岔形式的反向行波。在一个动力学系统中,两个非线性平衡态可以在控制参数的某个值上互相碰撞和湮灭:一个平衡态不稳定 (称为"鞍"),另一个平衡态是稳定的 (称为"结")。这就是通常所说的鞍结分岔。在鞍结点附近,动力学系统变化缓慢,离开不稳定平衡态将花费无限长的时间。这种鞍结型分岔在球体的旋转对流系统中也发现过,该系统具有不均匀的边界条件且由偏微分方程所控制 (Zhang and Gubbins, 1993)。鞍结分岔现象也可由旋转环柱中非线性对流的两个反向行波所导致。当瑞利数 Ra 大于造成破坏性反向行波的值时,例如,当 $Ra=55000$ 以及 $Ta=10^6$ 和 $Pr=7.0$ 时,相应的非线性解包含了两个方位波数一致 $(m=9)$ 的反向行波,它们同时存在并且相互作用。内侧顺行波总是比外侧逆行波稍弱,因而总是处在外侧波的影响之下。这两个同时存在的反向行波代表了一个稳定的平衡态。然而对于足够大的 Ra,外侧逆行波将变得足够强,可以将内侧较弱的顺行波锁住,形成一个单一的双层稳态逆行波。这个双层稳态逆行波代表了在一个更大瑞利数下的另一个非线性平衡态。当 $Ta=10^6$ 和 $Pr=7.0$ 时,存在一个以 $Ra_{saddle}\approx 67000$ 为标志的鞍结点 (两个非线性平衡的结合和消失),当瑞利数略微低于这个鞍结点时,即 $Ra<Ra_{saddle}$,双层逆行波将变得不稳定,并转变为两个反向行波形式的振荡对流。对于数值解,振荡的周期非常长,而在数学上,当 $Ra\to Ra_{saddle}$ 时它将趋于无穷大。图 17.17 显示了这个有趣的非线性行为的例子,它给出了三个不同瑞利数下的非线性解,瑞利数分别为 $Ra=60000,65000$

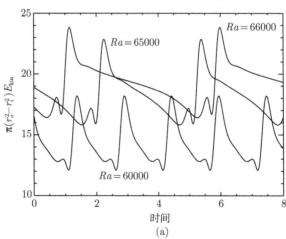

(a)

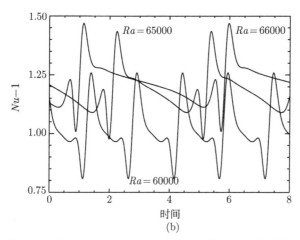

图 17.17 旋转环柱中，对应 $Ra = 60000, 65000, 66000$ 的三个非线性解：(a) 动能 $E_{\rm kin}$ 和 (b) $(Nu - 1)$ 随时间的变化情况。环柱的内外半径分别为 $r_i = 1.5$ 和 $r_o = 2.0$，其他参数为 $Ta = 10^6$ 和 $Pr = 7.0$

和 66000，图中可见，当瑞利数从 $Ra = 60000$ 增大到 66000 并向鞍结点接近时，振荡周期从 1.5 增加到了 5.1。实际上鞍结分岔的物理原理是非常简单的：当两个反向行波仅存在一个极小的相位差时，内侧顺行波的传播就几乎停止了，而当它与外侧逆行波反相时，它就快速地移动。

在由常微分方程控制的简单动力学系统中，鞍结分岔是一个非常普遍的非线性现象，但作为两个壁面局部化反向行波的非线性相互作用的结果，在具有均匀边界条件且由偏微分方程控制的旋转对流系统中发现类似的现象还是非常有意思的。

17.6　惯性对流：非轴对称解

17.6.1　渐近展开

首先我们将把注意力集中在非轴对称行波 ($m \neq 0$) 形式的惯性对流上，在较大参数范围内，这种对流形式在物理上是优选的。对于 $0 < Ek \ll 1$ 条件，我们将选择一个合适的渐近展开来开始进行讨论。为建立 $0 < Ek \ll 1$ 条件下惯性对流的渐近解，以及深入理解非线性惯性对流的物理本质，完备的旋转管道惯性模 (Cui et al., 2014) 提供了一个非常重要的数学架构。

假设在 $0 < Ek \ll 1$ 条件下，粘性流体旋转对流的数学解是分段连续并且可微的，那么它的速度 $\mathbf{u}$ 和压强 p 总是可以写成以下形式：

$$\mathbf{u} = \widetilde{\mathbf{u}} + \widehat{\mathbf{u}} + \sum_{m=0}^{M}\sum_{n=1}^{N}\sum_{k=1}^{K}[\mathcal{A}_{mnk}(t)\mathbf{u}_{mnk} + c.c.], \tag{17.84}$$

$$p = \widetilde{p} + \widehat{p} + \sum_{m=0}^{M}\sum_{n=1}^{N}\sum_{k=1}^{K}[\mathcal{A}_{mnk}(t)p_{mnk} + c.c.], \tag{17.85}$$

其中 $\mathcal{A}_{mnk}$ 是复系数，$c.c.$ 为前项的复共轭，$(\widetilde{\mathbf{u}}, \widetilde{p})$ 表示粘性边界层，它产生了从薄边界层到内部，或者从内部到薄边界层的法向质量流。该法向流与内部流体进行交流，将驱动次级内部流 $(\widehat{\mathbf{u}}, \widehat{p})$ ($|\widehat{\mathbf{u}}| \ll |\widetilde{\mathbf{u}}|$)。在展开式 (17.84) 和 (17.85) 中，$\mathbf{u}_{mnk}$ 和 p_{mnk} 仅代表了惯性模的空间分布，本书第二部分已对此进行了讨论。应该注意，作为环柱管道窄间隙近似的结果，方位波数 m 通常不是整数。基于 (17.84) 和 (17.85) 式展开的渐近方法最早由 Zhang 和 Liao (2004) 采用，以研究球体中的旋转对流。它至少有四个方面的优点：①惯性模 $\mathbf{u}_{mnk}$ 已经蕴含了旋转对流开始时惯性对流的关键动力学机制；②不可压缩条件 $\nabla \cdot \mathbf{u} = 0$ 已经自动满足；③壁面 $\mathcal{S}$ 上的边界条件 $\hat{\mathbf{n}} \cdot \mathbf{u} = 0$ 也得到了自动满足；并且粘性边界层 $\widetilde{\mathbf{u}}$ 及其质量流可以容易地计算；④更重要的是，惯性波模 $(\mathbf{u}_{mnk}, p_{mnk})$ 直接与动量方程的关键微分算子相关联，因而在 $0 < Ek \ll 1$ 条件下，如果 $\mathbf{u}_{mnk}$ 和 p_{mnk} 有解并且足够简单，那么可以容易地推导出解析解。

对于较小的 Pr，惯性对流开端代表了最不稳定的模，我们对惯性对流开端的渐近分析基于以下的物理和数学过程。首阶的内部解由无粘性惯性波来描述，它的分析解是已知的。如果没有粘性耗散，由惯性波驱动的温度扰动 Θ 是完全被动的，暗示在首阶近似下 $\widetilde{Ra} = 0$。在下一阶，则需要瑞利数不为零 $(\widetilde{Ra} \neq 0)$ 的惯性对流来维持惯性波以对抗粘性耗散。当 $0 < Ek \ll 1$ 和 $0 \leqslant Pr \ll 1$ 时，在展开式 (17.84) 和 (17.85) 中，我们期望只有一个单独的惯性模 $\mathbf{u}_{mnk}$ 和 p_{mnk} 占据支配地位，这个想法是合理的，如同旋转球体惯性对流问题所建议的那样 (Zhang, 1994, 1995)。

根据以上方案，一般渐近展开式 (17.84) 和 (17.85) 就可以进一步简化为

$$\mathbf{u} = \widetilde{\mathbf{u}} + \widehat{\mathbf{u}} + \mathcal{A}_{mnk}(t)\mathbf{u}_{mnk}(x, y, z), \tag{17.86}$$

$$p = \widetilde{p} + \widehat{\mathbf{u}} + \mathcal{A}_{mnk}(t)p_{mnk}(x, y, z), \tag{17.87}$$

另设扰动展开为

$$\Theta = \Theta_0 + \Theta_1 + \cdots, \quad \widetilde{Ra} = (\widetilde{Ra})_1 + \cdots, \quad \mathcal{A}_{mnk}(t) = e^{i\omega t} = e^{i(2\sigma_0 + 2\sigma_1 + \cdots)t}, \tag{17.88}$$

其中 $|\mathcal{A}_{mnk}\mathbf{u}_{mnk}| \gg |\widehat{\mathbf{u}}|$，$\sigma$ 为惯性对流的半频，σ_1 表示对首阶无粘解 $\sigma_0 = \sigma_{mnk}$ 的粘性小修正，且有 $|\sigma_0| \gg |\sigma_1|$。惯性对流解有两类：其一为 (17.86) 和 (17.87) 式中 $m = 0$ 的解，代表轴对称振荡对流 (我们将稍后讨论)，另一类为 $m \neq 0$ 的解，代表沿方位方向运动的行波，我们首先讨论这一类解。

值得注意的是，渐近展开式 (17.88) 并没有使用 $\sqrt{Ek}$ 作为展开参数。对于展开式 (17.86)~(17.88) 而言，它唯一需要的条件仅是：由粘性效应导致的次级内部流 $\hat{\mathbf{u}}$ 较弱，即 $|\hat{\mathbf{u}}| \ll |\mathcal{A}_{mnk}\mathbf{u}_{mnk}|$，当 $0 < Ek \ll 1$ 时，这个条件总是能满足的。

17.6.2 无耗散的热惯性波

将展开式 (17.86)~(17.88) 代入 (17.6)~(17.8) 式的线性化方程，可得首阶内部问题的控制方程：

$$\mathbf{0} = \frac{\partial (\mathcal{A}_{mnk}\mathbf{u}_{mnk})}{\partial t} + 2\hat{\mathbf{z}} \times (\mathcal{A}_{mnk}\mathbf{u}_{mnk}) + \nabla (\mathcal{A}_{mnk}p_{mnk}),$$
$$0 = \nabla \cdot (\mathcal{A}_{mnk} \cdot \mathbf{u}_{mnk}),$$
$$0 = Pr\frac{\partial \Theta_0}{\partial t} - Ek\left[\hat{\mathbf{z}} \cdot (\mathcal{A}_{mnk}\mathbf{u}_{mnk}) + \nabla^2\Theta_0\right],$$

无粘性边界条件为

$$\hat{\mathbf{n}} \cdot \mathbf{u}_{mnk} = 0 \quad \text{在 } \mathcal{S} \text{ 上,}$$

温度边界条件将在后面给出。

首阶内部解描述了一个无耗散的热惯性波，因动量方程与热方程是解耦的，因此它们可以分开求解。很明显，动量方程的解表示一个无粘性惯性波：$p_{mnk}(x,y,z)$ 由 (3.30) 式给出，$\mathbf{u}_{mnk}(x,y,z)$ 由 (3.31)~(3.33) 式给出，以及

$$\sigma_0 = \sigma_{mnk} = \pm\frac{n\pi}{\sqrt{n^2\pi^2 + m^2 + (k\pi/\Gamma)^2}}, \tag{17.89}$$

其中 $m > 0$。需要注意，$\sigma_0 > 0$ 和 $\sigma_0 < 0$ 代表了不同的解，有着重要的非线性含义。

现在考虑热方程的解 Θ_0。当 $\Gamma = O(1)$ 时，我们预测具有最简结构的无耗散热惯性波（径向波数 $k = 1$，垂直波数 $n = 1$）与惯性对流最不稳定的模相关联，这点也被数值分析所证实。取 $n=1$ 和 $k=1$，温度 Θ_0 可以写为 $\Theta_0 = \tilde{\Theta}_0(y)\sin(\pi z)e^{i(mx+2\sigma_0 t)}$，其中 $\tilde{\Theta}_0(y)$ 由以下非齐次微分方程所决定：

$$\frac{d^2\tilde{\Theta}_0}{dy^2} - \left[m^2 + \pi^2 + \frac{2\mathrm{i}\sigma_0 Pr}{Ek}\right]\tilde{\Theta}_0 = \frac{\mathrm{i}}{2}\left[\frac{\pi}{\sigma_0}\sin\left(\frac{\pi y}{\Gamma}\right) + \frac{\pi^2}{m\Gamma}\cos\left(\frac{\pi y}{\Gamma}\right)\right].$$

在推导 Θ_0 时，我们在壁面上考虑两种不同的温度条件。在 $y = 0$ 和 Γ 处，理想导体的边界条件是 $\Theta_0 = 0$，上述方程的解为

$$\Theta_0 = \sum_{j=1}^{\infty} \frac{\mathrm{i}\pi[2\mathrm{i}\sigma_0(Pr/Ek) - (j\pi/\Gamma)^2 - m^2 - \pi^2]}{4\sigma_0^2(Pr/Ek)^2 + [(j\pi/\Gamma)^2 + m^2 + \pi^2]^2}$$
$$\times \left\{\frac{\delta_{1j}}{2\sigma_0} + \frac{j[1 + (-1)^j](1 - \delta_{1j})}{m\Gamma(j^2 - 1)}\right\}\sin(\pi z)\sin\left(\frac{j\pi y}{\Gamma}\right)e^{\mathrm{i}(mx+2\sigma_0 t)}, \tag{17.90}$$

其中，$j=1$ 时 $\delta_{1j}=1$，$j\neq 1$ 时 $\delta_{1j}=0$。在 (17.90) 式以及其他包含类似项的方程中，我们将取

$$\frac{[1+(-1)^j](1-\delta_{1j})}{(j^2-1)}=\frac{(1-\delta_{1j})}{(j+1)}=0,\quad j=1.$$

在 $y=0$ 和 Γ 处，理想绝热的边界条件是 $\partial\Theta_0/\partial y=0$，则非齐次方程的解为

$$\Theta_0(x,y,z,t)=\sum_{j=0}^{\infty}\frac{\mathrm{i}[2\,\mathrm{i}\,\sigma_0(Pr/Ek)-(j\pi/\Gamma)^2-m^2-\pi^2]}{4\sigma_0^2(Pr/Ek)^2+[(j\pi/\Gamma)^2+m^2+\pi^2]^2}\times\left\{\frac{\pi^2\delta_{1j}}{2\Gamma m}\right.$$
$$\left.+\frac{[1+(-1)^j](1-\delta_{1j})}{\sigma_0(1-j^2)}\right\}\frac{\sin(\pi z)}{S_j}\cos\left(\frac{j\pi y}{\Gamma}\right)\mathrm{e}^{\mathrm{i}(mx+2\sigma_0 t)},\quad (17.91)$$

其中，$j=0$ 时 $S_j=2$，$j\geqslant 1$ 时 $S_j=1$。惯性对流的首阶解描绘了一个无耗散的热惯性波，包含了无粘性惯性波 $(\mathcal{A}_{m11}(t)\mathbf{u}_{m11}(x,y,z),\mathcal{A}_{m11}(t)p_{m11}(x,y,z))$ 以及由其驱动的被动性温度 $\Theta_0(x,y,z,t)$。

17.6.3 应力自由条件的渐近解

在下一阶，惯性对流最不稳定的模将由适当的可解条件来确定，该模的标志为临界方位波数 m_c、临界频率 ω_c 和临界瑞利数 $(\widetilde{Ra})_c$。应力自由条件的数学分析比无滑移条件要简单得多，因为它的粘性边界层 $\widetilde{\mathbf{u}}$ 更弱。此外，采用应力自由条件可以避免边界解 $\widetilde{\mathbf{u}}$ 与内部解 $\widehat{\mathbf{u}}$ 之间复杂的渐近匹配。

在应力自由边界情况下，我们可以将环柱管道整个区域（即内部和边界层）的控制方程和扰动写为

$$\mathrm{i}2\sigma_0(\widetilde{\mathbf{u}}+\widehat{\mathbf{u}})+2\hat{\mathbf{z}}\times(\widetilde{\mathbf{u}}+\widehat{\mathbf{u}})+\nabla(\widetilde{p}+\widehat{p})$$
$$=(\widetilde{Ra})_1\Theta_0\hat{\mathbf{z}}+Ek\nabla^2(\mathbf{u}_{m11}+\widetilde{\mathbf{u}})-\mathrm{i}2\sigma_1\mathbf{u}_{m11},\quad (17.92)$$
$$\nabla\cdot(\widetilde{\mathbf{u}}+\widehat{\mathbf{u}})=0,\quad (17.93)$$

其中 $(\mathbf{u}_{m11}+\widetilde{\mathbf{u}})$ 在管道边界面 $\mathcal{S}$ 上满足应力自由条件

$$\hat{\mathbf{n}}\cdot\nabla[\hat{\mathbf{n}}\times(\mathbf{u}_{m11}+\widetilde{\mathbf{u}})]=\mathbf{0}.$$

于是临界参数 m_c 和 $(\widetilde{Ra})_c$ 可由非齐次系统 (17.92) 和 (17.93) 的可解条件予以确定，即

$$(\widetilde{Ra})_1\int_0^1\int_0^{\Gamma}\mathbf{u}_{m11}^*\cdot\hat{\mathbf{z}}\Theta_0\,\mathrm{d}y\,\mathrm{d}z-Ek\int_0^1\int_0^{\Gamma}|\nabla\times\mathbf{u}_{m11}|^2\,\mathrm{d}y\,\mathrm{d}z$$
$$=\mathrm{i}2\sigma_1\int_0^1\int_0^{\Gamma}|\mathbf{u}_{m11}|^2\,\mathrm{d}y\,\mathrm{d}z.\quad (17.94)$$

上式中的每个积分都可以解析地获得。例如，$\int_0^1\int_0^{\Gamma}|\mathbf{u}_{mnk}|^2\,\mathrm{d}y\,\mathrm{d}z$ 的表达式在本书

17.6 惯性对流：非轴对称解

第二部分已经给出，利用 (3.31)~(3.33) 式，可得

$$\int_0^1 \int_0^\Gamma |\nabla \times \mathbf{u}_{m11}|^2 \, dy \, dz = \frac{(m^2+\pi^2)\pi^2 \left[\pi^2 + \Gamma^2(m^2+\pi^2)\right]}{8\sigma_0^2 \Gamma}.$$

不过推导 $\int_0^1 \int_0^\Gamma \mathbf{u}^*_{m11} \cdot \hat{\mathbf{z}}\Theta_0 \, dy \, dz$ 的表达式需要壁面的热边界条件。

首先来看在整个边界面 $\mathcal{S}$ 上温度全为理想导体条件的情形。在完成了可解条件 (17.94) 中的所有积分后，我们得到一个复方程，其实部决定了 $(\widetilde{Ra})_1$，而虚部可得出粘性修正参数 σ_1。于是，惯性对流开始发生所需的瑞利数 $\widetilde{Ra}$ 为

$$\widetilde{Ra} = \frac{Ek\pi^2\Gamma^2}{4\sigma_0^2}\left[\left(1+\frac{\pi^2}{m^2}\right)\left(\frac{1}{\sigma_0^2}+\frac{1}{\Gamma^2}\right)+\frac{(\pi^2+m^2)^2}{\pi^2 m^2}\right]$$
$$\times \left\{\sum_{j=1}^J \frac{\pi^2+m^2+(j\pi/\Gamma)^2}{[\pi^2+m^2+(j\pi/\Gamma)^2]^2+(2\sigma_0 Pr/Ek)^2}\right.$$
$$\left.\times \left[\frac{\Gamma\delta_{1j}}{2\sigma_0}+\frac{j[1+(-1)^j](1-\delta_{1j})}{m(j^2-1)}\right]^2\right\}^{-1} \tag{17.95}$$

相应的频率 ω 由下式给出：

$$\omega = 2\sigma_0 - \left\{\sum_{j=1}^J \frac{8\sigma_0 \widetilde{Ra} Pr/Ek}{[\pi^2+m^2+(j\pi/\Gamma)^2]^2+(2\sigma_0 Pr/Ek)^2}\right.$$
$$\times \left[\frac{\Gamma\delta_{1j}}{2\sigma_0}+\left(\frac{j[1+(-1)^j](1-\delta_{1j})}{m(j^2-1)}\right)\right]^2 \left(\frac{1}{\Gamma^2}\right)\right\}$$
$$\times \left[\left(1+\frac{\pi^2}{m^2}\right)\left(\frac{1}{\sigma_0^2}+\frac{1}{\Gamma^2}\right)+\frac{(\pi^2+m^2)^2}{\pi^2 m^2}\right]^{-1}, \tag{17.96}$$

式中，通常取 $J = O(10)$ 便可使结果达到 1% 的精度。因为 $(\widetilde{Ra})_0 = 0$，所以我们在 (17.95) 式中取 $\widetilde{Ra} = (\widetilde{Ra})_1$，而惯性对流的频率 ω 取为 $\omega = 2(\sigma_0 + \sigma_1)$。

对于给定的 Γ, Ek 和 Pr，在公式 (17.89) 取 $n=1$ 和 $k=1$ 之后，$\sigma_0 = \sigma_{m11}$ 就仅是 m 的函数，因此 (17.95) 和 (17.96) 式给出的 $\widetilde{Ra}$ 和 ω 也只是 m 的函数，它们都可以容易地计算出来。需要注意的是，(17.95) 式具有如下对称性：

$$\widetilde{Ra}(\sigma_0) = \widetilde{Ra}(-\sigma_0),$$

因此总是存在两个不同的解——逆行的热惯性波 $\sigma_0 > 0$，表示为 $(p^+, \mathbf{u}^+, \Theta_0^+)$ 和顺行的热惯性波 $\sigma_0 < 0$，表示为 $(p^-, \mathbf{u}^-, \Theta_0^-)$——它们具有完全相同的瑞利数，但空间结构不同，即 $\mathbf{u}^+ \neq \mathbf{u}^-$。之所以特别强调这个特点，是因为它对我们理解非线性惯性对流非常重要。瑞利数 $\widetilde{Ra}$ 的最小值，即 $(\widetilde{Ra})_c$，具有重要的物理意义，当瑞

利数 $\widetilde{Ra}$ 从零逐渐增大到这个值时，对流不稳定性才以惯性对流的形式首次发生。利用 (17.95) 式对 m 求 $\widetilde{Ra}$ 的最小值，可得临界方位波数 m_c 以及临界瑞利数 $(\widetilde{Ra})_c$。将 $m=m_c$, $\sigma_0(m=m_c, n=1, k=1)$ 和 $\widetilde{Ra}=(\widetilde{Ra})_c$ 代入 (17.96) 式，将得到对流开端的频率 ω_c。当 $Ek=10^{-4}$ 和 $\Gamma=1.0$ 时，对于不同的 Pr，表 17.4 列出了由公式 (17.95) 和 (17.96) 计算的一些 $(\widetilde{Ra})_c, m_c$ 和 $\sigma_c=\omega_c/2$ 的典型值。

表 17.4 旋转环柱管道中惯性对流开端的几个临界瑞利数 $(\widetilde{Ra})_c$、临界方位波数 m_c 和临界半频 σ_c 值。参数为 $Ek=10^{-4}$ 和 $\Gamma=1.0$。在全部边界上，速度边界条件为应力自由，温度边界条件为等温。纯数值解和渐近解分别以下标 "num" 和 "$asym$" 表示，渐近解的值由分析表达式 (17.95) 和 (17.96) 计算

Pr	$[(\widetilde{Ra})_c, m_c, \sigma_c]_{num}$	$[(\widetilde{Ra})_c, m_c, \sigma_c]_{asym}$
10^{-7}	(0.2838, 2.3088, 0.6274)	(0.2853, 2.3119, 0.6273)
10^{-4}	(0.2844, 2.3117, 0.6272)	(0.2859, 2.3146, 0.6271)
10^{-3}	(0.3392, 2.5581, 0.6122)	(0.3407, 2.5623, 0.6220)
10^{-2}	(2.4296, 6.5839, 0.3916)	(2.4410, 6.6181, 0.3902)
2.5×10^{-2}	(7.5272, 9.5277, 0.2914)	(7.5904, 9.6230, 0.2890)
5.0×10^{-2}	(18.166, 12.248, 0.2292)	(18.450, 12.472, 0.2254)
7.5×10^{-2}	(30.526, 14.064, 0.1973)	(31.233, 14.435, 0.1924)
10^{-1}	(44.115, 15.453, 0.1763)	(45.473, 15.985, 0.1704)

对于给定的 Γ, Ek 和 Pr，如果最不稳定对流的形态为逆行的热惯性波，其纯分析解 $(p^+, \mathbf{u}^+, \Theta_0^+)$ 则包含以下三方面的内容。① 由 (17.95) 和 (17.96) 式确定的临界参数 $m_c, (\widetilde{Ra})_c$ 和 ω_c；② 相应首阶解的压强 p^+ 和速度 $\mathbf{u}^+$ 为

$$p^+ = \left[\frac{\pi^2}{\Gamma\sqrt{\pi^2+(\pi/\Gamma)^2+m_c^2}}\cos\left(\frac{\pi y}{\Gamma}\right)+m_c\sin\left(\frac{\pi y}{\Gamma}\right)\right]$$
$$\times \cos(\pi z)\,\mathrm{e}^{\mathrm{i}\left\{m_c x+2\pi t/\sqrt{\pi^2+(\pi/\Gamma)^2+m_c^2}\right\}},$$

$$\hat{\mathbf{x}}\cdot\mathbf{u}^+ = \frac{1}{2}\left[\pi\sqrt{\pi^2+(\pi/\Gamma)^2+m_c^2}\sin\left(\frac{\pi y}{\Gamma}\right)-\frac{\pi m_c}{\Gamma}\cos\left(\frac{\pi y}{\Gamma}\right)\right]$$
$$\times \cos(\pi z)\,\mathrm{e}^{\mathrm{i}\left\{m_c x+2\pi t/\sqrt{\pi^2+(\pi/\Gamma)^2+m_c^2}\right\}},$$

$$\hat{\mathbf{y}}\cdot\mathbf{u}^+ = \frac{\mathrm{i}}{2}\left[(\pi^2+m_c^2)\sin\left(\frac{\pi y}{\Gamma}\right)\right]\cos\pi z\,\mathrm{e}^{\mathrm{i}\left\{m_c x+2\pi t/\sqrt{\pi^2+(\pi/\Gamma)^2+m_c^2}\right\}},$$

$$\hat{\mathbf{z}}\cdot\mathbf{u}^+ = -\frac{\mathrm{i}}{2}\left[m_c\sqrt{\pi^2+(\pi/\Gamma)^2+m_c^2}\sin\left(\frac{\pi y}{\Gamma}\right)+\frac{\pi^2}{\Gamma}\cos\left(\frac{\pi y}{\Gamma}\right)\right]$$
$$\times \sin(\pi z)\,\mathrm{e}^{\mathrm{i}\left\{m_c x+2\pi t/\sqrt{\pi^2+(\pi/\Gamma)^2+m_c^2}\right\}};$$

③ 在 (17.90) 式中令 $m=m_c$ 和 $\sigma_0=\pi/\sqrt{\pi^2+(\pi/\Gamma)^2+m_c^2}$，可得首阶温度解 Θ_0^+。注意，对于给定的物理和几何参数 Ek, Pr 和 Γ，$(p^+, \mathbf{u}^+, \Theta_0^+)$ 的表达式只依赖于方

17.6 惯性对流：非轴对称解

位波数 m_c。

类似地，对于给定的 Γ, Ek 和 Pr，如最不稳定对流的形态为顺行的热惯性波，其纯分析解 $(p^-, \mathbf{u}^-, \Theta_0^-)$ 则为：① 相同的 m_c 和 $(\widetilde{Ra})_c$，但是频率反号，为 $-\omega_c$；② 压强 p^- 和速度 $\mathbf{u}^-$ 为

$$p^- = \left[-\frac{\pi^2}{\Gamma\sqrt{\pi^2+(\pi/\Gamma)^2+m_c^2}}\cos\left(\frac{\pi y}{\Gamma}\right) + m_c\sin\left(\frac{\pi y}{\Gamma}\right)\right]$$
$$\times \cos(\pi z)\, e^{i\left\{m_c x - 2\pi t/\sqrt{\pi^2+(\pi/\Gamma)^2+m_c^2}\right\}},$$

$$\hat{\mathbf{x}}\cdot\mathbf{u}^- = -\frac{1}{2}\left[\pi\sqrt{\pi^2+(\pi/\Gamma)^2+m_c^2}\sin\left(\frac{\pi y}{\Gamma}\right) + \frac{\pi m_c}{\Gamma}\cos\left(\frac{\pi y}{\Gamma}\right)\right]$$
$$\times \cos(\pi z)\, e^{i\left\{m_c x - 2\pi t/\sqrt{\pi^2+(\pi/\Gamma)^2+m_c^2}\right\}},$$

$$\hat{\mathbf{y}}\cdot\mathbf{u}^- = \frac{i}{2}\left[(\pi^2+m_c^2)\sin\left(\frac{\pi y}{\Gamma}\right)\right]\cos(\pi z)\, e^{i\left\{m_c x - 2\pi t/\sqrt{\pi^2+(\pi/\Gamma)^2+m_c^2}\right\}},$$

$$\hat{\mathbf{z}}\cdot\mathbf{u}^- = \frac{i}{2}\left[m_c\sqrt{\pi^2+(\pi/\Gamma)^2+m_c^2}\sin\left(\frac{\pi y}{\Gamma}\right) - \frac{\pi^2}{\Gamma}\cos\left(\frac{\pi y}{\Gamma}\right)\right]$$
$$\times \sin(\pi z)\, e^{i\left\{m_c x - 2\pi t/\sqrt{\pi^2+(\pi/\Gamma)^2+m_c^2}\right\}};$$

③ 在 (17.90) 式中令 $m = m_c$ 和 $\sigma_0 = -\pi/\sqrt{\pi^2+(\pi/\Gamma)^2+m_c^2}$，可得首阶温度解 Θ_0^-。很明显，顺行解的空间结构与逆行解是不同的，如 $\hat{\mathbf{z}}\cdot\mathbf{u}^- \neq \hat{\mathbf{z}}\cdot\mathbf{u}^+$。

考虑环柱上下两端为理想导体，但两个侧壁为绝热的温度条件。因为热边界条件的变化，(17.94) 式左边的第一个积分需要重新计算。对绝热壁面作类似的分析，则惯性对流的瑞利数 $\widetilde{Ra}$ 为

$$\widetilde{Ra} = \frac{Ek\pi^4\Gamma^2}{4\sigma_0^2}\left[\left(1+\frac{\pi^2}{m^2}\right)\left(\frac{1}{\sigma_0^2}+\frac{1}{\Gamma^2}\right) + \frac{(\pi^2+m^2)^2}{\pi^2 m^2}\right]$$
$$\times \left\{\sum_{j=0}^{J}\frac{\pi^2+m^2+(j\pi/\Gamma)^2}{[\pi^2+m^2+(j\pi/\Gamma)^2]^2+(2\sigma_0 Pr/Ek)^2}\right.$$
$$\left. \times \frac{1}{S_j}\left[\frac{\pi^2\delta_{1j}}{2m}+\frac{\Gamma[1+(-1)^j](1-\delta_{1j})}{\sigma_0(1-j^2)}\right]^2\right\}^{-1}, \tag{17.97}$$

与之对应的频率 ω 为

$$\omega = 2\sigma_0 - \left\{\sum_{j=1}^{J}\frac{8\sigma_0\widetilde{Ra}Pr/Ek}{[\pi^2+m^2+(j\pi/\Gamma)^2]^2+(2\sigma_0 Pr/Ek)^2}\right.$$
$$\left.\times \left[\frac{\pi^2\delta_{1j}}{2m}+\frac{\Gamma[1+(-1)^j](1-\delta_{1j})}{\sigma_0(1-j^2)}\right]^2 \frac{1}{S_j\Gamma^2\pi^2}\right\}$$
$$\times \left[\left(1+\frac{\pi^2}{m^2}\right)\left(\frac{1}{\sigma_0^2}+\frac{1}{\Gamma^2}\right)+\frac{(\pi^2+m^2)^2}{\pi^2 m^2}\right]^{-1}. \tag{17.98}$$

临界参数 m_c，$(\widetilde{Ra})_c$ 和 ω_c 的推导方法与前述分析全部边界为理想导体条件的方法相同。公式 (17.97) 也表明了 $\widetilde{Ra}(\sigma_0) = \widetilde{Ra}(-\sigma_0)$，意味着存在两个反向行进的惯性对流模，它们具有完全相同的临界瑞利数，但是具有不同的空间结构。当 $Ek = 10^{-4}$ 和 $\Gamma = 1.0$ 时，对于不同的 Pr，一些典型的 $(\widetilde{Ra})_c$，m_c 和 σ_c 值列于表 17.5 中，由公式 (17.97) 和 (17.98) 计算。

表 17.5 旋转环柱管道中惯性对流开端的几个临界瑞利数 $(\widetilde{Ra})_c$、临界方位波数 m_c 和临界半频 σ_c 值。参数为 $Ek = 10^{-4}$ 和 $\Gamma = 1.0$。在全部边界上，速度边界条件为应力自由，而温度边界条件在环柱上下两端为等温，两个壁面为绝热。纯数值解和渐近解分别以下标 "num" 和 "$asym$" 表示，渐近解的值由分析表达式 (17.97) 和 (17.98) 计算

Pr	$[(\widetilde{Ra})_c, m_c, \sigma_c]_{num}$	$[(\widetilde{Ra})_c, m_c, \sigma_c]_{asym}$
10^{-7}	(0.1463, 1.2502, 0.6806)	(0.1471, 1.2513, 0.6806)
10^{-4}	(0.1474, 1.2502, 0.6808)	(0.1471, 1.2513, 0.6806)
5.0×10^{-3}	(1.1351, 5.1263, 0.4605)	(1.1374, 5.1450, 0.4595)
10^{-2}	(2.5110, 6.8435, 0.3809)	(6.8804, 2.5182, 0.3794)
2.5×10^{-2}	(7.6628, 9.6661, 0.2877)	(7.7155, 9.7668, 0.2852)
5.0×10^{-2}	(18.352, 12.330, 0.2276)	(18.615, 12.561, 0.2238)
7.5×10^{-2}	(30.750, 14.123, 0.1964)	(31.425, 14.503, 0.1914)
1.0×10^{-1}	(44.375, 15.500, 0.1756)	(45.686, 16.041, 0.1697)

17.6.4 无滑移条件的渐近解

在展开式 (17.86) 中，首阶速度 $A_{mnk}\mathbf{u}_{mnk}$ 既不满足应力自由边界条件，也不满足无滑移边界条件，注意到这点非常重要。与应力自由条件的渐近解不同，无滑移条件带来了一个更强的粘性边界层，因此需要一个显式的边界层解 $\widetilde{\mathbf{u}}$ 来使 (17.86) 式中的 $(A_{mnk}\mathbf{u}_{mnk} + \widetilde{\mathbf{u}})$ 满足必要的边界条件。这意味着，在物理上，惯性对流的粘性衰减不仅发生在内部，而且发生在边界层中；在数学上，则要求在内部解和边界层解之间进行渐近匹配，这就大大地增加了分析的复杂性。

因为最不稳定的惯性对流模与最大的垂向和径向结构相关联，由 $n=1$ 和 $k=1$ 所标志，所以不失一般性地我们将只考虑模 $\mathbf{u}_{m11}$。首先考虑管道底端 $z=0$ 处边界层解 $\widetilde{\mathbf{u}}$ 的切向分量 $\widetilde{\mathbf{u}}_{bottom}$，在动量方程中略去 $\partial^2 \widetilde{\mathbf{u}}_{bottom}/\partial x^2$ 和 $\partial^2 \widetilde{\mathbf{u}}_{bottom}/\partial y^2$ 之类的小项，可得 $\widetilde{\mathbf{u}}_{bottom}$ 的控制方程为

$$i2\sigma_0 \widetilde{\mathbf{u}}_{bottom} + 2\hat{\mathbf{z}} \times \widetilde{\mathbf{u}}_{bottom} + (\hat{\mathbf{z}} \cdot \nabla \widetilde{p}_{bottom})\hat{\mathbf{z}} = Ek \frac{\partial^2 \widetilde{\mathbf{u}}_{bottom}}{\partial z^2}, \qquad (17.99)$$

其中 $\widetilde{\mathbf{u}}_{bottom}$ 及其关联的压强 $\widetilde{p}_{bottom}$ 仅在粘性边界层中 $z=0$ 处不为零。边界层切向流 $\widetilde{\mathbf{u}}_{bottom}$ 在 $z=0$ 处必须满足

$$\widetilde{\mathbf{u}}_{bottom} = -\frac{1}{2}\left\{\left[\frac{\pi^2}{m\sigma_0}\sin\left(\frac{\pi y}{\Gamma}\right) - \frac{\pi}{\Gamma}\cos\left(\frac{\pi y}{\Gamma}\right)\right]\hat{\mathbf{x}}\right.$$

17.6 惯性对流：非轴对称解

$$+ \mathrm{i}\left[\frac{\pi^2 + m^2}{m}\sin\left(\frac{\pi y}{\Gamma}\right)\right]\hat{\mathbf{y}}\bigg\}\mathrm{e}^{\mathrm{i}(mx+2\sigma_0 t)},$$

以使 $\tilde{\mathbf{u}}_{bottom}$ 与主流 $\mathbf{u}_{m11}$ 之和满足无滑移条件。对方程 (17.99) 分别作 $\hat{\mathbf{z}}\times$ 和 $\hat{\mathbf{z}}\times\hat{\mathbf{z}}\times$ 运算并合并结果，得到一个四阶方程：

$$\left(\frac{\partial^2}{\partial \xi^2} - 2\mathrm{i}\sigma_0\right)^2 \tilde{\mathbf{u}}_{bottom} + 4\tilde{\mathbf{u}}_{bottom} = \mathbf{0}, \tag{17.100}$$

式中引入了一个延展的边界层变量 ξ，定义为

$$\xi = z/\sqrt{Ek}, \quad \frac{\partial}{\partial z} \equiv \frac{1}{\sqrt{Ek}}\frac{\partial}{\partial \xi}.$$

需要指出，$\xi=0$ 位于底面，而 $\xi=\infty$ 规定了边界层 $\tilde{\mathbf{u}}_{bottom}$ 的外缘，但按照坐标 z 来说它仍然位于底面，因为在边界层中 z 是不变的。可以容易地证明，方程 (17.100) 满足无滑移条件以及边界层条件

$$\tilde{\mathbf{u}}_{bottom} = \frac{\partial^2 \tilde{\mathbf{u}}_{bottom}}{\partial \xi^2} = \mathbf{0}, \quad \xi \to \infty$$

的解 $\tilde{\mathbf{u}}_{bottom}$ 可以表示成下面的形式：

$$\tilde{\mathbf{u}}_{bottom} = \frac{1}{4}\bigg\{\left[\frac{\pi^2(\sigma_0-1)+m^2\sigma_0}{m\sigma_0}\sin\left(\frac{\pi y}{\Gamma}\right) + \frac{\pi}{\Gamma}\cos\left(\frac{\pi y}{\Gamma}\right)\right](\hat{\mathbf{x}}-\mathrm{i}\hat{\mathbf{y}})\mathrm{e}^{-\gamma_1 z/\sqrt{Ek}}$$
$$-\left[\frac{\pi^2(\sigma_0+1)+m^2\sigma_0}{m\sigma_0}\sin\left(\frac{\pi y}{\Gamma}\right)\right.$$
$$\left.-\frac{\pi}{\Gamma}\cos\left(\frac{\pi y}{\Gamma}\right)\right](\hat{\mathbf{x}}+\mathrm{i}\hat{\mathbf{y}})\mathrm{e}^{-\gamma_2 z/\sqrt{Ek}}\bigg\}\mathrm{e}^{\mathrm{i}(mx+2\sigma_0 t)},$$

其中

$$\gamma_1 = (1+\mathrm{i})\sqrt{1+\sigma_0}, \quad \gamma_2 = (1-\mathrm{i})\sqrt{1-\sigma_0}.$$

因上下端面存在对称性，因此顶面 $z=1$ 处的边界层解 $\tilde{\mathbf{u}}_{top}$ 可以简单地以 $\xi=(1-z)/\sqrt{Ek}$ 代替 $\xi=z/\sqrt{Ek}$ 而得到，即

$$\tilde{\mathbf{u}}_{top} = \frac{-1}{4}\bigg\{\left[\frac{\pi^2(\sigma_0-1)+m^2\sigma_0}{m\sigma_0}\sin\left(\frac{\pi y}{\Gamma}\right) + \frac{\pi}{\Gamma}\cos\left(\frac{\pi y}{\Gamma}\right)\right](\hat{\mathbf{x}}-\mathrm{i}\hat{\mathbf{y}})\mathrm{e}^{-\gamma_1(1-z)/\sqrt{Ek}}$$
$$-\left[\frac{\pi^2(\sigma_0+1)+m^2\sigma_0}{m\sigma_0}\sin\left(\frac{\pi y}{\Gamma}\right)\right.$$
$$\left.-\frac{\pi}{\Gamma}\cos\left(\frac{\pi y}{\Gamma}\right)\right](\hat{\mathbf{x}}+\mathrm{i}\hat{\mathbf{y}})\mathrm{e}^{-\gamma_2(1-z)/\sqrt{Ek}}\bigg\}\mathrm{e}^{\mathrm{i}(mx+2\sigma_0 t)}.$$

显然，上下边界层对惯性对流粘性耗散的贡献是相等的。

粘性振荡边界层在外壁面 $y=0$ 处的切向分量 $\widetilde{\mathbf{u}}_{outer}$，以及在内壁面 $y=\Gamma$ 处的切向分量 $\widetilde{\mathbf{u}}_{inner}$ 在数学上要简单得多。边界层解 $\widetilde{\mathbf{u}}_{outer}$ 的控制方程可直接写为

$$\mathrm{i}\, 2\sigma_0 \widetilde{\mathbf{u}}_{outer} = Ek \frac{\partial^2 \widetilde{\mathbf{u}}_{outer}}{\partial z^2},$$

边界条件为

$$\widetilde{\mathbf{u}}_{outer} = -\frac{\pi}{2\Gamma}\left[\cos(\pi z)\hat{\mathbf{x}} + \frac{\mathrm{i}\,\pi}{m}\sin(\pi z)\hat{\mathbf{z}}\right] \mathrm{e}^{\mathrm{i}(mx+2\sigma_0 t)}, \quad y=0,$$

它还应该满足边界层条件 $\widetilde{\mathbf{u}}_{outer} \to 0\, (y/\sqrt{Ek} \to \infty)$。经过简单分析，可得

$$\widetilde{\mathbf{u}}_{outer} = \frac{\pi}{2\Gamma}\left[\cos(\pi z)\hat{\mathbf{x}} + \frac{\mathrm{i}\,\pi}{m}\sin(\pi z)\hat{\mathbf{z}}\right] \mathrm{e}^{-\gamma y/\sqrt{Ek}} \mathrm{e}^{\mathrm{i}(mx+2\sigma_0 t)},$$

其中

$$\gamma = \sqrt{|\sigma_0|}\left(1 + \frac{\mathrm{i}\,\sigma_0}{|\sigma_0|}\right).$$

在内壁面 $y=\Gamma$ 处，用 $(\Gamma-y)/\sqrt{Ek}$ 代替 $y/\sqrt{Ek}$，可得 $\widetilde{\mathbf{u}}_{inner}$ 的表达式为

$$\widetilde{\mathbf{u}}_{inner} = \frac{-\pi}{2\Gamma}\left[\cos(\pi z)\hat{\mathbf{x}} + \frac{\mathrm{i}\,\pi}{m}\sin(\pi z)\hat{\mathbf{z}}\right] \mathrm{e}^{-\gamma(\Gamma-y)/\sqrt{Ek}} \mathrm{e}^{\mathrm{i}(mx+2\sigma_0 t)}.$$

虽然振荡边界层解总是随着到边界 $\mathcal{S}$ 的法向距离而呈指数衰减，但当 $0 < |\sigma_0| \ll 1$ 时，壁面边界层 $\widetilde{\mathbf{u}}_{inner}$ 的厚度为 $(Ek/|\sigma_0|)^{1/2}$ 量级，而非 $O(\sqrt{Ek})$。类似地，当 $0 < |1-\sigma_0| \ll 1$ 时，振荡边界层 $\widetilde{\mathbf{u}}_{bottom}$ 的厚度为 $(Ek/|1-\sigma_0|)^{1/2}$ 量级，也不是通常的 $O(\sqrt{Ek})$。这就是经典的、按照 $\sqrt{Ek}$ 而作的展开 (Greenspan, 1968) 不能用于惯性对流问题的原因，因为惯性对流在很大程度上处于粘性振荡边界层的控制之下。

在渐近分析的这个阶段，对应最不稳定对流模的临界方位波数 m_c、频率 ω_c 和瑞利数 $(\widetilde{Ra})_c$ 都还是未知的，为确定它们的值，需要在边界层质量流 $\hat{\mathbf{n}}\cdot\widetilde{\mathbf{u}}$ 与次级内部流 $\hat{\mathbf{u}}$ 之间进行渐近匹配。次级内部流 $\hat{\mathbf{u}}$ 的控制方程为

$$\mathrm{i}\, 2\sigma_0 \hat{\mathbf{u}} + 2\hat{\mathbf{z}}\times\hat{\mathbf{u}} + \nabla\hat{p} = \widetilde{Ra}\Theta_0 \hat{\mathbf{z}} + Ek\nabla^2 \mathbf{u}_{m11} - \mathrm{i}\, 2\sigma_1 \mathbf{u}_{m11}, \quad (17.101)$$

$$\nabla\cdot\hat{\mathbf{u}} = 0, \quad (17.102)$$

$\mathcal{S}$ 上的边界条件为

$$\hat{\mathbf{n}}\cdot\hat{\mathbf{u}} = \text{来自粘性振荡边界层 } \widetilde{\mathbf{u}} \text{ 的质量流}.$$

以上数学方程的物理含义是：由粘性边界层 $\widetilde{\mathbf{u}}$ 导致的质量内流 $\hat{\mathbf{n}}\cdot\widetilde{\mathbf{u}}$，再加上内部的粘性和热效应，一起驱动了次级内部流 $\hat{\mathbf{u}}$。

17.6 惯性对流：非轴对称解

将质量守恒方程 $\nabla \cdot \tilde{\mathbf{u}} = 0$ 重新写为

$$\hat{\mathbf{n}} \cdot \nabla \times (\hat{\mathbf{n}} \times \tilde{\mathbf{u}}) + \hat{\mathbf{n}} \cdot (\hat{\mathbf{n}} \cdot \nabla \tilde{\mathbf{u}}) = \hat{\mathbf{n}} \cdot \nabla \times (\hat{\mathbf{n}} \times \tilde{\mathbf{u}}_{tang}) + \hat{\mathbf{n}} \cdot (\hat{\mathbf{n}} \cdot \nabla \tilde{\mathbf{u}}) = 0,$$

其中我们略去了在管道四个拐角处，法向量 $\hat{\mathbf{n}}$ 的不连续变化导致的影响，对延展边界变量 ξ 进行直接积分，可得

$$\hat{\mathbf{n}} \cdot \tilde{\mathbf{u}} = \sqrt{Ek} \int_0^\infty \hat{\mathbf{n}} \cdot \nabla \times (\hat{\mathbf{n}} \times \tilde{\mathbf{u}}_{tang}) \, \mathrm{d}\xi,$$

其中，对于外壁面有 $\xi = y/\sqrt{Ek}$，对于内壁面则有 $\xi = (\Gamma - y)/\sqrt{Ek}$，在底端有 $\xi = z/\sqrt{Ek}$，在顶端则有 $\xi = (1-z)/\sqrt{Ek}$。临界值 m_c，ω_c 和 $\widetilde{(Ra)}_c$ 由非齐次系统 (17.101) 和 (17.102) 的可解条件来决定，即

$$-2\sqrt{Ek} \Bigg\{ \int_0^\Gamma (\mathrm{i}\,\sigma_0 \mathbf{u}_{m11}^* - \hat{\mathbf{z}} \times \mathbf{u}_{m11}^*)_{z=0} \cdot \left(\int_0^\infty \tilde{\mathbf{u}}_{bottom} \, \mathrm{d}\xi \right) \mathrm{d}y$$

$$+ \int_0^\Gamma (\mathrm{i}\,\sigma_0 \mathbf{u}_{m11}^* - \hat{\mathbf{z}} \times \mathbf{u}_{m11}^*)_{z=1} \cdot \left(\int_0^\infty \tilde{\mathbf{u}}_{top} \, \mathrm{d}\xi \right) \mathrm{d}y$$

$$+ \int_0^1 (\mathrm{i}\,\sigma_0 \mathbf{u}_{m11}^* - \hat{\mathbf{z}} \times \mathbf{u}_{m11}^*)_{y=0} \cdot \left(\int_0^\infty \tilde{\mathbf{u}}_{outer} \, \mathrm{d}\xi \right) \mathrm{d}z$$

$$+ \int_0^1 (\mathrm{i}\,\sigma_0 \mathbf{u}_{m11}^* - \hat{\mathbf{z}} \times \mathbf{u}_{m11}^*)_{y=\Gamma} \cdot \left(\int_0^\infty \tilde{\mathbf{u}}_{inner} \, \mathrm{d}\xi \right) \mathrm{d}z \Bigg\}$$

$$= \Bigg[\widetilde{Ra} \int_0^1 \int_0^\Gamma \mathbf{u}_{m11}^* \cdot \hat{\mathbf{z}} \Theta_0 \, \mathrm{d}y\, \mathrm{d}z + Ek \int_0^1 \int_0^\Gamma \mathbf{u}_{m11}^* \cdot \nabla^2 \mathbf{u}_{m11} \, \mathrm{d}y\, \mathrm{d}z$$

$$- \mathrm{i}\, 2\sigma_1 \int_0^1 \int_0^\Gamma |\mathbf{u}_{m11}|^2 \, \mathrm{d}y\, \mathrm{d}z \Bigg], \tag{17.103}$$

等式左边的四个积分代表来自四个粘性边界层的质量内流 (拐角效应被忽略了)。在 (17.103) 式的推导中，来自 $\tilde{\mathbf{u}}$ 的质量流为 $\hat{\mathbf{u}}$，提供了边界层外缘的法向边界条件。利用边界层解 $\tilde{\mathbf{u}}_{outer}$ 和 $\tilde{\mathbf{u}}_{inner}$，可得 (17.103) 式中与壁面质量内流相关的两个积分为

$$-2 \Bigg\{ \int_0^1 (\mathrm{i}\,\sigma_0 \mathbf{u}_{m11}^* - \hat{\mathbf{z}} \times \mathbf{u}_{m11}^*)_{y=0} \cdot \left(\int_0^\infty \tilde{\mathbf{u}}_{outer} \, \mathrm{d}\xi \right) \mathrm{d}z$$

$$+ \int_0^1 (\mathrm{i}\,\sigma_0 \mathbf{u}_{m11}^* - \hat{\mathbf{z}} \times \mathbf{u}_{m11}^*)_{y=\Gamma} \cdot \left(\int_0^\infty \tilde{\mathbf{u}}_{inner} \, \mathrm{d}\xi \right) \mathrm{d}z \Bigg\}$$

$$= \frac{\sigma_0 \pi^2}{4\Gamma^2 \sqrt{|\sigma_0|}} \left(\mathrm{i} + \frac{\sigma_0}{|\sigma_0|} \right) \left(1 + \frac{\pi^2}{m^2} \right).$$

利用边界层解 $\tilde{\mathbf{u}}_{top}$ 和 $\tilde{\mathbf{u}}_{bottom}$，则可得与上下端面质量内流相关的两个积分：

$$-2 \Bigg\{ \int_0^\Gamma (\mathrm{i}\,\sigma_0 \mathbf{u}_{m11}^* - \hat{\mathbf{z}} \times \mathbf{u}_{m11}^*)_{z=0} \cdot \left(\int_0^\infty \tilde{\mathbf{u}}_{bottom} \, \mathrm{d}\xi \right) \mathrm{d}y$$

$$+ \int_0^\Gamma (\mathrm{i}\sigma_0 \mathbf{u}_{m11}^* - \hat{\mathbf{z}} \times \mathbf{u}_{m11}^*)_{z=1} \cdot \left(\int_0^\infty \widetilde{\mathbf{u}}_{top}\, \mathrm{d}\xi \right) \mathrm{d}y \bigg\}$$

$$= \frac{\Gamma(1+\mathrm{i})(1+\sigma_0)}{4} \left\{ \frac{\pi^2}{2}\left[\frac{\pi^2}{m^2\sigma_0^2} + \frac{(\pi^2+m^2)^2}{\pi^2 m^2} + \frac{1}{\Gamma^2} \right] - \frac{\pi^2(\pi^2+m^2)}{m^2\sigma_0} \right\}$$

$$+ \frac{\Gamma(1-\mathrm{i})(1-\sigma_0)}{4} \left\{ \frac{\pi^2}{2}\left[\frac{\pi^2}{m^2\sigma_0^2} + \frac{(\pi^2+m^2)^2}{\pi^2 m^2} + \frac{1}{\Gamma^2} \right] + \frac{\pi^2(\pi^2+m^2)}{m^2\sigma_0} \right\}.$$

在上面的积分中，$m > 0$，$-1 < \sigma_0 < 1$，并且很明显地存在 σ_0 和 $-\sigma_0$ 的对称性。

首先考虑温度条件为上下端面是理想导体、壁面绝热的情况。在作出 (17.103) 式右边的所有积分之后，我们得到一个复方程，其实部将决定瑞利数 $\widetilde{Ra}$ 的值，而从其虚部将得到粘性修正 σ_1 的值，即

$$\widetilde{Ra} = \left\{ \frac{Ek\pi^2\Gamma^2}{4\sigma_0^2}\left[\left(1+\frac{\pi^2}{m^2}\right)\left(\frac{1}{\sigma_0^2}+\frac{1}{\Gamma^2}\right) + \frac{(\pi^2+m^2)^2}{\pi^2 m^2} \right] \right.$$

$$\left. + \mathcal{I}_1 \pi^2 \sqrt{Ek} \right\} \left\{ \sum_{j=0}^{J} \frac{\pi^2+m^2+(j\pi/\Gamma)^2}{[\pi^2+m^2+(j\pi/\Gamma)^2]^2 + (2\sigma_0 Pr/Ek)^2} \right.$$

$$\left. \times \frac{1}{S_j}\left[\frac{\pi^2 \delta_{1j}}{2m} + \frac{\Gamma[1+(-1)^j](1-\delta_{1j})}{\sigma_0(1-j^2)} \right]^2 \right\}^{-1} \tag{17.104}$$

和

$$\omega = 2\sigma_0 - \left\{ \mathcal{I}_2 \sqrt{Ek} + \sum_{j=1}^{J} \frac{8\sigma_0 \widetilde{Ra} Pr/Ek}{[\pi^2+m^2+(j\pi/\Gamma)^2]^2 + (2\sigma_0 Pr/Ek)^2} \right.$$

$$\left. \times \frac{1}{S_j \Gamma^2 \pi^2}\left[\frac{\pi^2 \delta_{1j}}{2m} + \frac{\Gamma[1+(-1)^j](1-\delta_{1j})}{\sigma_0(1-j^2)} \right]^2 \right\}$$

$$\times \left[\left(1+\frac{\pi^2}{m^2}\right)\left(\frac{1}{\sigma_0^2}+\frac{1}{\Gamma^2}\right) + \frac{(\pi^2+m^2)^2}{\pi^2 m^2} \right]^{-1}, \tag{17.105}$$

其中 $\mathcal{I}_1$ 和 $\mathcal{I}_2$ 与发生在粘性边界层 $\widetilde{\mathbf{u}}$ 中的粘性耗散有关，分别为

$$\mathcal{I}_1 = \Gamma^2\sqrt{1+\sigma_0}\left\{ \frac{1}{2}\left[\frac{\pi^2}{m^2\sigma_0^2} + \frac{(\pi^2+m^2)^2}{\pi^2 m^2} + \frac{1}{\Gamma^2} \right] - \frac{(\pi^2+m^2)}{m^2\sigma_0} \right\}$$

$$+ \Gamma^2\sqrt{1-\sigma_0}\left\{ \frac{1}{2}\left[\frac{\pi^2}{m^2\sigma_0^2} + \frac{(\pi^2+m^2)^2}{\pi^2 m^2} + \frac{1}{\Gamma^2} \right] + \frac{(\pi^2+m^2)}{m^2\sigma_0} \right\} + \frac{\sqrt{|\sigma_0|}}{\Gamma}\left(1+\frac{\pi^2}{m^2}\right),$$

$$\mathcal{I}_2 = \sqrt{1+\sigma_0}\left\{ 2\left[\frac{\pi^2}{m^2\sigma_0^2} + \frac{(\pi^2+m^2)^2}{\pi^2 m^2} + \frac{1}{\Gamma^2} \right] - \frac{4(\pi^2+m^2)}{m^2\sigma_0} \right\}$$

$$- \sqrt{1-\sigma_0}\left\{ 2\left[\frac{\pi^2}{m^2\sigma_0^2} + \frac{(\pi^2+m^2)^2}{\pi^2 m^2} + \frac{1}{\Gamma^2} \right] + \frac{4(\pi^2+m^2)}{m^2\sigma_0} \right\} + \frac{4\sigma_0}{\Gamma^3\sqrt{|\sigma_0|}}\left(1+\frac{\pi^2}{m^2}\right).$$

17.6 惯性对流：非轴对称解

应该指出，系统存在两个惯性波模，一个是顺行的 ($\sigma_0 < 0$)，另一个是逆行的 ($\sigma_0 > 0$)。因为有以下的对称性：

$$\mathcal{I}_1(\sigma_0) = \mathcal{I}_1(-\sigma_0), \quad \widetilde{Ra}(\sigma_0) = \widetilde{Ra}(-\sigma_0),$$

两个模的瑞利数完全相同，但具有不同的空间结构。

对于给定的 Ek，Pr 和 Γ，推导无滑移边界条件惯性对流的速度分析解 (封闭形式) 需要多个步骤。首先，通过 (17.104) 式，找出临界波数 m_c (临界惯性模 $\mathbf{u}_{m_c 11}$)，以使 $\widetilde{Ra}$ 达到极小值 $(\widetilde{Ra})_c$。其次，通过 (17.105) 式，确定最不稳定模的临界频率 ω_c。最后，对于 $\omega_c > 0$ 的逆行波，在相关表达式中用 m_c 和 $\sigma_0(m_c)$ 代替 m 和 $\sigma_0(m)$，便可得惯性对流压强 p^+ 和速度 $\mathbf{u}^+$ 的解析解，即

$$p^+ = \left[\frac{\pi^2}{\Gamma\sqrt{\pi^2(1+1/\Gamma^2)+m_c^2}} \cos\left(\frac{\pi y}{\Gamma}\right) + m_c \sin\left(\frac{\pi y}{\Gamma}\right) \right]$$
$$\times \cos(\pi z)\, \mathrm{e}^{\mathrm{i}\left\{m_c x + 2\pi t/\sqrt{\pi^2(1+1/\Gamma^2)+m_c^2}\right\}},$$

$$\hat{\mathbf{x}}\cdot\mathbf{u}^+ = \left\{ \frac{\cos \pi z}{2} \left[\pi\sqrt{\pi^2(1+1/\Gamma^2)+m_c^2} \sin\frac{\pi y}{\Gamma} - m_c\frac{\pi}{\Gamma}\left(\cos\frac{\pi y}{\Gamma} + \mathrm{e}^{-\gamma_3^+(\Gamma-y)} - \mathrm{e}^{-\gamma_3^+ y}\right) \right] \right.$$
$$+ \frac{(\pi^2+m_c^2)}{4} \sin\frac{\pi y}{\Gamma} \left[\mathrm{e}^{-\gamma_1^+ z} - \mathrm{e}^{-\gamma_2^+ z} - \mathrm{e}^{-\gamma_1^+(1-z)} + \mathrm{e}^{-\gamma_2^+(1-z)} \right]$$
$$+ \frac{\pi}{4\Gamma}\left[\left(\mathrm{e}^{-\gamma_1^+ z} + \mathrm{e}^{-\gamma_2^+ z} - \mathrm{e}^{-\gamma_1^+(1-z)} - \mathrm{e}^{-\gamma_2^+(1-z)}\right) \right.$$
$$\left.\left. \times \left(m_c \cos\frac{\pi y}{\Gamma} - \Gamma\sqrt{\pi^2(1+1/\Gamma^2)+m_c^2} \sin\frac{\pi y}{\Gamma} \right) \right] \right\} \mathrm{e}^{\mathrm{i}\left\{m_c x + 2\pi t/\sqrt{\pi^2(1+1/\Gamma^2)+m_c^2}\right\}},$$

$$\hat{\mathbf{y}}\cdot\mathbf{u}^+ = \left\{ \frac{\mathrm{i}(\pi^2+m_c^2)}{4} \sin\frac{\pi y}{\Gamma} \left[2\cos \pi z - \mathrm{e}^{-\gamma_1^+ z} - \mathrm{e}^{-\gamma_2^+ z} + \mathrm{e}^{-\gamma_1^+(1-z)} + \mathrm{e}^{-\gamma_2^+(1-z)} \right] \right.$$
$$+ \frac{\mathrm{i}\pi}{4\Gamma}\left(m_c \cos\frac{\pi y}{\Gamma} - \Gamma\sqrt{\pi^2(1+1/\Gamma^2)+m_c^2} \sin\frac{\pi y}{\Gamma} \right) \left[-\mathrm{e}^{-\gamma_1^+ z} + \mathrm{e}^{-\gamma_2^+ z} \right.$$
$$\left.\left. + \mathrm{e}^{-\gamma_1^+(1-z)} - \mathrm{e}^{-\gamma_2^+(1-z)} \right] \right\} \mathrm{e}^{\mathrm{i}\left\{m_c x + 2\pi t/\sqrt{\pi^2(1+1/\Gamma^2)+m_c^2}\right\}},$$

$$\hat{\mathbf{z}}\cdot\mathbf{u}^+ = -\frac{\mathrm{i}}{2}\left[m_c\sqrt{\pi^2(1+1/\Gamma^2)+m_c^2} \sin\left(\frac{\pi y}{\Gamma}\right) + \frac{\pi^2}{\Gamma}\left(\cos\frac{\pi y}{\Gamma} - \mathrm{e}^{-\gamma_3^+(\Gamma-y)} + \mathrm{e}^{-\gamma_3^+ y} \right) \right]$$
$$\times \sin \pi z\, \mathrm{e}^{\mathrm{i}\left\{m_c x + 2\pi t/\sqrt{\pi^2(1+1/\Gamma^2)+m_c^2}\right\}},$$

其中与振荡粘性边界层相关联的指数因子为

$$\gamma_1^+ = \frac{(1+\mathrm{i})}{\sqrt{Ek}}\left(1 + \frac{\pi}{\sqrt{\pi^2(1+1/\Gamma^2)+m_c^2}} \right)^{1/2},$$

$$\gamma_2^+ = \frac{(1-\mathrm{i})}{\sqrt{Ek}} \left(1 - \frac{\pi}{\sqrt{\pi^2(1+1/\Gamma^2) + m_c^2}}\right)^{1/2},$$

$$\gamma_3^+ = \frac{(1+\mathrm{i})}{\sqrt{Ek}} \left(0 + \frac{\pi}{\sqrt{\pi^2(1+1/\Gamma^2) + m_c^2}}\right)^{1/2}.$$

至于拐角处非常复杂的速度条件, 因其影响是次要的, 所以被忽略了。在 (17.91) 式中, 令 $m = m_c$ 和 $\sigma_0 = +\pi/\sqrt{\pi^2(1+1/\Gamma^2) + m_c^2}$, 可得温度 Θ_0^+ 的渐近解。

当 $Pr = 0.023$ (液态镓) 和 $\Gamma = 1.0$ 时, 对于不同的艾克曼数 Ek, 表 17.6 列出了顺行惯性对流的几个临界参数 $(\widetilde{Ra})_c$, m_c 和 σ_c 典型值, 由分析表达式 (17.104) 和 (17.105) 计算。当参数为 $Ek = 10^{-4}, Pr = 0.023, \Gamma = 1$ 时, 图 17.18(a)~(c) 显示了顺行惯性对流分析解 $\mathbf{u}^+$ 的空间结构, 与图 17.18(d)~(f) 显示的数值解对比, 二者符合得相当好。

表 17.6 旋转管道对流开端的几个临界瑞利数 $(\widetilde{Ra})_c$、临界方位波数 m_c 和临界半频 σ_c 值。参数为 $Pr = 0.023$ 和 $\Gamma = 1.0$。在全部边界上, 速度边界条件为无滑移, 而温度边界条件在环柱上下两端为等温, 两个侧壁为绝热。纯数值解和渐近解分别以下标 "num" 和 "$asym$" 表示, 渐近解的值由分析表达式 (17.104) 和 (17.105) 计算

Ek	$[(\widetilde{Ra})_c, m_c, \sigma_c]_{num}$	$[(\widetilde{Ra})_c, m_c, \sigma_c]_{asym}$
10^{-2}	$(43.241, 2.2221, 0.5302)$	$(32.543, 1.7174, 0.6544)$
5.0×10^{-3}	$(28.735, 2.1481, 0.5627)$	$(21.620, 1.9925, 0.6234)$
10^{-3}	$(18.284, 4.5298, 0.4595)$	$(15.205, 4.4985, 0.4732)$
5.0×10^{-4}	$(17.413, 6.0505, 0.3930)$	$(15.310, 6.0685, 0.3986)$
10^{-4}	$(19.696, 10.936, 0.2518)$	$(18.403, 11.040, 0.2515)$
5.0×10^{-5}	$(21.992, 13.942, 0.2040)$	$(20.888, 14.046, 0.2038)$
10^{-5}	$(30.777, 23.970, 0.1229)$	$(29.659, 24.155, 0.1279)$

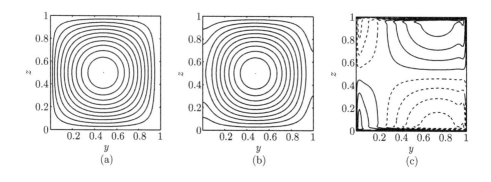

17.6 惯性对流：非轴对称解

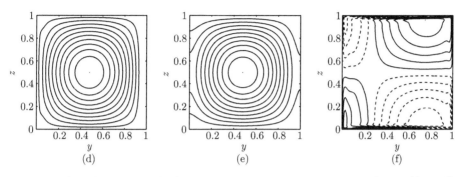

图 17.18 环柱垂直面 y-z 上的等值线：(a) $\hat{\mathbf{z}}\cdot\mathbf{u}$，(b) Θ 和 (c) $\hat{\mathbf{x}}\cdot\mathbf{u}$，由分析解计算，参数为 $Ek=10^{-4}$，$Pr=0.023$，$\Gamma=1$。温度边界条件：上下端面理想导体，两个壁面绝热；速度边界条件：全部边界无滑移。(d)、(e) 和 (f) 为相应的数值解

顺行惯性波的解析解与逆行波具有相同的临界波数 m_c 和临界瑞利数 $(\widetilde{Ra})_c$，但是临界频率 ω_c 是反号的 ($\omega_c<0$)，它的压强 p^- 和速度 $\mathbf{u}^-$ 与逆行波不同，具体公式如下：

$$p^- = \left[-\frac{\pi^2}{\Gamma\sqrt{\pi^2(1+1/\Gamma^2)+m_c^2}}\cos\left(\frac{\pi y}{\Gamma}\right) + m_c\sin\left(\frac{\pi y}{\Gamma}\right)\right]$$
$$\times \cos(\pi z)\, e^{i\left\{m_c x - 2\pi t/\sqrt{\pi^2(1+1/\Gamma^2)+m_c^2}\right\}},$$

$$\hat{\mathbf{x}}\cdot\mathbf{u}^- = \left\{\frac{\cos\pi z}{2}\left[-\pi\sqrt{\pi^2(1+1/\Gamma^2)+m_c^2}\sin\frac{\pi y}{\Gamma} - \frac{\pi m_c}{\Gamma}\left(\cos\frac{\pi y}{\Gamma} + e^{-\gamma_3^-(\Gamma-y)} - e^{-\gamma_3^- y}\right)\right]\right.$$
$$+ \frac{(\pi^2+m_c^2)}{4}\sin\frac{\pi y}{\Gamma}\left[e^{-\gamma_1^- z} - e^{-\gamma_2^- z} - e^{-\gamma_1^-(1-z)} + e^{-\gamma_2^-(1-z)}\right]$$
$$+ \frac{\pi m_c}{4\Gamma}\left[\left(e^{-\gamma_1^- z} + e^{-\gamma_2^- z} - e^{-\gamma_1^-(1-z)} - e^{-\gamma_2^-(1-z)}\right)\right.$$
$$\left.\left.\times\left(\cos\frac{\pi y}{\Gamma} + \Gamma\sqrt{\pi^2(1+1/\Gamma^2)+m_c^2}\sin\frac{\pi y}{\Gamma}\right)\right]\right\} e^{i\left\{m_c x - 2\pi t/\sqrt{\pi^2(1+1/\Gamma^2)+m_c^2}\right\}},$$

$$\hat{\mathbf{y}}\cdot\mathbf{u}^- = \left\{\frac{i(\pi^2+m_c^2)}{4}\sin\frac{\pi y}{\Gamma}\left[2\cos\pi z - e^{-\gamma_1^- z} - e^{-\gamma_2^- z} + e^{-\gamma_1^-(1-z)} + e^{-\gamma_2^-(1-z)}\right]\right.$$
$$+ \frac{i\pi m_c}{4\Gamma}\left(\cos\frac{\pi y}{\Gamma} - \frac{-\Gamma\sqrt{\pi^2(1+1/\Gamma^2)+m_c^2}}{m_c}\sin\frac{\pi y}{\Gamma}\right)\left[-e^{-\gamma_1^- z} + e^{-\gamma_2^- z}\right.$$
$$\left.\left. + e^{-\gamma_1^-(1-z)} - e^{-\gamma_2^-(1-z)}\right]\right\} e^{i\left\{m_c x - 2\pi t/\sqrt{\pi^2(1+1/\Gamma^2)+m_c^2}\right\}},$$

$$\hat{\mathbf{z}}\cdot\mathbf{u}^- = \frac{i}{2}\left[m_c\sqrt{\pi^2(1+1/\Gamma^2)+m_c^2}\sin\left(\frac{\pi y}{\Gamma}\right) - \frac{\pi^2}{\Gamma}\left(\cos\frac{\pi y}{\Gamma} - e^{-\gamma_3^-(\Gamma-y)} + e^{-\gamma_3^- y}\right)\right]$$
$$\times \sin\pi z\, e^{i\left\{m_c x - 2\pi t/\sqrt{\pi^2(1+1/\Gamma^2)+m_c^2}\right\}},$$

其中

$$\gamma_1^- = \frac{(1+\mathrm{i})}{\sqrt{Ek}}\left(1 - \frac{\pi}{\sqrt{\pi^2(1+1/\Gamma^2) + m_c^2}}\right)^{1/2},$$

$$\gamma_2^- = \frac{(1-\mathrm{i})}{\sqrt{Ek}}\left(1 + \frac{\pi}{\sqrt{\pi^2(1+1/\Gamma^2) + m_c^2}}\right)^{1/2},$$

$$\gamma_3^- = \frac{(1-\mathrm{i})}{\sqrt{Ek}}\left(0 + \frac{\pi}{\sqrt{\pi^2(1+1/\Gamma^2) + m_c^2}}\right)^{1/2}.$$

此外，在 (17.91) 式中令 $m = m_c$ 和 $\sigma_0 = -\pi/\sqrt{\pi^2(1+1/\Gamma^2) + m_c^2}$，可得相应的温度 Θ_0^-。

现在考虑在环柱全部边界面上都是等温条件的情况。只需针对理想导体边界条件改变公式 (17.94) 左边的第一个积分，便可以用完全相同的方法推导出瑞利数 $\widetilde{Ra}$ 和频率 ω：

$$\widetilde{Ra} = \left\{\frac{Ek\pi^2\Gamma^2}{4\sigma_0^2}\left[\left(1 + \frac{\pi^2}{m^2}\right)\left(\frac{1}{\sigma_0^2} + \frac{1}{\Gamma^2}\right) + \frac{(\pi^2 + m^2)^2}{\pi^2 m^2}\right] + \mathcal{I}_1\sqrt{Ek}\right\}$$

$$\times \left\{\sum_{j=1}^{J} \frac{\pi^2 + m^2 + (j\pi/\Gamma)^2}{[\pi^2 + m^2 + (j\pi/\Gamma)^2]^2 + (2\sigma_0 Pr/Ek)^2}\right.$$

$$\left.\times \left[\frac{\Gamma\delta_{1j}}{2\sigma_0} + \frac{j[1+(-1)^j](1-\delta_{1j})}{m(j^2-1)}\right]^2\right\}^{-1}, \tag{17.106}$$

以及

$$\omega = 2\sigma_0 - \left\{\mathcal{I}_2\sqrt{Ek} + \sum_{j=1}^{J} \frac{8\sigma_0 \widetilde{Ra} Pr/Ek}{[\pi^2 + m^2 + (j\pi/\Gamma)^2]^2 + (2\sigma_0 Pr/Ek)^2}\right.$$

$$\left.\times \left[\frac{\Gamma\delta_{1j}}{2\sigma_0} + \left(\frac{j[1+(-1)^j](1-\delta_{1j})}{m(j^2-1)}\right)\right]^2 \left(\frac{1}{\Gamma^2}\right)\right\}$$

$$\times \left[\left(1 + \frac{\pi^2}{m^2}\right)\left(\frac{1}{\sigma_0^2} + \frac{1}{\Gamma^2}\right) + \frac{(\pi^2+m^2)^2}{\pi^2 m^2}\right]^{-1}. \tag{17.107}$$

因 σ_0 仅是 m 的函数，$\widetilde{Ra}$ 的公式 (17.106) 可以容易地针对 m 来求最小值，于是我们可得到临界波数 m_c 和临界瑞利数 $(\widetilde{Ra})_c$。当 $Pr = 0.023$ 和 $\Gamma = 1.0$ 时，表 17.7 列出了由 (17.106) 和 (17.107) 计算的几个临界参数值 $(\widetilde{Ra})_c$, m_c 和 σ_c，以及相应的数值结果。

17.6 惯性对流：非轴对称解

表 17.7 旋转管道中逆行惯性对流的几个临界瑞利数 $(\widetilde{Ra})_c$、临界方位波数 m_c 和临界半频 σ_c 值。参数为 $Pr = 0.023$ 和 $\Gamma = 1.0$。在全部边界上，速度边界条件为无滑移，温度边界条件为理想导体。纯数值解和渐近解分别以下标 "num" 和 "$asym$" 表示，渐近解的值由分析表达式 (17.106) 和 (17.107) 计算

Ek	$[(\widetilde{Ra})_c, m_c, \sigma_c]_{num}$	$[(\widetilde{Ra})_c, m_c, \sigma_c]_{asym}$
10^{-2}	(68.220, 2.8834, 0.4692)	(55.296, 2.7605, 0.6196)
5.0×10^{-3}	(41.448, 2.9584, 0.5315)	(33.770, 2.9176, 0.5943)
10^{-3}	(18.896, 4.4048, 0.4738)	(16.443, 4.3801, 0.4865)
5.0×10^{-4}	(17.391, 5.8688, 0.4035)	(15.564, 5.8612, 0.4102)
10^{-4}	(19.613, 10.885, 0.2536)	(18.333, 10.936, 0.2545)
5.0×10^{-5}	(21.942, 13.892, 0.2047)	(20.830, 13.978, 0.2048)
10^{-5}	(30.759, 23.953, 0.1230)	(29.633, 24.128, 0.1226)

17.6.5 伽辽金谱方法的数值解

线性数值分析的主要目的是与渐近分析结果进行比较，渐近分析结果只在 $0 < Ek \ll 1$ 时有效，但数值分析对于较大的艾克曼数 Ek 也成立。

首先考虑自由应力边界条件的情况，它相对简单。将速度 $\mathbf{u}$ 表达为极型 (Φ_f) 和环型 (Ψ_f) 矢量势的形式：

$$\mathbf{u} = \nabla \times \nabla \times [\Phi_f(x,y,z,t)\hat{\mathbf{y}}] + \nabla \times [\Psi_f(x,y,z,t)\hat{\mathbf{y}}], \tag{17.108}$$

可以容易地求解方程 (17.6)~(17.8) 的线性化版本。用 Ψ_f 和 Φ_f 表达的壁面应力自由边界条件则为

$$\Phi_f = \frac{\partial^2 \Phi_f}{\partial y^2} = \frac{\partial \Psi_f}{\partial y} = 0, \quad y = 0, \Gamma,$$

而上下端应力自由条件为

$$\Psi_f = \frac{\partial^2 \Psi_f}{\partial z^2} = \frac{\partial \Phi_f}{\partial z} = \frac{\partial^3 \Phi_f}{\partial z^3} = 0, \quad z = 0, 1.$$

满足上下端边界条件的数值解可以写为

$$[\Psi_f, \Phi_f, \Theta_f](x,y,z,t) = [\widetilde{\Psi}(y) \sin \pi z, \widetilde{\Phi}(y) \cos \pi z, \widetilde{\Theta}(y) \sin \pi z] e^{i(mx+\omega t)},$$

其中假设 ω 为实数。从上面的展开式可以得到三个关于 $\widetilde{\Psi}(y)$、$\widetilde{\Phi}(y)$ 和 $\widetilde{\Theta}(y)$ 的常微分方程，这些方程易于用数值方法求解。

然而，无滑移边界条件会显著地增加数值分析的复杂性，该条件使我们在数值分析中无法使用展开式 (17.108)。作为替代，我们使用两个标量势函数 Ψ 和 Φ 来表示速度 $\mathbf{u}$，形式如下：

$$\mathbf{u} = \nabla \times [\Psi(x,y,z,t)\hat{\mathbf{y}}] + \nabla \times [\Phi(x,y,z,t)\hat{\mathbf{z}}]. \tag{17.109}$$

利用此表达式，并且对线性化的动量方程 (17.6) 作 $\hat{\mathbf{y}} \cdot \nabla\times$ 和 $\hat{\mathbf{z}} \cdot \nabla\times$ 运算，可导出三个独立的标量偏微分方程：

$$0 = \left(\frac{\partial}{\partial t} - Ek\nabla^2\right)\left[-\left(\frac{\partial^2}{\partial x^2} + \frac{\partial^2}{\partial z^2}\right)\Psi + \frac{\partial^2 \Phi}{\partial y \partial z}\right] + 2\frac{\partial^2 \Phi}{\partial x \partial z} + \widetilde{Ra}\frac{\partial \Theta}{\partial x}, \quad (17.110)$$

$$0 = \left(\frac{\partial}{\partial t} - Ek\nabla^2\right)\left[-\left(\frac{\partial^2}{\partial x^2} + \frac{\partial^2}{\partial y^2}\right)\Phi + \frac{\partial^2 \Psi}{\partial y \partial z}\right] - 2\frac{\partial^2 \Psi}{\partial x \partial z}, \quad (17.111)$$

$$0 = \left(Pr\frac{\partial}{\partial t} - Ek\nabla^2\right)\Theta - Ek\frac{\partial \Psi}{\partial x}. \quad (17.112)$$

上下端无滑移条件以 Ψ 和 Φ 则可表示为

$$\Psi = \frac{\partial \Psi}{\partial z} = \Phi = \Theta = 0, \quad z = 0, 1,$$

而壁面的无滑移条件为

$$\Psi = \Phi = \frac{\partial \Phi}{\partial y} = 0, \quad y = 0, \Gamma.$$

进一步将 Ψ, Φ 和 Θ 写成如下形式：

$$\Psi = \Psi(y, z)\mathrm{e}^{\mathrm{i}(mx+\omega t)}, \quad \Phi = \Phi(y, z)\mathrm{e}^{\mathrm{i}(mx+\omega t)}, \quad \Theta = \Theta(y, z)\mathrm{e}^{\mathrm{i}(mx+\omega t)},$$

我们就可以通过 $\Psi(y, z)$ 和 $\Phi(y, z)$ 的伽辽金型展开

$$\Psi(y, z) = \sum_{l=0}^{N}\sum_{k=0}^{N} \Psi_{kl} \left[(1-\hat{z}^2)^2 T_l(\hat{z})\right]\left[(1-\hat{y}^2) T_k(\hat{y})\right],$$

$$\Phi(y, z) = \sum_{l=0}^{N}\sum_{k=0}^{N} \Phi_{kl} \left[(1-\hat{z}^2) T_l(\hat{z})\right]\left[(1-\hat{y}^2)^2 T_k(\hat{y})\right]$$

来数值求解方程 (17.110)~(17.112)。上式中 $\hat{y} = (2y/\Gamma - 1)$, $\hat{z} = (2z - 1)$, Ψ_{kl} 和 Φ_{kl} 为复系数, N 表示截断参数 (当 $Ek \geqslant O(10^{-5})$ 时, 取 N 为 100 左右即可达到 1% 的精度), $T_l(x)$ 为标准的切比雪夫函数。对于理想导体的侧壁，将温度 Θ 展开为

$$\Theta(y, z) = \sum_{l=0}^{N}\sum_{k=0}^{N} \Theta_{kl} \left[(1-\hat{z}^2) T_l(\hat{z})\right]\left[\sin\frac{k\pi}{2}(\hat{y}+1)\right],$$

而对于绝热侧壁，我们使用以下展开：

$$\Theta(y, z) = \sum_{l=0}^{N}\sum_{k=0}^{N} \Theta_{kl} \left[(1-\hat{z}^2) T_l(\hat{z})\right]\left[\cos\frac{k\pi}{2}(\hat{y}+1)\right].$$

将这些展开式代入方程 (17.110)~(17.112)，经由标准的数值过程，可得到一个非线性代数方程系统。系统中，m, Ek 和 Pr 是给定的，$\Psi_{kl}, \Phi_{kl}, \Theta_{kl}$ 为待求系数。然后可采用迭代方法进行求解，从而确定惯性对流最不稳定模的临界参数 (Ra_c, m_c, ω_c) 和所有的系数 $\Psi_{kl}, \Phi_{kl}, \Theta_{kl}$。

17.6.6 分析解与数值解的对比

与渐近分析相对应，我们在数值分析中也采用了不同的边界条件组合。应该强调的是，对于适度小或较大的艾克曼数 Ek，数值解都能获得准确的计算结果，而渐近分析只适用于 $0 < Ek \ll 1$ 条件。

首先来看速度边界条件为应力自由的惯性对流解。当 $Ek = 10^{-4}$ 和 $\Gamma = 1.0$ 时，对于不同的 Pr，表 17.4 和表 17.5 列出了一些临界瑞利数 $(\widetilde{Ra})_c$、临界方位波数 m_c 和临界半频 σ_c 的值。从中可以看出，当 $Ek = 10^{-4}$ 时，分析解和纯数值解达到了满意的一致。例如，当 $Pr = 10^{-7}$ 时，对于侧壁为理想导体的情况，从分析表达式 (17.95) 和 (17.96) 可得 $(\widetilde{Ra})_c = 0.2853$，$m_c = 2.3119$ 和 $\sigma_c = 0.6273$，而数值分析则给出了 $(\widetilde{Ra})_c = 0.2838$，$m_c = 2.3088$ 和 $\sigma_c = 0.6274$ 的结果。对于侧壁为绝热的情况，分析解和纯数值解同样取得了满意的一致：当 $Pr = 10^{-7}$ 时，分析表达式 (17.97) 和 (17.98) 给出了 $(\widetilde{Ra})_c = 0.1471$，$m_c = 1.2513$ 和 $\sigma_c = 0.6806$ 的结果，而数值解结果为 $(\widetilde{Ra})_c = 0.1463$，$m_c = 1.2502$ 和 $\sigma_c = 0.6806$。这说明，当 Pr 足够小时，两个侧壁的温度边界条件具有很大的影响。在大 Pr 情况下，对比著名的粘性对流渐近律 (Chandrasekhar, 1961)，即 $(\widetilde{Ra})_c \sim (Ek)^{-1/3}$ 和 $m_c \sim (Ek)^{-1/3}$，惯性对流的渐近律具有根本性的不同，见分析式 (17.95) 或 (17.97)。当 Pr 足够小时，惯性对流的渐近律为 $(\widetilde{Ra})_c \sim Ek$ 和 $m_c \sim 1$，然而对于适度小的 Pr，如同分析式 (17.95)、表 17.4 或表 17.5 指示的那样，$(\widetilde{Ra})_c$ 和 Ek 之间的渐近关系将变得非常复杂，并且强烈地依赖于 Pr 的大小。

现在来看无滑移边界条件的情况。当 $Pr = 0.023$ 和 $\Gamma = 1.0$ 时，对于不同的 Ek，表 17.6 和表 17.7 列出了一些数值分析得到的临界瑞利数 $(\widetilde{Ra})_c$、临界方位波数 m_c 和临界半频 σ_c 值。虽然当 Ek 足够小时，分析解和纯数值解达到了满意的一致，但问题是：在 Ek 的什么范围内，分析解才是合理和精确的？当 $Ek = 10^{-2}$ 时，分析解与数值解之间的差异就已经比较可观，表明惯性对流的动力学机制已不完全由旋转效应所控制。对于 $Ek \leqslant 10^{-3}$ 的情况，表 17.6 和表 17.7 显示了分析解收敛于数值解的趋势。在侧壁为绝热的条件下，当 $Ek = 10^{-3}$ 时，数值解给出了 $(\widetilde{Ra})_c = 18.284, m_c = 4.5298, \sigma_c = 0.4595$ 的结果，而分析公式 (17.95) 和 (17.96) 的结果为 $(\widetilde{Ra})_c = 15.205, m_c = 4.4985, \sigma_c = 0.4732$，这表明只有当 $0 < Ek \leqslant 10^{-3}$ 时，渐近解才具有良好的近似。图 17.18 列出了在 $Ek = 10^{-4}, Pr = 0.023, \Gamma = 1$ 参数下，惯性对流渐近解和分析解的空间结构，图中可见二者没有明显的差异。

17.6.7 惯性对流的非线性特性

因为惯性对流代表了一种惯性波被热效应激发和维持的现象，我们可以在惯性模分解的协助下来检视惯性对流的非线性特性。当然，该惯性模必须是完备的 (Cui et al., 2014)。假设非线性流 **u** 分段连续且可微，我们总是能将任意时刻 t 的速

度 **u** 展开为

$$\mathbf{u}(x,y,z,t) = \tilde{\mathbf{u}} + \sum_{k=1}^{K} \mathcal{A}_{00k}(t)\mathbf{u}_{00k}(y) + \sum_{m=1}^{M}\sum_{k=1}^{K} \frac{1}{2}\left[\mathcal{A}_{m0k}(t)\,\mathbf{u}_{m0k}(x,y) + c.c.\right]$$

$$+ \sum_{n=1}^{N}\sum_{k=1}^{K} \frac{1}{2}\left[\mathcal{A}_{0nk}(t)\,\mathbf{u}_{0nk}(y,z) + c.c.\right]$$

$$+ \sum_{m=1}^{M}\sum_{n=1}^{N}\sum_{k=1}^{K} \frac{1}{2}\left[\mathcal{A}_{mnk}^{+}(t)\,\mathbf{u}_{mnk}^{+}(x,y,z) + c.c.\right]$$

$$+ \sum_{m=1}^{M}\sum_{n=1}^{N}\sum_{k=1}^{K} \frac{1}{2}\left[\mathcal{A}_{mnk}^{-}(t)\,\mathbf{u}_{mnk}^{-}(x,y,z) + c.c.\right], \tag{17.113}$$

式中，$c.c.$ 表示前导项的复共轭，$\tilde{\mathbf{u}}$ 表示边界层流，$\mathbf{u}_{mnk}$ 代表惯性模的速度，其中 $\mathbf{u}_{00k}\,(k \geqslant 1)$ 为轴对称地转模，$\mathbf{u}_{m0k}\,(m>0,k \geqslant 1)$ 为非轴对称地转模，$\mathbf{u}_{0nk}\,(n \geqslant 1,k \geqslant 1)$ 为轴对称惯性振荡模。此外，$\mathbf{u}_{mnk}^{-}\,(m>0,n \geqslant 1,k \geqslant 1)$ 表示顺行惯性模，对应 $\sigma_{mnk} < 0$，而 $\mathbf{u}_{mnk}^{+}\,(m>0,n \geqslant 1,k \geqslant 1)$ 表示逆行模，对应 $\sigma_{mnk} > 0$。注意，顺行和逆行的惯性模，即 $\mathbf{u}_{mnk}^{+}$ 和 $\mathbf{u}_{mnk}^{-}$，在展开式 (17.113) 中都是需要的，这是为了数学上的完备性。(17.113) 式中所有的惯性模 $\mathbf{u}_{mnk}$ 都是归一化的，即对所有的 m,n 和 k，有

$$\frac{1}{\Gamma_x}\int_0^1\int_0^\Gamma\int_0^{\Gamma_x} |\mathbf{u}_{mnk}|^2\,\mathrm{d}x\,\mathrm{d}y\,\mathrm{d}z = 1,$$

如此，系数 $\mathcal{A}_{mnk}$ 的大小才有意义。例如，非轴对称地转模 $\mathbf{u}_{m0k}$ 为

$$\hat{\mathbf{x}}\cdot\mathbf{u}_{m0k} = -\frac{k\pi\sqrt{2}}{\sqrt{\Gamma(k^2\pi^2 + \Gamma^2 m^2)}}\cos\left(\frac{k\pi y}{\Gamma}\right)\mathrm{e}^{\mathrm{i}\,mx},$$

$$\hat{\mathbf{y}}\cdot\mathbf{u}_{m0k} = \frac{\mathrm{i}\,m\sqrt{2\Gamma}}{\sqrt{k^2\pi^2 + \Gamma^2 m^2}}\sin\left(\frac{k\pi y}{\Gamma}\right)\mathrm{e}^{\mathrm{i}\,mx},$$

$$\hat{\mathbf{z}}\cdot\mathbf{u}_{m0k} = 0,$$

其中，$k=1,2,3,\cdots$ 和 $m/m_c = 1,2,3,\cdots$，m_c 为临界方位波数。之所以选取 $m = m_c, 2m_c, 3m_c, \cdots$，是因为在 $x=0, \Gamma_x$ 处施加了周期性边界条件，而 Γ_x 的大小通常由临界方位波数 m_c 来确定，这也暗示了数值模拟所展示的惯性对流的非线性特性是受 Γ_x 的大小影响的。

对于一个 $0 < Ek \ll 1$ 的快速旋转系统，在揭示由旋转效应控制的非线性惯性对流的结构中，惯性模谱分析起着关键性的作用。在一般表达式 (17.113) 中，所有的系数 $\mathcal{A}_{mnk}$ 都可以通过积分从有限差分解 **u** 推导出来。例如，系数 $\mathcal{A}_{00k}$ 可由下式给出：

$$\mathcal{A}_{00k} = \frac{1}{\Gamma_x}\int_0^1\int_0^\Gamma\int_0^{\Gamma_x} (\mathbf{u}_{00k}\cdot\mathbf{u})\,\mathrm{d}x\,\mathrm{d}y\,\mathrm{d}z$$

17.6 惯性对流：非轴对称解

而任意时刻的系数 $\mathcal{A}_{mnk}^{\pm}$ $(n \geqslant 1, m \geqslant 1, k \geqslant 1)$ 均可由以下积分得到：

$$\mathcal{A}_{mnk}^{\pm}(t) = \frac{2}{\Gamma_x} \int_0^1 \int_0^{\Gamma} \int_0^{\Gamma_x} \left[(\mathbf{u}_{mnk}^{\pm})^* \cdot \mathbf{u} \right] \, dx \, dy \, dz.$$

非线性惯性对流在任意时刻 t 的总动能密度 $E_{\text{kin}}(t)$ 可以表达为

$$\begin{aligned} E_{\text{kin}}(t) &= \frac{1}{2(\Gamma_x \Gamma)} \int_0^1 \int_0^{\Gamma} \int_0^{\Gamma_x} |\mathbf{u}(\mathbf{r},t)|^2 \, dx \, dy \, dz \\ &= \frac{1}{2(\Gamma_x \Gamma)} \Bigg\{ \sum_{k=1}^{K} |\mathcal{A}_{00k}(t)|^2 + \frac{1}{2} \sum_{m=1}^{M} \sum_{k=1}^{K} |\mathcal{A}_{m0k}(t)|^2 + \frac{1}{2} \sum_{n=1}^{N} \sum_{k=1}^{K} |\mathcal{A}_{0nk}(t)|^2 \\ &\quad + \frac{1}{2} \sum_{m=1}^{M} \sum_{n=1}^{N} \sum_{k=1}^{K} |\mathcal{A}_{mnk}^{+}(t)|^2 + \frac{1}{2} \sum_{m=1}^{M} \sum_{n=1}^{N} \sum_{k=1}^{K} |\mathcal{A}_{mnk}^{-}(t)|^2 \Bigg\} + O(\sqrt{Ek}), \end{aligned}$$

其中，薄粘性边界层的微小贡献 $O(\sqrt{Ek})$ 被略去了。对于在这里讨论的一些参数，我们选取 $K = O(10)$，$M = O(10)$ 以及 $N = O(10)$，就能足够精确地描述对流运动。将惯性模公式计算的 E_{kin} 与有限差分解的值进行比较，可以检验惯性模展开的正确性。我们发现，正如我们预料的那样，这个差别仅为 $O(\sqrt{Ek})$ 量级，它主要来自于粘性边界层的贡献。在惯性模的谱中，系数 $\mathcal{A}_{mnk}(t)$ 作为 m, n, k 和 t 的函数，其大小以及变化也将为理解惯性对流的非线性特性提供有价值的信息。

要理解惯性对流的弱非线性特性，需要注意到它的一个关键特征，即顺行惯性模 $(\omega_c < 0)$ 与逆行惯性模 $(\omega_c > 0)$ 具有不同的空间结构，但临界瑞利数 $(Ra)_c$ 完全相同。于是两个反向行进的非线性惯性波之间可以发生相互作用(这个作用是破坏性的还是建设性的，取决于两个波的相位)，这就导致了一个随时间而振荡的、具有复杂空间结构的流动，即使在惯性对流的开端附近也是如此。令 $\epsilon \sim [(Ra) - Ra)_c]/(Ra)_c > 0$ 为顺行惯性波或者逆行惯性波的幅度，二者具有相同的临界波数 m_c。假设逆行和顺行波惯性波都会被激发，并且两个惯性波非线性相互作用产生的轴对称流动较小，幅度为 $O(\epsilon^2)$，则首阶流动，例如，在 $z = 1/2$ 处的垂直流 $\hat{\mathbf{z}} \cdot \mathbf{u}$ 可以写成如下的解析形式：

$$\begin{aligned} &\hat{\mathbf{z}} \cdot \mathbf{u}\left(x, y, z = \frac{1}{2}, t\right) \\ &= \epsilon \Bigg\{ m_c \sqrt{\pi^2 + (\pi/\Gamma)^2 + m_c^2} \, \sin\left(\frac{\pi y}{\Gamma}\right) \cos(m_c x) \times \sin\left(\frac{2\pi t}{\sqrt{\pi^2 + (\pi/\Gamma)^2 + m_c^2}}\right) \\ &\quad + \frac{\pi^2}{\Gamma} \cos\left(\frac{\pi y}{\Gamma}\right) \sin(m_c x) \cos\left(\frac{2\pi t}{\sqrt{\pi^2 + (\pi/\Gamma)^2 + m_c^2}}\right) \\ &\quad + \text{Real}\Bigg\{ \frac{\mathrm{i}\pi^2}{2\Gamma} \left[\left(\mathrm{e}^{-\gamma_c^+ y} - \mathrm{e}^{-\gamma_c^+(\Gamma - y)} \right) \mathrm{e}^{\mathrm{i}\left[m_c x + 2\pi t/\sqrt{\pi^2 + (\pi/\Gamma)^2 + m_c^2}\right]} \right. \end{aligned}$$

$$+ \left(\mathrm{e}^{-\gamma_c^- y} - \mathrm{e}^{-\gamma_c^-(\Gamma-y)}\right) \mathrm{e}^{\mathrm{i}\left[m_c x - 2\pi t/\sqrt{\pi^2+(\pi/\Gamma)^2+m_c^2}\right]}\right]\right\} + O(\epsilon^2), \quad (17.114)$$

其中

$$\gamma_c^+ = \frac{(1+\mathrm{i})}{\sqrt{Ek}}\left[\frac{\pi}{\sqrt{\pi^2+(\pi/\Gamma)^2+m_c^2}}\right]^{1/2},$$

$$\gamma_c^- = \frac{(1-\mathrm{i})}{\sqrt{Ek}}\left[\frac{\pi}{\sqrt{\pi^2+(\pi/\Gamma)^2+m_c^2}}\right]^{1/2}.$$

这表明，即使是弱非线性的惯性对流，它的空间结构在接近对流开端时也非常复杂，其动能总是振荡的，周期大约为 $\sqrt{\pi^2+(\pi/\Gamma)^2+m_c^2}$。

如同在惯性对流开端的渐近分析中强调的那样，参数范围 $Ek \leqslant 10^{-3}$ 为艾克曼数的渐近小区间。因为薄粘性边界层在控制惯性对流上扮演了重要角色，每次数值模拟必须持续很长时间，远远超过 $O(1/\sqrt{Ek})$。对于小艾克曼数，计算是非常昂贵的。因此，我们将主要关注 $Ek = 10^{-3}$ 这种计算成本较低的情形，其他参数选择液态镓的普朗特数 $Pr = 0.023$ 以及 $\Gamma = 1$，速度边界条件采用全部边界为无滑移的条件，温度边界条件为上下两端为理想导体、两个壁面绝热。另外，通过关键信息来指导非线性数值求解是比较重要的，例如，可以使用临界瑞利数来开始我们的数值模拟。根据表 17.8 所示的线性分析，这个情况下的临界方位波数为 $m_c = 4.5298$，临界瑞利数为 $(\widetilde{Ra})_c = 18.284$。因此三维完全非线性模拟的计算区域就限制在无滑移的上下端面 $0 \leqslant z \leqslant 1$、两个无滑移的垂直壁面 $0 \leqslant y \leqslant \Gamma = 1$ 和方位方向周期性条件 $0 \leqslant x \leqslant \Gamma_x = 2(2\pi/m_c) = 2.77$ 之间。

表 17.8 当动能密度达到最大 ($E_{\mathrm{kin}} = 1.664 \times 10^{-3}$) 和最小 ($E_{\mathrm{kin}} = 1.142 \times 10^{-3}$) 时，弱非线性惯性对流的四个绝对值最大的系数 $|\mathcal{A}_{mnk}|$。非线性振荡流的参数为 $Ek = 10^{-3}, \widetilde{Ra} = 20.00, Pr = 0.023, \Gamma = 1$。表中 $(m, n, k)^{\pm}$ 表示惯性波模 $\mathbf{u}_{mnk}^{\pm}$

当 E_{kin} 达到最大时	(m, n, k)	$|\mathcal{A}_{mnk}|$
	$(1,1,1)^+$	4.74366×10^{-2}
	$(1,1,1)^-$	4.72572×10^{-2}
	$(1,1,2)^+$	9.67532×10^{-3}
	$(1,1,2)^-$	8.72264×10^{-3}
当 E_{kin} 达到最小时	(m, n, k)	$|\mathcal{A}_{mnk}|$
	$(1,1,1)^+$	4.73128×10^{-2}
	$(1,1,1)^-$	4.71352×10^{-2}
	$(1,1,2)^+$	9.62975×10^{-3}
	$(1,1,2)^-$	8.66241×10^{-3}

在线性分析结果的指导下，我们以一个略高于惯性对流临界值的瑞利数 $\widetilde{Ra} = 20.00$ 对参数 $Ek = 10^{-3}, Pr = 0.023$ 和 $\Gamma = 1$ 进行了非线性数值模拟。图 17.19 显

示了当 $\widetilde{Ra} = 20$ 和 $\widetilde{Ra} = 30$ 时，非线性惯性对流的动能密度 $E_{\rm kin}$ 和努塞特数 $(Nu - 1)$ 随时间的变化情况。图中没有显示从任意初始条件开始后的一段过渡过程。当接近对流临界值时，同时存在两个最不稳定的惯性模：由临界瑞利数 $(Ra)_c = 18.28$、临界波数 $m_c = 4.53$ 和临界频率 $\omega_c = 0.919$ 描述的逆行惯性波，以及有相同临界瑞利数和临界波数但临界频率为负 $(\omega_c = -0.919)$ 的顺行惯性波。数值模拟无论取何种初始条件，都无法实现独立的顺行或逆行惯性模。在 $0 < [Ra - (Ra)_c]/(Ra)_c < 1$ 的弱非线性域，两个反向行进的惯性波总是同时被热激发的，因而形成了振荡的惯性对流，这是非线性的主分岔。图 17.20 显示了直接数值模拟的结果，给出了振荡

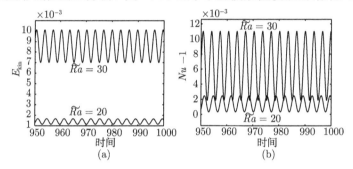

图 17.19 非线性惯性对流在两个不同瑞利数 $\widetilde{Ra} = 20$ 和 $\widetilde{Ra} = 30$ 下的 (a) 动能密度 $E_{\rm kin}$ 和 (b) 努塞特数 $(Nu-1)$，这是有限差分法直接数值模拟的结果。其他参数为 $E = 10^{-3}, Pr = 0.023, \Gamma = 1$。速度边界条件：全部边界无滑移；温度边界条件：上下端面为理想导体，两个壁面绝热

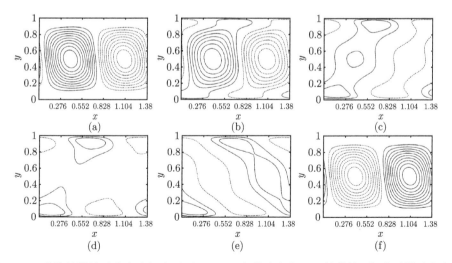

图 17.20 非线性惯性对流在中间水平面 $z = 1/2$ 上的垂直流 $\hat{\mathbf{z}} \cdot \mathbf{u}$ 等值线，每个子图对应半个振荡周期内的六个不同时刻，计算参数为 $Ek = 10^{-3}, \widetilde{Ra} = 20.00, Pr = 0.023, \Gamma = 1$，速度边界条件为在全部边界上无滑移，温度边界条件为上下两端为理想导体，两个壁面绝热

对流在六个不同时刻的结构剖面,基本上与分析公式 (17.114) 计算的结果是相似的,见图 17.21。动能密度 E_{kin} 的变化周期为 $(\sqrt{\pi^2 + (\pi/1.0)^2 + (4.5298)^2})/2 \approx 3.4$,而惯性对流的周期约为 $\sqrt{\pi^2 + (\pi/1.0)^2 + (4.5298)^2} \approx 6.8$,与公式 (17.114) 的预测是一致的。图 17.20 和图 17.21 仅包含了半个振荡周期的流动变化。比较图 17.20 和图 17.21,可明显看出非线性对惯性对流结构的影响。当把非线性解分解为完整的惯性模谱后,非线性效应也反映在四个主导系数 $|A_{mnk}|$ 的大小上,见表 17.8 所列。作为非线性效应的结果,y 方向的径向对称性被打破了:顺行惯性模 $\mathbf{u}_{111}^+$ 的幅度 $|\mathcal{A}_{111}^-| = 4.72572 \times 10^{-2}$ 总是与逆行模 $\mathbf{u}_{111}^-$ 的幅度 $|\mathcal{A}_{111}^+| = 4.74366 \times 10^{-2}$ 略有不同,从而导致了一个弱的轴对称平均流。

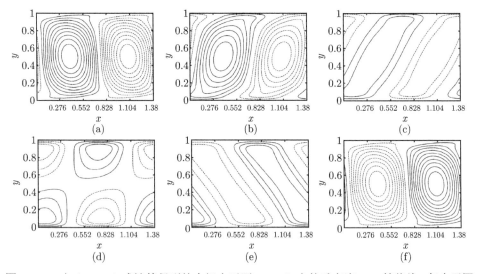

图 17.21 由 (17.114) 式计算得到的中间水平面 $z = 1/2$ 上的垂直流 $\hat{\mathbf{z}} \cdot \mathbf{u}$ 等值线,每个子图对应半个振荡周期内的六个不同时刻,计算参数为 $m_c = 4.5298, Ek = 10^{-3}, \Gamma = 1$

当瑞利数 $\widetilde{Ra}$ 进一步增大时,更多的惯性波模将由对流和非线性所激发,比如一些轴对称模,这将导致惯性对流变成湍流。图 17.22 给出了当 $\widetilde{Ra} = 50$ 时湍流惯性对流的一个例子,显示动能密度 E_{kin} 和努塞特数 $(Nu - 1)$ 随时间的不规则变化,流体运动紊乱的空间结构也显示于图 17.23 中。湍流惯性对流的性质可以通过惯性模 $\mathbf{u}_{mnk}$ 的谱分解来揭示 (Zhang et al., 2015),结果显示,湍流惯性对流基本上由许多惯性模组成,它们由对流激发,互相发生着非线性相互作用,导致了从振荡层流 (图 17.20) 向湍流 (图 17.23) 的过渡。

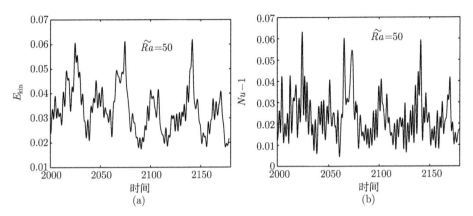

图 17.22 瑞利数 $\widetilde{Ra} = 50$ 时,非线性惯性流的 (a) 动能密度 E_{kin} 和 (b) 努塞特数 $(Nu-1)$ 随时间的变化情况。其他参数为 $Ek = 10^{-3}, Pr = 0.023, \Gamma = 1$,速度边界条件为在全部边界上无滑移,温度边界条件为上下两端理想导体,两个壁面绝热

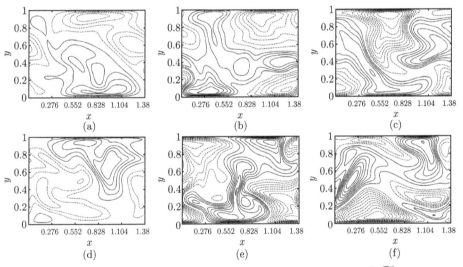

图 17.23 数值模拟给出的六个不同时刻的 $\hat{\mathbf{z}} \cdot \mathbf{u}$ 等值线。参数为 $Ek = 10^{-3}, \widetilde{Ra} = 50.00, Pr = 0.023, \Gamma = 1$,速度边界条件为在全部边界上无滑移,温度边界条件为上下两端为理想导体,两个壁面绝热

17.7　惯性对流:轴对称扭转振荡

惯性对流还存在另一种轴对称 $(m = 0)$ 振荡的形式,其方位流由下式给出:

$$\hat{\mathbf{x}} \cdot \mathbf{u} = \mathcal{A}(y, z) \cos \omega t, \quad \omega \neq 0,$$

其中振幅 $\mathcal{A}$ 仅是 y 和 z 的函数。在任何给定的位置，轴对称方位流 $\hat{\mathbf{x}} \cdot \mathbf{u}$ 不仅在振幅上发生着变化，而且其方向还发生着周期性的改变，常被称为扭转振荡。扭转振荡是在恒星和行星的流体中已被确认的一种现象，比如在地球的液核和太阳的对流区内 (Zatman and Bloxham, 1997)。我们将证明，在科里奥利力提供恢复力、热效应提供恢复能的情况下，全球性的热对流可以在一个较窄参数范围内，激发并维持一个物理上优选的、扭转振荡形式的惯性对流 (Liao and Zhang, 2006)。在数学上，因为 $m=0$ 所代表的轴对称性，对流驱动的惯性扭转振荡问题最为简单，使得推导其封闭形式的分析解成为可能。

仅考虑应力自由边界条件 (17.10) 以及上下两端为理想导体、壁面绝热的温度边界条件的解，经过与之前完全一致但更为简单的分析，我们可以导出一个封闭形式的首阶解，以描述对流驱动的扭转振荡，即

$$\hat{\mathbf{x}} \cdot \mathbf{u} = \left[\frac{j\pi}{(1-\sigma_0^2)} \sin\left(\frac{\pi y}{\Gamma}\right) \cos \pi z\right] \cos(2\sigma_0 t), \tag{17.115}$$

$$\hat{\mathbf{y}} \cdot \mathbf{u} = \left[\frac{\pi \sigma_0}{(1-\sigma_0^2)} \sin\left(\frac{\pi y}{\Gamma}\right) \cos \pi z\right] \cos(2\sigma_0 t + \pi/2), \tag{17.116}$$

$$\hat{\mathbf{z}} \cdot \mathbf{u} = \left[\frac{n\pi\Gamma}{\sigma_0} \cos\left(\frac{\pi y}{\Gamma}\right) \sin \pi z\right] \cos(2\sigma_0 t - \pi/2), \tag{17.117}$$

$$\Theta = -\frac{\pi\Gamma\left[2(\sigma_0 Pr/Ek) + \mathrm{i}(1/\Gamma^2+1)\pi^2\right]}{\sigma_0\left[(2\sigma_0 Pr/Ek)^2 + (1/\Gamma^2+1)^2\pi^4\right]} \cos\frac{\pi y}{\Gamma} \sin \pi z \mathrm{e}^{\mathrm{i}2\sigma_0 t}, \tag{17.118}$$

其中，我们已取轴对称惯性模 $\mathbf{u}_{0nk}$ 的 $n=1$ 和 $k=1$，Θ 的实部被当作物理解，且有

$$\sigma_0 = \pm \frac{1}{\sqrt{1+(1/\Gamma)^2}}.$$

在轴对称惯性对流的开端，相应的瑞利数可表达为

$$\widetilde{Ra} = \frac{Ek\left[(1+\sigma_0^2)\sigma_0^2 + (1-\sigma_0^2)^2\Gamma^2\right]\left[\pi^4(1+1/\Gamma^2)^2 + (2\sigma_0 Pr/Ek)^2\right]}{(1-\sigma_0^2)^2\Gamma^2\sigma_0^2(1+1/\Gamma^2)}, \tag{17.119}$$

其振荡的半频为

$$\sigma = \sigma_0 - \frac{\sigma_0(1-\sigma_0^2)^2\Gamma^2(\widetilde{Ra}/Ek)Pr}{[(2\sigma_0 Pr/Ek)^2 + (1/\Gamma^2+1)^2\pi^4][(1+\sigma_0^2)\sigma_0^2 + (1-\sigma_0^2)^2\Gamma^2]}. \tag{17.120}$$

公式 (17.115)~(17.120) 代表了扭转振荡的首阶解析解，它由热对流驱动和维持，对抗着粘滞衰减。

对于给定的艾克曼数 ($0 < Ek \ll 1$)，分析解 (17.115)~(17.120) 仅由两个参数 Pr 和 Γ 便可决定。为确保扭转振荡真正代表了物理上可实现的解 (最不稳定的模)，我们必须表明当给定了 Pr 和 Γ 的值后，(17.119) 式对应了最小的瑞利数。实际

17.7 惯性对流：轴对称扭转振荡

上，Pr 和 Γ 存在一个较窄的参数范围，在这个范围内，扭转振荡解 (17.115)~(17.118) 是旋转对流的唯一物理解。表 17.9 列出了当 $Ek = 10^{-3}$ 和 $Ek = 10^{-4}$、比值 $Ek/Pr = 0.1$ 的情况下，不同方位波数 m 对应的瑞利数 $\widetilde{Ra}$ 和振荡半频 σ 值，分别给出了渐近分析和数值分析的计算结果。数据显示，对于给定的 Pr 和 Γ，瑞利数 $\widetilde{Ra}$ 在 $m = 0$ 时达到其最小值，这表明公式 (17.115)~(17.118) 给出的扭转振荡在这些参数下确实代表了惯性对流最不稳定的模。

表 17.9 当 $\Gamma = 1$，$Ek = 10^{-3}$ 或 10^{-4} 但 $Ek/Pr = 0.1$ 时，一些瑞利数 $\widetilde{Ra}$ 和半频 σ 的例子，指示轴对称振荡代表了最不稳定的对流模。纯数值解和渐近解分别以下标 "num" 和 "$asym$" 表示

m	Pr, Ek	$[\widetilde{Ra}, \sigma]_{asym}$	$[\widetilde{Ra}, \sigma]_{num}$
0	$10^{-2}, 10^{-3}$	(2.36, 0.700)	(2.32, 0.700)
1	$10^{-2}, 10^{-3}$	(2.39, 0.682)	(2.36, 0.682)
5	$10^{-2}, 10^{-3}$	(4.81, 0.464)	(4.85, 0.463)
10	$10^{-2}, 10^{-3}$	(30.4, 0.284)	(30.8, 0.276)
0	$10^{-3}, 10^{-4}$	(0.236, 0.700)	(0.234, 0.700)
1	$10^{-3}, 10^{-4}$	(0.239, 0.689)	(0.237, 0.689)
5	$10^{-3}, 10^{-4}$	(0.481, 0.469)	(0.480, 0.469)
10	$10^{-3}, 10^{-4}$	(3.04, 0.287)	(3.04, 0.287)

第 18 章 旋转圆柱中的对流

18.1 公　　式

本章考虑 Boussinesq 流体在匀速旋转圆柱中的旋转对流问题，圆柱半径为 Γd，长度为 d，横纵比为 Γ，如图 18.1 所示。流体的热扩散系数 κ、热膨胀系数 α 和运动粘度 ν 均为常数。我们将采用柱坐标系 (s, ϕ, z) 来分析问题，坐标对应的单位矢量为 $(\hat{\mathbf{s}}, \hat{\boldsymbol{\phi}}, \hat{\mathbf{z}})$，其中 $\hat{\mathbf{z}}$ 平行于旋转轴并固定在旋转圆柱中。

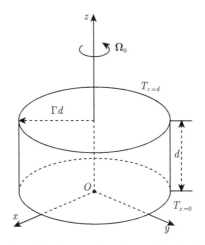

图 18.1　旋转圆柱的几何形状，半径为 Γd，高度为 d，半径-高度比 (横纵比) 为 Γ。圆柱内充满 Boussinesq 流体并绕其对称轴快速旋转，旋转角速度为 $\Omega\hat{\mathbf{z}}$。圆柱被底部加热，从而形成了一个驱动对流的、不稳定的垂直温度梯度

旋转对流的基本静止状态由一个恒定的垂直重力场，以及热传导温度场 T_0 提供，即

$$\mathbf{g} = -g_0 \hat{\mathbf{z}},$$

其中 g_0 为常数，T_0 则是由外界维持的底部 ($z=0$) 高温 $T_{z=0}$ 和顶部 ($z=d$) 低温 $T_{z=d}$ 所形成的，圆柱内部没有热源。在 (16.1) 式中设 $Q_h = 0$，则可得到描述基本温度场 T_0 的方程为

$$0 = \frac{1}{s}\frac{\partial}{\partial s}\left(s\frac{\partial T_0}{\partial s}\right) + \frac{1}{s^2}\frac{\partial^2 T_0}{\partial \phi^2} + \frac{\partial^2 T_0}{\partial z^2},$$

18.1 公式

在圆柱壁面处 $(s = d\Gamma)$，无论边界条件是绝热的 (即 $\partial T_0/\partial s = 0$)，还是为一个固定的温度剖面，上述方程都可以容易地求解。T_0 的一个圆柱对称解 ($\partial/\partial s = 0, \partial/\partial \phi = 0$) 可以写成以下形式：

$$\nabla T_0(z) = -\beta \hat{z},$$

其中 $\beta = (T_{z=0} - T_{z=d})/d$，为正常数，代表旋转圆柱中一个不稳定的垂直温度梯度。当 β 足够小时，热量仅通过热传导向上传递，因此系统具有一个稳定、无运动的流体静力学基本状态。

将 $\mathbf{g} = -g_0 \hat{z}$ 和 $\mathbf{u} \cdot \nabla T_0(z) = -\beta \hat{z} \cdot \mathbf{u}$ 代入方程 (16.2) 和 (16.3)，可得

$$\frac{\partial \mathbf{u}}{\partial t} + \mathbf{u} \cdot \nabla \mathbf{u} + 2\Omega \times \mathbf{u} = -\frac{1}{\rho_0}\nabla P + g_0 \hat{z} \alpha \Theta + \nu \nabla^2 \mathbf{u},$$

$$\frac{\partial \Theta}{\partial t} + \mathbf{u} \cdot \nabla \Theta = \beta \hat{z} \cdot \mathbf{u} + \kappa \nabla^2 \Theta,$$

它们是底部加热旋转圆柱的对流控制方程。以深度 d 为单位长度，Ω^{-1} 为单位时间，$\beta d^3 \Omega/\kappa$ 为单位温度波动，并令 $P = d^2\Omega^2 \rho_0 p$，于是可得对流控制方程的无量纲形式为

$$\frac{\partial \mathbf{u}}{\partial t} + \mathbf{u} \cdot \nabla \mathbf{u} + 2\hat{z} \times \mathbf{u} = -\nabla p + \widetilde{Ra}\Theta\hat{z} + Ek\nabla^2 \mathbf{u}, \tag{18.1}$$

$$\nabla \cdot \mathbf{u} = 0, \tag{18.2}$$

$$(Pr/Ek)\left(\frac{\partial \Theta}{\partial t} + \mathbf{u} \cdot \nabla \Theta\right) = \hat{z} \cdot \mathbf{u} + \nabla^2 \Theta, \tag{18.3}$$

其中修正瑞利数 $\widetilde{Ra}$ 定义为 $\widetilde{Ra} = \alpha \beta g_0 d^2/(\Omega \kappa)$，它利用了公式 $\Delta T = (T_{z=0} - T_{z=d}) = \beta d$。当旋转对流的强度足够小时，可以忽略非线性项 $\mathbf{u} \cdot \nabla \mathbf{u}$ 和 $\mathbf{u} \cdot \nabla \Theta$，于是可以用以下方程来研究旋转对流的开端或对流不稳定性问题：

$$\frac{\partial \mathbf{u}}{\partial t} + 2\hat{z} \times \mathbf{u} = -\nabla p + \widetilde{Ra}\Theta\hat{z} + Ek\nabla^2 \mathbf{u}, \tag{18.4}$$

$$\nabla \cdot \mathbf{u} = 0, \tag{18.5}$$

$$(Pr/Ek)\frac{\partial \Theta}{\partial t} = \hat{z} \cdot \mathbf{u} + \nabla^2 \Theta. \tag{18.6}$$

我们的讨论将主要集中在 $0 < Ek \ll 1$ 的参数范围。

本章将考虑三种边界条件组合。第一，上下两端面为理想导体 (等温)、不可渗透和应力自由条件，壁面为绝热和应力自由条件，即

$$\frac{\partial(\hat{\phi} \cdot \mathbf{u})}{\partial z} = \frac{\partial(\hat{s} \cdot \mathbf{u})}{\partial z} = \hat{z} \cdot \mathbf{u} = \Theta = 0, \quad z = 0, 1; \tag{18.7}$$

$$\frac{\partial}{\partial s}\left(\frac{\hat{\phi} \cdot \mathbf{u}}{s}\right) = \frac{\partial(\hat{z} \cdot \mathbf{u})}{\partial s} = \hat{s} \cdot \mathbf{u} = \frac{\partial \Theta}{\partial s} = 0, \quad s = \Gamma. \tag{18.8}$$

这个边界条件组合在数学上比较简单，因为线性稳定性问题的解是可分离的。第二种组合更加适合实验室的实验，上下两端面为无滑移和等温条件，即

$$\hat{\boldsymbol{\phi}}\cdot\mathbf{u}=\hat{\mathbf{z}}\cdot\mathbf{u}=\hat{\mathbf{s}}\cdot\mathbf{u}=\Theta=0, \quad z=0,1, \tag{18.9}$$

而壁面为无滑移和绝热条件：

$$\hat{\boldsymbol{\phi}}\cdot\mathbf{u}=\hat{\mathbf{z}}\cdot\mathbf{u}=\hat{\mathbf{s}}\cdot\mathbf{u}=\frac{\partial\Theta}{\partial s}=0, \quad s=\Gamma. \tag{18.10}$$

第三种组合则是在整个环柱边界面上都为等温、不可渗透和无滑移条件，即

$$\hat{\boldsymbol{\phi}}\cdot\mathbf{u}=\hat{\mathbf{z}}\cdot\mathbf{u}=\hat{\mathbf{s}}\cdot\mathbf{u}=\Theta=0, \quad z=0,1 \tag{18.11}$$

和

$$\hat{\boldsymbol{\phi}}\cdot\mathbf{u}=\hat{\mathbf{z}}\cdot\mathbf{u}=\hat{\mathbf{s}}\cdot\mathbf{u}=\Theta=0, \quad s=\Gamma. \tag{18.12}$$

本章将使用分析和数值两种方法来求解由方程 (18.4)~(18.6) 定义的对流不稳定性问题，采用的边界条件为应力自由条件 (18.7) 和 (18.8)、无滑移条件 (18.9) 和 (18.10) 或者 (18.11) 和 (18.12)。在快速旋转情况下，即在 $0<Ek\ll 1$ 条件下，分析解才能成立，我们将把分析解与数值解进行比较，以展示分析解的精度。对无滑移边界条件的完全非线性方程 (18.1)~(18.3)，我们将使用有限元方法进行直接数值模拟。

18.2 应力自由条件的对流

18.2.1 惯性对流的渐近解

首先我们考虑由方程 (18.4)~(18.6) 和边界条件 (18.7) 和 (18.8) 定义的对流不稳定性问题。在快速旋转圆柱中，对于极小或适度小的 Pr，惯性对流在物理上是优选的，其基本特征是：对流运动的首阶速度 $\mathbf{u}$ 可由一个单一的惯性波模 $\mathbf{u}_{mnk}$ 来代表，而浮力只出现在次阶，它驱动了对抗粘滞衰减的惯性波 (Zhang et al., 2007b)。在 $0<Ek\ll 1$ 条件下，此特征允许我们构建一个相对简单的渐近展开，其形式为

$$\mathbf{u}=[(\widetilde{\mathbf{u}}+\widehat{\mathbf{u}})+\mathbf{u}_{mnk}(s,\phi,z)]\,\mathrm{e}^{\mathrm{i}\omega t},$$
$$p=[(\widetilde{p}+\widehat{p})+p_{mnk}(s,\phi,z)]\,\mathrm{e}^{\mathrm{i}\omega t},$$

其中 ω 表示惯性对流的频率，$\mathbf{u}_{mnk}(s,\phi,z)$ 由 (4.39)~(4.41) 式给出，$p_{mnk}(s,\phi,z)$ 由 (4.36) 式给出，$\widehat{\mathbf{u}}$ 和 $\widehat{p}$ 代表相对于首阶解 $\mathbf{u}_{mnk}$ 和 p_{mnk} 的内部小扰动，且有

18.2 应力自由条件的对流

$|\mathbf{u}_{mnk}| \gg |\widehat{\mathbf{u}}|$，$\widetilde{\mathbf{u}}$ 表示由应力自由条件 (18.7) 和 (18.8) 导致的弱的粘性边界层，它仅在圆柱边界附近不为零。虽然应力自由条件产生的粘性边界层 $\widetilde{\mathbf{u}}$ 通常很弱，但它必须存在，以使 $(\mathbf{u}_{mnk} + \widetilde{\mathbf{u}})$ 满足应力自由边界条件。选择应力自由条件 (18.7) 和 (18.8) 的优点是不必确定 $\widetilde{\mathbf{u}}$ 的详细结构就可以求解对流的数学问题。另外，我们将被动的温度 Θ 和其他参数展开为

$$\Theta = [\Theta_0 + \Theta_1 + \cdots]\mathrm{e}^{\mathrm{i}\omega t}$$
$$\widetilde{Ra} = (\widetilde{Ra})_1 + \cdots,$$
$$\omega = 2\sigma = 2(\sigma_{mnk} + \sigma_1 + \cdots),$$

式中 σ 为惯性对流的半频，σ_1 表示对无粘半频 σ_{mnk} 的微小粘性修正，满足 $|\sigma_1| \ll |\sigma_{mnk}|$。应该记住的是，$k$ 代表了惯性波模 $\mathbf{u}_{mnk}$ 在径向的结点数：径向速度 $\hat{\mathbf{s}} \cdot \mathbf{u}_{mnk}$ 在 $0 < s < \Gamma$ 区间共有 $(k-1)$ 个零点。

将渐近展开代入方程 (18.4) 和 (18.5)，则圆柱内部零阶问题代表的无耗散热惯性波的控制方程为

$$\mathrm{i}2\sigma_{mnk}\mathbf{u}_{mnk}(s,\phi,z) + 2\hat{\mathbf{z}} \times \mathbf{u}_{mnk}(s,\phi,z) + \nabla p_{mnk}(s,\phi,z) = 0, \quad (18.13)$$
$$\nabla \cdot \mathbf{u}_{mnk} = 0, \quad (18.14)$$
$$\left(\nabla^2 - \frac{\mathrm{i}2\sigma_{mnk}Pr}{Ek}\right)\Theta_0(s,\phi,z) + \hat{\mathbf{z}} \cdot \mathbf{u}_{mnk}(s,\phi,z) = 0, \quad (18.15)$$

它可以与圆柱边界 $\mathcal{S}$ 上的无粘性条件

$$\hat{\mathbf{n}} \cdot \mathbf{u}_{mnk} = 0$$

和热条件

$$\Theta_0 = 0, \quad z = 0, 1 \text{ 和 } \frac{\partial \Theta_0}{\partial s} = 0, \quad s = \Gamma$$

一起进行求解。以下的渐近分析将取 $m \geqslant 1$ 和 $n = 1$，因为我们预计具有最简单垂直结构的方位行波是惯性对流最不稳定的模。当 $0 < Ek \ll 1$ 时，$m = 0$ 的轴对称解将在后面讨论。

当 $m \geqslant 1$，$n = 1$ 时，方程 (18.13) 和 (18.14) 的无粘性惯性波解 $\mathbf{u}_{mnk}$ 已由本书第二部分 (4.39)~(4.41) 式给出。对于给定的无粘性惯性波模 $\mathbf{u}_{mnk}$，被动温度 $\Theta_0(s,\phi,z)$，即方程 (18.15) 的解，可以通过贝塞尔函数 J_m 的展开来导出，展开式可写为

$$\Theta_0(s,\phi,z) = \sum_{j=1}^{\infty} \mathcal{C}_j J_m\left(\frac{\beta_{m1j}s}{\Gamma}\right)\sin(\pi z)\mathrm{e}^{\mathrm{i}m\phi},$$

其中 $\beta_{m1j}, j=1,2,3,\cdots$ 为方程

$$\frac{\mathrm{d}}{\mathrm{d}s}J_m\left(\frac{\beta_{m1j}s}{\Gamma}\right)=0,\quad s=\Gamma$$

的解,且有 $0<\beta_{m11}<\beta_{m12}<\beta_{m13}<\cdots$,它等价于以下方程:

$$mJ_m(\beta_{m1j})-\beta_{m1j}J_{m+1}(\beta_{m1j})=0.$$

由正交性条件

$$\int_0^\Gamma J_m\left(\frac{\beta_{m1j}s}{\Gamma}\right)J_m\left(\frac{\beta_{m1k}s}{\Gamma}\right)s\,\mathrm{d}s=\frac{\Gamma^2}{2}J_m^2(\beta_{m1j})\left(\frac{\beta_{m1j}^2-m^2}{\beta_{m1j}^2}\right)\delta_{jk}$$

和积分性质

$$\int_0^\Gamma J_m\left(\frac{\xi_{m1k}s}{\Gamma}\right)J_m\left(\frac{\beta_{m1j}s}{\Gamma}\right)s\,\mathrm{d}s=\frac{m\Gamma^2 J_m(\xi_{m1k})J_m(\beta_{m1j})}{\sigma_{m1k}(\xi_{m1k}^2-\beta_{m1j}^2)},$$

系数 $\mathcal{C}_j$ 可表达为

$$\mathcal{C}_j=\frac{-\mathrm{i}\pi m\beta_{m1j}^2 J_m(\xi_{m1j})}{\sigma_{m1k}^2(\beta_{m1j}^2-m^2)(\xi_{m1j}^2-\beta_{m1j}^2)[\pi^2+(\beta_{m1j}/\Gamma)^2+2\mathrm{i}\sigma_{m1j}Pr/Ek]J_m(\beta_{m1j})},$$

其中 ξ_{m1k} 与 σ_{m1k} 的关系为

$$\xi_{m1k}=(\pi\Gamma)\sqrt{\frac{1-\sigma_{m1k}^2}{\sigma_{m1k}^2}}.$$

于是,被动地由 $\mathbf{u}_{m1k}$ 所驱动的温度 Θ_0 可写为

$$\Theta_0(s,\phi,z)=\sum_{j=1}^\infty \frac{-\mathrm{i}\pi m\beta_{m1j}^2}{\sigma_{m1k}^2 J_m(\beta_{m1j})\left[\pi^2+(\beta_{m1j}/\Gamma)^2+2\mathrm{i}\sigma_{m1k}Pr/Ek\right]}$$
$$\times\left[\frac{J_m(\xi_{m1k})}{(\xi_{m1k}^2-\beta_{m1j}^2)(\beta_{m1j}^2-m^2)}\right]J_m\left(\frac{\beta_{m1j}s}{\Gamma}\right)\sin(\pi z)\mathrm{e}^{\mathrm{i}m\phi}.\quad(18.16)$$

在实际计算中,(18.16) 式的展开仅需一小部分便可确保合理的精度,例如,取公式的前三项就可使解的临界瑞利数精度保持在 3% 以内。

获得首阶解 $(\mathbf{u}_{m1k},p_{m1k},\sigma_{m1k},\Theta_0)$ 以后,我们考虑下一阶的问题,它由以下两个方程描述:

$$2\mathrm{i}\sigma_{m1k}(\widetilde{\mathbf{u}}+\widehat{\mathbf{u}})+2\hat{\mathbf{z}}\times(\widetilde{\mathbf{u}}+\widehat{\mathbf{u}})+\nabla(\widetilde{p}+\widehat{p})$$
$$=(\widetilde{Ra})_1\hat{\mathbf{z}}\Theta_0+Ek\nabla^2(\mathbf{u}_{m1k}+\widetilde{\mathbf{u}})-i2\sigma_1\mathbf{u}_{m1k},\quad(18.17)$$

$$\nabla\cdot(\widetilde{\mathbf{u}}+\widehat{\mathbf{u}})=0,\quad(18.18)$$

18.2 应力自由条件的对流

其中我们忽略了更高阶的项，比如 $Ek\nabla^2\hat{\mathbf{u}}$，因为 $|\mathbf{u}_{m1k}| \gg |\hat{\mathbf{u}}|$。但是边界层流 $\widetilde{\mathbf{u}}$ 必须保留，以使自由应力条件能得到满足。方程 (18.17) 和 (18.18) 有三个重要特点。首先，在这一阶上，热效应与无粘性惯性波耦合在一起，驱动了惯性对流并对抗着粘性耗散；其次，非齐次微分方程 (18.17) 需要有一个可解条件，其实部将可确定对流开端的临界惯性波模和临界瑞利数，而其虚部将可给出对无粘性惯性波半频的小修正 σ_1。最后，虽然粘性边界层 $\widetilde{\mathbf{u}}$ 在物理上是满足应力自由条件所需要的，但在数学上可以不推导其显示解，因此与后面将要讨论的无滑移情况相比，相应的渐近分析可以大大地简化。

惯性对流的渐近解包含三个要素。其一为惯性对流开始时瑞利数 $(\widetilde{Ra})_1$ 的渐近表达式。将 $\mathbf{u}_{m1k}$ 的复共轭记为 $\mathbf{u}_{m1k}^*$，它也满足 $\nabla \cdot \mathbf{u}_{m1k}^* = 0$。因为

$$\int_0^{2\pi}\int_0^1\int_0^\Gamma \mathbf{u}_{m1k}^* \cdot \nabla(\widetilde{p}+\widehat{p})\, s\,\mathrm{d}s\,\mathrm{d}z\,\mathrm{d}\phi = 0,$$

$$\int_0^{2\pi}\int_0^1\int_0^\Gamma \mathbf{u}_{m1k}^* \cdot [\mathrm{i}\,2\sigma_{m1k}(\widetilde{\mathbf{u}}+\widehat{\mathbf{u}}) + 2\hat{\mathbf{z}}\times(\widetilde{\mathbf{u}}+\widehat{\mathbf{u}})]\, s\,\mathrm{d}s\,\mathrm{d}z\,\mathrm{d}\phi = 0,$$

方程 (18.17) 和 (18.18) 的可解条件可以写成

$$0 = (\widetilde{Ra})_1 \int_0^{2\pi}\int_0^1\int_0^\Gamma (\hat{\mathbf{z}}\cdot\mathbf{u}_{m1k}^*\Theta_0)\, s\,\mathrm{d}s\,\mathrm{d}z\,\mathrm{d}\phi$$
$$+ Ek\int_0^{2\pi}\int_0^1\int_0^\Gamma \mathbf{u}_{m1k}^* \cdot \nabla^2(\mathbf{u}_{m1k}+\widetilde{\mathbf{u}})\, s\,\mathrm{d}s\,\mathrm{d}z\,\mathrm{d}\phi$$
$$- 2\mathrm{i}\,\sigma_1 \int_0^{2\pi}\int_0^1\int_0^\Gamma |\mathbf{u}_{m1k}|^2 s\,\mathrm{d}s\,\mathrm{d}z\,\mathrm{d}\phi.$$

需要注意：因 (4.39)~(4.41) 式给出的 $\mathbf{u}_{m1k}$ 自动满足 $z=0,1$ 处的应力自由条件 (18.7)，我们仅需考虑壁面 $s=\Gamma$ 处的应力自由条件。利用此条件，可证明

$$\int_0^{2\pi}\int_0^1\int_0^\Gamma \mathbf{u}_{m1k}^* \cdot \nabla^2(\mathbf{u}_{m1k}+\widetilde{\mathbf{u}})\, s\,\mathrm{d}s\,\mathrm{d}z\,\mathrm{d}\phi$$
$$= 2\int_0^{2\pi}\int_0^1 |\hat{\boldsymbol{\phi}}\cdot\mathbf{u}_{m1k}|^2_{s=\Gamma}\,\mathrm{d}z\,\mathrm{d}\phi - \frac{\pi^2}{\sigma_{m1k}^2}\int_0^{2\pi}\int_0^1\int_0^\Gamma |\mathbf{u}_{m1k}|^2 s\,\mathrm{d}s\,\mathrm{d}z\,\mathrm{d}\phi.$$

然后可解条件就变成了

$$0 = (\widetilde{Ra})_1 \int_0^{2\pi}\int_0^1\int_0^\Gamma (\hat{\mathbf{z}}\cdot\mathbf{u}_{m1k}^*\Theta_0)\, s\,\mathrm{d}s\,\mathrm{d}z\,\mathrm{d}\phi$$
$$+ 2Ek\int_0^{2\pi}\int_0^1 |\hat{\boldsymbol{\phi}}\cdot\mathbf{u}_{m1k}|^2_{s=\Gamma}\,\mathrm{d}z\,\mathrm{d}\phi - \frac{\pi^2 Ek}{\sigma_{m1k}^2}\int_0^{2\pi}\int_0^1\int_0^\Gamma |\mathbf{u}_{m1k}|^2 s\,\mathrm{d}s\,\mathrm{d}z\,\mathrm{d}\phi$$
$$- 2\mathrm{i}\,\sigma_1 \int_0^{2\pi}\int_0^1\int_0^\Gamma |\mathbf{u}_{m1k}|^2 s\,\mathrm{d}s\,\mathrm{d}z\,\mathrm{d}\phi. \tag{18.19}$$

由其实部可得对流发端时的瑞利数 $(\widetilde{Ra})_1$ 的表达式：

$$\frac{(\widetilde{Ra})_1}{Ek} = \frac{\frac{\pi^2}{\sigma_{m1k}^2}\int_0^{2\pi}\int_0^1\int_0^\Gamma |\mathbf{u}_{m1k}|^2 s\,ds\,dz\,d\phi - 2\int_0^{2\pi}\int_0^1 |\hat{\boldsymbol{\phi}}\cdot\mathbf{u}_{m1k}|^2_{s=\Gamma}\,dz\,d\phi}{\text{Real}\left[\int_0^{2\pi}\int_0^1\int_0^\Gamma (\hat{\mathbf{z}}\cdot\mathbf{u}_{m1k}^*\Theta_0)s\,ds\,dz\,d\phi\right]}.$$

上面的每个积分都可用 (18.16) 式和 (4.39)~(4.41) 式推出，即

$$\int_0^{2\pi}\int_0^1\int_0^\Gamma |\mathbf{u}_{m1k}|^2 s\,ds\,dz\,d\phi = \pi\left[\frac{(\pi\Gamma)^2 + m(m-\sigma_{m1k})}{4\sigma_{m1k}^2(1-\sigma_{m1k}^2)}\right]J_m^2(\xi_{m1k});$$

$$2\int_0^{2\pi}\int_0^1 |\hat{\boldsymbol{\phi}}\cdot\mathbf{u}_{m1k}|^2_{s=\Gamma}\,dz\,d\phi = \frac{\pi m^2 J_m^2(\xi_{m1k})}{2\Gamma^2\sigma_{m1k}^2};$$

$$\text{Real}\left[\int_0^{2\pi}\int_0^1\int_0^\Gamma (\hat{\mathbf{z}}\cdot\mathbf{u}_{m1k}^*\Theta_0)s\,ds\,dz\,d\phi\right]$$
$$= \frac{\pi^3(m\Gamma)^2 J_m^2(\xi_{m1k})}{2\sigma_{m1k}^4}$$
$$\times \sum_{j=1}^\infty \frac{\beta_{m1j}^2[\pi^2 + (\beta_{m1j}/\Gamma)^2]}{\{[\pi^2 + (\beta_{m1j}/\Gamma)^2]^2 + (2\sigma_{m1k}Pr/Ek)^2\}(\xi_{m1k}^2 - \beta_{m1j}^2)(\beta_{m1j}^2 - m^2)}.$$

注意 σ_{m1k} 和 ξ_{m1k} 分别为无粘性惯性模 $\mathbf{u}_{m1k}$ 的半频和径向波数，表 18.1 列出了一些惯性波模的临界参数例子。利用以上积分，则惯性对流开始时瑞利数的渐近表达式就变为

$$\frac{(\widetilde{Ra})_1}{Ek} = \frac{\sigma_{m1k}^2}{(m\Gamma)^2}\left\{\left[\frac{(\pi\Gamma)^2 + m(m-\sigma_{m1k})}{2\sigma_{m1k}^2(1-\sigma_{m1k}^2)}\right] - \frac{m^2}{(\pi\Gamma)^2}\right\}$$
$$\times \left\{\sum_{j=1}^\infty \frac{\beta_{m1j}^2[\pi^2 + (\beta_{m1j}/\Gamma)^2]}{\{[\pi^2 + (\beta_{m1j}/\Gamma)^2]^2 + \left(\frac{2\sigma_{m1k}Pr}{Ek}\right)^2\}(\xi_{m1k}^2 - \beta_{m1j}^2)(\beta_{m1j}^2 - m^2)}\right\}^{-1}.$$

(18.20)

我们仅对最小的 $(\widetilde{Ra})_1$ 感兴趣，因为它代表了发生对流不稳定性的临界瑞利数 $(\widetilde{Ra})_c$。确定惯性对流最不稳定模的过程与普通旋转对流的过程大不一样，比如 Rayleigh-Bénard 问题。在当前问题中，找到一个特定的波数从而使瑞利数达到最小并不困难，问题是我们如何确定流体运动的三维结构，也就是说，这个过程不仅要确定临界瑞利数 $(\widetilde{Ra})_c$，而且要确定临界惯性模 $\mathbf{u}_{m_c1k_c}$，其临界方位波数、垂直波数和径向波数分别为 $m = m_c$、$n_c = 1$ 和 $k = k_c$。

18.2 应力自由条件的对流

表 18.1 当 $Ek = 10^{-4}, \Gamma = 1$ 时，不同普朗特数情况下，旋转圆柱惯性对流的临界参数。边界条件由公式 (18.7) 和 (18.8) 描述。渐近解以下标 "$asym$" 表示，由公式 (18.20) 和 (18.21) 计算，为易于比较，列出了相应的纯数值解，以下标 "num" 表示

Pr	k_c	m_c	$[(\widetilde{Ra})_c, \sigma_c]_{asym}$	$[(\widetilde{Ra})_c, \sigma_c]_{num}$	$[\sigma_{m_c 1 k_c}, \xi_{m_c 1 k_c}]$
0	1	1	(0.103, 0.781)	(0.102, 0.781)	(0.7808, 2.514)
0.0025	1	3	(0.503, 0.490)	(0.502, 0.490)	(0.4921, 5.558)
0.005	1	4	(1.110, 0.411)	(1.110, 0.411)	(0.4137, 6.916)
0.01	2	2	(2.459, 0.387)	(2.442, 0.387)	(0.3914, 7.386)
0.025	3	2	(7.694, 0.276)	(7.634, 0.276)	(0.2843, 10.593)
0.05	4	1	(18.90, 0.239)	(18.33, 0.239)	(0.2527, 12.030)
0.1	5	1	(46.66, 0.181)	(44.25, 0.182)	(0.2026, 15.182)

在确定了临界瑞利数 $(\widetilde{Ra})_c$ 和临界惯性模 $\mathbf{u}_{m_c 1 k_c}$ 之后，可利用可解条件 (18.19) 的虚部来计算临界半频 σ_c，即惯性对流渐近解的第二个要素，结果为

$$2\sigma_c = 2\sigma_{m_c 1 k_c} + \left(\frac{\text{Imag}\left[\int_0^{2\pi} \int_0^1 \int_0^{\Gamma} (\hat{\mathbf{z}} \cdot \mathbf{u}^*_{m_c 1 k_c} \Theta_0) s\,ds\,dz\,d\phi \right]}{\int_0^{2\pi} \int_0^1 \int_0^{\Gamma} |\mathbf{u}_{m_c 1 k_c}|^2 s\,ds\,dz\,d\phi} \right) (\widetilde{Ra})_c.$$

注意到

$$\text{Imag}\left[\int_0^{2\pi} \int_0^1 \int_0^{\Gamma} (\hat{\mathbf{z}} \cdot \mathbf{u}^*_{m1k} \Theta_0) s\,ds\,dz\,d\phi \right] = \frac{-\pi^3 (m\Gamma)^2 J_m^2(\xi_{m1k})}{\sigma_{m1k}^3}$$
$$\times \sum_{j=1}^{\infty} \frac{\beta_{m1j}^2 (Pr/Ek)}{\{[\pi^2 + (\beta_{m1j}/\Gamma)^2]^2 + (2\sigma_{m1k} Pr/Ek)^2\}(\xi_{m1k}^2 - \beta_{m1j}^2)(\beta_{m1j}^2 - m^2)},$$

则 σ_c 的渐近表达式可写为

$$\sigma_c = \sigma_{m_c 1 k_c} - \sigma_{m_c 1 k_c} \left[\frac{4\pi^2 (m_c \Gamma)^2 (1 - \sigma_{m_c 1 k_c}^2)(\widetilde{Ra})_c Pr/Ek}{\sigma_{m_c 1 k_c}^2 [(\pi\Gamma)^2 + m_c(m_c - \sigma_{m_c 1 k_c})]} \right]$$
$$\times \sum_{j=1}^{\infty} \frac{\beta_{m_c 1 j}^2}{\left\{ \left[\pi^2 + \left(\frac{\beta_{m_c 1 j}}{\Gamma} \right)^2 \right]^2 + \left(\frac{2\sigma_{m_c 1 k_c} Pr}{Ek} \right)^2 \right\} (\xi_{m_c 1 k_c}^2 - \beta_{m_c 1 j}^2)(\beta_{m_c 1 j}^2 - m_c^2)}.$$

(18.21)

显然当 $Pr = O(1)$ 时，渐近式 (18.20) 就会变得无效，因为惯性对流在物理上已不再是对流的主要模式。针对不同的 Pr，将公式 (18.20) 和 (18.21) 计算的几个分析解列于表 18.1 中，其与数值解的比较将在后面讨论。

渐近解的第三个要素是惯性对流的首阶速度 **u**, 由下式给出:

$$\hat{\mathbf{s}} \cdot \mathbf{u} = \left[\frac{\sigma_{m_c 1 k_c} \xi_{m_c 1 k_c}}{\Gamma} J_{m_c-1}\left(\frac{\xi_{m_c 1 k_c} s}{\Gamma}\right) + \frac{m_c(1-\sigma_{m_c 1 k_c})}{s} J_{m_c}\left(\frac{\xi_{m_c 1 k_c} s}{\Gamma}\right) \right]$$
$$\times \left[\frac{-\mathrm{i}}{2(1-\sigma_{m_c 1 k_c}^2)} \right] \cos(\pi z)\, \mathrm{e}^{\mathrm{i}(m_c \phi + 2\sigma_c t)}, \tag{18.22}$$

$$\hat{\boldsymbol{\phi}} \cdot \mathbf{u} = \left[\frac{\xi_{m_c 1 k_c}}{\Gamma} J_{m_c-1}\left(\frac{\xi_{m_c 1 k_c} s}{\Gamma}\right) - \frac{m_c(1-\sigma_{m_c 1 k_c})}{s} J_{m_c}\left(\frac{\xi_{m_c 1 k_c} s}{\Gamma}\right) \right]$$
$$\times \left[\frac{1}{2(1-\sigma_{m_c 1 k_c}^2)} \right] \cos(\pi z)\, \mathrm{e}^{\mathrm{i}(m_c \phi + 2\sigma_c t)}, \tag{18.23}$$

$$\hat{\mathbf{z}} \cdot \mathbf{u} = \frac{-\mathrm{i}\pi}{2\sigma_{m_c 1 k_c}} \left[J_{m_c}\left(\frac{\xi_{m_c 1 k_c} s}{\Gamma}\right) \right] \sin(\pi z)\, \mathrm{e}^{\mathrm{i}(m_c \phi + 2\sigma_c t)}, \tag{18.24}$$

针对不同的惯性模, 求 (18.20) 式的最小值, 可以给出上式中的 m_c 和 k_c 以及 $\xi_{m_c 1 k_c}$ 和 $\sigma_{m_c 1 k_c}$。图 18.2 显示了当 $\Gamma = 1$ 和 $Ek = 10^{-4}$ 时, $Pr = 0.005$ 和 $Pr = 0.05$ 的两个渐近解, 由公式 (18.16) 和 (18.24) 计算。

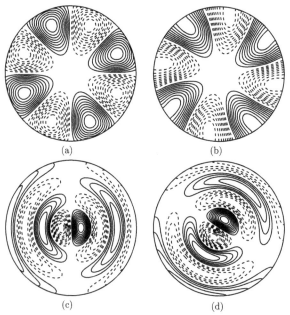

图 18.2 当 $\Gamma = 1$ 和 $Ek = 10^{-4}$ 时, 水平面 $z = 1/2$ 上的惯性对流渐近解结构。(a), (b) $\hat{\mathbf{z}} \cdot \mathbf{u}$ 和 Θ_0 等值线, $Pr = 0.005, m_c = 4, k_c = 1, \widetilde{Ra}_c = 1.110, \sigma_c = 0.411$; (c), (d) $\hat{\mathbf{z}} \cdot \mathbf{u}$ 和 Θ_0 等值线, $Pr = 0.05, m_c = 1, k_c = 4, \widetilde{Ra}_c = 18.90, \sigma_c = 0.239$。边界条件为 (18.7) 和 (18.8) 式

对于具有任意横纵比 Γ、边界应力自由、上下端面等温、壁面绝热的快速旋转圆柱, 公式 (18.16)、(18.20) 和 (18.21), 以及 (18.22)~(18.24) 构成了完整的惯性对

流渐近解，代表了小 Pr 情况下最不稳定的旋转对流模。

18.2.2 粘性对流的渐近解

由公式 (18.20)~(18.24) 给出的渐近解在数学上的有效范围是怎样的？这是一个令人好奇且重要的问题。不过答案被复杂的公式 (18.20) 给部分掩盖了，因为它不只包含了一个展开参数。很明显，渐近解的有效性必须满足两个条件：首先，艾克曼数 Ek 必须足够小，即 $0 < Ek \ll 1$，并且对无粘性半频 σ_{m1k} 的修正也必须足够小，即 $|\sigma_1/\sigma_{m1k}| \ll 1$。其次，如 (18.21) 式所表明的，$Pr$ 必须远远小于 1，即 $0 \leqslant Pr \ll 1$。但是，数学上的有效范围在物理上并不重要，因为在快速旋转圆柱中存在两种不同类型的对流模式：其一为惯性对流，对于较小的 Pr，这种模式在物理上是优选的；其二为粘性对流，它是 Pr 为中等大小或较大时的物理优选模式。当 Pr 位于中等大小区间时，惯性对流模式其实就与物理上实际的对流无关了，即使惯性对流渐近解在数学上仍然是有效的——从它能给方程提供令人满意的近似解的意义上来说。

如公式 (18.20) 所示，发动惯性对流所需的瑞利数 $(\widetilde{Ra})_c$ 将随着 Pr 的增大而快速增长，它将导致壁面局部化的粘性对流在 Pr 达到足够大时成为物理上的优选模式。需要注意的是，在壁面局部化对流渐近解的推导中，圆柱的几何形状并没有起到重要的作用，这是因为在快速旋转圆柱中，对流解是高度局限于壁面附近的，其径向尺度为 $O(Ek)^{1/3}$，这表明

$$\frac{\partial \Theta}{\partial s} = O\left[\left(\frac{1}{Ek}\right)^{1/3}\right] \text{ 和 } \frac{\partial^2 \Theta}{\partial s^2} = O\left[\left(\frac{1}{Ek}\right)^{2/3}\right], \quad 0 < Ek \ll 1;$$

因此有 $|\partial \Theta/\partial s| \ll |\partial^2 \Theta/\partial s^2|$。令 $\widetilde{x} = \Gamma \phi$，$\widetilde{y} = (\Gamma - s)$ 和 $\widetilde{z} = z$，于是可得

$$\frac{1}{s}\frac{\partial \Theta}{\partial s} + \frac{\partial^2 \Theta}{\partial s^2} + \frac{1}{s^2}\frac{\partial^2 \Theta}{\partial \phi^2} + \frac{\partial^2 \Theta}{\partial z^2} \approx \frac{\partial^2 \Theta}{\partial \widetilde{y}^2} + \frac{\partial^2 \Theta}{\partial \widetilde{x}^2} + \frac{\partial^2 \Theta}{\partial \widetilde{z}^2}, \quad 0 < Ek \ll 1,$$

在首阶近似上，它与以前讨论的旋转管道情况是一致的。在粘性对流情况下，与小尺度壁面局部化对流相关的较大粘性力打破了旋转约束。

圆柱的曲率不重要意味着临界方位波数 m_c、临界瑞利数 $(\widetilde{Ra})_c$ 和临界半频 σ_c 可以通过重新尺度化 (17.70)~(17.72) 式来导出，如此得到如下渐近表达式：

$$m_c = \Gamma \left[(2+\sqrt{3})^{1/2}\pi + 13.88(Ek)^{1/3}\right], \quad (18.25)$$

$$(\widetilde{Ra})_c = 2\pi^2 \left[\frac{6(9+5\sqrt{3})}{5+3\sqrt{3}}\right]^{1/2} - 36.91(Ek)^{1/3}, \quad (18.26)$$

$$\sigma_c = \left[\frac{\pi^2(2+\sqrt{3})^{1/2}(3+\sqrt{3})}{(1+\sqrt{3})Pr}\right]Ek + \frac{145.2(Ek)^{4/3}}{Pr}, \quad (18.27)$$

以上三式为快速旋转圆柱中的壁面局部化粘性对流公式,圆柱的横纵比 Γ 是任意的,边界上应力自由,上下端面等温,壁面为绝热条件。

粘性对流模式的渐近解 (18.25)~(18.27) 描述了一个在方位方向缓慢移动的行波,它局限于应力自由的壁面附近,快速旋转圆柱的横纵比 Γ 可以是任意的。应该指出,Herrmann 和 Busse(1993) 获得的渐近公式仅考虑了首阶解,即 (18.25)~(18.27) 式等号右边的第一项,它既不满足应力自由边界条件,也不满足无滑移边界条件。渐近公式 (18.25)~(18.27) 表明,当 Pr 变为中等大小时,粘性对流将是物理上的对流优选模式,其特征是半频较低,即当 $Pr = O(1)$ 时,$\sigma_c = O(Ek)$,并且临界波数 m_c 和临界瑞利数 $(\widetilde{Ra})_c$ 几乎与 Pr 无关。惯性对流则与之相反,其渐近解的标志是具有高频 σ_c,且临界参数 $(\widetilde{Ra})_c$、m_c 和 k_c 强烈依赖于 Pr。因此,旋转圆柱中两种不同类型的对流模式——惯性或粘性——可以通过这种显著的特征容易地区分开来。

当 Pr 增大时,原则上,从惯性对流模式向粘性对流模式的转换可以通过惯性对流公式 (18.20) 和粘性对流公式 (18.26) 的方程来确定,即

$$[(\widetilde{Ra})_c](\widehat{Pr}, Ek, \Gamma)_{方程(18.20)} = [(\widetilde{Ra})_c](\widehat{Pr}, Ek, \Gamma)_{方程(18.26)}.$$

对于任何给定的 Ek 和 Γ,以上方程的解将会给出一个 Pr 的特殊值,将其标记为 $\widehat{Pr}$,在这个值上将会发生对流模式的转换,即在 $0 \leqslant Pr < \widehat{Pr}$ 范围内,惯性对流在物理上是优选的,而当 $\widehat{Pr} < Pr < \infty$ 时,发生的是粘性对流。图 18.3 显示了当 $\Gamma = 1$ 和 $Ek = 10^{-4}$ 时,圆柱中临界瑞利数 $\widetilde{Ra}_c$ 对 Pr 的依赖性,由解析表达式

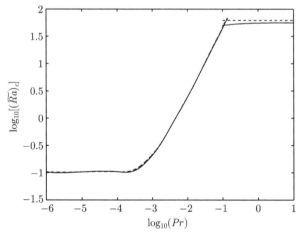

图 18.3 对于 $\Gamma = 1$ 的旋转圆柱,当 $Ek = 10^{-4}$ 时,临界瑞利数 $\widetilde{Ra}_c$ 随 $\log_{10}(Pr)$ 的变化情况。实线表示纯数值解,虚线为 (18.20) 和 (18.26) 计算的渐近解。圆柱壁面为应力自由和绝热条件

18.2 应力自由条件的对流

(18.20) 和 (18.26) 以及数值分析计算而来。在这个特殊的参数下，惯性对流向壁面局部化粘性对流的转换发生在 $\widehat{Pr} \approx 0.1$ 时。

18.2.3 Chebyshev-tau 方法的数值解

我们预料在快速旋转圆柱中，无论是惯性对流或是粘性对流，其最不稳定模的解是非轴对称的，即 $m \neq 0$，那么圆柱中满足不可压缩条件 (18.2) 的非轴对称速度 $\mathbf{u}$ 可以写成两个标量势函数 Ψ 和 Φ 的形式：

$$\begin{aligned}\mathbf{u}(s,\phi,z,t) &= \{\nabla \times [\hat{\mathbf{z}}\Psi(s,\phi,z)] + \nabla \times [\hat{\mathbf{s}}\Psi(s,\phi,z)]\} e^{i 2\sigma t} \\ &= \left[\frac{1}{s}\frac{\partial \Psi}{\partial \phi}\hat{\mathbf{s}} + \left(\frac{\partial \Phi}{\partial z} - \frac{\partial \Psi}{\partial s}\right)\hat{\boldsymbol{\phi}} - \frac{1}{s}\frac{\partial \Phi}{\partial \phi}\hat{\mathbf{z}}\right] e^{i 2\sigma t}.\end{aligned} \quad (18.28)$$

圆柱边界面上的速度边界条件按照 Ψ 和 Φ 是解耦的。壁面的应力自由条件变成

$$\Psi = \frac{\partial}{\partial s}\left(\frac{1}{s}\frac{\partial \Psi}{\partial s}\right) = \frac{\partial}{\partial s}\left(\frac{\Phi}{s}\right) = 0, \quad s = \Gamma,$$

而上下端面的应力自由条件可写成

$$\Phi = \frac{\partial \Psi}{\partial z} = \frac{\partial^2 \Phi}{\partial z^2} = 0, \quad z = 0, 1.$$

利用 (18.28) 式，对方程 (18.4) 作 $\hat{\mathbf{z}} \cdot \nabla \times$ 和 $\hat{\mathbf{s}} \cdot \nabla \times$ 运算，可以推出旋转圆柱中对流开端的三个标量控制方程：

$$(i 2\sigma - Ek \nabla^2)\left[\frac{1}{s}\frac{\partial}{\partial s}\left(s\frac{\partial \Phi}{\partial z}\right) - \left(\nabla^2 - \frac{\partial^2}{\partial z^2}\right)\Psi\right] + \frac{2}{s}\frac{\partial^2 \Phi}{\partial z \partial \phi} = 0, \quad (18.29)$$

$$\left[i 2\sigma - Ek\left(\nabla^2 + \frac{2}{s}\frac{\partial}{\partial s} + \frac{1}{s^2}\right)\right]\left[\frac{\partial^2 \Psi}{\partial s \partial z} - \left(\nabla^2 - \frac{1}{s}\frac{\partial}{\partial s}s\frac{\partial}{\partial s}\right)\Phi\right]$$

$$-\frac{2}{s}\frac{\partial^2 \Psi}{\partial z \partial \phi} - \frac{2Ek}{s}\left[\frac{1}{s}\frac{\partial}{\partial s}\left(s\frac{\partial^2 \Phi}{\partial z^2}\right) - \left(\nabla^2 - \frac{\partial^2}{\partial z^2}\right)\frac{\partial \Psi}{\partial z}\right] - \frac{\widetilde{Ra}}{s}\frac{\partial \Theta}{\partial \phi} = 0, \quad (18.30)$$

$$\left(\nabla^2 - \frac{i 2\sigma Pr}{Ek}\right)\Theta - \frac{1}{s}\frac{\partial \Phi}{\partial \phi} = 0. \quad (18.31)$$

注意，在数值分析中，必须小心由柱坐标系带来的旋转轴处 ($s = 0$) 的奇异性。

于是，对于由方程 (18.29)~(18.31) 和应力自由速度边界条件，以及上下端面等温、壁面绝热的温度边界条件所定义的问题，可以采用 Chebyshev-tau 方法来求解。这种方法是将势场函数 Φ 和 Ψ，以及温度扰动 Θ 展开为标准的切比雪夫函数 T_j，即

$$\Psi(s, z, \phi) = s^m \left[\sum_{j=0}^{N+2} \widehat{\Psi}_j T_j\left(\frac{2s}{\Gamma} - 1\right)\right] \cos(n\pi z) e^{i m\phi},$$

$$\Phi(s,z,\phi) = s^{(m+1)} \left[\sum_{j=0}^{N+1} \widehat{\Phi}_j T_j \left(\frac{2s}{\Gamma} - 1 \right) \right] \sin(n\pi z) e^{i m\phi},$$

$$\Theta(s,z,\phi) = s^m \left[\sum_{j=0}^{N+1} \widehat{\Theta}_j T_j \left(\frac{2s}{\Gamma} - 1 \right) \right] \sin(n\pi z) e^{i m\phi},$$

式中 $\widehat{\Psi}_j$, $\widehat{\Phi}_j$ 和 $\widehat{\Theta}_j$ 是待求的复系数,参数 s^m 和 $s^{(m+1)}$ 的引入是为了展开式在旋转轴 $s=0$ 处一直保持非奇异性。应该注意,由于应力自由条件,$\sin(n\pi z)$ 和 $\cos(n\pi z)$ 中的 n 在线性问题中是可分离的,故上述展开式可将偏微分方程(18.29)~(18.31)转换为关于 s 的一个常微分方程组。在数值分析中,无论是对惯性对流还是粘性对流模式,我们仍然取 $n=1$ 这个最简单的垂直结构,因为它对应着旋转对流最不稳定的模。

展开式在 $z=0,1$ 处自动满足应力自由条件,要满足 $s=\Gamma$ 处的应力自由条件,必须强制以下关系成立:

$$\sum_{j=0}^{N+2} \widehat{\Psi}_j = 0,$$

$$\sum_{j=0}^{N+1} \left(m + 2j^2\right) \widehat{\Phi}_j = 0,$$

$$\sum_{j=0}^{N+2} \left[m(m-2) + 2(2m-1)j^2 + \frac{4j^2}{3}(j^2-1) \right] \widehat{\Psi}_j = 0,$$

这些关系即是 Chebyshev-tau 方法的核心。壁面的绝热条件可用类似的方法加以强制,即

$$\sum_{j=0}^{N+1} (m + 2j^2) \widehat{\Theta}_j = 0.$$

当 $Ek \geqslant O(10^{-5})$ 时,取 $N = O(100)$ 即可使数值解达到 1% 以内的精度。最后,系数 $\widehat{\Psi}_j$, $\widehat{\Phi}_j$ 和 $\widehat{\Theta}_j$,以及临界方位波数 m_c,临界瑞利数 $(\widetilde{Ra})_c$ 和临界半频 σ_c 可以用迭代法求得。

在渐近分析与数值方法中,我们需要强调三个显著的不同点:① 无论是惯性对流还是粘性对流,渐近解的适用范围仅为 $0 < Ek \ll 1$,而数值解没有这种限制;② 渐近解 (18.20) 和 (18.26) 分别只对惯性对流和粘性对流有效,但本节所述的数值方法在惯性对流和粘性对流中均可应用;③ 在渐近解 (18.20) 中,可以确定一个明确的径向波数 k_c,但惯性对流的数值解不存在临界的径向波数。

18.2.4 分析解与数值解的比较

当 $Ek = 10^{-4}$ 和 $\Gamma = 1$ 时,我们得到了惯性对流在不同普朗特数下的渐近解和数值解,它们列于表 18.1 中。有两个显著特点需要强调,首先,当 $Pr \leqslant O(0.1)$ 时,表 18.1 给出的渐近解 (也参见图 18.3) 与纯数值解定量符合得很好。例如,当 $Ek = 10^{-4}, Pr = 0.005$ 时,渐近解给出了 $m_c = 4, \widetilde{Ra}_c = 1.1101, \sigma_c = 0.4108$ 的结果,而数值解的结果是 $m_c = 4, \widetilde{Ra}_c = 1.1099, \sigma_c = 0.4108$。不仅临界参数相近,数值解的结构与相应的渐近解也几乎完全相同,图 18.2 显示的渐近解结构与图 18.4 显示的相应数值解看不出明显的差异。其次,旋转圆柱惯性对流的一个显著特点是,临界方位波数 m_c 一般并不随 Pr 的增大而增大,这是因为方位结构 (m_c) 与径向结构 (k_c) 可通过不同组合来达到惯性对流最易形成的条件。在旋转圆柱中,对于小 Pr 情况下那些极度复杂和令人费解的数值行为 (Goldstein et al., 1993, 1994),可以在三维热惯性波的框架内获得清晰的理解,不同 m_c 和 k_c 组合的热惯性波由 (18.22)~(18.24) 式所描述。也就是说,旋转圆柱中惯性对流复杂的图案选择虽然在数值上难以理解,但在分析上却是简单明了的。这种选择清晰地展现于图 18.2 中:当 $Pr = 0.005$ 时,

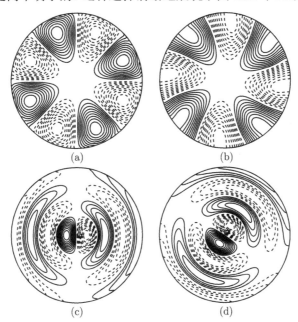

图 18.4 当 $\Gamma = 1$ 和 $E = 10^{-4}$ 时,惯性对流数值解在水平面 $z = 1/2$ 上的结构: (a) $\hat{\mathbf{z}} \cdot \mathbf{u}$ 和 (b) Θ_0 等值线,参数为 $Pr = 0.005, m_c = 4, \widetilde{Ra}_c = 1.110, \sigma_c = 0.411$; (c) $\hat{\mathbf{z}} \cdot \mathbf{u}$ 和 (d) Θ_0 等值线,参数为 $Pr = 0.05, m_c = 1, \widetilde{Ra}_c = 18.33, \sigma_c = 0.239$。速度边界条件为在所有边界上应力自由,温度边界条件为上下端面理想导体,壁面绝热,见 (18.7) 和 (18.8) 式。本图的数值解可与图 18.2 进行比较,它们具有完全相同的参数

对流从多个惯性模中选择了 $m_c = 4$ 和 $k_c = 1$ 的模,而当 $Pr = 0.05$ 时,对流在物理上更青睐 $m_c = 1$ 和 $k_c = 4$ 的模。在小 Ek 情况下,临界波数 m_c 对 Pr 这种不正常的依赖性是快速旋转圆柱惯性对流的一个标志。如果没有渐近解 (18.20)~(18.24) 的协助,仅用数值方法来确定惯性对流的相干结构将是困难的。

对于给定的小 Ek,正如图 18.3 ($Ek = 10^{-4}$) 所示的那样,快速旋转圆柱中的对流存在三个不同的 Pr 域。当 $0 \leqslant Pr < 10^{-4}$ 时,临界瑞利数较小且几乎不依赖于 Pr,其大小为 $\widetilde{Ra}_c = O(Ek)$,温度 Θ 也几乎与垂直速度 $\hat{\mathbf{z}} \cdot \mathbf{u}$ 具有相同的相位 (例如,图 18.2 中的 (a) 和 (b)),它代表了一种高效的惯性对流形式。当 $Ek = 10^{-4}$ 时,在区间 $10^{-4} < Pr < 10^{-1}$ 内,临界瑞利数 $\widetilde{Ra}_c$ 随着 Pr 的增长而增长,温度 Θ 与垂直速度 $\hat{\mathbf{z}} \cdot \mathbf{u}$ 存在较大的相位差 (如图 18.2 的 (c) 和 (d))。当 $O(0.1) < Pr < \infty$ 时,渐近解 (18.20) 将失去物理意义,而由渐近律 (18.25)~(18.27) 给出的壁面局部化粘性对流将变成物理上的优选解。对于 $Ek = 10^{-4}$ 和 $\Gamma = 1$ 的情况,当 $Pr = 7.0$ 时,图 18.5 显示了一个典型的粘性对流,其参数为 $m_c = 6, \widetilde{Ra}_c = 55.91$ 和 $\sigma_c = 0.00041$。对于这个适度小的 Ek,渐近公式 (18.26) 略微高估了粘性对流临界瑞利数 $\widetilde{Ra}_c$ 的大小,见图 18.3。

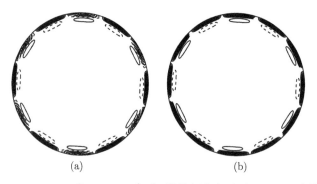

图 18.5 当 $\Gamma = 1$, $Pr = 7.0$ 和 $E = 10^{-4}$ 时,数值解在水平面 $z = 1/2$ 上的结构:(a) $\hat{\mathbf{z}} \cdot \mathbf{u}$ 和 (b) Θ_0 等值线。速度边界条件为在所有边界上应力自由,温度边界条件为上下端面等温,壁面绝热,见 (18.7) 和 (18.8) 式

18.3 无滑移条件的对流

18.3.1 惯性对流的渐近解

因惯性对流由热浮力驱动并对抗着粘滞耗散,而粘滞耗散主要发生于粘性边界层内,因此从物理和数学上来说,速度边界条件的类型在决定惯性对流的关键特征中扮演着重要的角色。本节考虑快速旋转圆柱中无滑移边界的惯性对流问题,其

18.3 无滑移条件的对流

温度边界条件为上下两端面等温而壁面绝热,由 (18.9) 和 (18.10) 式描述。相比应力自由条件,无滑移条件更适合描述实验室实验。无滑移边界 $\mathcal{S}$ 的粘性边界层不仅导致了流向其内部的较强质量流,而且也给渐近解带来了一个重要的新项,增加了数学分析的难度。实验室边界条件 (无滑移) 的渐近解可以提供一个理论框架来指导问题的实验室研究。即使无滑移条件使数学问题变得复杂得多,但我们依然可以利用惯性对流的性质来导出一些相对简单的公式,对于任意的普朗特数 Pr 和横纵比 Γ,它们可正确地描述惯性对流的关键特征,并且与 $0 < Ek \ll 1$ 条件下的纯数值解取得了满意的符合。

为了导出 $0 < Ek \ll 1$ 条件下无滑移边界条件 (18.9) 和 (18.10) 的渐近解,类似应力自由条件情况,我们从以下的展开式开始推导过程:

$$\mathbf{u}(s,\phi,z,t) = [\hat{\mathbf{u}} + \tilde{\mathbf{u}} + \mathbf{u}_{m1k}(s,\phi,z)]\,\mathrm{e}^{\mathrm{i}\omega t},$$
$$p(s,\phi,z,t) = [\hat{p} + \tilde{p} + p_{m1k}(s,\phi,z)]\,\mathrm{e}^{\mathrm{i}\omega t},$$

其中 $\mathbf{u}_{m1k}(s,\phi,z)$ 还是由 (4.39)~(4.41) 给出,且 $n=1$。虽然这个渐近展开与应力自由条件类似,对它的解释和相关的数学处理却是截然不同的。$\hat{\mathbf{u}}$ 和 $\hat{p}$ 仍然表示相对于首阶解 $\mathbf{u}_{m1k}$ 和 p_{m1k} 的内部小扰动,$\tilde{\mathbf{u}}$ 表示粘性边界流,它仅在边界面 $\mathcal{S}$ 附近不为零,并且更重要的是,$|\tilde{\mathbf{u}}| = O(|\mathbf{u}_{mnk}|)$。此外,次级内部流 $\hat{\mathbf{u}}$ 是由首阶流 $\mathbf{u}_{mnk}$ 的粘性效应和边界层流 $\tilde{\mathbf{u}}$ 向内的流入二者共同驱动的——在分析中,这个向内的质量流入为次级内部流 $\hat{\mathbf{u}}$ 提供了渐近匹配条件。注意 $\sqrt{Ek}$ 并未用作展开参数,因为从振荡粘性边界层流出的质量流一般不是 $\sqrt{Ek}$ 量级的 (Zhang and Liao, 2008)。

将渐近展开代入方程 (18.4)~(18.6) 中,可得无耗散热惯性波首阶问题的控制方程 (18.13)~(18.15),与应力自由条件的情况是一样的。在下一阶,次级内部流 $\hat{\mathbf{u}}$ 的控制方程为

$$2\mathrm{i}\sigma_{m1k}\hat{\mathbf{u}} + \hat{\mathbf{z}} \times \hat{\mathbf{u}} + \nabla\hat{p} = (\widetilde{Ra})_1 \hat{\mathbf{z}}\Theta_0 + Ek\nabla^2 \mathbf{u}_{m1k} - \mathrm{i}2\sigma_1\mathbf{u}_{m1k}, \quad (18.32)$$
$$\nabla \cdot \hat{\mathbf{u}} = 0, \quad (18.33)$$

其中,一些高阶项被忽略了,比如 $Ek\nabla^2\hat{\mathbf{u}}$。在无滑移条件的渐近分析中,与应力自由条件不同,边界层流 $\tilde{\mathbf{u}}$ 必须单独处理,次级内部流 $\hat{\mathbf{u}}$ 同边界层流 $\tilde{\mathbf{u}}$ 将以下面的边界条件相联系:

$$\hat{\mathbf{n}} \cdot \hat{\mathbf{u}} = \hat{\mathbf{n}} \cdot \tilde{\mathbf{u}}, \quad \text{在圆柱的边界面 } \mathcal{S} \text{ 上}. \quad (18.34)$$

方程 (18.32) 和 (18.33) 必须满足这个渐近匹配条件。无滑移条件的完整渐近解也包含三个要素:① 临界瑞利数 $(\widetilde{Ra})_c$ 及其关联的临界惯性模 $\mathbf{u}_{m_c 1 k_c}$ 表达式;② 临界半频 σ_c 的表达式,和③惯性对流速度 $\mathbf{u}$ 表达式。

第一个要素可从非齐次方程 (18.32) 和 (18.33) 可解条件的实部获得。认识到

$$\int_0^{2\pi}\int_0^1\int_0^\Gamma \mathbf{u}_{m1k}^* \cdot (2\mathrm{i}\sigma_{m1k}\widehat{\mathbf{u}} + \widehat{\mathbf{z}}\times\widehat{\mathbf{u}} + \nabla\widehat{p})\,s\,\mathrm{d}s\,\mathrm{d}z\,\mathrm{d}\phi = \int_\mathcal{S}(\widehat{\mathbf{n}}\cdot\widehat{\mathbf{u}})\,p_{m1k}^*\,\mathrm{d}\mathcal{S},$$

其中 $\int_\mathcal{S} \mathrm{d}\mathcal{S}$ 表示在边界面 $\mathcal{S}$ 上的积分，则非齐次系统 (18.32) 和 (18.33) 的可解条件可写为

$$\begin{aligned}\int_\mathcal{S}(\widehat{\mathbf{n}}\cdot\widehat{\mathbf{u}})\,p_{m1k}^*\,\mathrm{d}\mathcal{S} =\, & (\widetilde{Ra})_1 \int_0^{2\pi}\int_0^1\int_0^\Gamma (\widehat{\mathbf{z}}\cdot\mathbf{u}_{m1k}^*\Theta_0)\,s\,\mathrm{d}s\,\mathrm{d}z\,\mathrm{d}\phi\\ & + Ek \int_0^{2\pi}\int_0^1\int_0^\Gamma (\mathbf{u}_{m1k}^*\cdot\nabla^2\mathbf{u}_{m1k})\,s\,\mathrm{d}s\,\mathrm{d}z\,\mathrm{d}\phi\\ & - 2\mathrm{i}\sigma_1 \int_0^{2\pi}\int_0^1\int_0^\Gamma |\mathbf{u}_{m1k}|^2 s\,\mathrm{d}s\,\mathrm{d}z\,\mathrm{d}\phi.\end{aligned} \quad (18.35)$$

利用公式 (4.39)~(4.41)，易知上式右边第二个积分为

$$\int_0^{2\pi}\int_0^1\int_0^\Gamma (\mathbf{u}_{m1k}^*\cdot\nabla^2\mathbf{u}_{m1k})\,s\,\mathrm{d}s\,\mathrm{d}z\,\mathrm{d}\phi = -\frac{\pi^3[(\pi\Gamma)^2 + m(m-\sigma_{m1k})]}{4\sigma_{m1k}^4(1-\sigma_{m1k}^2)} J_m^2(\xi_{m1k}),$$

另两个积分同应力自由问题是一样的。

无滑移条件的渐近分析要求必须求出 (18.35) 式左边的积分，这项工作是非常艰难和漫长的，简述如下。因为在 $z=0$ 和 $z=1$ 处的边界层是对称的，可解条件的面积分可以简化为

$$\int_\mathcal{S}(\widehat{\mathbf{n}}\cdot\widehat{\mathbf{u}})\,p_{m1k}^*\,\mathrm{d}\mathcal{S}$$
$$= \int_0^{2\pi}\int_0^1 [(\widehat{\mathbf{s}}\cdot\widehat{\mathbf{u}})\,p_{m1k}^*]_{s=\Gamma}\,\Gamma\,\mathrm{d}z\,\mathrm{d}\phi - 2\int_0^{2\pi}\int_0^\Gamma [(\widehat{\mathbf{z}}\cdot\widehat{\mathbf{u}})\,p_{m1k}^*]_{z=0}\,s\,\mathrm{d}s\,\mathrm{d}\phi,$$

其中，取 $z=0$ 处的法线方向为 $\widehat{\mathbf{n}}=-\widehat{\mathbf{z}}$，并假设 $(z=0,s=\Gamma)$ 和 $(z=1,s=\Gamma)$ 处的拐角效应很小，可以忽略。作出这个面积分需要三步：① 推导 $z=0$ 处边界层流的切向分量 $(\widetilde{\mathbf{u}})_{bottom}$ 和 $s=\Gamma$ 处的边界层流 $(\widetilde{\mathbf{u}})_{sidewall}$，② 从边界层流 $(\widetilde{\mathbf{u}})_{bottom}$ 和 $(\widetilde{\mathbf{u}})_{sidewall}$ 获得质量内流 $(\widehat{\mathbf{z}}\cdot\widehat{\mathbf{u}})$ 和 $(\widehat{\mathbf{s}}\cdot\widehat{\mathbf{u}})$，以及③ 求出面积分。经此三步，在壁面上的积分为

$$\mathrm{Real}\left\{\int_0^{2\pi}\int_0^1 [(\widehat{\mathbf{s}}\cdot\widehat{\mathbf{u}})\,p_{m1k}^*]_{s=\Gamma}\,\Gamma\,\mathrm{d}z\,\mathrm{d}\phi\right\} = \frac{\pi\sqrt{Ek}\,[m^2 + (\Gamma\pi)^2]\,J_m^2(\xi_{m1k})}{4\Gamma|\sigma_{m1k}|^{3/2}};$$

$$\mathrm{Imag}\left\{\int_0^{2\pi}\int_0^1 [(\widehat{\mathbf{s}}\cdot\widehat{\mathbf{u}})\,p_{m1k}^*]_{s=\Gamma}\,\Gamma\,\mathrm{d}z\,\mathrm{d}\phi\right\} = \frac{\pi\sqrt{Ek}\,[m^2 + (\Gamma\pi)^2]\,J_m^2(\xi_{m1k})}{4\Gamma\sigma_{m1k}|\sigma_{m1k}|^{1/2}};$$

18.3 无滑移条件的对流

圆柱上下两端面的贡献为

$$\text{Real}\left\{-2\int_0^{2\pi}\int_0^{\Gamma}[(\hat{\mathbf{z}}\cdot\hat{\mathbf{u}})\,p_{m1k}^*]_{z=0}\,s\,\mathrm{d}s\,\mathrm{d}\phi\right\}$$

$$=\frac{\pi\sqrt{Ek}}{4\sigma_{m1k}^2(1-\sigma_{m1k}^2)}\times\Big\{(1+\sigma_{m1k})^{1/2}[(1-\sigma_{m1k})^2(m^2+\pi^2\Gamma^2)$$
$$+2m\sigma_{m1k}(\sigma_{m1k}-1)]$$
$$+(1-\sigma_{m1k})^{1/2}[(1+\sigma_{m1k})^2(m^2+\pi^2\Gamma^2)$$
$$-2m\sigma_{m1k}(\sigma_{m1k}+1)]\Big\}J_m^2(\xi_{m1k});$$

$$\text{Imag}\left\{-2\int_0^{2\pi}\int_0^{\Gamma}[(\hat{\mathbf{z}}\cdot\hat{\mathbf{u}})\,p_{m1k}^*]_{z=0}\,s\,\mathrm{d}s\,\mathrm{d}\phi\right\}$$

$$=\frac{\pi\sqrt{Ek}}{4\sigma_{m1k}^2(1-\sigma_{m1k}^2)}\times\Big\{(1+\sigma_{m1k})^{1/2}[(1-\sigma_{m1k})^2(m^2+\pi^2\Gamma^2)$$
$$+2m\sigma_{m1k}(\sigma_{m1k}-1)]$$
$$-(1-\sigma_{m1k})^{1/2}[(1+\sigma_{m1k})^2(m^2+\pi^2\Gamma^2)$$
$$-2m\sigma_{m1k}(\sigma_{m1k}+1)]\Big\}J_m^2(\xi_{m1k}).$$

将以上积分代入可解条件 (18.35)，并和其他已知积分一起，可得到瑞利数 $(\widetilde{Ra})_1$ 的表达式：

$$\frac{(\widetilde{Ra})_1}{\sqrt{Ek}}=\frac{\sigma_{m1k}^2}{(m\Gamma)^2}\bigg\{\frac{\sqrt{Ek}[(\pi\Gamma)^2+m(m-\sigma_{m1k})]}{2\sigma_{m1k}^2(1-\sigma_{m1k}^2)}+\frac{\sqrt{|\sigma_{m1k}|}\,[m^2+(\Gamma\pi)^2]}{2\pi^2\Gamma}$$
$$+\frac{1}{2\pi^2(1+\sigma_{m1k})^{1/2}}\left[(1-\sigma_{m1k})(m^2+\pi^2\Gamma^2)-2m\sigma_{m1k}\right]$$
$$+\frac{1}{2\pi^2(1-\sigma_{m1k})^{1/2}}\left[(1+\sigma_{m1k})(m^2+\pi^2\Gamma^2)-2m\sigma_{m1k}\right]\bigg\}$$
$$\times\left\{\sum_{j=1}^{\infty}\frac{\beta_{m1j}^2[\pi^2+(\beta_{m1j}/\Gamma)^2]}{\left[[\pi^2+(\beta_{m1j}/\Gamma)^2]^2+\left(\frac{2\sigma_{m1k}Pr}{Ek}\right)^2\right](\beta_{m1j}^2-m^2)\,(\xi_{m1k}^2-\beta_{m1j}^2)}\right\}^{-1}.$$
(18.36)

针对不同的惯性模 $\mathbf{u}_{m1k}$ 求 (18.36) 式中 $(\widetilde{Ra})_1$ 的最小值，便可得到临界瑞利数 $(\widetilde{Ra})_c$，最终可得到临界惯性模 $\mathbf{u}_{m_c1k_c}$，其临界方位波数为 $m=m_c$，垂向波数为 $n=1$，径向波数为 $k=k_c$，以及相应的半频为 $\sigma_{m_c1k_c}$。与应力自由条件问题相比，在 $0<Ek\ll 1$ 条件下，$Pr\to 0$ 时的渐近律已经改变了，作为无滑移粘性边界层的结果，它从 (18.20) 式的 $(\widetilde{Ra})_c\sim Ek$ 变化到了 (18.36) 式的 $(\widetilde{Ra})_c\sim\sqrt{Ek}$。

当确定了临界瑞利数 $(\widetilde{Ra})_c$ 和临界惯性模 $\mathbf{u}_{m_c 1 k_c}$ 后,渐近解的第二个要素,即临界半频,可以从可解条件 (18.35) 的虚部导出,得

$$\begin{aligned}
\sigma_c = \sigma_{m_c 1 k_c} &- \frac{(1-\sigma_{m_c 1 k_c}^2)\sqrt{Ek}}{2[(\pi\Gamma)^2 + m_c(m_c - \sigma_{m_c 1 k_c})]} \Bigg\{ \frac{\sigma_{m_c 1 k_c}[m_c^2 + (\Gamma\pi)^2]}{\Gamma|\sigma_{m_c 1 k_c}|^{1/2}} \\
&+ \frac{1}{(1+\sigma_{m_c 1 k_c})^{1/2}}\left[(1-\sigma_{m_c 1 k_c})(m_c^2 + \pi^2\Gamma^2) - 2m_c\sigma_{m_c 1 k_c}\right] \\
&- \frac{1}{(1-\sigma_{m_c 1 k_c})^{1/2}}\left[(1+\sigma_{m_c 1 k_c})(m^2 + \pi^2\Gamma^2) - 2m_c\sigma_{m_c 1 k_c}\right] \\
&+ \frac{4\pi^2(m_c\Gamma)^2}{\sigma_{m_c 1 k_c}} \sum_{j=1}^{\infty} \frac{\beta_{m_c 1 j}^2}{(\beta_{m_c 1 j}^2 - m_c^2)} \\
&\times \frac{(\widetilde{Ra})_c Pr Ek^{-3/2}}{\{[\pi^2 + (\beta_{m_c 1 j}/\Gamma)^2]^2 + (2\sigma_{m_c 1 k_c} Pr/Ek)^2\}(\xi_{m_c 1 k_c}^2 - \beta_{m_c 1 j}^2)} \Bigg\}. \quad (18.37)
\end{aligned}$$

对于足够小的 Pr,粘性效应只是轻微地改变了无粘性惯性波的半频 $\sigma_{m_c 1 k_c}$。然而当 $Pr = O(1)$ 时,(18.37) 式将变得无效,并且惯性对流不再是物理上的优选模式。

最后,惯性对流的首阶速度 $\mathbf{u}$,即渐近解的第三个要素,可表达成临界惯性波模 $\mathbf{u}_{m_c 1 k_c}$ 和相应边界层流 $\tilde{\mathbf{u}}$ 之和的形式:

$$\begin{aligned}
\hat{\mathbf{s}} \cdot \mathbf{u} = \frac{\mathrm{i}}{4(1-\sigma_{m_c 1 k_c}^2)} \Bigg\{ &-2\cos\pi z \\
&\times \left[\frac{\sigma_{m_c 1 k_c}\xi_{m_c 1 k_c}}{\Gamma} J_{m_c - 1}\left(\frac{\xi_{m_c 1 k_c} s}{\Gamma}\right) + \frac{m_c(1-\sigma_{m_c 1 k_c})}{s} J_{m_c}\left(\frac{\xi_{m_c 1 k_c} s}{\Gamma}\right)\right] \\
&-(1-\sigma_{m_c 1 k_c})\left[\frac{\xi_{m_c 1 k_c}}{\Gamma} J_{m_c - 1}\left(\frac{\xi_{m_c 1 k_c} s}{\Gamma}\right) - \frac{2m_c}{s} J_{m_c}\left(\frac{\xi_{m_c 1 k_c} s}{\Gamma}\right)\right] \\
&\times \left[\mathrm{e}^{-\chi^+ z} - \mathrm{e}^{-\chi^+(1-z)}\right] + \frac{\xi_{m_c 1 k_c}(\sigma_{m_c 1 k_c} + 1)}{\Gamma} J_{m_c - 1}\left(\frac{\xi_{m_c 1 k_c} s}{\Gamma}\right) \\
&\times \left[\mathrm{e}^{-\chi^- z} - \mathrm{e}^{-\chi^-(1-z)}\right] \Bigg\} \mathrm{e}^{\mathrm{i}(2\sigma_c t + m_c \phi)}, \quad (18.38)
\end{aligned}$$

$$\begin{aligned}
\hat{\boldsymbol{\phi}} \cdot \mathbf{u} = \frac{1}{4(1-\sigma_{m_c 1 k_c}^2)} \Bigg\{ &2\cos\pi z \left[\frac{m_c}{4\sigma_{m_c 1 k_c}\Gamma} J_{m_c}\left(\frac{\xi_{m_c 1 k_c} s}{\Gamma}\right) \mathrm{e}^{-\chi(\Gamma - s)} \right.\\
&\left. + \frac{\xi_{m_c 1 k_c}}{\Gamma} J_{m_c - 1}\left(\frac{\xi_{m_c 1 k_c} s}{\Gamma}\right) - \frac{m_c(1-\sigma_{m_c 1 k_c})}{s} J_{m_c}\left(\frac{\xi_{m_c 1 k_c} s}{\Gamma}\right)\right] \\
&-(1-\sigma_{m_c 1 k_c})\left[\frac{\xi_{m_c 1 k_c}}{\Gamma} J_{m_c - 1}\left(\frac{\xi_{m_c 1 k_c} s}{\Gamma}\right) - \frac{2m_c}{s} J_{m_c}\left(\frac{\xi_{m_c 1 k_c} s}{\Gamma}\right)\right] \\
&\times \left[\mathrm{e}^{-\chi^+ z} - \mathrm{e}^{-\chi^+(1-z)}\right] - \frac{\xi_{m_c 1 k_c}(\sigma_{m_c 1 k_c} + 1)}{\Gamma} J_{m_c - 1}\left(\frac{\xi_{m_c 1 k_c} s}{\Gamma}\right) \\
&\times \left[\mathrm{e}^{-\chi^- z} - \mathrm{e}^{-\chi^-(1-z)}\right] \Bigg\} \mathrm{e}^{\mathrm{i}(2\sigma_c t + m_c \phi)}, \quad (18.39)
\end{aligned}$$

18.3 无滑移条件的对流

$$\hat{\mathbf{z}} \cdot \mathbf{u} = -\frac{\mathrm{i}\pi}{2\sigma_{m_c 1 k_c}} \sin(\pi z)$$
$$\times \left[J_{m_c}\left(\frac{\xi_{m_c 1 k_c} s}{\Gamma}\right) - J_{m_c}(\xi_{m_c 1 k_c}) \mathrm{e}^{-\chi(\Gamma - s)} \right] \mathrm{e}^{\mathrm{i}(2\sigma_c t + m_c \phi)}, \tag{18.40}$$

其中

$$\chi^{\pm} = (1 \pm \mathrm{i}) \left(\frac{(1 \pm \sigma_{m_c 1 k_c})}{Ek}\right)^{1/2}, \quad \chi = \left(\frac{|\sigma_{m_c 1 k_c}|}{Ek}\right)^{1/2} \left(1 + \mathrm{i}\frac{\sigma_{m_c 1 k_c}}{|\sigma_{m_c 1 k_c}|}\right),$$

这个速度解满足旋转圆柱边界 $\mathcal{S}$ 上的无滑移条件。

在无滑移条件下,惯性对流的完整渐近解由 (18.16)、(18.36)~(18.40) 组成。对于给定的 Γ, Pr 和 Ek,首先可用 (18.36) 式计算出临界瑞利数 $(\widetilde{Ra})_c$ 并确定临界惯性模 $\mathbf{u}_{m_c 1 k_c}$,然后用 (18.37) 式计算半频 σ_c,随即从 (18.38)~(18.40) 式可获得对流运动速度 $\mathbf{u}$。对于不同的 Pr,表 18.2 列出了 $\Gamma = 2$ 和 $Ek = 10^{-4}$ 时的一些渐近解和相应的数值结果。用渐近解公式 (18.16) 和 (18.38)~(18.40) 获得的惯性对流结构显示于图 18.6 中,普朗特数分别取为 $Pr = 0.025$ 和 0.0025,其他参数为 $\Gamma = 2, E = 10^{-4}$。

表 18.2 不同普朗特数情况下,旋转圆柱惯性对流开端的几个临界参数值。速度边界条件为全部边界无滑移,温度边界条件为上下端面等温,壁面绝热,见 (18.9) 和 (18.10) 式。其他参数为 $Ek = 10^{-4}$ 和 $\Gamma = 2$。纯数值解和渐近解分别以下标 "num" 和 "$asym$" 表示,渐近解的值由分析表达式 (18.36) 和 (18.37) 计算

Pr	k_c	m_c	$[(\widetilde{Ra})_c, \sigma_c]_{asym}$	$[(\widetilde{Ra})_c, \sigma_c]_{num}$	$[\sigma_{m_c 1 k_c}, \xi_{m_c 1 k_c}]$
10^{-6}	1	3	(1.2823, 0.7710)	(1.3401, 0.7707)	(0.7646, 5.296)
0.0025	1	8	(3.4050, 0.4735)	(3.5840, 0.4729)	(0.4773, 11.569)
0.005	2	7	(5.5422, 0.4001)	(5.8414, 0.3994)	(0.4072, 14.093)
0.01	4	5	(9.3885, 0.3191)	(9.9462, 0.3181)	(0.3283, 18.078)
0.025	6	4	(20.372, 0.2481)	(21.651, 0.2466)	(0.2634, 23.008)
0.05	9	2	(38.736, 0.1904)	(41.660, 0.1879)	(0.2097, 29.296)

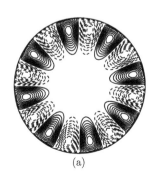 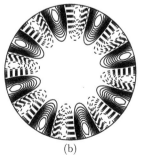

(a)　　　　　　　　(b)

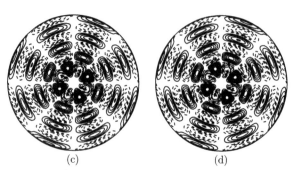

图 18.6 当 $\Gamma=2$ 和 $E=10^{-4}$ 时，惯性对流渐近解在水平面 $z=1/2$ 上的结构：(a) $\hat{\mathbf{z}}\cdot\mathbf{u}$ 和 (b) Θ_0 等值线，参数为 $Pr=0.0025, m_c=8, k_c=1, \widetilde{Ra}_c=3.405, \sigma_c=0.4735$；(c) $\hat{\mathbf{z}}\cdot\mathbf{u}$ 和 (d) Θ_0 等值线，参数为 $Pr=0.025, m_c=4, k_c=6, \widetilde{Ra}_c=20.372, \sigma_c=0.2481$。速度边界条件为在所有边界上无滑移，温度边界条件为上下端面等温，壁面绝热，见 (18.9) 和 (18.10) 式

18.3.2 粘性对流的渐近解

对于具有横纵比 $\Gamma=O(1)$ 的旋转圆柱，因为对流在壁面附近是高度局部化的，因此壁面的速度边界条件在推导渐近解时扮演了重要的角色，而上下端面的速度边界条件仅对高阶项具有影响。

如公式 (18.36) 所示，随着 Pr 的增大，发动惯性对流所需的瑞利数 $(\widetilde{Ra})_c$ 也迅速增大，因此对于任意小但固定的 Ek，当 Pr 较大时粘性对流模式在物理上是优选的。与壁面应力自由的情况类似，对于无滑移壁面的快速旋转圆柱，其临界波数 m_c，临界瑞利数 $(\widetilde{Ra})_c$ 和半频 σ_c 的渐近律可以通过重新调整快速旋转管道渐近律的尺度而获得，则有

$$m_c = \Gamma\left[(2+\sqrt{3})^{1/2}\pi - 27.76(Ek)^{1/3}\right], \tag{18.41}$$

$$(\widetilde{Ra})_c = 2\pi^2\left[\frac{6(9+5\sqrt{3})}{5+3\sqrt{3}}\right]^{1/2} + 73.80(Ek)^{1/3}, \tag{18.42}$$

$$\sigma_c = \left[\frac{\pi^2(2+\sqrt{3})^{1/2}(3+\sqrt{3})}{(1+\sqrt{3})Pr}\right]Ek - \frac{290.6(Ek)^{4/3}}{Pr}. \tag{18.43}$$

图 18.7 显示了当 $\Gamma=2$ 和 $Ek=10^{-4}$ 时，临界瑞利数 $(\widetilde{Ra})_c$ 随 Pr 变化的情况，由公式 (18.36) 和 (18.42) 计算，图中还显示了相应的纯数值解。对于一个固定的小艾克曼数，$\Gamma=O(1)$ 的快速旋转圆柱中只存在两种不同的对流模式：其一为小 Pr 参数的惯性对流模式，由公式 (18.36) 和 (18.37) 描述，在这个模式中，旋转约束主要通过快速振荡的惯性效应来克服。其二为大 Pr 参数的粘性对流模式，由公式 (18.41)~(18.43) 描述，在此模式中，旋转约束主要通过小尺度壁面局部化流动的粘性效应而破坏。在图 18.7 所示的特殊情形下，惯性对流向粘性对流的转换发

生在 $Pr \approx 0.1$ 时。

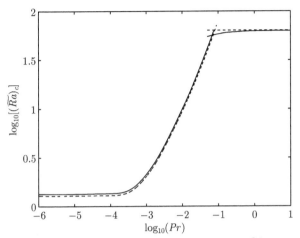

图 18.7　对于 $\Gamma = 2$ 的旋转圆柱，当 $Ek = 10^{-4}$ 时，临界瑞利数 $\widetilde{Ra}_c$ 随 $\log_{10}(Pr)$ 的变化情况。实线表示纯数值解，虚线为 (18.36) 和 (18.42) 计算的渐近解。圆柱壁面为无滑移和绝热条件

18.3.3　使用伽辽金型方法的数值解

圆柱上下端面的应力自由条件允许分离变量的解，由此可生成一个待求的常微分方程组。与之对比，无滑移条件则需要求解偏微分方程组，因而要复杂得多。当 $0 < Ek \ll 1$ 和 $\Gamma = O(1)$ 时，对于任意的 Pr，我们再次预期轴对称 $(m = 0)$ 对流模通常不是优选的，因而在数值分析中我们将首先考虑非轴对称 $(m \neq 0)$ 解。

同应力自由条件的情形一样，满足无滑移条件的速度矢量仍然可以写成两个标量势 Ψ 和 Φ 的形式，即 (18.28) 式，控制方程也与 (18.29)~(18.31) 式相同。但是对无滑移边界条件的情况，数值展开和求解方法必须改变。壁面和上下端面的无滑移条件以 Ψ 和 Φ 来表达可写为

$$\Psi = \frac{\partial \Psi}{\partial s} = \Phi = 0, \quad s = \Gamma;$$
$$\Psi = \frac{\partial \Phi}{\partial z} = \Phi = 0, \quad z = 0, 1.$$

因此，使用伽辽金型的数值方法将是方便的，该方法将 Ψ 和 Φ 展开为试函数的形式，即

$$\Psi(s, \phi, z) = \left(\frac{s}{\Gamma}\right)^m \left(1 - \frac{s}{\Gamma}\right)^2 \left[1 - (2z - 1)^2\right]$$
$$\times \left[\sum_{j=0}^{N} \sum_{l=0}^{L} \widehat{\Psi}_{jl} T_j(2z - 1) T_l\left(\frac{2s}{\Gamma} - 1\right)\right] e^{im\phi},$$

$$\Phi(s,\phi,z) = \left(\frac{s}{\Gamma}\right)^{m+1}\left(1-\frac{s}{\Gamma}\right)\left[1-(2z-1)^2\right]^2$$
$$\times \left[\sum_{j=0}^{N}\sum_{l=0}^{L}\widehat{\Phi}_{jl}\,T_j(2z-1)\,T_l\left(\frac{2s}{\Gamma}-1\right)\right]\mathrm{e}^{\mathrm{i}\,m\phi},$$

它自动满足圆柱所有边界上的无滑移条件。

上下端面等温 ($\Theta=0$ 在 $z=0,1$) 和壁面绝热 ($\partial\Theta/\partial s=0$ 在 $s=\Gamma$) 的温度边界条件需要区别对待, 可采用杂交 Galerkin-tau 方法来处理。我们将温度 Θ 展开为下面的形式:

$$\Theta(s,z,\phi) = \left(\frac{s}{\Gamma}\right)^m\left[1-(2z-1)^2\right]\left[\sum_{l=0}^{L+1}\sum_{j=0}^{N}\widehat{\Theta}_{lj}\,T_l\left(\frac{2s}{\Gamma}-1\right)T_j(2z-1)\right]\mathrm{e}^{\mathrm{i}\,m\phi},$$

它自动满足 $z=0,1$ 处的等温条件。上式对 s 求导, 然后取 $s=\Gamma$, 则壁面的绝热条件可写为

$$0 = \left[1-(2z-1)^2\right]\sum_{l=0}^{L+1}\sum_{j=0}^{N}(m+2l^2)T_j(2z-1)\widehat{\Theta}_{lj},$$

它可以表示成

$$0 = \sum_{l=0}^{L+1}\sum_{j=0}^{N}(m+2l^2)\left\{\int_{-1}^{+1}\left[1-(2z-1)^2\right]T_j(2z-1)T_{j'}(2z-1)\,\mathrm{d}z\right\}\widehat{\Theta}_{lj},$$

其中 $j'=0,1,2,\cdots,N$。对于 $Ek\geqslant O(10^{-5})$ 的无滑移条件, 取 $N=L=O(100)$ 可达到 1% 以内的精度。所有复系数 $\widehat{\Psi}_{jl}$、$\widehat{\Phi}_{jl}$ 和 $\widehat{\Theta}_{lj}$, 以及临界波数 m_c、临界瑞利数 $\widetilde{Ra}_c$ 和临界半频 σ_c 都可通过非线性迭代来获得。

由于数值分析不仅对任意的艾克曼数有效, 而且对惯性对流和粘性对流均有效, 所以它为渐近解提供了一个十分有益的参照, 例如, 渐近公式 (18.36) 和 (18.42) 仅在 $0<Ek\ll 1$ 时成立。

18.3.4 分析解与数值解的比较

为易于比较, 表 18.2 列出了当 $Ek=10^{-4}$ 和 $\Gamma=2$ 时, 不同普朗特数的惯性对流渐近解和数值解, 表明在此参数范围内, 惯性对流所有最不稳定的模都是非轴对称的, 并且即使在 $Ek=10^{-4}$ 时, 渐近解和数值解也取得了满意的一致。例如, 当 $Pr=0.0025$ 时, 渐近公式 (18.36) 和 (18.37) 给出了 $\widetilde{Ra}_c=3.41, m_c=8, k_c=1, \sigma_c=0.474$ 的结果, 而数值分析的结果为 $\widetilde{Ra}_c=3.58, m_c=8, \sigma_c=0.473$。此外, 图 18.8(a), (b) 显示了数值解的空间结构, 相应的渐近解见于图 18.6(a), (b), 由公

式 (18.38)~(18.40) 计算，两相比较，二者没有明显的差异。当 Pr 增大时，临界波数 m_c 可能减小，但付出的代价是径向结构，将变得复杂。例如，当 $Pr = 0.025$ 时，渐近公式 (18.36) 和 (18.37) 给出了 $\widetilde{Ra}_c = 20.4, m_c = 4, \sigma_c = 0.248$ 和 $k_c = 6$ 的结果，它有一个更加复杂的径向结构，如图 18.6(c), (d) 所示。数值解的结果是 $\widetilde{Ra}_c = 21.6, m_c = 4, \sigma_c = 0.247$，其空间结构与渐近解几乎一样，见图 18.8(c), (d)。

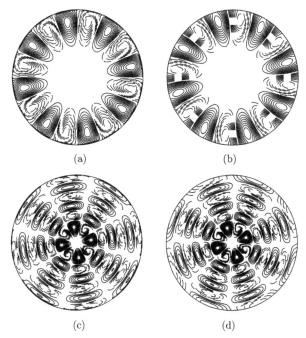

图 18.8 当 $\Gamma = 2$ 和 $E = 10^{-4}$ 时，惯性对流数值解在水平面 $z = 1/2$ 上的结构：(a) $\hat{\mathbf{z}} \cdot \mathbf{u}$ 和 (b) Θ_0 等值线，参数为 $Pr = 0.0025, m_c = 8, k_c = 1, \widetilde{Ra}_c = 3.584, \sigma_c = 0.4729$；(c) $\hat{\mathbf{z}} \cdot \mathbf{u}$ 和 (d) Θ_0 等值线，参数为 $Pr = 0.025, m_c = 4, k_c = 6, \widetilde{Ra}_c = 21.65, \sigma_c = 0.2466$。速度边界条件为在所有边界上无滑移，温度边界条件为上下端面等温，壁面绝热，见 (18.9) 和 (18.10) 式。此数值解可与相应的解析解进行比较，见图 18.6，两图采用了完全相同的参数

在 $Ek = 10^{-4}$ 的条件下，当 Pr 增大到约 0.70 时，如图 18.7 所示，渐近解 (18.36) 虽然在数学上仍然有效，但在物理上已不适用了，这是因为物理上的优选模式已变成了 (18.38)~(18.40) 式所描述的粘性对流。图 18.9 显示了当 $Pr = 1.0$ 时的一个典型的壁面局部化对流 ($Ek = 10^{-4}, \Gamma = 2$)。对这个特殊案例，渐近律 (18.41)~(18.43) 给出了 $\widetilde{Ra}_c = 63.6, m_c = 9.56$ 和 $\sigma_c = 0.0020$ 的结果，而数值分析的结果为 $\widetilde{Ra}_c = 62.6, m_c = 10$ 和 $\sigma_c = 0.0024$。

因为分析解是从一个渐近小的 Ek 推导而来的，因此可以预计，Ek 越小，分析解与数值解符合得越好。例如，在 $\Gamma = 2$ 和 $Pr = 0.01$ 条件下，当 $Ek = 10^{-5}$ 时，

渐近公式 (18.36) 和 (18.37) 给出了 $\widetilde{Ra}_c = 15.0, m_c = 2, \sigma_c = 0.150$ 的结果, 而数值分析的结果为 $R_c = 15.4, m_c = 2, \sigma_c = 0.150$, 其结构与分析解几乎是相同的。

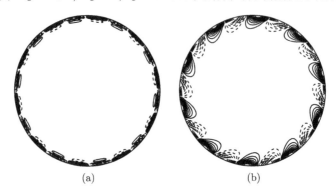

图 18.9 当 $\Gamma = 2$, $Pr = 1.0$ 和 $Ek = 10^{-4}$ 时, 粘性对流数值解在水平面 $z = 1/2$ 上的结构: (a) $\hat{\mathbf{z}} \cdot \mathbf{u}$ 和 (b) Θ_0 等值线。壁面边界条件为无滑移和绝热

图 18.7 表明, 当艾克曼数固定为 $Ek = 10^{-4}$ 时, 按照普朗特数 Pr 的大小, 无滑移条件快速旋转圆柱中的对流可以分为三个不同的域。第一为极小 Pr 下的惯性对流域, 即 $0 \leqslant Pr/Ek < O(1)$。如图 18.7 的左侧部分所示, 当 $0 \leqslant Pr < 10^{-4}$ 时, 临界瑞利数 $\widetilde{Ra}_c$ 几乎与 Pr 无关, 其大小为 $\widetilde{Ra}_c = O(\sqrt{Ek})$ (参考渐近表达式 (18.36))。在这个域内, 热对流非常高效: 当惯性效应抵消了旋转约束时, 与垂直流动 $\hat{\mathbf{z}} \cdot \mathbf{u}$ 同相的温度 Θ 十分高效地将热能从底部传输到顶部。这种情形在 $Pr/Ek > O(1)$ 时发生了改变, 见图 18.7 中间 $10^{-4} < Pr < 10^{-1}$ 的部分。在这个 Pr 中等大小的区域, 瑞利数 $\widetilde{Ra}_c$ 随 Pr 的增大而急剧增长, 并且在 $\widetilde{Ra}_c$ 和 Ek 之间, 或者 $\widetilde{Ra}_c$ 和 Pr 之间没有简单的渐近关系。另外, 在这个区域, 对流图案不仅变得高度复杂, 而且对 Pr 的大小也非常敏感。这种行为源于此区域存在大量的二维惯性模 (即 $n = 1$ 时, 波数 m 和 k 的各种不同组合), 这些惯性模可能是由对流不稳定性激发的。该现象表明, 在这个区域用数值方法去确定一个相干结构是多么地困难。对于更大的 Pr, 如图 18.7 右侧所示的 $Pr > 10^{-1}$ 部分, 由壁面局部化小尺度对流产生的强烈粘性效应占据着动力学的主导地位, 导致了一个相对简单的对流图案 (图 18.9) 和依赖于 Pr 及 Ek 的简单渐近关系, 即 (18.41)~(18.43) 式。在任意给定的小 Ek 条件下, 对于无滑移边界条件、$\Gamma = O(1)$ 的快速旋转圆柱中的对流, 以上描述的图像一般来讲是正确的。

18.3.5 热边界条件的影响

比较 (18.20) 和 (18.36) 式, 可知速度边界条件在决定惯性对流的渐近行为中起到了控制性的作用, 这提示我们去审视一下热边界条件的影响。本节将考虑快速

18.3 无滑移条件的对流

旋转圆柱中的惯性对流, 边界条件为在整个边界 $\mathcal{S}$ 上无滑移和等温, 由 (18.11) 和 (18.12) 式所描述。

渐近解的几个关键组成部分, 比如粘性边界层及其内流的形式, 与前述章节是一致的。不过, 我们现在要解出方程 (18.15) 中、满足壁面等温条件的温度 Θ_0。推导可从以下展开式出发:

$$\Theta_0(s,\phi,z) = \sum_{j=1}^{\infty} \mathcal{C}_j J_m\left(\frac{\beta_{m1j}s}{\Gamma}\right) \sin(\pi z) e^{i m\phi},$$

其中 $\beta_{m1j}, j = 1, 2, 3, \cdots$ 表示方程 $J_m(\beta_{m1j}) = 0$ 的解, 且有 $0 < \beta_{m11} < \beta_{m12} < \beta_{m13} < \cdots$。利用以下积分:

$$\int_0^{\Gamma} J_m\left(\frac{\xi_{m1k}s}{\Gamma}\right) J_m\left(\frac{\beta_{m1j}s}{\Gamma}\right) s\, ds = \frac{-\Gamma^2 \beta_{m1j} J_m(\xi_{m1k}) J_{m+1}(\beta_{m1j})}{\xi_{m1k}^2 - \beta_{m1j}^2};$$

$$\int_0^{\Gamma} J_m\left(\frac{\beta_{m1j}s}{\Gamma}\right) J_m\left(\frac{\beta_{m1j}s}{\Gamma}\right) s\, ds = \frac{\Gamma^2}{2}[J_{m+1}(\beta_{m1j})]^2,$$

于是, 由惯性波 $\mathbf{u}_{m1k}$ 驱动的被动温度 $\Theta_0(s,\phi,z)$ (满足 $s = \Gamma$ 处 $\Theta_0 = 0$ 的边界条件) 可以写成

$$\Theta_0(s,\phi,z) = \sum_{j=1}^{\infty} \frac{i\pi}{\sigma_{m1k}[\pi^2 + (\beta_{m1j}/\Gamma)^2 + 2i\sigma_{m1k}Pr/Ek]}$$

$$\times \left[\frac{\beta_{m1j} J_m(\xi_{m1k})}{(\xi_{m1k}^2 - \beta_{m1j}^2) J_{m+1}(\beta_{m1j})}\right] J_m\left(\frac{\beta_{m1j}s}{\Gamma}\right) \sin(\pi z) e^{i m\phi}. \quad (18.44)$$

可解条件 (18.35) 仍然保持原来的形式, 但是与 Θ_0 相关的积分需要重新计算。利用 (18.44) 式给出的 Θ_0 以及 $\mathbf{u}_{m1k}$ 的表达式, 可得

$$\text{Real}\left[\int_0^{2\pi}\int_0^1\int_0^{\Gamma}(\hat{\mathbf{z}}\cdot\mathbf{u}_{m1k}^*\Theta_0)s\,ds\,dz\,d\phi\right]$$

$$= \frac{\pi^3\Gamma^2 J_m^2(\xi_{m1k})}{2\sigma_{m1k}^2}\sum_{j=1}^{\infty}\frac{\beta_{m1j}^2[\pi^2 + (\beta_{m1j}/\Gamma)^2]}{\{[\pi^2 + (\beta_{m1j}/\Gamma)^2]^2 + (2\sigma_{m1k}Pr/Ek)^2\}(\xi_{m1k}^2 - \beta_{m1j}^2)^2};$$

$$\text{Imag}\left[\int_0^{2\pi}\int_0^1\int_0^{\Gamma}(\hat{\mathbf{z}}\cdot\mathbf{u}_{m1k}^*\Theta_0)s\,ds\,dz\,d\phi\right]$$

$$= -\frac{\pi^3\Gamma^2 J_m^2(\xi_{m1k})}{\sigma_{m1k}^2}\sum_{j=1}^{\infty}\frac{\sigma_{m1k}\beta_{m1j}^2 Pr/Ek}{\{[\pi^2 + (\beta_{m1j}/\Gamma)^2]^2 + (2\sigma_{m1k}Pr/Ek)^2\}(\xi_{m1k}^2 - \beta_{m1j}^2)^2}.$$

从可解条件 (18.35) 的实部可导出边际瑞利数 $\widetilde{(Ra)}_1$ 的表达式

$$\frac{\widetilde{(Ra)}_1}{\sqrt{Ek}} = \left\{\frac{\pi^2\sqrt{Ek}[(\pi\Gamma)^2 + m(m-\sigma_{m1k})]}{\sigma_{m1k}^2(1-\sigma_{m1k}^2)} + \frac{[m^2 + (\Gamma\pi)^2]\sqrt{|\sigma_{m1k}|}}{\Gamma}\right.$$

$$+ \frac{1}{(1+\sigma_{m1k})^{1/2}} \left[(1-\sigma_{m1k})(m^2+\pi^2\Gamma^2) - 2m\sigma_{m1k}\right]$$

$$+ \frac{1}{(1-\sigma_{m1k})^{1/2}} \left[(1+\sigma_{m1k})(m^2+\pi^2\Gamma^2) - 2m\sigma_{m1k}\right] \Bigg\}$$

$$\times \left\{ \sum_{j=1}^{\infty} \frac{2\pi^2\Gamma^2\beta_{m1j}^2[\pi^2+(\beta_{m1j}/\Gamma)^2]}{\{[\pi^2+(\beta_{m1j}/\Gamma)^2]^2 + (2\sigma_{m1k}Pr/Ek)^2\}(\xi_{m1k}^2-\beta_{m1j}^2)^2} \right\}^{-1}. \quad (18.45)$$

同以前一样，针对不同的惯性模 $\mathbf{u}_{m1k}$ 求 (18.45) 式的最小值，可得临界瑞利数 $(\widetilde{Ra})_c$ 并确定临界惯性模 $\mathbf{u}_{m_c1k_c}$，其临界方位波数为 $m = m_c$，临界径向波数为 $k = k_c$。临界半频 σ_c 由可解条件 (18.35) 的虚部确定，式中的 Θ_0 由 (18.44) 式给出，则有

$$\sigma_c = \sigma_{m_c1k_c} - \frac{(1-\sigma_{m_c1k_c}^2)\sqrt{Ek}}{2[(\pi\Gamma)^2+m_c(m_c-\sigma_{m_c1k_c})]} \Bigg\{ \frac{[m_c^2+(\Gamma\pi)^2]\sigma_{m_c1k_c}}{\Gamma|\sigma_{m_c1k_c}|^{1/2}}$$

$$+ \frac{1}{(1+\sigma_{m_c1k_c})^{1/2}} \left[(1-\sigma_{m_c1k_c})(m_c^2+\pi^2\Gamma^2) - 2m_c\sigma_{m_c1k_c}\right]$$

$$- \frac{1}{(1-\sigma_{m_c1k_c})^{1/2}} \left[(1+\sigma_{m_c1k_c})(m_c^2+\pi^2\Gamma^2) - 2m_c\sigma_{m_c1k_c}\right]$$

$$+ \sum_{j=1}^{\infty} \frac{4\pi^2\Gamma^2(\widetilde{Ra})_c\sigma_{m_c1k_c}\beta_{m_c1j}^2 Pr/Ek^{3/2}}{\{[\pi^2+(\beta_{m_c1j}/\Gamma)^2]^2+(2\sigma_{m_c1k_c}Pr/Ek)^2\}(\xi_{m_c1k_c}^2-\beta_{m_c1j}^2)^2} \Bigg\}. \quad (18.46)$$

最后，虽然惯性对流的临界参数 $m_c, k_c, \sigma_{m_c1k_c}$ 和 $\xi_{m_c1k_c}$ 由 (18.45) 式确定，但首阶速度 $\mathbf{u}$ 的形式保持不变，仍然由 (18.38)~(18.40) 式给出。也就是说，公式 (18.45) 和 (18.46) 以及 (18.38)~(18.40) 代表了全部边界 $\mathcal{S}$ 为无滑移和等温条件的旋转圆柱惯性对流的完整渐近解，圆柱的横纵比 Γ 可以是任意的。

我们的计算表明，对于小 Pr，惯性对流的临界参数对圆柱壁面的热边界条件类型似乎并不敏感，这一点也体现在渐近表达式 (18.45) 和 (18.46) 中。当参数为 $Ek = 10^{-4}, Pr = 0.0025$ 和 $\Gamma = 2$ 时，对于等温壁面，渐近公式 (18.45) 和 (18.46) 得到的结果是 $m_c = 7, \sigma_c = 0.5158$ 和 $(\widetilde{Ra})_c = 3.8513$，而相应的数值分析给出了 $m_c = 7, \sigma_c = 0.5150$ 和 $(\widetilde{Ra})_c = 4.0141$ 的结果。将绝热壁面的相应结果列于表 18.2 中，从公式 (18.36) 和 (18.37) 计算的临界参数分别为 $m_c = 8, \sigma_c = 0.4729$ 和 $(\widetilde{Ra})_c = 3.584$。简而言之，绝热壁面和等温壁面的结果并没有显著的差异。

18.3.6 轴对称惯性对流

对粘性对流模式来说，它需要在半径和方位方向具有较小的空间尺度 (图 18.9)，以产生较大的粘滞力来抵消旋转约束，因此从物理上来说，轴对称粘性对流是无法实现的。但惯性对流模式却截然不同，旋转环柱管道 (Liao and Zhang, 2006) 或旋

18.3 无滑移条件的对流

转球体 (Sanchez et al., 2016) 的研究, 已经表明在一定物理参数范围内, 轴对称振荡 ($m_c = 0, \sigma_c \neq 0$) 形式的惯性对流在物理上是优选的。因此对旋转圆柱中由对流驱动的轴对称振荡问题进行研究是有意义的, 它有一个封闭形式的简单解析解。

考虑快速旋转圆柱中的惯性对流, 圆柱的所有边界无滑移, 上下端面等温, 壁面绝热 (见 (18.9) 和 (18.10) 式)。为导出 $0 < Ek \ll 1$ 条件下的轴对称渐近解, 依然可以使用以下类似于非轴对称问题的展开式:

$$\mathbf{u}(s,z,t) = [\widetilde{\mathbf{u}}(s,z) + \widehat{\mathbf{u}}(s,z) + \mathbf{u}_{01k}(s,z)]\,\mathrm{e}^{\mathrm{i}2\sigma t},$$
$$p(s,z,t) = [\widetilde{p}(s,z) + \widehat{p}(s,z) + p_{01k}(s,z)]\,\mathrm{e}^{\mathrm{i}2\sigma t},$$

其中轴对称惯性模 $\mathbf{u}_{01k}(s,z)$ 由 (4.17)~(4.19) 式给出且 $n = 1$。将渐近展开式代入线性化后的方程 (18.4) 和 (18.5), 可得无耗散轴对称热惯性振荡首阶问题的控制方程为

$$\mathrm{i}2\sigma_{01k}\mathbf{u}_{01k}(s,z) + 2\hat{\mathbf{z}} \times \mathbf{u}_{01k}(s,z) + \nabla p_{01k}(s,z) = \mathbf{0},$$
$$\nabla \cdot \mathbf{u}_{01k}(s,z) = 0,$$
$$\left(\frac{\partial^2}{\partial z^2} + \frac{\partial^2}{\partial s^2} + \frac{1}{s}\frac{\partial}{\partial s} - \frac{\mathrm{i}2\sigma_{01k}Pr}{Ek}\right)\Theta_0(s,z) + \hat{\mathbf{z}} \cdot \mathbf{u}_{01k}(s,z) = 0,$$

其中被动的温度 $\Theta_0(s,z)$ 应满足的边界条件为

$$\Theta_0 = 0, \quad z = 0, 1 \quad \text{和} \quad \frac{\partial \Theta_0}{\partial s} = 0, \quad s = \Gamma.$$

当给定了一个垂直流动 $\hat{\mathbf{z}} \cdot \mathbf{u}_{01k}$ 后, 温度 $\Theta_0(s,z)$ 的解就可由以下展开容易地导出:

$$\Theta_0(s,z) = \sum_{j=1}^{\infty} \mathcal{C}_j J_0\left(\frac{\beta_{01j}s}{\Gamma}\right)\sin(\pi z),$$

其中 $\beta_{01j}, j = 1, 2, 3, \cdots$ 为以下方程

$$\frac{\mathrm{d}}{\mathrm{d}s}J_0\left(\frac{\beta_{01j}s}{\Gamma}\right) = 0, \quad s = \Gamma$$

的解, 其中 $0 < \beta_{011} < \beta_{012} < \beta_{013} < \cdots$。这意味着

$$J_1(\beta_{01j}) = 0 \quad \text{以及} \quad \beta_{01j} = \xi_{01j},$$

它大幅简化了数学分析, 使封闭形式的解析解成为可能。因为以下的正交条件:

$$\int_0^\Gamma J_0\left(\frac{\beta_{01k}s}{\Gamma}\right) J_0\left(\frac{\beta_{01j}s}{\Gamma}\right) s\,\mathrm{d}s = \left[\frac{\Gamma^2 J_0^2(\beta_{01k})}{2}\right]\delta_{kj},$$

可以证明系数 C_j 为

$$C_j = 0, \quad \text{如果} \ j \neq k;$$
$$C_j = \frac{-\mathrm{i}\,\pi}{2\sigma_{01j}[\pi^2 + (\beta_{01j}/\Gamma)^2 + 2\mathrm{i}\,\sigma_{01j}Pr/Ek]}, \quad \text{如果} \ j = k.$$

与非轴对称情形不同,由轴对称惯性模 $\mathbf{u}_{01k}(s,z)$ 驱动的被动温度 Θ_0 有以下封闭形式的分析解:

$$\Theta_0(s,z) = \frac{-\mathrm{i}\,\pi}{2\sigma_{01k}[\pi^2 + (\beta_{01k}/\Gamma)^2 + 2\mathrm{i}\,\sigma_{01k}Pr/Ek]} J_0\left(\frac{\beta_{01k}s}{\Gamma}\right)\sin(\pi z), \quad (18.47)$$

它降低了惯性对流轴对称解的复杂性。

在下一阶,控制次级轴对称内部流 $\hat{\mathbf{u}}$ 的方程为

$$2\mathrm{i}\,\sigma_{01k}\hat{\mathbf{u}}(s,z) + \hat{\mathbf{z}} \times \hat{\mathbf{u}}(s,z) + \nabla\hat{p}(s,z)$$
$$= Ek\nabla^2\mathbf{u}_{01k}(s,z) + (\widetilde{Ra})_1\hat{\mathbf{z}}\Theta_0(s,z) - \mathrm{i}2\sigma_1\mathbf{u}_{01k}(s,z), \quad (18.48)$$
$$0 = \nabla \cdot \hat{\mathbf{u}}(s,z), \quad (18.49)$$

边界条件为

$$\hat{\mathbf{n}} \cdot \hat{\mathbf{u}} = \hat{\mathbf{n}} \cdot \tilde{\mathbf{u}}, \quad \text{在圆柱边界面} \ \mathcal{S} \ \text{上}, \quad (18.50)$$

方程的可解条件为

$$\frac{1}{2\pi}\int_{\mathcal{S}}[(\hat{\mathbf{n}} \cdot \hat{\mathbf{u}})\,p_{01k}^*]_{\mathcal{S}}\,\mathrm{d}\mathcal{S} = (\widetilde{Ra})_1\int_0^1\int_0^\Gamma (\hat{\mathbf{z}} \cdot \mathbf{u}_{01k}^*\Theta_0)\,s\,\mathrm{d}s\,\mathrm{d}z$$
$$+ Ek\int_0^1\int_0^\Gamma \left(\mathbf{u}_{01k}^* \cdot \nabla^2\mathbf{u}_{01k}\right)s\,\mathrm{d}s\,\mathrm{d}z$$
$$- 2\mathrm{i}\,\sigma_1\int_0^1\int_0^\Gamma |\mathbf{u}_{01k}|^2 s\,\mathrm{d}s\,\mathrm{d}z. \quad (18.51)$$

式 (18.51) 中的每一个积分都可以解析地推出。例如,$\mathbf{u}_{01k}$ 与 Θ_0 耦合的积分就可表达为

$$\int_0^1\int_0^\Gamma (\hat{\mathbf{z}} \cdot \mathbf{u}_{01k}^*\Theta_0)\,s\,\mathrm{d}s\,\mathrm{d}z = \frac{\Gamma^2\pi^2\{[\pi^2 + (\beta_{01k}/\Gamma)^2] - 2\mathrm{i}\,\sigma_{01k}Pr/Ek\}J_0^2(\beta_{01k})}{16\sigma_{01k}^2\{[\pi^2 + (\beta_{01k}/\Gamma)^2]^2 + (2\sigma_{01k}Pr/Ek)^2\}}.$$

同理,(18.51) 式左边的面积分也可用轴对称边界层流 $\tilde{\mathbf{u}}$ 解析地推出。

非常幸运,惯性对流轴对称解的三个要素都可以表达成封闭的解析形式,没有像非轴对称渐近解那样包含着一个无穷的求和。瑞利数 $(\widetilde{Ra})_1$ 的表达式为

$$(\widetilde{Ra})_1 = \frac{2\sqrt{Ek}\{[\pi^2 + (\beta_{01k}/\Gamma)^2]^2 + (2\sigma_{01k}Pr/Ek)^2\}}{\sigma_{01k}^2(1-\sigma_{01k}^2)[\pi^2 + (\beta_{01k}/\Gamma)^2]}$$

18.3 无滑移条件的对流

$$\times \left\{ \pi^2 \sqrt{Ek} + \frac{\sqrt{|\sigma_{01k}|}\sigma_{01k}^2}{\Gamma}(1-\sigma_{01k}^2) \right.$$
$$\left. +\sigma_{01k}^2 \left[(1+\sigma_{01k})^{1/2}(1-\sigma_{01k})^2 + (1-\sigma_{01k})^{1/2}(1+\sigma_{01k})^2 \right] \right\}, \quad (18.52)$$

相应的半频 σ 可表示为

$$\sigma = \sigma_{01k} - \left\{ \frac{\sigma_{01k}(1-\sigma_{01k}^2)(\widetilde{Ra})_1 Pr/\sqrt{(Ek)^3}}{2\{[\pi^2 + (\beta_{01k}/\Gamma)^2]^2 + (2\sigma_{01k}Pr/Ek)^2\}} + \frac{\sigma_{01k}}{\Gamma\sqrt{|\sigma_{01k}|}}(1-\sigma_{01k}^2) \right.$$
$$\left. +(1+\sigma_{01k})^{1/2}(1-\sigma_{01k})^2 - (1-\sigma_{01k})^{1/2}(1+\sigma_{01k})^2 \right\} \frac{\sqrt{Ek}}{2}. \quad (18.53)$$

渐近解的第三个要素——轴对称惯性对流的首阶速度 **u** 为

$$\hat{\mathbf{s}} \cdot \mathbf{u} = \frac{\mathrm{i}\,\xi_{01k}}{4\Gamma(1-\sigma_{01k}^2)} \left\{ 2\sigma_{01k}\cos\pi z + (1-\sigma_{01k})\left[e^{-\chi_0^+ z} - e^{-\chi_0^+(1-z)}\right] \right.$$
$$\left. -(\sigma_{01k}+1)\left[e^{-\chi_0^- z} - e^{-\chi_0^-(1-z)}\right] \right\} J_1\left(\frac{\xi_{01k}s}{\Gamma}\right) e^{\mathrm{i}2\sigma t}, \quad (18.54)$$

$$\hat{\boldsymbol{\phi}} \cdot \mathbf{u} = \frac{-\xi_{01k}}{4\Gamma(1-\sigma_{01k}^2)} \left\{ 2\cos\pi z - (1-\sigma_{01k})\left[e^{-\chi_0^+ z} - e^{-\chi_0^+(1-z)}\right] \right.$$
$$\left. -(\sigma_{01k}+1)\left[e^{-\chi_0^+ z} - e^{-\chi_0^+(1-z)}\right] \right\} J_1\left(\frac{\xi_{01k}s}{\Gamma}\right) e^{\mathrm{i}2\sigma t}, \quad (18.55)$$

$$\hat{\mathbf{z}} \cdot \mathbf{u} = -\frac{\mathrm{i}\,\pi}{2\sigma_{01k}} \left[J_0\left(\frac{\xi_{01k}s}{\Gamma}\right) - J_0(\xi_{01k})e^{-\chi_0(\Gamma-s)} \right] \sin(\pi z)\,e^{\mathrm{i}2\sigma t}, \quad (18.56)$$

其中

$$\chi_0^\pm = (1\pm\mathrm{i})\left(\frac{(1\pm\sigma_{01k})}{Ek}\right)^{1/2}, \quad \chi_0 = \left(\frac{|\sigma_{01k}|}{Ek}\right)^{1/2}\left(1+\mathrm{i}\frac{\sigma_{01k}}{|\sigma_{01k}|}\right).$$

注意轴对称惯性模的方位速度分量 $\hat{\boldsymbol{\phi}} \cdot \mathbf{u}_{01k}$ 满足 $s = \Gamma$ 处的无滑移边界条件，因而 $\hat{\boldsymbol{\phi}} \cdot \mathbf{u}_{01k}$ 在那里不需要一个粘性边界层。在 (18.52)~(18.56) 式中，我们并没有使用下标 c 来标记，比如 m_c, k_c 和 σ_c，因为轴对称解与惯性对流的最不稳定模似乎并无关联。简而言之，公式 (18.47) 和 (18.52)~(18.56) 就是旋转圆柱中轴对称惯性对流的完整解析解。

为确定它是否真正地代表了最不稳定的对流模，我们必须证明 (18.52) 式在给定的 Pr, Ek 和 Γ 参数情况下，比非轴对称解 (18.36) 式可得出一个更小的瑞利数。尽管考察了各种不同的参数域，但我们仍然不能确定轴对称振荡成为最不稳定对流模的参数范围，例如，当 $Ek = 10^{-4}, Pr = 10^{-6}$ 和 $\Gamma = 1$ 时，(18.52) 式给出的最小瑞利数为 $\widetilde{Ra} = 2.06$，且有 $m = 0, k = 1$ 和 $\sigma = 0.639$。这个轴对称解析解已被相应的数值分析所验证，数值解结果为 $\widetilde{Ra} = 2.13, \sigma = 0.639$ 和 $m = 0$。然而，其相应的非轴对称解 (18.36) 给出了一个小得多的瑞利数 $(\widetilde{Ra})_c = 0.3398$ 以及

$m_c = 1, k_c = 1$ 和 $\sigma_c = 0.7790$。总之,我们在物理参数空间所作的有限探索表明,快速旋转圆柱的轴对称惯性对流不能代表惯性对流的最不稳定模。

18.4 向弱湍流的过渡

18.4.1 非线性对流的有限元方法

同圆柱的非线性进动流问题一样,本节将使用三维有限元方法来求解圆柱的非线性对流。该方法与进动问题数值模拟采用的方法类似,它基于对整个圆柱腔体的四面体网格剖分 (见图 11.5),并且在旋转轴上不存在数值奇点。我们用构造的一个确切解验证了圆柱旋转对流的有限元程序,发现数值解与确切解符合得非常完美。该程序十分灵活,可以在圆柱边界面 S 附近加密网格以提高较薄粘性边界层内的分辨率。

令 T_f 表示数值模拟的结束时间,我们将模拟时长 $[0, T_f]$ 平均分为 M 个较小时间段,即
$$0 = t_0 < t_1 < t_2 < \cdots < t_M = T_f,$$
其中 $t_n = n\Delta t$, $n = 0, 1, \cdots, M$。设 $\mathbf{u}(\mathbf{r}, t)$ 为 t 的连续函数,并记 $\mathbf{u}^n(\mathbf{r}) = \mathbf{u}(\mathbf{r}, t_n)$, $n = 0, 1, \cdots, M$。当完成了圆柱的四面体剖分后,使用了一个隐式格式对完整的控制方程 (18.1)~(18.3) 作数值积分的时间步进,具体为

$$\frac{3\mathbf{u}^{n+1} - 4\mathbf{u}^n + \mathbf{u}^{n-1}}{2\Delta t} + (2\mathbf{u}^n - \mathbf{u}^{n-1}) \cdot \nabla \mathbf{u}^{n+1} + 2\hat{\mathbf{z}} \times \mathbf{u}^{n+1} + \nabla p^{n+1}$$
$$= \widetilde{Ra}(2\Theta^n - \Theta^{n-1})\hat{\mathbf{z}} + Ek\nabla^2 \mathbf{u}^{n+1}, \tag{18.57}$$

$$\nabla \cdot \mathbf{u}^{n+1} = 0, \tag{18.58}$$

$$\frac{Pr}{Ek}\left[\frac{3\Theta^{n+1} - 4\Theta^n + \Theta^{n-1}}{2\Delta t} + (2\mathbf{u}^n - \mathbf{u}^{n-1}) \cdot \nabla \Theta^{n+1}\right]$$
$$= \hat{\mathbf{z}} \cdot (2\mathbf{u}^n - \mathbf{u}^{n-1}) + \nabla^2 \Theta^{n+1}. \tag{18.59}$$

从任意的初始条件开始,对给定的 $\mathbf{u}^n$, Θ^n 和 $\mathbf{u}^{n-1}$, Θ^{n-1},可以求解下一时间步的 $\mathbf{u}^{n+1}$, p^{n+1} 和 Θ^{n+1},求解是在并行计算机上进行的。因为热边界条件并不重要,因此我们在整个边界只考虑了无滑移和等温边界条件 (见 (18.11) 和 (18.12) 式),对惯性或粘性对流的非线性问题均如此设置。

在旋转对流的实际模拟中,应该一直采用在圆柱边界 S 附近加密的不均匀三维网格。当然,时间步长 Δt 和有限元网格的大小主要是由 Ek 和 Pr 值决定的。由于惯性对流数值解受到粘性边界层效应的动力学控制 (渐近解已经清楚地表明了这一点),当 $0 < \sqrt{Ek} \ll 1$ 时,在边界区域,有限元网格的大小通常需要达到 $\sqrt{Ek}$ 的尺度,数值模拟的时长也必须足够,一般为 $T_f \geqslant O(1/\sqrt{Ek})$。

18.4.2 惯性对流：从单一惯性模到弱湍流

对流不稳定性分析揭示的信息，为理解 $0 < Ek \ll 1$ 条件下惯性对流的非线性性质提供了至关重要的线索。当瑞利数 $\widetilde{Ra}$ 达到临界值 $(\widetilde{Ra})_c$ 时，仅有一个单一的临界惯性模 $\mathbf{u}_{m_c 1 k_c}$ 被对流激发并维持；当 $\widetilde{Ra}$ 大于 $(\widetilde{Ra})_c$ 时，系统便存在多个惯性模，它们的边际瑞利数仅仅比 $(\widetilde{Ra})_c$ 略大，这些模可以在瑞利数适度超过临界值的情况下被对流激发。因此，这些在对流开端附近的惯性波模发生的非线性相互作用，极有可能形成一个弱湍流状态，即使在瑞利数稍稍超过临界值时也是如此。

为展示非线性惯性对流的性质，我们将非线性对流运动 $\mathbf{u}$（假设其分段连续和可微）展开为惯性模谱的形式：

$$\mathbf{u} = \widetilde{\mathbf{u}} + \sum_{k=1}^{K} \mathcal{A}_{00k}(t) \mathbf{u}_{00k}(s) + \sum_{m=1}^{M}\sum_{k=1}^{K} \frac{1}{2} \left[\mathcal{A}_{m0k}(t) \, \mathbf{u}_{m0k}(s,\phi) + c.c. \right]$$

$$+ \sum_{n=1}^{N}\sum_{k=1}^{K} \frac{1}{2} \left[\mathcal{A}_{0nk}(t) \, \mathbf{u}_{0nk}(s,z) + c.c. \right]$$

$$+ \sum_{m=1}^{M}\sum_{n=1}^{N}\sum_{k=1}^{2K} \frac{1}{2} \left[\mathcal{A}_{mnk}(t) \, \mathbf{u}_{mnk}(s,z,\phi) + c.c. \right], \tag{18.60}$$

其中 $\mathbf{u}_{mnk}$ 已归一化，即有

$$\int_0^1 \int_0^\Gamma \int_0^{2\pi} (\mathbf{u}^*_{mnk} \cdot \mathbf{u}_{m'n'k'}) s \, d\phi \, ds \, dz = \delta_{mm'} \delta_{nn'} \delta_{kk'},$$

如此 $\mathcal{A}_{mnk}$ 的大小才有意义。与进动问题类似，在任意时刻 t，都可通过简单积分从非线性惯性对流的有限元解 $\mathbf{u}$ 导出系数 $\mathcal{A}_{mnk}$。

我们将以液态镓 ($Pr = 0.023$) 为例来进行非线性惯性对流的数值研究。当 $Ek = 10^{-3}$ 时，在 $\Gamma = 1.046$ 且边界条件如 (18.11) 和 (18.12) 式的旋转圆柱中，最不稳定的模与临界惯性模 $\mathbf{u}_{311}$ 相关联，其临界瑞利数为 $\widetilde{Ra}_c = 19.55$，临界波数为 $m_c = 3$，临界半频为 $\sigma_c = 0.4833$。但第二个最不稳定模 $\mathbf{u}_{211}$ 相距极近，其参数为 $\widetilde{Ra} = 21.54$，$m = 2$ 和 $\sigma = 0.5902$。

如图 18.10 和图 18.11 所示，当瑞利数 $\widetilde{Ra} = 23.0$ 略高于临界值时，弱非线性对流的性质可从惯性对流的线性稳定性分析上获得很好的理解：此时对流强度较弱，代表了一个源自不稳定性的超临界分岔，它由临界惯性模 $\mathbf{u}_{311}$ 主导，如同一个能量近乎常数的惯性波在方位方向逆向（顺时针）行进。表 18.3 列出了 $\widetilde{Ra} = 23.0$ 时，非线性对流的惯性模谱，由公式 (18.60) 计算，两个不同时刻分别对应图 18.11(a) 和 (b)。其中 $\sigma_{mnk} = 0$ 和 $n = 0$ 的模为地转模。从表中可以看出，虽然弱非线性惯性对流由临界惯性模 $\mathbf{u}_{311}$ 所主导，与渐近分析的预测一致，但其他惯性模的贡献也很可观，即使是在瑞利数仅略微超过临界值的情况下。

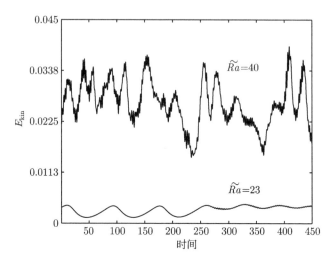

图 18.10 非线性惯性对流的动能密度 $E_{\rm kin}$，从有限元方法的直接数值模拟获得，瑞利数分别为 $\widetilde{Ra}=23,40$，其他参数为 $Ek=10^{-3}, Pr=0.023, \Gamma=1.046$

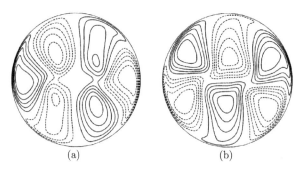

图 18.11 当 $Ek=10^{-3}, Pr=0.023, \Gamma=1.046$ 和 $\widetilde{Ra}=23$ 时，直接数值模拟给出的非线性惯性对流垂直速度 $\hat{\mathbf{z}}\cdot\mathbf{u}$ 在水平面 $z=0.5$ 上的等值线分布，两图分别对应不同时刻，其惯性模谱列于表 18.3 中。对流由单一惯性波模 $\mathbf{u}_{311}$ 主导，与渐近解的预测一致

当瑞利数 Ra 进一步增大时，更多的惯性模将被对流激发和维持，并且发生着非线性相互作用，这将形成一个惯性对流的弱湍流状态。以 $\widetilde{Ra}=40$ 时的湍流为例，图 18.10 显示了它在时间上的无规律变化，而非线性对流不规则的空间结构显示于图 18.12 中。将两个不同时刻的对流分解到惯性模谱中（见表 18.4），可发现非线性对流由多个惯性模组成，如 $\mathbf{u}_{211}$ 和 $\mathbf{u}_{112}$，它们的大小相当，并且发生着非线性相互作用。没有证据表明在非线性惯性对流中存在三模共振机制，该机制由三个惯性模参与并且满足共振的参数条件。

当 $0<Ek\ll 1$ 时，对于快速旋转圆柱中小普朗特数 Pr（如液态镓）的惯性对流，非线性数值计算揭示了流体惯性对流从开始发生到形成弱湍流的场景。当瑞利

18.4 向弱湍流的过渡

数 $\widetilde{Ra}$ 充分接近临界值 $(\widetilde{Ra})_c$ 时，弱非线性惯性对流基本上由一个单一的热惯性波模所主导——正如渐近分析所预测的。当瑞利数 $\widetilde{Ra}$ 适度超过临界值时，多个强度相当的惯性波模将被对流共同维持，它们的非线性相互作用会形成一个惯性对流的弱湍流状态。

表 18.3 在非线性惯性对流的两个不同时刻，惯性模谱中五个最大的 $|\mathcal{A}_{mnk}|$，对应图18.11(a) 和 (b)，参数为 $Ek = 10^{-3}, Pr = 0.023, \Gamma = 1.046$ 和 $\widetilde{Ra} = 23$

图 18.11(a) 时刻的 (m, n, k)	$\|\mathcal{A}_{mnk}\|$	σ_{mnk}
(3, 1, 1)	1.8038×10^{-1}	$+0.5104$
(1, 1, 2)	9.9351×10^{-2}	$+0.5000$
(2, 0, 2)	3.1748×10^{-2}	$+0.0000$
(3, 1, 2)	2.4030×10^{-2}	$+0.3459$
(3, 3, 1)	2.0579×10^{-2}	$+0.8842$
图 18.11(b) 时刻的 (m, n, k)	$\|\mathcal{A}_{mnk}\|$	σ_{mnk}
(3, 1, 1)	1.8050×10^{-1}	$+0.5104$
(1, 1, 2)	1.0545×10^{-1}	$+0.5000$
(1, 1, 1)	3.0946×10^{-2}	-0.5507
(3, 1, 2)	2.6480×10^{-2}	$+0.3459$
(2, 0, 2)	2.6128×10^{-2}	$+0.0000$

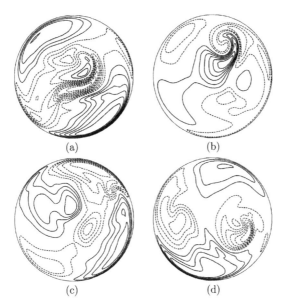

图 18.12 当 $Ek = 10^{-3}, Pr = 0.023, \Gamma = 1.046$ 和 $\widetilde{Ra} = 40$ 时，直接数值模拟给出的非线性惯性对流垂直速度 $\hat{\mathbf{z}} \cdot \mathbf{u}$ 在水平面 $z = 0.5$ 上的等值线分布，四图分别对应不同时刻，其中 (a) 和 (d) 的惯性模谱列于表 18.4 中。惯性对流的图案是完全无规律的

表 18.4　在弱湍流惯性对流的两个不同时刻，惯性模谱中五个最大的 $|A_{mnk}|$，对应着图 18.12(a) 和 (d)，参数为 $Ek = 10^{-3}, Pr = 0.023, \Gamma = 1.046$ 和 $\widetilde{Ra} = 40$

图 18.12(a) 时刻 (m,n,k)	$|A_{mnk}|$	$|\sigma_{mnk}|$
$(2,1,1)$	3.8389×10^{-1}	$+0.6263$
$(0,1,1)$	3.2585×10^{-1}	$+0.6510$
$(1,0,2)$	1.7797×10^{-1}	$+0.0000$
$(1,1,2)$	1.4662×10^{-1}	$+0.5000$
$(1,1,1)$	1.2876×10^{-1}	$+0.7952$
图 18.12(d) 时刻 (m,n,k)	$|A_{mnk}|$	$|\sigma_{mnk}|$
$(0,1,1)$	1.8358×10^{-1}	$+0.6510$
$(1,1,2)$	1.7343×10^{-1}	$+0.5000$
$(1,0,1)$	1.2596×10^{-1}	$+0.0000$
$(2,1,1)$	1.1801×10^{-1}	$+0.6263$
$(3,0,1)$	1.0432×10^{-1}	$+0.0000$

18.4.3　粘性对流：从壁面局部化模到弱湍流

在此应该强调，在适度大的 Pr 下，旋转圆柱从粘性对流开端向弱湍流的过渡与旋转无界 Rayleigh-Bénard 层的情况截然不同。为展示向湍流转化的典型路径，我们继续察看 $\Gamma = 1.046, Ek = 10^{-3}$ 的旋转圆柱中的粘性对流，边界条件是无滑移和等温的，由公式 (18.11) 和 (18.12) 描述，取一个较大的普朗特数 $Pr = 7.0$（室温下的水）。

为理解旋转圆柱中从壁面局部化粘性对流向弱湍流状态的过渡，需要注意两个不同的临界瑞利数。首先，在旋转圆柱中，当瑞利数 $\widetilde{Ra}$ 增大到 $(\widetilde{Ra})_c = 158.1$ 时，对流就发生了，流动集中在圆柱的壁面 $(s = \Gamma)$ 附近，其临界波数和半频分别为 $m_c = 8$ 和 $\sigma_c = 3.065 \times 10^{-3}$。临界频率在粘性对流的开端始终为正，即 $\sigma_c > 0$，如渐近公式 (18.43) 所示，表明对流图案在开端附近是逆行的（顺时针方向）。其次，还需要注意到旋转无界 Rayleigh-Bénard 层对流开端的临界瑞利数 $(\widetilde{Ra})_{RB}$，当 $Ek = 10^{-3}$ 和 $Pr = 7.0$ 时，它大约为 200。

在两个不同临界瑞利数值 $(\widetilde{Ra})_c$ 和 $(\widetilde{Ra})_{RB}$ 的指引下，我们计算了四个瑞利数 $\widetilde{Ra} = 170, 200, 400, 600$ 的非线性解（其他参数为 $Ek = 10^{-3}, Pr = 7.0, \Gamma = 1.046$），以展示当 $Pr = 7.0$ 时，粘性对流模式向弱湍流过渡的典型过程。图 18.13 显示了其中三个非线性解的动能随时间的变化情况，$\widetilde{Ra} = 170, 200$ 两种情况的弱非线性对流结构显示于图 18.14 中。当瑞利数适度超过临界值时，即 $\widetilde{Ra} = 170$ 和 $\widetilde{Ra} = 200$ 时，非线性对流的关键特征与稳定性分析的预测是一致的：① 在对流不稳定状态附近，非线性粘性对流较弱，动能为常数；② 方位波数为 $m = 8$ 的对流运动聚集在旋转圆柱的壁面附近，而圆柱内部几乎没有运动；③ 对流图案为逆行（顺时针方向）的缓慢行波形式。

18.4 向弱湍流的过渡

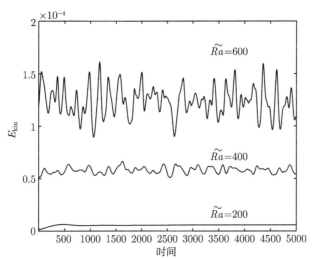

图 18.13 非线性粘性对流的动能密度 $E_{\rm kin}$,从有限元方法的直接数值模拟获得,瑞利数分别为 $\widetilde{Ra} = 200, 400, 600$,其他参数为 $Ek = 10^{-3}$, $Pr = 7.0$, $\Gamma = 1.046$。边界条件为无滑移和理想导体,见 (18.11) 和 (18.12) 式

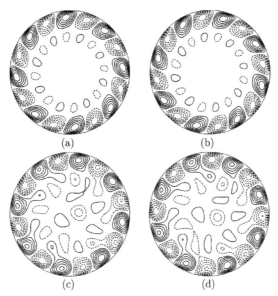

图 18.14 当 $Ek = 10^{-3}$, $Pr = 7.0$, $\Gamma = 1.046$ 时,直接数值模拟给出的非线性粘性对流垂直速度 $\hat{\bf z} \cdot {\bf u}$ 在水平面 $z = 0.5$ 上的等值线分布,(a) 和 (b) 对应 $\widetilde{Ra} = 170$ 的两个不同时刻,(c) 和 (d) 对应 $\widetilde{Ra} = 200$ 的两个不同时刻。在两种瑞利数情况下,粘性对流的主导图案为在方位上逆行 (顺时针方向) 的行波形式,与稳定性分析的预测一致

而当瑞利数 $\widetilde{Ra}$ 大于旋转无界 Rayleigh-Bénard 层激发内部对流模所需的临界

瑞利数时，即 $\widetilde{Ra} > \widetilde{Ra}_{RB}$ 时，旋转圆柱的内部对流模将被激发，并与壁面局部化行波发生非线性相互作用。正是这种内部流与壁面流的非线性相互作用导致了在时间和空间上都不规律的对流运动，即使当瑞利数中等大小时亦是如此，图 18.13 和图 18.15 显示了这种状况。与图 18.14 ($\widetilde{Ra} = 170, 200$) 对比，图 18.15 ($\widetilde{Ra} = 400, 600$) 存在三个明显的差异。第一，非线性对流的优势方位波数从 $\widetilde{Ra} = 200$ 时的 $m = 8$ 减少到了 $\widetilde{Ra} = 400$ 时的 $m = 6$，进而减少到了 $\widetilde{Ra} = 600$ 时的 $m = 5$。第二，即使当 $\widetilde{Ra} = 400, 600$ 时，对流在时间和空间上也是无规律的，其图案仍然在很大程度上保持着行波的形式，但其行进方向从 $\widetilde{Ra} = 170, 200$ 时弱非线性对流的逆行 (顺时针) 方向，反转为 $\widetilde{Ra} = 400, 600$ 时强非线性对流的顺行 (逆时针) 方向。第三，当 $\widetilde{Ra} = 400, 600$ 时，动能会随内部流与壁面流的相对相位而变得无规律。图 18.15(c) 和 (d) 分别显示了在动能达到局部极小值和极大值时的对流结构。

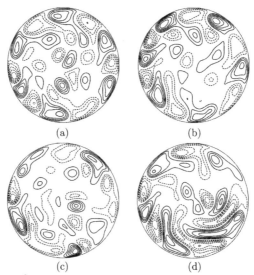

图 18.15 当 $Ek = 10^{-3}, Pr = 7.0, \Gamma = 1.046$ 时，直接数值模拟给出的非线性粘性对流垂直速度 $\hat{\mathbf{z}} \cdot \mathbf{u}$ 在水平面 $z = 0.5$ 上的等值线分布，(a) 和 (b) 对应 $\widetilde{Ra} = 400$ 的两个不同时刻，(c) 和 (d) 对应 $\widetilde{Ra} = 600$ 的两个不同时刻

我们的非线性模拟表明，对于较大的普朗特数，比如室温水的 $Pr = 7.0$，从粘性对流模式向弱湍流状态的转换路径，是经由内部流与壁面行波的非线性相互作用的。当 $(\widetilde{Ra})_c < \widetilde{Ra} < (\widetilde{Ra})_{RB}$ 时，非线性粘性对流为层流，主要集中在圆柱壁面附近并逆行运动。当 $\widetilde{Ra} > (\widetilde{Ra})_{RB}$ 时，旋转圆柱内部的内部模被激发出来，它与旋转无界 Rayleigh-Bénard 层的对流模相关联，具有与壁面局部化模不同的空间尺度，并且以无规则变化的相位与壁面局部化行波发生着非线性相互作用，最终在一个中等大小的超临界瑞利数下导致了粘性对流的弱湍流状态。

第19章 旋转球体或球壳中的对流

19.1 公　　式

本章考虑球体或球壳内部的 Boussinesq 流体 [方程 (1.10) 中 $\Theta \neq 0$],球体的半径为 r_o,球壳的外半径为 r_o,内半径为 $r_i = r_o\Gamma$ ($0 \leqslant \Gamma = r_i/r_o < 1$),如图 19.1 所示。流体不受外力的影响 [方程 (1.10) 中 $\mathbf{f} \equiv \mathbf{0}$]。球体或球壳以均匀角速度 $\Omega_0 \hat{\mathbf{z}}$ 旋转,因而在旋转参考系中,流体运动仅由对流不稳定性驱动。假设由旋转导致的球体形变很小,影响可以忽略不计,并且 Boussinesq 流体的热扩散系数 κ 和运动粘度 ν 都为常数。在渐近或数值分析中,我们将采用两种坐标系,其一为球坐标系 (r, θ, ϕ),相应的单位矢量为 $(\hat{\mathbf{r}}, \hat{\boldsymbol{\theta}}, \hat{\boldsymbol{\phi}})$;其二为柱坐标系 (s, ϕ, z),相应的单位矢量为 $(\hat{\mathbf{s}}, \hat{\boldsymbol{\phi}}, \hat{\mathbf{z}})$,旋转轴位于 $\theta = 0$ 或 $s = 0$ 处。

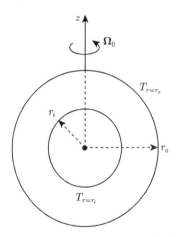

图 19.1 球壳的几何形状,外半径为 r_o,内半径为 r_i,内外半径之比为 $\Gamma = r_i/r_o$。球壳中充满了 Boussinesq 流体,并以均匀角速度 $\boldsymbol{\Omega} = \boldsymbol{\Omega}_0 = \Omega_0 \hat{\mathbf{z}}$ 快速旋转 (Ω_0 为常数),流体由内部均匀分布的热源加热,产生了一个导致对流不稳定性的径向不稳定温度梯度。极限 $\Gamma \to 0$ 则表示没有内核的完整球体

球体或球壳中的 Boussinesq 流体处于自身的引力场中,即

$$\mathbf{g} = -\gamma \mathbf{r},$$

其中 γ 是正常数,$\mathbf{r}$ 为位置矢量,其原点位于球体 ($\Gamma = 0$) 或球壳 ($0 < \Gamma < 1$) 的中

心。我们采用了一个传统的加热模型 (Chandrasekhar, 1961; Roberts, 1968; Busse, 1970)，在整个球形系统中，基本的不稳定热传导温度梯度由均匀分布的热源产生。在方程 (16.1) 中取 Q_h 为非零的正常数，则当流体不发生运动时，即 $\mathbf{u} = \mathbf{0}$，球体中的基本温度 $T_0(r)$ 为

$$T_0(r) = T_0(r=0) - \frac{r^2}{2}\left(\frac{Q_h}{3c_p\rho_0\kappa}\right),$$

或

$$\nabla T_0(r) = -\beta\mathbf{r},$$

其中 β 为正常数，即 $\beta = Q_h/(3c_p\rho_0\kappa) > 0$，并且有 $\mathbf{g}\cdot\nabla T_0(r) > 0$，使系统能够通过对流不稳定释放重力势能。在内球面 $r = r_i$ 上，热源维持了一个较高的温度 $T_0(r=r_i) = T_{r=r_i}$，而在外球面 $r = r_o$ 上的温度 $T_0(r=r_o) = T_{r=r_o}$ 较低，即 $T_{r=r_i} > T_{r=r_o}$，它驱动了旋转球形系统的对流不稳定性，如图 19.1 所示。这个加热模型是旋转球形对流的最简单模型，不仅在数学上极为简单，而且还有一个重要的优点：它允许取极限 $\Gamma \to 0$ 来逼近球体，并且在基本温度场 $T_0(r)$ 中不会遇到数学奇点。

将 $\mathbf{g} = -\gamma\mathbf{r}$，$\nabla T_0 = -\beta\mathbf{r}$ 以及 $\mathbf{\Omega} = \Omega_0\hat{\mathbf{z}}$ 代入方程 (16.2) 和 (16.3)，可得旋转球形系统中由均匀热源驱动的热对流控制方程：

$$\frac{\partial \mathbf{u}}{\partial t} + \mathbf{u}\cdot\nabla\mathbf{u} + 2\Omega_0\hat{\mathbf{z}}\times\mathbf{u} = -\frac{1}{\rho_0}\nabla P + \gamma\alpha\mathbf{r}\Theta + \nu\nabla^2\mathbf{u},$$

$$\frac{\partial \Theta}{\partial t} + \mathbf{u}\cdot\nabla\Theta = \beta\mathbf{r}\cdot\mathbf{u} + \kappa\nabla^2\Theta.$$

当然，不同的加热模型将会得到不同形式的热方程。由于对流动力学主要由球形几何形状的旋转效应所控制，本书将主要关注最简单的加热方式 $\nabla T_0 = -\beta\mathbf{r}$，它既可用于球体内的对流，也可用于球壳中的对流。

不同参数空间的对流具有明显不同的时间尺度，为了研究方便，我们在旋转球形对流的数学分析和数值模拟中采用了两套归一化方案。其一，当系统的旋转速度较小或对流的典型时间尺度远远大于旋转周期时，我们令 $P = [\rho_0\nu^2/(r_o-r_i)^2]p$，取球壳厚度 (r_o-r_i) 为单位长度，粘滞扩散时间 $(r_o-r_i)^2/\nu$ 为单位时间，$\beta(r_o-r_i)^2\nu/\kappa$ 为单位温度扰动，于是可得无量纲控制方程为

$$\frac{\partial \mathbf{u}}{\partial t} + \mathbf{u}\cdot\nabla\mathbf{u} + \sqrt{Ta}\,\hat{\mathbf{z}}\times\mathbf{u} = -\nabla p + Ra\Theta\mathbf{r} + \nabla^2\mathbf{u}, \tag{19.1}$$

$$\nabla\cdot\mathbf{u} = 0, \tag{19.2}$$

$$Pr\left(\frac{\partial \Theta}{\partial t} + \mathbf{u}\cdot\nabla\Theta\right) = \mathbf{r}\cdot\mathbf{u} + \nabla^2\Theta, \tag{19.3}$$

19.1 公　式

其中三个无量纲参数——瑞利数 Ra、普朗特数 Pr 和泰勒数 Ta 分别定义为

$$Ra = \frac{\alpha\beta\gamma(r_o - r_i)^6}{\nu\kappa}, \quad Pr = \frac{\nu}{\kappa}, \quad Ta = \frac{4\Omega_0^2(r_o - r_i)^4}{\nu^2}.$$

瑞利数 Ra 提供了球形系统中均匀分布热源强度的一个度量。在方程 (19.1)~(19.3) 中，极限 $Ta \to 0$ 代表了无旋转对流问题，如果将泰勒数设为特定的值，我们就可以研究无旋转或慢速旋转球形系统中的对流问题。

其二，当对流的时间尺度相当于或小于旋转周期时，比如惯性对流情况，我们令 $P = \Omega_0^2\rho_0(r_o - r_i)^2 p$，并采用相同的长度尺度 $(r_o - r_i)$，但取 Ω_0^{-1} 为单位时间，$\beta d^4 \Omega_0/\kappa$ 为单位温度扰动，则可得到不同的无量纲方程：

$$\frac{\partial \mathbf{u}}{\partial t} + \mathbf{u} \cdot \nabla \mathbf{u} + 2\hat{\mathbf{z}} \times \mathbf{u} = -\nabla p + \widetilde{Ra}\Theta\mathbf{r} + Ek\nabla^2\mathbf{u}, \tag{19.4}$$

$$\nabla \cdot \mathbf{u} = 0, \tag{19.5}$$

$$(Pr/Ek)\left(\frac{\partial \Theta}{\partial t} + \mathbf{u} \cdot \nabla\Theta\right) = \mathbf{r} \cdot \mathbf{u} + \nabla^2\Theta, \tag{19.6}$$

其中，

$$\widetilde{Ra} = \frac{\alpha\beta\gamma(r_o - r_i)^4}{\Omega_0\kappa}, \quad Ek = \frac{\nu}{\Omega_0(r_o - r_i)^2} = \frac{2}{\sqrt{Ta}}, \quad \widetilde{Ra} = Ek\,Ra.$$

修正瑞利数 $\widetilde{Ra}$ 可以有效地衡量浮力与科里奥利力的比值。在公式 (19.1)~(19.3) 和 (19.4)~(19.6) 之后，如果未特别说明，本章的所有 $\mathbf{u}, p, \Theta$ 和 $\mathbf{r}, t$ 变量都是无量纲的。除了物理参数，几何参数 Γ 也可以在旋转球形对流问题中扮演重要的角色。不过，完整球体 ($\Gamma \to 0$) 的对流问题在数学上更加容易处理，因为问题只需要三个参数 $Ek, \widetilde{Ra}$ 和 Pr 便可完全描述。

考虑两类边界条件。第一类边界条件是：球壳在内外边界上为理想导体 (等温)、不可渗透和应力自由条件，即

$$\frac{\partial(\hat{\boldsymbol{\phi}} \cdot \mathbf{u}/r)}{\partial r} = \frac{\partial(\hat{\mathbf{r}} \cdot \mathbf{u}/r)}{\partial r} = \hat{\mathbf{r}} \cdot \mathbf{u} = \Theta = 0, \quad r = r_i, r_o, \tag{19.7}$$

其中，$r_i = \Gamma/(1-\Gamma)$ 和 $r_o = 1/(1-\Gamma)$ 表示球壳的无量纲内外半径；第二类边界条件是无滑移和等温条件，由下式描述：

$$\hat{\boldsymbol{\phi}} \cdot \mathbf{u} = \hat{\mathbf{r}} \cdot \mathbf{u} = \hat{\boldsymbol{\theta}} \cdot \mathbf{u} = \Theta = 0, \quad r = r_i, r_o. \tag{19.8}$$

如果是完整球体，由于 $\Gamma \to 0$，则外边界变为 $r_o = 1$。更重要的是，几何参数 Γ 从问题中消失了。

本章中，对于由方程 (19.1)~(19.3) 或 (19.4)~(19.6) 的线性化版本定义的对流不稳定性问题，我们将用分析和数值方法来进行求解，其边界条件为 (19.7) 或

(19.8) 式。在线性解的基础上，对流的弱非线性特征，如较差旋转或带状流，将在对流的开端附近得到检验。另外，我们也将用有限元或有限差分的直接数值模拟来求解完全非线性方程 (19.1)~(19.3) 或 (19.4)~(19.6)。

19.2 使用环型/极型分解的数值解

19.2.1 环型/极型分解下的控制方程

为计算球形几何体中对流的数值解，将速度 $\mathbf{u}(r,\theta,\phi,t)$ 展开为极型 ($v(r,\theta,\phi,t)$) 和环型 ($w(r,\theta,\phi,t)$) 势函数之和的形式 (Chandrasekhar, 1961) 是很方便的，即

$$\mathbf{u}(r,\theta,\phi,t) = \nabla \times \nabla \times [\mathbf{r}v(r,\theta,\phi,t)] + \nabla \times [\mathbf{r}w(r,\theta,\phi,t)], \tag{19.9}$$

它自动满足方程 (19.2)。将 (19.9) 式代入方程 (19.4)，作 $\mathbf{r}\cdot\nabla\times$ 和 $\mathbf{r}\cdot\nabla\times\nabla\times$ 运算，并将 (19.9) 式代入方程 (19.6)，可得三个关于 v、w 和 Θ 的独立标量方程，即

$$\left[\left(Ek\nabla^2 - \frac{\partial}{\partial t}\right)\mathcal{L}_2\right]w + 2\left(\hat{\mathbf{z}}\times\mathbf{r}\right)\cdot\nabla w - 2\mathcal{Q}v = -\mathbf{r}\cdot\nabla\times[\mathbf{u}\times(\nabla\times\mathbf{u})], \tag{19.10}$$

$$\left[\left(Ek\nabla^2 - \frac{\partial}{\partial t}\right)\mathcal{L}_2\right]\nabla^2 v + 2\left(\hat{\mathbf{z}}\times\mathbf{r}\right)\cdot\nabla\left(\nabla^2 v\right) + 2\mathcal{Q}w - \widetilde{Ra}\mathcal{L}_2\Theta$$
$$= \mathbf{r}\cdot\nabla\times\nabla\times[\mathbf{u}\times(\nabla\times\mathbf{u})], \tag{19.11}$$

$$\left(\nabla^2 - \frac{Pr}{Ek}\frac{\partial}{\partial t}\right)\Theta + \mathcal{L}_2 v = \frac{Pr}{Ek}\left(\mathbf{u}\cdot\nabla\Theta\right), \tag{19.12}$$

其中，

$$\mathcal{L}_2 = -\left(\frac{1}{\sin\theta}\frac{\partial}{\partial\theta}\sin\theta\frac{\partial}{\partial\theta} + \frac{1}{\sin^2\theta}\frac{\partial^2}{\partial\phi^2}\right),$$

$$\mathcal{Q} = r\cos\theta\nabla^2 - \left(\mathcal{L}_2 + r\frac{\partial}{\partial r}\right)\left(\cos\theta\frac{\partial}{\partial r} - \frac{\sin\theta}{r}\frac{\partial}{\partial\theta}\right).$$

在推导 (19.10)~(19.12) 式的过程中，我们使用了以下微分算子：

$$\mathbf{r}\cdot\nabla\times(\mathbf{r}\Theta) = 0;$$

$$\mathbf{r}\cdot\nabla\times\nabla\times(\mathbf{r}\Theta) = \mathcal{L}_2\Theta;$$

$$\mathbf{r}\cdot\nabla\times\mathbf{u} = \mathcal{L}_2 w;$$

$$\mathbf{r}\cdot\nabla\times\left(\nabla^2\mathbf{u}\right) = \mathcal{L}_2\nabla^2 w;$$

$$\mathbf{r}\cdot\nabla\times\nabla\times\mathbf{u} = -\mathcal{L}_2\nabla^2 v;$$

$$\mathbf{r}\cdot\nabla\times\nabla\times\left(\nabla^2\mathbf{u}\right) = -\mathcal{L}_2\nabla^4 v;$$

19.2 使用环型/极型分解的数值解

$$\mathbf{r} \cdot \nabla \times (\nabla^2 \mathbf{u}) = \mathcal{L}_2 \nabla^2 w;$$

$$\mathbf{r} \cdot \nabla \times (\hat{\mathbf{z}} \times \mathbf{u}) = \mathcal{Q}v - (\hat{\mathbf{z}} \times \mathbf{r}) \cdot \nabla w;$$

$$\mathbf{r} \cdot \nabla \times \nabla \times (\hat{\mathbf{z}} \times \mathbf{u}) = \mathcal{Q}w + (\hat{\mathbf{z}} \times \mathbf{r}) \cdot \nabla (\nabla^2 v).$$

基于环型/极型分解的方程 (19.10)~(19.12) 对任意的 Ek、Pr 和 $\widetilde{Ra}$ 都是成立的。值得一提的是，$\mathcal{L}_2$ 和 ∇^2 的频繁出现表明，当在球形体中数值求解方程 (19.10)~(19.12) 时，将 v 和 w 展成球谐函数是方便的，即使代表科里奥利力的微分算子 $\mathcal{Q}$ 与各阶球谐函数耦合在了一起。

本节我们将试图描述对流不稳定附近的对流性质，主要关注两个问题：在 $0 < Ek \ll 1$ 条件下普朗特数 Pr 的重要作用，以及由非线性效应生成的较差转动或带状流。在对流开端附近，方程 (19.4)~(19.6) 的解可以展开成下面的形式：

$$\mathbf{u} = \left\{ \mathcal{A} \left[\nabla \times \nabla \times (\mathbf{r}v_0) + \nabla \times (\mathbf{r}w_0) \right] \mathrm{e}^{\mathrm{i}2\sigma t} + c.c. \right\} + \frac{|\mathcal{A}|^2}{\sqrt{Ek}} \mathbf{U}(r, \theta) + \cdots, \quad (19.13)$$

$$p = \left[\mathcal{A} p_0(r, \theta, \phi) \mathrm{e}^{\mathrm{i}2\sigma t} + c.c. \right] + \frac{|\mathcal{A}|^2}{\sqrt{Ek}} P(r, \theta) + \cdots, \quad (19.14)$$

$$\Theta = \left[\mathcal{A} \Theta_0(r, \theta, \phi) \mathrm{e}^{\mathrm{i}2\sigma t} + c.c. \right] + \cdots, \quad (19.15)$$

$$\widetilde{Ra} = (\widetilde{Ra})_0 + \cdots, \quad (19.16)$$

其中 $\mathcal{A}$ 表示一个较小的幅度，满足 $|\mathcal{A}|^2 \sim [(\widetilde{Ra} - (\widetilde{Ra})_0)/(\widetilde{Ra})_0 \ll 1$，且 $\mathbf{U}(r,\theta)$ 表示雷诺应力驱动的轴对称流，它与对流开端的线性解 (v_0, w_0) 相联系。注意，标度 $|\mathcal{A}|^2/\sqrt{Ek}$ 来自于 $0 < Ek \ll 1$ 条件下的无滑移边界条件。对于给定的 Ek 和 Pr，我们首先求解描述对流开端的首阶问题，然后推出非线性效应产生的较差旋转或带状流。但我们并没有尝试去求解振幅 $\mathcal{A}$，作为瑞利数 $\widetilde{Ra}$ 的函数，它需要更高阶和非常冗长的分析才能确定，这已超出了本书的范围。

19.2.2 应力自由或无滑移条件的数值分析

将展开式 (19.13)~(19.16) 代入方程 (19.4) 和 (19.6)，取结果的首阶项则得到旋转球形对流开端的控制方程：

$$\left[Ek\nabla^2 + 2\left(\frac{\partial}{\partial \phi} - \mathrm{i}\sigma \mathcal{L}_2\right) \right] w_0 - 2\mathcal{Q}v_0 = 0, \quad (19.17)$$

$$\left[Ek\nabla^2 + 2\left(\frac{\partial}{\partial \phi} - \mathrm{i}\sigma \mathcal{L}_2\right) \right] \nabla^2 v_0 + 2\mathcal{Q}w_0 - (\widetilde{Ra})_0 \mathcal{L}_2 \Theta_0 = 0, \quad (19.18)$$

$$(Ek\nabla^2 - 2\mathrm{i}\sigma Pr)\Theta_0 + Ek\mathcal{L}_2 v_0 = 0, \quad (19.19)$$

应力自由边界条件 (19.7) 则变为以下形式：

$$v_0 = \frac{\partial^2 v_0}{\partial r^2} = \frac{\partial}{\partial r}\left(\frac{w_0}{r}\right) = \Theta_0 = 0, \quad r = r_i, r_o,$$

而无滑移边界条件 (19.8) 为

$$v_0 = \frac{\partial v_0}{\partial r} = w_0 = \Theta_0 = 0, \quad r = r_i, r_o.$$

本着伽辽金谱方法的精神，可以将 v_0, w_0 和 Θ_0 展开为球谐函数和满足边界条件的径向函数之积的形式来求解方程 (19.17)~(19.19)。对于应力自由条件，三个未知变量 v_0, w_0 和 Θ_0 可方便地展开为

$$\Theta_0(r,\theta,\phi) = \sum_{l,n} \Theta_{ln} \sin n\pi(r - r_i)\, P_l^m(\cos\theta) \mathrm{e}^{\mathrm{i}\,m\phi},$$

$$v_0(r,\theta,\phi) = \sum_{l,n} v_{ln} \sin n\pi(r - r_i)\, P_l^m(\cos\theta) \mathrm{e}^{\mathrm{i}\,m\phi},$$

$$w_0(r,\theta,\phi) = \sum_{l,n} w_{ln}\, r \cos[(n-1)\pi(r - r_i)]\, P_l^m(\cos\theta) \mathrm{e}^{\mathrm{i}\,m\phi},$$

其中 m 为方位波数，$P_l^m(\cos\theta)\mathrm{e}^{im\phi}$ 表示球谐函数，并被归一化为

$$\frac{1}{4\pi} \int_0^{2\pi} \int_0^{\pi} \left| P_l^m(\cos\theta) \mathrm{e}^{\mathrm{i}\,m\phi} \right|^2 \sin\theta\, \mathrm{d}\theta\, \mathrm{d}\phi = 1,$$

Θ_{ln}, v_{ln} 和 w_{ln} 为复系数且是时变的。方程 (19.17)~(19.19) 具有赤道对称性，这允许我们将解分成不同的两类。第一类选取球谐函数 $P_l^m(\cos\theta)\mathrm{e}^{\mathrm{i}\,m\phi}$，它的赤道对称性为

$$(v_0, w_0, \Theta_0)(r,\theta,\phi) = (v_0, -w_0, \Theta_0)(r, \pi - \theta, \phi),$$

称之为赤道对称模式。在这种模式下，v_0 和 Θ_0 的展开仅取球谐阶次 $(l - m) =$ 偶数的项，而 w_0 的展开仅取 $(l - m) =$ 奇数的项。第二类解相对赤道平面是反对称的，即有

$$(v_0, w_0, \Theta_0)(r,\theta,\phi) = (-v_0, w_0, -\Theta_0)(r, \pi - \theta, \phi),$$

它被称为赤道反对称模式。非轴对称 ($m \geqslant 1$) 且赤道对称模式通常代表了 $0 < Ek \ll 1$ 条件下，旋转球形对流在物理上可实现的解 (Busse, 1970)。但也有一个例外，如 Sanchez 等 (2016) 用数值方法已证明：在 $0 < Ek \ll 1$ 条件下，在一个小普朗特数的特定范围，轴对称 ($m = 0$) 且赤道反对称模式也可以是优选的解。

对于无滑移边界条件，在球壳中数值求解方程 (19.17)~(19.19) 的便利方法是：将速度势 v_0、w_0 和温度 Θ_0 展开为球谐函数和满足等温及无滑移条件的径向函数之积，即

$$\Theta_0 = \sum_{l,n} \Theta_{ln} \left[1 - \left(2r - \frac{1+\Gamma}{1-\Gamma}\right)^2 \right] T_n\left(2r - \frac{1+\Gamma}{1-\Gamma}\right) P_l^m(\cos\theta)\mathrm{e}^{\mathrm{i}\,m\phi},$$

19.2 使用环型/极型分解的数值解

$$v_0 = \sum_{l,n} v_{ln} \left[1 - \left(2r - \frac{1+\Gamma}{1-\Gamma}\right)^2\right]^2 T_n\left(2r - \frac{1+\Gamma}{1-\Gamma}\right) P_l^m(\cos\theta) e^{im\phi},$$

$$w_0 = \sum_{l,n} w_{ln} \left[1 - \left(2r - \frac{1+\Gamma}{1-\Gamma}\right)^2\right] T_n\left(2r - \frac{1+\Gamma}{1-\Gamma}\right) P_l^m(\cos\theta) e^{im\phi},$$

其中，Θ_{ln}, v_{ln} 和 w_{ln} 为待求复系数，$T_n(x)$ 表示标准的切比雪夫函数，它特别适合解析球壳边界面上的薄粘性边界层。很明显，上述对应力自由或无滑移边界条件的展开只对球壳成立。对完整的球体，取一个极小的 Γ ($0 < \Gamma \ll 1$) 可以得到近似的数值解。

对于给定的 m, Ek 和 Pr，对 v_0, w_0 和 Θ_0 作标准的谱分析数值流程，就可得到一个关于复系数 $w_{ln}, v_{ln}, \Theta_{ln}$，以及瑞利数 $(\widetilde{Ra})_0$ 和半频 σ 的代数方程系统。当 Ek 较小且系统规模很大时，采用基于 Newton-Raphson 格式的迭代方法 (Zhang, 1995) 进行求解是非常高效的，该方法可以同时获得临界参数 $m_c, (\widetilde{Ra})_c$ 和 σ_c，以及相应的 (v_0, w_0, Θ_0)。我们以 $Ek = 10^{-4}$ 和 $Pr = 10^{-2}$、无滑移边界条件为例来展示这个迭代方法。首先，考虑方程 (19.17)~(19.19) $m = 2$ 的数值解。复系数 $w_{ln}, v_{ln}, \Theta_{ln}$ 可排列成一个一维数组，如下：

$$\begin{aligned}\mathbf{X} &= [X_j, j = 1, 2, 3, \cdots, K] \\ &= [v_{21}^r, v_{21}^i, v_{22}^r, v_{22}^i, \cdots, w_{31}^r, w_{31}^i, w_{32}^r, w_{32}^i, \cdots, \Theta_{21}^r, \Theta_{21}^i, \Theta_{22}^r, \Theta_{22}^i, \cdots],\end{aligned}$$

其中 $\mathbf{X}$ 为实向量，K 与展开式的截断参数相联系，v_{ln}^r 和 v_{ln}^i 表示 v_{ln} 的实部和虚部。然后我们设 v_{21} 的实部 $v_{21}^r = X_1 = 1$，其虚部 $v_{21}^i = X_2 = 0$，这是因为在球形体的线性解中有两个自由度，它的幅度和方位角相位可以用来对系统进行归一化。从伽辽金谱方法得到的 K 个实方程可写成如下形式：

$$f_k = f_k\left(\sigma, (\widetilde{Ra})_0, X_j, j = 3, 4, 5, \cdots, K\right), \quad k = 1, 2, 3, \cdots, K.$$

此系统是非线性的，因为 $(\widetilde{Ra})_0$ 和 σ 也是未知的。当给出一个任意的初始向量 $\mathbf{X}^0$ 以及初始猜测值 $(\widetilde{Ra})_0^0$ 和 σ^0 后，可以用下面的方法对这个非线性系统进行迭代：

$$(\widetilde{Ra})_0^{n+1} = (\widetilde{Ra})_0^n - \left(\frac{\partial f_1}{\partial X_j}\right)^{-1} f_j(\mathbf{X}^n),$$

$$\sigma^{n+1} = \sigma^n - \left(\frac{\partial f_2}{\partial X_j}\right)^{-1} f_j(\mathbf{X}^n),$$

$$X_k^{n+1} = X_k^n - \left(\frac{\partial f_k}{\partial X_j}\right)^{-1} f_j(\mathbf{X}^n), \quad k = 3, \cdots, K,$$

其中，上标 n 表示第 n 次迭代，并且

$$\frac{\partial f_k}{\partial X_1} \equiv \frac{\partial f_k}{\partial (\widetilde{Ra})_0}; \quad \frac{\partial f_k}{\partial X_2} \equiv \frac{\partial f_k}{\partial \sigma}.$$

所有的微分 $\partial f_k/\partial X_j$ 都可对 $\mathbf{X}^n$ 解析地推算出来。通常,用一个任意的初始值 $\mathbf{X}^0$ 和一个合理的猜测 $(\widetilde{Ra})_0$ 和 σ,在几个迭代步之后,数值解就会收敛,即达到

$$\left[\frac{|(\widetilde{Ra})_0^{n+1} - (Ra)_0^n|}{(\widetilde{Ra})_0^{n+1}}; \frac{|\sigma^{n+1} - \sigma^n|}{|\sigma^{n+1}|}; \frac{|X_k^{n+1} - X_k^n|}{|X_k^{n+1}|}, k = 3, \cdots, K\right]_{max} \leqslant \epsilon,$$

其中 ϵ 表示一个较小的数,比如 $\epsilon = 10^{-6}$。

对于波数 $m = 2$,以上数值过程可得 $(\widetilde{Ra})_0 = 36.855$ 和 $\sigma = -0.0926$。但是,我们只对最小的瑞利数感兴趣,即旋转流体球中发生对流不稳定时的临界瑞利数 $(\widetilde{Ra})_c$。因此,有必要以其他方位波数,例如,$m = 0, 1$ 和 $m = 3, 4, 5$ 来重复这个过程,以确定使瑞利数 $(\widetilde{Ra})_0$ 达到最小的 $m = m_c$。在这个特殊的例子中,其他方位波数的 $(\widetilde{Ra})_0$ 都大于 36.855,因此对于 $Ek = 10^{-4}$ 和 $Pr = 10^{-2}$ 的情况,临界参数即为 $(\widetilde{Ra})_c = 36.855, m_c = 2$ 和 $\sigma_c = -0.0926$。这组由环型/极型分解所给出的临界参数描述了旋转球形系统中对流不稳定性的基本特征。

19.2.3 $0 < Ek \ll 1$ 条件下的几个数值解

在 Ek 充分小的情况下,对流的主要特征大体都是相似的,因此我们的讨论主要集中在 $Ek = 10^{-4}$ 但普朗特数在 $0 \leqslant Pr \leqslant 7$ 这样一个较大的范围内,包括了从惯性对流到粘性对流的数值解。选择 $Ek = 10^{-4}$ 的原因是它不仅足够小,与渐近解成立唯一需要的条件 $0 < Ek \ll 1$ (后面将讨论) 相当,而且数值分析能够达到如此小的数值,结果也足够精确。本节将讨论在一个 $r_i/r_o = 0.001$ 的厚球壳中,随着 Pr 从 0 增大至 $O(1)$,方程 (19.17)~(19.19) 的几个典型数值解,即临界瑞利数 $(Ra)_c$、优选的方位波数 m_c、临界半频 σ_c 和对流的结构,边界条件为应力自由或无滑移的。我们聚焦于厚球壳有三个原因:① 中等大小的内球对旋转球形对流的主要特征没有显著的影响;② 去掉几何参数 $\Gamma = r_i/r_o$ 之后,线性问题便只由两个参数——Ek 和 Pr 来描述了,选择厚球壳允许我们对参数空间进行充分的探索;③ 易于与旋转流体球的渐近解进行对比。

我们首先讨论应力自由边界条件下,厚球壳 $(r_i/r_o = 0.001)$ 中的数值解。表 19.1 和表 19.2 列出了三组不同 Pr 下的临界瑞利数 $(\widetilde{Ra})_c$、优选方位波数 m_c 和相应的半频 σ_c,艾克曼数为 $Ek = 10^{-4}$。当前我们仅关注表中以下标 "num" 表示的数值解。当 Pr 从一个近于零的值开始增大时,可观察到五种不同类型的对流:① 逆行行波形式的惯性对流 (Zhang, 1995),例如,当 $Pr = 10^{-5}$ 时,有 $m_c = 1, (\widetilde{Ra})_c = 0.5378, \sigma_c = 0.7550$;② 轴对称振荡形式的惯性对流 (Sanchez et al., 2016),例如,当 $Pr = 10^{-3}$ 时,有 $m_c = 0, (\widetilde{Ra})_c = 0.7602, \sigma_c = 0.4469$;③ 顺行行波形式的惯性对流 (Zhang, 1995),例如,当 $Pr = 0.023$ 时,有 $m_c = 1, (\widetilde{Ra})_c = 4.1313, \sigma_c = -0.0872$;④ 在方位方向强烈螺旋的柱状卷形式的粘性对流,其特点是 $\partial/\partial\phi \approx \partial/\partial s \gg \partial/\partial z$

(Zhang, 1992), 例如, 当 $Pr = 0.7$ 时, 有 $m_c = 7, (\widetilde{Ra})_c = 216.9, \sigma_c = -0.01953$; ⑤ 局部化柱状卷形式的粘性对流 (Busse, 1970), 其相移基本上被粘性效应消除, 例如, 当 $Pr = 7.0$ 时, 有 $m_c = 12, (\widetilde{Ra})_c = 468.1, \sigma_c = -0.00317$。图 19.2 和图 19.3 展示了以上不同类型对流的结构(轴对称振荡模式除外, 将在后面讨论), 它们的物理本质将在导出其相应的渐近解之后被揭示出来。只要 Ek 足够小, 这种以 Pr 值的大小来进行的分类似乎并不受 Ek 值的影响。这里值得一提的是, 对于完整球体, 也可以得到类型①~③ 的惯性对流渐近解, 当 $0 < Ek \ll 1$ 时, 其速度有解析形式。我们将在后面进行推导和讨论。

表 19.1 在不同普朗特数情况下, 惯性对流临界惯性模 $\mathbf{u}_{m_c n_c k_c}$ 的临界参数: 临界瑞利数 $(\widetilde{Ra})_c$, 临界半频 σ_c 和临界三波数 (m_c, n_c, k_c)。艾克曼数为 $Ek = 10^{-4}$, 边界条件为应力自由条件 (19.7) 式。为易于对比, 列出了三组参数: 其一为在 $r_i/r_o = 0.001$ 的厚球壳中, 方程 (19.17)~(19.19) 的数值解, 以下标 "num" 表示; 其二为方程 (19.52)~(19.54) 在整个球体上的渐近解, 其速度为封闭的解析形式, 以下标 "$anal(ytic)$" 表示; 其三为 (19.39)~(19.41) 计算的局部渐近解, 以下标 "$local$" 表示

Pr	$[m_c, (\widetilde{Ra})_c, \sigma_c]_{num}$	$[(m_c, n_c, k_c), (\widetilde{Ra})_c, \sigma_c]_{anal}$	$[m_c, (\widetilde{Ra})_c, \sigma_c]_{local}$
10^{-5}	$(1, 0.5378, +0.7550)$	$[(1, 2, 1), 0.5627, +0.7550]$	$(0.43, 0.0001, -1.3025)$
10^{-4}	$(1, 0.5407 + 0.7549)$	$[(1, 2, 1), 0.5658, +0.7549]$	$(0.92, 0.0011, -0.6045)$
10^{-3}	$(0, 0.7602, +0.4469)$	$[(0, 1, 1), 0.7823, +0.4469]$	$(1.99, 0.0024, -0.2804)$
10^{-2}	$(1, 1.4876, -0.0878)$	$[(1, 1, 1), 1.5220, -0.0878]$	$(4.28, 0.5022, -0.1294)$
0.023	$(1, 4.1313, -0.0872)$	$[(1, 1, 1), 4.2414, -0.0872]$	$(5.62, 1.499, -0.0972)$
0.05	$(1, 15.589, -0.0860)$	$[(1, 1, 1), 16.200, -0.0860]$	$(7.22, 4.077, -0.0737)$
0.1	$(1, 56.865, -0.0839)$	$[(1, 1, 1), 60.466, -0.0838]$	$(8.96, 9.657, -0.0567)$

表 19.2 不同普朗特数情况下的临界参数 $[m_c, (\widetilde{Ra})_c, \sigma_c]$。艾克曼数为 $Ek = 10^{-4}$, 边界条件为应力自由条件 (19.7) 式。为易于对比, 列出了三组参数: 其一为在 $r_i/r_o = 0.001$ 的厚球壳中, 方程 (19.17)~(19.19) 的数值解, 以下标 "num" 表示; 其二为整个球体上的渐近解 (19.62), 以下标 "$asym$" 表示; 其三为 (19.39)~(19.41) 计算的局部渐近解, 以下标 "$local$" 表示

Pr	$[m_c, (Ra)_c, \sigma_c]_{num}$	$[m_c, (Ra)_c, \sigma_c]_{asym}$	$[m_c, (Ra)_c, \sigma_c]_{local}$
0.023	$(1, 4.131, -0.08722)$	$(1, 4.161, -0.08721)$	$(5.62, 1.499, -0.09719)$
0.100	$(1, 56.87, -0.08390)$	$(1, 56.96, -0.08390)$	$(8.96, 9.657, -0.05674)$
0.250	$(5, 122.0, -0.02825)$	$(5, 122.6, -0.02827)$	$(11.7, 27.63, -0.03839)$
0.700	$(7, 216.9, -0.01953)$	$(7, 216.9, -0.01951)$	$(14.8, 72.37, -0.02219)$
1.000	$(8, 263.6, -0.01630)$	$(8, 263.5, -0.01632)$	$(15.8, 93.75, -0.01768)$
7.000	$(12, 468.1, -0.00317)$	$(12, 468.6, -0.00316)$	$(19.1, 197.7, -0.00367)$

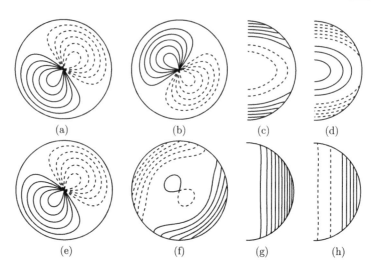

图 19.2 (a), (b) 分别为 $\hat{s}\cdot\mathbf{u}_0$ 和 $\hat{\phi}\cdot\mathbf{u}_0$ 在赤道面的等值线, (c), (d) 分别为 $\hat{s}\cdot\mathbf{u}_0$ 和 $\hat{\phi}\cdot\mathbf{u}_0$ 在子午面上的等值线, 参数为 $Ek=10^{-4}$ 和 $Pr=10^{-4}$, 临界参数为 $m_c=1, (\widetilde{Ra})_c=0.5407$, $\sigma_c=+0.7549$。球壳内外半径之比为 $r_i/r_o=0.001$, 边界条件为应力自由, 使用方程 (19.17)~(19.19) 的数值解绘出; (e)~(h) 与 (a)~(d) 相同, 但 $Pr=0.1$, 临界参数为 $m_c=1, (\widetilde{Ra})_c=56.87, \sigma_c=-0.0839$。速度计算公式为 $\mathbf{u}_0=[\nabla\times\nabla\times(\mathbf{r}v_0)+\nabla\times(\mathbf{r}w_0)]$

现在我们来讨论在无滑移边界条件下, 厚球壳 ($r_i/r_o=0.001$) 的数值解, 主要关注边界条件对惯性对流性质的影响。为易于比较, 表 19.3 和表 19.4 列出了不同 Pr 下, 使用不同方法获得的三组临界参数 $[m_c,(Ra)_c,\sigma_c]$, 艾克曼数为 $Ek=10^{-4}$。目前我们只关注方程 (19.17)~(19.19) 的数值解, 由下标 "num" 表示。当 Pr 从近于零的值开始增大时, 可观察到四种不同类型的对流: ① 逆行行波形式的惯性对流 (Zhang, 1995), 例如, 当 $Pr=10^{-3}$ 时, 有 $m_c=1, (\widetilde{Ra})_c=13.584, \sigma_c=0.7467$。② 顺行行波形式的惯性对流 (Zhang, 1995), 例如, 当 $Pr=10^{-2}$ 时, 有 $m_c=2, (\widetilde{Ra})_c=36.855, \sigma_c=-0.0926$; ③ 螺旋柱状卷形式的粘性对流, 其标志是 $\partial/\partial\phi\approx\partial/\partial s\gg\partial/\partial z$ (Zhang, 1992), 它可以维持一个较强的较差旋转, 例如, 当 $Pr=0.25$ 时, 有 $m_c=6, (\widetilde{Ra})_c=144.8, \sigma_c=-0.0267$; ④ 局部化柱状卷形式的粘性对流 (Busse, 1970; Jones et al., 2000), 其中, 无滑移边界所起的作用微不足道, 例如, 当 $Pr=7.0$ 时, 有 $m_c=9, (\widetilde{Ra})_c=339.91, \sigma_c=-0.00175$。与表 19.1 所示的应力自由解不同, 轴对称 ($m_c=0$) 且赤道反对称的振荡模式在无滑移边界条件下不能成为物理上的优选解。图 19.4 和图 19.5 显示了几个不同类型对流的结构, 其物理本质将在推导出了相应的渐近解析解后予以揭示。对于①和②类型的对流, 当 $0<Ek\ll 1$ 时, 可导出其在完整球体内的速度解析解, 然后与数值解进行对照。

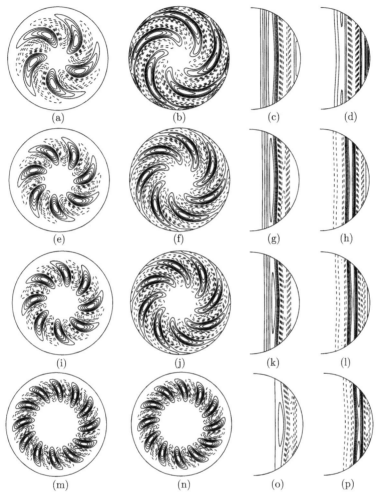

图 19.3 (a), (b) 分别为 $\hat{s}\cdot\mathbf{u}_0$ 和 $\hat{\phi}\cdot\mathbf{u}_0$ 在赤道面的等值线，(c), (d) 分别为 $\hat{s}\cdot\mathbf{u}_0$ 和 $\hat{\phi}\cdot\mathbf{u}_0$ 在子午面上的等值线，参数为 $Ek=10^{-4}$ 和 $Pr=0.25$，临界参数为 $m_c=5, (\widetilde{Ra})_c=122.0$, $\sigma_c=-0.02825$。球壳内外半径之比为 $r_i/r_o=0.001$，边界条件为应力自由，使用方程 (19.17)~(19.19) 的数值解绘出；(e)~(h) 与 (a)~(d) 相同，但 $Pr=0.7$，临界参数为 $m_c=7, (\widetilde{Ra})_c=216.9, \sigma_c=-0.01953$。类似地，(i)~(l) 的 $Pr=1.0$，临界参数为 $m_c=8, (\widetilde{Ra})_c=263.6, \sigma_c=-0.01630$。(m)~(p) 的 $Pr=7.0$，临界参数为 $m_c=12, (\widetilde{Ra})_c=468.1, \sigma_c=-0.00317$

当 $Pr=0.023$ 时，表 19.5 显示了在应力自由和无滑移边界条件下，$r_i/r_o=0.001$ 的厚球壳中，旋转球形对流的临界参数 $[m_c, (\widetilde{Ra})_c, \sigma_c]$ 是怎样随着艾克曼数而变化的，表 19.6 也显示了在 $Pr=1.0$ 时的情况。结果表明，当普朗特数适度小时 ($Pr=0.023$)，对流的关键特征与中等大小普朗特数 ($Pr=1.0$) 的情况截然不同：对于表 19.5 中 $Pr = 0.023$ 的情况，边界条件的类型至关重要，但是当普朗特数增大到表 19.6 中的 $Pr = 1.0$ 时，它就变得不那么重要了，这表明从惯性解 (小 Pr 情况下，球体边界层的粘性耗散占据支配地位) 到粘性解 (大 Pr 情况下，球体内部的粘性耗散占据支配地位) 之间存在一个复杂的过渡区段。当我们在后面导出相应的渐近解后，这个潜藏的特点即可以通过渐近解的数学结构被清楚地揭示出来。

表 19.3 在不同普朗特数情况下，惯性对流临界惯性模 $u_{m_c n_c k_c}$ 的临界参数：临界瑞利数 $(\widetilde{Ra})_c$，临界半频 σ_c 和临界三波数 (m_c, n_c, k_c)。艾克曼数为 $Ek = 10^{-4}$，边界条件为无滑移条件 (19.8) 式。为易于对比，列出了三组参数：其一为在 $r_i/r_o = 0.001$ 的厚球壳中，方程 (19.17)~(19.19) 的数值解，以下标 "num" 表示；其二为方程 (19.83) 和 (19.84) 在整个球体上的渐近解，其速度为封闭的解析形式，以下标 "$anal(ytic)$" 表示；其三为 (19.39)~(19.41) 计算的局部渐近解，以下标 "$local$" 表示

Pr	$[m_c, (\widetilde{Ra})_c, \sigma_c]_{num}$	$[(m_c, n_c, k_c), (\widetilde{Ra})_c, \sigma_c]_{anal}$	$[m_c, (Ra)_c, \sigma_c]_{local}$
10^{-5}	$(1, 9.3449, +0.7560)$	$[(1, 2, 1), 8.8685, +0.7552]$	$(0.43, 0.0001, -1.3025)$
10^{-3}	$(1, 13.584, +0.7467)$	$[(1, 2, 1), 13.739, +0.7474]$	$(1.99, 0.0024, -0.2804)$
10^{-2}	$(2, 36.855, -0.0926)$	$[(2, 1, 1), 35.628, -0.1025]$	$(4.28, 0.5022, -0.1294)$

表 19.4 不同普朗特数情况下的临界参数 $[m_c, (\widetilde{Ra})_c, \sigma_c]$。艾克曼数为 $Ek = 10^{-4}$，边界条件为无滑移条件 (19.8) 式。为易于对比，列出了三组参数：其一为在 $r_i/r_o = 0.001$ 的厚球壳中，方程 (19.17)~(19.19) 的数值解，以下标 "num" 表示；其二为整个球体上的渐近解 (19.93)，以下标 "$asym$" 表示；其三为 (19.39)~(19.41) 计算的局部渐近解，以下标 "$local$" 表示

Pr	$[m_c, (\widetilde{Ra})_c, \sigma_c]_{num}$	$[m_c, (\widetilde{Ra})_c, \sigma_c]_{asym}$	$[m_c, (\widetilde{Ra})_c, \sigma_c]_{local}$
0.05	$(4, 75.94, -0.0466)$	$(4, 74.65, -0.0458)$	$(7.22, 4.077, -0.0737)$
0.1	$(5, 96.06, -0.0393)$	$(5, 94.17, -0.0390)$	$(8.96, 9.657, -0.0567)$
0.25	$(6, 144.8, -0.0267)$	$(6, 140.8, -0.0272)$	$(11.7, 27.63, -0.0384)$
0.7	$(7, 228.4, -0.0142)$	$(7, 225.7, -0.0155)$	$(14.8, 72.37, -0.0222)$
1.0	$(7, 257.9, -0.0106)$	$(7, 257.9, -0.0114)$	$(15.8, 93.75, -0.0177)$

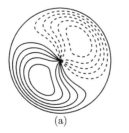
(a)
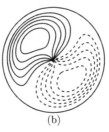
(b)

(c)

(d)

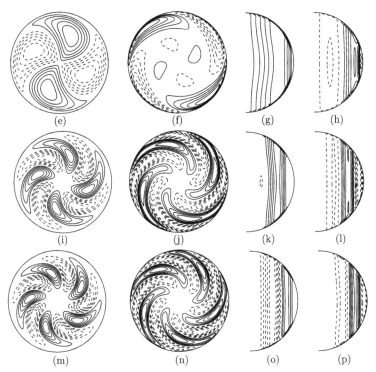

图 19.4 (a), (b) 分别为 $\hat{s}\cdot\mathbf{u}_0$ 和 $\hat{\phi}\cdot\mathbf{u}_0$ 在赤道面的等值线, (c), (d) 分别为 $\hat{s}\cdot\mathbf{u}_0$ 和 $\hat{\phi}\cdot\mathbf{u}_0$ 在子午面上的等值线, 参数为 $Ek=10^{-4}$ 和 $Pr=0.001$, 临界参数为 $m_c=1, (\widetilde{Ra})_c=13.584$, $\sigma_c=+0.7467$。球壳内外半径之比为 $r_i/r_o=0.001$, 边界条件为无滑移, 使用方程 (19.17)∼(19.19) 的数值解绘出; (e)∼(h) 与 (a)∼(d) 相同, 但 $Pr=0.01$, 临界参数为 $m_c=2, (\widetilde{Ra})_c=36.855, \sigma_c=-0.0926$。类似地, (i)∼(l) 的 $Pr=0.05$, 临界参数为 $m_c=4, (\widetilde{Ra})_c=75.94$, $\sigma_c=-0.0466$。(m)∼(p) 的 $Pr=0.1$, 临界参数为 $m_c=5, (\widetilde{Ra})_c=96.06, \sigma_c=-0.0393$

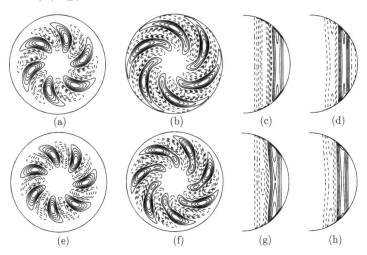

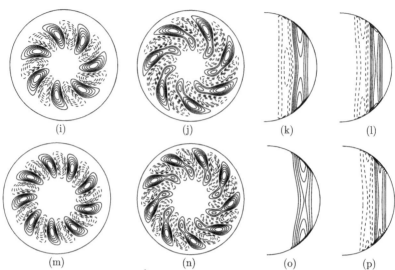

图 19.5 (a), (b) 分别为 $\hat{\mathbf{s}}\cdot\mathbf{u}_0$ 和 $\hat{\boldsymbol{\phi}}\cdot\mathbf{u}_0$ 在赤道面的等值线, (c), (d) 分别为 $\hat{\mathbf{s}}\cdot\mathbf{u}_0$ 和 $\hat{\boldsymbol{\phi}}\cdot\mathbf{u}_0$ 在子午面上的等值线, 参数为 $Ek = 10^{-4}$ 和 $Pr = 0.25$, 临界参数为 $m_c = 6, (\widetilde{Ra})_c = 144.8$, $\sigma_c = -0.0267$。球壳内外半径之比为 $r_i/r_o = 0.001$, 边界条件为无滑移, 使用方程 (19.17)~(19.19) 的数值解绘出; (e)~(h) 与 (a)~(d) 相同, 但 $Pr = 0.7$, 临界参数为 $m_c = 7, (\widetilde{Ra})_c = 228.4, \sigma_c = -0.0142$。类似地, (i)~(l) 的 $Pr = 1.0$, 临界参数为 $m_c = 7, (\widetilde{Ra})_c = 257.9, \sigma_c = -0.0106$。(m)~(p) 的 $Pr = 7.0$, 临界参数为 $m_c = 9, (\widetilde{Ra})_c = 339.91, \sigma_c = -0.00175$

表 19.5 不同艾克曼数情况下的临界参数 $[m_c, (\widetilde{Ra})_c, \sigma_c]$。普朗特数固定为 $Pr = 0.023$。为易于对比, 列出了三组参数: 其一为在 $r_i/r_o = 0.001$ 的厚球壳中, 方程 (19.17)~(19.19) 的数值解, 边界条件为应力自由条件, 以下标 "$free$" 表示; 其二为在 $r_i/r_o = 0.001$ 的厚球壳中, 方程 (19.17)~(19.19) 的数值解, 边界条件为无滑移条件, 以下标 "no-$slip$" 表示; 其三为 (19.39)~(19.41) 计算的局部渐近解, 以下标 "$local$" 表示

Ek	$[m_c, (\widetilde{Ra})_c, \sigma_c]_{free}$	$[(m_c, (\widetilde{Ra})_c, \sigma_c]_{no\text{-}slip}$	$[m_c, (\widetilde{Ra})_c, \sigma_c]_{local}$
5×10^{-3}	$[1, 25.284, +0.74271]$	$[1, 115.83, +0.70377]$	$[1.53, 0.4069, -0.35805]$
10^{-3}	$[1, 8.1961, -0.08677]$	$[2, 68.137, -0.07662]$	$[2.61, 0.6958, -0.20939]$
5×10^{-4}	$[1, 4.7611, -0.08706]$	$[2, 51.811, -0.08119]$	$[3.29, 0.8766, -0.16619]$
10^{-4}	$[1, 4.1313, -0.08722]$	$[3, 71.120, -0.08055]$	$[5.62, 1.499, -0.09719]$
5×10^{-5}	$[1, 6.7926, -0.08725]$	$[4, 60.481, -0.04966]$	$[7.08, 1.889, -0.07714]$
10^{-5}	$[7, 31.847, -0.12627]$	$[8, 89.253, -0.03568]$	$[12.1, 3.230, -0.04511]$
5×10^{-6}	$[11, 53.444, -0.11867]$	$[9, 106.32, -0.02698]$	$[15.3, 4.069, -0.03581]$

表 19.6　不同艾克曼数情况下的临界参数 $[m_c, (\widetilde{Ra})_c, \sigma_c]$。普朗特数固定为 $Pr = 1.0$。为易于对比，列出了三组参数：其一为在 $r_i/r_o = 0.001$ 的厚球壳中，方程 (19.17)~(19.19) 的数值解，边界条件为应力自由条件，以下标 "$free$" 表示；其二为在 $r_i/r_o = 0.001$ 的厚球壳中，方程 (19.17)~(19.19) 的数值解，边界条件为无滑移条件，以下标 "$no\text{-}slip$" 表示；其三为 (19.39)~(19.41) 计算的局部渐近解，以下标 "$local$" 表示

Ek	$[m_c, (\widetilde{Ra})_c, \sigma_c]_{free}$	$[(m_c, (\widetilde{Ra})_c, \sigma_c]_{no\text{-}slip}$	$[m_c, (\widetilde{Ra})_c, \sigma_c]_{local}$
5×10^{-3}	$[1, 92.914, -0.05686]$	$[2, 207.28, +0.01565]$	$[4.29, 24.45, -0.06513]$
10^{-3}	$[3, 180.79, -0.03131]$	$[3, 158.16, -0.01355]$	$[7.34, 43.51, -0.03809]$
5×10^{-4}	$[4, 175.33, -0.02474]$	$[4, 176.07, -0.01439]$	$[9.25, 54.83, -0.03023]$
10^{-4}	$[8, 263.57, -0.01630]$	$[7, 257.89, -0.01061]$	$[15.8, 93.75, -0.01768]$
5×10^{-5}	$[10, 320.69, -0.01308]$	$[9, 314.34, -0.00905]$	$[19.9, 118.1, -0.01403]$
10^{-5}	$[17, 517.91, -0.00777]$	$[17, 511.65, -0.00609]$	$[34.1, 202.0, -0.00821]$
5×10^{-6}	$[22, 642.01, -0.00625]$	$[22, 636.04, -0.00505]$	$[42.9, 254.5, -0.00651]$

19.2.4　非线性效应：较差旋转

图 19.5(a)~(d) 显示了螺旋柱状卷的对流形式 (Zhang, 1992)，柱状卷之间的非线性相互作用可导致较强的雷诺应力，通过雷诺应力，柱状卷对流能够有效地产生和维持一个稳定的较差旋转或较强的带状流，这也许能解释在巨行星 (如木星) 上观测到的带状流现象 (Busse, 1976, 1983; Christensen, 2002; Heimpel and Aurnou, 2007)，此外，该机制对行星内部强磁场发电机的形成也具有重要的意义 (Moffatt, 1978; Roberts and Soward, 1992; Zhang and Schubert, 2000)。本节我们将阐述在无滑移边界条件的旋转球壳中，如何基于线性解 $[v_0(r,\theta,\phi), w_0(r,\theta,\phi)]$ 对展开式 (19.13) 中的 $\mathbf{U}(r,\theta)$ 进行数值解算 (Liao and Zhang, 2012)。将展开式 (19.13) 和 (19.14) 代入方程 (19.4) 和 (19.5)，然后取方位方向的平均，即得轴对称流 $\mathbf{U}(r,\theta)$ 的控制方程为

$$2\hat{\mathbf{z}} \times \mathbf{U} + \nabla P - Ek\nabla^2 \mathbf{U} = \sqrt{Ek}\,[(\nabla \times \nabla \times \mathbf{r}v_0 + \nabla \times \mathbf{r}w_0)$$
$$\times \nabla \times (\nabla \times \nabla \times \mathbf{r}v_0^* + \nabla \times \mathbf{r}w_0^*) + c.c.], \quad (19.20)$$
$$\nabla \cdot \mathbf{U} = 0, \quad (19.21)$$

无滑移边界条件为

$$\mathbf{U} = \mathbf{0}, \quad r = r_i, r_o.$$

非齐次方程 (19.20) 描述了一个雷诺应力驱动稳态轴对称流 $\mathbf{U}$ 的物理过程，而雷诺应力是与方程右侧的螺旋对流卷相联系的。

我们的主要目的是说明从方程 (19.20) 和 (19.21) 求解出 $\mathbf{U}$ 的结构不需要进行昂贵的三维数值模拟。为便于数值分析，轴对称流 $\mathbf{U}(r,\theta)$ 也可展开为一个极型 $\bar{v}(r,\theta)$ 和环型 $\bar{w}(r,\theta)$ 矢量势之和的形式，即

$$\mathbf{U}(r,\theta) = \nabla \times \nabla \times [\mathbf{r}\bar{v}(r,\theta)] + \nabla \times [\mathbf{r}\bar{w}(r,\theta)],$$

它自动满足方程 (19.21)，其中 $\bar{v}$ 和 $\bar{w}$ 是 r 和 θ 的实函数。将展开式代入方程 (19.20)，然后作 $\mathbf{r}\cdot\nabla\times$ 和 $\mathbf{r}\cdot\nabla\times\nabla\times$ 运算，可得两个标量方程：

$$Ek\triangle^2 \left(\frac{1}{\sin\theta}\frac{\partial}{\partial\theta}\sin\theta\frac{\partial}{\partial\theta}\right)\bar{w} + 2\mathcal{Q}_2\bar{v}$$
$$= \sqrt{Ek}\mathbf{r}\cdot\nabla\times[(\nabla\times\nabla\times\mathbf{r}v_0 + \nabla\times\mathbf{r}w_0)$$
$$\times\nabla\times(\nabla\times\nabla\times\mathbf{r}v_0^* + \nabla\times\mathbf{r}w_0^*) + c.c.], \quad (19.22)$$
$$-Ek\triangle^2 \left(\frac{1}{\sin\theta}\frac{\partial}{\partial\theta}\sin\theta\frac{\partial}{\partial\theta}\right)\triangle^2\bar{v} + 2\mathcal{Q}_2\bar{w}$$
$$= \sqrt{Ek}\mathbf{r}\cdot\nabla\times\nabla\times[(\nabla\times\nabla\times\mathbf{r}v_0 + \nabla\times\mathbf{r}w_0)$$
$$\times\nabla\times(\nabla\times\nabla\times\mathbf{r}v_0^* + \nabla\times\mathbf{r}w_0^*) + c.c.], \quad (19.23)$$

其中 $\triangle^2$ 和 $\mathcal{Q}_2$ 在球体天平动问题中已定义。为求解方程 (19.22) 和 (19.23)，可进一步将 $\bar{w}$ 和 $\bar{v}$ 展开为

$$\bar{w}(r,\theta) = \sum_{l,n} w_{ln}\bar{w}_{ln}(r)P_l(\cos\theta) \quad \text{和} \quad \bar{v}(r,\theta) = \sum_{l,n} v_{ln}\bar{v}_{ln}(r)P_l(\cos\theta),$$

其中 w_{ln} 和 v_{ln} 为实系数，$\bar{w}_{ln}(r)$ 和 $\bar{v}_{ln}(r)$ 为 r 的函数，该径向函数是完备的，并且满足无滑移边界条件。

将方程 (19.22) 和 (19.23) 分别乘上 $\bar{w}_{ln}(r)P_l(\cos\theta)$ 和 $\bar{v}_{ln}(r)P_l(\cos\theta)$，然后在整个球壳区域积分，可导出一个非齐次线性代数方程系统，求解此系统便可得到系数 v_{ln} 和 w_{ln}。在稳态情况下，线性项的处理是简单明了的；但即使在稳态下，非线性项也需要进一步复杂的处理以简化相关的数值积分。在应用了无滑移边界条件并进行分部积分后，可以证明

$$\int_{\mathcal{V}} [\bar{w}_{ln}(r)P_l(\cos\theta)]\mathbf{r}\cdot\nabla$$
$$\times\left[(\nabla\times\nabla\times\mathbf{r}v_0 + \nabla\times\mathbf{r}w_0)\times\nabla\times(\nabla\times\nabla\times\mathbf{r}v_0^* + \nabla\times\mathbf{r}w_0^*) + c.c.\right]d\mathcal{V}$$
$$= \mathcal{T}_1 + \mathcal{T}_3 + \mathcal{T}_3,$$

其中 $\int_{\mathcal{V}} d\mathcal{V} = \int_0^{2\pi}\int_0^{\pi}\int_{r_i}^{r_o} r^2\sin\theta\,dr\,d\theta\,d\phi$ 表示在整个球壳区域的积分，并且

$$\mathcal{T}_1 = -\int_{\mathcal{V}} \frac{\mathcal{L}_2 v_0}{r\sin\theta}\frac{\partial(\bar{w}_{ln}P_l)}{\partial\theta}\frac{\partial\nabla^2 v_0^*}{\partial\phi}d\mathcal{V} + c.c.,$$

$$\mathcal{T}_2 = \int_{\mathcal{V}} \frac{\mathcal{L}_2 w_0^*}{r\sin\theta}\frac{\partial(\bar{w}_{ln}P_l)}{\partial\theta}\frac{\partial w_0}{\partial\phi}d\mathcal{V} + c.c.,$$

$$\mathcal{T}_3 = \int_{\mathcal{V}} \frac{1}{r^2}\left[\mathcal{L}_2 w_0^*\frac{\partial(\bar{w}_{ln}P_l)}{\partial\theta}\frac{\partial^2(rv_0)}{\partial\theta\partial r} - \mathcal{L}_2 v_0\frac{\partial(\bar{w}_{ln}P_l)}{\partial\theta}\frac{\partial^2(rw_0^*)}{\partial\theta\partial r}\right]d\mathcal{V} + c.c.;$$

19.2 使用环型/极型分解的数值解

以及

$$\int_{\mathcal{V}} [\bar{v}_{ln}(r) P_l(\cos\theta)] \mathbf{r} \cdot \nabla \times \nabla$$
$$\times \left[(\nabla \times \nabla \times \mathbf{r}v_0 + \nabla \times \mathbf{r}w_0) \times \nabla \times (\nabla \times \nabla \times \mathbf{r}v_0^* + \nabla \times \mathbf{r}w_0^*) + c.c. \right] d\mathcal{V}$$
$$= \mathcal{P}_1 + \mathcal{P}_3 + \mathcal{P}_3 + \mathcal{P}_4,$$

其中,

$$\mathcal{P}_1 = \int_{\mathcal{V}} \left\{ \frac{\mathcal{L}_2(\bar{v}_{ln}P_l)}{r^2} \left[\frac{\partial \nabla^2 v_0^*}{\partial \theta} \frac{\partial^2(rv_0)}{\partial \theta \partial r} + \frac{1}{\sin^2\theta} \frac{\partial \nabla^2 v_0^*}{\partial \phi} \frac{\partial^2(rv_0)}{\partial \phi \partial r} \right] \right.$$
$$\left. - \frac{\mathcal{L}_2 v_0}{r^2} \left[\frac{\partial \nabla^2 v_0^*}{\partial \theta} \frac{\partial^2(r\bar{v}_{ln}P_l)}{\partial \theta \partial r} \right] \right\} d\mathcal{V} + c.c.,$$

$$\mathcal{P}_2 = \int_{\mathcal{V}} \left\{ \frac{\mathcal{L}_2(\bar{v}_{ln}P_l)}{r^2} \left[\frac{\partial w_0}{\partial \theta} \frac{\partial^2(rw_0^*)}{\partial \theta \partial r} + \frac{1}{\sin^2\theta} \frac{\partial w_0}{\partial \phi} \frac{\partial^2(rw_0^*)}{\partial \phi \partial r} \right] \right.$$
$$\left. - \frac{\mathcal{L}_2 w_0^*}{r^2} \frac{\partial w_0}{\partial \theta} \frac{\partial^2(r\bar{v}_{ln}P_l)}{\partial \theta \partial r} \right\} d\mathcal{V} + c.c.,$$

$$\mathcal{P}_3 = \int_{\mathcal{V}} \frac{\mathcal{L}_2(\bar{v}_{ln}P_l)}{r\sin\theta} \left[\frac{\partial \nabla^2 v_0^*}{\partial \theta} \frac{\partial w_0}{\partial \phi} - \frac{\partial \nabla^2 v_0^*}{\partial \phi} \frac{\partial w_0}{\partial \theta} \right] d\mathcal{V} + c.c.,$$

$$\mathcal{P}_4 = \int_{\mathcal{V}} \frac{1}{r^3 \sin\theta} \left\{ \mathcal{L}_2(\bar{v}_{ln}P_l) \left[\frac{\partial^2(rv_0)}{\partial \theta \partial r} \frac{\partial^2(rw_0^*)}{\partial \phi \partial r} - \frac{\partial^2(rv_0)}{\partial \phi \partial r} \frac{\partial^2(rw_0^*)}{\partial \theta \partial r} \right] \right.$$
$$\left. - \mathcal{L}_2 v_0 \left[\frac{\partial^2(rw_0^*)}{\partial \phi \partial r} \frac{\partial^2(r\bar{v}_{ln}P_l)}{\partial \theta \partial r} \right] + \mathcal{L}_2 w_0^* \left[\frac{\partial^2(r\bar{v}_{ln}P_l)}{\partial \theta \partial r} \frac{\partial^2(rv_0)}{\partial \phi \partial r} \right] \right\} d\mathcal{V} + c.c.,$$

所有对 θ 的积分都可解析地计算出准确值, 但对 r 的积分必须要数值计算。当求解方程 (19.22) 和 (19.23) 得到了系数 $\hat{v}_{ln}$ 和 $\hat{w}_{ln}$ 之后, 较差旋转 $\hat{\phi} \cdot \mathbf{U}(r,\theta)$ 就可以通过

$$U_\phi(r,\theta) = \hat{\phi} \cdot \mathbf{U}(r,\theta) = -\sum_{l,n} \hat{w}_{ln} w_{ln}(r) \frac{\partial P_l(\cos\theta)}{\partial \theta}$$

来计算, 它是 $\mathbf{U}$ 的主导分量, 因为首阶解 (v_0, w_0) 的柱状结构几乎是与 z 无关的。当 Ek 充分小时, 对于给定的 (v_0, w_0), 在求出了方程 (19.22) 和 (19.23) 的数值解后, 就可与 $0 < Ek \ll 1$ 条件下的渐近解进行比较 (渐近解将在后面讨论)。

在旋转球体中, 作为方程 (19.22) 和 (19.23) 数值解的较差旋转 U_ϕ, 其在赤道平面随 s 的分布显示于图 19.6(c) 中 (实线), 参数为 $Ek = 5 \times 10^{-5}$ 和 $Pr = 0.025$; 相应线性解 (v_0, w_0) 的结构特点由临界参数 $m_c = 4, (\widetilde{Ra})_c = 62.34, \sigma_c = -0.0487$ 来标志, 显示于图 19.6(a) 和 (b) 中。一个重要的特点是, 图 19.6(a) 显示的强顺行螺旋在赤道区域总是形成一个顺行的带状流, 而在高纬区域形成一个逆行的带状流, 展现了球体曲率和旋转对对流的联合影响, 见图 19.6(c)。另一个 $Ek = 5 \times 10^{-5}$

和 $Pr = 0.1$ 的旋转球体对流例子显示于图 19.7 中,其临界参数为 $m_c = 6, (\widetilde{Ra})_c =$ 114.8 和 $\sigma_c = -0.03174$。虽然 $Pr = 0.1$ 时的临界方位波数大于 $Pr = 0.025$ 时的值,带状流 U_ϕ 的主要特征大体保持不变,即赤道区域为顺行流,高纬区域为逆行流。

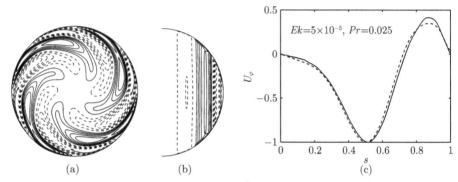

图 19.6 在球体 (a) 赤道面和 (b) 子午面上的 $\hat{\phi} \cdot \mathbf{u}_0$ 等值线分布,由方程 (19.17)~(19.19) 的数值解绘出,参数为 $Ek = 5 \times 10^{-5}$ 和 $Pr = 0.025$,球壳内外半径比为 $r_i/r_o = 0.001$,边界条件为无滑移条件;(c) 相应的较差旋转 $\hat{\phi} \cdot \mathbf{U}$ 在赤道面上随 s 的分布:实线表示方程 (19.22) 和 (19.23) 的数值解,虚线由渐近解 (19.103) 计算

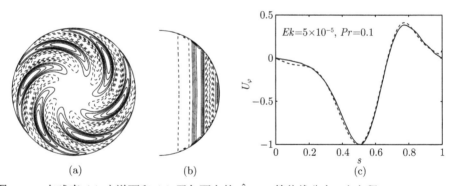

图 19.7 在球壳 (a) 赤道面和 (b) 子午面上的 $\hat{\phi} \cdot \mathbf{u}_0$ 等值线分布,由方程 (19.17)~(19.19) 的数值解绘出,参数为 $Ek = 5 \times 10^{-5}$ 和 $Pr = 0.1$,球壳内外半径比为 $r_i/r_o = 0.001$,边界条件为无滑移条件;(c) 相应的较差旋转 $\hat{\phi} \cdot \mathbf{U}$ 在赤道面上随 s 的分布:实线表示方程 (19.22) 和 (19.23) 的数值解,虚线由渐近解 (19.103) 计算

19.3 局部渐近解：窄间隙环柱模型

19.3.1 局部和准地转近似

对于快速旋转球体中柱状卷形式的粘性对流,其局部渐近理论是由 Busse(1970) 使用窄间隙、准地转近似而发展起来的。它也许是旋转球体对流最重要和最著名的理论。因其数学简单和物理清晰,对理解快速旋转恒星/行星的粘性对流是不可或缺的。我们基本上遵循 Busse (1970) 的方法讨论他的这套渐近理论,开始的工作是在窄间隙、准地转近似下推导出问题的控制方程,这个近似方法的几何形态见于图 19.8。

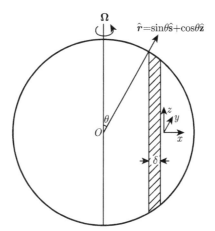

图 19.8 快速旋转球体使用窄间隙环柱局部近似的几何形态。假设对流局限于区域 $\sin\theta \leqslant s \leqslant (\sin\theta + \delta), 0 \leqslant \phi < 2\pi$ 和 $-\sqrt{1-s^2} \leqslant z \leqslant \sqrt{1-s^2}$ 之间,并假设环柱间隙 δ 充分小,即有 $0 < \delta \ll 1$,因此研究可采用局部直角坐标系 (x,y,z)。窄间隙环柱的位置由余纬度 θ 确定,当 $0 < Ek \ll 1$ 时,假设流体运动局限于其中

首先,我们要在准地转近似下从方程 (19.4)～(19.6) 推出控制方程。当球体快速旋转 ($0 < Ek \ll 1$) 且普朗特数 Pr 足够大时,对流几乎不依赖于 z (见图 19.3 和图 19.5),对流速度 **u** 是准地转的,可以近似为

$$\mathbf{u} = \nabla \times [\hat{\mathbf{z}}\Psi(s,\phi,t)] + \widehat{w}(s,\phi,z,t)\hat{\mathbf{z}}, \tag{19.24}$$

其中 $\Psi(s,\phi,t)$ 是一个二维流函数,轴向流 $\widehat{w}$ 被假设为很弱,即 $0 < |\widehat{w}| \ll 1$,它代表了一个必要的、由球形几何形状导致的非地转扰动。将 (19.24) 式代入 (19.4) 和 (19.6) 的线性化方程,然后对方程 (19.4) 作 $\hat{\mathbf{z}} \cdot \nabla \times$ 运算,则可得关于 Ψ 和 Θ 的两

个方程:

$$\frac{\partial}{\partial t}\left(\frac{1}{s}\frac{\partial}{\partial s}s\frac{\partial}{\partial s}+\frac{1}{s^2}\frac{\partial^2}{\partial \phi^2}\right)\Psi+2\frac{\partial \widehat{w}}{\partial z}=\widetilde{Ra}\frac{\partial \Theta}{\partial \phi}+Ek\left(\frac{1}{s}\frac{\partial}{\partial s}s\frac{\partial}{\partial s}+\frac{1}{s^2}\frac{\partial^2}{\partial \phi^2}\right)^2\Psi, \qquad(19.25)$$

$$(Pr/Ek)\frac{\partial \Theta}{\partial t}=\frac{\partial \Psi}{\partial \phi}+\left(\frac{1}{s}\frac{\partial}{\partial s}s\frac{\partial}{\partial s}+\frac{1}{s^2}\frac{\partial^2}{\partial \phi^2}\right)\Theta. \qquad(19.26)$$

在推导 (19.25) 式的过程中, 我们使用了以下关系:

$$\hat{\mathbf{z}}\cdot \nabla \times (2\hat{\mathbf{z}}\times \mathbf{u})=-2\frac{\partial \widehat{w}}{\partial z},$$

其中, 我们假设在首阶近似下有 $\nabla \cdot \mathbf{u}=0$。在球体表面 $|\mathbf{r}|=1$ 处, 法向流 $\mathbf{u}\cdot \hat{\mathbf{r}}=0$ 的不可渗透边界条件将使

$$\frac{\sin\theta}{s}\frac{\partial \Psi}{\partial \phi}+\widehat{w}\cos\theta=0, \qquad(19.27)$$

式中, 余纬 θ 被认为是本问题的一个重要参数, 我们假设在该处的对流是局部化的。在局部化渐近理论中, 导出首阶解既不需要应力自由条件, 也不需要无滑移条件, 这与我们后面将要给出的惯性对流全局渐近理论是不同的。将方程 (19.25) 对 z 从南半球积分到北半球, 即 $[1/(2\cos\theta)]\int_{z=-\cos\theta}^{z=\cos\theta}\mathrm{d}z$, 并利用边界条件 (19.27), 将轴向速度 $\widehat{w}$ 从 (19.25) 式中移除, 得到如下方程:

$$\frac{\partial}{\partial t}\left(\frac{1}{s}\frac{\partial}{\partial s}s\frac{\partial}{\partial s}+\frac{1}{s^2}\frac{\partial^2}{\partial \phi^2}\right)\Psi-\frac{2\tan\theta}{s\cos\theta}\frac{\partial \Psi}{\partial \phi}$$
$$=\widetilde{Ra}\frac{\partial \Theta}{\partial \phi}+Ek\left(\frac{1}{s}\frac{\partial}{\partial s}s\frac{\partial}{\partial s}+\frac{1}{s^2}\frac{\partial^2}{\partial \phi^2}\right)^2\Psi. \qquad(19.28)$$

在方程 (19.28) 的推导中, 我们已假设温度 Θ 也与 z 无关, 或者将 Θ 视作轴向平均温度。

其次, 我们用窄间隙近似推导控制方程。当球体快速旋转时 ($0<Ek\ll 1$), 对流运动 $\mathbf{u}$ 就局限在中部纬度地区, 这点已被 Pr 充分大时的数值解所证实。因而假设流动 $\mathbf{u}$ 局限于一个窄间隙环柱中在数学上是合理的, 如图 19.8 所示。这个区域为 $\sin\theta \leqslant s \leqslant (\sin\theta+\delta)$, $0\leqslant \phi <2\pi$, $-\sqrt{1-s^2}\leqslant z \leqslant \sqrt{1-s^2}$, 且 $0<\delta \ll 1$, 假设余纬 θ 的值较小或中等, 如此轴向流 $\widehat{w}$ 才是较弱的。窄间隙假设 ($0<\delta \ll 1$) 不仅允许我们使用如图 19.8 所示的直角坐标系, 而且显著简化了控制方程和相关的数学分析。在窄间隙环柱内, 方位方向的曲率效应可以被忽略掉, 并且在首阶近似下, 可以建立柱坐标系 (s,ϕ,z) 和直角坐标系 (x,y,z) 之间的关系, 即

$$s=\sin\theta+x\delta, \quad y=\phi(\sin\theta+x\delta), \quad z=z, \quad 0\leqslant x\leqslant 1$$

和

$$\frac{1}{s}\frac{\partial}{\partial s}s\frac{\partial}{\partial s} + \frac{1}{s^2}\frac{\partial^2}{\partial \phi^2} = \frac{1}{\delta^2}\frac{\partial^2}{\partial x^2} + \frac{\partial^2}{\partial y^2},$$

$$\frac{\partial}{\partial \phi} = \sin\theta\frac{\partial}{\partial y}.$$

利用以上近似, 方程 (19.26) 和 (19.28) 就变成

$$\frac{\partial}{\partial t}\left(\frac{1}{\delta^2}\frac{\partial^2}{\partial x^2} + \frac{\partial^2}{\partial y^2}\right)\Psi - \frac{2\tan\theta}{\cos\theta}\frac{\partial\Psi}{\partial y} = \widetilde{Ra}\sin\theta\frac{\partial\Theta}{\partial y} + Ek\left(\frac{1}{\delta^2}\frac{\partial^2}{\partial x^2} + \frac{\partial^2}{\partial y^2}\right)^2\Psi,$$

$$\frac{Pr}{Ek}\frac{\partial\Theta}{\partial t} = \sin\theta\frac{\partial\Psi}{\partial y} + \left(\frac{1}{\delta^2}\frac{\partial^2}{\partial x^2} + \frac{\partial^2}{\partial y^2}\right)\Theta.$$

联立以上两方程, 可得一个关于流函数 Ψ 的方程, 其形式为

$$\left[\frac{Pr}{Ek}\frac{\partial}{\partial t} - \left(\frac{1}{\delta^2}\frac{\partial^2}{\partial x^2} + \frac{\partial^2}{\partial y^2}\right)\right]\left\{\left[\frac{\partial}{\partial t} - Ek\left(\frac{1}{\delta^2}\frac{\partial^2}{\partial x^2} - \frac{\partial^2}{\partial y^2}\right)\right]\right.$$
$$\left. \times \left(\frac{1}{\delta^2}\frac{\partial^2}{\partial x^2} - \frac{\partial^2}{\partial y^2}\right) - \frac{2\tan\theta}{\cos\theta}\frac{\partial}{\partial y}\right\}\Psi - \widetilde{Ra}\sin^2\theta\frac{\partial^2\Psi}{\partial y^2} = 0. \quad (19.29)$$

应该指出, 方程的 $(2\tan\theta/\cos\theta)\partial\Psi/\partial y$ 项表示对流卷两端倾斜边界的效应。在旋转球体中, 这些对流卷是与旋转轴平行的。

19.3.2 $0 < Ek \ll 1$ 条件下的渐近关系

假设对流径向尺度远大于方位尺度, 即 $\partial/\partial y \gg (1/\delta)\partial/\partial x$ 和 $Ek^{1/3} \ll \delta \ll 1$, 则方程 (19.29) 可进一步简化为

$$\left(\frac{Pr}{Ek}\frac{\partial}{\partial t} - \frac{\partial^2}{\partial y^2}\right)\left[\left(\frac{\partial}{\partial t} - Ek\frac{\partial^2}{\partial y^2}\right)\frac{\partial^2}{\partial y^2} - \frac{2\tan\theta}{\cos\theta}\frac{\partial}{\partial y}\right]\Psi - \widetilde{Ra}\sin^2\theta\frac{\partial^2\Psi}{\partial y^2} = 0, (19.30)$$

它的解可以写成如下形式:

$$\Psi(x,y,t) = f(x)e^{i(my+\omega t)}, \quad (19.31)$$

式中方位波数 m 通常不是整数, 并且还无法确定径向结构 $f(x)$, 因为我们在方程 (19.30) 中略去了 $(1/\delta)\partial/\partial x$ 项。但正因为这个简化, 我们才能推导出封闭形式的渐近关系, 使我们对快速旋转球体内的粘性对流动力学有了更加深入的理解 (Busse, 1970)。

将 (19.31) 式代入方程 (19.30), 得到复数色散关系为

$$-\left(m^2 + \frac{i\omega Pr}{Ek}\right)\left[\left(m^2 Ek + i\omega\right)m^2 + \frac{2im\sin\theta}{\cos^2\theta}\right] + m^2\widetilde{Ra}\sin^2\theta = 0,$$

其实部和虚部分别有

$$-m^5 Ek + \frac{m\omega^2 Pr}{Ek} + \left(\frac{\omega Pr}{Ek}\right)\frac{2\sin\theta}{\cos^2\theta} + m\widetilde{Ra}\sin^2\theta = 0, \tag{19.32}$$

$$\omega = -\left(\frac{2\sin\theta}{\cos^2\theta}\right)\frac{1}{(1+Pr)m}. \tag{19.33}$$

将 (19.33) 式代入 (19.32) 式，即得到瑞利数 $\widetilde{Ra}$ 随波数 m 和位置参数 θ 而变化的函数关系：

$$\widetilde{Ra} = \frac{1}{\sin^2\theta}\left[m^4 Ek + \left(\frac{4Pr^2}{Ek(1+Pr)^2}\right)\frac{\sin^2\theta}{m^2\cos^4\theta}\right]. \tag{19.34}$$

针对 m^2 和 θ 求 $\widetilde{Ra}$ 的最小值，便可得到临界瑞利数 $(\widetilde{Ra})_c$，优选波数 m_c，临界频率 ω_c 以及对流的位置 θ_c。具体做法是，首先由 (19.34) 式，令 $\partial\widetilde{Ra}/\partial m^2 = 0$，则可得

$$m = \left[\frac{\sqrt{2}\sin\theta Pr}{Ek(1+Pr)\cos^2\theta}\right]^{1/3}, \tag{19.35}$$

$$\widetilde{Ra} = \frac{3}{Ek^{1/3}}\left[\frac{\sqrt{2}Pr}{(1+Pr)\cos^2\theta\sqrt{\sin\theta}}\right]^{4/3}, \tag{19.36}$$

$$\omega = -\left[\frac{8Ek\sin^2\theta}{\sqrt{2}(1+Pr)^2 Pr\cos^4\theta}\right]^{1/3}. \tag{19.37}$$

其次对 (19.36) 式，令 $\partial\widetilde{Ra}/\partial\theta = 0$ 可确定临界位置 θ_c，然后将其代入 (19.35) 和 (19.37) 式，即得到旋转球体中著名的渐近关系：

$$\theta_c = \arcsin\frac{1}{\sqrt{5}}, \tag{19.38}$$

$$m_c = \left[\frac{\sqrt{10}Pr}{4(1+Pr)}\right]^{1/3} Ek^{-1/3}, \tag{19.39}$$

$$(\widetilde{Ra})_c = 3\left(\frac{5}{4}\right)^{5/3}\left(\frac{2Pr}{1+Pr}\right)^{4/3} Ek^{-1/3}, \tag{19.40}$$

$$\omega_c = -\left[\frac{5}{\sqrt{8}Pr(1+Pr)^2}\right]^{1/3} Ek^{1/3}, \tag{19.41}$$

这个关系最早由 Busse (1970) 导出，在快速旋转球壳中，局部准地转近似不仅应用于切线圆柱 (tangent cylinder)，而且扩展到了切线圆柱之外的球形环 (spherical annulus) (Gillet and Jones, 2006; Gillet et al., 2007)。

19.3.3 渐近解和数值解的比较

局部渐近关系 (19.39)~(19.41) 仅在 $0 < Ek \ll 1$ 的条件下才成立,其精确性可由方程 (19.17)~(19.19) 的数值解检验,而数值解对任何 Ek 都是有效的。为易于比较,表 19.1~ 表 19.6 针对不同的 Pr 和 Ek,列出了一些临界参数 $[m_c, (\widetilde{Ra})_c, \sigma_c]$ 的值 (注意 $\omega_c = 2\sigma_c$),它们由 (19.39)~(19.41) 式计算,以下标 "$local$" 表示,相应的数值解也列于表中。

可以看出,在旋转球体中,局部渐近解 (19.39)~(19.41) 与相应数值解有较多的不一致。首先,在小 Pr 情况下,很明显一些惯性对流的临界参数,例如,临界瑞利数 $(\widetilde{Ra})_c$ 不能由 (19.38)~(19.41) 式来描述,因为在这种情况,图 19.2 所示的对流并不是局部化的,它强烈地偏离了地转平衡。其次,局部化对流的位置,即图 19.2 和图 19.3 所示的临界纬度 θ_c 依赖于 Pr 的大小;如 Zhang (1992) 所指出的,临界纬度为常数,即 $\theta_c = \arcsin(1/\sqrt{5})$,是假设 $(1/s)\partial/\partial\phi \gg \partial/\partial s$ 的结果。如果没有这个假设,就不可能导出封闭形式的渐近关系 (19.38)~(19.41),它的解将变得异常复杂 (Jones et al., 2000)。第三,局部渐近解 (19.40) 总是低估了临界瑞利数 $(\widetilde{Ra})_c$ 的大小,追溯其原因,可发现中部纬度的轴向流 $\widehat{w}$ 并非很小,因而球体中的准地转近似并不能提供精确的解。第四,除了法向流条件,导出局部渐近解并不需要其他的速度 $\mathbf{u}$ 和温度 Θ 的物理边界条件,但是诸如应力自由或无滑移之类的速度边界条件是导出全局渐近解所必须的 (全局渐近解将在后面讨论),当 Pr 较小时,它将显著地影响临界参数,比较表 19.5 和表 19.6 便可发现这点。

尽管如表 19.1~ 表 19.6 所列的那样,局部渐近解 (19.38)~(19.41) 和相应的数值解存在许多不一致,但必须强调,公式 (19.38)~(19.41) 因其简单和解析的形式,是理解旋转球体系统粘性对流的重要渐近关系。

在下面两节中,我们将给出一个全球性的渐近理论,它既不采用局部近似,也不采用准地转近似,但是其解能够与数值解达到满意的定量符合。

19.4 应力自由条件的全局渐近解

19.4.1 渐近分析假设

对于任意小但非零的 Ek,如图 19.2~ 图 19.5 的数值解所示,随着 Pr 的减小,对流运动将快速地扩散开,使局部近似变得不再适用。球体惯性模反映了快速旋转球体中热对流的潜在物理本质,与球体的旋转对流具有重要的联系,在这个认识基础上,Zhang (1994) 导出了快速旋转球体中惯性对流的全球性渐近解,该渐近解在 $0 < Ek \ll 1$ 条件下对充分小的 Pr 有效;之后,这个渐近解被扩展到粘性对流区域,在 $0 < Ek \ll 1$ 条件下对任意值的 Pr 都有效 (Zhang and Liao, 2004)。

应力自由边界条件下的全局渐近解 (Zhang, 1994; Zhang and Liao, 2004) 基于以下三个假设/观察：首先，对于任意小但非零的 Ek，并不存在如 (19.38)~(19.41) 式那样简单并在 $0 \leqslant Pr < \infty$ 范围内成立的渐近尺度关系。这个假设要求我们，在没有渐近尺度协助的情况下，必须处理一套球体旋转对流的偏微分方程组。其次，在局部渐近分析中 (Roberts, 1968; Busse, 1970; Jones et al., 2000)，球形粘性边界层和速度边界条件类型并不重要，但全局渐近分析正好相反，在 $0 < Ek \ll 1$ 条件下，推导必须考虑球形粘性边界层，即使对应力自由边界也是如此。对比表 19.1 和表 19.2 中应力自由条件和表 19.3 和表 19.4 中无滑移条件的数值解，明显可见速度边界条件类型的重要性。第三个假设尤其重要，当 $0 < Ek \ll 1$ 时，在球体内部，对流的首阶速度占据着支配地位，依据 Pr 的大小，它或者是单一的惯性模 $\mathbf{u}_{mnk}$ (小 Pr 的惯性对流)，或者是多个准地转惯性模的组合 (中大 Pr 的粘性对流)。在旋转球体中，当惯性模的半频 σ_{mnk} 满足 $0 < |\sigma_{mnk}| \ll 1$ 时，就称惯性模 $\mathbf{u}_{mnk}$ 是准地转的。

我们将首先导出快速旋转球体内应力自由边界的惯性对流全局渐近解，然后将其扩展到粘性对流域。

19.4.2 惯性对流的渐近分析

本节将导出 $0 < Ek \ll 1$、小 Pr 情况下，快速旋转球体中惯性对流的全局渐近解 (惯性对流是小 Pr 在物理上的优选对流模式)，其控制方程为 (19.4)~(19.6) 式，应力自由边界条件为 (19.7) 式。我们将可以得到封闭形式的解析解 $\mathbf{u}$，对深入理解问题的物理本质极具价值。以下我们大体按照 Zhang (1994) 的方法进行渐近分析。

当 $0 < Ek \ll 1$ 时，对流不稳定附近的惯性对流速度 $\mathbf{u}$ 将由一个单一的球体惯性模 $\mathbf{u}_{mnk}$ 所主导，此时浮力在对抗粘性衰减而驱动惯性对流方面仅居于次要地位，认识到这点后，我们有以下形式的渐近展开：

$$\mathbf{u} = \left\{ \mathcal{A} \left[(\tilde{\mathbf{u}} + \hat{\mathbf{u}}) + \mathbf{u}_{mnk}(r,\theta,\phi) \right] e^{i2\sigma t} + c.c. \right\} + \frac{|\mathcal{A}|^2}{Ek} U_\phi(r,\theta)\hat{\phi} + \cdots, \qquad (19.42)$$

$$p = \left\{ \mathcal{A} \left[(\tilde{p} + \hat{p}) + p_{mnk}(r,\theta,\phi) \right] e^{i2\sigma t} + c.c. \right\} + \frac{|\mathcal{A}|^2}{Ek} P(r,\theta) + \cdots, \qquad (19.43)$$

其中 $\mathcal{A}$ 表示一个小振幅，且有 $0 < |\mathcal{A}| \ll Ek$，σ 表示惯性对流的半频，$\mathbf{u}_{mnk}(r,\theta,\phi)$ 为公式 (5.34)~(5.36) 给出的赤道对称模，或者由公式 (5.56)~(5.58) 给出的赤道反对称模，$\hat{\mathbf{u}}$ 和 $\hat{p}$ 表示相对于首阶解 $\mathbf{u}_{mnk}$ 和 p_{mnk} 的内部小扰动，并有 $|\mathbf{u}_{mnk}| \gg |\hat{\mathbf{u}}|$，$\tilde{\mathbf{u}}$ 为应力自由条件 (19.7) 带来的弱粘性边界流，$U_\phi(r,\theta)\hat{\phi}$ 和 P 分别代表较差旋转/带状流和压强。不过我们将证明，在惯性对流由单一球体惯性模占主导地位的情况下，$U_\phi = 0$。即使应力自由条件的粘性边界层 $\tilde{\mathbf{u}}$ 非常弱，即 $|\tilde{\mathbf{u}}| \ll |\mathbf{u}_{mnk}|$，

19.4 应力自由条件的全局渐近解

但在全局渐近分析中必须将其包含，从而使得 $(\mathbf{u}_{mnk} + \tilde{\mathbf{u}})$ 满足应力自由条件，因为在旋转球体中，对于所有可能的 m, n, k，惯性模有以下特殊性质：

$$\int_0^{2\pi} \int_0^{\pi} \int_0^1 \left(\mathbf{u}_{mnk}^* \cdot \nabla^2 \mathbf{u}_{mnk}\right) r^2 \sin\theta \, dr \, d\theta \, d\phi = 0.$$

在某种意义上，球体惯性对流问题的瑞利数 $\widetilde{Ra}$ 与我们之前讨论的球体进动问题的庞加莱数 Po 是类似。被动的温度 Θ 和其他参数则展开为

$$\Theta = \left[\mathcal{A}\Theta_0(r,\theta,\phi)\mathrm{e}^{\mathrm{i}2\sigma t} + c.c.\right] + \cdots,$$
$$\widetilde{Ra} = (\widetilde{Ra})_1 + \cdots,$$
$$\sigma = \sigma_{mnk} + \sigma_1 + \cdots,$$

其中 σ_1 表示对无粘性半频 σ_{mnk} 的粘性小修正，满足 $|\sigma_1| \ll |\sigma_{mnk}|$。与后面将要讨论的无滑移条件相比，此时我们没有必要确定速度 $\tilde{\mathbf{u}}$ 的具体结构，这极大地降低了渐近分析的复杂性。

将渐近展开 (19.42) 和 (19.43) 代入方程 (19.4)~(19.6)，其首阶问题代表了一个无耗散的热惯性波 $(m > 0)$ 或者无耗散的热惯性振荡 $(m = 0)$，控制方程为

$$\mathrm{i}2\sigma_{mnk}\mathbf{u}_{mnk}(r,\theta,\phi) + 2\hat{\mathbf{z}} \times \mathbf{u}_{mnk}(r,\theta,\phi) + \nabla p_{mnk}(r,\theta,\phi) = \mathbf{0}, \quad (19.44)$$
$$\nabla \cdot \mathbf{u}_{mnk} = 0, \quad (19.45)$$
$$\left(\nabla^2 - \frac{\mathrm{i}2\sigma_{mnk}Pr}{Ek}\right)\Theta_0(r,\theta,\phi) + \mathbf{r} \cdot \mathbf{u}_{mnk}(r,\theta,\phi) = 0, \quad (19.46)$$

边界条件为

$$\hat{\mathbf{r}} \cdot \mathbf{u}_{mnk} = 0 \text{ 和 } \Theta_0 = 0, \quad r = 1.$$

有两种情况应予以分辨：$m \geqslant 1$ 的解表示在方位角方向的行波，$m = 0$ 则描述了振荡的流体运动。注意，因为 $\sigma_{mnk} = 0$ 的地转模没有径向分量且不能传输热量，应该从方程 (19.44)~(19.46) 中排除掉。

方程 (19.44) 和 (19.45) 的无粘性球体惯性模解 $(\mathbf{u}_{mnk}, p_{mnk})$ 已经在之前的分析中获得，例如，公式 (5.34)~(5.36) 给出了赤道对称但非轴对称 $(m \geqslant 1)$ 的解，公式 (5.56)~(5.58) 给出了赤道反对称但是轴对称 $(m = 0)$ 的解。被动的温度 $\Theta_0(r,\theta,\phi)$，即方程 (19.46) 的解，可以通过第一类球贝塞尔函数 j_l 和勒让德函数 P_l^m 的展开来推导，展开形式为

$$\Theta_0(r,\theta,\phi) = \sum_{l,q} \Theta_{lq} P_l^m(\cos\theta) j_l(\beta_{lq} r) \mathrm{e}^{\mathrm{i}m\phi},$$

其中 Θ_{lq} 为复系数，$\beta_{lq}, q = 1, 2, 3, \cdots$ 是以下方程的解：

$$j_l(\beta_{lq}) = 0,$$

其中 β_{lq} 的次序为 $0 < \beta_{l1} < \beta_{l2} < \beta_{l3} < \cdots$。此外，$P_l^m(\cos\theta)j_l(\beta_{lq}r)$ 由下式进行了归一化：

$$\int_0^{2\pi}\int_0^{\pi}\int_0^1 [j_l(\beta_{lq}r)P_l^m(\cos\theta)]^2 r^2 \sin\theta \, \mathrm{d}r \, \mathrm{d}\theta \, \mathrm{d}\phi = 1, \tag{19.47}$$

它简化了相关的数学公式。利用以下正交性：

$$\int_0^{2\pi}\int_0^{\pi}\int_0^1 j_l(\beta_{lq}r)P_l^m(\cos\theta)j_n(\beta_{nk}r)P_n^m(\cos\theta)r^2 \sin\theta \, \mathrm{d}r \, \mathrm{d}\theta \, \mathrm{d}\phi = \delta_{ln}\delta_{qk},$$

则由球体惯性波 $\mathbf{u}_{mnk}$ 所驱动的被动温度 $\Theta_0(r,\theta,\phi)$ 可以写为

$$\Theta_0(r,\theta,\phi) = \sum_{l,q} \frac{P_l^m(\cos\theta)j_l(\beta_{lq}r)}{[(\beta_{lq})^2 + 2\mathrm{i}\,\sigma_{mnk}Pr/Ek]}$$

$$\times 2\pi\left[\int_0^{\pi}\int_0^1 \mathbf{r}\cdot\mathbf{u}_{mnk}(r,\theta,\phi)P_l^m(\cos\theta)j_l(\beta_{lq}r)r^2\sin\theta \, \mathrm{d}r \, \mathrm{d}\theta\right], \tag{19.48}$$

其中，$l-m = 0, 2, 4, 6, \cdots, q = 1, 2, 3, \cdots$ 表示赤道对称模，而 $l-m = 1, 3, 5, \cdots, q = 1, 2, 3, \cdots$ 表示赤道反对称模。注意 $\mathbf{u}_{mnk}(r,\theta,\phi) \sim \mathrm{e}^{\mathrm{i}m\phi}$，其复共轭 $\mathbf{u}_{mnk}^*(r,\theta,\phi) \sim \mathrm{e}^{-\mathrm{i}m\phi}$。在实际计算中，公式 (19.48) 的展开仅需较少项数就可确保合理的精度。很明显，我们无法导出被动温度 Θ_0 的封闭形式的解析解。

在首阶解 $(\mathbf{u}_{mnk}, p_{mnk}, \Theta_0)$ 中，惯性对流的三个波数 m, n, k 尚未确定。波数的确定与次级问题的可解条件相联系，这个次级问题由下面的方程描述：

$$2\mathrm{i}\,\sigma_{mnk}(\widetilde{\mathbf{u}}+\widehat{\mathbf{u}}) + 2\hat{\mathbf{z}}\times(\widetilde{\mathbf{u}}+\widehat{\mathbf{u}}) + \nabla(\widetilde{p}+\widehat{p})$$
$$= (\widetilde{Ra})_1\mathbf{r}\Theta_0(r,\theta,\phi) + Ek\nabla^2[\mathbf{u}_{mnk}(r,\theta,\phi)+\widetilde{\mathbf{u}}] - \mathrm{i}2\sigma_1\mathbf{u}_{mnk}(r,\theta,\phi), \tag{19.49}$$
$$\nabla\cdot(\widetilde{\mathbf{u}}+\widehat{\mathbf{u}}) = 0, \tag{19.50}$$

其边界条件为

$$\hat{\mathbf{r}}\cdot(\widetilde{\mathbf{u}}+\widehat{\mathbf{u}}) = 0 \text{ 和 } \hat{\mathbf{r}}\times\nabla\times\left(\frac{\mathbf{u}_{mnk}+\widetilde{\mathbf{u}}}{r^2}\right) = \mathbf{0}, \quad r = 1,$$

方程中，我们已略去了更高阶的项，如 $Ek\nabla^2\widehat{\mathbf{u}}$，这是因为 $|\mathbf{u}_{mnk}| \gg |\widehat{\mathbf{u}}|$；不过，即使边界层流 $\widetilde{\mathbf{u}}$ 很弱也必须保留，因为需要它满足应力自由条件。在这个阶次，热效应与无粘性惯性波 ($m \geqslant 1$) 或无粘性惯性振荡 ($m = 0$) 耦合在一起，对抗着粘性耗散而驱动了惯性对流。方程 (19.49) 是非齐次的 (等号右边与首阶解相联系)，因

19.4 应力自由条件的全局渐近解

此需要一个可解条件,其实部可确定临界惯性模 $\mathbf{u}_{mnk}$ 和其他临界参数,而从其虚部可导出对首阶半频 σ_{mnk} 的小修正 σ_1。

与其他几何体的讨论一样,球体惯性对流的全局渐近解也包含了三个要素。第一个要素是对流开端瑞利数 $(\widetilde{Ra})_1$ 的渐近表达式。以 $\mathbf{u}^*_{mnk}$ 表示 $\mathbf{u}_{mnk}$ 的复共轭,它同样满足 $\nabla \cdot \mathbf{u}^*_{mnk} = 0$。因为

$$\int_0^{2\pi}\int_0^{\pi}\int_0^1 [\mathbf{u}^*_{mnk} \cdot \nabla(\widetilde{p} + \widehat{p})] r^2 \sin\theta \, dr \, d\theta \, d\phi = 0,$$

$$\int_0^{2\pi}\int_0^{\pi}\int_0^1 \mathbf{u}^*_{mnk} \cdot [\mathrm{i} 2\sigma_{mnk}(\widetilde{\mathbf{u}} + \widehat{\mathbf{u}}) + 2\hat{\mathbf{z}} \times (\widetilde{\mathbf{u}} + \widehat{\mathbf{u}})] r^2 \sin\theta \, dr \, d\theta \, d\phi = 0,$$

所以方程 (19.49) 和 (19.50) 的可解条件可以写为

$$\begin{aligned}
0 = {} & (\widetilde{Ra})_1 \int_0^{2\pi}\int_0^{\pi}\int_0^1 (\mathbf{r} \cdot \mathbf{u}^*_{mnk} \Theta_0) r^2 \sin\theta \, dr \, d\theta \, d\phi \\
& + Ek \int_0^{2\pi}\int_0^{\pi}\int_0^1 [\mathbf{u}^*_{mnk} \cdot \nabla^2 (\mathbf{u}_{mnk} + \widetilde{\mathbf{u}})] r^2 \sin\theta \, dr \, d\theta \, d\phi \\
& - 2\mathrm{i}\,\sigma_1 \int_0^{2\pi}\int_0^{\pi}\int_0^1 |\mathbf{u}_{mnk}|^2 r^2 \sin\theta \, dr \, d\theta \, d\phi.
\end{aligned}$$

虽然粘性边界层 $\widetilde{\mathbf{u}}$ 在物理上是必需的,但我们可以在数学上避免导出它的显式解,因为

$$\begin{aligned}
& \int_0^{2\pi}\int_0^{\pi}\int_0^1 [\mathbf{u}^*_{mnk} \cdot \nabla^2 (\mathbf{u}_{mnk} + \widetilde{\mathbf{u}})] r^2 \sin\theta \, dr \, d\theta \, d\phi \\
= {} & -\int_0^{2\pi}\int_0^{\pi}\int_0^1 \nabla \times (\mathbf{u}_{mnk} + \widetilde{\mathbf{u}}) \cdot (\nabla \times \mathbf{u}^*_{mnk}) r^2 \sin\theta \, dr \, d\theta \, d\phi \\
& - \int_0^{2\pi}\int_0^{\pi} \hat{\mathbf{r}} \cdot \{[2\hat{\mathbf{r}} \times (\mathbf{u}_{mnk} + \widetilde{\mathbf{u}})] \times \mathbf{u}^*_{mnk}\}_{r=1} \sin\theta \, d\theta \, d\phi \\
& + \int_0^{2\pi}\int_0^{\pi} \left\{\mathbf{u}^*_{mnk} \cdot \left[\hat{\mathbf{r}} \times \nabla \times \frac{(\mathbf{u}_{mnk} + \widetilde{\mathbf{u}})}{r^2}\right]\right\}_{r=1} \sin\theta \, d\theta \, d\phi.
\end{aligned}$$

在利用了应力自由以及 $|\widetilde{\mathbf{u}}| \ll |\mathbf{u}_{mnk}|$ 条件后,可解条件可以表示为

$$\begin{aligned}
0 = {} & (\widetilde{Ra})_1 \int_0^{\pi}\int_0^1 (\mathbf{r} \cdot \mathbf{u}^*_{mnk} \Theta_0) r^2 \sin\theta \, dr \, d\theta \\
& - Ek \left[\int_0^{\pi}\int_0^1 |\nabla \times \mathbf{u}_{mnk}|^2 r^2 \sin\theta \, dr \, d\theta - 2\int_0^{\pi} \left[|\mathbf{u}_{mnk}|^2\right]_{r=1} \sin\theta \, d\theta\right] \\
& - 2\mathrm{i}\,\sigma_1 \int_0^{\pi}\int_0^1 |\mathbf{u}_{mnk}|^2 r^2 \sin\theta \, dr \, d\theta. \quad (19.51)
\end{aligned}$$

从 (19.51) 式的实部就可得到瑞利数 $(\widetilde{Ra})_1$ 的表达式为

$$(\widetilde{Ra})_1 = Ek \left\{ \frac{\int_0^\pi \int_0^1 |\nabla \times \mathbf{u}_{mnk}|^2 r^2 \sin\theta \, dr \, d\theta - 2 \int_0^\pi [|\mathbf{u}_{mnk}|^2]_{r=1} \sin\theta \, d\theta}{\text{Real} \left[\int_0^\pi \int_0^1 (\mathbf{r} \cdot \mathbf{u}_{mnk}^* \Theta_0) r^2 \sin\theta \, dr \, d\theta \right]} \right\}. \quad (19.52)$$

从速度的解析表达式 (5.34)~(5.36) 或 (5.56)~(5.58)，公式 (19.52) 分子中的两个积分可以解析地计算出来，但其分母的积分却需要用到数值方法，如下：

$$\text{Real} \left[\int_0^\pi \int_0^1 (\mathbf{r} \cdot \mathbf{u}_{mnk}^* \Theta_0) r^2 \sin\theta \, dr \, d\theta \right]$$

$$= \sum_{l,q} \frac{2\pi \beta_{lq}^2}{(\beta_{lq})^4 + (2\sigma_{mnk} Pr/Ek)^2}$$

$$\times \left| \int_0^\pi \int_0^1 \mathbf{r} \cdot \mathbf{u}_{mnk} P_l^m(\cos\theta) j_l(\beta_{lq} r) r^2 \sin\theta \, dr \, d\theta \right|^2, \quad (19.53)$$

此式总是正的，表明径向流 $\mathbf{r} \cdot \mathbf{u}_{mnk}$ 与温度 Θ_0 在这个阶次的耦合对抗着粘性耗散而驱动了惯性对流。最小瑞利数，即临界瑞利数 $(\widetilde{Ra})_1$ 对应了物理上最优选的解，当瑞利数达到该值时就会发生对流不稳定性现象。与局部渐近解不同，全局渐近解在球体惯性模 $\mathbf{u}_{mnk}$ 的集合上求解 (19.52) 式 $(\widetilde{Ra})_1$ 的最小值，从而确定对流的三维全球结构。这个过程不仅确定了临界瑞利数 $(\widetilde{Ra})_c$，而且也确定了临界惯性模 $\mathbf{u}_{m_c n_c k_c}$ 和它的三个波数 $m = m_c, n = n_c$ 和 $k = k_c$，以及首阶频率 $2\sigma_c$。

用 (19.52) 式确定了临界瑞利数 $(\widetilde{Ra})_c$ 和相关惯性模 $\mathbf{u}_{m_c n_c k_c}$ 之后，就可用可解条件 (19.51) 的虚部来计算临界半频 σ_c，它是惯性对流渐近解的第二个要素。从虚部导出的 σ_c 表达式为

$$2\sigma_c = 2\sigma_{m_c n_c k_c} + \frac{(\widetilde{Ra})_c \text{Imag} \left[\int_0^\pi \int_0^1 (\mathbf{r} \cdot \mathbf{u}_{m_c n_c k_c}^* \Theta_0) r^2 \sin\theta \, dr \, d\theta \right]}{\int_0^\pi \int_0^1 |\mathbf{u}_{m_c n_c k_c}|^2 r^2 \sin\theta \, dr \, d\theta}, \quad (19.54)$$

其中的分母可以利用速度表达式 (5.34)~(5.36) 或 (5.56)~(5.58) 得到解析结果，而分子的积分由下式给出：

$$\text{Imag} \left[\int_0^\pi \int_0^1 (\mathbf{r} \cdot \mathbf{u}_{mnk}^* \Theta_0) r^2 \sin\theta \, dr \, d\theta \right]$$

$$= \sum_{l,q} \frac{-2\pi (2\sigma_{mnk} Pr/Ek)}{(\beta_{lq})^4 + (2\sigma_{mnk} Pr/Ek)^2}$$

$$\times \left| \int_0^\pi \int_0^1 \mathbf{r} \cdot \mathbf{u}_{mnk} P_l^m(\cos\theta) j_l(\beta_{lq} r) r^2 \sin\theta \, dr \, d\theta \right|^2, \quad (19.55)$$

19.4 应力自由条件的全局渐近解

这表明热效应总是使无粘频率 $2\sigma_{mnk}$ 减小。很明显，对于 $0 < Ek \ll 1$ 条件，当 $Pr = O(1)$ 时，渐近表达式 (19.54) 就将变得无效。此外，(19.52) 和 (19.54) 式再次增强了我们的一个认识，即对于任意小但不为零的 Ek，不存在一个对所有 Pr 值都有效而且简单的普适渐近律。

第三个要素是流体的运动速度 $\mathbf{u}$、压强 p 和温度 Θ_0 的渐近表达式。Θ_0 由 (19.48) 式给出，其波数为 $m = m_c, n = n_c, k = k_c$，而首阶速度 $\mathbf{u}$ 和压强 p 为

$$\mathbf{u}(r,\theta,\phi,t) = \left[\mathcal{A}\mathbf{u}_{m_c n_c k_c}(r,\theta,\phi)e^{i2\sigma_{m_c n_c k_c}t} + c.c.\right],$$
$$p(r,\theta,\phi,t) = \left[\mathcal{A}p_{m_c n_c k_c}(r,\theta,\phi)e^{i2\sigma_{m_c n_c k_c}t} + c.c.\right],$$

其中，$\mathcal{A} \sim \{[\widetilde{Ra} - (\widetilde{Ra})_c]/(\widetilde{Ra})_c]\}^{1/2}$，作为 $\widetilde{Ra}$ 的函数，确定它需要更高阶且极其复杂的分析，这里就不深入讨论了。

总之，在 $0 < Ek \ll 1$ 条件下，推导流体球中惯性对流的线性全局渐近解需要三个步骤：① 将不同惯性模 $\mathbf{u}_{mnk}$ (表达式已知，如由 (5.34)~(5.36) 式给出) 代入 (19.52) 式，以确定临界瑞利数 $(\widetilde{Ra})_c$ 和临界惯性模 $\mathbf{u}_{m_c n_c k_c}$；② 利用 (19.54) 式计算粘性修正 σ_1；③ 将 $m = m_c, n = n_c, k = k_c$ 代入 (5.34)~(5.36) 或 (5.56)~(5.58) 式，得到惯性对流首阶速度的解析表达式。必须强调的是，对于给定的 m，即使 (5.34)~(5.36) 或 (5.56)~(5.58) 式提供了大量的惯性模 $\mathbf{u}_{mnk}$，但只有空间结构最简单的模，即小 n 和小 k 的模才具有物理意义。公式 (19.48)、(19.52) 和 (19.54)，以及 (5.34)~(5.36) 或 (5.56)~(5.58) 就组成了快速旋转球体在应力自由条件下惯性对流的完整全局渐近解。

19.4.3 惯性对流的几个分析解

遵循前述的三个步骤，便可容易地获得惯性对流的最不稳定模，以及压强 p 和流速 $\mathbf{u}$ 的封闭解析解。然而，因为存在大量的惯性模 $\mathbf{u}_{mnk}$，我们并不清楚对于给定的 Ek 和 Pr，哪种惯性对流在物理上是优选的。如果先固定一个任意小、非零的 Ek，然后让 Pr 逐渐增大来进行研究，这个看似复杂的问题将会变得清晰起来。通过这种方法，我们在旋转流体球中一共发现了三种类型的惯性对流，符合厚球壳的数值解算结果。为易于比较，在讨论不同类型渐近解时我们继续将注意力集中在 $Ek = 10^{-4}$ 的情形。针对不同的 Pr 值，表 19.1 和图 19.9 显示了 (19.52) 和 (19.54) 式的计算结果。为了对比，将方程 (19.17)~(19.19) 的数值解也列于表 19.1 中。表中可见，渐近解与数值解具有满意的定量符合，即使当 $Ek = 10^{-4}$，即艾克曼数适度小时也是如此。当 $Ek = 10^{-4}$ 时，三种惯性对流的详细情况讨论如下。

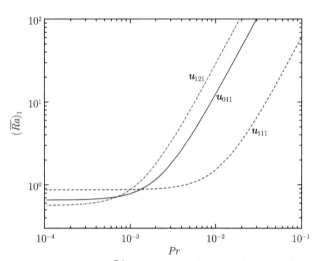

图 19.9 当 $Ek = 10^{-4}$ 时,瑞利数 $(\widetilde{Ra})_1$ 随 Pr 的变化情况。曲线从公式 (19.52) 导出,反映了惯性对流的三种不同类型。当 $0 \leqslant Pr \leqslant 7.0 \times 10^{-4}$ 时,对流的优选模与惯性模 $(p_{121}, \mathbf{u}_{121})$ 相联系;当 $7.0 \times 10^{-4} \leqslant Pr \leqslant 1.35 \times 10^{-3}$ 时,优选模与惯性模 $(p_{011}, \mathbf{u}_{011})$ 相关;而当 $1.35 \times 10^{-3} \leqslant Pr \leqslant 0.1$ 时,优选模联系着惯性模 $(p_{111}, \mathbf{u}_{111})$

逆行惯性波形式的对流:当 $Ek = 10^{-4}$ 和 $0 \leqslant Pr < 7 \times 10^{-4}$ 时,最小化 (19.52) 式可给出最不稳定的对流模,它是非轴对称但赤道对称的,并且向西 (逆行) 传播,与临界惯性模 $(p_{121}, \mathbf{u}_{121})$ 相联系,其结构由 (5.34)~(5.36) 式和 $m=1, n=2, k=1$ 给出。在 $0 \leqslant Pr \leqslant 7 \times 10^{-4}$ 范围内,惯性对流首阶解的压强 p 和速度 $\mathbf{u}$ 可表示为

$$p = -\frac{8\mathcal{A}}{135}\left(\sqrt{10}-5\right)r\sin\theta$$
$$\times \left[5\left(\sqrt{10}+1\right)r^2\cos(2\theta) + 3\left(\sqrt{10}+7\right)r^2 - 18\right]e^{i\left[\phi+(2/3)(1+2\sqrt{2/5})\right]t},$$
$$\hat{\mathbf{r}} \cdot \mathbf{u} = -4\mathcal{A}\,i\left(r^2-1\right)\sin\theta\, e^{i\left[\phi+(2/3)(1+2\sqrt{2/5})\right]t},$$
$$\hat{\boldsymbol{\theta}} \cdot \mathbf{u} = -\frac{4\mathcal{A}}{9}i\left[\left(4\sqrt{10}+13\right)r^2-9\right]\cos\theta\, e^{i\left[\phi+(2/3)(1+2\sqrt{2/5})\right]t},$$
$$\hat{\boldsymbol{\phi}} \cdot \mathbf{u} = \frac{4\mathcal{A}}{9}\left[\left(4\sqrt{10}-5\right)r^2\cos(2\theta) + 18r^2 - 9\right]e^{i\left[\phi+(2/3)(1+2\sqrt{2/5})\right]t}.$$

以 $Ek = 10^{-4}$ 和 $Pr = 10^{-4}$ 为例,最小化 (19.52) 式给出的最不稳定的惯性模为 $\mathbf{u}_{121}$ ($m_c = 1, n_c = 2, k_c = 1$),以及 $(\widetilde{Ra})_c = 0.5658$ 和 $\sigma_c = +0.7549$,而方程 (19.17)~(19.19) 的数值解结果为 $m_c = 1, (\widetilde{Ra})_c = 0.5407$ 和 $\sigma_c = +0.7549$。图 19.10(a)~(d) 显示了渐近解描绘的对流结构,与图 19.2(a)~(d) 的数值解没有明显的差异。

19.4 应力自由条件的全局渐近解

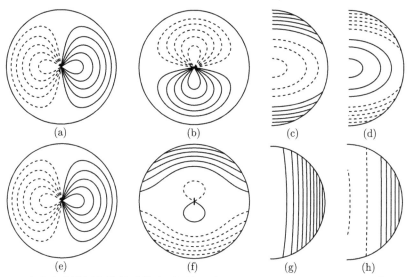

图 19.10 应力自由边界条件的球体中，旋转对流解析解的结构。(a) $\hat{\mathbf{s}}\cdot\mathbf{u}$ 和 (b) $\hat{\boldsymbol{\phi}}\cdot\mathbf{u}$ 在赤道平面的等值线，(c) $\hat{\mathbf{s}}\cdot\mathbf{u}$ 和 (d) $\hat{\boldsymbol{\phi}}\cdot\mathbf{u}$ 在子午面的等值线。参数为 $Ek=10^{-4}$ 和 $Pr=10^{-4}$，以解析解绘出；(e)~(h) 除了 $Pr=0.1$，其他与 (a)~(d) 相同。相同参数的数值解绘于图 19.2 中，可资比较

惯性扭转振荡形式的对流： 当 $Ek=10^{-4}$ 和 $7\times10^{-4}<Pr<1.35\times10^{-3}$ 时，最小化 (19.52) 式给出了最不稳定的对流模，它是轴对称和赤道反对称的，在时间上为振荡形式，与惯性振荡模 $(p_{011},\mathbf{u}_{011})$ 相关。相应的惯性对流首阶压强 p 和速度 $\mathbf{u}$ 为

$$p = \frac{3\mathcal{A}}{2}\left(1 - 2r^2 + \frac{5}{3}r^2\cos^2\theta\right)r\cos\theta\, e^{i\,2(\sqrt{5}/5)t},$$

$$\hat{\mathbf{r}}\cdot\mathbf{u} = \frac{i\,3\sqrt{5}\mathcal{A}}{4}(1-r^2)\cos\theta\, e^{i\,2(\sqrt{5}/5)t},$$

$$\hat{\boldsymbol{\theta}}\cdot\mathbf{u} = \frac{i\,3\sqrt{5}\mathcal{A}}{4}(2r^2-1)\sin\theta\, e^{i\,2(\sqrt{5}/5)t},$$

$$\hat{\boldsymbol{\phi}}\cdot\mathbf{u} = -\frac{15\mathcal{A}}{8}r^2\sin2\theta\, e^{i\,2(\sqrt{5}/5)t},$$

它也许代表了 $0<Ek\ll1$ 条件下，快速旋转球体内热对流的最简单的解析解。一个在物理上可实现的对流竟然有如此简单的分析形式，着实令人称奇。以 $Ek=10^{-4}$ 和 $Pr=10^{-3}$ 为例，从公式 (19.52) 和 (19.54) 可得到临界惯性模为 $\mathbf{u}_{011}$ ($m_c=0, n_c=1, k_c=1$)，临界参数为 $(\widetilde{Ra})_c=0.7823$ 和 $\sigma_c=0.4469$，而方程 (19.17)~(19.19) 在厚球壳 ($r_i/r_o=0.001$) 中的数值解结果为 $m_c=0, (\widetilde{Ra})_c=0.7602$ 和 $\sigma_c=0.4469$。图 19.11 显示了解析解在两个不同振荡状态时的对流结构。公式 (19.52) 的计算表明，以上解析解总是代表了当 $Pr/Ek\approx10$ 和 $0<Ek\ll1$ 时惯性

对流的最不稳定模。即使对适度小的艾克曼数 $Ek = 10^{-3}$ 以及 $Pr = 0.01$，从公式 (19.52) 和 (19.54) 得到的最不稳定模的参数为 $m_c = 0$, $(\widetilde{Ra})_c = 7.82$ 和 $\sigma_c = 0.444$，其压强 p 和速度 $\mathbf{u}$ 依然由上面的公式描述，而相应的方程 (19.17)~(19.19) 的数值解结果为 $m_c = 0$, $(\widetilde{Ra})_c = 7.33$ 和 $\sigma_c = 0.444$。

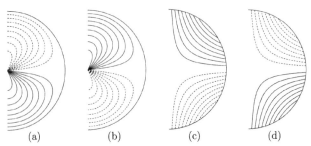

图 19.11 应力自由边界条件的流体球中，(a) 和 (b)：轴对称惯性对流解析解在两个不同状态下的 $\hat{\mathbf{r}} \cdot \mathbf{u}$ 等值线，参数为 $Ek = 10^{-4}$ 和 $Pr = 10^{-3}$；(c) 和 (d)：两个不同状态下的 $\hat{\boldsymbol{\phi}} \cdot \mathbf{u}$ 等值线

顺行惯性波形式的对流： 当 $Ek = 10^{-4}$ 和 $1.35 \times 10^{-3} < Pr \leqslant 0.1$ 时，最小化 (19.52) 式给出了最不稳定的对流模，它是非轴对称但赤道对称的，并且向东 (顺行) 传播，与惯性模 $(p_{111}, \mathbf{u}_{111})$ 相联系，惯性对流解析解的压强 p 和速度 $\mathbf{u}$ 为

$$p = -\frac{8\mathcal{A}}{135}\left(\sqrt{10}+5\right) r \sin\theta$$
$$\times \left[5\left(\sqrt{10}-1\right) r^2 \cos(2\theta) + 3\left(\sqrt{10}-7\right) r^2 + 18\right] e^{i[\phi+(2/3)\left(1-2\sqrt{2/5}\right)t]},$$
$$\hat{\mathbf{r}} \cdot \mathbf{u} = -4\mathcal{A}\,i\left(r^2 - 1\right) \sin\theta\, e^{i[\phi+(2/3)\left(1-2\sqrt{2/5}\right)t]},$$
$$\hat{\boldsymbol{\theta}} \cdot \mathbf{u} = \frac{4\mathcal{A}}{9} i \left[\left(4\sqrt{10}-13\right) r^2 + 9\right] \cos\theta\, e^{i[\phi+(2/3)\left(1-2\sqrt{2/5}\right)t]},$$
$$\hat{\boldsymbol{\phi}} \cdot \mathbf{u} = -\frac{4\mathcal{A}}{9} \left[\left(4\sqrt{10}+5\right) r^2 \cos(2\theta) - 18 r^2 + 9\right] e^{i[\phi+(2/3)\left(1-2\sqrt{2/5}\right)t]}.$$

以参数 $Ek = 10^{-4}$ 和 $Pr = 0.1$ 为例，最小化 (19.52) 式给出的最不稳定惯性模是 $\mathbf{u}_{111}$ $(m_c = 1, n_c = 1, k_c = 1)$，临界参数为 $(\widetilde{Ra})_c = 60.47$ 和 $\sigma_c = -0.0838$，而方程 (19.17)~(19.19) 在厚球壳 $(r_i/r_o = 0.001)$ 中的数值解结果为 $m_c = 1$, $(\widetilde{Ra})_c = 56.87$ 和 $\sigma_c = -0.0839$。对于参数 $Ek = 10^{-4}$ 和 $Pr = 0.1$ 下的对流，图 19.10(e)~(h) 显示了以上解析解的对流结构，与图 19.2(e)~(h) 显示的相应数值解没有明显的差异。

当 Pr 从 0.1 继续增大时，如表 19.2 所示，一般临界方位波数 m_c 也随之增大，但是像传播方向和赤道对称性之类的特点将保持不变。更大的 Pr 将使粘性效应变得显著，给对流带来很大的变化，对流将不再由单一的惯性模所主导，而是指示了一个从惯性对流向粘性对流过渡的区域。下面，在证明了旋转球体中的惯性对

19.4 应力自由条件的全局渐近解

流不能维持较差旋转或带状流之后，我们将导出粘性对流的全局渐近解。

19.4.4 惯性对流不能维持较差旋转

一个有趣的问题是，在旋转流体球中，由单一惯性模 $\mathbf{u}_{mnk}(r,\theta,\phi)e^{i2\sigma_{mnk}t}$ 构成的惯性对流是否能通过其非线性相互作用，在对流不稳定的附近维持较差旋转 $\mathbf{U} = U_\phi(r,\theta)\hat{\phi}$。将展开式 (19.42) 和 (19.43) 代入方程 (19.4) 中，取方位角方向的平均值 $1/(2\pi)\int_0^{2\pi}d\phi$，然后可得带状流 $U_\phi\hat{\phi}$ 的控制方程：

$$2\hat{\mathbf{z}} \times (U_\phi\hat{\phi}) + \nabla P = Ek\nabla^2(U_\phi\hat{\phi})$$
$$-\frac{Ek}{2\pi}\int_0^{2\pi}\left[(\mathbf{u}_{mnk}e^{i2\sigma_{mnk}t}+c.c.)\nabla\cdot(\mathbf{u}_{mnk}e^{i2\sigma_{mnk}t}+c.c.)\right]d\phi,$$

其中 $c.c.$ 表示 $\mathbf{u}_{mnk}e^{i2\sigma_{mnk}t}$ 的复共轭。作出积分后，其方位分量可以写成

$$-\hat{\phi}\cdot\nabla^2(U_\phi\hat{\phi}) = \hat{\phi}\cdot(\mathbf{u}_{mnk}\times\nabla\times\mathbf{u}^*_{mnk}+\mathbf{u}^*_{mnk}\times\nabla\times\mathbf{u}_{mnk}).$$

初看起来，方程右边的雷诺应力也许可以维持带状流 U_ϕ，但是可以证明，对于由 (5.34)~(5.36) 或 (5.56)~(5.58) 式给出的惯性模 $\mathbf{u}_{mnk}$，与之相联系的雷诺应力不能维持带状流，因为

$$\hat{\phi}\cdot(\mathbf{u}_{mnk}\times\nabla\times\mathbf{u}^*_{mnk}+\mathbf{u}^*_{mnk}\times\nabla\times\mathbf{u}_{mnk})$$
$$= \left(\frac{i}{\sigma_{mnk}}\right)\hat{\phi}\cdot\left[\mathbf{u}_{mnk}\times\frac{\partial\mathbf{u}^*_{mnk}}{\partial z}-\mathbf{u}^*_{mnk}\times\frac{\partial\mathbf{u}_{mnk}}{\partial z}\right]\equiv 0,$$

上式推导利用了关系式 $\nabla\times\mathbf{u}_{mnk}=-(i/\sigma_{mnk})\partial\mathbf{u}_{mnk}/\partial z$。这表明 $U_\phi=0$，即对流驱动的惯性模 $\mathbf{u}_{mnk}$ 的非线性相互作用不能产生带状流。

但是，当 Pr 已至中等大小、多个惯性模被对流激发时，以上结论将不再成立。带状流可以由两个或多个具有相同方位波数的惯性模之间的非线性相互作用来维持 (Zhang and Liao, 2004)，因此值得去研究一下两个惯性模相互作用的情况。假设两个不同的惯性模 $\mathcal{C}_{mnk}\mathbf{u}_{mnk}$ 和 $\mathcal{C}_{mlj}\mathbf{u}_{mlj}$ 由对流所维持，不失物理一般性，我们进一步假设 $\mathcal{C}_{mnk}=1.0$，以及 $\mathrm{Imag}(\mathcal{C}_{mlj})\neq 0$，即标度后的对流运动为 $\mathbf{u}=[\mathbf{u}_{mnk}+\mathcal{C}_{mlj}\mathbf{u}_{mlj}]e^{i2\sigma t}+c.c.$，换句话说，就是第一个模 $\mathbf{u}_{mnk}$ 的方位角相位与 $\mathcal{C}_{mlj}\mathbf{u}_{mlj}$ 不同。在 (5.56)~(5.58) 式的基础上，可以证明

$$\hat{\phi}\cdot\Big[(\mathbf{u}_{mnk}+\mathcal{C}_{mlj}\mathbf{u}_{mlj})\times\nabla\times(\mathbf{u}^*_{mnk}+\mathcal{C}^*_{mlj}\mathbf{u}^*_{mlj})$$
$$+(\mathbf{u}^*_{mnk}+\mathcal{C}^*_{mlj}\mathbf{u}^*_{mlj})\times\nabla\times(\mathbf{u}_{mnk}+\mathcal{C}_{mlj}\mathbf{u}_{mlj})\Big]$$
$$= 2\mathrm{Imag}(\mathcal{C}_{mlj})\Big\{\frac{1}{\sigma_{mlj}}\left[\hat{\mathbf{z}}\cdot\mathbf{u}_{mnk}\hat{\mathbf{z}}\cdot\nabla\left(\hat{\mathbf{s}}\cdot\mathbf{u}^*_{mlj}\right)-\hat{\mathbf{s}}\cdot\mathbf{u}_{mnk}\hat{\mathbf{z}}\cdot\nabla\left(\hat{\mathbf{z}}\cdot\mathbf{u}^*_{mlj}\right)\right]$$

$$-\frac{1}{\sigma_{mnk}}\left[\hat{\mathbf{z}}\cdot\mathbf{u}_{mlj}^{*}\hat{\mathbf{z}}\cdot\nabla\left(\hat{\mathbf{s}}\cdot\mathbf{u}_{mnk}\right)-\hat{\mathbf{s}}\cdot\mathbf{u}_{mlj}^{*}\hat{\mathbf{z}}\cdot\nabla\left(\hat{\mathbf{z}}\cdot\mathbf{u}_{mnk}\right)\right]\bigg\}$$
$$\neq 0, \quad \text{如果} \operatorname{Imag}(\mathcal{C}_{mlj})\neq 0.$$

这个结果的潜在原因是第一个惯性模的方位角相位被第二个或其他模改变了，因而能够产生非零的雷诺应力，这反映在图 19.5(a)~(d) 所示的对流螺旋结构上。在旋转球体对流的实际物理问题中，总是存在多个由对流激发的惯性模，惯性模之间的非线性相互作用总是能形成一个弱的带状流或较差旋转。我们将提出一个渐近方法来计算由非零的雷诺应力维持的较差旋转 $U_\phi\hat{\boldsymbol{\phi}}$，而雷诺应力与多个惯性模相联系。

19.4.5 粘性对流的渐近分析

随着普朗特数 Pr 继续增大，我们预期对流会有以下特征：① 更高阶的惯性模被对流激发，对流方式将从惯性对流向粘性对流转换；② 对流运动保持赤道对称性并几乎是准地转的，但由几个或更多惯性模 $\mathbf{u}_{mnk}$ 所主导，它们的半频具有 $0<|\sigma_{mnk}|\ll 1$ 的性质；③ 不同惯性模 $\mathbf{u}_{mnk}$ 通过粘性耦合在一起，能够维持较强的带状流。在这种预期下，我们可以导出当 $0<Ek\ll 1$ 时，快速旋转球体中粘性对流的全局渐近解 (Zhang and Liao, 2004)。以下是我们的渐近分析。

当 $0<Ek\ll 1$ 时，在对流不稳定的附近，应力自由边界条件的渐近解可以展开成如下形式：

$$\mathbf{u}=\left\{\mathcal{A}\sum_{n,k}\mathcal{C}_{mnk}\left[\mathbf{u}_{mnk}(r,\theta,\phi)+\widetilde{\mathbf{u}}_{mnk}\right]\mathrm{e}^{2\mathrm{i}\sigma t}+c.c.\right\}+\frac{|\mathcal{A}|^2}{Ek}\mathbf{U}, \quad (19.56)$$

$$p=\left\{\mathcal{A}\sum_{n,k}\mathcal{C}_{mnk}\left[(p_{mnk}(r,\theta,\phi)+\widetilde{p}_{mnk}\right]\mathrm{e}^{2\mathrm{i}\sigma t}+c.c.\right\}+\frac{|\mathcal{A}|^2}{Ek}P, \quad (19.57)$$

$$\Theta=\left\{\mathcal{A}\Theta_0(r,\theta,\phi)\mathrm{e}^{2\mathrm{i}\sigma t}+c.c.\right\}+\cdots, \quad (19.58)$$

$$\widetilde{Ra}=(\widetilde{Ra})_0+\cdots, \quad (19.59)$$

其中 $|\mathcal{A}|\ll Ek$，$\mathbf{U}(r,\theta)$ 和 $P(r,\theta)$ 分别为轴对称的流速和压强，半频 σ 和复系数 $\mathcal{C}_{mnk}$ 待定，$\mathbf{u}_{mnk}$ 由 (5.34)~(5.36) 式给出，但归一化为

$$\int_0^{2\pi}\int_0^{\pi}\int_0^1|\mathbf{u}_{mnk}|^2 r^2\sin\theta\,\mathrm{d}r\,\mathrm{d}\theta\,\mathrm{d}\phi=1,$$

这样做可以使 $|\mathcal{C}_{mnk}|$ 具有物理意义。本节后面对归一化的 $\mathbf{u}_{mnk}$ 没有采用特别的记法，但不至于引起混淆。同惯性对流一样，在讨论粘性对流时，我们需要 (19.56)

19.4 应力自由条件的全局渐近解

式中的边界修正项 $\sum_{n,k}\mathcal{C}_{mnk}\tilde{\mathbf{u}}_{mnk}$, 以使对流运动满足应力自由边界条件:

$$\hat{\mathbf{r}}\cdot\nabla\left[\frac{\mathbf{r}}{r^{2}}\times\sum_{n,k}\mathcal{C}_{mnk}\left(\mathbf{u}_{mnk}+\tilde{\mathbf{u}}_{mnk}\right)\right]=\mathbf{0},\quad r=1.$$

注意展开式 (19.56)~(19.59) 只在渐近小艾克曼数条件 $0<Ek\ll 1$ 下有效。有一个特别重要的性质是: 由于在展开式 (19.56)~(19.58) 中没有假设任何渐近的空间/时间尺度, 因此在 Ek 非零但充分小的条件下, 渐近解的有效性对 Pr 的大小没有限制。展开式 (19.56)~(19.57) 反映或捕捉到了快速旋转球体中热对流的潜在物理本质: 首阶对流一定是准地转的, 并且由 $0<|\sigma_{mnk}|\ll 1$ 的特殊惯性模组成, 它们在方位角方向缓慢地行进。

将展开式 (19.56)~(19.59) 代入方程 (19.4), 乘上 $\mathbf{u}_{mnk}^{*}$, 然后在球体上积分, 得

$$\begin{aligned}&2\mathcal{C}_{mnk}\,\mathrm{i}(\sigma-\sigma_{mnk})\\&=(\widetilde{Ra})_{0}\int_{0}^{2\pi}\int_{0}^{\pi}\int_{0}^{1}(\mathbf{r}\cdot\mathbf{u}_{mnk}^{*}\Theta_{0})\,r^{2}\sin\theta\,\mathrm{d}r\,\mathrm{d}\theta\,\mathrm{d}\phi\\&\quad-Ek\sum_{\tilde{n},\tilde{k}}\mathcal{C}_{m\tilde{n}\tilde{k}}\Big\{\int_{0}^{2\pi}\int_{0}^{\pi}\int_{0}^{1}(\nabla\times\mathbf{u}_{mnk}^{*}\cdot\nabla\times\mathbf{u}_{m\tilde{n}\tilde{k}})\,r^{2}\sin\theta\,\mathrm{d}r\,\mathrm{d}\theta\,\mathrm{d}\phi\\&\quad-2\int_{0}^{2\pi}\int_{0}^{\pi}|\mathbf{u}_{mnk}^{*}\cdot\mathbf{u}_{m\tilde{n}\tilde{k}}|_{r=1}\sin\theta\,\mathrm{d}\theta\,\mathrm{d}\phi\Big\},\end{aligned}\quad(19.60)$$

其中 $n=1,2,\cdots$, $k=1,2,\cdots$, 等号右边的最后两个积分可以解析地获得。(19.60) 式的推导中, 使用了以下性质:

$$\int_{0}^{2\pi}\int_{0}^{\pi}\int_{0}^{1}\mathbf{u}_{mnk}^{*}\cdot\nabla\left(\sum_{\tilde{n},\tilde{k}}\mathcal{C}_{m\tilde{n}\tilde{k}}p_{m\tilde{n}\tilde{k}}\right)r^{2}\sin\theta\,\mathrm{d}r\,\mathrm{d}\theta\,\mathrm{d}\phi=0;$$

$$\int_{0}^{2\pi}\int_{0}^{\pi}\int_{0}^{1}\mathbf{u}_{mnk}^{*}\cdot\left[2\hat{\mathbf{z}}\times\left(\sum_{\tilde{n},\tilde{k}}\mathcal{C}_{m\tilde{n}\tilde{k}}\mathbf{u}_{m\tilde{n}\tilde{k}}\right)\right]r^{2}\sin\theta\,\mathrm{d}r\,\mathrm{d}\theta\,\mathrm{d}\phi=-\mathrm{i}2\mathcal{C}_{mnk}\sigma_{mnk};$$

$$\int_{0}^{2\pi}\int_{0}^{\pi}\int_{0}^{1}\left[\mathbf{u}_{mnk}^{*}\cdot\nabla^{2}\sum_{\tilde{n},\tilde{k}}\mathcal{C}_{m\tilde{n}\tilde{k}}\left(\mathbf{u}_{m\tilde{n}\tilde{k}}+\tilde{\mathbf{u}}_{m\tilde{n}\tilde{k}}\right)\right]r^{2}\sin\theta\,\mathrm{d}r\,\mathrm{d}\theta\,\mathrm{d}\phi$$
$$=-\sum_{\tilde{n},\tilde{k}}\mathcal{C}_{m\tilde{n}\tilde{k}}\Big\{\int_{0}^{2\pi}\int_{0}^{\pi}\int_{0}^{1}(\nabla\times\mathbf{u}_{mnk}^{*}\cdot\nabla\times\mathbf{u}_{m\tilde{n}\tilde{k}})\,r^{2}\sin\theta\,\mathrm{d}r\,\mathrm{d}\theta\,\mathrm{d}\phi$$
$$-2\int_{0}^{2\pi}\int_{0}^{\pi}|\mathbf{u}_{mnk}^{*}\cdot\mathbf{u}_{m\tilde{n}\tilde{k}}|_{r=1}\sin\theta\,\mathrm{d}\theta\,\mathrm{d}\phi\Big\}.$$

与惯性对流分析类似, 可以直接证明: 线性化方程 (19.6) 的解——温度 Θ_{0} 可写为

$$\Theta_0 = 2\pi \sum_{l,q} \left[\sum_{\tilde{n},\tilde{k}} \mathcal{C}_{m\tilde{n}\tilde{k}} \int_0^\pi \int_0^1 \mathbf{r} \cdot \mathbf{u}_{m\tilde{n}\tilde{k}} P_l^m(\theta) j_l(\beta_{lq}r) r^2 \sin\theta \, \mathrm{d}r \, \mathrm{d}\theta \right]$$
$$\times \left[\frac{P_l^m(\theta) j_l(\beta_{lq}r)}{(\beta_{lq})^2 + 2\mathrm{i}\sigma Pr/Ek} \right], \tag{19.61}$$

其中 $P_l^m(\theta) j_l(\beta_{lq}r)$ 已如 (19.47) 式进行了归一化。于是在 (19.60) 式中包含温度 Θ_0 的积分可写成

$$\int_0^{2\pi} \int_0^\pi \int_0^1 (\mathbf{r} \cdot \mathbf{u}_{mnk}^* \Theta_0) r^2 \sin\theta \, \mathrm{d}r \, \mathrm{d}\theta \, \mathrm{d}\phi$$
$$= \sum_{l,q} \sum_{\tilde{n},\tilde{k}} \frac{\mathcal{C}_{m\tilde{n}\tilde{k}}(2\pi)^2}{[(\beta_{lq})^2 + 2\mathrm{i}\sigma Pr/Ek]}$$
$$\times \left[\int_0^\pi \int_0^1 \mathbf{r} \cdot \mathbf{u}_{m\tilde{n}\tilde{k}} P_l^m(\theta) j_l(\beta_{lq}r) r^2 \sin\theta \, \mathrm{d}r \, \mathrm{d}\theta \right]$$
$$\times \left[\int_0^\pi \int_0^1 \mathbf{r} \cdot \mathbf{u}_{mnk}^* P_l^m(\theta) j_l(\beta_{lq}r) r^2 \sin\theta \, \mathrm{d}r \, \mathrm{d}\theta \right].$$

对流不稳定问题则简化为求解以下代数方程的解：

$$2\mathcal{C}_{mnk}\mathrm{i}(\sigma - \sigma_{mnk}) = (\widetilde{Ra})_0 \Bigg\{ \sum_{l,q} \sum_{\tilde{n},\tilde{k}} \frac{(2\pi)^2 \mathcal{C}_{m\tilde{n}\tilde{k}}}{[(\beta_{lq})^2 + 2\mathrm{i}\sigma Pr/Ek]}$$
$$\times \left[\int_0^\pi \int_0^1 \mathbf{r} \cdot \mathbf{u}_{m\tilde{n}\tilde{k}} P_l^m(\theta) j_l(\beta_{lq}r) r^2 \sin\theta \, \mathrm{d}r \, \mathrm{d}\theta \right]$$
$$\times \left[\int_0^\pi \int_0^1 \mathbf{r} \cdot \mathbf{u}_{mnk}^* P_l^m(\theta) j_l(\beta_{lq}r) r^2 \sin\theta \, \mathrm{d}r \, \mathrm{d}\theta \right] \Bigg\}$$
$$- 2\pi Ek \sum_{\tilde{n},\tilde{k}} \mathcal{C}_{m\tilde{n}\tilde{k}} \Bigg\{ \int_0^\pi \int_0^1 (\nabla \times \mathbf{u}_{mnk}^* \cdot \nabla \times \mathbf{u}_{m\tilde{n}\tilde{k}}) r^2 \sin\theta \, \mathrm{d}r \, \mathrm{d}\theta$$
$$- 2 \int_0^\pi |\mathbf{u}_{mnk}^* \cdot \mathbf{u}_{m\tilde{n}\tilde{k}}|_{r=1} \sin\theta \, \mathrm{d}\theta \Bigg\}, \tag{19.62}$$

其中 $n = 1, 2, 3, \cdots$，$k = 1, 2, \cdots$，仅使用了 (5.34)~(5.36) 式给出的赤道对称模 ($p_{mnk}, \mathbf{u}_{mnk}$) (归一化形式)。我们可以设 $|\mathcal{C}_{m11}| = 1$ 作为求解方程 (19.62) 的归一化方式。

代数方程系统 (19.62) 是非线性的，因为不仅 σ 和 $\widetilde{Ra}$，而且复系数 $\mathcal{C}_{mnk}$ 都是未知的。对于给定的 Ek、m 和 Pr，获得粘性对流全局渐近解需要三个步骤：① 从方程 (5.33) 计算惯性模的半频 σ_{mnk}；② 将 (5.34) 和 (5.36) 式给出的惯性模 $\mathbf{u}_{mnk}$ 代入方程 (19.62)，推出相关的积分；③ 求解获得的代数方程，确定 $\widetilde{Ra}$、σ 和复系数 $\mathcal{C}_{mnk}$ 的值。从方程 (19.62) 得到的最小瑞利数，记为 $(\widetilde{Ra})_c$，它和相应的临界波

19.4 应力自由条件的全局渐近解

数 m_c、临界半频 σ_c 标志着旋转球体对流的最不稳定模,对流的首阶速度 $\mathbf{u}_0$ 和压强 p_0 为

$$\mathbf{u}_0 = \left[\sum_{n,k} \mathcal{C}_{m_cnk}\mathbf{u}_{m_cnk}(r,\theta,\phi)\right]e^{2\mathrm{i}\sigma_c t}, \quad p_0 = \left[\sum_{n,k} \mathcal{C}_{m_cnk}p_{m_cnk}(r,\theta,\phi)\right]e^{2\mathrm{i}\sigma_c t},$$

而温度 Θ_0 由 (19.61) 式给出,其中 $m=m_c, \sigma=\sigma_c$ 以及系数 $\mathcal{C}_{m_cnk}$ 都是从方程 (19.62) 导得的。注意从方程 (19.62) 导出的渐近解仅对 $0 < Ek \ll 1$ 条件有效,但对 Pr 的大小没有限制。

总之,在 $0 < Ek \ll 1$ 和 $0 < Pr/Ek < \infty$ 条件下,方程 (19.56) 和 (19.57) 及 (19.61),以及方程 (19.62) 的解构成了快速旋转球体中粘性对流的完整渐近解,其边界条件为应力自由条件。

19.4.6 粘性对流的典型渐近解

对于给定的 Ek 和 Pr,通过前述三个步骤便可计算出对流的全局渐近解,它包括了临界瑞利数 $(\widetilde{Ra})_c$、优选方位波数 m_c 和临界半频 σ_c,以及压强 p_0、速度 $\mathbf{u}_0$ 和温度 Θ_0。以下的讨论将继续关注艾克曼数为 $Ek=10^{-4}$,而普朗特数 Pr 范围较广的情况;一些从 (19.62) 式导出的典型渐近解 (包含从惯性对流向粘性对流的过渡) 列于表 19.2 中,普朗特数的范围为 $0.023 \leqslant Pr \leqslant 7.0$,其中 $Pr=0.023$ 代表液态镓,而 $Pr=7.0$ 则代表室温下的水。

在 $0.023 \leqslant Pr \leqslant 7.0$ 的范围内,方程 (19.62) 的渐近解与方程 (19.17)~(19.19) 的数值解取得了满意的定量一致。我们选取了两个典型的例子:当 $Ek=10^{-4}$ 和 $Pr=0.25$ 时,渐近解为 $m_c=5, (\widetilde{Ra})_c=122.6$ 和 $\sigma_c=-0.02827$,而相应的数值解为 $m_c=5, (\widetilde{Ra})_c=122.0$ 和 $\sigma_c=-0.02825$;当 $Ek=10^{-4}$ 和 $Pr=1.0$ 时,渐近解为 $m_c=8, (\widetilde{Ra})_c=263.6$ 和 $\sigma_c=-0.01630$,而相应的数值解为 $m_c=8, (\widetilde{Ra})_c=263.5$ 和 $\sigma_c=-0.01632$。图 19.12 显示了这两个例子的渐近解结果,与图 19.3(a)~(d) 和 (i)~(l) 中相应数值解比较,二者没有显著的差异。

随着 Pr 的增大,在展开式 (19.56) 和 (19.57) 中有哪些以及多少球体惯性模会被对流不稳定性所激发?这是一个重要的问题。值得一提的是,球体惯性模 $(p_{mnk}, \mathbf{u}_{mnk})$ 由 s 和 z 的多项式组成,其最高次为 s^{2k+m};例如,$\hat{\phi} \cdot \mathbf{u}_{mnk}$ 的结构由 $\hat{\phi} \cdot \mathbf{u}_{mnk} \sim [f(s) + z^2\sigma_{mnk}^2 s^{2k+m-3} + \cdots]$ 给出,其中 $k \geqslant 1, m \geqslant 1$,$f(s)$ 是 s 的多项式,这意味着球体惯性模 $(p_{mnk}, \mathbf{u}_{mnk})$ 是近乎地转的,即如果 $0 < |\sigma_{mnk}| \ll 1$,则有 $0 < |\partial\mathbf{u}_{mnk}/\partial z| \ll 1$。表 19.7 列出了当 $Ek=10^{-4}$,Pr 分别为 0.25 和 1.0 时,渐近展开式 (19.56) 和 (19.57) 中占优势地位的 $\mathcal{C}_{mnk}$ 系数值以及相应的半频 σ_{mnk},它们是从方程 (19.62) 导出的。表 19.7 表明,所有的主惯性模 $\mathbf{u}_{5nk}$ 都有 $n=1$ (即当 m 给定时 $|\sigma_{mnk}|$ 取最小值),且最大的主惯性模是 $\mathbf{u}_{513}$,它在 s 上的最高次数

为 $\hat{\phi}\cdot\mathbf{u}_{513}\sim s^{10}$。图 19.12 显示了对流的螺旋结构，这是由表 19.7 中所列的相邻惯性模的粘性耦合所致。如表 19.7 所示，当 Pr 增大到 1.0 时，两个主导惯性模变成了 $\mathbf{u}_{814}$ 和 $\mathbf{u}_{813}$，代表了两个不同的 s 多项式，其最高次分别为：$\hat{\phi}\cdot\mathbf{u}_{814}\sim s^{15}$ 和 $\hat{\phi}\cdot\mathbf{u}_{813}\sim s^{13}$。随着 Pr 的增大，流体运动的一般图像是：对流将变得越来越局部化，准地转惯性模将被激发，其结构为 s 和 z 的高次多项式；或者说，这种高次多项式的准地转模是渐近展开式 (19.56) 和 (19.57) 所需要的。严格而言，因为针对球壳惯性模 $\mathbf{u}_{mnk}$ 的对流解析表达式还没有得到，由 (19.62) 式描述的全局渐近解只能用于完整球体的对流。但众所周知，如果内核的大小为中等，它的存在对旋转球壳对流关键性质的影响通常是无足轻重的。

表 19.7 应力自由条件下，当 $Ek=10^{-4}$，Pr 分别为 0.25 和 1.0 时，渐近展开式 (19.56) 和 (19.57) 中的主要系数 $\mathcal{C}_{mnk}$ 和相应的半频 σ_{mnk}，由方程 (19.62) 导出。对于 $Pr=0.25$，由 (19.62) 式导出的临界参数为 $\widetilde{(Ra)}_c=122.6, m_c=5$ 和 $\sigma_c=-0.02827$；对于 $Pr=1.0$，临界参数为 $\widetilde{(Ra)}_c=263.5, m_c=8$ 和 $\sigma_c=-0.01632$

	$Pr=0.25$			$Pr=1.0$	
(m,n,k)	$|\mathcal{C}_{mnk}|$	σ_{mnk}	(m,n,k)	$|\mathcal{C}_{mnk}|$	σ_{mnk}
(5,1,3)	1.0000	−0.04353	(8,1,4)	1.0000	−0.03512
(5,1,4)	0.8652	−0.03030	(8,1,3)	0.9776	−0.04841
(5,1,2)	0.5309	−0.06887	(8,1,5)	0.6696	−0.02683
(5,1,5)	0.4756	−0.02241	(8,1,2)	0.5234	−0.07251
(5,1,6)	0.1752	−0.01729	(8,1,6)	0.3203	−0.02125
(5,1,1)	0.0906	−0.13165	(8,1,7)	0.1170	−0.01730

值得一提的是，线性渐近分析可以很容易地扩展到非线性领域。例如，可将 $\mathbf{u}$ 写成

$$\mathbf{u}=\sum_{m,n,k}[\mathcal{C}_{mnk}(t)\mathbf{u}_{mnk}(r,\theta,\phi)+c.c.]+\cdots,$$

其中的时变系数 $\mathcal{C}_{mnk}(t)$ 将由下面的非线性常微分方程来确定：

$$\frac{\mathrm{d}\mathcal{C}_{mnk}(t)}{\mathrm{d}t}=2\mathrm{i}\sigma_{mnk}\mathcal{C}_{mnk}(t)+\text{包含}\mathcal{C}_{mnk}(t)\text{的非线性项}+\cdots.$$

由于耦合的常微分方程数量相对较少，尤其是每个惯性模 $\mathbf{u}_{mnk}$ 都有其自身的物理意义，因此这个非线性动力学系统不仅易于计算，而且可以帮助我们深入理解快速旋转球形系统在 $0<Ek\ll 1$ 条件下的非线性对流行为，因为直接数值模拟现在还无法企及非常小的 Ek。

19.4 应力自由条件的全局渐近解

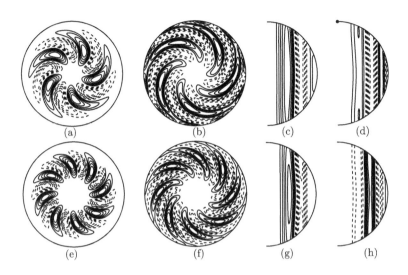

图 19.12 应力自由边界条件的球体中，旋转对流分析解的结构。(a) $\hat{\mathbf{s}} \cdot \mathbf{u}_0$ 和 (b) $\hat{\boldsymbol{\phi}} \cdot \mathbf{u}_0$ 在赤道平面的等值线，(c) $\hat{\mathbf{s}} \cdot \mathbf{u}_0$ 和 (d) $\hat{\boldsymbol{\phi}} \cdot \mathbf{u}_0$ 在子午面的等值线。参数为 $Ek = 10^{-4}$ 和 $Pr = 0.25$，以方程 (19.62) 的渐近解绘出；(e)~(h) 除了 $Pr = 1.0$，其他与 (a)~(d) 相同

19.4.7 非线性效应：粘性对流中的较差旋转

当几个球体惯性模通过粘性效应耦合在一起时，它们的非线性相互作用可以由雷诺应力产生较强的较差旋转。将 (19.56)~(19.57) 式代入方程 (19.4)~(19.5)，并取方位平均，可导出在粘性对流开端附近轴对称流 $\mathbf{U}(r,\theta)$ 的两个控制方程：

$$2\hat{\mathbf{z}} \times \mathbf{U} + \nabla P = Ek\nabla^2 \mathbf{U} - Ek\left\{\left(\sum_{n,k} \mathcal{C}_{mnk}\mathbf{u}_{mnk}\right) \cdot \nabla \left(\sum_{n,k} \mathcal{C}^*_{mnk}\mathbf{u}^*_{mnk}\right)\right.$$

$$\left. + \left(\sum_{n,k} \mathcal{C}^*_{mnk}\mathbf{u}^*_{mnk}\right) \cdot \nabla \left(\sum_{n,k} \mathcal{C}_{mnk}\mathbf{u}_{mnk}\right)\right\}, \quad (19.63)$$

$$\nabla \cdot \mathbf{U} = 0, \quad (19.64)$$

其应力自由边界条件为

$$\hat{\mathbf{r}} \cdot \mathbf{U} = 0, \quad \hat{\mathbf{r}} \times \nabla \times \left(\frac{\mathbf{U}}{r^2}\right) = \mathbf{0}, \quad r = 1.$$

当有两个或更多球体惯性模被对流不稳定性激发时（见表 19.7），(19.63) 式的等号右边一般不为零。

当 $0 < Ek \ll 1$ 时，非齐次方程组 (19.63) 和 (19.64) 可用以下渐近展开来求解：

$$\mathbf{U} = \mathbf{U}_0 + \widehat{\mathbf{U}}, \quad P = P_0 + \widehat{P},$$

其中 $\mathbf{U}_0$ 和 P_0 表示首阶解，$\widehat{\mathbf{U}}$ 和 $\widehat{P}$ 表示由弱粘性和非线性效应共同引起的小扰动，且有 $|\widehat{\mathbf{U}}| \ll |\mathbf{U}_0|$。将展开式代入方程 (19.63) 和 (19.64) 中，则可得首阶问题的控制方程为

$$2\hat{\mathbf{z}} \times \mathbf{U}_0 + \nabla P_0 = 0, \quad \nabla \cdot \mathbf{U}_0 = 0,$$

边界条件为

$$\hat{\mathbf{r}} \cdot \mathbf{U}_0 = 0, \quad r = 1.$$

首阶问题的通解可写成

$$\mathbf{U}_0 = \sum_{k=2} \mathcal{X}_k G_{2k-1}(r\sin\theta)\hat{\boldsymbol{\phi}}, \tag{19.65}$$

$$P_0 = \sum_{k=2} \mathcal{X}_k Q_{2k}(r\sin\theta), \tag{19.66}$$

其中，实系数 $\mathcal{X}_k$ 在这个阶次还无法确定，地转多项式 $G_{2k-1}(r\sin\theta)$ 和 $Q_{2k}(r\sin\theta)$ 分别由公式 (5.10) 和 (5.11) 给出。我们将 $G_{2k-1}(r\sin\theta)$ 归一化为

$$\int_0^{2\pi}\int_0^{\pi}\int_0^1 G_{2k-1}(r\sin\theta)G_{2j-1}(r\sin\theta)r^2\sin\theta\,\mathrm{d}r\,\mathrm{d}\theta\,\mathrm{d}\phi = \delta_{kj},$$

以使得展开系数 $|\mathcal{X}_k|$ 的大小具有物理意义。需要强调的是，为了去除与应力自由边界条件相关联的刚体旋转成分，公式 (19.65) 和 (19.66) 的求和是从 $k=2$ 开始的，因为 $G_1(r\sin\theta) \sim r\sin\theta$。为突出多项式 G_{2k-1} 和 Q_{2k} 是定义在球体内的，将其参数写成了 $(r\sin\theta)$，其中 $0 \leqslant r \leqslant 1$ 和 $0 \leqslant \theta \leqslant \pi$。较差旋转 $\mathbf{U}_0$ 的结构由下一阶问题来确定，其方程为

$$2\hat{\mathbf{z}} \times \widehat{\mathbf{U}} + \nabla \widehat{P} = Ek\nabla^2(\mathbf{U}_0 + \widehat{\mathbf{U}}) - Ek\left\{\left(\sum_{n,k}\mathcal{C}_{mnk}\mathbf{u}_{mnk}\right) \cdot \nabla \left(\sum_{n,k}\mathcal{C}^*_{mnk}\mathbf{u}^*_{mnk}\right)\right.$$

$$\left. + \left(\sum_{n,k}\mathcal{C}^*_{mnk}\mathbf{u}^*_{mnk}\right) \cdot \nabla \left(\sum_{n,k}\mathcal{C}_{mnk}\mathbf{u}_{mnk}\right)\right\}, \tag{19.67}$$

$$\nabla \cdot \widehat{\mathbf{U}} = 0, \tag{19.68}$$

应力自由边界条件为

$$\hat{\mathbf{r}} \cdot \widehat{\mathbf{U}} = 0, \quad \hat{\mathbf{r}} \times \nabla \times \left(\frac{\mathbf{U}_0 + \widehat{\mathbf{U}}}{r^2}\right) = \mathbf{0}, \quad r = 1.$$

将 (19.65) 和 (19.66) 式代入方程 (19.67)，两边乘上 $G_{2k-1}(r\sin\theta)\hat{\boldsymbol{\phi}}$，然后在球体上积分，则可得到非齐次方程 (19.67) 和 (19.68) 的可解条件：

$$\sum_{l=2}\mathcal{X}_l\left\{-\int_0^{\pi}\int_0^1 \left(\nabla \times G_{2k-1}\hat{\boldsymbol{\phi}}\right) \cdot \left(\nabla \times G_{2l-1}\hat{\boldsymbol{\phi}}\right) r^2\sin\theta\,\mathrm{d}r\,\mathrm{d}\theta\right.$$

$$+2\int_0^\pi (G_{2k-1}G_{2l-1})_{r=1}\sin\theta\,\mathrm{d}\theta\bigg\}$$
$$=\int_0^\pi\int_0^1 G_{2k-1}\hat{\boldsymbol{\phi}}\cdot\bigg\{\bigg(\sum_{n,k}\mathcal{C}_{mnk}\mathbf{u}_{mnk}\bigg)\cdot\nabla\bigg(\sum_{n,k}\mathcal{C}_{mnk}^*\mathbf{u}_{mnk}^*\bigg)$$
$$+\bigg(\sum_{n,k}\mathcal{C}_{mnk}^*\mathbf{u}_{mnk}^*\bigg)\cdot\nabla\bigg(\sum_{n,k}\mathcal{C}_{mnk}\mathbf{u}_{mnk}\bigg)\bigg\}r^2\sin\theta\,\mathrm{d}r\,\mathrm{d}\theta,\quad(19.69)$$

其中 $k=2,3,4,\cdots$，且有

$$\nabla\times(G_{2k-1}\hat{\boldsymbol{\phi}})=\frac{\hat{\mathbf{z}}}{s}\frac{\partial}{\partial s}[sG_{2k-1}(s)],\quad s=r\sin\theta,$$

它可以用公式 (5.10) 计算出来。在推导 (19.69) 式的过程中，我们使用了应力自由边界条件和以下性质：

$$\int_0^{2\pi}\int_0^\pi\int_0^1 G_{2k-1}(r\sin\theta)\hat{\boldsymbol{\phi}}\cdot(2\hat{\mathbf{z}}\times\widehat{\mathbf{U}}+\nabla\widehat{P})r^2\sin\theta\,\mathrm{d}r\,\mathrm{d}\theta\,\mathrm{d}\phi=0.$$

方程 (19.69) 代表了一个关于 $\mathcal{X}_k(k=2,3,4,\cdots)$ 的线性非齐次方程系统，它可以容易地求解，随后便可以用来确定较差旋转 $\mathbf{U}_0(r\sin\theta)$ 的结构了。

19.5 无滑移条件的全局渐近解

19.5.1 渐近分析假设

如表 19.1~ 表 19.6 所示，方程 (19.17)~(19.19) 的数值解清楚地表明了：当 $0<Ek\ll 1$ 时，速度边界条件对旋转球体惯性对流的性质及其向粘性对流的过渡起着举足轻重的作用。为认识无滑移边界条件下惯性对流的内在本质，Zhang (1995) 导出了旋转球体惯性对流在这类边界条件下的全局渐近解，该渐近解在 $0<Ek\ll 1$ 和 Pr 充分小时有效。而后，无滑移条件惯性对流的渐近分析被推广到了粘性对流的参数域，即 $0<Ek\ll 1$ 和 $0\leqslant Pr/Ek<\infty$ (Zhang et al., 2007b)。

同应力自由边界条件的渐近分析一样，无滑移边界条件的全局渐近理论也是基于类似的假设/观察：① 当 Ek 任意小但不为零时，在无滑移条件下不存在对任何 Pr 都有效的简单而普适的长度/时间渐近尺度；② 决定惯性对流渐近结构的是由无滑移条件导致的粘性边界层；③ 依据 Pr 的大小，旋转球体内部对流的首阶速度要么由单一惯性模 $\mathbf{u}_{mnk}$ 主导 (小 Pr 的惯性对流)，要么由多个惯性模的组合来主导 (中等或大 Pr 的粘性对流)，这些惯性模通过粘性效应耦合在一起。因球体惯性模 $\mathbf{u}_{mnk}$ 由 s 和 z 的多项式表示，所以内部对流的空间结构要么表达为低次多项式 (惯性对流)，要么表达为高次多项式 (粘性对流)。

在下一节,对于快速旋转球体在无滑移边界条件下的惯性对流,我们将首先导出其全局渐近解,然后将这个分析拓展到粘性对流域 (包括从惯性对流到粘性对流的过渡)。这个渐近解是完全全球性的,没有假设任何长度/时间的渐近尺度,与方程 (19.17)~(19.19) 的数值解相比较,在 $0 < Ek \ll 1$ 和 $0 \leqslant Pr/Ek < \infty$ 条件下,二者达到了满意的定量符合。

19.5.2 惯性对流的渐近分析

在 $0 < Ek \ll 1$ 条件下,为导出无滑移边界条件快速旋转球体中惯性对流的全局渐近解,以下的分析基本上遵循 Zhang (1995) 的方法。分析表明,即使粘性边界层的内流使得数学分析变得复杂,但依然可以得到一个较为简单的惯性对流速度解析解。

惯性对流渐近解可以展开为以下形式:

$$\mathbf{u} = \mathcal{A}\{[\hat{\mathbf{u}} + \mathbf{u}_{mnk}(r,\theta,\phi)] + \widetilde{\mathbf{u}}\}e^{i2\sigma t} + c.c. + \cdots, \tag{19.70}$$

$$p = \mathcal{A}\{[\hat{p} + p_{mnk}(r,\theta,\phi)] + \widetilde{p}\}e^{i2\sigma t} + c.c. + \cdots, \tag{19.71}$$

其中 $\hat{\mathbf{u}}$ 和 $\hat{p}$ 仍然表示对首阶解 $\mathbf{u}_{mnk}$ 和 p_{mnk} 的内部小扰动;$\widetilde{\mathbf{u}}$ 表示粘性边界流,且有 $|\widetilde{\mathbf{u}}| = O(|\mathbf{u}_{mnk}|)$,它仅在球体边界附近是非零的;次级内部流 $\hat{\mathbf{u}}$ 主要由来自 $\widetilde{\mathbf{u}}$ 的边界层内流驱动;与应力自由问题不同,无滑移问题的渐近分析需要 $\widetilde{\mathbf{u}}$ 及其内流的显式解。公式 (19.70) 中没有包含较差旋转 $U_\phi \hat{\phi}$,因为在球体内部,与单一惯性模 $\mathbf{u}_{mnk}$ 相关的雷诺应力为零,这在应力自由问题中已被证明过。

将展开式 (19.70) 和 (19.71) 以及

$$\Theta = \left[\mathcal{A}\Theta_0(r,\theta,\phi)e^{i2\sigma t} + c.c.\right] + \cdots,$$
$$\widetilde{Ra} = (\widetilde{Ra})_1 + \cdots,$$
$$\sigma = \sigma_{mnk} + \sigma_1 + \cdots$$

代入方程 (19.4)~(19.6),可得无耗散热惯性波首阶问题的控制方程 (19.44)~(19.46),与应力自由条件的方程是一样的。在下一阶,球体内部次级流 $\hat{\mathbf{u}}$ 的控制方程为

$$2i\sigma_{mnk}\hat{\mathbf{u}} + \hat{\mathbf{z}} \times \hat{\mathbf{u}} + \nabla \hat{p} = (\widetilde{Ra})_1 \mathbf{r}\Theta_0 + Ek\nabla^2 \mathbf{u}_{mnk} - i2\sigma_1 \mathbf{u}_{mnk}, \tag{19.72}$$

$$\nabla \cdot \hat{\mathbf{u}} = 0, \tag{19.73}$$

其中,如 $Ek\nabla^2 \hat{\mathbf{u}}$ 一类的高阶项被忽略了。次级流 $\hat{\mathbf{u}}$ 的边界条件为

$$\hat{\mathbf{r}} \cdot \hat{\mathbf{u}} = \text{粘性边界层 } \widetilde{\mathbf{u}} \text{ 外缘的内流}.$$

19.5 无滑移条件的全局渐近解

在此需要注意，方程 (19.72) 和 (19.73) 仅仅描述了次级内部流 $\hat{\mathbf{u}}$ 而并未包含边界层 $\widetilde{\mathbf{u}}$。为简化数学表达，我们引入了下列记法：

$$P_{mnk}(\theta) = [p_{mnk}(r,\theta,\phi)]_{r=1}\, \mathrm{e}^{-\mathrm{i}m\phi},$$
$$V_{mnk}^{r}(\theta) = -\mathrm{i}\,[\hat{\mathbf{r}}\cdot\mathbf{u}_{mnk}(r,\theta,\phi)]_{r=1}\, \mathrm{e}^{-\mathrm{i}m\phi},$$
$$V_{mnk}^{\theta}(\theta) = -\mathrm{i}\,\left[\hat{\boldsymbol{\theta}}\cdot\mathbf{u}_{mnk}(r,\theta,\phi)\right]_{r=1}\, \mathrm{e}^{-\mathrm{i}m\phi},$$
$$V_{mnk}^{\phi}(\theta) = \left[\hat{\boldsymbol{\phi}}\cdot\mathbf{u}_{mnk}(r,\theta,\phi)\right]_{r=1}\, \mathrm{e}^{-\mathrm{i}m\phi},$$

其中 $P_{mnk}, V_{mnk}^{r}, V_{mnk}^{\theta}$ 和 V_{mnk}^{ϕ} 仅是 θ 的实函数。注意 $p_{mnk}(r,\theta,\phi)$ 由 (5.32) 式给出，加上下标即可，而 $\hat{\mathbf{r}}\cdot\mathbf{u}_{mnk}, \hat{\boldsymbol{\theta}}\cdot\mathbf{u}_{mnk}$ 和 $\hat{\boldsymbol{\phi}}\cdot\mathbf{u}_{mnk}$ 的公式为 (5.34)~(5.36)。

无滑移条件完整的全局渐近解包含三个要素：① 临界瑞利数 $(\widetilde{Ra})_c$ 的表达式和临界惯性模 $\mathbf{u}_{m_c n_c k_c}$；②临界半频 σ_c 的表达式；③ 球体惯性对流的速度 $\mathbf{u}$ 和温度 Θ 的表达式。第一个要素可以从非齐次方程 (19.72) 和 (19.73) 可解条件的实部导出。将方程 (19.72) 乘上 $\mathbf{u}_{mnk}^{*}$，然后在球体上积分，并利用以下性质：

$$\int_0^{2\pi}\int_0^{\pi}\int_0^1 \mathbf{u}_{mnk}^{*}\cdot(2\,\mathrm{i}\,\sigma_{mnk}\hat{\mathbf{u}}+2\hat{\mathbf{z}}\times\hat{\mathbf{u}}+\nabla\hat{p})\,r^2\sin\theta\,\mathrm{d}r\,\mathrm{d}\theta\,\mathrm{d}\phi$$
$$=\int_0^{2\pi}\int_0^{\pi}(p_{mnk}^{*}\hat{\mathbf{r}}\cdot\hat{\mathbf{u}})_{r=1}\sin\theta\,\mathrm{d}\theta\,\mathrm{d}\phi,$$
$$\int_0^{2\pi}\int_0^{\pi}\int_0^1 \left(\mathbf{u}_{mnk}^{*}\cdot\nabla^2\mathbf{u}_{mnk}\right)r^2\sin\theta\,\mathrm{d}r\,\mathrm{d}\theta\,\mathrm{d}\phi = 0,$$

可得非齐次系统 (19.72) 和 (19.73) 的可解条件为

$$\int_0^{2\pi}\int_0^{\pi}(p_{mnk}^{*}\hat{\mathbf{r}}\cdot\hat{\mathbf{u}})_{r=1}\sin\theta\,\mathrm{d}\theta\,\mathrm{d}\phi = (\widetilde{Ra})_1\int_0^{2\pi}\int_0^{\pi}\int_0^1 (\mathbf{r}\cdot\mathbf{u}_{mnk}^{*}\Theta_0)\,r^2\sin\theta\,\mathrm{d}r\,\mathrm{d}\theta\,\mathrm{d}\phi$$
$$-2\,\mathrm{i}\,\sigma_1\int_0^{2\pi}\int_0^{\pi}\int_0^1 |\mathbf{u}_{mnk}|^2 r^2\sin\theta\,\mathrm{d}r\,\mathrm{d}\theta\,\mathrm{d}\phi.$$

(19.74)

如此，分析的主要任务变成了怎样得到 (19.74) 式左侧的面积分，而右侧的积分同应力自由问题是相同的。虽然边界层分析只是略微不同于球体进动问题，但我们仍将简述整个分析过程以保持本节的易读性和完整性。

求 (19.74) 式左侧的面积分需要三个步骤。边界流 $\widetilde{\mathbf{u}}$ 可以表示为切向分量与径向分量之和，即 $\widetilde{\mathbf{u}} = \widetilde{\mathbf{u}}_{tang} + \hat{\mathbf{r}}(\hat{\mathbf{r}}\cdot\widetilde{\mathbf{u}})$，第一步，我们将导出其切向分量 $(\widetilde{\mathbf{u}})_{tang}$；第二步，求出球体边界层外缘的内流 $(\hat{\mathbf{r}}\cdot\hat{\mathbf{u}})$；第三步，作出面积分，得到内流的表达式，然后将其用于可解条件 (19.74) 式。将展开式 (19.70) 和 (19.71) 中的边界变量

$\widetilde{\mathbf{u}}$ 和 $\widetilde{p}$ 代入方程 (19.4) 和 (19.5)，忽略掉 $Ek\partial^2\widetilde{\mathbf{u}}/\partial\phi^2$ 和 $Ek\partial^2\widetilde{\mathbf{u}}/\partial\theta^2$ 之类的小项，可得如下方程：

$$\mathrm{i}\,2\sigma_{mnk}\widetilde{\mathbf{u}} + 2\hat{\mathbf{z}}\times\widetilde{\mathbf{u}} + (\hat{\mathbf{r}}\cdot\nabla\widetilde{p})\,\hat{\mathbf{r}} = Ek\frac{\partial^2\widetilde{\mathbf{u}}}{\partial r^2}.$$

对其作 $\hat{\mathbf{r}}\times$ 和 $\hat{\mathbf{r}}\times\hat{\mathbf{r}}\times$ 运算，即得如下两个方程：

$$\left(Ek\frac{\partial^2}{\partial r^2} - \mathrm{i}\,2\sigma_{mnk}\right)\hat{\mathbf{r}}\times\widetilde{\mathbf{u}}_{tang} = -2\cos\theta\widetilde{\mathbf{u}}_{tang},$$

$$\left(Ek\frac{\partial^2}{\partial r^2} - \mathrm{i}\,2\sigma_{mnk}\right)\widetilde{\mathbf{u}}_{tang} = 2\cos\theta\hat{\mathbf{r}}\times\widetilde{\mathbf{u}}_{tang},$$

其中，假设了在粘性边界层中有 $|\hat{\mathbf{r}}\cdot\widetilde{\mathbf{u}}| \ll |\widetilde{\mathbf{u}}_{tang}|$。合并上面两个方程，可得到一个四阶微分方程：

$$\left[\left(\frac{\partial^2}{\partial\xi^2} - \mathrm{i}\,2\sigma_{mnk}\right)^2 + 4\cos^2\theta\right]\widetilde{\mathbf{u}}_{tang} = \mathbf{0}, \tag{19.75}$$

其中 $\xi = (1-r)/\sqrt{Ek}$ $(0 < Ek \ll 1)$。方程有四个边界条件，即

$$(\widetilde{\mathbf{u}}_{tang})_{\xi=0} = -[\mathbf{u}_{mnk}(r,\theta,\phi)]_{r=1}, \tag{19.76}$$

$$\left(\frac{\partial^2\widetilde{\mathbf{u}}_{tang}}{\partial\xi^2}\right)_{\xi=0} = -[\mathrm{i}\,2\sigma_{mnk}\mathbf{u}_{mnk} + 2\cos\theta\hat{\mathbf{r}}\times\mathbf{u}_{mnk}]_{r=1}, \tag{19.77}$$

$$(\widetilde{\mathbf{u}}_{tang})_{\xi=\infty} = \mathbf{0}, \tag{19.78}$$

$$\left(\frac{\partial^2\widetilde{\mathbf{u}}_{tang}}{\partial\xi^2}\right)_{\xi=\infty} = \mathbf{0}. \tag{19.79}$$

在这些边界条件中，公式 (19.76) 来自于无滑移条件，因为 $\widetilde{\mathbf{u}}_{tang}$ 与主流 $\mathbf{u}_{mnk}$ 之和必须为零，而公式 (19.78) 和 (19.79) 则源于边界层的定义。方程 (19.75) 满足四个边界条件的解可直接确定为

$$\widetilde{\mathbf{u}}_{tang} = -\frac{1}{2}[\mathbf{u}_{mnk} - \mathrm{i}\,\hat{\mathbf{r}}\times\mathbf{u}_{mnk}]_{r=1}\,\mathrm{e}^{\gamma_{mnk}^+\xi}$$

$$-\frac{1}{2}[\mathbf{u}_{mnk} + \mathrm{i}\,\hat{\mathbf{r}}\times\mathbf{u}_{mnk}]_{r=1}\,\mathrm{e}^{\gamma_{mnk}^-\xi}, \tag{19.80}$$

其中

$$\gamma_{mnk}^+(\theta) = -\left[1 + \frac{\mathrm{i}(\sigma_{mnk} + \cos\theta)}{|\sigma_{mnk} + \cos\theta|}\right]|\sigma_{mnk} + \cos\theta|^{1/2},$$

$$\gamma_{mnk}^-(\theta) = -\left[1 + \frac{\mathrm{i}(\sigma_{mnk} - \cos\theta)}{|\sigma_{mnk} - \cos\theta|}\right]|\sigma_{mnk} - \cos\theta|^{1/2}.$$

类似于球体进动解，边界层解 (19.80) 在临界纬度 $\theta_c = \arccos(\sigma_{mnk})$ 处将失效。在该处，边界层厚度将从 $O(Ek^{1/2})$ 变为 $O(Ek^{2/5})$ (Roberts and Stewartson, 1965)。

19.5 无滑移条件的全局渐近解

当 $0 < Ek \ll 1$ 时，我们依然预期临界纬度不会对惯性对流的主要性质产生显著影响，因为与球体边界其他区域占支配地位的内流相比，从这个较小的奇异区域流出的内流微不足道 (Busse, 1968)。这也是当 Ek 足够小时，有奇点的渐近解同纯数值解仍然符合得很好的缘故。

由 (19.80) 式给出的切向分量 $\widetilde{\mathbf{u}}_{tang}$，就可从质量守恒方程推出边界层外缘的内向质量流 $\hat{\mathbf{r}} \cdot \widetilde{\mathbf{u}}$，即

$$(\hat{\mathbf{r}} \cdot \widetilde{\mathbf{u}})_{\xi=\infty} = \sqrt{Ek} \int_0^\infty \frac{1}{\sin\theta} \left\{ \frac{\partial}{\partial \theta}\left[\sin\theta \left(\hat{\boldsymbol{\theta}} \cdot \widetilde{\mathbf{u}}_{tang}\right)\right] + \frac{\partial}{\partial \phi}\left(\hat{\boldsymbol{\phi}} \cdot \widetilde{\mathbf{u}}_{tang}\right) \right\} \mathrm{d}\xi. \quad (19.81)$$

推导过程必须十分细心，因为 γ_{mnk}^+ 和 γ_{mnk}^- 也是 θ 的函数。因此，为了数学上的方便，可对含 $\widetilde{\mathbf{u}}_{tang}$ 的表达式进行 ϕ, θ 和 ξ 的变量分离，即

$$\frac{1}{\sin\theta} \left\{ \frac{\partial}{\partial \theta}\left[\sin\theta \left(\hat{\boldsymbol{\theta}} \cdot \widetilde{\mathbf{u}}_{tang}\right)\right] + \frac{\partial}{\partial \phi}\left(\hat{\boldsymbol{\phi}} \cdot \widetilde{\mathbf{u}}_{tang}\right) \right\}$$

$$= -\frac{\mathrm{i}}{2\sin\theta}\left\{\frac{\partial}{\partial\theta}\left[\sin\theta\left(V_{mnk}^\theta + V_{mnk}^\phi\right)\mathrm{e}^{\gamma_{mnk}^+\xi}\right] + m\left(V_{mnk}^\theta + V_{mnk}^\phi\right)\mathrm{e}^{\gamma_{mnk}^+\xi}\right\}\mathrm{e}^{\mathrm{i}m\phi}$$

$$-\frac{\mathrm{i}}{2\sin\theta}\left\{\frac{\partial}{\partial\theta}\left[\sin\theta\left(V_{mnk}^\theta - V_{mnk}^\phi\right)\mathrm{e}^{\gamma_{mnk}^-\xi}\right] - m\left(V_{mnk}^\theta - V_{mnk}^\phi\right)\mathrm{e}^{\gamma_{mnk}^-\xi}\right\}\mathrm{e}^{\mathrm{i}m\phi},$$

其中 $V_{mnk}^\theta(\theta)$ 和 $V_{mnk}^\phi(\theta)$ 是 θ 的实函数。于是 (19.81) 式对 ξ 的积分将得到边界层流的表达式：

$$(\hat{\mathbf{r}} \cdot \widetilde{\mathbf{u}})_{\xi=\infty} = \frac{\mathrm{i}\sqrt{Ek}}{2\sin\theta}\left\{\frac{\mathrm{d}}{\mathrm{d}\theta}\left[\frac{\sin\theta}{\gamma_{mnk}^+}\left(V_{mnk}^\theta + V_{mnk}^\phi\right)\right] + \frac{m}{\gamma_{mnk}^+}\left(V_{mnk}^\theta + V_{mnk}^\phi\right)\right.$$

$$\left.+ \frac{\mathrm{d}}{\mathrm{d}\theta}\left[\frac{\sin\theta}{\gamma_{mnk}^-}\left(V_{mnk}^\theta - V_{mnk}^\phi\right)\right] - \frac{m}{\gamma_{mnk}^-}\left(V_{mnk}^\theta - V_{mnk}^\phi\right)\right\}\mathrm{e}^{\mathrm{i}m\phi}.$$

取 $(\widehat{\mathbf{u}})_{r=1} = (\hat{\mathbf{r}} \cdot \widetilde{\mathbf{u}})_{\xi=\infty}$，对 θ 作分部积分，并意识到 γ_{mnk}^- 项与 γ_{mnk}^+ 项的贡献相同，则可解条件 (19.74) 中面积分的表达式可简化为

$$\int_0^{2\pi}\int_0^\pi (p_{mnk}^*)_{r=1}(\hat{\mathbf{r}} \cdot \widetilde{\mathbf{u}})_{\xi=\infty}\sin\theta\,\mathrm{d}\theta\,\mathrm{d}\phi$$

$$= -2\pi\mathrm{i}\sqrt{Ek}\int_0^\pi \frac{(V_{mnk}^\theta + V_{mnk}^\phi)}{\gamma_{mnk}^+}\left(\sin\theta\frac{\mathrm{d}P_{mnk}}{\mathrm{d}\theta} - mP_{mnk}\right)\mathrm{d}\theta. \quad (19.82)$$

将 (19.82) 式代入可解条件 (19.74)，其实部将给出瑞利数 $\widetilde{Ra}_1$ 的表达式：

$$\sqrt{Ek}\int_0^\pi \frac{(\sigma_{mnk} + \cos\theta)}{|\sigma_{mnk} + \cos\theta|^{3/2}}(V_{mnk}^\theta + V_{mnk}^\phi)\left(\sin\theta\frac{\mathrm{d}P_{mnk}}{\mathrm{d}\theta} - mP_{mnk}\right)\mathrm{d}\theta$$

$$= 2(\widetilde{Ra})_1 \mathrm{Real}\left[\int_0^\pi\int_0^1 (\mathbf{r}\cdot\mathbf{u}_{mnk}^*\Theta_0)\,r^2\sin\theta\,\mathrm{d}r\,\mathrm{d}\theta\right], \quad (19.83)$$

其中，包含 Θ_0 的积分由 (19.53) 式给出，与应力自由问题是一样的。针对不同的惯性模 $\mathbf{u}_{mnk}$，取 (19.83) 式中最小的 $(\widetilde{Ra})_1$ 可得到临界瑞利数 $(\widetilde{Ra})_c$，同时得到临界惯性模 $\mathbf{u}_{m_c n_c k_c}$，其临界波数为 $m = m_c$，$n = n_c$ 和 $k = k_c$，相应的半频为 $\sigma_{m_c n_c k_c}$。当 $0 < Ek \ll 1$ 时，无滑移问题在 $Pr \to 0$ 下的渐近律与应力自由问题有根本性的不同：它从 (19.52) 式的 $(\widetilde{Ra})_c \sim Ek$（应力自由边界）变化到了 (19.83) 式的 $(\widetilde{Ra})_c \sim \sqrt{Ek}$（无滑移边界）。

当确定了临界瑞利数 $(\widetilde{Ra})_c$ 和临界惯性模 $\mathbf{u}_{m_c n_c k_c}$ 之后，渐近解的第二个要素，即临界半频 $\sigma_c = \sigma_{n_c m_c k_c} + (\sigma_1)_c$ 就可以从可解条件 (19.74) 的虚部导出：

$$\sqrt{Ek} \int_0^\pi \frac{(V^\theta_{m_c n_c k_c} + V^\phi_{m_c n_c k_c})}{|\sigma_{m_c n_c k_c} + \cos\theta|^{1/2}} \left(\sin\theta \frac{\mathrm{d}P_{m_c n_c k_c}}{\mathrm{d}\theta} - m_c P_{m_c n_c k_c} \right) \mathrm{d}\theta$$
$$= 2(\widetilde{Ra})_c \mathrm{Imag} \left[\int_0^\pi \int_0^1 (\mathbf{r} \cdot \mathbf{u}^*_{m_c n_c k_c} \Theta_0) r^2 \sin\theta \, \mathrm{d}r \, \mathrm{d}\theta \right]$$
$$- 4(\sigma_1)_c \int_0^\pi \int_0^1 |\mathbf{u}_{m_c n_c k_c}|^2 r^2 \sin\theta \, \mathrm{d}r \, \mathrm{d}\theta. \tag{19.84}$$

其中，包含 Θ_0 的积分由 (19.55) 式给出。对于充分小的 Pr，粘性效应仅轻微地改变了惯性模的无粘性半频 $\sigma_{m_c n_c k_c}$，这与渐近分析假设 $|\sigma_1| \ll |\sigma_{m_c n_c k_c}|$ 是一致的。然而当 $Pr = O(1)$ 时，(19.84) 式将不再成立，预示着惯性对流向粘性对流的过渡。

最后，全局渐近解的第三个要素——惯性对流的首阶速度，可以表达为临界惯性波 $\mathbf{u}_{m_c n_c k_c}$ 和边界层修正 $\tilde{\mathbf{u}}$ 之和的形式，即

$$\mathbf{u} = [\mathbf{u}_{m_c n_c k_c}(r, \theta, \phi) + \tilde{\mathbf{u}}_{tang}] \mathrm{e}^{\mathrm{i} 2\sigma_{m_c n_c k_c} t} + c.c., \tag{19.85}$$

其中 $\mathbf{u}_{m_c n_c k_c}(r, \theta, \phi)$ 由公式 (5.34)~(5.36) 给出，而 $\tilde{\mathbf{u}}_{tang}$ 由 (19.80) 式给出，式中 $m = m_c$，$n = n_c$ 和 $k = k_c$。这个惯性对流速度 $\mathbf{u}$ 不仅满足球形边界面上的无滑移条件，而且是封闭的纯解析形式。

公式 (19.83)~(19.85) 描述了快速旋转球体中，无滑移边界条件下惯性对流的完整渐近解。对于任何给定的 Pr 和 Ek，首先可用 (19.83) 式计算临界瑞利数 $(\widetilde{Ra})_c$ 和临界惯性模 $\mathbf{u}_{m_c n_c k_c}$，然后以 (19.84) 式计算出半频 σ_c，最终通过 (19.85) 式获得对流速度场 $\mathbf{u}$。

19.5.3 惯性对流的几个分析解

对于任意小但固定的 Ek，当 Pr 从近于零值逐渐增大时，可观测到不同的惯性对流模。使用 (19.83) 式进行广泛的搜索，结果表明：在无滑移边界条件的旋转流体中，$m = 0$ 的轴对称扭转模不能成为惯性对流的优选模。我们继续使用 $Ek = 10^{-4}$ 这个典型值来阐释惯性对流的不同类型。一些应用 (19.83) 和 (19.84) 式，针对不

19.5 无滑移条件的全局渐近解

同 Pr 的例子列于表 19.3 和图 19.13 中,表明由 (19.83) 和 (19.84) 式给出的渐近解在 $Ek = 10^{-4}$ 时与相应的数值解达到了满意的一致。下面将对两个典型的惯性对流渐近分析解进行详细的讨论。

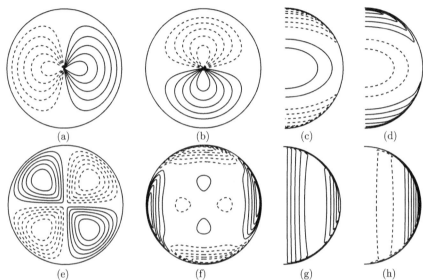

图 19.13 无滑移边界条件的球体中,旋转惯性对流分析解的结构。(a) $\hat{s} \cdot \mathbf{u}$ 和 (b) $\hat{\phi} \cdot \mathbf{u}$ 在赤道平面的等值线,(c) $\hat{s} \cdot \mathbf{u}$ 和 (d) $\hat{\phi} \cdot \mathbf{u}$ 在子午面的等值线。参数为 $Ek = 10^{-4}$ 和 $Pr = 10^{-3}$,从方程 (19.83)~(19.85) 导出,其临界参数为 $m_c = 1, n_c = 2, k_c = 1$ 和 $(\widetilde{Ra})_c = 13.738, \sigma_c = 0.7474$;(e)~(h) 除了 $Pr = 0.01$、临界参数为 $m_c = 2, n_c = 1, k_c = 1$ 和 $(\widetilde{Ra})_c = 35.63, \sigma_c = -0.1025$ 之外,其他与 (a)~(d) 相同

第一个典型解为逆行行波形式的对流,它是在 $Ek = 10^{-4}$ 和 $Pr = 10^{-3}$ 条件下得到的。对不同波数的惯性模 $\mathbf{u}_{mnk}$ 求 (19.83) 式的最小值,可以发现对流的最不稳定模是非轴对称但赤道对称的,它向西逆向传播,其临界惯性模为 $(p_{121}, \mathbf{u}_{121})$,临界参数为 $m_c = 1, n_c = 2, k_c = 1, (\widetilde{Ra})_c = 13.738, \sigma_c = 0.7474$。封闭形式的压强 p 和速度 $\mathbf{u}$ 首阶解由下列式子给出:

$$p = -\frac{8\mathcal{A}}{135}\left(\sqrt{10} - 5\right) r \sin\theta$$
$$\times \left[5\left(\sqrt{10} + 1\right) r^2 \cos(2\theta) + 3\left(\sqrt{10} + 7\right) r^2 - 18\right] e^{i\left[\phi + (2/3)(1 + 2\sqrt{2/5})\right]t},$$
$$\mathbf{u} = \mathcal{A}\Big\{ -4\mathrm{i}\sin\theta \left(r^2 - 1\right) \hat{\mathbf{r}} - \frac{4}{9}\mathrm{i}\cos\theta \left[\left(4\sqrt{10} + 13\right) r^2 - 9\right] \hat{\boldsymbol{\theta}}$$
$$+ \frac{4}{9}\left[\left(4\sqrt{10} - 5\right) r^2 \cos(2\theta) + 18r^2 - 9\right] \hat{\boldsymbol{\phi}}$$
$$+ \left\{4\left(\sqrt{10} + 1\right) \cos\theta - \left[\left(4\sqrt{10} - 5\right) \cos(2\theta) + 9\right]\right\} \frac{2(\mathrm{i}\hat{\boldsymbol{\theta}} + \hat{\boldsymbol{\phi}})}{9} e^{\gamma_{121}^{+}(1-r)/\sqrt{Ek}}$$

$$+\left\{4\left(\sqrt{10}+1\right)\cos\theta+\left[\left(4\sqrt{10}-5\right)\cos(2\theta)+9\right]\right\}\frac{2(\mathrm{i}\hat{\boldsymbol{\theta}}-\hat{\boldsymbol{\phi}})}{9}\mathrm{e}^{\gamma_{121}^{-}(1-r)/\sqrt{Ek}}\right\}$$
$$\times\mathrm{e}^{\mathrm{i}\left[\phi+(2/3)(1+2\sqrt{2/5})\right]t},$$

其中,

$$\gamma_{121}^{+}=-\left\{1+\frac{\mathrm{i}(1+2\sqrt{2/5}+3\cos\theta)}{\left|(1+2\sqrt{2/5}+3\cos\theta)\right|}\right\}\left|(1+2\sqrt{2/5})/3+\cos\theta\right|^{1/2},$$

$$\gamma_{121}^{-}=-\left\{1+\frac{\mathrm{i}(1+2\sqrt{2/5}-3\cos\theta)}{\left|(1+2\sqrt{2/5}-3\cos\theta)\right|}\right\}\left|(1+2\sqrt{2/5})/3-\cos\theta\right|^{1/2}.$$

这个分析解的结果显示于图 19.13 (a)~(d) 中,而由方程 (19.17)~(19.19) 得到的相应数值解显示于图 19.4 (a)~(d) 中,由数值解得到的临界参数为 $m_c=1$, $(Ra)_c=13.584$ 和 $\sigma_c=+0.7467$。显而易见,对于具有无滑移边界条件快速旋转球体的热对流,完全全局性的封闭解析解是可用的。

第二个典型解为顺行行波形式的对流,它是在 $Ek=10^{-4}$ 和 $Pr=10^{-2}$ 条件下得到的。在这个 Pr 值下,最小化 (19.83) 式获得的最不稳定模是非轴对称但赤道对称的,它向东传播,临界惯性模为 $(p_{211},\mathbf{u}_{211})$,其临界参数为 $m_c=2, n_c=1, k_c=1$, $(\widetilde{Ra})_c=35.628$ 和 $\sigma_c=-0.1025$。惯性对流压强 p 和速度 $\mathbf{u}$ 的封闭解析解可写为

$$p=-\frac{\mathcal{A}}{224}\left(\sqrt{105}+21\right)r^2\sin^2\theta$$
$$\times\left[7\left(\sqrt{105}-3\right)r^2\cos(2\theta)+\left(5\sqrt{105}-111\right)r^2+96\right]\mathrm{e}^{\mathrm{i}[2\phi+(1-\sqrt{\frac{15}{7}})t/2]},$$

$$\mathbf{u}=\mathcal{A}\left\{\left[-12\,\mathrm{i}\,r\left(r^2-1\right)\sin^2\theta\right]\hat{\mathbf{r}}+\frac{3\mathrm{i}}{4}r\left[\left(\sqrt{105}-11\right)r^2+8\right]\sin(2\theta)\,\hat{\boldsymbol{\theta}}\right.$$
$$-\frac{3}{8}r\sin\theta\left[\left(3\sqrt{105}+7\right)r^2\cos(2\theta)+\left(\sqrt{105}-51\right)r^2+32\right]\hat{\boldsymbol{\phi}}$$
$$-\left\{\left(\sqrt{105}-3\right)\sin(2\theta)-\frac{1}{2}\sin\theta\left[\left(3\sqrt{105}+7\right)\cos(2\theta)\right.\right.$$
$$+\left.\left(\sqrt{105}-19\right)\right]\right\}\frac{3(\mathrm{i}\hat{\boldsymbol{\theta}}+\hat{\boldsymbol{\phi}})}{8}\mathrm{e}^{\gamma_{211}^{+}(1-r)/\sqrt{Ek}}$$
$$-\left\{\left(\sqrt{105}-3\right)\sin(2\theta)+\frac{1}{2}\sin\theta\left[\left(3\sqrt{105}+7\right)\cos(2\theta)\right.\right.$$
$$\left.\left.+\left(\sqrt{105}-19\right)\right]\right\}\frac{3(\mathrm{i}\hat{\boldsymbol{\theta}}-\hat{\boldsymbol{\phi}})}{8}\mathrm{e}^{\gamma_{211}^{-}(1-r)/\sqrt{Ek}}\right\}\mathrm{e}^{\mathrm{i}[2\phi+(1-\sqrt{\frac{15}{7}})t/2]},$$

其中,

$$\gamma_{211}^{+}=-\left\{1+\frac{\mathrm{i}[1-\sqrt{15/7}+4\cos\theta]}{\left|1-\sqrt{15/7}+4\cos\theta\right|}\right\}\left|(1-\sqrt{15/7})/4+\cos\theta\right|^{1/2},$$

19.5 无滑移条件的全局渐近解

$$\gamma_{211}^{+} = -\left\{1 + \frac{\mathrm{i}[1-\sqrt{15/7}-4\cos\theta]}{\left|1-\sqrt{15/7}-4\cos\theta\right|}\right\}\left|(1-\sqrt{15/7})/4 - \cos\theta\right|^{1/2},$$

分析解的结构显示于图 19.13(e)~(h) 中，它再次展示了与方程 (19.17)~(19.19) 所对应数值解的良好一致性，而数值解给出的临界参数为 $m_c = 2$, $(Ra)_c = 36.855$ 和 $\sigma_c = -0.0926$，其结构显示于图 19.4 (e)~(h) 中。当 Pr 增大时，如表 19.2 所示，从惯性对流到粘性对流之间将会形成一个过渡区域，在这个区域里，更多的惯性波模将通过粘性效应耦合在一起，以至于我们无法导出对流的渐近分析解，我们将在下面讨论这个问题。

19.5.4 粘性对流的渐近分析

与应力自由问题相比，无滑移条件粘性对流的渐近分析需要不同的方法，在数学上也更加复杂。本书以下的分析大部分按照 Zhang 等 (2007a) 的方法来进行。渐近分析的一个显著特点是边界层解 $\tilde{\mathbf{u}}$ 和内部解必须分开处理，并且源自边界层 $\tilde{\mathbf{u}}$ 的内流必须要导出其显式表达式，这暗示我们可以将 $0 < Ek \ll 1$ 条件下对流开端的渐近展开写成以下形式：

$$\mathbf{u} = \mathcal{A}\left\{\left[\hat{\mathbf{u}} + \sum_{nk}\mathcal{C}_{mnk}\mathbf{u}_{mnk}(r,\theta,\phi)\right] + \tilde{\mathbf{u}}\right\}e^{2\mathrm{i}\sigma t} + \frac{\mathcal{A}^2}{\sqrt{Ek}}\mathbf{U}(r,\theta) + \cdots, \quad (19.86)$$

$$p = \mathcal{A}\left\{\left[\hat{p} + \sum_{nk}\mathcal{C}_{mnk}p_{mnk}(r,\theta,\phi)\right] + \tilde{p}\right\}e^{2\mathrm{i}\sigma t} + \frac{\mathcal{A}^2}{\sqrt{Ek}}P(r,\theta) + \cdots, \quad (19.87)$$

$$\Theta = \mathcal{A}\Theta_0(r,\theta,\phi)e^{2\mathrm{i}\sigma t} + \cdots, \quad (19.88)$$

$$\widetilde{Ra} = (\widetilde{Ra})_0 + \cdots, \quad (19.89)$$

其中复系数 $\mathcal{C}_{mnk}$ 和半频 σ $(0 < |\sigma| \ll 1)$ 待求，$\mathbf{u}_{mnk}$ 和 p_{mnk} 表示归一化的球体惯性模，$\hat{\mathbf{u}}$ 和 $\hat{p}$ 表示相对于首阶内部解 $\sum_{nk}\mathcal{C}_{mnk}\mathbf{u}_{mnk}$ 和 $\sum_{nk}\mathcal{C}_{mnk}p_{mnk}$ 的内部小扰动，系数 $\mathcal{A}$ 满足 $0 < |\mathcal{A}| \ll Ek^{1/2}$，$\tilde{\mathbf{u}}$ 表示边界层流，它仅在球体边界附近非零，量级为 $|\tilde{\mathbf{u}}| = O(|\sum_{nk}\mathcal{C}_{mnk}\mathbf{u}_{mnk}|)$。展开式 (19.86)~(19.88) 没有预设任何长度/时间的渐近尺度，在 $0 < Ek \ll 1$ 条件下有效，且没有限制 Pr 的大小。作用于球形边界层较差转动 $\mathbf{U}(r,\theta)$ 之上的弱非线性效应被忽略了。同以前一样，我们并不试图通过高阶分析来确定振幅 $\mathcal{A}$ (它是瑞利数的函数)，但是将会导出对流不稳定开端附近的较差旋转解 $\mathbf{U}(r,\theta)$。

将展开式 (19.86)~(19.88) 的内部流部分代入方程 (19.4)，等号两边乘上 $\mathbf{u}_{mnk}^*$，然后在整个球体上积分，可得

$$2\mathcal{C}_{mnk}\mathrm{i}(\sigma - \sigma_{mnk}) + \int_0^{2\pi}\int_0^{\pi}(p_{mnk}^*\hat{\mathbf{r}}\cdot\hat{\mathbf{u}})_{r=1}\sin\theta\,\mathrm{d}\theta\,\mathrm{d}\phi$$

$$= (\widetilde{Ra})_0 \int_0^{2\pi}\int_0^\pi \int_0^1 (\mathbf{r}\cdot\mathbf{u}_{mnk}^*\Theta_0)\, r^2\sin\theta\,\mathrm{d}r\,\mathrm{d}\theta\,\mathrm{d}\phi$$

$$-Ek\sum_{\tilde{n},\tilde{k}}\mathcal{C}_{m\tilde{n}\tilde{k}}\left\{\int_0^{2\pi}\int_0^\pi\int_0^1 (\nabla\times\mathbf{u}_{mnk}^*\cdot\nabla\times\mathbf{u}_{m\tilde{n}\tilde{k}})\,r^2\sin\theta\,\mathrm{d}r\,\mathrm{d}\theta\,\mathrm{d}\phi\right\}, \quad (19.90)$$

其中 $k=1,2,3,\cdots$, $n=1,2,\cdots$, 诸如 $\sigma\hat{\mathbf{u}}$ 和 $Ek\nabla^2\hat{\mathbf{u}}$ 之类的高阶小项被忽略了, 上式仅在 $0<Ek\ll 1$ 条件下成立。在推导 (19.90) 式的过程中, 我们使用了以下近似:

$$\int_0^{2\pi}\int_0^\pi\int_0^1 \mathbf{u}_{mnk}^*\cdot\nabla^2\left(\sum_{\tilde{n},\tilde{k}}\mathcal{C}_{m\tilde{n}\tilde{k}}\mathbf{u}_{m\tilde{n}\tilde{k}}\right) r^2\sin\theta\,\mathrm{d}r\,\mathrm{d}\theta\,\mathrm{d}\phi$$

$$=-\sum_{\tilde{n},\tilde{k}}\mathcal{C}_{m\tilde{n}\tilde{k}}\int_0^{2\pi}\int_0^\pi\int_0^1 (\nabla\times\mathbf{u}_{mnk}^*\cdot\nabla\times\mathbf{u}_{m\tilde{n}\tilde{k}})\, r^2\sin\theta\,\mathrm{d}r\,\mathrm{d}\theta\,\mathrm{d}\phi,$$

其中由分部积分引起的面积分与体积分相比很小, 被忽略了。

对于粘性对流的边界层 $\widetilde{\mathbf{u}}$, 其方程为

$$\left[\left(\frac{\partial^2}{\partial\xi^2}-\mathrm{i}\,2\sigma\right)^2+4\cos^2\theta\right]\widetilde{\mathbf{u}}_{tang}=\mathbf{0}, \quad (19.91)$$

其中, 不同于惯性对流的 (19.75) 式, σ 在此步尚为未知。方程的四个边界条件是

$$(\widetilde{\mathbf{u}}_{tang})_{\xi=0}=-\sum_{n,k}\mathcal{C}_{mnk}\left[\mathbf{u}_{mnk}(r,\theta,\phi)\right]_{r=1},$$

$$\left(\frac{\partial^2\widetilde{\mathbf{u}}_{tang}}{\partial\xi^2}\right)_{\xi=0}=-\sum_{n,k}\mathcal{C}_{mnk}\left[\mathrm{i}\,2\sigma\mathbf{u}_{mnk}+2\cos\theta\hat{\mathbf{r}}\times\mathbf{u}_{mnk}\right]_{r=1},$$

$$(\widetilde{\mathbf{u}}_{tang})_{\xi=\infty}=\mathbf{0},$$

$$\left(\frac{\partial^2\widetilde{\mathbf{u}}_{tang}}{\partial\xi^2}\right)_{\xi=\infty}=\mathbf{0}.$$

同以前章节一样作类似的分析, 可知 $\widetilde{\mathbf{u}}$ 的切向分量为

$$\widetilde{\mathbf{u}}_{tang}=-\frac{1}{2}\sum_{n,k}\mathcal{C}_{mnk}\Big\{[\mathbf{u}_{mnk}-\mathrm{i}\,\hat{\mathbf{r}}\times\mathbf{u}_{mnk}]_{r=1}\,\mathrm{e}^{\gamma_m^+\xi}$$

$$+[\mathbf{u}_{mnk}+\mathrm{i}\,\hat{\mathbf{r}}\times\mathbf{u}_{mnk}]_{r=1}\,\mathrm{e}^{\gamma_m^-\xi}\Big\}, \quad (19.92)$$

其中,

$$\gamma_m^+(\theta)=-\left[1+\frac{\mathrm{i}(\sigma+\cos\theta)}{|\sigma+\cos\theta|}\right]|\sigma+\cos\theta|^{1/2},$$

19.5 无滑移条件的全局渐近解

$$\gamma_m^-(\theta) = -\left[1 + \frac{\mathrm{i}(\sigma - \cos\theta)}{|\sigma - \cos\theta|}\right]|\sigma - \cos\theta|^{1/2},$$

此时 $\mathcal{C}_{mnk}$ 和 σ 依然是未知的。使用 $\tilde{\mathbf{u}}_{tang}$ 的表达式，我们可以导出 (19.90) 式中的面积分，即

$$\int_0^{2\pi}\int_0^\pi (p_{mnk}^* \hat{\mathbf{r}} \cdot \hat{\mathbf{u}})_{r=1} \sin\theta\,\mathrm{d}\theta\,\mathrm{d}\phi$$
$$= -\pi\mathrm{i}\sqrt{Ek}$$
$$\times \sum_{\tilde{n},\tilde{k}} \mathcal{C}_{m\tilde{n}\tilde{k}} \int_0^\pi \frac{(V_{m\tilde{n}\tilde{k}}^\theta + V_{m\tilde{n}\tilde{k}}^\phi)}{\sqrt{|\sigma + \cos\theta|}} \left[\frac{(\sigma + \cos\theta)}{|\sigma + \cos\theta|} + \mathrm{i}\right]\left(\sin\theta\frac{\mathrm{d}P_{mnk}}{\mathrm{d}\theta} - mP_{mnk}\right)\mathrm{d}\theta.$$

注意热方程 (19.6) 的解，即 (19.61) 式给出的温度 Θ_0 在这个近似阶上不受无滑移条件的影响。使用 (19.61) 式的 Θ_0 表达式，则对流开端的临界瑞利数和其他参数可由以下渐近关系的解来提供：

$$2\mathcal{C}_{mnk}\mathrm{i}(\sigma - \sigma_{mnk}) - \pi\mathrm{i}\sqrt{Ek}$$
$$\times \sum_{\tilde{n},\tilde{k}} \mathcal{C}_{m\tilde{n}\tilde{k}} \int_0^\pi \frac{(V_{m\tilde{n}\tilde{k}}^\theta + V_{m\tilde{n}\tilde{k}}^\phi)}{\sqrt{|\sigma + \cos\theta|}}\left[\frac{(\sigma+\cos\theta)}{|\sigma+\cos\theta|}+\mathrm{i}\right]\left(\sin\theta\frac{\mathrm{d}P_{mnk}}{\mathrm{d}\theta}-mP_{mnk}\right)\mathrm{d}\theta$$
$$= (\widetilde{Ra})_0 \Bigg\{ \sum_{l,q}\sum_{\tilde{n},\tilde{k}} \frac{(2\pi)^2 \mathcal{C}_{m\tilde{n}\tilde{k}}}{[(\beta_{lq})^2 + 2\mathrm{i}\sigma Pr/Ek]}$$
$$\times \left[\int_0^\pi \int_0^1 \mathbf{u}_{mnk}^* \cdot \mathbf{r} P_l^m(\cos\theta) j_l(\beta_{lq}r) r^2 \sin\theta\,\mathrm{d}r\,\mathrm{d}\theta\right]$$
$$\times \left[\int_0^\pi \int_0^1 \mathbf{u}_{m\tilde{n}\tilde{k}} \cdot \mathbf{r} P_l^m(\cos\theta) j_l(\beta_{lq}r) r^2 \sin\theta\,\mathrm{d}r\,\mathrm{d}\theta\right]\Bigg\}$$
$$- 2\pi Ek \sum_{\tilde{n},\tilde{k}} \mathcal{C}_{m\tilde{n}\tilde{k}} \left\{\int_0^\pi \int_0^1 (\nabla \times \mathbf{u}_{mnk}^* \cdot \nabla \times \mathbf{u}_{m\tilde{n}\tilde{k}}) r^2 \sin\theta\,\mathrm{d}r\,\mathrm{d}\theta\right\}, \tag{19.93}$$

其中 $n = 1, 2, 3, \cdots; k = 1, 2, \cdots$，此关系同应力自由问题一样，可以通过设置主要系数的值来归一化，比如 $|\mathcal{C}_{m11}| = 1$。渐近关系 (19.93) 代表了一个非线性代数系统，其未知量 $\sigma, (\widetilde{Ra})_0$ 和 $\mathcal{C}_{mnk}$ 可以用数值方法求得，如 Newton-Raphson 迭代法。

对于给定的 Ek, m 和 Pr，结合 (5.34)~(5.36) 式给出的球体惯性模和 (5.33) 式给出的半频 σ_{mnk}，求解 (19.93) 式便可确定 $(\widetilde{Ra})_0, \sigma$ 和复系数 $\mathcal{C}_{mnk}$；对于不同的 m，解中最小的瑞利数 $(\widetilde{Ra})_0$ 表示为 $(\widetilde{Ra})_c$，代表了快速旋转球体中临界的或最不稳定的对流模；在 (19.93) 式中，仅仅需要非轴对称和赤道对称的模 $\mathbf{u}_{mnk}$，其具体表达式为 (5.34)~(5.36) 式。于是，满足无滑移边界条件的对流首阶速度 $\mathbf{u}_0$ 可表示为

$$\mathbf{u}_0 = \left\{ \left[\sum_{n,k} \mathcal{C}_{m_c n k} \mathbf{u}_{m_c n k}(r,\theta,\phi) \right] + \widetilde{\mathbf{u}}_{tang}(r,\theta,\phi) \right\} e^{2\,\mathrm{i}\,\sigma_c t},$$

其中 m_c 与最小瑞利数 $(\widetilde{Ra})_c$ 相关联，$\widetilde{\mathbf{u}}_{tang}$ 由 (19.92) 式给出，而 $\mathcal{C}_{m_c n k}$ 出自 (19.93) 式。

19.5.5 粘性对流的典型渐近解

对于给定的渐近小 Ek 以及任意值的 Pr，渐近关系 (19.93) 的解提供了无滑移条件下旋转球体对流的临界瑞利数 $(\widetilde{Ra})_c$、优选方位波数 m_c、临界半频 σ_c 及展开式 (19.86) 和 (19.87) 中相应的系数 $\mathcal{C}_{mnk}$。我们继续关注 $Ek = 10^{-4}$ 以及 Pr 值范围较大的情形，在表 19.4 所列的几个渐近解中，选取两个范例在下面进行详细讨论。

第一个典型渐近解以参数 $Ek = 10^{-4}$ 和 $Pr = 0.25$ 从 (19.93) 式的计算得到，其临界方位波数为 $m_c = 6$，临界瑞利数和半频分别为 $(\widetilde{Ra})_c = 140.8$ 和 $\sigma_c = -0.0272$。此渐近解可与方程 (19.17)~(19.19) 的数值解相比较，而数值解的临界参数为 $m_c = 6, (\widetilde{Ra})_c = 144.8$ 和 $\sigma_c = -0.0267$。从 (19.93) 式导出的主要系数 $\mathcal{C}_{mnk}$ 列于表 19.8 中，显示对流结构由球体惯性模 $\mathbf{u}_{613}$ 所主导，其半频为 $\sigma_{613} = -0.0457$，用 s 和 z 的多项式来表示，该模的最高次数为 $\hat{\phi}\cdot\mathbf{u}_{613} \sim s^{11}$。(19.93) 式的第二个典型解由 $Pr = 1.0$ 和 $Ek = 10^{-4}$ 计算得来，其临界参数为 $m_c = 7, (\widetilde{Ra})_c = 257.9$ 和 $\sigma_c = -0.0114$，而方程 (19.17)~(19.19) 给出的数值解结果为 $m_c = 7, (\widetilde{Ra})_c = 257.9$ 和 $\sigma_c = -0.0106$。$Pr = 1.0$ 时，从 (19.93) 式导出的主要系数 $\mathcal{C}_{mnk}$ 也列于表 19.8 中，显示两个惯性模：$\mathbf{u}_{713}$ 和 $\mathbf{u}_{714}$ 占据了主导地位，其半频分别为 $\sigma_{713} = -0.0473$ 和 $\sigma_{714} = -0.0339$，而最高次数分别为 $\hat{\phi}\cdot\mathbf{u}_{713} \sim s^{12}$ 和 $\hat{\phi}\cdot\mathbf{u}_{713} \sim s^{14}$。粘性对流的一个重要特点是：如表 19.8 所示，随着 Pr 的增大，更多的且具有 s 和 z 更高次多项式结构的惯性模将被对流激发，并且通过粘性效应而耦合在一起。这意味着，由渐近展开式 (19.86) 和 (19.87) 所表达的精确渐近解需要更多的惯性模来构成。

由渐近关系 (19.93) 可计算得到主要惯性模的系数 $\mathcal{C}_{mnk}$，将其代入渐近展开式 (19.86) 和 (19.87) 中，可得到无滑移条件下，旋转球体对流的压强和速度的显式表达式。图 19.14 显示了当 $Ek = 10^{-4}$ 时，在 $Pr = 0.1, 0.25, 1.0$ 三种情况下的速度渐近解。比较渐近解与数值解的临界参数 (表 19.2)，以及渐近解和数值解的结构 (图 19.5 与图 19.14)，当 Ek 为渐近小量时，对于很大范围的 Pr，二者都取得了满意的一致。在图 19.14 中，相邻惯性模的粘性耦合是形成对流螺旋结构的原因，并且也是它维持了展开式 (19.86) 和 (19.87) 中包含的强烈较差旋转 $\mathbf{U}$。下面我们将给出一个渐近方法，来计算在 $0 < Ek \ll 1$ 和无滑移边界条件下，由螺旋对流产生的较差旋转 $\mathbf{U}$。

19.5 无滑移条件的全局渐近解

表 19.8 在无滑移条件下，当 $Ek = 10^{-4}$，Pr 分别为 0.25 和 1.0 时，渐近展开式 (19.86) 和 (19.87) 中的主要系数 $\mathcal{C}_{mnk}$ 和相应的半频 σ_{mnk}，由方程 (19.93) 导出。对于 $Pr = 0.25$，(19.93) 式导出的临界参数为 $(\widetilde{Ra})_c = 140.8, m_c = 6$ 和 $\sigma_c = -0.0272$；对于 $Pr = 1.0$，临界参数为 $(\widetilde{Ra})_c = 257.9, m_c = 7$ 和 $\sigma_c = -0.0114$

	$Pr = 0.25$			$Pr = 1.0$	
(m,n,k)	$|\mathcal{C}_{mnk}|$	σ_{mnk}	(m,n,k)	$|\mathcal{C}_{mnk}|$	σ_{mnk}
(6,1,3)	1.000	-0.0457	(7,1,3)	1.000	-0.0473
(6,1,4)	0.784	-0.0324	(7,1,4)	0.880	-0.0339
(6,1,2)	0.748	-0.0708	(7,1,2)	0.665	-0.0719
(6,1,5)	0.311	-0.0242	(7,1,5)	0.512	-0.0257
(6,1,1)	0.195	-0.1312	(7,2,3)	0.229	$+0.2229$
(6,1,6)	0.159	-0.0189	(7,2,4)	0.193	$+0.1921$
(6,2,3)	0.152	-0.2384	(7,2,2)	0.172	$+0.2690$

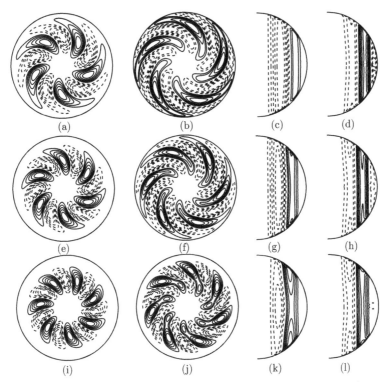

图 19.14 无滑移条件下，从 (19.93) 式导出的对流渐近解。(a) $\hat{\mathbf{s}} \cdot \mathbf{u}_0$ 和 (b) $\hat{\boldsymbol{\phi}} \cdot \mathbf{u}_0$ 在赤道平面的等值线，(c) $\hat{\mathbf{s}} \cdot \mathbf{u}_0$ 和 (d) $\hat{\boldsymbol{\phi}} \cdot \mathbf{u}_0$ 在子午面的等值线。参数为 $Ek = 10^{-4}$ 和 $Pr = 0.1$，其临界参数为 $(\widetilde{Ra})_c = 94.17, m_c = 5$ 和 $\sigma_c = -0.0390$；(e)∼(h) 除了 $Pr = 0.25$、临界参数为 $(\widetilde{Ra})_c = 140.8, m_c = 6$ 和 $\sigma_c = -0.0272$ 之外，其他与 (a)∼(d) 相同；(i)∼(l) 除了 $Pr = 1.0$、临界参数为 $(\widetilde{Ra})_c = 257.9, m_c = 7$ 和 $\sigma_c = -0.0114$ 之外，其他与 (a)∼(d) 相同

19.5.6 非线性效应: 粘性对流中的较差旋转

从渐近关系 (19.93) 得到了系数 $\mathcal{C}_{mnk}$ 之后，便可以导出描述较差旋转 $\mathbf{U}$ 的渐近解。当超临界瑞利数充分小，即 $[(\widetilde{Ra}) - (\widetilde{Ra})_c]/(\widetilde{Ra})_c \ll 1$ 时，将 (19.86)~(19.89) 式代入方程 (19.4)，可得两个关于 $(\mathbf{U}, P)$ 的方程：

$$2\hat{\mathbf{z}} \times \mathbf{U} + \nabla P = Ek \nabla^2 \mathbf{U} - \sqrt{Ek} \left\{ \left(\sum_{n,k} \mathcal{C}_{mnk} \mathbf{u}_{mnk} \right) \cdot \nabla \left(\sum_{n,k} \mathcal{C}_{mnk}^* \mathbf{u}_{mnk}^* \right) \right.$$
$$\left. + \left(\sum_{n,k} \mathcal{C}_{mnk}^* \mathbf{u}_{mnk}^* \right) \cdot \nabla \left(\sum_{n,k} \mathcal{C}_{mnk} \mathbf{u}_{mnk} \right) \right\}, \quad (19.94)$$

$$\nabla \cdot \mathbf{U} = 0, \quad (19.95)$$

无滑移边界条件为

$$\mathbf{U} = \mathbf{0}, \quad r = 1.$$

以下我们将给出在无滑移边界条件下的快速旋转球体中，求解方程 (19.94) 和 (19.95) 的渐近方法。

当 $0 < Ek \ll 1$ 时，在粘性对流的开端附近，由 (19.94) 右边第二项描述的非线性效应，以及从粘性边界层流出的内流决定了展开式 (19.86) 和 (19.87) 中的轴对称流动 $\mathbf{U}$。这个轴对称流动由三部分构成：内部较差旋转 $\mathbf{U}_0$ 及其小扰动 $\widehat{\mathbf{U}}$，以及边界改正 $\widetilde{\mathbf{U}}$，意味着方程 (19.94) 和 (19.95) 具有如下形式的渐近解：

$$\mathbf{U}(r,\theta) = \left[\mathbf{U}_0(r,\theta) + \widehat{\mathbf{U}} \right] + \widetilde{\mathbf{U}},$$
$$P(r,\theta) = \left[P_0(r,\theta) + \widehat{P} \right] + \widetilde{P},$$

其中 $\mathbf{U}_0$ 和 P_0 表示首阶内部解，$\widetilde{\mathbf{U}}$ 和 $\widetilde{P}$ 为相应的粘性边界改正，其量级为 $|\widetilde{\mathbf{U}}| = O(|\mathbf{U}_0|)$，$(\widehat{\mathbf{U}}, \widehat{P})$ 代表较小的非地转成分，当 $0 < Ek \ll 1$ 时，其量级为 $|\widehat{\mathbf{U}}| = O(\sqrt{Ek}|\mathbf{U}_0|)$。在这个展开中，内部较差旋转 $\mathbf{U}_0$ 是由图 19.14 所示的螺旋对流卷的雷诺应力产生的；施加于较差旋转 $\mathbf{U}_0$ 之上的粘滞作用在球体边界上引发了一个边界层流 $\widetilde{\mathbf{U}}$；然后边界层通过向内部排出内流驱动了次级流动 $\widehat{\mathbf{U}}$，从而与内部发生交流，这使得我们可以通过求解控制 $\widehat{\mathbf{U}}$ 和 $\widehat{P}$ 的高阶问题来确定较差旋转 $\mathbf{U}_0$。

将 $\mathbf{U}$ 和 P 的展开式代入方程 (19.94) 和 (19.95)，渐近分析的第一步将考虑首阶内部解，它由以下方程控制：

$$2\hat{\mathbf{z}} \times \mathbf{U}_0 + \nabla P_0 = \mathbf{0}, \quad \nabla \cdot \mathbf{U}_0 = 0,$$

在边界 $r = 1$ 上，有 $\hat{\mathbf{r}} \cdot \mathbf{U}_0 = 0$。显然，首阶问题的解与应力自由问题一样在数学上

19.5 无滑移条件的全局渐近解

是简并的，它可以用地转多项式 G_{2k-1} 来表达，即

$$\mathbf{U}_0(r\sin\theta) = \sum_{k=1} \mathcal{X}_k G_{2k-1}(r\sin\theta)\hat{\boldsymbol{\phi}}, \tag{19.96}$$

$$P_0(r\sin\theta) = \sum_{k=1} \mathcal{X}_k Q_{2k}(r\sin\theta), \tag{19.97}$$

其中多项式 G_{2k-1} 和 Q_{2k} ($k=1,2,3,\cdots$) 分别由 (5.10) 和 (5.11) 式给出。与应力自由问题的展开式不同，(19.96) 和 (19.97) 式的求和是从 $k=1$ 开始的，这是无滑移条件的缘故。公式 (19.96) 和 (19.97) 的系数 $\mathcal{X}_k$ 是未知的，并且无法由首阶问题来确定，反映了无粘性解的数学简并性。

渐近分析的第二步将考虑粘性边界改正 $\widetilde{\mathbf{U}}$，其切向分量 $\widetilde{\mathbf{U}}_{tang}$，即 $\widetilde{\mathbf{U}}_{tang} = \widetilde{\mathbf{U}} + \hat{\mathbf{r}}(\hat{\mathbf{r}} \cdot \widetilde{\mathbf{U}})$，由下面的四阶微分方程描述：

$$\frac{\partial^4 \widetilde{\mathbf{U}}_{tang}}{\partial \xi^4} + (2\cos\theta)^2 \widetilde{\mathbf{U}}_{tang} = \mathbf{0}, \tag{19.98}$$

其中 ξ 表示边界层延展坐标，即 $\xi = (1-r)/\sqrt{Ek}$，四个边界条件则为

$$\left(\widetilde{\mathbf{U}}_{tang}\right)_{\xi=0} = -\left[\sum_{k=1} \mathcal{X}_k G_{2k-1}(\sin\theta)\right]\hat{\boldsymbol{\phi}},$$

$$\left(\frac{\partial^2 \widetilde{\mathbf{U}}_{tang}}{\partial \xi^2}\right)_{\xi=0} = \left[2\cos\theta \sum_{k=1} \mathcal{X}_k G_{2k-1}(\sin\theta)\right]\hat{\boldsymbol{\theta}},$$

$$\left(\widetilde{\mathbf{U}}_{tang}\right)_{\xi=\infty} = \mathbf{0},$$

$$\left(\frac{\partial^2 \widetilde{\mathbf{U}}_{tang}}{\partial \xi^2}\right)_{\xi=\infty} = \mathbf{0}.$$

四阶微分方程 (19.98) 和四个边界条件将可确定粘性边界层的实数解：

$$\widetilde{\mathbf{U}}_{tang} = -\frac{1}{2}\sum_k \mathcal{X}_k G_{2k-1}(\sin\theta) e^{-\sqrt{|\cos\theta|}\,\xi}$$

$$\times \left[\left(\hat{\boldsymbol{\phi}} + i\hat{\boldsymbol{\theta}}\right) e^{-i\xi\cos\theta/\sqrt{|\cos\theta|}} + \left(\hat{\boldsymbol{\phi}} - i\hat{\boldsymbol{\theta}}\right) e^{i\xi\cos\theta/\sqrt{|\cos\theta|}}\right]. \tag{19.99}$$

公式 (19.99) 在赤道平面有奇点，边界层解在此处将变得无效，但是当 $0 < Ek \ll 1$ 时，预期奇点将不会对渐近解的关键特征产生明显的影响。利用 $\widetilde{\mathbf{U}}_{tang}$ 的表达式，可知边界层外缘的内流 $\hat{\mathbf{r}} \cdot \widetilde{\mathbf{U}}_{\xi\to\infty}$ 为

$$(\hat{\mathbf{r}} \cdot \widetilde{\mathbf{U}})_{\xi\to\infty} = -\frac{\sqrt{Ek}}{2}\sum_{k=1}\frac{\mathcal{X}_k}{\sin\theta}\frac{\mathrm{d}}{\mathrm{d}\theta}\left[\frac{\cos\theta\sin\theta G_{2k-1}(\sin\theta)}{|\cos\theta|^{3/2}}\right].$$

分析进行到这一步时,边界层解中的系数 $\mathcal{X}_k$ 仍然是未知的。

渐近分析第三步急待解决的问题是描述较小的非地转内部流 $\widehat{\mathbf{U}}$,这将使我们能够决定系数 $\mathcal{X}_k$,并因此确定较差旋转 $\mathbf{U}_0$。非地转扰动 $\widehat{\mathbf{U}}$ 由粘性效应所导致,其控制方程为

$$2\hat{\mathbf{z}} \times \widehat{\mathbf{U}} + \nabla \widehat{P} = Ek\nabla^2 \mathbf{U}_0 - \sqrt{Ek}\left\{\left(\sum_{n,k}\mathcal{C}_{mnk}\mathbf{u}_{mnk}\right)\cdot\nabla\left(\sum_{n,k}\mathcal{C}^*_{mnk}\mathbf{u}^*_{mnk}\right)\right.$$
$$\left. + \left(\sum_{n,k}\mathcal{C}^*_{mnk}\mathbf{u}^*_{mnk}\right)\cdot\nabla\left(\sum_{n,k}\mathcal{C}_{mnk}\mathbf{u}_{mnk}\right)\right\}, \tag{19.100}$$

$$\nabla\cdot\widehat{\mathbf{U}} = 0, \tag{19.101}$$

边界条件为

$$\left(\hat{\mathbf{r}}\cdot\widehat{\mathbf{U}}\right)_{r=1} = \left(\hat{\mathbf{r}}\cdot\widetilde{\mathbf{U}}\right)_{\xi\to\infty}.$$

偏微分方程 (19.100) 和 (19.101) 是定义在完整球体中的非齐次问题,它需要一个可解条件。在认识到

$$\int_0^{2\pi}\int_0^{\pi}\int_0^1 G_{2l-1}(r\sin\theta)\hat{\boldsymbol{\phi}}\cdot\left(2\hat{\mathbf{z}}\times\widehat{\mathbf{U}} + \nabla\widehat{P}\right)r^2\sin\theta\,\mathrm{d}r\,\mathrm{d}\theta\,\mathrm{d}\phi$$
$$=2\pi\int_0^{\pi}Q_{2l}(\sin\theta)\left(\hat{\mathbf{r}}\cdot\widetilde{\mathbf{U}}\right)_{\xi\to\infty}\sin\theta\,\mathrm{d}\theta,$$
$$=\pi\sqrt{Ek}\sum_{k=1}\mathcal{X}_k\int_0^{\pi}\frac{\mathrm{d}Q_{2l}(\sin\theta)}{\mathrm{d}\theta}\left[\frac{\cos\theta\sin\theta G_{2k-1}(\sin\theta)}{|\cos\theta|^{3/2}}\right]\mathrm{d}\theta$$

的基础上,将方程 (19.100) 乘上 $G_{2l-1}(r\sin\theta)\hat{\boldsymbol{\phi}}$,然后在球体上进行积分,可推出非齐次方程 (19.100) 的可解条件:

$$\sum_{k=1}\mathcal{X}_k\int_0^{\pi/2}G_{2k-1}(\sin\theta)\frac{\mathrm{d}Q_{2l}(\sin\theta)}{\mathrm{d}(\sin\theta)}\sin\theta(1-\sin^2\theta)^{1/4}\,\mathrm{d}\theta$$
$$=-\int_0^{\pi}\int_0^1 G_{2l-1}\hat{\boldsymbol{\phi}}\cdot\left\{\left(\sum_{n,k}\mathcal{C}_{mnk}\mathbf{u}_{mnk}\right)\cdot\nabla\left(\sum_{n,k}\mathcal{C}^*_{mnk}\mathbf{u}^*_{mnk}\right)\right.$$
$$\left.+\left(\sum_{n,k}\mathcal{C}^*_{mnk}\mathbf{u}^*_{mnk}\right)\cdot\nabla\left(\sum_{n,k}\mathcal{C}_{mnk}\mathbf{u}_{mnk}\right)\right\}r^2\sin\theta\,\mathrm{d}r\,\mathrm{d}\theta$$
$$+\sqrt{Ek}\sum_{k=1}\mathcal{X}_k\int_0^{\pi}\int_0^1 G_{2l-1}(r\sin\theta)$$
$$\times\left\{\frac{\mathrm{d}}{\mathrm{d}(r\sin\theta)}\left[(r\sin\theta)\frac{\mathrm{d}G_{2k-1}(r\sin\theta)}{\mathrm{d}(r\sin\theta)}\right]-\frac{G_{2k-1}(r\sin\theta)}{(r\sin\theta)}\right\}r\,\mathrm{d}r\,\mathrm{d}\theta, \tag{19.102}$$

19.5 无滑移条件的全局渐近解

其中 $l=1,2,3,\cdots$。它代表了一个关于 $\mathcal{X}_k, k=1,2,3,\cdots$ 的线性方程系统,可容易地求解。在可解条件 (19.102) 中,左边的积分因为有 $(1-\sin^2\theta)^{1/4}$ 的因子,所以只能通过数值积分得到结果。

当从可解条件 (19.102) 获得了系数 $\mathcal{X}_k(k=1,2,3,\cdots)$ 之后,方程 (19.94) 和 (19.95) 的首阶解便可写为

$$\hat{\phi}\cdot\mathbf{U}(r,\theta)=\sum_{k=1}^{K}\mathcal{X}_k\left\{G_{2k-1}(r\sin\theta)-G_{2k-1}(\sin\theta)\mathrm{e}^{-(1-r)|\cos\theta/Ek|^{1/2}}\right.$$
$$\left.\times\cos\left[(1-r)|\cos\theta/Ek|^{1/2}\right]\right\}, \tag{19.103}$$

其中 $0 < Ek \ll 1$,K 的大小表示展开中多项式 G_{2k-1} 的个数,典型值一般为 $K \leqslant O(10)$。上式即描述了流体球中由对流卷产生的较差旋转,它满足无滑移边界条件,并且对任意小但非零的 Ek 均有效。

为将 (19.103) 式与具有无滑移边界条件的方程 (19.22) 和 (19.23) 的数值解进行比较,我们给出了在 $Ek = 5\times 10^{-5}$ 条件下,$Pr = 0.025$ 和 $Pr = 0.1$ 的两个典型渐近解。对于 $Pr = 0.025$ 的情形,渐近解 (19.93) 的结果是 $(\widetilde{Ra})_c = 62.49, m_c = 4$ 和 $\sigma_c = -0.04831$,而当 $r_i/r_o = 0.001$ 时,数值解的结果为 $(\widetilde{Ra})_c = 62.34, m_c = 4$ 和 $\sigma_c = -0.04874$;对于 $Pr = 0.1$ 的情形,渐近解给出了 $(\widetilde{Ra})_c = 113.0, m_c = 6$ 和 $\sigma_c = -0.03223$ 的结果,而 $r_i/r_o = 0.001$ 时的数值解为 $(\widetilde{Ra})_c = 115.3, m_c = 6$ 和 $\sigma_c = -0.03179$。表 19.9 列出了主要的复系数 $\mathcal{C}_{mnk}$;相应的 $\mathcal{X}_k$ 值,即方程 (19.102) 的解列在了表 19.10 中;图 19.6(c) 的虚线显示了当 $Pr = 0.025$ 时由渐近公式 (19.103) 所计算的较差旋转 $\mathbf{U}(r,\theta)$ 的结构,而图 19.7(c) 的虚线则为 $Pr = 0.1$ 时的渐近结果。原图实线为采用完全相同参数计算得到的数值解,二者比较,显示渐近解与数值解符合得相当好。

表 19.9 当 $Ek = 5\times 10^{-5}$ 时,对于 $Pr = 0.025$ 和 $Pr = 0.1$ 的两个渐近解,展开式 (19.86) 和 (19.87) 中的主要复系数 $\mathcal{C}_{mnk}$ 和相应的半频 σ_{mnk}

$Pr = 0.025$	$Pr = 0.1$
$[(m_c,n,k), \mathcal{C}_{mnk}, \sigma_{mnk}]$	$[(m_c,n,k), \mathcal{C}_{mnk}, \sigma_{mnk}]$
$[(4,1,2), (+0.3345+\mathrm{i}\,0.9424), -0.0656]$	$[(6,1,3), (+0.1149+\mathrm{i}\,0.9934), -0.0458]$
$[(4,1,3), (-0.6022+\mathrm{i}\,0.5856), -0.0404]$	$[(6,1,4), (-0.7027+\mathrm{i}\,0.5460), -0.0324]$
$[(4,1,4), (-0.3192-\mathrm{i}\,0.2444), -0.0276]$	$[(6,1,2), (+0.5802+\mathrm{i}\,0.3100), -0.0708]$
$[(4,1,1), (+0.2269+\mathrm{i}\,0.0000), -0.1306]$	$[(6,1,5), (-0.4887-\mathrm{i}\,0.2032), -0.0242]$
$[(4,1,5), (+0.0910-\mathrm{i}\,0.0848), -0.0201]$	$[(6,1,6), (-0.0181-\mathrm{i}\,0.2201), -0.0189]$

值得注意的是,这个渐近方法可以有效地应用于求解快速旋转球体中由以下方程所控制的任何准地转问题 (Liao and Zhang, 2010; Livermore et al., 2016):

$$2\hat{\mathbf{z}} \times \mathbf{U}(r,\theta) + \nabla P(r,\theta) = Ek\nabla^2 \mathbf{U}(r,\theta) + \mathbf{f}_N(r,\theta),$$
$$\nabla \cdot \mathbf{U}(r,\theta) = 0,$$

无滑移边界条件为

$$\mathbf{U}(r,\theta) = \mathbf{0}, \quad r = 1,$$

其中 $0 < Ek \ll 1$，并且施加的外力需满足 $0 < |\mathbf{f}_N| \ll 1$ 和 $\hat{\boldsymbol{\phi}} \cdot \mathbf{f}_N \neq 0$ 的条件。

表 19.10　对于 $Ek = 5 \times 10^{-5}$ 和两个不同的 Pr，由可解条件 (19.102) 计算得到的六个最大的系数 $\mathcal{X}_k$（系数已标度过）

k	$\mathcal{X}_k(Pr = 0.025)$	$\mathcal{X}_k(Pr = 0.1)$
1	+0.406	+0.316
2	+1.000	+1.000
3	+0.350	+0.602
4	−0.389	−0.402
5	−0.282	−0.558
6	−0.030	−0.056

19.6　向弱湍流的过渡

19.6.1　旋转球体的有限元方法

除了基于环型-极型场分解和球谐展开的谱方法之外，诸如有限元之类的局部数值方法也可有效地用于求解球体中的热对流问题。有限元方法的独特优势在于它在几何形状上的灵活性以及易于在大规模超级计算机上的并行化。本节讨论的有限元方法将基于球体或球壳的四面体网格剖分，很大程度上与球体进动问题的数值方法是相似的，它在旋转轴或中心处没有数值奇点。我们使用一个人为构造的准确解对旋转球体对流的有限元程序进行了验证，计算结果与构造解符合得非常完美。此外，有限元程序可以非常灵活地在球体边界附近加密网格，可以解析 $0 < Ek \ll 1$ 条件所导致的较薄粘性边界层。

令 T_f 为直接数值模拟的最终时间，将时间范围 $[0, T_f]$ 平均分为 M 等份，得到一均匀分布的时间结点序列，即

$$0 = t_0 < t_1 < t_2 < \cdots < t_M = T_f,$$

其中 $t_n = n\Delta t$, $n = 0, 1, \cdots, M$。在旋转球体对流中，设对流速度 $\mathbf{u}(\mathbf{r}, t)$ 相对时间 t 是连续的，并设 $\mathbf{u}^n(\mathbf{r}) = \mathbf{u}(\mathbf{r}, t_n)$, $n = 0, 1, \cdots, M$。在完成了球体或球壳的空间四

面体剖分之后，方程 (19.4)~(19.6) 数值积分的时间步进使用了一个隐式格式，即

$$\frac{3\mathbf{u}^{n+1} - 4\mathbf{u}^n + \mathbf{u}^{n-1}}{2\Delta t} + (2\mathbf{u}^n - \mathbf{u}^{n-1}) \cdot \nabla \mathbf{u}^{n+1} + 2\hat{\mathbf{z}} \times \mathbf{u}^{n+1} + \nabla p^{n+1}$$
$$= \widetilde{Ra}(2\Theta^n - \Theta^{n-1})\mathbf{r} + Ek\nabla^2 \mathbf{u}^{n+1}, \tag{19.104}$$

$$\nabla \cdot \mathbf{u}^{n+1} = 0, \tag{19.105}$$

$$\frac{3\Theta^{n+1} - 4\Theta^n + \Theta^{n-1}}{2\Delta t} + (2\mathbf{u}^n - \mathbf{u}^{n-1}) \cdot \nabla \Theta^{n+1}$$
$$= \frac{Ek}{Pr}\left[\hat{\mathbf{r}} \cdot (2\mathbf{u}^n - \mathbf{u}^{n-1}) + \nabla^2 \Theta^{n+1}\right]. \tag{19.106}$$

从任意的初始条件开始，此方程可基于前两步的 $\mathbf{u}^n, \Theta^n$ 和 $\mathbf{u}^{n-1}, \Theta^{n-1}$，并结合 (19.8) 式给出的无滑移和等温条件，在并行计算机上解得 $\mathbf{u}^{n+1}, p^{n+1}$ 和 Θ^{n+1} (Chan et al., 2014)。

在实际的数值模拟中，应该始终采用在球体边界处加密的非均匀网格，而时间步长 Δt 和有限元网格的大小主要取决于 Ek 和 Pr 的值。应该指出，如同渐近解所预示的对流结构，惯性对流的非线性数值解受到较薄粘性边界层的动力学控制，因而当 $0 < \sqrt{Ek} \ll 1$ 时，数值模拟在边界处的典型网格尺寸需要小至 $O(\sqrt{Ek})$ 量级，并且模拟时间需要达到 $T_f \geqslant O(1/\sqrt{Ek})$。

19.6.2 向弱湍流的过渡

本节我们将给出当 $Ek = 10^{-3}$ 时，无滑移边界条件下旋转球体对流的两个例子：一个为 $Pr = 0.023$ 的惯性对流，另一个为 $Pr = 7.0$ 的粘性对流，以展示在中等大小的超临界瑞利数 $\widetilde{Ra}$ 下，流体运动从对流不稳定向弱湍流的过渡情况。而先前所作的对流不稳定性分析不仅能为我们提供洞察物理本质的关键信息，而且对数值模拟也具有帮助和指导作用。

首先考虑当 $Ek = 10^{-3}$ 时，$Pr = 0.023$ (液态镓) 的非线性惯性对流有限元解。当瑞利数 $\widetilde{Ra}$ 为 $(\widetilde{Ra})_c = 68.14$ 或该值附近时，对流由单一的临界惯性模 $\mathbf{u}_{211}$ 所支配，其优选方位波数为 $m_c = 2$，半频为 $\sigma_c = -0.0766$；离它最近的第二个最不稳定模由惯性模 $\mathbf{u}_{111}$ 所主导，它在 $\widetilde{Ra} = 77.98$ 时被激发，方位波数和半频分别为 $m = 1$ 和 $\sigma = -0.0584$。当 $\widetilde{Ra}$ 适度大于 $(\widetilde{Ra})_c$ 时，预期将有多个相邻的惯性模会被对流激发，它们之间的非线性相互作用可导致一个弱湍流状态，即使对于超临界瑞利数为中等大小时亦是如此。当 $\widetilde{Ra} = 80.0$ 时，即略微超临界的情况：$[(\widetilde{Ra}) - (\widetilde{Ra})_c]/(\widetilde{Ra})_c = 0.14$，弱非线性对流的主要特征基本上可由惯性对流的线性稳定性分析来作出预测：对流的强度较弱，代表着发生对流不稳定之后的一个超临界分岔，由临界惯性模 $\mathbf{u}_{211}$ 所主导，在方位方向顺行传播，动能和结构基本恒定不变，如图 19.15 和图 19.16 所示。它再次证实了在渐近分析中使用的假设的

有效性，即在对流的开端，惯性对流的速度由单一的惯性模所支配。当 $\widetilde{Ra}$ 进一步增大时，更多的惯性模将被激发和维持，并发生非线性相互作用，这将使惯性对流进入弱湍流状态。图 19.15 显示了当 $\widetilde{Ra} = 100$，即 $[(\widetilde{Ra}) - (\widetilde{Ra})_c]/(\widetilde{Ra})_c = 0.47$ 时，弱湍流惯性对流随时间的不规则变化。图 19.17 显示了对流运动的不规则空间结构，虽然对流结构受到了邻近惯性模 ($m = 1$) 的强烈调制，但是没有证据表明这里存在着三模共振的机制。该非线性行为只是简单地反映了预期的惯性对流动力学：几个主要惯性模的相互作用在适度超临界的条件下，即当 $[(\widetilde{Ra}) - (\widetilde{Ra})_c]/(\widetilde{Ra})_c < 1$ 时，导致了快速旋转球体中的弱湍流，这并非是三模共振的结果。

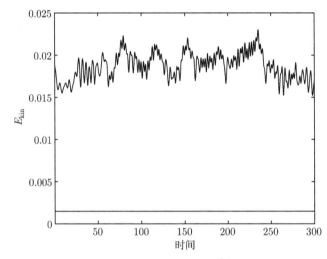

图 19.15 无滑移边界条件的旋转球体中，当瑞利数为 $\widetilde{Ra} = 80, 100$ 时，非线性惯性对流的动能密度 E_{kin} 随时间的变化情况，由有限元直接数值模拟得到，其他计算参数为 $Ek = 10^{-3}$ 和 $Pr = 0.023$

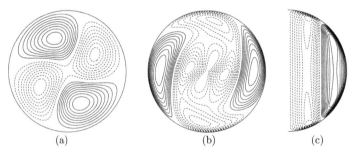

图 19.16 非线性惯性对流的直接数值模拟结果，参数为 $Ek = 10^{-3}, Pr = 0.023$ 和 $\widetilde{Ra} = 80$。(a), (b) 分别为 Θ 和 $\hat{\phi} \cdot \mathbf{u}$ 在赤道面上的等值线，(c) 为 $\hat{\phi} \cdot \mathbf{u}$ 在子午面上的等值线。整个对流图案顺行转动但不随时间改变其结构和强度

19.6 向弱湍流的过渡

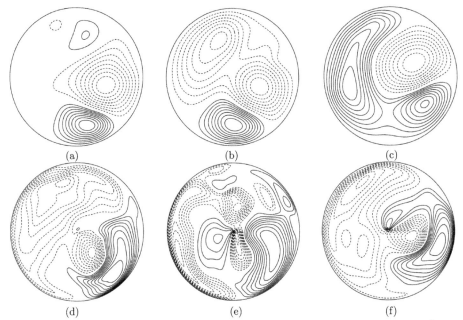

图 19.17 非线性惯性对流直接数值模拟在三个不同时刻的结果,参数为 $Ek = 10^{-3}, Pr = 0.023$ 和 $\widetilde{Ra} = 100$。(a)~(c) 为 Θ 在赤道面的等值线, (d)~(f) 为 $\hat{\phi} \cdot \mathbf{u}$ 在赤道面的等值线

现在考虑当 $Ek = 10^{-3}$, $Pr = 7.0$ (室温下的水) 的非线性对流有限元解。当 $\widetilde{Ra}$ 增大到临界值 $(\widetilde{Ra})_c = 183.87$ 时,球体中便会发生对流,其临界波数为 $m_c = 3$,临界半频为 $\sigma_c = -0.00221$,代表了一个在方位角方向缓慢顺行传播的行波。但是第二和第三个最不稳定模就位于附近,其临界参数分别为 $(m = 4, \widetilde{Ra} = 185.4, \sigma = -0.00204)$ 和 $(m = 2, \widetilde{Ra} = 191.1, \sigma = -0.00201)$。图 19.18 显示了当 $\widetilde{Ra} = 200$,即 $[(\widetilde{Ra}) - (\widetilde{Ra})_c]/(\widetilde{Ra})_c = 0.09$ 时,动能密度随时间的变化情况,相应的对流结构显示于图 19.19 中。在这个较小的超临界瑞利数下,非线性对流的关键特征与对流稳定性分析的预测是一致的,即在对流不稳定状态附近,波数为 $m = 3$ 的主导模的对流强度较弱,具有恒定的动能,对流图案以慢速行波的形式顺行移动。当 Ra 进一步增大时,邻近的 $m = 2$ 和 $m = 4$ 的模将被激发,它们的非线性相互作用将导致一个弱湍流状态。图 19.18 显示了当 $\widetilde{Ra} = 400$,即 $[(\widetilde{Ra}) - (\widetilde{Ra})_c]/(\widetilde{Ra})_c = 1.18$ 时,对流随时间的不规则变化,其不规则的空间结构则显示于图 19.20 中。这些情况表明,当 Pr 较大、惯性效应相对更次要时,旋转球体对流要过渡到弱湍流状态则需要大得多的超临界瑞利数,即 $[(\widetilde{Ra}) - (\widetilde{Ra})_c]/(\widetilde{Ra})_c > 1$。

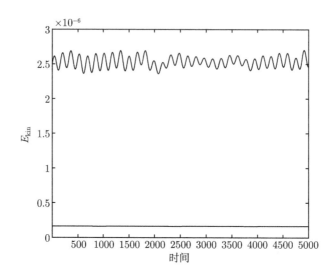

图 19.18　旋转球体中，非线性惯性对流在瑞利数为 $\widetilde{Ra} = 200,400$ 时的动能密度 $E_{\rm kin}$，由有限元直接数值模拟得到，其他计算参数为 $Ek = 10^{-3}$ 和 $Pr = 7.0$

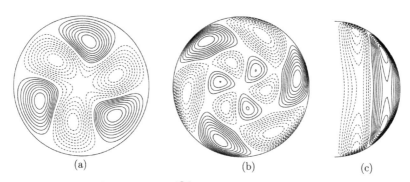

图 19.19　当 $Ek = 10^{-3}, Pr = 7.0$ 和 $\widetilde{Ra} = 200$ 时，非线性对流的结构，由直接数值模拟得出。(a), (b) 分别为 Θ 和 $\hat{\phi} \cdot \mathbf{u}$ 在赤道面上的等值线，(c) 为 $\hat{\phi} \cdot \mathbf{u}$ 在子午面上的等值线。整个对流图案顺行转动但不随时间改变其结构和强度

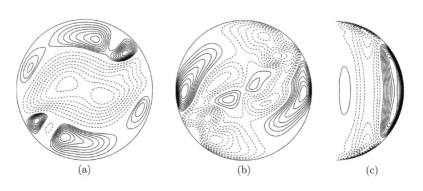

19.6 向弱湍流的过渡

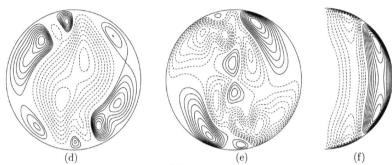

图 19.20 当 $Ek = 10^{-3}$, $Pr = 7.0$ 和 $\widetilde{Ra} = 400$ 时，非线性对流在两个不同时刻的结构，由直接数值模拟得出。(a), (b) 分别为某一时刻 Θ 和 $\hat{\phi} \cdot \mathbf{u}$ 在赤道面上的等值线，(c) 为该时刻 $\hat{\phi} \cdot \mathbf{u}$ 在子午面上的等值线。(d)~(f) 为另一时刻的情况

19.6.3 旋转球壳的有限差分方法

三维有限差分是求解薄球壳对流问题的高效数值方法 (Li et al., 2010)，结合使用 Chorin 型投影格式 (Chorin, 1968)，可以通过一个"预报-校正"步骤将动量方程与连续性方程进行解耦。利用此格式，我们将方程 (19.1)~(19.3) 的时间离散写成如下形式：

$$\frac{\mathbf{u}^{mid} - \mathbf{u}'}{\Delta t} = Ra\left(\frac{\Theta^n + \Theta^{n+1}}{2}\right)\mathbf{r} - \sqrt{Ta}\hat{\mathbf{z}} \times \left(\frac{\mathbf{u}^{mid} + \mathbf{u}'}{2}\right)$$
$$+ \nabla^2\left(\frac{\mathbf{u}^{mid} + \mathbf{u}'}{2}\right) - (\mathbf{u} \cdot \nabla \mathbf{u})^{n+1/2}, \tag{19.107}$$

$$\frac{\Theta^{n+1} - \Theta^n}{\Delta t} = \frac{\mathbf{r}}{Pr} \cdot \left(\frac{\mathbf{u}^{mid} + \mathbf{u}'}{2}\right) + \frac{1}{Pr}\nabla^2\left(\frac{\Theta^n + \Theta^{n+1}}{2}\right) - (\mathbf{u} \cdot \nabla \Theta)^{n+1/2}, \tag{19.108}$$

其中，

$$\mathbf{u}' = \mathbf{u}^n - \frac{\Delta t}{2}\nabla p^n,$$

$\mathbf{u}^n$ 和 Θ^n 分别表示在第 n 个时间步，即 $t = t_n$ 时刻的对流速度和温度，$\mathbf{u}^{mid}$ 表示在 $t = t^n$ 和 $t = t^{n+1}$ 之间某一时刻的速度，非线性项以二阶 Adams-Bashforth 公式来近似。由前两步的 $(\mathbf{u}^{n-1}, \Theta^{n-1})$ 和 $(\mathbf{u}^n, p^n, \Theta^n)$，可从方程 (19.107) 和 (19.108) 求得 Θ^{n+1} 和 $\mathbf{u}^{mid}$，然后使用 $\mathbf{u}^{mid}$ 求解泊松方程

$$\nabla^2 p^{n+1} = \frac{2}{\Delta t}\nabla \cdot \mathbf{u}^{mid}$$

得到压强 p^{n+1}。在 $t = t_{n+1}$ 时刻，$\mathbf{u}^{n+1}$ 与 p^{n+1} 的关系可简单地写为

$$\mathbf{u}^{n+1} = \mathbf{u}^{mid} - \frac{\Delta t}{2}\nabla p^{n+1}.$$

本节我们将求解方程 (19.107) 和 (19.108)，球壳的内外边界 $(r=r_i, r_o)$ 为无滑移和等温条件。有限差分方法的精度和正确性可以通过使用不同空间/时间分辨率计算得到的结果来检查，或者与已有的谱方法解进行对比来作检验 (Li et al., 2010)。

应该注意的是，我们在数学公式中使用了粘性耗散时间作为时间尺度，因此在导出的控制方程 (19.1)~(19.3) 中，科里奥利力项前面出现了一个系数——泰勒数 Ta。这个公式为我们使用数值方法来研究慢速旋转薄球壳中的非线性对流问题提供了方便，它揭示了多种稳定非线性平衡的有趣现象，这些非线性平衡以球形多旋臂螺旋波的形式存在，具体细节将在下面进行讨论。

19.6.4 慢速旋转薄球壳中稳定的多重非线性平衡

慢速旋转薄球壳中对流图案的形成是一个极有吸引力的非线性现象，对了解慢速自转行星、恒星的外部对流具有重要的意义 (Li et al., 2010)。我们将使用基于公式 (19.107) 和 (19.108) 的有限差分方法对此来进行研究。在讨论这种复杂的非线性平衡之前，有必要先考察一下慢速旋转薄球壳中的线性问题，这对我们深入理解其物理机制是非常有益的。以下对线性和非线性解的讨论，将集中关注慢速旋转 ($\sqrt{Ta}=10$)、薄球壳 ($r_o/(r_o-r_i)=6.556$)、较大普朗特数 ($Pr=7.0$) 的情况。

在慢速旋转的薄球壳中，线性对流解的数学结构非常简单，有两种类型：极性模和赤道模。赤道模的特征是 $m_c=18, (Ra)_c=46.76, \omega_c=3.513\times 10^{-2}$，代表了最不稳定的模，如图 19.21(b) 所示；而极性模在物理上并不是最优选的，它有一个稍高的瑞利数 $Ra=48.48$，波数和频率分别为 $m=2$ 和 $\omega=3.558\times 10^{-3}$，其图案显示于图 19.21(a) 中。不管是极性模还是赤道模，二者都可以用三个具有适当阶 l 的球谐函数来近似地表达，即 $P_l^m(\cos\theta)\mathrm{e}^{\mathrm{i}m\phi}$，$P_{l-2}^m(\cos\theta)\mathrm{e}^{\mathrm{i}m\phi}$ 和 $P_{l+2}^m(\cos\theta)\mathrm{e}^{\mathrm{i}m\phi}$，它们被弱旋转效应耦合在了一起，彼此之间存在着微小的相位差。有一点需要注意，如果没有非线性效应的影响，在慢速旋转薄球壳中将无法形成这种复杂的多旋臂螺旋波。

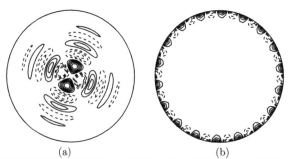

图 19.21 球壳中间球面的温度线性解 Θ，视线为从北极往南看。参数为 $Ta=100$ 和 $Pr=7.0$，球壳内外半径为 $r_o/(r_o-r_i)=6.556$。(a) $m=2$ 的极性模 ($Ra=48.48$ 的第二个最不稳定模)；(b) $m=18$ 的赤道模 ($(Ra)_c=46.76$ 的最不稳定模)

19.6 向弱湍流的过渡

在慢速旋转薄球壳中，对流的弱非线性解与线性解有本质的不同。图 19.22 显示了六种不同的稳定非线性平衡态，它们由完全相同的参数计算而得，但使用了不同的初始条件。参数分别为 $Ta = 100$ 和 $Pr = 7$，瑞利数为 $Ra = 60$，超临界状况为 $[Ra - (Ra)_c]/(Ra)_c = 0.28$。对流至少存在六种不同的球形多旋臂螺旋波，从一个旋臂到六个旋臂。螺旋从位于极点的共同中心开始，最后终结于赤道；对于图 19.22 显示的不同非线性平衡，其动能和努塞特数仅略有差异；多旋臂螺旋图案在方位角方向是缓慢移动的，但结构和强度并不随时间而改变。

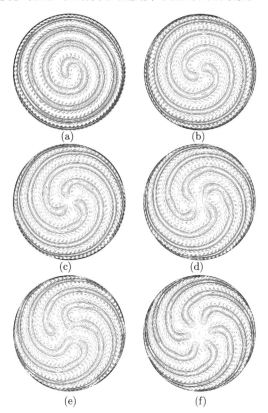

图 19.22 慢速旋转薄球壳中，六个不同的稳定非线性平衡，以球形多旋臂螺旋波的形式存在，图中显示的是球壳中间球面的温度等值线，从北极往南看。这些解以相同的参数 ($Ta = 100, Pr = 7.0, Ra = 60$) 计算得到，但使用了不同的初始条件。薄球壳的内外半径满足 $r_o/(r_o - r_i) = 6.556$。这些螺旋波分别具有 (a) 一个旋臂，(b) 两个旋臂，(c) 三个旋臂，(d) 四个旋臂，(e) 五个旋臂和 (f) 六个旋臂。所有的螺旋波都在方位角方向缓慢移动，但不随时间改变其结构和强度

产生巨型多旋臂螺旋波需要三个要素：① 满足 $r_o/(r_o - r_i) \gg 1$ 条件的薄球

壳, ② 慢速旋转, 以及③弱非线性效应。首先, 我们来看多位学者已研究过的非旋转球体系统的图案形成 (Busse, 1975; Matthews, 2003; Zhang et al., 2005), 体会一下薄球壳几何形状的重要性。源自球形对称状态的一般性二维图案分叉可以在数学上表述为

$$\Theta(\theta,\phi) = \sum_{m=0}^{m=l} \left[\mathcal{C}_{lm} P_l^m(\cos\theta) e^{im\phi} + c.c. \right], \tag{19.109}$$

其中 m 为方位波数, 复系数 $\mathcal{C}_{lm}, m = 0, 1, \cdots, l$ 是待定的, 它将导致 $(2l+1)$ 重简并。重要的是我们需要注意到, 在非旋转系统中, 不同 l 的球谐函数是解耦的, 并且 l 的大小通常与球壳的厚度相对应: 球壳越薄, 通常 l 越大。$(2l+1)$ 重简并被非线性完全消去的机制, 尤其是当 $l \gg O(1)$ 时, 是一个极具挑战性的问题, 即使在非旋转球形系统中亦是如此。为形成巨大的多旋臂螺旋, 对流需要在纬度方向有一个充分复杂的结构, 这与 $l \gg O(1)$ 或者薄的球壳是相关联的。其次, 慢速旋转将使邻近的球谐函数耦合在一起, 比如 $P_{l-2}^m(\cos\theta)e^{im\phi}$ 和 $P_{l+2}^m(\cos\theta)e^{im\phi}$ 与主球谐函数 $P_l^m(\cos\theta)e^{im\phi}$ 的耦合, 但是它不能显著改变球谐函数之间的相对方位相位。最后, 非线性效应在对流图案的形成中扮演了十分重要的角色, 它不仅通过雷诺应力维持了较弱的较差旋转, 而且改变了主函数 $P_l^m(\cos\theta)e^{im\phi}$ 和与之耦合的 $P_{l-2}^m(\cos\theta)e^{im\phi}$ 和 $P_{l+2}^m(\cos\theta)e^{im\phi}$ 之间的相对方位相位, 从而形成了球形多旋臂螺旋波。

当系统旋转足够快, 即 $Ta \geqslant O(10^3)$ 时, 图 19.22 所示的多旋臂螺旋波将变得不稳定, 最终总是会被大家熟知的柱状对流及其伴随的弱带状流所取代。为了预测和理解球形螺旋对流的最大旋臂数, 以及它与泰勒数 Ta、普朗特数 Pr 和球壳厚度的关系, 我们只能期待慢速旋转薄球壳对流的弱非线性数学理论取得进一步的发展, 这个问题目前仍然是一个开放和挑战性的难题。

附录一 矢量算式和定理

矢量算式：如 $\mathbf{A}$ 和 $\mathbf{B}$ 为良态矢量函数，f 和 g 为良态标量函数，则有

$$\mathbf{A}\cdot(\mathbf{B}\times\mathbf{C}) = \mathbf{B}\cdot(\mathbf{C}\times\mathbf{A}) = \mathbf{C}\cdot(\mathbf{A}\times\mathbf{B}),$$

$$\mathbf{A}\times(\mathbf{B}\times\mathbf{C}) = (\mathbf{A}\cdot\mathbf{C})\mathbf{B} - (\mathbf{A}\cdot\mathbf{B})\mathbf{C},$$

$$\nabla(fg) = f\nabla g + g\nabla f,$$

$$\nabla\cdot(\nabla f\times\nabla g) = \mathbf{0},$$

$$\nabla\times(\nabla f) = 0,$$

$$\nabla\cdot(\nabla\times\mathbf{A}) = 0,$$

$$\nabla\times(\nabla\times\mathbf{A}) = \nabla(\nabla\cdot\mathbf{A}) - \nabla^2\mathbf{A},$$

$$\nabla\cdot(f\mathbf{A}) = \mathbf{A}\cdot\nabla f + f\nabla\cdot\mathbf{A},$$

$$\nabla\times(f\mathbf{A}) = \nabla f\times\mathbf{A} + f\nabla\times\mathbf{A},$$

$$\nabla(\mathbf{A}\cdot\mathbf{B}) = (\mathbf{A}\cdot\nabla)\mathbf{B} + (\mathbf{B}\cdot\nabla)\mathbf{A} + \mathbf{A}\times(\nabla\times\mathbf{B}) + \mathbf{B}\times(\nabla\times\mathbf{A}),$$

$$\nabla\times(\mathbf{A}\times\mathbf{B}) = (\mathbf{B}\cdot\nabla)\mathbf{A} - (\mathbf{A}\cdot\nabla)\mathbf{B} + (\nabla\cdot\mathbf{B})\mathbf{A} - (\nabla\cdot\mathbf{A})\mathbf{B},$$

$$\nabla\cdot(\mathbf{A}\times\mathbf{B}) = \mathbf{B}\cdot(\nabla\times\mathbf{A}) - \mathbf{A}\cdot(\nabla\times\mathbf{B}).$$

散度定理：设 $\mathbf{F}$ 为一连续可微的矢量函数，定义在三维体积 $\mathcal{V}$ 中，边界面为 $\mathcal{S}$，向外的法向矢量为 $\hat{\mathbf{n}}$，则有

$$\iiint_{\mathcal{V}}\nabla\cdot\mathbf{F}\,\mathrm{d}\mathcal{V} = \iint_{\mathcal{S}}\mathbf{F}\cdot\hat{\mathbf{n}}\,\mathrm{d}\mathcal{S}.$$

格林定理：设 $\mathcal{C}$ 为一条在 xy 平面内的正定向、分段平滑的简单封闭曲线，$\mathcal{S}$ 为 $\mathcal{C}$ 围成的区域。如果 P 和 Q 是定义在 $\mathcal{S}$ 上的 x 和 y 的函数，并且有连续的偏导数，则有

$$\oint_{\mathcal{C}}(P\,\mathrm{d}x + Q\,\mathrm{d}y) = \iint_{\mathcal{S}}\left(\frac{\partial Q}{\partial x} - \frac{\partial P}{\partial y}\right)\mathrm{d}x\,\mathrm{d}y.$$

第二平均值定理：设 f 和 g 为区间 $[a,b]$ 上的可微函数，且 f 为非减函数，则在 $[a,b]$ 上存在一个点 ξ，使得

$$\int_a^b f(x)\left(\frac{\mathrm{d}g}{\mathrm{d}x}\right)\mathrm{d}x = f(a)\left[g(\xi) - g(a)\right] + f(b)\left[g(b) - g(\xi)\right].$$

附录二 矢量定义

直角坐标系：设 $(\hat{\mathbf{x}}, \hat{\mathbf{y}}, \hat{\mathbf{z}})$ 为直角坐标系 (x, y, z) 的单位矢量。如果 $\mathbf{A} = A_x\hat{\mathbf{x}} + A_y\hat{\mathbf{y}} + A_z\hat{\mathbf{z}}$，$f$ 为一标量函数，则有

$$\nabla f = \frac{\partial f}{\partial x}\hat{\mathbf{x}} + \frac{\partial f}{\partial y}\hat{\mathbf{y}} + \frac{\partial f}{\partial z}\hat{\mathbf{z}},$$

$$\nabla \cdot \mathbf{A} = \frac{\partial A_x}{\partial x} + \frac{\partial A_y}{\partial y} + \frac{\partial A_z}{\partial z},$$

$$\nabla \times \mathbf{A} = \left(\frac{\partial A_z}{\partial y} - \frac{\partial A_y}{\partial z}\right)\hat{\mathbf{x}} + \left(\frac{\partial A_x}{\partial z} - \frac{\partial A_z}{\partial x}\right)\hat{\mathbf{y}} + \left(\frac{\partial A_y}{\partial x} - \frac{\partial A_x}{\partial y}\right)\hat{\mathbf{z}},$$

$$\nabla^2 f = \frac{\partial^2 f}{\partial x^2} + \frac{\partial^2 f}{\partial y^2} + \frac{\partial^2 f}{\partial z^2}.$$

圆柱坐标系：设 $(\hat{\mathbf{s}}, \hat{\boldsymbol{\phi}}, \hat{\mathbf{z}})$ 为圆柱坐标系 (s, ϕ, z) 的单位矢量。如果 $\mathbf{A} = A_s\hat{\mathbf{s}} + A_\phi\hat{\boldsymbol{\phi}} + A_z\hat{\mathbf{z}}$，$f$ 为一标量函数，则有

$$\nabla f = \frac{\partial f}{\partial s}\hat{\mathbf{s}} + \frac{1}{s}\frac{\partial f}{\partial \phi}\hat{\boldsymbol{\phi}} + \frac{\partial f}{\partial z}\hat{\mathbf{z}},$$

$$\nabla \cdot \mathbf{A} = \frac{1}{s}\frac{\partial(sA_s)}{\partial s} + \frac{1}{s}\frac{\partial A_\phi}{\partial \phi} + \frac{\partial A_z}{\partial z},$$

$$\nabla \times \mathbf{A} = \left(\frac{1}{s}\frac{\partial A_z}{\partial \phi} - \frac{\partial A_\phi}{\partial z}\right)\hat{\mathbf{s}} + \left(\frac{\partial A_s}{\partial z} - \frac{\partial A_z}{\partial s}\right)\hat{\boldsymbol{\phi}} + \frac{1}{s}\left(\frac{\partial(sA_\phi)}{\partial s} - \frac{\partial A_s}{\partial \phi}\right)\hat{\mathbf{z}},$$

$$\nabla^2 f = \frac{1}{s}\frac{\partial}{\partial s}\left(s\frac{\partial f}{\partial s}\right) + \frac{1}{s^2}\frac{\partial^2 f}{\partial \phi^2} + \frac{\partial^2 f}{\partial z^2}.$$

球坐标系：设 $(\hat{\mathbf{r}}, \hat{\boldsymbol{\theta}}, \hat{\boldsymbol{\phi}})$ 为球坐标系 (s, θ, ϕ) 的单位矢量。如果 $\mathbf{A} = A_r\hat{\mathbf{r}} + A_\theta\hat{\boldsymbol{\theta}} + A_\phi\hat{\boldsymbol{\phi}}$，$f$ 为一标量函数，则有

$$\nabla f = \frac{\partial f}{\partial r}\hat{\mathbf{r}} + \frac{1}{r}\frac{\partial f}{\partial \theta}\hat{\boldsymbol{\theta}} + \frac{1}{r\sin\theta}\frac{\partial f}{\partial \phi}\hat{\boldsymbol{\phi}},$$

$$\nabla \cdot \mathbf{A} = \frac{1}{r^2}\frac{\partial(r^2 A_r)}{\partial r} + \frac{1}{r\sin\theta}\frac{\partial(A_\theta\sin\theta)}{\partial \theta} + \frac{1}{r\sin\theta}\frac{\partial A_\phi}{\partial \phi},$$

$$\nabla \times \mathbf{A} = \frac{1}{r\sin\theta}\left[\frac{\partial(A_\phi\sin\theta)}{\partial \theta} - \frac{\partial A_\theta}{\partial \phi}\right]\hat{\mathbf{r}}$$
$$+ \frac{1}{r}\left[\frac{1}{\sin\theta}\frac{\partial A_r}{\partial \phi} - \frac{\partial(rA_\phi)}{\partial r}\right]\hat{\boldsymbol{\theta}} + \frac{1}{r}\left[\frac{\partial(rA_\theta)}{\partial r} - \frac{\partial A_r}{\partial \theta}\right]\hat{\boldsymbol{\phi}},$$

$$\nabla^2 f = \frac{1}{r^2}\frac{\partial}{\partial r}\left(r^2\frac{\partial f}{\partial r}\right) + \frac{1}{r^2\sin\theta}\frac{\partial}{\partial \theta}\left(\sin\theta\frac{\partial f}{\partial \theta}\right) + \frac{1}{r^2\sin^2\theta}\frac{\partial^2 f}{\partial \phi^2}.$$

参 考 文 献

Aldridge, K. D., and Lumb, L. I. 1987. Inertial waves identified in the Earth's fluid outer core. *Nature*, **325**, 421–423.

Aldridge, K. D., and Stergiopoulos, S. 1991. A technique for direct measurement of time-dependent complex eigenfrequencies of waves in fluids. *Phys. Fluids*, **3**, 316–327.

Aldridge, K. D., and Toomre, A. 1969. Axisymmetric inertial oscillations of a fluid in a rotating spherical container. *J. Fluid Mech.*, **37**, 307–323.

Aurnou, J. M., and Olson, P. L. 2001. Experiments on Rayleigh–Bénard convection, magnetoconvection and rotating magnetoconvection in liquid gallium. *J. Fluid Mech.*, **430**, 283–307.

Bassom, A. P., and Zhang, K. 1998. Finite amplitude thermal inertial waves in a rotating fluid layer. *Geophys. Astrophys. Fluid Dyn.*, **87**, 193–214.

Batchelor, G. K. 1953. The condition for dynamical similarity of motions of a frictionless perfect-gas atmosphere. *Quart. J. R. Meteor. Soc.*, **79**, 224–235.

Batchelor, G. K. 1967. *An introduction to fluid dynamics*. Cambridge: Cambridge University Press.

Benjamin, T. B., and Feir, J. 1967. The disintegration of wave trains on deep water. Part. 1. Theory. *J. Fluid Mech.*, **27**, 417–430.

Benton, E. R., and Clark, A. 1974. Spin-up. *Annu. Rev. Fluid Mech.*, **6**, 257–280.

Boisson, J., Cébron, D. C., Moisy, F., and Cortet, P.-P. 2012. Earth rotation prevents exact solid-body rotation of fluids in the laboratory. *Europhys. Lett.*, **98**, 59002.

Boubnov, B. M., and Golitsyn, G. S. 1995. *Convection in Rotating Fluids*. Dordrecht: Kluwer Academic Publishers.

Boussinesq, J. 1903. *Théorie analytique de la chaleur*. Vol. 2. Paris: Gauthier-Villars.

Bryan, G. H. 1889. The waves on a rotating liquid spheroid of finite ellipticity. *Philos. Trans. R. Soc. London Ser. A*, **180**, 187–219.

Bullard, E. C. 1949. The magnetic flux within the Earth. *Proc. R. Soc.*, **197**, 433–453.

Bullard, E. C., and Gellman, H. 1954. Homogeneous dynamos and terrestrial magnetism. *Philos. Trans. R. Soc. London Ser. A*, **247**, 213–278.

Busse, F. H. 1968. Steady fluid flow in a precessing spheroidal shell. *J. Fluid Mech.*, **33**, 739–751.

Busse, F. H. 1970. Thermal instabilities in rapidly rotating systems. *J. Fluid Mech.*, **44**, 441–460.

Busse, F. H. 1975. Patterns of convection in spherical shells. *J. Fluid Mech.*, **72**, 67–85.

Busse, F. H. 1976. A simple model of convection in Jovian atmosphere. *Icarus*, **29**, 255–260.

Busse, F. H. 1983. A model of mean zonal flows in the major planets. *Geophys. Astrophys. Fluid Dyn.*, **23**, 153–174.

Busse, F. H. 1994. Convection driven zonal flows and vortices in the major planets. *Chaos*, **4**, 123–134.

Busse, F. H. 2005. Convection in a narrow annular channel rotating about its axis of symmetry. *J. Fluid Mech.*, **537**, 145–154.

Busse, F. H. 2010. Mean zonal flows generated by librations of a rotating spherical cavity. *J. Fluid Mech.*, **650**, 505–512.

Calkins, M. A., Noir, J., Eldredge, J., and Aurnou, J. M. 2010. Axisymmetric simulations of libration-driven fluid dynamics in a spherical shell geometry. *Phys. Fluids*, **22**, 086602.

Carrigan, C. R., and Busse, F. H. 1983. An experimental and theoretical investigation of the onset of convection in rotating spherical shells. *J. Fluid Mech.*, **126**, 287–305.

Chamberlain, J. A., and Carrigan, C. R. 1986. An experimental investigation of convection in a rotating sphere subject to time varying thermal boundary conditions. *Geophys. Astrophys. Fluid Dyn.*, **35**, 303–327.

Chan, K., Zhang, K., and Liao, X. 2010. An EBE finite element method for simulating nonlinear flows in rotating spheroidal cavities. *International Journal for Numerical Methods in Fluids*, **63**, 395–414.

Chan, K., Zhang, K., and Liao, X. 2011. Simulations of fluid motion in spheroidal planetary cores driven by latitudinal libration.*Phys. Earth Planet. Int.*, **187**, 404–415.

Chan, K., He, Y., Zhang, K., and Zou, J. 2014. A finite element analysis on fluid motion in librating triaxial ellipsoids. *Numerical Methods for Partial Differential Equations*, **30**, 1518–1537.

Chandrasekhar, S. 1961. *Hydrodynamic and hydromagnetic stability*. Oxford: Clarendon Press.

Chorin, A. J. 1968. Numerical solutions of Navier–Stokes equations. *Math. Comp.*, **22**, 745–762.

Christensen, U. R. 2002. Zonal flow driven by strongly supercritical convection in rotating spherical shells. *J. Fluid Mech.*, **470**, 115–133.

Clever, R. M., and Busse, F. H. 1979. Nonlinear properties of convection rolls in a horizontal layer rotating about a vertical axis. *J. Fluid Mech.*, **94**, 609–627.

Cui, Z., Zhang, K., and Liao, X. 2014. On the completeness of inertial wave modes in rotating annular channels. *Geophys. Astrophys. Fluid Dyn.*, **108**, 44–59.

Davies-Jones, R. P., and Gilman, P. A. 1971. Convection in a rotating annulus uniformly heated from below. *J. Fluid Mech.*, **46**, 65–81.

Debnath, L., and Mikusinski, P. 1999. *Introduction to Hilbert space with applications.* Amsterdam: Academic Press.

Dermott, S. F. 1979. Shapes and gravitational moments of satellites and asteroids. *Icarus*, **37**, 575–586.

Dormy, E., Soward, A. M., Jones, C. A., Jault, D., and Cardin, P. 2004. The onset of thermal convection in rotating spherical shells. *J. Fluid Mech.*, **501**, 43–70.

Fearn, D. R., Roberts, P. H., and Soward, A. M. 1988. Convection, stability and the dynamo. Pages 60–324 of: Straughan, B., and Galdi, P. (eds), *Energy, stability and convection.* London: Longman.

Fultz, D. 1959. A note on overstability, and the elastoid–inertia oscillations of Kelvin, Solberg and Bjerknes. *J. Atmos. Sci.*, **16**, 199–208.

Gans, R. F. 1970. On the precession of a resonant cylinder. *J. Fluid Mech.*, **41**, 865–872.

Gans, R. F. 1984. Dynamics of a near-resonant fluid-filled gyroscope. *AIAA J.*, **22**, 1465–1471.

Gillet, N., and Jones, C. A. 2006. The quasi-geostrophic model for rapidly rotating spherical convection outside the tangent cylinder. *J. Fluid Mech.*, **554**, 343–369.

Gillet, N., Brito, D., Jault, D., and Nataf, H. C. 2007. Experimental and numerical studies of convection in a rapidly rotating spherical shell. *J. Fluid Mech.*, **580**, 83–121.

Gilman, P. A. 1973. Convection in a rotating annulus uniformly heated from below. Part 2. Nonlinear results. *J. Fluid Mech.*, **57**, 381–400.

Goldstein, H. F., Knobloch, E., Mercader, I., and Net, M. 1993. Convection in a rotating cylinder. Part 1. Linear theory for moderate Prandtl numbers. *J. Fluid Mech.*, **248**, 58–604.

Goldstein, H. F., Knobloch, E., Mercader, I., and Net, M. 1994. Convection in a rotating cylinder. Part 2. Linear theory for low Prandtl numbers. *J. Fluid Mech.*, **262**, 293–324.

Goto, S., Ishii, N., Kida, S., and Nishioka, M. 2007. Turbulence generator using a precessing sphere. *Phys. Fluids*, **19**, 061705.

Gough, D. O. 1969. The anelastic approximation for thermal convection. *J. Atmos. Sci.*, **26**, 448–456.

Greenspan, H. P. 1964. On the transient motion of a contained rotating fluid. *J. Fluid Mech.*, **20**, 673–696.

Greenspan, H. P. 1968. *The theory of rotating fluids.* Cambridge: Cambridge University Press.

Greenspan, H. P. 1990. *The Theory of Rotating Fluids.* Brookline, MA: Breukelen Press.

Gubbins, D., and Roberts, P. H. 1987. Magnetohydrodynamics of the Earth's core. Pages 1–183 of: Jacobs, J. A. (ed.), *Geomagnetism*, vol. 2. London: Academic Press.

Heimpel, M., and Aurnou, J. 2007. Turbulent convection in rapidly rotating spherical shells: A model for equatorial and high latitude jets on Jupiter and Saturn. *Icarus*,

187, 540–557.

Herrmann, J., and Busse, F. H. 1993. Asymptotic theory of wall-attached convection in a rotating fluid layer. *J. Fluid Mech.*, **255**, 183–194.

Hollerbach, R., and Kerswell, R. R. 1995. Oscillatory internal shear layers in rotating and precessing flows. *J. Fluid Mech.*, **298**, 327–339.

Hood, P., and Taylor, C. 1974. *Finite element methods in flow problems*. Huntsville, AL: UAH Press.

Ivers, D. J., Jackson, A., and Winch, D. 2015. Enumeration, orthogonality and completeness of the incompressible coriolis modes in a sphere. *J. Fluid Mech.*, **766**, 468–498.

Jackson, A., Constable, C. G., Walker, M. R., and Parker, R. L. 2007. Models of Earth's main magnetic field incorporating flux and radial vorticity constraints. *Geophys. J. Int.*, **171**, 133–144.

Jones, C. A. 2011. Planetary magnetic fields and fluid dynamos. *Annu. Rev. Fluid Mech.*, **43**, 583–614.

Jones, C. A., Soward, A. M., and Mussa, A. I. 2000. The onset of thermal convection in a rapidly rotating sphere. *J. Fluid Mech.*, **405**, 157–179.

Kelvin, Lord. 1880. Vibrations of a columnar vortex. *Phil. Mag.*, **10**, 155–168.

Kerswell, R. R. 1996. Upper bounds on the energy dissipation in turbulent precession. *J. Fluid Mech.*, **321**, 335–370.

Kerswell, R. R. 1999. Secondary instabilities in rapidly rotating fluids: inertial wave breakdown. *J. Fluid Mech.*, **382**, 283–306.

Kerswell, R. R. 2002. Elliptical instability. *Annu. Rev. Fluid Mech.*, **34**, 83–113.

Kerswell, R. R., and Barenghi, C. F. 1995. On the viscous decay-rates of inertial waves in a rotating circular cylinder. *J. Fluid Mech.*, **285**, 203–214.

Kida, S. 2011. Steady flow in a rapidly rotating sphere with weak precession. *J. Fluid Mech.*, **680**, 150–193.

King, E. M., and Aurnou, J. M. 2013. Turbulent convection in liquid metal with and without rotation. *Proc. Natl Acad. Sci. USA*, **110**, 6688–6693.

Kobine, J. J. 1995. Inertial wave dynamics in a rotating and precessing cylinder. *J. Fluid Mech.*, **303**, 233–252.

Kobine, J. J. 1996. Azimuthal flow associated with inertial wave resonance in a precessing cylinder. *J. Fluid Mech.*, **319**, 387–406.

Kong, D., Liao, X., and Zhang, K. 2014. The sidewall-localized mode in a resonant precessing cylinder. *Phys. Fluids*, **26**, 051703.

Kong, D., Cui, Z., Liao, X., and Zhang, K. 2015. On the transition from the laminar to disordered flow in a precessing spherical-like cylinder. *Geophys. Astrophys. Fluid Dyn.*, **109**, 62–83.

Kudlick, M. D. 1966. On transient motions in a contained, rotating fluid. PhD thesis,

Massachusetts Institute of Technology. MIT, USA.

Kuppers, G., and Lortz, D. 1969. Transition from laminar convection to thermal turbulence in a rotating fluid layer. *J. Fluid Mech.*, **35**, 609–620.

Lagrange, R., Eloy, C., Nadal, F., and Meunier, P. 2008. Instability of a fluid inside a precessing cylinder. *Phys. Fluids*, **20**, 081701.

Lamb, H. 1932. *Hydrodynamics*. Cambridge: Cambridge University Press.

Li, L., Liao, X., Chan, K. H., and Zhang, K. 2008. Linear and nonlinear instabilities in rotating cylindrical Rayleigh–Bénard convection. *Phys. Rev. E*, **78**, 056303.

Li, L., Liao, X., Chan, K. H., and Zhang, K. 2010. On nonlinear multiarmed spiral waves in slowly rotating fluid systems. *Phys. Fluids*, **22**, 011701.

Liao, X., and Zhang, K. 2006. On the convective excitation of torsional oscillations in rotating system. *Astrophys. J.*, **638**, L113–L116.

Liao, X., and Zhang, K. 2009. Inertial oscillation, inertial wave and initial value problem in rotating annular channels. *Geophys. Astrophys. Fluid Dyn.*, **103**, 199–222.

Liao, X., and Zhang, K. 2010. A new Legendre-type polynomial and its application to geostrophic flow in rotating fluid spheres. *Proc. R. Soc. A*, **466**, 2203–2217.

Liao, X., and Zhang, K. 2012. On flow in weakly precessing cylinders: The general asymptotic solution. *J. Fluid Mech.*, **709**, 610–621.

Liao, X., Zhang, K., and Earnshaw, P. 2001. On the viscous damping of inertial oscillation in planetary fluid interiors. *Phys. Earth Planet. Int.*, **128**, 125–136.

Liao, X., Zhang, K., and Chang, Y. 2005. Convection in rotating annular channels heated from below: Part 1. Linear stability and weakly nonlinear mean flows. *Geophys. Astrophys. Fluid Dyn.*, **99**, 445–465.

Liao, X., Zhang, K., and Chang, Y. 2006. On boundary-layer convection in a rotating fluid layer. *J. Fluid Mech.*, **549**, 375–384.

Lin, Y., Noir, J., and Jackson, A. 2014. Experimental study of fluid flows in a precessing cylindrical annulus. *Phys. Fluids*, **26**, 046604.

Livermore, P., Bailey, L., and Hollerbach, R. 2016. A comparison of no-slip, stress-free and inviscid models of rapidly rotating fluid in a spherical shell. *Nature Sci. Rep.*, **6**, 22812.

Lorenzani, S., and Tilgner, A. 2001. Fluid instabilities in precessing spheroidal cavities. *J. Fluid Mech.*, **447**, 111–128.

Lyttleton, R. A. 1953. *The stability of rotating liquid masses*. Cambridge: Cambridge University Press.

Malkus, W. V. R. 1968. Precession of the Earth as the cause of geomagnetism. *Science*, **160**, 259–264.

Malkus, W. V. R. 1989. An experimental study of global instabilities due to the tidal (elliptical) distortion of a rotating elastic cylinder. *Geophys. Astrophys. Fluid Dyn.*, **48**, 123–134.

Manasseh, R. 1992. Breakdown regimes of inertia waves in a precessing cylinder. *J. Fluid Mech.*, **243**, 261–296.

Margot, J. L., Peale, S. J., Jurgens, R. F., Slade, M. A., and Holin, I. V. 2007. Large longitude libration of Mercury reveals a molten core. *Science*, **316**, 710–714.

Marqués, F. 1990. On boundary conditions for velocity potentials in confined flows: Application to Couette flow. *Phys. Fluids*, **2**, 729–737.

Mason, R. M., and Kerswell, R. R. 2002. Chaotic dynamics in a strained rotating flow: A precessing plane fluid layer. *J. Fluid Mech.*, **471**, 71–106.

Matthews, P. C. 2003. Pattern formation on a sphere. *Phys. Rev. E*, **67**, 036206.

McEwan, A. D. 1970. Inertial oscillations in a rotating fluid cylinder. *J. Fluid Mech.*, **40**, 603–640.

Meunier, P., Eloy, C., Lagrange, R., and Nadal, F. 2008. A rotating fluid cylinder subject to weak precession. *J. Fluid Mech.*, **599**, 405–440.

Moffatt, H. K. 1978. *Magnetic field generation in electrically conducting fluids*. Cambridge: Cambridge University Press.

Net, M., Garcia, F., and Sanchez, J. 2008. On the onset of low-Prandtl-number convection in rotating spherical shells: non-slip boundary conditions. *J. Fluid Mech.*, **601**, 317–337.

Noir, J., Jault, D., and Cardin, P. 2001. Numerical study of the motions within a slowly precessing sphere at low Ekman number. *J. Fluid Mech.*, **437**, 283–299.

Noir, J., Cardin, P., Jault, D., and Masson, J. P. 2003. Experimental evidence of nonlinear resonance effects between retrograde precession and the tilt-over mode within a spheroid. *Geophys. J. Int.*, **154**, 407–416.

Noir, J., Hemmerlin, F., Wicht, J., Baca, S. M., and Aurnou, J. M. 2009. An experimental and numerical study of librationally driven flow in planetary cores and subsurface oceans. *Phys. Earth Planet. Int.*, **173**, 141–152.

Oberbeck, A. 1888. On the phenomenon of motion in the atmosphere. Pages 261–275 of: *Sitz. König. Preuss. Akad. Wiss.* English translation in Saltzman, 1962.

Ogura, Y. and Phillips, N. A. 1962. Scale analysis of deep and shallow convection in the atmosphere. *J. Atmos. Sci.*, **19**, 173–179.

Poincaré, H. 1885. Sur l'équilibre d'une masse fluide animée d'un mouvement de rotation. *Acta Mathematica*, **7**, 259–380.

Poincaré, H. 1910. Sur la précession des corps déformables. *Bull. Astron.*, **27**, 321–356.

Proudman, J. 1916. On the motion of solids in liquids possessing vorticity. *Proc. R. Soc. A*, **92**, 408–424.

Rayleigh, Lord. 1916. On convection currents in a horizontal layer of fluid, when the higher temperature is on the under side. *Phil. Mag.*, **32**, 529–546.

Rieutord, M. 1991. Linear theory of rotating fluids using spherical harmonics part II, time-periodic flows. *Geophys. Astrophys. Fluid Dyn.*, **59**, 185–208.

Roberts, P. H. 1968. On the thermal instability of a rotating-fluid sphere containing heat sources. *Philos. Trans. R. Soc. London Ser. A*, **263**, 93–117.

Roberts, P. H., and Soward, A. M. 1978. *Rotating Fluids in Geophysics*. New York: Academic Press.

Roberts, P. H., and Soward, A. M. 1992. Dynamo theory. *Annu. Rev. Fluid Mech.*, **24**, 459–512.

Roberts, P. H., and Stewartson, K. 1965. On the motion of a liquid in a spheroidal cavity of a precessing rigid body. II. *Proc. Camb. Phil. Soc.*, **61**, 279–288.

Sanchez, J., Garcia, F., and Net, M. 2016. Critical torsional modes of convection in rotating fluid spheres at high Taylor numbers. *J. Fluid Mech.*, **791**, R1.

Soward, A. M. 1977. On the finite amplitude thermal instability of a rapidly rotating fluid sphere. *Geophys. Astrophys. Fluid Dyn.*, **9**, 19–74.

Spiegel, E. A., and Veronis, G. 1960. On the Boussinesq approximation for a compressible fluid. *Astrophys. J.*, **131**, 442–447.

Stewartson, K., and Roberts, P. H. 1963. On the motion of liquid in a spheroidal cavity of a precessing rigid body. *J. Fluid Mech.*, **17**, 1–20.

Taylor, G. I. 1921. Experiments with rotating fluids. *Proc. R. Soc. A*, **100**, 114–121.

Tilgner, A. 1999. Driven inertial oscillations in spherical shells. *Phys. Rev. E*, **59**, 1789–1794.

Tilgner, A. 2005. Precession driven dynamos. *Phys. Fluids*, **17**, 034104.

Tilgner, A. 2007a. Kinematic dynamos with precession driven flow in a sphere. *Geophys. Astrophys. Fluid Dyn.*, **10**, 1–9.

Tilgner, A. 2007b. Rotational dynamics of the core. Pages 207–243 of: Schubert, G. (ed.), *Treatise on geophysics*, vol. 8. Amsterdam: Elsevier B.V.

Tilgner, A., and Busse, F. H. 2001. Fluid flows in precessing spherical shells. *J. Fluid Mech.*, **426**, 387–396.

Triana, S. A., Zimmerman, D. S., and Lathrop, D. P. 2012. Precessional states in a laboratory model of the Earth's core. *J. Geophys. Res.*, **117**, B04103.

Vantieghem, S. 2014. Inertial modes in a rotating triaxial ellipsoid. *Proc. R. Soc. A*, **470**, doi:10.1098/rspa.2014.0093.

Vantieghem, S., Cebron, D., and Noir, J. 2015. Latitudinal libration driven flows in triaxial ellipsoids. *J. Fluid Mech.*, **771**, 193–228.

Vanyo, J. P. 1993. *Rotating Fluids in Engineering and Science*. Toronto: General Publishing Company.

Vanyo, J., Wilde, P., Cardin, P., and Olson, P. 1995. Experiments on precessing flows in the Earth's liquid core. *Geophys. J. Int.*, **121**, 136–142.

Veronis, G. 1959. Cellular convection with finite amplitude in a rotating fluid. *J. Fluid*

Mech., **5**, 401–435.

Veronis, G. 1966. Motions at subcritical values of the Rayleigh number in a rotating fluid. *J. Fluid Mech.*, **24**, 545–554.

Wei, X., and Tilgner, A. 2013. Stratified precessional flow in spherical geometry. *J. Fluid Mech.*, **718**, R2.

Wood, W.W. 1966. An oscillatory disturbance of rigidly rotating fluid. *Proc. R. Soc. Lond. A*, **293**, 181–212.

Wu, C. C., and Roberts, P. H. 2008. A precesionally-driven dynamo in a plane layer. *Geophys. Astrophys. Fluid Dyn.*, **102**, 1–19.

Wu, C. C., and Roberts, P. H. 2009. On a dynamo driven by topographic precession. *Geophys. Astrophys. Fluid Dyn.*, **103**, 467–501.

Zatman, S., and Bloxham, J. 1997. Torsional oscillations and the magnetic field within the Earth's core. *Nature*, **388**, 760–763.

Zhan, X., Liao, X., Zhu, R., and Zhang, K. 2009. Convection in rotating annular channels heated from below: Part 3. Experimental boundary conditions. *Geophys. Astrophys. Fluid Dyn.*, **103**, 443–466.

Zhang, K. 1992. Spiralling columnar convection in rapidly rotating spherical fluid shells. *J. Fluid Mech.*, **236**, 535–556.

Zhang, K. 1993. On equatorially trapped boundary inertial waves. *J. Fluid Mech.*, **248**, 203–217.

Zhang, K. 1994. On coupling between the Poincaré equation and the heat equation. *J. Fluid Mech.*, **268**, 211–229.

Zhang, K. 1995. On coupling between the Poincaré equation and the heat equation: Nonslip boundary condition. *J. Fluid Mech.*, **284**, 239–256.

Zhang, K., and Busse, F. H. 1987. On the onset of convection in rotating spherical shells. *Geophys. Astrophys. Fluid Dyn.*, **39**, 119–147.

Zhang, K., and Greed, G. 1998. Convection in a rotating annulus: an asymptotic theory and numerical solutions. *Phys. Fluids*, **10**, 2396–2404.

Zhang, K., and Gubbins, D. 1993. Convection in a rotating spherical fluid shell with an inhomogeneous temperature boundary condition at infinite Prandtl number. *J. Fluid Mech.*, **250**, 209–232.

Zhang, K., and Liao, X. 2004. A new asymptotic method for the analysis of convection in a rapidly rotating sphere. *J. Fluid Mech.*, **518**, 319–346.

Zhang, K., and Liao, X. 2008. On the initial value problem in a rotating circular cylinder. *J. Fluid Mech.*, **610**, 425–443.

Zhang, K., and Liao, X. 2009. The onset of convection in rotating circular cylinders with experimental boundary conditions. *J. Fluid Mech.*, **622**, 63–73.

Zhang, K., and Roberts, P. H. 1997. Thermal inertial waves in a rotating fluid layer: exact and asymptotic solutions. *Phys. Fluids*, **9**, 1980–1987.

Zhang, K., and Roberts, P. H. 1998. A note on stabilising/destabilising effects of Ekman boundary layers. *Geophys. Astrophys. Fluid Dyn.*, **88**, 215–223.

Zhang, K., and Schubert, G. 2000. Magnetohydrodynamics in rapidly rotating spherical systems. *Annu. Rev. Fluid Mech.*, **32**, 409–443.

Zhang, K., Earnshaw, P., Liao, X., and Busse, F. H. 2001. On inertial waves in in a rotating fluid sphere. *J. Fluid Mech.*, **437**, 103–119.

Zhang, K., Liao, X., and Earnshaw, P. 2004a. On inertial waves and oscillations in a rapidly rotating spheroid. *J. Fluid Mech.*, **504**, 1–40.

Zhang, K., Liao, X., and Earnshaw, P. 2004b. The Poincare equation: A new polynomial and its unusual properties. *J. Mathe. Phy.*, **45**, 4777–4790.

Zhang, K., Liao, X., and Schubert, G. 2005. Pore water convection within carbonaceous chondrite parent bodies: Temperature-dependent viscosity and flow structure. *Phys. Fluids*, **17**, 086602.

Zhang, K., Liao, X., Zhan, X., and Zhu, R. 2006. Convective instabilities in a rotating vertical Hele-Shaw cell. *Phys. Fluids*, **18**, 124102.

Zhang, K., Liao, X., and Busse, F. H. 2007a. Asymptotic solutions of convection in rapidly rotating non-slip spheres. *J. Fluid Mech.*, **578**, 371–380.

Zhang, K., Liao, X., and Busse, F. H. 2007b. Asymptotic theory of inertial convection in a rotating cylinder. *J. Fluid Mech.*, **575**, 449–471.

Zhang, K., Liao, X., Zhan, X., and Zhu, R. 2007c. Nonlinear convection in rotating systems: Slip-stick three-dimensional travelling waves. *Phys. Rev. E*, **75**, 055302(R).

Zhang, K., Kong, D., and Liao, X. 2010a. On fluid flows in precessing narrow annular channels: Asymptotic analysis and numerical simulation. *J. Fluid Mech.*, **656**, 116–146.

Zhang, K., Chan, K., and Liao, X. 2010b. On fluid flows in precessing spheres in the mantle frame of reference. *Phys. Fluids*, **22**, 116604.

Zhang, K., Chan, K., and Liao, X. 2011. On fluid motion in librating ellipsoids with moderate equatorial eccentricity. *J. Fluid Mech.*, **673**, 468–479.

Zhang, K., Chan, K., and Liao, X. 2012. Asymptotic theory of resonant flow in a spheroidal cavity driven by latitudinal libration. *J. Fluid Mech.*, **692**, 420–445.

Zhang, K., Chan, K., Liao, X, and Aurnou, J. M. 2013. The non-resonant response of fluid in a rapidly rotating sphere undergoing longitudinal libration. *J. Fluid Mech.*, **720**, 212–235.

Zhang, K., Chan, K., and Liao, X. 2014. On precessing flow in an oblate spheroid of arbitrary eccentricity. *J. Fluid Mech.*, **743**, 358–384.

Zhang, K., Liao, X., and Kong, D. 2015. Inertial convection in a rotating narrow annulus: Asymptotic theory and numerical simulation. *Phys. Fluids*, **27**, 106604.

Zhang, K., Lam, K. and Kong, D. 2017. Asymptotic theory for torsional convection in rotating fluid spheres. *J. Fluid Mech.*, **813**. doi: 10.1017/jfm.2017.9.

Zhong, F., Ecke, R. E., and Steinberg, V. 1991. Asymmetric modes and the transition to vortex structure in rotating Rayleigh–Benard convection. *Phys. Rev. Lett.*, **67**, 2473–2476.

索　引

A

鞍结分岔, 324, 325

B

薄球壳, 452
薄球壳中的赤道模, 452
薄球壳中的极性模, 452
贝塞尔不等式, 99, 101
被动温度, 274, 328
壁面局部化行波, 277, 294
边界层内流, 430, 442
边界条件
　　地幔参考系中的无滑移条件, 125
　　等温条件, 8
　　热流条件, 9
　　无滑移条件, 8, 127
　　无粘性条件, 17
　　应力自由条件, 8
泊松方程, 283, 451
不稳定性互换原理, 284

C

参考系
　　地幔参考系, 4, 125
　　惯性参考系, 4, 128
　　进动参考系, 125
　　旋转参考系, 4, 125
超临界瑞利数, 295, 386
赤道惯性波, 61

初值问题
　　旋转环柱管道解, 149
　　旋转圆柱解, 193
传导温度, 270

D

带状流, 392, 393, 421
地球发电机, 124
地转多项式, 428, 443
　　球体, 48
　　椭球, 84
地转模
　　环柱, 29
　　球体, 48
　　椭球, 84
　　圆柱, 37
第二中值定理, 107
棣莫弗定理, 104
动能方程, 9
对流不稳定性, 270, 281, 353, 390
对流控制方程
　　环柱或环柱管道, 281
　　球体或球壳, 390
　　一般, 270
　　圆柱, 353
多重非线性平衡, 453

E

二阶 Adams-Bashforth 公式, 451

F

反向行进波, 298, 313, 323
反向行进的非线性惯性波, 345
非地转扰动, 407, 444
非均匀旋转
    进动, 10, 121
    经向天平动, 121
    天平动, 10
    纬向天平动, 121
非正常特征值, 21
非轴对称庞加莱方程
    环柱管道, 30
    球体, 55
    椭球, 82
    圆柱, 39
分岔
    第二分岔, 315, 320, 322
    第三分岔, 315, 320
    余维二分岔, 320
    主分岔, 314, 322
分段连续和可微, 126, 383
浮力, 269, 284, 354, 391, 412
复色散关系, 409
傅里叶热传导定律, 6

G

格林定理, 109, 136
共振
    多重共振, 131
    进动环柱管道, 131
    进动球体, 198
    进动圆柱, 153
    天平动球体, 211
    天平动椭球, 251, 255
    主共振, 146, 154, 166
构造的确切解, 382

惯性波
    环柱管道, 31
    球体中赤道对称, 57, 65
    球体中赤道反对称, 71, 73
    椭球中赤道对称, 88
    椭球中赤道反对称, 93
    圆柱, 39
惯性对流, 274
惯性模
    地转流, 20
    惯性波, 19
    惯性振荡, 19
    正交性, 23
惯性模的频率界限, 19
惯性模的完备性, 98
惯性模分解, 344, 383
惯性模谱, 345
惯性振荡
    环柱管道, 27
    球体中赤道对称, 52, 54
    球体中赤道反对称, 67, 69
    椭球中赤道对称, 86
    椭球中赤道反对称, 91
    圆柱, 35
归一化, 286, 395, 424

H

耗散积分, 112
耗散型积分为零, 112,

J

基本参考态
    环柱, 280
    球或球壳, 390
    一般, 269

索 引

圆柱, 353
极型/环型矢量势
 环柱管道, 284
 球形系统, 392
 微分算子, 392
几何形状
 环柱, 25, 275, 276
 球体, 46
 球体或球壳, 276, 278
 椭球, 77
 圆柱, 32, 275, 277, 352
 窄间隙环柱, 280, 407
伽辽金谱方法, 172, 308, 341, 395
伽辽金–切比雪夫离散化方法, 145
渐近尺度, 273–275
渐近展开
 环柱中的惯性对流, 326
 进动流/天平动流, 127
 球体中的惯性对流, 412, 430
 球体中的粘性对流, 437
 圆柱中的惯性对流, 354, 367
角动量, 123
较差旋转, 187, 392, 393, 398, 403, 405, 412, 421, 428, 430, 442, 444, 445
经向天平动
 球体, 210
 椭球, 248
静水平衡, 270
镜像对称, 299
局部渐近理论, 279, 407
均方意义下的收敛性, 98, 102

K

科里奥利力, 6
可解条件
 管道中的壁面局部化对流, 300

管道中的惯性对流, 328, 335
管道中的稳态对流, 287
进动环柱管道, 136–138, 141
进动球体, 198, 199, 209
进动椭球, 238, 239
进动圆柱, 167, 169
天平动球体, 213
天平动椭球, 256
圆柱中的惯性对流, 357, 368
空间不均匀性, 278
空间对称性
 球体惯性模, 46
 椭球惯性模, 83

L

雷诺应力, 174, 207, 245, 403, 421
离心力, 6
连续性方程, 4
临界惯性模, 337, 358, 359, 367, 369, 378, 383, 415–417, 434, 447
临界瑞利数, 286, 288, 289, 292, 304, 305, 312, 356, 358, 362, 369, 372, 378, 386, 410, 416, 417, 434, 439
临界纬度, 200, 237, 241, 433
临界位置, 410

N

粘性边界层的非线性效应, 207
粘性的作用, 273, 274
粘性对流, 272
粘性和地形耦合, 130, 131
粘性衰减因子
 球体旋转主导模, 208, 209
 椭球旋转主导模, 246, 247
 旋转环柱管道, 147–149
 旋转圆柱, 191, 192

粘滞耗散, 112
扭转振荡, 350

O

欧拉系统, 4

P

帕塞瓦尔等式, 99, 102, 103, 106, 110
庞加莱多项式, 55
庞加莱方程
    边界条件, 24
    推导, 22
庞加莱力, 6, 121, 195, 210, 226, 249
频散关系
    圆柱中的非轴对称模, 40
    圆柱中的轴对称模, 34
平衡基准态, 269
平均动能密度, 139, 157
平移对称性, 298
平移和镜像不变性, 298
破坏性/建设性的相互作用, 313, 323

Q

强场发电机, 403
球体惯性对流
    逆行行波, 418, 435
    扭转振荡, 419
    顺行行波, 420, 436
球体惯性模的完备性, 111
球体旋转主导模,
球体中的 $(2l+1)$ 重简并, 454
球形多旋臂螺旋波, 452, 454
全局渐近理论, 279, 411, 429

R

热方程, 6
热风方程, 11
热源, 390
弱湍流, 383, 447

S

三模共振, 384, 448
三维四面体网格剖分
    球体, 204
    球体或球壳, 446
    椭球, 242
    圆柱, 177
时间离散, 283
时空不均匀性, 127
实验室实验, 277
束缚于壁面的对流, 276
数学简并, 37, 123, 311, 312, 443
数值奇异性
    旋转轴, 382
水平不均匀性, 276
似球形圆柱, 174

T

椭球旋转主导模, 95–97
椭球坐标系, 77–81

W

完备性关系式, 110
稳态粘性对流, 286
涡度方程, 272, 273
无耗散热惯性波, 327, 355, 367, 413, 430

索 引

无耗散热惯性振荡, 379, 413
无量纲数
 艾克曼数, 10, 353, 391
 罗斯贝数, 10
 努塞特数, 295
 庞加莱数, 122
 普朗特数, 271, 281, 391
 瑞利数, 269, 271, 391
 泰勒数, 271, 285, 391
 修正瑞利数, 271, 282, 353, 391
无粘性极限的奇异性, 272
无粘性解
 进动椭球, 233
 天平动椭球, 253
无粘性解的发散性, 157, 158

X

相位改变, 422
相移, 397
旋转流体的统一理论, 12
旋转约束, 272, 273, 278

Y

隐格式, 382
有限差分法
 环柱中的对流, 283
 进动环柱, 145
 球壳中的对流, 451
有限元法
 进动球体, 204
 进动椭球, 242
 进动圆柱, 177
 球体或球壳中的对流, 446
 天平动球体, 224
圆柱中的渐近关系
 无滑移条件, 372

应力自由条件, 361
匀速旋转
 对流不稳定性, 10
 惯性波, 10
 振荡, 10
运动方程
 进动环柱, 129
 进动球体, 195
 进动椭球, 226
 进动圆柱, 152
 天平动球体, 210
 天平动椭球, 249
 无粘性极限, 17
 一般, 5

Z

窄间隙近似, 284, 285, 318
正交性, 356
滞弹性近似, 9, 12
重力势能, 390
轴对称庞加莱方程
 环柱, 27
 球体, 50
 圆柱, 34
状态方程, 6
准地转惯性模, 63, 279
准地转近似, 407

其他

Aldridge, K. D., 32, 121, 124, 212, 219, 224, 270
Aurnou, J. M., 277
Bassom, A. P., 25
Batchelor, G., 4
Benton, E. R., 4

Boisson, J., 124
Boussinesq 近似, 7
Boussinesq, J., 7
Bryan, G. H., 46, 77
Bullard, E. C., 121, 270
Busse, F. H., 25, 121, 124, 125, 176, 201, 207, 224, 228, 237, 245, 276, 278, 279, 390, 394, 397, 398, 403, 407, 409, 410, 412, 433, 454
Calkins, M. A., 124
Carrigan, C. R., 4
Chamberlain, J. A., 278
Chan, K., 124, 177, 204, 447
Chandrasekhar, S., 3, 25, 269–273, 275, 276, 278, 310, 343, 390, 392
Chebyshev-tau 方法, 363
Chorin 型投影, 283
Chorin 型投影格式, 145, 451
Chorin, A. J., 145, 283, 451
Christensen, U. R., 403
Clever, R. M., 25, 276, 310
Cui, Z., 23, 99, 110, 325, 343
Davies-Jones, R. P., 4, 25, 122, 128, 276, 277, 280
Debnath, L., 102
Dermott, S. F., 121
Dormy, E., 278, 279
Eckhaus 型不稳定性, 320
Eckhaus-Benjamin-Feir 不稳定性, 322
Fearn, D. R., 310
Fultz, D., 32
Galerkin-tau 方法, 292
Gans, R. F., 32, 121, 123
Gillet, N., 410
Gilman, P. A., 122, 276
Goldstein, H. F., 277, 365
Goto, S., 124
Greenspan, H. P., 3, 12, 19, 32, 46, 75, 77, 99, 126, 127, 149, 192, 212, 310, 334
Gubbins, D., 270, 278, 310
Heimpel, M., 403
Herrmann, J., 277, 296, 297, 362
Hollerbach, R., 75, 124, 200
Hood, P., 204
Ivers, D. J., 117
Jackson, A., 270
Jones, C. A., 270, 278, 279, 398, 410–412
Kelvin, Lord, 12, 32, 46
Kerswell, R. R., 32, 121, 124, 245
Kida, S., 124, 200
King, E. M., 4, 277
Kobine, J. J., 4, 123, 178
Kong, D., 123, 178
Kudlick, M. D., 32, 46, 77, 121
Kuppers, G., 25, 276, 317
Kuppers-Lortz 不稳定性, 276
Lagrange, R., 178, 188
Lamb, H., 77
Li, L., 318, 451, 452
Lin, Y., 188
Livermore, P., 445
Lorenzani, S., 245
Lyttleton, R. A., 46
Malkus, W. V. R., 4, 32, 121, 124, 207, 245
Manasseh, R., 32, 123, 178
Margot, J. L., 121
Marqués, F., 172
Mason, R. M., 122
Matthews, P. C., 454
McEwan, A. D., 123
Meunier, P., 32, 123, 176, 178
Moffatt, H. K., 270, 403
Net, M., 278

索　引

Noir, J., 4, 121, 124, 125, 207
Oberbeck, A., 7
Poincaré, H., 24, 46, 75, 77, 95,
　　228, 234
Proudman, J., 10, 11
Rayleigh, Lord, 7
Rayleigh-Bénard 层, 272, 310
Rayleigh-Bénard 对流, 271
Rieutord, M., 124
Roberts, P. H., 124, 125, 200, 228,
　　270, 278, 279, 390, 403, 412, 432
Sanchez, J., 278, 279, 379, 394, 396
Soward, A. M., 278, 279
Spiegel, E. A., 7

Stewartson, K., 121, 124, 125, 228
Taylor, G. I., 10, 11
Taylor-Proudman 定理, 10
Tilgner, A., 121, 124, 125, 201, 208
Triana, S. A., 124, 277
Vantieghem, S., 125
Vanyo, J. P., 121, 124, 207
Veronis, G., 276
Wei, X., 124
Wood, W. W., 123
Wu, C. C., 122, 124, 228
Zatman, S, 350
Zhan, X., 276, 283, 316
Zhong, F., 4, 277